U0664247

气候变化与森林生态系统
响应、适应和增汇

>>>>>刘世荣 等 著

中国林业出版社
China Forestry Publishing House

审图号：GS 京（2022）1428 号

图书在版编目（CIP）数据

气候变化与森林生态系统响应、适应和增汇/刘世荣等著. —北京：中国林业出版社，2023. 8

ISBN 978-7-5219-1506-8

Ⅰ.①气… Ⅱ.①刘… Ⅲ.①气候变化-研究-中国 ②森林生态系统-研究-中国 Ⅳ.①P468. 2②S718. 55

中国版本图书馆 CIP 数据核字（2022）第 007572 号

责任编辑：于界芬 张 健

出版发行	中国林业出版社(100009，北京市西城区刘海胡同 7 号，电话 83143542)
电子邮箱	cfphzbs@ 163. com
网 址	www. forestry. gov. cn/lycb. html
印 刷	北京中科印刷有限公司
版 次	2023 年 8 月第 1 版
印 次	2023 年 8 月第 1 次印刷
开 本	787mm×1092mm 1/16
印 张	41. 5 彩插 12
字 数	906 千字
定 价	218. 00 元

气候变化与森林生态系统响应、适应和增汇

著者名单

第一章	刘世荣	中国林业科学研究院森林生态环境与自然保护研究所
第二章	张称意	国家气候中心
	邬 宏	国家气候中心、内蒙古师范大学
	王立新	内蒙古大学生态与环境学院
	池亚飞	国家气候中心、云南寻夏经贸有限公司
	孙小龙	内蒙古自治区生态与农业气象中心
第三章	郭泉水	中国林业科学研究院森林生态环境与自然保护研究所
	裴顺祥	中国林业科学研究院华北林业实验中心
	许格希	中国林业科学研究院森林生态环境与自然保护研究所
	孙鹏森	中国林业科学研究院森林生态环境与自然保护研究所
	余 振	南京信息工程大学
	王景欣	西弗吉尼亚大学（West Virginia University）
第四章	刘世荣	中国林业科学研究院森林生态环境与自然保护研究所
	张 雷	中国林业科学研究院林业研究所
	寇晓军	北京师范大学
第五章	张 真	中国林业科学研究院森林生态环境与自然保护研究所
	吕 全	中国林业科学研究院森林生态环境与自然保护研究所
	王鸿斌	中国林业科学研究院森林生态环境与自然保护研究所
第六章	肖文发	中国林业科学研究院森林生态环境与自然保护研究所
	程瑞梅	中国林业科学研究院森林生态环境与自然保护研究所
	施 征	中国林业科学研究院森林生态环境与自然保护研究所
	白登忠	中国林业科学研究院
	雷静品	中国林业科学研究院林业研究所
第七章	舒立福	中国林业科学研究院森林生态环境与自然保护研究所
	王明玉	中国林业科学研究院森林生态环境与自然保护研究所

	赵凤君	中国林业科学研究院森林生态环境与自然保护研究所
	田晓瑞	中国林业科学研究院森林生态环境与自然保护研究所
第八章	刘世荣	中国林业科学研究院森林生态环境与自然保护研究所
	王　晖	中国林业科学研究院森林生态环境与自然保护研究所
	明安刚	中国林业科学研究院热带林业实验中心
	黄雪蔓	广西大学林学院
	杨予静	湖北大学资源环境学院
第九章	张远东	中国林业科学研究院森林生态环境与自然保护研究所
	刘彦春	河南大学生命科学学院
	张国斌	国家林业和草原局生态保护修复司
第十章	刘世荣	中国林业科学研究院森林生态环境与自然保护研究所
	栾军伟	国际竹藤中心
	陈志成	中国林业科学研究院森林生态环境与自然保护研究所
	牛晓栋	中国林业科学研究院森林生态环境与自然保护研究所
第十一章	关德新	中国科学院沈阳应用生态研究所
	王安志	中国科学院沈阳应用生态研究所
	吴家兵	中国科学院沈阳应用生态研究所
	孙金伟	中国科学院沈阳应用生态研究所
	史学丽	中国气象局地球系统数值预报中心
	张艳武	中国气象局地球系统数值预报中心
第十二章	何兴元	中国科学院沈阳应用生态研究所
	姚　静	中国科学院沈阳应用生态研究所
	孙一荣	中国科学院沈阳应用生态研究所
	朱教君	中国科学院沈阳应用生态研究所
	王安志	中国科学院沈阳应用生态研究所
	关德新	中国科学院沈阳应用生态研究所
第十三章	刘世荣	中国林业科学研究院森林生态环境与自然保护研究所
	吴水荣	中国林业科学研究院林业科技信息研究所
	李智勇	中国林业科学研究院林业科技信息研究所
第十四章	姜春前	中国林业科学研究院林业研究所
	白彦锋	中国林业科学研究院林业研究所
	吴水荣	中国林业科学研究院林业科技信息研究所
第十五章	刘世荣	中国林业科学研究院森林生态环境与自然保护研究所
	王　晖	中国林业科学研究院森林生态环境与自然保护研究所
	李海奎	中国林业科学研究院资源信息研究所
	余　振	南京信息工程大学
	栾军伟	国际竹藤中心

序 FOREWORD

   ▶▶▶

以变暖为特征的全球变化已成为不争的事实。如今在全球地表平均温度升温 1.1℃ 的情况下，许多地区极端天气气候事件(厄尔尼诺、干旱、洪涝、雷暴、冰雹、风暴、高温天气和沙尘暴等)的出现频率与强度明显增加。全球气候变化正深刻改变着地球生态系统的过程、结构和功能，如海平面升高、冰川退缩、冻土消融、中高纬度地区生长季节延长、动植物分布范围向极区和高海拔地区延伸、某些动植物数量减少、一些植物开花期提前等。同时，气候变化对人类的生存、健康与经济社会可持续发展也产生了巨大的影响，并构成了严重的威胁。应对气候变化，关乎人类的前途与命运。

大量的观测和研究表明，大气中二氧化碳(CO_2)等温室气体浓度不断增加产生的温室效应是全球气候变化的主要原因。控制大气中的 CO_2 浓度是减缓气候变化的重要措施。目前有两条途径：一是通过工业、能源领域的技术改造直接减少 CO_2 等温室气体排放，即"减排"；二是通过以森林为主体的生物将已排放到大气中的 CO_2 等温室气体吸收并固定，即"碳汇"。世界各国为了履行气候变化国际公约，都在研究各自生态系统的碳源/汇特征与碳收支平衡，藉以最大限度地争取国家利益和国际履约谈判的主动权，寻求各自的 CO_2 减排与增汇技术，制定适应气候变化的对策。

森林作为陆地生态系统的主体，在其生物量中贮存着大量的碳，是陆地生态系统中最大的碳库。森林碳汇主要基于自然的固碳过程，发挥森林的"碳汇"作用来缓解全球气候变化，不仅被世人所公认，而且还普遍认为是在现阶段技术水平下，比工业碳捕捉减排成本较低且切实可行的措施。因此，国际气候变化公约及其相关的协定等均将森林作为全球温室气体减排增汇的重要途径和手段。

一些国际科学计划以及北美、日本和欧盟等国家都相继启动了较大规模的森林生态系统结构与功能对全球变化的响应与适应相关的重大科学计划，以探索发挥森林的碳汇功能，减缓气候变化及其对社会经济发展的影响。我国森林不仅面积广阔，而且类型多样，受气候变化的影响较大，但我国关于全球变化与森林的研究却相对薄弱。

刘世荣研究员针对当今全球高度关注的气候变化与森林问题，组织跨部门、多学科、交叉学科领域的知名专家形成创新研究团队，依托野外森林生态定位观测研究站、长期定位观测样地以及气象和碳通量观测网络，实施了多个国家级科研项目，开展气候变化对我国典型森林影响的实证观测与分析，依据项目的研究成果著写了本书。本书系统阐述了气候变化影响下森林植物物候、森林分布、生物多样性、生产力和生物量、森林火灾、森林病虫害等演变趋势，中国森林碳汇/源格局和动态变化规律，中国森林生态系统的碳汇潜力及提升途径，是一部全面总结森林生态系统对气候变化响应、适应与增汇的科学著作。

本书的作者们都是我所熟知和欣赏的同事和好友，我为他们的新成果表示祝贺，相信本书的出版，将对提升森林碳汇功能的科学认知，林草助力实现"双碳"战略目标提供很好的科学基础和重要参考。

是为序。

中国科学院院士

2023 年 7 月

伴随着全球工业化和经济的高速发展，大气中 CO_2 等温室气体浓度不断增加。近 100 年来，全球平均气温经历了"冷—暖—冷—暖"两次波动。与 1850—1900 年相比，2011—2020 年全球地表平均温度上升 1.1℃，未来全球升温预计在近期（2021—2040年）达到 1.5℃，而且气候变化将长期存在并有可能加剧（IPCC，2023）。在全球变暖背景下，20 世纪中叶以来极端气候事件的强度和频率发生了明显变化，突出表现是极端暖事件增多，极端冷事件减少；热浪发生频率更高，时间更长；陆地区域的强降水事件增加，欧洲南部和非洲西部干旱强度加剧、持续更长（IPCC，2021）。

中国是全球气候变化的敏感区和影响显著区。1951—2021 年，中国地表年平均温度呈显著上升趋势，升温速率为 0.26 ℃/10 年，高于同期全球平均升温水平（0.15℃/10 年）；20 世纪 90 年代中期以来，中国极端高温事件明显增多。1961—2021 年，中国各区域降水量变化趋势差异明显，青藏地区降水显著增多，西南地区减少；西北、东北和华北地区平均年降水量呈波动上升，东北和华东地区降水量年际波动幅度增大，华南地区平均降水量为近 10 年最少（《中国气候变化蓝皮书（2022）》）。目前，以全球变暖为主的气候变化已成为世界面临的最严峻的环境问题之一，也是当今国际政治、经济、外交和国家安全领域关注的热点。

森林是陆地生态系统中最大的碳库，能够有效地吸收固持大气中的二氧化碳，在稳定和调节全球碳循环和碳平衡方面发挥着不可或缺的重要作用。联合国气候变化框架公约(UNFCCC)及其相关的协定等均将森林作为全球温室气体减排增汇的重要途径和手段。世界各国为了履行联合国气候变化框架公约，实施《巴黎协定》温室气体减排目标，都在评估气候变化对森林的影响和森林对气候变化的响应与适应，藉以最大限度地争取国家利益和履约国际谈判的主动权。许多发达国家已开始实施森林间接减排。围绕《巴黎协定》新的减排目标，许多国际组织也在积极推动森林间接减排政策的制定。国际地圈生物圈计划(IGBP)、世界气候研究计划(WCRP)以及美国、加拿大和欧盟等启动了大规模的全球变化与森林生态系统相关研究的重大科学计划，以探索发挥森林的碳汇功能，减缓气候变化及其对人类经济社会发展的影响，制定适应气候变化的国家发展战略、增汇减排对策和行动计划。

我国位于北半球中纬度地区，森林类型多，面积大，以天然次生林为主，同时人工林发展很快，多为幼龄林和中龄林。我国森林资源分布不均，主要集中在东北、东南和西南。气候变化会影响森林植物物候、森林分布、生物多样性、生产力和生物量、森林火灾、森林病虫害等诸多方面，进而影响森林生态系统的碳循环、碳汇潜力、碳汇稳定性以及其他森林生态系统服务功能。因此，研究气候变化与我国森林生态系统响应、适应和增汇，可为制定减缓与适应气候变化的林业对策提供重要的科学依据。

国内外利用古气候、历史气候和现代气候资料，对气候变化规律的研究已有多年历史，但仍存在较大的不确定性。目前，国内外已有的区域气候系统模式的时空模拟分辨率普遍较低，针对中国主要林区气候变化的预估、气候变化对森林的影响以及森林对气候变化响应与适应的定量研究尚缺乏系统的归纳整理。本书旨在探索完善我国的区域气候系统模式，揭示我国主要林区历史气候和现代气候变化趋势及气候突变特征；研究气候变化影响下森林植物物候、森林分布、林线、生物多样性、生产力和生物量、森林火灾、森林病虫害等演变趋势；森林的气候学效应；中国典型森林碳储量、碳汇/源格局和动态变化规律；林业适应气候变化对策和国际履约对策；本书系统阐明了森林在缓解气候变化中的重要作用，为提升我国生态碳汇能力、实现碳达峰和碳中和的战略目标提供科技支撑。

本书为多个国家级科研项目资助下完成的主要科研成果。具体包括：国家自然科学基金重大项目"我国主要陆地生态系统对全球变化的响应和适应性样带研究"中的课题"中国陆地样带生态系统/植被分布格局变化的环境驱动力机制"（No. 30590383）、"陆地生态系统中生物对碳—氮—水耦合循环的影响机制"中的课题"植物对森林生态系统碳—氮—水耦合循环的作用机制"（No. 31290223），林业公益性行业科研重大专项"中国森林对气候变化的响应与林业适应对策研究"（No. 200804001）、"森林增汇技术、碳计量与碳贸易市场机制研究"（No. 201104006）和"气候变化对森林水碳平衡影响及适应性生态恢复"（No. 201404201），国家科技部国际科技合作专项项目"亚热带人工林增汇及多目标经营系统规划技术"（2015DFA31440），引进国际先进林业科学技术项目"森林碳储量测定技术与碳汇计量方法引进"（No. 2005-4-26），国家科技部"十四五"重点研发项目"碳中和背景下森林碳汇形成及经营响应机理"（No. 2021YFD2200400）。本书还汇集了河南宝天曼森林生态系统国家野外科学观测研究站、湖北秭归三峡库区森林生态系统国家定位观测研究站、广西友谊关森林生态系统国家定位观测研究站和四川米亚罗森林生态系统定位观测研究站等的研究成果。

全书由十五章组成。第一章介绍国内外气候变化对森林生态系统的影响及适应性管理研究进展；第二章介绍近50年来中国主要林区的气候变化；第三章至第七章介绍森林植物、森林树种和植被、林线和树木年轮、森林病虫害、森林火灾对气候变化的响应；第八章至第十章介绍人工林和天然林固碳增汇和暖温带森林土壤碳过程及土壤增汇；第十一章介绍森林植被对区域水热交换、碳循环及气候的调节作用；第十二章介绍基于森林环境效应的区域植被配置和景观格局优化设计；第十三章和第十四章介绍气候变化对中国林业损益影响和适应气候变化的林业对策以及林业行业减排增汇的国际履约对策；第十五章介绍碳中和目标下中国森林碳储量、碳汇变化预估与潜力提升途径。

国家林业和草原局森林生态环境重点实验室和森林保护学重点实验室的研究人员参与了本书有关章节的编写，在此一并致谢！

由于编者水平有限，错误和疏漏之处在所难免，敬请读者和同行提出宝贵意见，以便再版时修订完善。

2023 年 1 月

目录 CONTENTS ▸▸▸

第七章 森林火灾对气候变化的响应

第八章 人工林生态系统固碳增汇

第九章 天然林生态系统固碳增汇

第十章 暖温带森林土壤碳过程及森林碳水通量特征

第十一章　森林植被对区域水热交换和碳循环及气候的调节作用

第十二章　基于森林环境效应的区域森林植被配置和景观格局的优化设计

第十三章　气候变化对中国林业损益的影响和适应气候变化的林业对策

第十四章　林业行业减排增汇的国际履约对策

第一章

气候变化对森林生态系统的影响与适应性管理

联合国政府间气候变化专门委员会(IPCC)最近的评估报告指出，随着全球温室气体排放持续增加导致全球变暖加剧。与1850—1900年相比，2011—2020年全球地表平均温度上升1.1℃。而且，未来全球气候变暖趋势持续增强，估计在近期(2021—2040年)将达到1.5℃。预估的长期气候影响比目前所观测的影响还要高很多倍，气候风险及所预估的不利影响和相关的损失与损害将随着全球变暖的加剧而升级(IPCC，2023)。全球气候变化会引起区域气候的温度、降水、蒸发等气象要素的显著变化，进而导致极端气候事件频发，而且气候变化将长时期存在并有可能加剧(IPCC，2023；Meehl et al.，2007；Christensen et al.，2007)。已有研究表明，大气中温室气体[如二氧化碳(CO_2)、甲烷(CH_4)、氮氧化物(NO_x)、氟化氢(HF)等]，特别是CO_2浓度的增加是造成全球变暖的主要原因(IPCC，2023；Norby et al.，2007；Raupach et al.，2007)。大气CO_2浓度变化对森林及树木的影响非常复杂，因为CO_2不仅作为光合作用底物，直接通过"施肥效应"影响林木的光合作用，对森林和树木产生影响，而且还能以温室气体通过"温室效应"改变其他环境因素(如温度、水分等），间接地对森林和树木产生影响。大量研究表明，全球气候变化对森林生态系统、人类生存环境及经济社会造成了重大影响（IPCC，2023；Sanz-Ros *et al.*，2013；Buchmann，2002；Camarero *et al.*，2004；Allen *et al.*，2010；尹伟伦等，2010），并已由单纯的科学问题演变为全球关注的环境、经济和政治问题。

森林作为陆地生态系统的主体，是全球气候系统的重要组成部分。联合国粮食与农业组织（FAO）对全球森林资源的评估表明，全球森林面积约 40.6 亿 hm^2，约占全球陆地面积的 31%（FAO，2020）。据报道，森林每生产 1t 木材，就要吸收 1.6t CO_2，释放 1.1t O_2，固定 0.5t 的 C（李坚等，2012）。森林植被的碳储量约为全球植被的 77%，森林土壤的碳储量约占全球土壤的 39%（Ciais *et al.*，2001）。因此，森林和树木具有吸收 CO_2、固定碳素的重要功能和减少 CO_2 排放、减缓温室效应的独特作用（许明等，2013），在调节全球碳循环、减缓全球气候变化方面发挥着不可或缺的重要作用（刘世荣，2013）。

森林经营是缓解气候变化影响的关键措施（Bravo *et al.*，2013）。利用森林的吸碳和储碳功能，通过植树造林和减少毁林、维持和提高森林面积、优化林分组成和结构、合理的疏伐和采伐制度等，吸收和固持大气中的 CO_2，被国际社会公认为是应对全球气候变化最为经济、现实与有效的手段（王小平等，2013）。然而，气候变化对森林及树木的影响方式和作用机制错综复杂（刘世荣，2013），对受气候变化影响较大而适应能力较弱、响应较迟缓的森林生态系统，应及早开展气候变化影响下的森林生态系统适应性管理研究，有利于我们制定适宜的森林经营管理体系，以避免气候变化的不利影响，并充分利用好气候变化带给我们的机遇（Lindner，2000）。因此，适应并减缓气候变化的森林经营正成为当今世界林业发展的新趋势（刘世荣，2013）。本章基于近年来作者在气候变化对森林和树木影响与适应性管理的研究，结合目前国内外相关研究结果进行了总结和归纳，并针对目前研究工作中存在的问题、局限性，探讨了未来气候变化背景下森林及树木适应性经营的重点领域和途径，为制定全球气候变化背景下森林生态系统的适应性管理提供理论依据和科学参考。

第一节　全球气候变化

一、温室效应与全球气候变暖

早在 1824 年，法国物理学家、数学家傅立叶（J. B. J. Fourier，1768—1830）就发现了大气层的保温现象。1896 年，瑞典化学家阿伦尼乌斯（S. Arrhenius，1859—1927）率先开展大气层保温现象研究，并首次提出"温室效应"的概念。

温室效应是太阳短波辐射穿透大气层射向地面，使地面增暖后放出的长波辐射被大气中的 CO_2 等物质所吸收，从而形成类似于温室的保温效应。温室效应是一种自然现象，它让地球保持温暖而稳定的环境，使生命得以生存和繁荣。但科学家发现，如果温室气体持续增加，地球温度会因温室效应而不断上升，造成以全球变暖和极端气候事件频发多变为主要特征的气候变化。

二、全球气候变化与预测

全球气候变化与全球大量温室气体排放和温室效应加剧密切相关。由于化石燃料燃烧、土地利用和植被破坏等人为活动的影响，2011 年大气中 CO_2、CH_4、N_2O 等温室气体浓度分别达到 391 mg/m^3、1803 mg/m^3 和 324 mg/m^3，分别比 18 世纪中期工业化开始之前高出 40%、150% 和 20%，达到了近 80 万年以来的最高值（IPCC，2014）。大气中温室气体含量的显著提高已经引起地球表面温度和降水量的可观测性变化。从 1880 至 2012 年，全球陆地和海洋表面大气温度的平均值升高了 0.85±0.20℃；全球几乎所有地区都经历了地表增暖；在全球变暖背景下，20 世纪中叶以来极端事件的强度和频率发生明显变化，极端暖事件增多，极端冷事件减少；热浪发生频率更高，时间更长；陆地区域的强降水事件增加，欧洲南部和非洲西部干旱强度更强、持续更长（IPCC，2021）。

根据中国气象局气候变化中心发布的《中国气候变化蓝皮书（2020）》，全球变暖趋势在持续，中国是全球气候变化的敏感区和影响显著区。2019 年，全球平均温度较工业化前水平高出约 1.1℃，是有完整气象观测记录以来的第二暖年份，2015—2019年间是有完整气象观测记录以来最暖的五个年份；20 世纪 80 年代以来，每个连续 10

年都比前一个 10 年更暖。2019 年，亚洲陆地表面平均温度比常年值（1981—2010 年）偏高 0.87℃，是 20 世纪初以来的第二高值。1951—2019 年，中国年平均温度每 10 年升高 0.24℃，升温速率明显高于同期全球平均水平；近 20 年是 20 世纪初以来的最暖时期。20 世纪 90 年代中期以来，中国极端高温事件明显增多。1961—2019 年，中国平均年降水量呈微弱的增加趋势，平均年降水日数呈显著减少趋势，极端强降水事件呈增多趋势，年累计暴雨（日降水量≥50 mm）站日数呈增加趋势，平均每 10 年增加 3.8%。1961—2019 年，中国各区域降水量变化趋势差异明显，青藏地区降水量呈显著增多趋势；西南地区降水量呈减少趋势；其余地区降水量无明显线性变化趋势。21 世纪以来西北、东北和华北地区平均年降水量波动上升，东北和华东地区降水量年际波动幅度增大；2016 年以来，青藏地区降水量持续异常偏多。在过去的 50 年间，美国的平均温度也增加了 1.1℃（孙阁，2013）。模型预测表明，21 世纪末，全球地表平均温度可能在目前基础上升高 0.3~4.8℃；热浪、强降水等极端事件发生频率将增加；全球降水将呈现"干者愈干、湿者愈湿"趋势，并且 21 世纪的全球变暖趋势将大大超过 20 世纪（Houghton et al.，2001；IPCC，2023；Watson et al.，2001b）。

三、森林经营与气候变化

森林是重要的碳源和碳汇，在气候系统中扮演着重要的角色，对气候系统产生显著的反馈作用（孙阁，2013）。森林植被通过影响下垫面特征（如太阳光反射率、空气动力阻力、植被叶面积指数等）改变地面能量和水汽能量，从而对区域气候和水文产生影响。通过较高净辐射、较强的蒸腾和林冠截留能力，可以降低土壤含水量、提高空气湿度并降低风速，从而改变森林内部和边缘的小气候（Lean，1989；Bonan，1997；Liu，2010；Shukla et al.，1990）。不仅如此，森林植被对中大尺度气候都有影响（Pielke et al.，2011）。在大流域尺度上，Dickinson 等研究发现，砍伐亚马孙河流域森林使当地年蒸发散降低了 220 mm（Dickinson et al.，1993）。在区域和全球尺度上，森林对气候的影响更为复杂，呈现极强的区域性特征（Bonan，2008；Jackson et al.，2005）。森林与气候之间存在的复杂非线性相互作用，可以减弱或加强人类造成的气候变化。虽然造林或再造林会通过增加碳汇减缓全球变暖的程度和趋势，但是营林所造成的生物地球物理反馈作用，通过对反射率和能量再分配的影响又会加强或减缓气候变化（孙阁，2013）。有证据表明，森林破坏是仅次于化石燃料的第二大温室气体排放源，仅热带地区因森林砍伐的碳排放就高达 2.94 ± 0.47 Pg C/a，超过全球森林每年从大气中吸收固定的碳量（2.41 ± 0.42 Pg C/a）（Pan et al.，2011）。因此森林经营与气候变化关系密切，通过造林、保护、收获率的改变、树种选择、合理的疏伐制度以及采伐后再造林时间的缩短等森林管理措施，可以降低气候变化的严重程度及其影响范围（Bravo et al.，2013）。

第二节　全球气候变化对森林的多尺度影响

以全球持续变暖和极端气候事件频发为主要特征的全球气候变化对森林及树木产生了巨大影响。由于气候变化引起的温度、降水等气象要素的时空异质性变化，以及森林和树木的多样性、复杂性、时空动态变化，导致不同地区、不同森林类型和树木所受到的影响及其响应方式存在差异。从气候变化背景下森林及树木适应性管理角度考虑，气候变化的影响主要反映在森林及树木的分布、生理生态和物候、森林生产力、碳循环、生物多样性、森林水文、森林灾害等诸多方面。

一、森林及树种分布

气候变化将改变森林及树种的分布格局。大量的实证观测表明，气候变暖将导致树种向高海拔和高纬度地区迁移（Root et al.，2003；Parmesan et al.，2003；Chen et al.，2011；Lenoir et al.，2008）。Root 等（2003）对 143 项研究中的 1473 个物种进行了整合分析（meta-analysis），发现有 80% 的物种表现出的迁移变化与温度变化紧密相关。Parmesan 和 Yohe（2003）通过对 1700 多个物种在过去 20~140 年间分布区的变化分析，也发现物种分布区的迁移与气候变暖有关，他们对其中 99 个物种的定量分析发现，气候变化导致物种分布区北界向北移动的平均速率为每 10 年 6.1 km，物种最高海拔的分布高度平均上升速率为每 10 年 6.1 m。Lenoir 等（2008）通过比较 1905—1985 年与 1986—2005 年间 171 个森林树种分布发现，气候变化导致物种最适宜海拔分布平均上升速率为每 10 年 29 m。但也有实证观测表明，气候变化导致树种向低海拔迁移（Crimmins et al.，2011；Lenoir et al.，2009）。例如，Crimmins 等（2011）发现美国加利福尼亚州 1930—1935 和 2000—2005 年间 64 种植物的最适宜海拔分布高度平均向低海拔下移了 88.2 m，并指出这是由于区域水分可获得性增加所致。郝建锋等（2008）根据模型模拟预测研究发现，在气候变化加剧的情况下，2020 年我国兴安落叶松适宜分布区域将减少 58.1%，2050 年将减少 99.7%，即至 2100 年兴安落叶松适宜分布区将从我国完全消失。可见，气候变化不仅会改变森林及树种的分布格局，还将使某些森林类型及树木在某一特定的区域内消失。

二、树木形态、生理和物候

大气 CO_2 浓度增加和温室效应，直接影响到树木的形态结构、生理活动和生化反应途径，进而影响树木的生长发育和物候变化。高浓度 CO_2 对树木形态影响的研究表明，在高浓度 CO_2 环境中，幼苗的分枝增多，针叶的厚度增大（韩梅等，2006）、叶面积增大（Lin et al.，2001），针叶上表皮和下表皮之和、树脂道、木质部等的相对面积减少，而针叶韧皮部的相对面积显著增加（Woodward，2002）。研究还发现，在大气 CO_2 浓度升高情况下，辽东栎（Quercus liaotungensis）和杜仲（Eucommia ulmoides）等树种叶片的气孔密度显著降低，而青钱柳（Cyclocarya paliurus）的气孔密度下降不明显，异叶榕（Ficus heteromorpha）的气孔密度不受影响（贺新强等，1998）。

光合作用和呼吸作用是碳进出生命系统的最基本的生理过程。研究表明，短期高浓度 CO_2 处理会促进树木光合速率升高（方精云，2000；Aranda et al.，2006），但不同树种的光合能力存在很大差异。蒋高明和渠春梅（2000）对北京山区辽东栎林中几种木本植物的研究表明，高浓度 CO_2 对树木光合作用有不同程度的促进作用，净光合速率平均增加 75%（变化范围：37%~93%）。谢会成等（2002）对麻栎（Quercus acutissima）的研究结果与之类似，在 CO_2 浓度升高条件下，麻栎叶片净光合速率平均增幅为 89.2%。在长期高 CO_2 浓度环境下，阔叶树种对 CO_2 变化反应较针叶树种敏感（王森等，2000），喜光树种的光合作用对长期高浓度 CO_2 的适应能力比耐荫树种强（王森等，2002），阔叶树种的生物量增加（63%）高于针叶树种（38%）（Ceulemans et al.，1999）。呼吸作用中 CO_2 的排出是一个重要的生理过程，它影响到植物和生态系统的碳平衡。许多研究表明，树木的呼吸作用随 CO_2 浓度升高而下降，高浓度 CO_2 处理可使树木呼吸速率降低 15%~20%（Drake et al.，1999）。最近研究发现，高浓度 CO_2 处理下欧洲云杉（Picea abies）的茎总呼吸碳损失同正常 CO_2 浓度处理的相比有所降低，而根系的呼吸速率却有所增加（徐胜等，2015）。研究认为，高浓度 CO_2 将造成树木叶片保卫细胞收缩，气孔关闭，从而使细胞内氧分压降低，呼吸作用因之降低；另一方面，因呼吸作用的产物 CO_2 分压提高，而使呼吸作用受到抑制（彭晓邦等，2006）。

物候是表征植物生长发育阶段对气候变化响应的综合生物指标，也是对气候变化反应最为敏感的特征指标之一（Chmielewski et al.，2001）。Root 等（2003）研究发现，约 80% 的物种的物候期受到气候变化的影响。许多资料证实，中高纬度区域春季物候均有提前的趋势，例如，在地中海地区，大多数落叶植物叶片展叶期比 50 年前提前了 16 天，凋落期延长了 50 天；在加拿大西部，近半个世纪以来，杨树（Populus tremuloides）开花期提前了 26 天（Peñuelas et al.，2001）；Schwartz 等（2000）发现在过去 30 年美国丁香展叶平均提前了 5.4 天。也有个别研究发现，低纬度地区也出现了这种物候期提前的趋势，例如，Matsumoto 等（2003）观察到，在过去 40 年间日本的银杏树发芽物候提前了 4 天，落叶时间推迟了 8 天。大多数研究认为植物物候期随气候变暖而呈延长趋势。

三、森林生产力

气候变化会影响森林生产力，而影响的方向和量级常因环境因素和森林类型而异（Medlyn et al.，2011）。研究表明，以气候变暖为主要特征的气候变化，因气温升高产生的"延长生长效应"和 CO_2 浓度上升带来的"施肥效应"，使得森林生态系统的生产力普遍呈增加趋势（朱建华等，2007）。在北欧，森林的生长往往受生长季短、夏季温度低和氮供应不足的限制（Kellomki et al.，1997）。Nemani 等（2003）通过卫星植被指数数据分析表明，气候变暖使得 1982—1999 年间全球净第一性生产力增长了约6%；刘世荣等（1994）使用中国森林气候生产力模型预测的中国森林第一性生产力分布格局表明，气候变化没有改变中国森林生产力的地理分布格局，即气候变化后的分布格局，并没有表现出地理区域性的显著变异；周广胜等（1998）采用综合模型预测了全球增温条件下 NPP 的变化，结果显示出自然植被的 NPP 均有所增加，在湿润地区增加幅度较大，而在干旱和半干旱地区增幅较小。方精云（2000）的研究指出，CO_2 浓度倍增后，中国森林生产力将有所增加，增加的幅度因地区不同而异，变化于 12% ~ 35%；Su 等（2007）使用 BIOME—BGC 模型分析了气候变化和大气 CO_2 浓度增加对新疆天山云杉林生产力的影响，研究表明，当只考虑温度和降水时，降水占主导作用，净第一性生产力将增加 18.6%；当只考虑 CO_2 倍增时，净第一性生产力只增加 2.7%；而同时考虑气候变化和 CO_2 浓度倍增时，净第一性生产力将增加 26.4% ~ 37.2%。Ren 等（2011）采用陆地生态系统动态模型（DLEM）研究表明，由于大气臭氧（O_3）、气候、CO_2、氮沉降及土地利用变化，中国森林在 1961—2005 年碳汇模型模拟表明，大气（O_3）含量不断增加，导致全国碳储量下降近 7.7%，由于 O_3 导致不同森林类型的净生态系统生产力下降了 0.4% ~ 43.1%。另一些研究结果也证实气候变暖与干旱、火灾和生物干扰相互作用造成了森林生产力的下降。例如，Zhao 等（2010）研究发现，在 2000—2009 年增温最明显的阶段，全球净第一性生产力没有持续增加，反而下降了 5.5 亿 t（碳单位）。由此可见，气候变化对森林生产力的影响机制非常复杂，且存在不确定性。

四、森林碳循环

气候变化会影响森林及树木的光合作用、器官衰老、凋落物及分解速率、土壤有机物质分解和转化过程，进而对森林生态系统的碳循环过程产生影响。在气候变化背景下，大气 CO_2 浓度的增加和气温上升，引起植物物候期的延长，加上全球氮沉降和营林措施的改变等因素，森林的年平均固碳能力呈稳定的上升趋势（Nabuurs et al.，2002）。虽然在正常年份森林普遍发挥着碳汇功能，但是在厄尔尼诺发生的高温干旱年份，极端气候直接引起的植物生理胁迫、林木翻蔸和断枝折干以及间接导致的病虫害，均会引起植物生长停滞甚至大量死亡（Brando et al.，2008），使林木个体死亡率上升。因此，极端气候事件的发生，一方面会使森林自身碳吸储能力下降，另一方面，死亡林木的腐朽分解又会释放大量碳，使森林表现为一个净碳源。

森林土壤有机碳储量是陆地生态系统土壤碳库中最大的储存库（周晓宇等，2010）。气候变化通过改变地上碳向地下碳的输入速率，以及调节和改变土壤微生物群落的活性等生理生化过程对森林土壤有机碳库产生影响。全球气候变暖使土壤温度上升，进而对森林土壤和根系呼吸过程产生影响。北方地区气温较低，不利于植物凋落物和土壤有机碳的分解。然而，随着北方高纬度地区的大幅度增温，北方森林地表的凋落物及土壤有机碳分解转化速率均有不同程度的提高，从而增加土壤碳流失速率（周晓宇等，2010）。降水量的增加，可能会提高土壤动物、微生物活性，进而促进土壤呼吸，导致森林土壤有机碳库释放的 CO_2 速率加快。极端干旱事件则可能会通过降低土壤微生物活性以减少土壤呼吸速率（Sotta et al.，2007）。大气 CO_2 浓度的增加有可能会提高植物光合作用强度，会增加森林地上部分的生物量；同时其凋落物产量对土壤的输入量也随之增加。此外，CO_2 浓度的增加也会对地下根系产生影响，地上植物光合作用的增强，导致向根系输入的碳水化合物的增加，刺激根系生长并提高根系生物量（Jackson et al.，2011）。当然，CO_2 浓度增加带来的气候变暖同时会促进土壤微生物活性，增强植物根系和土壤呼吸（Jackson et al.，2011），因此，CO_2 浓度增加是否导致土壤碳库增加，目前还没有定论。

五、森林生物多样性

越来越多的证据表明，气候变化会对森林生物多样性造成深刻影响（Bellard et al.，2012）。首先，气候变化可以引起森林植物物候发生变化，例如，气候变化可导致开花植物的物候变化，使植物—授粉者网络结构断裂，进而导致相应植物和授粉者的相继灭绝（Rafferty et al.，2011）。其次，气候变化会导致食物链的改变。由于物种之间存在复杂的相互作用，植物多样性的变化和丧失可能会引起食物链的缺损和不同物种之间的生态关系的断裂，造成级联效应而引起次生灭绝（Walther，2010），而其他的种间关系（竞争、捕食、寄生或附生）的改变也可以影响群落结构和生态系统功能的变化（Walther，2010；Lafferty，2009）。第三，气候变化引发的环境变化可以造成热点地区的物种灭绝。据预测，热点地区有 43% 的物种将会消失，即约 5.6 万种地方植物和 3700 种地方脊椎动物将会灭绝。气候变暖使生物多样性减少，在青藏高原的野外增温实验发现，为期 4 年的增温使植物多样性降低了 26%~36%（Klein et al.，2004）；环境改变还使某些关键种或稀有种丧失（苏宏新等，2013；Tewksbury et al.，2008）。第四，生物分布区的改变也将对生物多样性造成影响（Wilson et al.，2004）。随着气候变暖的加剧，许多物种的地理分布区向高纬度和高海拔地区转移，在这种情况下，位于更高纬度或更高海拔的物种由于缺少适宜的分布区而面临灭绝的危险（Massot et al.，2008）。第五，生物入侵是影响全球生物区系的重要过程。通常情况下，能够成功入侵的植物往往在竞争能力、繁殖能力、扩散能力以及对恶劣环境的耐受能力方面具有优势，这些优势有助于它们在面对变化的环境时能够更快速地适应，获得更多的有限资源，从而在竞争中胜过或取代本地植物（Bradley *et al.*，2010），因此，气候变化带来的生物入侵会加剧对本地森林生物多样性的影响。第六，气候变化引起的极端气候事件的频发也会直接影响生物多样性。

在生态系统的尺度上，Leemans 等（2004）、Reuscht 等（2004）认为，伴随全球变化的加剧，许多生态系统功能将发生改变。例如，《千年生态系统评估》预测 5% ~ 20% 的陆地生态系统将相互转化，特别是寒温带针叶林、灌丛林地、热带稀树草原和北方森林[Millennium Ecosystem Assessment（MA），2005]。

目前虽然气候变化引起的物种灭绝的证据还相当有限，但已有研究表明，在未来的几十年里，气候变化可能会超过其他因子而成为全球植物多样性最大的威胁（Leadley *et al.*，2010）。

六、森林水文功能

森林生态系统水平的蒸发散变化，包括两个过程——生理蒸腾和物理蒸发。产生蒸发散的先决条件：水分源、驱动水分运动的能量和水分传输所需的汇，即地上空气的湿度差。气候变化除伴随温度升高外，还会出现云雾变化以及由此产生的辐射、风和湿度的变化，而所有这些变化都影响蒸发散的 3 个先决条件（刘世荣等，1996）。因此，气候变化将直接影响水热条件的时空格局和动态变化，从而影响森林水文功能的发挥（刘世荣等，1996）。通常，森林的水文功能在暴雨、大暴雨和连续性降雨条件下会有所减弱，甚至丧失（温远光等，1995）。而气候变化的结果，有可能使反常天气强化，降水更为集中，强度增大，连续性雨日增多，因此气候变化下，森林的水文功能将减弱，暴雨致洪的可能性增大（温远光等，1995）。基于实测和建模的一些大尺度研究表明，全球气候变化已经改变了流域水文特征（Easterling *et al.*，2000；Jackson *et al.*，2001；Piao *et al.*，2010）。刘昌明等（2008）的研究表明，在全球气候变化背景下，我国六大江河径流减少。周国逸和刘效东（2013）基于中国南部鼎湖山自然保护区长期水文过程监测以及 SWAT 模型的模拟，指出该流域土壤干化、河道径流量的增加和地下水位的升高，是由流域尺度上气候变化背景下降水格局和气温的变化引起。由于土壤饱和含水量的限制，暴雨形式降水量的增加并没有提高湿季土壤水分含量，而干季干燥日数的增多却显著降低了土壤含水量，进而使土壤水分供给相对不足，最终导致了实际蒸散量的降低。湿季强化的降水能够增加流域产水量、地表径流和地下水位，从而更易导致洪灾。伴随着干燥日数的增加，干季较低的土壤含水量减少了地表产流以及地下水输入。这些土壤水分及水文变量的响应，表明气候变化已经导致中国南部地区干旱和洪涝极端事件的加剧。

当前的研究普遍认为，气候变化是决定径流变化最重要的因素（Wei *et al.*，2010；Montenegro *et al.*，2012）。魏晓华等（2013）对全球 23 个大流域（面积大于 1000 km²）的数据分析表明，气候变化和森林变化是影响水文变化的两个最主要的驱动因素。同时指出，由于气候变化与森林变化对水文变化影响的极端复杂性，目前还没有一种方法能有效地阐明植被变化与气候变化如何相互作用影响流域水文的变化，亟待深入研究。

七、森林灾害

无论是生物因素还是非生物因素引起的森林灾害，其发生的时间与强度都与气候条件密切相关。当前的研究普遍认为，以全球变暖和极端气候事件频发多变为特征的气候变化是许多森林灾害（如火灾、病虫害、旱灾、洪灾、低温雨雪冰冻灾害等）发生的主要诱因。

森林火灾的驱动力（如生态系统生产力、可燃物积累和环境火险条件）受气候变化的影响（Williams et al.，2001）。研究表明，极端干旱与雷击事件会显著提高林火发生的概率。火烧对森林植被的影响取决于火烧的频率和强度，严重的森林火灾会导致森林退化为灌丛或草地，并减少植被生物量和碳储量（Nave et al.，2011）。气候变化背景下，温度升高和降水模式改变将增加干旱区的火险，火烧频度加大（Williams et al.，2001），会引起生态系统结构和功能的显著变化（Bond et al.，2005）。在 2003 年的热浪中，葡萄牙、西班牙、意大利、法国、澳大利亚、芬兰、丹麦和爱尔兰共发生了25000 多起火灾，烧毁了 65 万 hm² 森林植被（De Bono et al.，2004）。由于气候变化，我国的森林火灾也比较严重，主要表现：森林火险期明显延长。1952—2003 年，我国平均每年发生森林火灾 1.4 万次，平均受害森林面积 82.2 万 hm²（刘世荣，2013）。2008 年年初发生在我国南方百年一遇的低温雨雪冰冻灾害，导致林木大批折断，地表可燃物猛增 2~10 倍，平均地表可燃物载量超过 50 t/hm²，部分严重地段达到 100 t/hm² 以上，已超过可发生高强度林火和大火的标准（30 t/hm²）（谢晨等，2010）。

气候变化是森林病虫害大规模、毁灭性、高强度发生的重要诱因之一（Sturrock et al.，2011）。气候变暖造成森林病虫害发生区域范围扩大，森林病虫害的种类、数量、强度及频率明显增加，森林病虫害的暴发周期有所缩短。20 世纪 90 年代以来，中国森林病虫害每年平均发生面积都在 800 万 hm² 左右，其中，中度以上的受害面积达 426.7 万 hm²，相当于每年人工造林面积的 80%（刘世荣，2013）。近年来，由于生态环境的整体恶化，以极端异常气候过程为主要诱因的病虫害发生面积进一步扩大，2007 年全国森林病虫害发生面积为 1250 万 hm²，创历史新高（刘世荣，2013）。

气候变化引发的高温和持续干旱会提高树木的死亡率。Brendan 等在《Nature》上发表的文章指出，科学家们评估了生长在全球 81 个不同生物群落中的 226 个树种在干旱条件下的反应发现，70% 的树种在减少水源供给后会变得特别容易受到伤害（Brendan et al.，2012）。干旱强度微增会导致树木发生木质部栓塞，"水力失衡"，直接损害树木生长，导致树木死亡。因此，气候变化引起的高温和持续干旱将对全球森林产生毁灭性的影响。

第三节　全球气候变化下的
多尺度适应性管理

适应性是指个体或系统通过改善遗传或者行为特征从而更好地适应变化，并通过遗传保留下相应的适应性特征（Futuyama，1979；Winterhalder，1980；Kitano，2002）。也有学者认为，全球变化背景下的适应性是指人类社会与自然生态系统针对全球变化导致的或预期的影响在不同尺度（个体、地区、国家、区域）上的调整（崔胜辉等，2011）。森林及树木对全球气候变化的适应包括自然适应和人为适应。越来越多的研究表明，生物在一定程度上都具有可塑性，即生物具有为适应环境变化而改变自身的行为、形态或生理方面的能力（Valladares et al.，2006），森林对变化的环境具有较强的自组织功能、自调节能力和自恢复能力。适应性森林管理正是利用森林及树木的适应性和可塑性，通过科学的研究、管理、监测、评估和调控等手段，保持森林生态系统的稳定性、生物多样性，增强森林自身抵抗各种灾害的能力，发挥森林多目标、多价值、多用途、多产品和多服务的功能（蒋桂娟等，2011）。适应性森林管理已成为应对气候变化的有力工具之一。

一、基因的适应性管理

在全球气候变化背景下，基因尺度的适应性管理，主要是对一些濒临灭绝或受到严重威胁物种采取种质基因保存的对策。种质基因保存包括种子库、基因资源库、染色体库，以及进行基因人为选择，培育适应性强的新物种等（Benioff et al.，1996）。全球气候变化加剧了生物多样性特别是基因多样性的丧失，多样性丧失的速率是前人类活动时代的 1000 倍，而且未来的丧失速率将是目前的 10 倍（Chapin et al.，2000；Thomas et al.，2004）。种质基因的保存对适应气候变化将发挥至关重要的作用。研究发现，生物可将通过基因改变（Bradshaw et al.，2008）或微进化来适应气候变化（Gienapp et al.，2008）。Truong 等（2007）的研究发现，气候变化引起瑞士南部桦木（*Betula pubescens* ssp. *tortuosa*）分布相关基因改变，使这些植物在新分布区能正常生长发育。物种通过基因调控来加速植物开花，有利于植物适应气候变化（Parmesan，2006）。全球气候变化对植物基因的影响日益剧烈，在没有物种基因的适应性管理的情况下，物种通过更适宜基因型的自然选择来响应气候变化。然而，植物对气候的自然适应速率过于缓慢，无法抵消气候迅速变化所带来的影响（Valladares，2013）。因此，运用基因工程以及转基因技术手段改造植物的基因性状，从而获得适应气候环境变化的新物种，是基因适应性管理的重要手段之一。

二、物种的适应性管理

气候变化与生物多样性密切相关。物种在气候变化的自然适应过程中，既可通过物种的快速进化和自身的可塑性不断提高对逆境的适应性，也可通过空间、时间和自身生理特性 3 个方面产生适应性响应，以最大限度地避免物种丧失和灭绝（Bellard *et al.*，2012）。大量的研究表明，在气候变化背景下，一方面物种可以通过向新的气候适宜的栖息地迁移，比如气候变暖后物种分布范围向高纬度或高海拔地区迁移，使物种得以生存和繁殖；另一方面，物种也可以通过物候期的改变、自身性状改变和个体生理生态特性改变来适应不断变化的气候条件，以适应原生长地的新环境（牛书丽等，2009）。扩大保护区范围将有利于减少脆弱性，减轻对自然保护区物种威胁，增加生物多样性的弹性，帮助物种自然适应。

物种对气候变化的人为适应，包括人为帮助物种适应、管理物种栖息地、物种迁地保护、减少环境胁迫等。自然保护区管理和设计被公认为物种适应气候变化的有效途径。Hannah 等（2007）指出，气候变化可能使物种不能继续在保护区内生存，减少保护区的功能有效性，所以保护区管理策略是物种适应气候变化的第一选择。保护区规划和设计需要考虑气候变化对物种迁移的影响，满足物种适应气候变化而迁移的需要，增加物种保护走廊设计（Williams *et al.*，2005）；保护区范围选择要有代表性，要把目前和将来都能适应气候变化的保护区作为优先选择的对象，并且考虑新适宜范围与以前适宜范围的连通性（Hannah *et al.*，2002，2005）。建立物种保护的防灾体系也是物种适应气候变化的重要内容。IPCC 报告中提出，在考虑气候变化对生物多样性影响适应对策中，进行保护区网络通道设计有利于物种迁徙，对一些敏感和脆弱物种进行迁地保护以增加适应（IPCC，2014）。在生物多样性适应气候变化方面需要考虑对海平面上升、洪水、火灾和旱灾的预防（Hulme，2005）。同时，生物入侵是影响全球生物区系的重要过程，面对入侵物种，也需要考虑控制生物入侵（Bardsley *et al.*，2007），增强物种对外来入侵的抵抗力。

三、森林生态系统的适应性管理

森林生态系统的适应性管理是森林适应气候变化的核心。在生态系统尺度上，人为适应气候变化活动主要包括维持或恢复自然生态系统，增加生态系统的功能、稳定性和弹性，以及在森林可持续经营框架下采取森林减缓和适应气候变化的对策与措施。通过造林、再造林、退化生态系统恢复、建立农林复合系统、加强森林可持续管理等措施有利于提高森林碳储量，增强森林碳固定和碳吸收能力。据 FAO 报道，全球可用于造林、再造林和农用林的土地面积约 3. 45 亿 hm²，如果全部实施造林、再造林和农用林，造林碳汇潜力可达 28 Gt C，农用林为 7 Gt C，热带地区 2. 17 亿 hm² 退化土地的植被恢复可新增固碳 11. 5~28. 7 Gt C(FAO，2001)。各地区应在保护好现有的原始天然林和次生天然林的同时，大力发展速生丰产林，并加强人工林的集约经营，提高碳汇能力。森林碳储量与森林的物种组成和立地质量密切相关(Brove *et al.*，2008)。考虑到未来气候变化的影响，在气候变化敏感地区，特别是交错区域更应避免大面积营造人工纯林。为了森林碳汇量的最大化，可以延长林分的采伐时间(即延长轮伐期)。但 Kaipainen 等(2004)发现土壤碳汇随轮伐期的延长而减少。通过适宜的营林技术(如疏伐、部分采伐、优化树种组成等)可以维持或增加林分水平的碳密度；通过森林保护、轮伐期延长、火灾管理和病虫害防治可以维持或增加景观水平的碳密度。目前的研究表明，通过经营管理措施提高次生林的生长速度及其结构复杂性有助于提高林分的净初级生产力和土壤吸收碳的能力(Moreno *et al.*，2013)。

在全球气候变化下，森林火灾的频率和强度逐年增加，林火发生的规律有所改变，从而对林火预防与管理提出了更高的要求。在气候变化引发的持续干旱频发的条件下，应深化防火与控制性火烧的有机结合，既要增加森林地被物积累以提高森林生态系统的碳固持能力，也要避免森林地被物的过度积累而导致的高强度、破坏性火灾发生，探索适应于新气候条件下的林火预防与管理方法，防止森林火灾的大规模发生，以提高森林生态系统的碳汇能力。因此，加强森林火灾的预防和管理应成为全球林业适应全球气候变化的重要政策之一。

在全球气候变暖的条件下，森林病虫害呈现恶性暴发态势(Williams *et al.*，2002)。为避免大规模、突发性、毁灭性森林病虫害发生，除加强检疫、预报和提高防治技术手段外，还应加强纯林改造，特别是外来树种人工林，提高混交林比例，通过林分组成和结构的优化逐步提高森林自身的多样性、稳定性、自控力和预防病虫害的能力。同时，应选用含碳率高、生长快、抗性强的造林树种，有效提高森林的抗性和适应气候变化的韧性。

四、流域的适应性管理

流域是一个独特的地理单元，它可划定的边界线为流域规划和管理提供了便利(魏晓华等，2009)。在世界范围内，许多国家都把流域作为一个区域开发与保护的实体。各种针对流域的管理机构不断涌现。比如在加拿大的 Fraser 流域委员会、Mackenzie 流域委员会，在中国的长江水利委员会、黄河水利委员会和珠江水利委员会等(魏晓华等，2009)。这些机构的宗旨是把整个流域作为一个大生态系统，协调流域的各种规划、资源利用及环境保护。事实证明，这种做法比把流域内资源分割管理的策略更有效(魏晓华等，2009)。针对流域适应气候变化的管理，Hannah 等(2002)提出了适应气候变化的集成性保护策略(climate change—integrated conservation strategies，CCS)，包括模拟区域生物多样性对气候变化响应，把气候变化作为区域适应性管理中的集成性选择因子和管理目标参数，设立行政区域或国家边界的协调机制，从资源丰富的国家向气候变化对生物多样性影响脆弱的国家提供资源等。这种集成性保护策略有利于提高流域整体对气候变化的适应能力。当前，在世界上许多流域开展了适应气候变化的流域生态系统综合管理实践，如澳大利亚的 Murray—Darling Basin 模式、加拿大的 Okanagan 流域模式等(魏晓华等，2009)。在全球气候变化背景下，我国长江流域森林生态系统的敏感性和脆弱性都会增加，需要全面提高长江流域森林生态系统对气候变化的适应能力(徐明等，2009)。从脆弱性和敏感性分析结果来看，长江流域分布面积最大的地带性森林植被(常绿阔叶林和落叶阔叶林)的敏感性和脆弱性较低，在全球气候变化背景下，这些地带性森林类型适应极端气候事件的能力较强，因此，应加大保护天然林，恢复地带性森林植被，并在生态恢复过程中适度考虑因气候变暖引起的树种分布范围向高纬度或高海拔迁移。在造林时，既要发挥南方树种的速生优势，又要充分考虑极端气候波动可能带来的风险(徐明等，2009)。同时，对整个流域森林生态系统的主体功能进行区划，建立和完善流域内生态补偿机制，切实提高流域尺度的森林经营水平，提高流域整体适应气候变化的能力。

五、生物圈的适应性管理

全球气候变化是人类迄今为止面临的影响最为深远、规模最大、范围最广、持续时间最长的环境问题，需要全人类的共同努力，提高生物圈对气候变化的适应能力。生物圈的适应性管理主要是全面提高全球范围内各国政府及公众的气候变化认同意识，建立全球生物圈保护区网络，完善碳排放交易市场，开发并推广碳替代产品，实施清洁生产机制和可持续发展战略等。虽然森林在调节全球气候变化、维持陆地碳循环与碳平衡方面的重要作用已得到国际学术界的普遍认同，但是，一方面，一些经济欠发达国家和地区仍然将森林作为维系生存与发展的主要来源，过度开发利用，造成大面积森林的退化甚至消亡，从而引起碳排放增加和全球变暖加剧；另一方面，一些发达国家如美国布什政府以减少温室气体排放将会影响美国经济发展及发展中国家也应该承担减排和限排温室气体的义务为借口，宣布拒绝签署《京都议定书》，美国的一些地方政府相继宣布停止碳交易或退出区域温室气体减排倡议，致使部分国家和地方层面的减排行动陷入倒退局面。因此，国际社会应该加强应对气候变化的合作，提高各国及其各级政府和公众对气候变化以及森林对减缓气候变化作用的认同意识，特别是决策者对气候变化的认识，从政策、资金、机构等方面提高应对气候变化的能力建设。

建立全球生物圈保护区是全球尺度应对气候变化的重要内容。当前，由109个国家的564个生物圈保护区所构成的全球生物圈保护区网络，除了保护生物多样性外，对缓解和适应气候变化也发挥了重要作用，尤其是土地的可持续利用、绿色经济、维护生态系统服务、节能和可再生能源利用等领域。今后，应加强整合各国自然保护区的网络建设，注重生物圈保护区在减缓和适应气候变化影响方面的能力建设，让其在应对气候变化中发挥更大的作用。

开发和推广碳替代产品，建立和完善国际碳排放交易市场。替代式管理，就是把森林作为可再生资源，通过提高和增强森林碳吸收速率或生物量向产品转移，主要包括扩展森林作为燃料和林产品供应者的用途，以减少碳排放或增加长期封存碳。当用森林生产锯材、胶合板和其他工业木材产品时，碳就被长期封存。提高森林产品在长期碳封存方面的作用，可以减少森林生态系统向大气中的碳排放。从长远来看，为了达到减少碳排放的目的，直接取代或以生产低能源密集度的木材新产品取代矿物燃料可能要比在森林或林产品中储存碳更为有效。薪材是当今世界特别是发展中国家的重要能源，世界上几乎一半人口把薪柴当成主要的能源消耗。薪炭林是无污染的优良能源，薪柴含硫量较低，在燃烧时排放的 CO_2 与薪炭林生长期固定的 CO_2 相当，发展薪炭林有利于大气 CO_2 浓度的稳定，是森林管理适应并减缓气候变化的重要措施之一。此外，在大力发展薪炭林替代矿物燃料的同时，要积极开发和推广太阳能、风能、水能等可再生替代能源。《京都议定书》提出的碳排放权交易是实现减缓气候变化国际合作的重要机制。通过规范自愿减排交易和排放权交易试点，完善碳排放交易价格形成机制，逐步建立跨国、跨区域的碳排放权交易体系，充分发挥市场机制在温室气体减排中的重要作用。

发挥政府组织和非政府组织在气候变化减缓中的作用，全面推进生物圈可持续发展。国际组织作为国际社会的一个不同于主权国家的机构，开展了应对全球气候变化的一系列工作，发挥着越来越重要的作用。联合国是全球最大的政府间组织机构，面对全球气候变化所带来的危机和挑战，联合国积极推动国际谈判、召开国际会议、制定国际公约和提供相应的经济支持，为全球气候变化提供了科学的政策指导，减少了国际社会在气候变化问题上的分歧，加强了国际社会的国际气候合作，形成了《联合国气候变化框架公约》和《京都议定书》等具有里程碑意义的国际公约，为世界各国应对全球气候变化指明了方向。此外，也要重视和发挥非政府组织的作用(如世界气象组织和绿色和平组织等)。各种非政府组织以其自身的特殊性，在应对气候变化挑战中发挥的作用越来越大。可持续发展已成为全人类的普遍共识。在可持续发展和森林可持续经营的框架下，统筹考虑经济发展、消除贫困、保护气候，积极推动绿色、低碳发展，实现经济社会发展和应对气候变化的双赢。通过加强政府和非政府组织的全球合作，研究生物圈结构与功能变化，建立生物圈脆弱性评价指标体系与模型，评估未来气候变化背景下生物圈脆弱性及自适应程度，构建典型脆弱生态系统的适应技术体系，阐明生物圈对未来气候变化的适应对策，全面推进生物圈的可持续发展。

第四节　展　望

在漫长的地质历史时期中，森林不断受到环境变化的影响，并能不断地适应变化的环境。但是面对当前全球气候变化的速度与复杂程度所带来的新挑战，森林更难以应对。树木本身较慢的进化速率和较弱的表型可塑性以及森林生态系统较弱的适应能力和较迟缓的响应速率，显示出森林及树木成功应对迅速发生的气候变化和由此引发的其他环境变化的能力都较低。研究表明，生命周期长的物种可能无法应对急剧的气候变化(Savolainen *et al.*，2004；Franks *et al.*，2007)，森林应对干旱脆弱表现的全球趋同性将导致全球森林的毁灭性破坏。虽然我们正逐渐对全球气候变化的影响和森林对单个环境因子变化的响应有所了解，但是全球气候变化的机理和影响错综复杂，很多环境因子是同时发生变化且共同产生影响，而且对环境变化具有不同敏感性和不同响应的许多物种会共存并相互作用，从而形成了复杂的物种响应网络。诚然，我们目前掌握的知识并不足以让我们清晰地了解全球变暖及其他的气候因子变化的驱动力，也不能真正地了解基因、物种、森林生态系统、流域和生物圈等不同生命系统对全球气候变化的响应速率、适应能力和范围。只有填补了这些基础知识的空白，我们才能够在变化的世界中了解各生命系统的发展趋势，才有能力解读各生命系统应对气候变化影响所发生的更多生态现象和过程。在全球气候变化加剧的背景下，我们不能等到对生态系统变化格局和过程中所有不确定性因素全面了解后，才去减缓和应对气候变化所带来的日益增加的社会、生态和经济威胁。我们相信，对森林减缓气候变化原理和方法的科学理解足以让我们在《可持续发展》《联合国气候变化框架公约》《京都议定书》的指导下迅速及时地实施林业减缓行动(Nabuurs *et al.*，2007)，把气候变化给森林和林业所带来的消极影响降低到最小，实现森林的可持续经营和生物圈的可持续发展。

参考文献

崔胜辉，李旋旗，李扬，等，2011. 全球变化背景下的适应性研究综述[J]. 地理科学进展，30(9)：1088-1098.

方精云，2000. 中国森林生产力及其对全球气候变化的响应[J]. 植物生态学报，24(5)：513-517.

韩梅，吉成均，左闻韵，等，2006. CO_2浓度和温度升高对11种植物叶片解剖特征的影响[J]. 生态学报，26(2)：326-333.

郝建锋，金森，马钦彦，等，2008. 变化环境下森林的适应性与可持续管理[J]. 干旱区资源与环境，22(3)：63-69.

贺新强，林月惠，林金星，等，1998. 气孔密度与近一个世纪大气CO_2浓度变化的相关性研究[J]. 科学通报，43(8)：860-862.

蒋高明，渠春梅，2000. 北京山区辽东栎林中几种木本植物光合作用对CO_2浓度升高的响应[J]. 植物生态学报，24(2)：204-208.

蒋桂娟，郑小贤，2011. 森林生态系统适应性经营研究[J]. 林业调查规划，36(6)：52-56.

李坚，郭明辉，赵西平，2012. 木材品质与营林环境[M]. 北京：科学出版社.

刘昌明，刘小莽，郑红星，2008. 气候变化对水文水资源影响问题的探讨[J]. 科学对社会的影响，2008(2)：21-27.

刘世荣，温远光，王兵，等，1996. 中国森林生态系统水文生态功能规律[M]. 北京：中国林业出版社.

刘世荣，徐德应，王兵，1994. 气候变化对中国森林生产力的影响Ⅱ. 中国森林第一性生产力的模拟[J]. 林业科学研究，7(4)：425-430.

刘世荣，2013. 气候变化对森林影响与适应性管理[M]//邬建国，安树青，冷欣. 现代生态学讲座（Ⅵ）——全球气候变化与生态格局和过程. 北京：高等教育出版社，1-24.

牛书丽，万师强，马克平，2009. 陆地生态系统及生物多样性对气候变化的适应与减缓[J]. 中国科学院院刊，24(4)：421-427.

彭晓邦，张硕新，2006. 大气CO_2浓度升高对植物某些生理过程影响的研究进展[J]. 西北林学院学报，21(1)：68-71.

苏宏新，马克平，2013. 森林植物多样性与生态系统固碳：减缓和适应气候变化[M]//现代生态学讲座（Ⅵ）——全球气候变化与生态格局和过程. 北京：高等教育出版社，133-154.

孙阁，2013. 气候变化-森林-水资源相互作用[M]//邬建国，安树青，冷欣. 现代生态学讲座（Ⅵ）——全球气候变化与生态格局和过程. 北京：高等教育出版社，25-46.

万师强，2011. 气候变化与中国生物多样性的科学基础[M]//《生物多样性与气候变化》编委会. 生物多样性与气候变化. 北京：中国环境科学出版社，12-18.

王森，代力民，韩士杰，等，2000. 高CO_2浓度对长白山阔叶红松林主要树种的影响[J]. 应用生态学报，11(5)：675-679.

王森，郝占庆，姬兰柱，等，2002. 高CO_2浓度对温带三种针叶树光合光响应特性的影响[J]. 应用生态学报，13(6)：646-650.

王小平，杨晓军，刘晶岚，等，2013. 气候变化挑战下的森林生态系统经营管理[M]. 北京：高等教育出版社.

魏晓华, 刘文飞, 周培聪, 2013. 定量评价气候和土地利用变化对大流域水文的相对影响: 研究进展[M]//邬建国, 安树青, 冷欣. 现代生态学讲座(Ⅵ)——全球气候变化与生态格局和过程. 北京: 高等教育出版社, 193-213.

魏晓华, 孙阁, 2009. 流域生态系统过程与管理[M]. 北京: 高等教育出版社.

温远光, 元昌安, 刘世荣, 等, 1995. 全球气候变化与中国森林的水文效应[G]//中国科学技术协会第二届青年学术年会论文集. 北京: 中国科学技术出版社, 579-583.

谢晨, 赵萱, 王赛, 等, 2010. 气候变化对森林和林业的影响及适应性政策选择——基于全球和我国的相关研究进展[J]. 林业经济, 6: 94-104.

谢会成, 姜志林, 尹建道, 2002. 杉木的光合特性及其对 CO_2 倍增的响应[J]. 西北林学学院学报, 17(2): 1-3.

徐明, 马超德, 2009. 长江流域气候变化脆弱性与适应性研究[M]. 北京: 中国水利水电出版社.

徐胜, 陈伟, 何兴元, 等, 2015. 高浓度 CO_2 对树木生理生态影响研究进展[J]. 生态学报, 35(8): 2452-2460.

许明, 李坚, 2013. 木材的碳素储存与科学保护[M]. 北京: 科学出版社.

尹伟伦, 翟明普, 2010. 南方低温雨雪冰冻的林业灾害与防治对策的研究[M]. 北京: 中国环境科学出版社.

中国气象局气候变化中心, 2020. 中国气候变化蓝皮书[M]. 北京: 科学出版社.

周广胜, 郑元润, 陈四清, 等, 1998. 自然植被净第一性生产力模型及应用[J]. 林业科学, 34(5): 2-11.

周国逸, 刘效东, 2013. 森林小流域水文过程对全球气候变化响应的定量化研究[M]//邬建国, 安树青, 冷欣. 现代生态学讲座(Ⅵ)——全球气候变化与生态格局和过程. 北京: 高等教育出版社, 174-192.

周晓宇, 张称意, 郭广芬, 2010. 气候变化对森林土壤有机碳储量影响的研究进展[J]. 应用生态学报, 21: 1867-1874.

朱建华, 侯振宏, 张治军, 等, 2007. 气候变化与森林生态系统: 影响、脆弱性与适应性[J]. 林业科学, 43(11): 138-145.

Allen C D, Macalady A K, Chenchouni H, et al, 2010. A global overview of drought and heat-induced tree mortality reveals emerging climate change risks for forests [J]. Forest Ecology and Management, 259 (4): 660-684.

Aranda X, Agusti C, Joffre R, et al, 2006. Photosynthesis, growth and structural characteristics of holm oak resprouts originated from plants grown under elevated CO_2 [J]. Physiologia Plantarum, 128(2): 302-312.

Bardsley D K, Edwards-Jones G, 2007. Invasive species policy and climate change: Social perceptions of environmental change in the Mediterranean [J]. Environmental Science & Policy, 10(3): 230-242.

Bellard C, Bertelsmeier C, Leadley P, et al, 2012. Impacts of climate change on the future of biodiversity [J]. Ecology Letters, 15(4): 365-377.

Benioff R, Guill S, Lee J, 1996. Vulnerability and adaptation assessments: An international handbook [M]. Norwell, Netherlands: Kluwer Academic Publishers.

Bonan G B, 1997. Effects of land use on the climate of the United States [J]. Climate Change, 37(3):

449-486.

Bonan G B, 2008. Forests and climate change: Forcings, feedbacks, and the climate benefits of forests [J]. Science, 320(5882): 1444-1449.

Bond W J, Woodward F I, Midgley G F, 2005. The global distribution of ecosystems in a world without fire [J]. New Phytologist, 165(2): 525-538.

Bradley B A, Blumenthal D M, Wilcove D S, et al, 2010. Predicting plant invasions in an era of global change [J]. Trends in Ecology & Evolution, 25(5): 310-318.

Bradshaw W E, Holzapfel C M, 2008. Genetic response to rapid climate change: It's seasonal timing that matters [J]. Molecular Ecology, 17(1): 157-166.

Brando P M, Nepstad D C, Davison E A, et al, 2008. Drought effects of litterfall, wood production and belowground carbon cycling in an Amazon forest: Results of a throughfall reduction experiment [J]. Philosophical Transactions of the Royal Society B: Biological Sciences, 363(1498): 1839-1848.

Bravo F, Jandl R, Gadow K V, et al, 2013. 导言[M]//王小平, 杨晓晖, 刘晶岚, 等, 译. 气候变化挑战下的森林生态系统经营管理. 北京: 高等教育出版社, 3-40.

Brendan C, Steven J, Tim J B, et al, 2012. Global convergence in the vulnerability of forests to drought [J]. Nature, 491: 751-756.

Brove F, Bravo-Oviedo A, Diaz-Balteiro L, 2008. Carbon sequestration in Spanish Mediterranean forests under two management alternatives: A modeling approach [J]. European Journal of Forest Research, 127(3): 225-234.

Buchmann N, 2002. Plant ecophysiology and forest response to global change [J]. Tree phytology, 22(15-16): 1177-1184.

Camarero J J, Gutiérrez E, 2004. Pace and pattern of recent treeline dynamics: Response of ecotones to climatic variability in the Spanish Pyrenees [J]. Climatic Change, 63(1-2): 181-200.

Ceulemans R, Janssene I A, Jach M E, 1999. Effects of CO_2 enrichments on trees and forests: Lessons to be learned in view of future ecosystem studies [J]. Annals of Botany, 84(5): 577-590.

Chapin F S, Zavaleta E S, Eviner V T, et al, 2000. Consequences of changing biodiversity [J]. Nature, 405(6783): 234-242.

Chen I C, Hill J K, Ohlemüller R, et al, 2011. Rapid range shifts of species associated with high levels of climate warming [J]. Science, 333(6045): 1024-1026.

Chmielewski F M, Rötzer T, 2001. Response of tree phenology to climate change across Europe [J]. Agricultural & Forest Metorology, 108: 101-112.

Christensen J H, Hewitson B, Busuioc A, et al, 2007. Global climate projections. Contribution of working group I to the fourth assessment report of the intergovernmental panel on climate change [M]//Climate change, 2007. The physical science basis. Cambrige/New York: Cambrige University Press, 847-943.

Ciais P, Cramer W, Jarvis P, 2001. Land-use, land use change and forestry: Summary for policymakers [M]. Cambridge: Cambridge University.

Crimmins S M, Dobrowski S Z, Greenberg J A, et al, 2011. Change in climatic water balance drive downhill shifts in plant species' optimum elevations [J]. Science, 331(6015): 324-327.

De Bono A, Pedruzzi P, Giuliani G, et al, 2004. Impacts of summer 2003 heat wave in Europe [J]. Early Warning on Emerging Environmental Threats, UNEP DEWA/ GRID-Europe, 4.

Dickinson R E, Durbudge T B, Kennedy P J, et al, 1993. Tropical deforestation: Modeling local-to regional-scale climate change [J]. Journal of Geophysical Research, 98 (D4): 7289-7315.

Drake B G, Azcon-Bieto J, Berry J, et al, 1999. Does elevated atmospheric CO_2 concentration inhibit mitochondrial respiration in green plants [J]. Plant, Cell and Environment, 22(6): 649-657.

Easterling D R, Meehl G A, Parmesan C, et al, 2000. Climate exremes: Obervations, modeling, and impacts [J]. Science, 289(5487): 2068-2074.

Food and Agriculture Organization of the United Nations (FAO), 2001. Global forest resources assessment 2000 in global forest resources assessment 2000: Main report [M]. Rome.

Food and Agriculture Organization of the United Nations (FAO), 2010. 全球森林资源评估报告[M]. Rome.

Franks S J, Sim S, Weis A E, 2007. Rapid evolution of flowering time by an annual plant in response to a climate fluctuation [J]. Proceedings of the National Academy of Science USA, 104(4): 1278-1282.

Futuyama D J, 1979. Evolutionary biology [M]. Sinauer: Sunderland.

Gienapp P, Teplitsky C, Alho J S, et al, 2008. Climate change and evolution: Disentangling environmental and genetic responses [J]. Molecular Ecology, 17(1): 167-178.

Hannah L, Midgley G F, Hughes G, et al, 2005. The view from the cape: Extinction risk, protected areas and climate change [J]. Bioscience, 55(3): 231-242.

Hannah L, Midgley G F, Millar D, 2002. Climate change-integrated conservation strategies [J]. Global Ecology and Biogeography, 11: 485-495.

Hannah L, Midgley G, Andelman S, et al, 2007. Protected area needs in a changing climate [J]. Frontiers in Ecology and the Environment, 5(3): 131-138.

Houghton J T, Ding Y, Griggs D J, et al, 2001. Intergovernmental panel on climate change (IPCC): Climate change 2001: the scientific basis: Contribution of working group I to the third assessment report of the intergovernmental panel on climate change (IPCC) [M]. Cambrige, UK: Cambrige University Press.

Hulme P E, 2005. Adapting to climate change: Is there scope for ecological management in the face of a global threat? [J]. Journal of Applied Ecology, 42(5): 784-794.

IPCC, 2007. Climate Change 2007: Summary for policymakers [M]. Cambridge, UK: Cambrige University Press.

IPCC, 2013. Climate Change 2013: The physical science basis. Contribution of working group I to the fifth assessment report of the intergovernmental panel on climate change [M]. Cambridge University Press, Cambridge, United Kingdom and New York, NY, USA, 1535.

IPCC, 2014. Climate Change 2014: Synthesis report. Contribution of working groups I, II and III to the fifth assessment report of the intergovernmental panel on climate change [M]. Geneva, Switzerland, 151.

IPCC, 2021. Summary for policymakers. Climate change 2021: The physical science basis. Contribution of Working Group I to the Sixth Assessment Report of the Intergovernmental Panel on Climate Change[M]. Cambridge University Press, Cambridge, United Kingdom and New York, NY, USA: 3-32.

Jackson R B, Carpenter S R, Dahm C N, 2001. Water in a changing world [J]. Ecological Applications, IPCC, 2023. AR6 Synthesis Report: Climate Change 2023 [R]. 11(4): 1027-1045.

Jackson R B, Cook C W, Pippen J S, et al, 2011. Increased belowground biomass and soil CO_2 fluexs after a decade of carbon dioxide enrichment in a warm-temperate forest [J]. Ecology, 90 (12):

3352-3366.

Jackson R B, Jobbagey E G, Avissar R, et al, 2005. Trading water for carbon with biological carbon sequestration [J]. Science, 310: 1944-1947.

Jiang G J, Zheng X X, 2011. Adaptability management of forest ecosystem [J]. Forest Inventory and Planning, 36: 52-56.

Kaipainen T, Liski J, Pussinen A, et al, 2004. Managing carbon sinks by changing rotation length in European forests [J]. Environmental Science and Policy, 7(3): 205-219.

Kellomki S, Väisänen H, 1997. Modeling the dynamics of the forest ecosystem for climate change studies in the boreal conditions [J]. Ecological Modelling, 97(1-2): 121-140.

Kitano H, 2002. Systems biology: A brief overview [J]. Science, 295: 1662-1664.

Klein J A, Harte J, Zhao X Q, 2004. Experimental warming causes large and rapid species loss, dampened by simulated grazing, on the Tibetan Plateau [J]. Ecology Letters, 7(12): 1170-1179.

Lafferty K D, 2009. The ecology of climate change and infectious diseases [J]. Ecology, 90(4): 888-900.

Leadley P, Pereira H M, Alkemade R, et al, 2010. Biodiversity scenarios: Projections of 21st century change in biodiversity and associated ecosystem services [M]. Secretariat of the Convention on Biological Diversity.

Lean J, Warrilow A D, 1989. Simulation of the regional climatic impact of Amazon deforestation [J]. Nature, 342(6248): 411-413.

Lee H, Calvin K., Dasgupta D, et al, 2023. AR6 Synthesis Report: Climate Change 2023[R]// IPCC. AR6 Synthesis Report: Climate Change 2023.

Leemans R, Eickhout B, 2004. Another reason for concern: Regional and global impacts on ecosystems for different levels of climate change [J]. Global Environmental Change, 14(3): 219-228.

Lenoir J, Gégout J C, Marquet P A, et al, 2008. A significant upward shift in plant species optimum elevation during the 20th century [J]. Science, 32: 1768-1771.

Lenoir J, Gégout J C, Pierrat J C, et al, 2009. Different between tree species seedling and adult altitudinal distribution in mountain forests during the recent warm period (1986-2006) [J]. Ecography, 32: 765-777.

Lin J, Jach M E, Ceulemans R, 2001. Stomatal density and needle anatomy of Scots pine (*Pinus sylvestris*) are affected by elevated CO_2[J]. New Phytologist, 150(3): 665-674.

Lindner M, 2000. Developing adaptive forest management strategies to cope with climate change [J]. Tree Physiology, 20(5-6): 299-307.

Liu Y Q, 2010. A numerical study on hydrological impacts of forest restoration in the southern United States [J]. Ecohydrology, 4(2): 299-314.

Massot M, Clobert J, Ferriere R, 2008. Climate warming, dispersal inhibition and extinction risk [J]. Global Change Biology, 14: 461-469.

Matsumoto K, Ohta T, Irasawa M, et al, 2003. Climate change and extension of the *Ginkgo bilobal* L. growing season in Japan [J]. Global Change Biology, 9(11): 1634-1642.

Medlyn B E, Duursma R A, Zeppel M J B, 2011. Forest productivity under climate change: A checklist for evaluating model studies [J]. Wiley Interdisciplinary Reviews: Climate Change, 2(3): 332-355.

Meehl G A, Stocker T F, Collins W D, et al, 2007. Global climate projections. Contribution of working group I to the fourth assessment report of the intergovernmental panel on climate change [M]//Climate change, 2007. Cambrige/New York: Cambrige University Press, 747-847.

Millennium Ecosystem Assessment (MA), 2005. Ecosystems and human well-being: Synthesis [M]. Washington: Island Press.

Montenegro S, Ragab R, 2012. Impacts of possible climate and land use changes in the semi arid regions: a case study from north eastern Brazil [J]. Journal of Hydrology, 434-435: 55-68.

Moreno F H, Oberbauer S F, 2013. 哥伦比亚热带原始和次生林的土壤碳动态 [M]//王小平, 杨晓晖, 刘晶岚, 等, 译. 气候变化挑战下的森林生态系统经营管理. 北京: 高等教育出版社, 266-279.

Nabuurs G J, Masera O, Andrasko K, et al, 2007. Impacts, adaptation and vulnerability: Contribution of working group III to the fourth assessment report of the intergovernmental panel on climate change [M]// Climate change, 2007. Cambrige: Cambrige University Press: 1-73.

Nabuurs G J, Pussinen A, Karjalainen T, et al, 2002. Stemwood volume increment changes in European forests due to climate change—a simulation study with the EFISCEN model [J]. Global Change Biology, 8(4): 304-316.

Nave L E, Vance E D, Swanston C W, et al, 2011. Fire effects on temperate forest soil C and N storage [J]. Ecological Applications, 21(4): 1189-1201.

Nemani R R, Keeling C D, Hashimoto H, et al, 2003. Climate-driven increases in global terrestrial net primary production from 1982 to 1999 [J]. Science, 300(5625): 1560-1563.

Norby R J, Rustad L E, Dukes J S, et al, 2007. Ecosystem responses to warming and interacting global change factors. Chapter 3 [M] // Terrestrial ecosystems in a changing world. The IGBP Series, Springer, Heidelberg.

Pan Y, Birdsey R A, Fang J, et al, 2011. A large and persistent carbon sink in the world's forests [J]. Science, 333: 988-993.

Parmesan C, Yohe G, 2003. A globally coherent fingerprint of climate change impacts across natural systems [J]. Nature, 421(6918): 37-42.

Parmesan C, 2006. Ecological and evolutionary responses to recent climate change [J]. Annual Review of Ecology, Evolution and Systematics, 37: 637-669.

Peñuelas J, Filella I, 2001. Responses to a warming world [J]. Science, 294(5543): 793-795.

Piao S L, Ciais P, Huang Y, 2010. The impacts of climate change on water resources and agriculture in China [J]. Nature, 467(7311): 43-51.

Pielke R A, Pitman A, Niyogi D, et al, 2011. Land use/land cover changes and climate: Modeling analysis and observational evidence [J]. Wiley Interdisciplinary Reviews Climate Change, 2(6): 828-850.

Rafferty N E, Ives A R, 2011. Effects of experimental shifts in flowering phenology plant — pollinator interactions [J]. Ecology Letters, 14(1): 69-74.

Raupach M R, Marland G, Ciais P, et al, 2007. Global and regional drivers of asselerating CO_2 emissions [J]. Proceedings of the National Academy of Sciences, USA, 104(24): 10288-10293.

Ren W, Tian H, Tao B, et al, 2011. Impacts of tropospheric ozone and climate change on net primary productivity and net carbon exchange of China's forest ecosystems [J]. Global Ecology and Biogeography,

20(3)：391-406.

Reusch T B H, Ehlers A, Hammerli A, et al, 2004. An other reason for concern：Regional and global impacts on ecosystems for different levels of climate change [J]. Global Environmental Change, 34：1369-1378.

Root T L, Price J T, Hall K R, et al, 2003. Fingerprints of global warming on wild animals and plants [J]. Nature, 421(6918)：57-60.

Sanz-Ros A V, Pajares J A, Diez J J, 2013. 气候变量对西班牙北部松林冠层状况的影响 [M]//王小平, 杨晓晖, 刘晶岚, 等, 译. 气候变化挑战下的森林生态系统经营管理. 北京：高等教育出版社：99-112.

Savolainen O, Bokma F, Garcia-Gil R, et al, 2004. Genetic variation in cessation of growth and forest hardiness and consequences for adaptation of Pinus sylvestris to climate changes [J]. Forest Ecology and Management, 197(1-3)：79-89.

Schwartz M D, Reiter B E, 2000. Changes in north American spring [J]. International Journal of Climatology, 20：929-932.

Shukla J, Nobre C A, Sellers P J, 1990. Amazonia deforestation and climate change [J]. Science, 247 (4948)：1322-1325.

Sotta E D, Veldkamp E, Schwendenmann L, et al, 2007. Effects of an induced drought on soil carbon dioxide (CO_2) efflux and soil CO_2 production in an eastern Amazonian rainforest, Brazil [J]. Global Change Biology, 13(10)：2218-2229.

Sturrock R N, Frankel S J, Brown A V, et al, 2011. Climate change and forest diseases [J]. Plant Pathology, 60：133-149.

Su H, Sang W, Wang Y, et al, 2007. Simulating picea schrenkiana forest productivity under climatic changes and atmospheric CO_2 increase in Tianshan Mountains, Xinjiang Autonomous Region, China [J]. Forest Ecology and Management, 246(2-3)：273-284.

Tewksbury J J, Huey R B, Deutsch C A, 2008. Putting the heat on tropical animals [J]. Science, 320 (5881)：1296.

Thomas C D, Cameron A, Green R E, et al, 2004. Extinction risk from climate change [J]. Nature, 427 (6970)：145-148.

Truong C, Palme A E, Felber F, 2007. Recent invasion of the mountain birch *Betula pubescens* ssp. *tortuosa* above the treeline due to climate change：Genetic and ecological study in northern Sweden [J]. Journal of Evolutionary Biology, 20(1)：369-380.

Valladares F, Sanchez D, Zavala M, 2006. Quantitative estimation of phenotypic plasticity：Bridging the gap between the evolutionary concept and its ecological applications [J]. Journal of Ecology, 94(6)：1103-1116.

Valladares F, 2013. 森林应对气候变化能力的机械论观点 [M]//王小平, 杨晓晖, 刘晶岚, 等, 译. 气候变化挑战下的森林生态系统经营管理. 北京：高等教育出版社：15-40.

Walther G R, 2010. Community and ecosystem responses to recent climate change [J]. Philosophical Transactions of the Royal Society B：Biological Sciences, 365(1549)：2019-2024.

Watson T, Marufu C Z, Richard H M (ed.), 2001. Climate change 2001：Impacts, adaptation and vulnerability：A report of working group II of the intergovernmental panel on climate change (IPCC) [M].

Cambrige, UK: Cambrige University Press.

Wei X H, Zhang M F, 2010. Quantifying streamflow change caused by forest disturbance at a large spatial scale: A single watershed study [J]. Water Resource Research, 46(12): W12525.

Williams A A, Karoly D J, Tapper N, 2001. The sensitivity of Australian fire danger to climate change [J]. Climatic Change, 49(1): 171-191.

Williams D W, Liebhold A M, 2002. Climate change and the outbreak range of two north American bark beetles [J]. Agricultural and Forest Entomology, 4(2): 87-99.

Williams P, Hannah L, Andelman S, et al, 2005. Planning for climate change: Identifying minimum — dispersal corridor for the cape proteaceae [J]. Conservation Biology, 19(4): 1063-1074.

Wilson R J, Thomas C D, Fox R, et al, 2004. Spatial patterns in species distributions reveal biodiversity change [J]. Nature, 432(7015): 393-396.

Winterhalder G, 1980. Environmental analysis in human evolution and adaptation research [J]. Human Ecology, 8(2): 135-170.

Woodward F I, 2002. Potential impacts of global elevated CO_2 concentrations on plants [J]. Current Opinion in Plant Biology, 5(3): 207-211.

Zhao M S, Running S W, 2010. Drought-induced reduction in global terrestrial net primary production from 2000 through 2009 [J]. Science, 329(5994): 940-943.

第二章

中国东部林区与西南林区的气候变化

　　东部林区位于内蒙古东南部、河北、山西、陕西东南部、北京、天津、山东、江苏、安徽、河南、湖北、湖南、江西、上海、浙江、福建、广东、广西、海南等省份。西南林区位于四川、云南、贵州、重庆、广西和西藏这几个省份内的横断山区、雅鲁藏布江大拐弯地区以及西藏东南部的喜马拉雅山南坡等地区。本章采用林区内气象观测站点多年观测的气候资料，分别对东部林区最低气温的年、季变化，最低气温年变化的突变与空间变化，寒潮变化，以及西南林区年平均气温的变化、年平均最高和最低气温的变化、降水量以及极端天气的变化进行研究，以期揭示我国这两个林区的气候变化特征和变化趋势。为了揭示气候变化的区域特征，特别是广西东部与广东西北部、湖南西南部的气候具有许多共同特征，属同一气候类型；更进一步地，从东部林区与西南林区的区域气候整体看：广西东部在此两大林区中具有一定的气候过渡性。因而，在揭示近50年来两大林区的气候变化特征时，将广西东部的部分区域既划入东部林区也划入了西南林区，以更客观反映这两大林区的气候变化事实。

第一节　东部林区的最低气温变化

一、气候资料时空分布

东部林区逐日最低气温资料来源于国家气象信息中心资料室。资料时段为1961—2010年。为减少城市热岛效应的影响，在气象站点选择时，剔除了各省份的省会城市站点及位于北京、上海、天津市主城区内的站点。经过初步质量控制，剔除了月值缺测的站点，最终选定了区域内853个气象观测站点。

针对东部林区所获得观测序列存在少量缺测记录现象，利用东部林区气象观测站点密集的有利条件，以线性回归途径对缺测日最低气温进行插补，得到记录完整的逐日最低气温序列。在此基础上应用均一化方法对月平均低温序列进行均一性检验和订正，以消除因非气候因素影响而其他方法解决效果不佳的观测值偏离问题，最终建立了完整且均一的最低气温数据集。据此分析我国东部林区年及季节尺度上最低气温的趋势变化，以及寒潮发生频次趋势变化。

二、缺测日值数据插补

通过缺测站点和周围参考站点的气温序列建立一元线性回归模型来插补缺测的日最低气温。具体步骤：①缺测站点是一个月内仅有1个、至多6个观测值缺测的站点。将缺测站点定为A站点，参考站点定为B站点；缺测日期计为a时间，a时间上下各7天共14天计为b天，此a+b天计为c时段，在该c期间的邻近4年，共4c天记为d时间，将该d+b时间记为e时间。②以缺测站点为圆心，半径50 km范围内的站点均作为候补参考站点。③若B站点相应的c时间无缺测，则将B站点定为准参考站点，否则将其剔除出候补参考站点。依次检查所有的B站点，确定所有的准参考站点。④将所有的准参考站点的e时间序列取平均得到参考站点序列。⑤A站点的e时间序列和对应的参考站点序列通过最小二乘法建立一元线性回归方程。⑥代入所有准参考站点a时间平均得到的日平均最低气温，求得插补日最低气温。选用交叉验证法对日最低气温缺测记录的插补结果进行检验，即假设某个站某天记录缺测，利用插补模型插补该日最低气温；然后对插补值与实际观测值进行对比分析。用平均误差

(mean error, ME)来代表插补精度。

$$ME = \frac{1}{N}\sum_{i=1}^{N}(x_{oi} - x_{ei}) \tag{2-1}$$

式中，x_{oi} 和 x_{ei} 为第 i 天实际观测值和插补值；N 为插补天数。

选取位于研究区域内偏南、中间、偏北的部位随机选取 3 个站点进行插补验证。共随机选取了 3 个站点的 371 个最低气温日值，人为将其去除，视为缺测，用插补模型进行插补，得到插补值。然后用观测值减去插补值，得到日最低气温插补误差。其直方图如图 2-1 所示，插补误差集中在 0℃附近，误差范围为−2.20~2.17℃，插补误差平均值(ME)为 0.14℃，标准正态曲线围绕在平均值 0.14℃周围。可见，插补值与实测值接近，插补具有较小的插补误差。

为了验证插补是否会对东部林区年平均最低气温序列产生影响，计算林区插补差值序列。林区插补后 1961—2010 年气温序列减去原始序列即为插补差值序列(图 2-2)。插补差值范围为−0.00004~0.0004℃，其绝对平均值为 0.00008℃。因而，插补对东部林区的最低气温序列无明显影响。需要指出的是，经过插补补全了研究时段内的缺测记录，建立了东部林区 853 站 1961—2010 年完整的逐日最低气温数据集。

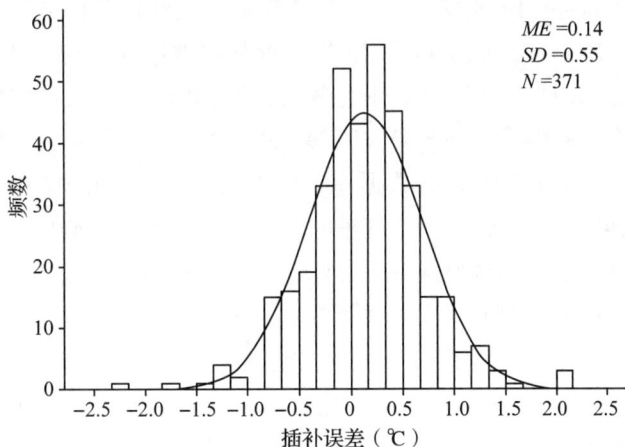

图 2-1 日最低气温插补误差直方图

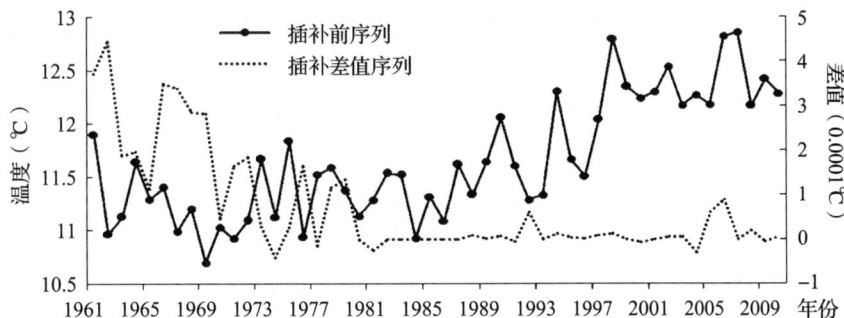

图 2-2 东部林区平均最低气温插补前序列(即原始序列)及插补差值序列

三、数据均一性检验和订正

长时间序列、连续且均一性较好的历史气象数据集是气候分析和气候变化研究的基础。均一性时间序列被定义为只包含天气和气候变化的序列（Conrad et al.，1950）。但是，大多数长时间序列却受到很多非气候因素的影响，以致于不能反映气候因素的真实变化。这些影响均一性的非气候因素主要有站点迁移、仪器及观测技术的变更、观测时间及计算均温方法的改变、城市化发展所引起的站点周围观测环境的改变（Mitchell，1953；Bradley et al.，1985）。这些因素可能会导致虚假的不连续和非气候因素引起的变化趋势，以致于得出模糊甚至是歪曲的气候变化事实（Jones et al.，1986）。因此，有必要进行非均一性检验和均一性订正，去除由非气候因素引起的错误气候变化信号，使非气候因素对资料均一性的影响减少到最低，以达到揭示气温真实变化规律的目的。

许多学者对气候资料的非均一性检验和均一性订正进行了探索。例如，Alexandersson（1986）发展了标准正态均一化检验方法（SNHT）；Solow（1987）提出了二位相回归法；加拿大 Vincent（1998）发展了一个基于多元线性回归的方法来检验气温序列中的跳跃和趋势；Panofsky 等（1968）用 t 检验评估数据序列的均一性；匈牙利气象局的 Szentimrey（1999）发展了序列均一性的多元分析（MASH）。我国的学者也开展了均一性订正研究工作并取得了很好成果。Li 等（2009a）应用综合方法（结合元数据）建立了中国东南部均一化历史气温资料数据库。Li 等（2009b）应用 MASH 方法对中国 549 个站点气温数据进行了均一化订正，订正的结果表明，1960—2008 年气温变化趋势有所变缓。然而，这些方法都是根据特定目标而设计的。因此，选择一个适合特定数据的方法进行均一性检验和订正十分必要。Wang（2003）在对二相回归统计检验方法进行了系列改进之后，提出了基于惩罚最大 t 检验（PMT）（Wang et al.，2007）和惩罚最大 F 检验（PFMT）（Wang，2008a）的均一化方法。该方法充分考虑了任何自相关和解决误报警率和检测能力的非均匀分布问题（Wang，2008b）。通过应用经验的惩罚函数以降低误报警率和改善长时间数据序列的检测能力，并进行相应的订正。曹丽娟等（2010）利用 PMFT 方法结合台站元数据信息对我国 701 个气象观测台站年平均风速资料进行了均一性检验，结果表明，该检验方法在对风速资料进行均一性检验方面能够取得满意的效果。

RHtest 方法是基于 PMT（Wang et al.，2007）和 PFMT（Wang，2008a）的均一化方法。它经验性地考虑了时间序列的 lag-1 自相关，并嵌入递归检验算法（Wang，2008b）。RHtestV2 软件能够用于检验、订正包含一阶自回归误差的数据序列的多个突变点（平均突变）。

对于存在线性趋势 β 的时间序列 $\{X_t\}$，如果有一个间断点且出现在序列 k 处（$1 \leqslant k \leqslant n$），则最可能的间断点服从以下分布：

$$PF_{\max} = \max_{1 \leqslant k \leqslant N-1} \left[P(k)F_c(k) \right] \tag{2-2}$$

式中，$P(k)$ 为建立的经验性惩罚因子，其建立方法见 Wang(2008a)。

$$F_c(k) = \frac{(SSE_0 - SSE_\wedge)}{SSE_\wedge /(N - 3)} \tag{2-3}$$

$$SSE_\wedge = \sum_{t=1}^{k} (X_t - \hat{\mu}_1 - \hat{\beta}t)^2 + \sum_{t=k+1}^{k} (X_t - \hat{\mu}_2 - \hat{\beta}t)^2 \tag{2-4}$$

$$SSE_0 = \sum_{t=1}^{k} (X_t - \hat{\mu}_0 - \hat{\beta}_0 t)^2 \tag{2-5}$$

$$\Delta = | \mu_1 - \mu_2 | \tag{2-6}$$

式中，μ_1 和 μ_2 分别为间断点 k 前后两个序列的回归常数，且 $\mu_1 \neq \mu_2$，$\hat{\mu}_0$ 和 $\hat{\beta}_0$ 是在 $\mu_1 = \mu_2 = \mu$ 时的估计值(Wang, 2008a)。

通过回归检验算法来检验出突变点，并将突变点按照显著性由大到小排列，形成列表。根据列表中的 PF_{max} 统计值及其相应的 95% 不确定区间判断最小的突变点是否显著。当 PF_{max} 统计值大于相应的 95% 不确定区间上限则可以确定为显著，若小于下限则不显著。然而，如果 PF_{max} 统计值位于 95% 不确定性区间，就只能主观确定这个突变点是否显著，这是由估计序列未知的 lag-1 自相关内在的不确定性引起的。确定为不显著时剔除该突变点，调用函数再次评估剩余突变点的显著性水平。重复整个评估过程进行再评估，直到检测出的每个突变点都被确定为显著。如果至此没有统计显著的突变点，检验的时间序列被认为是均一的，不再需要进行该序列的订正。

订正时，待订正序列与参考序列(均一性序列)的差值序列被检验来识别突变点的位置和显著性，最后用一个有普遍趋势的多相回归模式拟合待订正序列的距平(相对于平均年循环)，获得突变值的最终估计。据此估计的突变值，对待订正序列进行订正。本节采用 RHtes 订正过程对 853 站的日最低气温序列进行了逐一订正。

四、基本气候要素的变化

(一)最低气温年变化

东部林区 1961—2010 年 RHtest 方法均一化订正前后平均最低气温增温速率分别为 0.292℃/10a、0.291 ℃/10a，订正后较订正前降低了 0.001 ℃/10a(表 2-1)，统计了东部林区订正差值序列，即订正后各年的最低气温减去订正前的对应值所得序列。1967—2000 年及 2010 年为正订正差值，其余年份为负差值；1987 年订正差值最大，为 0.108℃；1961 年的最小，为 -0.099℃，订正差值绝对平均值为 0.057℃。可见，东部林区年平均最低气温变化趋势的订正差值很小，订正对整个林区的最低气温的年增温速率影响不明显。

订正后的最低气温序列显示：1961—2010 年东部林区平均最低气温增温显著，50 年上升了 1.45℃。20 世纪 60 年代，东部林区平均最低气温较低，1969 年气温达最低，为 10.7℃，之后波动上升，2007 年最高，为 12.8℃(图 2-3)。

表 2-1　东部林区和特例站点订正前后年平均最低气温变化趋势(℃/10a)

站点	东部林区 EFR	五台山 WT	三亚 SY	五峰 WF
订正前	0.292	1.358	0.269	0.403
订正后	0.291	0.534	0.258	0.200
差值	−0.001	−0.824	−0.011	−0.203

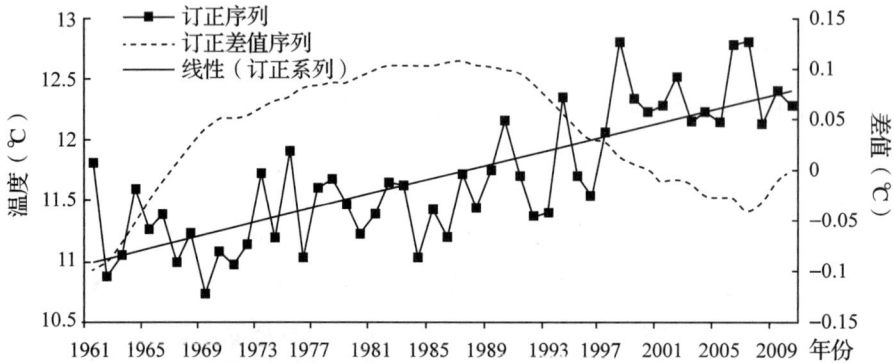

图 2-3　东部林区年平均最低气温订正序列、线性拟合及订正差值序列

　　表 2-2 列出了订正前后年及四季平均最低气温变化趋势的站点个数,括号中表示的是达到极显著($P<0.01$)和显著变化($P<0.05$)的站点个数。订正后,整个林区在年尺度上均呈现出增温态势,而订正前甚至有部分站点(14 个)呈降温趋势。订正后,年及季节尺度上极显著增温($P<0.01$)的站点数量均较订正前明显增加。同样,年及季节尺度上增温趋势显著($P<0.05$)的站点个数也均较订正前明显增多。

表 2-2　订正前后年和四季平均最低气温变化趋势的站点个数

季节		年	春	夏	秋	冬
降温	订正前	14(4/5)	19(2/3)	69(8/13)	49(3/7)	2(1/2)
	订正后	0(0/0)	4(0/0)	50(1/2)	25(1/1)	0(0/0)
增温	订正前	839(770/805)	834(565/644)	784(474/569)	804(428/550)	851(768/827)
	订正后	853(814/837)	849(593/688)	803(495/577)	828(453/570)	853(793/843)

注:括号中为达到极显著和显著水平($\alpha=0.01/0.05$)的站点个数。

　　趋势差值和平均绝对偏差,是衡量非均一性大小和订正对气候趋势的影响的主要指标。趋势差值是指订正后站点气候倾向率减去订正前站点气候倾向率所得的差(单位:℃/10a)。平均绝对偏差是指平均绝对非均一性,定义为从 1961—2010 年所有的非零日偏差(订正日值与非订正日值误差)的算术平均绝对值。研究结果表明,东部林区单站的趋势差值主要范围为±0.3℃/10a(图 2-4)。平均绝对偏差为 0 的站点有 366 个(占总数 853 个站点的 43%),0~1℃的站点为 457 个站点(占 54%),超过 1℃的站点有 30 个(占 3%)。平均绝对偏差超过 2.0 仅有 2 个站,分别为五台山(3.9℃)和三亚(3.0℃)站点。本研究还收集到了这 2 站以及五峰站搬迁的元数据。现将五台山、三亚和五峰3站一并作为特例站点进行分析，以此来分析订正对站点最低气温序列在迁站等因素的影响下所出现的不均一的校正。

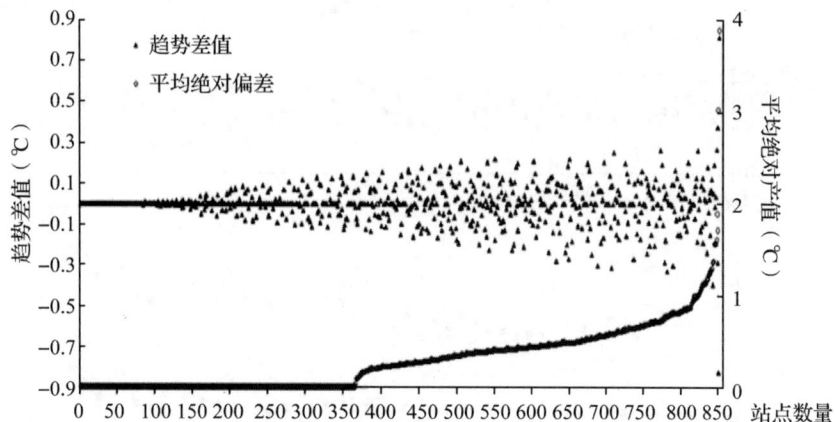

图2-4　订正前后东部林区1961—2010年853个站点最低气温趋势差值及平均绝对偏差

五台山站点月平均最低气温序列经RHtest均一性检验发现其突变点为1997年12月。该站点在1998年1月1日进行了迁站，迁站后海拔高度下降了近700 m，水平距离达到20 km(高晓容等，2008)。该站点迁站后(即突变点后)最低气温突然抬升，明显比迁站前气温高。由此可见此次迁址对最低气温序列产生了非常大的影响。该站点均一化订正后最低气温增温速率明显下降。

三亚站在均一化订正后最低气温上增温速率增加明显。2009年1月1日该站向南搬迁，海拔由原来的6 m提高到现在的418 m，新旧站址间的直线距离达10000 m。经RHtest检验，突变点为2008年12月。由于台站迁移的影响，该站气温序列存在着非常明显的不均一，迁站后2009年最低气温显著降低。

五峰站在订正后增温速率有明显的下降。该站RHtest检验的突变点为1993年12月。1994年1月1日该站从海拔908 m的山上搬迁到附近海拔620 m之处，迁站后海拔降低约290 m。此站的迁址使得低温序列在迁站后明显抬升。订正后，五台山、五峰及三亚这3个站均与周围站点的增温趋势一致。

五台山、三亚和五峰3个特例站点的分析结果表明：RHtest均一化的数据资料能够降低台站迁移等造成的非均一性(图2-5)。主要的非均一性，即因非气候因素导致的观测值偏离，能够通过RHtest检验出来并加以订正，而且检测出的突变点时间与迁站时间一致。所以，可以将RHtest方法在没有元数据支持的情况下用于均一性检验和订正，使非气候因素对资料均一性的影响减少到最低。这样，经过均一化检验和订正，建立了1961—2010年东部林区853个站点均一化的最低气温序列。

(二)平均最低气温四季变化

为了探讨一年内不同时期最低气温的变化，本节依照气象学对四季的划分，即将3~5月、6~8月、9~11月和12月至翌年2月分别划定为春、夏、秋、冬四季。

东部林区近50年RHtest方法订正后四季(春、夏、秋、冬)平均最低气温均呈极

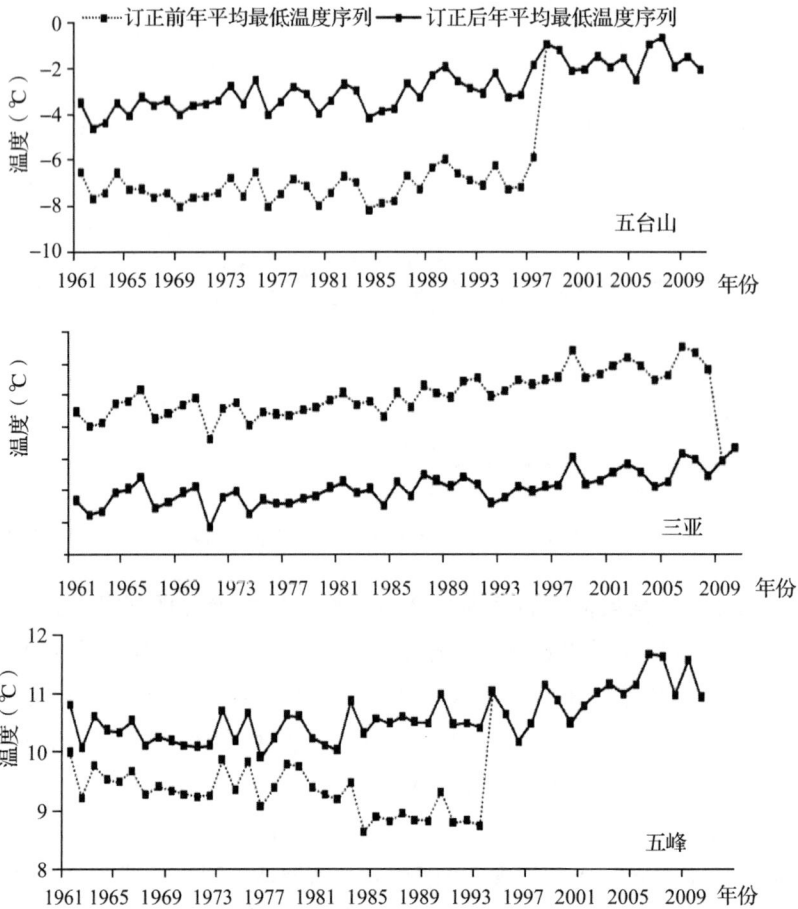

图 2-5　五台山、三亚及五峰站点订正前后年平均最低气温序列

显著上升趋势,增暖趋势的大小依次为冬季、春季、秋季和夏季(图 2-6)。

(三)最低气温年变化的突变与空间变化

采用气候倾向率对年和季节尺度的最低气温进行分析。该方法把最低气温表示为时间的线性函数,即 $\hat{y}=a_0+a_1t$,运用最小二乘法得到回归系数 a, $a\times10$ 为气温变化速率,也称为气温变化趋势或气候倾向率。结合 t 检验和相关系数(即趋势系数)法对最低气温变化趋势进行显著性检验。采用趋势系数判断气候因子在长期变化过程中的上升或下降趋势。最低气温要素 $\{x_i\}$($i=1$, 2, …, n)的时间序列与自然数序列 1, 2, 3, 4, …, n 之间的相关系数为 r_{xt}, r_{xt} 大于 0 表示增温,小于 0 表示降温。

1961—2010 年最低气温趋势系数,经信度为 0.05 和 0.01 的 t 检验,当绝对值 r_{xt} 分别大于等于 0.280 和 0.362 时,分别表示相关显著和极显著,可认为气温变化不是随机振动,而是具有明显的气候趋势。

采用非参数检验 Mann—Kendall 法(魏凤英,1999)对东部林区近 50 年年平均最低气温序列进行突变检验。Mann—Kendall 检验(以下简称 M—K 检验)是一种非参数统

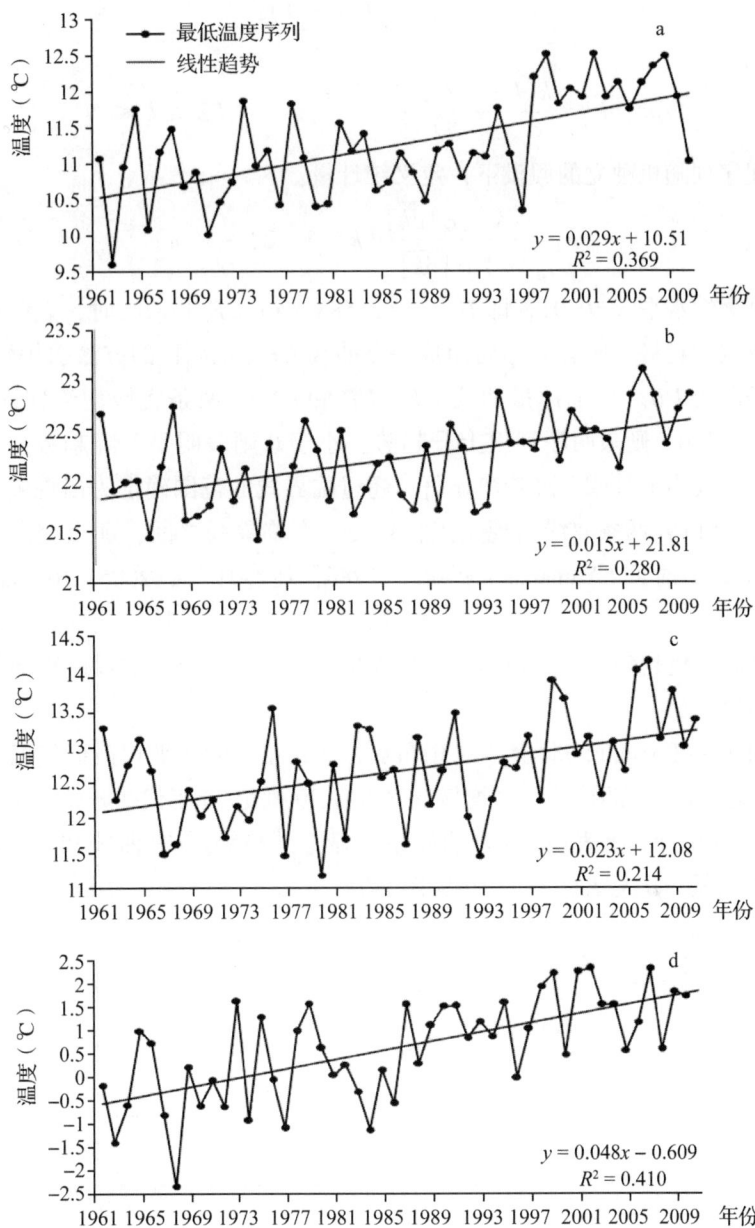

图2-6 东部林区春(a)、夏(b)、秋(c)和冬季(d)平均最低温序列及其线性拟合

计检验方法。优点是不需要样本遵从一定的分布，也不受少数异常值的干扰，更适用于类型变量和顺序变量，计算也比较简单(魏凤英，1999)。主要用于气候突变点分析。基本原理是在气候序列平稳的前提下，对于具有 n 个样本量的时间序列 x，构造一个秩序列。

$$\mathrm{d}k = \sum_{i=1}^{k} r_i \qquad (2 \leqslant k \leqslant n) \tag{2-7}$$

式中，r_i 表示第 i 个样本 x_i 大于 $x_j(1 \leqslant j \leqslant i)$ 的累计值。

$$E[\mathrm{d}k] = \frac{k(k-1)}{4} \tag{2-8}$$

$$Var[\mathrm{d}k] = \frac{k(k-1)(2k+5)}{72} \qquad (2 \leqslant k \leqslant N) \tag{2-9}$$

在时间序列随机独立的假设下，定义统计量：

$$UF_k = \frac{\mathrm{d}k - E[\mathrm{d}k]}{\sqrt{Var[\mathrm{d}k]}}(k = 1, 2, \cdots, n) \tag{2-10}$$

给定显著性水平 $\alpha = 0.01$，即 $U_{0.01} = \pm 2.58$，当 $|UF_k| > U_\alpha$ 时，表明序列存在明显的增长或减少趋势。所有 UF_k 将组成一条曲线 UF。把同样的方法引用到反序列中，得到另一条曲线 UB。将统计量曲线 UF、UB 和 ± 2.58 两条直线均绘在同一张图上。如果 UF 值大于 0，则表明序列里上升趋势，小于 0 则表明呈下降趋势；当它们超过临界直线时，表明上升或下降趋势显著；超过临界线的范围确定为出现突变的时间区域。如果 UF 和 UB 两条曲线出现交点，且交点在临界线之间，那么交点对应的时刻便是突变开始的时间（Yamamoto et $al.$，1986；刘春玲等，2005；Rosenberg et $al.$，2010）。

最低气温变化趋势空间分布图采用地理信息系统（ArcGIS）的反距离插值（IDW）法进行空间插值。

采用 Mann—Kendall 法对全区域 RHtest 方法订正后的年平均最低气温序列的突变检验显示，近 50 年东部林区年平均最低气温在 20 世纪 70 年代初开始呈上升趋势，在 Mann—Kendall 统计量上表现为 UF 曲线呈明显上升趋势。UF 曲线和 UB 曲线相交于 1991 年左右，是一次显著的突变现象（图 2-7）。

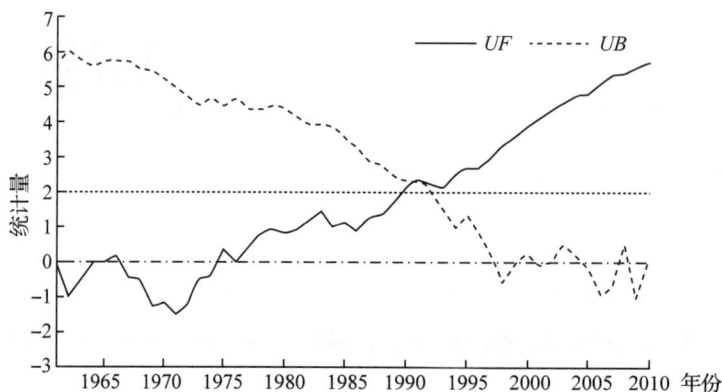

图 2-7 东部林区年平均最低气温 Mann—Kendall 突变检验

从订正后东部林区年平均最低气温变化趋势的空间分布上看，几乎整个林区都呈现出显著的增温趋势，只有少数站点呈不显著增温趋势。林区北部黄河流域、长江流域的北部及海南省中部增温速率超过 0.3 ℃/10a，其余区域大部分站点增温速率低于 0.3 ℃/10a。

(四) 寒潮变化

寒潮天气过程是一种大规模的强冷空气活动过程。寒潮天气的主要特点是剧烈降温和大风，有时还伴有雨、雪、雨凇或霜冻。结合过程降温和气温距平来判定寒潮，参考了朱乾根等(朱乾根等，2007)确定的寒潮标准，即过程降温≥10℃，且气温距平≤-5℃，统计一次寒潮过程。其中过程降温是指48小时内日最高气温、最低气温的平均下降；气温距平具体为降温过程中最低气温日的最高、最低气温的平均与该日所在旬的1961—1990年的平均之差。

王遵娅和丁一汇(2006)为研究方便将寒潮季定义为当年的9月到翌年5月，只包含春(3~5月)、秋(9~11月)和冬(12月至翌年2月)三季。东部林区区域平均的单站寒潮频次在寒潮季各月份的分布见图2-8。就东部林区而言，寒潮在3、4月和11月发生最多，9月最少。在寒潮季，寒潮在春季发生最多，秋季次之，冬季最少，发生次数分别占总数的44%、29%和27%。

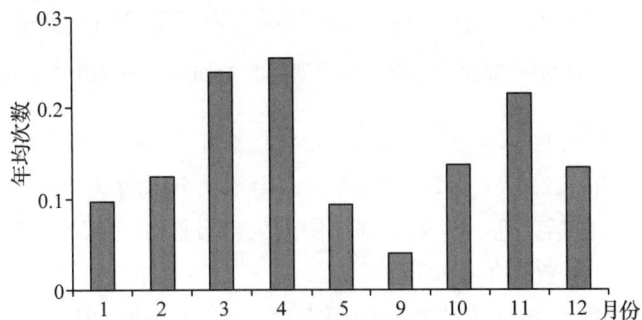

图2-8　东部林区平均的单站寒潮频次在各月份的分布

图2-9是1961—2010年我国东部林区发生寒潮频次变化曲线。由图2-9可知，东部林区寒潮出现频次呈减少趋势，速率为-0.09次/10a(P>0.05)。寒潮次数存在明显的年际变化，1969年寒潮频次最高(3.5次)，而1973年和1975年寒潮出现次数低于0.5次。从年代际变化看，寒潮发生频次1960年最多(18.1次)、1980年次之(12.8

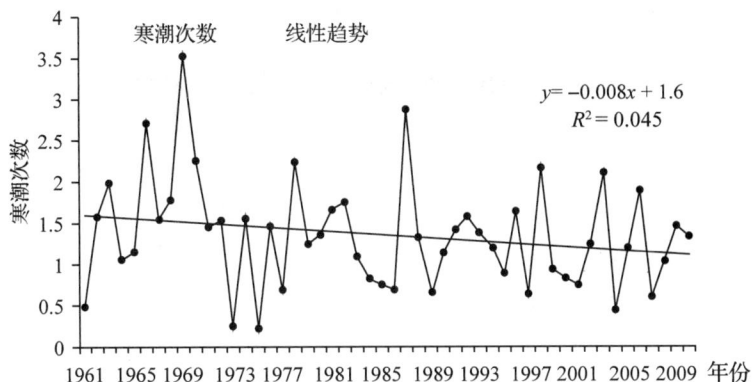

$$y = -0.008x + 1.6$$
$$R^2 = 0.045$$

图2-9　1961—2010年东部林区寒潮次数及其线性拟合

次），2000s 最少（12.0 次）。东部林区寒潮发生频次的 Mann—Kendall 突变检验（图 2-10）显示，1961—1972 年寒潮发生频次总体偏多，随后开始减少。*UF* 和 *UB* 曲线相交于 1974—1979 年，即寒潮频次在 1974—1979 年间发生突变，突变后寒潮年发生频次有减少趋势。

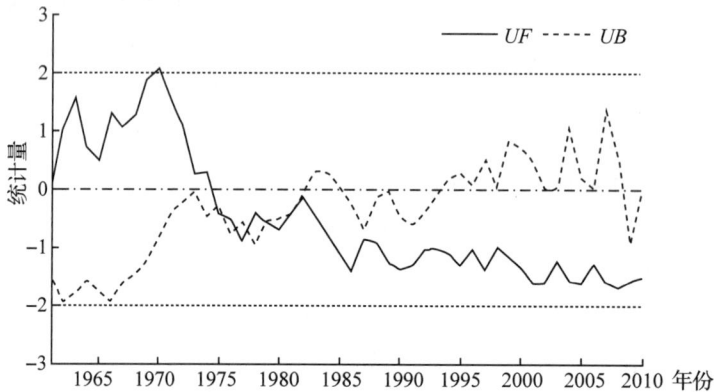

图 2-10　1961—2010 年东部林区寒潮频次 Mann—Kendall 突变检验

　　东部林区单站寒潮的年均发生次数呈现"北多南少"的分布格局，即林区北部年均发生寒潮较多，介于 2.0~6.3 次；向南至东南沿海年均寒潮次数大多低于 1.5 次；但在林区的西南部（包括广西、广东北部、湖南大部及江西南部），寒潮次数又略有所增多，年均发生寒潮次数在 1.5 次以上。

　　近 50 年东部林区大部分区域的寒潮频次都呈减少趋势。林区北部及东北地区尤其明显，线性趋势系数大都在-0.1 次/10a 以上，局部地区达到-0.3 次/10a，且减少趋势达到了 95%的信度水平。在黄河流域中部及林区的西南部与福建靠近沿海的区域，寒潮频次呈微弱的增加趋势。

第二节　西南林区的气候变化

一、气候资料时空分布

　　气候变化分析的基础数据来源于国家气候中心、国家气象信息中心 500 个气象站点的逐日气温、最高气温、最低气温、降水资料。春、夏、秋、冬四季分别定义为

3~5 月、6~8 月、9~11 月、12 月至翌年 2 月。大雨日数为日降雨量在 25~50 mm 的日数,暴雨日数为日降雨量在 50~100 mm 的日数,暴雨以上日数为日降雨量在 100 mm 以上的日数。常年值采用 1971—2000 年 30 年的平均值。采用气候倾向率方法分析西南林区的气候变化事实,结合 t 检验和相关系数(即趋势系数)法对变化趋势进行显著性检验。由于西藏自治区气象站点较稀疏,本节在分析西南林区气候变化事实时未包含西藏自治区的数据。

二、基本气候要素的变化

(一)平均气温的变化

1961—2007 年西南林区总体年平均气温呈显著的增温趋势(图 2-11),增温速率为 0.151 ℃/10a,即近 47 年西南林区年平均气温约上升了 0.71℃。20 世纪 90 年代中期前,年平均气温呈周期性振荡变化,年平均气温的增加发生在 20 世纪 90 年代中期,1996 年后 12 年的平均气温均超过了常年值(16.45℃)。年平均气温最高的年份为 2006 年,为 17.43℃,较常年值偏高 0.98℃;最低的年份为 1976 年,为 15.83℃,较常年值偏低 1.6℃。

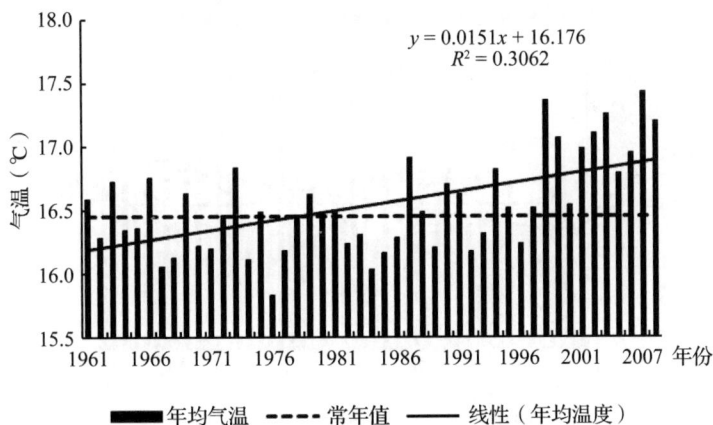

图 2-11 1961—2007 年年平均气温的年际变化

1961—2007 年西南林区年平均气温增温的区域主要分布在广西、贵州、云南南部和四川的中西部,幅度由北向南逐渐增加,增温最大的区域位于云南和广西的南部。在四川和重庆交界处以及四川与云南交界处存在两处冷却中心,51 个站点的年平均气温变率为负值,其变化率为−0.057 ℃/10a。

1961—2007 年西南林区春季、夏季、秋季和冬季平均气温均呈显著的增温趋势(图 2-12),增温速率分别为 0.088 ℃/10a、0.094 ℃/10a、0.176 ℃/10a 和 0.257 ℃/10a,即近 47 年西南林区四季平均气温分别上升了 0.41℃、0.44℃、0.83℃ 和 1.21℃,冬季增温最为显著。

A

$y = 0.0088x + 16.919$
$R^2 = 0.0453$

■春季　----常年值　——线性（春季）

B

$y = 0.0094x + 23.407$
$R^2 = 0.1405$

■夏季　----常年值　——线性（夏季）

C

$y = 0.0176x + 16.654$
$R^2 = 0.2202$

■秋季　----常年值　——线性（秋季）

D

$y = 0.0257x + 7.6881$
$R^2 = 0.1865$

■冬季　----常年值　——线性（冬季）

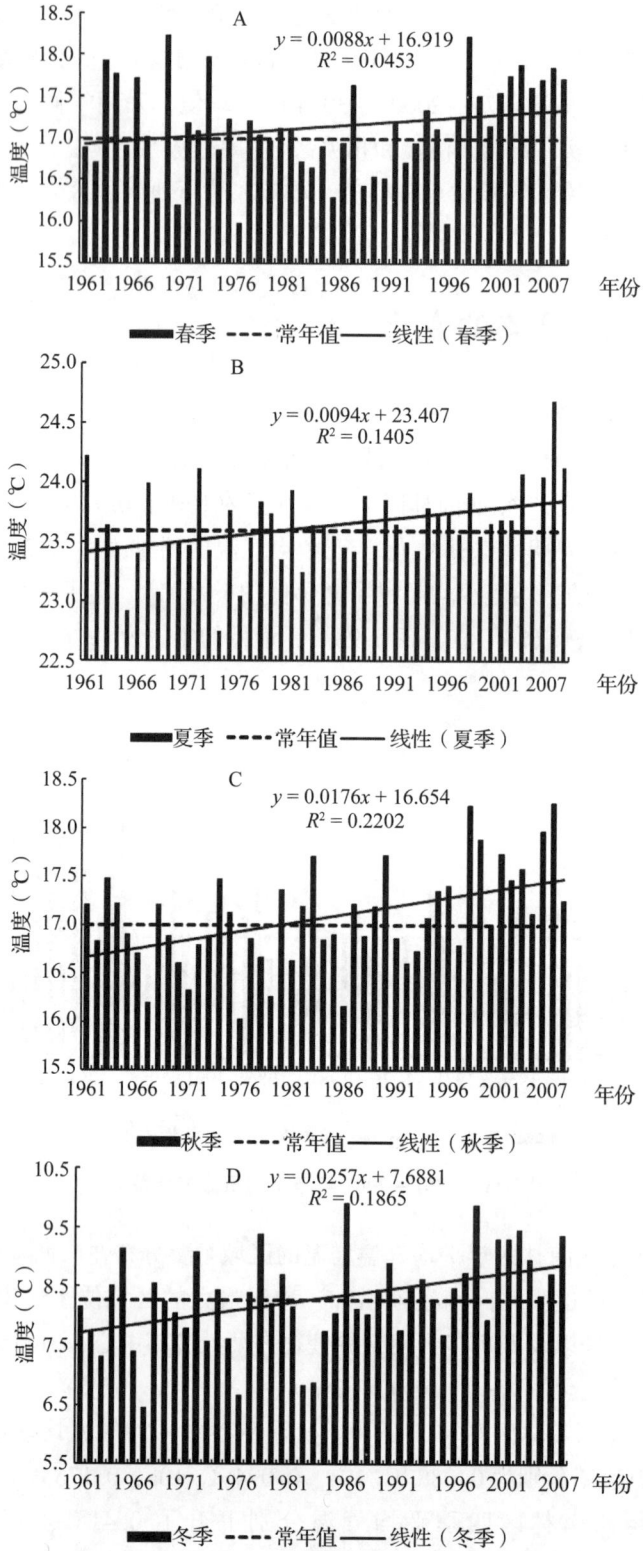

图 2-12　1961—2007 年四季平均气温及其变化趋势

（二）平均最高气温的变化

1961—2007 年，西南林区年平均最高气温呈显著的上升趋势（图 2-13），增温速率为 0.126 ℃/10a，即近 47 年西南林区年平均最高气温上升了约 0.59℃。年平均最高气温在 20 世纪 90 年代中期之前呈周期性振荡变化，20 世纪 90 年代中期开始有所上升，此后在波动变化中缓慢增加。年平均最高气温最高的年份为 2006 年，为 22.96℃，较常年值（21.68℃）偏高 1.28℃；最低的年份 1976 年，为 20.99℃，较常年值偏低 1.97℃。

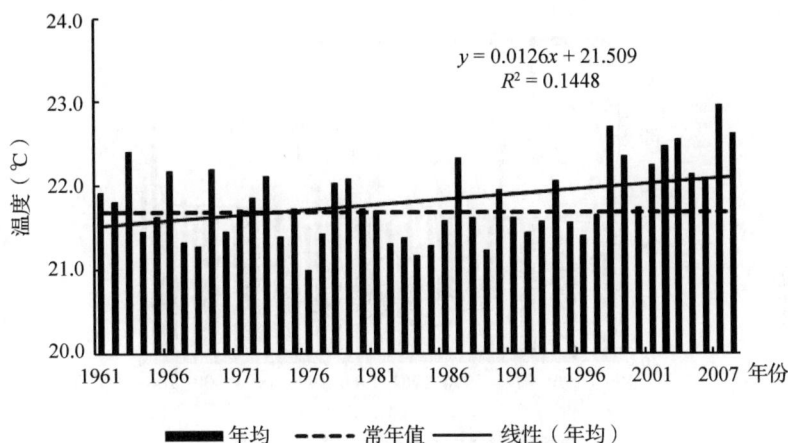

图 2-13 1961—2007 年平均最高气温年际变化（℃）

与年平均气温的空间分布类似，西南林区 1961—2007 年年平均最高气温也呈总体增温、局部冷却的趋势，增温幅度由南向北逐渐增加，变化幅度较年平均气温缩小了 0.025 ℃/10a。年平均最高气温变率为负的站点主要分布在重庆、四川南部和云南东北部，其中四川南部和云南北部有 4 个站点温度变率超过 -0.1℃/10a，且降温显著。

1961—2007 年，西南林区春季、夏季、秋季和冬季平均最高气温均呈上升趋势（图 2-14），增温速率分别为 0.068 ℃/10a、0.08 ℃/10a、0.019 ℃/10a 和 0.177 ℃/10a，即近 47 年西南林区四季平均最高气温分别上升了 0.32℃、0.38℃、0.88℃和 0.83℃，秋季和冬季增温较高，其中秋季变化显著。

（三）平均最低气温的变化

1961—2007 年，西南林区年平均最低气温呈显著的增温趋势（图 2-15），增温速率为 0.223 ℃/10a，即近 47 年西南林区年平均最低气温上升了 1.05℃。年平均最低气温在 20 世纪 90 年代中期之前呈周期性振荡变化，20 世纪 90 年代末期开始明显上升，此后在波动变化中增加。年平均最低气温最高的年份为 2006 年，为 13.62℃，较常年值（12.73℃）偏高 0.89℃；最低的年份为 1962 年，为 12.19℃，较常年值偏低 0.54℃。

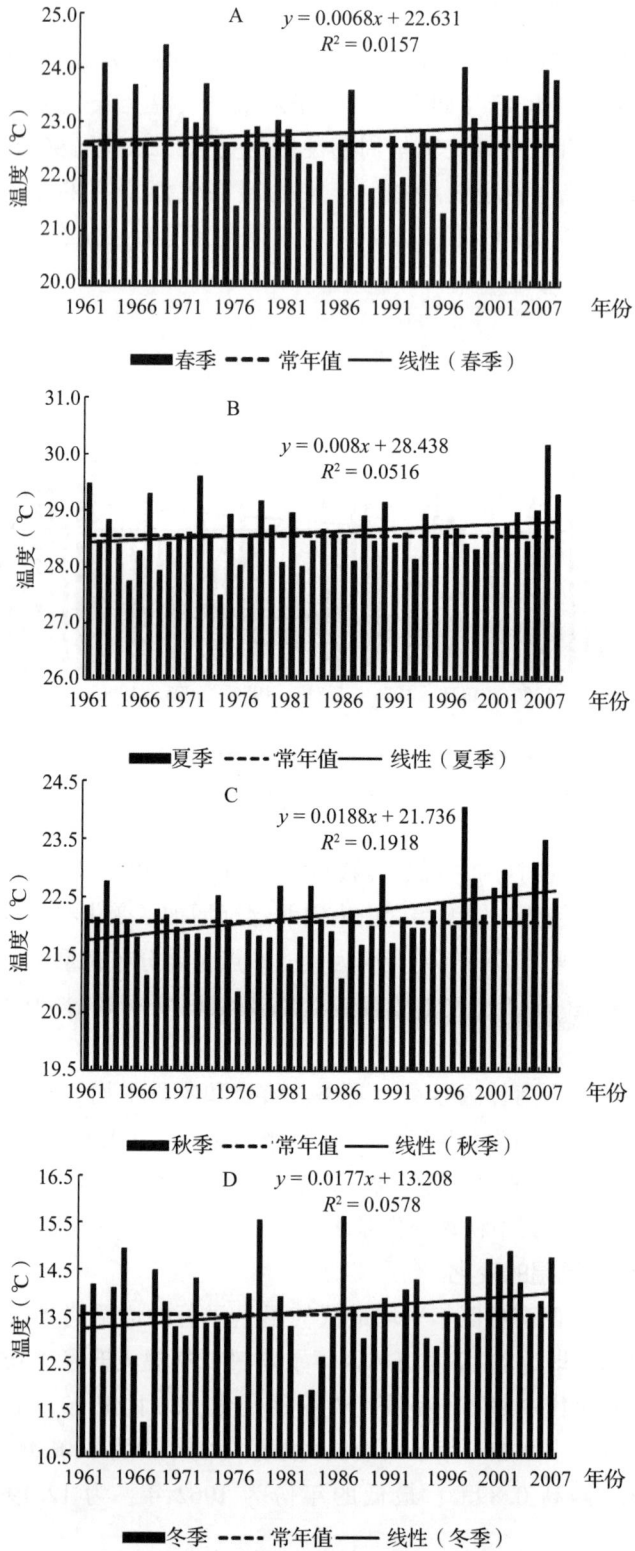

图 2-14　1961—2007 年四季平均最高气温及其变化趋势

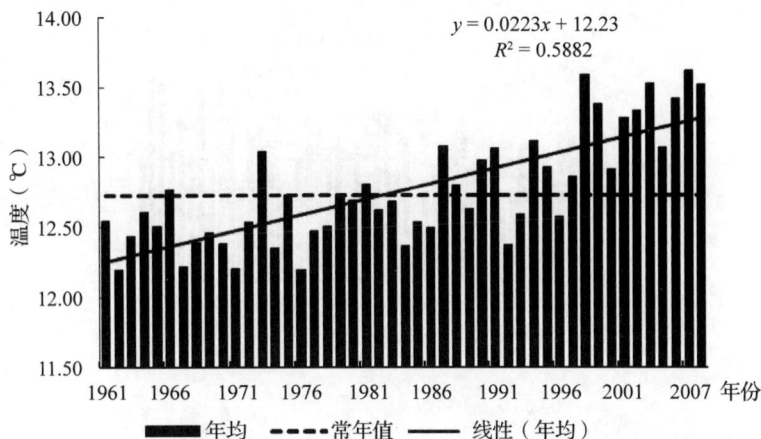

$$y = 0.0223x + 12.23$$
$$R^2 = 0.5882$$

■ 年均　----- 常年值　—— 线性（年均）

图 2-15　1961—2007 年平均最低气温年际变化

　　与年平均气温的空间分布类似，西南林区 1961—2007 年年平均最低气温也呈总体增温、局部冷却的趋势，增温幅度由南向北逐渐增加。年平均最低气温变低的区域主要分布在重庆、四川东南部和云南东北部，且降温趋势显著。

　　1961—2007 年，西南林区春季、夏季、秋季和冬季平均最低气温均呈显著的增温趋势（图 2-16），增温速率分别为 0.173 ℃/10a、0.178 ℃/10a、0.197 ℃/10a 和 0.364 ℃/10a，即近 47 年西南林区四季平均最低气温分别上升了 0.81℃、0.84℃、0.93℃ 和 1.71℃。冬季年平均最低气温增幅度最大，四季增温均显著。

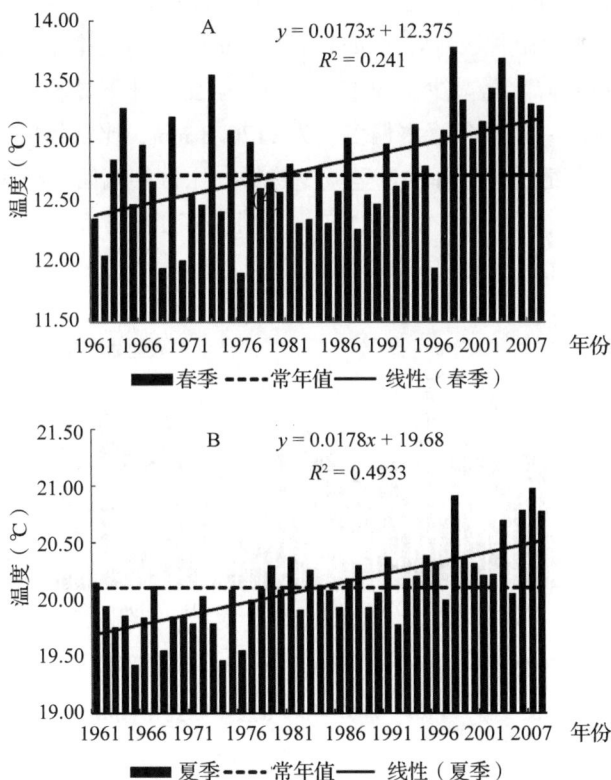

A

$$y = 0.0173x + 12.375$$
$$R^2 = 0.241$$

■ 春季 ----- 常年值 　—— 线性（春季）

B

$$y = 0.0178x + 19.68$$
$$R^2 = 0.4933$$

■ 夏季 ----- 常年值 　—— 线性（夏季）

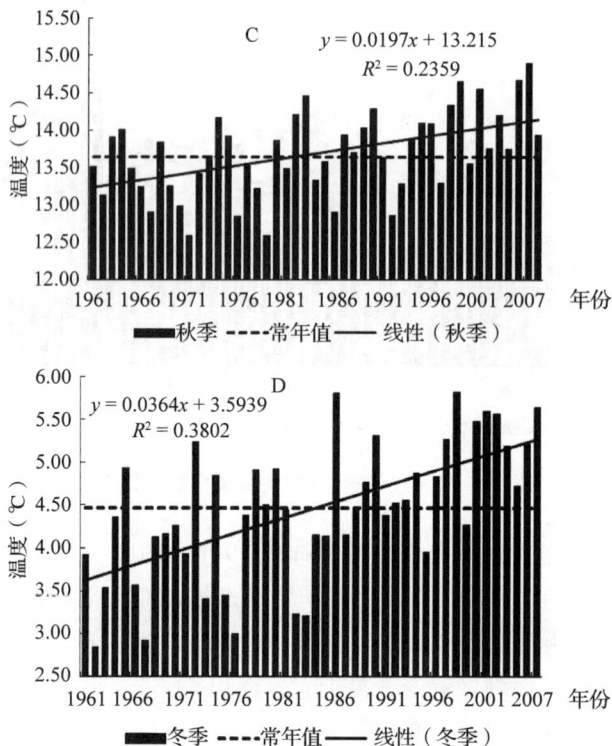

图 2-16　1961—2007 年四季平均最低气温及其变化趋势

（四）降水量的变化

1961—2012 年，西南林区年降水量以 9.25 mm/10a 的速率呈减少趋势（图 2-17），即近 47 年西南林区年降水量减少了约 43.5 mm，但变化并不显著。年降水量呈周期性振荡变化，其中 1991—2000 年降水偏多，为 1176.8 mm，比常年值（1164.1 mm）偏多 22.7 mm，进入 21 世纪后，年降水量呈减少趋势，比常年值偏低约 40 mm。年降水量最高的年份为 1968 年，为 1290.6 mm，较常年值偏多 126.5 mm；最低的年份为 2006 年，为 1032 mm，较常年值偏低 132.1 mm。

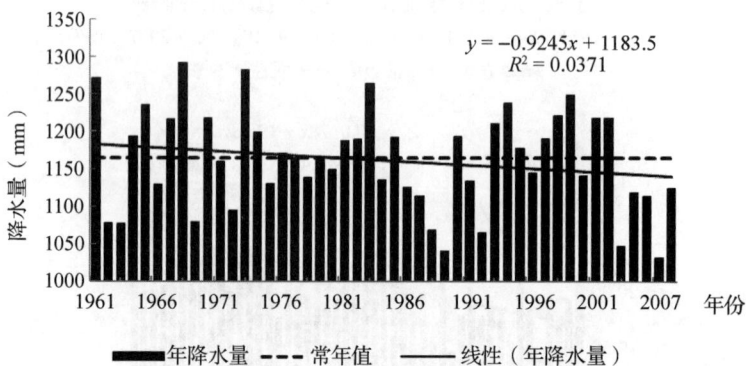

图 2-17　1961—2007 年降水量年际变化（mm）

　　1961—2007 年，四川西部、四川与重庆交界处、云南中西部、广西东北部年降水量呈增加趋势，其他地区年降水量呈减少趋势，其中成都平原年降水减少趋势最为显著，成都平原平均年降水量减少超过 40 mm/10a。

　　1961—2007 年，西南林区降水量春季、夏季和冬季变化较小，降水量减少主要发生在秋季(图 2-18)，秋季降水变化显著，四季变化率分别为 1.02 mm/10a、1.04 mm/10a、−12.25 mm/10a 和 2.37 mm/10a，即近 47 年西南林区春季、夏季、冬季降水量分别增加了 4.77 mm、4.86 mm 和 11.12 mm，秋季降水量减少了 57.57 mm。

$$y = 0.1015x + 257.94$$
$$R^2 = 0.0017$$

$$y = 0.1035x + 586.44$$
$$R^2 = 0.0006$$

$$y = -1.2248x + 274.06$$
$$R^2 = 0.204$$

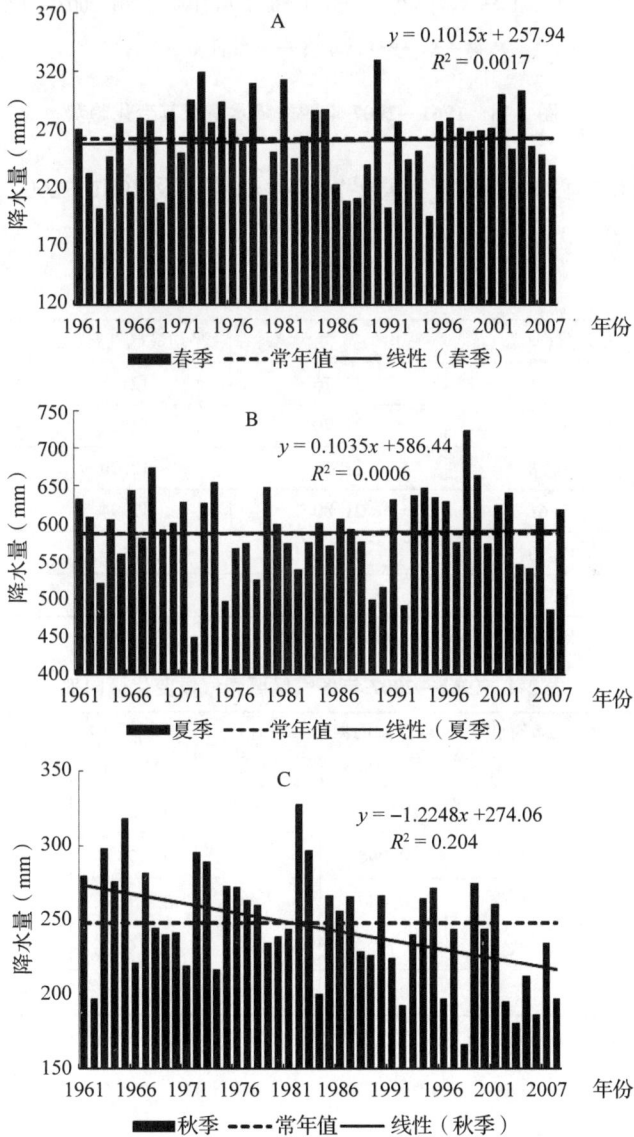

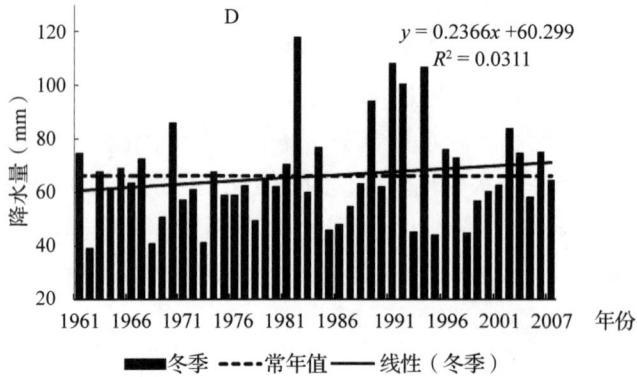

图 2-18　1961—2007 年四季降水量及其变化趋势

通过计算得出的西南林区各气候要素年代际变化及 1961—2007 年各气候要素气候变化倾向率见表 2-3 和表 2-4。

表 2-3　西南林区各气候要素年代际变化

年份	平均气温（℃）	平均最高气温（℃）	平均最低气温（℃）	降水量（mm）
1961—1970	16.41	21.76	12.45	1178.79
1971—1980	16.36	21.70	12.54	1164.90
1981—1990	16.38	21.55	12.70	1150.66
1991—2000	16.61	21.80	12.94	1176.84
2001—2010	17.10	22.43	13.39	1124.50
1971—2000	16.45	21.68	12.73	1164.13

表 2-4　1961—2007 年各气候要素气候变化倾向率

平均气温	变化倾向率（℃/10a）	平均最高气温	变化倾向率（℃/10a）	平均最低气温	变化倾向率（℃/10a）	降水	变化倾向率（mm/10a）
年	0.151*	年	0.126*	年	0.223**	年	−9.245
春季	0.088	春季	0.068	春季	0.173*	春季	1.015
夏季	0.094*	夏季	0.080	夏季	0.178**	夏季	1.035
秋季	0.176*	秋季	0.188*	秋季	0.197*	秋季	−12.248*
冬季	0.257*	冬季	0.177	冬季	0.364**	冬季	2.366

注：* 为通过 0.05 的信度检验，** 为通过 0.01 的信度检验。

三、极端天气气候事件

生长在高海拔地区的树种主要受极端气温和降水的影响，植物只有在一定的气温范围内才能生长。通常把气温分为最低、最适和最高气温 3 个基点。最适气温即为植物生长最快的气温，即合成的有机物大大高于消耗的有机物，此时植株生长最快。但是如果气温超过了最高气温或者低于最低气温，就会严重影响植物的生长。对于降水的影响来说，降水可能会影响树木的径向生长。

（一）高温日数

1961—2007 年，西南林区日最高气温≥35℃的日数以 0.33d/10a 的速率呈增加趋势（图2-19），即近 47 年增加了约 1.55 天。2000 年以前，≥35℃的高温日数呈周期振荡变化，进入 2000 年后≥35℃的高温日数增加趋势明显，其年高温日数平均为 10.82天，比常年值（7.51 天）偏高 3.31 天。日最高气温≥35℃的日数最多的年份为 2006年，为 18.39 天，较常年值偏多 10.88 天；最少的年份为 1974 年，为 3.11 天。

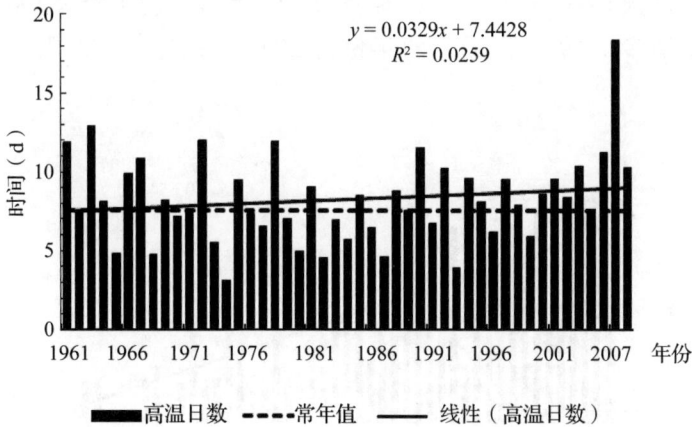

$$y = 0.0329x + 7.4428$$
$$R^2 = 0.0259$$

图 2-19　1961—2007 年日最高气温≥35℃的日数

1961—2007 年，西南林区日最高气温≥35℃的日数呈增加趋势的区域主要集中在四川中东北、重庆北部、贵州东北部、广西和云南东南部，其中成都平原和广西增加幅度大，且变化显著，≥35℃高温日数平均增加速率超过 2d/10a；其他区域高温日数有所减少，云南北部为日数减少区域，变化显著，平均减少约 1~2 天。

1961—2007 年，西南林区日最高气温≥38℃的日数以 0.087d/10a 的速率呈增加

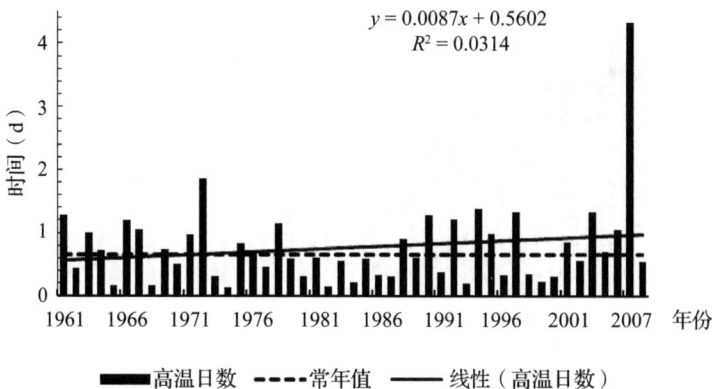

$$y = 0.0087x + 0.5602$$
$$R^2 = 0.0314$$

图 2-20　1961—2007 年日最高气温≥38℃的日数

趋势(图 2-20),即近 47 年增加了约 0.41 天。20 世纪日最高气温≥38℃的日数很少,各年代均为超过 1 天,进入 21 世纪≥38℃的高温日数明显增加,其平均值为 1.34 天,超过常年值(0.65 天)0.69 天。日最高气温≥38℃的日数最多的年份为 2006 年,达到 4.33 天,较常年值偏多 3.68 天;日最高气温≥38℃的日数最少的年份为 1974 年,为 0.12 天。

(二)低温日数

1961—2007 年,西南林区日最低气温≤0℃日数的减少趋势极为显著(图 2-21),减少速率为 2.27d/10a,即近 47 年减少了约 10.67 天。低温日数减少主要发生在 20 世纪 80 年代中期之后,尤其是进入 21 世纪后,其多年平均低温日数仅为 15.91 天,比常年值(20.63 天)偏低了 4.72 天。≤0℃低温日数最多的年份为 1963 年,为 27.82 天,较常年值偏多 7.19 天;最少的年份为 2007 年,为 14.03 天,较常年值偏少 6.6 天。

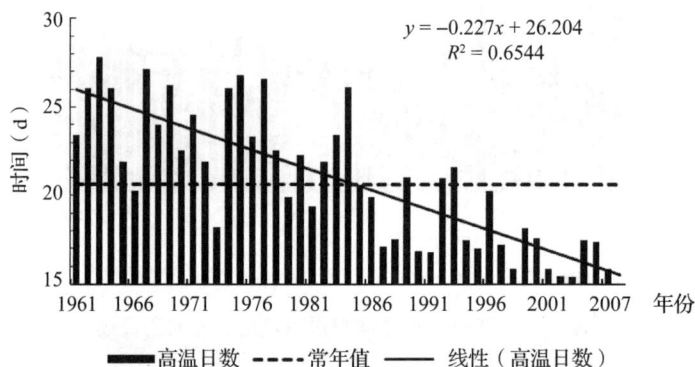

$$y = -0.227x + 26.204$$
$$R^2 = 0.6544$$

图 2-21 1961—2007 年日最低气温≤0℃的日数

1961—2007 年,西南林区日最低气温≤0℃日数除个别地区呈增加趋势外,其余大部分地区均呈减少趋势,其中云南中北部减少最为显著,达到 4d/10a 以上。

1961—2007 年,西南林区日最低气温≤-5℃日数的减少趋势极为显著(图 2-22),

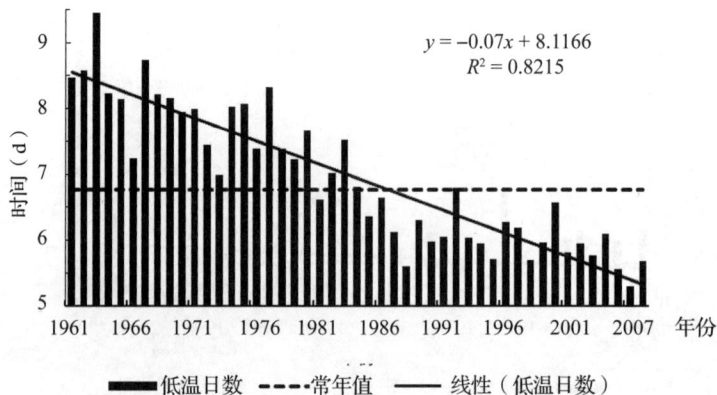

$$y = -0.07x + 8.1166$$
$$R^2 = 0.8215$$

图 2-22 1961—2007 年日最低气温≤-5℃的日数

减少速率为 0.7d/10a，即近 47 年减少了约 3.3 天。与日最低气温≤0℃的日数变化类似，≤-5℃低温日数减少主要发生在 20 世纪 80 年代中期之后，20 世纪 80 年代中期后，≤-5℃低温日数在低于常年值的低值区域呈周期性振荡变化。日最低气温≤-5℃的日数最多的年份为 1963 年，为 8.96 天，较常年值（6.26 天）增加 2.7 天；最少的年份为 2006 年，仅为 4.79 天，较常年值减少 1.47 天。1993 年后≤-5℃低温日数连续17 年低于常年值。

1961—2007 年，西南林区日最低气温≤-5℃日数除个别站点呈增加趋势外，其余地区均呈减少趋势，四川西北部减少最为显著，在 4d/10a 以上，贵州整体减少趋势显著，其大部分站点均为变化显著。

（三）不同等级降水日数

1. 大雨日数

1961—2007 年，西南林区大雨日数无明显变化趋势（图 2-23），呈周期性的振荡。大雨日数最多的年份为 1999 年，为 13.14 天，较常年值（11.38 天）偏多 1.76 天；最少的年份为 1989 年，为 9.37 天，均较常年值偏少约 2 天。

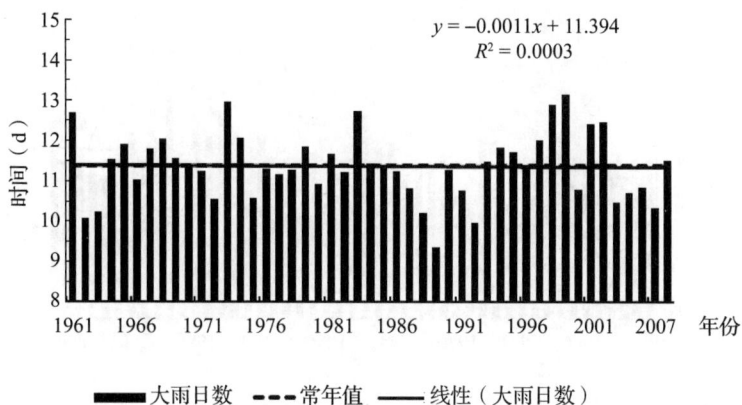

图 2-23　1961—2007 年大雨日数

1961—2007 年，西南林区大雨日数减少的区域主要集中在成都平原、重庆南部、贵州、广西南部，其中成都平原减少趋势显著，减少日数为 0.5~1.5d/10a。云南中北部大雨日数增加趋势显著，增加日数为 0.5~2d/10a。

2. 暴雨日数

1961—2007 年，西南林区暴雨日数无明显变化趋势（图 2-24），呈周期性振荡。暴雨日数最多的年份为 1998 年，为 3.72 天，较常年值（3.06 天）偏多 0.66 天；最少的年份为 1962 年，为 2.52 天，较常年值偏少 0.54 天。

1961—2007 年，西南林区暴雨日数变化率呈显著减少的区域主要分布在成都平原，其减少日数为 0.6~1.5d/10a。云南、贵州、广西暴雨日数呈增加趋势，增加日数为 0.3~1.5d/10a（$P>0.05$）。

3. 暴雨以上日数

1961—2007 年，西南林区暴雨以上日数增加趋势显著。暴雨以上日数增加发生在

$$y = 0.0034x + 2.9633$$
$$R^2 = 0.0298$$

■暴雨日数　---常年值　——线性（暴雨日数）

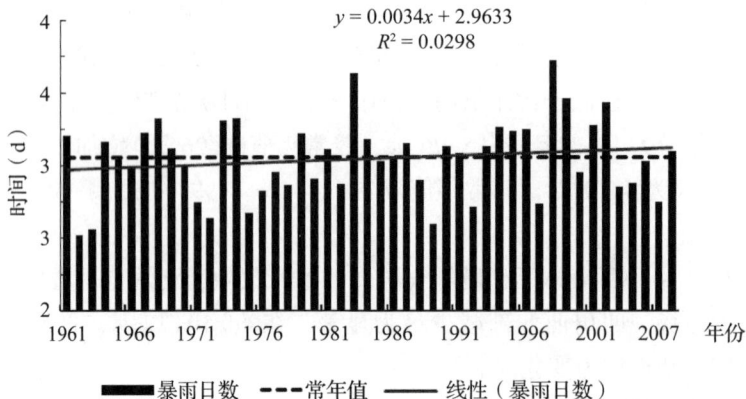

图 2-24　1961—2007 年暴雨日数

20 世纪 90 年代初期，从 1991 年开始，17 年中共有 11 年暴雨以上日数超过了常年值（0.42 天）。暴雨以上日数最多的年份为 1998 年，为 0.58 天，较常年值偏多 0.16 天；暴雨以上日数最少的年份为 1971 年和 1997 年，为 0.28 天，比常年值偏低 0.14 天(图 2-25)。

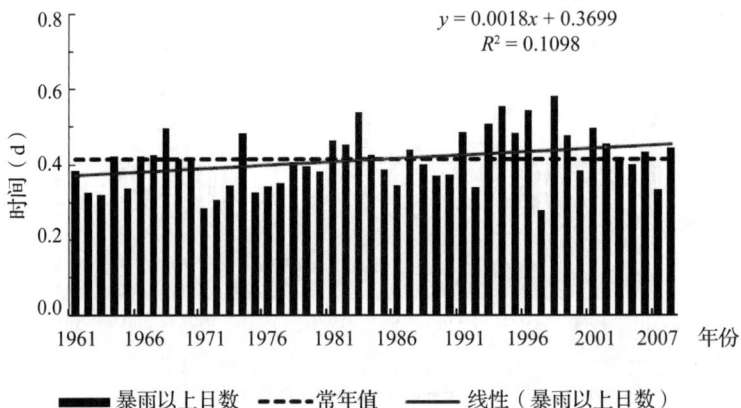

$$y = 0.0018x + 0.3699$$
$$R^2 = 0.1098$$

■暴雨以上日数　---常年值　——线性（暴雨以上日数）

图 2-25　1961—2007 年暴雨以上日数(天)

1961—2007 年，西南林区暴雨日数呈减少趋势的区域主要集中在四川成都平原、重庆、广西东南部，减少速率为 0.1~0.2d/10a。增加趋势显著的区域有贵州东北、广西东北部，增加速率大于 0.1d/10a。

通过计算得出的西南林区极端气候要素年代际变化和 1961—2007 年各极端气候要素气候变化倾向率见表 2-5 和表 2-6。

表 2-5　极端气候要素年代际变化(d)

年份	≥35℃高温日数	≥38℃高温日数	≤0℃低温日数	≤-5℃低温日数	大雨日数	暴雨日数	暴雨以上日数
1961—1970	8.59	0.73	24.54	7.82	11.42	3.01	0.40
1971—1980	7.52	0.73	23.22	7.15	11.39	2.95	0.36
1981—1990	7.35	0.56	20.38	6.00	11.14	3.07	0.42
1991—2000	7.66	0.67	18.29	5.62	11.61	3.15	0.46

（续）

年份	≥35℃高温日数	≥38℃高温日数	≤0℃低温日数	≤-5℃低温日数	大雨日数	暴雨日数	暴雨以上日数
2001—2010	10.82	1.34	15.91	5.24	11.26	3.04	0.43
1971—2000	7.51	0.65	20.63	6.26	11.38	3.06	0.42

表 2-6　1961—2007 年各极端气候要素气候变化倾向率（d/10a）

日数	变化倾向率	日数	变化倾向率
≥35℃高温日数	0.33	大雨日数	-0.011
≥38℃高温日数	0.09	暴雨日数	0.034
≤0℃低温日数	-0.23**	暴雨以上日数	0.018*
≤-5℃低温日数	-0.07**		

注：* 为通过 0.05 的信度检验，** 为通过 0.01 的信度检验。

参考文献

池亚飞, 张称意, 梁存柱, 等, 2013. 1961-2010 年中国东部林区降水的完整日值序列建立与变化特征[J]. 应用生态学报, 24: 1047-1054.

高晓容, 李庆祥, 董文杰, 2008. 五台山站历史气候资料的均一性分析[J]. 气象科技, 36(1): 112-118.

李庆祥, 张洪政, 刘小宁, 2006. 中国均一化历史气温数据集(1951—2004)[M]. 北京: 国家气象信息中心气象资料室.

刘春玲, 许有鹏, 张强, 2005. 长江三角洲地区气候变化趋势及突变分析[J]. 曲阜师范大学学报, 31(1): 109-114.

王利盈, 2014. 1960-2010 年云南省日照时数和风速变化特征[J]. 甘肃农业大学学报, 5: 140-147.

王遵娅, 丁一汇, 2006. 近 53 年中国寒潮的变化特征及其可能原因[J]. 大气科学, 30(6): 1068-1076.

邬宏, 张称意, 王立新, 等, 2013. 近 50 年中国东部林区最高气温序列[J]. 林业科学, 49(8): 1-9.

魏凤英, 1999. 现代气候统计诊断与预测技术[M]. 北京: 气象出版社, 63-66.

严中伟, 杨赤, 2000. 近几十年中国极端气候变化格局[J]. 气候与环境研究, 5(3): 267-272.

朱建华, 侯振宏, 张治军, 等, 2007. 气候变化与森林生态系统: 影响、脆弱性与适应性[J]. 林业科学, 43(11): 138-145.

朱乾根, 林锦瑞, 寿绍文, 等, 2007. 天气学原理和方法(第四版)[M]. 北京: 气象出版社, 266-319.

Alexandersson H, 1986. A homogeneity test applied to precipitation data [J]. Journal of Climatology, 6(6): 661-675.

Allen R J, Gaetano A T, 2001. Estimating missing daily temperature extremes using an optimized regression approach [J]. International Journal of Climatology, 21(11): 1305-1319.

Bradley R S, Kelly P M, Jones P D, et al, 1985. Climatic data bank for northern hemisphere land areas, 1851—1980 [M]. TR017, Washington: US Department of Energy.

Chi Y, C Zhang, C Liang, et al, 2013. The precipitation change in Eastern Forest Regions of China in recent 50 years[J]. Acta Ecologica Sinica, 33: 217-226.

Conrad V, Pollak C, 1950. Methods in climatology [M]. Cambridge MA: Harvard University Press.

IPCC, 2007. Climate change 2007: The physical science basis. Contribution of working group I to the fourth assessment report of the Intergovernmental Panel on Climate Change [M]. Cambridge, United Kingdom and New York, NY, USA: Cambridge University Press.

Jones P D, Raper S C B, Bradley R S, et al, 1986. Northern hemisphere surface air temperature variations: 1851-1984 [J]. Journal of Climate and Applied Meteorology, 25(2): 161-179.

Li Q X, Dong W J, 2009. Detection and adjustment of undocumented discontinuities in Chinese temperature series using a composite approach [J]. Advances in Atmospheric Sciences, 26(1): 143-153.

Li Z, Yan Z W, 2009. Homogenized daily mean/ maximum/ minimum temperature series for China from 1960-2008 [J]. Atmospheric and Oceanic Science Letters, 2(4): 237-243.

Mitchell J M, 1953. On the causes of instrumentally observed secular temperature trends [J]. Journal of Atmospheric Sciences, 10(4): 244-261.

Panofsky H A, Brier G W, 1968. Some applications of statistics to meteorology [M]. University Park: Pennsylvania State University.

Rosenberg E A, Keys P W, Booth D B, et al, 2010. Precipitation extremes and the impacts of climate change on stormwater infrastructure in Washington State [J]. Climate Change, 102(1-2): 319-349.

Solow A R, 1987. Testing for climate change: An application of the two-phase regression model [J]. Journal of Climate and Applied Meteorology, 26(10): 1401-1405.

Szentimrey T, 1999. Multiple analysis of series for homogenization (MASH v3. 02). in: Proceedings of the Second Seminar for Homogenization of Surface Climatological Data [M]. Budapest, Hungary, WMO, WC-DMP-No. 41, 27-46.

Vincent L A, 1998. A technique for the identification of inhomogeneities in Canadian temperature series [J]. Journal of Climate, 11(5): 1094-1104.

Wang X L, 2003. Comments on "detection of undocumented change points: A revision of the two-phase regression model" [J]. Journal of Climate, 16: 3383-3385.

Wang X L, Wen Q H, Wu Y, 2007. Penalized maximal T test for detecting undocumented mean change in climate data series [J]. Journal of Applied Meteorology and Climatology, 46(6): 916-931.

Wang X L. 2008. Accounting forautocorrelation in detecting mean shifts in climate data series using the penalized maximal T or F test [J]. Journal of Applied Meteorology and Climatology, 47(9): 2423-2444.

Wang X L. 2008. Penalizedmaximal F test for detecting undocumented mean shift without trend change [J]. Journal of Atmospheric and Oceanic Technology, 25(3): 368-384.

Yamamoto R, Iwashima T, Sanga N K, et al, 1986. An Analysis of Climatic Jump [J] Journal of the Meteorological Society of Japan, 64(2): 273-281.

第三章

森林植物物候对气候变化的响应

       植物物候变化是植物响应气候变化的一种综合反应，是可以直接观察到的指标，有"大自然的语言"和全球变化的"诊断指纹"之称（Ahas，1999；Myneni *et al.*，1997；Schwartz，1998；Crick *et al.*，1999；Parmesan *et al.*，1999）。近几十年来，在全球普遍关注气候变化的背景下，有关植物物候对气候变化响应的研究备受关注（Rötzer *et al.*，2000；Post *et al.*，1999；Peñuelas *et al.*，2002；Walther *et al.*，2002；Menzel，2003，2006；Gordo *et al.*，2005）。本章在综述国内外研究进展的基础上，分别对温带针阔叶树种、暖温带乔灌木树种、热带常绿和落叶树种以及广布植物种对气候变化的响应特征、变化趋势和驱动机制进行研究，同时，研究积雪对中国植被物候的影响，以期了解气候变化影响下森林植物和植被物候的变化，为制定应对气候变化的林业对策提供科学依据。

第一节　植物物候对气候变化响应研究进展

一、植物物候观测发展历程

在过去，物候资料主要服务于农业生产，用于指导农民适时播种、预报霜情、作物收割等。中世纪欧洲、古希腊的雅典人编制过农用物候历。日本从公元 812 年起，对樱花的开花始期进行观测，至今已有 1200 年的历史（Aono et al.，2008）。欧洲有组织地开展物候观测始于 18 世纪中期，其观测点广布在比利时、荷兰、意大利和瑞士等国家。1869 年，瑞士的森林物候观测园开始创建，持续观测到 1882 年，观测点设在伯尔尼。19 世纪 90 年代，德国的物候观测园开始创建，持续观测了 40 多年，观测的植物有 34 种。20 世纪 50 年代，欧洲各国的物候观测园相继建立。1957 年，德国著名物候学家 Schnella 创立了国际物候观测园。

随着气候变化研究的不断深入，国际物候观测网络和国际合作得以发展。1993 年 9 月，第 13 次国际生物气象学会（ISB，International Society of Biometeorology）在加拿大召开会议，决定在 ISB 成立一个"物候研究工作组"，成员由德国、加拿大、美国、荷兰等国家的专家组成，其宗旨是增进对气候变化影响下植物动态的认识，监测动植物物候和生物多样性的变化，为生态系统、全球变化监测和预报构建一个有效的研究系统。1995 年 5 月，ISB 的"物候研究工作组"会议在德国召开，目的是加强国际合作和交流，扩大和建立世界物候观测网，并鼓励开展对物候变化趋势以及物候与气候变化关系的研究。1996 年 9 月，第 14 次国际生物气象会议专门讨论了物候观测的国际合作以及物候观测资料的共享问题，并成立特别工作组抓计划落实工作。2001 年 12 月，欧洲物候观测网（EPN，The European Penology Network）在荷兰召开了以"变化的时代：气候变化、物候响应及其对生物多样性、农业、森林与人类健康的影响"为主题的国际会议。由国际生物气象学会的"植物动态、气候和生物多样性"委员会创建的全球物候监测网（GPN，Global Phonological Monitoring）在中纬度地区对很多物种进行了物候观测，同时，一些物候学家还组建了物候信息国际互联网站。

在我国，有记载的物候观测可追溯到 3000 年前的西周时期（竺可桢，1963），到西汉时期已编制出了二十四节气的名称，说明当时的物候记录不仅较完整而且具有了一定的系统性。1920 年，竺可桢对南京师范学堂的物候观测是我国现代物候学的初始。在此后的几十年中，竺可桢为我国物候学的发展做出了重大贡献。毋庸置疑，竺可桢是我国现代物候学的创始人与奠基人。1934 年，我国首次组织开展植物物候观测，但观测对象多限于农作物。1961 年，在竺可桢的指导下，中国科学院地理研究所开始组建全国物候观测网。1963 年，贯穿我国南北和东西，布设了 49 个物候观测站点。到 1966 年，发展到 135 个。在观测的植物中，有木本植物 33 种，草本植物 2 种。1966—1971 年，因物候观测难以获得稳定的经费支持，所以大部分站点的观测工作被迫停止。到 1972 年，部分站点才恢复观测。2002 年，在葛全胜等人的努力下，有 19 个原设观测站点得到了恢复，后来又增设了一些站点。但此时的观测站点数、物候观测覆盖范围以及观测年限仍无法与 20 世纪 60 年代相比（秦大河，2004）。目前，我国的物候观测站点主要分布在哈尔滨、长春、沈阳、北京、呼和浩特、南京、合肥、上海、武汉、南昌、长沙、福州、贵阳、桂林、昆明、广州、西双版纳勐腊等地。另外，在 1972 年之后，我国林业系统结合种源试验项目，对供试种源的物候也进行过观测（张福春，1985），但能够长期坚持下来的却寥寥无几。

二、植物物候对气候变化响应的研究方法

在过去很长的一段时期内，关于植物物候对气候变化响应的研究途径主要是依据多年积累的物候观测资料和气象观测数据，建立植物物候与气候变化的相关模型（Augspurger et al.，2003；Polgar et al.，2011）。在这些模型中，最常见的是机理模型和统计分析模型。机理模型是基于植物对环境因子响应机理而建立的可模拟植物生长发育的物候模型。由于植物物候变化是一个长期的动态过程（宋富强，2007），不同植物的遗传特性和生长发育规律不同，受环境因子影响的机理也大不相同，因此，对不同植物而言，其模型并不完全适用。在全球气候变化背景下，许多学者在北半球中高纬度地区对树木物候与气候变化的关系研究发现，温带树木的物候主要受冬季气温的控制（Murray et al.，1989），休眠期或静止期的完成分别需要一定的冷却单位和热强迫单位。在这一理论指导下，诞生了连续模型和平行模型。连续模型考虑了芽发育之前对冷却的需求（Riehardson et al.，1974），平行模型考虑了萌芽对冷却积累的强迫需求，或在一定温度下萌芽的速率以及冷却与强迫的交迭作用（Cannell et al.，1983）。后来，也有许多科学家对这些模型进行过改进，如将休眠期再划分（Kobayaski et al.，1982；Hänninen，1990）、改进基点温度的设定、冷却单位和热单位计算方法（Bidabé model，Utah model，Anderson model）等。也有研究认为，对于某些植物而言，这些模型对物候的预测效果还不如简单的热时模型（Häikkinen et al.，1998；Linkosalo et al.，2000；Linkosalo et al.，2006）。热时模型是用基点温度估计休眠完成日期，并作为热积累的起始日期，从而省略了对冷却期的计算。由于积温对植物生长期的开始起着很重要的作用，所以很多学者认为应用积温模型对植物物候模拟的效果好于含有低温阈值的温度模型（Chuine et al.，1998；Chuine et al.，1999）。目前，国际上流行的植物物候积温模型有 ForcTT（Cannell，1983）和 ForcSar（Chuine et al.，1999）。

20 世纪 80 年代遥感技术兴起。遥感观测植物物候主要是基于不同下垫面对不同光谱的反射率来确定植物物候的时间变化(武永峰等，2005)。遥感技术的应用，使得研究大空间尺度(如区域乃至全球)植被物候动态及其与气候的关系成为可能。自从 1990 年 Lloyd 等提出利用归一化差值植被指数 NDVI 的阈值进行植物物候生长季节划分(Lloyd *et al.*，1990)之后，许多学者以此为手段，分析和研究了区域或全球植被物候对气候变化的响应，并在植物物候生长季节划分、物候变化与气候的关系等方面取得了显著成果。如 Schwartz 等(2002)利用植被物候和遥感资料，对中国北方植被的生长季节进行了研究，并对 NDVI 作为指示地面生长季节开始和结束遥感指标的稳定性进行了高度评价。Delbart 等(2005；2006)利用 NDVI 分析了亚欧大陆植被生长季节的变化，研究发现，1982—1991 年植被生长季节的开始日期平均提前了 8 天，1991—2004 年提前的速度变缓，但仍提前了 3.5 天，生长季节结束的日期则平均推迟了 3.6 天；Reed 等(2005)对北美植被春季物候期提前的区域和秋季物候期延迟的区域大小进行了比较，结果表明，在春季，植被物候期提前的区域较少，而秋季物候期延迟的区域较多。Suzuki 等(2003)采用遥感手段对亚洲北部的绿度始期、光合旺盛期、凋落期的空间变化研究发现，在同一纬度带(45°~60°)，绿度始期及光合旺盛期随着经度的递增而递增；凋落期在 45°~50°纬度带上的变化趋势与上述相同。在 50°~60°纬度带上，东西差异不明显。导致空间差异性出现的主要气候因子是积温和降水。目前，基于遥感技术的植被物候监测主要侧重于植被物候生长季开始和结束日期的确定。植被物候的开始日期和结束日期指的是较大尺度宏观区域地表植被生长季的开始和结束的日期，即植被绿度的始期和绿度末期(武永峰等，2008)。这与传统意义上的基于定点、定株观测的单一植物或植株生长季的开始和结束日期有所不同。当区域最早展叶植物出现绿色时，并不意味着遥感生长期的开始，只有当地面植被绿色有足够多时，才能被遥感传感器所识别。

由于树木在相对较短的时间内无法通过迁移或遗传选择来适应快速的环境变化，因此，研究气候变暖对林木生长的效应(EC)具有重要的意义。该问题可借助数学模型解决，也可利用林木种源试验来分析、建模和预测(Beuker *et al.*，1994；Mátyás *et al.*，1994)。在林木种源试验中观测到的变异可解释为对气候变化的适应性反应。将一种源从其原产地推移至试验栽植地，可以看作是对环境变化的模拟。在空间上的变异模式可用来说明对时间尺度上环境的反应(Mátyás，1997)。1993 年，Schmidtling 等(1994)利用火炬松(*Pinus taeda*)和挪威云杉(*Picea abies*)的种源实验资料验证了生长与温度的回归模型，以此预测温度变化对林木生长的效应(EC)。结果显示，如果年平均气温上升 4 ℃，火炬松和挪威云杉的树高生长将比遗传适应的种源减小 5%~10%。Carter(1996)研究表明，年平均最低气温的升高，将使北美东部 8 种常见树种的高生长出现不同程度的下降。也有些学者提出，气候变暖对不同地理区域林木的影响不同。Beuker 等(1994)研究发现，在芬兰北部，如果年平均气温提高 4 ℃，挪威云杉和欧洲赤松(*Pinus sylvestris*)的木材产量将会有明显增加，但对南部的影响较小，甚至还略有下降。Mátyás(1994)研究认为，如果降水充足，年平均气温升高，将会加速班克松的生长，但在其分布区的南缘，树木生长和竞争力将会下降，而且会发生群落演替。

实验控制是另外一种研究植物物候对气候变化的方法。该方法是通过人为增加或增强气候因子，来研究植物对气候变化的响应规律。最著名的例子是美国用于验证森林生态系统对全球 CO_2 浓度上升的响应的 FACE 实验。实践证明，多数实验控制的可操作性及专一性对于研究植物物候对某一气候因子变化的响应十分有效，但与植物对自然环境中气候变化的响应存在较大的误差。

三、植物物候对气候变化响应的实证分析

近 100 年来，众多学者研究了植物花期、芽膨大期、展叶期、落叶期等物候变化与气候变化的关系，同时对植物发育期与非生物环境因素（如光周期、平均气温、积温、水分、积雪等）的关系，以及植物物候的遗传基础和自然过程进行了研究（Price *et al.*，1998）。

（一）植物叶芽膨大期对气候变化的响应

植物的叶芽膨大期是对植物发育有着重大影响的物候期。因为叶芽膨大期提前会延长植物的发育期（Menzle *et al.*，1999；Chuine，2000；Matsumoto *et al.*，2003）。Ahas 等（2006）研究发现，爱沙尼亚植物的芽膨大期每 10 年提前 2.5~7.8 天。Dio 和 Katano（2008）对分布在日本的 4 个不同区域的 4 个树种的物候研究发现，在过去的 50 年中，这 4 个树种的叶芽膨大期也出现了提前趋势。通过多重回归模型研究证实，芽膨大期和温度呈明显的负相关关系。这与大多数学者研究得出的春季温度升高会改变树种的芽膨大期的结论一致（Peñuelas *et al.*，2002；Menzel，2003；Menzel *et al.*，1999；Hänninen *et al.*，2007）。对此也有学者持不同的看法。Murray 等（1989）认为，温度增加不会明显改变树种的芽膨大期，因为大多数温带树种需要冬季的低温来解除休眠。在我国，徐雨晴（2005）等根据北京物候观测站 50 年的物候观测数据分析表明，北京树木芽萌动的早晚主要受冬季气温的影响，冬季及秋末气温的升高可使春芽萌动提前。萌芽早的树木萌动期长，萌芽晚的树木萌动期短。前者对温度的变化反应更为敏感，且萌动期长度随着萌动期间（主要在早春）的气温升高而缩短，后者的萌动期长度是随着初冬、秋末平均最低气温的升高而延长。

（二）植物花期对气候变化的响应

植物花期变化特征较为明显，且易于观测，获取途径多，名人日记和笔记中多有记录，因此，有关植物花期变化对气候变化响应的研究较多（Schwartz，1999）。已有研究表明，1952—2000 年地中海地区（Peñuelas *et al.*，2001）、1851—1994 年匈牙利（Walkovszky，1998）、1936—1998 年美国 Wisconsin 地区（Bradley *et al.*，1999）、1970—1999 年美国华盛顿地区（Abu-Asab *et al.*，2001）的花期提早了 7 天左右。日本学者研究认为，如果全球平均气温上升 1.1 ℃，日本樱花始花期将提前 2.3 天；如果气温上升 2.2 ℃，则会提前 4.7 天（Aono *et al.*，2008）。Sparks 等（1995）用 200 年

Marsham 物候观测资料研究发现，某些植物开花提前与冬季温度升高有关，在过去 80 年里，爱沙尼亚的春季提前了 8 天。英国的物候变化趋势已经被 Fitter 等（1995）以及 Sparks 所描述。他们认为，如果全球温度升高 3.15 ℃，春季的植物开花将提前 2 周左右。Walkovszky（1998）比较了匈牙利 1851—1994 年间 3 个不同时段的槐树开花期，发现其开花期有明显提前，提前的天数在 3~8 天。这种变化可能与春季平均气温有关。Ahas 等（2006）在欧洲爱沙尼亚 3 个观测点收集了银莲花、樱桃树、苹果树和紫丁香 78 年的开花期资料，研究发现，这些植物的春季物候平均提前了 8 天。Sparks 等（2000）研究了英国 11 个植物物种 58 年的平均开花时间，结果表明，由于气候变暖春季和夏季物种的开花时间将会进一步提前。Beaubien 和 Freeland（2000）报道，加拿大埃德蒙顿（Edmonton）白杨树在 1990—1997 年中，首次开花时间每 10 年提前 7 天；1936—1996 年樱桃树的春季首次开花时间每 10 年提前 1.3 天。

在我国，郑景云（2002；2003）等根据中国科学院物候观测网络 26 个观测站点的物候资料，选择垂柳（*Salix babylonica*）展叶和始花、毛桃（*Prunus persica*）始花、山桃（*Prunus Franch*）始花、杏树（*Prunus armeniaca*）始花、李（*Prunus salicina*）始花、榆树（*Ulmus pumila*）始花、紫丁香（*Syringa Oblata*）始花、桑树（*Morus alba*）始花、刺槐（*Robinica pseudoacacia*）始花、苦楝（*Melia azedatach*）始花等为研究对象，分析了近 40 年我国木本植物物候变化对气候变化的响应。结果表明，20 世纪 80 年代以后，这些植物的物候期随地理位置的变化而推移，纬度每相差 1°，物候期平均相差 2.8 天；经度每相差 1°，物候期平均相差 0.49 天；海拔高度每相差 100 m，物候期相差 1.1 天。我国的春季温度大致呈纬向变化。温度的南北向梯度是决定物候期随纬度推移幅度变化的主要因子。徐雨晴等（2005）根据北京物候观测站 50 年观测数据表明，始花前 2~9 旬，特别是前 5 旬（主要是 3，4 月），气温对始花期影响最显著，该时段内始花期对气温的变化反应最敏感。在北京地区，春季温度升高，植物的开花期将提前。春季温度每升高 1℃，开花期平均提前 3.6 天。春季树木开花物候与春季气温的年际、年代间的波动基本对应，但波动幅度不一致。20 世纪春季温度升高使得欧洲和美国高纬度地区许多物种的开花时间提前（Menzle *et al.*，1999；Bradley *et al.*，1999）。春季最早开花的植物比晚开花植物对气温的响应更为敏感（Fitter *et al.*，1995；Beaubien *et al.*，2000；Abu-Asab *et al.*，2001）。在中纬度地区，植物的春季物候（如发芽、开花期）主要取决于气温的高低，日照时间处于次要地位，降水对植物物候期的影响有滞后作用，对物候期的影响没有温度显著（Chmielewski *et al.*，2001）。

（三）植物生长季对气候变化的响应

大多数植物的生命循环周期与温度、降水和光照的季节性变化紧密相连。全球变暖改变了植物开始和结束生长的日期。尽管这种变化的时间长度在不同物种、不同地区间有所不同，但变化趋势基本一致。

根据地面物候资料，在加拿大西部地区，山杨发芽时间比半个世纪前提早了 26 天（Beaubien *et al.*，2000）。1959—1993 年，北美地区春季的植物物候提早了 6 天（Schwartz *et al.*，2000）。在欧洲，1959—1993 年，叶子发芽时间提前了 6 天，秋季叶子变色推迟了 5 天（Menzle et al., 1999）。1969—1998 年春天，欧洲地区的植物物候提早了 8 天（Ahas, 1999; Chmielewski et al., 2001）。在地中海地区，大多数落叶植物展叶比 50 年前平均提早了 16 天，而落叶时间平均推迟了 13 天（Peñuelas et al., 2001）。Zhou 等（2001）应用 NDVI 资料分析发现，在 40°N 以北，欧亚地区植被生长季已经延长了近 18 天，春天提早了 1 周，秋季滞后了 10 天；北美地区生长季也延长了 12 天，生长季的这种变化与气温的变化有很强的对应关系。应用 20 年的物候数据进行线性回归分析的结果表明，NDVI 具有大约 1% 的年递增趋势。北半球高纬度地区 1981—1991 年间植被生长季提早了 8 天，而衰落时间推迟了 4 天，春季温度提高，给分布在高纬度地区的植被带来了更长的生长季（Myneni et al., 1997）。

北京是我国物候资料最丰富的地区（张学霞，2005）。陈效述等（2001）对近 50 年来北京春季物候的变化分析发现，10 多年来，北京的物候异常偏早，这与北京连续 10 多年的暖冬和春季偏早到来相一致，且未来 10 年春季物候仍将提前。张学霞（2005）等根据北京气温变化态势，将历史时期气温和物候资料划分为 4 个时间段，并采用 u 检验论证时间段间的显著性差异，分析物候期对气温变化的响应模式和机制，研究发现，物候期的提前与推迟对温度的增高与降低的响应是非线性的，在同样的增、降温幅度下，因降温而导致的物候期推迟的幅度较因增温而导致物候期提前的幅度小；平均气温增高 1℃，北京春季物候期提前 2.8~3.6 天。韩超等（2007）根据华北地区 7 个观测站物候资料，分析了华北地区 1963—1996 年及北京 1963—2005 年物候春季的变化特征及其与气温的关系。结果表明：华北地区的春季物候有明显的提早来临趋势。造成这一变化的主要原因是本地区近 40 年来冬春季气温有明显上升。1963—1996 年，华北地区 1~3 月及 4 月的平均气温分别上升了 2.3℃ 与 1.7℃，春季物候起止日期分别提前了 9 天和 4 天；北京 1963—2003 年间 1~3 月及 4 月的平均气温分别上升了 3.5℃ 与 2.6℃，春季物候的起止日期分别提前了 11 天和 10 天。姚玉璧等（2009）利用亚高山草甸华灰早熟禾（Poa sinoglauca）生长发育的定位观测资料和相应的气象观测资料，分析了 1985—2005 年甘肃省玛曲县气候变化对牧草生长发育的影响，结果表明，受气候变暖的影响，华灰早熟禾抽穗期、开花期、成熟期、黄枯期每 10 年分别提前 15 天、7~8 天、8~9 天、3 天。

（四）植物物候对城市热岛效应的响应

城市中密集的楼房、缺乏植被覆盖的沥青路面及其他水泥建筑，能够最大限度地吸收太阳辐射到地表上的热量；大量交通工具的使用、生活设备、工厂等排放的温室气体在晴朗无风或者微风的天气条件下，会凝聚在城市的上空形成逆温层（Johnson et al., 1991），强烈阻止地表热量的有效释放，从而导致城市热岛效应的形成（彭少麟等，2005）。城市热岛效应强度与城市人口、下垫面、城市化水平以及城市排放的温室气体（CO_2、NO、NO_2、SO_2 等）浓度密切相关。城市的天气形势、风速、云量、人为活动状况对城市热岛效应的时空分布影响很大（Johnson et al., 1991；彭少麟等，2005）。风速大，热岛效应强度变弱，反之，热岛效应强度增加。

在过去 100 年间，全球增温可明显区分为两个阶段：第一阶段为 1910—1945 年，此时恰值西方发达国家经济快速发展时期;第二阶段为 1976 年至今,此时,全球(包括中国在内)进入经济快速发展时期(Walther et al.,2002;Price et al.,1998)。经济的快速发展促进了城市建设。城市热岛效应是城市化的产物,那么,城市热岛效应与全球气候变暖是否有关联?城市热岛效应对全球气候变暖究竟有多大贡献?经过多年研究,对这些问题的认识逐渐趋于一致。

从大空间尺度上分析,城市热岛效应的强度是随着距离地表的高度增加而减弱(Ramaswamy et al.,2006;Randel et al.,2009;Thompson et al.,2009)。在海拔 300 m 的高空,热岛效应强度可降至 0。在高空有一个"交叉气层"存在,在这个气层里面,非城市上空的温度反而较城市上空的温度高(Robert,1968)。在过去的 40 年里,海拔 15000 m 的高空温度有变凉的趋势。这些研究表明,全球气候变暖并未在高空实现,热岛效应对高空温度的变化无影响(Trenberth et al.,2007)。Jones 等(2008)用大空间尺度的温度数据与城市化进程进行相关性分析也得出了同样的结论。David 等(2006)利用世界范围内 1950—2000 年的温度数据进行抽样调查的结果显示,在全球空间尺度上,气候变暖不是由城市化造成的。从漫长的时间尺度上分析,全球气温上升是一种自然现象。Jones 等(1990)和 Peterson 等(1999)从漫长历史时期考察全球气候变化并与 20 世纪以来的全球气温上升相联系,分析认为,城市热岛效应对全球平均气温的影响微乎其微。国际气候变化委员会第三次评估报告也提出,城市热岛效应对全球平均气温上升的影响是次要因素。过去 100 年城市化引起的温度上升不超过 0.05℃,而根据同期数据估计,全球平均气温已上升了 0.6℃,城市化对全球平均气温的贡献率不超过 8.5%(Houghton et al.,2001)。

在国家、地区、城市等中空间尺度和市中心、城市人口密集处等小空间尺度上分析,大多数学者认同城市热岛效应对区域的温度升高有影响作用的观点。赵守慈(1991)和林学椿等(2005)研究提出,在中空间尺度上,城市热岛效应与局域平均温度上升存在明显的正相关关系。Ren 等(2008)将中国北方 282 个气象站按城市化水平划分为郊区、小城市、中等城市、大城市和特大城市等类别,分析后得出,城市热岛效应对温度有影响作用。中国北方平均气温的上升在很大程度上是由于城市热岛效应引起的。Yang 等(2011)对我国东部地区 463 个气象站近 30 年的月平均气温分析得出,城市热岛效应对我国东部城市变暖有明显的影响,对区域平均气温变暖的贡献率可达到 24.2%;其中,特大城市和大城市对区域平均气温增温达到 0.398 ℃/10a 和 0.26 ℃/10a,贡献率分别为 44% 和 35%。周雅清等(2009)通过对华北地区 1960—2000 年 41 年间最高、最低气温和气温日较差与城市热岛效应的相关性研究发现,城市热岛效应导致全年平均气温日较差缩小,城市热岛效应使年平均气温及最低气温增加,增幅为 0.11 ℃/10a 和 0.20 ℃/10a,贡献率分别达到 39.3% 和 52.6%。初子莹等(2005)对北京市城区和非城区 20 个气象站点 40 年的平均气温对比研究发现,北京城市热岛效应在全球气候变暖背景下对北京城市增温有绝对影响,其增温贡献率达到 71%,但在近 20 年里有下降趋势。下降的原因可能与北京市近 20 年实施的可持续发展战略,把污染产业从市区转移到郊区或其他地区,以及近些年加大了城市绿地建设、节能减排等有关。Du 等(2007)对长江三角洲 4 个城市群近 55 年来的城市热岛效应研究发现，随着长江三角洲在 20 世纪 90 年代城市化进程迅速加快，该地区平均气温也在迅速上升。

在国外，同样也有很多关于城市热岛效应对城市或者区域地表平均温度(SAT)升高有正相关作用的报道(Hansen *et al.* ，1987；Karl *et al.* ，1988；Karl *et al.* ，1989；Balling *et al.* ，1989；Goodridge *et al.* ，1992；Hughes *et al.* ，1996)。Balling 等(1989)利用美国 961 个观测站 1920—1984 年的气象数据分析得出，美国东北部和西部增温最明显，该地区也是美国经济最发达城市化水平最高的地区；城市气候变暖趋势与城市人口数量有明显的正相关。与此同时，Goodridge 等(1992)对加利福尼亚 112 个实验站点 80 年(1900—1980 年)温度数据分析发现，该地区城市总体变暖趋势随着人口数量级的上升而上升。Hughes 和 Balling(1996)认为，在 1960—1990 年间，南非温度比过去 100 年温度上升幅度明显增大，温度升高的原因在很大程度上取决于南非城市化进程的加快，在这 30 年间城区白天最高气温与最低气温的差距缩小，但在非城市地区没有明显变化。Saitoh 等(1996)对日本东京城市能量消耗的三维模拟的结果显示，城市热岛效应会导致城市上空温度上升且污染加剧，如果按照目前的排放速度，到 2031 年日本东京城市释放到大气中的热量将是 1996 年的 5 倍，这将进一步引起城市上空温度上升，且加剧大气污染。城市热岛效应不仅对城区温度变化产生重要影响，而且还导致城区的平均绝对湿度、相对湿度、凝露量、结霜量、霜冻日数、下雪频率和积雪时间都小于非城市地区(如郊区、乡村等)(周淑贞等，1994)。

城市热岛效应对区域不同季节气候的影响不同。夏季城市地区较非城市地区温度的净增温最小，但贡献率最大，可高达 100%。也就是说，在夏季同一地区的城市区域温度较非城市区域温度升高的部分完全是由热岛效应造成；然而，城市热岛效应对城市区域冬季净增温最多，但贡献率最低，仅为 19.4%(Ren *et al.* ，2008)。由于一年中的温度在夏季达到最大值，所以在高温的基础上，温度再稍微升高就会引起广泛的注意。热岛效应虽然对冬春季节温度升高的贡献率低，但净升温最大。从贡献率角度分析，城市热岛效应对区域气候季节温度的影响存在夏季>秋季>春季>冬季的变化趋势(Du *et al.* ，2007)；从净增温角度分析，城市热岛效应对区域气候季节温度的影响存在冬季>春季>秋季>夏季的变化趋势。

城市热岛效应严重扰乱了气流的动态过程，使得生活在城市里的植物环境与森林环境有明显区别(Lakatos *et al.* ，2003)，同时，城市热岛效应导致局部平均气温上升幅度较全球变暖导致的全球平均气温上升幅度更为明显。因此，生长在城市的植物对城市热岛效应必然会作出响应。

Gazal 等(2008)对世界 7 个城市(温带 4 个、热带 3 个)与对应乡村植物物候期进行观测后发现，同一种植物的物候期，城市与乡村的差异可达 1~23 天。Zhang 等(2004)利用搭载在卫星上中分辨率成像光谱仪获取的数据分析得出，城市热岛效应对植物物候的影响在北美地区最为显著，亚欧次之。城市地区植物绿度始期、休眠期分别比周边地区植物平均提前 4~9 天和 2~16 天。不管是植物种间还是种内，日本植物开花期与温度关系密切，且市区里植物比郊区或者乡村开花期提前（Primack *et al.*，2009）。Dhami（2008）对高度城市化的纽约城和城市化不明显的伊萨卡中植物的萌芽始期观测发现，2007年高度城市化地区的植物萌芽始期比城市化不明显地区提前了3天，2008年提前了4天。Chung等（2009）利用城市化效应修订的温度数据和模型模拟了日本樱花开花期的变化，结果表明，按照现在的增暖趋势，在未来100年里植物物候期还将相应提前，而且提前的幅度还会逐渐增大。

一年生草本、开花早的植物和虫媒花植物比多年生木本、晚开花的和风媒花植物对气候变暖和城市热岛效应更为敏感（Neil *et al.*，2006）。城市热岛效应导致市区内植物的春季物候期提前和秋季物候期推迟的变化幅度比郊区明显，但城市里的植物物候周期变化有可能被放大（Luo *et al.*，2007）。徐文铎等（2006）研究表明，近50年来，沈阳市森林树木的萌动期、展叶期和开花期提前，落叶期推后；未来沈阳城市平均气温上升1℃，芽萌动期将提前9天，展叶提前10天。张福春（1995）提出全球气温升高1℃，我国木本植物物候期提前3~4天。将两项研究结果对比分析可以看出，受全球气候变化及城市化热岛效应的影响，我国高纬度地区城市森林树木物候期变幅远远大于全国平均水平。

随着全球平均气温的升高，植物物候期总体变化趋势为提前，但不乏有推迟现象。Yu等（2010）对青藏高原植物物候研究发现，在青藏高原的草地与草原上，植被物候期随着冬春季温度的上升而推迟。推迟的原因可能是因为冬季气温升高导致植物打破休眠的有效积温减少，植物达不到萌芽的最低有效积温的要求。植物物候与冬春季温度之间的关系很复杂，并不是单纯的线性关系。张福春（1995）、陈效述等（2001）和徐文铎等（2008）认为，北方树木萌发受冬季寒冷月的适应低温阶段的影响，而不是受冬季最低温度的影响。冬季温度增高，植物芽萌动期不但不提前，而且还推后了植物的休眠，延迟了芽萌动始期和开花始期。城市热岛效应导致地区性温度上升较全球平均气温上升幅度大，特别是冬季升温幅度最大，但目前缺乏冬季植物休眠对城市热岛效应响应的深入研究（Du *et al.*，2007）。

有些学者曾对城市热岛效应导致植物物候变化提出质疑。他们认为，用城市气象站与郊区或者乡村气象站的观测的温度资料进行比较，本身就存在很多自然和人为的误差。例如，城市气象站与郊区或者乡村气象站的海拔和纬度可能不同，观测设备、观测时间以及分析方法可能不同（Yu *et al.*，2010），而且城市热岛效应形成的独特生态系统导致了除温度之外的很多其他气候因子与非城市存在明显差异，这些都将影响植物物候期的变化。我国改革开放以来，大部分城市呈"烙饼"状向外辐射（彭少麟等，2005），原本在郊区或乡村的气象站因为城市的扩张而"进入"了城区。目前，我国的气象站大多分布在经济发达的东部和沿海地区的城市里，而且这些城市的热岛效应一般都比较明显。若直接利用这些气象站的观测数据来研究全球气候变化或植物物候对全球气候变化的响应，不可避免地就会产生"热岛误差"。初子莹等（2005）认为，在全国尺度下平均气温的上升很大程度上可能受到了城市化引发的热岛效应的影响。因此，在使用城市里气象站的数据进行气候变化及相关研究时，有必要对这些观测数据进行检验和校正（初子莹等，2005；Chung et al.，2009）。裴顺祥等（2009）指出，在研究植物物候对全球气候变化的响应时，也需考虑物候资料来源地是否受城市热岛效应的影响。至于如何检验和校正，目前尚缺乏深入研究。Jones 等（2008）提出了一种打破常规思维的方法，即利用海平面温度（SST）数据来分析大尺度城市热岛效应对区域平均气温的影响。

四、植物物候对气候变化响应研究中的问题与展望

（1）物候模型研究未能从生理上解释物候与影响因子的限制。Schaber 等（2003）的促进—抑制因子模型只是从概念上做出了尝试，但方法仍旧囿于传统模型，而符合植物生理机制的冷却—强迫模型对于某些植物的模拟效果却不及热时模型，其原因尚不清楚。植被物候是生态系统模拟模型的必要输入项。遥感技术的应用可能会使植被物候模型趋于完善。

（2）城市热岛效应导致的局部平均气温上升对大尺度全球平均气温上升的贡献率很低，但是，城市热岛效应对于中尺度和小尺度、微尺度的平均气温上升有积极作用。植物物候对城市热岛的响应研究，大多仅考虑植物物候对温度变化的响应，对其他气候要素的响应研究很少。城市热岛效应对植物物候的影响远比温度的简单叠加复杂得多。因此，在研究植物物候对城市热岛的响应时，除考虑对温度变化的响应外，对其他气候要素的响应也应予以研究。

（3）直接应用城市中气象站的观测数据研究全球气候变化或植物物候对全球气候变化的响应不可避免会产生"热岛误差"。如何检验和校正目前尚无公认的方法。因此，研究长期植物物候对气候变化的响应时，应尽量选择城区外的气象站的观测数据。我国不同植被类型的定位研究站，基本上都远离城区，应用这些站的气象资料和物候资料，可有效地避免城市热岛效应的影响。另外，基于空间尺度的遥感技术对城区和非城区景观尺度的植物物候进行研究也具有广阔发展空间（韩贵锋等，2008；武永峰等，2008）。

（4）物候观测资料是研究植物物候对气候变化响应的基础。目前，物候观测很难做到定人、定点和定株观测，而且很多物候观测员没有经过相关培训，不同观测员对植物物候期的鉴定存在不同的理解，从而使得物候观测数据质量难以保障。另外，虽然各国都拥有大量的长期物候观测资料，但是区域和国家物候监测网之间的合作与交流非常有限。近几十年来，我国支持物候观测的资金投入有限，而且不能持续，不同部门和学科之间（如生态、农业和人类健康等）对物候观测资料的储存基本上处于封闭状态，尚缺乏有效地共享交流渠道，监测点发展缓慢，研究队伍不断萎缩，并已成为深入研究我国植物物候对气候变化响应的严重障碍。建议政府加大对物候观测点建设和物候观测的资金投入，相关研究部门和管理机构要尽量提高已有物候观测资料的开放程度，以吸引更多的科研人员投身于植物物候对气候变化响应研究领域中来。

第二节　温带针阔叶树种物候对气候变化的响应

植物物候期对气候变化的响应因植物种类、季节、地理位置(如海拔)不同而有很大差别(张学霞等,2005)。多年来,我国众多学者开展了植物物候对气候变化响应的研究,并取得了显著成果,不足之处在于研究地域和物候观测的植物种类非常有限。以往研究地域大多集中在沈阳以南(45°N 以南),对沈阳以北较高纬度地区的研究较少。已有研究表明,北半球中高纬度地区的植物物候对温度变化的响应更为灵敏(Badeck,2004)。另外,作为物候观测对象,大多数学者偏重于选择物候观测特征(植物的展叶始期、开花始期、落叶始期、脱落末期)明显、易于观测的被子植物,很少有人将四季常绿、繁殖器官物候特征变化不宜识别的裸子植物作为研究对象。为此,本节选择处于我国高纬度的东北地区为研究区域,从位于哈尔滨市的黑龙江省森林植物园选择了在东北地区具有一定代表性的 11 种乔木(包括 4 种裸子植物)和灌木树种作为研究对象,在分析当地近 58 年来气温变化和植物物候变化关系的基础上,揭示其物候对气候变化的响应特征,以期弥补我国在高纬度地区植物物候对气候变化响应研究上的不足,同时,为在研究区域以及更大地理空间尺度上开展气候变化的生态影响评估提供科学依据。

一、物候观测资料来源及研究对象

物候观测资料取自哈尔滨市香坊区黑龙江省森林植物园(45°45′N,126°40′E,海拔 146 m)物候观测点。该园始建于 1958 年,总面积 136 hm²。园内栽植着我国东北、华北、西北地区及部分国外引进植物 1400 余种。物候观测始于 1963 年。多年来,严格按照《中国物候观测方法》(宛敏渭等,1979)的统一要求开展物候长期观测的树种已达近百种。

本研究选择了 11 种乔木和灌木树种,具体包括红松(*Pinus koraiensis*)、红皮云杉(*Picea koraiensis*)、臭冷杉(*Abies nephrolepis*)、樟子松(*Pinus sylvestris*)、白桦(*Betula platyphylla*)、胡桃楸(*Juglans mandshurica*)、榆树(*Ulmus pumila*)、桑(*Morus alba*)、珍珠梅(*Sorbaria sorbifolia*)、紫丁香(*Syringa oblata*)和东北连翘(*Forsythia mandschurica*)。

物候资料为 1964—1965 年、1973—1975 年、1978—1988 年、2002—2008 年等 4 个时期近 45 年的不连续观测数据。其中，1964—1988 年的物候资料取自《中国动植物物候观测年报》(中国科学院地理研究所，1965—1992)，2002—2008 年的物候资料取自黑龙江省森林植物园物候观测报告。根据物候期明显易观测的原则，选择芽膨大始期、芽开放期、展叶始期、开花始期、脱落末期进行分析。采用儒略日(Julian days)换算方法将物候观测记录中物候期出现的日期转化为距当年 1 月 1 日的天数(Day of the year，DOY)(Luo *et al.*，2007)，建立各物候期的时间序列。

二、气象观测资料来源及研究方法

气象观测资料取自中国气象局哈尔滨标准气象台站 1951—2008 年逐日气象观测数据。四季月份定界：2~5 月为春季，6~8 月为夏季，9~11 月为秋季，12 月到翌年 2 月为冬季。

采用拉伊达准则筛选数据中的异常值。对气象数据中日平均气温采用替代法替换异常值。遵循的原则：如果发现该日平均气温为异常值，但该日最高温与最低温为正常值，则该日平均气温用该日最高温与最低温的平均值替代；如果该日最高温与最低温也为异常值，则该日平均气温用 5 天滑动平均气温代替。

采用移动平均法(Moving Average Method)对逐日气象数据进行修匀处理。移动平均法是通过逐期移动时间序列，并计算一系列扩大时间间隔后的序时平均数，最终形成一个新时间序列的方法。由于序列平均数有抽象数量差异的作用，所以经过移动平均后得到的新序列相比原时间序列由其他因素而引起的变动影响被削弱了，对原序列起到了修匀的作用，从而更清晰地呈现出现象的变动趋势(徐建华，2006)。当发现物候数据及气象数据中的日降水量出现异常值时则直接剔除，不做替换处理。

采用线性估计和多元逐步回归方法，研究物候、气象数据及物候对气候变化的响应规律。当两个变量在散点图上呈线性关系，则用直线回归方程描述。利用物候期和气象要素的时间序列，用 y 表示样本量为 n 的某一要素变量，用 t 表示 y 所对应的时间，建立 y 与 t 之间的一元线性回归方程：

$$\hat{y}_i = a + bx_i (i = 1, 2, \cdots, n) \tag{3-1}$$

式中，a 为回归常数，b 为回归系数，表示线性函数的斜率。也就是要素的线性趋势，其正(负)表示增加(减少)趋势，零表示无变化趋势。

a 和 b 用最小二乘法进行估计。但所建一元线性回归方程是否有意义，能不能指导实践，关键在于回归是否达到显著水平，因此要利用时间与要素变量之间的相关系数对变化趋势进行显著性检验(魏凤英，1999)。

当引入回归分析的自变量有两个以上时，采用多元逐步回归分析。在计算过程中逐步加入有显著性意义的变量和剔除无显著性意义的变量，直到所建立的方程中不再有可加入和可剔除的变量为止。变量取舍的标准：当一个变量的 Sig. *T* 值为 0.05 时，该变量被引入回归方程；当 Sig. *T* 值为 0.1 时，则剔除该变量(洪楠，2003)。

为了检验两个样本分别代表的总体均数是否相等而进行 t 检验(t Test)。t 分布为其理论根据(刘大海,2008)。Mann—Kendall 检验(以下简称 M—K 检验)主要用于气候突变点分析。

三、哈尔滨市 50 年来的气候变化特征

(一)气温变化趋势

应用哈尔滨市 1951—2008 年逐日气象观测数据绘制气温变化趋势图(图 3-1)。

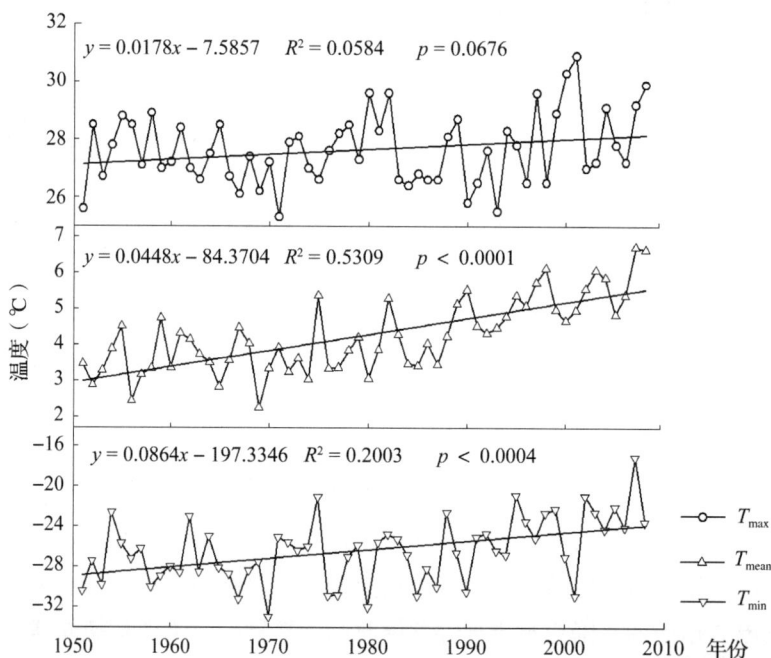

图 3-1 哈尔滨市 1951—2008 年气温变化特征

由图 3-1 可以看出,哈尔滨市近 58 年来的年最高气温最大值为 30.9 ℃,出现在 2001 年,最小值为 25.3 ℃,出现在 1971 年,极差为 5.6 ℃;年平均气温的最大值为 6.7 ℃,出现在 2007 年,最小值为 2.3 ℃,出现在 1969 年,极差为 4.4 ℃;年最低气温最大值为 -17.1 ℃,出现在 2007 年,最小值为 -33.0 ℃,出现在 1970 年,极差为 5.9 ℃。

采用一元线性回归方法对哈尔滨市近 58 年的年最高气温(T_{max})、年平均气温(T_{mean})、年最低气温(T_{min})分析发现,该地区年最高气温、年平均气温、年最低气温总体呈上升趋势(图 3-1),与全球气温变化趋势一致。但年最高气温的改变并未通过 $P = 0.05$ 的显著性检验,说明近 58 年来,该地区年最高气温变化不显著;年平均气温与年最低气温显著升高(显著性检验分别为 $P < 0.0001$ 和 $P = 0.0004$),年平均气温平均每 10 年升高 0.448 ℃,58 年来累积升高约 2.6 ℃,而年最低气温平均每 10 年升高 0.864 ℃,58 年来累积升高约 5.0 ℃。通过对年平均气温、年最高气温、年最低气温

上升幅度的比较可以发现，哈尔滨市年最低气温升幅最大。

　　对哈尔滨市 1951—2008 年各季节气温数据进行统计和绘图（图 3-2）。可以看出，哈尔滨市气温变化存在明显的季节性差异。春、夏、秋、冬季平均气温 58 年分别累积升高约 3.4 ℃、1.5 ℃、1.8 ℃、3.9 ℃。冬季每 10 年上升约 0.674 ℃，春季每 10 年上升约 0.578 ℃，秋季每 10 年上升约 0.314 ℃，夏季每 10 年上升约 0.250 ℃。总的表现特征是冬季变暖最为明显，春、秋季次之，夏季变暖幅度较小。

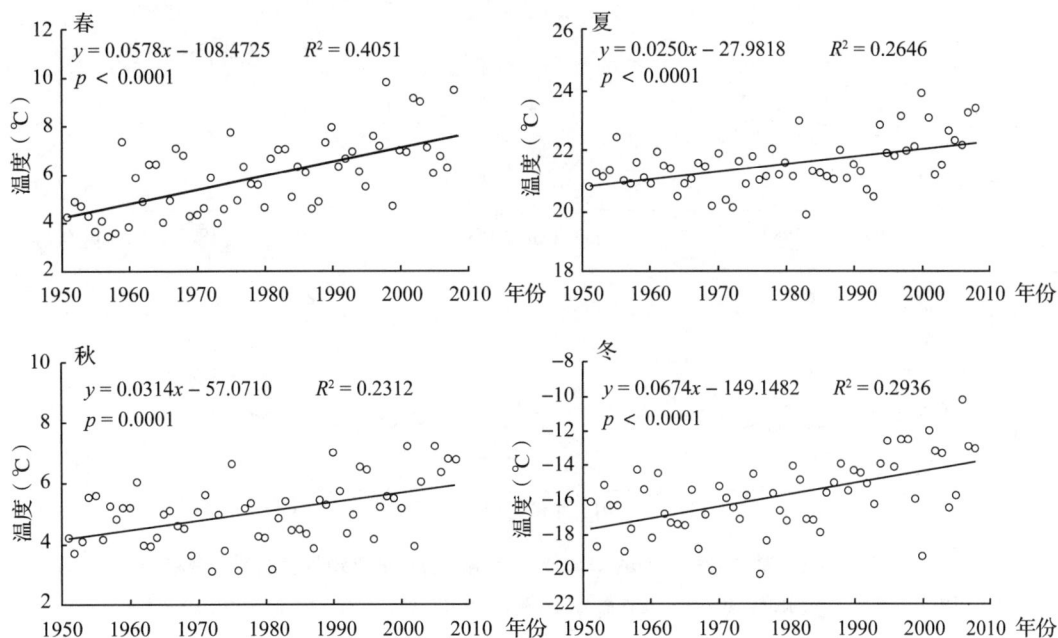

図 3-2　哈尔滨市 1951—2008 年各季节气温变化特征

（二）气温突变特征

　　气候突变是指气候从一种稳定态（或稳定持续的变化趋势）跳跃式地转变到另一种稳定态（或稳定持续的变化趋势）的现象，它表现为气候在时空上从一个统计特性到另一个统计特性的急剧变化（符淙斌等，1992；张兰生等，2001；Cheng，2004）。

　　1. 哈尔滨市年平均气温变化的突变点

　　对哈尔滨市 1951—2008 年全年和各季节平均气温时间序列进行 M—K 分析，根据 M—K 检验结果绘制的气候突变统计量图（图 3-3）。从图中的 UF 曲线可以看出，在近 58 年间，哈尔滨市年平均气温及各季节平均气温均出现极显著的升高（UF 线均超过 $\alpha = 0.01$ 的信度线）趋势。根据 UF 曲线与 UB 曲线的交点位置，确定哈尔滨市年平均气温在 1989—1990 年间发生突变，这说明在 1989 年后哈尔滨市的年平均气温出现了突发性上升。IPCC（2001）与 Walther（2003）通过研究认为全球气温增暖的突变点为 1976 年；Zhou 等（2004）对我国气温增暖突变点研究得出，中国气候突变开始于 1978 年。近年来，尹云鹤等（2009）研究提出，中国气候突变开始于 1989 年。本研究确定的哈尔滨市年平均气温变化突变点出现的年份与尹云鹤等提出的全国气候突变的年份相吻合。

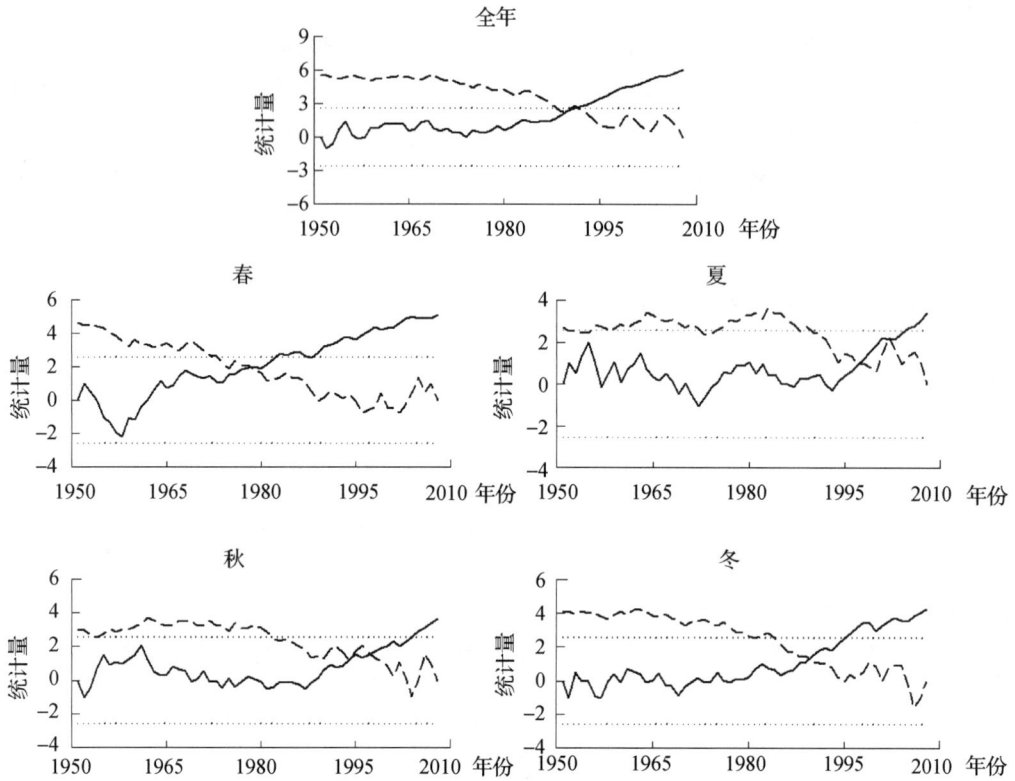

图 3-3　哈尔滨市 1951—2008 年年平均气温与各季节平均气温的突变分析

注：图中实曲线为正序列曲线（UF）值，虚曲线为反序列曲线（UB）值，虚直线为 α=0.01 的信度线（下同）。

2. 哈尔滨市各季节平均气温变化的突变点

哈尔滨市不同季节平均气温变化的突变点与年平均气温的突变点有所不同。由图 3-3 可以看出，哈尔滨市春季平均气温在 1978 年发生突变，1978 年后春季平均气温出现了突发性上升现象；夏季平均气温的 UF 曲线与 UB 曲线在 1998—2002 年间出现 3 次相交，表明从 1998 年开始，哈尔滨市夏季平均气温开始出现显著上升，但在升温过程中有气温上下波动现象，持续显著上升出现在 2002 年后；秋季平均气温的 UF 曲线与 UB 曲线在 1994—1997 年间出现两次相交，说明从 1994 年后，哈尔滨市的秋季平均气温异常升高，所以出现突变点，1997 年该地区秋季平均温再次出现突变，并且从 1997 年开始，该地区秋季平均气温出现显著上升；冬季平均气温在 1990 年发生突变，1990 年后该地区冬季平均气温出现突发性上升。

（三）稳定通过 10℃ 初日、终日及持续天数的年际变化

气温稳定通过 10℃ 持续时间标志着每年从春季到秋季结束的时间长短，同时也是植物生长的主要时期。对哈尔滨市 1951—2008 年逐日平均气温数据求 5 天滑动平均确定每年 5 天滑动平均稳定通过 10℃ 的开始时间及结束时间，然后将开始时间及结束时间的日期型数据转换为距当年 1 月 1 日的天数（DOY），利用一元线性回归的方法拟合方程，绘制哈尔滨市 1951—2008 年稳定通过 10℃ 初日、终日及持续天数年际变化图(图 3-4)。

由图 3-4 可知，1951—2008 年哈尔滨市稳定通过 10 ℃初日显著提前（$P = 0.0001$），幅度为每 10 年提前 2.45 天，58 年间累计提前了约 14.2 天；该地区稳定通过 10 ℃终日出现推后的趋势，但并未通过显著性检验（$P = 0.0732$）；近 58 年来，该地区稳定通过 10 ℃的持续时间逐年延长，幅度为每 10 年提前 3.328 天（$P = 0.001$），58 年间累计延长了约 19.3 天。综上分析可以得出，在过去的 58 年间，哈尔滨市稳定通过 10 ℃持续时间逐年延长，并且这种延长主要是由稳定通过 10 ℃初日显著提前所引起。

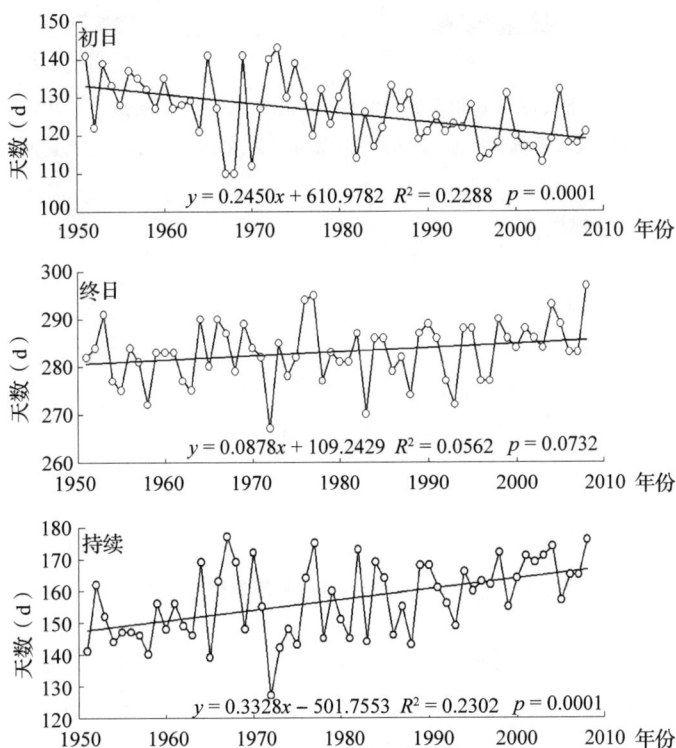

图 3-4　哈尔滨市 1951—2008 年稳定通过 10℃初日、终日及持续天数年际变化

（四）降水量变化趋势

对哈尔滨市 1951—2008 年月平均降水量、年降水量距平和各季节降水量距平进行统计的结果如图 3-5 至图 3-7 所示。

由图 3-5 可以看出，哈尔滨市 58 年间平均年降水量为 503.3 mm，受季风气候影响，全年 80.9 %降水主要集中在 6~9 月，其他月份降水量较少。

由图 3-6 可以看出，近 58 年来哈尔滨市年降水量年际波动较大，总体呈现微弱的上升趋势，每 10 年上升约 3.697 mm，但并没有通过显著性检验。在过去的 58 年间，以 1994 年降水量最大，达到 818.8 mm，1976 年降水量最小，仅 292.5mm。从 20 世纪 60 年代前期开始，该地区年降水量开始出现波动下降，1979 年后降水量开始波动

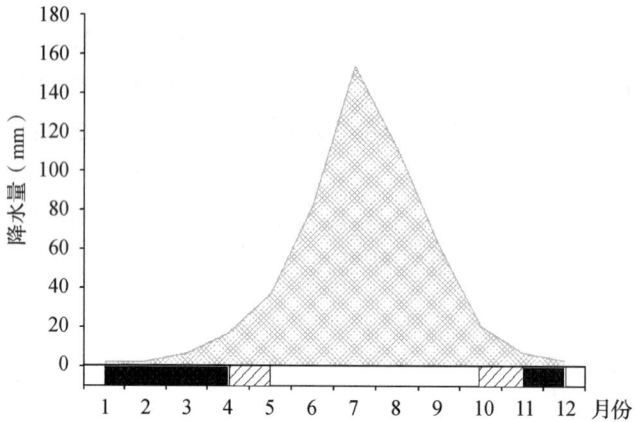

图 3-5　哈尔滨市 1951—2008 年月平均降水量

注：网格状阴影部分为多年平均月降水量；x 轴下部黑色阴影部分为降雪，斜阴影部分为霜期，白色部分为无霜期。

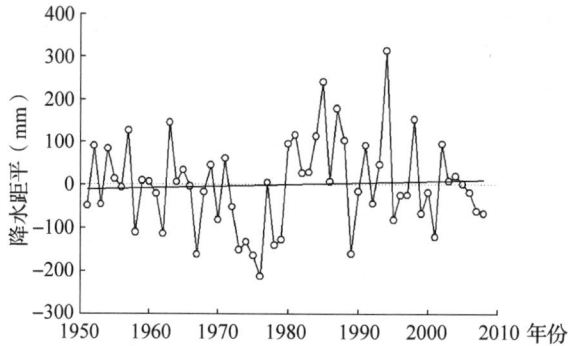

图 3-6　哈尔滨市 1951—2008 年年降水量距平

回升，到 20 世纪 90 年代中后期达到最大值；2000 年后降水量又开始波动下降，大致可将其看成一个降水量的周期波动，周期约为 40 年(如图中虚线所示)。

由图 3-7 可以看出，哈尔滨市降水的变化表现出明显的季节性差异。近 58 年来，春季和冬季(哈尔滨市 1951—1978 年冬季降水量数据为异常，故只对 1979—2008 年冬季平均降水量进行趋势分析)降水呈逐年增加趋势，幅度分别为平均每 10 年增加5.607 mm 和 0.350 mm；而夏季和秋季降水量呈逐年减少趋势，幅度分别为每 10 年减少 4.870 mm 和 0.690 mm。各个季节的变化趋势除春季平均降水量变化达到 $P =$ 0.0093 的显著水平外，其他季节的变化趋势均没有达到显著水平。由于哈尔滨市80.9%的降水量都集中在夏、秋季，通过上述各季节降水量距平分析发现，该地区夏、秋两季的降水量有减少的趋势，所以在未来该地区可能出现年降水量下降的趋势。

(五)降水量突变特征

哈尔滨市 1951—2008 年的年和各季节降水量 M—K 突变分析统计量曲线如图 3-8所示。哈尔滨市年降水量有微弱上升趋势，但未达到显著性水平，该地区年降水量在

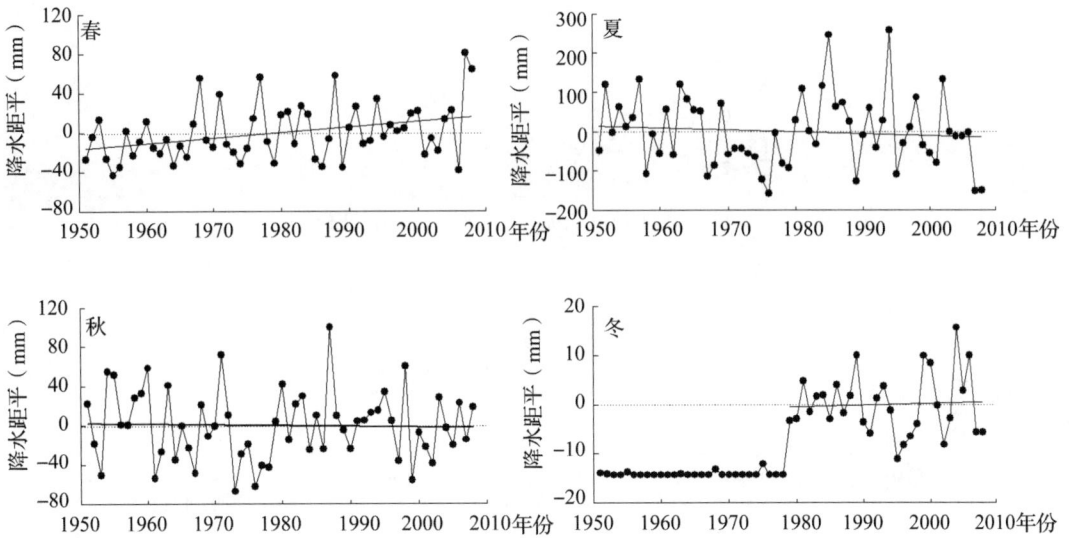

图 3-7　哈尔滨市 1951—2008 年各季节降水距平

1979 年发生突变，1960—1979 年年降水量逐年下降，1979 年后逐年上升，一直持续至今。春季降水量没有出现明显的突变点，但春季降水量一直处于逐年上升趋势，并达到显著水平。夏季降水量在 1980 年以前逐年下降，从 1980 年开始降水量出现小幅度上升，2008 年后降水量再次下降，但均未通过显著性检验。秋季降水量有所下降，但未达到显著性水平，而且没有出现明显的突变点。冬季降水量有微弱的上升，但并未通过显著性检验，没有出现明显的突变点。

四、植物物候变化特征

(一)裸子植物物候变化特征

1. 裸子植物物候春季物候平均发生期及总体变化趋势

对 1964—2008 年哈尔滨市主要裸子植物春季物候资料进行整理并做统计分析，结果见表 3-1。从表 3-1 可以看出，1964—2008 年间 4 种裸子植物的春季物候呈逐年提前趋势。相关显著性检验结果显示，各树种的芽膨大始期均显著提前（$P<0.001$）。红松、红皮云杉、臭冷杉的芽开放期以及红皮云杉的展叶始期均显著提前（$P<0.05$）。樟子松的芽开放期以及红松、臭冷杉和樟子松的展叶始期未通过显著性检验（$P<0.05$）。其中，红松、红皮云杉、臭冷杉、樟子松的芽膨大始期分别提前了约 24.6 天、28.5 天、30.3 天、25.9 天；芽开放期分别提前了约 25.3 天、29.3 天、17.6 天、19.8 天；展叶始期分别提前了约 11.2 天、9.7 天、5.0 天、14.3 天。综合比较各物候期提前的天数可以看出，以芽膨大始期提前最为明显，其次是芽开放和展叶始期。

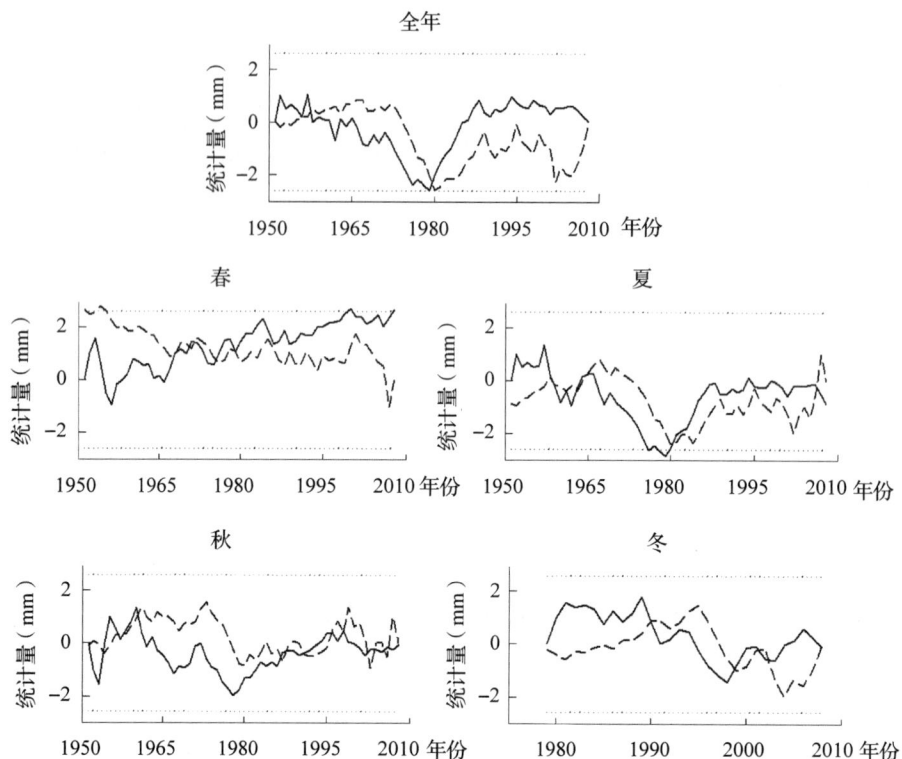

图 3-8　哈尔滨市 1951—2008 年年降水量与各季节平均降水量的突变分析

表 3-1　1964—2008 年哈尔滨市 4 种裸子植物物候平均发生期及其变化特征

物种	物候期	物候平均发生期(d)	k	R^2	物候期变化(d)
红松	芽膨大始期	97	-0.547***	0.676	-24.6±5.1
	芽开放期	136	-0.562**	0.402	-25.3±8.2
	展叶始期	152	-0.249	0.093	-11.2±9.4
红皮云杉	芽膨大始期	96	-0.633***	0.642	-28.5±5.7
	芽开放期	121	-0.650***	0.548	-29.3±7.1
	展叶始期	134	-0.216*	0.258	-9.7±4.4
臭冷杉	芽膨大始期	98	-0.674***	0.594	-30.3±6.5
	芽开放期	123	-0.392*	0.301	-17.6±6.9
	展叶始期	131	-0.110	0.031	-5.0±7.3
樟子松	芽膨大始期	95	-0.576***	0.582	-25.9±5.4
	芽开放期	130	-0.439	0.216	-19.8±10.4
	展叶始期	147	-0.317	0.114	-14.3±10.6

注：植物物候平均发生期是距 1 月 1 日的天数；*$P<0.05$，**$P<0.01$，***$P<0.001$；k 为斜率；物候期变化表示平均变化天数±标准误，负数表示物候期提前，正数表示物候期推后(下同)。

2. 裸子植物物候期的阶段性变化特征

以哈尔滨市春季气候突变点 1978 年为界，计算前后不同时段(1964—1977 vs.

1978—2008)物候期的平均偏差，结果见表3-2。4种裸子植物的绝大多数春季平均物候期偏差($V_{1978—2008}$ 与 $V_{1964—1977}$ 差值)小于0，这说明各树种的大多数春季平均物候期在1978—2008年间比1964—1977年间明显提前。由此可见，哈尔滨市4种裸子植物的春季物候变化与气候变化的阶段性特征具有一致性。

表3-2　1964—2008年间不同子时段裸子植物春季物候期的平均偏差(d)

物候期	$V_{1978—2008}$ 与 $V_{1964—1977}$ 的差值			
	红松	红皮云杉	臭冷杉	樟子松
芽膨大始期	−8.0	−6.7	−5.2	−10.5
芽开放期	−6.2	−8.6	−1.9	−7.0
展叶始期	−0.9	−1.1	0.3	3.7

注：$V_{1978—2008}$ 表示1978—2008年间物候期平均值；$V_{1964—1977}$ 表示1964—1977年间物候期平均值。

(二)阔叶乔木物候变化特征

1. 阔叶乔木物候平均发生期及总体变化趋势

对1962—2008年哈尔滨市4种落叶阔叶乔木春季物候和秋季物候资料进行整理并做统计分析，结果见表3-3。从表3-3可知，4种阔叶乔木的芽开放期、展叶始期、开花始期均表现出不同程度的提前趋势($k<0$)，脱落末期均表现为不同程度的推后趋势($k>0$)，但显著性检验表明，1964—2008年间，白桦仅开花始期通过$P<0.05$显著性检验；胡桃楸无任何一物候期达到显著水平；榆树仅脱落末期通过$P<0.05$显著性检验；桑芽开放期通过$P<0.05$显著性检验，脱落末期通过$P<0.01$显著性检验。1962—2008年间，4种阔叶乔木的芽开放期平均提前5.7天，展叶始期平均提前10.2天，开花始期平均提前7.9天，叶脱落末期平均推后7.5天。哈尔滨市4种阔叶乔木的萌动始期提前，休眠起始期推后，生长季延长。

表3-3　1962—2008年哈尔滨市4种阔叶乔木物候平均发生期及其变化特征

物种	物候期	物候平均发生期(d)	k	R^2	物候期变化(d)
白桦	芽开放期	114	−0.001	0	0±5.3
	展叶始期	123	−0.143	0.076	−6.6±5.0
	开花始期	125	−0.230[*]	0.190	−10.6±4.9
	脱落末期	283	0.119	0.032	5.5±6.9
胡桃楸	芽开放期	126	−0.182	0.144	−8.4±5.0
	展叶始期	133	−0.213	0.176	−9.8±5.0
	开花始期	141	−0.123	0.066	−5.7±5.2
	脱落末期	276	0.080	0.024	3.7±5.8
榆树	芽开放期	100	0.032	0.002	1.5±7.5
	展叶始期	122	−0.254	0.156	−11.7±5.8
榆树	开花始期	107	−0.160	0.066	−7.4±5.9
	脱落末期	295	0.199[*]	0.226	9.2±3.8

（续）

物种	物候期	物候平均发生期（d）	k	R^2	物候期变化（d）
桑	芽开放期	123	−0.359*	0.369	−16.5±5.8
	展叶始期	140	−0.271	0.233	−12.5±6.3
	开花始期	143	−0.167	0.197	−7.7±4.5
	脱落末期	280	0.248**	0.458	11.4±3.5

2. 阔叶乔木物候期的阶段性变化特征

以哈尔滨地区春季气候突变点 1978 年为界分析不同时段物候期的平均偏差（表 3-4）。从表 3-4 可知，4 种阔叶乔木的绝大多数春季平均物候期偏差（1978—2008 vs. 1962—1977）小于 0，说明大多数春季平均物候期在 1978—2008 年间比 1962—1977 年间明显提前；与春季物候期阶段性变化特征的分析方法相类似，以该地区秋季气候突变点 1994 年为界，计算了秋季不同子时段脱落末期的平均偏差，白桦、胡桃楸、榆树和桑的秋季平均物候期偏差分别为 5.7 天、8.7 天、7.3 天、7.7 天，其结果均大于 0，说明秋季物候平均物候期在 1994—2008 年间比 1962—1993 年间明显推后。由此可见，哈尔滨地区常见阔叶乔木物候变化与气候变化的阶段性特征比较一致。

表 3-4　1962—2008 年间不同时段阔叶乔木春季物候期的平均偏差（d）

物候期	$V_{1978—2008}$ 与 $V_{1962—1977}$ 的差值			
	白桦	胡桃楸	榆树	桑
芽开放期	1.0	−2.2	−0.6	−10.8
展叶始期	−2.1	−1.3	−8.3	−4.6
开花始期	−5.3	2.2	−5.1	−1.2

注：$V_{1978—2008}$ 表示 1978—2008 年间物候期平均值；$V_{1962—1977}$ 表示 1962—1977 年间物候期平均值。

（三）灌木植物物候变化特征

1. 灌木物候变化趋势

对 1962—2008 年哈尔滨市 3 种灌木春季物候和秋季物候资料进行整理并做统计分析，结果见表 3-5。从表 3-5 可以看出，1962—2008 年，3 种灌木的芽开放期、展叶始期、开花始期均表现为提前趋势，但相关显著性检验结果显示，只有珍珠梅的开花始期、紫丁香的展叶始期、东北连翘的展叶始期达到显著水平。东北连翘脱落末期提前并达到显著水平，其他 2 种灌木的脱落末期表现为推后趋势，但并未达到显著水平。对 3 种灌木物候期改变情况进行分析发现，1963—2008 年 3 种灌木的芽开放期分别提前 7.5 天、2.7 天、8.1 天，展叶始期分别提前 9.2 天、9.9 天、18.4 天，开花始期分别提前 17.8 天、8.4 天、7.5 天。除东北连翘的脱落末期提前 11.9 天外，其他 2 种灌木的脱落末期分别推迟 17.3 天、13.1 天，3 种灌木的生长季呈延长趋势。

表 3-5　1962—2008 年哈尔滨市 3 种灌木物候平均发生期及其变化特征

物种	物候期	物候平均发生期(d)	k	R^2	物候期变化(d)
珍珠梅	芽开放期	100	−0.163	0.175	−7.5±3.8
	展叶始期	111	−0.200	0.132	−9.2±5.6
	开花始期	194	−0.388**	0.494	−17.8±4.6
	脱落末期	293	0.376	0.191	17.3±8.6
紫丁香	芽开放期	112	−0.058	0.016	−2.7±4.4
	展叶始期	124	−0.216*	0.186	−9.9±4.4
	开花始期	131	−0.183	0.110	−8.4±5.1
	脱落末期	296	0.284	0.126	13.1±7.7
东北连翘	芽开放期	108	−0.175	0.075	−8.1±7.6
	展叶始期	125	−0.401**	0.448	−18.4±5.3
	开花始期	112	−0.163	0.223	−7.5±3.6
	脱落末期	291	−0.258*	0.265	−11.9±5.3

2. 灌木物候期的阶段性变化特征

以哈尔滨地区春季气候突变点 1978 年为界分析不同子时段物候期的平均偏差(表3-6)。

表 3-6　1962—2008 年间不同时段灌木春季物候期的平均偏差(d)

物候期	$V_{1978—2008}$ 与 $V_{1962—1977}$ 的差值		
	珍珠梅	紫丁香	东北连翘
芽开放期	−2.1	−0.5	−5.2
展叶始期	0.2	−5.1	−8.4
开花始期	−6.0	−3.7	−4.2

注：$V_{1978—2008}$ 表示 1978—2008 年间物候期平均值；$V_{1962—1977}$ 表示 1962—1977 年间物候期平均值。

从表 3-6 可知，3 种灌木的绝大多数春季平均物候期偏差(1978—2008 vs. 1962—1977)小于 0，说明大多数春季平均物候期在 1978—2008 年间比 1962—1977 年间明显提前。与春季物候期阶段性变化特征的分析方法相类似，以该地区秋季气候突变点 1994 年为界计算了秋季不同子时段脱落末期的平均偏差，珍珠梅、紫丁香和东北连翘的秋季平均物候期偏差分别为 5.7 天、6.5 天、−9.9 天，除东北连翘秋季平均物候期偏差结果小于 0 外，其他两种植物的秋季平均物候期偏差结果均大于 0，说明珍珠梅与紫丁香的秋季物候平均物候期在 1994—2008 年间比 1962—1993 年间明显推后，而东北连翘的秋季平均物候期在 1994—2008 年间比 1962—1993 年间明显提前。由此可见，哈尔滨地区灌木物候变化与气候变化的阶段性特征较一致。

五、植物物候期与气温的关系

(一)裸子植物春季物候与气温的关系

为了揭示各树种各物候期的开始日期与其前期气温之间相关关系，对哈尔滨市主要裸子植物的不同物候期与月平均气温进行统计相关分析(表3-7)。各树种的芽膨大始期主要受冬末与初春气温的影响,芽开放期与展叶始期主要受春季气温的影响,特别是春季物候期发生的当月和上月气温的影响最为明显。各物候期与气温变化呈负相关关系,表明各树种各物候期是随着气温升高而提前,物候期发生当月和上月气温上升幅度越大,春季物候期提前幅度越大。

对各树种的春季物候期与12月、1~5月平均气温进行逐步回归的结果显示:各树种的芽膨大始期主要受2月气温的影响;红松的芽开放期主要受1月气温影响,红皮云杉与樟子松的芽开放期主要受3月气温影响,臭冷杉的芽开放期主要受4月气温影响;红松、红皮云杉和樟子松的展叶始期主要受3月气温影响,臭冷杉的展叶始期主要受5月气温影响。

表3-7　裸子植物春季物候期与各月平均气温间的相关系数

物候期	物种	12月	1月	2月	3月	4月	5月
芽膨大始期	红松	−0.336	−0.618*	**−0.737****	−0.594*	−0.433	−0.379
	红皮云杉	−0.210	−0.629**	**−0.639****	−0.470	−0.419	−0.090
	臭冷杉	−0.250	−0.600**	**−0.705****	−0.630**	−0.477	−0.330
	樟子松	−0.458	−0.539*	**−0.823****	−0.720**	−0.640**	−0.140
芽开放期	红松	−0.399	**−0.534***	−0.481	−0.512*	−0.284	−0.453
	红皮云杉	−0.069	−0.383	−0.422	−0.595*	−0.552*	−0.246
	臭冷杉	−0.185	−0.246	−0.472	−0.706**	−0.802**	−0.196
	樟子松	−0.598*	−0.442	−0.292	−0.690**	−0.556*	0.028
展叶始期	红松	−0.231	−0.330	−0.327	−0.628**	−0.239	−0.320
	红皮云杉	−0.328	−0.356	−0.592*	−0.801**	−0.794**	−0.241
	臭冷杉	−0.113	−0.037	−0.214	−0.182	−0.369	−0.529*
	樟子松	−0.348	−0.333	−0.344	−0.647**	−0.452	−0.009

注:＊$P<0.05$,＊＊$P<0.01$,正数表示正相关,负数表示负相关,加粗字体表示物候期与月均温之间逐步回归接受变量(下同)。

(二)阔叶乔木物候与气温的关系

对哈尔滨市4种阔叶乔木各物候期与各月平均气温之间相关系数进行计算(表3-8),结果表明:除榆树外,其他3种阔叶乔木的芽开放期主要受当年3月和4月平均气温的影响,即3,4月的温度升高,使得3种阔叶乔木的芽开放期显著提前。由此认为,哈尔滨市4种阔叶乔木萌动主要受当地春季气温的影响,植物的芽开放期提前主要是春季温度升高所致。哈尔滨市4种阔叶乔木的展叶始期与芽开放期表现一致,即与冬季气温的相关性并不显著,与春季3,4月的平均气温显著负相关。

表3-8　阔叶乔木物候期与各月平均气温间的相关系数

物候期	植物名称	12月	1月	2月	3月	4月	5月	6月	8月	9月	10月	11月
芽开放期	白桦	−0.218	−0.070	0.068	−0.634**	**−0.696****	−0.160	—	—	—	—	—

（续）

物候期	植物名称	12月	1月	2月	3月	4月	5月	6月	8月	9月	10月	11月
芽开放期	胡桃楸	−0.281	−0.095	−0.288	−0.700**	**−0.836****	−0.245	—	—	—	—	—
	榆树	0.071	0.120	0.107	−0.154	−0.224	−0.190	—	—	—	—	—
	桑	−0.412	−0.038	−0.220	−0.694**	**−0.707****	−0.156	—	—	—	—	—
展叶始期	白桦	−0.196	−0.191	−0.193	−0.655**	**−0.745****	−0.214	−0.278	—	—	—	—
	胡桃楸	−0.280	−0.202	−0.384	**−0.726****	−0.715**	−0.499*	−0.238	—	—	—	—
	榆树	0.067	−0.124	−0.243	−0.493*	**−0.602****	0.077	−0.281	—	—	—	—
	桑	−0.550*	−0.344	**−0.570***	−0.559*	−0.487	−0.082	−0.455	—	—	—	—
开花始期	白桦	−0.175	−0.162	−0.288	−0.683**	**−0.734****	−0.206	−0.303	—	—	—	—
	胡桃楸	−0.141	−0.144	−0.095	−0.278	−0.274	−0.106	0.099	—	—	—	—
	榆树	−0.136	−0.120	−0.040	−0.531*	**−0.778****	−0.083	−0.018	—	—	—	—
	桑	−0.632*	−0.204	−0.138	−0.596*	**−0.659***	−0.261	−0.359	—	—	—	—
脱落末期	白桦	—	—	—	—	—	—	—	−0.093	0.172	0.173	0.107
	胡桃楸	—	—	—	—	—	—	—	0.259	0.314	0.356	0.224
	榆树	—	—	—	—	—	—	—	0.056	0.066	0.521	0.213
	桑	—	—	—	—	—	—	—	0.412	0.601*	0.446	0.234

注：— 表示未作相关分析(下同)。

4种阔叶乔木的开花期均在2~6月间，低温对4种植物的开花始期影响不显著，春季与夏初气温的高低是所选植物开花早晚的关键。除胡桃楸外，其他3种阔叶乔木的开花始期主要受当年3，4月平均气温的影响，即3，4月的温度升高使3种阔叶乔木植物的开花始期显著提前。胡桃楸开花始期不受气候变化的影响。

植物叶脱落末期标志着植物生长季的结束开始进入休眠，植物从萌动始期到休眠始期构成植物一个完整的生长季。哈尔滨市4种阔叶乔木的叶脱落末期均在8~11月间，相关分析结果显示，除桑叶脱落末期与9月气温显著正相关外，其余3种植物的脱落末期均未与气温存在显著正相关关系(表3-8)。

通过对4种阔叶乔木物候与气温相关分析表明：4种植物的芽开放期、展叶始期、开花始期主要受当年3，4月均温的影响；除桑外，其他3种植物的脱落末期虽然与8~11月均温表现出正相关，但均未达到显著水平。

(三)灌木物候与气温的关系

对哈尔滨市3种灌木各物候期与各月平均气温之间相关系数进行计算，结果见表3-9。可以看出，3种灌木的春季物候期主要受春季气温的影响，特别是春季物候期发生的当月和上月的平均气温对物候期影响最为显著。

表3-9　灌木物候期与各月平均气温间的相关系数

物候期	物种	12月	1月	2月	3月	4月	5月	6月	8月	9月	10月	11月
芽开放期	珍珠梅	−0.204	−0.326	−0.221	**−0.626****	−0.556**	−0.174	—	—	—	—	—
	紫丁香	−0.197	−0.155	0.208	−0.603**	**−0.756****	−0.072	—	—	—	—	—

(续)

物候期	物种	12月	1月	2月	3月	4月	5月	6月	8月	9月	10月	11月
芽开放期	东北连翘	-0.081	0.128	0.095	**-0.718****	-0.571*	-0.265	—	—	—	—	—
展叶始期	珍珠梅	-0.248	-0.269	-0.061	-0.558*	**-0.635****	-0.208	—	—	—	—	—
	紫丁香	-0.171	-0.195	-0.356	-0.721**	**-0.794****	-0.307	—	—	—	—	—
	东北连翘	-0.350	-0.400	-0.333	**-0.862****	-0.773**	-0.444	—	—	—	—	—
开花始期	珍珠梅	—	—	-0.471	-0.374	**-0.602***	-0.011	-0.491*	—	—	—	—
	紫丁香	—	—	-0.194	-0.652**	**-0.832****	-0.229	-0.124	—	—	—	—
	东北连翘	—	—	-0.054	-0.623**	**-0.832****	-0.295	-0.198	—	—	—	—
脱落末期	珍珠梅	—	—	—	—	—	—	—	0.442	0.211	-0.043	0.110
	紫丁香	—	—	—	—	—	—	—	0	0.071	0.202	-0.178
	东北连翘	—	—	—	—	—	—	—	-0.347	-0.227	-0.651**	-0.430

3，4月的均温对3种灌木的芽开放期的早晚起着决定性作用，即3，4月的温度升高，3种灌木的芽开放期提前。展叶始期与芽开放期表现一致，即与冬季气温的相关关系并不显著，与春季3，4月的平均气温呈显著负相关。3种灌木的展叶早晚主要受展叶前3，4月气温高低的影响，基本也不受冬季气温波动的影响。

3种灌木的开花期均在2~6月，紫丁香和东北连翘属早春开花植物，其开花始期与3，4月平均气温呈显著负相关。珍珠梅属于晚春到初夏开花的灌木，其开花始期与4，6月平均气温呈显著负相关。研究表明，3种灌木的开花始期均不受冬季气温的影响，春季气温的高低是所选灌木开花早晚的关键。

植物脱落末期标志着植物生长季的结束，开始进入休眠状态。哈尔滨市3种灌木的脱落末期均在8~11月，相关分析结果显示，除东北连翘脱落末期与10月平均气温呈显著负相关外，珍珠梅与紫丁香均未与平均气温呈显著相关关系。珍珠梅与紫丁香的脱落末期与8~10月各月平均气温大部分呈正相关，说明随着温度的提高，脱落末期推后。东北连翘脱落末期与8~10月各月平均气温呈负相关，并且与10月平均气温达到显著水平，说明当温度升高，东北连翘的脱落末期有所提前。

综合上述的相关分析认为，除珍珠梅的开花始期与4，6月平均气温显著相关外，其他植物早春物候均与3，4月平均气温显著相关。3，4月平均气温对3种灌木早春物候期出现的早晚起着决定性作用。

六、植物物候期与降水的关系

很多研究表明，植物物候不仅受气温的影响，其他因素如降水、光周期、遗传效应、生活型等也会对植物物候产生影响（Post *et al.*，2008；Steltzer *et al.*，2009；Körner *et al.*，2010）。为此，我们采用与植物物候期与温度关系同样的研究方法，对研究物种与降水的关系进行研究。

(一)裸子植物春季物候期与降水的关系

对哈尔滨市4种主要裸子植物春季物候(芽膨大始期、芽开放期、展叶始期)与1~5月降水量进行相关分析,并对其相关系数进行 t 检验,结果见表3-10。从表3-10可知,4种裸子植物中仅樟子松的芽膨大始期分别与3月和5月降水量及其芽开放期与4月降水量呈显著负相关($P<0.05$),其他植物的各物候期均与1~5月降水量呈微弱的相关关系($P>0.05$)。

表3-10　裸子植物春季物候期与各月降水量间的相关系数

物候期	物种	1月	2月	3月	4月	5月
芽膨大始期	红松	−0.104	−0.117	−0.373	−0.069	−0.345
	红皮云杉	−0.321	−0.071	−0.258	−0.172	−0.215
	臭冷杉	−0.084	−0.060	−0.332	−0.011	−0.254
	樟子松	0.024	−0.175	−0.533*	−0.057	−0.537*
芽开放期	红松	−0.108	−0.072	−0.337	−0.241	−0.132
	红皮云杉	−0.163	0.199	−0.024	−0.341	0.041
	臭冷杉	0.064	0.155	−0.143	−0.103	−0.042
	樟子松	0.177	−0.055	−0.228	−0.574*	−0.355
展叶始期	红松	0.413	0.335	0.014	−0.142	0
	红皮云杉	0.218	0.020	−0.275	0.002	−0.338
	臭冷杉	0.161	−0.018	−0.418	0.160	−0.18
	樟子松	0.344	0.233	−0.094	−0.093	−0.276

(二)阔叶乔木物候期与降水的关系

对哈尔滨市4种常见阔叶乔木春季物候(芽开放期、展叶始期、开花始期)与1~6月降水量和秋季物候(叶脱落末期)与8~11月降水量进行相关分析,并对其相关系数进行了 t 检验(表3-11)。4种阔叶乔木中仅桑树的展叶始期和脱落末期分别与5月和8月降水量的显著负相关($P<0.05$),其他植物的各物候期均与月份降水量呈微弱的相关关系($P>0.05$)。

表3-11　阔叶乔木物候期与各月降水量间的相关系数

物候期	植物名称	1月	2月	3月	4月	5月	6月	8月	9月	10月	11月
芽开放期	白桦	0.332	−0184	−0.086	−0.164	−0.056	—	—	—	—	—
	胡桃楸	0.068	−0.158	−0.368	−0.032	−0.272	—	—	—	—	—
	榆树	0.079	0.114	0.200	−0.031	0.148	—	—	—	—	—
	桑	0.032	−0.035	−0.264	−0.433	−0.150	—	—	—	—	—
展叶始期	白桦	0.114	−0.201	−0.361	−0.059	−0.270	0.160	—	—	—	—
	胡桃楸	0.165	−0.138	−0.314	−0.037	−0.242	−0.125	—	—	—	—
	榆树	−0.138	−0.288	−0.320	0.143	−0.258	0.101	—	—	—	—
	桑	0.016	−0.220	−0.510	−0.348	−0.612*	0.219	—	—	—	—

（续）

物候期	植物名称	1月	2月	3月	4月	5月	6月	8月	9月	10月	11月
开花始期	白桦	0.042	-0.319	-0.405	-0.058	-0.199	0.134	—	—	—	—
	胡桃楸	0.117	0.084	-0.154	0.161	-0.021	0.117	—	—	—	—
	榆树	0.128	0.046	-0.032	-0.105	-0.097	-0.067	—	—	—	—
	桑	0.211	0.095	-0.395	-0.157	-0.433	0.046	—	—	—	—
脱落末期	白桦	—	—	—	—	—	—	0.052	0.215	-0.280	0.141
	胡桃楸	—	—	—	—	—	—	-0.272	-0.011	0.037	-0.167
	榆树	—	—	—	—	—	—	-0.295	0.117	0.058	0.192
	桑	—	—	—	—	—	—	-0.515*	0.058	0.128	-0.137

（三）灌木物候期与降水的关系

对哈尔滨市3种常见灌木春季物候（芽开放期、展叶始期、开花始期）与上年12月及当年1~6月降水量和秋季物候（脱落末期）与8~11月降水量进行相关分析及其相关系数的 t 检验（表3-12）。结果表明，3种灌木中紫丁香的展叶始期和开花始期均与3月降水量呈显著负相关（$P<0.05$），其他植物的各物候期均与月份降水量呈微弱的相关关系（$P>0.05$）。

表3-12　灌木物候期与各月降水量间的相关系数

物候期	物种	1月	2月	3月	4月	5月	6月	8月	9月	10月	11月
芽开放期	珍珠梅	0.071	-0.005	-0.048	-0.277	-0.078	—	—	—	—	—
	紫丁香	0.275	-0.078	-0.227	0.234	-0.181	—	—	—	—	—
	东北连翘	0.400	0.279	0.107	-0.315	0.094	—	—	—	—	—
展叶始期	珍珠梅	0.041	0.030	-0.161	-0.142	-0.118	—	—	—	—	—
	紫丁香	0.022	-0.229	-0.419*	0.040	-0.250	—	—	—	—	—
	东北连翘	0.058	-0.115	-0.383	-0.007	-0.276	—	—	—	—	—
开花始期	珍珠梅	—	-0.117	-0.315	-0.274	-0.186	—	—	—	—	—
	紫丁香	—	-0.208	-0.429*	0.241	-0.233	-0.051	—	—	—	—
	东北连翘	—	-0.131	-0.109	-0.093	-0.108	-0.096	—	—	—	—
脱落末期	珍珠梅	—	—	—	—	—	—	-0.113	0.217	0.003	-0.102
	紫丁香	—	—	—	—	—	—	0.162	0.337	-0.101	0.423
	东北连翘	—	—	—	—	—	—	0.055	0.142	-0.359	-0.433

七、未来气候变化情景下植物物候期的变化

基于哈尔滨市植物的春季物候期的早晚主要受春季气温的影响，特别是春季物候期发生的当月和上一月的平均气温对物候期影响最为显著，而降水量对物候期的影响不显著；但大部分植物秋季物候期与秋季气温之间存在正相关关系，但只有极个别达显著相关，对裸子植物各树种的芽膨大始期与2月平均气温、芽开放期与展叶始期与

春季平均气温、4 种阔叶乔木各春季物候期(芽开放期、展叶始期、开花始期)与 3 月均温、3 种灌木各春季物候期(芽开放期、展叶始期、开花始期)与 4 月均温进行回归分析，并构建物候预测模型，以预测未来气候变化情景下春季物候的变化。

(一)对裸子植物春季物候期变化的预测

对裸子植物各树种的芽膨大始期与 2 月平均气温，芽开放期与展叶始期与春季平均气温进行回归分析，并构建物候预测模型，结果见图 3-9。其回归方程对未来气候变化情景下各树种春季物候变化的预测结果为：当 2 月温度上升 1 ℃时，红松、红皮云杉、臭冷杉、樟子松的芽膨大始期将分别提前 2.2 天、2.2 天、2.6 天、2.5 天；当

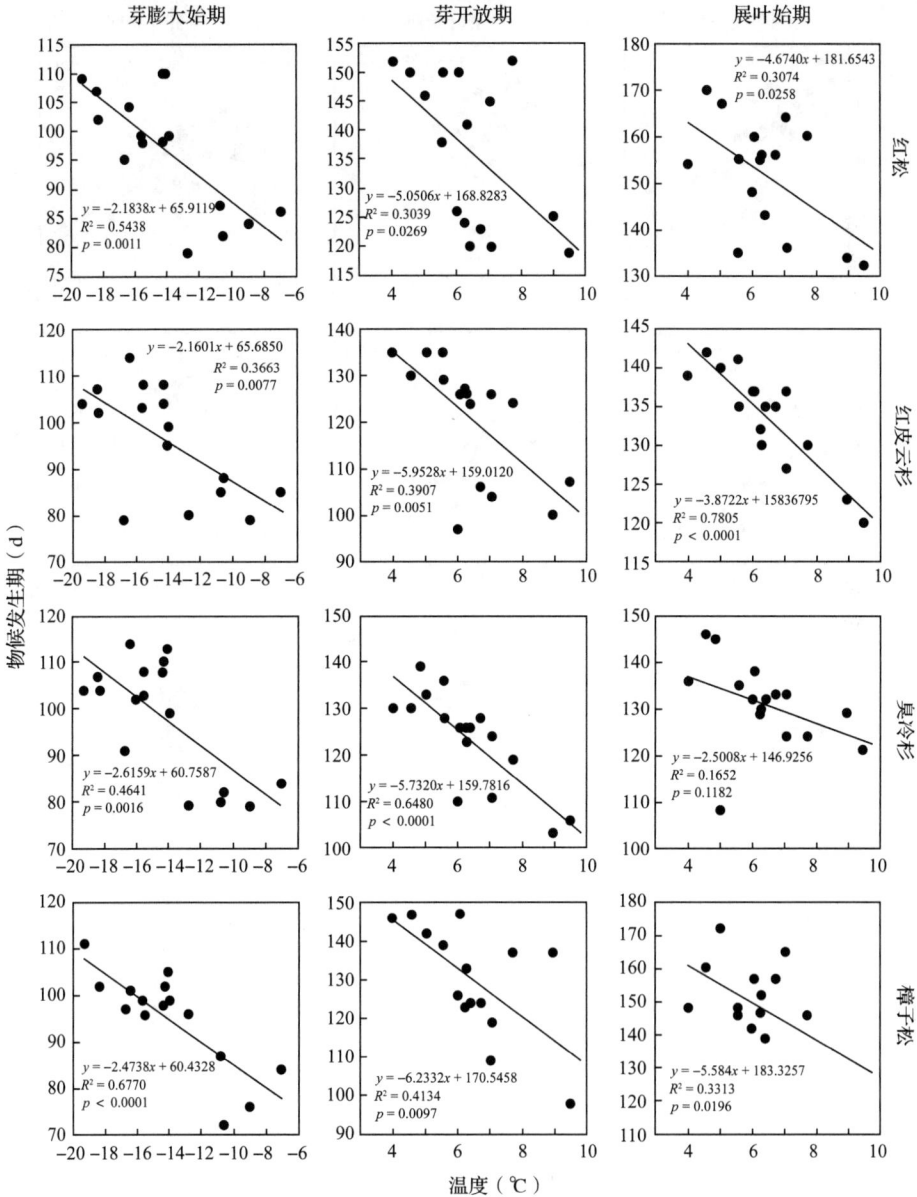

图 3-9　裸子植物物候期与温度之间的回归分析

春季平均气温上升 1 ℃ 时，芽开放期将分别提前 5.1 天、6.0 天、5.7 天、6.2 天，展叶始期将分别提前 4.7 天、3.9 天、2.5 天、5.6 天。

（二）对阔叶乔木春季物候期变化的预测

对 4 种阔叶乔木各春季物候期（芽开放期、展叶始期、开花始期）与 3 月均温进行回归分析，并构建物候预测模型，结果如图 3-10 所示。其回归方程对未来气候变化情景下各树种春季物候变化的预测结果为：当 3 月温度上升 1 ℃ 时，白桦、胡桃楸、榆树、桑的芽开放期分别提前 2.2 天、2.1 天、0.8 天、2.3 天，展叶始期分别提前 2.2 天、2.4 天、2.1 天、1.7 天，开花始期分别提前 2.2 天、0.8 天、2.2 天、1.2 天。

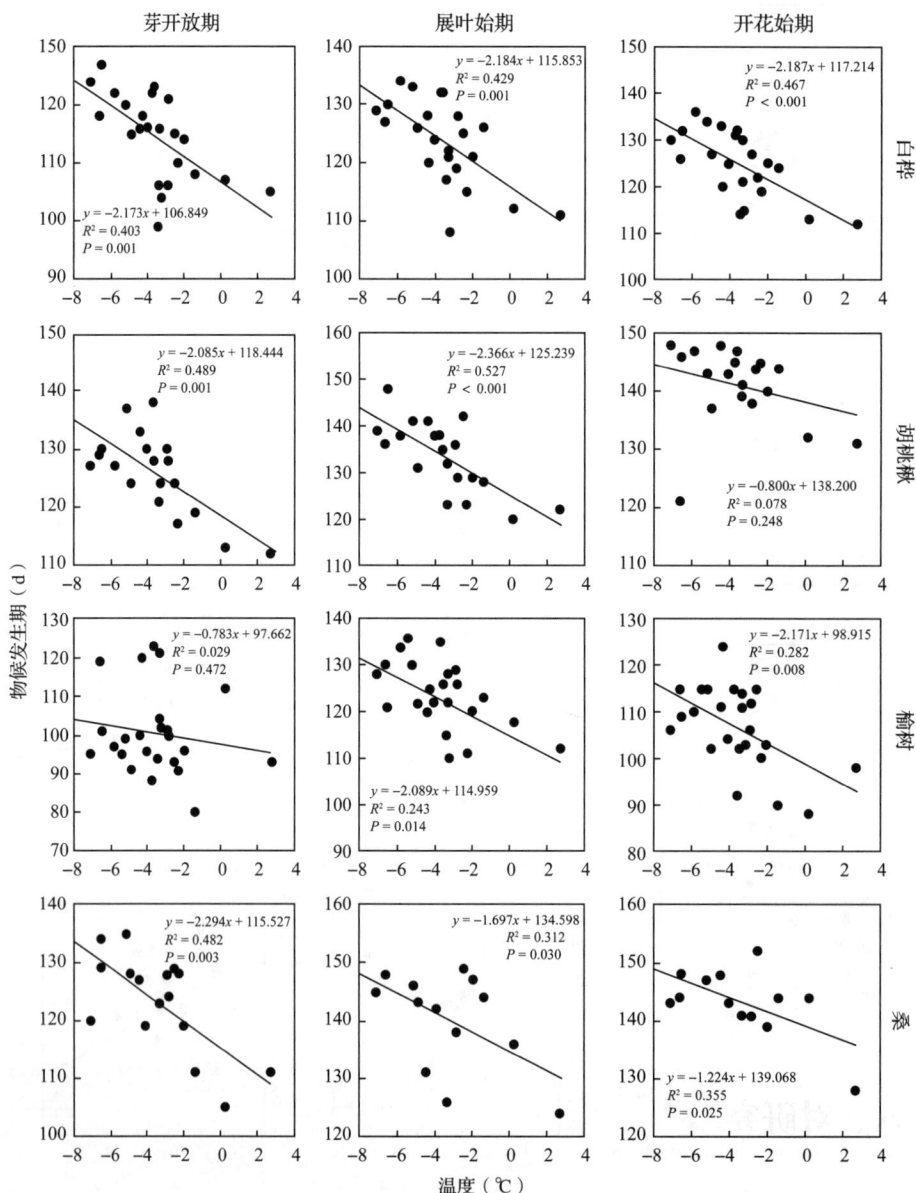

图 3-10　阔叶乔木物候期与温度之间的回归分析

（三）对灌木春季物候期变化的预测

对 3 种灌木各春季物候期（芽开放期、展叶始期、开花始期）与 4 月平均气温进行回归分析，并构建物候预测模型，结果如图 3-11 所示。结果表明，当 4 月温度上升 1℃时，珍珠梅、紫丁香、东北连翘的芽开放期分别提前 1.7 天、2.4 天、3.0 天，展叶始期分别提前 2.8 天、2.8 天、3.6 天，开花始期分别提前 2.7 天、3.2 天、2.2 天。3 种灌木中东北连翘为早春萌动、展叶植物，所以当 4 月温度上升时，对东北连翘影响最大，4 月平均气温对紫丁香的开花始期影响最大。

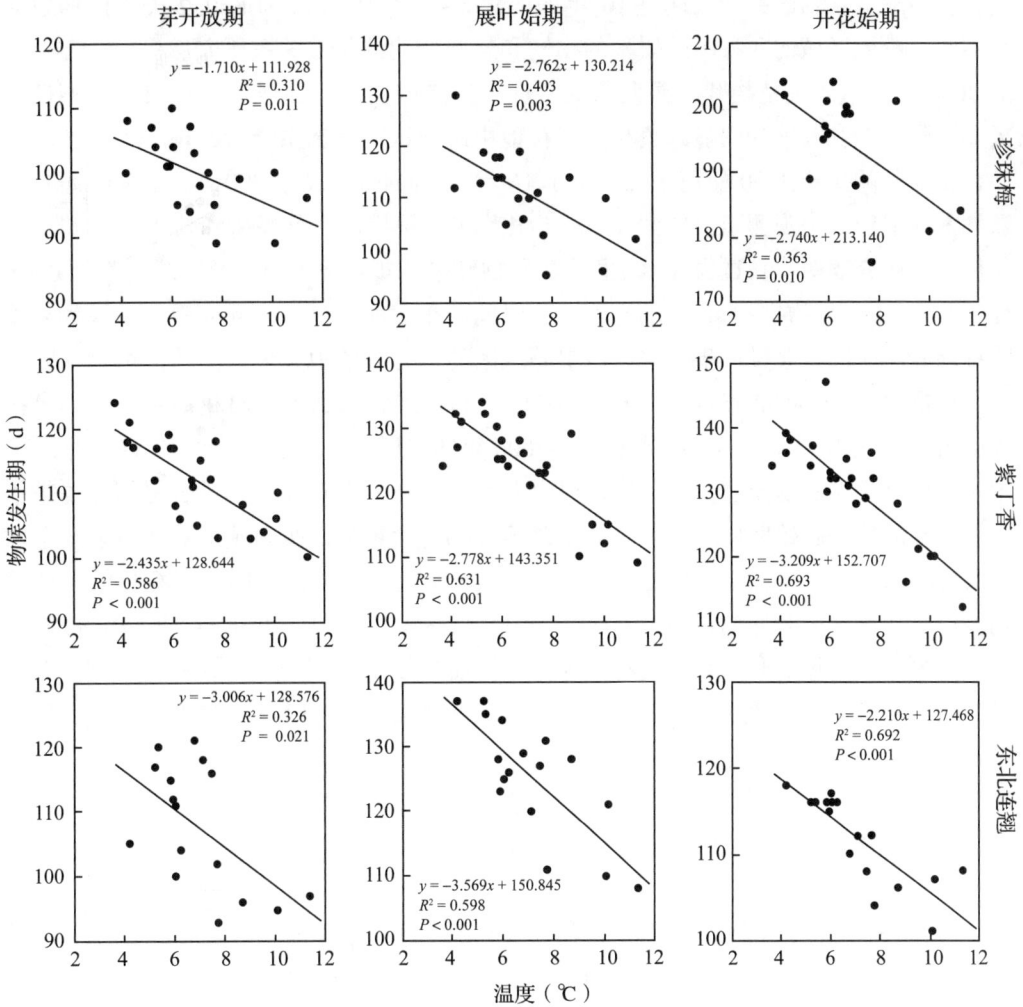

图 3-11　灌木物候期与温度之间的回归分析

八、对研究地区植物物候变化趋势的分析

分析长期物候观测数据，是检验植物物候随气候变化最行之有效的方法（Bradley *et al.*，1999；Menzel，2000；Walther *et al.*，2002；Morisette，2009；Walther，2010）。

气温升高植物物候期相应改变,这种现象已被许多学者所证实。白洁等(2010)通过分析西安木本植物物候与气候要素关系后得出西安春季物候变化主要呈现提前趋势。在45年当中,观测到的34种植物的展叶始期平均提前了1天,展叶盛期平均提前1.4天,始花期平均提前9天,盛花期平均提前12天。仲舒颖等(2008)通过对北京榆树秋季叶变色期研究表明,该地区榆树叶变色期平均每10年推后4.0天。常兆丰等(2009)通过对甘肃民勤地区物候与气温变化的关系研究表明,榆树与桑的春季物候提前,秋季物候相对推迟。Ahas和Aasa(2006)通过对爱沙尼亚植物种群的物候研究表明,爱沙尼亚植物的芽膨大期每10年提前2.5~7.8天。Doi和Katano(2008)通过对日本4个不同区域的4种不同树种的物候和气候变化的相关关系研究后提出,在过去的50年中,这4种植物叶芽膨大期也出现了提前的趋势,并通过多重回归模型研究证实芽膨大期和温度成明显的负相关。在地中海地区的生态系统中,现在大多数落叶性植物叶子的生长比50年前平均提早了16天(Peñuelas et al.,2001)。Ahas(1999)在欧洲爱沙尼亚3个观测点,收集了78年银莲花、樱桃树、苹果树和紫丁香开花期等物候资料研究表明,在过去80年里,春季物候平均提前了8天。Sparks等(2000)研究了英国11个植物物种58年的平均开花时间结果表明,由于气候变暖,春季和夏季物种的开花时间将会进一步提前。地中海地区的生态系统中大多数落叶性植物落叶时间平均推迟了13天(Peñuelas et al.,2001)。利用遥感数据也得出相似结论,如余振等(2010)利用NOAA/AVHRR从1982—2006年的双周归一化植被指数NDVI数据对中国主要植被类型的物候过程进行模拟得出温带针叶林的返青起始期显著提前,温带落叶阔叶林的休眠起始期显著推后。徐文铎等(2008)通过分析沈阳城市森林春季与全球气候变暖的关系后得出,如果沈阳城市年平均气温增加1℃,沈阳城市森林的芽萌动期提前9.0天,展叶始期提前9.6天,开花始期提前5.4天。Primack等(2009)通过研究认为,温度每上升1℃,樱花的开花期提前2~5天。研究地区植物春季物候在气候变化影响下的变化趋势与前人对其他地区和植物物候研究得出的变化趋势基本一致。

九、小结

(1)1962—2008年间哈尔滨市植物的春季物候呈逐年提前趋势,秋季物候呈逐年推后趋势,植物的生长季延长,植物物候变化与气候变化的阶段性特征具有一致性。相关显著性检验结果显示:裸子植物的芽膨大始期均极显著提前($P<0.001$);红松、红皮云杉、臭冷杉、桑的芽开放期均显著提前($P<0.05$);红皮云杉、紫丁香、东北连翘的展叶始期均显著提前($P<0.05$);白桦、珍珠梅的开花始期均显著提前($P<0.05$);榆树、桑的脱落末期均显著推后($P<0.05$)。但不同树种的相同物候期及同种树种的不同物候期变化特征存在差异。4种裸子植物的芽膨大始期平均提前27.3天,芽开放期平均提前23天,展叶始期平均提前10.1天;4种阔叶乔木的芽开放期平均提前5.7天,展叶始期平均提前10.2天,开花始期平均提前7.9天,叶脱落末期平均

推后 7.5 天；3 种灌木的芽开放期平均提前 6.1 天，展叶始期平均提前 12.5 天，开花始期平均提前 11.2 天，叶脱落末期平均推后 6.2 天。不同树种的相同物候期及同种树种的不同物候期变化特征存在差异，这种差异主要由于植物的各个发育时期对环境条件的要求不同而引起，植物对气候变化响应的滞后性也是引起此差异的因素之一。

（2）物候发生期的当月和上月的平均气温对物候期影响最为显著。对各植物的各物候期与月平均气温相关分析，显著性检验结果显示：红松、红皮云杉、臭冷杉、樟子松的芽膨大始期主要受 2 月平均气温的影响；红松的芽开放期主要受 1 月平均气温影响，红皮云杉与樟子松的芽开放期主要受 3 月平均气温影响，臭冷杉的芽开放期主要受 4 月平均气温影响；红松、红皮云杉和樟子松的展叶始期主要受 3 月平均气温影响，臭冷杉的展叶始期主要受 5 月平均气温影响。白桦、胡桃楸、榆树、桑的芽开放期、展叶始期、开花始期主要受 3，4 月平均气温的影响；除桑外，其他 3 种植物的脱落末期虽然与 8~11 月平均气温表现出正相关，但均未达到显著水平。珍珠梅、紫丁香、东北连翘的芽开放期、展叶始期主要受 3，4 月平均气温影响，珍珠梅的开花始期主要受 4，6 月的平均气温影响，紫丁香、东北连翘的开花始期主要受 3，4 月的平均气温的影响；除东北连翘的脱落末期与 10 月平均气温显著负相关外（$P<0.01$），其他 2 种灌木的脱落末期均与 8~11 月平均气温表现出正相关，但均未达到显著水平（$P>0.05$）。植物物候期对温度的响应方式并非是一成不变的。Harrington 等（2010）通过研究美国花旗松（*Pseudotsuga menziesii*）发现，如果冬季气温持续显著提高，那么花旗松芽膨大始期的提前趋势将发生扭转。该规律是否对我国阔叶乔木植物具有普适性还有待进一步研究。

（3）哈尔滨市植物的物候期的早晚基本不受降水量的影响。对各植物的各物候期与月降水量相关分析，显著性检验结果显示：樟子松的芽膨大始期和芽开放期分别与 3 月和 4 月的降水量显著负相关（$P<0.05$）；桑树的开花始期和脱落末期分别与 5 月和 8 月的降水量显著负相关（$P<0.05$）；紫丁香的展叶始期和开花始期均与 3 月的降水量显著负相关（$P<0.05$），珍珠梅的脱落末期与 7 月降水量显著负相关（$P<0.05$），其他植物的各物候期均与月份降水量呈微弱的负相关关系（$P>0.05$）。

（4）城市热岛效应（Urban Heat Island，UHI）对植物物候期有一定的影响。White 等（2002）研究表明，在美国东部由于城市化引起的城市温度升高，导致城市中心植物的生长季比郊区延长了 7.9 天；Primack 等（2009）对位于市中心和距市中心 7 km 处日本樱花的始花期进行比较发现，两地樱花的始花期相差 8 天左右。本节物候观测地点位于哈尔滨市区，植物物候是否受到城市热岛效应的影响、与郊外或天然林区植物物候是否存在差异尚有待深入探讨。

（5）由于植物物候本身受多种因素（温度、降水、光周期、遗传效应、生活型、生活史对策等）影响，所以植物的响应程度存在差异（Post *et al.*，2008；Steltzer *et al.*，2009；Körner *et al.*，2010）。不同植物群落或同一物种的不同个体对气候变化的响应也不完全相同（Vitasse *et al.*，2009）。在确定温度是影响北方植物物候主导因子的基础上，综合考虑其他因素的作用是未来开展物候对气候变化响应研究的努力方向。

（6）未来气候变化情景下哈尔滨市植物物候期总的变化趋势：如果2月温度上升1℃，红松、红皮云杉、臭冷杉、樟子松的芽膨大始期将分别提前2.2天、2.2天、2.6天、2.5天；春季平均气温上升1℃，芽开放期将分别提前5.1天、6.0天、5.7天、6.2天，展叶始期将分别提前4.7天、3.9天、2.5天、5.6天。3月温度上升1℃，白桦、胡桃楸、榆树、桑的芽开放期分别提前2.2天、2.1天、0.8天、2.3天，展叶始期分别提前2.2天、2.4天、2.1天、1.7天，开花始期分别提前2.2天、0.8天、2.2天、1.2天。4月温度上升1℃时，珍珠梅、紫丁香、东北连翘的芽开放期分别提前1.7天、2.4天、3.0天，展叶始期分别提前2.8天、2.8天、3.6天，开花始期分别提前2.7天、3.2天、2.2天。

（7）在相同气候变化背景下，不同生活型类型（裸子植物、阔叶乔木、灌木）植物对气候变化的响应程度不同；以裸子植物对气候变化响应最为敏感，阔叶乔木与灌木次之。在相同气候变化背景下，不同植物种对气候变化的响应的敏感性也有所不同。在本节的11种植物中，以胡桃楸的敏感性最差，在过去的46（1963—2008）年间，物候期在年际之间的变化均未达到显著水平。相比较而言，其他几种植物对气候变化的响应较为敏感。

第三节　暖温带乔灌木树种开花始期对气候变化的响应

植物物候受多种因素的影响（Körner et al.，2010），生长在不同气候区域的不同植物物候的驱动力会有所不同。Körner和Basler（2010）研究认为，在温带湿润地区，冬季低温、光照、温度是影响森林优势树种物候的最重要的3个气候要素。在众多影响植物物候的环境因子中，温度的改变是引起植物物候改变的主要"驱动力"，由季节性差异而引起降水的增加或减少对森林生长产生的负面影响，可能由于温度的提高而部分被抵消（Root et al.，2003；Chmielewski et al.，2004；Schwartz et al.，2006；Kreyling，2010；Toledo et al.，2011）。张福春（1995）研究发现，年平均气温每升高1℃，我国垂柳（Salix babylonica）、榆树（Ulmus pumila）、刺槐（Robinia pseudoacacia）、枣（Ziziphus jujuba）的始花期将分别提前3.4天、3.0天、3.8天、3.3天。受温度与物候具有较高相关性的影响，对其他气候要素及其改变对物候影响的研究相对较少（Cleland et al.，2007），研究思路也大多是从各单个要素与物候的线性相关关系研究入手，对多要素的综合作用研究较少（裴顺祥等，2009）。气候变化对物候的影响是一个不断耦合、协同变化的过程(李明财等,2009),但目前对气候要素与物候对应连续变化过程的研究甚少。关注影响物候的主导因子同时考虑其他影响因子的作用,并研究物候的响应过程及其作用机理,是当今植物物候与气候关系研究的主攻方向。

运用长时间尺度植物物候观测资料和气候资料研究植物物候对气候变化的响应已被大多数科学家所接受,在长时间尺度的植物物候资料获取困难的情况下,如何运用短期植物物候观测资料来研究植物物候对气候变化的响应,是当今植物物候对气候变化响应研究领域热衷探讨的问题(裴顺祥等,2009)。

本节基于1986—2011年保定市温度、降水、日照等气候观测资料和物候观测资料,采用积分回归法,对暖温带地区常见的毛白杨(*Populus tomentosa*,*Po*)、垂柳、榆树、刺槐、枣、毛泡桐(*Paulownia tomentosa*,*Pa*)、五角枫(*Acer pictum* subsp. *mono*,*Ac*)、迎春(*Jasminum nudiflorum*,*Ja*)等8种乔灌木开花始期对气候变化的响应进行研究,并建立开花始期积分回归预测模型,以期探讨气候变化与物候协同变化过程研究的方法和途径,揭示各气候要素对乔灌木开花始期驱动过程以及各气候要素的综合作用及驱动机制。

一、物候和气候资料概况

物候资料为保定市河北农业大学园林与旅游学院1986—1993年、2007年、2011年3个时期不连续的物候数据。其中,1986—1993年的物候数据来自保定动植物物候观测年报(1~8号)(赵天耀,1986—1990,1993;赵天耀等,1991;贾渝彬等,1992),2007、2011年数据来自河北农业大学园林与旅游学院物候观测报告。气候资料取自国家气象局保定市标准气象台站(38°51′N,115°31′E)1986—2011年逐日气象观测数据。

保定市位于太行山北部东麓,冀中平原西部,属于暖温带季风性气候,四季分明。保定市1986—2011年气候概况如图3-12所示。该地区多年年平均气温13.4℃,最冷1月平均气温-2.6℃,最热7月平均气温27.2℃,年极端最低气温-12.5℃,年极端最高气温34.5℃;年平均降水量499.0 mm;夏季炎热潮湿,夏季降水量占全年的70%以上,冬季干旱,伴随有极少量的降雪;年平均日照2362.1 h,且春季日照时间较长。

遵循物候期相对明显且观测误差相对较小的原则,选择开花始期为研究对象。按照《中国物候观测方法》(宛敏渭等,1979)的统一要求进行物候观测。采用儒略日换算方法将物候观测记录中物候期出现的日期转化为距当年1月1日的实际天数,即年序列累计天数(DOY),得到各物候期的时间序列(Luo *et al.*,2007)。

根据保定市主要树种开花始期统计结果(图3-13)和"春季物候与冬、春季气候变化关系密切"等已有研究结论(Badeck *et al.*,2004;Zheng *et al.*,2006;Morisette *et al.*,2009),重点研究冬(1月、2月)、春季(3~5月)气候与开花始期的相互关系。

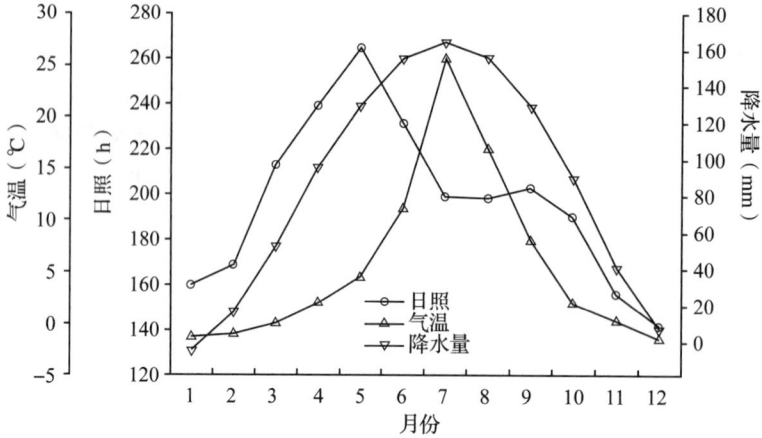

图 3-12 保定市 1986—2011 年气候概况

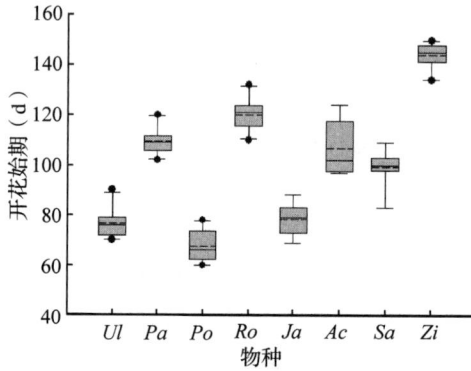

图 3-13 保定市物候观测主要树种基本情况

注：表示极值，箱图中实线表示中值，虚线表示平均值。

二、开花始期与气候要素的线性相关分析

根据前人有关物候始期与其前期气候存在显著相关的结论（Menzel，2000；Körner et al.，2010；Kreyling，2010），采用线性倾向估计方法计算 8 种乔灌木的开花始期与各气候要素间的 Pearson 相关系数（表 3-13）。8 种乔灌木的开花始期与月平均气温、月降水量、月日照等气候要素的相关性不强，仅少数种的开花始期与某一种气候要素之间存在显著相关关系。原因在于物候观测的时间较短，当气候要素取任意值时，开花始期的条件分布不符合正态分布，同样当开花始期取任意值时，气候要素的分布也不符合正态分布，气候要素与开花始期的联合分布不是一个二维的正态分布；同时在较短的时间段内，气候的波动相对较小，相应的植物物候也不会发生较大的变化，从而简单的线性回归则无法很好地解释及预测短期植物物候对气候变化的响应。

表 3-13　开花始期与气候之间相关关系

物种	毛白杨 Po	垂柳 Sa	榆树 Ul	刺槐 Ro	枣 Zi	毛泡桐 Pa	五角枫 Ac	迎春 Ja
T1	0.2273	−0.3580	0.5033	−0.2173	−0.6700*	0.1228	0.0445	0.1303
T2	−0.1051	0.0000	0.4923	−0.1331	−0.1966	0.1434	0.0420	−0.3991
T3	0.2273	0.5490	0.1202	0.0070	0.1446	0.2649	−0.0154	−0.2976
T4	—	0.3040	—	−0.4952	−0.3424	0.0270	−0.1305	—
T5	—	—	—	—	−0.0321	—	—	—
Pre1	0.0772	0.4860	−0.0365	0.6104	0.2287	0.1602	−0.1799	−0.4716
Pre2	−0.1638	0.5150	−0.0485	0.1718	0.3780	−0.3567	−0.3515	−0.5063
Pre3	−0.4827	0.1700	0.8164**	−0.2621	−0.0048	−0.0868	0.0092	−0.5085
Pre4	—	−0.1280	—	0.5043	−0.0938	−0.0704	−0.1068	—
Pre5	—	—	—	—	−0.0977	—	—	—
S1	0.3010	−0.1608	−0.2830	0.0206	−0.0516	0.3777	0.5584	0.9462**
S2	0.3343	−0.3431	−0.0274	0.2234	−0.4085	0.5411	0.4759	0.8754**
S3	0.4456	0.1251	−0.4683	0.0273	−0.0442	0.2152	0.0624	0.2723
S4	—	0.3735	—	−0.3851	−0.2791	0.1432	−0.0326	—
S5	—	—	—	—	−0.3434	—	—	—

注：T. 月平均气温；Pre. 月降水量；S. 月日照时间；1~5. 月份；—. 开花始期之后的气温、降水量和日照时间，不做相关性分析；*. $P<0.05$，**. $P<0.01$。

三、开花始期与气候要素的积分回归分析

运用积分回归方法确定驱动植物开花始期各气候要素的影响系数，并建立气候变化背景下的物候预测模型。

1. 积分回归模型的具体表达形式

$$y_i = \alpha_0 + \sum_{j=1}^{p} \int_0^{\tau} \alpha_j(t) x_{ij}(t) \mathrm{d}t + \varepsilon_i \quad (i = 1, 2, \cdots, N; j = 1, 2, \cdots, p) \quad (3\text{-}2)$$

式中，y 为因变量，本节特指开花始期；i、j 分别代表样本（即历年实际观测开花始期）和自变量（即气温、降水量、日照等 3 个因子），这里有 N 个样本，p 个自变量；τ 为全生育期（即从花芽萌动到开花始期）；t 为生育期中的时间变量，该自变量 $x_{ij}(t)$ 同时又是时间的函数；$\alpha_j(t)$ 为积分回归系数，同时也是时间的函数，即影响系数，表示自变量每变化单位量对因变量的影响程度；α_0、ε_i 为常数项。

2. 积分回归模型在物候对气候变化响应研究中应用的基本原理

因变量 y（即开花始期）受到第 j 个随时间而变化的气候因子影响，相应它们对因变量的影响又是随时间而变化的。每个因子对因变量的影响是每个时刻的微效应在植物某一物候期的定积分，而所有因子的总效应又等于每个因子的效应总和。

3. 积分回归计算步骤

积分回归需进行适当转换，将积分转变为积加，将连续的时间变量变为等间距的离散变量。实现方法是将影响系数 $\alpha_j(t)$ 表示为时间 t 的正交多项式，亦即：

$$\alpha_j(t) = \sum_{k=0} \alpha_{jk}\psi_k(t) \quad k = 1, 2, \cdots \tag{3-3}$$

式中，$\psi_k(t)$ 为 k 次正交多项式，k 可取任意次，由于正交函数具有收敛快的特点，一般取 5 次项（$k=5$）就可以足够精确拟合给定的函数（王晓玲等，2003）；α_{jk} 是常数，是第 j 个因子的 k 次多项式的系数，将 $\alpha_j(t)$ 表达式代入上面的积分回归模型。

$$
\begin{aligned}
y_i &= \alpha_0 + \sum_{j=1}^{p} \int_0^{\tau} \Big(\sum_{k=0}^{5} \alpha_{jk}\psi_k(t) \Big) x_{ij}(t)\,\mathrm{d}t + \varepsilon_i \\
&= \alpha_0 + \sum_{j=1}^{p} \sum_{k}^{5} \alpha_{jk} \int_0^{\tau} \psi_k(t) x_{ij}(t)\,\mathrm{d}t + \varepsilon_i
\end{aligned}
\tag{3-4}
$$

若令

$$\rho_{ijk} = \int_0^{\tau} \psi_k(t) x_{ij}(t)\,\mathrm{d}t \tag{3-5}$$

在积分回归模型可表示为：

$$y_i = \alpha_0 + \sum_{j=1}^{p} \sum_{k=0}^{5} \alpha_{jk}\rho_{ijk} + \varepsilon_i \tag{3-6}$$

这就成了一般的多元线性回归方程。α_{jk} 为偏回归系数，ρ_{ijk} 相当于通常的自变量。

为求 ρ_{ijk}，将整个时期划分为若干个等距离的时段，如 T 个时段，这样可将积分表达式变为积加：

$$\rho_{ijk} = \sum_{t=1}^{T} \psi_k(t) x_{ij}(t) \tag{3-7}$$

式中，$\psi_k(t)$ 可选用含量为 T 的 k 次正交多项式，而 $x_{ij}(t)$ 只在 T 个等间隔的时间点上取值，于是可求出 ρ_{ijk}。至此，我们可将 ρ_{ijk} 作为普通变量和因变量（y）一起进行多元逐步回归分析。

四、开花始期对各气候要素的响应

运用积分回归法，计算 8 种乔灌木开花始期前各旬气候要素对开花始期的影响系数，结果见图 3-14。

图 3-14 中某段时间内气候要素的影响系数为正值时，表示该气候要素在该段时间内对植物开花始期的影响为正效应，即气候要素值增大开花始期推后，反之则相反。保定市 8 种乔灌木的开花始期受气温、降水量、日照 3 个气候要素共同影响，但各气候要素对各物种开花始期的影响程度、方式和格局不同。从影响该区 8 种植物开花始期的气候要素考虑，榆树与五角枫开花始期受降水量、日照的共同影响，刺槐与枣开花始期受气温、日照的共同影响，毛白杨开花始期受气温、降水量的共同影响，其他 3 种植物受气温、降水量、日照 3 种气候要素共同影响。从主要决定该区 8 种植物开

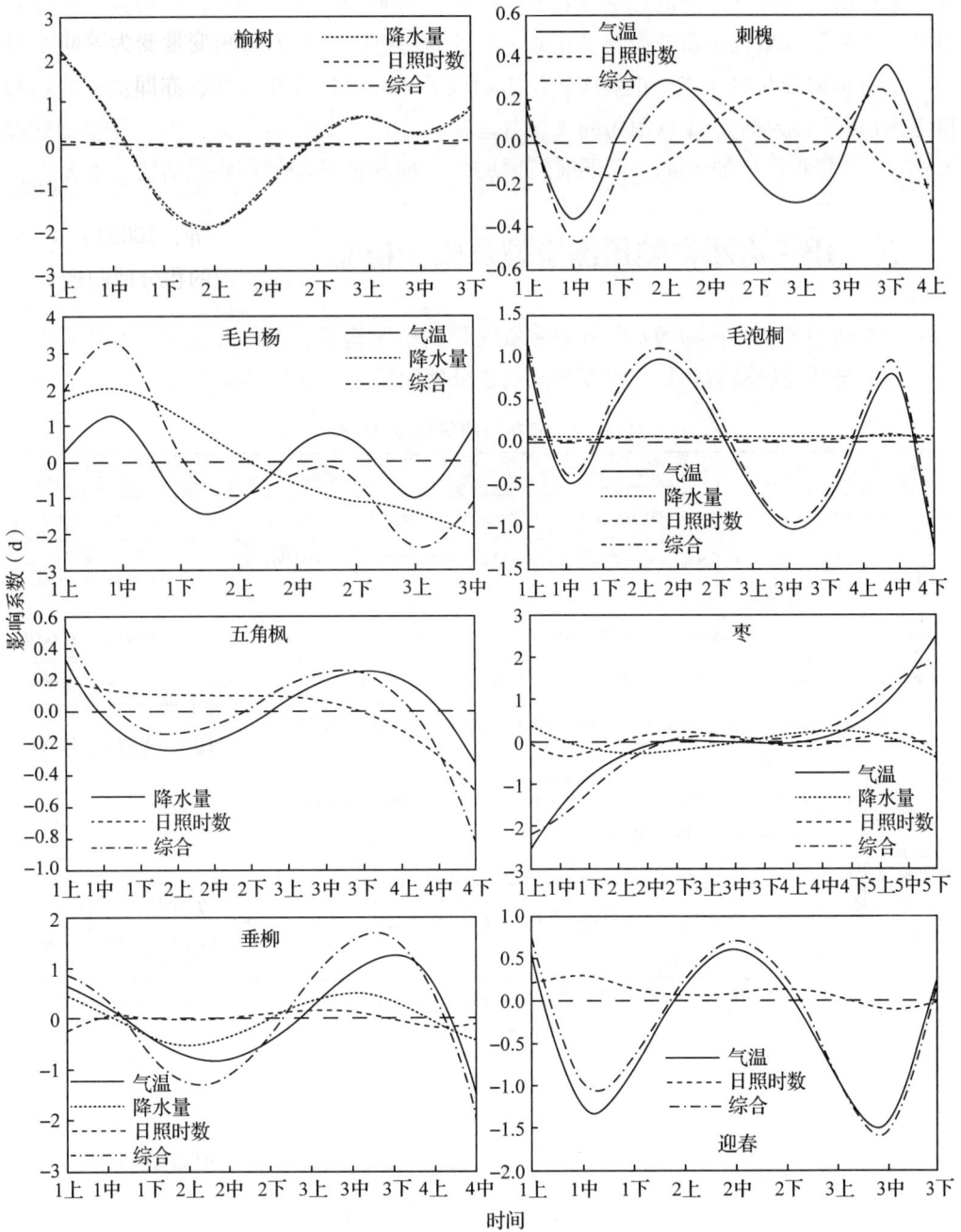

图 3-14 保定 8 种植物开花前气温、降水、日照对开花始期的影响

花始期的气候要素考虑，毛泡桐、枣、迎春开花始期主要受气温决定，毛白杨、垂柳开花始期主要受温度与降水量共同决定，刺槐开花始期主要受温度和降水量共同决定，开花始期主要受降水量和日照共同决定，榆树开花始期主要受降水量决定。从影响该区 8 种植物开花始期的各气候要素方式及格局考虑(以枣和垂柳为例)，冬季气温对枣开花始期产生负效应影响，而春季气温为正效应影响，即冬季气温的升高枣的开

花始期提前，春季气温升高枣的开花始期推后，但垂柳开花始期前一段时期内气温对开花始期的影响呈现正负效应交替出现；1月上旬至中旬气温对枣开花始期产生负效应，而对垂柳开花始期产生正效应。从影响该区8种植物开花始期的气候要素影响程度考虑(以垂柳为例)，4月中旬的气候对垂柳的开花始期影响最大，当4月中旬气温升高1℃，降水量增加1mm，日照时长增加1h，垂柳的开花始期将提前约2.1天。

五、开花始期物候预测模型及模型检验

为了利用短期植物物候及气候观测资料预测植物物候，引入并建立了8种乔灌木开花始期与开花始期前各旬气候要素间的积分回归模型，结果见表3-14。

表3-14　开花始期积分回归模型

物种	积分回归模型	Df	R^2	P
毛白杨 Po	$Y = 67.6338 + 0.0814\rho_{12} + 0.0476\rho_{15} - 0.3025\rho_{20} + 0.0369\rho_{23} - 0.0251\rho_{24}$	(5, 4)	0.9992	<0.0001
垂柳 Sa	$Y = 99.4853 - 0.0360\rho_{13} - 0.0743\rho_{14} - 0.0174\rho_{23} + 0.0298\rho_{25} - 0.0110\rho_{32} + 0.0193\rho_{35}$	(6, 2)	0.9992	0.0025
榆树 Ul	$Y = 68.5034 + 0.0523\rho_{22} - 0.0623\rho_{23} + 0.0551\rho_{25} + 0.0027\rho_{32}$	(4, 5)	0.9378	0.0032
刺槐 Ro	$Y = 126.0768 - 0.0260\rho_{15} - 0.0230\rho_{32} - 0.0036\rho_{33} + 0.0032\rho_{34} + 0.0047\rho_{35}$	(5, 4)	0.9898	0.0005
枣 Zi	$Y = 18.9708 + 0.2321\rho_{11} + 0.0100\rho_{13} - 0.0042\rho_{23} + 0.0058\rho_{31} - 0.0017\rho_{32} - 0.0002\rho_{35}$	(6, 3)	0.9979	0.0004
毛泡桐 Pa	$Y = 74.3467 - 0.0506\rho_{11} - 0.0049\rho_{14} - 0.0186\rho_{15} + 0.0687\rho_{20} - 0.0001\rho_{24} + 0.0387\rho_{30} - 0.0004\rho_{34} - 0.0006\rho_{35}$	(8, 1)	0.9999	0.0031
五角枫 Ac	$Y = 129.2509 - 0.0100\rho_{23} - 0.0241\rho_{31} - 0.0028\rho_{32} - 0.0026\rho_{33}$	(4, 4)	0.9480	0.0078
迎春 Ja	$Y = 36.5738 - 0.3043\rho_{10} - 0.0336\rho_{11} + 0.0504\rho_{14} + 0.0958\rho_{30} - 0.0364\rho_{31} + 0.0077\rho_{35}$	(6, 2)	0.9999	0.0004

注：Y. 物候预测值；ρ_{ij}. 第 i 个气候因子进行含量为 T 的 k 次正交多项式处理值($i=1$ 表示气温；$i=2$ 表示降水；$i=3$ 表示日照；T 表示将整个时期划分为 T 个等距离时段；j 表示矩阵的第 j 列数值；k 表示 k 次正交多项式；本研究 $k=5$)。

将积分回归模型计算出的各种植物的开花始期模拟值与实测值进行比较，结果如图3-15所示。由图3-15看出，积分回归模型模拟值与实测值相差较小且基本分布在1∶1线上或附近，但该模型产生的预测值比实测值稍微偏大。总体上积分回归模型建立短期植物物候对气候变化响应的多变量模型具有较高的精度。

六、小　结

(1)植物物候受多种气候要素综合作用影响，且对各气候要素的敏感性不同。研究发现在热带生态系统中，物候可能对气温、光周期的敏感性较低，但对季节性的降水变化非常敏感(Reich，1995)。Günter 等(2008)对厄瓜多尔南部山区森林乔木物候

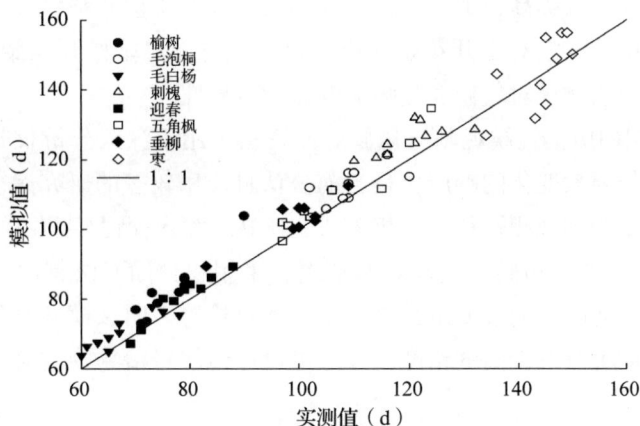

图 3-15 实测值与模拟值比较

的研究结果认为，该地区的植物物候受降水、辐射和光周期共同影响。Lambert 等
（2010）通过对美国科罗拉多州哥特市洛基山生物实验室的俄勒冈猪牙花（*Erythronium
grandiflorum*）开花始期研究发现，上年夏季降水量增加会导致当年俄勒冈猪牙花的开
花始期提前。本研究表明，保定市 8 种乔灌木的开花始期受气温、降水量、日照 3 种
气候要素共同影响，且气温对开花始期的影响最大，其后依次为降水量及日照；各气
候要素对各物种开花始期的影响程度、方式及格局不同；开花始期前几个月各气候要
素对开花始期的影响呈现正负效应交替出现；除榆树和枣外，其他 6 种植物开花始期
前几天的气温对开花始期均呈负效应，即如果开花始期前几天的气温升高则会使开花
始期提前。

（2）气候变化会导致植物物候期相应发生改变，该现象已被许多研究所证实
（Ahas，1999；Sparks *et al.*，2000；白洁等，2010）。气温的升高有可能使植物物候期
提前。徐文铎等（2008）分析沈阳城市森林春季与全球气候变暖的关系后提出，如果沈
阳城市年平均气温增加 1℃，开花始期将提前 5.36 天。Primack 等（2009）通过研究认
为，温度每上升 1℃，樱花（*Prunus yedoensis*）的开花始期将提前 3~5 天。本研究得出，
当 4 月中旬气温升高 1℃，降水量增加 1mm，日照时长增加 1h，垂柳的开花始期将提
前约 2.1 天。气温的升高也有可能使植物物候期推后。柳晶等（2007）通过对郑州植物
物候对气候变化响应研究发现，楝树（*Melia azedarach*）果熟期随温度的升高而推后。
李红梅等（2010）通过青海高原地区植物物候期的影响研究发现，近年来随着柴达木盆
地气温升高，降水量虽略有增加，但不能弥补由于气温升高造成的蒸发加剧，而植物
的返青期除对温度有一定的要求外，在很大程度上还受限于土壤的墒情，因此柴达木
盆地气温增高对植物的返青造成了一定的负面影响，使返青期推迟。本研究得出榆树
和枣对开花前几天的气温升高会导致其开花始期推迟，可能是由于植物受到温度升高
而产生干旱胁迫从而导致其物候期推迟。

（3）植物满足一定适宜低温条件后才能解除休眠（徐文铎等，2008），低温有利于
打破芽的休眠使植物开花提前。但 Harrington 等（2010）通过研究美国花旗松发现，如

果冬季气温持续显著的提高，那么花旗松芽膨大始期的提前趋势将发生扭转。本研究发现1月上旬至中旬气温对枣开花始期产生负效应，而对垂柳开花始期产生正效应，充分体现了不同植物物候对气候变化响应规律的差异性。

（4）利用长期的历史气候观测与物候观测资料可用于深入分析长时间尺度的气候变化和生物对气候要素变化的响应，是当前公认且应用较多的研究途径，但对如何实现利用短期气候及物候观测资料开展相关研究还缺乏深入探讨（裴顺祥等，2009）。本研究利用保定市近10年物候与气候观测资料，采用积分回归法首次尝试建立了植物开花始期对气候变化响应的多变量预测模型，通过检验表明该模型对预测研究树种开花始期的发生时间上具有较高的精度，并且可较好地解释植物物候对气候变化的响应机制。

（5）通过积分回归分析可以明确各气候要素对植物物候的驱动过程，各气候要素与植物物候的协同变化过程，各气候要素对物候"驱动力"大小，以及各气候要素的综合作用。积分回归分析是建立在每个气候要素（自变量）对物候（因变量）都有影响，有这些气候要素每时刻产生的微效应构成植物某一物候期的定积分，而所有因子的总效应又等于每个因子的效应总和。影响植物的物候的气候要素很多，综合考虑多种要素影响是非常必要的，本研究受气候要素观测资料的限制，仅对气温、降水、日照等3种气候要素与开花始期进行了积分回归分析。另外，在模型建立过程中，对降水以及其他气候要素对植物物候影响的滞后效应也未充分考虑，这些问题均有待深入研究，以臻完善。

第四节　热带常绿和落叶树种物候对气候变化的响应

分布在低纬度地区的热带森林，不仅是地球上最大的生物基因库，也是碳素生物循环、转化和储存的巨大活动库，它的盛衰消长对全球环境乃至人类生存条件都将产生重大影响。近年来一些学者研究发现，虽然热带地区气温增幅不如中高纬度地区明显，但由增温引起的热带地区陆地生态系统代谢速率在数量级上与温带地区相当，甚至比高纬度地区还要大（Dillon et al.，2010）；低纬度地区的物种比高纬度地区的物种对气温的适应范围窄，同样的气温增幅条件下，低纬度地区的物种可能比高纬度地区的物种受到的影响更大（Bradley et al.，2011）。

海南岛是我国热带森林保存最好的地区。近年来，针对海南岛热带森林生态系统的生物量和碳循环、生物多样性等已开展了较深入的研究(Xu et al.，2012；Zhang et al.，2012)，但对于热带雨林、季雨林乔木物候对气候变化的响应及其形成机制尚缺乏研究。本节以海南岛尖峰岭热带常绿和落叶阔叶乔木为研究对象，在研究近50年来海南岛气候变化的基础上，利用近9年连续的物候观测资料以及对应年份月平均气温和月降水量数据，采用积分回归方法，研究热带常绿阔叶乔木物候展叶始期和开花始期对气温和降水变化的响应及驱动机制，并构建积分回归—物候预测模型，旨在揭示我国热带地区乔木物候对气候变化的响应规律，为全球气候变化背景下热带森林的动态变化研究及适应性对策的制定提供科学依据。

一、近50年来海南岛气候变化特征

(一)海南岛的气候分区

全球气候变暖导致地球表面升温，但各地的升温幅度并不完全相同。一般认为，北半球大于南半球，高纬度地区大于低纬度地区(Liu et al.，2008；Paradis et al.，2008；Yang et al.，2009；Ose et al.，2011；Mendelsohn et al.，2012)。同一纬度地区，因受地形等多种因素的影响，各区域的升温幅度也存在着一定的差异。温度变化是反映气候变化一个重要指标，其他气候因子也会因温度的变化而发生改变。研究不同地区植物物候对气候变化的响应必须了解研究地区的气候变化特征。

海南岛位于北回归线以南，东亚大陆东南端，陆地面积3.5万 km²。地理位置在18°09′~20°11′N，108°37′~111°03′E，气候类型属典型的热带季风气候。海南岛的地势中部高四周低，山体海拔高度多数在500~800 m，总体上属于低山丘陵类型，但也有81座海拔超过1000 m的山峰，这些山峰多分布在呈东北—西南走向的五指山、雅加大岭和鹦哥岭三大山脉之中。受山区地形的影响，气候区域性特征明显。位于山脉迎风面的中部山区气温较低，且云雾较多，为多雨中心，年降雨量在2000~2400 mm，位于背风面的西南和西部则恰好相反，温度较高，为少雨区，年降雨量在1000~1200 mm，且干季最明显(徐淑英等，1954；陈焕镛等，1964)。区域性气候差异导致植被类型分布也不完全相同。丘陵地区分布的主要森林植被类型为常绿季雨林；中部山地主要是常绿季雨林和山地雨林，落叶季雨林主要分布在西南部滨海台地。目前，海拔150~200 m较低的台地，以热带农作物种植为主；海拔300~500 m的丘陵山地，橡胶树种植较为普遍；海拔500~1000 m的中部山地，多为林业用地(陈树培等，1982)。据何大章等(1985)对海南岛气候的区划结果，可将海南岛大致划分为5个气候区(彩图1)：①东北区(NE region)，位于琼山、文昌沿岸台地，为较湿、大风气候区；②西北区(NW region)：位于儋州、临高沿岸台地，为较干、大风气候区；③中部山区(CM region)：包括中部山地、丘陵和谷地，为凉爽湿润气候区；④东南区(SE region)：位于琼海、万宁沿岸，为常台风、多雨、大风气候区；⑤西南区(SW region)：位于东方、乐东、海口沿岸，为干热、大风气候区。

以往对海南岛气候变化的研究多把海南岛视为一个整体展开(陈小丽等，2003；

林松培等，2005；杨馥祯等，2007）。由于海南岛复杂的地形分割作用，而产生的区域气候上的差异，必将导致在同一全球气候变化背景下各区域与海南岛整个地区的气候变化特征不完全相同。

（二）海南岛各气候区的温度变化特征

利用均匀分布在海南岛的 7 个国家标准气象站 1959—2008 年的温度和降水资料以及海南岛气候区划成果，分气候区研究近 50 年来的温度变化（包括年际变化、季节变化以及气候突变）特征；同时研究各气候区降水的年际变化，干季和湿季降水的分配格局。在此基础上，综合比较各气候区之间的气候变化特征，以期深入了解海南岛不同气候区气候变化特征。

气象观测数据取自经中国气象局严格审核的在海南岛均匀分布的 7 个国家标准气象站，各气象站的地理位置和归属气候区见表 3-15。

表 3-15　海南岛各气候区气象站的地理信息

气候区	气象站	经度	纬度	海拔（m）
东北	海口	110°21′00″ E	20°01′48″N	18
东南	琼海	110°28′12″ E	19°13′48″ N	24
	陵水	110°01′48″ E	18°30′00″ N	12
西北	儋县	109°34′48″ E	19°31′12″ N	169
西南	东方	108°37′12″ E	19°06′00″ N	8
	三亚	109°31′12″ E	18°13′48″ N	7
中部	琼中	109°49′48″ E	19°01′48″ N	249

采用拉伊达准则（熊艳艳等，2010）对逐日温度数据进行预处理并筛选出异常值。采用替换法替换日平均气温的异常值，且遵循以下原则：如果发现该日平均气温为异常值，但该日最高温与最低温为正常值，则将该日平均气温用该日最高温与最低温的平均值替代，如果该日最高温与最低温也为异常值，则该日平均气温用 5 天滑动平均气温替代，并用移动平均法修匀日温度数据（徐建华，2006）。结合海南岛降雨情况，设置日降水量阈值（1000 mm），高于此阈值则视为异常值，并直接剔除。采用回归分析揭示气候变化规律；运用 Mann—Kendall 检验分析气候突变点（程海，2004；张强等，2005；魏凤英，1999）。

对海南岛各气候区逐日气温观测数据进行整理获得年际尺度和季节尺度的温度数据，通过一元线性回归和绘制气温变化趋势图，分析不同气候区年平均最高气温（T_{max}）、年平均气温（T_{mean}）和年平均最低气温（T_{min}）及各季节平均气温变化趋势，结果见图 3-16 和图 3-17。

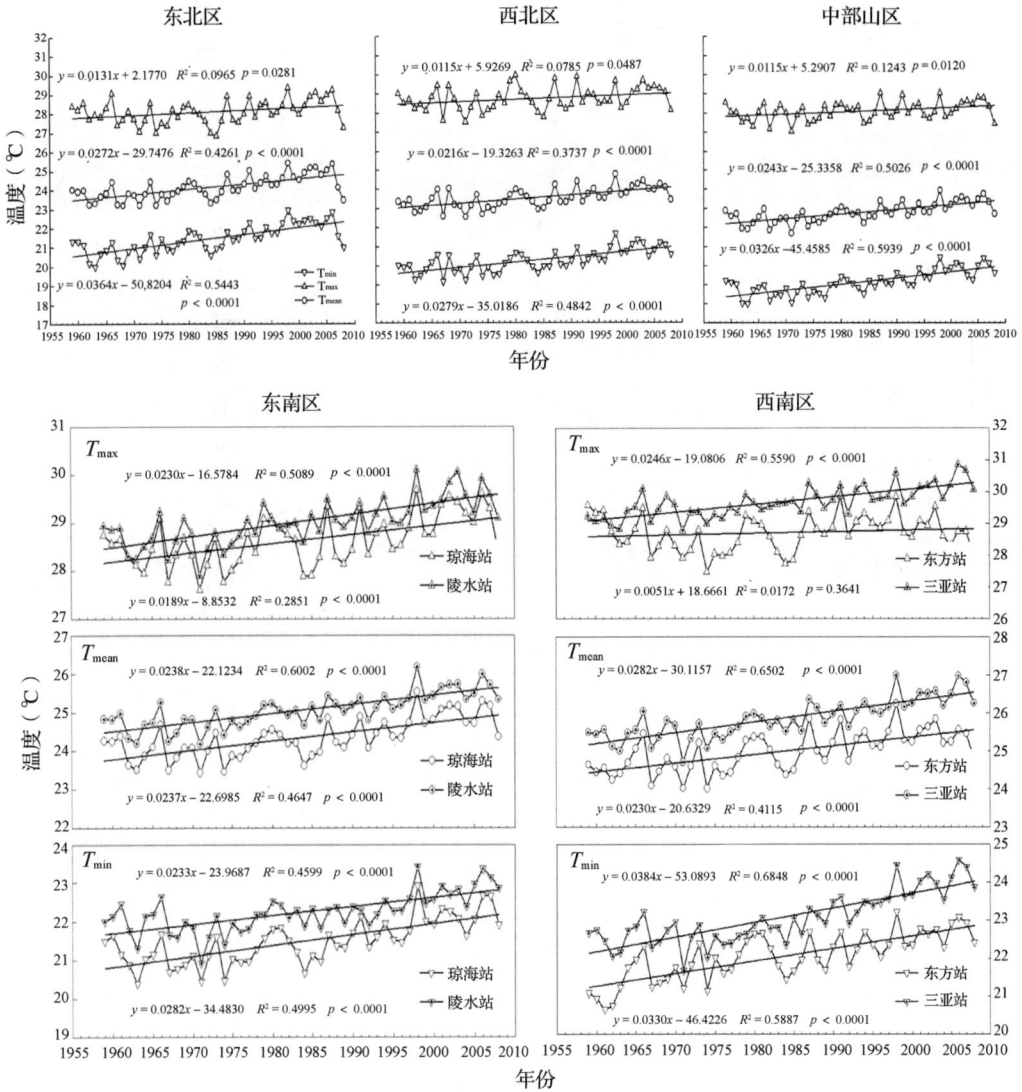

图3-16　海南岛各气候区温度逐年变化特征

由图3-16可知，在年际尺度上，海南岛各气候区的T_{max}、T_{mean}和T_{min}总体呈上升趋势（$P<0.05$），仅有西南区的三亚站年平均最高温度呈下降趋势（$P>0.05$）；2/3的年际温度最大值发生在1998年，这与国内学者研究提出的1998年是我国20世纪以来最暖年相一致（范代读等，2005），其他温度最大值几乎都发生在2000年以后，反映出进入21世纪以后海南岛仍然处于较温暖阶段，但近10年温度没有明显上升趋势。年平均最低温度（T_{min}）、年平均气温（T_{mean}）和年平均最高气温（T_{max}）的增温幅度有所不同，总体表现$T_{min}>T_{mean}>T_{max}$；不同气候区增温幅度以东北区及西南区上升最为明显，其次中部山区、东南区和西北区。

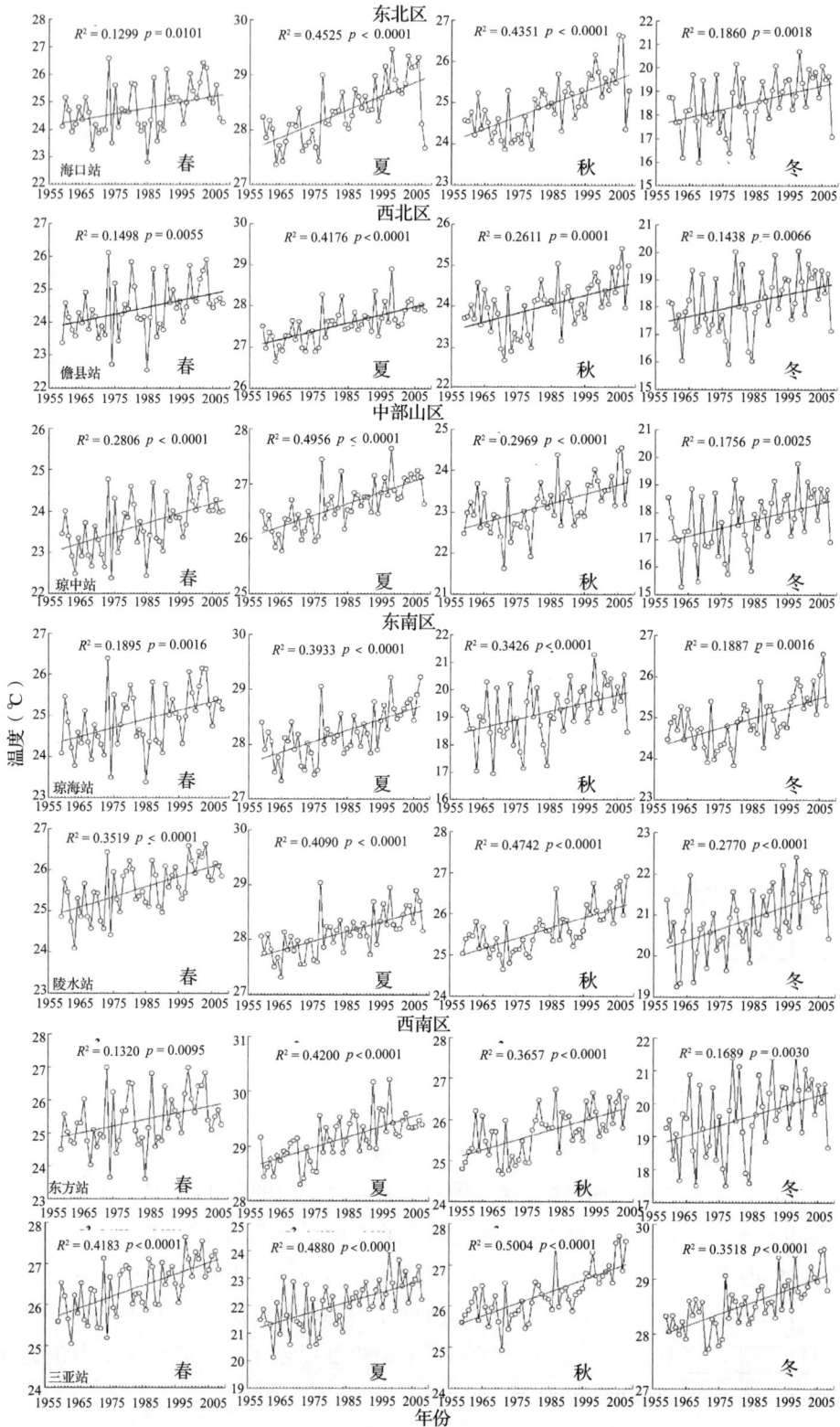

图 3-17　海南岛各气候区季平均气温逐年变化特征

由图 3-17 可知，在季节尺度上，各季节的平均气温都呈上升趋势，总体上秋冬季节增温幅度高于春夏季，这与温带地区普遍存在的冬春季节增温明显高于夏秋季节有所不同(Liu *et al.*，2008)。

对各气候区年平均气温进行 M—K 检验分析并绘制温度突变图(表 3-16，图 3-18)，不难发现，近 50 年来，海南岛各气候区年平均气温都有突变发生，但各气候区发生突变的时间有所不同。以西南地区发生的最早，东北及西北地区次之，东南区及中部山区较晚。

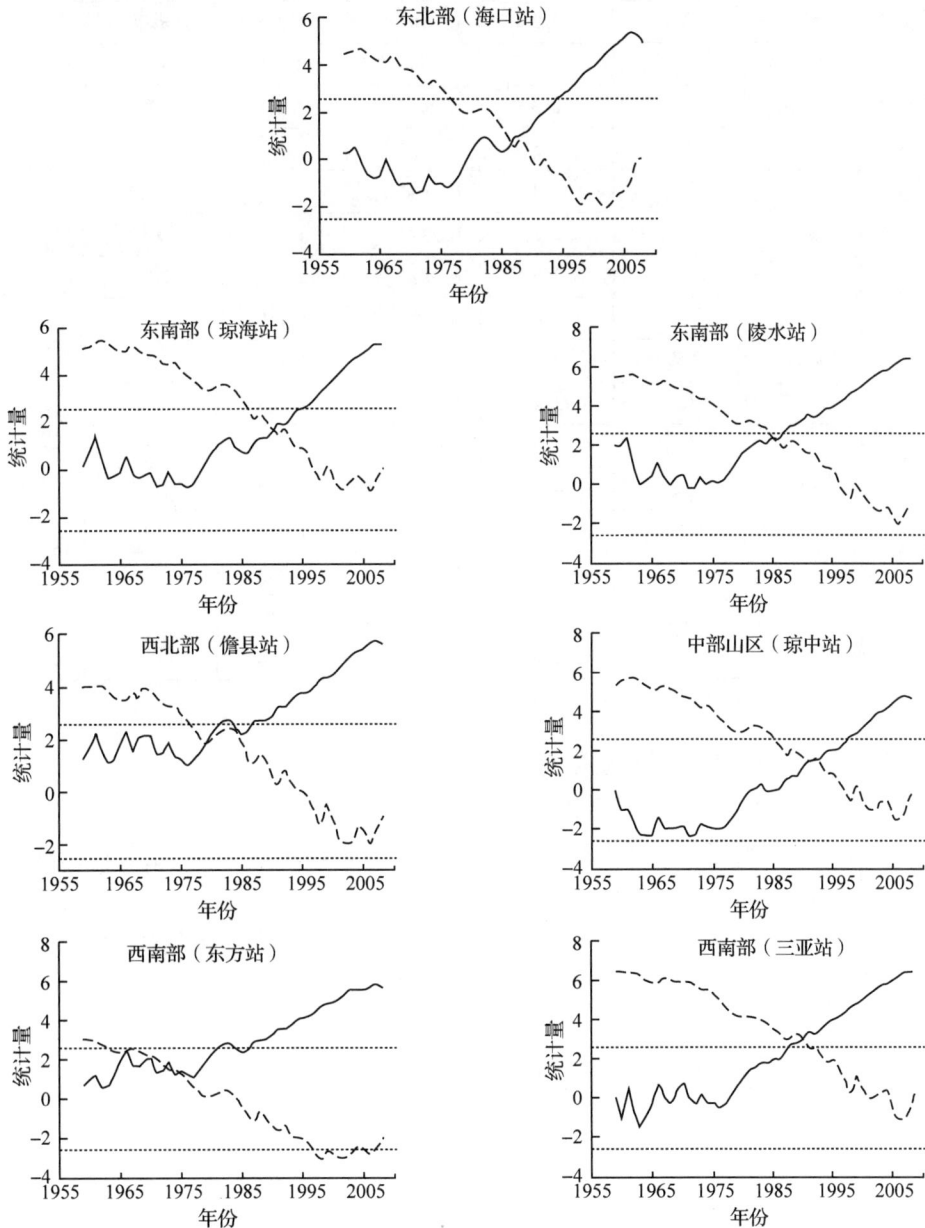

图 3-18　海南岛各气候区年平均气温突变分析

表 3-16　海南岛各气候区年际温度变化及其突变点分析

气候区	站点	温度因子	温度极差（℃）	增温幅度（℃/10a）	累积增温（℃）	年际温度最大值发生年份	年平均气温突变点
东北	海口	T_{max}	2.6	0.131*	0.655	1998	1987
		T_{mean}	2.3	0.272***	1.360	1998	
		T_{min}	3.0	0.364***	1.820	1998	
西北	儋县	T_{max}	4.0	0.115*	0.575	1980	1979
		T_{mean}	3.4	0.216***	1.080	1998	
		T_{min}	4.2	0.279***	1.395	1998	
中部山区	琼中	T_{max}	2.0	0.115*	0.575	1998	1990
		T_{mean}	2.3	0.243***	1.215	1998	
		T_{min}	2.5	0.326***	1.630	1998	
东南	琼海	T_{max}	2.4	0.189***	0.945	2010	1985—1990
		T_{mean}	2.2	0.237***	1.185	2010	
		T_{min}	2.6	0.282***	1.410	2010	
	陵水	T_{max}	2.4	0.230***	1.150	1998	
		T_{mean}	2.4	0.238***	1.190	1998	
		T_{min}	2.4	0.233***	1.165	1998	
西南	东方	T_{max}	2.5	−0.051	−0.255	1998	1972—1974
		T_{mean}	4.0	0.230***	1.150	1998	
		T_{min}	3.9	0.330***	1.650	2010	
	三亚	T_{max}	2.1	0.246***	1.230	2006	
		T_{mean}	2.3	0.282***	1.410	1998	
		T_{min}	2.9	0.384***	1.920	2006	

注：* $P<0.05$，** $P<0.01$，*** $P<0.001$。

（三）海南岛各气候区降水变化特征

1. 不同气候区降水年际变化特征

对海南岛各气候区逐日降水量数据进行统计（表 3-17），分析各气候区逐日降水量数据，绘制年际降水距平年际变化图（图 3-19）。由表 3-17 及图 3-19 可以看出，海南岛年降水量稳定性极差，年平均降水量标准差分析显示海南岛各气候区降水波动巨大。其中，中部山区降水丰沛，西南区相对降水较少；各气候区内年际降水波动严重，年降水量距平除西南区的三亚外（$P=0.048$），都未通过显著性检验（$P>0.05$）。降水年际变化的无规律性可能源于降水空间分布的随机性、区域性和复杂性（范代读等，2005）。

表 3-17 海南岛各气候区年际降水量变化分析

气候区	站点	年降水量最大值（mm）	年降水量最小值（mm）	年降水量平均值（mm）	标准差	年降水量距平显著性检验
东北	海口	2374.8	871.5	1631.9	369.3	P>0.05
西北	儋县	2534.6	1099.3	1776.6	385.0	P>0.05
中部山区	琼中	3759.0	1398.1	2374.9	492.0	P>0.05
东南	琼海	3159.7	1073.9	2001.7	427.2	P>0.05
	陵水	2357.4	605.5	1639.3	381.1	P>0.05
西南	东方	1528.8	275.4	971.3	283.6	P>0.05
	三亚	1987.7	673.7	1345.9	324.6	P=0.048

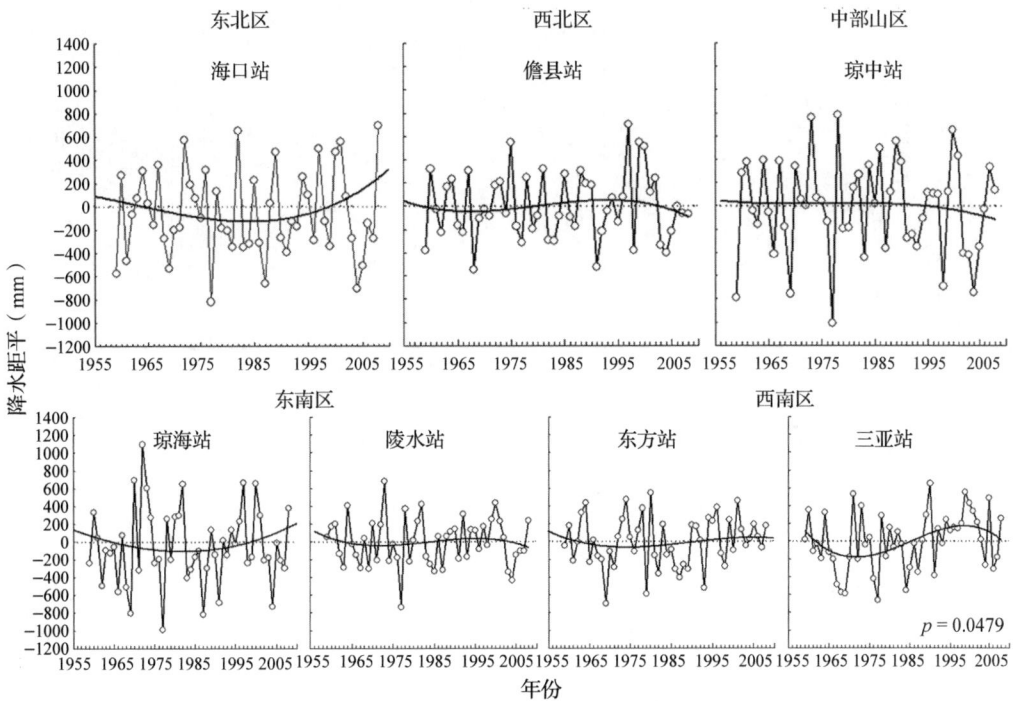

图 3-19 海南岛各气候区年降水量距平

2. 不同气候区降水季节变化及各等级降水量分布特征

根据海南岛降水特点把海南岛分为干季（11月到翌年4月）和湿季（5~10月），对干湿季节降水量进行统计分析并做一元线性回归分析结果显示（图 3-20 和图 3-21），海南岛各气候区季节降水量存在较大差异，但总体上各气候区干湿季节降水量对总降水量的贡献率约为 20% 和 80%。从区域上分析，中部干季降水对总降水的贡献率较多、四周较少，而湿季则相反。这主要因为 5~10 月海南岛主要受热带气旋影响，中部山区受热带气旋影响较其他地区弱，所以热带气旋带来高强度降水对四周影响更强（吴岩峻，2008）。从干湿季降水变化趋势图可看出，东北区和东南区在波动中干季降水量有轻微下降趋势，其他地区干季降水量有轻微上升趋势，而湿季降水量有轻微上升趋势（中部山区例外）。但是，除了西南区三亚地区湿季降水量通过的显著性检验（$P=0.036$）外，其他各地区降水量季节变化都未通过显著性检验（$P>0.05$）。

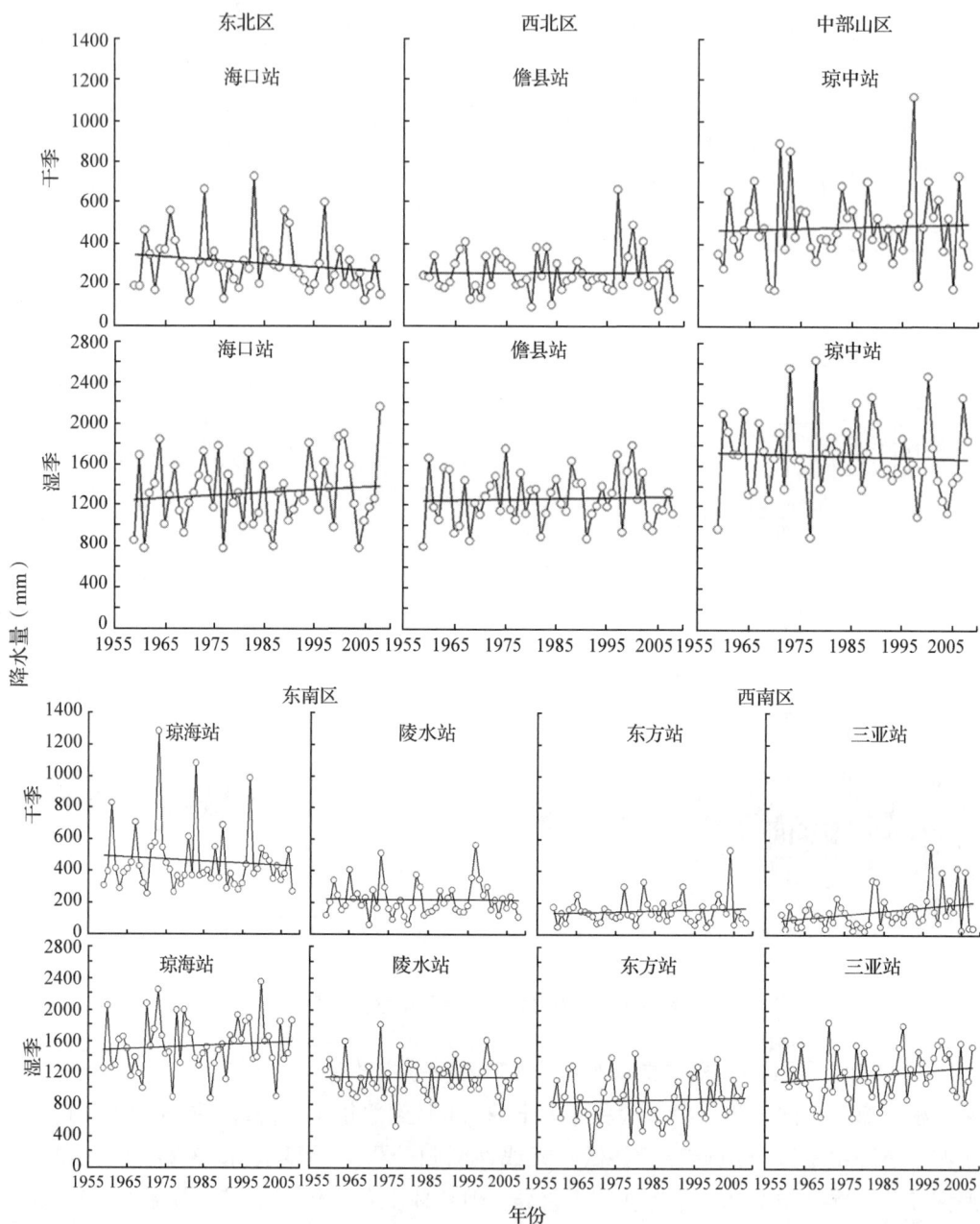

图 3-20　海南岛各气候区干湿季降水量逐年变化特征

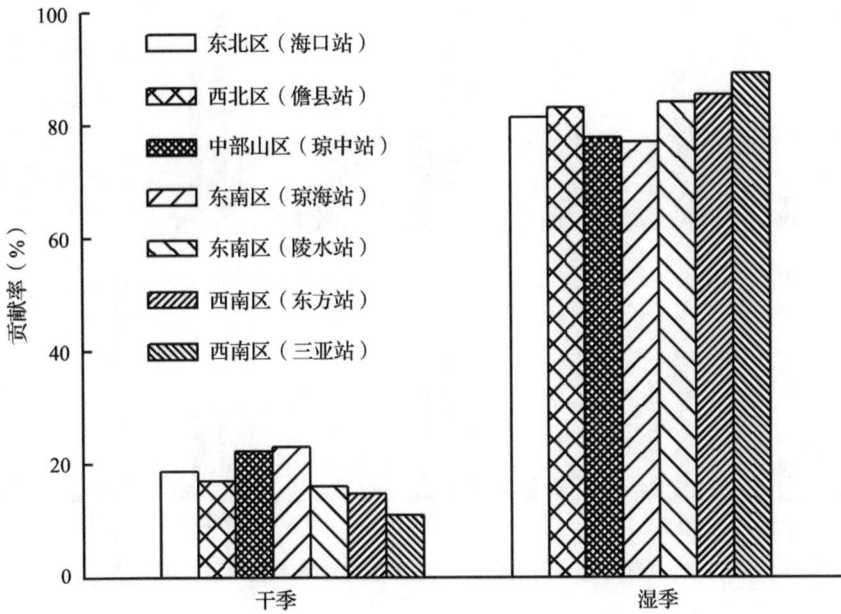

图 3-21　海南岛各气候区干湿季降水量占该区年总降水量百分率(%)

按小雨(0.1~9.9 mm)、中雨(10~24.9 mm)、大雨(25~49.9 mm)、暴雨(50~99.9 mm)、大暴雨(100~249.9 mm)和特大暴雨(250 mm 以上)6 个等级统计各气候区各等级降水量对该地区总降水量的贡献率，结果见表 3-18。海南岛各气候区大雨与暴雨对降水的贡献最大，约占总降水的 50%；各气候区小雨及中雨地区间差异不明显，大暴雨及特大暴雨地区间差异较显著，贡献率最高的西南区的东方地区，大暴雨及特大暴雨分别是西北区及中部山区 2 倍以上。

表 3-18　海南岛不同气候区各等级降水量对该地区总降水量贡献率(%)

气候区	站点	小雨	中雨	大雨	暴雨	大暴雨	特大暴雨
东北	海口	15.11	22.18	25.41	22.15	13.02	2.13
西北	儋州	15.29	22.37	26.42	22.24	11.91	1.77
中部山区	琼中	14.38	20.79	24.66	22.43	16.37	1.37
东南	琼海	14.05	20.12	25.25	23.24	15.51	1.84
	陵水	13.25	20.46	23.80	24.16	16.26	2.07
西南	东方	14.38	18.88	21.70	21.43	20.03	3.58
	三亚	13.84	21.15	23.76	23.80	15.38	2.07

不同气候区各等级降水量在干湿季节中的分布：干季以小雨雨量最大，其次是中雨、大雨、暴雨、大暴雨、特大暴雨依次递减。湿季以大雨雨量最大(西南区东方地区暴雨雨量较大、雨量略多)，其次是暴雨、中雨、大暴雨、小雨、特大暴雨依次递减(图 3-22)。

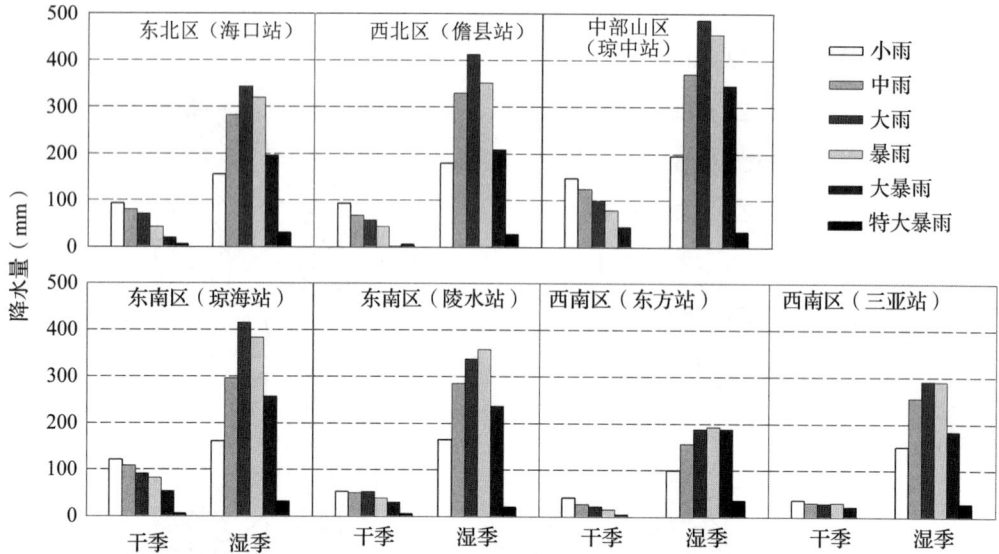

图 3-22 海南岛不同气候区干湿季各级别降水量的累年平均值

各气候区干湿季不同等级降水量对相应等级总降水量的贡献率不同（表 3-19），尤其是特大暴雨等级。干季各气候区各等级降水量占相应等级总降水量的比例均小于50%，小雨到大暴雨依次减少，特大暴雨在各个气候区之间表现出较大差异性，中部山区及西南区近 50 年（1959—2008 年）干季特大暴雨都未曾发生。湿季则相反，各气候区各等级降水量贡献率高于50%且按大暴雨到小雨由高到低排列，暴雨级别以上的降水大多发生在湿季。

表 3-19 海南岛不同气候区干湿季各级别年降水量的平均值对相应级别降水量的贡献率（%）

气候区	站点	干/湿季	小雨	中雨	大雨	暴雨	大暴雨	特大暴雨
东北	海口	干季	37.37	22.07	17.17	11.66	9.02	14.52
		湿季	62.63	77.93	82.83	88.34	90.98	85.48
西北	儋县	干季	33.96	17.11	12.10	11.07	1.09	15.96
		湿季	66.04	82.89	87.90	88.93	98.91	84.04
中部山区	琼中	干季	42.81	25.03	17.01	14.73	11.12	0
		湿季	57.19	74.97	82.99	85.27	88.88	100
东南	琼海	干季	42.93	26.71	18.12	17.71	17.32	13.75
		湿季	57.07	73.29	81.88	82.29	82.68	86.25
	陵水	干季	24.43	14.92	13.41	9.80	11.13	40.91
		湿季	75.57	85.08	86.59	90.20	88.87	59.09
西南	东方	干季	28.84	14.48	10.73	7.19	3.03	0
		湿季	71.16	85.52	89.27	92.81	96.97	100
	三亚	干季	19.19	10.54	8.92	9.41	10.98	0
		湿季	80.81	89.56	91.08	90.59	89.02	100

二、海南岛尖峰岭物候观测资料概况

物候观测点位于海南岛尖峰岭国家级自然保护区(18°36~18°49′N, 108°22~109°04′E)热带树木园(18°42′N, 108°49′E),气候类型为热带季风气候。2002—2011年年平均气温为 24.8℃, ≥10℃的年积温 9000℃左右,最冷月平均气温为 19.7℃,最热月平均气温为 28.1℃,终年无霜雪;年降水量 1665.9 mm,依降水分为干湿两季,干季从 11 月到翌年 4 月,干季平均降水量为 194.5 mm;湿季为 5~11 月,湿季平均降水量为 1471.4 mm,湿季降水量约占年降水量的 88%,干湿季节明显;土壤类型为砖红壤。该园始建于 1973 年,园内收集了国内外热带和亚热带树种 1400 余种(蒋有绪等, 1999;符国瑷等, 2008;周璋等, 2009)。

(一)物候观测树种及天然分布

该树木园有连续 2 年以上物候观测记录的树种百余种。遵循物候观测符合《中国物候观测方法》(宛敏渭等, 1979)规范,观测年限相对较长,物候记录相对完整,树龄达到中龄以上、无病虫害,且在热带地区有天然分布并具一定代表性选择研究树种的原则,共选择了 12 种常绿阔叶乔木(本地种与引入树种)为研究对象。各树种植物分类学信息见表 3-20。

表 3-20　海南岛尖峰岭 12 种热带常绿阔叶乔木植物分类学信息

种名	物种代码	科名	物种来源
海南紫荆木 *Madhuca hainanensis*	MAHA	山榄科 Sapotaceae	本地种
蝴蝶树 *Heritiera parvifolia*	HEPA	梧桐科 Sterculiaceae	本地种
破布叶 *Microcos paniculata*	MIPA	椴树科 Tiliaceae	本地种
海南大风子 *Hydnocarpus hainanensis*	HYHA	大风子科 Lacourtiaceae	本地种
海南苹婆 *Sterculia hainanensis*	STHA	梧桐科 Sterculiaceae	本地种
细基丸 *Polyalthia cerasoides*	POCE	番荔枝科 Annonaceae	本地种
囊瓣木 *Saccopetalum prolificum*	SAPR	番荔枝科 Annonaceae	本地种
海杧果 *Cerbera manghas*	CEMA	夹竹桃科 Apocynaceae	本地种
酸豆 *Tamarindus indica*	TAIN	豆科 Leguminosae	引入种
大叶桃花心木 *Swietenia macrophylla*	SWMA	楝科 Meliaceae	引入种
非洲楝 *Khaya senegalensis*	KHSE	楝科 Meliaceae	引入种
蝴蝶果 *Cleidiocarpon cavaleriei*	CLCA	大戟科 Euphorbiaceae	引入种

海南紫荆木:山榄科紫荆木属常绿乔木。产于海南,生于海拔 400~1000 m 的山地常绿林,幼树耐阴,疏林地幼苗天然更新良好,为珍贵用材树种(中国树木志编委会, 2004)。

蝴蝶树:梧桐科银叶树属常绿乔木。特产于海南,是海拔 700 m 以下热带山地雨林或热带常绿季雨林主要树种,常为森林最上层树种(中国树木志编委会, 1997)。

破布叶：椴树科破布叶属常绿乔木。产于海南、广东、广西、云南。中南半岛及马来西亚等地也有分布。在海南受反复破坏的森林，破布叶常形成灌丛（中国树木志编委会，1997）。

海南大风子：大风子科大风子属常绿乔木。产于海南、广西，云南西双版纳。越南也有分布。耐阴，生于常绿密林中，在海南常与胭脂树、降香黄檀等混生（中国树木志编委会，1997）。

海南苹婆：梧桐科苹婆属常绿乔木。产于海南和广西南部的钦州县，在海南岛是常见树种，常生长于山谷密林中（中国树木志编委会，1997）。

细基丸：番荔枝科暗罗属常绿乔木。产于海南、广东、云南，越南、老挝、泰国和印度等地也有分布。生于海拔 500 m 以下的丘陵山地或低海拔的山地林中，与厚皮树、木棉、黄牛木等混生。喜暖热干湿季分明的季风气候（中国树木志编委会，1983）。

囊瓣木：番荔枝科囊瓣木属常绿乔木。产于海南东方、陵水、琼中等地。生于海拔 500 m 以下的山腰、山谷的静风缓坡上，为热带常绿季雨林和山谷热带雨林的常见树种，为密林中的优势种（中国树木志编委会，1983）。

海杧果：夹竹桃科海杧果属常绿乔木。产于海南、广东南部、香港、广西南部和台湾。澳大利亚热带地区也有分布。生于海边或近海边湿润的地带（中国树木志编委会，2004）。

酸豆：豆科酸豆属常绿乔木。原产非洲中部，现广泛引种于我国海南岛、四川、云南、两广、福建、台湾等地，多生于海拔 1500 m 以下低山、平原和干热河谷（中国树木志编委会，1985）。

大叶桃花心木：楝科桃花心木属常绿乔木。原产于热带中美洲，现我国两广、云南和厦门地区广泛栽种，海南为栽植种（中国树木志编委会，2004）。

非洲楝：楝科非洲楝属常绿乔木。原产非洲热带地区和马达加斯加，海南为栽植种（中国树木志编委会，2004）。

蝴蝶果：大戟科蝴蝶果属常绿乔木。产于贵州南部、广西南部和云南东南部。越南北部也有分布。生于海拔 300~700 m 低山、丘陵山区或沟谷常绿林中，海南为栽植种（中国树木志编委会，1997）。

选取海南岛 12 种主要热带落叶阔叶乔木进行气温和降水的影响分析，各落叶乔木的植物分类学信息及天然分布信息见表 3-21。

槟榔青：漆树科槟榔青属落叶乔木。热带落叶季雨林乔木上层主要树种，是海南榄仁的伴生种，产于海南、云南、广西。印度、中南半岛、马来西亚、斯里兰卡也有分布（中国树木志编委会，2004）。

厚皮树：漆树科厚皮树属落叶乔木。产于海南、云南、广西、广东南部。主要分布在海南西部、西南部干热河谷地、河谷阶地以及海滨丘陵，常和海南榄仁等树种组成热带落叶季雨林（中国树木志编委会，2004）。

表 3-21 海南岛尖峰岭 12 种热带落叶乔木植物分类学信息

种名	物种代码	科名	物种来源
槟榔青 *Spondias pinnata*	SPPI	漆树科 Anacardiaceae	本地种
厚皮树 *Lannea coromandelica*	LACO	漆树科 Anacardiaceae	本地种
倒吊笔 *Wrightia pubescens*	WRPU	夹竹桃科 Apocynaceae	本地种
木蝴蝶 *Oroxylum indicum*	ORIN	紫葳科 Bignoniaceae	本地种
黄牛木 *Cratoxylum cochinchinense*	CRCO	藤黄科 Guttiferae	本地种
木棉 *Bombax malabaricum*	BOMA	木棉科 Bombacaceae	本地种
海南榄仁 *Terminalia hainanensis*	TEHA	使君子科 Combretaceae	本地种
香合欢 *Albizia odoratissima*	ALOD	含羞草科 Mimosaceae	本地种
毛萼紫薇 *Lagerstroemia balansae*	LABA	千屈菜科 Lythraceae	本地种
楝树 *Melia azedarach*	MEAZ	楝科 Meliaceae	本地种
凤凰木 *Delonix regia*	DERE	苏木科 Caesalpiniaceae	引入种
雨树 *Samanea saman*	SASA	含羞草科 Mimosaceae	引入种

倒吊笔：夹竹桃科倒吊笔属落叶乔木。产于海南、广东、广西、云南南部、贵州。多生于海拔 300 m 以下山麓，深厚、肥沃、湿润土壤及避风谷底。为海南榄仁的伴生种。在印度、泰国、越南、柬埔寨、马来西亚、印度尼西亚、菲律宾和澳大利亚等国家也有分布(中国树木志编委会，2004)。

木蝴蝶：紫葳科木蝴蝶属落叶乔木。产于海南、广东、广西、福建、台湾。越南、老挝、泰国、柬埔寨、缅甸、印度、马来西亚、菲律宾也有分布。生长于热带亚热带低丘河谷密林(中国树木志编委会，2004)。

黄牛木：金丝桃科黄牛木属落叶乔木。产于海南、广东、广西及云南。越南、泰国、缅甸、马来西亚及印度尼西亚也有分布，为海南榄仁的伴生种(中国树木志编委会，2004)。

木棉：木棉科木棉属落叶乔木。产于海南(海拔 400 m 以下)、福建南部、台湾、广东南部、广西、云南、贵州南部、四川南部。多生于河谷、低山、丘陵。为海南榄仁的伴生种，也与楹树(*Albizzia chinensis*)混交成林。南亚、东南亚、澳大利亚北部也有分布，是产区干热地带重要的造林树种(中国树木志编委会，2004)。

海南榄仁：使君子科诃子属落叶乔木。产于海南西部和西南部 700 m 以下的干热盆地、河谷阶地、海滨丘陵。常与厚皮树等形成热带落叶季雨林。在广东、广西、云南、福建、浙江南部等地也有栽培(中国树木志编委会，2004)。

香合欢：含羞草科合欢属落叶乔木。产于海南岛，广东、广西、贵州云南、四川南部。印度、缅甸、越南、马来西亚也有分布。为热带季雨林中土层深厚湿润地段的常见树种。为海南主要的经济树种(中国树木志编委会，2004)。

毛萼紫薇：千屈菜科紫薇属落叶乔木。产于海南，常见于海拔 400 m 以下林中，海南榄仁的伴生种。喜光，深厚、湿润、微酸性暗灰色砂壤。越南和泰国也有分布(中国树木志编委会，2004)。

棟树：楝科楝属落叶乔木。产于海南、黄河以南、长江流域等地，为热带和亚热带广布种。温带地区常见栽培。在海南岛主要分布在低海拔旷野、路旁或疏林中（中国树木志编委会，2004）。

凤凰木：苏木科凤凰木属，落叶乔木。原产马达加斯加。海南岛为栽植种（中国树木志编委会，2004）。

雨树：含羞草科雨树属，落叶乔木。原产热带美洲。海南岛为栽植种（中国树木志编委会，2004）。

（二）物候观测方法与统计分析

物候观测资料来自中国林业科学研究院热带林业研究所尖峰岭热带树木园 2003—2011 年连续 9 年的观测数据，同期的气象观测资料取自国家气候中心。

每个树种观测 3 株。每 2 天观测 1 次，观测时间为午后。对观测树种统一挂牌标记，观测人员相对固定。观测方位均为树冠的向阳面。选择物候特征明显且易于观测的展叶始期和开花始期用于物候对气候变化响应研究。展叶始期和开花始期的判别标准是：当观测树种 3 个植株都出现 1 片或 2 片完全舒展的叶片时，则确定为该树种的展叶始期；当观测树种的 3 个植株同时出现几朵或一半以上有 1 朵花处于完全开放状态，则确定为该树种的开花始期（宛敏渭等，1979）。

采用儒略日换算方法，将物候期出现的日期转换为距当年 1 月 1 日的天数（Days of year，DOY），并运用格罗布斯（Grubss）准则剔除异常值（丁振良等，2002）；采用拉依达（Laiyite）准则对逐日气温数据进行预处理（丁振良等，2002），如果发现该日平均气温为异常值，但该日最高气温与最低气温为正常值，则将该日平均气温用该日最高气温与最低气温的平均值替代；如果该日最高气温与最低气温也为异常值，则该日平均气温用 5 天滑动平均气温代替，并用移动平均法修匀日气温数据（徐建华，2006）。结合海南岛尖峰岭地区历史降水情况，将日降水量 1000 mm 设为阈值（蒋有绪等，1991），高于此值则作为异常值直接剔除，而后计算月平均气温和月累积降水量。采用积分回归分析方法，研究气温和降水对各树种物候的影响及其协同变化规律，建立积分回归—物候预测模型。

积分回归模型在研究热带地区气温和降水对各树种物候期的影响的原理见图 3-23。在具体某一时间段，气温和降水两个气候因子协同作用在不同的模式下通过 6 种协同路径（图 3-23 Ⅰ，Ⅱ，Ⅲ，Ⅳ，Ⅴ，Ⅵ）影响植物物候的提前或推迟。

三、热带常绿阔叶乔木展叶与开花对气候变化的响应

（一）热带常绿阔叶乔木的展叶始期和开花始期

对海南岛尖峰岭 12 种热带常绿阔叶乔木展叶始期与开花始期的物候数据进行整理，结果见图 3-24。这 12 个树种的展叶始期都是在春季发生。其中，有 11 个树种累年平均展叶始期发生在 3~5 月。但各树种展叶始期年际变化均方根误差平均为 16.08 天，说明各树种的展叶始期发生日期的年际波动较大。累年展叶最早的是海杜果，平

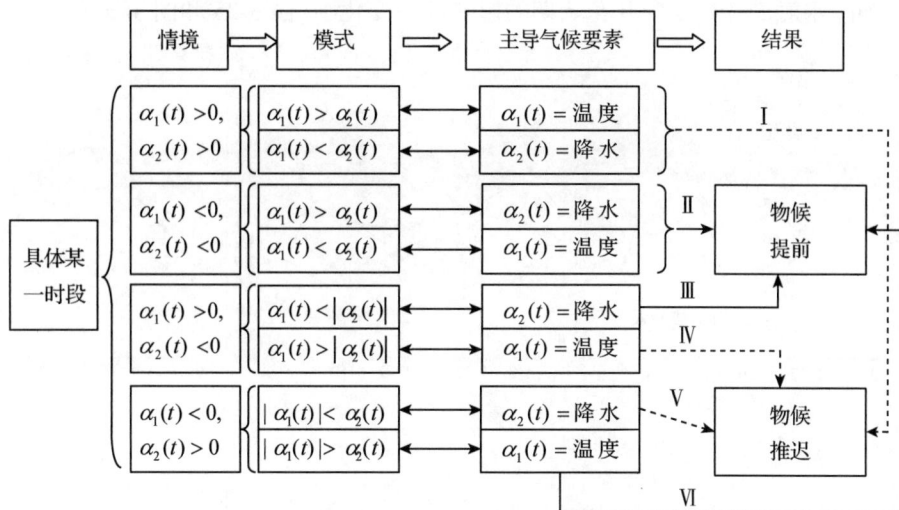

图 3-23　气温和降水对海南岛主要热带乔木物候影响的协同过程

均展叶始期为 2 月 17 日；累年展叶最晚的树种是海南紫荆木，平均展叶始期为 5 月 23 日。开花始期也主要集中在春季，其中有 10 个树种累年平均开花始期发生在 3~5 月。各树种开花始期年际变化均方根误差平均为 14.14 天，年际变动略小于展叶始期。累年开花最早的是海南苹婆，平均开花始期为 3 月 12 日；累年开花最晚的树种是破布叶，平均开花始期在 7 月 15 日。

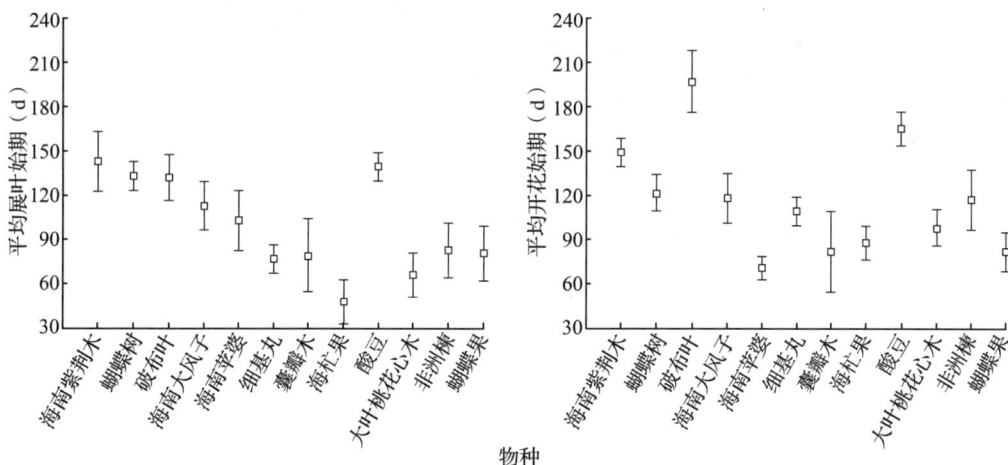

图 3-24　海南岛尖峰岭 12 种热带常绿阔叶乔木展叶始期与开花始期基本信息（平均值±标准误差）

（二）气温和降水对展叶始期和开花始期的影响

对海南岛尖峰岭 12 种热带常绿阔叶乔木展叶始期与开花始期数据与同期气温和降水数据进行积分回归分析，分别求得气温和降水量在不同月份对展叶始期与开花始期的影响系数 $\alpha_1(t)$ 和 $\alpha_2(t)$。以影响系数为纵坐标（y），以展叶始期和开花始期前一月至上一年展叶发生当月构成的完整年按月份划分的 12 个时段为横坐标（x），绘制气温和降水对展叶始期和开花始期的影响动态变化图(图 3-25 和图 3-26)。

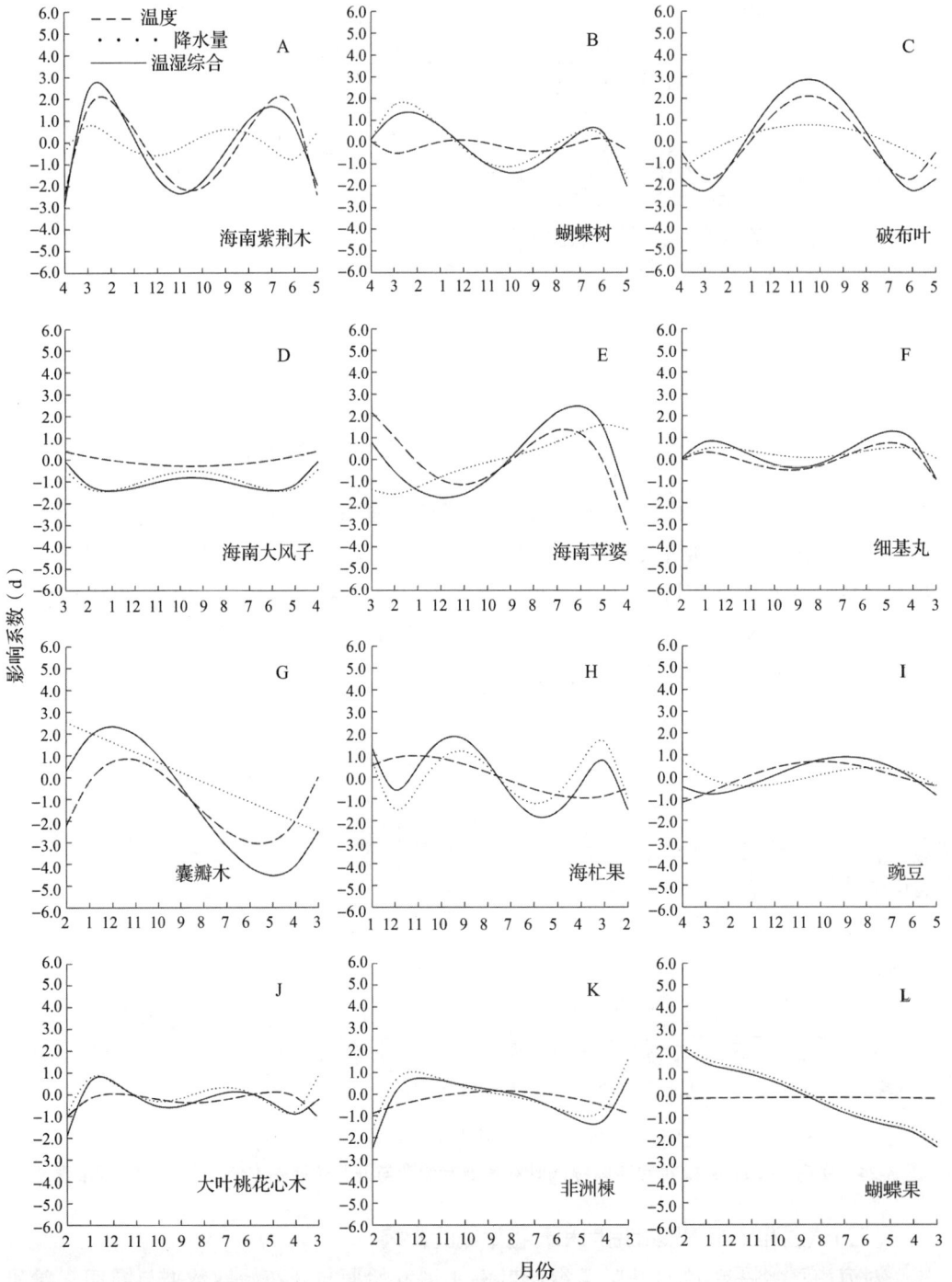

图 3-25 展叶始期发生前月平均气温升高 0.1 ℃、月降水量增加 10 mm 对 12 种常绿乔木展叶始期的影响

由图 3-25 和图 3-26,从 4 个方面分析海南岛尖峰岭 12 种热带常绿阔叶乔木对气候变化的响应特征,即①不同时段不同气象因素对树种展叶始期与开花始期的影响特

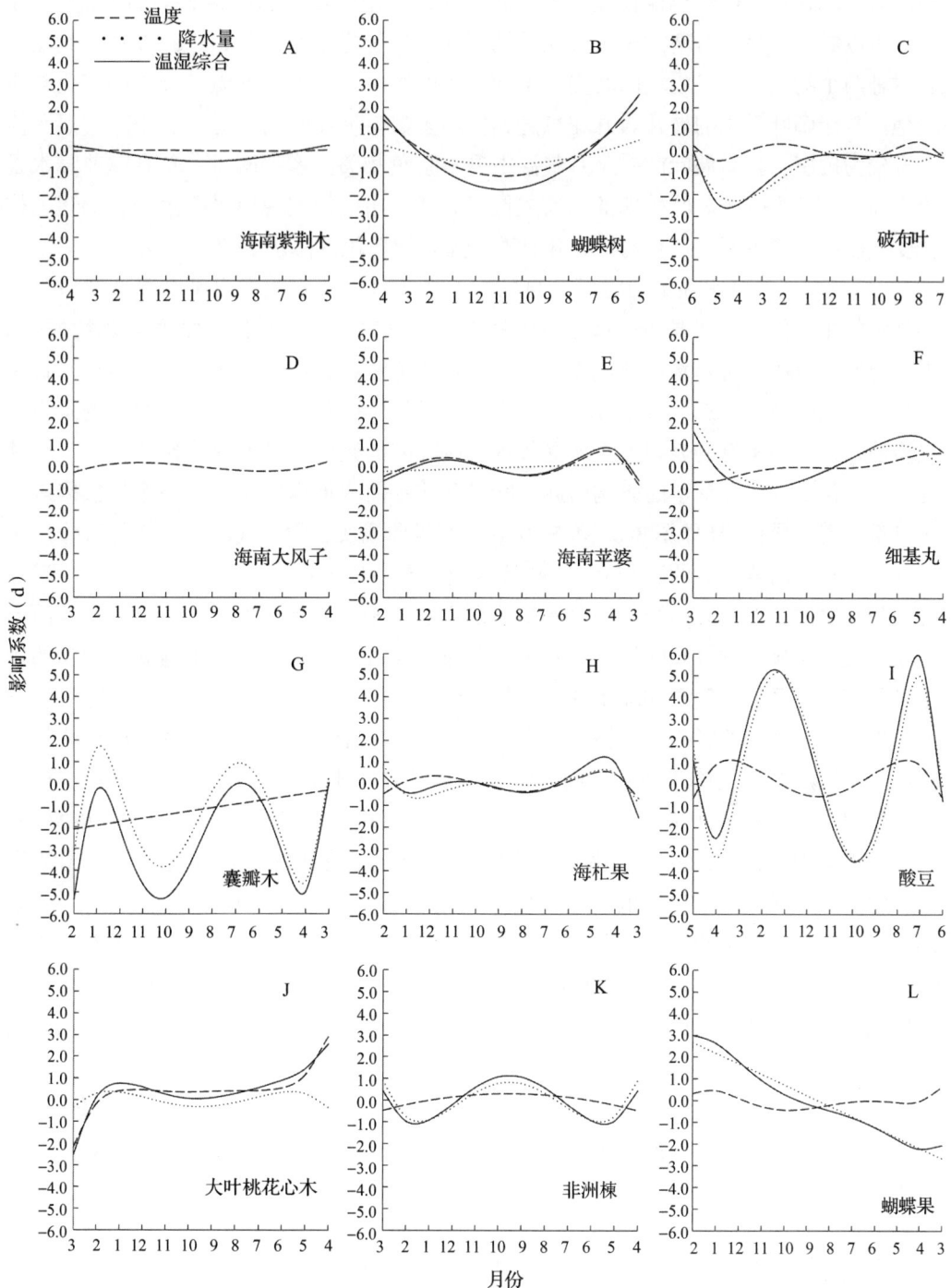

图 3-26 开花始期发生前月平均气温升高 0.1 ℃、月降水量增加 10 mm 对 12 种常绿乔木开花始期的影响

征；②树种在两个不同物候期对气候变化响应的变化特征；③同一物候期内不同树种对气候变化的响应特征；④引入种与本地种展叶与开花对气候变化的响应异同。

（1）气温和降水的月动态变化对尖峰岭 12 种热带常绿阔叶乔木展叶始期与开花始

期的影响既存在规律性也存在差异性。从图 3-25 和图 3-26 气温和降水影响系数变化曲线可以看出，除了海南大风子开花始期表现出仅受降水影响外（图 3-26D），其他所有树种两个物候期的发生均同时受气温和降水的影响，这说明气温和降水的变化与研究地区常绿阔叶乔木的展叶与开花息息相关。多数树种展叶始期对冬春季节气温月值上升较为敏感，且与展叶前一个月气温上升多呈负相关关系。同时，冬春季节降水是否充沛也直接影响着展叶始期的提前或推迟。开花始期则表现出受降水的影响程度较之受气温的影响更明显，且与上一年秋季干湿过渡阶段的降水变化关系密切。

（2）从气温和降水在不同时段各自的影响系数可以直观地看出某个具体时段气温和降水的主导作用。气温和降水在各树种物候期发生前不同月份的动态变化特征（如干季与湿季过渡月份降水量急剧变化）导致不同气象因素对各树种展叶始期与开花始期的影响呈现波动状态，且主导气象因素在不断发生变化。某一树种物候期的发生与发生前月份的关系有的表现为主要受气温影响，有的则表现为受降水影响明显。树种在某一月份受气温和降水的影响引起展叶或开花提前或推迟取决于哪一个气象因素在该月份起着主导作用（即图 3-25 和图 3-26 中实线曲线代表的是气温和降水综合作用对展叶或开花提前或推迟的影响），展叶始期或开花始期最终提前或推迟取决于气温和降水相互协同或抵消后的结果。以海南紫荆木展叶始期为例（图 3-25A），在展叶前当年 4 月气温明显影响着展叶始期的发生。在当年 4 月，气温和降水均与展叶始期的发生呈负相关关系，即气温和降水的增加将导致展叶始期提前，但是在该月份降水的影响效果远弱于气温的影响（气温占主导地位），故展叶始期最终表现出的提前趋势是气温（主导气象因素）与降水相互协同的结果。又以酸豆开花始期为例（图 3-26I），树种开花始期受开花前 4 月气温和降水直接影响，降水的增加将会显著促进开花的提前，气温的影响则是相反的效果。由于降水对该树种开花始期的影响程度超过气温的影响，所以降水和气温的相互抵消作用使得开花始期提前，表现为受降水的主导作用；同时开花前冬季气温和降水的增加将显著推迟开花始期的发生，这种结果极有可能是间接导致的，即上一年树种生长阶段水热增加延长了该树种此轮生长周期，延缓了下一轮生长周期的开始。这验证了我们之前关于降水滞后性以及气温和降水的影响间接性的假设。

（3）同一树种在展叶始期与开花始期对气温和降水量月值变化的响应存在差异。有的树种在展叶始期受气温和降水影响显著，但在开花始期受其影响微弱（如海南紫荆木，图 3-25A 和图 3-26A），有的树种则相反（如酸豆，图 3-25I 和图 3-26I）。在同一物候期内，无论是展叶始期还是开花始期，不同树种对气候变化的响应表现出一定的种间规律性。总体上看，展叶始期对气温和降水量月值变化的响应比开花始期对气温和降水变化的响应更敏感，但亦存在相反的情况，如细基丸（图 3-25F）和酸豆（图 3-25I）展叶始期对气温和降水的响应敏感程度低于开花始期（图 3-26F 和图 3-26I）。此外，同一物候期不同树种对气候变化的响应存在种间差异性。例如在除 4 月以外的其他月份月值气温和降水量不变的情况下，海南紫荆木（图 3-25A）展叶始期与展叶前 4 月气温和降水呈负相关，且气温升高 0.1℃和降水增加 10 mm 可使其展叶始期提前 3

天；但在同样的情况下，酸豆(图 3-25I)展叶始期仅提前 0.5 天。故海南紫荆木在展叶始期对气候变化响应的敏感程度可看作是该时期酸豆敏感程度的 6 倍。然而在开花始期，海南紫荆木在上一年 11 月增温 0.1℃和增雨 10 mm 的协同作用下可使翌年开花始期提前 0.5 天(图 3-26A)，而酸豆可以提前 2.5 天(图 3-26I)，酸豆开花始期对气候变化的敏感效应可看作是海南紫荆木的 5 倍。由此看出，某一树种某一物候期对气候变化敏感并不意味着该树种对其他物候期也会有同样的敏感程度。

海南岛尖峰岭 12 种常绿阔叶乔木中，对展叶始期影响最显著的月份(同时假设其余 11 个月份气温和降水量不变)月平均气温增加 0.1 ℃，月降水量增加 10 mm 的综合作用可使展叶始期提前或推迟幅度不足 1 天的有 1 种(图 3-25I，占 12 种研究树种的 8.3%)，使展叶始期提前或推迟幅度介于 1~2 天的有 5 种(图 3-25B、D、F、H、J，占研究树种的 41.7%)，使展叶始期提前或推迟幅度介于 2~3 天的有 5 种(图 3-25A、C、E、K、L，占研究树种的 41.7%)；使展叶始期提前或推迟幅度介于 4~5 天的有 1 种(图 3-25G，占研究树种的 8.3%)。同样的气候条件下，对开花始期影响最显著的月份月平均气温增加 0.1 ℃，月降水量增加 10 mm 的综合作用可使开花始期提前或推迟幅度不足 1 天的树种有 3 种(图 3-26A、D、E，占研究树种的 25%)，使开花始期提前或推迟幅度介于 1~2 天的树种有 3 种(图 3-26F、H、K，占研究树种的 25%)，使开花始期提前或推迟幅度介于 2~3 天的有 4 种(图 3-26B、C、J、L，占研究树种的 33.3%)，使开花始期提前或推迟幅度介于 5~6 天的有 2 种(图 3-26G、I，占被研究树种的 16.7%)。

(4)从本地种(图 3-25，图 3-26A~H)与引入种(图 3-25I~L)对气温和降水的响应统计分析结果可以看出，在展叶始期，引入种对气候变化的响应程度比本地种弱；但在开花始期，引入种对气候变化的响应比本地种显著。此外，本地种展叶始期对气候变化的响应比其开花始期对气候变化的响应显著，而引入种则相反。

(三)展叶始期和开花始期的积分回归–物候预测模型

提取各树种展叶始期、开花始期在气温及降水积分回归分析中得出的新变量(T_0，T_1，…，T_5；P_0，P_1，…，P_5)的回归系数 α_{1j}、α_{2j}，构建基于气温和降水共同影响的积分回归—物候模拟模型(表 3-22)，并分别对展叶始期与开花始期的模拟值与实测值进行比较，结果见图 3-27 和图 3-28。

从表 3-22 可以看出，各树种的展叶始期和开花始期的模型拟合函数的决定系数(R^2)都高于 0.9，表明模型解释率较高。除囊瓣木的预测模型显著性检验效果较差外，其他树种的模型都通过了 $P<0.05$ 的显著性检验，证明海南岛尖峰岭地区热带常绿阔叶乔木与气温和降水的变化关系密切。积分回归分析对研究海南岛尖峰岭地区 12 种热带常绿阔叶乔木对多气象要素不同时段变化的响应具有可靠性。

从展叶始期、开花始期模拟值与实测值的分布情况(图 3-27)可以看出，两个物候期的模拟值与实测值几乎分布在 1:1 的直线上，说明所建模型具有较高的拟合精度。由于不同树种物候期发生日期数量级间存在差异，且显著高于物候模型拟合值与实测值之间的差异，不同树种物候期发生日期数据差异掩盖了模型模拟值与实测值之间的

表 3-22　12 种常绿阔叶乔木展叶始期和开花始期基于气温和降水的积分回归—物候预测模型

树种	物候期	物候预测模型	R^2	P
海南紫荆木	展叶始期	$y=917.67182-2.38228T_0-0.63656T_4-0.00135P_5$	>0.99	0.014
	开花始期	$y=184.08273-0.00879T_3-0.01756P_0+0.00081P_2-0.00011P_4$	>0.99	0.002
蝴蝶树	展叶始期	$y=648.65012-1.61897T_0+0.05895T_4+0.00801P_1+0.00048P_2-0.00314P_4$	>0.99	0.017
	开花始期	$y=-25.57393-0.30489T_1+0.32204T_2-0.02228P_0-0.00108P_1+0.00109P_2$	>0.99	<0.001
破布叶	展叶始期	$y=200.64790-0.29822T_2+0.34796T_4-0.00219P_2$	0.951	0.006
	开花始期	$y=294.71511+0.07539T_5-0.07119P_0-0.00750P_1+0.00221P_3+0.00174P_4$	>0.99	0.002
海南大风子	展叶始期	$y=337.34806-0.29424T_0+0.07539T_2-0.09409P_0+0.00139P_4$	>0.99	0.013
	开花始期	$y=224.64306-0.07740T_3$	0.978	0.002
海南苹婆	展叶始期	$y=-3.92288+0.74999T_1+0.58373T_3-0.15748T_4-0.01991T_5-0.01532P_1+0.00059P_3+0.00034P_5$	>0.99	0.004
	开花始期	$y=-30.75027+0.26684T_0-0.03156T_2-0.14139T_4+0.05450T_5-0.00179P_1$	>0.99	0.002
细基丸	展叶始期	$y=15.75967+0.14537T_3-0.13648T_4+0.02903P_0-0.00071P_4$	0.976	0.007
	开花始期	$y=-4.71946-0.56060T_1-0.03974T_3+0.02169T_5+0.00164P_2+0.00347P_3$	>0.99	0.012
囊瓣木	展叶始期	$y=3741.54475-11.03330T_0+0.81146T_1-0.60157T_3+0.02282P_1$	>0.99	0.075
	开花始期	$y=3724.18480-11.93835T_0-0.81942T_1-0.14417P_0-0.00540P_5$	0.943	0.221
海杧果	展叶始期	$y=116.50025+0.92868T_1-0.15218T_3-0.00026T_4+0.00271P_5$	>0.99	0.023
	开花始期	$y=67.07923-0.02314T_2-0.13206T_4+0.03085T_5+0.00185P_3+0.00083P_5$	>0.99	0.022
酸豆	展叶始期	$y=113.40775-0.33273T_1-0.16320T_2+0.03014T_4+0.00214P_0+0.00022P_2+0.00172P_3+0.00005P_4$	>0.99	0.003
	开花始期	$y=-550.00567+2.06823T_0-0.25660T_4+0.08053P_0-0.00481P_3+0.00759P_5$	>0.99	0.020
大叶桃花心木	展叶始期	$y=900.06504-2.89018T_0-0.06850T_2+0.01177T_3-0.11516T_4+0.00383T_5-0.00133P_3-0.00131P_5$	>0.99	0.003
	开花始期	$y=-1286.86831+4.22220T_0-1.20205T_1-0.31324T_3-0.01633T_4-0.05578T_5-0.00106P_4$	>0.99	0.011
非洲楝	展叶始期	$y=808.78470-2.59746T_0-0.11448T_2-0.00390P_3-0.00091P_5$	>0.99	0.003
	开花始期	$y=90.17318-0.08557T_2+0.00276P_4$	0.972	0.006
蝴蝶果	展叶始期	$y=655.81729-1.76916T_0-0.00544T_2+0.01952P_1+0.00028P_5$	>0.99	0.005
	开花始期	$y=211.96571+0.08547T_2-0.04329T_5+0.02425P_1$	>0.99	0.025

注：P_j：月降水量原始数据经 j 次正交转换而成的新变量；T_j：月平均气温原始数据经 j 次正交转换而成的新变量；y：物候期拟合值(儒略日)。

差异，故通过选取物候模拟值与实测值之差作为衡量物候模拟值与实测值差异的指标能去除不同树种物候期之间差异的影响，从而可揭示不同树种物候模拟值与实测值之间的差异。

从图 3-28 可以看出，多数树种不同年份的展叶始期与开花始期模拟值与实测值之差在±2 天的范围内震荡分布，展叶始期气温和降水积分回归预测模型模拟值与实测值最大误差约 8 天(破布叶，出现在 2003 年)，开花始期气温和降水积分回归预测模型模拟值与实测值之间最大误差约为 7 天(囊瓣木，出现在 2006 年)，所以考虑气温

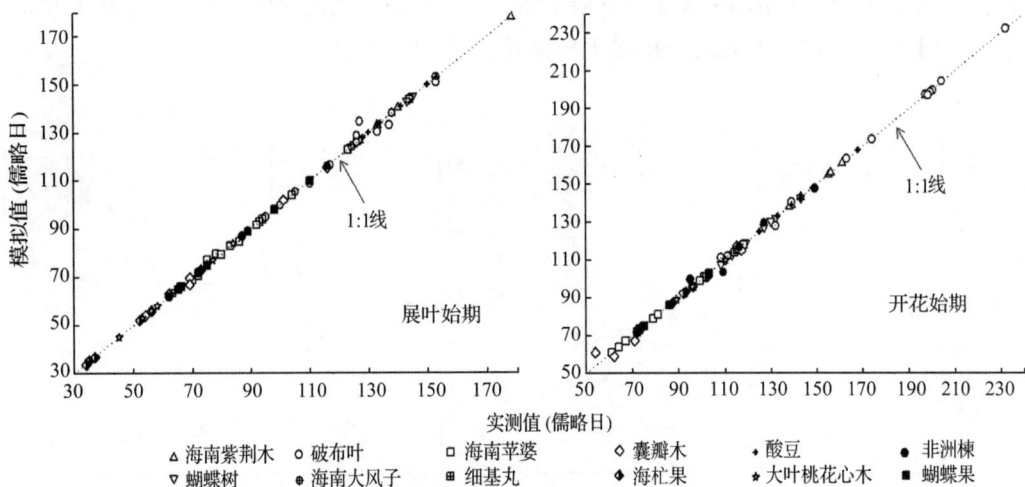

图 3-27　基于气温和降水积分回归—物候预测模型对 12 种
乔木展叶始期和开花始期的模拟值与实测值比较

和降水月值变化的积分回归—物候模型能够用来预测未来气候变化情景下海南岛尖峰岭主要热带乔木树种对气候变化的响应。

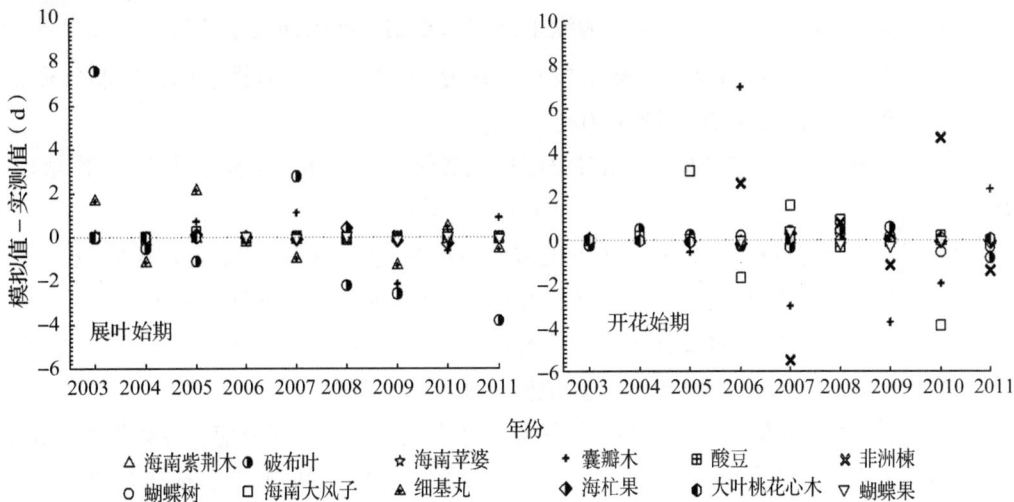

图 3-28　12 种常绿阔叶乔木展叶始期与开花始期物候模拟值与实测值的差值分布

四、热带落叶阔叶乔木展叶与开花对气候变化的响应

(一)热带落叶阔叶乔木树种的展叶始期与开花始期

对 12 种热带落叶乔木展叶始期和开花始期的观测结果进行统计的结果见图 3-29。海南岛 12 种热带落叶乔木树种的展叶始期大多在春季(3~5 月),并以早春居多。对不同树种展叶早晚比较的结果表明,以棟树的展叶最早(2 月 19 日),凤凰木展叶最

晚(5月4日)。开花始期主要集中在春季和初夏，并以晚春和初夏居多，开花最早的是木棉(1月18日)，开花最晚的是毛萼紫薇(6月22日)。

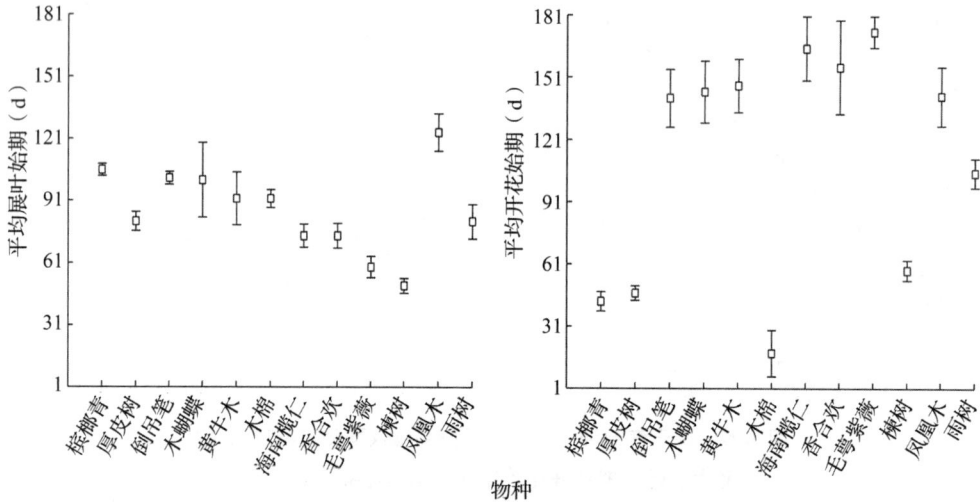

图 3-29　海南岛主要热带落叶乔木展叶始期与开花始期

(二)温度和降水对热带落叶乔木树种展叶始期的影响

以积分回归系数 $\alpha_1(t)$、$\alpha_2(t)$ 为纵坐标，以根据展叶始期发生的当月至翌年展叶始期再次发生的前一月构成的完整年按月份划分的 12 个时段为横坐标，绘制气候变化对展叶始期影响图，结果见图 3-30。

由图 3-30 得出气温和降水变化对海南岛主要热带落叶乔木树种展叶始期的影响特征如下：

(1)在 12 个树种中，有 10 个树种的展叶始期对气温和降水的综合作用响应显著，同时也有 2 个树种仅对气温变化响应显著(图 3-30G 和 K)。从图 3-30D、F、G、H、K、L 影响系数为负值的时段分析，展叶始期前一个月至上一年 12 月的气温变化对展叶始期影响显著；除图 3-30I 例外，其他树种展叶始期都存在干湿效应。

(2)热带落叶乔木树种展叶始期与气温和降水变化存在协同效应。以槟榔青(图 3-30A)为例，在展叶当年的 1 月和 3 月，气温和降水增加对展叶始期呈现协同效应，但作用结果相反，如 1 月气温和降水增加 1 个单位，其影响系数均为负值，表示 1 月气温和降水的协同作用使展叶始期提前；3 月气温和降水增加 1 个单位的影响系数均为正值，表示 3 月气温和降水的协同作用使展叶始期推迟。

(3)展叶始期受气温和降水的共同影响，但各自影响作用的大小，因树种和影响时段不同而变化。以厚皮树(图 3-30B)为例，在展叶当年的 2 月，气温和降水的增加协同推迟物候期的发生。气温增加 1 个单位的影响系数均为正值，表明在此时段气温升高可导致展叶始期推迟，而降水增加 1 个单位的影响系数均为负值，表明在此时段降水增加可导致展叶始期提前。为了判断哪个气候因素在该时段对展叶始期起主导驱动作用，可通过对该时段降水或气温增加 1 个单位的影响系数大小(绝对值)进行比

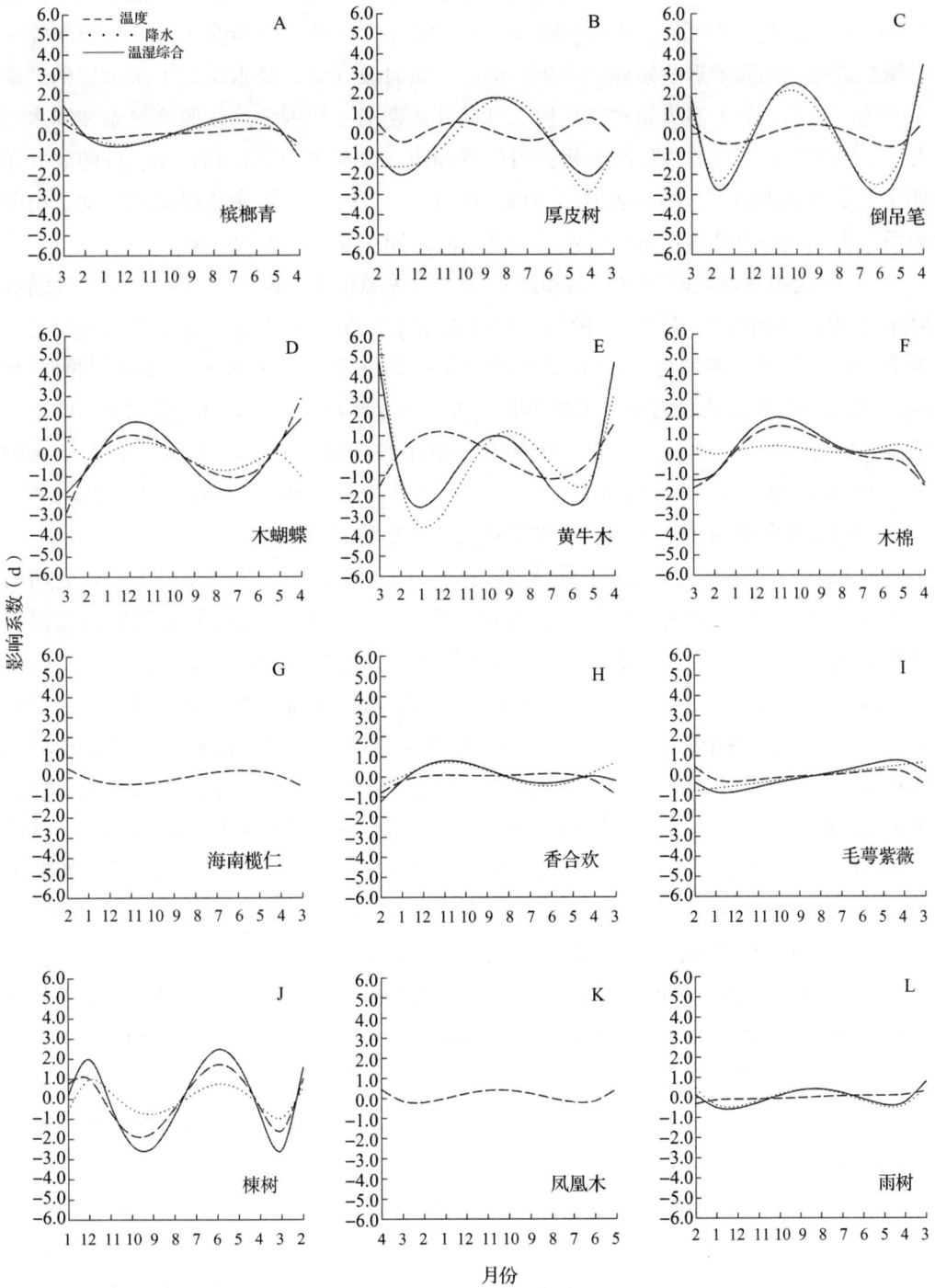

图 3-30 展叶始期发生前月平均气温升高 0.1 ℃、月降水量
增加 10 mm 对 12 种落叶乔木展叶始期的影响

较，如果影响系数绝对值大，则说明该气候因素起主导作用。由于该月份降水影响系数大于气温影响系数，说明该月份气温与降水的协同作用过程中，降水是驱动厚皮树2月展叶始期的主导因素。又如木蝴蝶（图3-30D），在展叶当年的3月，气温和降水的增加最终也协同推迟物候期的发生。但是，该时段气温比降水增加1个单位的影响系数绝对值大，故气温为驱动厚皮树3月展叶始期的主导因素。按照该气温和降水对乔木影响的协同作用原理进行分析，可以推断出3个树种（图3-30D、F、J）的展叶始期主要受气温驱动，7个树种（图3-30A、B、C、E、H、I、L）主要受降水驱动。由此表明，大多数海南岛热带落叶乔木树种的展叶始期主要受降水的影响。

(4)不同树种展叶始期对气温和降水变化的敏感程度不同。结合热带地区气温和降水变幅的实际情况，对于12种落叶阔叶乔木中，在其他月份气温和降水不变的情况下，对植物物候期发生影响最显著的月份平均气温升高0.1 ℃，降雨量增加10 mm，展叶始期提前或推迟最大天数不足1天的有4种（图3-30G、I、K、L），1～2天的有3种（图3-30A、F、H），2～3天的有3种（图3-30B、D、J）；3～4天和4～5天的各1种（图3-30C、E），分别占研究树种总数的33.3%、25%、25%、8.3%和8.3%。

(三)温度和降水对热带落叶乔木树种开花始期的影响

对12种落叶阔叶乔木开花始期数据与同时期气温和降水月值数据进行积分回归分析，绘制开花始期对气候变化动态响应关系图（图3-31）。由图3-31归纳出气温和降水变化对海南岛主要热带落叶阔叶乔木树种开花始期的影响特征如下：

(1)与展叶始期和气候变化关系相同，开花始期与气温和降水变化同样存在着动态响应过程。在12个树种中，有10个树种（占研究树种总数的83%）的开花始期对气温和降水的共同作用响应显著；仅有两个树种的开花始期与气温呈简单的一元线性相关关系（图3-31A、E）。除楝树（图3-31J）外，所有树种开花始期对开花前2～3个月的气温和降水的综合影响比较敏感。气温升高有利于开花始期提前，气温对开花始期贡献最大的时段多发生开花前1～2个月。各树种开花始期也普遍存在明显的干湿效应。干季降水与开花始期的提前或推迟呈负相关，湿季则多为正相关。

(2)热带落叶乔木树种开花始期与气温和降水变化同样存在协同响应过程。从各树种月均温及月降水量增高0.1 ℃和10 mm的影响系数（绝对值）大小判别，主要受气温影响的有2种（图3-31D、J），占受气温和降水综合影响树种总数的20%；主要受降水影响的树种有8种（图3-31B、C、E、F、G、H、I、L），占受气温和降水综合影响树种总数的80%。

(3)从不同树种开花始期对气温和降水变化的敏感程度分析，在其他条件不变的情况下，气温和降水综合作用对落叶乔木开花始期影响最显著的月份平均气温和月降水量增加0.1 ℃和10 mm，导致开花始期提前或推迟小于1天的树种有4种（图3-31A、B、C、L），提前或推迟1～2天的树种有3种（图3-31D、F、G），2～3天的1种（图3-31H），3～4天的2种（图3-31E、J），4～5天的2种（图3-31I、K），分别占研究树种总数的33.3%、25%、8.3%、16.7%和16.7%。

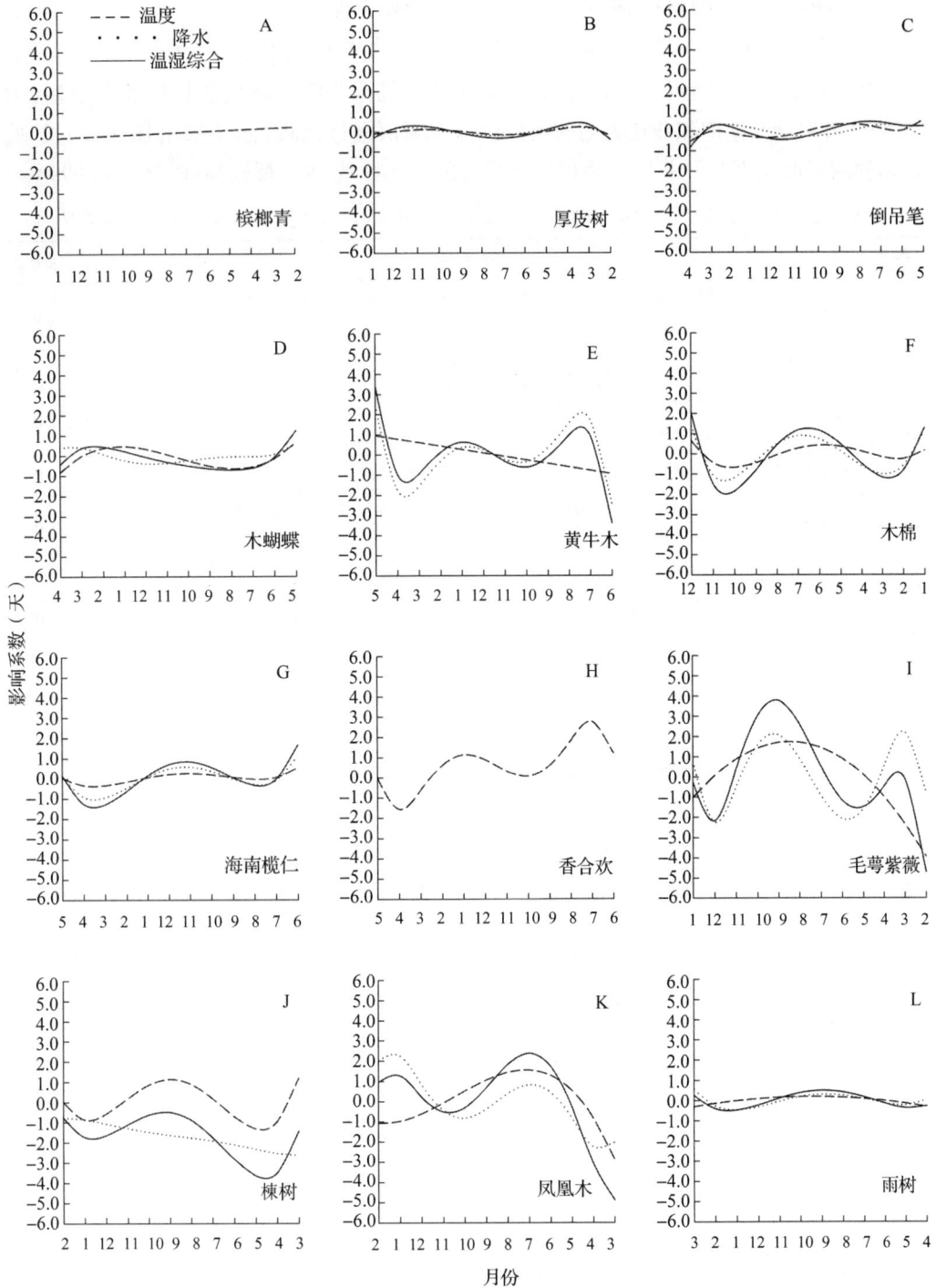

图 3-31　开花始期发生前月平均气温升高 0.1 ℃、月降水量
增加 10 mm 对 12 种落叶乔木开花始期的影响

(四)展叶始期和开花始期的积分回归—物候预测模型

提取各树种展叶始期与气温及降水积分回归分析中的新变量(T_0，T_1，$\cdots$，T_5；P_0，P_1，$\cdots$，P_5)的回归系数 α_{1j}、α_{2j}，构建基于气温和降水影响的物候模拟模型(表3-23)，并对展叶始期和开花始期的模拟值与实测值进行比较(图3-32和图3-33)发现，各树种的展叶始期与开花始期模拟模型拟合的决定系数(R^2)都较高(0.565~0.999)。

表3-23　12种落叶乔木展叶始期和开花始期基于气温和降水的积分回归-物候预测模型

树种	物候期	物候预测模型	R^2	P
槟榔青	展叶始期	$y = -151.70368 + 0.86123T_0 + 0.07266T_1 + 0.10423T_3 + 0.02763T_5 + 0.01098P_0 - 0.00244P_3$	>0.99	0.007
	开花始期	$y = 25.90588 + 0.23723T_1$	0.565	0.085
厚皮树	展叶始期	$y = -495.88815 + 1.64841T_0 + 0.01472T_2 + 0.10213T_5 - 0.05079P_0 - 0.00335P_2 + 0.00345P_4 - 0.00114P_5$	>0.99	0.013
	开花始期	$y = 56.30044 + 0.04201T_4 + 0.01614T_5 - 0.00061P_4$	0.985	0.003
倒吊笔	展叶始期	$y = 125.12412 + 0.15610T_4 - 0.01469T_5 + 0.00016P_2 - 0.00348P_3 + 0.00614P_4 + 0.00123P_5$	>0.99	0.003
	开花始期	$y = 97.60115 - 0.33775T_1 - 0.05015T_5 + 0.00086P_4$	0.979	0.005
木蝴蝶	展叶始期	$y = 182.48212 - 0.82637T_1 - 0.59091T_3 + 0.00590P_1 + 0.00106P_5$	0.990	0.019
	开花始期	$y = 529.50399 - 0.98594T_0 - 0.22292T_3 + 0.00094P_2 - 0.00030P_5$	>0.99	0.001
黄牛木	展叶始期	$y = 207.43828 - 0.47725T_3 + 0.00378P_2 + 0.00502P_3 + 0.00777P_4$	0.933	0.041
	开花始期	$y = 179.36930 + 0.86259T_1 + 0.00457P_3 + 0.00275P_5$	0.998	0.003
木棉	展叶始期	$y = 207.43828 - 0.47725T_3 + 0.00378P_2 + 0.00502P_3 + 0.00777P_4$	>0.99	0.022
	开花始期	$y = 361.78690 - 0.11264T_3 + 0.12186T_4 + 0.00265P_4 + 0.00044P_5$	0.995	0.001
海南榄仁	展叶始期	$y = 40.37535 + 0.13686T_3$	0.724	0.015
	开花始期	$y = 0.16769 + 0.46392T_0 - 0.22139T_1 + 0.00156T_2 + 0.07052T_4 - 0.00446P_1 + 0.00195P_4$	>0.99	0.003
香合欢	展叶始期	$y = 391.64464 - 1.26921T_0 - 0.09702T_2 + 0.01317T_3 - 0.05747T_4 + 0.011966P_0 - 0.00201P_3 + 0.00030P_5$	>0.99	0.010
	开花始期	$y = -1708.95849 + 6.08087T_0 - 1.15299T_2 + 0.19855T_5$	0.777	0.044
毛萼紫薇	展叶始期	$y = 13.58950 + 0.10937T_3 + 0.02680T_5 - 0.00368P_0 - 0.00651P_1$	>0.99	0.001
	开花始期	$y = 596.66715 + 1.32102T_1 + 0.45129T_2 - 0.00167P_3 + 0.00401P_5$	>0.99	0.007
楝树	展叶始期	$y = 71.41153 - 0.12178T_1 + 0.06159T_2 + 0.26766T_3 + 0.16521T_4 - 0.26181T_5 - 0.00166P_5$	>0.99	0.037
	开花始期	$y = 81.86621 - 0.06120T_2 - 0.17860T_3 + 0.28384T_4 - 0.01696P_0 + 0.00868P_1 - 0.00009P_5$	>0.99	0.003
凤凰木	展叶始期	$y = 256.40650 - 1.23215T_0 + 0.09756T_4$	0.836	0.027
	开花始期	$y = 207.93458 - 0.35706T_2 + 0.22620T_3 + 0.01506P_1 + 0.00281P_3 + 0.00173P_5$	>0.99	0.005
雨树	展叶始期	$y = 35.37593 - 0.21111T_1 - 0.01939T_3 - 0.00905T_5 + 0.00145P_4$	>0.99	0.016
	开花始期	$y = 80.71467 - 0.05487T_2 - 0.00076P_3 - 0.00087P_4$	0.984	0.024

注：P_j，月降水量原始数据经 j 次正交转换而成的新变量；T_j，月平均气温原始数据经 j 次正交转换而成的新变量；y，物候期拟合值(儒略日)。

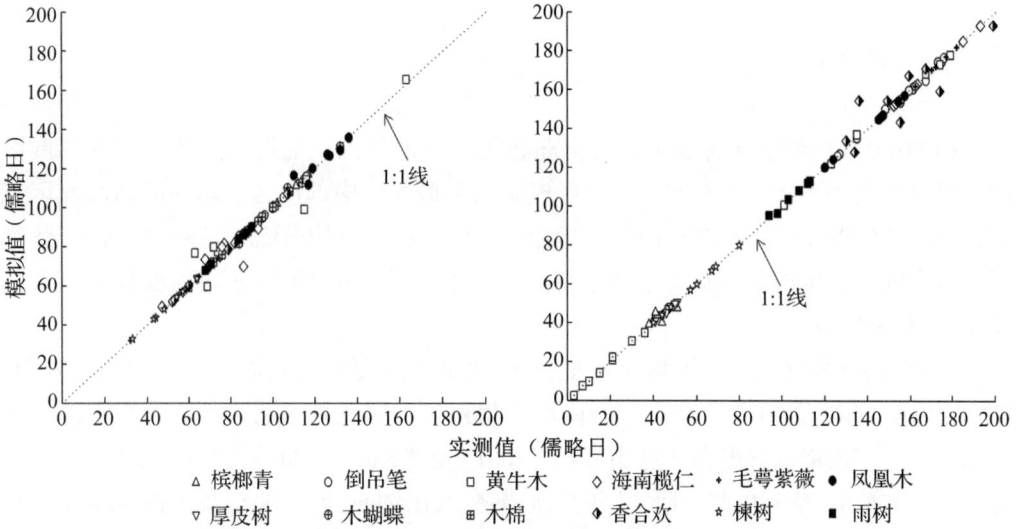

图 3-32　基于气温和降水积分回归-物候预测模型对 12 种
落叶乔木展叶始期和开花始期的模拟值与实测值比较

除了槟榔青开花始期外，其他树种展叶始期与开花始期的拟合模型都通过了 $P=0.05$ 的显著性检验；物候模拟值与实测值多数都分布在 1:1 的直线上。说明热带落叶乔木树种对气温和降水变化有明显的响应，也说明气温和降水是其展叶始期与开花始期的主要控制因素。

　　从展叶始期与开花始期模拟值对其实测值的偏离程度（图 3-33）可以看出，海南岛主要落叶乔木阔叶树种展叶始期和开花始期拟合值对实测值的偏离点多位于 5~8 天。在展叶始期的分析中黄牛木及海南榄仁对于实测值的偏离程度较大，在开花始期的分析中香合欢则产生明显的偏离。但是，无论在展叶始期还是开花始期，凤凰木的偏离程度均不超过 1 天，模型对于实测值的拟合较好。

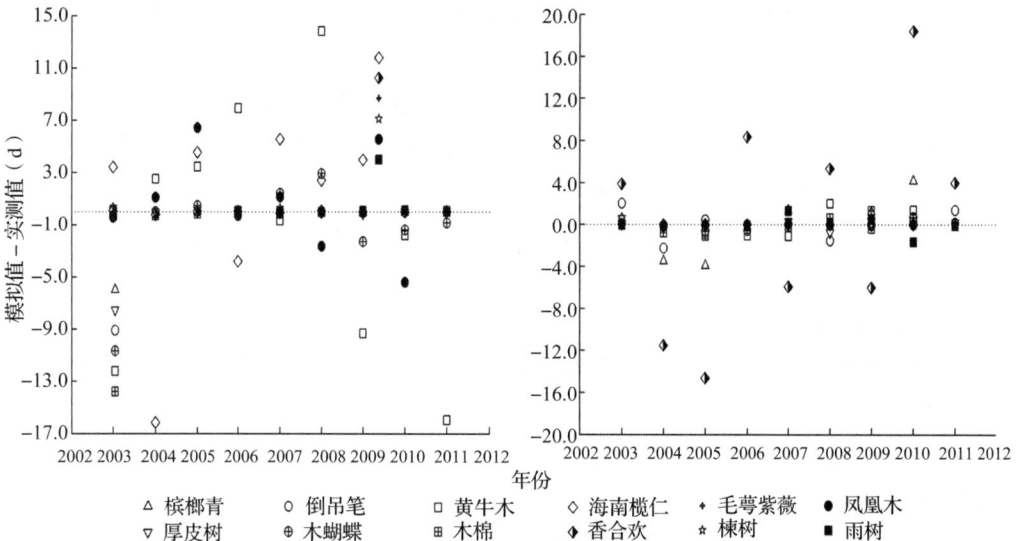

图 3-33　12 种落叶阔叶乔木展叶始期与开花始期物候模拟值与实测值的差值分布

五、小结

(1)在全球气候变暖背景下，海南岛各气候区的气温呈显著上升趋势。各气候区的气温增幅大小不同。以东北、西南区气温增幅最大，中部山区、东南区和西北区依次减小。按气温增幅大小对不同气温指标的排序为：年平均最低气温>年平均气温>年平均最高气温；按季节增幅大小排序是：秋冬季>春夏季。年际平均气温最大值多数发生在1998年。

(2)海南岛各气候区年平均气温发生突变的时间多数在20世纪70年代初、末期，80年代中末期以及90年代初期。西南区发生最早，东北及西北区次之，东南区及中部山区较晚。西南区气温突变点比IPCC（2001）及Walther（2003）提出的全球气候变暖突变点（1976年）略有提前。西北区的气温突变点比Zhou等（2004）提出的我国年平均气温突变点（1978年）推迟了1年。其他地区的气温突变点与尹云鹤等（2009）提出的我国气候发生突变的时间（1989年）基本一致。

(3)海南岛各气候区年降水量距平波动较大。但只有西南区部分地区（三亚）降水的年际变化通过显著性检验（$P = 0.0479$）。各气候区降水不存在明显的突变点。干季和湿季的降水量对总降水量的贡献率分别为20%和80%左右。干季以小雨为主，降水分布以中部地区较多，四周较少；湿季以大雨为主，降水分布以四周较多，中部地区较少。各气候区不同等级的降水量对该地区总降水量的贡献率虽有不同，但大雨和暴雨对每个气候区总降水量的贡献都很大（50%以上）。各气候区干湿季不同等级降水量对相应等级总降水量的贡献率不同，干季所占比例较小（低于50%）而湿季较大。

(4)2002—2011年海南岛尖峰岭12种热带常绿阔叶乔木展叶始期和开花始期对气候变化特征明显。展叶始期和开花始期主要受气温和降水的共同影响。展叶始期更多地受气温的影响，且越接近展叶始期的月值平均气温变化对展叶始期发生的影响越显著。开花始期受降水的影响比受气温的影响更显著，且与上一年秋季降水量的变化关系密切。

(5)在12种热带常绿阔叶乔木物候受影响最显著的月份，平均气温每增加0.1℃、降水量每增加10 mm，可使展叶始期和开花始期提前或推迟的最大天数多在1~3天。从气温和降水的增幅对热带常绿阔叶乔木展叶和开花的影响效应可以看出，热带地区植物对气候变化的响应可能较高纬度地区更显著。这一结果补证了Bradley等（2011）提出的"在同样的气温增幅情景下，低纬度地区的物种比高纬度地区的物种受到的影响可能更大"的观点。

(6)12种常绿阔叶乔木展叶始期对气候变化的响应较开花始期明显。展叶始期与冬春季节的气温变化密切相关，且越接近该物候期，气温的影响系数越大。这与陈效述和张福春（2001）、张学霞等（2005）对北京地区近50年和150年春季物候的研究结果相一致。

(7)12种热带常绿阔叶乔木展叶始期和开花始期与气温和降水密切相关，这一结果与 Zhao 等(2012)在云南哀牢山对热带常绿季雨林主要建群种物候对气候变化响应的研究结果一致。上一年秋季与当年春季降水的变化,对树木展叶和开花有显著影响。降水在干湿季节的突变性以及降水的滞后性导致降水对开花始期的影响较展叶始期所受到的影响更显著。

(8)本地种展叶始期较开花始期对气候变化的响应更敏感,引入种对气候变化响应的敏感程度在展叶始期较本地种弱,这与 Fridley(2012)在美国东部温带地区研究发现的外来种未表现春季生长物候明显提前的结论相一致。

(9)海南岛主要热带落叶乔木树种展叶始期和开花始期与气温和降水变化存在动态响应过程。这与我国西南热带地区、热带亚马孙雨林地区、非洲热带稀树草原的研究结论相同(Zhao et al., 2013;Seghieri et al., 2009)。

(10)温度是海南岛热带落叶乔木展叶、开花必不可少的气候驱动因子,这与在中高纬度地区开展物候研究得出温度是主要影响因子的结论一致(Rollinson et al., 2012;Richardson et al., 2012;Hufkens, 2012;Chen et al., 2012)。但从展叶始期和开花始期两个物候期受气温、降水影响关系图和 24 个物候模型解释率及显著性检验($P \leqslant 0.05$)以及热带落叶乔木在干旱季节落叶或半常绿,雨季来临又重新展叶,大多数树种 1 年只开 1 次花,开花季节也相对固定和本研究中 75% 的树种的物候受降水驱动等现象和定量研究结果分析认为,降水也是热带落叶乔木物候的主要驱动因子,这与 Soudani 等(2012)用遥感 NDVI 手段研究热带雨林得出植被绿度始期及绿度末期与降水干湿季节变化相一致。

(11)展叶始期前一个月至上一年 12 月的气温变化对海南岛主要热带落叶乔木树种的展叶始期影响显著;开花始期对开花前 2~3 个月的气温和降水的综合影响比较敏感(Fu et al., 2012)。不同树种以及同一树种展叶始期和开花始期对气候变化的响应方式不同,即存在种内不同物候期对同一时段气温和降水变化响应的差异性,也存在不同树种对同一时段气温和降水变化变化响应的差异性(Rollinson et al., 2012)。大多数树种都会因气温和降水动态协同作用使物候期产生提前或推迟的变化。

(12)在上一年某一物候现象发生的当月至翌年该物候现象再次发生的前一月的完整年内,在其他月份气温和降水量假设不变的情景下,对植物物候期发生影响最显著的月份月平均气温升高 0.1℃,月降水量增加 10 mm,使展叶始期和开花始期提前或推迟不足 1 天和 2 天以下的树种占研究树种总数的比例相等,均为 58.3%。但展叶始期提前或推迟 3 天以上的树种仅占研究树种总数的 16.7%,而开花始期提前或推迟 3 天以上的占 33.4%,说明海南岛热带落叶乔木树种开花始期可能比展叶始期对气候变化更为敏感。

(13)采用积分(多元)回归法基于过程生态系统模型分析植物物候对气候要素间复杂变化的动态响应机制,提出气温和降水协同作用影响植物物候的机理,符合森林生态系统自然现象复杂性的本质(Whitley et al., 2011)。基于温度和降水建立的 12 种热带落叶乔木展叶始期和开花始期综合预测模型模拟的物候值与实测值非常接近,这不仅表明该预测模型具有精准性,而且也从定量分析角度验证了温度和降水与海南岛主要热带落叶乔木树种展叶始期和开花始期紧密相关程度。通过对未来多气候因素耦合过程在不同时间尺度影响格局变化进行初步探讨并在应用中不断完善，不失为气候变化与物候关系的一种非常实用和有效的方法（Zhang et al. ，2012）。

第五节　广布植物种对气候变化的响应

　　开花是植物繁殖关键环节。植物花期对气候因子响应的空间差异明显，所以对植物开花期与气候因子之间空间关系的研究有助于揭示植物开花期空间差异产生的生态机制和植物花期对气候因子空间差异响应的特征，并可为植物花期的空间预测提供重要的科学依据和手段。山桃和毛桃是我国的广布种，因此对这两个树种的相关研究相对较多。竺可桢和宛敏渭（1999）等通过研究我国毛桃始花期后认为，纬度每差 1°，毛桃始花期向北平均延迟 2.6~2.7 天。龚高法和简慰民（1983）提出纬度每升高 1°，经度每向东移动 1°，海拔每升高 100 m，山桃始花期分别推迟 3.28 天、0.37 天、0.81 天，毛桃始花期分别推迟 3.98 天、0.71 天、1.36 天。郑景云等（2002；2003）等根据中国科学院物候观测网络中 26 个观测站点的物候资料，分析了近 40 年我国木本植物物候变化及其对气候变化的响应关系提出，我国在 80 年代时期，纬度每差 1°，毛桃始花期相差约 2.252 天；经度每差 1°，毛桃始花期相差约 1.404 天；海拔高度每差100 m，毛桃始花期相差 0.7212 天。90 年代时期，纬度每差 1°，毛桃始花期相差约2.171 天；经度每差 1°，毛桃始花期相差约 0.614 天；海拔高度每差 100 m，毛桃始花期相差 0.4358 天。植物物候期随地理纬度、经度、海拔等地形因子的变化实质上反映了植物物候与气候条件的关系。有关研究成果为我们利用不同地理区域短期的物候和气象观测资料揭示植物物候对气候变化的响应奠定了理论依据。值的指出的是，目前的研究仍存在以下几方面的不足，一是研究植物物候期地理分布较多，许多模型仅停留在物候期与地形因子（如纬度、经度、海拔等）的相关关系方面，而未将物候期与当地的真实气候相联系；二是多是从大区域尺度进行概括性的分析，很少考虑区域气候对物候期的影响。我国大陆南北纬度相差达 33°，随着太阳辐射量的纬度差异，自北而南温度递增现象明显，依次分为寒温带、温带、暖温带、亚热带、热带等温度带，由于水汽主要来源于东、南部海洋，水量大致由东南沿海向西北内陆迅速递减，以此又可分成湿润、半湿润、半干旱和干旱等干湿地区（王永莉等，2007）。对于可以跨域 1 个甚至多个气候带的广布种而言，植物物候现象和驱动力将会随着各气候带的气候状况而有所变化。三是观测样本的容量问题。由于毛桃和山桃在我国分布地域广阔，始花期容易被观测，指示性好、误差小、可信度高，因此对这两个树种的始花期地理分布规律研究较多，但研究结果存在一定的差异，这可能与选择性的应用少量样本拟合出的相关模型精度有关。

本节基于我国 1963—1988 年 82 个山桃、毛桃物候观测点始花期观测数据及气温和降水观测资料，系统分析我国毛桃、山桃始花期的地理分布规律，毛桃、山桃物候观测点多年的气候变化特征及其对温度和降水变化的响应，同时对基于广布植物种不同地理区域的物候和气象观测资料研究植物物候对气候变化的响应的研究方法进行初步探索。

一、中国山桃和毛桃物候资料概况

山桃的自然分布区域广泛，我国华北、东北、西北各省份均有分布，属温带、寒带的常见树种，陕西、山西、甘肃、宁夏、陕甘宁盆地分布最多；其次分布在河北、河南、山东、湖北、四川、内蒙古和东北等地；云南、贵州的高海拔地区也有生长，在我国的大致分布区为 25°52′~48°07′N、86°04′~129°15′E。垂直分布通常在海拔 500~1450 m，在甘肃最高可达 2100 m，常见于向阳山坡灌丛中（俞德浚，1974；1986）。毛桃在我国分布较广，各省份均有栽植，产于东北南部及内蒙古以南地区，西至宁夏、甘肃、山西、四川、陕西、云南，南至福建、广东等地，在平原及丘陵地区普遍栽培（郑万钧，1985）；在我国的大致分布区为 24°26′~48°42′N、86°04′~126°45′E（中国科学院地理研究所，1965—1992）。本研究中山桃及毛桃的物候观测点分布见表 3-24，其中山桃物候观测点 28 个，毛桃物候观测点 69 个。

表 3-24　毛桃、山桃观测点

城市	纬度(°)	经度(°)	海拔(m)	城市	纬度(°)	经度(°)	海拔(m)
宝鸡	34.350	107.050	616	平阴	36.000	116.000	—
保定*	38.833	115.567	17	秦皇岛	39.867	119.517	18
北碚*	29.817	106.333	250	仁寿	30.000	104.117	430
北京*	40.017	116.333	55	瑞金	26.000	116.000	193
长春	43.867	125.333	215	山海关*	40.000	119.750	50
长沙	28.250	112.833	80	上海	31.200	121.000	5
常德	28.667	110.333	37	沈阳*	42.083	123.000	42
成都	31.000	104.000	500	石河子*	44.333	86.067	443
承德*	40.967	117.833	330	石家庄*	38.033	114.500	74
德都县	48.700	126.750	324	太谷	38.000	113.000	796
德州*	37.433	116.317	21	太原	37.833	112.667	750
额济纳旗	41.000	101.000	959	泰安	36.167	117.000	136
鄂城	30.400	114.817	55	天津*	39.100	117.167	4

（续）

城市	纬度(°)	经度(°)	海拔(m)	城市	纬度(°)	经度(°)	海拔(m)
盖平*	40.433	122.333	45	潍坊	36.700	119.083	26
酒泉	40.000	99.000	1480	温州	28.017	120.650	5
赣县*	25.867	115.000	110	乌鲁木齐	43.767	87.617	890
广安	30.500	106.633	250	芜湖	31.333	118.350	50
贵阳	26.417	106.667	1095	武昌	31.000	114.000	36
桂林	25.183	110.200	159	武功县	34.000	108.000	515
杭州	30.000	120.000	20	武汉	30.633	114.067	34
合肥	31.850	117.283	75	西安	34.217	108.967	440
衡阳	27.000	113.000	72	西昌	28.000	102.000	1571
呼和浩特	40.817	111.683	1063	西宁	37.000	102.000	2200
霍山	31.000	116.000	800	歙县	30.000	118.000	430
吉安	27.000	115.000	65	厦门	24.433	118.100	3
济南	37.000	117.000	32	襄阳	32.000	112.000	107
济宁	35.000	117.000	43	徐州	34.000	117.000	—
金华	29.000	120.000	64	雅安	30.000	103.000	628
昆明	25.000	103.000	1900	延安*	36.600	109.017	1120
拉萨	30.000	91.000	3600	盐城	33.517	120.100	2
兰州	36.000	104.000	1500	扬州	32.417	119.417	7
聊城	36.467	115.967	32	杨陵	34.350	108.017	454
林县*	35.000	113.000	207	伊春	48.117	129.250	350
临桂	25.000	110.000	170	宜昌	31.000	115.000	131
柳州	24.467	109.383	97	易县*	39.350	115.333	98
洛阳	34.667	112.417	155	榆林	38.000	109.000	1045
民勤	38.633	103.100	1378	原平	39.000	113.000	79
南昌	28.767	115.833	50	张家口	40.833	114.883	646
南充	31.000	106.000	298	镇江	32.167	119.450	32
南京	32.000	119.000	60	中牟	35.000	114.000	78
南平	27.000	118.000	162	淄博	37.000	118.000	33

注：带 * 的城市为毛桃、山桃均有分布的城市，— 表示数据缺失。

山桃、毛桃各观测点 1963—1988 年的气象观测数据取自国家气候中心提供的带 GIS 头文件的（Geographic Information System）文本格式（即 ASCII 格式）数据。该数据为区域气候模式的 Anusplin 1 km 插值结果，分辨率为 1 km。

二、毛桃和山桃始花期的地理分布规律

采用多元逐步回归法，建立我国 69 个毛桃始花期、28 个山桃始花期和观测点纬度、经度、海拔高度间的相关模型如下：

$$Y_1 = 67.450 + 3.850(\psi - 30) + 0.670(\lambda - 110) + 1.229h \quad (R^2 = 0.841)$$

$$\text{(3-8)}$$

$$Y_2 = 64.430 + 3.137(\psi - 30°) \quad (R^2 = 0.723) \tag{3-9}$$

式中，Y_1 为某一地点毛桃始花期（即以 1 月 1 日为起始日期）；Y_2 为某一地点山桃始花期（即以 1 月 1 日为起始日期）；ψ 为纬度；λ 为经度；h 为海拔高度（单位：100 m）。

模型 3-8 和模型 3-9 显示，毛桃和山桃始花期与纬度、经度、海拔高度显著相关。毛桃始花期在纬向上变化最为明显（$P<0.001$），海拔次之（$P<0.001$），经向最弱（$P=0.004$）；山桃始花期只与纬度的相关性达到极显著水平（$P<0.001$）。每向北 1 个纬度，毛桃始花期将推迟 3.850 天，每向东 1 个经度将推迟 0.670 天，在垂直分布上海拔每向上 100 m 将推迟 1.229 天；山桃始花期每向北 1 个纬度将推迟 3.137 天。

三、毛桃和山桃始花期对气候变化的响应

(一)毛桃和山桃物候观测点多年气候变化特征

已有研究表明，春季温度的变化对春季物候的影响较大，而且愈接近该物候出现期其影响愈大，该时期是影响物候的温度敏感期（陈效逑等，2001）。通过对我国山桃、毛桃的始花期观测资料的整理发现，其始花期基本上是发生在 2~5 月。为此重点分析各物候观测点 1963—1988 年间 1~6 月温度、降水量的变化特征和变化趋势。

根据 1963—1988 年我国 82 个山桃、毛桃物候观测点 1~6 月平均气温及各月平均气温数据，绘制了 574 条气温变化曲线，显著性检验结果显示，仅有 6.1%的气温变化曲线呈显著升高趋势（$P<0.05$）。在 1963—1988 年间，各观测点 1~6 月降水量及各月降水量的年际波动较大，但均未通过 $P<0.05$ 的显著性检验（$P>0.05$）。

(二)毛桃始花期对气候变化响应

根据我国 69 个观测点毛桃始花期多年的平均日期与多年 1~6 月的平均气温及平均降水量建立的相关模型如下：

$$Y = -2.079a - 2.499b + 132.121 \quad (R^2 = 0.646) \tag{3-10}$$

式中，Y 为毛桃始花期（即以 1 月 1 日为起始日期）；a 为 1~6 月平均气温（单位：℃）；b 为 1~6 月平均降水量（单位：10 mm）。

由上式可知，当 1~6 月平均气温上升 1℃或 1~6 月平均降水量增加 10 mm，毛桃的始花期将分别提前 2.079 天和 2.499 天。

由于我国气候变化存在明显的区域差异（丁一汇等，2006）及毛桃在我国的分布跨

越多个气候带，不同气候情景下，毛桃始花期有明显差别，为此以我国主要气候分界线秦岭—淮河为界，分别建立了毛桃始花期与气温和降水量的相关模型：

$$Y_1 = -2.410c + 123.736 \quad (R^2 = 0.573) \tag{3-11}$$

$$Y_2 = -3.877d + 105.803 \quad (R^2 = 0.623) \tag{3-12}$$

式中，Y_1 为秦岭—淮河以北毛桃始花期（即以 1 月 1 日为起始日期）；Y_2 为秦岭—淮河以南毛桃始花期（即以 1 月 1 日为起始日期）；c 为 2~5 月平均气温（单位：℃）；d 为 1~4 月平均气温（单位：℃）。

根据以上公式计算可知，秦岭—淮河以北，当 2~5 月平均气温上升 1℃，毛桃的始花期提前 2.41 天。秦岭—淮河以南，当 1~4 月平均气温上升 1℃，毛桃的始花期提前 3.877 天。降水对各分区的毛桃始花期均无显著影响（$P>0.05$）。

（三）山桃始花期对气候变化响应

采用与毛桃始花期对气候变化响应研究同样的研究方法，对我国 28 个观测地点山桃始花期与多年 1~6 月平均气温及平均降水量之间的关系进行统计分析，建立的相关模型如下：

$$Y = -3.090a + 114.002 \quad (R^2 = 0.589) \tag{3-13}$$

式中，Y 为山桃始花期（即以 1 月 1 日为起始日期）；a 为 1~6 月平均气温（单位：℃）。

根据式（3-13）计算可知，当 1~6 月平均气温上升 1℃，山桃的始花期将提前 3.09 天。降水对该区域山桃始花期无显著影响（$P>0.05$）。

四、小结

（1）竺可桢等（1999）、龚高法等（1983）、郑景云（2002；2003）研究毛桃始花期随地理分布的变化规律的结果表明：每向北 1 个纬度，毛桃始花期将推迟 2.171~3.28 天，向东 1 个经度将推迟 0.614~1.404 天；海拔高度每差 100 m 将推迟 0.4358~1.36 天。龚高法和简慰民（1983）研究山桃始花期随纬度变化的结果是：纬度每升高 1°，山桃始花期将推迟 3.28 天。本研究结果显示，毛桃始花期在纬向上变化最为明显（$P<0.001$），海拔次之（$P<0.001$），经向最弱（$P=0.004$）；山桃始花期只与纬度的相关性达到极显著水平（$P<0.001$）。每向北 1 个纬度，毛桃始花期将推迟 3.850 天，每向东 1 个经度将推迟 0.67 天，在垂直分布上海拔每向上 100 m 将推迟 1.229 天；山桃始花期每向北 1 个纬度将推迟 3.137 天。本研究与前人研究结果基本吻合，只是在个别数值上略有差异，研究结果符合"生物气候定律"。

（2）在毛桃和山桃分布区内，温度与降水两个因子共同决定着始花期的早晚。当 1~6 月平均气温上升 1℃或 1~6 月平均降水量增加 10 mm，毛桃的始花期分别提前 2.079 天和 2.499 天。而在不同气候区域间，物候期存在差异，植物物候的"驱动力"也有所不同。秦岭—淮河以北地区当 2~5 月平均气温上升 1℃，毛桃的始花期提前 2.410 天；秦岭—淮河以南地区当 1~4 月平均气温上升 1℃，毛桃的始花期提前 3.877

天；当1~6月平均气温上升1℃，山桃的始花期提前3.09天。其原因可能在于同一气候区域内降水量随纬度的变化较小，毛桃始花期对降水的微弱改变不敏感，只有降水量发生较大改变时，毛桃始花期才会发生显著的改变。

（3）竺可桢等（1999）、龚高法等（1983）、郑景云（2002；2003）等人对我国毛桃、山桃始花期的地理分布也曾进行过研究，其中研究毛桃始花期使用的最大观测样本容量为36个，山桃始花期最大观测样本容量为9个。本研究几乎使用了全国各地毛桃、山桃始花期的全部观测数据，研究毛桃始花期使用的观测样本容量为69个，山桃始花期观测样本容量为28个，分别超出以往研究样本容量的2~3倍。样本容量的增加可进一步提升毛桃、山桃始花期地理分布及其对气候变化响应拟合方程的可信度。

第六节　积雪对中国植被物候的影响

物候变化对全球植被净生产力、碳氮水循环、传粉时长以及疾病传播都有潜在的影响（Lucht *et al.* 2002，Schwartz，2000，White *et al.* 1999，Menzel 2000）。一直以来，全球变暖被认为是物候期提前的主要影响因子，并且已经观测到1980年以来物候在北半球上有提前的趋势（Menzel *et al.*，1999；Vitasse *et al.*，2009；Wang *et al.*，2011；Piao *et al.*，2006；Zeng *et al.*，2011，余震等，2010）。然而，随着气温升高而导致的雪覆盖变化，可能会提高植被的水分压力而限制其生长（IPCC，2007；Sun *et al.*，2012）。对于大多数的温带森林类型而言，虽然物候主要受气温的影响（Körner *et al.*，2010），但是季节性积雪变化也可能会对植被的生长产生重要影响。比如，冬季变暖可能导致降雪减少，或者雪覆盖时间变短，导致土壤冻结并促使根系死亡（Hardy *et al.*，2001；Peng *et al.*，2010；Wahren *et al.*，2005），进而使生长季推迟，生长量降低（Bilbrough *et al.*，2000；Grippa *et al.*，2005；Bonan，1992）。此外，春季降雪也可能推迟土壤回暖，使得树木生长季缩短，固碳量减少（Venäläinen *et al.*，2001；Mellander *et al.*，2004；Strand *et al.*，2002）。

在1月，北半球约一半陆地区域被雪层覆盖（Stephen *et al.*，2007）。1957—1998年，中国西部的雪覆盖增厚了将近一倍（Qin *et al.*，2006）。雪覆盖的变化影响了地表反射率，对全球变暖和水分循环都有潜在的影响（Yasunari *et al.*，2011）。在中高纬度，季节性土壤融冻和融雪对生长季长度和植被生产力都有潜在的影响（Walker *et al.*，1999）。而雪层可以作为一种绝热体，使得土壤免于暴露在寒风和低温环境，因而雪覆盖区域的土壤温度则稍高于无雪覆盖区域（Peng *et al.*，2010）。因此，季节性积雪覆盖的波动可能通过调节土壤的融冻而影响植被的生长(Cooper et al., 2011; Euskirchen et al., 2006)。

水热梯度决定了森林,灌丛和草地的分布格局。在冬季,我国整个温带区域几乎都被雪覆盖(Peng et al., 2010)。冬季气温的变化对土壤温度的影响可能因雪层的变化而不同。而青藏高原在东亚季风形成以及主要水系的供水上起着至关重要的影响(Liu et al., 2002; Immerzeel et al., 2008; Wang et al., 2008; Qiu, 2008)。另有研究表明,冬季雪盖的变化对土壤—大气之间的温室气体交换也有显著影响(Groffman et al., 2006)。然而,对于雪覆盖波动与自然植被物候事件相互关系的研究却很少。前人的研究多集中于分析地上温度升高的影响,而地下温度变化却常常被忽略(Rollinson et al., 2012)。而这个问题应该引起重视,因为有研究表明植被的展叶期有可能是受土壤温度的影响(Yu et al., 2010)。因此,季节性积雪变化可能对生长季长度有影响,进而影响生物圈与大气圈的碳交换。

本节基于1982—2005年的遥感数据和地面气象观测数据,分析了雪覆盖波动对中国温带区域植被返青期的影响。重点分析了两个假设:①温带植被物候期受气温和雪厚度的共同影响;②季节性积雪对温带植被物候的影响受到雪层厚度、植被类型和地理分布的影响。

一、资料来源和研究方法

(一) 研究区域

选取中国温带有积雪覆盖的区域为研究区(图3-34)。雪覆盖主要集中于冬季(10~12月)至春季(3~5月)。研究区的气候表现为冬季干冷,夏季暖湿,包含了寒温带、中温带、暖温带、高山带和亚高山带(Chen et al., 2005)。基于1:100万植被图(Institute of Botany, Chinese Academy of Sciences, 2001),共选取了12种植被类型,分析降雪深度变化对植被生长的影响(彩图2)。

(二) NDVI和气候数据

双周归一化植被指数(NDVI: Normalized Difference Vegetation Index)数据来源于美国宇航局戈达德航天中心GIMMS研究组(Global Inventory Modeling and Mapping System)。该NDVI数据是由AVHRR传感器(Advanced Very High Resolution Radiometer)收集。计算方式:

$$NDVI = \frac{R_{nir} - R_r}{R_{nir} + R_r} \qquad (3-14)$$

式中,R_r为可见光波段(550~700 nm),R_{nir}为近红外波段(730~1000 nm)(Sun et al., 2012)。

原始NDVI数据已经经过校正以降低各种来源的噪声,例如云层、火山气溶胶等(Piao et al., 2006; Holben, 1986)。

气温数据来源于全国752个气象站的观测数据,并且利用Anusplin(Ver. 4.1;

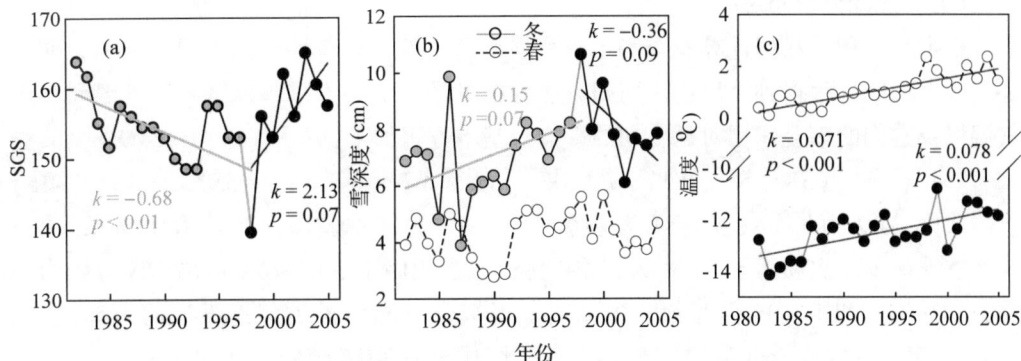

图 3-34 中国温带区域返青期、季节性雪深和气温的年际间变化

(a. SGS 趋势; b. 冬季和春季雪深趋势; c. 冬季和春季温度趋势)

注:图 a、b 中的灰色和黑色分别代表 1982—1998 年和 1998—2005 年期间; k 代表回归曲线斜率。

Australian National University, Center for Resources and Environmental Studies, Canberra, Australia)软件,引入经度、纬度、高程信息作为协变量,采用三变量薄板光顺样条插值法(McVicar et al., 2007)对逐月的温度和降水数据进行插值。

(三) 积雪数据

可见光探测积雪的方法受到天气状况的强烈影响,并且无法得到雪深度信息(Armstrong et al., 1995)。相比而言,被动式微波遥感不仅可以在黑暗条件下获取数据,并且几乎不受天气状况的影响(Armstrong et al., 1995)。被动式微波遥感还可以获取积雪深度信息并探测雪被融化(Kunzi et al., 1982; Foster et al., 1984; Rott, 1987)。这些重要参数可以作为输入数据,增强对气候变化的模拟(Goodlson et al., 1993)。

雪深数据来源于国家自然科学基金委员"中国西部环境与生态科学数据中心",分辨率为 25×25 km^2(Che, 2006)。该数据集是利用被动微波遥感 SMMR1(1978—1987 年)和 SSM/I2(1987—2005 年)亮度温度资料反演得到。

(四) 返青期

雪的减少会提高 NDVI 值,使得 NDVI 时间序列有升高的趋势(Shabanov et al., 2002)。因此,NDVI 最低值设定为 0 以避免融雪造成的 NDVI 迅速上升影响物候信息提取。利用 Timesat software(v3.1)提供的双重逻辑斯蒂方程重构 NDVI 时间序列。与其他方法相比,这种方法更适用于高纬度区域,例如 Savitzky-Golay 和 Asymmetric Gaussian 拟合法(Zeng et al., 2011)。基本方程如下:

$$g(t; x_1, \cdots, x_4) = \frac{1}{1 + \exp\left(\dfrac{x_1 - t}{x_2}\right)} - \frac{1}{1 + \exp\left(\dfrac{x_3 - t}{x_4}\right)} \tag{3-15}$$

式中, x_1 决定了曲线左侧的平滑度,而 x_2 决定了变化率。类似地, x_3 决定了曲线左侧的平滑度,而 x_4 决定了该点的变化率(Eklundh et al., 2010)。

（五）统计分析方法

根据日均积雪数据计算春季和冬季平均积雪厚度。季节性气温、积雪和返青期趋势由线性回归方程得到。用逐步回归方法分析冬季雪深、春季雪深、冬季气温和春季气温以及它们的耦合作用对返青期的影响。基本方程如下：

$$f(SW, SS, WT, ST, SW^2, SS^2, WT \times WS, ST \times SS) \tag{3-16}$$

式中，WT 为冬季气温，ST 为春季气温，WS 为冬季雪深，SS 为春季雪深，WS^2 为冬季雪深的二次项因子，SS^2 为春季雪深的二次项因子。$WT \times WS$ 和 $ST \times SS$ 分别为冬季、春季气温和雪深的交互项。用二次方程拟合不同植被类型返青期的雪深阈值。Pearson 相关指数分析变量之间的相关性。图像处理和统计分析在 Matlab（vR2011b，the MathWorks Inc.），ENVI/IDL（v4.5，the EXELIS Inc.）和 R（v2.14.1）软件中完成。

二、气温、雪深和返青期空间格局

年均气温从研究区中部区域约 15℃ 降至东北区域的 5℃ 和青藏高原的 −10℃ 左右（彩图 3a）。从青藏高原中部和华北区域到青藏高原东南部，西北和东北，年均积雪厚度从 1 cm 增加至 5 cm（彩图 3b）。返青期的空间分布各异，青藏高原区域在 150~180 天，而东北和西北区域则多在 90~120 天（彩图 3c）。

从 1982—2005 年，研究区的大部分区域都显示出气温升高的趋势（彩图 4），最显著的增温在青藏高原区域，增温幅度达到 0.03~0.10 ℃/a（彩图 4a），而雪深则在青藏高原西部有增加趋势，增幅为 0.20~0.90 cm/a；但在青藏高原东部则有 0.02~0.10 cm/a 的变化趋势（彩图 4b）。返青期在青藏高原北部和内蒙古东部有推迟的趋势，推迟幅度约 0.50~2.0 d/a，而青藏高原东部和南部则主要为提前趋势（彩图 4c）。

返青期在 1998 年前后则表现为相反的趋势（彩图 4a）。从 1982—1998 年，温带植被的返青期显著提前，幅度为 0.68 d/a（$p<0.01$）。而从 1998—2005 年，返青期推迟幅度为 2.13 d/a（$p=0.07$）。雪深在 1982—1998 年有增加趋势（$p=0.07$，0.15 cm/a），在 1998—2005 年间则有减少趋势（$p=0.09$，0.36 cm/a）（彩图 4b）。相比之下，冬季和春季气温在 1982—2005 年间持续上升，幅度分别为 0.071℃/a（$p<0.001$）和 0.078℃/a（$p<0.001$）（彩图 4c）。

三、不同植被类型气温和返青期的变化趋势

所有植被类型区域都有气温升高的趋势（图 3-35）。温带落叶灌丛（TDS，Temperate Deciduous Shrubs）、亚高山落叶灌丛（SDS，Subalpine Deciduous Shrubs）、亚高山常绿灌丛（SES，Subalpine Evergreen Shrubs）、亚高山草丛（AG，Alpine Grasslands）、亚高山草原（AS，Alpine Steppes）、亚高山草甸（AM，Alpine Meadows）、亚高山稀疏灌丛（ASS，Alpine Sparse Shrubs）、温带草丛（TG，Temperate Grasslands）、温带草原（TS，Temperate Steppes），增温幅度为 0.045~0.100 ℃/a，增温幅度以高山和亚高山

区域最为显著。

从 1982—2005 年，AG 返青期推迟速率约 0.08 d/a($p<0.01$)，而 TDS 和 TG 的提前速率分别约 0.03 d/a($p=0.06$)和 0.05 d/a($p<0.05$)。从 1982—2005 年，尽管 AG 区域的冬季和春季气温都在升高，返青期却呈现推迟的趋势。

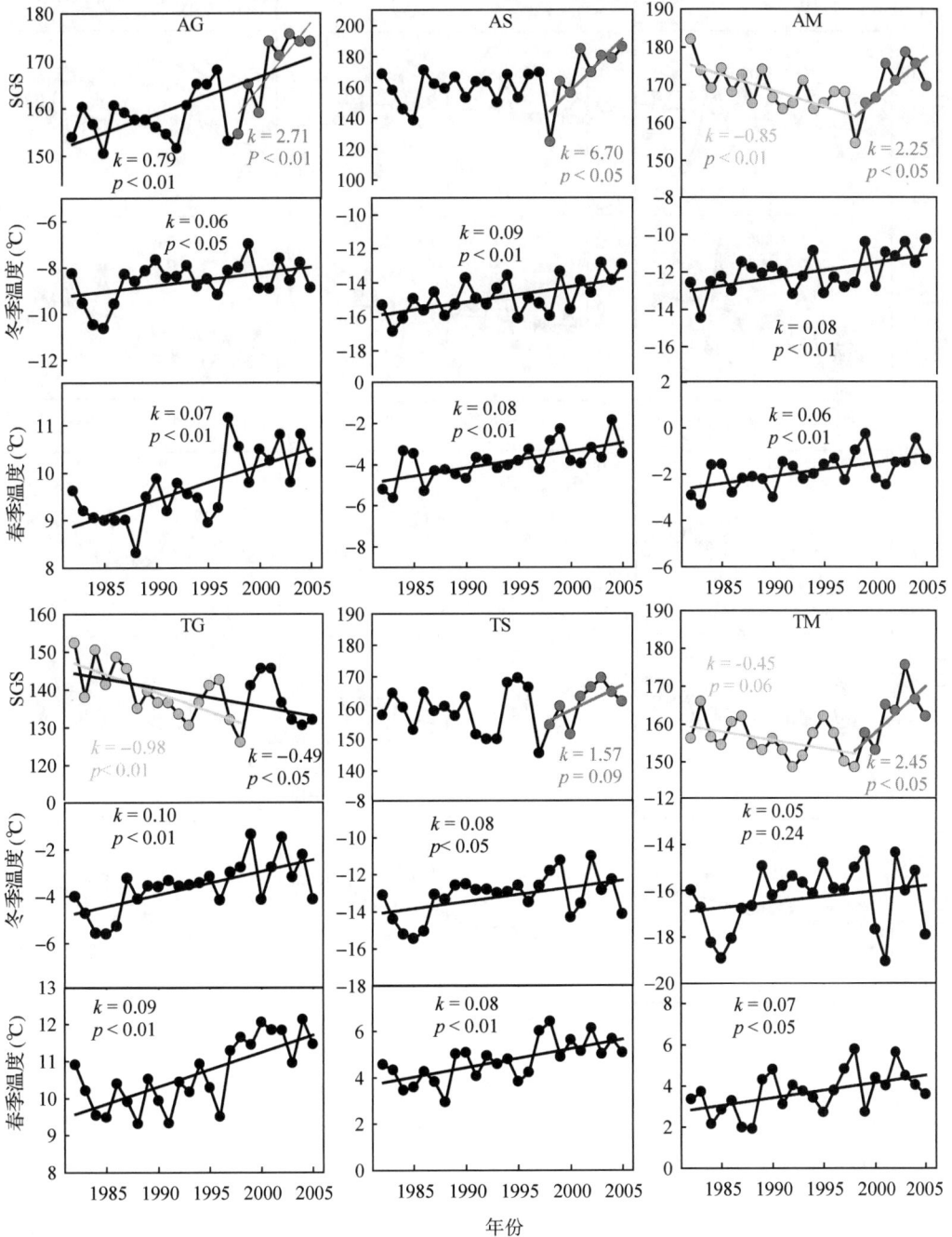

年份

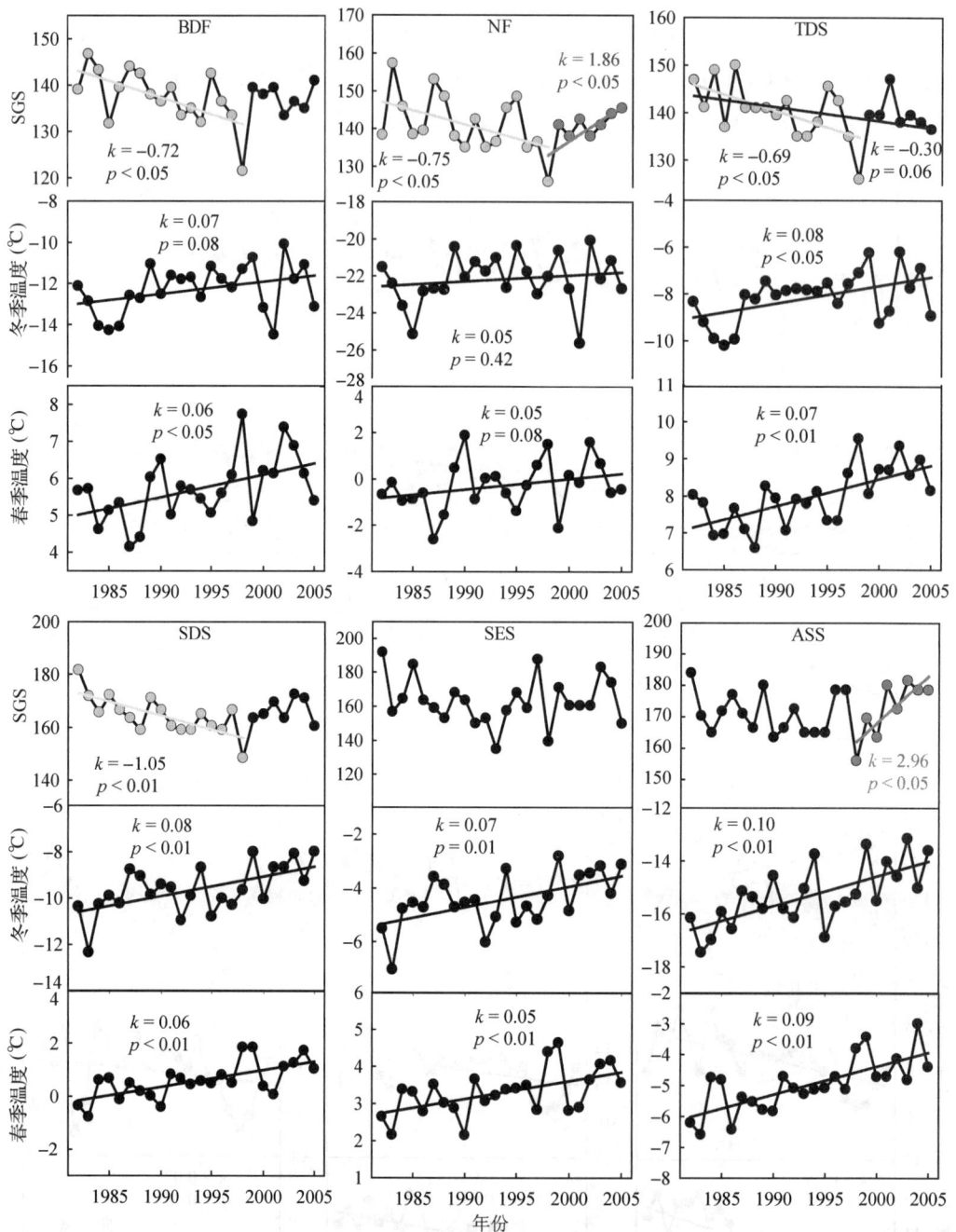

图 3-35　不同植被类型冬季和春季温度与返青期的趋势

注：浅灰色、深灰色和黑色分别代表 1982—1998 年、1998—2005 年 和 1982—2005 年期间；k 代表回归曲线斜率；对于返青期趋势，只显示回归趋势显著的情况。

从 1982—1998 年，返青期提前的植被类型有阔叶落叶林（BDF，Broad-leaf Deciduous Forests），针叶林（NF，Needle-leaf Forests），灌丛（TDS 和 SDS）和草地（AM，TM，和 TG）。从 1998—2005 年，返青期推迟的类型主要为草地（AG、AS、AM、TM

和 TS)和部分灌丛与森林(ASS 和 NF)。

四、气温、雪深和返青期关系

从 1982—1998 年,约 71%的研究区有返青期提前的趋势(彩图 5 a),尤其是在青藏高原东部区域,提前趋势达到 1.0~2.5 d/a。此外,东北区域返青期也有 0.5~1.0 d/a 的提前趋势,而内蒙古中部则有推迟趋势,推迟幅度为 1.0~3.0 d/a。

相比而言,从 1998—2005 年,接近 79%的研究区有返青推迟的趋势(彩图 5 b)。最显著的推迟趋势为青藏高原区域(2.0~9.0 d/a),其次为东北区域(2.0~3.0 d/a)。在中部部分区域和东北的西部,返青期则有提前的趋势,幅度为 0.5~2.0 d/a。

从 1982—2005,部分森林(BDF,$p<0.05$;NF,$p<0.05$)和灌丛类型(TDS,$p<0.05$;SES,$p<0.05$)的春季温度和返青期显著负相关(表 3-25)。在 AM($p=0.07$)和 TG($p<0.05$)类型区域,冬季降雪对返青期有提前影响。从 1982—1998 年,除了一些草地和灌丛类型(AG、SES、TG 和 TS)外,大部分植被类型的春季气温与返青期呈负相关。从 1998—2005 年,BDF 区域的春季温度和返青期呈现显著负相关。在大多数灌丛(SDS,$p<0.01$;SES,$p<0.05$;ASS,$p<0.05$)和部分草地类型(AS,$p<0.01$;AM,$p<0.05$)区域,冬季和春季降雪都与返青期呈显著负相关。

用逐步回归分析返青期与各个变量的关系(表 3-26)。经过剔除分析,大多数植被类型(BDF、TDS、AM、AS、SDS、SES)的最终模型都包含雪深—温度交叉因子($p<0.05$)。而 AG、TG 和 ASS 等类型只包含春季和冬季雪深因子。值得注意的是,所有回归模型都含有季节性积雪的二次项因子。

五、季节性气温,雪深和返青期

图 3-36 显示了温带返青期与冬季和春季雪深的散点图。在整个研究区域尺度上,当季节性积雪深度超过阈值的时候(春季积雪:4.03 cm,$p<0.01$;冬季积雪:6.81 cm,$p<0.05$),其对返青期的影响由推迟逐渐转变为提前。

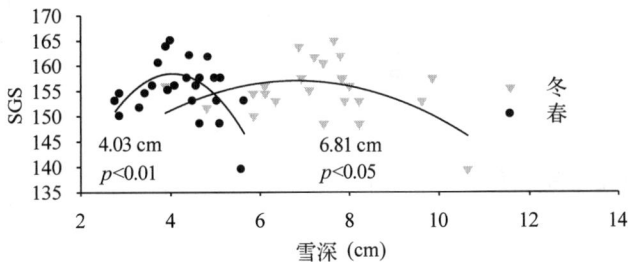

图 3-36 中国温带区域季节性雪深与返青期的关系

注:黑色和灰色分别代表春季和冬季。

表3-25 不同植被类型季节性雪深、气温和返青期的相关关系

	1982—2005								1982—1998								1998—2005							
	SWS		SSS		SWT		SST		SWS		SSS		SWT		SST		SWS		SSS		SWT		SST	
	r	p*	r	p	r	p	r	p	r	p	r	p	r	p	r	p	r	p	r	p	r	p	r	p
BDF			0.47	0.02			-0.7	0.01			0.47	0.06			-0.73	0.001			0.62	0.10			-0.79	0.02
TDS			0.35	0.09	-0.4	0.03	-0.5	0.02					-0.53	0.03	-0.60	0.01								
AG	0.49	0.01							0.51	0.04	0.46	0.06												
AS					0.54	0.01									-0.54	0.03	-0.92	0.001	-0.90	0.002	0.82	0.01		
AM	-0.40	0.07													-0.58	0.01	-0.83	0.01	-0.68	0.06				
NF							-0.6	0.01							-0.70	0.001								
SDS															-0.74	0.001	-0.85	0.007	-0.71	0.05				
SES							-0.4	0.03											-0.76	0.03				
TM															-0.49	0.04								
TG	-0.50	0.02			-0.4	0.04			-0.54	0.03			-0.60	0.01										
TS																								
ASS															-0.50	0.04	-0.79	0.02	-0.62	0.10	0.63	0.09		

注: 只显示显著性水平 $p<0.10$ 的情况; r. 相关系数; p. 显著性水平; SWS. SGS 和冬季雪深的关系; SSS. SGS 和春季雪深的关系; SWT. SGS 和冬季气温的关系; SST. SGS 和春季气温的关系。

表 3-26　不同植被类型返青期与气温和雪深的逐步回归方程

植被类型	返青期随雪深变化的回归模型	调整后 R^2	p 值
BDF	$-0.33 \times WS^2 - 0.64 \times ST - 0.38 \times WS \times WT + 0.17$	0.49	<0.001
TDS	$-0.27 \times WS^2 - 0.47 \times WS + 0.22 \times SS^2 + 0.64 \times SS + 0.47 \times SS \times ST + 0.16$	0.38	<0.05
AG	$-0.26 \times SS^2 + 0.48 \times WS + 0.25$	0.29	<0.05
AM	$-0.39 \times SS^2 - 0.34 \times SS - 0.41 \times ST - 0.34 \times SS \times ST + 0.27$	0.35	<0.05
AS	$-0.32 \times WS^2 + 0.40 \times WT + 0.36 \times SS \times ST + 0.18$	0.63	<0.001
NF	$0.37 \times WS^2 - 0.61 \times ST - 0.35$	0.49	<0.05
SDS	$-0.29 \times SS^2 - 0.27 \times SS - 0.55 \times ST + 0.39 \times WS \times WT - 0.54 \times SS \times ST + 0.29$	0.53	<0.01
SES	$-0.54 \times SS^2 - 0.55 \times WS - 0.51 \times WT + 0.51 \times WS \times WT - 0.44 \times SS \times ST + 0.53$	0.47	<0.01
TG	$0.38 \times WS^2 - 0.43 \times SS^2 - 1.06 \times WS + 0.91 \times SS + 0.05$	0.34	<0.05
ASS	$-0.53 \times SS^2 - 0.28 \times WS + 0.51$	0.25	<0.05

注：WT. 冬季气温；ST. 春季气温；WS. 冬季雪深；SS. 春季雪深。

图 3-37 显示了各植被类型返青期对冬季和春季积雪的响应。冬季和春季积雪深度对各植被类型的影响不尽相同（表 3-27）。

表 3-27　不同植被类型的雪深阈值

植被类型	冬季		春季	
	雪深（cm）	p 值	阈值深度（cm）	p 值
AG	4.45	<0.05	—	—
AS	4.57	<0.001	2.34	<0.001
SDS	4.75	<0.01	—	—
SES	3.87	<0.01	—	—
ASS	6.68	0.09	—	—
TG	1.92	<0.05	—	—

对于大多数高山和亚高山植被区域而言（AM 除外），当积雪深度超过阈值的时候，其对返青期的影响由推迟转变为提前（表 3-27）。例如，对于草地和灌丛而言，冬季积雪低于阈值的时候推迟了返青期。其中 AG、AS、SDS、SES 和 ASS 的阈值分别为 4.57 cm（$p<0.001$）、4.45 cm（$p<0.05$）、4.75 cm（$p<0.01$）、3.87 cm（$p<0.01$）和 6.68 cm（$p=0.09$）。相反的，在 AG 区域，当冬季雪深低于 1.92cm 时，返青期随着雪深升高而提前，而雪深超过这个阈值后，返青期则随雪深升高而推迟（$p<0.05$）。

季节性积雪深度对返青期的影响因地点和植被类型不同而不同（彩图 6）。雪深阈值在青藏高原东部较高（20~30cm），其次为东北区域和华北区域（10~20cm），最低的是青藏高原西部（1~10cm）。

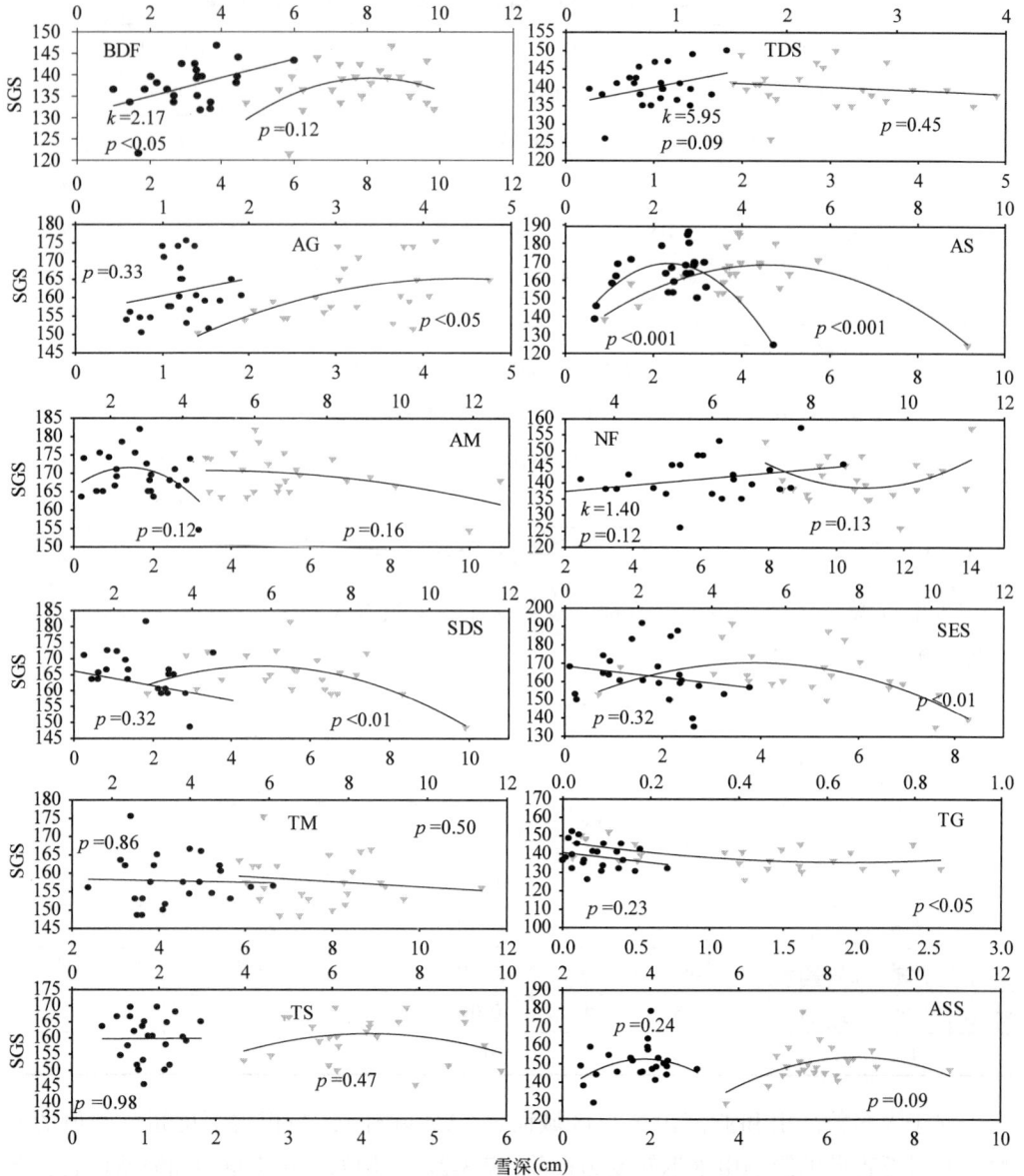

图 3-37 不同植被类型雪深和返青期的关系

注：上横轴．春季；下横轴．冬季；灰色．冬季；黑色．春季；k. 回归曲线斜率。

六、讨论

(1)温度、雪深和植被返青期。过去几十年，中国温带区域经历了强烈的增温趋势(Qian *et al.*，2007；Piao *et al.*，2006，Piao *et al.*，2010)。尤其在青藏高原区域，在 1982—2005 年间，春季温度上升了约 0.072 ℃/a($p<0.001$)。但是，植被生长对温度的响应却不尽相同。Piao 等(2006，2011)的研究发现 1982—1997 年和 1997—2006

年间，亚欧大陆温带和寒温带区域生长季 *NDVI* 的趋势相反。本研究也发现了相似的趋势，在 1998 年开始，中国温带区域返青期的趋势发生转变。我们发现青藏高原草地和草甸的返青期从 1998 年开始有推迟的趋势，这个结论与 Piao 等（2011）和 Yu 等（2010）等人的研究结果一致。

对于整个温带区域而言，返青期在 1982—1998 年间显著提前，提前幅度为 0.68 d/a（$p<0.01$），但是从 1998—2005 年间开始以 2.13 d/a（$p=0.07$）的幅度推迟，而同时期的气温却一直在上升。本研究结果的返青期变化趋势幅度（-0.68 d/a）与 Piao 等（2006）等人的研究结果相近（-0.79 d/a）。

（2）雪深和气温对大尺度植被返青期的影响。一般认为增温会提前返青期而延长生长季（Piao *et al.*，2006；Tucker *et al.*，2001；Stöckli *et al.*，2004；Julien *et al.*，2009；Zeng *et al.*，2011）。本研究发现，植被返青期在 1982—1998 年主要受到气温的影响。但是，单独只有气温一个因子无法解释 1982—2005 年间草地和灌丛植被的返青期变化（表 3-25、表 3-26），因为返青期与气温的变化并不一致。对雪深与返青期的显著相关关系进行研究发现，地下温度状况对草地和灌丛植被类型有很强烈的影响。Körner 等（2010）报道了草地和灌丛等植被类型对温度比较敏感。本研究中的逐步回归分析也证实了这一点（表 3-26）。本研究结果表明由于地下温度状况主要受雪层厚度波动的影响，因而气温对草地和灌丛类型的返青期影响有限。

Rollinson 等（2012）认为树木的物候主要受温度控制，然而 Körner 等（2010）研究表明树木物候期主要受光照而不是温度的控制。本研究发现，冬季雪深的波动对草地和灌丛的影响较大（图 3-37，表 3-25），而对树木的影响有限（Broad-leaf Deciduous Forests，BDF；and Needle-leaf Forests，NF）。这表明树木的返青期不仅受气温的影响，而且地上部分组织也通过接收热量和光照信息以打破休眠。

（3）雪层厚度对喜温植被类型返青期的影响。在中国温带区域，当雪的厚度超过阈值后，冬季和春季降水对返青期的影响由推迟变为提前（冬季雪深阈值 6.81cm，春季雪深阈值 4.03 cm）。但是，不同植被类型由于根深度、芽高和营养物质需求的不同，雪深阈值也各异。

当雪深超过阈值后，冬季积雪继续变厚会对大多数灌丛和草地类型的返青期有提前作用 [Alpine Grasslands（AG），AS，Subalpine Deciduous Shrubs（SDS），Subalpine Evergreen Shrubs（SES）和 Alpine Sparse Shrubs（ASS）]。如果冬季积雪厚度低于阈值，低温能穿透雪层而影响地下根系组织。前人的研究表明，降雪增加能缓解土壤冻结，减少根系死亡，有利于植被生长（Tierney *et al.*，2001；Dorrepaal *et al.*，2004）。本研究发现，当雪深低于阈值厚度的话，雪层则不能起到隔绝低温的作用。当雪深低于阈值时，随着积雪厚度增加，低温影响也越强，从而对地下根系组织的不利影响越大。而当雪深超过阈值后，雪层可以起到防护作用，使得地下组织免受低温冻结的影响，有利于春季返青。

本研究发现青藏高原的 AS 和 AM 区域，返青期有所推迟。Yu 等（2010）的研究认为，冬季变暖降低了低温春化作用，导致生长起始期推迟。但是，该研究忽略了积雪的影响。在本研究中发现，春季雪深和春季气温对 AM 的返青期有显著影响（表 3-26）。但是，我们也发现该植被区域的冬季（0.21 ℃/a，$R = 0.53$，$p = 0.18$）和春季气温（-0.01 ℃/a，$R = 0.04$，$p = 0.93$）却没有显著升高的趋势，而返青期却推迟了 2.25 d/a（$R = 0.72$，$p < 0.05$）。值得注意的是，返青期的提前伴随着冬季积雪深度的减少（-0.56 cm/a，$R = 0.66$，$p = 0.08$）。因此，AM 植被类型返青期的推迟可能是由于积雪减少导致的土壤冻结而造成的，而不是归因于增温造成的冷积温减少（Yu et al.，2010）。相反，雪层变薄导致的土壤温度下降才是 AM 植被类型返青期推迟的主要因素。

对于 AS 植被类型而言，冬季雪深、冬季气温、春季雪深和春季气温对返青期都有显著影响。此外，冬季和春季雪深在 1982—2005 年显著减少，同时伴随着气温升高。在这个时期内，冬季雪深从 1998 年的 9.16 cm 降低至 2005 年的 3.92 cm，降低速率为 0.52 cm/a（$R = 0.71$，$p < 0.05$）。雪的隔热作用由于雪深的降低而被削弱（雪深阈值 = 4.57 cm）。因此，AS 在 1998—2005 年间返青期的推迟是由于土壤冻结而导致的。

（4）雪深对喜寒植被类型返青期的影响。大多数温带树木类型需要低温春化作用打破休眠（Yu et al.，2010；Luedeling et al.，2009a），而积雪可以作为一个隔热层降低地下根系受低温的影响（Cohen，1994）。这揭示了温带草丛 TG 区域返青期对冬季雪深的响应特点。当雪深度高于 1.92 cm 时，雪层可以减少地下根系的低温影响，因而降低了低温累积量，推迟春季的返青期（Chen et al.，2005；Powell et al.，1986；Murray et al.，1989）。另外，高山和亚高山植被可能更喜好暖冬，而温带草地、灌丛和树木类型则更需要低温春化打破休眠（彩图 5）。

有些树木类型通常需要累积积温以促进春季返青期（Luedeling et al.，2009b）。如果春季积雪较深，则意味着融雪的推迟和较低的春季气温，从而推迟积温的累积。因此，春季积雪对一些植被类型，例如 BDF（$p < 0.05$）、TDS（Temperate Deciduous Shrubs，$p = 0.09$）和 NF（$p = 0.12$）等的返青期有推迟作用。晚春的雪层会被融雪所饱和，形成密度较大的雪层而提高了热量传导速率（Bernier et al.，1998）。这可能是导致春季积雪会推迟 BDF（2.17 d/cm，$p < 0.05$）和 TDS（5.95 d/cm，$p = 0.09$）返青期的原因。当春季雪层失去隔热作用后，雪盖越深则意味着融雪时间延长，积温累积所需的时间也越长，因而导致返青期的推迟。但是，融雪时间推迟可能也会通过提高生长季土壤湿度而有利于植被的生长（Walker et al.，1995）。

本研究发现，温带植被的物候受到气温和土壤温度的影响，而这种影响又受到降雪的调节。对于中国温带区域而言，春季气温对森林类型的返青期有显著影响，而冬季雪深则对草地和灌丛类型的返青期影响更大。返青期对积雪深度的响应因区域环境条件和植被特点而不同。因此，植被生长对季节性积雪的响应应该整合入大尺度碳循环模型，以提高全球变化背景下的碳动态变化模拟。

参考文献

白洁，葛全胜，戴君虎，等，2010. 西安木本植物物候与气候要素的关系[J]. 植物生态学报，34(11)：1274-1282.

常兆丰，韩富贵，仲生年，2009. 甘肃民勤荒漠区 18 种乔木物候与气温变化的关系[J]. 植物生态学报，33(2)：311-319.

陈焕镛，张肇骞，陈封怀，1964. 海南植物志(第一卷)[M]. 北京：科学出版社.

陈树培，1982. 海南岛的植被概况[J]. 生态科学，1(1)：29-37.

陈小丽，吴慧，2004. 海南岛近 42 年气候变化特征[J]. 气象，30(8)：27-31.

陈效逑，张福春，2001. 近 50 年北京春季物候的变化及其对气候变化的响应[J]. 中国农业气象，22(1)：1-5.

程海，2004. 全球气候突变研究：争论还是行动？[J]. 科学通报，49(13)：123-128.

初子莹，任国玉，2005. 北京地区城市热岛强度变化对区域温度序列的影响[J]. 气象学报，63(4)：534-540.

丁一汇，任国玉，石广玉，等，2006. 气候变化国家评估报告(Ⅰ)：中国气候变化的历史和未来趋势[J]. 气候变化研究进展，2(1)：3-8.

丁振良，袁峰，陈中，等，2002. 误差理论与数据处理[M]. 2 版. 哈尔滨：哈尔滨工业大学出版社.

范代读，李从先，2005. 中国沿海响应气候变化的复杂性[J]. 气候变化研究进展，1(3)：111-114.

符淙斌，王强，1992. 气候突变的定义和检测方法[J]. 大气科学，4：482-493.

符国瑷，洪小江，2008. 海南岛尖峰岭的维管植物区系[J]. 广西植物，28(2)：226-229.

龚高法，简慰民，1983. 我国植物物候期的地理分布[J]. 地理学报，50(1)：33-40.

韩超，郑景云，葛全胜，2007. 中国华北地区近 40 年物候春季变化[J]. 中国农业气象，28(2)：113-117.

韩贵锋，徐建华，袁兴中，2008. 城市化对长三角地区主要城市植被物候的影响[J]. 应用生态学报，19(8)：1803-1809.

何大章，张声舞，1985. 海南岛气候区划[J]. 地理学报，40(2)：169-178.

洪楠，2003. SPSS for Windows 统计产品和服务方案教程[M]. 北京：清华大学出版社、北方交通大学出版社.

贾渝彬，赵天耀，1993. 1992 年保定动植物物候观测年报[J]. 河北林学院学报，8(2)：156-160.

蒋有绪，卢俊培，1991. 中国海南岛尖峰岭热带林生态系统[M]. 北京：科学出版社.

蒋有绪，臧润国，1999. 海南岛尖峰岭树木园热带树木基本构筑型的初步分析[J]. 资源科学，21(4)：80-84.

李红梅，马玉寿，王彦龙，2010. 气候变暖对青海高原地区植物物候期的影响[J]. 应用气象学报，21(4)：500-505.

李明财，朱教君，孙一荣，2009. 植物对气候变化生理生态响应的不确定性分析[J]. 西北植物学报，29(1)：207-214.

林培松，李森，李保生，2005. 近 50 年来海南岛西部气候变化初步研究[J]. 气象，31(2)：51-55.

林学椿，于淑秋，2005. 北京地区气温的年代际变化和热岛效应[J]. 地球物理学报，48(1)：39-45.

刘大海，李宁，晁阳，2008. SPSS 15.0 统计分析从入门到精通[M]. 北京：清华大学出版社.

柳晶，郑有飞，赵国强，等，2007. 郑州植物物候对气候变化的响应[J]. 生态学报，27(4)：1471-1479.

裴顺祥，郭泉水，辛学兵，等，2009. 国外植物物候对气候变化响应的研究进展[J]. 世界林业研究，22(6)：31-37.

彭少麟，周凯，叶有华，等，2005. 城市热岛效应研究进展[J]. 生态环境，14(4)：574-579.

秦大河，2004. 进入 21 世纪的气候变化科学——气候变化的事实、影响与对策[J]. 科技导报，7：4-7.

宋富强，张一平，2007. 动态物候模型发展及其在全球变化研究中得应用[J]. 生态学杂志，26(1)：115-120.

宛敏渭，刘秀珍，1979. 中国物候观测方法[M]. 北京：科学出版社.

王晓铃，丁在尚，2003. 积分回归在气候要素分析中的应用[J]. 安徽师范大学学报（自然科学版），26(1)：81-84.

王永莉，方小敏，白艳，等，2007. 中国气候（水热）连续变化区域现代土壤中类脂物分子分布特征及其气候意义[J]. 中国科学，D 辑：地球科学，37(3)：386-396.

魏凤英，1999. 现代气候统计诊断与预测技术[M]. 北京：气象出版社.

吴岩峻，2008. 不同天气系统对海南岛降水的贡献及其变化的研究[D]. 兰州：兰州大学.

武永峰，何春阳，马瑛，等，2005. 基于计算机模拟的植物返青期遥感监测方法比较研究[J]. 地球科学进展，20(7)：724-731.

武永峰，李茂松，刘布春，等，2008. 基于 NOAANDVI 的中国植被绿度始期变化[J]. 地理科学进展，27(6)：32-40.

武永峰，李茂松，宋吉青，2008. 植物物候遥感监测研究进展[J]. 气象与环境学报，24(3)：51-58.

熊艳艳，吴先球，2010. 粗大误差四种判别准则的比较和应用[J]. 大学物理实验，23(1)：69-71.

徐建华，2006. 计量地理学[M]. 北京：高等教育出版社.

徐淑英，许孟英，高由禧，1954. 海南岛的气候[J]. 气象学报，25(3)：195-212.

徐文铎，何兴元，陈玮，等，2006. 沈阳城市森林主要树种物候对气候变暖的响应[J]. 应用生态学报，17(10)：1777-1781.

徐文铎，何兴元，陈玮，等，2008. 近 40 年沈阳城市森林春季物候与全球气候变暖的关系[J]. 生态学杂志，27(9)：1461-1468.

徐雨晴，陆佩玲，于强，2005. 近 50 年北京树木物候对气候变化的响应[J]. 地理研究，24(3)：412-420.

杨馥祯，吴胜安，2007. 近 39 年海南岛极端天气事件频率变化[J]. 气象，33(3)：107-113.

姚玉璧，张秀云，王润元，等，2009. 亚高山草甸华灰早熟禾对气候变化的响应[J]. 应用生态学报，20(2)：285-297.

尹云鹤，吴绍洪，陈刚，2009. 1961-2006 年我国气候变化趋势与突变的区域差异[J]. 自然资源学报，24(12)：2147-2157.

余振，孙鹏森，刘世荣，2010. 中国东部南北样带主要植被类型物候期的变化[J]. 植物生态学报，

34(3)：316-329.

俞德浚，1974. 中国植物志[M]. 北京：科学出版社.

俞德浚，1986. 中国植物志[M]. 北京：科学出版社.

张福春，1985. 物候[M]. 北京：气象出版社.

张福春，1995. 气候变化对中国木本植物物候的可能影响[J]. 地理学报，50(5)：402-410.

张兰生，方修琦，任国玉，2001. 全球变化[M]. 北京：高等教育出版社.

张强，韩永翔，宋连春，2005. 全球气候变化及其影响因素研究进展综述[J]. 地球科学进展，20
　（9）：990-998.

张学霞，葛全胜，郑景云，等，2005. 近150年北京春季物候对气候变化的响应[J]. 中国农业气
　象，26(3)：263-267.

赵守慈，1991. 近39年中国的气温变化与城市化影响[J]. 气象，17(4)：14-17.

赵天耀，贾渝彬，1992. 1991年保定动植物物候观测年报[J]. 河北林学院学报，7(2)：175-179.

赵天耀，贾渝彬，1994. 1993年保定动植物物候观测年报[J]. 河北林学院学报，9(3)：251-256.

赵天耀，1987. 1986年保定动植物物候观测年报[J]. 河北林学院学报，2(1)：104-109.

赵天耀，1988. 1987年保定动植物物候观测年报[J]. 河北林学院学报，3(1)：97-102.

赵天耀，1989. 1988年保定动植物物候观测年报[J]. 河北林学院学报，4(1)：51-55.

赵天耀，1990. 1989年保定动植物物候观测年报[J]. 河北林学院学报，5(2)：159-165.

赵天耀，1991. 1990年保定动植物物候观测年报[J]. 河北林学院学报，5(2)：152-157.

郑景云，葛全胜，郝志新，2002. 气候增暖对我国近40年植物物候变化的影响[J]. 科学通报，47
　（20）：1582-1587.

郑景云，葛全胜，赵会霞，2003. 近40年中国植物物候对气候变化的响应研究[J]. 中国农业气象，
　24(1)：28-32.

郑万钧，1985. 中国树木志[M]. 北京：中国林业出版社.

中国科学院地理研究所，1965-1992. 中国动植物物候观测年报1-11[M]. 北京：科学出版社.

中国树木志编委会，1983. 中国树木志(第一卷)[M]. 北京：中国林业出版社.

中国树木志编委会，1985. 中国树木志(第二卷)[M]. 北京：中国林业出版社.

中国树木志编委会，1997. 中国树木志(第三卷)[M]. 北京：中国林业出版社.

中国树木志编委会，2004. 中国树木志(第四卷)[M]. 北京：中国林业出版社.

仲舒颖，郑景云，葛全胜，2008. 1962-2007年北京地区木本植物秋季物候动态[J]. 应用生态学报，
　19(11)：2352-2356.

周淑贞，束炯，1994. 城市气候学[M]. 北京：气象出版社.

周雅清，任国玉，2009. 城市化对华北地区最高、最低气温和日较差变化趋势的影响[J]. 高原气
　象，28(5)：1158-1166.

周璋，李意德，林明献，等，2009. 1980-2005年海南岛尖峰岭热带山地雨林区气候突变与异常的
　初步研究[J]. 气象与环境学报，25(3)：66-72.

竺可桢，宛敏渭，1963. 一门丰产的科学——物候学[J]. 科学大众：科学教育，1：3-5.

竺可桢，宛敏渭，1999. 物候学[M]. 6版. 湖南：湖南科技出版社.

Abu-Asab M S, Peterson P M, Shetler S G, et al, 2001. Earlier plant flowering in spring as a response to
　global warming in the Washington, DC, area [J]. Biodiversity & Conservation, 10(4)：597-612.

Ahas R, Aasa A, 2006. The effects of climate change on the phenology of selected Estonian plant, bird and fish populations [J]. International Journal of Biometeorology, 51(1): 17-26.

Ahas R, 1999. Long-term phyto-, ornitho- and ichthyophenological time-series analyses in Estonia [J]. International Journal of Biometeorology, 42(3): 119-123.

Aono Y, Kazui K, 2008. Phenological data series of cherry tree flowering in Kyoto, Japan, and its application to reconstruction of springtime temperatures since the 9th century [J]. International Journal of Climatology: A Journal of the Royal Meteorological Society, 28(7): 905-914.

Armstrong R L, Brodzik M J, 1995. An earth-gridded SSM/I data set for cryospheric studies and global change monitoring [J]. Advances in Space Research, 16(10): 155-163.

Atlas of Vegetation Maps of 1 : 1,000,000 in China, 2001. Compiling committee of vegetation maps of 1 : 1,000,000 in China [M]. Beijing: Science Press.

Augspurger C K, Bartlett E A, 2003. Differences in leaf phenology between juvenile and adult trees in a temperate deciduous forest [J]. Tree Physiology, 23(8): 517-525.

Badeck F W, Bondeau A, Böttche K, et al, 2004. Responses of spring phenology to climate change [J]. New phytologist, 162(2): 295-309.

Balling J R C, Idso S B, 1989. Historical temperature trends in the United States and the effect of urban population growth [J]. Journal of Geophysical Research: Atmospheres, 94(D3): 3359-3363.

Beaubien E G, Freeland H J, 2000. Spring phenology trends in Alberta, Canada: Links to ocean temperature [J]. International Journal of Biometeorology, 44(2): 53-59.

Bernier M, Fortin J P, 1998. The potential of times series of C-Band SAR data to monitor dry and shallow snow cover [J]. IEEE Transactions on Geoscience and Remote Sensing, 36(1): 226-243.

Beuker E, 1994. Long-term effects of temperature on the wood production of *Pinus sylvestris* L. and *Picea abies* (L.) Karst. in old provenance experiments [J]. Scandinavian Journal of Forest Research, 9(1-4): 34-45.

Bilbrough C J, Welker J M, Bowman W D, 2000. Early spring nitrogen uptake by snow-covered plants: A comparison of arctic and alpine plant function under the snowpack [J]. Arctic, Antarctic, and Alpine Research, 32(4): 404-411.

Bonan G B, 1992. Soil temperature as an ecological factor in boreal forests [M] // Shugart H H, Leemans R, Bonan G B. A systems analysis of the global boreal forest. Cambridge: Cambridge University Press, 126-143.

Bradley A V, Gerard F F, Barbier N, et al, 2011. Relationships between phenology, radiation and precipitation in the Amazon region [J]. Global Change Biology, 17(6): 2245-2260.

Bradley N L, Leopold A C, Ross J, et al, 1999. Phenological changes reflect climate change in Wisconsin [J]. Proceedings of the National Academy of Sciences, 96(17): 9701-9704.

Cannell M G, Smith R I, 1983. Thermal time, chill days and prediction of budburst in Picea sitchensis [J]. Journal of Applied Ecology, 20(3): 951-963.

Carter K K, 1996. Provenance tests as indicators of growth response to climate change in 10 north temperate tree species [J]. Canadian Journal of Forest Research, 26(6): 1089-1095.

Che T, 2006. Study on passive microwave remote sensing of snow and snow data assimilation method [D]. Lanzhou: The Cold and Arid Regions Environmental and Engineering Research Institute, CAS.

Chen X, Hu B, Yu R, 2005. Spatial and temporal variation of phenological growing season and climate change impacts in temperate eastern China [J]. Global Change Biology, 11(7): 1118-1130.

Chen X, Xu L, 2012. Temperature controls on the spatial pattern of tree phenology in China's temperate zone [J]. Agricultural and Forest Meteorology, 154: 195-202.

Cheng H, 2004. The mutation study of global climate: Argue or act [J]. Chinese Science Bulletin, 49 (13): 1339-1344.

Chmielewski F M, Müller A, Bruns E, 2004. Climate changes and trends in phenology of fruit trees and field crops in Germany, 1961-2000 [J]. Agricultural and Forest Meteorology, 121(1-2): 69-78.

Chmielewski F M, Rötzer T, 2001. Response of tree phenology to climate change across Europe [J]. Agricultural and Forest Meteorology, 108(2): 101-112.

Chuine I, Cour P, Rousseau D D, 1998. Fitting models predicting dates of flowering of temperate-zone trees using simulated annealing [J]. Plant, Cell & Environment, 21(5): 455-466.

Chuine I, Cour P, Rousseau D D, 1999. Selecting models to predict the timing of flowering of temperate trees: Implications for tree phenology modelling [J]. Plant Cell & Environment, 22(1): 1-13.

Chuine I, 2000. A unified model for budburst of trees [J]. Journal of Theoretical Biology, 207(3): 337-347.

Chung U, Jung J E, Seo H C, et al, 2009. Using urban effect corrected temperature data and a tree phenology model to project geographical shift of cherry flowering date in South Korea [J]. Climatic Change, 93(3-4): 447-463.

Cleland E E, Chuine I, Menzel A, et al, 2007. Shifting plant phenology in response to global change [J]. Trends in Ecology & Evolution, 22(7): 357-365.

Cohen J, 1994. Snow cover and climate [J]. Weather, 49(5): 150-156.

Cooper E J, Dullinger S, Semenchuk P, 2011. Late snowmelt delays plant development and results in lower reproductive success in the High Arctic [J]. Plant science, 180(1): 157-167.

David E, Parker A, 2006. A demonstration that larger-scale warming is not urban [J]. Journal of Climate, 19: 2882-2895.

Delbart N, Kergoat L, Le Toan T, et al, 2005. Determination of phenological dates in boreal regions using normalized difference water index [J]. Remote Sensing of Environment, 97(1): 26-38.

Delbart N, Le Toan T, Kergoat L, et al, 2006. Remote sensing of spring phenology in boreal regions: A free of snow-effect method using NOAA-AVHRR and SPOT-VGT data (1982-2004) [J]. Remote Sensing of Environment, 101(1): 52-62.

Dhami I, 2008. Urban tree phenology: A comparative study between New York city and Ithaca [D]. New York: West Virginia University.

Dillon M E, Wang G, Huey R B, 2010. Global metabolic impacts of recent climate warming [J]. Nature, 467(7316): 704-706.

Doi H, Katano I, 2008. Phenological timings of leaf budburst with climate change in Japan [J]. Agricultural & Forest Meteorology, 148(3): 512-516.

Dorrepaal E, Aerts R, Cornelissen J H C, et al, 2004. Summer warming and increased winter snow cover affect Sphagnum fuscum growth, structure and production in a sub-arctic bog [J]. Global Change Biology, 10(1): 93-104.

Du Y, Xie Z Q, Zeng Y, et al, 2007. Impact of urban expansion on regional temperature change in the

Yangtze River Delta [J]. Journal of Geographical Sciences, 17(4): 387-398.

Eklundh L, Jönsson P, 2010. TIMESAT 3. 1—Software manual [CP]. Lund, Sweden: Lund University.

Euskirchen E S, McGUIRE A D, Kicklighter D W, et al, 2006. Importance of recent shifts in soil thermal dynamics on growing season length, productivity, and carbon sequestration in terrestrial high-latitude ecosystems [J]. Global Change Biology, 12(4): 731-750.

Fitter A H, Fitter R S R, Harris I T B, et al, 1995. Relationships between first flowering date and temperature in the flora of a locality in central England [J]. Functional Ecology, 9(1): 55-60.

Foster J L, Hall D K, Chang A T C, et al, 1984. An overview of passive microwave snow research and results [J]. Reviews of Geophysics, 22(2): 195-208.

Fridley J D, 2012. Extended leaf phenology and the autumn niche in deciduous forest invasions [J]. Nature, 485(7398): 359-362.

Fu Y H, Campioli M, Van Oijen M, et al, 2012. Bayesian comparison of six different temperature-based budburst models for four temperate tree species [J]. Ecological Modelling, 230: 92-100.

Gazal R, White M A, Gillies R, et al, 2008. GLOBE students, teachers, and scientists demonstrate variable differences between urban and rural leaf phenology [J]. Global Change Biology, 14(7): 1568-1580.

Goodison B E, Walker A E. 1993. Use of snow cover derived from satellite passive microwave data as an indicator of climate change [J]. Annals of Glaciology, 17: 137-142.

Goodridge J D, 1992. Urban bias influences on long-term California air temperature trends [J]. Atmospheric Environment. Part B. Urban Atmosphere, 26(1): 1-7.

Gordo O, Sanz J J, 2005. Phenology and climate change: A long-term study in a Mediterranean locality [J]. Oecologia, 146(3): 484-495.

Groffman P M, Hardy J P, Driscoll C T, et al, 2006. Snow depth, soil freezing, and fluxes of carbon dioxide, nitrous oxide and methane in a northern hardwood forest [J]. Global Change Biology, 12(9): 1748-1760.

Günter S, Stimm B, Cabrera M, et al, 2008. Tree phenology in montane forests of southern Ecuador can be explained by precipitation, radiation and photoperiodic control [J]. Journal of Tropical Ecology, 24(3): 247-258.

Häkkinen R, Linkosalo T, Hari P, 1998. Effects of dormancy and environmental factors on timing of bud burst in Betula pendula [J]. Tree Physiology, 18(10): 707-712.

Hänninen H, Slaney M, Linder S, 2007. Dormancy release of Norway spruce under climatic warming: testing ecophysiological models of bud burst with a whole-tree chamber experiment [J]. Tree Physiology, 27(2): 291-300.

Hänninen H, 1990. Modelling bud dormancy release in trees from cool and temperate regions [J]. Acta Forestalia Fennica, 213: 1-47.

Hansen J, Lebedeff S, 1987. Global trends of measured surface air temperature [J]. Journal of geophysical research: Atmospheres, 92(D11): 13345-13372.

Hardy J P, Groffman P M, Fitzhugh R D, et al, 2001. Snow depth manipulation and its influence on soil frost and water dynamics in a northern hardwood forest [J]. Biogeochemistry, 56(2): 151-174.

Harrington C A, Gould P J, Clair J B S, 2010. Modeling the effects of winter environment on dormancy release of Douglas-fir [J]. Forest Ecology & Management, 259(4): 798-808.

Holben B N, 1986. Characteristics of maximum-value composite images from temporal AVHRR data [J]. International Journal of Remote Sensing, 7(11): 1417-1434.

Houghton J T, Ding Y H, Griggs D J, et al, 2001. IPCC climate change 2001: the scientific basis [M]. Cambridge and New York: Cambridge University Press.

Hufkens K, Friedl M A, Keenan T F, et al, 2012. Ecological impacts of a widespread frost event following early spring leaf-out [J]. Global Change Biology, 18(7): 2365-2377.

Hughes W S, Balling Jr R C, 1996. Urban influences on south African temperature trends [J]. International Journal of Climatology: A Journal of the Royal Meteorological Society, 16(8): 935-940.

Immerzeel W W, Droogers P, de Jong S M, et al, 2009. Large-scale monitoring of snow cover and runoff simulation in Himalayan river basins using remote sensing [J]. Remote Sensing of Environment, 113(1): 40-49.

IPCC, 2001. Intergovernmental panel on climate change 2001: synthesis report [M]. Cambridge: Cambridge University Press.

IPCC, 2007. Climate change 2007: The science basis [M]. Cambridge: Cambridge University Press.

Johnson G T, Oke T R, Lyons T J, et al, 1991. Simulation of surface urban heat islands under 'IDEAL' conditions at night part 1: Theory and tests against field data [J]. Boundary-Layer Meteorology, 56(3): 275-294.

Jones P D, Groisman P Y, Coughlan M, et al, 1990. Assessment of urbanization effects in time series of surface air temperature over land [J]. Nature, 347(6289): 169-172.

Jones P D, Lister D H, Li Q, 2008. Urbanization effects in large-scale temperature records, with an emphasis on China [J]. Journal of Geophysical Research: Atmospheres, 113(D16): 1-12.

Julien Y, Sobrino J A, 2009. Global land surface phenology trends from GIMMS database [J]. International Journal of Remote Sensing, 30(13): 3495-3513.

Karl T R, Diaz H F, Kukla G, 1988. Urbanization: its detection and effect in the United States climate record [J]. Journal of Climate, 1(11): 1099-1123.

Karl T R, Jones P D, 1989. Urban bias in area-averaged surface air temperature trends [J]. Bulletin of the American Meteorological Society, 70(3): 265-270.

Kendall M G, 1975. Rank correlation methods [M]. London: Charles Griffin.

Kobayashi K D, Fuchigami L H, English M J, 1982. Modeling temperature requirements for rest development in Cornus sericea [J]. Journal of American Society of Horticultural Science, 107: 914-918.

Körner C, Basler D, 2010. Phenology under global warming [J]. Science, 327(5972): 1461-1462.

Kreyling J, 2010. Winter climate change: A critical factor for temperate vegetation performance [J]. Ecology, 91(7): 1939-1948.

Kunzi K F, Patil S, Rott H, 1982. Snow-cover parameters retrieved from Nimbus-7 scanning multichannel microwave radiometer (SMMR) data [J]. IEEE Transactions on Geoscience and Remote Sensing, 20(4): 452-467.

Lakatos L, Gulyás Á, 2003. Connection between phenological phases and urban heat island in Debrecen and Szeged, Hungary [J]. Acta Climatol Chorol, 36-37: 79-83.

Lambert A M, Miller-Rushing A J, Inouye D W, 2010. Changes in snowmelt date and summer precipitation affect the flowering phenology of *Erythronium grandiflorum* (glacier lily; Liliaceae) [J]. American Journal of Botany, 97(9): 1431-1437.

Lechowicz M J, Koike T, 1995. Phenology and seasonality of woody plants: An unappreciated element in global change research? [J]. Canadian Journal of Botany, 73(2): 147-148.

Linkosalo T, Carter T R, Häkkinen R, et al, 2000. Predicting spring phenology and frost damage risk of Betula spp. under climatic warming: A comparison of two models [J]. Tree Physiology, 20(17): 1175-1182.

Linkosalo T, Häkkinen R, Hänninen H, 2006. Models of the spring phenology of boreal and temperate trees: Is there something missing? [J]. Tree physiology, 26(9): 1165-1172.

Liu X D, Yin Z Y, 2002. Sensitivity of east Asian monsoon climate to the uplift of the Tibetan plateau [J]. Palaeogeography, Palaeoclimatology, Palaeoecology, 183(3-4): 223-245.

Liu Y X, Yan J H, Tongwen, W, et al, 2008. Prediction research of climate change trends over north China in the future 30 years [J]. Journal of Meteorological Research, 22(1): 42-50.

Lloyd D, 1990. A phenological classification of terrestrial vegetation cover using shortwave vegetation index imagery [J]. Titleremote sensing, 11(12): 2269-2279.

Lucht W, Prentice I C, Myneni R B, et al, 2002. Climatic control of the high-latitude vegetation greening trend and Pinatubo effect [J]. Science, 296(5573): 1687-1689.

Luedeling E, Zhang M H, Girvetz E H, 2009. Climatic changes lead to declining winter chill for fruit and nut trees in California during 1950-2099 [J]. PloS ONE, 4(7): e6166.

Luedeling E, Zhang M H, McGranahan G, et al, 2009. Validation of winter chill models using historic records of walnut phenology [J]. Agricultural and Forest Meteorology, 149(11): 1854-1864.

Luo Z K, Sun O J, Ge Q S, et al, 2007. Phenological responses of plants to climate change in an urban environment [J]. Ecological Research, 22(3): 507-514.

Matsumoto K, Ohta T, Irasawa M, et al, 2003. Climate change and extension of the *Ginkgo biloba* L. growing season in Japan [J]. Global Change Biology, 9(11): 1634-1642.

Mátyás C, 1994. Modeling climate change effects with provenance test data [J]. Tree Physiology, 14(7-8-9): 797-804.

Mátyás C, 1997. Effect of environmental change on the productions [M] // IUFRO. Perspectives of forest genetics and tree breeding in a changing world, IUFRO-International, 109-121.

McVicar T R, Bierwirth P N, 2001. Rapidly assessing the 1997 drought in Papua New Guinea using composite AVHRR imagery [J]. International Journal of Remote Sensing, 22(11): 2109-2128.

McVicar T R, Van Niel T G, Li L T, et al., 2007. Spatially distributing monthly reference evapotranspiration and pan evaporation considering topographic influences [J]. Journal of Hydrology, 338(3-4): 196-220.

Mellander P E, Bishop K, Lundmark T, 2004. The influence of soil temperature on transpiration: A plot scale manipulation in a young Scots pine stand [J]. Forest Ecology and Management, 195(1-2): 15-28.

Mendelsohn R, Emanuel K, Chonabayashi S, et al, 2012. The impact of climate change on global tropical cyclone damage [J]. Nature Climate Change, 2(3): 205-209.

Menzel A, Fabian P, 1999. Growing season extended in Europe [J]. Nature, 397(6721): 659-659.

Menzel A, 2000. Trends in phenological phases in Europe between 1951 and 1996 [J]. International Journal of Biometeorology, 44(2): 76-81.

Menzel A, 2003. Plant phenological anomalies in Germany and their relation to air temperature and NAO [J]. Climatic Change, 57(3): 243-263.

Morisette J T, Richardson A D, Knapp A K, et al, 2009. Tracking the rhythm of the seasons in the face of global change: Phenological research in the 21st century [J]. Frontiers in Ecology and the Environment, 7(5): 253-260.

Murray M B, Cannell M G R, Smith R I, 1989. Date of budburst of fifteen tree species in Britain following climatic warming [J]. Journal of Applied Ecology, 26(2): 693-700.

Myneni R B, Keeling C D, Tucker C J, et al, 1997. Increased plant growth in the northern high latitudes from 1981 to 1991 [J]. Nature, 386(6626): 698-702.

Neil K, Wu J G, 2006. Effects of urbanization on plant flowering phenology: A review [J]. Urban Ecosystems, 9(3): 243-257.

Ose T, Arakawa O, 2011. Uncertainty of future precipitation change due to global warming associated with sea surface temperature change in the tropical Pacific [J]. Journal of the Meteorological Society of Japan, 89(5): 539-552.

Paradis A, Elkinton J, Hayhoe K, et al, 2008. Role of winter temperature and climate change on the survival and future range expansion of the hemlock woolly adelgid (Adelges tsugae) in eastern North America [J]. Mitigation and Adaptation Strategies for Global Change, 13(5-6): 541-554.

Parmesan C, Ryrholm N, Stefanescu C, et al, 1999. Poleward shifts in geographical ranges of butterfly species associated with regional warming [J]. Nature, 399(6736): 579-583.

Parmesan C, 2007. Influences of species, latitudes and methodologies on estimates of phenological response to global warming [J]. Global Change Biology, 13(9): 1860-1872.

Peng S S, Piao S L, Ciais P, et al, 2010. Change in winter snow depth and its impacts on vegetation in China [J]. Global Change Biology, 16(11): 3004-3013.

Peñuelas J, Filella I, Comas P, 2002. Changed plant and animal life cycles from 1952 to 2000 in the Mediterranean region [J]. Global Change Biology, 8(6): 531-544.

Peñuelas J, Filella I, 2001. Phenology: Responses to a warming world [J]. Science, 294(5543): 793-795.

Peterson T C, Gallo K P, Lawrimore J, et al, 1999. Global rural temperature trends [J]. Geophysical Research Letters, 26(3): 329-332.

Piao S L, Ciais P, Huang Y, et al, 2010. The impacts of climate change on water resources and agriculture in China [J]. Nature, 467(7311): 43-51.

Piao S L, Fang J Y, Zhou L M, et al, 2006. Variations in satellite-derived phenology in China's temperate vegetation [J]. Global change biology, 12(4): 672-685.

Piao S Y, Wang X H, Ciais P, et al, 2011. Changes in satellite-derived vegetation growth trend in temperate and boreal Eurasia from 1982 to 2006 [J]. Global Change Biology, 17(10): 3228-3239.

Polgar C A, Primack R B, 2011. Leaf-out phenology of temperate woody plants: From trees to ecosystems [J]. New Phytologist, 191(4): 926-941.

Post E S, Inouye D W, 2008. Phenology: Response, driver, and integrator [J]. Ecology, 89(2): 319-

320.

Post E S, Pedersen C, Wilmers C C, et al, 2008. Phenological sequences reveal aggregate life history response to climatic warming [J]. Ecology, 89(2): 363-370.

Post E S, Stenseth N C, 1999. Climatic variability, plant phenology, and northern ungulates [J]. Ecology, 80(4): 1322-1339.

Powell L E, Swartz H J, Pasternak G, et al, 1986. Time of flowering in spring: its regulation in temperate zone woody plants [J]. Biologia plantarum, 28(2): 81-84.

Price M V, Waser N M, 1998. Effects of experimental warming on plant reproductive phenology in a subalpine meadow [J]. Ecology, 79(4): 1261-1271.

Primack R B, Higuchi H, Miller-Rushing A J, 2009. The impact of climate change on cherry trees and other species in Japan [J]. Biological Conservation, 142(9): 1943-1949.

Qian W H, Fu J L, Yan Z W, 2007. Decrease of light rain events in summer associated with a warming environment in China during 1961-2005 [J]. Geophysical Research Letters, 34(11): 1-5.

Qin D H, Liu S Y, Li P J, 2006. Snow cover distribution, variability, and response to climate change in western China [J]. Journal of Climate, 19(9): 1820-1833.

Qiu J, 2008. China: the third pole [J]. Nature, 454(7203): 393-396.

Ramaswamy V, Schwarzkopf M, Randel W, et al, 2006. Anthropogenic and natural influences in the evolution of lower stratospheric cooling [J]. Science, 311(5764): 1138-1141.

Randel W J, Shine K P, Austin J, et al, 2009. An update of observed stratospheric temperature trends [J]. Journal of Geophysical Research: Atmospheres, 114(D2): 1-27.

Reed B C, Brown J F, 2005. Trend analysis of time-series phenology derived from satellite data [C] // 3rd international workshop on the analysis of multi-temporal remote sensing images 2005, 166-168.

Reich P B, 1995. Phenology of tropical forests: Patterns, causes, and consequences [J]. Canadian Journal of Botany, 73(2): 164-174.

Ren G Y, Zhou Y Q, Chu Z Y, et al, 2008. Urbanization effects on observed surface air temperature trends in North China [J]. Journal of Climate, 21(6): 1333-1348.

Richardson A D, Anderson R S, Arain M A, et al, 2012. Terrestrial biosphere models need better representation of vegetation phenology: results from the north American carbon program site synthesis [J]. Global Change Biology, 18(2): 566-584.

Richardson E A, Seelev S D, Walker D R, et al, 1974. A model for estimating the completion of rest for "Redhaven" and "Elberta" peach trees [J]. HortSciece, 9(4): 331-332.

Robert D B, 1968. Observations of the urban heat island effect in New York city [J]. Journal of Applied Meteorology, 7(4): 575-582.

Röetzer T, Wittenzeller M, Haeckel H, et al, 2000. Phenology in central Europe—differences and trends of spring phenophases in urban and rural areas [J]. International journal of biometeorology, 44(2): 60-66.

Rollinson C R, Kaye M W, 2012. Experimental warming alters spring phenology of certain plant functional groups in an early successional forest community [J]. Global Change Biology, 18(3): 1108-1116.

Root T L, Price J T, Hall K R, et al, 2003. Fingerprints of global warming on wild animals and plants [J]. Nature, 421(6918): 57-60.

Rott H, 1987. Remote sensing of snow [C]//Symposium at Vancouver 1987 — Large scale effects of seasonal snow cover. International Association of Hydrological Sciences Press, Institute of Hydrology, Wallingford, Oxfordshire UK. IAHS Publication No. 166, 279-290.

Saitoh T S, Shimada T, Hoshi H, 1996. Modeling and simulation of the Tokyo urban heat island [J]. Atmospheric Environment, 30(20): 3431-3442.

Schaber J, Badeck F W, 2003. Physiology-based phenology models for forest tree species in Germany [J]. International journal of biometeorology, 47(4): 193-201.

Schmidtling R C, 1994. Use of provenance tests to predict response to climate change: Loblolly pine and Norway spruce [J]. Tree physiology, 14(7-8-9): 805-817.

Schwartz M D, Ahas R, Aasa A, 2006. Onset of spring starting earlier across the northern Hemisphere [J]. Global change biology, 12(2): 343-351.

Schwartz M D, Chen X Q, 2002. Examining the onset of spring in China [J]. Climate Research, 21(2): 157-164.

Schwartz M D, Reiter B E, 2000. Changes in north American spring [J]. International Journal of Climatology: A Journal of the Royal Meteorological Society, 20(8): 929-932.

Schwartz M D, 1998. Green-wave phenology [J]. Nature, 394(6696): 839-840.

Schwartz M D, 1999. Advancing to full bloom: Planning phenological research for the 21st century [J]. International Journal of Biometeorology, 42(3): 113-118.

Seghieri J, Vescovo A, Padel K, et al, 2009. Relationships between climate, soil moisture and phenology of the woody cover in two sites located along the west African latitudinal gradient [J]. Journal of Hydrology, 375(1-2): 78-89.

Shabanov N V, Zhou L M, Knyazikhin Y, et al, 2002. Analysis of interannual changes in northern vegetation activity observed in AVHRR data from 1981 to 1994 [J]. IEEE Transactions on Geoscience and remote sensing, 40(1): 115-130.

Soudani K, Hmimina G, Delpierre N, et al, 2012. Ground-based network of NDVI measurements for tracking temporal dynamics of canopy structure and vegetation phenology in different biomes [J]. Remote sensing of environment, 123: 234-245.

Sparks T H, Carey P D, 1995. The responses of species to climate over two centuries: An analysis of the Marsham phenological record, 1736-1947 [J]. Journal of Ecology, 83(2): 321-329.

Sparks T H, Jeffree, E P, Jeffree C E, 2000. An examination of the relationship between flowering times and temperature at the national scale using long-term phenological records from the UK [J]. International Journal of Biometeorology, 44(2): 82-87.

Stadler D, Wunderli H, Auckenthaler A, et al, 1996. Measurement of frost-induced snowmelt runoff in a forest soil [J]. Hydrological processes, 10(10): 1293-1304.

Steltzer H, Post E, 2009. Seasons and life cycles [J]. Science, 324(5929): 886-887.

Stöckli R, Vidale P L, 2004. European plant phenology and climate as seen in a 20-year AVHRR land-surface parameter dataset [J]. International Journal of Remote Sensing, 25(17): 3303-3330.

Strand M, Lundmark T, Söderbergh I, et al, 2002. Impacts of seasonal air and soil temperatures on photosynthesis in Scots pine trees [J]. Tree Physiology, 12, 839-847.

Sun P S, Yu, Z, Liu S R, et al, 2012. Climate change, growing season water deficit and vegetation activity along the north-south transect of eastern China from 1982 through 2006 [J]. Hydrology and Earth System Sciences, 16(10): 3835-3850.

Suzuki R T, Nomaki T, Yasunari T, 2003. West-east contrast of phenology and climate in northern Asia revealed using a remotely sensed vegetation index [J]. International Journal of Biometeorology, 47(3): 126-138.

Thompson D W, Solomon S, 2009. Understanding recent stratospheric climate change [J]. Journal of Climate, 22(8): 1934-1943.

Tierney G L, Fahey T J, Groffman P M, et al, 2001. Soil freezing alters fine root dynamics in a northern hardwood forest [J]. Biogeochemistry, 56(2): 175-190.

Toledo M, Poorter L, Peña-Claros M, et al, 2011. Climate is a stronger driver of tree and forest growth rates than soil and disturbance [J]. Journal of Ecology, 99(1): 254-264.

Trenberth K E, Jones P D, Ambenje P, et al, 2007. Observations: Surface and atmospheric climate change, Climate change 2007: The physical science Basis. Contribution of working group I to the fourth assessment report of the intergovernmental panel on climate change [M]. Cambridge: Cambridge University Press.

Tucker C J, Slayback D A, Pinzon J E, et al, 2001. Higher northern latitude normalized difference vegetation index and growing season trends from 1982 to 1999 [J]. International journal of biometeorology, 45(4): 184-190.

Venäläinen A, Tuomenvirta H, Heikinheimo M, et al, 2001. Impact of climate change on soil frost under snow cover in a forested landscape [J]. Climate research, 17(1): 63-72.

Vitasse Y, Delzon S, Dufrêne E, et al, 2009. Leaf phenology sensitivity to temperature in European trees: Do within-species populations exhibit similar responses? [J] Agricultural and forest meteorology, 149(5): 735-744.

Vitasse Y, Porté A J, Kremer A, et al, 2009. Responses of canopy duration to temperature changes in four temperate tree species: Relative contributions of spring and autumn leaf phenology [J]. Oecologia, 161(1): 187-198.

Wahren C H A, Walker M D, Bret-Harte M S, 2005. Vegetation responses in Alaskan arctic tundra after 8 years of a summer warming and winter snow manipulation experiment [J]. Global Change Biology, 11(4): 537-552.

Walker D A, Auerbach N A, Shippert M M, 1995. NDVI, biomass, and landscape evolution of glaciated terrain in northern Alaska [J]. Polar Record, 31(177): 169-178.

Walker M D, Walker D A, Welker J M, et al, 1999. Long-term experimental manipulation of winter snow regime and summer temperature in arctic and alpine tundra [J]. Hydrological processes, 13(14-15): 2315-2330.

Walkovszky A, 1998. Changes in phenology of the locust tree (Robinia pseudoacacia L.) in Hungary [J]. International journal of biometeorology, 41(4): 155-160.

Walther G R, Post E, Convey P, et al, 2002. Ecological responses to recent climate change [J]. Nature, 416(6879): 389-395.

Walther G R, 2003. Plants in a warmer world [J]. Perspectives in Plant Ecology, Evolution and Systematics, 3(6): 169-185.

Walther G R, 2010. Community and ecosystem responses to recent climate change [J]. Philosophical Transactions of the Royal Society B: Biological Sciences, 365(1549): 2019-2024.

Wang G X, Li Y S, Wang Y B, et al, 2008. Effects of permafrost thawing on vegetation and soil carbon pool losses on the Qinghai-Tibet Plateau, China [J]. Geoderma, 143(1-2): 143-152.

Wang X H, Piao S L, Ciais P, et al, 2011. Spring temperature change and its implication in the change of vegetation growth in North America from 1982 to 2006 [J]. Proceedings of the National Academy of Sciences, 108(4): 1240-1245.

White M A, Nemani R R, Thornton P E, et al, 2002. Satellite evidence of phenological differences between urbanized and rural areas of the eastern United States deciduous broadleaf forest [J]. Ecosystems, 5(3): 260-273.

White M A, Running S W, Thornton P E, 1999. The impact of growing-season length variability on carbon assimilation and evapotranspiration over 88 years in the eastern US deciduous forest [J]. International Journal of Biometeorology, 42(3): 139-145.

Whitley R J, Macinnis-Ng C, Hutley L B, et al, 2011. Is productivity of mesic savannas light limited or water limited? Results of a simulation study [J]. Global Change Biology, 17(10): 3130-3149.

Xu H, Liu S, Li Y, et al, 2012. Assessing non-parametric and area-based methods for estimating regional species richness[J]. Journal of Vegetation Science, 23(6): 1006-1012.

Yamamato R, Iwashima T, Sanga N, 1986. An analysis of climatic jump [J]. Journal of the Meteorological Society of Japan, 64(2): 273-281.

Yang H, Wang F, Sun A, 2009. Understanding the ocean temperature change in global warming: The tropical Pacific [J]. Tellus A: Dynamic Meteorology and Oceanography, 61(3): 371-380.

Yang X C, Hou Y L, Chen B D, 2011. Observed surface warming induced by urbanization in east China [J]. Journal of Geophysical Research: Atmospheres, 116(D14): 1-12.

Yasunari T J, Koster R D, Lau K M, et al, 2011. Influence of dust and black carbon on the snow albedo in the NASA Goddard Earth Observing System version 5 land surface model [J]. Journal of Geophysical Research: Atmospheres, 116(D2): 1-15.

Yu H Y, Luedeling E, Xu J C, 2010. Winter and spring warming result in delayed spring phenology on the Tibetan Plateau [J]. Proceedings of the National Academy of Sciences, 107(51): 22151-22156.

Zeng H Q, Jia G S, Epstein H, 2011. Recent changes in phenology over the northern high latitudes detected from multi-satellite data [J]. Environmental Research Letters, 6(4): 45508-45518.

Zhang L, Yu G, Gu F, et al, 2012. Uncertainty analysis of modeled carbon fluxes for a broad-leaved Korean pine mixed forest using a process-based ecosystem model [J]. Journal of Forest Research, 17(3): 268-282.

Zhang X Y, Friedl M A, Schaaf C B, et al, 2004. Climate controls on vegetation phenological patterns in northern mid- and high latitudes inferred from MODIS data [J]. Global Change Biology, 10(7): 1133-1145.

Zhang Z, Zang R, Wang L, et al, 2012. Effects of environmental variation and spatial distance on the beta diversity of woody plant functional groups in a tropical forest [J]. Polish Journal of Ecology, 60(3): 525-533.

Zhao J, Zhang Y, Song F, et al, 2013. Phenological response of tropical plants to regional climate change in Xishuangbanna, south-western China [J]. Journal of Tropical Ecology, 29(2): 161-172.

Zhao J, Zhang Y, Tan Z, et al, 2012. Using digital cameras for comparative phenological monitoring in an evergreen broad-leaved forest and a seasonal rain forest [J]. Ecological Informatics, 10: 65-72.

Zheng J, Ge Q, Hao Z, et al, 2006. Spring phenophases in recent decades over eastern China and its possible link to climate changes [J]. Climatic Change, 77(3-4): 449-462.

Zhou L, Dickinson R E, Tian Y, et al, 2004. Evidence for a significant urbanization effect on climate in China [J]. Proceedings of the National Academy of Sciences, 101(26): 9540-9544.

Zhou L, Tucker C J, Kaufmann R K, et al, 2001. Variations in northern vegetation activity inferred from satellite data of vegetation index during 1981 to 1999 [J]. Journal of Geophysical Research: Atmospheres, 106(D17): 20069-20083.

第四章

森林树种和植被分布
对气候变化的响应

　　全球气候变暖加速、降水空间格局骤变以及极端气候
事件强度和频率增加，是当今国际气候变化研究领域对未
来百年气候变化特征共识性的预测结果。气候变化对森林
树种和植被会产生影响，森林树种和植被也会对气候变化
作出响应。由于气候变化引起的温度、降水等气象要素的
时空异质性变化，以及植被类型和树种的多样性和复杂性，
导致不同地区、不同植被类型和树种所受到的影响及其响
应方式并不完全相同。预测气候变化影响下不同森林树种
和植被类型潜在适宜分布区及其变化，可为气候变化适应
性森林管理和应对气候变化的森林资源保护策略设计提供
重要依据。本章例举了历史气候变化导致我国森林植被发
生迁移的证据，重点在概述物种分布模型应用于树种分布
以及潜在适宜分布区随环境变化模拟和植被与气候关系研
究方法的基础上，研究了我国主要森林树种、珍稀濒危树
种以及植被地理分布在当前和未来气候条件下的潜在分布
和迁移变化趋势，最后基于以上研究指出我国植树造林的
潜力区主要分布在胡焕庸线以东地区。

第一节　气候变化对中国森林植被分布区迁移影响的历史证据

大量证据表明气候变化会导致物种纬向、经向和海拔方向的迁移(见第一章)。同样在我国，Zhang 等(2022)重点研究了气候变化导致森林与草地或灌丛之间的转换，以及不同森林类型之间的转换；由此通过文献收集发现气候变化在过去 150 年中引发了我国森林的迁移(图 4-1)。由于我国林区人口密度更大，森林受人类活动影响剧烈，很难调查到气候变化导致的纬向和经向上的森林迁移；几乎所有的证据都集中在高山和亚高山地区森林沿海拔梯度上的迁移,47个观察点中有46个显示森林上坡迁移,只有一个研究显示森林下坡迁移。森林迁移导致了过渡带植被类型的转换,7个站点

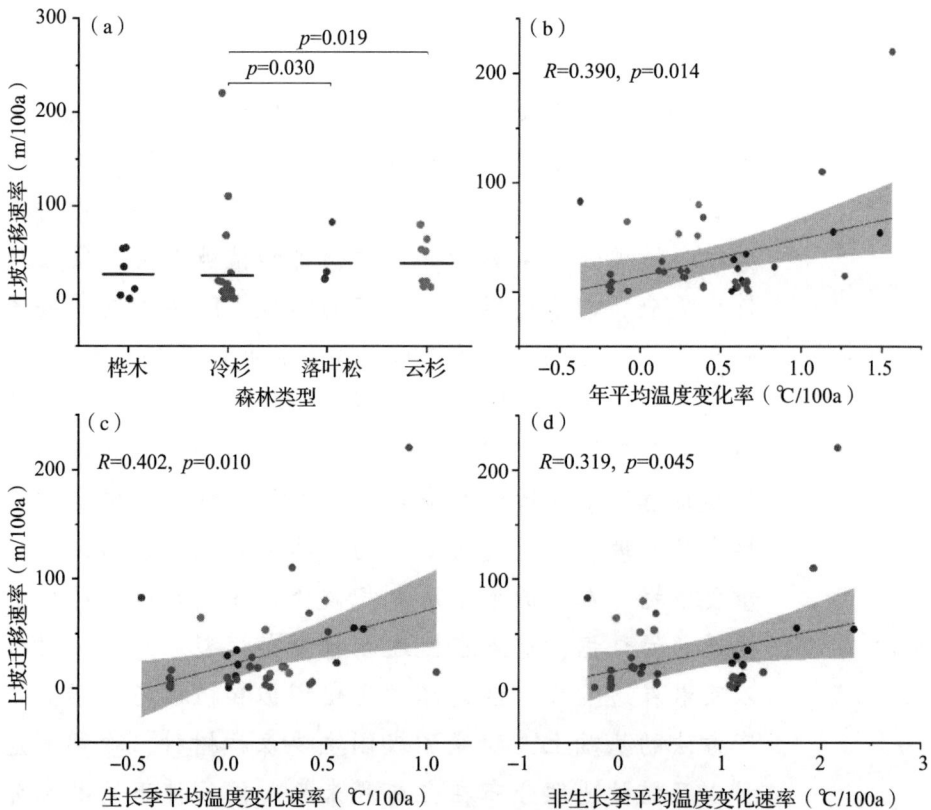

图 4-1　观测到的我国森林分布区迁移速率及其与历史气候变化速率的关系

注：R. 相关系数，p. 显著性水平，引自[张雷等(2022)]

的低海拔森林类型取代了高海拔森林类型，17 个站点的森林入侵草地，22 个站点的森林入侵灌木地，一个站点的森林向草地过渡。森林沿海拔梯度的迁移主要发生在桦木、冷杉、落叶松和云杉林 4 种森林类型身上，除了桦木林的上坡迁移速率显著低于落叶松林和云杉林外，其他林型两两间的上坡迁移速率没有显著差异。绝大多数研究点的年平均气温(MAT)、生长季(4~9 月)平均气温(MGT)和非生长季(10 月至翌年 3 月)平均气温(MNT)均有显著升高；相比之下，大部分研究点的年降水量和季节降水量没有明显的变化趋势。森林上坡迁移速率与气候变暖速率呈显著正相关，与降水变化率相关性不显著。例如，森林上坡迁移率随着 MAT、MGT 和 MNT 变化率的增加而增加(图 4-1)。

第二节　森林树种分布对气候变化响应综合评估模拟

一、物种分布模拟方法学

物种分布模拟的基础是生态位理论，该理论的主要含义是生态位可以被定量化描述为高维生态位空间(hyper-volume，Hutchinson)，每一维度是影响物种能否生存和繁衍的环境变量。物种分布模拟的主要思路：通过现有物种分布样本点与其对应的环境变量之间的对应关系，建立起表征目标物种生存环境的生态位定量模型，然后再投射到相应的地理空间上。在气候变化模拟中，还要把根据现有条件建立起来的生态位模型投射到未来环境中去。因此，物种分布模型(SDM，species distribution model)常常和生态位模型(ENM，ecological niche model)通用。从严格意义上讲两个模型之间还是存在着一些细微差别。物种分布模拟过程的实质是定量描述地理空间和环境空间的投射关系。

物种分布模拟实施的大致过程包括如下 4 个方面：①物种分布数据和环境数据的准备；②应用模型算法获得生态位的数学表述(包括模型校准和参数优化)；③把数量化的生态位模型投射到地理空间中去(包括随后的模型评估过程)；④获取未来气候变化情景的环境变量，将前述生态位模型投射到未来环境中去(包含分布区的阈值确定及后续量化分析)。

物种分布模拟其实是一个技术含量很高的实践，许多过程包含着较高的理论、经验和技巧，任何一个步骤的忽略都可能会带来极大的误差，甚至产生难于预料的模拟结果。这一实践并非外行所认为的只是将数据输入软件，让软件进行黑箱操作，然后得出需要的结果就可以了。计算机软件提供的缺省选项在绝大多数情况下能够保证程序可以运行，但是并不保证能够得到可靠的结果，甚至不能保证输出结果具有任何生物学意义。尽管关于物种分布模拟的方法论和具体细节并非本节的目标（相关问题的方法论可参考 2011 年 Peterson 等的专著），但是有必要对其中的几个关键过程进行适当说明。随后将对常用的模型分类和工作原理、高分辨率气候数据的准备（无缝降尺度分析）以及物种出现数据的纠偏及降噪处理进行较为详细的论述，这是多数物种分布模拟都要涉及的基础性问题。关于物种分布模拟中的环境因子选择、物种分布模型的校准、预测结果的精度评估指标以及判断物种是否存在的阈值确定等难度较大的论题不做专题论述，读者可以参考相应的方法论专著。

二、常见物种分布模型的类型划分及工作原理

物种分布模型从大的类型上可以划分为生态位机理模型、生态位与环境变量的相关性模型（后简称相关性模型或经验模型）以及上述两者结合的混合模型（即半机理模型）。前面所述的模型即为经验模型，是我们讨论的重点。生态位机理模型是直接通过生理极限测定或者根据生物学基本原理建立起来的生态位模型，它代表了真正意义上的基础生态位，在理论上最为合理。然而建立这种模型的条件十分困难，只能适用于少数模式物种，基本上不具有外推到其他物种的可能性，因此很难适用于实践需要的针对大量物种的模拟。鉴于本节的应用性背景，后文将不再讨论这类模型。半机理模型尽管有望在机理性和通用性上获得重大突破，但仍然处于未来可能的前景状态，也不在本节讨论之列。

物种分布的经验模型多种多样，有多种分类方案。例如，按照生态位维度划分的单维度加和模型、全维度模型、降维度模型、维度可变模型。但最为广泛应用的模型是按照对物种出现记录和缺失记录的处理方式划分的，其中有无缺失数据和如何处理缺失数据是关键点。模型可以分为 4 个类型：①仅用出现点（presence）的模型；②应用出现点和真缺失点（presence/absence）的模型；③应用出现点和背景环境样点（presence/background）的模型；④应用出现点和伪缺失点（presence/pseudo－absence）的模型。其中伪缺失点是从背景环境样点中去除出现样点后的子集样点。应该指出上述分类不是完全互斥的完备分类，因为有些模型可以处理多种缺失数据类型（如 GLM 和 GAM 可以同时处理后 3 种类型的数据）。这个分类对于模型结构和算法起着决定性作用，可以说是最为自然的模型分类方案。

常见的模型和方法的大致工作原理和一些重要特征见表 4-1。以下仅对输出类型和模型特征和其他相关问题做少许补充性解释。

首先，模型输出可以分为直接输出对物种出现和缺失的直接预测，这种预测直观，不需要任何其他解释。但是由于物种分布的多重不确定性和随机性的存在，这种非黑即白的二元划分可能掩盖模型的不确定性，给人错误的印象，特别是在预测未来潜在分布问题上包含的信息量远低于基于概率或者适宜程度的连续变量。而基于连续

变量的预测结果因为制图上的困难，有时需要转换为出现或缺失这种二元数据（binary data）形式。再加上模型评估过程的大多指标需要二元数据形式，如何选择最优的决定二元数据的阈值一直是未解决的难题。

表 4-1　常见物种分布模型原理及其重要特征

模型名称	缺失数据处理	生态位维度	输出数据类型	模型原理概要	其他重要特征
BIOCLIM	仅用出现点	全维度	出现/缺失	高维立方体表示生态位	无法反映因子之间的关系；生态位出现"硬角"扭曲
HABITAT	仅用出现点	全维度	出现/缺失	在高维环境空间上应用最小凸多边形表示生态位	改进了硬角问题，但不能描述分离的生态位空间
DOMAIN	仅用出现点	全维度	出现/缺失	基于马氏距离指标，把生态位描述为椭球体	解决环境变量之间不独立，生态位性状过于简单
GLM	出现-缺失出现-伪缺失	单维叠加	连续变量	广义线性回归，采用 logit 连接函数和二项分布的随机误差	采用维度叠加方式，不能很好体现多维形状特征
GAM	出现-缺失出现-伪缺失	单维叠加	连续变量	广义加和模型，采用局部优化模拟算法，非参数模型的混合型。	比广义线性模型更加灵活，有广义线性模型类似的缺点
MARS	出现-缺失出现-伪缺失	单维叠加	连续变量	分段多元线性模拟	具有 GLM 和 GAM 的特点，但处理更加简单
CART	出现-缺失出现-伪缺失	维度可变	出现/缺失	系统分类和回归树算法，在环境空间各轴上进行具有等级结构的一系列二叉划分，形成分类树	属于机器学习算法，生态位结构不直观
ANN	出现-缺失出现-伪缺失	维度可变	出现/缺失	人工神经网络算法，模拟生物神经通路的模式辨识机制	属于机器学习算法，生态位结构不直观
BRT	出现-缺失出现-伪缺失	维度可变	出现/缺失	是 CART 算法的改进型，采用了遗传算法的一些思路	属于机器学习算法，生态位结构不直观
ENFA	出现-背景	降维处理	连续变量	多变量降维算法，维度降低为边缘性轴和方差成分最大轴两个维度	生态位结构直观，但可处理的复杂性有限
MaxEnt	出现-背景	单维叠加	连续变量	基于出现点限定条件下的熵最大化的算法	算法灵活，适用性强，但易于出现过度拟合问题

其次，关于生态位的多维特征和性状特征问题是一个被多数模型使用者忽略的问题，模拟生成直观的、具有适宜维度数量和性状特征的生态位是保证生态位模拟具有可信性的重要保障。单维叠加类模型（如 GLM 和 GAM）形成的复杂而多变的单维度反应曲线，不仅不够直观，更为重要的是难于表达生态位的高维形状特征。

最后需要强调的是，评价生态位模型的最佳方式是直接在环境空间上，而不是在地理空间上进行。现有生态位模型的校准和评估实践大多数在地理空间上进行，这一现状需要一个范式性的改变。

三、气候数据的无缝降尺度分析

在生态位模拟中，环境变量应该具有一定空间分辨率并且覆盖研究区域，一般是基于矩形或六边形栅格的地理信息数据。因为气候数据的应用最为广泛，这里仅以气候数据为例说明无缝降尺度技术的原理和方法，其他环境变量在一定程度上与之类似。

现有气候数据主要来源于气象站的观测数据，但由于气象站在空间上的密度一般远比需要插值的栅格空间分辨率低，因此必须进行降尺度处理。动力降尺度方法是气象领域认为最合理的降尺度方法，但由于其难于实施，因此很少在其他领域内应用。因而统计降尺度是本领域最为常用的方法。气候因子的统计降尺度分析与其他空间插值方法（如 Kriging 方法）明显不同的是它需要考虑地形因素，特别是海拔高度对气候因子的重要影响。最简单的方法是在温度变量上进行海拔校正（温度绝热递减率），然后将其附加在普通空间插值的结果上。这种方法现在已经不太常用，因为它缺乏对于地形降水效应的处理能力。现在流行的方法是直接采用观测数据在不同海拔高度上的统计特征，与水平方向上的趋势进行直接统计插值获得（如 Anuspline 和 PRISM 方法）。尽管不同方法存在实现算法上的差别，但基本原理是类似的。在物种分布模拟方面应用最广泛的通用气候数据库 WorldClim 就是采用统计降尺度的方法得到的。

模拟气候变化对物种分布影响的研究还需要未来气候情景的数据，这可以从 IPCC 支持的不同大气环流模型（GCM, general circulation model）的预测中得到。但是 GCM 的模拟结果的空间分辨率大约比物种分布模拟所需的空间分辨率高出 1~2 个数量级，应用 GCM 的预测结果前也必须进行降尺度处理。与从气象站的观测数据通过统计方法插值到所需空间分辨率的网格分布数据不同，未来高分辨率气象数据的插值广泛采用"变因素插值方法"（changing factor method）。这种降尺度方法的原理是将粗尺度上（GCM 模型的网格分辨率）的时间变化趋势与现有气候数据中高分辨率的空间变异进行组合得到，是粗尺度上时间趋势因素与高分辨率局地空间变异因素之和。由于粗尺度的趋势在网格边界上存在较大跳跃，时间趋势因素在求和之前需要进行高分辨率的平滑处理（使用简单的双向线性插值或更为平滑的 Kriging 插值方法都可以）。经过这样的插值之后可以表现出既体现整体时间趋势又保留高分辨率局地变异信息，同时使得插值后的气候变量不会出现大网格的阶梯性边缘，实现气候变量的"无缝"降尺度。

变因素插值方法能够保存高分辨局地变异信息的前提条件是这些空间局地变异信息已知，而现存气候的高分辨率数据是获得上述信息的基础。现存气候的高分辨率数据可以通过前文所述的统计降尺度方法获得。因此未来气候数据的降尺度问题在理论上可以得到较为方便的解决。但是，这里存在一个假设条件：现有气候的局地变异成分在未来气候条件下保持不变。这一假说对于主要体现海拔影响的温度类因子来说应该基本正确，但对于局地降水局地空间变异方面可能并不可靠，特别是在山地条件下主风方向因大气环流模式发生变化的地区，可能会产生极为严重的偏差。关于这一问题目前尚无简洁的解决方案。

气候数据的降尺度处理应该在原始气象要素上进行（如每月的平均气温、月降水量等），降尺度得到了高分辨率的气象要素后再进行生物气候变量的运算才是正确的方法。因为降尺度过程需要用到不同类型气候因子的特异性特征，转化成导出的生物气候变量后再进行降尺度插值可能会产生难以预料的误差。

在气候变化预测的数据库应用方面，除了广泛应用的 WorldClim 数据库之外，本书部分作者开发的植物生物气候数据库（BioPlant）值得推荐（Kou et al.，2011）。因为该数据库所计算的生物气候变量更具有生态学意义（如生长季积温、生长季潜在蒸散、干燥度、温度降水同步性等），而 WorldClim（https：//www.worldclim.org/）所谓的生物气候因素只是考虑了季节性的气候变量统计量而已（如最冷季降水、最暖季均温等），其生态学意义并不十分明确。当然，这两个数据库都采用了变因素插值的降尺度方法。另外，使用类似的方法和相应的地理信息系统软件，其他研究者可以比较容易生成能满足自己特殊需求的气候或者生物气候数据。

此外，中国林业科学研究院和加拿大大不列颠哥伦比亚大学合作，利用动态海拔调整和双线性插值技术开发了气候模型 ClimateChina（Zhang et al.，2015）（彩图 7；表4-2）。ClimateChina 把 1961—1990 年 PRISM（Daly et al.，2002）数据进行降尺度处理，基于经纬度和海拔可以提取任意位置的年、季节和月气候变量。此模型采用双线性插值和动态海拔调整技术进行降尺度，可以输出 38 个直接和衍生的气候变量（Wang et al.，2006）。同时，以 PRISM 数据的降尺度技术为基础，也对 CRUTS 月气候变量（Mitchell et al.，2005）数据进行降尺度，得到 1901—2002 年的月、季节和年气候变量。此模型也对几个大气环流模式（GCM）模型在未来三个时间段的气候（2020s，20102039；2050s，2040—2069；2080s，2070—2099）进行了降尺度处理。其数据输出范围覆盖全国，可以输出 1901—2099 年间中国任意一地区的年、季节和月尺度上的历史和未来气候数据等 38 个常用气候变量（表4-3），基本满足林业生产和科研需求。

表4-2　气候模型软件与国外类似技术对比具有先进性

技术方法	精确性	操作简便度	是否考虑地形影响	是否受空间分辨率限制	是否内置气候数据
Anuspline	高	较难	是	是	否
PRISM	一般	较难	是	是	否
Kriging	一般	较难	否	否	否
Voronoi diagram	低	简单	否	否	否
ClimateChina	高	简单	是	否	是

表4-3　气候模型软件所输出的气候变量

变量	气候变量	缩写	英文
年变量	年平均气温（℃）	MAT	mean annual temperature（℃）
	平均最暖月气温（℃）	MWMT	mean warmest month temperature（℃）
	平均最冷月气温（℃）	MCMT	mean coldest month temperature（℃）
	气温年较差（℃）	TD	temperature difference between MWMT and MCMT, or continentality（℃）
	年平均降雨量（mm）	MAP	mean annual precipitation（mm）
	年平均夏季（5~9月）降雨量（mm）	MSP	mean annual summer（May to Sept.）precipitation（mm）
	年湿热指数	AH：M	annual heat：moisture index（MAT+10）/（MAP/1000）
	夏季湿热指数	SH：M	summer heat：moisture index（MWMT）/（MSP/1000）
	小于0℃积温（℃）	DD<0	degree-days below 0℃, chilling degree-days

（续）

变量	气候变量	缩写	英文
年变量	生长积温（℃）	DD>5	degree-days above 5℃，growing degree-days
	生长积温大于5℃的日数	DD5100	the Julian date on which DD>5 reaches 100，the date of budburst for most plants
	热度日	DD<18	degree-days below 18℃，heating degree-days
	冷度日	DD>18	degree-days above 18℃，cooling degree-days
	无霜日	NFFD	the number of frost-free days
	无霜期	FFP	frost-free period
	无霜日起始日	bFFP	the Julian date on which FFP begins
	无霜日结束日	eFFP	the Julian date on which FFP ends
	降雪量（前一年8月至当年7月）（mm）	PAS	precipitation as snow（mm）between August in previous year and July in current year
	过去30年极端最低气温（℃）	EMT	extreme minimum temperature over 30 years
季节变量	冬季平均气温（℃）	TAV_ wt	winter mean temperature（℃）
	春季平均气温（℃）	TAV_ sp	spring mean temperature（℃）
	夏季平均气温（℃）	TAV_ sm	summer mean temperature（℃）
	秋季平均气温（℃）	TAV_ at	autumn mean temperature（℃）
	冬季平均最高气温（℃）	TMAX_ wt	winter mean maximum temperature（℃）
	春季平均最高气温（℃）	TMAX_ sp	spring mean maximum temperature（℃）
	夏季平均最高气温（℃）	TMAX_ sm	summer mean maximum temperature（℃）
	秋季平均最高气温（℃）	TMAX_ at	autumn mean maximum temperature（℃）
	冬季平均最低气温（℃）	TMIN_ wt	winter mean minimum temperature（℃）
	春季平均最低气温（℃）	TMIN_ sp	spring mean minimum temperature（℃）
	夏季平均最低气温（℃）	TMIN_ sm	summer mean minimum temperature（℃）
	秋季平均最低气温（℃）	TMIN_ at	autumn mean minimum temperature（℃）
	冬季降水量（mm）	PPT_ wt	winter precipitation（mm）
	春季降水量（mm）	PPT_ sp	spring precipitation（mm）
	夏季降水量（mm）	PPT_ sm	summer precipitation（mm）
	秋季降水量（mm）	PPT_ at	autumn precipitation（mm）
月变量	月平均气温（℃）	TAV01-TAV12	January-December mean temperatures（℃）
	月平均最高气温（℃）	TMX01-TMX12	January-December maximum mean temperatures（℃）
	月平均最低气温（℃）	TMN01-TMN12	January-December minimum mean temperatures（℃）
	月平均降水量（mm）	PPT01- PPT12	January - December precipitation（mm）

四、物种分布数据来源及纠偏降噪处理

正确获取和处理物种分布数据是进行物种分布模拟中极为关键但常常被忽略的过

程。物种分布数据的来源和特征各式各样，有些存在很大的误差甚至错误，有些取样强度高度不平衡，还有一些数据不适合用于建立生态位模型。分布数据的质量太差会引起模型预测极度不可靠，甚至误导性结果。下面我们将对物种分布数据的筛选原则、对现有数据的纠偏和降噪处理等问题进行简要论述。

这里首先需要说明的是什么样的数据是理想的分布数据。首先是数据的准确性要高，包括出现点的地理坐标的准确性和物种辨别鉴定的可信性；其次是分布点的覆盖性要高，最好能够覆盖目标物种的整个分布范围（如按行政区域决定取样范围明显违反覆盖性要求）；再次，样本分布要尽量平衡，在某些区域里高强度取样，而在另一区域取样十分稀少会产生严重的不平衡，这个问题在综合多个数据源时常常会遇到；最后，最好（但不必须）有比较真实的物种不出现数据，拥有可信的物种不出现数据可以大大提高模型的预测精度。

比较适合于物种分布模拟的数据有如下几类：①标本记录数据：经过核准的标本记录在物种鉴别上最为可靠，缺点是早期标本记录的空间定位不准（使用 GPS 后该问题得到了很好的解决）。最近，以标本记录为主体的全球生物多样性信息系统（GBIF，global biodiversity facility）已经成为大量物种分布模拟的重要数据源，其原始出现点的记录达到数十亿。但是该系统是由参与组织自愿贡献而上传的，部分数据源是未经核准的，数据精度质量控制难于得到保证。另一问题是数据覆盖的区域性差异极大，有些区域数据高度密集（如北美和西欧），而有些区域数据严重不足，因此用户在数据使用上应该特别注意。②森林调查样地数据：该数据源具有高精度、高覆盖、取样平衡、物种出现和缺失信息高度可信的特点，但是数据十分庞大，处理上十分困难。还有些数据不能对公众开放，使该类数据源不能充分发挥其应有的作用；我们建议相关管理机构尽量提高其开放程度，至少对气候变化的研究核心团队充分开放。③各种类型的生态系统定位观测网络和区域尺度上的科考数据等：这类数据一般能够保证分布的覆盖度，但是取样的空间不均衡性是需要经过特殊处理才能很好加以利用的。④具有较高空间分辨率的植被分布图（如 1∶100 万中国植被分布图）：这类数据一般为多边形数据，需要经过一定方式取样后转换为样本点数据，而数据转换方式是否合理将影响到其可用性。这类数据另一局限是它的类群（物种数）覆盖较低，只能提供主要建群种或者特征中的信息。⑤业余爱好者的观测数据（citizen science）。这是最近国际上正在流行的一种数据获取方式，比较著名的包括全球性的观鸟数据、欧洲的蝴蝶观测数据、北美的野花数据。这类数据虽然在质量上不能得到充分保证，其好处是数据量可能极大，能够填补专业科学研究观测不足的问题。另外，实践证明只要专业人员提供少量的必要培训，公民参与的科学观测可以接近专业科学研究的水平。由于森林树种辨识相对容易，民众提供树种分布数据是一个可期待的领域。

不太适合于物种分布模型的数据可能包括植被区划图、示意性的物种分布范围图、各种文献和植物志里关于物种出现的文字性描述（常用地名而非地理坐标）等。这类不能提供准确地理坐标信息的数据来源只能作为辅助信息来利用。

将分布数据输入物种分布模型进行模拟前，一般需要经过一定程序的预处理。预处理主要目的是降噪和纠偏。通常用到的降噪处理包括如下几种方法：①排除错误的坐标点或者物种编号错误：这类明显的错误常常是由于数字输入中的字符丢失、小数点错位、经纬度表达方式（小数度与度分秒差别）或经纬度顺序倒转等原因引起的。这类错误尽管明显，但在数据库中经常出现，如果不加更正，有时可能得出荒谬的预测结果。②消除可疑的远程孤立分布点：一般来说远离主要分布区相对孤立的分布点可能是某类错误造成的，特别是物种鉴别错误的可能性很大，因此消除这些点是比较明智的选择。但是，有时这些孤立分布点并非错误，甚至是研究的焦点（如发现隐藏的生物多样性，预测可能的潜在分布区等），这些孤立分布点可能提供关键性的证据和信息；我们推荐这种情况下进行实地核实是一个必要的过程。③消除非自然的人工栽培样点：比如景观园林中的分布点，这类在人类强烈干预下的分布不能代表它们的基础生态位。当然对于已经自然化了的引进或者栽培种分布是否需要被消除还没有公认的解决办法。

物种分布模型中分布点的纠偏过程非常重要，主要目的是消除分布点取样高度不平衡可能带来的模拟运行不稳定性和预测偏差。不同类型的模型对于样本不平衡的容忍程度不同，但比较好的模拟实践是无论使用哪种模型，都先进行纠偏处理。最常见的纠偏技术是分布样点稀疏化，技术要点是根据一定的空间分辨率栅格化环境空间，对于每一栅格只随机抽取一个出现点样本，这样可以大大降低某些小区域内高度集中分布的样本点。这种稀疏化的依据是生态位模拟实质上是从地理空间上的样品点估计环境空间上的分布概率，每个地理栅格只对应一个环境空间点，在同一栅格上多次取样会造成环境空间上的生态位估计偏差，这种偏差在从环境空间投射回到地理空间时也必然带来系统性偏差。另一不太常用的纠偏过程多用于不同来源数据库结合使用的情况。由于不同数据库覆盖区域不同，它们的取样强度可能高度差异，会造成跨区域的样本不平衡，这也带来预测的偏差。按照取样强度低的区域的抽样强度重新进行统一的抽样是一个可行的解决方案。虽然该方法解决了偏差问题，但同时也带来了大量信息被丢失的问题，因此，是否要进行这样的处理是一个需要权衡的问题。

由于数据源的多样性和问题的复杂性，通常适用的纠偏降噪技术不可能解决所有问题。一个比较值得推荐的方法是把分布数据绘制到地图上，通过直观观察判断分布数据是否合乎常理，再根据存在的问题采用对应的处理技术。

在近期的物种分布模拟研究中，学者逐渐由包络分析模型（profile techniques）转向了分类判别分析模型（group discrimination techniques），这是由于包络分析模型中没有物种分布不存在数据对模型预估进行限制，因此包络分析模型倾向于过度估计物种分布（Barry et al.，2006；Elith et al.，2006；Chefaoui et al.，2008）。在应用分类判别分布模型开展研究时，经常遇到的问题是缺少物种不出现数据，这是由于物种分布出现数据多来自标本馆、博物馆和物种图集，只有物种出现记录。而在建模过程中通常采用的方法是随机选择物种分布不出现的数据（pseudo-absences）作为真实的物种分布不存在数据，然而，无物种出现记录的地区不等于物种绝对不适宜生存，这是由于历史或者生态的原因，适生区的物种可能受到了破坏。因此伪不出现数据（pseudo-absences)的产生可能也会影响模型的预估能力，尤其是对于物种出现记录稀少的稀有物种的模拟，对于广布种影响可能较小，广布种大量的物种出现数据可能会抵消错误选择的物种不出现数据的影响。

为了降低分类判别分析模型中物种伪不出现数据选择过程中可能存在物种真实出现数据这个噪音问题，张雷等（2011b）首先利用包络分析模型—DOMAIN 模型（http：//www.diva-gis.org/）生成毛竹（*Phyllostachys pubescens*）生境适宜性分布图，选取低生境适宜性的地区作为毛竹分布不出现数据，然后随同毛竹分布出现数据一起输入到分类判别分析模型——单一模型（NeuralEnsembles）（O'Hanley，2009）中进行毛竹分布的模拟（彩图 8）。结果表明，耦合模型（Domain+NeuralEnsembles）的预测精度比单一模型的预测精度高（图 4-2）。此外，耦合模型预测精度和单一模型预测精度（敏感度和 AUC 值）随着分布不出现数据取样的增大而逐步下降，但它们分别都维持在 0.90～0.93 和 0.95～0.98，预测精度属于极好一类，可以认为它们对分布不出现数据取样大小不敏感。而最大 Cohen's k-test 值随着不出现数据取样的增加而逐渐下降，在取样量大于物种分布出现数量的 50 倍时，耦合模型和单模型的 Cohen's k-test 值降落到 0.4 以下，模型预测精度属于失败一类。

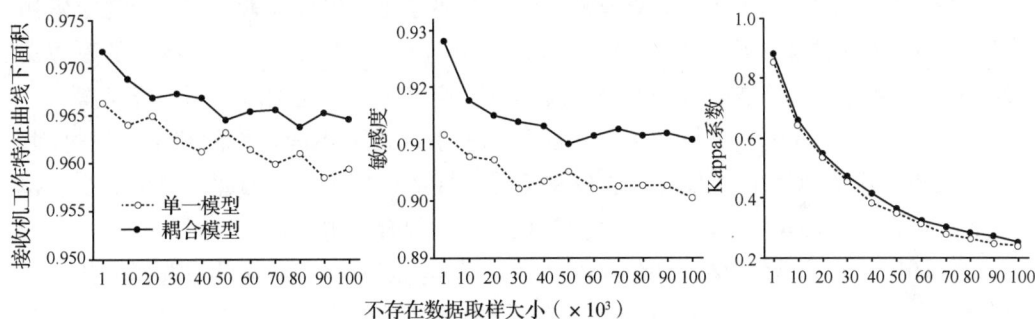

图 4-2　毛竹不存在数据取样大小对模型精度的影响[引自张雷等（2011a）]

以往多数物种分布模拟研究中所评估的对象至少具有较多个分布点数据，这极大限制了对稀少或认识较浅的树种的应用。另外，以往研究中树种分布数据大多来自已经调查的区域，忽略了非调查区也可能存在植物分布的可能性，利用这些具有噪声的数据进行气候变化效应评估，其结果具有极大的不确定性。模型耦合方法克服了以上两点限制条件，增强了模拟数据的有效性，即使在建模数据较少的情况下也可保证模拟预测结果较高的可靠性。

五、物种分布的组合集成模拟技术

物种分布模拟具有很强的应用性。对于应用于生产实践的技术方法和应用于科学探索性的技术方法比较而言，前者的质量控制更加重要。如果低估或者忽略了理论模型预测的不确定性，把预测机械地当成事实来应用可能产生严重的问题，甚至产生误导性结果。气候变化预测本身以及基于气候变化的物种分布模型模拟特别容易受到模型不确定性的困扰。气候变化分布区预测模拟的误差很多，除了气候预测的不确定性外（GCM预测和降尺度误差），模型类型选择引起的误差有时相当大。对于模型应用者而言，难于解决的问题是各种模型的表现难于得到意见一致的评价。另外的误差来源，如前面提到的分布数据的处理方式、预测变量的筛选、模型校准方案、模型参数设定等都可能是产生模型误差的根源。专门的方法论研究尚不能得到合理的解决办法，模型实际应用者更无法消除这类不确定性的影响。

针对这种情况，多模型集成组合模拟（ensemble modeling）方法非常适用。这种方法已经被引进到物种分布模拟领域（Araujo，2007）。实际上，在气候变化模拟方面，气象学家们早已熟知并应用了这种误差控制技术。该模型集成组合模拟技术的基本思想、方法和实施办法如下。

首先是模型组合的来源问题。除了不同模型类型外，另外还有3类产生不同模拟结果组合的原因，分别被称为初始条件设定、参数化过程以及模型边界条件。组合模拟可能涉及这4个因素的任意组合，当然也可以是全部组合。因此模拟组合的元素可以从比较少的几种到比较复杂的几百种，对于元素众多的模拟组合，组合规则制定及自动化处理是必须的。在物种分布模拟方面，需要考虑的组合元素包括：十几个常用模型有物种分布数据的不同处理方式、可以利用的GCM源数据、模型特定的参数选择、用于模型建立和校准的数据划分方式、模型输出时二元化地图的阈值设定等。一般而言，为了防止问题过分复杂化，一般只选取引起模型不确定性的几个关键过程。有研究表明不同模型算法可能是引起模型不确定性的首要因素，因此多模型组合模拟（或者也包含其他因素）是物种分布模拟领域主流的组合模拟方式。

获得组合模拟综合结果的整合方法主要分3类：第一类是最佳模型选择方法，是根据某些规则（如AUC、Kappa或者TSS等）从众多模拟结果中选择得分最高的模型和其他条件的组合，这种方法是最初级的组合方法，目前已不常用。因为存在选择标准不一致、选择结果不稳定、不同物种选择出来的模型不同、结果不可比较等一系列问题。第二类是模型平均算法，可以选取所有模拟结果（以每个栅格为单位）的均值、中值，或者按照一定权重的加权平均值来计算。其中加权平均方法中的权重是单一模型模拟质量的函数（如AUC，Kappa或者TSS）；模型质量权重也可能来源于预测方程优化程度的信息论量度（如AIC或者BIC）。第三类是组合模拟结果的概率密度表达方式，这种方式原则上不会丢失模拟组合的统计信息。简化的密度表达可以是整体预测的范围或者分位数，也有通过概率密度分布函数来表达组合模拟的分布信息。物种分布模拟结果整合常用简化表达，概率密度函数表达主要应用于方法论探讨的理论分析中。

近年来，利用组合预测方法评估气候变化对中国造林树种分布影响的研究也有开展。如Zhang等（2015）利用组合预测方法评估了气候变化对我国32个主要造林树种适生区分布的影响。研究发现根据9套不同的数据建立模型，其预测精度存在差异，即使针对同一模拟技术构建物种分布模型，多数模型预测精度（AUC、TSS、Cohen' k-test）也存在差异，甚至出现建模失败的现象（AUC<0.6，TSS和Cohen's k-test<0.4）；

总体来讲，广义加法模型（GAM）、广义助推法（GBM）、广义线性模型（GLM）、随机森林（RF）对数据分割过程不敏感，而多元自适应样条平滑函数（MARS）受数据分割过程影响最大，人工神经网络（ANN）、混合判别分析法（MDA）和分类回归树（CTA）受影响居中。模型之间预测精度也存在差异，其中 GAM、GBM、GLM 和 RF 预测精度较高，并且自身变异最小，MDA 自身预测精度变异最大，ANN、CTA 和 MARS 自身变异程度居中。不同树种的模拟预测精度之间存在差异，其中华北落叶松自身模拟预测精度变异最大；云南松、马尾松和兴安落叶松的模拟预测精度较高，且自身变异较小；其他树种预测精度及自身变异居中。

组合预测结果表明，未来气候条件下物种分布区面积变化和迁移方向的预测也存在不确定性。以油松分布模拟预测为例，张雷等（2011b）采用组合预测方法分析其模拟预测的不确定性，发现不同模型预测的油松分布区面积变化存在一定的差异（彩图9）。未来 3 个时间段（2020s、2050s 和 2080s）下油松面积变化频率直方图相似（图 4-3），绝大多数模型预测油松分布区面积将减少（0%~50%），但也有部分模型预测油松面积将增加，甚至增加的比例比较大（3.5~6 倍）。油松最适宜海拔分布高程变化也存在差异，2020s 时段，高程上升 0~350 m，2050s 时段有高程下降的预测出现，总体高程变化范围为-100~750 m，2080s 时段高程变化范围是-200~1500 m。随着预测时段的加大，高程变化变程增大。并且在未来 3 个时间段，高程变化幅度集中趋势不明显，总体比较均匀。气候变化导致油松分布区呈现 2 个方向的迁移趋势（图 4-4）。北向迁移距离与西向迁移距离相比，呈现出一定的集中趋势，2020s 时段北向迁移距离集中在 35 km 左右，2050s 时段北向迁移距离集中在 50 km 左右，2080s 时段集中在分布区重心几乎不迁移这个区间内。而西向迁移特征表现为：2020s 时段北向迁移距离集中在 50 km 左右，2050s 时段北向迁移距离集中在 125 km 左右，2080s 时段与前 2 个时段相比，集中趋势稍不明显，迁移距离多集中在 50 km 和 400 km 两个点左右。张雷等（2011b）对组合预测中的不确定性来源进行变异分割，结果表明，模型之间的差异对模拟预测结果不确定性的贡献最大且所占比例极高，而建模数据之间的差异贡献最小，GCM 贡献居中（彩图 10）。

当模拟模型存在不确定性的时候，其中一个改进模型模拟可靠性的方法是通过多套模型、多套模型参数、多套建模数据和环境情景组合建立一系列的模型进行预估，然后对预测结果的变程进行分析，或者对预测结果进行整合集成得到一套最终的预测结果，这个整合集成过程被称为一致性预测，其理论依据是中心极限定律。如采用 3个不同的一致性预测方法对 32 个树种分布区开展模拟预测，发现其预测精度具有一定的提高（图 4-5）。一致性预估不一定能提供最精确的预测，但是至少它是最保守的折中方案（Thuiller，2004）。因此一致性预测方法可以最大近似可能的预估气候变化对物种分布的影响（分布区面积的变化及迁移距离和方向）。随机森林和广义助推法与其他模型相比预测精度高、预测结果稳健（Lawler *et al.*，2006；张雷等，2014），其中一个重要的原因就是它们也是采用组合预测规则进行模型本身的构建（Araújo *et al.*，2007；Virkkala *et al.*，2010；张雷等，2014）。

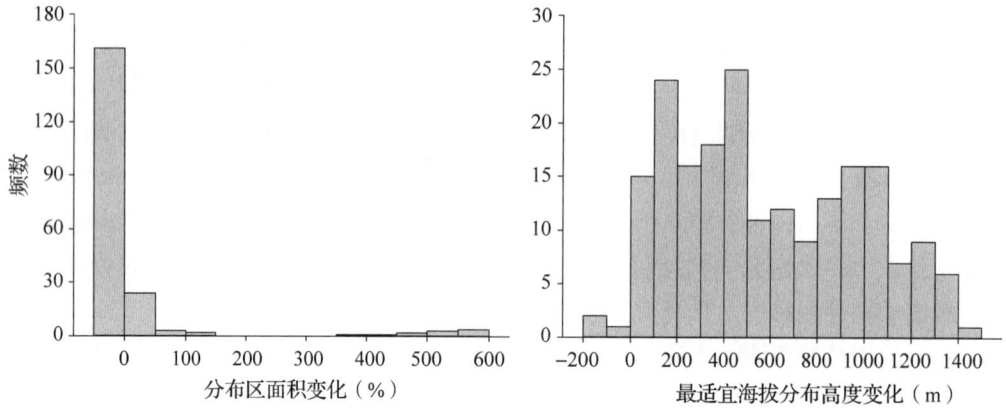

图4-3　未来(2080s)气候条件下油松分布区面积变化(左)和高程变化(右)直方图[引自张雷等(2011b)]

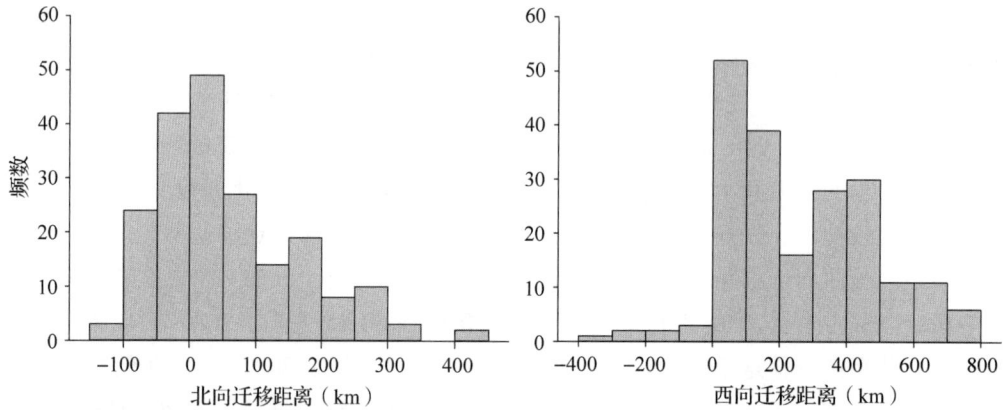

图4-4　未来(2080s)气候条件下油松分布区北向(左)和西向(右)迁移距离直方图[引自张雷等(2011b)]

　　组合预测可以使当前大量的物种分布预测模型、未来气候情景和物种发生区记录得到有效且充分的利用。虽然当前具有大量的物种分布模型，但是，组合预测也并不是不加选择的一味地对所有的模型进行汇总。Araújo 等(2005a)指出组合预测结果可靠性的高低还依赖于组合预测中所选择的模型类型，尤其是改进了建模数据质量的可靠性的模型；在组合预测中加入低精度的模型，尤其是当它们偏离了总体预测趋势时会影响一致性预测精度。Marmion 等(2009)也指出一致性预测方法并不一定比单个模型预测精度高，同样也不能保证可以高精度模拟预测当前物种分布的模型，对未来气候条件下的分布预估也不一定最可靠(Araújo *et al.*，2005b；Marmion *et al.*，2009)。

　　最后，我们可以推荐一个方便实施物种组合模拟的模拟平台 BIOMOD2。虽然这个平台并非是专门为组合模拟而开发的。但是它包含了十多种常用模拟模型，具有灵活的参数设置、自动化的模拟评价指标计算、多次随机模拟的处理机制等优点，非常适合在此基础上进行组合模拟。还有一个不可忽视的优点，即它是在代码开源的 R 平台下开发的程序包，使用者可以根据自己的需要做出任何必要的修改。

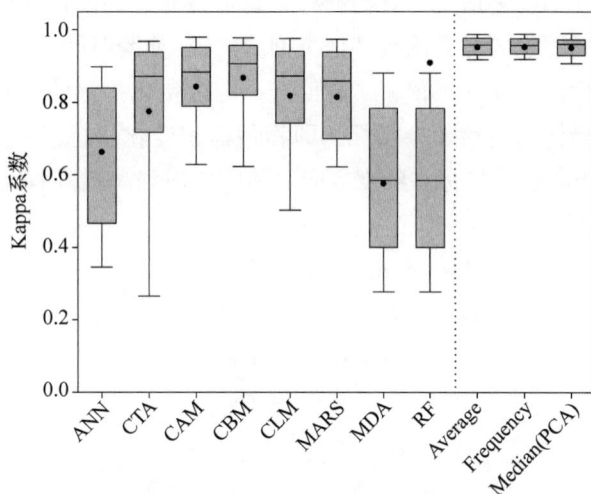

图 4-5 不同模型和不同一致性预测方法对树种分布的模拟预测精度

注：圆点代表平均值；Average. 以所有模型预测结果的平均值作为最终预测结果；Frequency. 所有预测结果中预测物种出现的模型数量比率作为最终预测结果；Median（PCA），首先利用主成分分析在同一套建模数据中选择一个最能代表 8 个模型总体预测趋势的模型，然后以所有被选模型的预测结果的中值作为最终预测结果；ANN. 人工神经网络；CTA. 分类树；GAM. 广义加法模型；GBT. 助推法；GLM. 广义线性模型；MDA. 混合判别分析；MARS. 多元自适应样条平滑函数；RF. 随机森林。

六、树种分布区迁移的定量评估

尽管需要注意的技术细节仍然很多，但随着物种分布模型软件的开发、未来气候情景环境变量的普遍可获得性，以及大规模物种分布数据的公开发行（如 GBIF），对大量物种进行气候变化分布区迁移模拟已经是容易实现的了。但是在大多数情况下，模拟结果只能直观地反映在传统的地图上。当只应用在少数具体物种并且不进行跨物种的比较时，这种模拟是有优势的，它们反映出的细节有时往往是十分重要的。但对大量物种进行模拟时，对输出的成百张或上千张分布图进行综合时，仅仅通过文字性描述是非常困难的，或者在进行跨物种、跨时段的比较时，语言描述是非常不准确的，这类研究需要经过适度简化的定量化指标。

以往传统的描述分布区变化的直观指标在地理学和生态学领域很早就存在，比如新旧分布区的面积大小比率、分布重叠率、中心位移等，但是这些指标都是基于传统的二元化地图模式，分布区只能表现为是，而非分布区为否，不能反映具有概率意义的适宜程度等，因此在物种分布模型的预测结果中的应用性范围受到很大限制。这个问题常规的解决方案是通过给出适宜度的阈值，将适宜度分布转化为二元化地图上的分布区图，然后进行相应计算。在这个过程中，阈值确定问题是一个风险很大的过程，一直困扰着这方面的研究。其一是二元分布区图对于阈值选择非常敏感，目前尚无表现稳定的阈值选择方案。更为严重的是，即使存在理想的阈值选择方法，对于一个物种的最佳阈值并不能够适用于其他物种，物种特异性的阈值使任何跨物种的比较失去意义。类似的问题也同样会困扰其他类型的比较(如跨时间或跨区域的比较)。

基于模糊逻辑理论建立的不依赖于阈值选择的定量化指标体系是一个消除这种困扰的新方法。该指标体系包括 5 个指标，即物种面积变化指标(I)、物种新旧分布区重叠指标(O)以及中心位移指标在经度方向、纬度方向和海拔高程上的 3 个维度(Dx、Dy 和 Dz)。计算公式：

$$I = \left[c(F_f) - c(F_p) \right] / c(F_p)$$
$$O = c(F_f \cap F_p) / c(F_f \cup F_p)$$
$$Dx = Cx_{end} - Cx_{start}$$
$$Dy = Cy_{end} - Cy_{start}$$
$$Dz = Cz_{end} - Cz_{start}$$
$$其中，Cx = \sum (M_{ij} * X_{ij}) / \sum X_{ij}$$
$$Cy = \sum (M_{ij} * Y_{ij}) / \sum Y_{ij}$$
$$Cz = \sum (M_{ij} * Z_{ij}) / \sum Z_{ij}$$

式中，c 为模糊集的基数；F_p 为当前分布模糊集合；F_f 为环境变化后预测分布模糊集合。

公式中涉及模糊逻辑的交集和并集、模糊隶属度、模糊分布广度(cardinality)等概念，具体细节参见 Kou 等(2011，2014)，这里不再赘述。这套指标体系比较全面概括了物种分布区迁移的各个方面，又克服了前述的阈值选取难题，为大量物种模拟结果的综合分析及各类分布区迁移比较提供了可靠平台。

七、树种分布区迁移的可视化

气候变化引起物种分布区迁移是一个普遍现象，绝大多数物种都会在不同程度上受到影响。应对气候变化的森林管理和经营所需考虑的树种数量很大，如果要针对所有涉及的树种、针对不同的气候变化情景和不同的时间阶段进行模拟，所需输出的地图数量会是惊人的(可能达到数千幅)；如果需要考虑稳健性，以及考虑不同模型预测的不确定性和进行模型结果比较，上述数据可能再上升一个数量级。

如果气候变化模型预测研究人员提供这样的地图给森林管理政策制定者，重要的信息会被埋没在地图的海洋里。同样，如果模拟者将模拟结果的数字化指标结果提供给管理者，又面临数字解读的问题。实践证明抽象的数据一般不能成为有效的沟通工具，经过适当简化的，保留重要信息的直观图像信息的可视化技术无疑具有巨大的沟通优势。物种分布迁移图示法在气候变化适应性管理方面应用前景巨大。可视化根据简化程度和表达方式不同有多种多样的实现方式，这里仅就最近开发的一种进行范例性的介绍。

图 4-6 是将上述方法应用于大量物种的范例。图中所选物种为 16 个松属树种，分

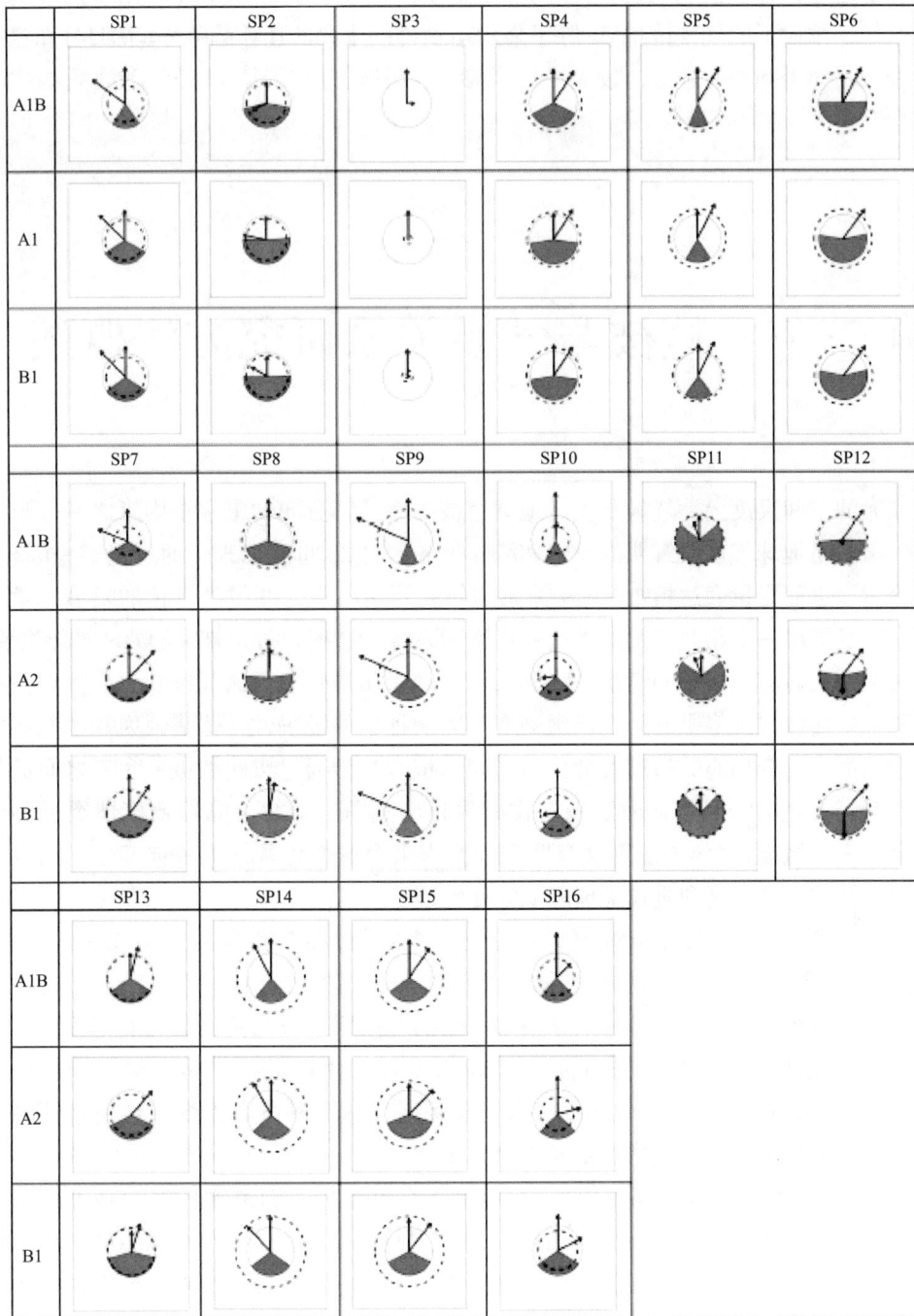

图 4-6　物种迁移示意图样例

注：SP1~16 代表 16 个样例松属物种；A1B、A2、B1 代表温室气体排放情景；垂直箭头的方向和长度表示重心垂直迁移的方向和距离；倾斜箭头的方向和长度表示重心水平迁移的方向和距离；实线圆圈和虚线圆圈的大小比例表示新旧分布区大小比例；扇形阴影的夹角与圆周角的比例表示新旧分布区重叠率。

别显示了这些物种在世纪初和世纪末的气候情景下的迁移视图（A1B、A2 和 B1 为不同温室气体排放下的气候情景）。除了显示出物种的重要的迁移趋势外（新旧分布区重叠率较低，向上和向北迁移比较流行），物种特异性的迁移特征也一目了然。

第三节　植被与气候关系研究方法概述

　　在大的空间尺度上，气候是决定地球植被类型及其分布的最主要因素之一，反过来讲，植被是地球气候最鲜明的反映和综合标志。自 20 世纪以来，通过气候-植被关系的分析，进而定量表达植被-气候关系的研究开始出现，并得到迅速的发展，学者们致力于发展出一个相互作用的大气—生物圈系统，试图通过植被-气候的耦合关系，使植被类型相对应于一定的气候（张新时，1993）。植被作为预测气候变化的气候模式的重要下垫面参数必将影响到气候预测及其影响评估的准确性，这是因为每个气候类型或分区都有一套相应的植被类型，而不同的植被类型通过影响植被—大气之间的物质和能量交换影响气候，从而影响植物的生长与竞争，最终可能导致植被类型的变化。定量表达植被-气候关系不仅有助于预测未来全球变化条件下植被变化，而且有助于利用植被信息回溯和重建地球环境演变轨迹。

　　气候—植被分类的定量研究可大致分为 3 个阶段（周广胜等，1999；Zhou *et al.*，2000）。第一个阶段是以现实自然植被类型与气候之间的统计相关性为特征，这一阶段还没有将对植物生理活动具有明显限制作用的气候因子作为植被分类的指标。其中著名的有（娄安如，1996）：Koppen、Thornthwaite、Holdridge、Box、Kira、Budyko、Neilson、Woodward、Bagnouls-Gaussen 等分类系统。这几种分类系统已被用来预测大的生态外貌植被类型，如植物群系或生物群区的分布。

　　Köppen 分类系统：Köppen（1936）发展了一个以生理学和植物分类为基础的生物气候分类方法，然后又由 Trewartha（1968）对其进行了修正，该系统是以温度、雨量的年平均值及其年变化为依据。该系统提出了 5 个主要生物气候指标来进行生物气候分类，其中 4 个是与热量有关，以温度和雨量及气温与降水的季节性特征描述和命名了气候类、亚类及类型。几经修正，现该系统已得到十分广泛的应用。其分类结构简单明了，气候界限和植被界限相一致，尤其在低纬度地区较适用。最大缺点之一是干燥气候的标准大半是人为的，其次没有考虑海拔对温度和气候分类的影响，此方法不适用于小范围的气候-植被分类。

　　Kira 分类系统：Kira（1945）根据热量指数和湿度指数绘制了植被气候分布图，显示出了热量和湿度与植被关系。根据温暖指数(WI)(即大于5℃的月平均气温之和)划分为极地永冻带、寒带、亚寒带、冷温带、暖温带、亚热带、热带，又根据 Köppen 干燥度指数(K)、Thornthwaite 的水分指数和 Angstrons 指数(CIH)作为湿度指数划分为5个带：强干燥带、干燥带、半干燥带、湿润带、过湿润带。最后将两者结合起来划分植被。此系统广泛应用于日本和中国植被—气候关系研究。由于温度指数和热量指数是从东亚植被与气候的关系研究中发展起来的，其干湿指数得于雨温关系较单一的夏雨型气候区，并不适用于高寒地区，在推广应用时需根据雨温关系进行适当调整。

Whittaker 分类系统：Whittaker(1951；1975)将世界主要植被类型与年均温和年降水联系起来，标示在年均温和年降水的图表上，显示出了植被类型按气候梯度分布的格局。

Holdridge 分类系统：此系统以生物温度(annual biotemperature)、降水和潜在蒸散率(potential evapotranspiration ratio)作为植被类型和其地理分布的具体气候指标(Holdridge，1947；1967)。Holdridge 的生命地带分类系统的特点是简明、合理且与植被类型密切相关，因而受到普遍重视，已广泛应用于全球变化中的植被—气候关系研究。

Penman 分类系统：可能蒸散(potential evapotranspiration)常被作为植被—气候关系分析与分类的综合指标。可能蒸散率是可能蒸散与降水的比率，是一个综合温度与水分平衡的气候指标，通常用来表征和评价植被的气候控制，或称为干燥度、干燥指数、湿润指数等，这些指数通常对应于一定的植被类型。Penman 分类系统由于所需气候指标较多，计算复杂，而且一些参数在一般台站没有记录，尽管该公式具有较好的物理学意义，而且计算较精确，但实际应还受到一定的限制。

Woodward 分类系统：此系统认为气候是限制植被分布的最重要因素，其中生长季的长度和温度、最低温度、雨量是与植被分布最密切的指标(Woodward，1987)。分为阔叶常绿、阔叶落叶、针叶与少树或无树、苔原等，并建立了一个世界性模型，预测了 CO_2 加倍后的植被变化情况，讨论了对生物多样性的影响。

Box 分类系统：Box(1981)利用1600个位点的气象资料，采用8个气候变量：月平均气温范围、最热月平均气温、最冷月平均气温、年均雨量、最大月平均雨量、最小月平均雨量、最热月平均雨量、年湿度指数与60多种生活型的相关性，形成了自己的分类系统。特别强调了湿度指数的重要性，在此基础上绘出了世界植被分布图。该系统已被用于全球变化与植被动态研究。

Budyko 分类系统：Budyko 分类系统利用年辐射平衡和干燥指数两个参数来划分植被气候类型。Budyko 曾对1600个大致均匀分布在陆地上的站点进行了辐射干燥度的计算，作出了世界分布图，证实与主要植被地带的空间配置颇为一致，再将地面辐射差额值的增加列在一条垂直线上，将辐射干燥度作为水平线，获得了全球性植被分布图。

第二个阶段是将对植物生理活动具有明显限制作用的气候因子作为气候—植被分类的指标，代表性模型：DOLY 模型 (Woodward，1987)、MAPSS 模型 (Neilson *et al.*，1992）和 BIOME1 模型（Prentice *et al.*，1992）。这类模型又称为生物地理模型（biogeography model），主要描述了植被的结构特征，如叶面积指数等，不足之处是这类模型关于植被类型—气候之间相互关系的描述是静态的，即植被—气候处于平衡状态，也没有反映植被的结构与功能的综合作用。

BIOME1 是一个综合考虑植物生理、植被等级、土壤和气候特性的全球植被分布模型，它以影响不同植物功能型分布的生理限定性为基础，预测植被外貌的全球格局，在全球尺度进行了比较成功的模拟。模型假设不同的植物型生活在一定的环境中，它们中间存在潜在的优势类型，生物群区是这些优势植物类型的归并。模型利用 13 个植物功能型（Plant Function Type，PFT）模拟产生 17 类生物群区。BIOME1 广泛用于植被格局和潜在碳储量预测，缺陷是其没有反映植被结构与功能的综合作用。

MAPPS 模型（Neilson，1995）通过月均温或有效积温等热量指标确定气候带，以及各种生态过程计算出的叶面积指数确定植被生活型，再由气候带和植被生活型的组成判定植被类型。

第 3 个阶段是将植物结构和功能的变化在植被的分类上得到综合体现。现有的气候-植被分类模型大都只模拟了植被—气候处于平衡状态时的状况，不能反映植被的功能，如植被净第一性生产力等的变化，因而不能反映植被的动态变化。目前，国际上已经有多个模型，如 BIOME3（4）模型（Haxeltine *et al.*，1996；Kaplan，2001）和 I-BIS（integrated biosphere simulator）模型（Foley *et al.*，1996）开始将植被的类型与植被的结构与功能有机地联系起来。

全球生物圈模型 BIOME3 利用碳水通量耦合计算每个植物功能型的通量，利用每个植物功能型的最适 NPP 作为竞争性指数，估计光竞争所驱动的自然干扰和演化之间的动态平衡来模拟植物功能型之间的竞争。BIOME3 把生物地理化学反应耦合到植被分布模型，将植被类型与植被结构和功能有机联系，使该类模型有了大的飞跃。BI-OME4 是一个交互式、平衡耦合的生物地理和生物化学模型，是由 BIOME3 发展而来，在 BIOME3 的基础上，它增加了 C3 和 C4 植物功能型，大幅度提高了所模拟的生物群区数量（28 个），尤其是对冻原、灌丛的模拟，并且增加了对自然火干扰制度的考虑。模型通过 13 种 PFT 的叶面积指数的变化值来模拟 NPP，并决定每一种 PFT 的最大NPP 值。

IBIS 模型以植被和地表的辐射变化为温度与湿度的驱动力，模型的主要控制量为光合作用与呼吸作用；光合作用模拟以 Farquhar 的叶片尺度瞬时光合模型为基础；呼吸模型计算了叶片、茎干、细根等的呼吸作用。IBIS 模型采用分级子模块的方式进行设计，按照运行时间步长的不同可分为陆面模型、植被物候模型、碳平衡模型和植被动态模型等 4 个子模块。IBIS 模型可以模拟广泛的多样的生态系统过程，包括：植被、大气和土壤间的能量、水、二氧化碳的交换；植被与土壤生态的生理过程（包括光合作用与呼吸作用）；植被季节的变化（包括春季的发芽、秋季的衰老与冬眠）；植被的生长和竞争；营养物质循环和土壤过程。

我国主要植被类型分布与气候的空间分异关系密切，目前已经有多种气候指标用于此研究。对地区尺度来说这种相关性仍然存在，但由于植被会受到局部地区不断变化的气候尤其是极端气候和人类活动的影响，这种相关性就变得不那么紧凑。国内也广泛开展了气候—植被分类研究，例如，吴正方等（2003）采用修正的 Holdridge 分类系统对将东北地区植被分为若干个生命地带系统并分析了其空间分布特征。运用 GCM 模式分析东北地区由于温室气体增加导致的气候变化趋势并评价东北地区植被分布的区域响应。李飞等（2008）以综合顺序分类法对植被进行分类，然后在 GIS 研究方法支持下，利用我国 2348 个气象台站 1961—1990 年 30 年的气候资料，对我国潜在植被类型进行了划分。赵茂盛等（2002）对 MAPSS 模型中的部分参数和过程进行调整，用改进后的模型模拟了中国当前潜在植被类型及叶面积指数分布。刘华民等（2004）系统地总结了潜在植被的研究，对潜在自然植被的概念、研究的时空尺度、研究方法等进行了论述。赵东升等（2006）总结了青藏高原的气候—植被模型研究。杨正宇等（2003）比较研究了 4 个常用的气候—植被分类模型：Penman 模型、Holdridge 生命地带系统、Kira 模型和 Thomthwaite 模型对中国植被分布模拟的一致性和适用性，结果表明，这 4 个气候—植被分类模型对中国植被区划一级分类的植被分布模拟效果较好，但是这 4 个模型均需改进或引入新的影响因子才能较好地模拟中国植被区划二级区划的植被地理分布。方精云（2001）利用植被—气候的平衡关系，采用反映热量状况的温暖指数和冬季低温的寒冷指数以及体现干湿气候状况的水分指数进行了中国东部植被带的划分。

但总体而言，我国关于气候—植被分类的研究还停留在利用国外模型或简单的统计分析水平，由于中国气候和植被分布的特殊性，中国的气候—植被分类还不能为国际上通用的模型所反映，特别是由于中国所具有的季风气候及号称世界"第三极"的青藏高原，使得中国气候—植被分类的特殊性常不能为国际上通用的模型所反映。如，Holdridge 生命地带系统（张新时，1993）。因此，应以我国植被生态系统为研究对象，针对自然植被分布特点，结合植被—气候平衡关系，构建适宜中国的气候—植被关系模型，并结合 GCM 模型，为中国区域气候模拟提供动态的植被类型。

第四节　中国主要森林树种地理分布对气候变化的响应

一、中国森林树种地理分布对气候变化响应模拟过程

森林树种的分布数据来源于有高空间分辨率的中国植被图(电子版 1∶100 万中国植被图)。由于森林优势种被应用于这个植被分布图的分类命名,因此这些树种的分布可以通过具有相应命名成分的植被类型获得。应用植被类型可以获取高可信度的出现点数据,但容易忽略作为伴生种零星分散在其他群落类型的出现点,会在一定程度上低估现实分布区。这个偏差在森林管理应用方面影响不大,因为该类研究关注的是构成森林的成分而不是树种本身的全部信息,这与一般植物学或者保护生物学的出发点是有一定差别的。

中国植被图是基于多边形数据存储的地图,要转化为物种分布模型需要的出现点数据才能被应用。这里我们采取了两次网格采样的方式获取样本点。第一次是将多边形的矢量地图在较高的空间分辨率上矢量化(0.5 分经纬度单位),这个较高精度的矢量化可以保证最小出现的多边形都会被捕捉到,以免因面积小于栅格面积而被丢失。第二次采样的空间分辨率与后续模拟环境变量的空间分辨率为相同栅格大小(5 分经纬度单位),在原来的精细网格上重新采样,采用原则是大栅格内任意一个小栅格出现过目标物种,就标定该栅格为出现栅格。最终的出现点样本为这些有物种出现的大栅格的中心点。这个过程实质上是上节所述样本稀疏化的一种处理方式。两次采样处理都是在 ARCGIS 平台下完成的。

模型应用的现实环境变量的时间为 1960—1990 年的平均气候要素,这个时间与中国植被绘制所用的植被调查时间基本一致。高分辨率(5 分经纬度单位)的气候数据的基本要素(月平均气温和月总降水量)从 WorldClim 网站下载。生物气候因子采用 Kou 等(2011)的定义和算法,通过 ARCGIS 的宏语言的脚本程序计算获得。

未来气候情景的生物气候变量从我们自己开发的 BioPlant 数据库中获得。该数据库从 IPCC 公布的 23 个 GCM 模型的预测中,通过前节所述的"变因素插值"的降尺度算法获得高分辨率的原始气候变量,之后再通过 ARCGIS 的宏语言的脚本程序计算生物气候变量。该数据库计算了 21 世纪中(2040—2060 AD)和世纪末(2080—2100

AD)，在 3 个温室气体排放情景下(A1B、A2 和 B1)的数据图层。

　　模拟全部在 MaxEnt 软件平台下完成。其中模型参数设定以及全部模拟过程采用运行文件脚本的方式执行(批处理文件)。这种模拟方式可以充分实现参数设定、运行和结果处理的自动化，还可以在不用人工界面干预下进行大量模拟，可以大大提高模拟效率。脚本文件模拟执行的另一重要优势是任何模拟的参数设定、模拟过程都被完整记录下来，有利于模拟存档、纠错以及后续处理。模拟输出方式选择了 logistic 输出，属于连续变量预测。

　　对所有物种采用组合模拟技术。组合模拟的元素为 5 个 GCM 模型的环境数据与 5 个预测因子集的组合，每个模拟组合含有 25 个元素。所选 5 个 GCM 为 EH5、HAD、IM3、MER 和 PC1。所选 5 个预测变量集合：(GDD0，Aridity)、(GDD0，T_ cold，Aridity)、(T_ mean，P_ total，Aridity)、(T_ mean，P_ total，P_ season，TP_ syn，Aridity)及(T_ cold，GDD0，P_ season，TP_ syn，Aridity)。其中 GDD0，Aridity，T_ mean，P_ total，T_ cold，P_ season，TP_ syn 分别代表 0℃生长积温、生长季干旱度、年平均气温、年降水量、最冷月平均气温、降水季节性、气温和降水的协同性。最终模拟输出结果为 25 个元素的预测中值。本书选取中值而非均值的好处是前者表现更加稳定，还可以消除个别很差的模拟结果对组合结果的不良影响。最后，我们还计算了组合模型的标准差，以估测模型的不确定性。

　　对于所有树种都做了统一的模型处理，预测了它们在 2 个时间段(21 世纪中期和 21 世纪末期)以及在 3 个温室气体排放情景下(A1B、A2 和 B1)的潜在分布。同时，我们还计算了前文所述的物种潜在分布区迁移指标。这些计算都是在 ARCGIS 的平台下完成，模型结果在后文中展示。

二、中国重要森林树种地理分布对气候变化的响应

　　考虑到南北气候差异及类群的代表性，我们选择了如下树种(不包含后文将详细研究的松科物种)：白桦、辽东栎、柏木、杉木、川滇高山栎、毛竹、水青冈和苦槠(表 4-4)。

　　白桦现在广泛分布于大兴安岭、小兴安岭和长白山北部。到 21 世纪中期，其在小兴安岭和长白山的适宜分布区已经大部分消失，仅存留在大兴安岭北部，到 21 世纪末期，分布区大幅度减少($I = -0.62$，-0.60，-0.48，分别对应于 21 世纪末的 A1B、A2 和 B1 排放情景，以后指标值按此顺序列出，不再另行说明)，新旧分布区重叠率较低($O = 0.30$，0.36，0.42)。分布区中心因南缘退缩而北移($Dy = 186$，175，$145km$)，并伴随海拔高度的提升($Dz = 290$，204，$202m$)。

　　辽东栎现主要分布于辽东半岛和华北北部山地，它的迁移模式也是北移为主($Dy = 395$，314，$266km$)，新旧分布区重叠率较低($O = 0.16$，0.31，0.27)，但是分布区面积变化不大($I = 0.12$，0.00，-0.06)，它向北扩展到长白山和大小兴安岭南部。

　　川滇高山栎的主要迁移对策是向海拔较高($Dz = 972$，777，$778m$)的西部迁移

($Dx=-247$，-239，$-221km$），纬向迁移很少（$Dy=39$，-24，$30km$）。分布区面积变化不大（$I=0.06$，0.00，0.15），新旧分布区重叠程度中等（$O=0.34$，0.45，0.43）。

毛竹是适宜分布区原地消散模式的典型。主要表现为大部分现有适宜分布区的适宜性降低或者消失，分布区面积大幅度减小（$I=-0.75$，-0.35，-0.52）。分布区中心移动较小，主要是分布区消散的附属效应，主要是南、北边界是收缩不对称引起的。苦槠的迁移模式与毛竹基本类似，在适宜分布区消失（$I=-0.78$，-0.51，-0.61）的程度上略大于毛竹。

水青冈的适宜分布区变化模式也与毛竹类似，分布区消散程度略低（$I=-0.59$，-0.40，-0.49）。但是不同之处是存在一定程度上的海拔提升（$Dz=927$，419，$644m$）和向西北方向的水平位移（$Dx=-294$，-108，$-205km$；$Dy=219$，167，$147km$）。

杉木是广泛分布于我国南部地区的广布种，也是我国南方的主要造林树种。在未来气候条件下整体适宜程度下降较多，适宜面积有较大程度的缩减（$I=-0.43$，-0.18，-0.26），而分布区地理范围、中心位置和海拔高度基本保持不变。

与杉木形成鲜明对照，柏木主要依靠分布区大范围的水平转移来响应未来气候变化（$Dx=223$，222，$236km$；$Dy=405$，270，$318km$），分布区面积的减小程度不大（$I=-0.26$，-0.22，-0.01），新旧分布区重叠率很低（$O=0.10$，0.24，0.19）。

综合各树种和各迁移指标，适宜分布区在 A1B 排放情景下迁移最为剧烈，表现为 I 偏离 0 的程度大，O 值更小，Dx、Dy、Dz 的数值（绝对值）更大。适宜分布区变化在 A2 情景下在一定程度上比 B1 情景程度略微偏小，但并非完全一致。

在未来气候变化的情景下，阔叶树的物种适宜分布区将有较大幅度的变迁，主要迁移趋势是北移或者海拔提升，或者兼而有之，北移和海拔提升可能存在补偿效应。由于我国主要森林分布区有东低西高的地形特点，海拔升高的对策需要分布区一定程度的西移来实现。

表 4-4　中国主要森林树种气候变化迁移指标

预测时间及 排放情景	物种名称	I 扩张指标	O 重叠指标	Dx(km) 经向迁移	Dy(km) 纬向迁移	Dz(m) 垂直迁移
世纪中叶 A1B 情景	白桦	-0.41	0.46	-143.61	143.57	188.56
	辽东栎	0.03	0.31	294.58	248.62	87.21
	柏木	0.09	0.23	205.92	239.37	-15.52
	杉木	-0.22	0.68	28.94	54.12	50.37
	川滇高山栎	0.09	0.47	-214.28	4.34	735.56
	毛竹	-0.43	0.43	11.21	90.63	130.45
	水青冈	-0.44	0.39	-190.39	100.19	556.41
	苦槠	-0.53	0.39	22.29	48.29	154.98

（续）

预测时间及排放情景	物种名称	I 扩张指标	O 重叠指标	Dx(km) 经向迁移	Dy(km) 纬向迁移	Dz(m) 垂直迁移
世纪中叶 A2 情景	白桦	-0.35	0.49	-146.88	106.21	189.83
	辽东栎	0.17	0.35	177.3	182.44	121.55
	柏木	0.01	0.27	215.47	231.32	-62.29
	杉木	-0.13	0.73	23.24	47.05	34.7
	川滇高山栎	-0.03	0.5	-183.9	-3.67	642.06
	毛竹	-0.28	0.54	15.66	77.86	66.07
	水青冈	-0.36	0.45	-84.87	133.69	318.73
	苦槠	-0.37	0.52	3.62	35	79.71
世纪中叶 B1 情景	白桦	-0.33	0.53	-154.27	77.75	185.67
	辽东栎	0.19	0.42	136.28	143.06	113.9
	柏木	0.05	0.32	207.25	195.27	-59.38
	杉木	-0.11	0.74	15.17	46.32	24.39
	川滇高山栎	-0.11	0.53	-134.79	8.79	490.87
	毛竹	-0.21	0.57	-1.38	75.68	68.02
	水青冈	-0.3	0.52	-46.36	123.38	202.8
	苦槠	-0.34	0.53	-13.74	25.69	103.59
世纪末 A1B 情景	白桦	-0.62	0.3	-220.3	185.83	289.68
	辽东栎	0.12	0.16	460.13	395.18	102.54
	柏木	-0.26	0.1	222.5	404.91	54.18
	杉木	-0.43	0.5	33.74	73.66	109.21
	川滇高山栎	0.06	0.34	-246.75	38.57	971.57
	毛竹	-0.75	0.18	-59.74	101.74	355.66
	水青冈	-0.59	0.21	-293.85	219.04	927.23
	苦槠	-0.78	0.18	-75.09	58.85	340.74
世纪末 A2 情景	白桦	-0.6	0.36	-105.74	174.77	103.77
	辽东栎	0	0.31	370.99	313.53	-79.53
	柏木	-0.22	0.24	222.12	270.21	-58.58
	杉木	-0.18	0.67	31.35	73.39	50.98
	川滇高山栎	0	0.45	-238.81	-23.77	776.53
	毛竹	-0.35	0.48	48.58	90.95	67.06
	水青冈	-0.4	0.39	-108.18	167.34	419.31
	苦槠	-0.51	0.4	-42.23	37.6	160.18
世纪末 B1 情景	白桦	-0.48	0.42	-155.84	145.01	202.09
	辽东栎	-0.06	0.27	333.75	266.27	94.86
	柏木	-0.01	0.19	235.84	317.92	-38.63

（续）

预测时间及 排放情景	物种名称	I 扩张指标	O 重叠指标	$Dx(km)$ 经向迁移	$Dy(km)$ 纬向迁移	$Dz(m)$ 垂直迁移
世纪末 B1情景	杉木	-0.26	0.65	58.46	60.4	29.1
	川滇高山栎	0.15	0.43	-220.51	30.23	778.38
	毛竹	-0.52	0.37	35.54	100.18	141.71
	水青冈	-0.49	0.33	-205.49	146.56	644.2
	苦槠	-0.61	0.34	11.02	38.6	175.2

三、中国松科树种地理分布对气候变化的响应

松科是一个大科，在中国分布的就有100多种。这里我们选择4个常见属，每属各选1个广布种和1个窄域种进行相应模拟。松属（红松和偃松）、落叶松属（华北落叶松和红杉）、冷杉属（臭冷杉、台湾冷杉和西藏冷杉）以及云杉属（雪岭云杉）。

针叶树种中最为特殊的是偃松，其未来适宜分布区在21世纪末期将完全消失（$I=-1.0$，无论哪种排放情景）。在21世纪中叶，A2和B1排放情景中尚存少量适宜分布区（不足5%），在A1B情景下也完全消失（表4-5）。

台湾冷杉消失的情形与偃松相近，但程度较低。适宜分布区将大幅度消失（$I=-0.79$，-0.77，-0.73分别针对A1B、A2和B1排放情景，以后按此顺序不再说明）。分布区海拔高度因为下界提升而有所抬高（$Dz=184$，189，170m）。

岷江冷杉以抬升海拔高度来响应未来气候变化（$Dz=727$，635，588m），为了找到适合的高海拔区域，它将向西迁移（$Dx=-244$，-266，-245km）。适宜分布区面积因排放情景不同而差异较大（$I=-0.44$，-0.14，0.10），新旧分布区重叠率较低（$O=0.22$，0.30，0.36）。

紫果云杉因与岷江冷杉现分布区接近而变化相似。与岷江冷杉比，其海拔提升幅度略低（$Dz=615$，555，529m）、分布区变化幅度较低（$I=-0.31$，-0.18，-0.11）、新旧分布区重叠率较高（$O=0.27$，0.35，0.39）、向西迁距离略短（$Dx=-184$，-180，-197km）。

红松在我国主要广泛分布于小兴安岭与长白山全境。在未来气候条件下适宜分布区大幅度减小（$I=-0.66$，-0.52，-0.55）。长白山区域残存很少，小兴安岭南部也消退殆尽，分布区主体移出中国北界。分布区中心因南部分布区整体大量消退而北移很多（$Dy=468$，329，385km），新旧分布区重叠率很低（$O=0.07$，0.21，0.18）。值得注意的是，红松可能在原来不适应的大兴安岭东部找到适宜度不高的潜在分布区。

比较不同温室气体排放情景下的分布区迁移指标，树种在A1B情景明显表现出更大的迁移程度。在A2与B1情景的迁移程度一般明显低于A1B情景，但是二者之间有时差异较大，并因物种而异。

针叶树进化历史悠久、生境要求相对特殊。除少数广布种外，较多树种分布于高

纬度或高海拔的边缘生境。因此，针叶树种在对气候变化响应方面可能面临更严峻的挑战。在未来变暖和变干的环境变化趋势下，适宜分布区将会进一步缩减（表 4-5），个别树种（如偃松）将完全失去适宜分布区，面临灭绝风险。

表 4-5　中国主要松科树种气候变化迁移指标

预测时间及排放情景	物种名称	I 扩张指标	O 重叠指标	Dx（km）经向迁移	Dy（km）纬向迁移	Dz（m）垂直迁移
世纪中叶 A1B 情景	岷江冷杉	0.11	0.45	−162.3	11.98	474.84
	台湾冷杉	−0.73	0.25	−23.06	0.91	175.35
	华北落叶松	0.23	0.37	−221.29	21.84	509.28
	红杉	0.18	0.46	−145.49	−2.71	501.98
	雪岭云杉	−0.22	0.32	−493.51	−208.67	1059.61
	西藏云杉	−0.22	0.4	−115.87	55.7	657.14
	红松	−0.61	0.2	−173.53	312.81	142.69
	偃松	−1	0	NA	NA	NA
世纪中叶 A2 情景	岷江冷杉	−0.22	0.42	−149.55	−31.02	464.83
	台湾冷杉	−0.72	0.26	−67.31	8.92	184.89
	华北落叶松	0.15	0.38	−333.86	−67.64	647.65
	红杉	0.04	0.49	−117.87	−3.12	436.77
	雪岭云杉	−0.23	0.36	−546.04	−217.09	1014.73
	西藏云杉	−0.2	0.42	−113.26	28.83	631.48
	红松	−0.56	0.24	−146.25	289.29	117.42
	偃松	−0.99	0.01	12.27	4.8	181.25
世纪中叶 B1 情景	岷江冷杉	−0.52	0.33	−77.24	−1.8	307.82
	台湾冷杉	−0.71	0.27	−78.8	10.12	189.8
	华北落叶松	0.2	0.44	−513.08	−247.19	850.22
	红杉	−0.04	0.52	−83.63	4.77	350.04
	雪岭云杉	−0.13	0.43	−364.63	−151.77	773.55
	西藏云杉	−0.24	0.44	−68.46	38.97	479.24
	红松	−0.36	0.35	−117.35	256.61	68.67
	偃松	−0.97	0.03	9.04	11.62	125.78
世纪末 A1B 情景	岷江冷杉	−0.44	0.22	−244.26	−20.88	726.6
	台湾冷杉	−0.79	0.2	−0.84	−5.04	183.93
	华北落叶松	−0.03	0.25	−518.22	−87.57	1003.5
	红杉	−0.19	0.32	−133.05	24.07	615.87
	雪岭云杉	−0.4	0.21	−685.02	−269.72	1408.56
	西藏云杉	−0.24	0.29	−184.95	81.9	1004.61
	红松	−0.66	0.07	−314.97	468.12	244.11
	偃松	−1	0	NA	NA	NA

（续）

预测时间及排放情景	物种名称	I 扩张指标	O 重叠指标	Dx(km) 经向迁移	Dy(km) 纬向迁移	Dz(m) 垂直迁移
世纪末 A2情景	岷江冷杉	-0.14	0.3	-265.73	-67.24	634.77
	台湾冷杉	-0.77	0.22	-23.61	-2.06	188.5
	华北落叶松	-0.12	0.37	-154.69	53.36	419.33
	红杉	-0.28	0.41	-141.62	-35.33	544.05
	雪岭云杉	-0.37	0.3	-686.96	-267.82	1212.52
	西藏云杉	-0.28	0.39	-149.7	4.72	694.1
	红松	-0.52	0.21	-192.39	328.71	141.33
	偃松	-1	0	NA	NA	NA
世纪末 B1情景	岷江冷杉	0.1	0.36	-224.55	-0.5	588.14
	台湾冷杉	-0.73	0.26	-16.93	-0.51	170.3
	华北落叶松	0.11	0.35	-270.58	-8.17	603.27
	红杉	0.09	0.42	-160.21	3.15	549.25
	雪岭云杉	-0.29	0.3	-639.8	-259.93	1213.34
	西藏云杉	-0.21	0.36	-148.05	76.38	778.02
	红松	-0.55	0.18	-180.08	384.65	102.91
	偃松	-1	0	NA	NA	NA

第五节　珍稀濒危树种珙桐和台湾杉地理分布对气候变化的响应

一、珙桐地理分布对气候变化的响应

珙桐（*Davidia involucrata* Baill）属珙桐科珙桐属，为落叶大乔木，高可达20m，起源古老，是第三纪古热带植物区系中的孑遗树种，也是世界著名的观赏树种，亦称为水梨子或鸽子树，属于国家一级保护野生植物。在晚白垩纪和第三纪时期，珙桐广泛分布于世界许多地区，我国亚热带及温带地区也有分布，但经过第四纪冰川后珙桐在世界绝大多数地区已消失，仅在我国西南地区有分布。目前珙桐产湖北西部、湖南西部、四川以及贵州和云南两省的北部。在四川西部的宝兴、天全、峨眉、马边、峨边等县极常见；生于海拔1500~2200m的润湿的常绿阔叶落叶阔叶混交林中。珙桐的自然分布区十分狭窄，而且呈现为不连续的、星状的分布，再加上在自然条件下珙桐种子出苗率很低，种群更新严重不良，逐渐面临灭绝的危险。

应用Zhang等（2015）中的树种组合集成预测技术，预测了国家濒危珍稀植物——珙桐在当前和未来（2050s，2040—2069）气候情景下的潜在适生区变化（彩图11）。结果发现由于未来的气候变化，导致2050s时珙桐的适生区面积增加7.0%，并且原适生区面积将缩小32.0%，新增适生区39.05%。同时气候变化也导致珙桐最适宜海拔分布高度从1601 m升高到2035 m，分布区中心向西北方向迁移85 km。海拔高度和分布区中心的变化是由于分布区分布范围变化导致的。

二、台湾杉地理分布对气候变化的响应

台湾杉（*Taiwania cryptomerioides* Hayata）又称秃杉、土杉、香杉，属杉科台湾杉属常绿乔木，起源古老，是第三纪古热带植物区系的孑遗种，是世界珍稀珍贵常绿树种。台湾杉树形高大挺拔，干形通直，高达30~50 m，生长快，林木适应性较强，寿命长可达2000年，病虫害少，产材量高，材质优良，是我国南方海拔800~1300 m左右低中山地区造林的优良珍贵用材树种之一，目前已有成片的人工林生长。台湾杉枝叶茂密、树形优美，具有极高观赏价值。此外，台湾杉树冠高，根系十分发达，是理想的水源涵养林、水土保持林的造林树种，对保持土壤、涵养水源等都具有十分重要的生态意义和经济意义。长期以来，因遭受大量采伐，自然分布区日见狭窄，数量急剧减少，加之台湾杉开花结实晚，结实量小，种子发芽率低、天然更新困难，正处于濒临灭绝。由于台湾杉林分布在具有复杂多样的生境，预示着拥有较大的遗传变异性。在1999年8月，国务院批准的《国家重点保护野生植物（第一批）》中，被列为国家二级保护濒危植物。

应用与珙桐同样的方法，模拟预测了气候变化对台湾杉生境适宜性的影响（彩图12）。结果发现由于未来的气候变化，导致2050s时台湾杉的适生区面积减小76.5%，并且只发生原适生区面积缩小而没有新适生区增加。同时气候变化也导致台湾杉最适宜海拔分布高度从1116 m升高到2045 m，分布区中心向西迁移425 km，向北迁移56 km。海拔高度和分布区中心的变化是由于分布区分布范围变化导致的。

第六节　中国植被地理分布对气候变化的响应与造林潜力区识别

一、未来气候变化对中国自然植被地理分布的影响

中国广泛开展了气候-植被关系研究,然而多利用国外的模型及植被分类系统进行我国植被分类及分布区的模拟与预测(赵茂盛等,2002;赵东升等,2006;孙艳玲等,2007),如,采用的模型包括 BIOME1(Weng *et al.*,2006)、BIOME3(Ni *et al.*,2000;Jiang,2008)、KBIOME(潘愉德等,2001)和 LPJ 模型(孙艳玲等,2007)等。在中国特有的植被—气候特点以及东部区域遭受长久且深刻的人为影响的现实条件下,尤其是由于我国所具有的季风气候及青藏高原的影响,导致我国植被—气候关系具有一定的特殊性,即使和我国潜在植被类型相同的全球其他地区,二者的气候状况差异也很大。由于中外植被分类系统的规则不同,因此这些模型不能完全适宜于中国植被分布模拟预测(赵茂盛等,2002;赵东升等,2006;孙艳玲等,2007),所以探索中国各种植被类型的环境限制因子并评估气候变化对植被分布的潜在影响十分必要,也急需开发耦合了植被结构和功能的气候—植被模型来更加精确地预估气候变化,并评估气候变化可能带来的潜在影响。

气候—植被关系的建立是开展全球气候变化对植被影响的基础。中国大部分地区,尤其是东部地区的原生植被已遭到严重破坏,根据地带性原生植被及其衍生植被类型的分布,确定植被类型分布与限制性气候因子的关系,以此来建立植被—气候关系模型,进而进行植被潜在分布的模拟预测不仅反映植被—气候间密不可分的关系,在实践上也便于操作。尽管在一些植被类型的命名、具体分布界线的划定上有分歧,但最近的中国植被分区方案大都认为我国基本的植被区有针叶林、针阔叶混交林、落叶阔叶林、常绿落叶阔叶混交林、常绿阔叶林以及雨林季雨林、草甸草原、荒漠草原、典型草原、荒漠以及青藏高原高寒植被(陈灵芝,1994;中国科学院中国植被图编辑委员会,2001;Fang *et al.*,2002)。

为了尽可能反映气候—植被之间的关系,张雷(2011)根据《中国植被》和《中国森林》等著作中关于中国各个地区的地带性植被类型描述以及植被演替状态,选取能代表本地气候特征的原生地带性植被类型,而非次生植被类型,进而划分为 16 个主要

的植被类型(表4-6);根据各个植被类型的优势植物种和相关植物区系资料的植物特征描述,为每个植物功能型选择代表性植物种类。基于每个植被类型中优势种的地理分布,结合1∶100万中国植被图绘制出该植物功能类型的地理分布图。根据植被—气候之间静态平衡关系假设,以中国各地的16个主要地带性原生植被类型为基础,筛选对植被分布有限制作用的18个气候因子,计算植物类型的气候限制参数值,然后采用机器学习随机森林算法把植被与气候之间的相关关系进行连接,构建植被—气候关系模型,进而预测植被当前潜在分布以及未来气候情景下的潜在分布。关于随机森林算法的基本介绍参见张雷等(2014)。模型预测精度评估结果表明随机森林模型可以较好地模拟预测植被的分布,其总体预测误差为0.168,生产者和使用者精度都普遍较高,其中其预测精度较低的也都大于0.5,高寒荒漠、亚热带落叶阔叶常绿阔叶混交林和亚高山常绿灌丛较低(表4-7)。通过随机森林构建的气候—植被分类关系模型能对中国植被类型的空间分布进行较好的模拟,同时植被潜在分布模拟结果可以为中国植被区划奠定理论基础。由于中外关于植被分类系统的规则不同,因此克服了国外模型不能完全适宜中国地区的缺点(如高寒荒漠无法表达,国外模型中 Savanna 中国不存在),进一步来讲,建立的植被—气候模型可以与生物地球化学模型相耦合进而预测中国植被的动态变化。

表 4-6　模型中采用的中国植被主要类型

植被类型	代码	英文名称
高寒荒漠	AD	Alpine desert
高寒草甸	AM	Alpine meadow
高寒草原	AS	Alpine steppe
北方针叶林	BCF	Boreal coniferous forest
亚热带常绿阔叶林	SEBF	Subtropical evergreen-broadleaf forest
亚热带常绿落叶阔叶混交林	SEDMF	Subtropical evergreen and deciduous broadleaf mixed forest
亚高山常绿灌丛	SES	Subalpine evergreen shrub
亚热带山地针叶林	SMCF	Subtropical mountainous cool coniferous forest
温带针阔混交林	TCBMF	Temperate coniferous-broadleaf mixed forest
温带阔叶落叶林	TDBF	Temperate deciduous-broadleaf forest
温带荒漠草原	TDS	Temperate desert steppe
温带半乔木荒漠	TDSD	Temperate dwarf semi-arboreous desert
温带草甸草原	TMS	Temperate meadow steppe
热带雨林季雨林	TRMF	Tropical rainforest and monsoon forest
温带灌木荒漠	TSD	Temperate shrub desert and dwarf semi-shrub desert
温带典型草原	TYS	Temperate typical steppe

气候变化对生态系统产生的可能影响已经引起了广泛关注。准确预估未来气候变化,以及气候变化对生态系统的潜在影响已经是国际社会的共识目标,这一目标能否实现,依赖于未来气候预估的准确性和气候—植被关系的建立(刘华民等,2004)。基

于当前现状植被分布，研究植被—气候关系会受到人为干扰的影响，人类活动影响了真实的植被—气候之间的关系。而基于潜在植被分布，研究植被—气候关系可以真实反映自然条件下气候变化对植被的影响（刘华民等，2004）。

表 4-7　模型预测精度

	AD	AM	AS	BCF	SEBF	SEDMF	SES	SMCF
生产者精度	0.589	0.835	0.843	0.946	0.838	0.518	0.534	0.652
使用者精度	0.664	0.818	0.810	0.964	0.818	0.692	0.595	0.637
	TCBMF	TDBF	TDS	TDSD	TMS	TRMF	TSD	TYS
生产者精度	0.972	0.887	0.646	0.655	0.648	0.800	0.931	0.835
使用者精度	0.919	0.910	0.702	0.785	0.799	0.797	0.884	0.832
范围外误差	0.168							

注：植被类型缩写见表 4-6。

采用 BCCR_BCM2.0（Bjerknes Centre for Climate Research）大气环流模式（GCM）在 a2 气候情景下未来气候变化数据，张雷（2011）基于随机森林构建的植被—气候关系模型，预测了未来 3 个不同时间段（2020s、2050s、2080s）的中国自然植被地理分布的变化（彩图 13）。预测表明：温带阔叶落叶林、热带雨林季雨林、温带荒漠草原、温带典型草原、温带灌木荒漠和亚热带、热带山地针叶林的面积都逐渐增加。高寒草甸、高寒草原、高寒荒漠、亚高山常绿灌丛、温带针阔混交林、北方针叶林面积将逐步减少。亚热带常绿阔叶林在 3 个未来时间段，面积几乎无变化。亚热带常绿落叶阔叶混交林未来分布面积与当前相比增加。温带半乔木荒漠面积变化没有明显规律，面积大小为：2080s>当前>2050s>2020s。温带草甸草原未来分布面积与当前相比将减少，但在未来 3 种气候情景下面积几乎保持一致。总体来讲，未来森林、温带荒漠（温带半乔木荒漠+温带灌木荒漠）的分布面积将逐步增加，青藏高原植被类型（高寒荒漠+高寒草原+高寒草甸）分布面积将缩小，草原面积（温带典型草原+温带草甸草原+温带荒漠草原）略有增加。

根据张雷（2011）的预测结果，未来气候变化后中国主要植被类型普遍表现为北向迁移特征，但是高寒草甸、温带荒漠草原将逐步向南迁移；高寒草原在 2050s 时段分布区没有迁移，但在其他 2 个时段会向南迁移。北方针叶林向北迁移。温带典型草原在 2020s、2050s 时段北向迁移，在 2080s 时段向南迁移。未来气候条件下，植被除表现出一定纬向迁移特定外，还具有经度方向上的迁移特征。随着时间的推移，未来亚热带常绿阔叶林、亚热带山地针叶林、温带半乔木荒漠、热带雨林季雨林、亚高山常绿灌丛将逐渐向西迁移；亚热带常绿落叶阔叶混交林、温带阔叶落叶林、高寒草甸、温带草甸草原、将逐渐向东迁移。其他植被类型未来迁移方向不固定，高寒草原在未来 2020s 和 2050s 时段向西迁移，2080s 时段向东迁移。高寒荒漠在未来 2020s 时段向东迁移，2050s 和 2080s 时段向西迁移。北方针叶林在未来 2020s 时段向西迁移，2050s 和 2080s 时段向东迁移。温带典型草原 2020s 时段向东迁移，2050s 和 2080s 时段向西迁移。温带荒漠草原除 2020s 时段向东迁移外，在其余时段都将逐渐向西迁移。温带灌木荒漠除 2020s 时段向西迁移外，在其余时段都将逐渐向东迁移。气候变化普遍导致植被类型平均高程上升，且随着预测时段的加大，平均海拔高程上升的幅度也加大。但也有部分植被类型平均高程下降，如亚热带常绿落叶阔叶混交林(SEDMF)、温带半乔木荒漠(TDSD)和温带草甸草原(TMS)平均海拔高程下降。

未来气候条件下的植被类型分布与当前分布进行对比，植被类型会发生转换(张雷，2011)。高寒荒漠将有极大一部分转化为高寒草原。部分高寒草原转化为高寒草甸，反之也存在；同样的情况也发生在其他相接近的植被类型之间，如亚高山常绿灌丛和亚热带山地针叶林之间、亚热带常绿阔叶树林和亚热带落叶阔叶常绿阔叶混交林之间、温带灌木荒漠和温带典型草原之间、温带荒漠草原和温带典型草原之间、温带草甸草原和温带阔叶落叶林之间、北方针叶林和温带针阔混交林之间、温带落叶阔叶林和亚热带常绿落叶阔叶混交林之间、温带灌木荒漠和温带荒漠草原之间。此外，青藏高原植被发生明显的植被类型转化，如部分高寒草甸和高寒草原转化为温带典型草原，部分高寒草原、高寒草甸和高寒荒漠转化为温带荒漠草原。青藏高原植被——高寒草甸、高寒草原和高寒荒漠有暖性化的趋势。

基于气候—植被之间的静态平衡关系，可以快速进行植被分类，预测气候变化对植被分布的影响，在这方面我国开展了许多研究工作。这些工作在预测未来气候变化对植被分布影响时，具有一些普遍相同的研究结果：①中国森林分布区面积增加，总体上将向北迁移；森林北部分布边界向北迁移，南部分布边界向北退缩；北方针叶林面积退缩幅度最大；②青藏高原草甸、草原和荒漠有暖性化趋势；③温带草甸草原面积下降，温带典型草原和温带荒漠面积增加。虽然多数研究存在相似相近的研究结果，但针对具体的植被类型也存在部分差异较大的结果，主要原因来自三个方面：①植被分类系统不同，即使采用的植被类型或植被功能型名称一样，其中物种组成和空间分布范围也不同；②模型类型不同，如气候—植被相关模型与过程模型；③采用的气候情景不同，部分研究采用 GCM 模型(如，Weng et al.，2006；Jiang，2008；赵茂盛等，2002)，部分采用自定义气候变化情景(如，Gao et al.，2000)，部分研究对历史上不同阶段的潜在植被类型分布进行分析(如，Yue et al.，2005；孙艳玲等，2007)。为了克服国外模型中植被类型与中国现实不匹配的问题，一些研究者对国外的模型进行了参数修改以适用于中国现状，如针对 LPJ 模型(孙艳玲等，2007)、MAPSS 模型(赵茂盛等，2002)和 BIOME3 模型(Ni，2000)的应用研究。

假设气候和植被之间是一种静态平衡关系，如果气候变化导致气候区发生迁移，那么植被的迁移也会同时发生。但是现实条件下是植被迁移滞后于气候变化，因此气候变化和植被迁移之间存在时间滞后现象。另外，由于自然系统的复杂性，不可能通过简单的模型完全把系统进行描述，只考虑气候对植被分布的影响，而不考虑非气候因素对植被分布的影响也导致预测结果的不确定性。如，Sun 和 Feoli (1991)曾试图采用 104 个气候变量来建立我国植被—气候关系模型，但是由于只采用了气候因子，因此模型精度仅为 37.4%。在 Sun 和 Feoli (1991)的基础上，当把土壤因子作为限制

因子，海拔高程作为影响因子引入到气候—植被模型之后，模型预测精度达到了 74%
（陈育峰等，1996；李克让等，2000）。Baker 等（2010）利用 Köppen-Trewartha 气候—
植被分类规则预估气候变化对中国植被分布的影响，同时也利用多元时空聚类规则
（Multivariate Spatio-Temporal Clustering algorithm）对气候、土壤和植被进行聚类分析，
结果表明，气候变化将导致新环境条件的产生，即新的气候—土壤—植被组合。虽然
张雷（2011）试图把土壤作为限制因子加入模型中，由于其对模型预测精度的改进仅仅
为 1.02%，基于模型简化原则，所以最终建立的植被—气候关系模型没有考虑土壤因
子的限制作用。由于气候变化预估的不确定性以及植被对气候变化响应的不确定性，
目前在气候变化对植被影响研究方面还不能得到完全一致的结论（Wang *et al.*，
1995）。尽管预估气候变化对植被分布影响存在不确实性，但是，我们可以合理的推
测，如果气候变化正如气候模型预估的一样，那么中国植被会向着所预测的方向发展
变化。

二、气候变化背景下中国植树造林潜力区识别

作为一种基于自然的解决方案，植树造林在应对全球变暖、生物多样性丧失、环
境退化以及增进人类福祉等方面发挥着至关重要的作用，并且还具有低成本的突出特
征。为助力碳中和目标的实现及生态文明建设，我国致力于进一步加强植树造林工
作。虽然我国是全球公认的植树造林工作的领先者和领导者，在国内外都被誉为世界
上为数不多的环境改良成功案例之一。然而，我国的造林工作应该主要在哪里开展，
还没有得到广泛一致性的理解和认同，缺乏一套明确的指导方针。为此，Zhang 等
（2022）首先总结了我国与植树造林相关的一系列大规模林业生态建设工程在森林面积
和森林蓄积双增长、生态服务供给、气候变化减缓、环境治理和民生改善等诸多方面
取得的巨大成功，然后重点从概念上提出胡焕庸线东西两侧分别是我国森林和草原工
作的主战场。该研究基于对森林、草地、灌丛和荒漠在当前和未来气候条件下的空间
生境（生态位）进行了模拟预测，指出无论在当前还是在未来气候变化条件下，我国造
林潜力区主要集中在我国东部地区，即胡焕庸线（黑河—腾冲线）以东，藉此在胡焕庸
线以东开展以植树为手段的造林活动，有利于森林生态服务功能的最优组合发挥，也
是增加森林碳汇功能最适宜的植树造林区；并且胡焕庸线沿线地带性植被为非森林的
地区树种种植导致的大量造林不成功证据进一步强化了这一观点，此外这些证据也进
一步说明"植树"并不等同于"造林"（种树并不一定会得到森林）。

同时，基于最新的未来气候变化数据，Zhang 等（2022）预测在未来气候变暖情况
下，我国森林在纬向、经向和海拔上的分布将会发生巨大迁移，多数森林类型的适生
区呈现出向高纬度和高海拔地区迁移的趋势；与当前相比预计到 21 世纪 50 年代
（2051—2060 年）和 21 世纪 70 年代（2071—2080 年），森林潜在适生区面积将分别增
加 2271 万 hm² 和 3310 万 hm²，主要得益于未来胡焕庸线沿线地区的草地和灌木林向
森林的转变，这表明未来气候变化会为我国带来千万公顷以上的潜在造林地（当然这

一数值估计是未考虑人居和农业对土地竞争情况下的结果），意味着我国林业部门未来通过造林活动可为减缓气候变暖、实现碳中和做出更大贡献。为增强这一结果的可信性，该研究还收集到了过去150年气候变化导致我国森林分布区发生明显迁移的许多证据，具体可表现为山区植被交错带地区发生的森林与森林之间以及森林与灌丛和草地之间的互相转换取代，并且气候变暖速率越大的地区森林分布区向高海拔地区迁移的距离越长（见本章第一节）。此外，该研究也对我国草地、荒漠和灌丛这些植被类型的地理适生区进行了分析，发现未来气候变化将会导致荒漠面积增加，草地和灌丛面积减少；并且草地是胡焕庸线以西主要优势植被类型，结合前人研究成果，该研究强调草地恢复是胡焕庸线以西最佳的植被生态恢复方案。

参考文献

陈灵芝，1994. 中国植被类型多样性及其保护对策[M]//中国科学院生物多样性委员会，林业部野
　　生动物和森林植物保护司. 生物多样性研究进展——首届全国生物多样性保护与持续利用研讨会
　　论文集. 北京：中国科学技术出版社.

陈育峰，李克让，1996. 地理信息系统支持下全球气候变化对中国植被分布的可能影响研究[J]. 地
　　理学报，51(增刊)：26-39.

方精云，2001. 也论我国东部植被带的划分[J]. 植物学报，43(5)：522-533.

李斌，张金屯，2003. 黄土高原地区植被与气候的关系[J]. 生态学报，23(1)：82-89.

李飞，赵军，赵传燕，等，2008. 中国潜在植被空间分布格局[J]. 生态学报，28(11)：5347-5354.

李克让，陈育峰，黄玫，等，2000. 气候变化对土地覆被变化的影响及其反馈模型[J]. 地理学报，
　　55(增刊)：57-63.

刘华民，吴绍洪，郑度，等，2004. 潜在植被研究与展望[J]. 地理科学进展，23(1)：62-70.

娄安如，1996. 植被—气候关系研究概述[J]. 生物学通报，31(5)：10-12.

倪健，宋永昌，1997. 中国青冈的地理分布与气候的关系[J]. 植物学报，39(5)：451-460.

牛建明，呼和，2000. 我国植被与环境关系研究进展[J]. 内蒙古大学学报，31(1)：76-80.

潘愉德，Melillo J M，Kicklighter D W，等，2001. 大气 CO_2 升高及气候变化对中国陆地生态系统结
　　构与功能的制约和影响[J]. 植物生态学报，25(2)：175-189.

孙艳玲，延晓冬，谢德体，等，2007. 应用动态植被模型 LPJ 模拟中国植被变化研究[J]. 西南大学
　　学报(自然科学版)，29(11)：86-92.

吴正方，靳英华，刘吉平，等，2003. 东北地区植被分布全球气候变化区域响应[J]. 地理科学，23
　　(5)：565-570.

杨正宇，周广胜，杨奠安，2003. 4 个常用的气候-植被分类模型对中国植被分布模拟的比较研究
　　[J]. 植物生态学报，27(5)：587-593.

张雷，刘世荣，孙鹏森，等，2011a. 基于 DOMAIN 和 NeuralEnsembles 模型预估中国毛竹潜在分布
　　[J]. 林业科学，47(7)：20-26.

张雷，刘世荣，孙鹏森，等，2011b. 气候变化对物种分布影响模拟中的不确定性组分分割与制
　　图——以油松为例[J]. 生态学报，31(19)：5749-5761.

张雷，王琳琳，张旭东，等，2014. 随机森林算法基本思想及其在生态学中的应用[J]. 生态学报，
　　34(3)：650-659.

张雷，2011. 气候变化对中国主要造林树种/自然植被地理分布的影响预估及不确定性分析[D]. 北
　　京：中国林业科学研究院.

张新时，1993. 研究全球变化的植被气候分类系统[J]. 第四纪研究，13(2)：157-169.

赵东升，李双成，吴绍洪，2006. 青藏高原的气候植被模型研究进展[J]. 地理科学进展，25(4)：
　　68-77.

赵茂盛，Neilson R P，延晓冬，等，2002. 气候变化对中国植被可能影响的模拟[J]. 地理学报，57
　　(1)：28-38.

中国科学院植被图编辑委员会，2001. 中国植被图集[M]. 北京：科学出版社.

周广胜, 王玉辉, 1999. 全球变化与气候-植被分类研究和展望[J]. 科学通报, 44(24): 2586 -2593.

周广胜, 张新时, 高素华, 1997. 中国植被对全球变反应的研究[J]. 植物学报: 英文版, 39(9): 145-155.

周广胜, 张新时, 1996. 全球变化的中国气候植被分类研究[J]. 植物学报, 38(1): 8-17.

Araújo M B, Whittaker R J, Ladle R J, et al, 2005. Reducing uncertainty in projections of extinction risk from climate change [J]. Global Ecology and Biogeography, 14(6): 529-538.

Araújo M B, New M, 2007. Ensemble forecasting of species distributions [J]. Trends in Ecology and Evolution, 22(1): 42-47.

Baker B, Diaz H, Hargrove W, et al, 2010. Use of the Köppen-Trewartha climate classification to evaluate climatic refugia in statistically derived ecoregions for the people's republic of China [J]. Climatic Change, 98(s1-2): 113-131.

Box E O, 1981. Macroclimate and plant forms: An introduction to predictive modeling in phytogeography [M]. Hague: Dr. W. Junk Publishers.

Corne S A, Carver S J, Kunin W E, et al, 2004. Predictingforest attributes in southeast Alaska using artificial neural networks [J]. Forest Science, 50(2): 259-275

Daly C, Gibson, W P, Taylor G H, et al, 2002. A knowledge-based approach to the statistical mapping of climate [J]. climate Research, 22: 99-113.

Fang J, Song Y, Liu H, et al, 2002. Vegetation-climate relationship and its application in the division of vegetation zone in China [J]. Acta Botanica Sinica, 44: 1105-1122.

Foley J A, Prentice I C, Ramankutty N, 1996. An integrated biosphere model of land surface processes, terrestrial carbon balance, and vegetation dynamics [J]. Global Biogeochemical Cycles, 10: 603-628.

Gao Q, Yu M, Yang X, 2000. An analysis of sensitivity of terrestrial ecosystems in China to climatic change using spatial simulation [J]. Climatic Change, 47: 373-400.

Haxeltine A, Prentice I C, 1996. BIOME3: An equilibrium terrestrrial biosphere model based on ecophysiological constraints, resource availability, and competition among plant functional types [J]. Global Biogeochemical Cycles, 10(4): 693-709.

Hilbert D W, Ostendorf B, 2001. The utility of artificial networks for modelling the distribution of vegetation in past, present and future climates [J]. Ecological Modelling, 146(1-3): 311-327.

Holdridge L R, 1947. Determination of world plant formations from simple climatic data [J]. Science, 105: 367-368.

Holdridge LR, 1967. Life zone ecology [M]. San Jose. Costa Rica: Tropical Science Center.

Jiang D B, 2008. Projected potential vegetation change in China under the SRES A2 and B2 scenarios [J]. Advance in Atmospheric Sciences, 25: 126-138.

Kaplan J O, 2001. Geophysical applications of vegetation modeling [D]. Sweden: Lund University.

Kira T, 1945. A new classification of climate in eastern Asia as the basis for agricultural geography[R]. Horicultural Institute, Kyoto University, Kyoto, 1-23.

Kou X, Li Q, Beierkuhnlein C, et al, 2014. A new tool for exploring climate change induced range shifts of conifer species in China [J]. PLoS ONE, 9(9): e98643.

Kou X, Li Q, Liu S, 2011. High-resolution bioclimatic dataset derived from future climate projections for plant species distribution modeling [J]. Ecological Informatics, 6(3-4): 196-204.

Köppen W, 1936. Das geographisches system der klimate [M] // Handbuch der klimatologie, Volume I. Berlin: Gegruder Borntraeger. 1-46.

Lawler J J, White D, Neilson R P, et al, 2006. Predicting climate-induced range shifts: model differences and model reliability [J]. Global Change Biology, 12(8): 1568-1584.

Marmion M, Hjort J, Thuiller W, et al, 2009. Statistical consensus methods for improving predictive geomorphology maps [J]. Computers & Geosciences, 35: 615-625.

Marmion M, Parviainen M, Luoto M, et al, 2009. Evaluation of consensus methods in predictive species distribution modelling [J]. Diversity and Distributions, 15(1): 59-69.

McCullagh P, Nelder J A, 1989. Generalized linear model [M]. London : Chapman and Hall.

Miller J, Franklin J, 2002. Modeling the distribution of four vegetation alliances using generalized linear models and classification trees with spatial dependence [J]. Ecological Modelling, 157 (2 - 3): 227-247.

Moriodo M, Stefanini F M, Bindi M, 2008. Reproduction of olive tree habitat suitability for global change impact assessment [J]. Ecological Modelling, 218(1-2): 95-109.

Neilson R P, King G A, Koerper G, 1992. Toeards a rule-based biome model [J]. Landscape Ecology, 7 (1): 27-43.

Neilson R P, 1995. A model for predicting continental-scale vegetation distribution and water balance [J]. Ecological Applications, 5(2): 362-385.

Ni J, Sykes M T, Prentuce I C, et al, 2000. Modelling the vegetation of China using the process-based equilibrium terrestrial biosphere model BIOME3 [J]. Global Ecology & Biogeography, 9(6): 463-479.

Prentice C, Cramer W, Harrison S P, et al, 1992. A global biome model based on plant physiology and dominance, soil properties and climate [J]. Journal of Biogeography, 19(2): 117-134.

Sun C Y, Feoli E, 1991. A numerical phytoclimatci classification of China [J]. 植被数据生态学开放研究实验室年报, 108-122.

Thuiller W, 2004. Patterns and uncertainties of species' range shifts under climate change [J]. Global Change Biology, 10(12): 2020-2027.

Trewartha G T, 1968. An introduction to climate [M]. New York: McGraw-Hill.

Virkkala R, Marmion M, Heikkinen R K, et al, 2010. Predicting range shifts of northern bird species: Influence of modelling technique and topography [J]. Acta Oecologica, 36(3): 269-281.

Wang T, Hamann A, Spittlehouse D L, et al, 2006. Development of scale-free climate data for western Canada for use in resource management [J]. International Journal of Climatology, 26(3): 383-397.

Wang F T, Zhao Z C, 1995. Impact of climate change on natural vegetation in China and its implication for agriculture [J]. Journal of Biogeography, 22(4-5): 657-664.

Weng E, Zhou G, 2006. Modeling distribution changes of vegetation in China under future climate change [J]. Environmental Modeling and Assessment, 11(1): 45-58.

Whittaker R H, 1951. A criticism of the plant association and climatic climax concepts [J]. Northwest Science, 25(1): 17-31.

Whittaker R H, 1975. Communities and ecosystems [M]. 2nd ed. New Yoke: Mac Millan Publishing.

Woodward F I, 1987. Climate and plant distribution [M]. Cambridge: Cambridge University Press.

Yue T X, Fan Z M, Liu J Y, 2005. Changes of major terrestrial ecosystems in China since 1960 [J]. Global and Planetary Change, 48(4): 287-302.

Zhang L, Liu S, Sun P, et al, 2015. Consensus forecasting of species distributions: The effects of niche model performance and niche properties [J]. PLoS ONE, 10(3): e0120056.

Zhang L, Sun P, Huettmann F, et al, 2022. Where should China practice forestry in a warming world? [J]. Global Change Biology, 28(7): 2461-2475.

Zhou G, Wang Y, 2000. Global change and climate-vegetation classification [J]. Chinese Science Bulletin, 45(7): 577-585.

第五章

森林病虫害对气候变化的响应

森林病虫害是森林生态系统重要的干扰因子。在全球气候变化影响下，森林病虫害的危害将会更加严重。本章在全面综述国内外研究进展的基础上，重点对我国松毛虫和松材线虫两种典型森林病虫害对气候变化的响应进行研究。

第一节　森林病虫害对气候变化响应概述

　　气候变化对病虫害的可能影响主要包括以下几个方面：①使病虫害发育速度增快，繁殖代数增加；②改变病虫害的分布和危害范围，使害虫越冬代北移，越冬基地增加，迁飞范围扩大；③使外来入侵的病虫害更容易建立种群；④使昆虫的行为发生变化；⑤寄主—害虫—天敌之间的关系改变；⑥气候变化导致森林植被分布格局发生改变，一些分布在气候带边缘的树种生长力和抗性会减弱，从而导致病虫害发生（Roth *et al.*，1994；Bale *et al.*，2002；Tenow *et al.*，1999；李典谟等，1999；董杰等，2004，Netherer *et al.*，2010）。

　　不同种类的害虫对气候变化的反应不同（Cannon，1998）。Williams 等（2002）的研究表明，美国东南和西部，南方松大小蠹和山松大小蠹区域性的大暴发与气候变化的影响有关。随着温度升高，南方松大小蠹暴发的面积增加，暴发区域北移；而山松大小蠹暴发面积减少，暴发区域向高海拔扩散；气候变暖使果园秋尺蠖（*Operophtera brumata*）的寄主提前发芽，对于果园秋尺蠖的存活不利，但有利于云杉蚜虫（*Elatobium abietinum*）的增长。

　　气候变化不仅会影响害虫的发生，同时也会影响害虫天敌的行为和代谢。天敌对增长缓慢的害虫种群影响较大，但如果气候变暖使害虫发育速率提高，就可能使天敌丧失或降低其控制效能，引起次要害虫大暴发（张润杰等，1997）。气候变化会改变森林中昆虫的群落结构，从而影响森林的结构和功能。如由于气候变化长蠹和小蠹数量增加或大暴发，森林中的主要树种会被一些生态适合度低的树种所取代，从而使森林的结构和功能发生改变。欧洲行军蛾（*Thaumetopoea pityocampa*）受气候变化的影响在以往不危害的高山区发生危害，给地中海地区一些珍贵松树的生存和健康构成了威胁。对气候变化情景下昆虫群落结构及其森林结构变化的研究，是了解气候变化对森林生态过程影响的重要内容（Choi，2011）。通过对森林结构调整和管理可降低或避免这种威胁（Hodara *et al.*，2003；Battisti *et al.*，2006）。

　　根据 40 多年来我国的病虫害资料分析，气候变暖对我国森林病虫害发生已产生诸多影响。主要表现：森林病虫害分布区系向北扩大，发生期提前，世代数增加，发生周期缩短，发生范围和危害程度加大（赵铁良等，2003）。如在 1972 年至 2002 年的30 年间，广东潮安区年均温度上升超过 1℃，过去一般以 3 代幼虫越冬的松毛虫却出现 3、4 代幼虫重叠越冬的现象（赵清山，1981）。美国白蛾是世界性检疫害虫，在辽宁一般是 1 年 2 代，在辽西、辽南个别年份，也曾出现过第 3 代幼虫，但多数在 5 龄左右死亡，不能完成世代。1994 年，该省温度偏高，在锦州出现完整的 3 代；近年来，在河北和天津美国白蛾也陆续出现了完整的 3 代。杨扇舟蛾（*Clostera anachoreta*）原为东北地区和华北地区常见的杨树食叶害虫，目前该虫在全国都有分布，从东北到新疆阿尔泰，直至海南岛都会经常造成灾害。该虫在北方一般是 1 年 1 代，但在海南岛主要危害母生树，冬季不滞育，1 年 8~9 代，也常常猖獗成灾。天幕毛虫的暴发周期一般为 14~15 年，但现在这个周期缩短了，牡丹江地区在 1965、1971、1985 年，吉林白城地区在 1965、1974、1984 和 2002 年都相继大发生。

年平均气温和冬季气温的升高与森林病虫害的大发生均呈线性相关，且达到显著水平。如油松毛虫（*Dendrolimus tabulaeformis*）已向北、向西水平扩展，广泛分布在北起内蒙古赤峰市相当于 42.5°N 或 1 月均温-8℃等温线以南，东部南端相当于 1 月均温 0℃等温线以北；垂直扩展呈岛状分布于海拔 800 m 以上（如泰山顶和崂山顶），或西北黄土高原海拔 500~2000 m 的油松林间。白蚁原是热带和亚热带所特有的害虫，但由于近几十年气温变暖，白蚁危害越来越严重，正由南向北逐渐蔓延。属南方型的大袋蛾（*Clania variegate*）随着温暖带地区大规模泡桐人工林扩大曾在黄淮地区造成严重危害。东南丘陵松树上常见的松瘤象（*Hyposipalus gigas*）、松褐天牛（*Monochamus alternatus*）、横坑切梢小蠹（*Tomicus minor*）、纵坑切梢小蠹（*T. piniperda*）已在辽宁、吉林危害严重。粗鞘杉天牛（*Semanotus sinoauster*）逐渐向北扩散至河北、山东和辽宁，同时也加重了病虫害的发生程度，一些次要的病虫或相对无害的昆虫相继成灾，促进了海拔较高地区的森林，尤其是人工林病虫害的大发生。过去很少发生病虫害的云贵高原近年来病虫害频发，云南迪庆地区海拔 3800~4000 m 高山上冷杉林内的高山小毛虫（*Cosmotriche saxosimilis*）常猖獗成灾（赵铁良等，2003）。

随着全球气候的不断恶化，极端气温天气逐渐增加，苗木生长和保存率受到严重影响，林木抗病能力下降，这种表现在高海拔人工林中尤为明显。1999 年杨树烂皮病在我国北方城市暴发成灾，哈尔滨的树木死亡约 5 万株、大庆 7 万株、沈阳 2 万株。究其原因是暖冬、干旱和倒春寒所致。1999 年冬季（1998 年 12 月至 1999 年 2 月）暖冬，东北中南部平均气温较往年同期偏高 4℃以上，为历史最高值，但在早春却又转为持续低温，气温骤然下降 15~18℃，又因干旱缺水导致树木生理失调，从而引发烂皮病的大暴发。

树木死亡及病虫害与高温干旱有关。欧洲南部和北美的温带和寒带森林已有一些实例显示温度升高和干旱加剧，引起各种类型森林中的很多树种都出现了超过千万公顷的大面积死亡。为了证实高温干旱对全球森林的影响，美国科学家 Craig D. Allen 组织了包括中国在内的 12 个国家的 20 名科学家，在全球范围内收集了高温干旱引起树木死亡的实例，研究了高温干旱对树木死亡的影响。此项研究综合考虑了稀树草原、针叶林和地中海的森林、温带常绿和落叶林及常绿阔叶热带森林与连续多年干旱和季节性干旱。这些实例主要来源于两个有关气候变化与树木死亡的学术会议，即 2007 年在美国加州圣何塞召开的美国生态学会年会（The 2007 Annual Meeting of the Ecological Society of America in San Jose，California；Allen *et al*.，2007）和 2008 年在瑞典召开的国际研讨会"森林对气候变化的适应及以促进森林健康为目的的适应气候变化森林管理"（The 2008 international conference entitled "Conference on Adaptation of Forests and Forest Management to Changing Climate with Emphasis on Forest Health" in Umeå，Sweden；Allen，2009）。另外，还系统地检索了 1970 年以来与气候变化有关的树木死亡的文献。所有实例具备 2 个标准方被收录：①具有通过地面测量、航空摄影或遥感监测的林地水平或种群水平的影响面积或树木死亡率；②树木死亡与干旱或高温明显相关。实例中包括了与生物因素有关的例子，但没有包括与火灾有关的例子，也没有包括森林退化和树冠局部死亡及苗木死亡的例子。由此标准共收集分析了全球的 88 个典型实例，其中，非洲 10 个、亚洲 14 个、大洋洲 6 个、欧洲 25 个、北美 27 个、南美和中美洲 6 个。对已有文献的研究结果显示，自 1985 年以来干旱与森林中树木死亡相关的文献不断增加，且树木死亡率与全球最温暖的 10 年明显相关。

对不同森林类型的分析表明，在多年干旱的情况下，针叶林死亡率最高，而在季节性干旱的情况下，热带和温带阔叶林死亡率最高（图 5-1）。

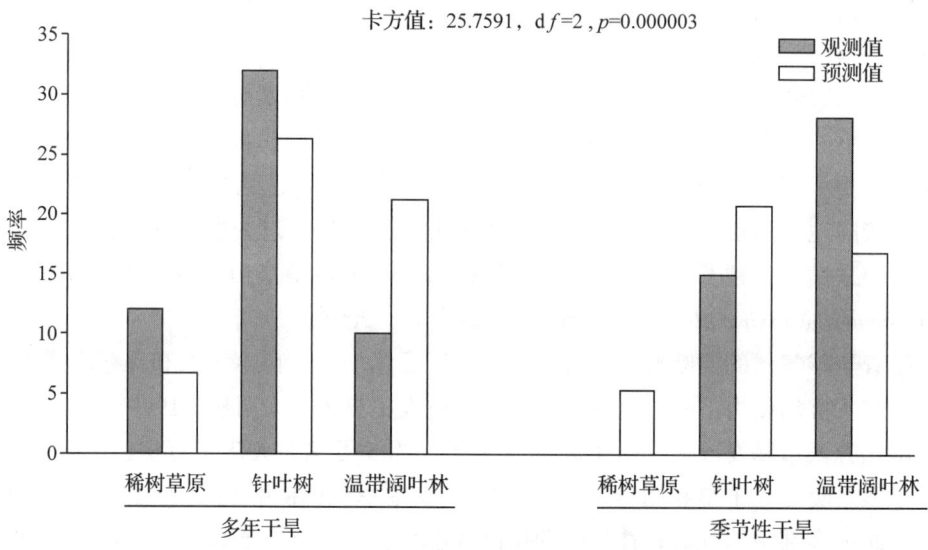

卡方值：25.7591，df=2，p=0.000003

图5-1　不同干旱类型对各类森林的影响

高温干旱胁迫对树木死亡的影响是复杂多样的，在干旱的强度、持续时间、频率方面的变化可能导致树木逐渐地死亡甚至迅速死亡。虽然由于观察实例缺乏一致性和全球的系统性监测，还不能完全确定全球趋势，但从全球近期大量由高温干旱引起的树木死亡实例显示，所有森林类型和气候带对气候变化都是脆弱的，甚至在一些通常不缺水的地区也是如此。研究预示了一些森林生态系统也许已经由于气候变化而发生了改变。

森林死亡对干旱持续时间和强度变化的响应及预测模型，如图 5-2 所示。

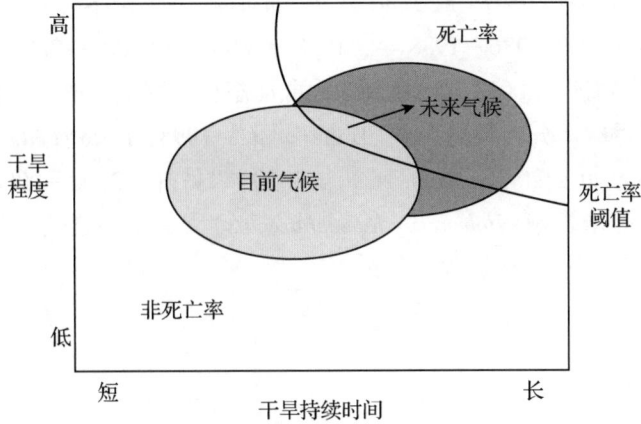

图 5-2　森林死亡对干旱持续时间和强度变化的响应及预测

从图 5-2 可以看出，未来气候变化情景下森林存在死亡风险。但对于高温干旱引起树木死亡的机制和预测结果仍存在很多不确定性。主要表现：①虽然目前有一些地区性的系统监测数据，如欧共体的森林健康监测数据，但还缺乏全球性的系统监测数据；②高温干旱对树木生理的影响机制和耐受阈值尚不清楚；③需要建立更精确的全球植被图，以校准和验证全球植被动态模型；④树木死亡地区需要具备明确空间信息以及与之相关的环境因子资料，如降雨、温度、蒸汽压等；⑤需要与气候变化引起的树木死亡机理相关的其他过程的认知，如地下过程和土壤水分条件等；⑥气候变化对森林病虫害和其他生物因子动态的影响还知之甚少，而这些知识对模拟气候变化对树木死亡的影响至关重要；⑦由气候变化引起的森林生理胁迫（和树木死亡率）与其他森林干扰过程（例如，病虫害爆发、火灾）之间的关系尚缺乏深入了解。另外，对该研究中与病虫害发生相关的事例进行分析发现，88 个例子中有 49 个与病虫害的发生有关，占 56%。这些例子中 94% 与森林害虫的发生有关，35% 与病害发生有关。而森林害虫相关的例子中小蠹虫占 57%，其他的蛀干害虫占 33%，食叶害虫占 20%。病害中真菌病害占 82%。该研究结果表明有必要在全球范围内进一步深入地研究干旱、热浪、树木胁迫与生物灾害之间的关系及其与大面积树木死亡间的关系。

2010 年年底，欧洲科学家总结了 1987—2007 年欧共体森林健康监测的结果，并以论文形式在 *PNAS* 上发表（Carnicer et al., 2010）。该论文再次说明由于干旱加剧，多种森林树种在比较干旱的区域失叶率增加，进一步分析显示在干旱地区失叶率增加明显地与树木死亡率的增加相关。研究还发现严重的干旱与害虫和真菌引起的失叶动态相关。

我国由于高温干旱引起病虫害发生及树木大量死亡的实例除包括在上述论文中的两个实例，一是 1998 年至 2001 年外来入侵害虫红脂大小蠹（red turpentine beetle, *Dendroctonus valens*）在山西、河北、河南及陕西大暴发，危害面积达 16.29 万 hm²，其中成灾面积 9.1 万 hm²，已有 342.4 万株油松受害枯死。严重受害林地的有虫株率达 80%，松树死亡率达 30% 以上。给当地的林业生产造成了巨大的损失。研究表明其暴发与 1997 年春季的干旱有关（王鸿斌等，2007）。二是在我国西南地区，尤其是云南地区 3 种切梢小蠹(云南切梢小蠹 *Tomicus yunanensis*、横坑切梢小蠹 *T. minor* 和短毛切梢小蠹 *T. brevipilosus*)在 1986—1988 年、1998—2000 年和 2003—2005 年的暴发与干旱呈现明显相关(李丽莎,2003)。小蠹虫的种群动态很大程度上取决于温度,而其寄主的抗性受所能获得的水分条件的影响(Dunn *et al.*,1993;Lorio *et al.*,1995;Croisé *et al.*,2001;Sallé *et al.*,2008;Allen *et al.*,2010)。另外,2000—2008 年在我国内蒙古等地暴发的沙棘木蠹蛾(*Holcocerus hippophaecolus*),也是因连续 4 年的干旱引起的(周章义,2002)。

第二节　影响松毛虫发生的关键气候因子及其灾害预测

我国的松毛虫有 27 个种与亚种。松毛虫是我国延续时间最长、发生面积最大、范围最广,且对林业生态环境影响最为严重的森林害虫。北起我国东北的兴安岭,南至海南岛,西至新疆的阿尔泰,东临沿海各省份,全国有 25 个省(自治区、直辖市)均有严重发生。根据全国病虫测报中心监测,目前每年的松毛虫灾害发生的面积在 140 万 hm² 左右,最高曾超过 300 万 hm²(肖文发等,2013)

造成松毛虫灾害在不同时间及不同区域此起彼伏的原因很多,其中固然有随经济社会的持续发展,生态环境逐渐趋于恶化、林分结构单一造成林分健康水平不高、防治措施不力等内在原因,但受全球气候变化的影响所形成的灾害空间和时间动态变化才是大尺度下灾害格局的主要影响因子。

在我国可形成大面积灾害的松毛虫主要有 6 种,分别是马尾松毛虫、油松毛虫、赤松毛虫、思茅松毛虫、云南松毛虫及落叶松毛虫(陈昌洁等,1990)。由于松毛虫灾害历史悠久,相关研究较多,但研究范围和方法各异。过去有关松毛虫危害受气象因子影响的发生发展规律的研究多局限于县级典型区域或林场等小尺度发生范围(张玉书等,2004),如周广学等(2012)运用相关分析和主成分分析法建立了朝阳市油松毛虫越冬死亡率和发生量的预测模型;陈绘画等(2003,2004)运用逐步回归法和人工神经网络模型建立了仙居县灾害预测模型。但对于包括多种立地、林型等更大尺度或更广区域的预测评判因子条件及预测模型的研究还极为罕见。本节应用 2002—2012 年全国气象站点的历史气象数据,结合国家林业局森林病虫害防治总站提供的松毛虫灾害的县级历史发生数据,对在我国南方及北方分别造成严重危害的马尾松毛虫及油松毛虫的主要气候因子进行筛选,并建立模型分别进行评价和对灾害预测(费海泽等,2014)。

一、马尾松毛虫 *Dendrolimus punctatus*

马尾松毛虫在我国南方地区的马尾松人工林及天然次生林分布广泛。在河南、江苏、安徽等区域 1 年 2 代，在广西、福建、广东等地区 1 年可发生 2 代至 3 代，部分地区可发生 4 代(陈昌杰等，1990)。

本研究从马尾松毛虫的生物学特性入手，以广西 23 个发生点 2002—2011 年 10 年的发生情况为主要研究区域和目标，对相关温度、湿度、光照、降水、大风日数和高温天数等气象因子进行筛选，部分因子设定了不同的梯度，最终衍生获得与建立了 71 个马尾松毛虫发生潜在的气象因子数据库，再利用发生面积与气象因子的相关性，进一步筛选出相关性最高的 3~5 个因子，然后通过 BP 神经网络对发生数据进行训练，对广西预留区松毛虫发生情况进行预测。并根据生物学特性进行因子调整，对福建发生区 4 站点的发生情况进行预测。

(一)马尾松毛虫灾害发生的气候驱动力解析

根据前人对马尾松毛虫生物学的研究(汤树钦等，2005；范正章，2008；向昌盛，2012)确定马尾松毛虫在研究模型训练及验证预留区域广西以及预测区域福建的各虫态具体发生时期见表 5-1。

表 5-1　广西和福建马尾松毛虫发生时间对比

发生时期	广西马尾松毛虫发生时间	福建马尾松毛虫发生时间
越冬代幼虫取食	2 月中旬到 2 下旬	3 月上旬
越冬代化蛹	3 月上旬至 3 月中旬	4 月中下旬
开始羽化	4 月上旬	5 月上旬
第一代幼虫	5 月上旬至 5 月中旬	6 月上旬
第二代卵	7 月上旬	8 月上旬
开始越冬	11 月上旬	11 月中旬

根据广西发生区的生物学及气象局共享数据网 cdc. cma. gov. cn 提供的历史气象数据因子初步筛选并衍生建立与发生时期对应的预选气象因子。

预选因子选择及衍生条件遵循如下原则：①选择害虫基本发育影响因子：发生期不同阶段的均温、均湿、降水量、光照等；②选择害虫的关键发育影响因子：发生期不同阶段的极值温度、湿度、降水天数、风速等。预选初步得到 71 个与马尾松毛虫发生相关的气象因子。

对从网站获取的气象数据进行筛选和计算，得到 27 个站点各年份各参数的值，同时，对 27 个点的马尾松毛虫发生情况分别进行统计，以该点发生面积比总面积得到该点的发生率，分别计算各点的轻度发生率($P0$)、中度发生率($P1$)以及重度发生率($P2$)。利用双重筛选逐步回归法，从 71 个候选因子中分别筛选出与轻度发生率、中度发生率以及重度发生率最相关的因子(表 5-2)。

表 5-2 71 个候选气象因子

参数	参数意义	参数	参数意义
$X1$	1 月平均气温(℃)	$X37$	7 月日最高气温高于 30℃ 天数(d)
$X2$	2 月平均气温(℃)	$X38$	7 月日最高气温高于 35℃ 天数(d)
$X3$	3 月平均气温(℃)	$X39$	8,9 月日最高气温高于 27℃ 天数(d)
$X4$	2,3 月平均气温(℃)	$X40$	8,9 月日最高气温高于 30℃ 天数(d)
$X5$	4,5,6 月平均气温(℃)	$X41$	8,9 月日最高气温高于 35℃ 天数(d)
$X6$	7 月平均气温(℃)	$X42$	7,8,9 月日最高气温高于 27℃ 天数(d)
$X7$	8,9,10 月平均气温(℃)	$X43$	7,8,9 月日最高气温高于 30℃ 天数(d)
$X8$	前年 11 月到翌年 2 月平均气温(℃)	$X44$	7,8,9 月日最高气温高于 35℃ 天数(d)
$X9$	2 月均湿(%)	$X45$	7 月日降水量超过 5mm 天数(d)
$X10$	3 月均湿(%)	$X46$	7 月日降水量超过 10mm 天数(d)
$X11$	4,5,6 月平均月均湿(%)	$X47$	7 月日降水量超过 50mm 天数(d)
$X12$	7 月均湿(%)	$X48$	8 月日降水量超过 5mm 天数(d)
$X13$	8,9,10 月平均月均湿(%)	$X49$	8 月日降水量超过 10mm 天数(d)
$X14$	2~11 月总日照时数(hrs)	$X50$	8 月日降水量超过 50mm 天数(d)
$X15$	2 月总日照时数(hrs)	$X51$	9 月日降水量超过 5mm 天数(d)
$X16$	3 月总日照时数(hrs)	$X52$	9 月日降水量超过 10mm 天数(d)
$X17$	4 月总日照时数(hrs)	$X53$	9 月日降水量超过 50mm 天数(d)
$X18$	7,8,9,10 月总日照时数(hrs)	$X54$	2 月日最大风速大于 5m/s 天数(d)
$X19$	2 月降水量(mm)	$X55$	3 月日最大风速大于 5m/s 天数(d)
$X20$	3 月降水量(mm)	$X56$	4 月日最大风速大于 5m/s 天数(d)
$X21$	4 月降水量(mm)	$X57$	5 月日最大风速大于 5m/s 天数(d)
$X22$	4,5,6 月总降水量(mm)	$X58$	6 月日最大风速大于 5m/s 天数(d)
$X23$	7,8,9 月总降水量(mm)	$X59$	7 月日最大风速大于 5m/s 天数(d)
$X24$	8,9,10,11 月总降水量(mm)	$X60$	8 月日最大风速大于 5m/s 天数(d)
$X25$	2 月降水天数(d)	$X61$	9 月日最大风速大于 5m/s 天数(d)
$X26$	3 月降水天数(d)	$X62$	10 月日最大风速大于 5m/s 天数(d)
$X27$	4 月降水天数(d)	$X63$	2 月日最大风速大于 10m/s 天数(d)
$X28$	4,5,6 月总降水天数(d)	$X64$	3 月日最大风速大于 10m/s 天数(d)
$X29$	7,8,9 月总降水天数(d)	$X65$	4 月日最大风速大于 10m/s 天数(d)
$X30$	8,9,10,11 月总降水天数(d)	$X66$	5 月日最大风速大于 10m/s 天数(d)
$X31$	11 月到翌年 2 月总降水量(mm)	$X67$	6 月日最大风速大于 10m/s 天数(d)
$X32$	11 月到翌年 2 月均最低气温(℃)	$X68$	7 月日最大风速大于 10m/s 天数(d)
$X33$	2~3 月平均最低气温(℃)	$X69$	8 月日最大风速大于 10m/s 天数(d)
$X34$	11 月到翌年 2 月最低气温<0℃ 天数(d)	$X70$	9 月日最大风速大于 10m/s 天数(d)
$X35$	2,3 月日平均气温低于 5℃ 天数(d)	$X71$	10 月日最大风速大于 10m/s 天数(d)
$X36$	7 月日最高气温高于 27℃ 天数(d)		

  经过对所有候选因子分别与轻度发生率,中度发生率,重度发生率进行双重筛选

逐步回归的结果表明，与发生轻度面积最相关的因子分别是：$X17$、$X20$、$X35$、$X6$（表53）。在影响松毛虫发生的因子中，降水、温度、最大风速的影响最大，具体为对轻度发生最相关的是 $X17$（4 月总日照时数）$X20$（3 月降水量）、$X35$（2、3 月日均温低于5℃天数）、$X6$（7 月均温）。其中4 月总日照时数和3 月降水量为负相关，3 月是幼虫羽化期，4 月是越冬代羽化的时期，说明4 月的光照时间长，3 月降水量大对轻度发生具有抑制作用，而2、3 月的低温以及7 月的高月均温会增加轻度危害程度。

表 5-3　轻度发生与气象因子间的双重筛选逐步回归结果

第 1 族	因变量	轻度发生 P0
系数	估计值 b_i	偏相关
$X17$	−0.0010	−0.1546
$X20$	−0.0011	−0.2537
$X35$	1.2400	0.1377
$X6$	0.0238	0.1636
截距 $b0$	−4.5339	0.3378

注：自变量引入、剔除的临界值 $F_x=2$；因变量引入、剔除的临界值 $F_y=2$。

与发生中度面积最相关的因子是：$X1$、$X13$、$X2$、$X63$、$X67$、$X68$（表 5-4）。中度发生的影响因子包括 $X1$（1 月均温）、$X13$（8、9、10 月平均月均湿度）、$X2$（2 月均温）、$X63$（2 月日最大风速大于 10 m/s 天数）、$X67$（6 月日最大风速大于 10 m/s 天数）以及 $X68$（7 月日最大风速大于 10 m/s 天数），其中，1 月均温，2 月、6 月大风天数对中度发生具有正相关，而2 月平均气温，8、9、10 平均月均湿度以及7 月大风天数对中度发生具有负相关。

表 5-4　中度发生与气象因子间的双重筛选逐步回归结果

第 1 族	因变量	中度发生 P1
系数	估计值 b_i	偏相关
$X1$	0.0029	0.1552
$X13$	−0.0155	−0.1796
$X2$	−0.0015	−0.1004
$X63$	0.1267	0.1005
$X67$	0.2695	0.1861
$X68$	−0.0864	−0.1230
截距 $b0$	1.1132	0.3149

注：自变量引入、剔除的临界值 $F_x=2$；因变量引入、剔除的临界值 $F_y=2$。

与发生重度面积最相关的因子是：$X1$、$X19$、$X21$、$X28$、$X3$（表 5-5）。对重度发生影响大的因子分别为 $X1$（1 月均温）、$X19$（2 月降水量）、$X21$（4 月降水量）、$X28$（4、5、6 月总降水天数）和 $X3$（3 月均温），对重度发生影响最大的是降水和温度，其中3 月属于化蛹期，3 月温度过低会对蛹化产生一定影响，4，5，6 月总降水过多，对于第一代的影响较大，从而影响了全年的发生程度。

表 5-5　重度发生与气象因子间的双重筛选逐步回归结果

第 1 族	因变量	重度发生 $P2$
系数	估计值 b_i	偏相关
$X1$	0.0052	0.1723
$X19$	0.0002	0.1540
$X21$	0.0001	0.1344
$X28$	−0.0118	−0.1678
$X3$	−0.0039	−0.1058
截距 b_0	0.4538	0.2790

注：自变量引入、剔除的临界值 $F_x = 2$；因变量引入、剔除的临界值 $F_y = 2$。

（二）马尾松毛虫灾害发生预测预报

采用 Matlab 2013 年软件中的神经网络模式识别工具进行分类预测。分别预留广西 10 个数据发生点和 10 个未发生点，来对神经网络进行验证，代入剩余的 210 个数据点，以其中 70% 的数据（146 个数据点）作为训练网络，15% 的数据（32 个数据点）作为验证网络，15% 的数据（32 个数据点）作为测试网络的准确性。经过多次训练试验，最终选定轻度、中度、重度、中度以上隐藏神经元个数分别为 12、12、10、10 的时候拟合效果较好。经过神经网络的判别，对广西预留的 20 个数据点的预报结果是：轻度发生准确率 75%，中度发生准确率 80%，重度发生准确率 70%，中度以上准确率 75%（表 5-6），总体预测结果准确率 75%，其中对中度发生情况的预测结果较好，达到 80%。

表 5-6　广西马尾松毛虫不同发生等级情况预测

发生等级		轻度	中度	重度	中度以上
实际	发生	10	10	10	10
	未发生	10	10	10	10
预测	发生	8	9	7	9
	未发生	7	7	7	6
总体准确率（%）		75	80	70	75

比较马尾松毛虫在广西和福建的发生期发现，福建松毛虫的发生期整体比广西略晚一个月左右，因此，将广西所得参数推后一个月，分别得出适合福建的新气象因子参数，然后利用广西发生情况训练的神经网络对福建的马尾松毛虫 60 个数据点的发生情况进行预测，结果为：轻度发生准确率 38%，中度发生准确率 68%，重度发生准确率 60%，中度以上发生预测准确率 64%，其中对中度及中度以上发生情况的预测结果较好，轻度发生情况预测结果不理想（表 5-7）。

表 5-7 福建马尾松毛虫发生情况预测

发生等级		轻度	中度	重度	中度以上
实际	发生	27	20	10	19
	未发生	13	20	40	21
预测	发生	8	6	3	7
	未发生	8	17	27	15
总体准确率(%)		38	68	60	64

气候因子对于昆虫种群的影响十分复杂，不同因子之间也不是孤立的，某一个因子变化，常常会引起其他因子相应的变化。松毛虫发生情况与相应的因子之间也不是简单的线性关系(郭海明等，2011)。传统的方法很难建立起精确和完善的预测模型，有时仅仅反映的是因子自身之间的相互关系，不能真正反映出影响昆虫种群动态的因素，而人工神经网络具有很强的自学习、自组织、自适应及容错性等特点，善于联想、综合和推广，且特别适用于非线性问题的处理(李祚泳等，1999；Park *et al.*，2003)，在气象因子与昆虫发生情况预测方面有显著的优势。

人工神经网络的隐藏神经元的选择具有重要的意义，过少不能反映出实际的对应关系，而过多隐藏神经元则会使人工神经网络失去泛化能力，降低预报准确性。本研究结合经验公式反复试验，最终确定隐藏神经元的个数(Zhang *et al.*，2008)，采用BP 神经网络的模式识别功能，对广西的发生情况预测，结果比较准确，总体准确率达 75%，说明隐藏神经元的个数选择合理，影响松毛虫的气象因子的选择也比较合理，能够真实地反映影响松毛虫发生的因子。

以往研究往往只是针对某一县或者市进行小范围的预测预报，所选因子也具有很强的局限性，其结果往往十分准确，有的甚至达到 100%(陈绘画等，2003；金先来，2012)，但是所选因子仅适用于该地区，而不能很好地进行大范围的预测预报，而对于省级区域进行的因子筛选与预测预报，研究区具有大范围的不稳定性，因此未能像以往研究的准确率达到 100%，但这样的研究适用范围较广，对于研究区内一些没有气象数据的发生点，甚至可以通过插值模拟，然后进行预测预报，所以具有重要的实际应用意义。

在研究区外模型的推广方面，只有中度发生的模型在福建的预测达到了 68%，重度发生预测达到 60%，中度以上发生预测达到了 64%，只有轻度发生预测结果不理想，在实际应用中也具有一定的指导意义。同时也说明在因子的推广方面存在一定的不合理因素，导致模型不能广泛适用，这是由于影响松毛虫的发生情况的气象因子多变且复杂，不同的发生点地域跨度较大，松毛虫的发生期也存在一定的差异。在大尺度内对松毛虫的发生进行预测需要设计的参数变化不能仅仅依靠发生期参数的调整，需要进一步的实测数据，模型的推广需要进一步的探讨。

二、油松毛虫 *Dendrolimus tabulaeformis*

油松毛虫是我国特有种，但有研究提出油松毛虫和马尾松毛虫同属一个种，属于长期地理分布形成的地理亚种(赵青山等,1999),按积温线分布最北部为1月均温为-8℃的等温线上的内蒙古库伦旗(43°N以南)的地区,东部南端为1月均温0℃等温线以北,南部达到贵州贵阳。

油松毛虫在北方主要以油松针叶为食,同时也取食黑松(*P. thunbergii*)、马尾松(*P. massoniana*)、华山松(*P. armandii*)、白皮松(*P. bungeana*)的针叶(侯陶谦,1987)。油松毛虫一般取食两年生针叶。

油松毛虫每个世代的发育都因地域和环境的不同有所变化,在我国辽宁、北京、河北、山西、陕西为主的发生区一年一代且跨年度完成。10月下旬至11月上旬,以3~4龄幼虫(甘肃部分地区以2~3龄幼虫)越冬,翌年上树危害,当幼虫达到化蛹龄级后化蛹羽化并交尾产卵(郎东升,2004;刘玉荣等,2007;汤文高,2012);同时有记录在四川、重庆及华北南部一年多于一代(陈昌洁,1990;严静君,1963),发生代数的多少和幼虫孵化的早晚相关。

油松毛虫在寄主分布区常有发生,根据发生频率的不同可分为常灾区、偶灾区和无灾区。史料记载陕西黄龙山雷寺庄在1929年大发生,新中国成立后,连续5次大发生,时间分别是1952年、1963年、1972年、1982年和1992年(施德祥,1994)。2001年甘肃成县有虫株率达100%,太原地区年暴发面积2000 hm²(王仁合等,2011)。最近几年在油松毛虫主要分布的辽宁、北京、河北、山西等地每年都有不同程度的发生,2014年辽宁凌源重度暴发。

本研究以辽宁、北京、河北和山西等主要发生区为代表,以油松毛虫2002—2011年10年的灾害监测数据(包括监测面积和不同发生程度)和相应的气候数据为基础,运用典型相关分析法和主成分分析法,分析北方地区影响油松毛虫发生的主要环境因子,并分析气候变化背景下油松毛虫的灾情变化(宋雄刚等,2015)。

(一)油松毛虫灾害发生的气候驱动力解析

气候因子影响油松毛虫生活史的各个时期。油松毛虫在研究区一年一代,且跨年度完成发育,即油松毛虫的灾害情况和前一年、当年的环境因素相关。为了更科学地分析气候条件对油松毛虫世代生长发育和其暴发的影响,本研究结合研究区油松毛虫的各个生长发育期对自然年进行如下划分:首先将油松毛虫的生活史划分为4个生长发育期,即羽化—产卵—孵化—幼龄幼虫期、越冬期、上树期和老熟幼虫食叶—化蛹期;然后将这4个时期松毛虫活动特征和气候结合并分别对应为其生长发育的Ⅰ、Ⅱ、Ⅲ和Ⅳ期(表5-8)。结合油松毛虫生活史不同阶段对不同环境因子不同的敏感性和相关的研究文献(陈昌洁,1990;Yamamura *et al.*,2006;侯陶谦,1987;汤文高等,2012;牛文梅等,2010;韩瑞东等,2004)衍生环境因子。

表5-8 油松毛虫生长期对应时间

生长发育期	时间
Ⅰ	前一年的8~10月
Ⅱ	前一年的11,12月和当年的1月

（续）

生长发育期	时间
Ⅲ	当年的 2~4 月
Ⅳ	当年的 5~7 月

根据相关研究和本研究设定的条件，共衍生出可能和油松毛虫灾害发生相关的环境因子 73 个，这些因子有温度、湿度、降水、日照时数和风速（表 5-9）。包括油松毛虫在北方区域中完成生活史不同期的基础环境因子和极端物候条件，如Ⅰ期均温（X6）指前一年的 8，9，10 月的平均气温，此期间是油松毛虫幼龄幼虫进食期，适宜的温度是其能否完成各个期的基础条件，而期间的湿度、风速和最大日降水量（$X43$、$X59$、$X62$ 等）等条件在很大程度上影响其成活率、扩散范围（陈昌洁，1990），可直接造成其种群分布和数量的波动，从而影响其灾害的暴发。

表 5-9　区域尺度油松毛虫预报衍生因子

物候变量代码	物理意义	物候变量代码	物理意义
$X1$	年平均气温	$X38$	8 月平均气温
$X2$	年平均湿度	$X39$	8 月平均湿度
$X3$	年降水量	$X40$	8 月降水量
$X4$	年平均风速	$X41$	8 月平均风速
$X5$	年平均日照	$X42$	8 月平均日照
$X6$	Ⅰ期平均气温	$X43$	9 月平均气温
$X7$	Ⅰ期平均湿度	$X44$	9 月平均湿度
$X8$	Ⅰ期降水量	$X45$	9 月降水量
$X9$	Ⅰ期平均风速	$X46$	9 月平均风速
$X10$	Ⅰ期平均日照	$X47$	9 月平均日照
$X11$	Ⅱ期平均气温	$X48$	10 月平均气温
$X12$	Ⅱ期平均湿度	$X49$	10 月平均湿度
$X13$	Ⅱ期降水量	$X50$	10 月降水量
$X14$	Ⅱ期平均风速	$X51$	10 月平均风速
$X15$	Ⅱ期平均日照	$X52$	10 月平均日照
$X16$	Ⅲ期平均气温	$X53$	2 月极端最低气温
$X17$	Ⅲ期平均湿度	$X54$	3 月极端最低气温
$X18$	Ⅲ期降水量	$X55$	4 月极端最低气温
$X19$	Ⅲ期平均风速	$X56$	5 月最高气温
$X20$	Ⅲ期平均日照	$X57$	6 月最高气温
$X21$	Ⅳ期平均气温	$X58$	7 月最高气温
$X22$	Ⅳ期平均湿度	$X59$	8 月最高气温
$X23$	Ⅳ期降水量	$X60$	9 月最高气温
$X24$	Ⅳ期平均风速	$X61$	10 月最高气温

（续）

物候变量代码	物理意义	物候变量代码	物理意义
$X25$	Ⅳ期平均日照	$X62$	8月最大风速
$X26$	2月平均气温	$X63$	9月最大风速
$X27$	2月平均湿度	$X64$	10月最大风速
$X28$	3月平均气温	$X65$	8月最小湿度
$X29$	3月平均湿度	$X66$	9月最小湿度
$X30$	4月平均气温	$X67$	10月最小湿度
$X31$	4月平均湿度	$X68$	8月最大降水量
$X32$	5月平均气温	$X69$	9月最大降水量
$X33$	5月平均湿度	$X70$	10月最大降水量
$X34$	6月平均气温	$X71$	Ⅱ期平均最低气温
$X35$	6月平均湿度	$X72$	Ⅱ期极端最低气温
$X36$	7月平均气温	$X73$	Ⅱ期平均最高气温
$X37$	7月平均湿度		

在 2002—2011 年 10 年的县级数据库中，选择研究区中具有完整数据记录的县市级灾害发生点 77 个，并分别计算轻、中和重度发生程度的发生比率(P)。P 为各个发生程度的发生面积和监测面积的比值。计算公式：

$$p_{ij} = \frac{sum_{ij}}{sum_i} \times 100\% \ (i = 1, \ 2, \ 3, \ \cdots, \ n; \ j = 1, \ 2, \ 3) \qquad (5\text{-}1)$$

式中，i 为发生点；j 为不同的发生程度：1 代表轻度发生、2 代表中度发生、3 代表重度发生；sum_{ij} 为 i 点 j 程度发生面积；sum_i 为 i 点的监测面积。

1. 典型相关分析

应用典型相关分析法筛选与油松毛虫灾害发生情况相关的衍生环境因子。考虑到单一统计方法在相关性分析中存在的缺陷，同时运用主成分分析法对和油松毛虫灾害发生的相关气候因子进行分析，经过两种方法的结合，得到关键的环境因子。具体过程：首先对所有的衍生因子做正态性检测；其次用典型相关分析筛选衍生因子并对显著性进行检验；最后用主成分分析法得出相关结果，并与典型相关分析结果做比较分析。

用 SPSS 对衍生物候数据和油松毛虫灾害发生比率数据矩阵块分析计算，得到环境因子和油松毛虫灾害情况的均值和标准差，同时分析得出典型相关系数及其检验结果（表 5-10）。

表 5-10　预报因子对油松毛虫灾害发生影响的典型相关分析结果

典型相关系数	Wilks 系数	卡方值	自由度	P 值
1.000	0.000	504.179	219	0.000
0.988	0.004	211.922	144	0.000
0.923	0.147	71.857	71	0.449

由表 5-10 可见，第 1，2 典型相关系数分别为 1.000 和 0.988，其统计检验达到极显著水平（$P_1 = 0.000 < 0.01$；$P_2 = 0.000 < 0.01$）。而第 3 典型相关系数虽然也较大，但其统计检验无法发到显著水平，故剔除。因此，选前两对典型变量来分析环境因子与油松毛虫灾害发生之间的相关关系。

由于环境因子和虫情数据的量纲不同，为了降低分析的误差，故在相关分析中对变量进行标准化处理。标准化处理后的第 1 组典型相关变量为：

$U_1 = -0.229X_1 - .922X_2 + 0.001X_3 - 0.596X_4 + 0.001X_5 - 2.166X_6 - 0.032X_7 + 0.434X_8 + 0.759X_9 - 0.572X_{10} + 0.344X_{11} + 0.283X_{12} + 0.015X_{13} + 0.212X_{14} + 0.001X_{15} + 6.283X_{16} - 1.706X_{17} - 0.002X_{18} + 0.224X_{19} + 0.001X_{20} + 0.069X_{21} - 2.536X_{22} - 0.001X_{23} - 0.011X_{24} + 0.002X_{25} + 2.082X_{26} + 0.522X_{27} + 2.034X_{28} + 0.830X_{29} + 2.172X_{30} + 0.421X_{31} + 0.124X_{32} + 0.873X_{33} + 0.047X_{34} + 0.853X_{35} - 0.112X_{36} + 0.953X_{37} + 0.627X_{38} + 0.323X_{39} - 0.438X_{40} - 0.149X_{41} + 0.565X_{42} + 0.926X_{43} - 0.073X_{44} - 0.439X_{45} - 0.573X_{46} + 0.573X_{47} + 0.643X_{48} - 0.015X_{49} - 0.439X_{50} - 0.036X_{51} + 0.570X_{52} - 0.023X_{53} + 0.044X_{54} - 0.018X_{55} - 0.183X_{56} - 0.016X_{57} + 0.192X_{58} + 0.185X_{59} - 0.118X_{60} + 0.025X_{61} + 0.027X_{62} + 0.021X_{63} + 0.027X_{64} + 0.150X_{65} + 0.037X_{66} - 0.053X_{67} + 0.006X_{68} + 0.010X_{69} - 0.004X_{70} - 0.195X_{71} + 0.003X_{72} - 0.117X_{73}$

$V_1 = 1.139y_1 - 0.274y_2 + 0.326y_3$

在第 1 组典型相关变量中，U_1 受到温度因素 X_6、X_{16}、X_{26}、X_{28}、X_{30}，湿度因素 X_2、X_{17}、X_{22}、X_{29}、X_{33}、X_{35}、X_{37} 和风速因子 X_9 的影响。由偏相关系数分析可得Ⅲ期平均气温 X_{16}、Ⅰ期平均气温 X_6 及构成Ⅲ期各月平均气温 X_{26}、X_{28}、X_{30} 为其主要影响因子。其中 X_{16}、X_{26}、X_{28}、X_{30} 呈正相关而 X_6 呈负相关。即在一定范围内油松毛虫上树活动期温度越高，灾害发生的概率就越大；反之，则油松毛虫灾害发生的概率就越小。V_1 主要受到轻度发生比率 y_1 的影响。在上树期温度因子的作用下，油松毛虫灾害的发生主要由轻度发生组成。

标准化处理后的第 2 组典型相关变量为：

$U_2 = 0.211X_1 - 0.447X_2 + 0.001X_3 - 1.284X_4 + 0.001X_5 + 4.104X_6 + 0.030X_7 + 0.506X_8 - 2.388X_9 - 2.929X_{10} + 0.154X_{11} + 0.513X_{12} - 0.006X_{13} - 0.003X_{14} + 0.002X_{15} + 6.350X_{16} - 2.832X_{17} + 0.001X_{18} + 0.111X_{19} + 0.001X_{20} - 0.046X_{21} - 12.101X_{22} + 0.002X_{23} + 0.298X_{24} + 0.001X_{25} - 2.106X_{26} + 0.885X_{27} - 2.170X_{28} + 0.848X_{29} - 2.110X_{30} + 1.035X_{31} - 0.002X_{32} - 4.246X_{33} + 0.070X_{34} - 3.817X_{35} - 0.270X_3 - 4.444X_{37} - 1.309X_{38} - 0.185X_{39} - 0.506X_{40} + 1.063X_{41} + 2.931X_{42} - 1.546X_{43} - 0.138X_{44} - 0.504X_{45} + 1.086X_{46} + 2.927X_{47} - 1.178X_{48} + 0.162X_{49} - 0.513X_{50} + 0.983X_{51} + 2.928X_{52} - 0.016X_{53} + 0.064X_{54} - 0.002X_{55} + 0.057X_{56} - 0.057X_{57} + 0.314X_{58} - 0.219X_{59} + 0.004X_{60} - 0.004X_{61} + 0.008X_{62} - 0.019X_{63} - 0.054X_{64} + 0.114X_{65} - 0.165X_{66} + 0.002X_{67} - 0.001X_{68} - 0.006X_{69} + 0.018X_{70} - 0.116X_{71} - 0.018X_{72} - 0.318X_{73}$

$V_2 = 1.150y_1 - 1.581y_2 + 0.083y_3$

在第 2 组典型相关变量中，U_2 主要受到Ⅳ期平均湿度 X_{22} 及Ⅳ期各月平均湿度

(X_{33}、X_{35}、X_{37})的影响，且呈负相关性。即Ⅳ期的湿度越高，油松毛虫灾害发生的概率就越低，Ⅳ期的湿度越低则其灾害发生的概率就会越高。因此，将Ⅳ期平均湿度称为影响油松毛虫灾害发生的第2因子。V_2则主要决定于轻度发生比率和中度发生比率。此外，典型相关表达式中也反映出Ⅰ期风速对油松毛虫灾害发生的影响较大且呈现正相关。综合第1、第2典型相关变量，温度、相对湿度和Ⅰ期平均风速构成影响油松毛虫灾害发生的主要环境因子。

2. 主成分分析

典型相关分析可得出和油松毛虫灾害发生最相关的环境因子，但同时也有可能漏掉一些相关因子而使得筛选的相关因子不全面，故本研究对衍生因子运用主成分分析法进行补充验证。主成分分析法在保证信息可靠性的前提下可通过少数因子反映全部因子的大部分信息(>85%)。而当分析过程中设定抽取主成分和衍生因子相等时可保证筛选环境因子的全面性故而可补充典型相关分析的不足。对上述73个因子运用SPSS 19.0做主成分分析，当选取前11个主成分时，累计贡献率达到86.46%(表5-11)，故可用前11个成分来代替分析原来的73个因子。

将前11个主成分的载荷矩阵利用SPSS 19.0的Transfrom计算得到11主成分的特征向量。其结果表明，第1主成分中变量系数绝对值在0.3~0.45的变量共33个，是对温度和风速的综合，根据系数绝对值温度以$X_1>X_6>X_{16}>X_{73}>X_{60}>X_{21}>X_{11}$和第1主成分为正相关关系，风速以$X_4>X_9$和第一主成分为负相关。第2主成分中变量系数绝对值(0.3~0.37)以$X_2>X_{44}>X_{12}>X_{22}>X_{17}$顺序主要反映了湿度信息。第3主成分到第11主成分包括了温度、相对湿度或风速中的一方面或多方面，但每个变量的相关性都不强。故选择第1主成分和第2主成分中相关性大的温度、风速和湿度为影响油松毛虫灾害发生的主要环境因子。

表5-11　前11个主成分方差

主成分	初始特征值			提取平方和载入		
	合计	方差贡献率(%)	累积贡献率(%)	合计	方差贡献率(%)	累积贡献率(%)
1	27.155	37.198	37.198	27.155	37.198	37.198
2	11.263	15.429	52.627	11.263	15.429	52.627
3	5.947	8.147	60.774	5.947	8.147	60.774
4	4.527	6.202	66.976	4.527	6.202	66.976
5	3.269	4.478	71.454	3.269	4.478	71.454
6	2.464	3.375	74.829	2.464	3.375	74.829
7	2.178	2.984	77.813	2.178	2.984	77.813
8	1.875	2.568	80.381	1.875	2.568	80.381
9	1.662	2.277	82.657	1.662	2.277	82.657
10	1.424	1.951	84.609	1.424	1.951	84.609
11	1.351	1.851	86.460	1.351	1.851	86.460

在衍生环境因子的基础上，综合典型相关分析结果和主成分分析结果，本研究选择温度因子中的年平均气温、Ⅰ期平均气温、Ⅳ期平均气温、Ⅱ期平均气温、Ⅱ期平均最高温、9月最高温，风速因子中的年平均风速、Ⅰ期平均风速，湿度因子中的年平均湿度、9月平均湿度、Ⅱ期平均湿度、Ⅳ期平均湿度作为我国北方油松毛虫灾害发生预测预报上的主要因子。

在众多的环境因子中温度、风速、湿度因子是影响我国北方油松毛虫灾害发生的主要环境因子。这些因子包括基础环境因子和极端环境因子，基础环境因子有年平均气温、Ⅰ期平均气温、Ⅱ期平均气温、Ⅳ期平均气温、年均风速、Ⅰ期平均风速、年平均湿度、9月平均湿度、Ⅱ期平均湿度、Ⅲ期平均湿度、Ⅳ期平均湿度，极端环境因子有Ⅱ期平均最高温、9月最高温。这些环境因子对油松毛虫不同程度灾害发生的响应也不同。轻度发生与年平均气温和上树期的平均相对湿度相关性较强。中度发生与羽化-产卵-孵化-幼龄幼虫期的平均气温和越冬期平均气温相关性较强。重度发生与越冬期最高温、9月最高温和上树期平均相对湿度相关性较强，即暖冬和早春干旱会提高油松毛虫重度灾害发生的可能性。

（二）油松毛虫灾害发生预测预报

运用物种潜在地理适生区预测模型MaxEnt对油松毛虫的灾害发生基于环境因子进行模拟预测。通过模型训练的准确性分析判断MaxEnt在松毛虫灾害监测预报上的可用性，并结合气候变化背景下的未来气候情景模式，对油松毛虫灾害发生趋势进行预测。

油松毛虫灾情数据来源于国家森防总站历年的监测调查统计数据。对国家森防总站取得的2002—2011年的松毛虫全国发生不同灾害程度（轻、中、重）的县市级数据筛选取得近年来灾害未发生的点，并以县级为最小数据单位定义灾害发生点，结合google earth 7.1.2.2042确定其几何中心的经纬度坐标，共计油松毛虫发生点546个并以 * .csv 格式文档保存，用于MaxEnt处理。MaxEnt运用的最小凸多边形（MCPs）方法通过从发生点分析得到的背景候选点来提高模型的准确性。

基础气象环境数据集是分辨率为0.5°的日值数据，按照所选环境因子的要求，利用Java批处理以行政区划为界从数据集中提取并运算位于研究区内的12个环境因子。然后利用ArcGIS10.0空间分析模块中的kriging地理表面插值对12个环境因子以研究区为界做插值处理。

将油松毛虫灾害数据和2001—2015年的环境因素和海拔因素的插值结果输入MaxEnt模拟其灾害发生情况。模型输出结果为ASCII码栅格图层（ * .asc）。数据中75%用于训练，25%用于训练中检验。重复10次迭代运算并输出平均模拟结果。

将近10年的灾害发生点叠加到模拟数据图层上（彩图14），统计和发生区域重叠的灾害点有502个，记为1。和发生区域不重叠的灾害点有44个，记为0。对两组数据做卡方检验，$P=0.000<0.01$（df=1），差异极显著，即模拟训练结果和灾害实际发生结果差异不显著，具有很高相似性。

结合油松毛虫在研究区的生活史衍生的环境因子在油松毛虫灾害发生的模拟预测

上应用效果良好，结合生活史的衍生环境因子不仅考虑了气候环境对松毛虫的持续作用，如年均温、年均相对湿度等，也考虑了对油松毛虫各个时期的偶然作用，松毛虫完成一个生活史，要经历卵、幼虫、蛹和成虫 4 个阶段，每个阶段对不同环境因子的敏感性不同，卵期对湿度的要求较高、幼虫期对温度和风速敏感等。种群的暴发和种群数量相关，种群数量和物种生活史阶段相关，考虑了生活史和环境因子自身变化规律的衍生环境因子在灾害预测上结果才能更准确。

第三节　松材线虫病潜在分布对气候变化的响应与预警

松材线虫（*Bursaphelenchus xylophilus*）是目前最具危险性的森林病害病原之一，由媒介昆虫携带传播。感染松材线虫的松树个体最快 40 天即可死亡，整片松林从发病到毁灭性死亡只要 3~5 年，因此该病被称作"松树的癌症"。随着松材线虫病的生物学和生态学研究数据大量积累，可以借助计算机和数学方法建立模型来进行危险性评价。适生性分析是有害生物危险性评价中一个关键因素，一般通过气象及生物地理条件进行分析。随着计算机和地理信息系统及其他相关学科的发展，有害生物的适生性分析越来越广泛。早在 1924 年，Cook 提出用气候图对有害生物的适生性进行分析，1985 年澳大利亚的 Sutherst 等研制出生态气候评价的分析模型——CLIMEX 系统，该系统以气候作为影响物种分布的主要因素，用物种已知地理分布及相对丰度或直接使用物种生长发育的生物学参数与各地气候参数进行对比，整合出生态气候指数（Ecoclimatic Index，EI），对物种的分布区进行预测。EI 值越大，物种适生性越强（Sutherst *et al.*，1985；Sutherst，2003）。目前 CLIMEX、BIOCLIM、HABITAT、DOMAIN 等生态位模型已广泛应用于松材线虫（何善勇等，2012）、微生物（刘海军等，2003）、植物（林伟等，1994；宋红敏等，2004）、昆虫（Sutherst *et al.*，1985，1991；Womer，1988）等的生态气候适生性研究。

上述生态位模型分析虽然操作较简单，但限制条件较多，各模型算法比较单一，而且考虑媒介昆虫传播的有害生物的因素较少，因此所得预测结果有一定的局限性，不完全适于松材线虫病以松褐天牛（*Monochamus alternatus*）为媒介传播的特点。气候因子是大尺度上影响物种分布区的关键因子，准确地模拟某个地区未来的气候变化才能够准确地预测生物的适生范围、潜在分布。本研究采用 MIROC_ RegCM 气候模式模拟中国区域气候情景数据、借助 GIS 地理信息系统、模糊数学综合评判方法、层次分析法（AHP）确定松材线虫适生性因子、松褐天牛适生性因子及综合适生值，分析预测松材线虫病在中国的适生范围以及在不同地区的适生程度，准确评估松材线虫病在中国的危害风险，为相关部门制定合理、有效的防疫措施，对保护森林生态安全具有重要的理论意义和实用价值。

　　研究所用气象数据及其处理方法、影响松材线虫及其传播媒介松褐天牛适生性因子的确定和松材线虫病综合适生值的计算参考程功等（2015）文献。

一、影响松材线虫及其传播媒介松褐天牛的气候因子权重的确定

　　应用方根法计算的影响松材线虫和松褐天牛生长发育的各个因素所占的权重等见表 5-12 和表 5-13。计算结果均通过一致性检验。

表 5-12　松材线虫评判因子判断矩阵

因素	$U1$	$U2$	$U3$	$U4$	$U5$	$U6$	权重	
年均气温（$U1$）	1	2	2	3	3	3	0.326	$\lambda_{max} = 6.015$
6，7，8 月均温（$U2$）	1/2	1	1	2	2	2	0.188	
25℃以上的天数（$U3$）	1/2	1	1	2	2	2	0.188	$CI = 0.003$
年降水量（$U4$）	1/3	1/2	1/2	1	1	1	0.099	
海拔（$U5$）	1/3	1/2	1/2	1	1	1	0.099	$CR = 0.002419$
平均日日照时数（$U6$）	1/3	1/2	1/2	1	1	1	0.099	

表 5-13　松褐天牛评判因子判断矩阵

因素	$U1$	$U2$	$U3$	$U4$	$U5$	$U6$	权重	
年均气温（$U1$）	1	3	3	6	2	7	0.377	$\lambda_{max} = 6.224$
6，7，8 月均温（$U2$）	1/3	1	1	3	2	5	0.189	
10℃以上有效积温（$U3$）	1/3	1	1	3	2	5	0.189	$CI = 0.045$
平均日日照时数（$U4$）	1/5	1/3	1/3	1	1/3	3	0.068	
年降水量（$U5$）	1/2	1/2	1/2	3	1	5	0.143	$CR = 0.036$
海拔（$U6$）	1/7	1/5	1/5	1/3	1/5	1	0.035	

二、全国松材线虫病潜在适生分布范围

　　通过 ArcGIS 9.2 软件对全国 1971—2100 年数据按 10 年间隔分段，每段 30 年进行分析，利用 1∶400 中国地图（从国家基础地理信息中心 http：//nfgis.nsdi.gov.cn/下载）作为分析底图，得到 11 幅不同时期的全国松材线虫病潜在分布范围（彩图 15）。

　　以连续 30 年为区段对适生范围进行分析：1971—2000 年期间，适宜、极适宜地区主要在东南部地区：如河北南部，山东西部，河南大部分地区，江苏、浙江、安

徽、湖北、湖南、福建、广东、广西、海南各省份全境，新疆中南部及北部部分地区，西藏南部，云南南部。其最北端的分布地区在河北南部。变化趋势：新疆中南及北部部分地区、山东半岛发展迅速，最适宜及适宜地区有所扩张，呈现向北、向西扩张趋势。2001—2030 年期间，适宜、极适宜地区仍然主要在东南部地区，面积继续增加，依旧呈现向北、向西扩张趋势。然而，北方的大部分极不适宜地区随着气候的变暖，面积迅速减小，由不适宜地区变为适宜地区，内蒙古中部地区变成适宜地区，东南地区几乎全境变为极适宜地区。2031—2060 年期间，新疆中北部部分地区由适宜变为极适宜地区，辽宁南部渤海湾地区由不适宜地区变为适宜地区，内蒙古中部有些地区变成适宜地区，东南地区的几个省份全境变为极适宜地区。2061—2090 年期间，适宜地区北移、西移速度加快，在此期间新疆南部的大部分地区、内蒙古中部大部分地区、辽宁南部沿海大部分地区已经变成适宜地区，适宜区已经蔓延到吉林西南部。2091—2100 年期间，由于此时间段为 10 年，仅在内蒙古中部和吉林西南部适宜地区蔓延较快，其他地区变化平稳。

综上，1971—2100 年，中国松材线虫病的潜在适生区主要集中在北纬 37°以南地区，如我国的华东和华南地区，包括河北南部、山西南部、山东、河南、湖北、湖南、江苏、浙江、江西、安徽、陕西南部、四川东南部、重庆、贵州、云南、广西、广东、福建、海南等地区。随着气候的变暖，松材线虫病潜在适宜区呈现北移、西移的趋势，次适宜区延伸到北纬 43°上下，如内蒙古中部、辽宁、河北、青海、甘肃等。边缘分布区延伸到北纬 46°上下，如新疆北部、内蒙古东北部、吉林南部。吉林北部、黑龙江北部、西藏大部分地区等由于寒冷和干旱不适宜松材线虫病生存。

三、各期全国松材线虫病潜在适生分布面积统计及分析

随着大尺度气候的变化，松材线虫病在国内潜在分布面积呈现如下趋势(图 5-3)：最适宜松材线虫病分布面积在逐渐扩大：由 1971 年的 148.17 万 km^2，至 2100 年增加到 243.08 万 km^2，其潜在最适宜分布面积增加了近 1 倍；适宜松材线虫病分布面积与最适宜分布一样，面积也在逐渐扩大：由 1971 年的 72.16 万 km^2，至 2100 年增加到 189.00 万 km^2，其潜在的适宜分布面积增加了近 2 倍；次适宜松材线虫病分布面积期间内变化不显著；不适宜松材线虫病分布面积显著减小，由 165.14 万 km^2 减少到 110.13 万 km^2；极不适宜松材线虫病分布面积极显著减小，由 498.89 万 km^2 减少到 287.33 万 km^2。

利用全球模式 MIROC3.2_ hiers 驱动 RegCM3 区域气候模式，结合统计学理论以及地理信息系统空间叠置分析功能，预测 1971—2100 年 130 年间松材线虫病的潜在分布区范围。结果表明，随着气候变化的加剧，到 2100 年适宜松材线虫病生存的地域面积将扩大 4 倍以上，主要集中在我国东南部的省份，且向北、向西扩散速度加快的趋势，预测区域涵盖了目前我国松材线虫病实际发生的全部地区(张星耀，2011)。

数据表明，中国地处东亚季风区，具有复杂的地形和下垫面特征，使得全球模式对这一区域的模拟经常出现偏差，这种偏差主要是由于全球模式的分辨率不足引起

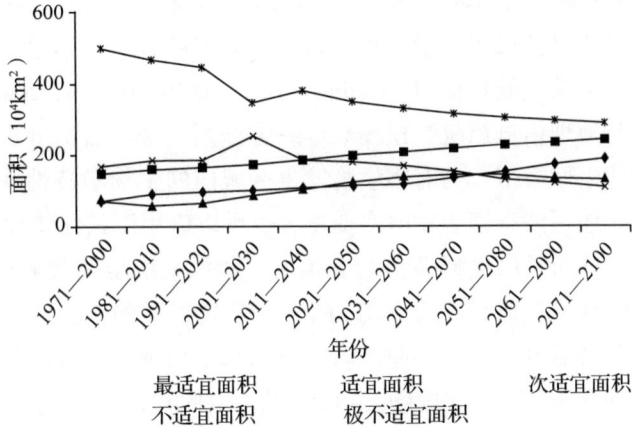

最适宜面积　　　　适宜面积　　　　次适宜面积
不适宜面积　　　　极不适宜面积

图 5-3　全国松材线虫病不同时期潜在分布面积变化

的，而 RegCM3 区域气候模式则可以大大减少上述偏差。全球模式 MIROC3.2_ hiers 驱动 RegCM3 区域气候模式（简称 MIROC_ RegCM）能够更好地再现中国地区当代气候（王东阡，2009）。

全球气候模式 MIROC3.2_ hiers 驱动 RegCM3 区域气候模式可以准确地模拟某个地区未来的气候变化，可以用来预测松材线虫这样依靠媒介传播的有害生物的潜在适生区。

气候因子是大尺度上影响物种分布区的关键因子，气候变化会对有害生物的分布产生深远的影响，全球变暖是未来的气候变化趋势（Volney *et al.*，2000；Jesse *et al.*，2003；Jönsson *et al.*，2007；Walther *et al.*，2009），对未来气候尽可能地准确模拟是对有害生物的潜在地理分布区进行预测的前提，因此选择一种准确的气候预测模式尤为关键。

MIROC3.2（Model for Interdisciplinary Research on Climate）是日本 CCSR、NIES、FRCGC 三个研究机构共同开发的高分辨率全球海气耦合气候模式。该模式能较好地模拟东亚地区的降水分布（Hasumi *et al.*，2004；Zhang *et al.*，2008；朱坚等，2009；Huang *et al.*，2011）。RegCM3（Regional Climate Model version 3）区域气候模式是由 Giorgi 等人研发的第一代区域气候模式发展而来（Giorgi，1990）。RegCM 系列模式在中国地区当代气候模拟、气候变化及土地利用和气溶胶的气候效应模拟等方面已有很多应用（Gao *et al.*，2001，2002；施晓晖等，2007）。RegCM3 目前提供的情景数据包括：一是全球模式 FvGCM 驱动 RcgCM3 得到的 1961—1990 年和 SRES A2 情景下的 2071—2100 年 2 个 30 年的中国区域气候情景数据（简称 FvGCM_ RegCM）；二是全球模式 MIROC3.2_ hiers 驱动 RegCM3 得到的 SRES A1B 情景下 1951—2100 年 150 年的中国区域气候情景数据（简称 MIROC_ RegCM）（Gao *et al.*，2001）。与全球模式相比，区域模式的优越性是分辨率高（张冬峰，2009）、既受大尺度环流强迫又能够反映区域和中尺度的影响（石英，2010）。

为了克服全球模式在区域气候变化研究中的缺陷，我们用粗分辨率的 MIROC3.2_ hiers 全球模式模拟全球气候，然后用其输出结果来驱动高分辨率的

RegCM3 区域气候模式。采用区域和全球模式的嵌套技术，既可以获得大尺度天气系统的基本特征，又能够获得由大量中尺度强迫引起的高分辨率信号，从而有助于了解全球气候背景下的区域气候特征(Luedeling *et al.* , 2009；Jönsson, 2009)。

将气候模拟与地理信息系统、模糊数学综合评判方法、层次分析法有机结合在一起建立相关生物适生性模型，与有害生物发生区域内的生物学特性和地理物理特征结合起来，可以很好地预测有害生物时空变化，也可以应用于其他物种的类似分析。

生物的生长与分布是以气候条件为起点的，所以采取全球气候模式 MIROC3.2_hiers 驱动 RegCM3 区域气候模式得到的 SRES A1B 情景下的模拟气候，可以建立生物在特定气候因素下的适生性分析模型，确定影响某生物种群生长的模型参数，利用该参数分析生物种群在未知分布地点的生长情况，由此预测该生物种群潜在的分布区域。再利用地理信息系统将这些参数据与空间数据进行分析和显示具有空间内涵的地理数据，展现了生物种群在时间和空间上的变化。

总之，地理信息系统可以将有害生物发生区域内的生物学特性和地理物理特征结合起来研究影响物种分布的各种因素，再对物种适合生存的地区进行预测已广泛应用于有害生物风险分析的预测预报(Lessard *et al.* , 1990；Parker *et al.* , 1996；Peterson *et al.* , 1999, 2001；Anderson *et al.* , 2002)，全球气候模式 MIROC3.2_ hiers 驱动 RegCM3 区域气候模式结合地理信息系统可以较准确地评估危险性物种入侵的概率并找出影响因子、预测外来物种所引起的危害及其变化趋势，可以用于有害生物的疫情监测、分析和控制(沈佐锐等，2003；沈文君等，2004；李红梅等，2005)。

参考文献

陈昌洁，1990. 松毛虫综合管理［M］. 北京：中国林业出版社 .

陈绘画，崔相富，朱寿燕，等，2004. 马尾松毛虫发生量灰色系统模型的建立及其预报［J］. 东北林业大学学报，34（4）：19-21.

陈绘画，朱寿燕，崔相富，等，2003. 基于人工神经网络的马尾松毛虫发生量预测模型的研究［J］. 林业科学研究，16（2）：159-165.

程功，吕全，冯益明，等，2015. 气候变化背景下松材线虫在中国分布的时空变化预测［J］. 林业科学，51（6）：119-126.

董杰，贾学峰，2004. 全球气候变化对中国自然灾害的可能影响［J］. 聊城大学学报，17（2）：59-71.

范正章，陈顺立，2008. 武夷山风景区马尾松毛虫发生趋势与环境因子的相关性［J］. 华东昆虫学报，17（2）：110-114.

费海泽，王鸿斌，孔祥波，等，2014. 马尾松毛虫发生相关气象因子筛选及预测［J］. 东北林业大学学报，42（1）：136-140.

高兴荣，2012. 极度干旱胁迫条件下云南松对小蠹伴生菌抗性的研究［D］. 北京：中国林业科学研究院 .

郭海明，涂伟志，李建东，等，2011. 呼和浩特地区落叶松毛虫灾害气象预报方法［J］. 内蒙古林业科技，37（4）：51-53.

韩瑞东，何忠，戈峰，等，2004. 影响松毛虫种群动态的因素［J］. 昆虫知识，41（6）：504-511.

何善勇，温俊宝，骆有庆，等，2012. 气候变暖情境下松材线虫在我国的适生区范围［J］. 应用昆虫学报，49（1）：236-243.

侯陶谦，1987. 中国松毛虫［M］. 1 版 . 北京：科学出版社 .

金先来，2012. 气温变化对潜山县马尾松毛虫发生时间的影响［J］. 现代农业科技，（16）：167-168.

郎东升，2004. 太原地区油松毛虫发生规律及防治对策［J］. 山西林业，6：29-30.

李典谟，戈峰，王琛柱，等，1999. 我国重要农业害虫的成灾机理和控制研究的若干科学问题［J］. 昆虫知识，36（6）：373-376.

李红梅，韩红香，薛大勇，2005. 利用 GARP 生态位模型预测日本松干蚧在中国的地理分布［J］. 昆虫学报，48（1）：95-100.

李丽莎，2003. 松纵坑切梢小蠹［M］//张星耀，骆有庆 . 中国森林重大生物灾害 . 1 版 . 北京：中国林业出版社 .

李祚泳，彭荔红，1999. 基于人工神经网络的农业病虫害预测模型及其效果检验［J］. 生态学报，19（5）：759-762.

林伟，1994. 苹果蠹蛾在中国危险性评估的初步研究［D］. 北京：中国农业大学 .

刘海军，温俊宝，骆有庆，2003. 有害生物风险分析研究进展评述［J］. 中国森林病虫，22（3）：24-28.

刘玉荣，张三亮，2007. 甘肃成县油松毛虫发生规律及防治对策［J］. 甘肃林业科技，32（2）：57-59.

牛文梅，杨丽霞，刘爱琴，等，2010. 黄河流域油松毛虫发生规律及防治效果研究[J]. 现代农业科技，19：149-150.

沈文君，沈佐锐，李志红，2004. 外来有害生物风险评估技术[J]. 农村生态环境，20(1)：69-72.

沈佐锐，马晓光，高灵旺，等，2003. 植保有害生物风险分析研究进展[J]. 中国农业大学学报，8(3)：51-55.

施德祥，1994. 雷寺庄林区油松毛虫发生及防治对策[J]. 陕西林业科技，4：30-32.

施晓晖，徐祥德，2007. 东亚冬季风年代际变化可能成因的模拟研究[J]. 应用气象学报，18(6)：776-782.

石英，2010. RegCM3对21世纪中国区域气候变化的高分辨率数值模拟[D]. 北京：中国气象科学研究院.

宋红敏，张清芬，韩雪梅，等，2004. CLIMEX：预测物种分布区的软件[J]. 昆虫知识，41(4)：379-386.

宋雄刚，王鸿斌，李国宏，等，2015. 大尺度油松毛虫灾害发生相关气象因子筛选[J]. 东北林业大学学报，43(7)：127-132.

汤树钦，杨晓红，2005. 2004年上杭县大面积松毛虫害的气象因素初探[J]. 福建气象，(6)：25-27.

汤文高. 2012. 油松毛虫生物学特性及综合防治技术研究[J]. 陕西农业科学，(1)：47-49.

王东阡，张耀存，2009. 气候系统模式MIROC对中国降水和地面风场日变化的模拟[J]. 南京大学学报(自然科学)，45(6)：724-733.

王鸿斌，张真，孔祥波，等，2007. 入侵害虫红脂大小蠹的适生区和适生寄主分析[J]，林业科学，Vol. 43(10)：71-76.

王仁合，毕宝忠，黄华，2011. 黄龙山林区油松毛虫发生原因分析及防治措施[J]. 陕西林业科技，(5)：44-47.

向昌盛，2012. 基于地统计学定阶的松毛虫发生面积组合预测[J]. 计算机应用研究，29(3)：984-987.

肖文发，2013. 中国可持续经营国家报告[C]. 北京：中国林业出版社.

严静君，1963. 油松毛虫滞育现象对测预报的意义[J]. 昆虫知识，9(1)：24-25.

张冬峰，2009. 东亚沙尘气溶胶及气候变化对其影响的区域数值模拟[D]. 北京：中国科学院大气物理研究所.

张润杰，保新凤，1997. 气候变化对农业害虫的潜在影响[J]. 生态学杂志，16(6)：36-40.

张星耀，吕全，冯益明，等，2011. 中国松材线虫病危险性评估及对策[J]. 北京：科学出版社.

张玉书，冯锐，陈鹏狮，等，2004. 松毛虫发生期与气象条件关系[J]. 中国农业气象，25(3)：26-28.

赵青山，邹文波，吕国平，等，1999. 松毛虫种间杂交及其遗传规律的研究[J]. 林业科学，35(4)：45-50.

赵清山，1981. 马尾松毛虫发生动态和大发生预测预报初步研究[J]. 林业科学，(2)：37-39.

赵铁良，耿海东，张旭东，等，2003. 气温变化对我国森林病虫害的影响[J]，中国森林病虫，22(3)：29-32.

周广学，张国林，梁群，等，2012. 气象条件对油松毛虫的影响及其预测模型的构建[J]. 东北林业大学学报，40(11)：131-134.

周章义，2002. 内蒙古鄂尔多斯市东部老龄沙棘死亡原因及其对策[J]，沙棘，15(2)：7-11.

朱坚，张耀存，黄丹青，等，2009. 全球变暖情景下中国东部地区不同等级降水变化特征分析[J].
　　高原气象，28(4)：889-896.

Allen C D, Macalady A K, Chenchouni H, et al, 2010. A global overview of drought and heat—induced
　　tree mortality reveals emerging climate change risks for forests [J]. Forest Ecology and Management, 259：
　　660-684.

Allen C D, 2009. Climate—induced forest dieback：An escalatingglobal phenomenon [J]. Unasylva, 231/
　　232 (60)：43-49.

Allen C D, 2007. Interactions across spatial scales among forest dieback, fire, and erosion in northern New
　　Mexico landscapes [J]. Ecosystems, 10：797-808.

Anderson R P, Peterson A T, Marcela G L, 2002. Using niche—based GIS modeling to test geographic pre-
　　diction of competitive exclusion and competitive release in South American pocket mice [J]. OIKOS, 98：
　　3-16.

Bale, Jeffery S, Masters, Gregory J, et al, 2002 Herbivory in global climate change research：Direct effects
　　of rising temperature on insect herbivores [J]. Global Change Biology, 8 (1)：1-16.

Battisti A, Stastny M L, Buffo E, et al, 2006. A rapid altitudinal range expansion in the pine processionary
　　moth produced by the 2003 climatic anomaly [J]. Global Change Biology, 12 (4)：662-671.

Berryman A A. 1976. Theoretical explanation of mountain pine beetle dynamics inlodgepole pine forests [J].
　　Environmental Entomology, 5：1225-1233.

Carnicer J, Coll M, Ninyerola M, Pons X, et al, 2011. Widespread crown condition decline, food web dis-
　　ruption, and amplified tree mortality with increased climate change—type drought [J]. Proceedings of the
　　National Academy of the Science of the United Nations of America, 108(4)：1474-1478

Choi W I, 2011. Influence of global warming on forest coleopteran communities with special, reference to
　　ambrosia and bark beetles [J], Journal of Asia—Pacific Entomology, 14(2)：227-231.

Croisé L, Lieutier F, Cochard H, et al, 2001. Effect of drought stress and high density stem inoculations of
　　Leptographium wingfieldii on hydraulic properties of young Scots pine trees [J]. Tree Physiology, 21：
　　427-436.

Dunn J P, Lorio P L Jr, 1993. Modified water regimes affect photosynthesis, xylem water potential, cambial
　　growth, and resistance of juvenile *Pinus taeda* L. to *Dendroctonus frontalis* (Coleoptera：Scolytidae) [J].
　　Physiological Chemical Ecology, 22：948-57

Gao X J, Zhao Z C, Giorgi F, 2002. Changes of extreme events in regional climate simulations over East A-
　　sia [J]. Advances in Atmospheric Sciences, 19(5)：927-942.

Gao X J, Zhao Z C, Ding Y I, 2001. Climate change due to greenhouse effects in China as simulated by a re-
　　gional climate model [J]. Advances in Atmospheric Sciences, 18(6)：1224-1230.

Giorgi F, 1990. Simulation of regional climate using a 1imited—area model nested in a general circulation
　　model [J]. Climate, 3(8)：941-963.

Hasumi H, Emori S, 2004. K—1 Model Developers [R]. K—1 coupled model(MIROC) description：Uni-
　　versity of Tokyo, 1-34.

Hodara J A, Castroa J, Zamoraa R, 2003. Pine processionary caterpillar *Thaumetopoea pityocampa* as a new
　　threat for relict Mediterranean Scots pine forests under climatic warming [J], Biological Conservation,

110: 123-129

Huang D Q, Takahashi M, Zhang Y C, 2011. Analysis of the Baiu precipitation and associated circulation simulated by the MIROC coupled climate system model [J]. Journal of the Meteorological Society of Japan, 89: 625-636.

Jesse A L, Jacques R, James A P, et al, 2003. Assessing the impacts of global warming on forest pest dynamics [J]. Frontiers in Ecology and the Environment, 1(3): 130-137.

Jönsson A M, Appelberg G, Harding S, et al, 2009. Spatio—temporal impact of climate change on the activity and voltinism of the spruce bark beetle, *Ips typographus* [J]. Global Change Biology, 15: 486-499.

Jönsson A M, Harding S, Bärring L, et al, 2007. Impact of climate change on the population dynamics of *Ips typographus* in southern Sweden [J]. Agricultural and Forest Meteorology, 146: 70-81.

Kirisits T, 2004. Fungal associates of European bark beetles with special emphasis on the Ophiostomatoid fungi [M]//

Lieutier F, Day K R, Battisti A, et al, 2004. Bark and wood boring insects in living trees in Europe, a synthesis[M]. Dordrecht: Kluwer Academic Publisher, 181-235.

Kirkendall L, Faccoli M, Ye H, 2008. Description of the Yunnan shoot borer, *Tomicus yunnanensis* Kirkendall & Faccoli sp. n. (Curculionidae, Scolytinae), an unusually aggressive pine shoot beetle from southern China, with a key to the species of Tomicus [J]. Zootaxa, 1819: 25-39.

Lessard P, Norval R A I, Perry B D, et al, 1990. Geographical information systems for studying the epidemiology of cattle disease caused by Theileria parva [J]. Veterinary Record, 126: 255-262.

Lieutier F, 2004. Host resistance to bark beetles and its variations [M]. Lieutier F, Day K R, Battisti A, et al. Bark and wood boring insects in living trees in Europe, a Synthesis. Dordrecht: Kluwer Academic Publisher, 135-180.

Lieutier F, Yart A, Sallé A, 2009. Stimulation of tree defenses by *Ophiostomatoid fungi* can explain attack success of bark beetles on conifers [J]. Annals of Forest Science, 66: 801 (22).

Lorio P L Jr, 1986. Growth—differentiation balance: A basis for understanding southern pine beetle—tree interactions [J]. Forest Ecology and Management, 14: 259-273.

Lorio P L, Stephen F M, Paine T D, 1995. Environment and ontogeny modify loblolly pine response to induced acute water deficits and bark beetle attacks [J]. Forest Ecology and Management, 73: 97-110.

Luedeling E, Zhang M, Girvetz E H, 2009. Climatic changes lead to declining winter chill for fruit and nut trees in California during 1950 - 2099 [J]. PLoS ONE, 4 (7): e6166. doi: 10.1371/journal. pone. 0006166.

Netherer S, Schopf A, 2010. Potential effects of climate change on insect herbivores in European forests—General aspects and the pine processionary moth as specific example [J]. Forest Ecology and Management, 259: 831-838

Paine T D, Raffa K F, Harrington T C, 1997. Interactions among scolytid bark beetles, their associated fungi, and live host conifers [J]. Annual Review of Entomology, 42: 179-206.

Park Y S, Cereghino R, Compin A, et al, 2003. Applications of artificial neural networks for patterning and predicting aquatic insect species richness in running waters [J]. Ecological Modeling, 160(3): 265-280.

Parker W E, Turner S T D, 1996. Application of GIS modeling to pest forecasting and pest distribution studies at different spatial scales [J]. Aspects of Applied Biology, 46: 223-230.

Peterson A T, Vieglais D A, 2001. Predicting species invasions using ecological niche modeling: New approaches from bioinformatics attack a pressing problem [J]. Bioscience, 51(5): 363-371.

Peterson A T, Cohoon K P, 1999. Sensitivity of distributional prediction algorithms to geographic data completeness [J]. Ecological Modeling, 117: 159-164.

Raffa K F, Berryman A A, 1983. The role of host plant resistance in the colonization behavior and ecology of bark beetles [J]. Ecological Monographs, 53: 27-49.

Roth S K, Lindroth R L, 1994. Effects of CO_2—mediated change in paper birch and white pine chemistry on gypsy moth performance [J]. Oecologia, 98: 133-138.

Salle A, Ye H, Yart A, et al, 2008. Seasonal water stress and the resistance of *Pinus yunnanensis* to a bark-be—etle—associated fungus [J]. Tree Physiolgy, 28: 679-687.

Sutherst R W, Maywald G F, 1985. A computerized system for matching climates in ecology [J]. Agricuture, Ecosystems and Environment, 13: 281- 289.

Sutherst R W, Maywald G F, 1991. Form CLIMEX to PESKY, a generic expert system for pest risk assessment [J]. Bull OEEP EPPO Bull, 21: 595- 608.

Tenow O, Nilssen A C, Holmgren B, et al, 1999. An insect (*Argyresthia retinella*, Lep. , Yponomeutidae) outbreak in northern birch forests, released by climatic changes [J] Journal of Applied Ecology, 36 (1): 111-122

Volney W J A, Fleming R A, 2000. Climate change and impacts of boreal forest insects [J]. Agriculture, Ecosystems and Environment, 82: 283-294.

Walther G R, Roques A, Hulme P E, Sykes M T, et al, 2009. Alien species in a warmer world: Risks and opportunities [J]. Trends in Ecology and Evolution, 1146: 1-8.

Williams D W, Liebhold A M, 2002. Climate change and the outbreak ranges of two North American bark beetles [J]. Agricultural and Forest Entomology, 4 (2): 87-99

Womer S P, 1988. Ecoclimatic assessment of potential establishment of exotic pests [J]. Journal of Economic Entomology, 81(4): 973-983.

Yamamura K, Yokozawa M, Nishimori M, et al, 2006. How to analyze long—term insect population dynamics under climate change: 50—year data of three insect pests in paddy fields [J]. Population Ecology, 48 (1): 31-48.

Ye H, Ding X S, 1999. Impacts of *Tomicus minor* on distribution and reproduction of *Tomicus piniperda* (Col. Scolytidae) on the trunk of living *Pinus yunnanensis* trees [J]. Journal Applied Entomology, 123: 329-333.

Ye H, 1991. On the bionomy of *Tomicus piniperda* (L.) (Col. Scolytidae) in the Kunming region of China [J]. Journal Applied Entomology, 112: 366-369.

Zhang W, Zhong X, Liu G, 2008. Recognizing spatial distribution patterns of grassland insects: Neural network approaches [J]. Stochastic Environmental Research Risk Assessment, 22(2): 207-216.

Zhang Y C, Takahashi M, Guo L L, 2008. Analysis of the East Asian subtropical westerly jet simulated by CCSR/NIES/FRCGC coupled climate system model [J]. Meteorological Society of Japan, 86: 257-278.

第六章

林线和树木年轮对气候变化的响应

　　林线作为郁闭森林和高山灌丛或草甸之间的生态过渡带对气候变化异常敏感。研究林线种群特征、天然更新及其与气候的关系，不仅有助于阐明气候变化对森林群落形成和发展的影响、物种的生态学特性和更新策略(Svensson et al.，2001)，而且还可为气候变化背景下林线植被的科学经营管理提供依据。树木年轮生长是物种生物学特性和外部环境综合作用的结果，它不仅记录了树木自身的年龄，而且还记载着树木生长过程中所经历的气候和环境的变化过程。因此，对树木年轮与气候因子相关关系的研究，不仅可获取过去气候环境演变的数据，而且还可以帮助人们预测未来气候变化和研究气候变化对生态系统的影响。

　　祁连山位于我国西北部，林线位于海拔 3300 m 左右。林线与灌丛和草甸的界限明显，是我国利用树木年轮研究气候变化规律极有潜力的地区之一。本章以祁连山青海云杉林线为研究对象，通过对低海拔向高海拔林线趋近过程中乔木种群的径阶结构、天然更新以及枝条中非结构性碳水化合物含量的变化，揭示林线对气候变化的响应特征和变化规律；采用不同步长样条函数去趋势方法研究青海云杉年轮对气候变化的响应；同时，选择人类活动干扰较少、林龄较长的马尾松人工林，通过对树木径向生长的测定，结合当地的历史气候数据分析马尾松生长对气候变化的响应。

第一节　祁连山青海云杉林线
对气候变化的响应

　　青海云杉是祁连山山地森林中分布最广、蓄积量最大的乔木树种。本节重点研究3个问题：①分布在林线附近与分布在较低海拔处的青海云杉种群的径阶组成有何异同；②分布在林线附近与分布在较低海拔处的青海云杉更新幼苗密度、高度、空间分布格局等有何区别；③青海云杉在林线低温环境下生长是否会受到碳、氮、磷等元素的限制。

一、研究区气候状况

　　研究区位于甘肃省张掖肃南裕固族自治县祁连山排露沟流域（100°17′E、38°24′N）西水次生林区。海拔 2600~3800 m。该区年均气温 7.3 ℃，年均降水量 130.6 mm，主要集中在夏季，属温带高寒半干旱、半湿润山地森林草原气候。山地垂直气候带明显，随着海拔升高温度递减，而降水量变化相反。一年中各月的平均气温和降水量变化如图 6-1 所示。

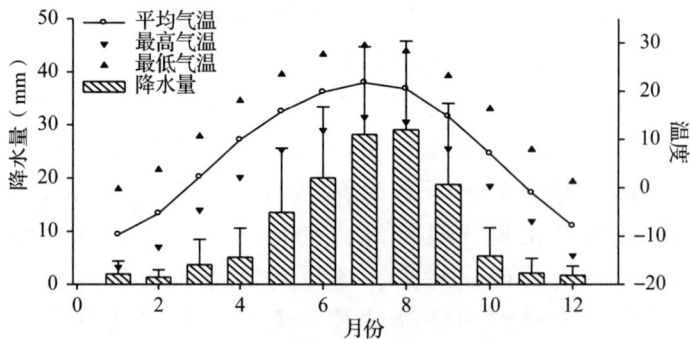

图 6-1　累年月均气温、月平均最高气温、月平均最低气温和降水量的逐月变化

注：数据来源于张掖气象台。

　　图 6-2 为 1952—2009 年年均气温和降水量的变化。可以看出与 20 世纪 80 年代前比较，1989 年后的年均气温有明显升高（Zhang *et al.*，2011），而降水量没有明显变化。但不同时段的平均气温有较大的差异，1952—1980 年的年均温度显著低于

1981—2009 年间的年均气温(图 6-3)。

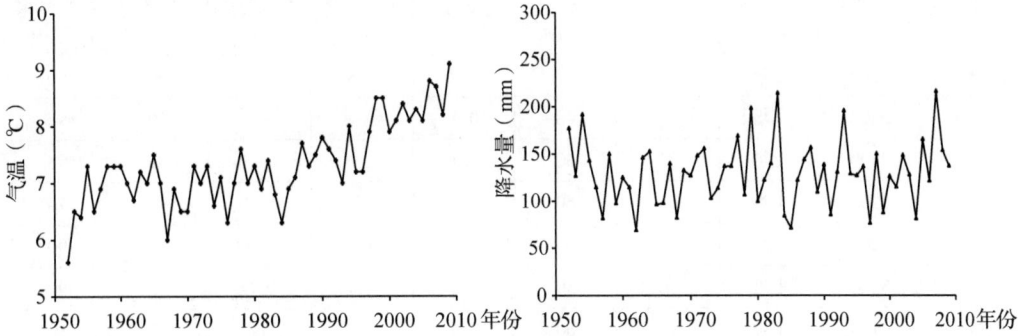

图 6-2　1952—2009 年年均气温和降水量的变化

注：数据来源于张掖气象台。

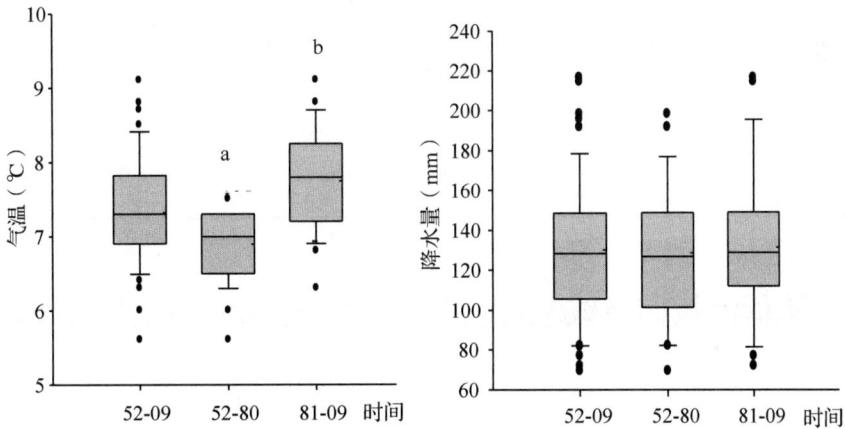

图 6-3　不同时间段的年均气温和年降水量

注：数据来源于张掖气象台。

二、样地概况

青海云杉分布祁连山海拔 2600~3300 m 的阴坡和半阴坡上，呈斑块状非连续分布。阳坡为山地草原景观，森林类型以藓类青海云杉林为主，海拔 3300 m 以上分布着亚高山湿性灌木林。森林总面积 168.3 hm²，覆盖率 65%。乔木树种以青海云杉(*Picea crassifolia*)为主，零星分布着祁连圆柏(*Sabina prezewalskii*)，灌木以箭叶锦鸡儿(*Caragana jubata*)、高山柳(*Salix wihelmsiana*)、吉拉柳(*Salix gilashanica*)和金露梅(*Dasiphora fruticosa*)为主，草本主要有珠牙蓼(*Polygonum viviparum*)、黑穗苔(*Carex atrata*)和针茅(*Stpa capillata*)等。土壤类型为森林灰褐土。样地基本情况见表 6-1。

表 6-1　样地基本情况

样地编号	海拔（m）	坡位	坡度（°）	土壤厚度（cm）	郁闭度	平均高度（m）	平均胸径（cm）	灌层盖度（%）	地被物覆盖度（%）
A1	3300	上坡	34	60	0.15	3.8	12.9	60	90
B1	3300	上坡	35	40	0.1	—	—	70	95
C1	3300	上坡	35	30	0.1	—	—	85	98
A2	3200	中坡	33	60	0.3	6.21	48.01	40	70
B2	3200	中坡	25	60	0.6	10.33	20.44	2	90
C2	3200	中坡	30	50	0.6	9.36	59.66	15	90
A3	3100	中坡	18	60	0.4	6.86	13.48	15	80
B3	3100	中坡	18	60	0.7	7.97	12.21	7	98
C3	3100	中坡	25	60	0.7	5.55	41.18	18	98
A4	3000	中坡	18	60	0.6	9.34	62.84	15	60
B4	3000	中坡	15	60	0.78	6.66	12.08	1	98
C4	3000	中坡	16	60	0.7	7.19	13.61	18	99
A5	2900	下坡	25	60	0.5	6.05	10.2	10	70
B5	2900	下坡	10	60	—	6.05	10.4	—	—
C5	2900	下坡	—	—	—	9.18	55.1	—	—

三、从低海拔向林线趋近过程中青海云杉的径阶组成及其变化

对不同海拔青海云杉径阶分别汇总（图 6-4），结果显示：较低海拔处（2900 m 和 3000 m）小径阶林木占比较大，大径阶林木占比较小，但各径阶林木都有存在。海拔 3100 m 与海拔 2900 m 和 3000 m 处的径阶组成相似，但缺失 65～70 cm 和 75～80 cm 径阶的林木；海拔 3200 m 处青海云杉径阶变化规律性不甚明显；林线附近（3300 m）与较低海拔处有明显不同，主要区别是缺乏径阶在 55 cm 以上的大树，而且缺少 35～45 cm 的成年树。种群的径阶组成不完整。

四、从低海拔向林线趋近过程中青海云杉的天然更新规律

（一）更新幼苗种群的密度变化

从低海拔向高海拔趋近过程中更新幼苗种群密度呈下降趋势（图 6-5）。在最低海拔处（海拔 2900 m）更新幼苗密度最高，为 5762 株/hm²，在林线附近（海拔 3300 m）最低，为 683 株/hm²。拟合曲线显示，更新幼苗种群密度随着海拔升高呈对数函数变化。

一般而言，环境条件沿海拔梯度的变化常常决定着物种的分布格局和繁殖策略，在环境条件适宜的海拔地段，种群发展良好（Wang *et al.*，2006）。青海云杉更新幼苗

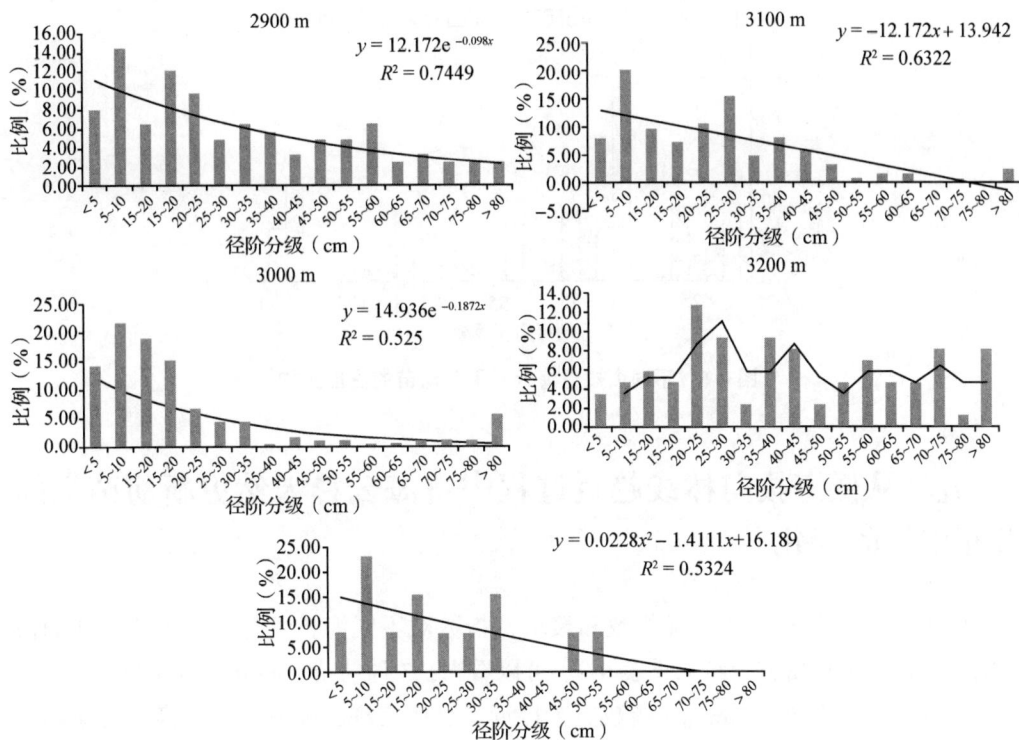

2900 m $y = 12.172e^{-0.098x}$　$R^2 = 0.7449$

3100 m $y = -12.172x + 13.942$　$R^2 = 0.6322$

3000 m $y = 14.936e^{-0.1872x}$　$R^2 = 0.525$

3200 m

$y = 0.0228x^2 - 1.4111x + 16.189$　$R^2 = 0.5324$

图 6-4　青海云杉径阶组成沿海拔梯度的变化

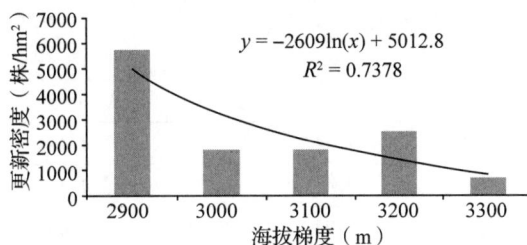

$y = -2609\ln(x) + 5012.8$　$R^2 = 0.7378$

图 6-5　不同海拔更新幼苗密度变化

密度随着海拔升高而降低的原因主要是受低温的影响。不同海拔的种源和种子质量也有区别。有研究表明，越接近林线，种子的数量越少，质量越差，种子萌发率低，越不宜成苗（涂云博等，2008）。林线附近的林分郁闭度较小（表6-1），灌木侵入较多。灌木的旺盛生长对青海云杉更新幼苗密度也会产生不利影响。

（二）更新幼苗种群高度结构变化

按照苗高<25 cm 为1级，25~55 cm 为2级，55~85 cm 为3级，85~105 cm 为4级，>105 cm 为5级的苗木分级标准（张立杰，2006；李金良等，2008）对青海云杉更新幼苗进行分级，并绘制不同海拔青海云杉更新幼苗的高度结构图（图6-6）。结果显示，海拔2900 m、3000 m、3100 m 和3200 m 处各高度级更新幼苗的数量均高于海拔3300 m 处。

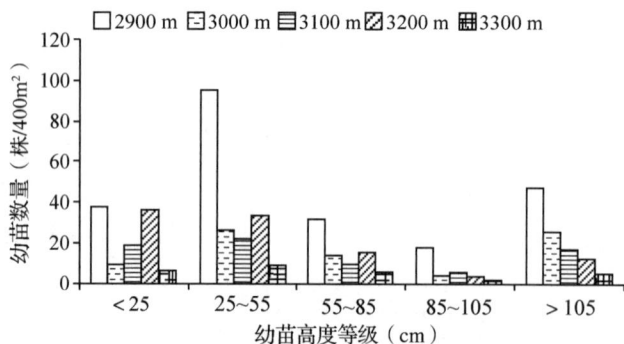

图 6-6 不同海拔青海云杉更新幼苗的高度结构

五、从低海拔向林线趋近过程中青海云杉天然更新幼苗空间分布格局的变化

应用方差均值比、Morisita 指数和聚块性指数对不同海拔青海云杉天然更新幼苗空间分布格局进行研究，结果见表 6-2。可以看出，3 种幼苗空间分布格局指数基本一致，但以聚块性指数和 Morisita 指数更为接近。总体表现：随着海拔升高，更新幼苗的分布格局呈集群。

表 6-2 不同海拔青海云杉更新幼苗分布格局

海拔梯度（m）	幼苗高度分级（cm）	方差均值比		聚块性指数	Morisita 指数		格局
		C	t		I_δ	F	
2900	<25	0.02	2.08	1.03	0.99	0.01	R
	25~55	0.94	1.34	1.46	1.44	84.44	C
	55~85	0.71	2.45	1.40	1.34	22.56	C
	85~105	0.90	1.92	1.09	1.00	1.00	U
	>105	1.01	1.71	1.14	1.11	11.46	C
3000	<25	0.84	2.07	1.65	1.41	6.33	C
	25~55	0.70	2.46	1.38	1.31	13.00	C
	55~85	0.59	2.93	1.33	1.19	4.78	C
	85~105	0.35	4.91*	1.41	0.92	0.54*	R
	>105	0.17	10.33**	1.06	0.99	0.73**	R
3100	<25	1.04	1.67	1.82	1.70	20.16	C
	25~55	0.46	3.75	1.20	1.11	4.68	C
	55~85	0.59	2.90	1.38	1.17	3.45	C
	85~105	0.54	3.21	1.45	1.08	1.65	C
	>105	0.71	2.42	1.43	1.31	8.54	C

（续）

海拔梯度（m）	幼苗高度分级（cm）	方差均值比		聚块性指数	Morisita 指数		格局
		C	t		I_δ	F	
3200	<25	1.42	1.22	2.00	1.94	68.05	C
	25~55	1.12	1.55	2.06	2.00	67.00	C
	55~85	1.08	1.65	2.14	2.00	30.00	C
	85~105	0.66	2.63	1.66	1.05	1.28	C
	>105	0.72	2.40	1.59	1.44	11.56	C
3300	<25	0.95	1.82	1.90	1.53	5.74	C
	25~55	0.84	2.06	1.65	3.00	6.33	C
	55~85	0.58	3.00	1.47	1.12	2.00	C
	85~105	1.73	1.00	0	3.00	3.00	C
	>105	0.80	2.16	1.78	1.31	3.20	C

注：＊$P<0.05$，＊＊$P<0.01$；C. 集群分布；R. 随机分布；U. 均匀分布。

分布：在海拔 2900 m，<25 cm 的幼苗为弱聚集性，表现为随机分布；85~105 cm 的幼苗为均匀分布；在海拔 3000 m 处，85~105 cm 和>105 cm 两个高度级的幼苗表现为随机分布，且达到了显著水平。在海拔 3100 m、3200 m 和 3300 m 处更新幼苗均呈集群分布。

六、各环境要素描述性统计特征

为了解祁连山青海云杉生长区域各生长环境的差异性，对各环境因素进行统计分析（表 6-3）。结果表明，以速效钾、死地被物盖度、活地被物盖度、乔木层透光度、灌木层盖度、土壤含水量、总地表物盖度的变异系数较大，分别为 7569%、1173%、833.55%、812.05%、674.97%、622.47%、306.49%，乔木郁闭度、全钾、pH 值、全氮、全磷等变异较小，分别为 0.06%、0.05%、0.01%、0.002%和 0。

表 6-3　各环境变量的描述性统计　　　　　　　　　%，g/kg，mg/kg

指标	范围	最小值	最大值	平均值	标准误	方差	变异系数
乔木层郁闭度	0.70	0.10	0.80	0.52	0.06	0.25	0.06
乔木层透光度	89.60	0.40	90.00	41.49	7.36	28.49	812.05
灌木层盖度	84.00	1.00	85.00	25.40	6.71	25.98	674.97
活地被物盖度	78.00	20.00	98.00	63.87	7.45	28.87	833.55
死地被物盖度	94.00	2.00	96.00	43.13	8.84	34.25	1173
总地表物盖度	49.00	50.00	99.00	83.07	4.52	17.50	306.49
土壤含水量	83.70	45.70	129.40	91.52	6.44	24.94	622.47
有机质	17.21	8.13	25.34	18.00	1.17	4.53	20.52
全氮	0.16	0.27	0.43	0.37	0.01	0.04	0.002

（续）

指标	范围	最小值	最大值	平均值	标准误	方差	变异系数
全磷	0.01	0.06	0.07	0.06	0.001	0.005	0.00
全钾	0.60	1.14	1.74	1.38	0.06	0.22	0.05
速效磷	16.93	6.91	23.84	14.29	1.43	5.55	30.84
速效钾	313.11	75.03	388.14	154.11	22.46	87.00	7569
pH 值	0.35	8.04	8.39	8.20	0.03	0.11	0.01

表 6-4 为各环境变量的相关系数。可以看出，海拔高度与乔木层郁闭度、全钾、土壤 pH 值、大气温度呈极显著负相关，与乔层透光度、灌层盖度、土壤含水量、有机质、全氮呈显著正相关，与活地被物层盖度、总地表覆盖度呈正相关；乔层郁闭度与全钾、大气温度、大气湿度呈显著正相关，与总地表覆盖度呈显著正相关，与乔层透光度、灌层盖度、有机质、全氮呈显著负相关；乔层透光度与灌层盖度、土壤含水量、有机质、全氮呈极显著正相关，与全钾、大气温度、pH 值、大气温度呈极显著负相关，与死地被物盖度、大气湿度呈显著负相关，与全磷显著正相关；灌层盖度与有机质、全氮极显著正相关，与大气湿度极显著负相关，与死地被物层盖度、全钾、pH 值、大气温度呈显著负相关；活地被物层盖度与总地表覆盖度呈极显著正相关，与有机质显著正相关，与全钾、大气湿度呈负相关；死地被物层盖度与 pH 值、大气湿度呈显著正相关；总地表覆盖度与有机质呈显著正相关，与全钾呈显著负相关；土壤含水量与有机质、全氮呈极显著正相关，与全钾、大气温度呈极显著负相关；有机质与全氮呈极显著正相关，与全钾、大气温度呈极显著负相关；全氮与全钾、大气温度呈极显著负相关；全磷与大气湿度呈极显著负相关；全钾与大气温度呈极显著负相关；速效磷与速效钾呈显著正相关。

表 6-5 为各环境变量的因子载荷矩阵。可以看出，第一主分量中海拔因子载荷系数为 0.972、有机质为 0.961、乔木层透光度为 0.940、全氮 0.904、土壤含水量为 0.861、灌木层盖度为 0.829、活地被物层盖度 0.565、总地表覆盖度为 0.551、大气温度为 -0.911、全钾为 -0.896、乔层郁闭度为 -0.821、pH 为 -0.722，而其他变量的载荷系数都较小，表明第一主分量是由以上环境因子综合构成的；第二主分量中活地被物层盖度因子载荷系数为 0.627、死地被物层盖度 0.693、总地表覆盖度为 0.670、全磷为 -0.740、大气湿度为 0.582，而其他较小，表明第二主成分量是由活地被物层盖度、死地被物层盖度、总地表覆盖度、全磷、大气湿度等组合构成；第三主分量中速效磷为 0.800、速效钾为 0.867 构成该主成分量。根据累计贡献率大于 85% 的原则，由于前 4 个特征值累计贡献率达到 87.86%。

七、幼苗高度分级分布与环境因子的关系

表 6-6 为 CCA 排序前两轴的特征值、物种—环境相关性和累计百分比方差。可以

表 6-4 各环境变量的相关系数

指标	AL	CD	TR	SC	GC	LC	TC	SW	OM	TN	TP	TK	AP	AK	pH	AT	AH
AL	1																
CD	-0.788**	1															
TR	0.869**	-0.879**	1														
SC	0.719**	-0.885**	0.929**	1													
GC	0.559*	-0.227	0.356	0.312	1												
LC	-0.329	0.545*	-0.537*	-0.613*	0.200	1											
TC	0.596*	-0.253	0.301	0.240	0.944**	0.270	1										
SW	0.843**	-0.562*	0.691**	0.497	0.469	-0.306	0.447	1									
OM	0.939**	-0.683**	0.872**	0.701**	0.599*	-0.262	0.601*	0.802**	1								
TN	0.881**	-0.666**	0.868**	0.716**	0.443	-0.269	0.419	0.770**	0.930**	1							
TP	0.200	-0.382	0.527*	0.637*	-0.134	-0.486	-0.229	0.111	0.293	0.326	1						
TK	-0.960**	0.660**	-0.752**	-0.532*	-0.557*	0.183	-0.618*	-0.831**	-0.911**	-0.855**	0.011	1					
AP	-0.164	-0.202	-0.036	0.087	-0.392	-0.046	-0.254	-0.230	-0.157	-0.039	0.099	0.199	1				
AK	0.133	-0.176	0.170	0.187	0.141	0.079	0.143	0.152	0.257	0.315	0.226	-0.103	0.581*	1			
pH	-0.643**	0.492	-0.689**	-0.577*	-0.379	0.584*	-0.322	-0.460	-0.710**	-0.582*	-0.243	0.617*	0.400	0.200	1		
AT	-0.957**	0.678**	-0.778**	-0.593*	-0.617*	0.151	-0.653**	-0.825**	-0.921**	-0.904**	0.000	0.977**	0.146	-0.183	0.573*	1	
AH	-0.475	0.644**	-0.614*	-0.702**	-0.097	0.621*	-0.105	-0.326	-0.424	-0.265	-0.720**	0.259	0.034	-0.015	0.433	0.210	1

注: AL. 海拔; CD. 乔层郁闭度; TR. 乔层透光度; SC. 灌层盖度; GC. 活地被物层盖度; LC. 死地被物层盖度; TC. 总地表覆盖度; SW. 土壤含水量; OM. 有机质; TN. 全氮; TP. 全磷; TK. 全钾; AP. 速效磷; AK. 速效钾; pH. 酸碱度; AT. 大气温度; AH. 大气湿度。

表 6-5　各环境变量的因子载荷矩阵

项目	1	2	3	4	5	6	7	8	9	10	11	12	13	14	15	16
AL	0.972	0.128	0.008	-0.094	-0.053	0.120	-0.010	-0.071	-0.017	-0.087	0.010	0.013	0.021	0.009	0.000	0.000
CD	-0.821	0.341	-0.131	0.083	0.354	-0.119	-0.108	-0.065	0.147	-0.043	0.079	0.032	0.002	-0.003	0.000	0.000
TR	0.940	-0.263	0.007	-0.032	0.033	-0.006	0.155	0.073	-0.041	0.086	0.047	0.057	0.012	-0.006	0.000	0.000
SC	0.829	-0.437	0.040	0.157	-0.113	-0.042	0.178	0.217	0.015	-0.010	0.040	-0.013	-0.008	-0.005	0.000	0.000
GC	0.565	0.627	-0.017	0.479	-0.084	-0.118	-0.049	0.180	0.031	0.021	-0.018	0.036	-0.008	0.008	0.000	0.000
LC	-0.432	0.693	0.305	0.189	0.124	0.221	0.332	-0.127	-0.052	0.103	0.001	-0.008	0.004	-0.005	0.000	0.000
TC	0.551	0.670	0.072	0.410	-0.232	-0.043	-0.048	-0.058	0.096	-0.043	-0.011	-0.025	0.007	-0.010	0.000	0.000
SW	0.816	0.183	0.003	-0.217	0.169	0.269	-0.338	0.118	0.100	0.117	-0.020	-0.011	0.004	-0.005	0.000	0.000
OM	0.961	0.138	0.066	0.002	0.150	-0.063	0.027	-0.137	0.022	0.069	0.024	-0.018	-0.015	0.020	0.000	0.000
TN	0.904	0.058	0.192	-0.177	0.268	-0.059	0.155	0.043	0.074	-0.059	0.016	-0.043	-0.011	-0.008	0.000	0.000
TP	0.348	-0.740	0.016	0.387	0.380	0.078	0.115	-0.046	0.090	-0.039	-0.072	0.015	0.007	0.002	0.000	0.000
TK	-0.896	-0.318	-0.017	0.241	0.022	-0.072	0.006	0.147	0.039	0.061	0.034	-0.056	0.022	0.009	0.000	0.000
AP	-0.143	-0.400	0.800	-0.151	-0.308	-0.104	0.023	-0.108	0.192	0.044	-0.003	0.017	0.001	0.001	0.000	0.000
AK	0.185	-0.074	0.867	0.183	0.215	-0.185	-0.249	0.003	-0.180	-0.013	0.006	-0.003	0.003	-0.003	0.000	0.000
pH	-0.722	0.061	0.485	0.049	-0.015	0.453	0.010	0.158	0.017	-0.082	0.023	0.012	-0.009	0.006	0.000	0.000
AT	-0.911	-0.332	-0.110	0.198	0.015	-0.031	-0.054	0.005	0.007	0.068	-0.016	0.012	-0.015	-0.005	0.000	0.000
AH	-0.552	0.582	0.201	-0.402	0.150	-0.242	0.169	0.201	0.031	-0.007	-0.053	0.011	0.006	0.004	0.000	0.000
累计贡献率	53.166	71.039	81.855	87.860	91.685	94.599	97.122	98.585	99.365	99.779	99.907	99.983	99.994	100.00	100.00	100.00

注：AL. 海拔；CD. 乔层郁闭度；TR. 乔层透光度；SC. 灌层盖度；GC. 活地被物层盖度；LC. 死地被物层盖度；TC. 总地表覆盖度；SW. 土壤含水量；OM. 有机质；TN. 全氮；TP. 全磷；TK. 全钾；AP. 速效磷；AK. 速效钾；pH. 酸碱度；AT. 大气温度；AH. 大气湿度。

看出，前两个排序轴的特征值分别为 0.108 和 0.089，第一排序轴解释幼苗不同高度级分布与各环境因子间关系的贡献率为 49.7%，第二排序轴解释幼苗不同高度级分布与各环境因子间关系的贡献率为 40.8%，前两个排序轴解释种子库物种分布变化的累积贡献率为 90.5%，前两个排序轴的相关性系数为 1.000，表示这两个排序轴相互垂直，说明排序结果可靠。

表 6-6　CCA 排序前两轴的特征值、物种—环境相关性和累计百分比方差

项目	轴			
	1	2	3	4
特征值	0.108	0.089	0.018	0.003
物种—环境相关性	1.000	1.000	1.000	1.000
物种数据	49.7	90.5	98.7	100.0
物种—环境关系	49.7	90.5	98.7	100.0

图 6-7 为应用 CCA 分析更新幼苗不同高度级分布与环境因子的关系得到的 CCA 二维排序图。从各环境因素与排序轴的相关性可知（表 6-7），第一轴与活地被物层盖度（相关系数 0.338）呈显著正相关，与土壤含水量（-0.458）和土壤 pH 值（-0.508）呈显著负相关，说明此排序轴从左到右表示活地被物盖度逐渐增减，而土壤含水量和土壤酸度逐渐减少，即第一轴代表着活地被物盖度、土壤含水量、土壤 pH 值的综合排序轴；第二轴与乔木层郁闭度（0.409）、全钾（0.610）、大气温度（0.472）显著正相关，与海拔梯度（-0.539）、总地表覆盖度（-0.416）、土壤含水量（-0.414）、有机质

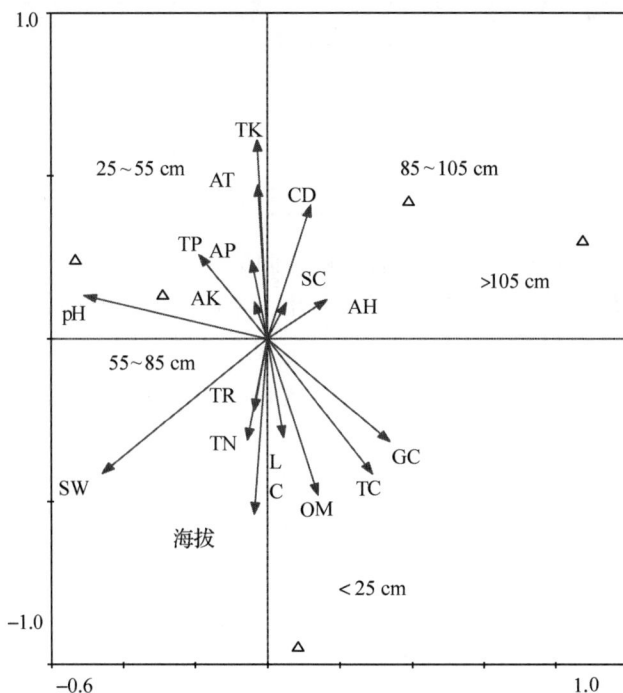

图 6-7　更新幼苗高度分级分布与环境因子的 CCA 二维排序

含量(-0.480)显著负相关,说明此排序轴从下到上表示乔木层郁闭度、全钾、大气温度逐渐增加,海拔梯度、总地表覆盖度、土壤含水量、有机质含量逐渐较少,即第二轴代表着乔木层郁闭度、全钾、大气温度、海拔梯度、总地表覆盖度、土壤含水量、有机质含量的综合排序轴。

表6-7 更新幼苗高度分级分布与环境因子排序轴间的相关系数

项目	排序轴	
	轴1	轴2
AL	-0.036	-0.539
CD	0.119	0.409
TR	-0.037	-0.221
SC	0.051	0.109
GC	0.338	-0.317
LC	0.043	-0.304
TC	0.290	-0.416
SW	-0.458	-0.414
OM	0.139	-0.480
TN	-0.055	-0.311
TP	-0.188	0.258
TK	-0.029	0.610
AP	-0.043	0.240
AK	-0.036	0.112
pH	-0.508	0.133
AT	-0.026	0.472
AH	0.165	0.120

CCA 排序(图6-7)不仅可以了解各幼苗之间的关系,更重要的是可以分析不同高度幼苗和生长环境之间的变化趋势。可以看出,不同高度幼苗分布高度<25cm 的幼苗主要与海拔梯度、土壤含水量、有机质、总地表覆盖度、活地被物盖度存在显著正相关,而与全钾、大气温度存在显著负相关,这是因为在低海拔处青海云杉种群竞争更强烈不利于小苗的生长,而土壤含水量、有机质、总地表盖度、活地被物盖度均是可以为小苗生长创造良好环境的因素,水分、营养与地表覆盖都有利于种子萌发和生长;25~55 cm 和 55~85 cm 的幼苗存在坐标轴的同一象限,以及 85~105 cm 和>105 cm 的幼苗存在坐标轴的同一象限,说明其对生存环境具有相似的要求。影响 25~55 cm 和 55~85 cm 的幼苗环境因素包括土壤 pH 值、大气温度、全钾、有机质、活地被物盖度、总地表覆盖度,其中与土壤 pH 值、大气温度、全钾呈正相关,与有机质、活地被物盖度、总地表覆盖度呈负相关;影响 85~105 cm 和>105 cm 的幼苗环境因素包括土壤 pH 值、大气温度、全钾、乔木层郁闭度、土壤含水量、海拔梯度,其中与大气

温度、乔木层郁闭度、全钾呈正相关，与土壤 pH 值、土壤含水量、海拔梯度呈负相关，同时还可以发现，较高大的幼苗对环境有一定的适应性，仅有海拔梯度和土壤含水量对其影响较大。

八、不同海拔青海云杉枝条中非结构性碳水化合物含量变化

植物非结构性碳库的大小可以反映植物从外界摄取的碳（碳源）和提供生长、修复造成的碳需求（碳汇）之间的平衡情况，这种碳源、碳汇之间的平衡称为碳平衡。随海拔升高植物体内碳源/汇比例失调造成的碳平衡的缺乏会直接影响细胞生长和组织的形成。这意味着在碳获得不足的情况下新的细胞形成减慢或不可能，因此导致林线的形成。组织中 NSC 含量高意味着供应充足，没有碳限制，而碳储备缺乏（或周期性缺乏）则意味着供给不足。对林线树种组织中 NSC 和氮、磷、钾等元素的研究可以判断树木生长是否受到碳限制或者受到氮等元素的限制。本研究在生长初期、生长旺季和生长末季分别测定了不同海拔青海云杉针叶及茎中非结构性碳水化合物、氮、磷、钾等元素的含量等指标，旨在探讨青海云杉在海拔升高温度降低的环境中生长是否会受到碳以及氮、磷等元素的限制。

（一）生长季幼树各组织中可溶性碳、淀粉和 NSC 含量随海拔的变化

生长季幼树当年生、1 年生叶片中可溶性糖含量随海拔升高先降低后增加，当年生和 1 年生茎中可溶性糖随着海拔升高而增加（表 6-8）。叶中可溶性糖均在海拔 3100 m 处最低，海拔 3200 m 处时最高。从海拔 3100 m 到海拔 3200 m 升高了 55.84%；茎中则均是 3200 m 最高，海拔 2900 m 最低。

当年生、1 年生叶片中淀粉含量随海拔升高先降低后增加，茎中淀粉则随着海拔升高而增加。叶中淀粉含量均是在海拔 3000 m 处的最低，海拔 3300 m 处的最高；当年生茎中的均是在 3200 m 处的最高，1 年生茎中则是在海拔 3300 m 处的最高，海拔 2900 m 的均最低。

当年生、1 年生叶片中 NSC 含量随海拔升高先降低后增加，茎中 NSC 则是随着海拔升高而增加（表 6-8）。叶中均是海拔 3300 m 处的最高，3000m 处幼树当年生叶中淀粉含量随着海拔升高先降低后升高。在海拔 3000 m 处的最低；海拔 3300 m 处的最高。海拔 3300 m 处的比海拔 3000 m 处的增加了 223.75%。当年生茎中 NSC 含量随海拔升高逐渐升高，在海拔 3200 m 处的最高，与 2900 m 相比升高了 80.42%，而在海拔 3300 m 处的 NSC 含量又有所下降，但仍比海拔 2900 m 处的高。青海云杉幼树 1 年生茎中的 NSC 含量随海拔升高逐渐升高，并以海拔 3100 m 处的最高。与低海拔 2900 m 处的相比升高了 61.25%，然后随海拔升高有略微降低，但在海拔 3300 m 时，NSC 含量又有所上升。

（二）生长季成年树各组织中可溶性碳、淀粉和 NSC 含量随海拔变化

成年树当年生叶中可溶性糖含量随海拔升高先降低（表 6-9）后升高。以海拔 3000 m 处的最低，海拔 3200 m 处的最高；1 年生叶中的则随海拔升高逐渐升高，并在海

表 6-8 生长季青海云杉幼树各组织中可溶性碳、淀粉和 NSC 含量随海拔变化

海拔(m)	数值	当年生叶 可溶性糖	当年生叶 淀粉	当年生叶 NSC	1年生叶 可溶性糖	1年生叶 淀粉	1年生叶 NSC	当年生茎 可溶性糖	当年生茎 淀粉	当年生茎 NSC	1年生茎 可溶性糖	1年生茎 淀粉	1年生茎 NSC
2900	均值	7.116	6.221	13.337	6.625	9.532	16.157	5.776	1.395	7.171	5.112	3.233	8.745
	标准误	0.138b	0.413c	0.356c	0.319ab	0.598c	0.304c	0.213a	0.274b	0.104c	0.26b	0.203c	0.229c
3000	均值	6.018	3.36	9.377	5.98	8.308	14.288	6.391	2.581	8.972	5.965	4.148	10.113
	标准误	0.257b	0.213e	0.217e	0.299b	0.475c	0.489c	0.205a	0.248ab	0.137bc	0.314ab	0.044bc	0.343c
3100	均值	5.980	4.693	10.673	6.745	15.103	21.848	7.484	4.216	11.7	7.189	6.383	14.101
	标准误	0.163b	0.2d	0.196d	0.479ab	0.798b	0.821b	1.189a	1.138ab	0.323ab	0.647a	1.382a	0.748a
3200	均值	9.319	8.017	17.336	7.492	14.151	21.644	7.552	5.386	12.938	6.891	5.154	12.045
	标准误	0.933a	1.03b	0.15b	0.270a	4.331b	4.068b	0.293a	2.339a	2.622a	1.247ab	0.463ab	1.293b
3300	均值	8.59	10.878	19.468	7.107	20.939	28.046	6.895	3.937	10.832	7.013	6.343	13.355
	标准误	0.615a	0.57a	0.047a	0.301a	0.661a	0.949a	1.135a	0.742a	0.867ab	0.416ab	0.608a	0.498ab

表 6-9 生长季青海云杉成年树各组织中可溶性碳、淀粉和 NSC 含量随海拔变化

海拔(m)	数值	当年生叶 可溶性糖	当年生叶 淀粉	当年生叶 NSC	1年生叶 可溶性糖	1年生叶 淀粉	1年生叶 NSC	当年生茎 可溶性糖	当年生茎 淀粉	当年生茎 NSC	1年生茎 可溶性糖	1年生茎 淀粉	1年生茎 NSC
2900	均值	6.528	5.374	11.852	5.728	11.047	16.775	5.206	1.587	6.793	5.043	2.738	7.781
	标准误	0.427c	0.112c	0.53b	0.207b	0.943c	0.736c	1.022a	0.017c	1.038b	0.099b	0.165b	0.066c
3000	均值	5.631	3.357	8.988	6.066	6.980	13.055	4.472	2.473	6.945	5.804	4.415	10.219
	标准误	0.122d	0.559d	0.503c	0.315b	0.117d	0.218d	0.388a	0.398b	0.052b	0.456ab	0.512ab	0.371b
3100	均值	6.614	6.195	12.809	7.176	13.223	20.399	5.698	3.011	8.709	4.942	5.282	10.224
	标准误	0.054c	0.312c	0.355b	0.226a	0.633b	0.855b	0.211a	0.171ab	0.353a	1.625b	1.584a	0.045b
3200	均值	8.201	8.581	16.782	6.336	12.848	19.184	6.305	3.035	9.34	5.791	4.493	10.283
	标准误	0.24b	0.504b	0.33a	0.957b	0.791b	0.897b	1.109a	0.302ab	0.861a	0.217ab	0.162ab	0.175b
3300	均值	7.185	10.495	17.68	6.527	16.245	22.772	6.195	3.276	9.472	7.404	4.962	12.365
	标准误	0.235b	0.575a	0.378a	0.117ab	0.546a	0.507a	0.133a	0.168a	0.255a	0.144a	0.274a	0.142a

3100 m 出现最高值。与低海拔 2900 m 相比升高了 25.28%。随着海拔升高，一年生茎可溶性糖含量逐渐降低，但在最高海拔 3300 m 处，其含量又有小幅上升。当年生茎中可溶性糖含量随海拔升高呈降低—升高—降低的变化趋势，最低值出现在海拔 3000 m 处，而最高值在 3200 m 处。

当年生叶中淀粉含量随海拔升高先降低（表 6-9）后升高，最低值出现在海拔 3000 m 处，最高值出现在海拔 3300 m 处，与海拔 3000 m 处的相比增加了 212.63%，与低海拔 2900 m 处的相比增加了 95.29%。一年生叶中淀粉含量随海拔升高含量先降低，最低值出现在海拔 3000 m 处，到海拔 3300 m 处的淀粉含量迅速升高，并达到最高值。与海拔 3000 m 处的相比升高了 132.74%，与海拔 2900m 处的相比升高了 47.05%。当年生茎中淀粉含量随海拔升高一直呈上升趋势，在最高海拔 3300 m 处达到最高值，与 2900 m 处相比升高了 106.43%。成年树一年生茎中淀粉含量随海拔升高而逐渐升高，海拔 3100 m 处达到最高，与低海拔 2900 m 处相比升高了 92.91%。

当年生叶中 NSC 含量随海拔升高先降低（表 6-9），最低值出现在海拔 3000 m 处，最高值出现在海拔 3300 m 处。与低海拔 2900 m 处相比升高了 49.17%。一年生叶中 NSC 含量随海拔升高先降低，在海拔 3000 m 处出现最低值，在海拔 3300 m 处 NSC 含量仍呈上升趋势并达到最高值，与海拔 3100 m 处相比升高了 74.43%。当年生茎中 NSC 含量随海拔升高一直呈上升趋势，在最高海拔 3300 m 处达到最高值，与低海拔 2900 m 处相比升高了 39.44%。一年生茎中 NSC 含量随海拔升高逐渐升高，在最高海拔 3300 m 处达到最高值，与低海拔 2900 m 处相比升高了 58.92%。

九、小结

（1）分布在较低海拔的（2900 m 和 3000 m）小径阶林木占比较大，大径阶林木占比较小，但各径阶的林木都有存在，表明青海云杉种群处于稳定发展状态；林线附近（3300 m）与低海拔处的林木径级组成有明显不同，突出表现是大树缺乏，径阶组成不完整。

（2）随着海拔升高，青海云杉更新幼苗的数量呈逐渐减少的变化趋势。海拔 2900 m、3000 m、3100 m 和 3200 m 处的更新幼苗以低中高度级（<25 cm、25~55 cm、>105 cm）为主，且海拔越低数量越多，85~105 cm 高度级的幼苗缺少，而最高海拔 3300 m 各高度级幼苗数量相差不大且更新较差，甚至有些高度级的幼苗缺失。

（3）不同海拔青海云杉不同高度级幼苗的分布格局存在一定的差异性。随着海拔升高，更新幼苗的分布格局呈现集群分布。在海拔 2900m，<25 cm 的幼苗仅为弱聚集性，为随机分布；85~105 cm 的幼苗为均匀分布；在海拔 3000m，85~105 cm 和>105 cm 两个高度级的幼苗均表现为随机分布；在海拔 3100 m、3200 m 和 3300 m 均呈集群分布。

（4）祁连山青海云杉生境差异性较大。其中以速效钾、死地被物盖度、活地被物盖度、乔木层透光度、灌木层盖度、土壤含水量、总地表物盖度的变异较大。其他环境变量,如林分郁闭度、全钾、pH 值、全氮、全磷等变异较小。高度<25 cm 的幼苗主要与海拔梯度、土壤含水量、有机质、总地被物覆盖度、活地被物盖度存在显著正相关,与全钾、大气温度显著负相关;25~55 cm 和 55~85 cm 的幼苗与土壤 pH 值、大气温度、全钾呈正相关,与有机质、活地被物盖度、总地表覆盖度呈负相关;85~105 cm 和>105 cm 的幼苗与大气温度、乔木层郁闭度、全钾呈正相关,与土壤 pH 值、土壤含水量、海拔梯度呈负相关。

(5)植物组织中的 NSC 含量的大小反映植物碳同化与碳消耗(即供应与需求)之间关系(Runion et al.,1999)。NSC 含量高表明供应充足,无碳限制。研究植物体内储存的碳水化合物的和全氮含量及其季节变化,可以了解植物碳水化合物和全氮的供应状况(Li et al.,2002)。植物中碳水化合物含量在秋季停止生长后达到一个高峰期,一直维持到春季萌发前,植物萌发后非结构性碳水化合物含量降低,在生长高峰期来临之后非结构性碳水化合物的含量又逐渐升高。据此推测非结构性碳水化合物是由于春季的恢复生长而导致损耗(马世骏,1990;李蟠,2008)。Tissue 等(1995)通过对植物组织中非结构性碳水化合物的研究发现(Tissue et al.,1995;Newell et al.,1994),其变化随着季节和组织不同会有所不同。温度、水分、光、氮等因素随季节变化而变化可能是导致植物中非结构性碳水化合物含量变化的原因。青海云杉幼树不同生长季节可溶性糖的最低值一般出现在低海拔(2900 m 或 3000 m),而最高值一般在高海拔出现。淀粉含量在不同生长季节在各组织中最低值一般出现在海拔 3000 m,而最高值同样是出现在高海拔。NSC 含量一般在低海拔出现最低值,高海拔出现最高值,只有在生长季末茎中的 NSC 最高值在低海拔出现,但方差分析表明海拔间没有显著差异。

(6)青海云杉成年树不同生长季节可溶性糖含量、淀粉含量和 NSC 含量随海拔的变化趋势与幼树基本一致。青海云杉碳水化合物在海拔间的变化显示出高海拔高于或不低于低海拔组织中的含量。说明青海云杉随海拔升高温度降低,CO_2 分压降低的环境条件下组织中的非结构性碳水化合物仍呈持续积累的状态,所以青海云杉的生长并不受到碳限制。这与程伟(2004)对岷江冷杉(Abies faxoniana)研究发现岷江冷杉叶子中淀粉、葡萄糖、蔗糖含量在低温高海拔地区含量显著增加这一研究结果相似,近年一些其他林线方面的研究也得到了相同的结果(Alex,2011;Sanna,2010)。另外,青海云杉在各个季节随海拔升高 NSC 一直呈上升趋势,这一点与 Li(2008)对喜马拉雅山林线树种研究得出的冬季林线树种会受到碳限制的结果相反,也说明了生长在不同地区林线的树种对环境的响应方式并不完全相同。

第二节　祁连山青海云杉年轮
对气候变化的响应

青海云杉的径向生长对气候变化较为敏感(杨银科等，2005；俞益民等，1999；王亚军等，2001；勾晓华等，2004；彭剑锋等，2007；Chen *et al.*，2011；Gou *et al.*，2005)。以往对青海云杉树木年轮的研究多侧重于径向生长与气候的关系以及海拔梯度上径向生长对气候变化响应，或基于这种关系重建历史气候，近年来随着气温的升高，林线附近的青海云杉生长分异现象逐渐增强，较低海拔处的生长受到的干旱制约在逐渐增强，高海拔处受到温度的促进作用也在逐渐增强(Zhang *et al.*，2010，2011)。这使得人们开始考虑在气候响应均一性基础上采用树木年轮建立的历史气候数据的可信度。但是目前还缺乏有关树木径向生长与气候关系稳定性的研究。本节拟采用不同步长的样条函数对海拔梯度上青海云杉径向生长与气候关系的差异进行研究，并探索不同的去趋势方法对气候与生长关系稳定性的影响，以期为深入研究径向生长与气候关系的分异现象提供参考。

一、不同海拔青海云杉的年表统计特征

采样点位于祁连山中部西水林场。按照 300 m 的海拔间隔，在相同坡向的同一坡面上依次选择青海云杉分布的下(海拔 2700 m，)、中(海拔 3000 m)、上(海拔 3300 m)不同海拔区段进行采样。选取达树冠层的优势植株，用生长锥在胸高处沿斜坡平行方向钻取树芯，并带回实验室晾干、固定、打磨，用 LINTAB 树木年轮测量系统中测量年轮的宽度(精确到 0.01 mm)；用 COFECHA 对年轮宽度序列进行交叉定年，找出并消除定年错误，剔除与主序列相关性较小的序列，以达到定年要求。用 ARSTAN 软件对交叉定年的宽度序列进行去趋势，分别采用 30 年、50 年和 100 年步长的样条函数对生长趋势进行拟合，以剔除由于环境变动和年龄引起的生长速度变化。去趋势后得到不同的年表，包括标准年表(STD)、差值年表(RES)和自回归年表(ARS)。本研究选择标准年表进行径向生长与气候关系的分析。

随着海拔的升高，青海云杉的平均年轮宽度逐渐降低，年表的平均敏感度和标准差逐渐减小，一阶自回归系数增大，树芯间的相关性也降低(表 6-10)，这表明相邻年之间的年轮变化逐渐降低；低海拔处的青海云杉生长量较高海拔处大，对气候的敏感

性也较大，不同的个体间生长趋势一致性较高，上年的生长情况对下年的生长影响较小。不同的去趋势年表间有一定的差异（表 6-11），在 2000 年之后的差异较明显（彩图 16），以 100 年的样条函数升高趋势最明显。随着海拔的升高这种差异逐渐明显。步长较小的拟合剔除了低频的波动，标准差和敏感度都较小，而大步长的处理保留了较多的低频信号，敏感度和标准差较大。由于不同的去趋势方法使得在 2000 年以后的年表间存在较大的差异，较大步长的拟合使得年表在最后几年的平均值较高。各种年表的群体代表性都较高，适合于气候分析。

表 6-10　不同海拔年轮宽度序列统计特征

海拔（m）	采集树芯（个）	建年表树（芯）	平均长度（a）	起始年	平均宽度（mm）	平均敏感	标准差	一阶自相关	平均相关性
2700	77	40/77	84.6	1856	0.143	0.353	0.082	0.629	0.574
3000	85	42/83	80.3	1837	0.133	0.194	0.057	0.727	0.483
3300	88	43/81	104.1	1827	0.108	0.183	0.046	0.763	0.448

表 6-11　不同去趋势方法得到的标准年表的统计特征

海拔（m）	步长	敏感度	标准差	样本群体代表性	性噪比
2700	30	0.203	0.231	0.893	8.383
	50	0.207	0.276	0.891	8.137
	100	0.215	0.305	0.878	7.216
3000	30	0.108	0.110	0.894	8.454
	50	0.110	0.124	0.899	8.909
	100	0.111	0.142	0.880	7.336
3300	30	0.092	0.111	0.912	10.311
	50	0.097	0.134	0.918	11.153
	100	0.097	0.187	0.939	15.489

二、不同海拔青海云杉径向生长和年季月气候关系的稳定性分析

（一）海拔 2700 m 处年表与气候因子的关系

在海拔 2700 m 处，不同年表中包含的降水信息有一定差异，这对分异现象的结果也有影响；但各种年表中包含的温度信息较一致，分异现象的结果差异不大。3 个年表与上年秋季的平均气温和降水量的正相关性都较显著。降水量对前后两个不同时段的生长影响差异较小（图 6-8）；在不同的年表中，30 年步长生成的年表与上年 12 月和当年 5、6 月的降水显著正相关，且前后两个时段的关系几乎没有差别；而 50 年步长生成的年表只有前一时段与上年 12 月和当年 6 月的降水量呈正相关，且上年 12 月的关系在后一个时段发生了逆转，前一时段为显著正相关，后一时段为负相关；100 年步长生成的年表与上年 12 月降水量有一定负相关，前后两个时段关系基本保持

一致，没有发生分异现象。年降水量与 30 年步长生成的年表关系较显著，而与 100 年步长生成的年表关系不明显。在温度方面，3 种年表与月均温度的关系基本一致。上年 12 月温度在前一时段与生长呈正相关，但后一个时段呈负相关。在前一时段，3 个年表与当年 6 月温度呈显著正相关，后一时段两者之间的关系不明显；且 3 种年表都显示出了这种分异现象。说明不同去趋势方法对 2700 m 处青海云杉年轮中的降水信息提取有较大差别，对温度信息的提取差异不大，上年 12 月温度与生长的关系在两个时期产生了转变，分异现象较明显。

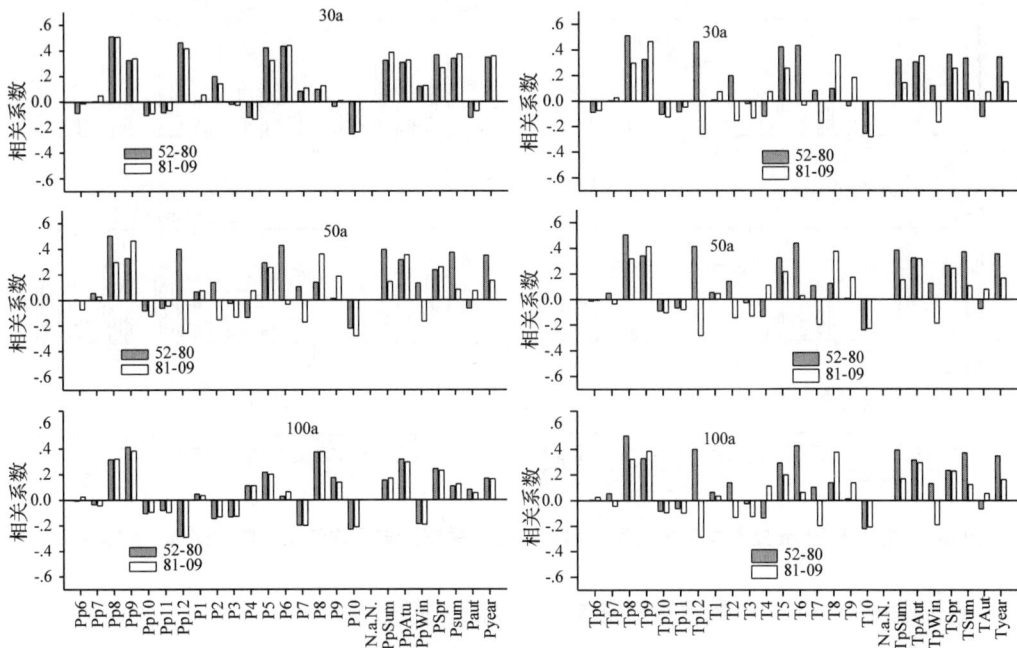

图 6-8　海拔 2700 m 处不同年表与两个时段各月、季节、年平均气温和降水量间的相关系数

注：图中的虚线为显著性线，表示显著水平小于 0.05。

（二）海拔 3000 m 处青海云杉径向生长与气候因子的关系

在海拔 3000 m 处，生长与气候关系的分异现象较海拔 2700 m 处明显，1952—1980 年和 1981—2009 年相比径向生长与气候的关系有较大差异（图 6-9）。在降水方面，上年 9 月和当年 9 月的降水量在后期都与年表呈显著正相关，这种变化以 100 年步长生成的年表最为明显；而 30 年的年表和当年 10 月降水量在后一时段表现为显著负相关，50 年和 100 年步长生成的年表与 10 月降水量关系不显著。上年秋季的降水量与上年 9 月降水量关系相似，而其他季节的降水量和年降水总量与年表的关系不明显。

年表主要与月均温度呈正相关。上年 9 月温度在前一时段与各个年表虽有一定的正相关但是不显著，到后一时段与 3 个年表都表现为显著正相关，以 100 年步长生成的年表分异现象最明显；当年 9 月温度和上年 9 月温度的分析结果相似。当年 10 月温度在两个时期都表现为显著正相关，10 月温度与生长关系很稳定，且 3 种年表中都表现了出来；上年秋季和当年春季的温度都在后一时段表现为显著正相关，同样，这种关系以 100 年步长生成的年表最显著，当年秋季的温度和当年 10 月温度分析结果类似。年均温度与 100 年步长生成的年表后期变为显著正相关。

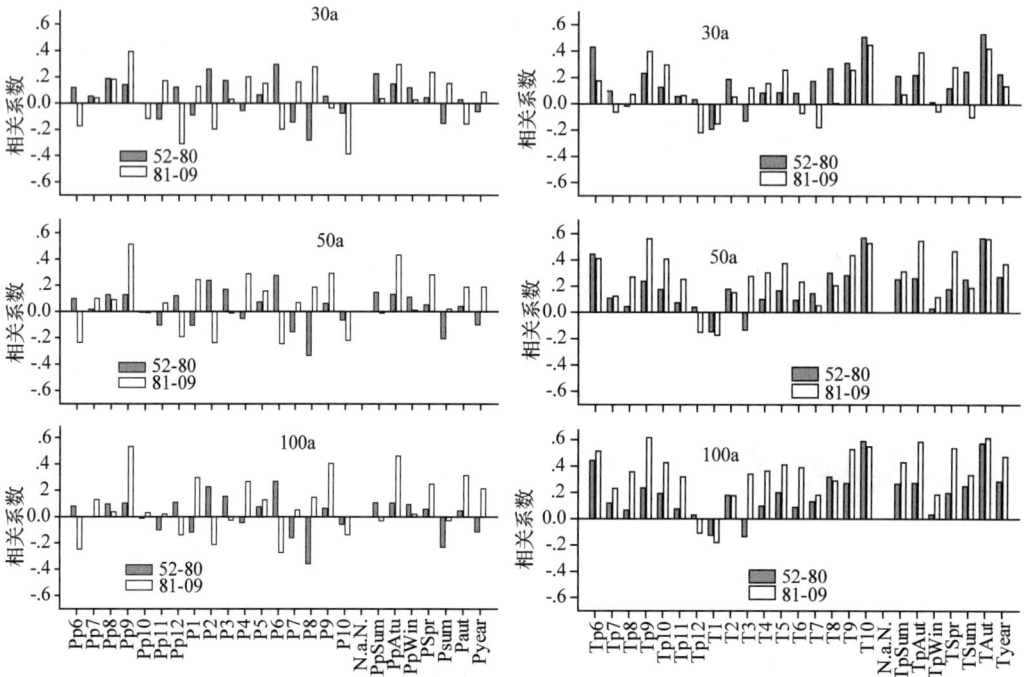

图 6-9　海拔 3000 m 处不同年表与两个时段各月、季节、年平均气温和降水量间的相关系数

(三)海拔 3300 m 处青海云杉生长与气候因子的关系

在 3300 m 处，气候与青海云杉径向生长的关系与 2700 m 处相近，径向生长和气候关系的稳定性变化也类似，上年 9 月和当年 9 月的降水量都在后一个时段与径向生长呈显著正相关，而在前一个时段关系不明显，分异现象较明显，且较大步长的去趋势方法得到的年表分离效应较明显。前一时段径向生长和当年夏季的降水量呈显著负相关，而在后一时段这种关系却不明显，各种年表间的分析结果差异不大。年均降水量在前段表现为负相关，而在后一段关系不明显(图 6-10)。

温度对 3300 m 处的青海云杉生长主要表现为促进作用。温度与 3300 m 处的青海云杉不同年表的关系有较大差异，30 年步长生成的年表和上年 6 月温度的关系在两个时段差异较大，发生了分异现象，但是 100 年步长生成的年表与上年 6 月温度的关系较稳定，没有分异产生；上年夏季的温度和三个年表也有这种关系。但是，100 年步长生成的年表与当年 3，4，5，9，10 月的温度的关系产生了变化，后一时段温度与年表的正相关较显著，表现为当年的春秋两季在前一时段关系不明显到后一时段关系较显著，而 30 年步长生成的年表没有发生分异现象；3 个年表的相同之处在于，当年夏季的温度(7 月和 8 月)在前一时段呈显著正相关到后一时段关系不显著，每个年表都表现出分异现象。说明 30 年步长生成的年表突出了上年夏季的温度信号，而 100

年步长生成的年表突出了当年春秋两季的温度信号，但是都保留了当年夏季温度的
信号。

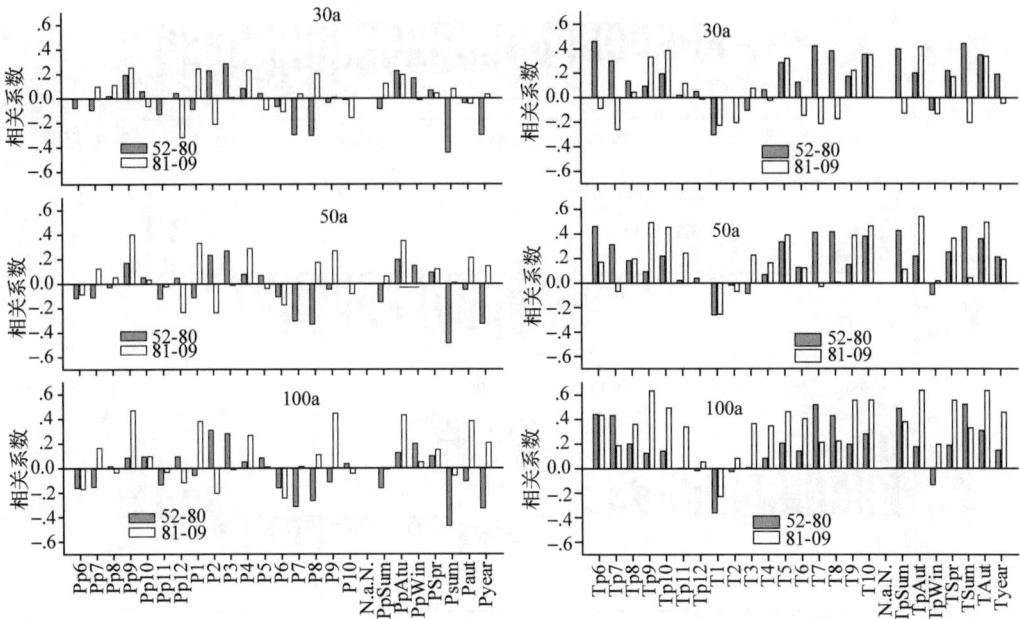

图 6-10　海拔 3300 m 处不同年表与两个时段各月、季节、年平均气温和降水量间的相关系数

三、不同海拔青海云杉生长与生长季平均气温和降水量的关系

在海拔 2700 m 处，生长季(4~9 月)平均气温对青海云杉的径向生长主要起抑制
作用，温度越高年轮宽度越窄，随着近年来全球温度的逐渐升高，海拔 2700 m 处的
青海云杉径向生长受到温度的限制作用逐渐增强。不同去趋势方法对分异现象的结果
有差异，较大步长的去趋势方法得到的结果中存在分异现象的结果较多。在海拔 3000 m
处温度的升高对生长的影响较明显，在移动相关分析的 31 年中，早期主要与生长季
温度呈正相关，而在中期负相关性较显著，直到最近几年正相关性又表现出来了，不
同的年表与温度的关系变化也较明显，以 30 年步长生成的年表生长最明显。海拔
3300 m 处的生长主要受到温度的制约，早期与温度呈正相关、中期负相关，而到了末
期呈正相关，变化规律与 3000 m 处相似，但是中期的负相关未达到显著，且持续时
间较短，以 100 年步长生成的年表分异现象最明显(图 6-11)。

海拔 2700 m 处的生长主要和生长季的降水量呈正相关(图 6-12)，随着时间推移
正相关系数逐渐减减小，以 30 年步长生成的年表最明显；海拔 3000 m 处的年表与生
长季降水量关系不显著，各种年表间的差异也不明显；海拔 3300 m 的 3 个年表和降
水主要呈负相关，而到了最近几年出现正相关，其中 100 年步长生成的年表分异现象
最明显。

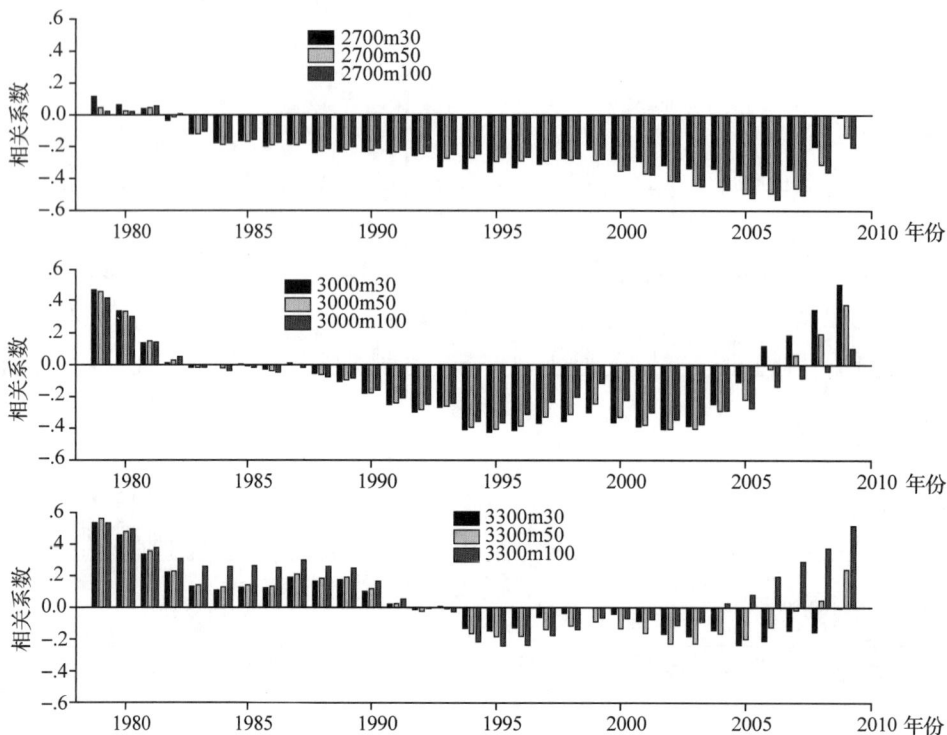

图 6-11　年表和生长季平均气温的移动相关系数

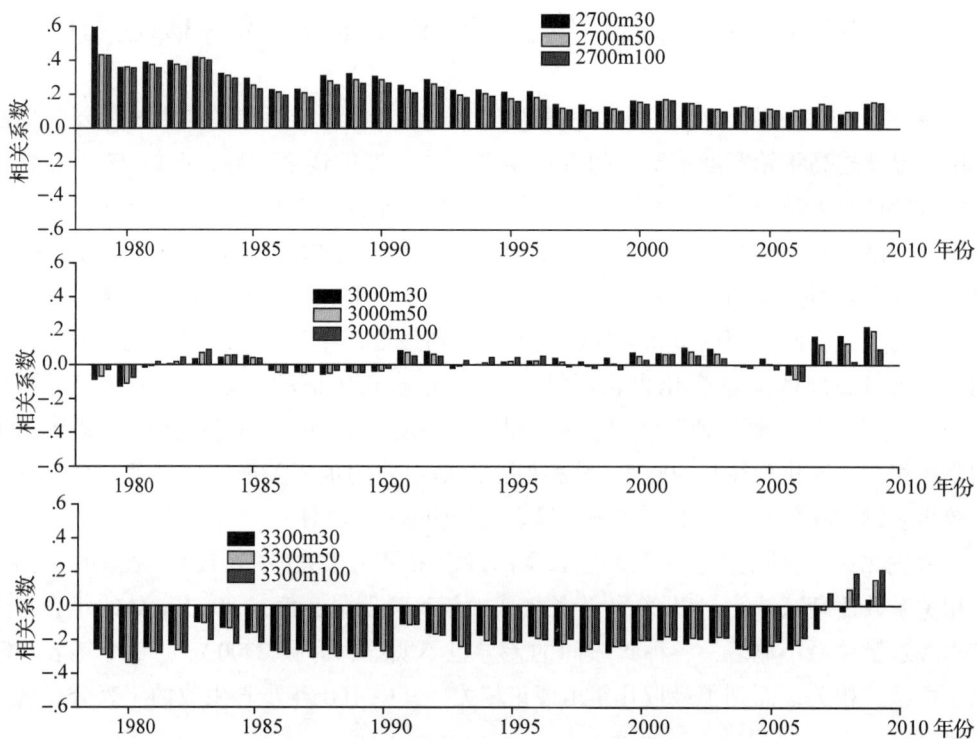

图 6-12　年表和生长季降水量的移动相关系数

四、不同海拔影响青海云杉径向生长的气候因子解析

海拔 2700 m 处青海云杉径向生长与上年 12 月平均气温的关系发生了分异，各年表均与上年 12 月平均气温在前一时段呈显著正相关，在后一时段负相关。12 月平均气温在 −8℃ 左右，是一年中最冷的时间。该处青海云杉径向生长与生长季降水量的正相关系数逐渐降低，但是 Zhang 等（2010）研究表明低海拔处青海云杉的径向生长主要受到干旱的限制，而且干旱的限制作用随着时间推移有逐渐增强的趋势，但与生长季平均气温的负相关性逐渐增强；本研究中生长季平均气温的分析支持了这种观点。这可能是由于研究方法的差异，本研究采用同一个采样点的所有的宽度序列建成一个年表，而 Zhang 的研究采用单个树芯建立年表并分别对响应不同的宽度序列分类研究。

海拔 3000 m 和 3300 m 处生长季平均气温与年表的关系都是先正相关再负相关，最后又正相关。说明温度在较高海拔处对青海云杉生长的促进作用增强。

海拔 3300 m 处青海云杉径向生长虽然主要与生长季降水量负相关，但是最近 10 年的温度急剧升高使得两者的关系逐渐成为正相关，且 100 年步长生成的年表与生长季降水量的变化趋势最明显。当年夏季的平均气温在前一时段显著正相关而在后一时段关系不显著，当年夏季平均气温与气海云杉径向生长的关系发生了变化，说明海拔上限的青海云杉径向生长有从温度限制有向降水限制转化的趋势。在阿拉斯加州树线处也有这种现象（Lioyd et al.，2002），这可能是温度和树木生长的非线性响应导致的阈值效应造成的，即在一定的温度范围内生长季温度的升高会促进树木的生长，但是温度超过这一阈值树木的生长速率会随着温度的升高而下降。

随着海拔升高，青海云杉不同个体之间径向生长的一致性降低，对气候的敏感度降低，这与勾晓华等（2004）的研究结果相同。树木生长受到水分和热量条件的综合制约，在海拔 2700 m 处，影响青海云杉径向生长的主要因素是降水量，生长季节少雨会限制低海拔青海云杉的生长；3300 m 处是青海云杉的分布的上限，热量是限制生长的关键因素，表现为生长季高温对生长的促进作用，降水量增加会伴随着温度的降低，限制青海云杉的生长。这表明低海拔处的青海云杉生长为干旱制约，高温和低降水量会对海拔 2700 m 处青海云杉的生长不利（王亚军等，2001；勾晓华等，2004）。限制青海云杉生长的气候因子发生转变，低海拔处为降水制约，随着海拔的升高，降水量增加，逐渐减弱水分的限制作用，同时高山地区的低温是制约其生长的主要因子。由于该地区的降水量年际变化相对温度大，且降水量的年变化较温度的年变化大，故低海拔处的青海云杉生长随降水量的波动而敏感度增加，高海拔处随着温度年变化而敏感度降低。阿尼玛卿山高海拔处青海云杉径向生长与气候的关系与本研究中海拔 3300 m 处的相似（彭剑锋等，2007）。同样，在树木生长的上限即高山林线和高纬度地区受到热量条件限制，生长季节温度和年轮宽度正相关性较明显（Lioyd et al.，2002）。

与王亚军等（2001）在该地区对青海云杉的研究结果类似，当年夏季的平均气温与

低海拔地区的青海云杉径向生长负相关，而与高海拔地区的青海云杉径向生长正相关，夏季的降水量与低海拔地区的青海云杉径向生长正相关显著，在高海拔降水量与生长的关系不显著；与他们研究结果不同的是，当年春季的降水并没有与青海云杉的径向生长有显著的关系，这可能是由于王亚军等(2001)的采样点较本研究的采样点海拔低，在海拔低的区域青海云杉的径向生长对生长季的降水量较敏感。

五、不同步长样条函数拟合对气候信号的影响

海拔 2700 m 处 30 年步长生成的年表中包含的上年 8，9，12 月以及当年 5，6 月的温度和降水信号较强，且年表与降水量关系很稳定，前后两个时段没有出现分异现象。说明小步长的拟合剔除了低频的温度信号，突出了高频的降水量信号；而大步长的样条函数突出了低频的变化，保留了较少的高频信号。在海拔 2700 m 处，不同步长的年表与月均温度和季节平均气温相关性基本相同，而 3 种年表与降水量的相关性差异较大，特别是与上年 12 月降水的关系差异较大，分析表明，50 年的步长生成年表与上年 12 月降水量的关系在前后两个时期发生转变，30 年和 100 年的步长生成年表虽然与上年 12 月降水量的相关性一正一负，但两个时段的关系较稳定，均未出现分异现象。不同步长的样条函数拟合得到的年表剔除或者突出了一定频率的气候信号。30 年步长样条函数由于周期较短，对宽度序列的拟合度较高，剔除了较多的低频波动，突出了高频变化的信号，可能出现"过度拟合"的问题(Cook et al.，1981)。

海拔 3300 m 处不同步长生成的年表与气候关系的稳定性差异较大。上一年夏季平均气温与 30 年步长生成年表的关系发生了分异现象，但是其与 100 年步长生成年表关系很稳定。当年春秋两季的平均气温与 100 年步长年表的关系发生了分异现象。说明 30 年步长生成的年表突出了上年夏季的温度信号，而 100 年步长生成的年表突出了当年春秋两季的温度信号，但是都保留了当年夏季温度的信号。由于上限的青海云杉受到温度的限制，而下限的生长对降水量较敏感，因此在海拔 2700 m 处不同步长的样条函数去趋势得到的年表中含有不同的降水量信息，而在海拔 3300 m 处各个年表中含有较多的温度信号。

在海拔 3000 m 和 3300 m 处年表与各月降水量关系的差异较月均温度小。这可能是在低海拔区域青海云杉的生长主要受到降水量的制约，而在高海拔区域受到温度的制约。同样在川西亚高山地区岷江冷杉(*Abies faxoniana*)的分析表明不同步长的年表和各月降水量的关系差异较小(李宗善等，2011)。

研究表明，不同去趋势方法对气候信号的提取受到输入的原始年轮宽度序列特征的影响。本节中不同的海拔上的年轮宽度序列为不同的输入信号，因此不同步长得到的年表与气候关系的稳定性的变化规律有一定的差异。

六、小结

不同步长的样条函数对年轮序列的拟合度不同，保留了不同频率的气候信息，在分析青海云杉径向生长和气候关系的稳定性中，不同的方法可以突出不同的气候信号，会产生不同的结果。小步长样条函数拟合的年表中剔除了较多低频信号，保留了较多高频信号，这使得其降水信号较强，温度的信号较弱。而相反，大步长的样条函数拟合的结果中保留了较多低频信号，突出了温度的低频波动信号。在海拔 2700 m 处上年 12 月平均气温对青海云杉与生长的关系发生了逆转；海拔 3000 m 处青海云杉的生长与上年 9 月降水量和平均气温的正相关更加突出；海拔 3300 m 与当年夏季的降水量的正相关性变得不再显著，而与春季和夏季的温度正相关性有较大的变化。低海拔处的青海云杉年轮中包含较多的降水量信息，而高海拔处的包含较多的温度信息，不同步长的样条函数拟合进行去趋势可以在年表中突出不同频率的气候信息，在研究气候分异时，选择合理的步长的样条函数进行拟合可以得到合理准确的分析结果。

第三节　中亚热带马尾松年轮对气候变化的响应

一、研究区概况和研究方法

马尾松是我国主要的造林树种之一。马尾松分布区降水充沛，湿热同期。年均降水量在 700~2200 mm，年均温度 13~23℃，年平均≥10℃的积温 4000~8000℃，降水量和年平均气温从东南沿海到西北内陆递减。土壤类型为黄壤、红壤和赤红壤。

按照马尾松的生产区划，在北、中、南亚热带地区选择 9 个调查地点，其中汉中和信阳位于北亚热带，淳安、贵溪、分宜、靖州和龙里 5 个点在中亚热带，河源和凭祥属于南亚热带。以人类活动干扰较少、林龄较长的马尾松人工林为研究对象，采用树木年轮学的方法得到马尾松的年轮宽度指数，利用当地历史气候数据分析气候因子与马尾松生长的关系。

二、不同地区马尾松径向生长统计特征

本研究共采集了 522 棵树的 1106 个树芯，测量了 52218 个年轮宽度。各地年表的统计特征见表 6-12。各地的差值年表见图 6-13。

由图 6-13 可以看出，年轮序列最长的是江西贵溪，从 1942 年开始；最短是江西分宜，从 1987 年开始，平均长度为 38.2 年。平均年轮宽度最宽的是江西分宜为 4.96 mm。主要原因是该地马尾松的年龄较小，处于速生阶段。最窄的是信阳，平均年轮宽度只有 2.08 mm，主要原因是该地位于马尾松分布的北界，与其他分布区比较水热条件较差。总体上从东南沿海到内陆年轮时间序列长度逐渐上升，但年轮宽度递减。各地年表间的相关分析表明，只有少数几个地方的具有相关性（表 6-13）。

马尾松自然分布的区域较广，各地的气候条件存在较大的差异，且马尾松为常绿树种，生长期较长，而在可能造成各地马尾松生长受到的气候影响因子的差异较大，使得各个年表之间的相关性较低。由横断山区地 3 个针叶树种建立的 8 个年表的一阶主成分可以解释 34%的方差，各个年表之间有显著的相关性（Fan et al.，2009），说明与小范围内多年表的研究相比，空间尺度越大树木受到的影响因子越复杂。

敏感度表明年轮宽度对气候的敏感程度。各地敏感度的平均为 0.303，这与同纬度北美地区的长叶松（Pinus palustris）的相近（Biondi et al.，2004）。其中在江西分宜的马尾松宽度序列敏感度 0.273，与江西大岗山地区的樟树年轮的敏感度 0.161 相比较高（王兵等，2009），说明针叶树种对气候的敏感性要高于阔叶树种。各地年轮宽度的平均敏感度整体呈现从南到北逐渐下降的趋势，这说明在北亚热带地区马尾松的生长更容易受到气候变化的影响。北美的颤杨（Populus tremuloides）也有这种规律，随着纬度的升高年轮宽度的敏感性升高（Huang et al.，2010）。这可能是由于较高纬度地区生长期较短，在一年中的生长期内受到气候因子限制较少，说明在同一物种的自然分布的高纬度地区其生长要容易受到气候的影响。

除了江西分宜由于树龄较小、平均年龄宽度最宽之外，其他各地的年轮宽度随着纬度的升高而变窄，这主要是由于受到水热条件的限制，南亚热带水分充足，生长期较长，年生长量较多，树木的年轮宽度较宽。这和北美地区不同纬度石松（Pinus banksiana）的年轮宽度变化规律相似（Huang et al.，2010）。

随着纬度的升高，各地的平均气温逐渐降低，降水量也逐渐减少，马尾松年轮的平均宽度也随之减小，平均敏感性随着升高，一阶自相关逐渐降低。这是由于在水热条件相对较差的北亚热带地区，马尾松生长期内受到的限制因子较多，生长季短生长量较小，限制因子的作用较明显，马尾松的生长对气候的敏感性升高，并且当年的生长对下一年长影响较大，因此一阶自相关变大。这与青海不同海拔上的祁连圆柏（Sabina przewalskii）与气候关系的变化趋势相似，随着海拔升高平均敏感值随海拔升高而增大，一阶自相关随海拔升高而递减（彭剑峰等，2010）。

第六章　林线和树木年轮对气候变化的响应

表 6-12　各地差值年表的统计特征

研究地点	时间范围（年）	起始时间（年）	平均年龄（年）	株数（株）	树芯（个）	年轮（个）	自回归系数	平均宽度（mm）	平均敏感度	树间相关	树内相关	一阶样本解释量	信噪比	样本群体代表性
汉中	1946—2008	1951	45.6	87	198	9996	0.603	2.167±0.908	0.302	0.320	0.775	0.600	21.354	0.955
信阳	1951—2008	1958	41.1	48	123	5745	0.500	2.204±1.199	0.405	0.253	0.779	0.433	29.756	0.967
淳安	1958—2009	1962	38.9	62	119	8007	0.670	2.952±1.537	0.387	0.587	0.791	0.643	42.039	0.977
贵溪	1942—2009	1960	41.4	52	98	5088	0.696	3.232±1.174	0.228	0.332	0.720	0.205	21.470	0.955
分宜	1987—2009	1987	21.6	54	134	2498	0.728	4.672±2.173	0.273	0.758	0.896	0.696	54.444	0.982
靖州	1960—2009	1963	38.3	58	112	7470	0.671	3.779±1.781	0.295	0.233	0.402	0.607	29.932	0.968
龙里	1962—2009	1965	34.8	63	135	7478	0.680	3.920±1.702	0.290	0.440	0.752	0.637	18.137	0.948
凭祥	1979—2009	1980	29.7	47	119	3060	0.586	4.525±2.007	0.322	0.402	0.614	0.510	26.969	0.964
河源	1962—2009	1975	23.8	51	121	2876	0.750	3.831±2.025	0.246	0.683	0.413	0.659	17.226	0.945

表 6-13　各地差值年表的相关性

	信阳	淳安	贵溪	分宜	靖州	龙里	凭祥	河源
汉中	0.127	0.070	0.126	-0.0994	0.0978	0.199	-0.0868	-0.077
信阳		0.112	0.002	-0.0188	0.257*	-0.031	0.111	-0.143
淳安			0.163	0.170	0.031	0.396	0.210	-0.069
贵溪				0.282	0.275*	0.181	-0.268*	0.097
分宜					0.008	0.258*	-0.333*	-0.17
靖州						0.111	-0.165	0.211
龙里							0.030	0.178
凭祥								-0.044

注：* 显著水平 $P<0.05$。

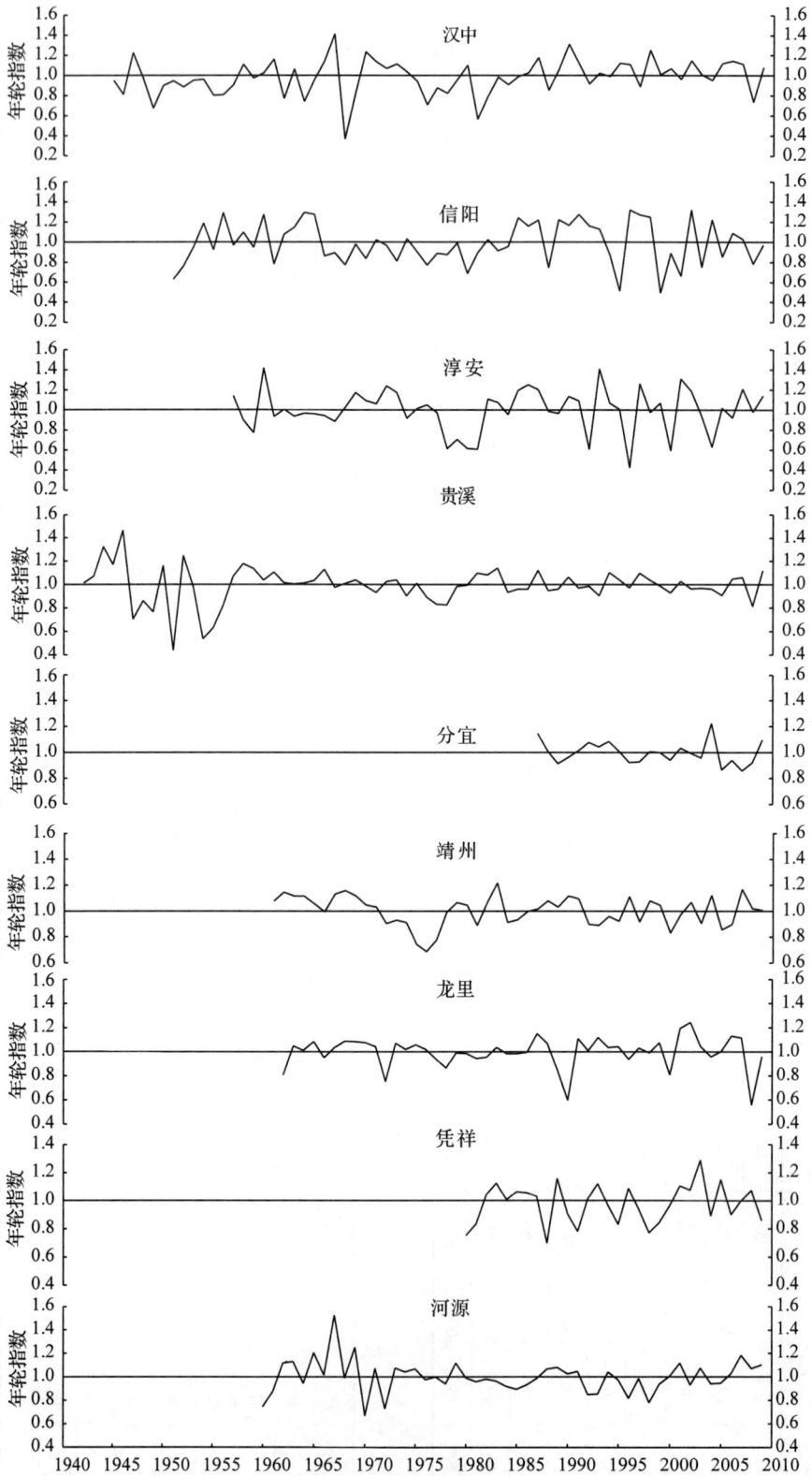

图 6-13　各地的差值年表

信噪比是解释年轮序列中所含信号高低的，各个年表的信噪比都较高。主要是由于采样地点选择在人工林中，生长较一致，同时信噪比也会随着样本的数量增多而升高，本研究采样量较多，样本量较大，因此有较高的信噪比 EPS>0.85、SNR>4 的标准。总体上讲，各地的马尾松年表能代表当地的马尾松径向生长变化情况，是合格的年表，适合进行气候分析。

三、年均气温和降水量与年轮宽度的关系

随着温度的升高各地马尾松的平均年轮宽度呈升高趋势(图 6-14)。平均气温每升高 1℃，年轮宽度增加 0.2 mm。降水量越大年轮宽度越宽。降水量每增加 100 mm，平均年轮宽度增加 0.1 mm(图 6-15)。利用年均降水和温度对年轮宽度建立的线性回归方程如下：

$$RW = -0.677 + 0.183T_{mean} + 0.062P_{mean}, \quad R^2 = 0.581, \quad P = 0.073, \quad n = 9 \quad (7\text{-}1)$$

式中，RW 为年轮宽度；T_{mean} 为年均温度；P_{mean} 为年均降水量。

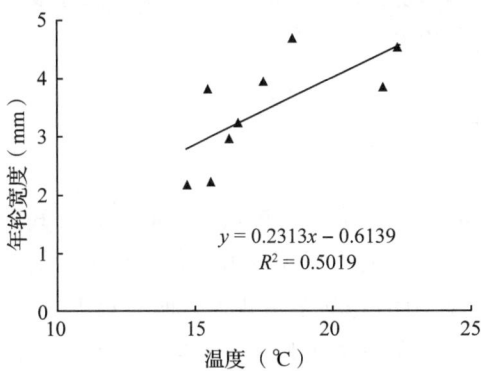

图 6-14　各地年轮宽度和年均气温的关系

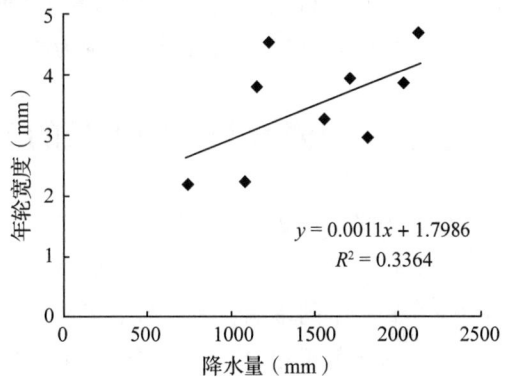

图 6-15　各地年轮宽度和年降水量关系

通过各地气候条件与年表统计特征间的冗余分析(RDA)可以看出不同区域的马尾松的年轮宽度受到温度和降水量共同影响(图 6-16)。

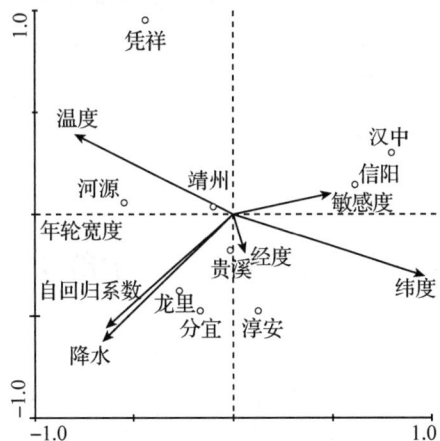

图 6-16　各地年表特征和气候特征的 RDA 分析

四、各月平均气温与径向生长的关系

在汉中和信阳两个研究地，马尾松的径向生长与上年和当年各月的平均气温的关系相反，在汉中，无论上年各月的平均气温还是当年各月的平均气温都与生长表现出正相关。其中上一年的6、7月和当年的1月、8月、9月都与生长显著正相关。但是在信阳各月的平均气温与生长负相关较多，其中当年5月的平均气温与生长呈显著正相关，其他各月的相关系数不显著。在浙江淳安各月的温度与生长的相关性都不高。江西贵溪的生长主要受到上年11月和当年1月和2月的影响，这3个月的正相关系数都达到了显著相关的水平。而其他各月的相关系数不明显。分宜的马尾松径向生长与各月温度的关系较复杂。上年8月和当年2月与生长呈显著正相关，但是上年的10月与生长呈显著负相关。靖州上年6月到8月以及当年的5月的温度与生长的相关性较显著。但是上年的7月、8月和当年的月表现为正相关，但是上年6月的温度与生长呈负相关。贵州龙里的径向生长与温度表现为当年2月的显著正相关和8月的显著负相关。在凭祥上年11月和当年12的温度与生长都表现为显著负相关。河源的生长主要受到上年9月和当年12月的限制，表现为显著的负相关(图6-17)。

五、各月降水与径向生长的关系

汉中的降水主要在上年的6月、当年的6月和8月影响马尾松的径向生长。其中年表与上年6月和当年8月的降水量呈显著负相关，而当年5月为显著正相关；信阳的生长受到降水的影响较大，与上年8月和当年10月呈显著负相关，而当年1月，3月和5月为显著正相关；浙江淳安的生长与降水大部分为正相关，其中上年9月和当年9月对生长的促进作用明显；而在江西贵溪上年11月的降水量和当年11月的降水量与年轮宽度呈显著正相关；分宜年表与上年8月的降水量表现为负相关，和当年5月、7月的降水量表现为正相关；湖南靖州上年8月和当年5月、10月降水量表现为显著的负相关，与上年的11月表现为正相关；贵州龙里的降水量对生长影响为上年10月和当年4月的降水量正相关，而与当年3月呈负相关；广西凭祥的年表与上年9月的降水量负相关，和当年6月、10月的降水量呈正相关；河源的降水与凭祥的降水作用有一定的差别，表现为与上年6月呈正相关，而与上年8月和当年9月降水量呈负相关(图6-18)。

六、影响马尾松径向生长的气候因子解析

树木年轮是多个环境因子在不同的生长期内综合作用的结果(Smith, 2008)。由于亚热带地区面积大，各个地方的气候条件存在较大的差异，不同时空条件下的水热组合造成了各个地区马尾松生长与气候的关系存在较大的差异。汉中和信阳的马尾松

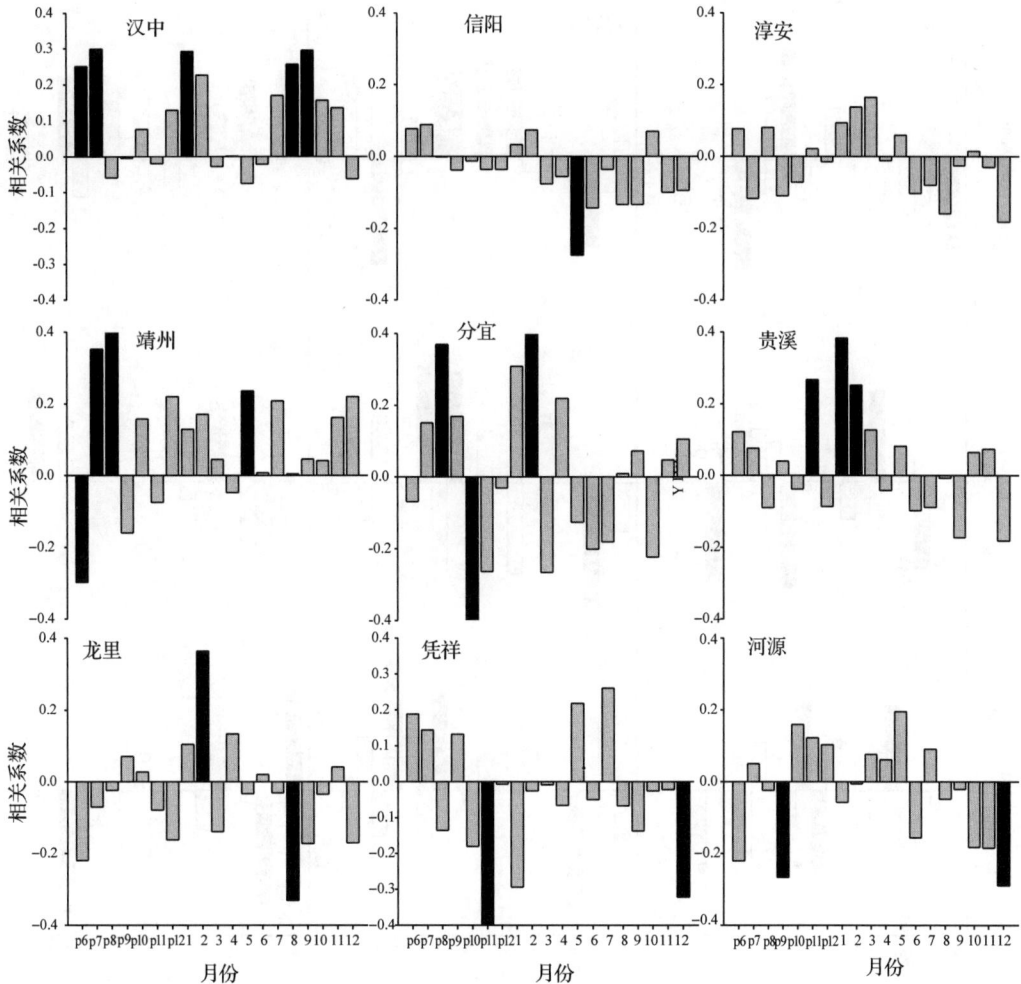

图 6-17　各地年表和各月平均气温的相关系数

注：图中黑色的条柱表示显著水平 $P<0.05$。

处于水平分布的北界，但是对气候的响应却不同。汉中在马尾松分布的西北边缘，平均气温只有 14.7℃，是 9 个研究点中最低的，并且海拔较高，接近当地马尾松分布上限（海拔 1000 m），热量条件较差，同时处于汉中盆地，土壤深厚，水分供应相对充足，不会成为限制因子，因此热量条件成为主要的制约因子，这与秦岭地区较高海拔处的云杉研究结果相似（Dang *et al.*，2010）。处于南半球同纬度高海拔地区的南洋杉（*Araucaria angustifolia*）对热量条件较敏感（Oliveira *et al.*，2010）。海拔较高的位置和纬度分布的最高限树木的生长主要受到热量的限制。

信阳的马尾松生长与温度主要呈负相关，与降水量呈正相关，主要受到当年 5 月的平均气温的限制，同时与当年 3~8 月的干旱度指数正相关，这可能是由于在 5 月是马尾松新叶的主要生长期（中国科学院地理研究所，1977），而在信阳 5 月的降水不到150 mm，如果此时降水不足会制约新叶的生长。结合降水和干旱度指数的分析结果可

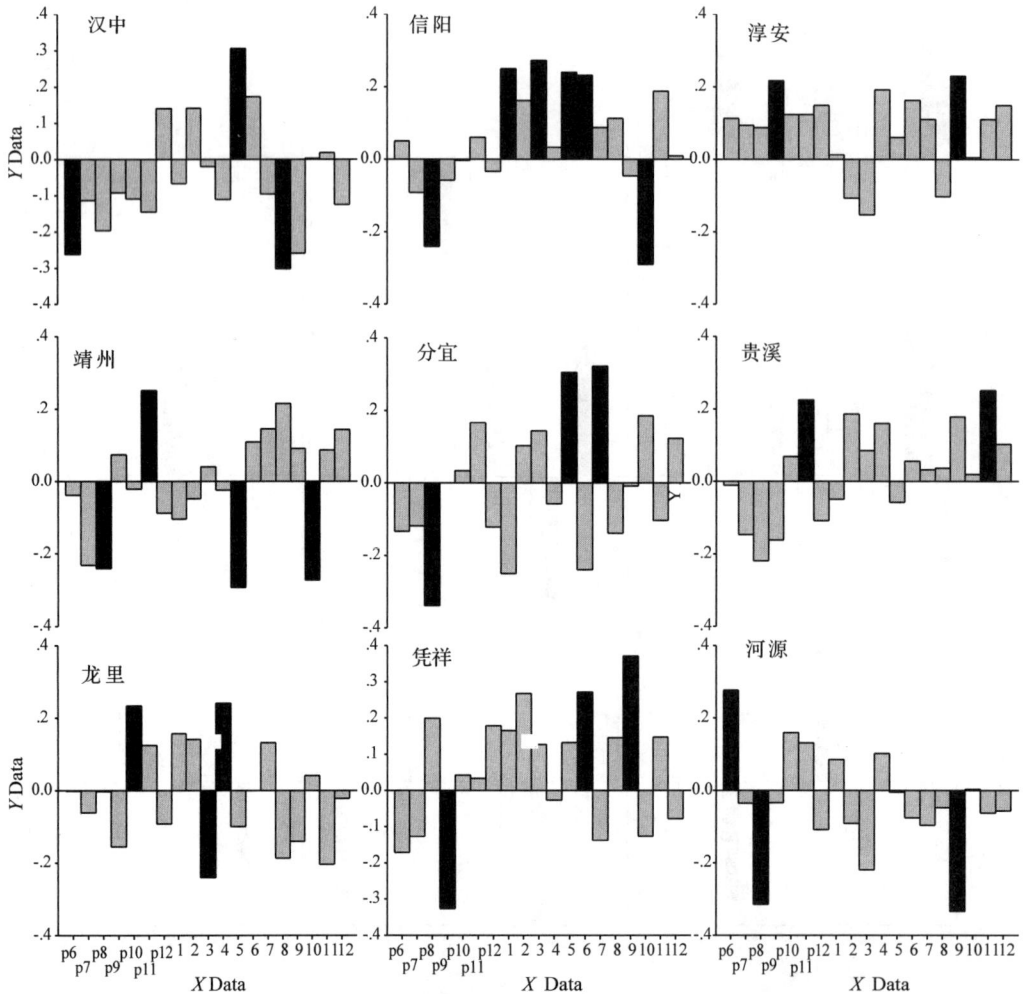

图6-18　各地年表和各月降水量的相关系数

注：图中黑色的条柱表示显著水平 $P<0.05$。

以看出，信阳的生长主要受到水分的制约，而汉中的生长主要受温度的制约。

　　这种相反的结果可能与信阳和汉中的土壤水分条件有关系。汉中地处盆地，土壤较厚，持水能力较强，而在信阳鸡公山地区，土壤较汉中瘠薄，容易受到干旱的影响。一般认为敏感度越高表明生长更容易受到气候的制约（Fritts，1976），两地的年表敏感度都较高，并且信阳的敏感度在9个地方最高，说明马尾松的生长更容易受到水分的制约。北湿地松在地下水位较高的地区生长和 PDSI（干旱指数）呈正相关，而在地下水位较深的地区生长与气候呈正相关（Foster *et al.*，2001）。

　　浙江淳安的马尾松生长主要受到降水的影响，对温度的变化不敏感，干旱度指数与生长都为正相关，与信阳相似，但是对降水敏感的月份不同。浙江地区的降水远大于信阳，当年的9月的降水对生长的促进作用最明显。贵溪的生长对气候的响应与淳安相近，上年的干旱度指数与生长负相关，但是与当年的生长呈正相关。分宜的干旱度指数与生长全部为负相关。江西分宜的马尾松生长受到当年的 5,7 月的降水的影响,主要是因为在中亚热带地区由于伏旱期的存在,但是干旱分析说明分宜的生长与干旱度指数呈负相关。湖南靖州上年气候对当年的生长影响很大,与大岗山的研究结果有所不同,乔磊研究发现分宜县境内的大岗山天然林中马尾松的年轮宽度主要与当年 7~9 月降水量负相关(乔磊等,2011)。这可能是由于其采样地点在天然林中,且树木的年龄较大,导致马尾松生长对气候的响应不一致。贵州龙里是马尾松分布的西界,由于地处云贵高原海拔远高于其他地区,温度和降水量都与其他地方有较大差距,2 月的温度显著促进当年的生长,2 月平均气温为 7℃,可能是温度突然升高大于 10℃时光合作用会开始,但也可能是冬季只要在一定温度以上针叶就会从外界获取碳源,这部分额外吸收的碳源对于当年的生长极其重要,这与分布最北界的长叶松对气候的响应相似(Bhuta et al.,2009)。上年的水分情况制约当年的生长,而当年的干旱度却促进生长。

在南亚热带,温度和生长相关性较高的月份都表现出显著的负相关,这说明了分布南缘的马尾松受到高温的限制。在河源降水与马尾松生长呈负相关,而降水对凭祥的生长却为正相关,由于两个地方的水分条件存在差异,凭祥的年均气温要高于河源,但年均降水量要远低于河源的降水量,这造成河源的水分条件不仅满足马尾松的生长并且过多的降水会造成水分胁迫影响马尾松的生长。因此在河源地区的生长与干旱度指数呈负相关。这与鼎湖山马尾松天然林中的研究结果相似(侯爱敏等,2003),但是由于其采样是在天然次生林中进行的,各月的温度和降水与生长的相关系数存在差异,可能是由于阔叶树种和针叶树种对水热条件的利用特点不同造成的。

各地的 PDSI 与生长的相关性都高于温度和降水,有连续变化的特征,与生长的关系较简单。同样在峨眉山和北美的针叶林中也表现出来(Fang et al.,2010;Foster et al.,2001;Henderson et al.,2009)。这是由于 PDSI 能综合土壤水分、温度因子,更能真实地反映树木生长所需要的条件,比其他湿润指数更适合于气候分析(Kempes et al.,2008)。各月 PDSI 与马尾松年表的关系具有连续性,是由于 PDSI 具有自相关性,上月的水分条件会影响当月的干旱度指数(Alley,1985)。马尾松生长与干旱度指数的关系可以分为主要负相关、主要正相关、上年正当年负、上年负当年正。

同一物种大尺度上的径向生长制约因子具有差异,马尾松的北界限制因子是降水和低温,但是在南界主要是受到高温的限制。干旱是山毛榉(Fagus sylvatica)分布南界主要的生长限制因子(Jump et al.,2006)。分布在北欧的欧洲云杉(Picea abies)由于在高纬度地区分布,在其分布的北部主要受到热量的限制,年积温越高生长量越大,但是在热量条件较好的分布范围的南部降水就成为其生长的敏感因子(Mäkinen et al.,2003)。同样,北美的白栎(Quercus alba)分布的北界受到温度影响较大,但是在热量好的非洲地区受到降水的制约(Goldblum,2010;Tardif et al.,2006)。在非洲热带地区干湿转化造成的年轮变化主要与降水相关,这是由于该地区的树轮多为低温生长造成的年轮,其对气候的响应要复杂得多。研究发现树木生长的年际变化主要受到气候的影响而与土壤条件的关系不大(Toledo et al.,2011),本研究虽然没有对土壤条件做定量的研究，但是温度和降水的回归方程也支持这种观点。

七、小结

各地马尾松的径向生长主要受到水热条件的制约，在北亚热带地区马尾松的生长主要受到温度过低和水分不足的限制，中亚热带地区马尾松的生长受到水热条件的影响较复杂，而在南亚热带地区的马尾松主要受到温度的限制。随着纬度的升高，马尾松生长对气候变化的敏感性增强，北亚热带地区的马尾松生长更容易受到气候的影响。由于马尾松的分布范围较广，各地土壤和水热条件的时空组合有较大差异，且马尾松在一年中的生长期较长，这期间任何一个气候因子较大的高低变化都会成为限制因子。

各地热量条件决定了马尾松的平均年轮宽度，年平均气温的高低直接决定年生长季的长短，导致马尾松年轮的绝对宽度受到温度影响。而水热组合决定某一地方相对生长多少，各地降水的时间格局在不同年份变异较大，可以造成当地的干旱进而导致当年生长受到制约，年轮宽度年际变化的主导因素主要是降水。

由于马尾松生长较快，成材期较短，造成马尾松分布地区较大树龄的马尾松较少，建立的马尾松年表序列较短，使分析径向生长和气候的关系样本时间长度不够，由于气候变化带来的生长响应分异现象可能导致分析结果的误差，同时采样地环境的异质性可能导致马尾松径向生长与气候变化关系的差异，掩盖了大尺度上的变化规律，影响对整个马尾松分布地区的分析比较。这些问题还有待深入探讨。

参考文献

蔡飞，陈爱丽，陈启常，1998. 浙江建德青冈常绿阔叶林种群结构和动态的研究[J]. 林业科学研究，11(1)：99-106.

陈迪马，2006. 天山云杉天然更新微生境及其幼苗格局与动态分析[D]. 新疆：新疆农业大学.

程伟，2004. 岷江上游高山林线附近岷江冷杉种群特征及 NSC 含量研究[D]. 成都：中国科学院成都生物研究所.

党海山，2007. 秦巴山地亚高山冷杉(*Abies fargesii*)林对区域气候的响应[D]. 北京：中国科学院研究生院.

高琳琳，勾晓华，邓洋，等，2011. 树轮气候学中分异现象的研究进展[J]. 冰川冻土，33(2)：453-460.

勾晓华，陈发虎，杨梅学，等，2004. 祁连山中部地区树轮宽度年表特征随海拔高度的变化[J]. 生态学报，24(1)：172-176.

韩有志，王政权，2002. 森林更新与空间异质性[J]. 应用生态学报，13(5)：615-619.

侯爱敏，周国逸，彭少麟，2003. 鼎湖山马尾松径向生长动态与气候因子的关系[J]. 应用生态学报，14(4)：637-639.

李金良，郑小贤，陆元昌，等，2008. 祁连山青海云杉天然林林隙更新研究[J]. 北京林业大学学报，30(3)：124-127.

李蟠，2008. 贡嘎山高山林线树种生理特性比较研究[D]. 重庆：西南大学.

李宗善，刘国华，傅伯杰，等，2011. 不同去趋势方法对树轮年表气候信号的影响——以卧龙地区为例[J]. 植物生态学报，34(7)：707-721.

马世骏，1990. 现代生态学透视[M]. 北京：科学出版社.

彭剑峰，勾晓华，陈发虎，等，2010. 坡向对海拔梯度上祁连圆柏树木生长的影响[J]. 植物生态学报，34(5)：517-525.

彭剑峰，勾晓华，陈发虎，等，2007. 阿尼玛卿山地不同海拔青海云杉(*Picea crassifolia*)树轮生长特性及其对气候的响应[J]. 生态学报，8：3268-3276.

乔磊，王兵，郭浩，等，2011. 江西大岗山地区 7-9 月降水量的重建与分析[J]. 生态学报，31(8)：2272-2280.

涂云博，王孝安，2008. 林线区域植被的结构域动态研究综述[J]. 安徽农学通报，14(9)：125-127.

王兵，高鹏，郭浩，等，2009. 江西大岗山林区樟树年轮对气候变化的响应[J]. 应用生态学报，20(1)：71-76.

王晓春，2004. 中国东北亚高山林线对全球气候变化的响应[D]. 哈尔滨：东北林业大学.

王亚军，陈发虎，勾晓华，等，2001. 祁连山中部树木年轮宽度与气候因子的响应关系及气候重建[J]. 中国沙漠，21(2)：135-140.

杨银科，刘禹，蔡秋芳，等，2005. 以树木年轮宽度资料重建祁连山中部地区过去 248 年来的降水量[J]. 海洋地质与第四纪地质，25(3)：113-118.

俞益民，赵登海，梅曙光，等，1999. 贺兰山地区青海云杉生长与环境的关系[J]. 西北林学院学报，14(1)：16-21.

袁玉江，魏文寿，Esperjan，等，2008. 采点和去趋势方法对天山西部云杉上树线树轮宽度年表相关性及其气候信号的影响[J]. 中国沙漠，28(5)：809-814.

张立杰，2006. 祁连山青海云杉林林窗特征及更新特点[D]. 兰州：甘肃农业大学.

Alex F, Frida I P, Lohengrin A C, 2011. Distinguishing local from global climate influences in the variation of carbon status with altitude in a tree line species [J]. Global Ecology and Biogeography, 20(2): 307-318.

Alley W M, 1985. The Palmer drought severity index as a measure of hydrologic drought [J]. Journal of the American Water Resources Association, 21(1): 105-114.

Bhuta A A R, Kennedy L M, Pederson N, 2009. Climate-radial growth relationships of northern latitudinal range margin longleaf pine (*Pinus palustris* P. Mill.) in the atlantic coastal plain of southeastern Virginia [J]. Tree-Ring Research, 65(2): 105-115.

Biondi F, Waikul K, 2004. DENDROCLIM2002: A C++ program for statistical calibration of climate signals in tree-ring chronologies [J]. Computers & Geosciences, 30(3): 303-311.

Bunn A G, Sharac T J, Graumlich L J, 2004. Using a simulation model to compare methods of tree-ring detrending and to investigate the detectability of low-frequency signals [J]. Tree-Ring Research, 60(2): 77-90.

Chen F, Yuan Y, Wei W, 2011. Climatic response of Picea crassifolia tree-ring parameters and precipitation reconstruction in the western Qilian Mountains, China [J]. Journal of Arid Environments, 75(11): 1121-1128.

Cook E, Kairiukstis L, 1990. Methods of dendrochronology: Applications in environmental science [M]. Dordrecht: Kluwer Academic Publishers.

Cook R E, Petersk K, 1981. The smoothing spline: a new approach to standardizing forest interior tree-ring width series for dendroclimatic studies [J]. Tree-Ring Bulletin, 41: 43-53.

Dang H, Zhang Y, Zhang K, et al, 2010. Age structure and regeneration of subalpine fir (*Abies fargesii*) forests across an altitudinal range in the Qinling Mountains, China [J]. Forest Ecology and Management, 3(25): 547-554.

D'Arrigo R D, Kaufmann R K, Davi N, et al, 2004. Thresholds for warming-induced growth decline at elevational tree line in the Yukon Territory, Canada [J]. Global Biogeochemical Cycles, 18(3): 1-7.

D'Arrigo R, Wilson R, Liepert B, et al, 2008. On the divergence problem' in northern forests: A review of the tree-ring evidence and possible causes [J]. Global and Planetary Change, 60(3-4): 289-305.

Fan Z, Bröuning A, Caoa K, et al, 2009. Growth-climate responses of high-elevation conifers in the central Hengduan Mountains, southwestern China [J]. Forest Ecology and Management, 258 (3): 306-313.

Fang K, Gou X, Chen F, et al, 2010. Tree growth and time-varying climate response along altitudinal transects in central China [J]. European Journal of Forest Research, 129(6): 1181-1189.

Foster T E, Brooks J R, 2001. Long-term trends in growth of *Pinus palustris* and *Pinus elliottii* along a hydrological gradient in central Florida [J]. Canadian Journal of Forest Research, 31(10): 1661-1670.

Fritts H, 1976. Tree rings and climate [M]. London: Academic Press.

Goldblum D, 2010. The geography of white oak's (*Quercus alba* L.) response to climatic variables in North

America and speculation on its sensitivity to climate change across its range [J]. Dendrochronologia, 28 (2): 73-83.

Gou X, Chen F, Yang M, et al, 2005. Climatic response of thick leaf spruce (*Picea crassifolia*) tree-ring width at different elevations over Qilian Mountains, northwestern China [J]. Journal of Arid Environments, 61(4): 513-524.

Henderson J P, Grissino-Mayer H D, 2009. Climate-tree growth relationships of longleaf pine (*Pinus palustris* Mill.) in the Southeastern Coastal Plain, USA [J]. Dendrochronologia, 27(1): 31-43.

Huang J, Tardif J C, Bergeron Y, et al, 2010. Radial growth response of four dominant boreal tree species to climate along a latitudinal gradient in the eastern Canadian boreal forest [J]. Global Change Biology, 16(2): 711-731.

Jacoby G C, 1995. Tree ring width and density evidence of climatic and potential forest change in Alaska [J]. Global Biogeochemical Cycles, 9(2): 227-234.

Jump A S, Hunt J M, Peuelas J P, 2006. Rapid climate change-related growth decline at the southern range edge of *Fagus sylvatica* [J]. Global Change Biology, 12(11): 2163-2174.

Kempes C P, Myers O B, Breshears D D, et al, 2008. Comparing response of *Pinus edulis* tree-ring growth to five alternate moisture indices using historic meteorological data [J]. Journal of Arid Environments, 72(4): 350-357.

Li M, Hoch G, Körner C H, 2002. Source/sink removal affects mobile carbohydrates in *Pinus cembra* at the Swiss treeline [J]. Trees, 16(4-5): 331-337.

Li M H, Wen F X, Shi P L, et al, 2008. Nitrogen and carbon source-sink relationships in trees at the Himalayan treelines compared with lower elevations [J]. Plant Cell and Environment, 31(10): 1377 -1387.

Lloyd A H, Fastie C L, 2002. Spatial and temporal variability in the growth and climate response of treeline trees in Alaska [J]. Climatic Change, 52(4): 481-509.

Mäkinen H, Nöjd P, Kahle H, et al, 2003. Large-scale climatic variability and radial increment variation of *Picea abies* (L.) Karst. in central and northern Europe [J]. Tree, 17(2): 173-184.

Newell E A, 1994. Seasonal fluctuation in total non-structural carbohydrates in the stems of lowland rainforest canopy trees. Poster presented at the 1994 International Meeting of the Society for Conservation Biology and the Association for Tropical Biology. University of Guadalajara [J]. Mexico. Ann Bot, 60: 61-67.

Oliveira J M, Roig F A, Pillar V D, 2010. Climatic signals in tree-rings of *Araucaria angustifolia* in the southern Brazilian highlands [J]. Austral Ecology, 35(2): 134-147.

Porter T J, Pisaric M F J, 2011. Temperature-growth divergence in white spruce forests of Old Crow Flats, Yukon Territory, and adjacent regions of northwestern north America [J]. Global Change Biology, 17 (11): 3418-3430.

Runion G B, Entry J A, Prior S A, et al, 1999. Tissue chemistry and carbon allocation in seedlings of *Pinus palustris* subjected to elevated atmospheric CO_2 and water stress [J]. Tree Physiology, 19(4-5): 329-335.

Shi C, Masson-Delmotte V, Daux V, et al, 2010. An unstable tree-growth response to climate in two 500 year chronologies, north eastern Qinghai-Tibetan Plateau [J]. Dendrochronologia, 28(4): 225-237.

Smith K T, 2008. An organismal view of dendrochronology [J]. Dendrochronologia, 26(3): 185-193.

Svensson J S, Jeglum J K, 2001. Structure and dynamics of an undisturbed old-growth Norway spruce forest on the rising Bothnian coastline [J]. Forest Ecology and Management, 151(1-3): 67-79.

Tardif J C, Conciatori F, Nantel P, et al, 2006. Radial growth and climate responses of white oak (*Quercus alba*) and northern red oak (*Quercus rubra*) at the northern distribution limit of white oak in Quebec, Canada [J]. Journal of Biogeography, 33(9): 1657-1669.

Tissue D T, Wrigut S J, 1995. Effect of seasonal water availability on phenology and the annual shoot carbohydrate cycle of tropical forest shrubs [J]. Functional Ecology, 9(3): 518-527.

Toledo M, Poorter L, Peöa-Claros M, et al, 2011. Climate is a stronger driver of tree and forest growth rates than soil and disturbance [J]. Journal of Ecology, 99(1): 254-264.

Wang T, Zhang Q B, Ma K P, 2006. Treeling dynamics in relation to climatic, variability in the central Tianshan Mountains, northwestern China [J]. Global Ecology and Biogeography, 15(4): 406-415.

Zhang Y, Shao X, Wilmking M, 2011. Dynamic relationships between Picea crassifolia growth and climate at upper treeline in the Qilian Mts. , Northeast Tibetan Plateau, China [J]. Dendrochronologia, 29(4): 185-199.

Zhang Y, Wilmking M, 2010. Divergent growth responses and increasing temperature limitation of Qinghai spruce growth along an elevation gradient at the northeast Tibet Plateau [J]. Forest Ecology and Management, 260(6): 1076-1082.

第七章

森林火灾对气候变化的响应

　　森林火灾是一种自然灾害，它的发生和蔓延很大程度上受气象条件的制约（林其钊，2003；宋志杰，1991），气候波动是过去几千年来林火动态（fire regime）发展演变的重要影响因子（Whitlocka *et al.*，2006；Yalcin *et al.*，2006；Talon *et al.*，2005；Carcaillet *et al.*，2001；Hallett *et al.*，2006；Grenier *et al.*，2005；Goff *et al.*，2007；Hu *et al.*，2006）。当前气候变暖已是不争的事实，IPCC第四次《全球气候变化评估报告》称（Morton *et al.*，2007）：过去100年（1906—2005年）中，全球平均地表温度升高了0.74℃。气候变暖必然会对林火的发生和蔓延产生重要影响（田晓瑞等，2006）。

　　林火动态是某一自然区域或生态系统所特有的，经过很长时期形成的林火发生和蔓延的总模式，包括火频率、火险期、引燃方式、火面积和火强度等。在气候变暖背景下全球很多林区的林火动态已发生了明显变化，Kasischke（2006）对北美森林、Girardin（2006）对加拿大Ontario省北方林、Mollicone等（2006）对俄罗斯原始林、Pausas等（2004）对地中海盆地伊比利亚半岛森林、Williams等（2001）对澳大利亚桉树林、Reinhard等（2005）对瑞士南部

Ticino 林区、Hemp(2005)对乞力马扎罗山森林的研究中都得出了近些年来林火发生频率增加的结论。雷击火是一种主要的自然火源，特别是干雷暴，Macias Fauria(2006)等的研究表明，加拿大和阿拉斯加绝大部分大型森林火灾（过火面积 100 hm² 以上）都是由雷击火引起的，气候变暖已使阿拉斯加地区的雷击火源增加(Lynch et al.，2004)，并因此而导致该地区林火发生数量和火面积的增加。在气候变暖背景下，林火动态的变化存在很大的区域性差异：Bergeron(2001)等研究结果表明，19 世纪中期以来沿 Ontario 东部到 Quebec 中部横断面上的林火发生频率显著下降，并且 20 世纪下降最明显。Bergeron(1993)等认为自小冰期末期(1850)以来发生的全球变暖使北美北方林东部区域的气候向不易于发生大型火灾的方向发展。

火险期指一年中林火易于发生和蔓延的时期，是表征林火动态的一个重要指标，Westerling 等(2006)和 Running(2006)的研究结果表明，由于春季雪融日期提前及春季、夏季气温的升高，导致北美西部地区火险期延长。Balling 等(1992)对黄石国家公园的研究则表明，由于夏季温度升高，1~7 月降水减少，导致近年来夏季火灾数量增多。据 IPCC 第四次评估报告预测(Hu et al.，2006)：如果温室气体保持以较低速度排放，在 21 世纪结束时地表温度将比世纪初升高 1.1~2.9℃；如果温室气体以较高速度排放，升温将为 2.4~6.4℃；升温最大的区域将集中在陆地和北半球。因此在未来更暖的气候背景下，内蒙古大兴安岭林区将是升温最剧烈的地区之一，该林区未来的森林火灾发展趋势不容乐观，形势会变得日益严峻。

预期气候情景下林火动态的预估主要是通过计算预期气候情景下的林火天气指数来进行的，研究方法为把 GCM 和 RCM 相结合产生的预期气候情景下的模拟气象数据输入加拿大火险天气指数(FWI)模型算法，结合 FWI 与林火动态各因子的统计相关性，在假设林火动态对当前及未来气候具有相同响应方式的基础上，对未来的林火动态各因子作出预估。

第一节　内蒙古大兴安岭林区森林火灾发生日期的变化

一、森林火灾等级划分

森林火灾数据来自内蒙古大兴安岭林业管理局 1980—2006 年的森林火灾登记表，依据以下 3 个原则对火灾数据进行整理和汇总：森林火灾等级划分：①一般森林火灾，受害森林面积在 1 hm² 以上不足 100 hm² 的；②大型森林火灾，受害森林面积在 100 hm² 以上的。分别汇总由雷击火源和人为火源引燃的森林火灾。森林火灾的发生日期转换为 Julian 日期，Julian 日期就是不区分月份，把一年 365 天按 1，2，3，…，365 的顺序连续记数。气象数据来自国家气象局，共选取了 8 个台站，分别是漠河、图里河、额尔古纳右旗、加格达奇、小二沟、海拉尔、博克图和阿尔山。气象数据的统计年份为 1961—2005 年，有年气象数据和日气象数据两类。年气象数据选用的气象要素为年均温和年降水量，用以对林区几十年来的气候变化趋势进行分析。日气象数据选用的气象要素为空气日最小相对湿度，空气相对湿度可反映一日内气温、降水和风速等气象要素的综合变化，它是与森林火险天气关系最密切的气象要素之一，在国内外众多的森林火险天气计算模型中多选用日最小相对湿度这一气象要素。本研究分别计算了春季和夏季日最小相对湿度的均值，用以分析林区几十年来的森林火险天气的变化趋势。

二、全部森林火灾发生的 Julian 日期

由图 7-1(a)可知，仅 1991 年无森林火灾发生。1980—1987 年森林火灾主要发生在两个时间段，Julian 日期在 95~180 和 259~287，即 4 月 5 日至 6 月 29 日和 9 月 16 日至 10 月 14 日，分属大兴安岭林区的春季和秋季两个时间段内。春季的火灾数量明显多于秋季。1987 年后春季和秋季的火灾数量明显减少，1991 年、2001 年和 2005 年春季无火灾发生；1990—1995 年、1997—2000 年和 2002—2004 年秋季无火灾发生。由图 7-1(a)还可以看出，近些年发生在 Julian 日期 200~240 区间(即 7 月 19 日至 8 月 28 日)内的森林火灾呈突然增加趋势，这一时间段属于林区的夏季；2002 年和 2004—

2006 年都有多起森林火灾发生，特别是 2002 年 25 天内发生森林火灾 36 次。

由图 7-1（b）可知，受害森林面积 100hm² 以上的大型森林火灾主要发生在 1980—1987 年的春季，1987 年后春季大型火灾明显减少，1988—1994 年、1996 年、2001—2002 年和 2005 年春季无大型火灾发生。秋季大型森林火灾在 1981 年发生 2 次，1986 年发生 1 次。1980—2001 年夏季无大型火灾发生，但 2002 年夏季发生 12 次，2004 年夏季发生 4 次，都超过了当年春季和秋季大型火灾的数量之和。

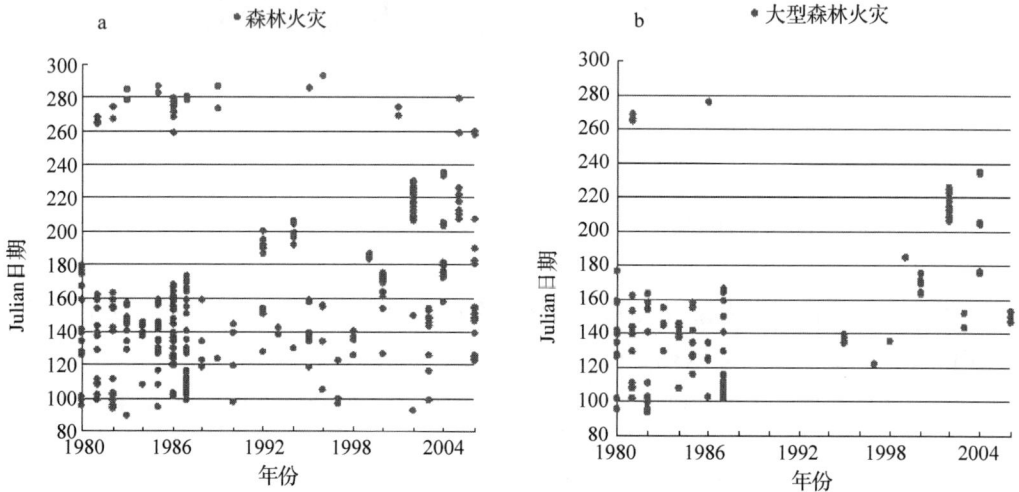

图 7-1　1980—2006 年森林火灾和大型森林火灾发生的 Julian 日期

注：图中的每一个圆点都代表一次森林火灾。

三、雷击火源引燃的森林火灾发生的 Julian 日期

由图 7-2（a）可知，1980—1988 年由雷击火源引燃的森林火灾发生的 Julian 日期非常集中，在 140~180。从 1992 年起，Julian 日期明显向后伸延，如 2002 年、2004 年、2005 年和 2006 年最迟火灾发生的 Julian 日期分别在 230，235，279 和 260。自 1992 年起由雷击火源引燃的森林火灾除发生在春季外，夏季森林火灾明显呈增多趋势，特别是 2002、2004 和 2005 年的夏季，其数量都超过了春季火灾的数量。2005 和 2006 年秋季也有雷击火源引燃的森林火灾发生。

由图 7-2（b）可知，1980—1987 年间由雷击火源引燃的大型森林火灾发生的 Julian 日期在 170~176，1999 年起 Julian 日期明显向后伸延，如 1999 年、2002 年和 2004 年最迟 Julian 日期分别在 184，225 和 235。自 1999 年起由雷击火源引燃的夏季大型森林火灾呈明显增多趋势，有些年份甚至超过春季，如 2002 年和 2004 年。

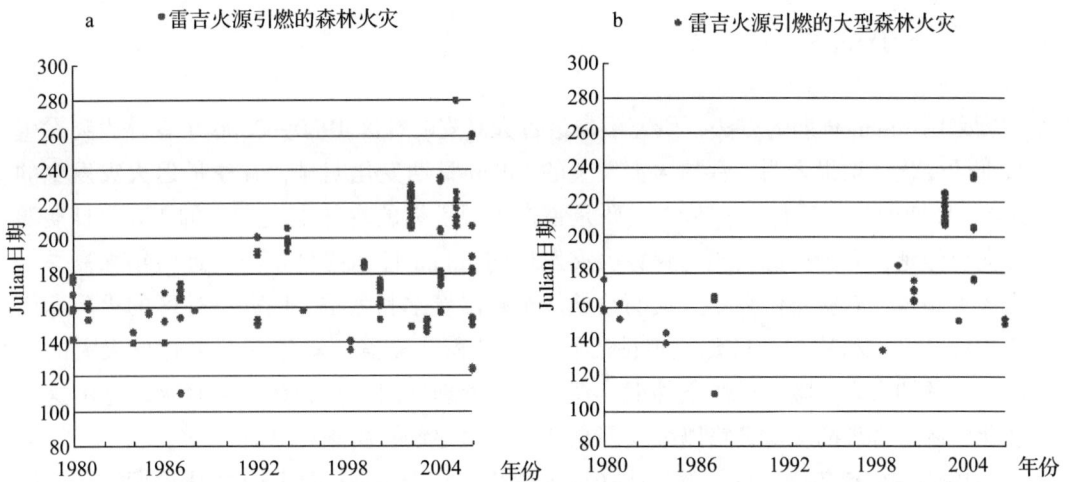

图 7-2　1980—2006 年由雷击火源引燃的森林火灾和大型森林火灾发生的 Julian 日期

四、人为火源引燃的森林火灾发生的 Julian 日期

由图 7-3(a)可知，1980—1987 年间由人为火源引燃的森林火灾较多，Julian 日期在 95~170 和 259~280。自 1988 年起，火灾数量明显减少，且 Julian 日期更加集中，有约 80% 的 Julian 日期在 120~160。因此，由人为火源引燃的森林火灾主要发生在春季和秋季，夏季很少发生，且近些年来，火灾呈明显减少趋势。由图 7-3(b)看出，由人为火源引燃的大型森林火灾绝大部分发生在 1980—1987 年春季，Julian 日期在 100~160。1987 年后，火灾数量明显减少。

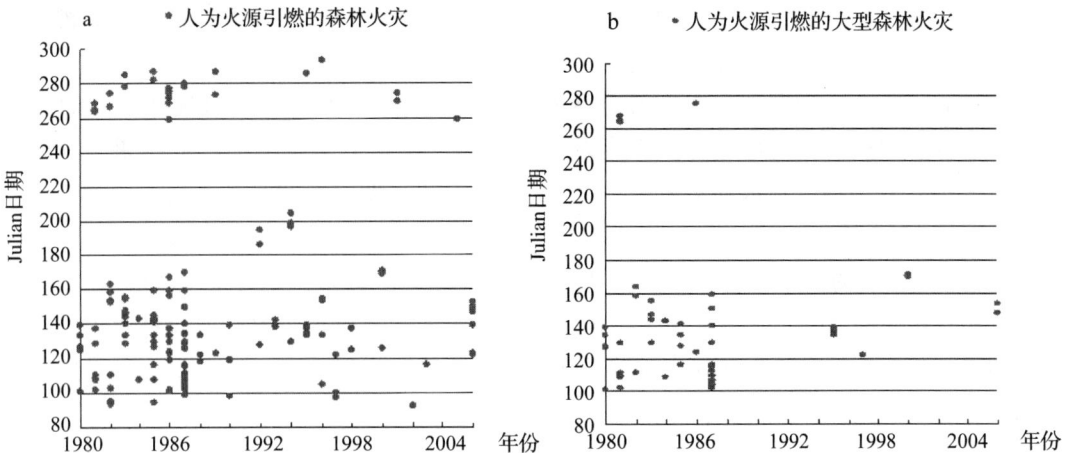

图 7-3　1980—2006 年由人为火源引燃的森林火灾和大型森林火灾发生的 Julian 日期

五、小结

采用 Julian 日期的方法，研究了内蒙古大兴安岭林区 1980—2006 年森林火灾发生日期的变化。结果表明，森林火灾发生的 Julian 日期变化明显，春季最迟火灾发生的 Julian 日期明显向后伸延；其中主要是雷击火源引燃的森林火灾发生的 Julian 日期明显向后伸延，人为火源引燃的森林火灾发生的 Julian 日期变化较小。近些年来夏季雷击火灾频发，有些年份夏季火灾的数量甚至超出春季和秋季。因此，林区的火险期已不再仅是春季和秋季，只要地表枯落物层未被积雪覆盖，就都有发生森林火灾的可能。在预期未来更暖的气候条件下，森林防火管理部门应充分认识到林火动态的这一变化，制定合理的应对策略以减少因森林火灾而导致的森林资源损失。

1961—2005 年间林区气候发生了明显变化，特别是 20 世纪 80 年代后期以来，气温升高，年际间降水量波动性增大，春季和夏季日最小相对湿度的下降趋势都达到显著水平。在此气候变化背景下，林区的森林火险天气朝利于森林火灾发生的方向演变，导致林火动态发生显著变化。具体表现：1980—2006 年林区森林火灾发生的 Julian 日期发生了明显变化，春季最迟火灾发生的 Julian 日期明显向后伸延，其中主要是雷击火源引燃的森林火灾发生的 Julian 日期明显向后伸延，且 1999 年以来雷击火源引燃的森林火灾呈增多趋势，特别是夏季雷击火源引燃的森林火灾和大型森林火灾数量明显增多。

内蒙古大兴安岭林区冬季枯枝落叶和枯草均被雪覆盖，因而冬季不发生森林火灾。春季气温逐渐升高，积雪融化，枯枝落叶和杂草裸露，且春季风大、地被物干燥，是该林区发生森林火灾最多的季节。随着气温继续上升，进入夏季，同时也进入林区的雨季，植物开始生长，体内水分较多，不易发生火灾。秋季来临，气温下降，植物停止生长，树木大量落叶，降水量减少，火灾增多，但一旦降雪覆盖住地被物就进入冬季，一般不再有火灾发生。

1980—2006 年内蒙古大兴安岭林区春季最迟火灾发生的 Julian 日期明显向后伸延，已深入到夏季。这是该林区春末及整个夏季可燃物干燥状况加剧的结果。林区 1961—2005 年气温、降水和空气相对湿度的研究结果表明，近些年林区夏季比其他季节升温明显，同时降水量却明显减少，导致夏季异常高温干燥。雷击火源是林区的主要自然火源，以往年份春夏之交时，因冷锋过境，林区内常形成干雷暴而引燃雷击火，而夏季则因可燃物水分含量大，即使有雷击火发生，也很少发展成森林火灾，更不用说大型森林火灾。在气候变暖背景下，林区夏季因高温少雨，干雷暴极易引燃雷击火，又因可燃物异常干燥，雷击火易发展成灾，甚至大灾。

内蒙古大兴安岭林区 1987 年后春季和秋季人为火源引燃的森林火灾明显减少，主要原因在于我国采取了积极的林火管理政策，对人为火源的控制非常严格。但近些年来春季和秋季雷击火源引燃的森林火灾和大型火灾数量都呈上升趋势，这是由于在气候变暖背景下，林区的气候向更暖更干的方向演变，而且雷击火源属于自然火源，不能人为控制，所以导致春秋季雷击火源引燃的森林火灾和大型火灾数量增多。

第二节　内蒙古大兴安岭林区森林可燃物干燥状况的变化

一、可燃物干燥指标选取和计算方法

大兴安岭林区森林火灾的发生具有非常明显的年规律性：冬季因枯枝落叶和枯草被雪覆盖一般不会发生森林火灾；春季，气温逐渐升高、积雪融化、枯枝落叶和杂草裸露，且春季风大，是发生森林火灾最多的季节；随着气温继续上升，进入夏季，同时也进入林区的雨季，植物开始生长，体内水分较多，因此夏季火灾不易发生；秋季来临，气温下降，植物停止生长，树木大量落叶，降水量减少，火灾增多，但一旦降雪覆盖住地被物就进入冬季，一般不再有火灾发生。因此，一直以来林区每年的防火期分为两段，春季从 3 月 15 日开始至 6 月 15 日结束，秋季从 9 月 15 日开始至 11 月 15 日结束，期间为夏季非防火期。但近些年来，夏季雷击森林火灾有增多趋势。结合林区森林火灾的年发生规律及当前火灾发生状况，本研究在进行可燃物干燥状况变化研究时，对 3 个时段分别计算各湿度码的季节性平均值：春季防火期（3 月 15 日至 6 月 15 日）、夏季非防火期（6 月 16 日至 9 月 14 日）和秋季防火期（9 月 15 日至 11 月 15 日）。

1972—2005 年每日气象数据来自中国气象科学数据共享服务网。由于 FWI 系统根据点状天气观测结果预测森林火险状况（如气象台站），因此本研究选取了 7 个气象台站，作为林区不同经度、不同纬度及不同坡向的代表。

细小可燃物湿度码（$FFMC$）是反映地表凋落层细小可燃物（针叶、苔藓和直径小于 1 cm 的小枝）湿度的数量指标。$FFMC$ 代表可燃物载量为 5 t/ hm^2 的凋落层上部 1~2 cm 处的可燃物状况，它受温度、风速、相对湿度和降雨的影响。由于直接暴露于环境中，细小可燃物的表积比大，随气象因素变化迅速，变干或变湿所需的时滞仅为 16h。通常火开始于细小可燃物，$FFMC$ 可以很好地指示点燃难易程度或点燃概率。

半腐层湿度码（DMC）代表 5~10 cm 深处半腐层的湿度状况。半腐层是有机物分解形成的具有松散结构的可燃物层，该层可燃物有较高的含水能力，变干或变湿所需的时滞为 12d。由 DMC 值所确定的半腐层可燃物是火头发展的主要可燃物供应源，其水分含量在很大程度上决定了林火的强度。DMC 受降雨、温度和相对湿度的影响，但不受风速影响；通常雷击引起腐殖质层阴燃，DMC 又常常用于预测雷击火的发生概率。

干旱码(DC)代表 10~20 cm 处深层落叶层的湿度状况。深层落叶层由细密的有机物组成，该层可燃物具有很高的含水能力，变干或变湿所需的时滞长达 52 天。DC 对季节性干旱很灵敏，DC 值可用作评估地下火是否发生，以及火场清理和控制难易程度的指标。

$FFMC$、DMC 和 DC 的计算要求输入的因子为每日 14：00 时的气温(T)、风速(W)、空气相对湿度(H)及每日降水量(R)，共有 32 个计算公式，其中关键性计算公式如下：

$$FFMC = 59.5(250 - m)/(147.2 + m) \tag{7-1}$$

$$DMC = P_0(or\ P_r) + 100K \tag{7-2}$$

$$DC = D_0(or\ D_r) + 0.5V \tag{7-3}$$

式中，m、K、P_0、P_r、D_0、D_r、V 可由 T、W、H 和 R 计算得到。m 为干燥后的细小可燃物水分含量；K 为与 DMC 有关的半腐层干燥速率的对数 $\log 10m/d$；P_0 为前一天的 DMC；P_r 为雨后的 DMC；D_0 为前一天的 DC；D_r 为雨后的 DC；V 为可能蒸发量。

对于 3 个湿度码的计算，FWI 系统要求输入每日 14：00 时定时观测数据，但长时间序列的定时值数据不易获得，中国气象科学数据共享服务网提供了 1972—2005 年每日的日最高气温、日降水量、日最大风速和日最小相对湿度数据。由于日最高气温和日最小相对湿度总是出现在每日 14：00 时前后，赵凤君利用日最高值数据和每日 14：00 时的定时值数据，分别计算了湿度码值，并对计算结果进行了相关分析。结果显示：分别由两种数据计算的 $FFMC$、DMC 和 DC 值的决定系数 R^2 分别为：0.9467、0.9975 和 0.9993。由此可见，利用日最高值数据计算湿度码值是可行的，特别是对于 DMC 和 DC。

二、细小可燃物湿度码($FFMC$)变化

图 7-4 中(下同)，折线分别表示 7 个气象台站 $FFMC$ 季节性均值随年份的变化，直线为所有台站 $FFMC$ 季节性均值的平均值的线性回归趋势线，同时给出了趋势性方程及决定系数 R^2，＊＊表示回归方程在 $P<0.01$ 水平上显著。

图 7-4 中 7 条折线的变化虽然存在一定的差异，但却具有相同的变化趋势。图 7-4(a)和图 7-4(c)中，1972—2005 年间春季和秋季 $FFMC$ 呈缓慢增加趋势，最后 5 年 $FFMC$ 的平均值分别比最初 5 年增加了 0.8% 和 1.2%，但其增加趋势未达到显著水平。图 7-4(b)中，1972—2005 年间夏季 $FFMC$ 呈显著增加趋势，2001—2005 年间增加幅度最大，最后 5 年 $FFMC$ 的平均值比最初 5 年增加了 4.8%，这将导致夏季林火发生概率的增加。

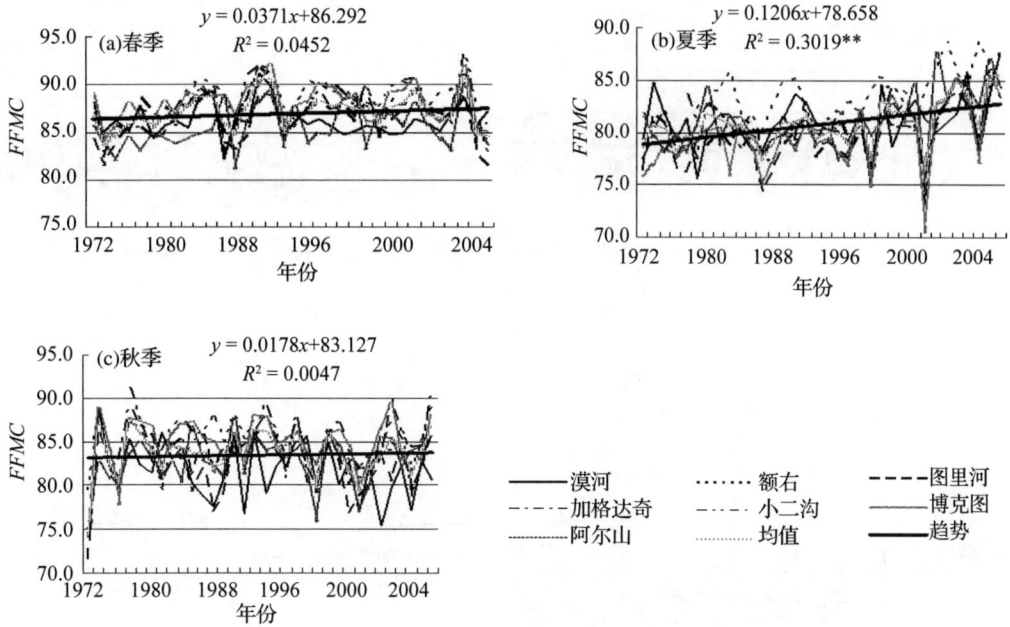

图 7-4 1972—2005 年春、秋和夏季 *FFMC* 的均值

注：＊＊显著性水平 *P*<0.01，*N*=34。

三、半腐层湿度码(*DMC*)变化

图 7-5(a)和图 7-5(c)中，1972—2005 年间春季和秋季 *DMC* 呈增加趋势，最后 5 年 *DMC* 的平均值分别比最初 5 年增加了 14.1%和 30.6%，但增加趋势未达到显著水平。虽然春、秋季 *DMC* 的增加趋势未达到显著水平，但气候变暖背景下近些年来 *DMC* 年际间波动性明显增大，这会导致林区某些年份某些区域的半腐层可燃物干燥状况严峻，增加大面积森林火灾发生的可能性。

图 7-5(b)中，1972—2005 年间夏季 *DMC* 均值呈显著增加趋势，其中 2001—2005 年增加幅度最大，最后 5 年 *DMC* 的平均值比最初 5 年增加了 47.0%，说明气候变暖背景下，近些年来林区夏季非防火期半腐层可燃物干燥状况大大增加，其干燥状况的增加程度大于春季和秋季。

四、干旱码(*DC*)变化

图 7-6 中，1972—2005 年间春季、秋季和夏季 *DC* 都呈缓慢增加趋势，最后 5 年 *DC* 的平均值分别比最初 5 年增加了 2.5%、10.1%和 15.4%(*P*>0.05)。虽然增加趋势未达到显著水平，明显看出，近些年来 *DC* 年际间波动性明显增大，这说明林区在某些年份某些区域深层可燃物的干燥状况加剧，地下火发生的可能性增加，并且火灾一

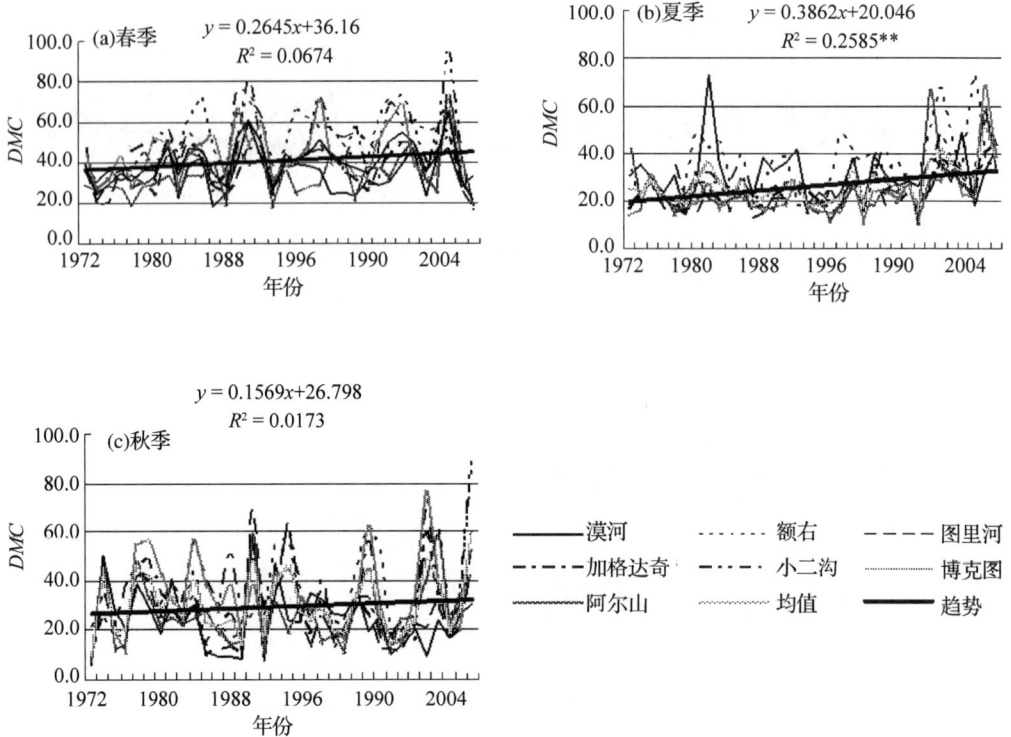

$y = 0.2645x + 36.16$
$R^2 = 0.0674$

(a)春季

$y = 0.3862x + 20.046$
$R^2 = 0.2585^{**}$

(b)夏季

$y = 0.1569x + 26.798$
$R^2 = 0.0173$

(c)秋季

—— 漠河	⋯⋯ 额右	---- 图里河
—·— 加格达奇	—··— 小二沟	⋯⋯ 博克图
～～ 阿尔山	～～ 均值	—— 趋势

图 7-5　1972—2005 年春、秋和夏季 DMC 的均值

注：＊＊显著性水平 $P<0.01$，$N=34$。

且发生，火场清理和火灾控制的难度加大。由图 7-6 可见，气候变暖背景下夏季 DC 的变化趋势较春、秋季更明显，且夏季最近 5 年的增加幅度也大于春季和秋季。

五、小结

可燃物湿度是评价林火发生危险程度的最直接指标。林火的发生和蔓延很大程度上受气象条件的制约，气候变暖对林火产生重要影响。本研究利用每日气象数据和加拿大火险天气指数系统（FWI），计算了 1972—2005 年内蒙古大兴安岭林区森林可燃物的 3 个湿度码，即细小可燃物湿度码（FFMC）、半腐层湿度码（DMC）和干旱码（DC）；并分别春季防火期、秋季防火期及夏季非防火期，研究了 3 个湿度码长时间序列的变化趋势，在此基础上分析了气候变暖背景下林区可燃物干燥状况的变化及对林火的影响。结果表明：1972—2005 年 FFMC、DMC 和 DC 的季节性均值都呈增加趋势，且夏季 FFMC 和 DMC 增加趋势显著；这意味着 1972—2005 年可燃物的干燥状况呈增加趋势，其中夏季非防火期表层和半腐层可燃物的增加趋势显著。可燃物干燥状况的增加，特别是夏季可燃物干燥状况的增加，是近些年林区夏季雷击火灾频发的主要原因之一。半腐层和深层可燃物干燥状况的增加，会加大火灾控制和火场清理的难度。在

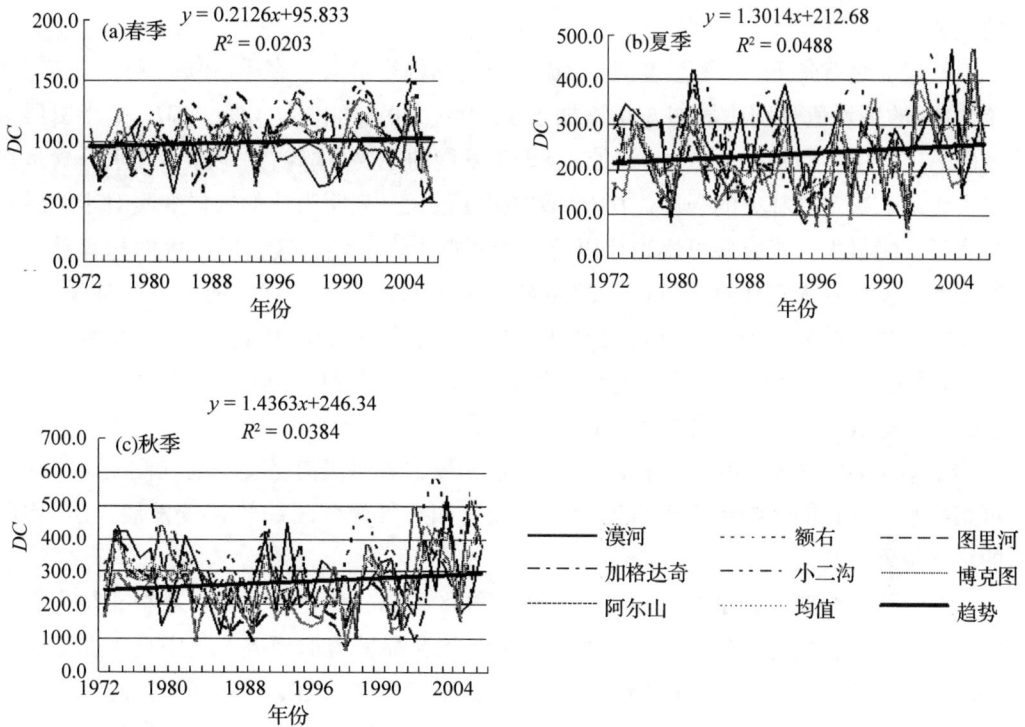

$y = 0.2126x + 95.833$
$R^2 = 0.0203$
(a)春季

$y = 1.3014x + 212.68$
$R^2 = 0.0488$
(b)夏季

$y = 1.4363x + 246.34$
$R^2 = 0.0384$
(c)秋季

—— 漠河	⋯⋯ 额右	---- 图里河
—·— 加格达奇	—··— 小二沟	⋯⋯ 博克图
⋯⋯ 阿尔山	⋯⋯ 均值	—— 趋势

图 7-6　1972—2005 年春、秋和夏季 DC 的均值

注：＊＊显著性水平 $P<0.01$，$N=34$。

未来更暖的气候条件下，林区可燃物的干燥状况会变得更加严峻。

1972—2005 年春季、秋季防火期和夏季非防火期 FFMC、DMC 和 DC 的季节性均值都呈增加趋势，且夏季 FFMC 和 DMC 增加趋势显著，表明气候变暖背景下，近些年来林区可燃物的干燥状况呈增加趋势。总体上讲，夏季可燃物干燥状况增加趋势较春、秋季幅度大，且已达到显著水平。虽然春秋季 3 个湿度码的增加趋势都未达到显著水平，近些年来各湿度码的年际间变化波动性很大，使得某些年份春秋季的可燃物干燥状况也非常严峻。气候变暖背景下林区可燃物干燥状况的加剧，增加了林火被引燃的可能性，加大了大面积森林火灾和地下火发生的概率，并且林火一旦发生，火场清理和火灾控制的难度会增大。

7 个气象台站的湿度码变化具有相同的增加趋势，但台站间存在一定差异。位于大兴安岭北部林区的漠河及位于大兴安岭西坡北部区域的额右和图里河是增加趋势最明显的台站，这表明该区域的可燃物干燥状况较其他地区变化幅度大，这会导致该区域火灾发生频度的增加和火强度的增大，2002 年"7·28"特大森林火灾就发生在这个区域。

气候变暖背景下，近些年来夏季可燃物干燥状况变化显著的原因有两个，一是夏季气温增加的幅度大于春季和秋季，另一方面夏季降水量明显较前些年减少，在高温少雨的情况下，林区夏季可燃物变得异常干燥，这是近些年来夏季森林火灾频繁发生的主要原因。

气候变暖背景下，3 个湿度码中 DMC 的增加幅度最大，春季、秋季和夏季最后 5 年 DMC 的平均值分别比最初 5 年增加了 14.1%、30.6% 和 47.0%。DMC 是半腐层湿度码，半腐层可燃物(5~10 cm 深处)是火头发展的主要可燃物供应源，其水分含量在很大程度上决定着林火的强度。DMC 增加幅度最大，表明当前的气候变暖对半腐层水分含量影响最大，半腐层可燃物比以前年份变得干燥易燃，这会增加大面积森林火灾发生的可能性及火灾扑救的难度。2006 年 5 月下旬，黑龙江省黑河市嫩江县嘎拉山、黑龙江大兴安岭地区松岭林业局砍都河、内蒙古牙克石市免渡河林业局的相继发生了 3 起特大雷击火灾，作者认为半腐层可燃物异常干燥引起的火强度增大和火灾扑救难度加大是酿成这 3 起特大森林火灾的主要原因之一。

干旱码 DC 的增加幅度小于 DMC 的增加幅度，表明当前已发生的气候变暖对深层可燃物水分含量的影响还小于半腐层可燃物，如果气候变暖趋势持续发展，DC 均值的增加幅度还会上升。

在气候持续变暖背景下，1972—2005 年林区春季、秋季防火期和夏季非防火期表层可燃物、半腐层可燃物及深层可燃物的干燥状况都呈增加趋势，其中夏季非防火期表层可燃物和半腐层可燃物的增加趋势已达到显著水平。在未来更暖的气候条件下，林区可燃物的干燥状况会更加严峻，森林防火管理部门应充分认识到可燃物的这种变化，在森林火灾预测预报和扑火指挥等方面制定出合理的应对策略，以减少因森林火灾而导致的森林资源损失和人员伤亡。

第三节　ENSO 对黑龙江省森林火灾的影响

研究 ENSO(厄尔尼诺)与温度的关系需要相应的 ENSO 指标，人们多用 El Niño 区海表温度(SST)或南方涛动指数(SOI)来表示 ENSO 的强弱。本研究采用 Nino3.4 指数和 SOI 指数的年均值以及全省每年火灾次数和火灾面积，采用谱分析和相关分析方法对其进行分析。

谱分析可以用来分析一维或二维空间数据中反复出现的空间特征，它的基本思想是利用傅立叶变换将实测数据分解为若干不同频率、不同振幅、不同起点的一组正弦波，然后寻求对实际数据拟合最好的波函数。谱分析通过把火点和火场质心数据与已知波形函数进行比较来确定质心的时空分布格局，通过谱周期图可以反映出质心的周期性变化和随机性变化。线性的多元回归模型可以写成如下形式。

$$Y = a_0 + \sum \left[a_k \cos(\lambda_k t) + b_k \sin(\lambda_k t) \right] \tag{7-4}$$

式中，λ_k 为波函数的波动频率，a_k、b_k 为相关系数。

一、ENSO 对黑龙江森林火灾影响

1982—1983 年 ENSO 暖事件，自 1982 年 5 月爆发，持续至 1983 年 9 月，历时 17 个月，是最近 50 年最长的两次暖事件之一。1986—1987 年 ENSO 暖事件，自 1986 年 9 月爆发，持续至 1988 年 1 月，历时 17 个月，是最近 50 年最长的两次暖事件之一，其峰值出现在 1987 年 9 月。1997—1998 年 ENSO 暖事件过程中东太平洋海温异常偏暖持续 13 个月，这次暖事件强度非常大，是 20 世纪最强的暖事件。大的森林火灾主要发生在 ENSO 暖事件的间隔（图 7-7），与 ENSO 冷事件基本一致，1987 年"5·6 大火"发生在 1986—1987 年暖事件前，也是 ENSO 暖事件间期。在 ENSO 冷事件年份，火灾面积和火灾次数与 SOI 指数变化趋势大体一致。

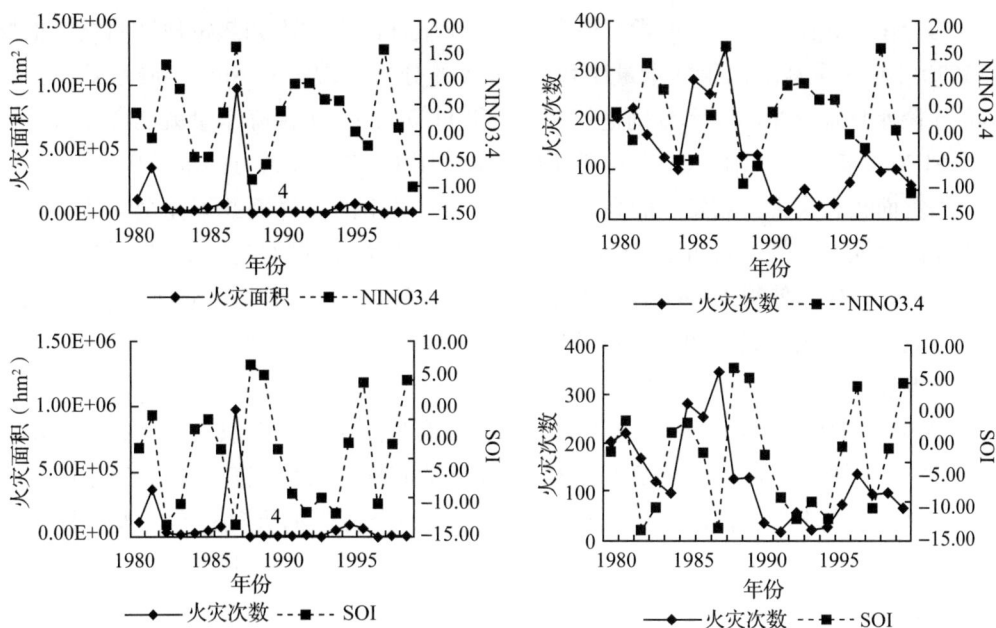

图 7-7　各类分析因素波动曲线

根据 El Niño 和 La Niña 的基本周期为 5 年，对所有数据进行 5 年滑动平均，对结果进行相关性分析，各相关系数如表 7-1。可以看出，两种指数与灾面积和火灾次数相关性均极显著，其中 Nino3.4 指数与火灾次数和火灾面积呈负相关，SOI 与火灾次数和火灾面积呈正相关。

相对而言，El Niño 对森林火灾的影响较 La Niña 的影响要大，相关性更强，El Niño 与火灾面积的相关系数为−0.5231，与火灾次数的相关系数为−0.6594。La Niña

与火灾面积的相关系数为 0.5254，与火灾次数的相关系数为 0.5363。

表 7-1　1987 年以前各类因子的相关系数

	火灾次数	火灾面积	NINO3.4	SOI
火灾次数	1.0000			
火灾面积	0.8267*	1.0000		
NINO3.4	−0.6594*	−0.5231*	1.0000	
SOI	0.5363*	0.5254*	−0.9345*	1.0000

注：* 表示显著性水平 $P<0.05$。

　　ENSO 对森林火灾的影响与暖位相和冷位相交替循环过程中对全球温度和降水型的影响有重要关系，Angell 曾指出 ENSO 对对流层大气的加热作用可能是通过加强热带地区水分循环实现的，即当赤道太平洋海表温度升高时，对流活动也将加强，因此大量潜热的释放造成热带对流层温度的升高。ENSO 对热带外地区的影响，一是可以通过 Hadley 环流影响全球的副热带高压，进而影响气温，另一方面也可以通过遥相关来传播其影响，这些都是间接的影响，所以最大滞后时间也长。而且同时热带外地区温度的变化受其他环流因素的影响很大，所以 ENSO 的影响不如热带地区明显。根据对 1870 年以来全球陆地年降水量序列（GCPS）的分析发现，El Niño 年降水减少，La Niña 年降水增加，平均距平分别达到−12.0 和 11.7 mm。中国降水量就北方而言，秋冬季 El Niño 年北方小雨，La Niña 年相反；夏季则 El Niño 年北方的干旱趋势明显。

　　火灾面积和火灾次数发生的高峰期与 El Niño 发生的高峰期并不完全一致，往往发生在高峰期之后的 1~2 年，而与 La Niña 事件具有大致的同步性，这是因为遥相关事件的滞后效应，使得 ENSO 对黑龙江省温度和降水型的影响比 ENSO 高峰期滞后，受二次效应的影响，温度和降水对可燃物含水率、可燃物连续性、可燃物空间分布、可燃物燃烧性等的影响滞后期更长。

　　ENSO 对世界不同区域的影响不同，在中国黑龙江省，大面积森林火灾往往发生在强 ENSO 暖事件年份之后，发生在 El Niño 年的间期，大面积森林火灾发生的火环境，须具备长期干旱，低湿，植被连续，还有要一个特殊的天气过程，如冷锋过境等。当冷锋过境时，如果没有一个降水过程，冷锋过境产生的大风使火灾失控，造成大面积火灾。

　　如果冷锋过境时没有一个降水过程，冷锋过境后，往往干燥晴朗，这种天气也容易发生火灾。各种气象因子主要是通过影响可燃物的水分含量而影响可燃物的燃烧性和燃烧热的传递，各种气象因子对森林火灾的影响是综合影响的结果。

二、ENSO 对火灾周期性的影响

　　分别用 Nino3.4 指数以及全省火灾次数和火灾面积，进行谱分析所得谱密度周期图如图 7-8。火灾次数的周期为 10.00 年，相应的频率为 0.10。火灾面积在频率 0.15

处谱密度最大，对应的周期为 6.67 年，在频率 0.50，0.35 处也有较大的谱密度，对应的周期为 2.00 年、2.86 年。La Niña 的周期为 5.00 年，相应的频率为 0.20。El Niño 的周期为 5.00 年，相应的频率为 0.20，La Niña 和 El Niño 在这 20 年中的基本周期为 5.00 年。

由于可燃物的连续积累和能量的快速释放，以及其他相关因素的影响，森林火灾在某一特定的区域内表现为一定的火周期。林火在大的气候背景下受 ENSO 的影响，同时又受林火本身周期性的制约，即受可燃物本身消长及受火灾轮回期的影响等，使得火灾面积与火灾次数与 ENSO 本身的周期不完全一致，短时期内受气象要素影响和长时间内受可燃物累积的周期性影响而表现为不同的周期性。

ENSO 对火的影响有滞后效应，火灾面积和火灾次数的周期均大于 La Niña 和 El Niño 的周期，除了受滞后效应的影响外，ENSO 事件的强度和范围也是重要的影响因素。

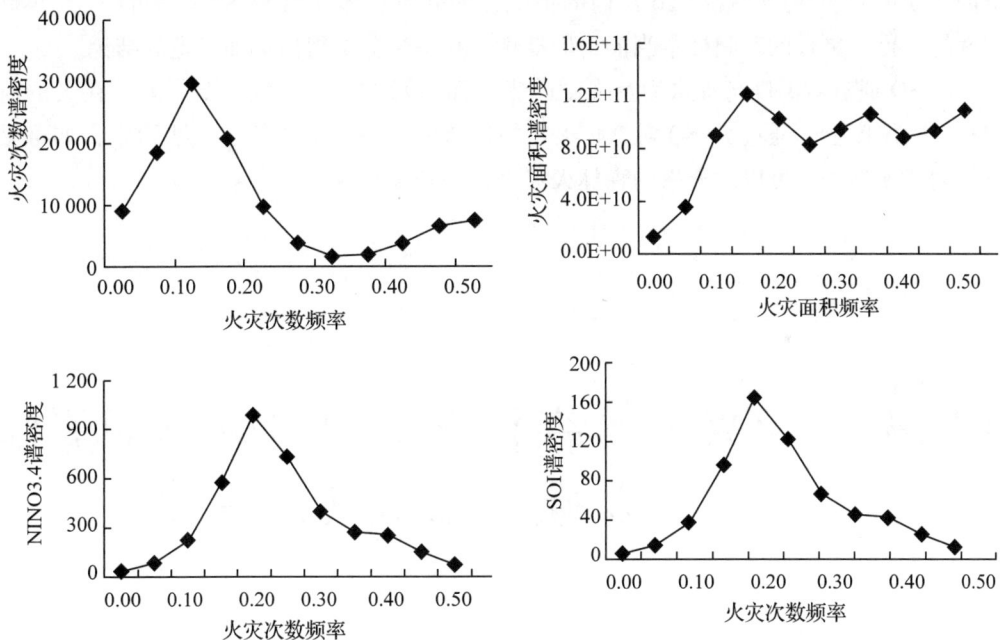

图 7-8　各分析因子的谱周期图

三、小结

根据黑龙江省 1980—1999 年森林火灾数据，以及 NINO3.4 指数和 SOI 指数，分别对其进行谱分析，得出其波动周期分别为：火灾次数的周期为 10 年；火灾面积的周期为 6.67 年；La Niña 和 El Niño 在这 20 年中的基本周期为 5 年。

分析黑龙江省 1980—1999 年森林火灾数据，在 ENSO 暖事件年份之后，森林火灾面积和火灾次数都有不同程度的增加。El Niño 与森林火灾年发生面积与次数呈负相关，相关系数分别为−0.5231和−0.6594，La Niña与森林火灾年发生次数与面积呈正相关，相关系数分别为0.5254和0.5363。La Niña对森林火灾的影响较El Niño的影响要小。在ENSO暖事件年份之后，火灾面积、次数异常增高。可以认为La Niña年份的火灾面积和火灾次数的增加并不完全是La Niña影响造成的，由于遥相关作用的影响，El Niño事件对森林火灾影响的滞后效应，使得森林火灾发生的高峰期与La Niña具有基本的一致性，由于受遥相关二次效应的影响，森林火灾的发生相对于El Niño事件的高峰有一定的滞后。大的森林火灾往往发生在El Niño的间期，但ENSO对森林火灾的影响滞后周期到底有多长，尚需要进一步研究。

El Niño和La Niña的周期性与火灾发生的周期性并不完全一致，火灾面积和火灾次数的周期均大于ENSO的周期性，可以这样认为，大面积的森林火灾往往与ENSO暖事件有关，但并不是所有的ENSO暖事件之后均发生大的森林火灾，大面积森林火灾的发生与气候、可燃物、地形、林火管理等综合因素密切相关。由于受样本数量的限制，使得周期性只体现出20年内的情况，如并没有体现出ENSO通常的3~5年周期性的变化，更长的时间样本当能为周期性和相关性分析得出更加确定的结论。

ENSO通过对温度与降水型及强度的影响而对森林火灾产生重要影响。在大的时间和空间尺度上，通过ENSO对森林火灾的影响的关系，结合其他一些因素，如可燃物的动态模型等，可以对未来的森林火灾进行中长期预测。

第四节 大兴安岭森林火灾对可燃物的影响及碳和温室气体释放

一、火灾温室气候释放量计算方法

根据火灾面积计算出碳的释放量，再根据其他含碳气体与CO_2的比率推算出火烧释放的其他含碳气体量。根据火灾损失生物量估算模型：

$$M = A \times B \times E \tag{7-5}$$

式中，M为火灾损失生物量(Mg)；A为火灾发生面积(hm^2)；B为生物量载量(t/hm^2)；E为燃烧效率。

根据本研究需求，采用$M = A \times C$，其中C表示单位面积可燃物消耗量。

根据植物的含碳率(Cc)，假设所有被烧掉的生物质中的碳都变成气体，本研究采用国际通用的 0.45 计算火灾燃烧造成的碳损失（Mc）：

$$Mc = 0.45 \times M \tag{7-6}$$

最后计算森林火灾释放的含碳气体量。可采用排放比法和排放因子两种方法进行估算。

90%的碳是以 CO_2 的形式释放，因此，火烧释放的 CO_2 所含碳量：

$$Mco_2 = 0.9 \times Mc \tag{7-7}$$

得到森林火灾排放的 CO_2 量后，其他物质量 $Xi_{[M(x_i)]}$ 可以根据释放比（$ER_{(x_i)}$）计算，

$$M(x_i) = ER(x_i) \times M(CO_2) \tag{7-8}$$

式中，x_i = CO，CH_4，NO_x，NMHC，NH_3。

二、大兴安岭森林可燃物分类

按照监督分类与非监督分类结合的方法，将大兴安岭可燃物类型划分为五大类：常绿针叶林、落叶松林、阔叶林、针阔混交林、森林草甸。

落叶松林和常绿针叶林主要分布在大兴安岭北部和东部，针阔混交林主要分布于大兴安岭中西部区域，阔叶林主要集中在南部区域，森林草甸分散在大兴安岭整个区域，但主要集中于东南部。

根据 1∶100 万植被分布图和地面调查数据等对分类结果进行验证，分类精度的检验结果见表 7-2。

表 7-2　分类精度检验结果

可燃物类型	取样像元数	正确像元数	误分像元数					精度（%）
			落叶松林	常绿针叶林	针阔混交林	阔叶林	森林草甸	
落叶松林	400	308	/	6	58	12	16	77
常绿针叶林	400	348	15	/	17	12	8	87
针阔混交林	400	287	43	5	/	49	16	72.5
阔叶林	400	302	5	11	58	/	19	75.5
森林草甸	400	338	0	8	34	10	/	84.5

从精度检验的结果可以看出，总体平均分类精度为 79.3%，其中落叶松林、针阔混交林和阔叶林的分类精度分别为 77%、72.5% 和 75.5%。落叶松林、阔叶林和针阔混交林出现误分的原因，主要是由于大气、植被光谱反射等因素对传感器的影响，特别是针阔混交林的混合像元对传感器有较大影响。

三、大兴安岭森林火灾面积

根据 2005—2007 年的遥感数据，利用植被指数（NDVI）差值，计算出 2005—2007

年大兴安岭总过火面积为 436512.5 hm²，其中 2005 年、2006 年和 2007 年的过火面积分别为 163175 hm²、256187.5 hm² 和 17150 hm²。大兴安岭的过火区主要由 4 场大火造成的，这几场火灾分别是 2005 年 1 场、2006 年两场和 2007 年 1 场，这些森林大火造成的总过火面积为 414500 hm²，占研究时段总过火面积 94.96%。

从大兴安岭 2005—2007 年过火区中选取大小不同 3 场过火区与飞机勾绘结果进行检验，得到 3 场林火过火面积误差平均值为 12.5%（表 7-3），估计精度为 87.5%，表明所用方法可行。

表 7-3　大兴安岭林火过火面积精度检验

过火时间和地点	过火面积（hm²）		误差（%）
	植被指数	飞机勾绘	
2006 年 5 月 25 日 黑龙江绿水	4600	4008	+14.8
2006 年 5 月 8 日 黑河	21156.25	18000	+17.5
2006 年 5 月 24 日 砍都河	144837.5	137695	+5.2

四、大兴安岭森林过火区火烧强度等级

根据植被指数差值对过火区进行火烧强度等级划分。把火烧等级划分为轻度、中度、重度火烧。结合所有的遥感数据过火区域 NDVI 值，得到火烧等级划分阈值分别为 0.1417，0.2434 和 0.345。

各年不同火烧等级的过火面积如表 7-4 所示。2005—2007 年过火区总面积为 436512.5 hm²，其中重度、中度和轻度火烧面积分别为 79159.38 hm²、150159.15 hm² 和 207178.35 hm²，重度、中度和轻度火烧面积分别占 18.1%、34.4% 和 47.5%。大兴安岭的森林火灾主要地表火，主要消耗的是落叶层和腐殖质上层可燃物，所以，轻度和中度火烧面积较大。

表 7-4　不同火烧强度林火造成面积（hm²）

年份	重度火烧	中度火烧	轻度火烧	火烧面积
2005	28175.0	33781.3	101218.8	163175.0
2006	45100.0	111132.5	99975.0	256187.5
2007	5884.4	5265.4	5984.6	17150.0

2005—2007 年主要过火区是由 4 场大火造成的。这 4 场大火中，轻度火烧面积最大，为 198185.7 hm²，占这 4 场火灾总面积的 47.8%，中度火烧占 33.4%，重度火烧仅占 18.8%（表 7-5）。其中尤其以 2005 年和 2006 年两场较为严重。2005 年林火发生在秋季，2006 年两场火都发生在春季。过火面积以落叶松林和针阔混交林为主。

表 7-5　2005—2007 年 4 场大火火烧等级分布（hm²）

时间	地点	重度火烧	中度火烧	轻度火烧	总面积
2005 年 10 月	呼玛县	27843.75	26206.25	101218.75	155268.75
2006 年 5 月	松岭砍都河	44443.75	73962.50	26431.25	144837.50
2006 年 5 月	伊木河	493.75	33343.75	64850.00	98687.50
2007 年 4 月	罕诺河	5214.48	4790.40	5685.70	15706.25

不同可燃物类型不同火烧强度的过火面积如表 7-6 所示。

表 7-6　2005—2007 年各可燃物类型过火面积（hm²）

可燃物类型	重度火烧	中度火烧	轻度火烧	总和
落叶松林	15963.02	30374.75	67768.24	114106.00
针阔混交林	39631.59	65334.36	60140.71	165106.70
阔叶林	8044.80	10723.66	30814.15	49582.61
森林草甸	15027.04	42098.22	47176.30	104301.56
总和	78666.45	148531.00	205899.40	433096.80

2005—2007 年，落叶松林和针阔混交林过火面积最大，占总过火面积的 26.3% 和 38.1%，其中主要表现在中度和轻度火烧。2005 年落叶松林、针阔混交林、阔叶林和森林草甸的过火面积分别为 72534.71 hm²、47641.76 hm²、42998.54 hm² 和 2011 hm²，落叶松林面积占比重最大（图 7-9）；2006 年落叶松林、针阔混交林、阔叶林和森林草甸的过火面积分别为 25447.5hm²、85140.36hm²、1726.6hm² 和 97324.6 hm²。其中针阔混交林和森林草甸面积占比重较大，分别为 40.6% 和 46.4%，阔叶林仅占 0.8%。2007 年各林分过火面积显著都少。2006 年森林草甸过火面积最大，主要过火是林间森林草甸、沟塘和沼泽地。

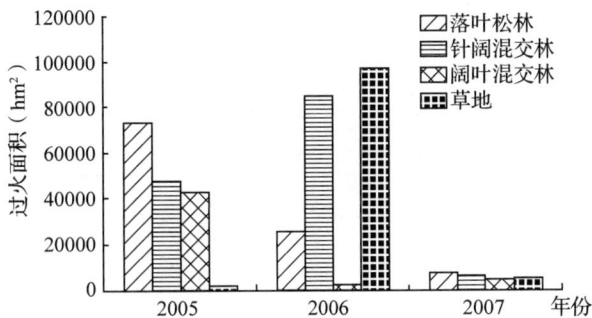

图 7-9　2005—2007 年主要可燃物类型过火面积

五、大兴安岭森林可燃物消耗量

分别于 2007 和 2008 年选择不同火烧等级的主要森林类型进行可燃物载量调查，其中 2007 年调查样地 16 块，2008 年进行补充调查 7 块。样地调查主要分布在加格达奇林业局、松岭区和呼中自然保护区，可燃物类型包括落叶松纯林、针阔混交林和阔叶林。样地乔木与草本和枯枝层调查情况分别见表 7-7 和表 7-8。落叶松林共调查 10 块样地，主要为天然次生林，林龄在 20~50 年；针阔混交林调查样地 9 块，主要为落叶松和白桦混交林，平均林龄为 40 年，阔叶林调查样地数为 4，平均林龄为 30 年，主要为白桦和黑桦。样地调查发生的火烧类型主要为地表火，少量有冲冠火。火烧程度轻度和中度较多，重度火烧相对较少。对照样地编号为 3，5，8，9，10 和 23，包含落叶松林、针阔混交林和阔叶林，平均林龄在 20~50 年，植被生长良好。根据各样地平均熏黑高度对调查林分进行火烧强度划分，熏黑高度在 2 m 以下为轻度火烧，2~5 m 为中度火烧，5 m 以上为重度火烧。

森林草甸过火区调查主要在加格达奇林业局进行，在过火区及其周围分别选择火烧和对照样地，测定火烧深度和地上与地下各层可燃物载量。森林草甸平均高度 0.68 m，平均盖度 85%。

表 7-7 大兴安岭调查标准地基本情况

样地号	林型	火烧强度	平均熏黑高（m）	平均胸径（cm）	平均树高（m）	密度（株/hm²）	郁闭度
1	落叶松	重度	6.73	9.68	9.55	275	0.60
2	落叶松、白桦	重度	8.27	6.91	9.86	1600	0.80
3	落叶松、白桦	对照	无	9.27	10.36	825	0.80
4	落叶松	中度	4.44	13.22	12.7	250	0.50
5	落叶松	对照	无	10.78	9.63	400	0.50
6	落叶松	中度	3	10.5	9.31	350	0.45
7	落叶松	中度	3.5	9.2	8.57	175	0.4
9	落叶松、白桦	对照	无	16.5	10.1	300	0.4-0.5
10	白桦、蒙古栎	对照	无	16.47	11.31	325	0.70
11	白桦、毛赤杨	轻度	1.40	11	9.69	450	0.60
12	落叶松、白桦	轻度	2.69	16.56	11.09	425	0.60
13	落叶松	轻度	1.57	9.81	7.74	1025	0.50
14	落叶松	轻度	1.20	7.98	7.71	975	0.60
15	落叶松	中度	2.16	9.60	6.87	550	0.2~0.3
16	白桦、黑桦	重度	5.69	13.3	10.89	450	0.70
17	落叶松	中度	4.15	9.73	8.76	825	0.40
18	白桦、落叶松	中度	3.27	7.50	6.11	525	0.50

（续）

样地号	林型	火烧强度	平均熏黑高（m）	平均胸径（cm）	平均树高（m）	密度（株/hm²）	郁闭度
19	白桦、落叶松	重度	6.61	8.30	6.65	675	0.60
20	白桦、落叶松、山杨	中度	2.45	7.55	6.38	500	0.70
21	白桦、落叶松	轻度	1.73	8.58	8.71	775	0.70
22	落叶松、山杨	中度	2.73	13.64	9.72	400	0.50
23	落叶松	对照	无	10.68	8.08	300	0.70

表 7-8　枯枝落叶及草本调查情况

编号	平均枯枝落叶层厚度（cm）	平均半腐层厚度（cm）	平均草高（cm）	平均草盖度（%）
1	2.1	1.5	30.0	70.0
2	1.0	0.6	45.0	80.0
3	0.8	0.8	25.0	80.0
4	0.5	1.0	45.0	75.0
5	0.3	0.3	40.0	60.0
6	0.3	0.6	50.0	65.0
7	0.2	0.5	45.0	72.0
8	3.7	2.3	40.0	85.0
9	2.3	4.0	90.0	90.0
10	1.5	2.7	20.0	90.0
11	0.7	3.5	60.0	68.3
12	1.7	1.3	28.3	50.0
13	2.4	4.7	50.0	90.0
14	0.5	6.7	30.0	59.3
15	0.5	5.8	39.4	85.0
16	0.0	3.3	47.6	88.3
17	0.0	2.3	33.3	41.7
18	0.1	4.8	42.4	76.7
19	0.0	1.2	61.3	70.0
20	0.0	1.2	55.4	65.0
21	0.5	2.3	37.2	40.0
22	0.0	4.3	50.4	90.0
23	2.3	2.0	67.4	88.3

六、主要植被类型火后地表可燃物变化

根据大兴安岭野外火烧迹地调查结果，比较过火区与未火烧的相似林分有效可燃物载量与分布的变化，分别计算主要可燃物类型不同强度的火烧消耗的可燃物量，确定有效可燃物参数。

运用可燃物线性相交法进行地表可燃物载量调查，共 23 块样地，各样地的地表径级可燃物载量见表 7-9。主要可燃物类型不同强度火烧后林下草本和地表落叶层与腐殖质的消耗量见表 7-10、表 7-11。分类别对草本和落叶层的消耗量进行描述。

表 7-9 大兴安岭各样地地表径级可燃物载量

径级大小	0.0~0.49	0.5~0.99	1.0~2.99	3.0~4.99	5.0~6.99	≥7.0	可燃物载量（kg/m²）
样线计数长度（cm）	0~5	0~10	0~15	0~20	0~25	30	
1	0.024	0.016	0.036	0.142	0.100	0.044	0.363
2	0.014	0.017	0.04	0.111	0.067	0.019	0.268
3	0.061	0.04	0.116	0.126	0.266	0.010	0.620
4	0.046	0.035	0.144	0.158	0.466	0.089	0.938
5	0.033	0.031	0.152	0.158	0.233	0.059	0.666
6	0.024	0.022	0.144	0.174	0.133	0.079	0.577
7	0.008	0.023	0.124	0.079	0.067	0.044	0.345
8	0.036	0.054	0.620	0.167	0.067	0.030	0.973
9	0.041	0.090	0.792	0.221	0.033	0.018	1.196
10	0.026	0.047	1.020	0.146	0.101	0.069	1.409
11	0.049	0.048	0.228	0.146	0.000	0.000	0.471
12	0.071	0.045	0.272	0.253	0.467	0.005	1.113
13	0.064	0.056	0.236	0.127	0.200	0.016	0.698
14	0.031	0.050	0.284	0.237	0.200	0.017	0.819
15	0.033	0.024	0.144	0.237	0.433	0.056	0.928
16	0.049	0.056	0.168	0.188	0.067	0.006	0.535
17	0.036	0.032	0.216	0.253	0.300	0.011	0.849
18	0.033	0.021	0.076	0.127	0.100	0.000	0.357
19	0.010	0.007	0.037	0.049	0.034	0.000	0.137
20	0.027	0.009	0.166	0.131	0.119	0.022	0.473
21	0.029	0.031	0.117	0.287	0.435	0.022	0.921
22	0.020	0.029	0.184	0.079	0.233	0.011	0.557
23	0.037	0.050	0.092	0.158	0.133	0.005	0.476

表 7-10 林下枯枝落叶和地表草本载量

样地	枯枝落叶层损失厚度（cm）	凋落物和腐殖质损失载量（kg/m²）	地表草本载量（kg/m²）
8	0	0	0.074
9	0	0	0.048

（续）

样地	枯枝落叶层损失厚度（cm）	凋落物和腐殖质损失载量（kg/m²）	地表草本载量（kg/m²）
10	0	0	0.066
11	0.8	0.25	0.035
12	0.6	0.17	0.015
13	1.1	0.33	0.109
14	1.8	0.54	0.033
15	1.8	0.53	0.053
16	0.7	0.40	0.074
17	2.3	0.99	0.029
18	2.2	0.67	0.062
19	2.3	1.54	0.093
20	0	0.45	0.078
21	1.8	0.54	0.085
22	2.3	1.19	0.076
23	0	0	0.055

注：由于样品损失，缺少 1~7 样地。

表 7-11　不同强度火烧后各可燃物类型的可燃物消耗量

可燃物类型	样地号	火烧强度	地表径级可燃物平均载量（kg/m²）
落叶松林	13，14	轻度火烧	0.759
	4，6，7，15，17	中度火烧	0.727
	1	重度火烧	0.363
	5，23	对照	0.571
针阔混交林	12，21	轻度火烧	1.017
	18，20，22	中度火烧	0.462
	2，19	重度火烧	0.203
	3，8，9	对照	1.196
阔叶混交林	11	轻度火烧	0.47
	—	中度火烧	0.503
	20	重度火烧	0.535
	10	对照	1.409

注：由于样地调查中缺少阔叶林中度火烧，在此根据其轻度和重度火烧取中间值进行计算。

各类植被在火烧后地表可燃物变化见图 7-10。

对落叶松林、针阔混交林和阔叶林进行分析可知，针阔混交林在火烧后，重度和中度火烧后地表径级可燃物载量分别减少 0.727 kg/m² 和 0.467 kg/m²，而轻度火烧后地表径级可燃物载量增加 0.087 kg/m²，这主要是因为针阔混交林在轻度火烧后，一些未充分燃烧的细小枝条落到地表造成的。阔叶林重度、中度和轻度火烧后地表径级

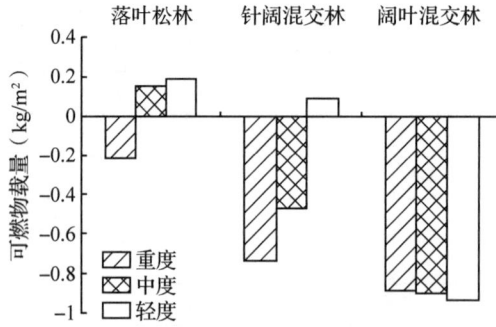

图 7-10 火烧后地表径级可燃物载量变化

可燃物分别减少 0.874 kg/m²、0.906 kg/m² 和 0.938 kg/m²。落叶松针叶林在重度火烧后地表径级可燃物载量减少 0.208 kg/m²，但是在中度和轻度火烧后分别增加 0.156 kg/m² 和 0.188 kg/m²，这主要是因为落叶松细小枝条较多，部分树冠受火烧的影响，大量未燃透的细小枝条落到地面，导致地面径级可燃物载量增加。

所有林分在火烧后，其地面枯枝落叶层和腐殖质层载量都明显减少(图 7-11)。大兴安岭林区一般地表火和冲冠火主要消耗枯枝落叶和腐殖质上层可燃物。其中落叶松林枯枝落叶和腐殖质层重度、中度和轻度载量分别减少 1.56 kg/m²、0.76 kg/m² 和 0.435 kg/m²，针阔混交林腐殖质层重度、中度和轻度载量分别减少 1.54 kg/m²、0.77 kg/m² 和 0.335 kg/m²，阔叶混交林中草本和腐殖质载量分别减少 0.4 kg/m²、0.325 kg/m² 和 0.25 kg/m²。

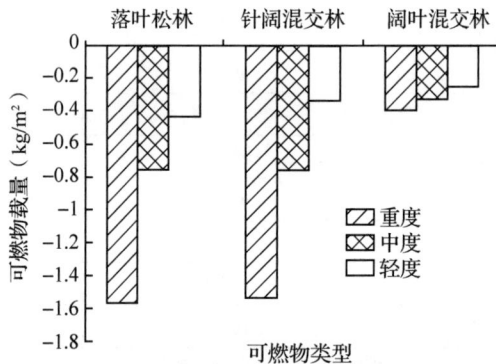

图 7-11 火烧后枯落物和腐殖质载量变化

七、森林草甸火消耗可燃物量

通过对大兴安岭森林草甸过火区样地的调查，森林草甸火主要发生在春季和秋季较为干旱季节，其过火一般较快，主要烧毁地表草本，地下火较少。根据调查数据计算草本消耗的平均可燃物载量为 0.69 kg/m²。大兴安岭南部有些森林草甸腐殖质深厚，半腐层和腐殖质层载量分别高达 29.32kg/m² 和 50.52 kg/m²。在极干旱年份，局部有地下火发生，火烧消耗掉大部分半腐层和腐殖质，可燃物消耗量大，但这种情况不典型。本研究计算森林草甸火烧消耗的可燃物量采用森林草甸地上可燃物的平均载量。

八、林冠层消耗可燃物量

大兴安岭的火烧类型主要是地表火，部分地段有冲冠火，没有典型的树冠火。地表火主要消耗林下草本、落叶层和部分腐殖质可燃物，冲冠火和树冠火后还会消耗树冠层可燃物，造成林地的重度火烧。

由于研究区域只有落叶松树冠受到火烧，因此，调查中只对落叶松进行了样木调查，分析了一般的冲冠火或树冠火对兴安落叶松树冠层可燃物载量的影响。落叶松乔木重度火烧损失生物量为 4.916 t/hm²，中度火烧损失生物量为 1.14 t/hm²。

九、不同强度火烧消耗的总可燃物量

单位面积落叶松林重度火烧损失生物量为 22.3 t/hm²，中度损失为 7.37 t/hm²，轻度损失生物量为 2.51 t/hm²；针阔混交林重度、中度和轻度火烧损失生物量分别为 22.35t/hm²、12.23t/hm² 和 2.58 t/hm²，阔叶林重度、中度和轻度损失生物量分别为 12.61 t/hm²、12.37 t/hm² 和 12.13 t/hm²。

大兴安岭过火区域不同植被类型火烧消耗的可燃物量如图 7-12 所示。2005—2007年林火消耗的可燃物量为 3.9×10⁶ t，其中轻度、中度和重度火烧消耗的可燃物量分别为 1.02×10⁶t、1.44×10⁶t 和 1.45×10⁶ t。2005 年消耗可燃物为 1.46×10⁶ t，2006 年消耗 2.30×10⁶ t，2007 年消耗为 0.15×10⁶ t。

对比分析针阔混交林火烧消耗的可燃物最多为 1.83×10⁶ t，其次落叶松林消耗 0.75×10⁶ t，森林草甸消耗 0.72×10⁶ t，最少为阔叶林，消耗 0.6×10⁶ t。

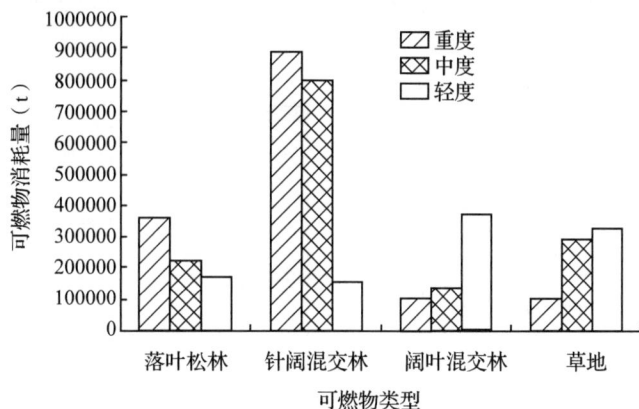

图 7-12 2005—2007 年大兴安岭不同可燃物类型损失生物量

十、林火释放碳和温室气体量

通过计算得出 2005—2007 年大兴安岭林火共释放 $1.76×10^6$ t 碳，其中落叶松林针阔混交林、阔叶林和森林草甸燃烧分别释放碳量 $0.34×10^6$t、$0.83×10^6$t、$0.27×10^6$t 和 $0.32×10^6$t（图 7-13）。不同火烧等级所释放的碳量也不相同，2005—2007 年期间大兴安岭轻度、中度和重度火烧释放的碳量分别为 $0.46×10^6$t、$0.64×10^6$t 和 $0.65×10^6$t。表 7-12 为根据排放因子计算的温室气体释放比率。

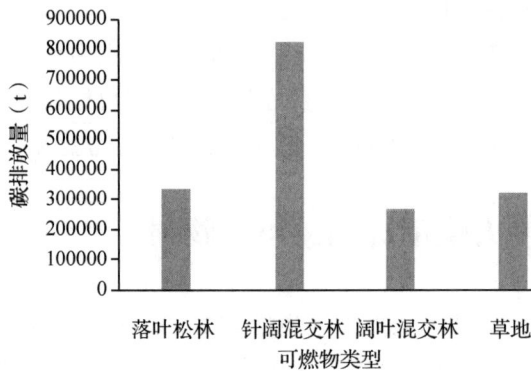

图 7-13　2005—2007 年各可燃物类型释放碳量

表 7-12　主要温室气体释放比率

种类	CO_2	CO	CH_4	NMHC	NO_x	NH_3
比率（%）	86.7	5.2	0.21	0.10	0.21	0.09

由图 7-14 看出，2005—2007 年大兴安岭气体排放量中 CO_2 排放量最大，为 $5.62×10^6$ t，其次 CO 为 $0.21×10^6$ t，CH_4、NMHC、NO_x 和 NH_3 释放量分别为 4929 t、3971 t、3699 t 和 1585 t。其中以 2006 年气体排放量最大，主要是当年过火面积较大造成的。

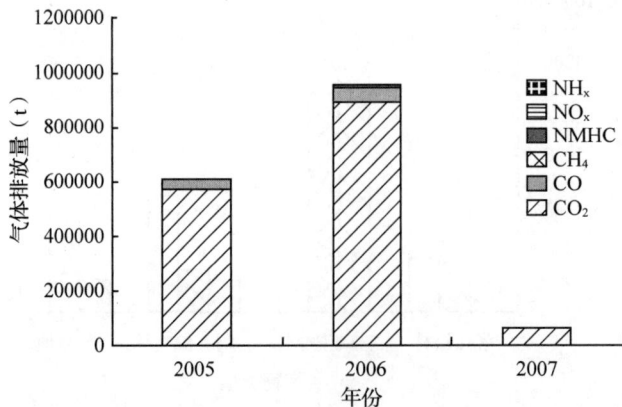

图 7-14　2005—2007 年直接释放碳及其他各物质量

从表 7-13 可以看出，各可燃物类型中针阔混交林各气体释放量最大，其次为落叶松林和森林草甸，最小为阔叶混交林。各类气体中以 CO_2 排放量最大，CO、CH_4、NMHC、NO_X 和 NH_3 排放量逐渐减小。

表 7-13　不同可燃物类型气体排放量（t）

类型	CO_2	CO	CH_4	NMHC	NO_X	NH_3
落叶松林	1085098	41318	952	767	708	303
针阔混交林	2648915	100865	2325	1873	1738	745
阔叶混交林	861695	32812	756	609	571	244
森林草甸	1021269	38888	896	722	680	291

十一、小结

应用 ENVI 遥感软件对大兴安岭森林火灾过火区域影像进行处理，根据过火前后 NDVI 差值变化，估算出大兴安岭过火区森林过火面积，2005—2007 年总过火面积 436512.5 hm^2。根据过火区的火烧等级和可燃物类型信息，重度、中度和轻度火烧面积分别为 79159.38 hm^2、150159.15 hm^2 和 207178.35 hm^2。2005—2007 年，落叶松林和针阔混交林过火面积最大，占总过火面积的 26.3% 和 38.1%，其中主要表现在中度和轻度火烧。

通过标准地调查，对比过火区与对照林分可燃物变化，分析了火烧对地表径级可燃物、落叶层、腐殖质和乔木层的影响。结果表明，针阔混交林和阔叶混交林在火烧后，地表可燃物载量减少；而落叶松针叶纯林在中度和轻度度火烧后地表径级可燃物载量增加，分别增加 0.156 kg/m^2 和 0.188 kg/m^2，这主要是因为落叶松细小枝条较多，部分树冠受火烧的影响，大量未燃透的细小枝条落到地面，导致地面径级可燃物载量增加。所有林分在火烧后，其落叶层和腐殖质层载量都明显减少。

依据不同植被类型损失生物量值以及植被含碳值，计算得到大兴安岭森林火灾不同植被类型释放碳量和温室气体量。2005—2007 年大兴安岭林火共释放 $1.76×10^6$ t C，其中落叶松林针阔混交林、阔叶林和森林草甸燃烧分别释放碳量 $0.34×10^6$ t、$0.83×10^6$ t、$0.27×10^6$ t 和 $0.32×10^6$ t。不同火烧等级所释放的碳量也不相同，2005—2007 年期间大兴安岭轻度、中度和重度火烧释放的碳量分别为 $0.46×10^6$ t、$0.64×10^6$ t 和 $0.65×10^6$ t。2005—2007 年大兴安岭气体排放量中 CO_2 排放量最大，为 $5.62×10^6$ t，其次 CO 为 $0.21×10^6$ t，CH_4、NMHC、NO_X 和 NH_3 释放量分别为 4929 t、3971 t、3699 t 和 1585 t。

参考文献

林其钊, 舒立福, 2003. 林火概论[M]. 合肥: 中国科学技术大学出版社.

宋志杰, 1991. 林火原理和林火预报[M]. 北京: 气象出版社.

田晓瑞, 舒立福, 等, 2006. 林火与气候变化研究进展[J]. 世界林业研究, 19(5): 38-42.

Balling R J, Meyer G A, Wells S G, 1992. Climate change in yellowstone national park: Is the drought-related risk of wildfires increasing? [J] Climatic Change, 22(1): 35-45.

Bergeron Y, Archambault S, 1993. Decreasing frequency of forest fires in the southern boreal zone of Québec and its relation to global warming since the end of the "Little Ice Age" [J]. Holocene, 3(3): 255-259.

Bergeron Y, Gauthier S, Kafka V, et al, 2001. Natural fire frequency for the eastern Canadian boreal forest: Consequences for sustainable forestry [J]. Canadian Journal of Forest Research, 31(3): 384-391.

Carcaillet C, Bergeron Y, Richard P J H, et al, 2001. Change of fire frequency in the eastern Canadian boreal forests during the Holocene: Does vegetation composition or climate trigger the fire regime [J]? Journal of Ecology, 89(6): 930-946.

Girardin M P, Tardif J, Flannigan M D, 2006. Temporal variability in area burned for the province of Ontario, Canada, during the past 200 years inferred from tree rings [J]. Journal of Geophysical Research: Atmospheres, 111: D17108.

Goff H L, Flannigan M D, Bergeron Y, et al, 2007. Historical fire regime shifts related to climate teleconnections in the Waswanipi area, central Quebec, Canada [J]. International Journal of Wildland Fire, 16(5): 607-618.

Grenier D J, Bergeron Y, Kneeshaw D, et al, 2005. Fire Frequency for the transitional mixedwood forest of Timiskaming, Quebec, Canada [J]. Canadian Journal of Forest Research, 35(3): 656-666.

Hallett D J, Hills L V, 2006. Holocene vegetation dynamics, fire history, lake level and climate change in the Kootenay valley, Southeastern British Columbia, Canada [J]. Journal of Paleolimnology, 35(2): 351-371.

Hatcher D A, 1984. Simple formulae for Julian day numbers and Calendar dates [J]. Quarterly Journal of the Royal Astronomical Society, 25(1): 53-55.

Hemp A, 2005. Climate change-driven forest fires marginalize the impact of ice cap wasting on Kilimanjaro [J]. Global Change Biology, 11(7): 1013-1023.

Hu F S, Brubaker L B, Gavin D G, et al, 2006. How climate and vegetation influence the fire regime of the Alaskan boreal biome: the holocene perspective [J]. Mitigation and Adaptation Strategies for Global Change, 11(4): 829-846.

Kasischke E S, Turetsky M R, 2006. Recent changes in the fire regime across the north American boreal region-spatial and temporal patterns of burning across Canada and Alaska [J]. Geophysical Research Letters, 33: L09703.

Lynch J A, Hollis J L, Hu F S, 2004. Climatic and landscape controls of the boreal forest fire regime: holocene records from Alaska [J]. Journal of Ecology, 92(3): 477-489.

Macias F M, Johnson E A, 2006. Large-scale climatic patterns control large lightning fire occurrence in Canada and Alaska forest regions [J]. Journal of Geophysical Research Biogeosciences, 111(G4): 1019-1027.

Mollicone D, Eva H D, Achard F, 2006. Ecology: Human role in Russian wild fires [J]. Nature, 440 (7083): 436-437.

Morton O, Jones N, 2007. Climate report released — fourth round of IPCC pins down blame for global warming [J]. Nature, doi: 10.1038/news070129-15.

Pausas J G, 2004. Changes in fire and climate in the eastern Iberian Peninsula (Mediterranean basin) [J]. Climatic Change, 63(3): 337-350.

Reinhard M, Rebetez M, Schlaepfer R, 2005. Recent climate change: Rethinking drought in the context of forest fire research in Ticino, south of Switzerland [J]. Theoretical and Applied Climatology, 82(1-2): 17-25.

Running S W, 2006. Climate change: Is global warming causing more, larger wildfires? [J] Science, 313 (5789): 927-928.

Talon B, Payette S, Filion L, et al, 2005. Reconstruction of the long-term fire history of an old-growth deciduous forest in southern Québec, Canada, from charred wood in mineral soils [J]. Quaternary Research, 64(1): 36-43.

Westerling A L, Hidalgo H G, Cayan D R, et al, 2006. Warming and earlier spring increase western U. S. forest wildfire activity [J]. Science, 313(5789): 940-943.

Whitlocka C, Bianchib M M, Bartleinc P J, et al, 2006. Postglacial vegetation, climate, and fire history along the east side of the Andes (lat 41-42.5°S) [J]. Argentina Quaternary Research, 66(2): 187-201.

Williams A J, Karoly D J, Tapper N, 2001. The sensitivity of Australian fire danger to climate change [J]. Climatic Change, 49(1-2): 171-191.

Yalcin K, Wake C P, Kreutz K J, et al, 2006. A 1000-yr record of forest fire activity from Eclipse Icefield, Yukon, Canada [J]. The Holocene, 16(2): 200-209.

第八章

人工林生态系统固碳增汇

　　以全球变暖和大气 CO_2 浓度升高为主要特征的全球变化正改变着陆地生态系统的结构和功能，威胁着人类的健康与生存，因此受到各国政府和科学家的普遍关注。CO_2、CH_4、NO_x 等温室气体浓度不断升高很可能是气候变暖的主要原因（Boer *et al.*，1992）。通过造林和人工林经营等增强陆地碳汇的功能是《京都议定书》中清洁发展机制（clean development mechanism，CDM）的最主要的途径之一，对于减缓全球变暖具有重要意义（Bäckstrand *et al.*，2006）。

　　《2010 年全球森林资源评估》中指出，人工林是指通过种植和/或通过人工播种本地树种或外来树种而营造的林分（FAO，2010）。"种植林（plantation）""人造森林（planted forest）""人工林（plantation forest，forest plantation）"常被当作人工造林的同义词而被交换使用。世界上人工造林已有相当长的历史，起初的动因是解决当地薪柴、燃料和木材的短缺问题，随着时间的延长，早期栽植的树木已开始发挥辅助天然更新、提高生产力等方面的作用，并成为现有森林的有效补充。人工林不仅提供木材、纤维和燃料，也提供非木质林产品，更重要的是，人工林能固碳、恢复退化土地，有助于景观修复和流域保护。20 世纪 80 年代至今，世界各国通过林分改造或再造林，改变树种组成和林分结构，发展工业化用材林、生态公益林，促进森林植被恢复，提升森林碳固持等生态功能，从而增强森林减缓气候变化的能力。与此同时，人工林也有自身的局限性，它不会也不能替代结构复杂、生物多样性丰富和生态功能完备的天然林，需要全面考虑生态系统多目标服务，倡导并实施人工林适应性多目标经营。

本章在综述我国人工林资源与碳汇潜力的基础上，以格木(*Erythrophleum fordii*)、红锥(*Castanopsis hystrix*)、米老排(*Mytilaria laosensis*)、铁力木(*Mesua ferrea*)、西南桦(*Betula alnoides*)、香梓楠(*Michelia gioi*)和马尾松(*Pinus massoniana*)人工林为研究对象，通过调查碳储量，建立生物量方程，估算不同树种的人工林生态系统固碳能力和潜力，比较分析林龄对碳储量的影响；以马尾松、红锥、火力楠(*Michelia macclurei*)和米老排人工林为研究对象，从土壤有机碳化学组成、凋落物分解、细根周转和土壤呼吸等方面，比较其土壤有机碳含量的高低，并对其机制进行探讨，同时研究桉树(*Eucalyptus robusta*)与固氮树种混交对土壤固碳增汇能力的影响、近自然改造对马尾松和杉木(*Cunninghamia lanceolata*)人工林碳储量以及气候变化对马尾松和红锥人工林固碳增汇的影响。

第一节 中国人工林资源与碳汇潜力

一、中国人工林资源发展现状

由于世界各国的国情和林业经营管理策略不同,不同国家的人工林发展规模、经营模式和人工林的质量与效益各异。1990—2015 年,世界人工林面积增加了 1.2 亿 hm²,年均增长量约 450 万 hm²(Payn *et al.*,2015),占世界森林总面积的比例从 4.11%增长至 7.25%(图 8-1)。随着我国对木材需求的日益增长和生态环境保护意识的不断提高,大规模的造林和再造林促使我国人工林面积和蓄积量不断增加。据第九次全国森林资源清查结果显示,我国持续开展大规模国土绿化,人工林稳步发展,面积稳居世界第一。目前,我国人工林面积 7954.28 万 hm²、蓄积量 33.88 亿 m³,每公顷蓄积量 59.30m³。人工林占有林地的比重呈现持续增长的态势(图 8-2)。杉木、落叶松(*Larix gmelinii*)、马尾松、杨树(*Populus* spp.)、桉树、栎类(*Quercus* spp.)、桦木(*Betula* spp.)是我国主要的人工造林树种(Liu *et al.*,2014)。

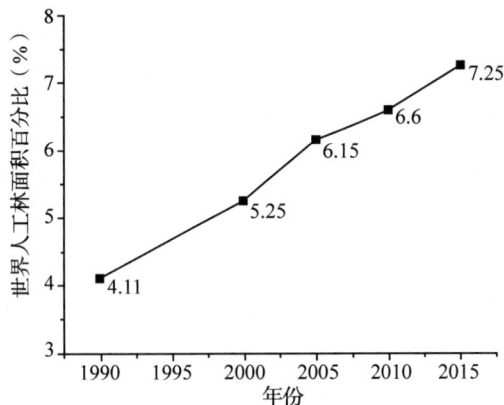

图 8-1 世界人工林面积占森林面积的百分比

注:数据来源于《全球森林资源评估报告(2015)》(FAO,2015)。

20 世纪 50~70 年代是我国人工林发展的初期阶段,首要的经营目标是生产木材。人工林主要是天然林采伐后在迹地上营建的人工针叶纯林,1980 年后,为满足经济快

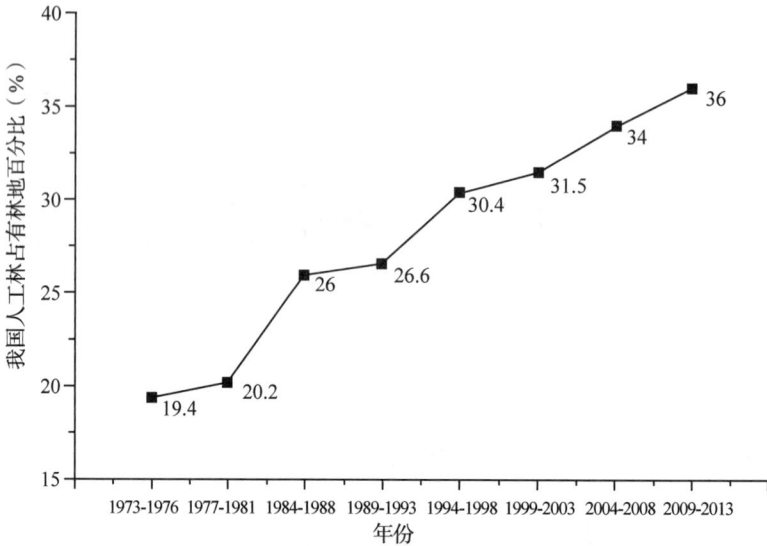

图8-2　我国历次森林资源清查人工林比重变化

速发展对木材需求的刚性增长，我国提出了人工速生丰产林培育；1990 年提出了工业用材林培育，1994 年开始提出以建设生态公益林为主、经济与社会效益兼顾、可持续发展的原则。进入 21 世纪，随着世界经济全球化进程和生态环境保护的压力增大，人工林经营目标不断调整和改变，经历了以木材生产为主的单一经营目标逐渐向人工林多目标经营的战略转变。此时，中国林业已经进入由以木材生产为主向生态建设为主的历史性重大转变，确立了生态建设、生态安全和生态文明的"三生态"战略思想，人工林的建设更加强调在植被恢复、退化土地与景观重建、生物多样性保护以及水土流失防治和涵养水源等改善生态环境方面的重要作用。

我国人工林分布不均，集中分布在温暖湿润的南部和西南部地区，约占全国人工林总面积的 63%，总蓄积量的 62%。排在前五位的省份：广西、广东、湖南、四川和云南，达到 2530 万 hm^2，分别占人工林总面积的 37%，总蓄积量的 31%。

近年来，随着全球气候变化的不断加剧，造林再造林和森林可持续经营已成为全球气候变化公约框架下固碳减排应对气候变化的重要措施，如何提高人工林生态系统的碳储量、碳汇潜力和土壤碳固持功能已经纳入人工林的经营管理范畴。2016 年 11 月和 2017 年 2 月，国家林业局和中共中央、国务院相继提出"继续实施林业重点生态工程，推动森林质量精准提升工程建设"；2017 年 10 月，党的第十九次全国代表大会的报告中明确提出：实施重要生态系统保护和修复重大工程，优化生态安全屏障体系，构建生态廊道和生物多样性保护网络，提升生态系统质量和稳定性。在中国全面建设小康社会的决胜时期，人工林的发展也必然响应和顺应新时期国家总体战略的转变，人工林将呈多元化的发展格局，在某些特定区域仍然突出高效木材生产为主导功能，但在更广泛区域内，提升人工林生态系统服务的质量与效益将成为主要目标。为此，需要探索有效权衡和协同不同地区、不同人工林生态系统服务的主导功能与多目标经营，藉以全面地发挥人工林生态系统在木材供给、改善生态环境及应对气候变化等多方面的重要作用。

二、人工林木材生产功能与碳汇潜力

作为世界木材工业产品的主要来源，人工林为人类生活提供了木质原材料。与天然林相比，人工林地上的生物量碳储量会发生频繁的变化，所以稳定的、持久的土壤碳库对发挥人工林的固碳潜力具有更重要的意义。自气候变化与全球各个生态系统相互间的反馈影响机理成为研究热点以来，各国把对人工林的关注焦点从如何提高木材产量、木产品加工等方面转移到提高人工林的经营和管理水平、适应性经营，以增加人工林的碳汇潜力，减缓和适应气候变化上来(Lal，2005)。

人工林可通过多种途径来增强森林的碳汇功能。首先，造林增加了森林覆盖面积，并通过光合作用将大气中的 CO_2 吸收储存起来，增加了树木的碳储量，增强了生态系统的碳汇功能(Dixon et al.，1994)。各国开展了大量关于不同林龄、林型、地域的人工林碳储量、碳密度及其空间分布格局的调查研究，并通过实测观察、模型模拟和"3S"等技术获得了大量数据。其次，光合同化的碳通过根系周转与根系分泌物和凋落物的形式等进入土壤层，经土壤动物和微生物分解和腐殖化后，以土壤有机碳(soil organic carbon，SOC)的形式固定在土壤中。土壤碳库具有较大的容量、较慢的周转速率、受干扰影响小等特点，人工林生态系统的碳能够在土壤中储存较长时间(IGBP，1998)，比植物碳库更为持久且稳定。研究表明，在森林植被固定的 CO_2 中，大约有50%成为较为稳定的土壤有机碳库，使森林土壤成为全球碳循环中的一个巨大碳汇(Lal，2005)。土壤有机碳库占全球陆地总碳库的 2/3~3/4，大于全球陆地植被和全球大气的碳库总量。土壤碳库的微小变化可以导致大气 CO_2 浓度的显著变化(方精云，2000；Plante et al.，2014)。而全球森林生物量碳储量和森林土壤碳储量分别占全球植被和土壤的 86% 和 73% 左右(Woodwell et al.，1978；Post et al.，1982)。综合国内多项研究得出，我国人工林平均土壤碳储量为 107.1 t/hm²(刘世荣等，2011)，若乘以我国 2015 年人工林总面积 7898.22 万 hm²(FAO，2015)，则我国人工林土壤碳储量约为 8.46 Pg。同样，我国诸多学者(方精云等，2001；王效科等，2000；周玉荣等，2000)利用森林资源清查结果，结合森林生态系统生物量与生产力的研究，估算了近50 年来我国森林碳库及其动态。其中，方精云等(2001)认为，1980—2000 年，由于人工林增加导致我国森林植被碳汇增加 0.45 Pg C。最近，第八次全国森林资源清查(2009—2013 年)结果显示，目前我国森林植被总碳储量为 84.27 亿 t(合 8.427 Pg)，与第七次森林资源清查相比，5 年间森林植被总碳储量增加了 6.15 亿 t(合 0.615 Pg)(刘珉，2014；国家林业局，2014)。Fang 等(2001)早在 2001 年也曾指出，由于陆地上的森林恢复和植树造林运动，我国陆地生态系统表现为显著的碳汇。当前，造林和再造林作为一种新增碳汇的主要途径，已受到学术界的高度重视(Maclaren，1996)。

森林土壤碳储量与土壤有机碳稳定性有关。土壤有机碳稳定性是指土壤有机碳在当前条件下抵抗干扰和恢复原有水平的能力(Batjes,1996),主要取决于土壤有机碳的抗降解性、土壤有机碳内部及其与外部环境的相互作用、土壤微生物对土壤有机碳的作用等(朱锡明等,2014;Sollins et al.,1996)。稳定的有机—矿物复合体的形成、持久性封存的深层碳的增加、耐分解有机物成分的积累以及土壤团聚体结构中碳的物理性保护是影响人工林土壤碳汇功能及其稳定性的主要机制(许炼烽等,2013)。因此,土壤自身的理化性质、地表植被、气候因素、土地利用历史/方式、耕作方式等均会影响人工林土壤有机碳储量和稳定性(吴庆标等,2006)。

与此同时,土壤生物会分解部分土壤有机碳,通过土壤呼吸作用以 CO_2 和 CH_4 的形式返回大气,也会消耗了一部分土壤碳库。除经营措施等人为因素外,人工林土壤呼吸还受温度(唐正等,2012)、水分(谢薇等,2014)、凋落物质量(熊莉等,2015;余再鹏等,2014)、氮沉降(向元彬等,2014;张凯等,2015)等自然因素影响。其中,土壤温度被认为是影响人工林土壤呼吸及其组分季节变化的主要驱动因子(杨文佳等,2015)。此外,森林火灾或采取火烧的方式开辟林地,均会将土壤中的有机碳以 CO_2 的形式释放到大气中。

另一方面,人工林还通过将森林生物量作为能源替代矿物燃料,或作为原材料替代钢铁、水泥、铝材等能源密集型产品,减少温室气体的排放(刘世荣,2013;Gustavsson et al.,2015)。在期待营造新的能源林的同时,对森林剩余物和木材加工剩余物的利用也日益提高。其中,一种在完全或部分缺氧的条件下,经高温裂解,使有机物碳化所产生的一类高度芳香化的难溶性固态物质——生物碳(biochar)(Lehmann et al.,2011),具有含碳量高、结构稳定、孔隙结构发达等特性(Downie et al.,2009)。生物碳肥的施用不但能改善土壤养分状况,还能增加土壤的碳储量(Lehmann et al.,2006;Woolf et al.,2010),显著减少 N_2O 的排放(唐倩等,2014;Cayuela et al.,2013)。展望未来,人工林将成为生物能源的一个重要组成部分,在减排增汇方面具有较大的潜力。

造林不但能增加生物量的碳储量,同时还增加了土壤有机碳的固定,促进有机碳与微团聚体和黏土结合,提高受物理保护的土壤有机物质组分中碳的稳定性(Galdo et al.,2003)。然而,天然林转换成人工林后,大团聚体数量减少,团聚体稳定性下降,表层土壤团聚体有机碳含量降低(王小红等,2014),而且表层土壤有机碳特别是轻组有机碳组分显著下降(Luan et al.,2010)。Scott et al.(1999)研究表明,草地转变为以辐射松(Pinus radiata)为主的人工林后,土壤矿物碳含量也有所降低。

综上所述,大力开展植树造林,不仅能增加森林面积,扩大木材生产功能,而且能增强森林的碳汇功能。就全球范围而言,扩大人工林面积,提高人工林的经营和管理水平,将可能显著增强陆地生态系统的碳汇功能,减缓全球气候变化。

第二节 米老排、红锥等人工林主要树种的生物量方程与生态系统的碳储量

一、研究区域和研究方法

（一）研究区域概况

研究地点设在位于广西西南部（22°10′N，106°50′E）的中国林业科学研究院热带林业实验中心（简称热林中心）实验场。研究区域地处南亚热带季风气候区域内的西南部，属南亚热带湿润半湿润气候。境内日照充足，降雨量大，干湿季节明显，湿热季节从 4~9 月，干冷季节一般从 10 月开始至翌年 3 月，年均降水量 1200~1500 mm，年蒸发量 1261~1388 mm，相对湿度 80%~85%。年太阳总辐射为 105 kcal/cm²，全年日照时数 1218~1620 h。年均气温为 20.5~21.7℃，极端高温 40.3℃，极端低温−1.5℃，平均月最高温度和最低温度分别为 26.3℃ 和 12.1℃；≥10℃ 活动积温 6000~7600℃。主要地貌以低山和丘陵为主，土壤以花岗岩发育而成的砖红性红壤和红壤为主，土壤厚度 100cm 以上，原生植被有季雨林和常绿阔叶林。

（二）研究方法

1. 人工林生物量模型

根据研究区域不同人工林类型的每木检尺的结果绘制林分胸径分布图。根据胸径分布图，按径级（2 cm）选取标准木 10~20 株进行生物量测定。具体操作：伐倒标准木后，测定树干、树皮、树枝、树叶的鲜重。其中，树枝再细分为粗枝（>5.0 cm）、中枝（1.0~5.0 cm）、细枝（<1.0 cm），分别测定其鲜质量；用"全挖法"分别测定根桩、粗根（>2.0 cm）、中根（0.5~2.0 cm）、细根（<0.5 cm）的鲜质量。同时，把按器官及枝条和根系径级采集的伐倒木分析样品（400 g 左右），带回实验室在 80℃烘干至恒重，计算含水率并将各器官的鲜质量换算成干质量。

根据伐倒标准木各器官生物量的实测数据，分别以各器官生物量 W 为因变量，以胸径 D、地径 D_0、树高 H 及胸径平方乘树高（D^2H）为自变量，用 $Y=ax^b$、$Y=ae^{bx}$、$Y=ax+b$、$Y=a\ln(x)+b$ 和 $Y=a_1x^{b1}+a_2x^{b2}+a_3x^{b3}$，$\cdots$，$+c$ 等 5 种模型建立各器官生物量与胸径、地径、树高及 D^2H 之间的回归方程，以判定系数 R^2、F 值及相伴概率 Sig 值为评价指标，比较并选出拟合效果最好的模型作为预测各器官及全株的生物量方程。

根据上述方法，在对不同树种人工林进行每木检尺和标准木生物量测定的基础上，分别建立生物量模型（表 8-1）。

表 8-1 南亚热带 8 个树种生物量模型

树种	相对生长方程	相关系数(R^2)
米老排	$W_s = 0.1740(D^2H)^{0.7661}$	0.9196
	$W_{ba} = 3\times10^{-8}(D^2H)^2 + 0.0001(D^2H) + 9.7883$	0.8668
	$W_{br} = 0.0002(D^2H)^{1.2696}$	0.6291
	$W_l = 0.0002D^{3.2304}$	0.8429
	$W_f = 3\times10^{-7}(D^2H)^{1.5626}$	0.6659
	$W_r = 0.0094(D^2H)^{0.9538}$	0.7247
	$W_t = 0.1536(D^2H)^{0.8268}$	0.9049
红锥	$W_s = 0.06411(D^2H)^{0.8699}$	0.9936
	$W_{ba} = 0.01050(D^2H)^{0.8246}$	0.9227
	$W_{br} = 0.00011(D^2H)^{1.3949}$	0.8102
	$W_l = 0.0000028(D^2H)^{1.6052}$	0.9069
	$W_r = 0.12098(D^2H)^{0.6495}$	0.8140
格木	$W_s = 0.0315(D^2H)^{0.9737}$	0.9980
	$W_{ba} = 0.0110(D^2H)^{0.8580}$	0.9981
	$W_{br} = 0.0055(D^2H)^{1.0628}$	0.9244
	$W_l = 0.0662(D^2H)^{0.6064}$	0.8663
	$W_r = 0.0072(D^2H)^{1.0243}$	0.9872
	$W_t = 0.0740(D^2H)^{0.9549}$	0.9925
黧蒴栲	$W_s = 0.027(D2H) - 0.125$	0.981
	$W_{ba} = 0.013(D2H) - 0.354$	0.911
	$W_l = 0.004(D2H) + 0.169$	0.979
	$W_r = 0.009(D2H) - 0.357$	0.863
	$W_t = 0.054(D2H) - 0.666$	0.969
铁力木	$W_s = 0.0465(D^2H)^{0.9192}$	0.9792
	$W_{ba} = 0.0322(D^2H)^{0.6949}$	0.9144
	$W_{br} = 0.0042D^{3.4565}$	0.9708
	$W_l = 0.0013D^{3.2245}$	0.9378
	$W_r = 0.0344D^{2.4009}$	0.9485
	$W_t = 0.0274(D^2H)^{1.0834}$	0.9872
西南桦	$W_s = 0.13752(D^2H)^{0.7658}$	0.8511
	$W_{ba} = 0.02360(D^2H)^{0.7939}$	0.7462
	$W_{br} = 0.00016(D^2H)^{1.3460}$	0.9793
	$W_l = 0.00154(D^2H)^{0.9352}$	0.8703
	$W_r = 0.01100(D^2H)^{0.8393}$	0.9099

（续）

树种	相对生长方程	相关系数(R^2)
马尾松	$W_s = 0.008\ 1(D^2H)^{1.0703}$	0.9806
	$W_{ba} = 0.006\ 7(D^2H)^{0.9217}$	0.9762
	$W_{br} = 0.000\ 03(D^2H)^{1.4785}$	0.9842
	$W_l = 0.000\ 004(D^2H)^{1.5686}$	0.9714
	$W_r = 0.000\ 5(D^2H)^{1.2420}$	0.9927
	$W_t = 0.008\ 5(D^2H)^{1.1234}$	0.9903
杉木	$Ws = 0.009068D^2H + 1.9250$	0.996
	$Wba = 0.000939D^2H + 0.9114$	0.966
	$Wb = 0.001202D^2H + 0.5201$	0.958
	$Wl = -1.2158 + 0.001571D^2H - 6.7863 \times 10 - 8 \times (D^2H)^2$	0.988
	$Wr = -.1921 + 0.006678D^2H - 1.1687 \times 10 - 6 \times (D^2H)^2 + 8.2639 \times 10 - 11 \times (D^2H)^3$	0.994

注：W_s、W_{ba}、W_{br}、W_l、W_f、W_r 和 W_t 分别为树干、树皮、树枝、树叶、果实、树根和全株的生物量。

2. 人工林生态系统碳储量测定

（1）林下植被生物量及凋落物现存量的测定。在不同树种的人工林样地中随机布设 5 个 2 m×2 m 的小样方，采用"收获法"分别测定地上部分和地下部分鲜重，同时采用混合取样方法，对同种植物的相同器官进行取样。随机布设 5 个 1 m×1 m 的小样方，收集凋落物现存量，进行未分解组分和半分解组分生物量测定。灌草植被和凋落物样品均取 200 g 左右，在 65℃烘箱中烘干至恒重，计算含水率，换算干重。

（2）土壤样品的采集。在不同的人工林的代表性地段选取 3 个取样点，按机械分层的方法，对 0~20 cm、20~40 cm、40~60 cm、60~80 cm 和 80~100 cm 等 5 个土层用环刀采集土样，每层 3 个重复。带回实验室，测完土壤容重后，将同层土壤样品混合，去掉植物根系和残体后，风干，磨碎，测定土壤有机碳含量。

（3）植物和土壤样品碳含量及碳储量的测定。植物及土壤中的碳含量均采用 $K_2Cr_2O_7$-水合加热法测定。碳储量计算公式：植被碳储量=单位面积生物量×碳含量。

$$C_s = \sum_{i=1}^{n} 0.1 \times H_i \times B_i \times O_i \tag{8-1}$$

式中，C_s 为土壤碳储量(t/hm^2)；H_i 为第 i 层土壤厚度(cm)；B_i 为第 i 层土壤容重(g/cm^3)；O_i 为第 i 层土壤碳含量(g/kg)；n 为土壤分层数。

二、不同人工林的碳储量

对不同树种叶、枝、干、皮和根等器官碳素密度测定结果表明，不同器官的碳素密度差异显著，如火力楠主干与干皮的碳素密度相差为 73.16 g/kg，铁力木树叶与干皮碳素密度相差为 72.07 g/kg。虽然不同树种间各器官的碳素密度排列顺序略有不同，但总体上是以树叶和主干的碳素密度较高，6 个树种平均为 494.30 g/kg 和

491.41 g/kg，其次是树枝，平均为 470.18 g/kg，树根和干皮的碳素密度较低，平均为 460.88 g/kg 和 458.12 g/kg(表 8-2)。此外，不同树种间碳素密度亦有差异，以针叶树种马尾松最高，平均为 495.02 g/kg，其他 5 种阔叶树之间的差异较小，在 478.57~461.49 g/kg。

表 8-2　不同树种器官碳素密度(g/kg)

树种	树叶	树枝	主干	干皮	树根
米老排	500.50±4.64a	477.50±3.29bc	484.20±2.88b	434.30±2.99d	473.90±8.77c
红锥	473.83±4.76b	476.37±4.22b	495.07±5.36a	469.80±7.20b	452.10±9.30c
火力楠	490.20±6.32a	464.23±8.15b	501.23±5.75a	428.07±4.95c	452.63±10.91b
云南石梓	457.00±3.95b	448.00±4.56c	484.33±4.08a	457.80±5.39b	460.33±2.35b
铁力木	524.47±1.87a	472.00±2.51c	487.67±2.53b	452.40±3.03d	456.33±0.15d
马尾松	519.80±0.10a	483.00±5.30d	495.93±4.62c	506.37±3.40b	470.00±5.82e

对不同人工林生态系统的碳储量及分配格局测定的结果表明，在立地条件，造林时间和经营管理方式一致的条件下，不同树种人工林生态系统碳储量有显著差异，其中以火力楠林具有最大的储碳能力，其碳储量为 359.43 t/hm²，其次是米老排林，为 319.80 t/hm²，红锥林、马尾松林和铁力木林碳储量差异不大，分别为 225.87 t/hm²、222.43 t/hm² 和 207.81 t/hm²(图 8-3)。

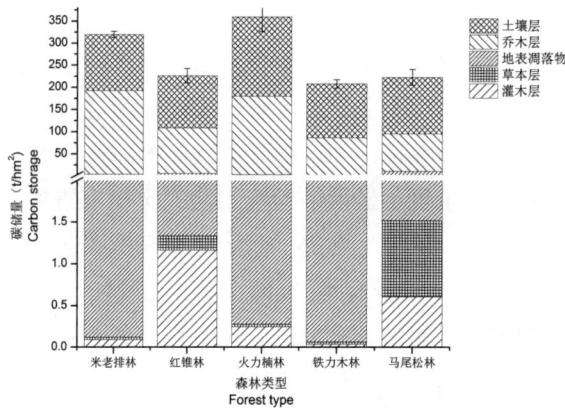

图 8-3　不同树种人工林生态系统碳储量

三、林龄对红锥、格木和米老排人工林生态系统碳储量的影响

(一)林龄对红锥人工林生态系统碳储量的影响

林龄 10 年、20 年和 27 年生的红锥人工林碳储量分别为 182.42 t/hm²、234.75 t/hm² 和 269.75 t/hm²(图 8-4)。其中，乔木层分别占 19.8%、32.0% 和 32.8%；凋落物层分别占 1.5%、1.6% 和 1.3%；土壤层分别占 78.7%、66.4% 和 65.9%。3 个不同年龄红锥人工林的年净固碳量分别为 4.70 t/hm²、5.64 t/hm² 和 5.18 t/hm²。

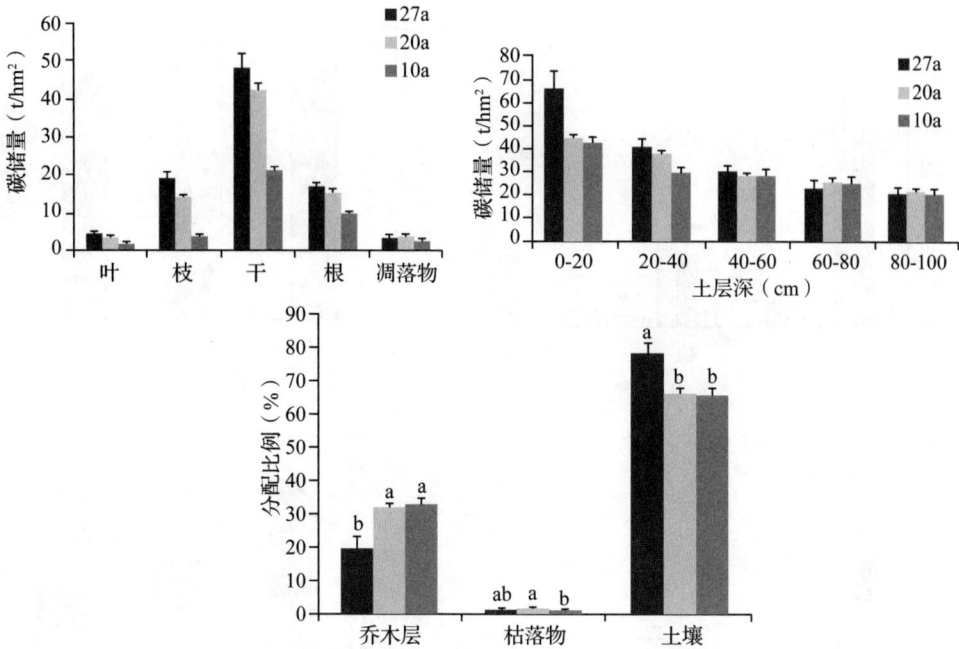

图 8-4 不同林龄红锥人工林主要碳库碳储量及其分配比

(二)林龄对格木人工林生态系统碳储量的影响

1. 乔木层碳储量及其分配

不同林龄格木人工林乔木层各器官碳储量及其分配特征与各器官生物量的分配情况有密切关系。由图 8-5 可知,不同林龄格木人工林乔木层各器官生物量随林龄增加而增大;树干、树枝和树根生物量分配随林龄增加而增大,树皮和树叶生物量分配随林龄增加而减小。

乔木层各器官碳储量随林龄的变化趋势与生物量变化特征较为一致,随着林龄的增加,各器官碳储量显著增大。林龄 7 年、29 年和 32 年的格木人工林乔木层碳储量分别为 21.8 t/hm²、100.0 t/hm² 和 121.6 t/hm²。各器官碳储量在乔木层的分配以树干最高,林龄 7 年、29 年和 32 年的格木人工林树干碳储量分别占乔木层碳储量的 47.5%、52.2% 和 52.2%;树皮和树叶碳储量所占比例最小,平均<10%。乔木层各器官碳储量分配大小顺序为:树干>树枝>树根>树皮>树叶。林龄对乔木层各器官碳储量分配有显著影响,随着林龄的增加,碳储量在树干、树枝和树根的分配增加,而在树皮和树叶的分配下降。

2. 林下地被物碳储量及其分配

从表 8-3 可知,林龄 7 年、29 年和 32 年生的格木人工林灌木层、草本层和凋落物层等林下地被物碳储量均较小,分别为 3.0 t/hm²、5.9 t/hm² 和 4.5 t/hm²。29 年和 32 年生林分中灌木层的碳储量高于 7 年生的林分,而 29 年生林分的草本层碳储量高于 7 年和 32 年生的林分,其原因可能是林分郁闭度差异所致。格木人工林凋落物碳储量随林龄增加而增大。

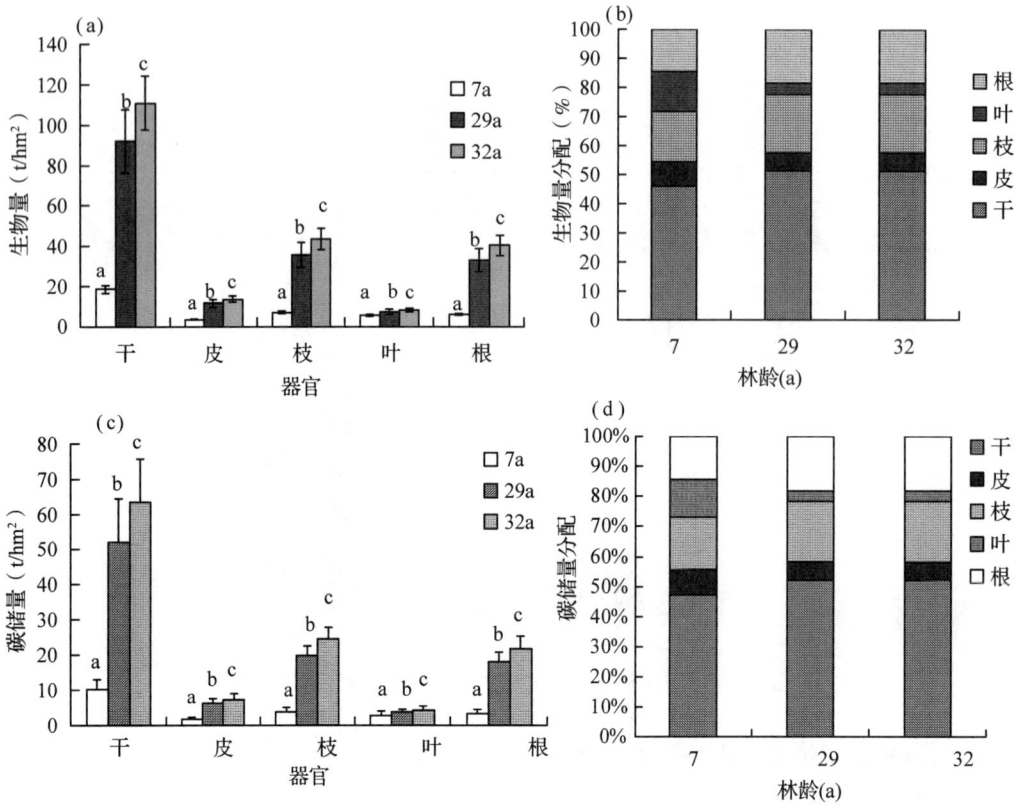

图 8-5　不同林龄格木人工林乔木层各器官碳储量及其分配

在凋落物层、灌木层、草本层这 3 个层次中，碳储量大小顺序：凋落物层>灌木层>草本层。在灌木层和草本层中，地上部分碳储量均大于地下部分，但草本层植物地上与地下部分碳储量差异不显著；凋落物层中，未分解的凋落物碳储量较高，约为半分解凋落物碳储量的 3 倍。

表 8-3　不同林龄格木人工林林下植被和凋落物碳储量

层次	组分	林龄		
		7	29	32
灌木层	地上	0.60±0.19Bb	1.55±0.36Aa	1.28±0.34Aa
	地下	0.29±0.13Cb	0.65±0.22Ca	0.53±0.13Ba
	合计	0.89±0.31	2.20±0.53	1.81±0.40
草本层	地上	0.47±0.16Bb	1.34±0.27Ba	0.51±0.24Bb
	地下	0.41±0.14Bb	0.75±0.17Ca	0.39±0.07b
	合计	0.88±0.26	2.09±0.42	0.90±0.31
凋落物层	未分解	0.94±0.22Ab	1.24±0.32Ba	1.39±0.33Aa
	半分解	0.27±0.07Cb	0.35±0.14Db	0.45±0.20Ba
	合计1	1.21±0.24	1.59±0.39	1.84±0.48

注：不同小写字母表示林龄间差异显著（$P<0.05$）。

3. 土壤碳储量及其分配

格木人工林各土层的土壤碳储量随林龄增加而增大，尤其是表土层（0~10 cm 和 10~30 cm），29 年和 32 年生的林分土壤碳储量显著高于 7 年生林分（表 8-4）。在 3 个不同林龄的林分中，土壤碳储量均随土层深度的增加而显著降低，随土层深度的变化趋势与土壤碳含量的变化规律一致。土壤碳含量与碳储量随土层深度的变化情况不受林龄的影响。

表 8-4 不同林龄格木人工林各土层土壤碳储量

土层（cm）	林龄（a）		
	7	29	32
0~10	18.73±1.82a	20.54±2.06b	20.66±2.31b
10~30	27.75±2.67a	33.00±3.68b	33.11±3.08b
30~50	20.07±2.19a	20.10±1.88a	21.35±2.42a
50~100	41.30±5.77a	40.74±7.17a	41.39±4.88a
合计	107.85±7.57	114.38±8.92	116.51±10.34

注：不同小写字母表示林龄间差异显著（$P<0.05$）。

4. 生态系统碳储量及其分配

从图 8-6 可知，7 年、29 年和 32 年生的格木人工林生态系统碳储量分别为 132.6 t/hm²，220.2 t/hm² 和 242.6 t/hm²，以乔木层和土壤层为主要碳库，二者占格木人工林生态系统碳储量的 97% 以上，而灌木层、草本层和凋落物层的碳储量所占比例<3%。

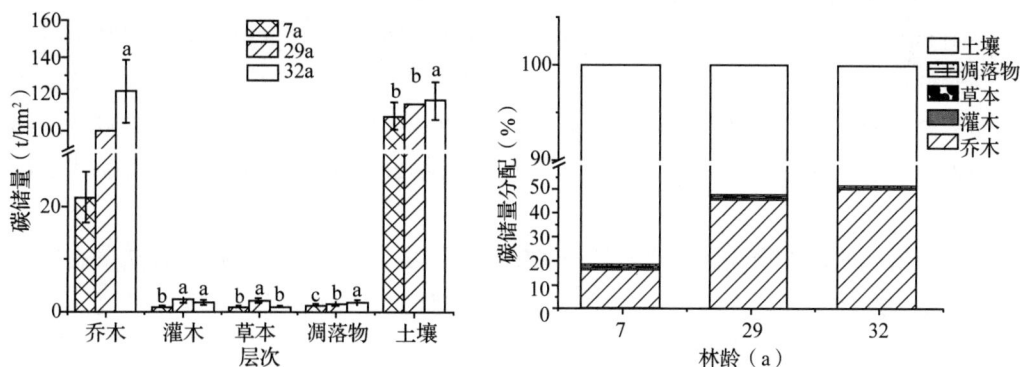

图 8-6 不同林龄格木人工林生态系统碳储量及其分配

林龄对格木人工林生态系统碳储量有显著影响，乔木层、凋落物层和土壤层碳储量均随林龄的增加而增大，灌木层和草本层碳储量则无明显变化规律。林龄对格木人工林生态系统各组分碳储量分配存在不同的影响。其中，乔木层碳储量分配随林龄的增加而增大，而土壤层碳储量分配随林龄的增加而减小，而灌木层、草本层和凋落物层碳储量的分配随林龄的增加无明显规律。

（三）林龄对米老排人工林生态系统碳储量的影响

1. 乔木层碳储量及其分配

图 8-7 反映了 6 个生长阶段的米老排人工林乔木碳储量与分配特征，林龄 7 年、10 年、18 年、23 年、29 年和 33 年的米老排人工林乔木层碳储量分别为 77.3 t/hm^2、91.3 t/hm^2、104.1 t/hm^2、114.6 t/hm^2、153.0 t/hm^2 和 156.2 t/hm^2。在林龄 7~29 年，乔木层碳储量随林龄增长而增加，但 29 年后乔木层碳储量开始保持稳定，33 年生米老排乔木层碳储量与 29 年生林分无显著差异。

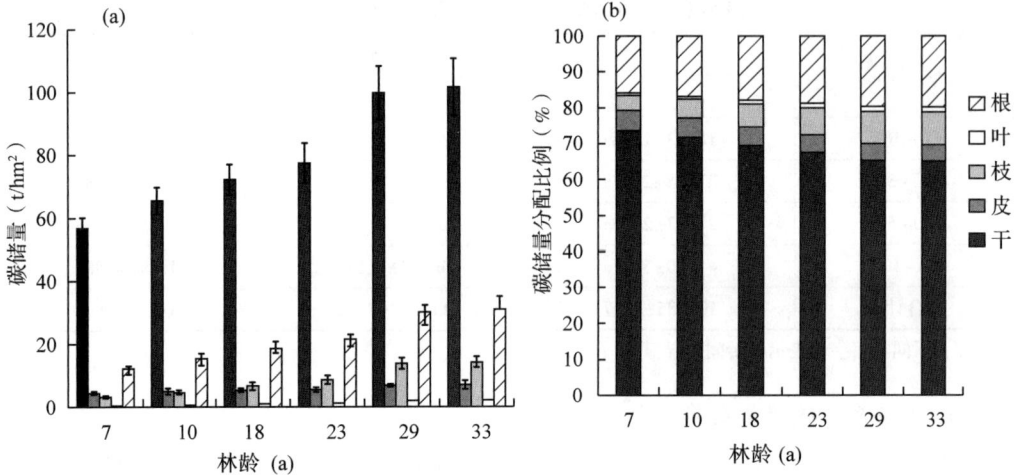

图 8-7　不同林龄米老排人工林乔木层碳储量

2. 林下地被物碳储量及其分配

图 8-8 显示了 6 个林分中地被层碳储量及其分配情况，灌木层、草本层和凋落物层碳储量在生态系统中占有很小的比例，三者总和在 6 个生长阶段仅占各自生态系统碳储量总量的 2.9%、3.0%、3.6%、4.0%、3.2% 和 2.6%，灌木和草本层植被碳储量均表现为地上部分高于地下部分，未分解凋落物碳储量是半分解凋落物碳储量的 5.1 倍。

不同组分的地被物碳储量随林龄的变化规律不尽一致，林下植被层碳储量表现为随林龄增加先增加和减小的规律，而凋落物层碳储量从林龄 7 年到 33 年一直表现为随林龄增长而增加的态势。

3. 土壤碳储量及其分配

米老排人工林土壤碳储量总体呈现出随林龄增加而增加的态势，且与林龄呈显著的线性关系(图 8-9)。

4. 生态系统碳储量及其分配

图 8-10 和表 8-5 显示了米老排人工林地上部分、地下部分和生态系统碳储量随林龄的变化规律。从中可知，米老排人工林各组分碳储量在生态系统碳储量总量的分配顺序：土壤层(62.6%~70.0%)>乔木层(27.3%~33.9%)>凋落物层(1.8%~2.2%)>灌木层(0.5%~1.3%)>草本层(0.2%~0.6%)，其中土壤层和乔木层平均占据整个生

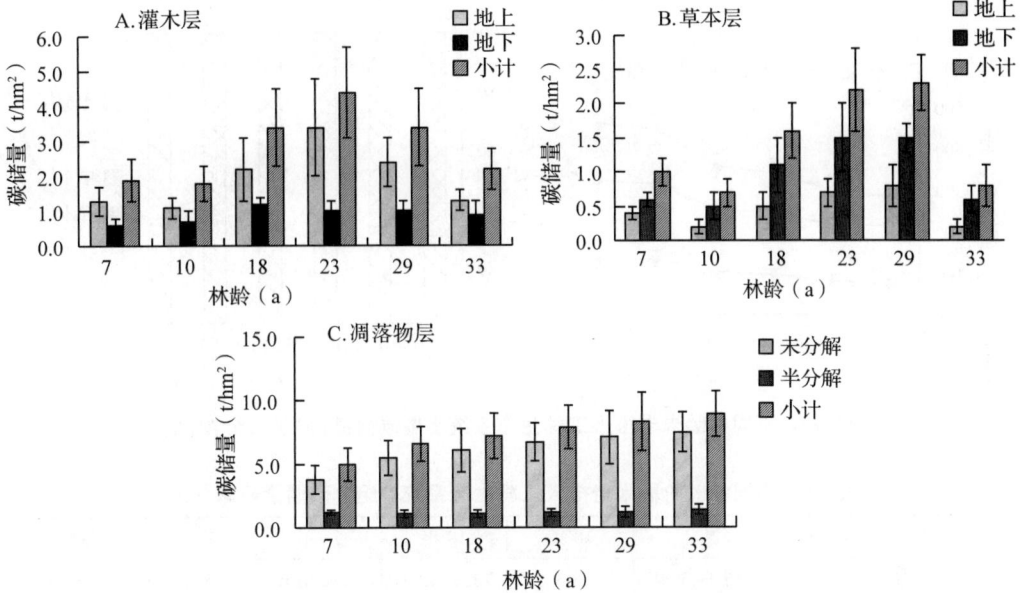

图 8-8 不同林龄米老排人工林地被层碳储量

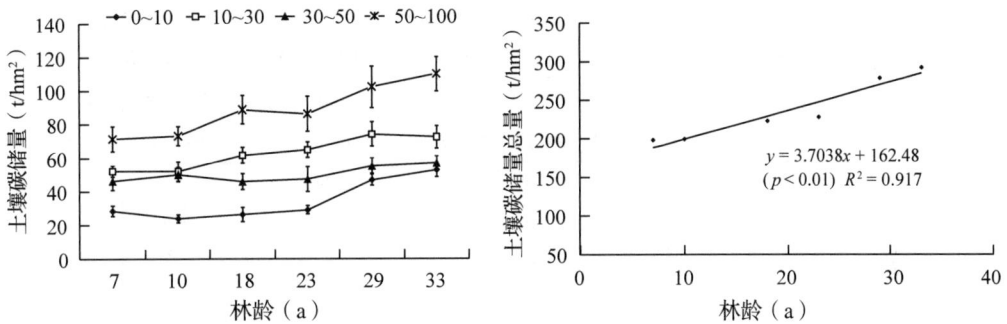

图 8-9 不同林龄米老排人工林土壤碳储量和林龄之间的关系

态系统碳储量的 65.3% 和 31.5%；地上部分在前 29 年表现为随林龄增加而增加，29年后基本稳定；而地下碳储量和生态系统碳储量总量始终随着林龄的增加而增加，生态系统碳储量总量和地下部分碳储量随林龄的增加而增加均因为土壤碳含量随林龄增加而增加的原因所致。

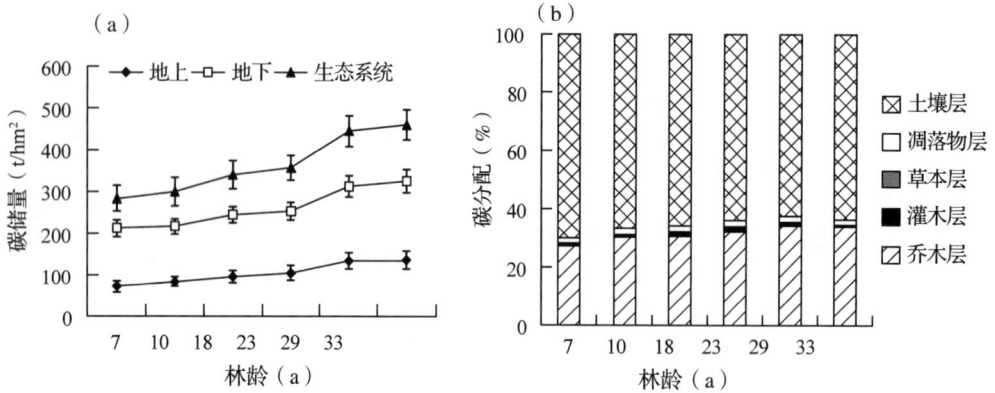

图 8-10　不同林龄米老排人工林生态系统土壤碳储量(a)及其分配(b)

表 8-5　不同年龄阶段米老排人工林生态系统各组分碳储量与碳分配

层	组分	7年	10年	18年	23年	29年	33年
乔木层	树干	56.8±3.4F	65.5±4.2E	72.3±4.7D	77.4±6.3C	99.8±8.5B	101.6±9.1A
	树皮	4.5±0.5D	5.0±1.0C	5.4±0.6B	5.6±0.8B	7.1±0.4A	7.2±1.3A
	树枝	3.2±0.4E	4.7±0.7D	6.7±1.3C	8.7±1.4B	13.9±1.7AB	14.4±1.7A
	树叶	0.5±0.2E	0.7±0.1D	1.0±0.1C	1.3±0.1B	2.1±0.2AB	2.2±0.3A
	总地上碳储量	65.0±2.9E	75.9±4.5D	85.4±4.9C	93.0±5.8B	122.9±9.2AB	125.4±10.4A
	根	12.3±0.9E	15.4±1.7D	18.7±2.1C	21.6±1.4B	30.1±2.3AB	30.8±4.2A
	小计	77.3±4.4E	91.3±4.7D	104.1±5.1C	114.6±6.2B	153.0±8.4AB	156.2±10.3A
灌木层	地上碳储量	1.3±0.4C	1.1±0.3D	2.2±0.9B	3.4±1.4A	2.4±0.7B	1.3±0.3C
	地下	0.6±0.2D	0.7±0.3C	1.2±0.2A	1.0±0.3AB	1.0±0.3AB	0.9±0.4B
	小计	1.9±0.6D	1.8±0.5D	3.4±1.1B	4.4±1.3A	3.4±1.1B	2.2±0.6C
草本层	地上	0.4±0.1B	0.2±0.1C	0.5±0.4B	0.7±0.2A	0.8±0.3A	0.2±0.1C
	地下	0.6±0.1C	0.5±0.2C	1.1±0.4B	1.5±0.5A	1.5±0.2A	0.6±0.2C
	小计	1.0±0.2C	0.7±0.2D	1.6±0.4B	2.2±0.6A	2.3±0.4A	0.8±0.3D
凋落物层	未分解	3.8±0.1.1D	5.5±1.4C	6.1±1.7B	6.7±1.5B	7.1±2.1A	7.5±1.6A
	半分解	1.2±0.2B	1.1±0.3B	1.1±0.3B	1.2±0.3B	1.2±0.4B	1.4±0.4A
	小计	5.0±1.3E	6.6±1.4D	7.2±1.8C	7.9±1.7B	8.3±2.3AB	8.9±1.8A
土壤层	0~10	28.5±3.2E	23.9±2.4F	26.3±4.2D	29.1±2.5C	46.9±3.4B	52.6±4.1A
	10~30	52.2±3.4D	52.1±5.8D	61.7±4.8C	65.1±4.6B	74.3±7.4A	72.5±6.7A
	30~50	46.1±5.1C	50.3±4.4B	45.9±4.7C	47.4±7.4BC	55.2±4.6A	57.0±4.1A
	50~100	71.4±7.4E	73.3±5.7E	88.8±8.6D	86.3±10.4C	102.3±12.3B	109.9±10.3A
	小计	198.2±12.4E	199.6±10.3E	222.7±11.4D	227.9±13.2C	278.7±17.3B	292.0±16.4A
地上生态系统		71.7±14.2E	83.8±12.4D	95.3±14.2C	105.0±17.6B	134.4±18.8A	135.8±20.4A
地下生态系统		211.7±20.4F	216.2±17.8E	243.7±19.4D	252.0±21.3C	311.3±25.6B	324.3±27.3A
生态系统		283.4±30.4F	300.0±34.1E	339.0±33.7D	357.0±29.8C	445.7±37.1B	460.1±36.4A

注：同一行内不同大写字母表示林龄间各成分间有显著的两两差异($P<0.05$)。

第三节　马尾松、红锥、火力楠和米老排人工林土壤碳固持及主要过程

一、研究区域和方法

(一)研究区域概况

研究区域位于广西西南部的中国林业科学研究院热带林业实验中心伏波实验林场(22°10′N，106°50′E)。选取位置邻近，且具有相似地形、土壤质地、林龄和经营历史的马尾松人工林、红锥人工林、火力楠人工林和米老排人工林4种林分。马尾松为喜光、深根性树种，不耐庇荫，喜温暖湿润气候，能生于干旱、贫瘠的红壤、石砾土及沙质土，或生于岩石缝中，为荒山恢复森林的先锋树种，是我国亚热带地区分布最为广泛的树种之一。红锥、火力楠和米老排是我国亚热带地区主要的珍贵阔叶乡土造林树种。

4种人工林栽培于1983年，之前是杉木纯林的皆伐林地。海拔均处于550 m左右，林分面积在2.5~6.8 hm²，坡位中上，坡面较为平坦。历史上，该研究区的主要森林类型是南亚热带常绿阔叶林，于20世纪50年代采伐后营造杉木人工纯林。马尾松、红锥、火力楠和米老排4种人工林分的主要特征见表8-6。

表8-6　4种人工林分的主要特征

人工林类型	胸径(cm)	树高(m)	密度(株/hm²)	坡向	坡度(°)
马尾松	24.6	17.2	404	偏北	18
红锥	24.9	17.8	415	偏南	18
火力楠	22.9	20.1	449	偏北	15
米老排	25.8	22.6	470	偏北	20

(二)土壤碳储量和化学组成测定

在马尾松、红锥、火力楠和米老排4种人工林类型中的每个类型中，随机设置了5个20 m × 20 m的样方。剥离林下土壤上表面的新鲜和半分解的凋落物残体后，用内径为8.7 cm的不锈钢土钻取0~30 cm深的土壤样品，并分为0~10 cm、10~20 cm和20~30 cm三个土层。其中0~10 cm土层包括了非常薄的土壤有机质层。以此方法

在每个样方中随机钻取 6 钻土样,分层后分别制成混合样品装袋保存。随后将土壤样品带回实验室过 2 mm 孔径筛以去除粗根、瓦砾等杂质,并研磨过细筛后保存于室温下,以待化学分析。同时在每个样方中随机挖 6 个土壤剖面,分为 0~10 cm、10~20 cm 和 20~30 cm 三个土层,用土壤环刀取样,带回实验室分析土壤容重。

在每个样方中随机设置 5 个由尼龙纱网(孔径 1 mm)制成的 1 m × 1 m 的凋落物收集器。每月收集一次凋落物,分类挑选拣出叶、枝和果实各部分,并经过 65 ℃ 烘干至恒重后称重(Fang et al., 2007)。

细根生物量通过连续土钻法测定。0~10 cm 土层的细根(直径小于 2 mm)样品采用直径 8.7 cm 的不锈钢土钻钻取挑选分拣收集。在每个样方中每两月随机钻取 12 钻土壤样品仔细分拣出细根,全年共收集 6 次细根样品(Hendricks et al., 2006)。利用 Vogt 和 Persson 描述的方法分辨分拣出活根和死根(Vogt et al., 1991),并经过 65 ℃ 烘干至恒重后称重。根据全年不同取样时间的死根残体量和活根生物量的变化估算细根生产力(Fairley et al., 1985)。

土壤、凋落物叶和细根样品的有机碳采用重铬酸钾外加热法测定(Nelson et al., 1996),全氮用凯式定氮法测定(Bremner, 1996)。土壤经过 1mol/L KCl 溶液浸提后,pH 值采用玻璃电极测定。土壤可交换铝和铁离子采用 ICP 质谱仪测定(IRIS Intrepid II XSP, Thermo Electric Co., USA)。土壤容重用环刀法测定。

4 种人工林类型 0~10 cm 土层的土壤样品采用 ^{13}C 固体核磁共振波谱(^{13}C CPMAS NMR)分析有机碳不同组分的比例。进行 ^{13}C 固体核磁共振分析前,土壤样品由 10% 的氢氟酸进行预处理(Schmidt et al., 1997)。大约 10 g 土壤样品与 50 ml 氢氟酸混合振荡 2 h,之后以每分钟 3000 转的转速离心 10 min,将上清液去除。上述过程重复 5 次。残余沉积物经 50 ml 去离子水反复清洗 5 次后,以去除残留的氢氟酸,用冷冻干燥机冻干待用。采用 10% 氢氟酸预处理土壤样品可以去除样品中大部分 Fe^{3+} 和 Mn^{2+} 离子,并提高土壤有机碳浓度,从而增加 ^{13}C 固体核磁共振分析的信噪比(Schmidt et al., 1997)。土壤样品采用德国产 Bruker AVANCE III 400 型 ^{13}C 固体核磁共振波谱分析仪测定。仪器频率为 100.64 MHz。采用 7mm ZrO_2 探头,扫描次数为 20000 次。化学位移基准值参考在 176.03 mg/g 处甘氨酸。 ^{13}C 固体核磁共振波谱被分为 4 组化学位移区域,以此区分土壤有机碳的不同组分(Kögel-Knabner, 2002; Spielvogel et al., 2006):0~45 mg/g 烷基碳(脂类、角质和软木脂),45~110 mg/g 氧烷基碳(碳水化合物、纤维素和半纤维素),110~160 mg/g 芳香碳(木质素、单宁和芳香族化合物)和 160~220 mg/g 羧基碳(羧基酸、氨基酸和醌类化合物)。土壤烷基碳/氧烷基碳比值,可以表征土壤有机质的分解程度(Baldock et al., 1995)和有机质质量(Chen et al., 2004; Huang et al., 2008),在本章研究中,用作评定土壤有机碳稳定性的指标。

马尾松、红锥、火力楠和米老排 4 种人工林间土壤有机碳含量、碳储量、土壤容重、土壤有机碳各化学组分比例和土壤烷基碳/氧烷基碳比值的差异,采用单因素方差分析。均值间多重比较采用 S-N-K 检验方法。土壤有机碳储量与细根生产力、凋落物叶生产力、细根碳氮比、凋落物叶碳氮比、土壤 pH 值和土壤可交换铝和铁离子含量之间的关系，以及土壤烷基碳/氧烷基碳比值与细根碳氮比和凋落物叶碳氮比之间的关系采用线性相关分析。所有统计量均符合正态分布并满足方差同质性检验。

（三）土壤温室气体通量测定

在马尾松、红锥、火力楠和米老排人工林的每种林分中随机设置 6 个静态箱，用于温室气体的采样和分析。静态箱规格为直径 25 cm，高度 30 cm，在箱顶安装采气阀和直流小风扇（直径 8 cm）以利于取样过程中箱内气体混合均匀（Mo et al., 2008）。静态箱底圈在第一次正式取样前两三个月埋入地下 5 cm，去除底圈内所有植物的地上部分，并永久放置，以减少静态箱底圈对土壤温室气体通量的影响（Zhang et al., 2008b；Bréchet et al., 2009）。从 2008 年 10 月到 2009 年 9 月每月中旬选择一天在上午 9：00~10：00 间在马尾松、红锥、火力楠和米老排 4 种人工林内同时完成一次取样工作以利于比较 4 种林分温室气体通量的差异，并以此时测定值代表日平均气体交换通量（Tang et al., 2006；Mo et al., 2008）。每次取样采用医用针管从静态箱抽取 100 ml 气样，同时用秒表计时，30 分钟内每隔 15 分钟抽取一次气样，注射到复合聚乙烯铝膜采样袋中密封低温保存运回实验室待测。气体样品用气相色谱仪（Agilent 4890D，Agilent Co.，Santa Clara，CA，USA）测定其 N_2O、CH_4 和 CO_2 的浓度（Wang et al., 2003）。N_2O、CH_4 和 CO_2 通量计算：N_2O、CH_4 和 CO_2 通量（F）指单位时间单位面积观测箱内该气体的质量变化。公式：

$$F = \rho \times \frac{V}{A} \times \frac{P}{P_0} \times \frac{T_0}{T} \times \frac{dC_1}{dt} \tag{8-2}$$

式中，ρ 为标准状态下被测气体的密度；V 为箱内气体体积；A 为箱子覆盖的面积；P 为采样点的大气压；T 为采样时的绝对温度；dC_1/dt 为采样时气体浓度随时间变化的直线斜率；P_0 和 T_0 分别为标准状态下的标准大气压和绝对温度。

气温和大气压强在取样的同时分别用温度计和气压计测定。土壤 5 cm 深的温度用便携式数字温度计测定。土壤 5 cm 深度的湿度（体积含水率）用 MPKit 湿度计测定，测定值转换为水填充空隙湿度值（WFPS），公式：

$$WFPS = \frac{Vol}{1 - \dfrac{bd}{2.65}} \tag{8-3}$$

式中，Vol 为体积含水率（%）；bd 为土壤容重（g/cm³）；2.65 为石英密度（g/cm³）。

在马尾松、红锥、火力楠和米老排 4 种人工林分中每个静态箱外附近林地，剥离土壤上表面的新鲜和半分解的凋落物残体后，用内径为 8.7 cm 的不锈钢土钻随机取 0~20 cm 深的 6 钻土样，制成混合样品装袋保存。随后将土壤样品带回实验室过 2 mm 孔径筛以去除粗根、瓦砾等杂质，并保存于室温（25℃），用于理化分析。

采用回归模型分析马尾松、红锥、火力楠和米老排 4 个林分土壤温室气体通量与土壤温度和土壤湿度的相关关系。采用多元线性逐步回归分析马尾松、红锥、火力楠和米老排 4 个树种间土壤温室气体通量差异的主要控制因子。年平均土壤 N_2O 通量作为因变量，土壤 pH 值、平均 WFPS、全氮、铵态氮和硝态氮、凋落物叶与土壤的碳氮比作为自变量，输入回归模型分析 4 个树种间土壤 N_2O 通量差异的主要控制因子。年平均土壤 CH_4 通量作为因变量，平均土壤 CO_2 通量、平均 *WFPS*、pH 值、铵态氮和硝态氮作为自变量，输入回归模型分析 4 个树种间土壤 CH_4 通量差异的主要控制因子。年平均土壤 CO_2 通量作为因变量，细根生物量、凋落物叶量、土壤 pH 值、平均 *WFPS*、总有机碳、全氮、凋落物叶与土壤碳氮比作为自变量，输入回归模型分析 4 个树种间土壤 CO_2 通量差异的主要控制因子。

(四)凋落物和细根分解测定

在马尾松、红锥、火力楠和米老排 4 个树种的各自林下内收取新鲜的凋落物叶样品。同时，在马尾松、红锥、火力楠和米老排的各自林下挖取土壤表层 0~10cm 深的新鲜细根样品。本研究选择新鲜细根作为分解试验对象是因为新鲜的细根能够最好地代表了尚未开始分解的状态(Hobbie *et al.*，2010)。所有的凋落物叶和细根样品在空气中风干至恒重(Mo *et al.*，2006)。凋落物分解袋法在本章研究中被选用获取分解过程中的凋落物样品(Crossley *et al.*，1962)。凋落物叶分解袋的规格为孔径 1 mm，尺寸为 250 mm × 250 mm 的尼龙袋。细根分解袋的规格为孔径 0.3 mm，尺寸为 100 mm × 100 mm 的尼龙袋。在每个凋落物叶分解袋中装入 12 g 风干重的凋落物叶样品，在每个细根分解袋中装入 1 g 风干重的细根样品。

在马尾松、红锥、火力楠和米老排 4 种人工林类型的每个类型中，随机设置了 5 个 20 m × 20 m 的样方。各个树种装好袋的凋落物叶样品在同一天被放回到初始样地中，各个树种装好袋的细根样品同样在同一天被埋回初始的样地的 0~10 cm 土层中，细根分解袋 45 °倾斜埋入土壤以利于细根样品与土壤表面充分接触(Ostertag *et al.*，2008)。2008 年 9 月至 2009 年 9 月间，每隔 3 个月从马尾松、红锥、火力楠和米老排各自样地中随机的取回部分凋落物叶和细根分解袋。在每一个取样时间点，从每一个样方内取回 8 个凋落物叶分解袋和 10 个细根分解袋。使用镊子小心地将吸附于分解袋里分解中的凋落物叶和细根样品表面的土壤颗粒移除，并将处理干净的凋落物叶和细根样品放入 50 ℃烘箱 48h 后称重(Ostertag *et al.*，2008)。随后将样品磨粉过筛，待化学分析。取出部分初始和分解过程中的凋落物叶和细根样品经 105℃烘干，本章研究中全部结果以 105℃为基准。每种人工林下地表层土壤温度和湿度在凋落物分解试验期间的每个月测定 1 次。土壤温度用便携式数字温度计测定。土壤湿度用 MPKit 湿度计测定(Tang *et al.*，2006)。

凋落物叶和细根样品的总有机碳采用重铬酸钾外加热法测定(Nelson *et al.*，1996)；全氮采用凯式法测定(Bremner，1996)；P、Ca 和 Mn 元素采用 ICP 质谱仪分析(IRIS Intrepid II XSP，Thermo Electric Co.，USA)测定；烷基碳、氧烷基碳、芳香碳和羧基碳采用 ^{13}C 固体核磁共振(^{13}C CPMAS NMR)波谱方法分析(Bruker AVANCE III 400 spectrometer)测定(Schmidt *et al.*，1997)。

马尾松、红锥、火力楠和米老排凋落物分解质量损失系数采用单指数模型计算(Olson，1963)，$X / X_0 = e^{-kt}$，X / X_0 是分解时间 t 时刻的凋落物残体的质量分数，X 为分解时间 t 时刻的残体质量，X_0 为初始凋落物质量，e 为自然对数的底，k 为分解系数，t 为分解时间（3，6，9，12 个月）。最大 N 固定值是指凋落物叶或细根分解过程中 N 浓度增加的最大值。采用单因素方差分析方法评估马尾松、红锥、火力楠和米老排 4 个树种间凋落物叶和细根的分解系数 k，以及凋落物叶和细根的最大 N 固定值的差异。均值间的多重比较分析采用 Duncan 检验。凋落物叶和细根的分解系数 k 与初始凋落物化学性质以及土壤平均温度和湿度的关系采用线性回归方法分析。细根和凋落物叶间初始化学性质的关系同样采用线性回归方法分析。

二、马尾松、红锥、火力楠和米老排人工林土壤碳储量和化学组成

在马尾松、红锥、火力楠和米老排 4 种人工林类型间，0~10 cm 土层的土壤有机碳含量和有机碳储量均存在显著差异。然而，马尾松、红锥、火力楠和米老排 4 种人工林类型间，10~20 cm 土层和 20~30 cm 土层的土壤有机碳含量和有机碳储量均差异不显著。

在 0~10 cm 土层，马尾松人工林的土壤有机碳含量和有机碳储量显著低于红锥、火力楠和米老排 3 种阔叶人工林，但是红锥、火力楠和米老排 3 种阔叶人工林之间的土壤有机碳含量和有机碳储量均差异不明显。红锥、火力楠和米老排 3 种阔叶人工林土壤有机碳储量分别比马尾松人工林土壤有机碳储量高 11%、19% 和 18%。马尾松、红锥、火力楠和米老排 4 种人工林类型间，各个土层的土壤容重均无显著差异。

0~10 cm 土层的土壤有机碳被分作 4 种碳组分，分别为烷基碳、氧烷基碳、芳香碳和羧基碳。马尾松、红锥、火力楠和米老排 4 种人工林分的土壤有机碳组分比例呈现相似的格局，即氧烷基碳的组分比例最高，其次是烷基碳、芳香碳和羧基碳。4 种人工林分间，土壤羧基碳组分比例差异不显著。米老排人工林土壤芳香碳组分比例明显低于马尾松、红锥和火力楠人工林。马尾松人工林土壤烷基碳（顽固性高、不易分解的碳）组分比例显著高于红锥、火力楠和米老排 3 种阔叶人工林。3 种阔叶人工林分间，米老排人工林土壤烷基碳组分比例显著高于红锥和火力楠人工林，而红锥和火力楠人工林之间的土壤烷基碳组分比例差异不明显。

土壤氧烷基碳（不稳定、容易分解的碳）组分比例呈现相反的规律。马尾松人工林土壤氧烷基碳组分比例显著低于红锥、火力楠和米老排 3 种阔叶人工林，而 3 种阔叶人工林间的土壤氧烷基碳组分比例差异不显著。马尾松人工林土壤烷基碳/氧烷基碳比值显著高于红锥、火力楠和米老排 3 种阔叶人工林。3 种阔叶人工林之间，米老排人工林土壤烷基碳/氧烷基碳比值显著高于红锥和火力楠人工林，而红锥和火力楠人工林之间的烷基碳/氧烷基碳比值差异不明显。

马尾松、红锥、火力楠和米老排 4 种人工林分间，0~10 cm 土层的土壤有机碳储量与细根生产力呈显著正相关关系。土壤有机碳储量与细根碳氮比呈显著负相关关系。然而，土壤有机碳储量与凋落物叶生产力、凋落物叶碳氮比、土壤 pH 值和土壤可交换铝和铁含量无明显的相关关系。土壤烷基碳/氧烷基碳比值与细根碳氮比和凋

落物叶碳氮比均呈显著正相关关系。

本研究中,马尾松人工林 0~10 cm 土层土壤有机碳含量和碳储量均显著低于任何一种阔叶人工林。这一结果表明不同造林树种对土壤有机碳储量有显著影响,针叶林土壤有机碳储量低于阔叶林。关于 6 种热带树种间土壤有机碳储量差异的研究表明,针叶树种土壤表层 0~15 cm 的土壤有机碳储量相对低于阔叶树种(Russell *et al.*,2007)。然而,在一些有关温带森林的研究报道中,针叶树种的土壤有机碳储量通常高于阔叶树种(Augusto *et al.*,2002;Ladegaard-Pedersen *et al.*,2005;Kasel *et al.*,2007;Schulp *et al.*,2008)。尽管上述研究均表明不同树种对土壤有机碳储量有显著影响,但是关于针叶和阔叶树种对土壤有机碳的影响的研究目前没有得到一致性的结论。本研究所取得结果为南亚热带阔叶树种相对于针叶树种能够在土壤中积累更多的有机碳提供了数据支持,尽管本研究只包括马尾松一种针叶树。

不同树种可通过多种方式改变土壤有机碳储量,包括凋落物输入和根系周转(Chen *et al.*,2004;Jandl *et al.*,2007),凋落物质量(Vesterdal *et al.*,2008)和土壤化学(Blagodatskaya *et al.*,1998;Mulder *et al.*,2001;Beets *et al.*,2002)。增加林地的有机碳输入并且减少有机碳分解能够提高土壤有机碳积累(Jandl *et al.*,2007)。本研究中,马尾松人工林土壤 0~10 cm 土层细根生产力低于红锥人工林、火力楠人工林和米老排人工林土壤 0~10 cm 土层细根生产力。不同树种间,土壤有机碳储量与细根生产力呈正相关关系。本章这一研究结果与其他研究一致(Norby *et al.*,2004;Russell *et al.*,2004;Russell *et al.*,2007),表明了细根的输入促进了森林土壤有机碳的积累。长期的地表残余物管理的研究也表明,相比于根系,地表残余物输入对土壤有机碳的影响较为有限(Rasse *et al.*,2005)。

本研究表明,阔叶人工林比马尾松人工林具有较高的土壤有机碳储量归因于根系生产力的影响。除了细根碳输入的增加,细根还可以通过如下两种土壤碳的保护机制提高土壤有机碳的积累:①植物的根系组织与土壤矿物质紧密的相互作用是对保护根系碳的特异化途径(Balesdent *et al.*,1996;Oades,1995);②根系释放的有机物质可以促进土壤颗粒团聚体的形成(Jastrow *et al.*,1998;Tisdali *et al.*,1979)。其次,本研究结果显示,土壤有机碳储量与细根碳氮比呈显著负相关关系。由于具有较低碳氮比的分解底物质量较碳氮比较高的底物好,并且碳氮比较低的分解底物中的碳向矿质土壤转化速率会更快(Berg,2000;Chen *et al.*,2004),因此,碳氮比作为表征凋落物叶和细根质量的指标,不同树种凋落物叶和细根的碳氮比可以用来评价不同树种间土壤有机碳的差异。与土壤有机碳储量和细根生产力的关系相反,本研究中土壤有机碳储量与凋落物叶生产力和凋落物叶碳氮比均没有显著相关关系。这些结果说明影响本章研究中土壤有机碳储量的主要因素是细根的输入,而不是地上凋落物叶的输入。土壤碳储量与土壤 pH 值和土壤可交换铝和铁含量无显著相关关系说明土壤 pH 值和可交换铝和铁含量两类土壤化学性质不能解释本研究中马尾松、红锥、火力楠和米老排4 个树种间土壤碳储量的差异。

土壤有机碳化学结构随人工林类型的改变而变化。马尾松人工林土壤表层 0~10 cm

烷基碳组分比例明显高于任何一种阔叶人工林。马尾松人工林土壤表层 0～10 cm 烷基碳/氧烷基碳比值也明显高于任何一种阔叶人工林。研究结果说明马尾松人工林表层土壤积累的有机碳的顽固性组分比例高于 3 种阔叶人工林。并且由于土壤烷基碳/氧烷基碳比值可以作为表征有机质分解程度和土壤有机碳质量的指标，因此，研究结果说明马尾松人工林表层土壤有机碳的相对稳定性要高于 3 种阔叶人工林。前人的研究结果同样说明在温带地区松林的表层土壤烷基碳组分比例明显高于栎林和自然林，氧烷基碳组分明显比例低于栎林和自然林（Quideau et al. ，2001；Chen et al. ，2004）。

　　不同树种对土壤有机碳化学组分的影响主要归因于不同凋落物的化学结构和不同林分土壤微生物的群落组成的差异（Oades et al. ，1988；Quideau et al. ，2001）。先前的研究已表明凋落物质量与土壤微生物量和活性呈显著正相关关系（Zhang et al. ，1995），因此，凋落物的碳氮比作为表征凋落物质量的指标与土壤微生物量和活性也可能存在相关性。另据报道，较低的土壤微生物量和活性会抑制土壤烷基碳的降解（Chen et al. ，2004）。本研究中，细根和凋落物叶的碳氮比均与土壤烷基碳/氧烷基碳比值呈显著正相关关系。因此，细根和凋落物叶的碳氮比作为表征土壤微生物量和活性的指标，可用作解释 4 种南亚热带树种间土壤有机碳化学结构差异的潜在原因之一。其次，近期的研究结果表明土壤中烷基碳组分的积累，促进了土壤中稳定碳库的形成（Lorenz et al. ，2007）。土壤有机碳与土壤矿物表面的相互作用是土壤有机碳固持的主要机制（Lützow et al. ，2006）。因此，本研究中，马尾松人工林的土壤烷基碳组分比例和土壤烷基碳/氧烷基碳比值高于 3 种阔叶人工林的原因可能是因为马尾松人工林土壤比 3 种阔叶人工林土壤具有更高的通过将有机碳吸附于矿质表面并形成有机-矿物复合物的方式，固持脂肪类有机质或代谢产物的能力。此外，针叶树种的凋落物中蜡质和角质的含量通常较高，并且松针中的脂肪类化合物含量一般多于阔叶（Crow et al. ，2009；Baldock et al. ，1997）。因此，凋落物的初始化学结构组分也是马尾松人工林土壤烷基碳组分比例和土壤烷基碳/氧烷基碳比值显著高于 3 种阔叶人工林的潜在原因之一。本研究结果说明不同树种可以在分子水平影响土壤有机碳固持，其他研究也得到相似的结果（Spielvogel et al. ，2006；Huang et al. ，2008）。目前多数研究仅关注了不同植被类型对土壤有机碳库的绝对数量的影响，而对分子水平的土壤有机碳结构组分的变化的关注较少（Russell et al. ，2007；Mareschal et al. ，2009）。土壤有机碳内在的分子结构的变化会对森林生态系统的碳、氮循环以及土壤可持续碳固持潜力产生重要的影响。

　　土壤的固碳能力是筛选造林树种的重要指标。阔叶树种的土壤有机碳储量高于针叶树种，细根生产力较高或者细根碳氮比较低的树种能够增加南亚热带人工林系统的土壤有机碳储量。然而，土壤有机碳稳定性的提高同样对增强人工林生态系统适应自然或人为干扰能力非常重要。土壤有机碳化学组分的分析结果说明针叶树种土壤有机碳的稳定性高于阔叶树种，细根和凋落物叶碳氮比较低的树种能够增强南亚热带人工林土壤有机碳的稳定性。因此，在我国南亚热带地区，针叶树种与阔叶树种应该均衡发展，发挥不同树种的优势，以提高土壤碳的可持续固持。

三、马尾松、红锥、火力楠和米老排人工林土壤温室气体通量

马尾松、红锥、火力楠和米老排4个林分的土壤温度和土壤WFPS的季节变化明显。在2008年10月到2009年3月间的土壤温度较低并且较为干燥，而在2009年4~9月的土壤温度较高并且较为湿润(图8-11)。2008年11月的取样期较为特殊，是干冷季节中的一个短暂的湿润期。

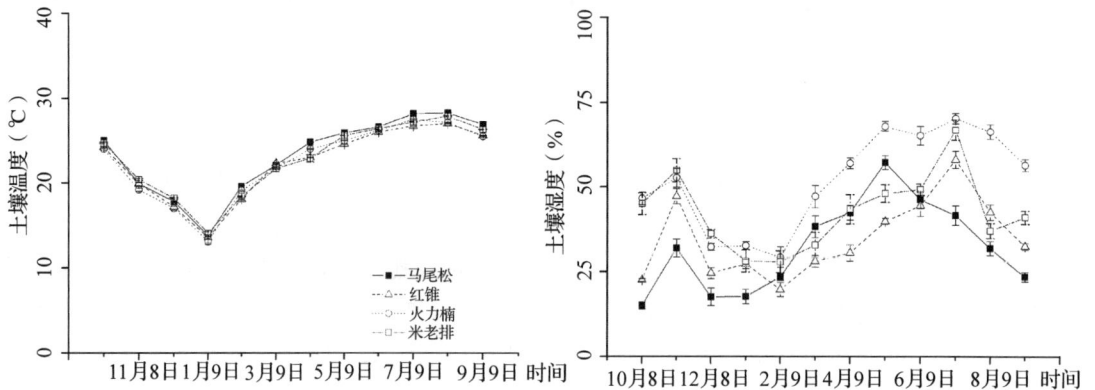

图8-11 4种人工林土壤温度和土壤湿度季节格局(2008年10月至2009年3月)

马尾松、红锥、火力楠和米老排4个林分的土壤N_2O和CO_2排放速率表现出明显的季节变化，湿热季节中8月的排放速率最高，而干冷季节中1月的排放速率最低(图8-12)。然而，马尾松、红锥、火力楠和米老排4个林分的土壤CH_4吸收速率没有表现出明显的季节变化。

马尾松、红锥、火力楠和米老排人工林土壤CO_2排放速率的季节动态均与土壤温度和土壤WFPS呈明显的正相关关系(图8-13)。马尾松、红锥、火力楠和米老排人工林土壤N_2O排放速率的季节动态均与土壤温度也呈明显的正相关关系，但是土壤N_2O排放速率的季节动态与土壤WFPS的正相关关系仅表现在红锥和火力楠人工林。马尾松、红锥、火力楠和米老排人工林土壤CH_4通量的季节动态均与土壤WFPS呈明显的正相关关系，也就是说，马尾松、红锥、火力楠和米老排人工林土壤CH_4吸收速率均随土壤WFPS的季节性增加而降低。

马尾松、红锥、火力楠和米老排4个树种间的年平均土壤N_2O排放速率差异明显。马尾松人工林的年平均土壤N_2O排放速率最低，其次是火力楠、红锥和米老排人工林。马尾松人工林的年平均土壤N_2O排放速率比火力楠、红锥和米老排3种阔叶人工林年平均土壤N_2O排放速率的平均值低31%。

马尾松、红锥、火力楠和米老排4个树种间的年平均土壤CH_4吸收速率差异明显。马尾松人工林的年平均土壤CH_4吸收速率最高，其次是米老排、红锥和火力楠人工林。马尾松人工林的年平均土壤CH_4吸收速率比米老排、红锥和火力楠3种阔叶人

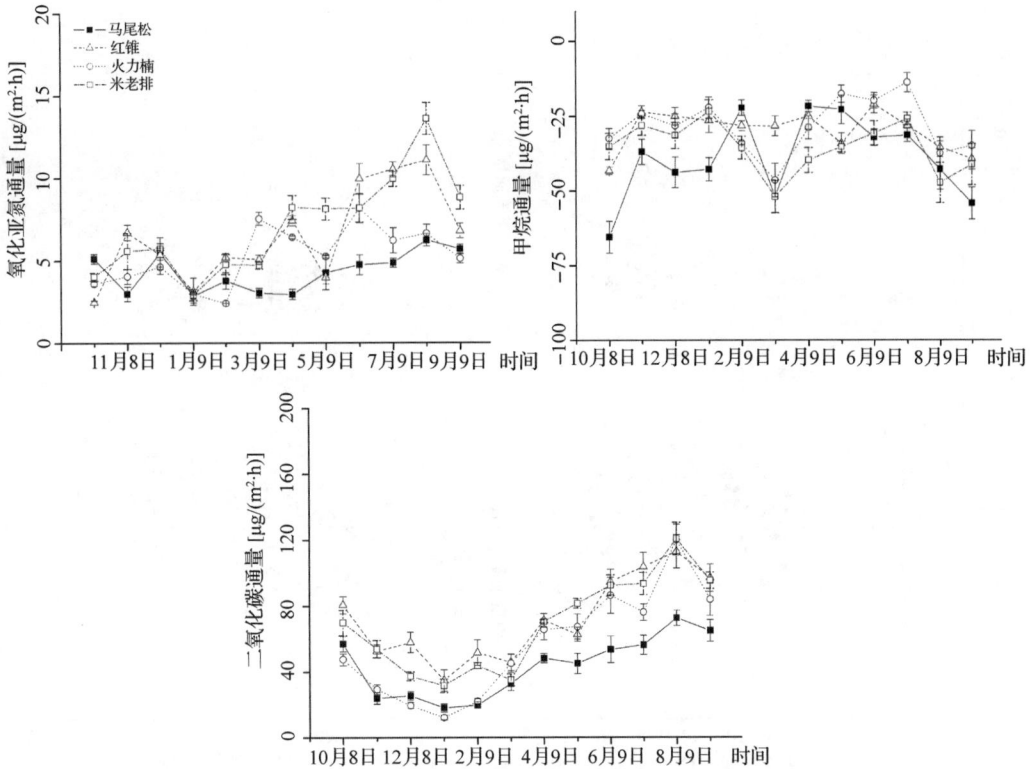

图 8-12　4 种人工林 3 种土壤温室气体通量季节格局(2008 年 10 月至 2009 年 3 月)

工林年平均土壤 N_2O 排放速率的平均值高 29%。马尾松、红锥、火力楠和米老排 4 个树种间的年平均土壤 CO_2 排放速率同样差异明显。马尾松人工林的年平均土壤 CO_2 排放速率最低，其次是火力楠、米老排和红锥人工林。马尾松人工林的年平均土壤 CO_2 排放速率比火力楠、红锥和米老排 3 种阔叶人工林年平均土壤 N_2O 排放速率的平均值低 34 %。通过建立第一个多元线性逐步回归方程用来解释 4 种不同树种间平均土壤 N_2O 排放速率差异。树种间年平均土壤 N_2O 排放速率差异的多元逐步回归模型结果显示，凋落物叶碳氮比与土壤氮储量作为自变量能够解释树种间年平均土壤 N_2O 排放速率差异的 57%($R^2 = 0.57$; $p < 0.001$，表 8-7)。其他自变量，例如土壤 pH 值和土壤无机氮含量等由于对模型的贡献不显著或者多重共线性而没有被选入模型。凋落物叶碳氮比与年平均土壤 N_2O 排放速率呈负相关关系，而土壤氮储量与年平均土壤 N_2O 排放速率呈正相关关系。树种间年平均土壤 CH_4 吸收速率差异的多元逐步回归模型结果显示，平均土壤 CO_2 排放速率和平均土壤 WFPS 作为自变量能够解释树种间年平均土壤 N_2O 排放速率差异的 63%($R^2 = 0.63$; $p < 0.001$)。平均土壤 CO_2 排放速率和平均土壤 WFPS 均与年平均土壤 CH_4 通量呈负相关关系，也就是说，年平均土壤 CH_4 吸收速率随着树种间土壤呼吸速率和土壤湿度的增加而下降。树种间年平均土壤 CO_2 排放速率差异的多元逐步回归模型结果显示，凋落物叶碳氮比作为唯一的自变量能够解释树种间年平均土壤 CO_2 排放速率差异的 67%($R^2 = 0.67$; $p < 0.001$)。凋落物叶碳氮比与

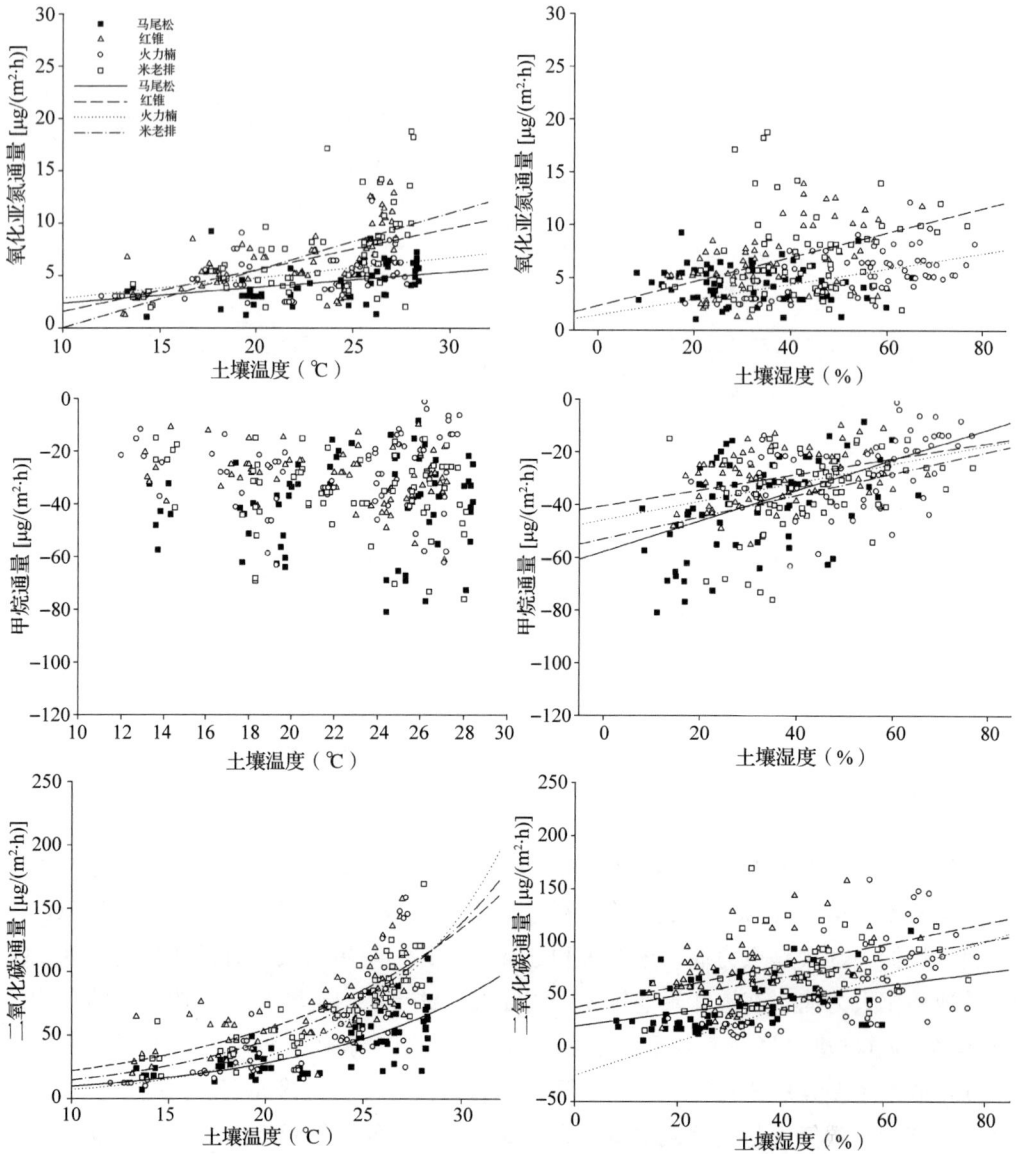

图 8-13　4 种人工林土壤温室气体与土壤温度和湿度的相关关系

年平均土壤 CO_2 排放速率呈负相关关系。

表 8-7　土壤温室气体的排放速率多元线性回归模型

参数	模型
	氧化亚氮通量 $[\mu g\ N/(m^2\ h)]$ (Y_1)
凋落物叶碳氮比 (X_1) 土壤氮储量 (Mg/hm^2) (X_2)	$Y_1 = -0.08X_1 + 1.31X_2 + 5.2$　$R^2 = 0.57$　$P < 0.001$
	甲烷通量 CH_4 flux$[\mu g\ C/(m^2 \cdot h)]$ (Y_2)

（续）

参数	模型
平均二氧化碳通量$[mg\ C/(m^2 \cdot h)](X_3)$ 平均水填充空隙湿度值(%)(X_4)	$Y_2=0.21X_3+0.33X_4-58.4$　　$R^2=0.63$　　$P<0.001$
	二氧化碳通量$[mg\ C/(m^2 \cdot h)](Y_3)$
凋落物叶碳氮比(X_5)	$Y_3=-1.48X_5+122.8$　　$R^2=0.67$　　$P<0.001$

表 8-7 中马尾松、红锥、火力楠和米老排每种林分内不同的土壤温室气体取样点的年平均土壤温室气体通量变异系数的分析结果表明，每种林分内不同土壤温室气体取样点之间的空间异质性较小。因此，取样点的布置能够反映出树种间土壤温室气体通量的差异。马尾松、红锥、火力楠和米老排人工林内不同的取样点间的年平均土壤 N_2O 排放速率、CH_4 吸收速率和 CO_2 排放速率的变异系数分别为 8%~22%、4%~12% 和 7%~19%，平均值分别为 13%、9% 和 12%，分别低于先前南亚热带森林研究中取样点间土壤温室气体通量的变异系数 18%、18% 和 16%（Tang et al.，2006）。

土壤温室气体的取样频率为每月取样一次，此种取样频率可能会导致对年平均土壤温室气体通量的估算产生误差，因为取样间隔过大有可能会错过某些气体通量变化较大的时间段，如雨季中土壤温室气体通量的变化较快。例如，已有研究结果表明气温、湿度和气压等气象指标的变化会对土壤呼吸产生较大的影响（Gu et al.，1999）。尽管如此，与本章研究相近的取样频率在先前相似的研究中经常被采用（Bréchet et al.，2009；Verchot et al.，1999；Fang et al.，2009；Valverde-Barrantes，2007；Mo et al.，2008）。并且本研究的主要目标之一是比较树种间土壤温室气体通量的差异。因此，本研究中所选取的取样频率可以满足研究目的所需。

马尾松、红锥、火力楠和米老排 4 种南亚热带人工林土壤 N_2O 排放速率平均为 5.8 μg N/（$m^2 \cdot h$），与其他森林生态系统的研究结果相近（Rosenkranz et al.，2006；Livesley et al.，2009），但是低于北半球受氮沉降影响较为严重的森林、一些热带雨林和北方森林的研究结果（Tang et al.，2006；Hall et al.，2004；Werner et al.，2007）。已有的研究表明，在我国华南地区，随着工农业活动的快速扩张，大气中的氮沉降速率较高，并且大量的氮输入引起了土壤中活性氮含量富集，导致了该地区土壤 N_2O 排放较高（Zhang et al.，2008a）。然而，本研究区位于我国华南地区相对不发达的地区（王新哲等，2007），大气氮沉降的速率达不到华南地区发达地区的水平。因此，本章研究中较低的土壤 N_2O 排放可能是由较低的土壤氮状态所致。马尾松、红锥、火力楠和米老排 4 种人工林分土壤 N_2O 排放速率的季节变化主要归因于土壤温度和湿度随季节的变化。在其他南亚热带森林的研究结果也说明了，土壤 N_2O 排放速率随土壤温度和湿度的升高而增加（Tang et al.，2006；Liu et al.，2008）。

马尾松人工林土壤 N_2O 排放速率[4.3 μg N/（$m^2 \cdot h$）]低于任一种阔叶人工林[5.3~7.0 μg N/（$m^2 \cdot h$）]，与之前针、阔叶森林土壤 N_2O 通量的对比研究的结果相一致（Butterbach-Bahl et al.，2002；Tang et al.，2006；Borken et al.，2006；Pilegaard

$et\ al.$，2006）。本研究结果反映了不同南亚热带树种对土壤 N_2O 排放速率有影响。

土壤 N_2O 排放速率通常主要受土壤 pH 值（Stevens $et\ al.$，1997）、土壤湿度（Verchot $et\ al.$，1999；Merino $et\ al.$，2004）、土壤碳和氮储量（Li $et\ al.$，2005a）、土壤无机氮含量（Merino $et\ al.$，2004）和土壤、凋落物碳氮比的影响（Booth $et\ al.$，2005；Werner $et\ al.$，2007）。本研究中，树种间土壤 N_2O 排放速率的差异主要归因于树种间凋落物叶碳氮比的差异和土壤氮储量的差异。已有研究结果表明，森林土壤 N_2O 排放速率与总硝化速率（Ambus $et\ al.$，2006）和凋落物碳氮比有关，因为凋落物碳氮比很大程度上影响土壤硝化过程（Erickson $et\ al.$，2002）。凋落物碳氮比的变化能够明显地改变土壤含氮温室气体通量（Werner $et\ al.$，2007），并且 Davidson 等（2000）提出凋落物碳氮比可以作为表征生态系统氮可利用性的指标。因此，土壤 N_2O 排放速率的降低可归因于氮循环速率的下降。土壤氮储量作为解释本研究中林分间土壤 N_2O 排放速率差异的原因与前人在北方森林（Regina $et\ al.$，1996）和亚热带森林（Zhang $et\ al.$，2008a）的研究结果相一致。马尾松人工林土壤 N_2O 排放速率低于 3 种阔叶人工林的主要原因是马尾松凋落物叶的碳氮比较高，并且土壤氮储量较低。树种间凋落物质量、有机质层形态以及根系的差异能够明显改变土壤 N_2O 排放速率（Borken $et\ al.$，2006）。研究结果表明，凋落物碳氮比较低的树种可能会增加南亚热带人工林的土壤 N_2O 排放。

马尾松、红锥、火力楠和米老排 4 种人工林分的土壤 CH_4 通量的测定结果均为负值，说明马尾松、红锥、火力楠和米老排 4 种人工林土壤均吸收大气中的 CH_4。4 种人工林分土壤 CH_4 吸收速率的平均值为 $-33.2\ \mu g\ C/(m^2 \cdot h)$，与其他森林的研究结果相似（Verchot $et\ al.$，2000；Borken $et\ al.$，2006；Tang $et\ al.$，2006；Fest $et\ al.$，2009），但低于生产力更高的自然林系统（Kiese $et\ al.$，2003；Merino $et\ al.$，2004；Werner $et\ al.$，2007）。本章研究中，马尾松、红锥、火力楠和米老排 4 种人工林分土壤 CH_4 吸收速率的季节变化主要归因于土壤湿度随季节的变化。在其他温带和热带森林的研究结果也说明了，土壤 CH_4 吸收速率随土壤湿度的增加而下降（Castro $et\ al.$，2000；Verchot $et\ al.$，2000）。

马尾松人工林土壤 CH_4 吸收平均速率为 $-39.0\ \mu g\ C/(m^2 \cdot h)$，高于任何一种阔叶人工林 $[-28.3 \sim -35.5\ \mu g\ C/(m^2\ h)]$，与之前针、阔叶森林土壤 CH_4 通量的对比研究的结果相一致（徐慧等，1995；McNamara $et\ al.$，2008；Livesley $et\ al.$，2009）。但是，也有一些研究结果显示阔叶林土壤 CH_4 吸收速率是针叶林的 2~3 倍（Borken $et\ al.$，2003；Tang $et\ al.$，2006；Borken $et\ al.$，2006；Jang $et\ al.$，2006）。尽管上述研究均表明不同树种对土壤 CH_4 通量有显著影响，但是关于针叶和阔叶树种对土壤 CH_4 通量影响的研究目前没有得到一致性的结论。本研究所取得结果为南亚热带针叶树种相对于阔叶树种土壤能够吸收更多的 CH_4 提供了数据支持，尽管本研究只包括马尾松一种针叶树。

土壤中 CH_4 生产和消耗过程同时发生引起了土壤-大气间 CH_4 交换。土壤中 CH_4 的生产需要甲烷细菌在厌氧环境完成，而 CH_4 的消耗需要甲烷细菌在好氧环境完成，因此土壤中含氧量成为调控 CH_4 生产和消耗主要因子(Topp *et al.*, 1997)。甲烷细菌的活性和数量受控于一些土壤性质，如土壤温度、土壤湿度、pH 值、底物可利用性和土壤剖面通气性(Verchot *et al.*, 2000; Merino *et al.*, 2004; Reay *et al.*, 2004; Werner *et al.*, 2007)。本研究的结果说明树种间土壤 CH_4 吸收速率的差异主要归因于树种间土壤呼吸速率的差异和土壤湿度的差异。土壤呼吸速率过高消耗土壤中大量氧气，土壤中形成缺氧条件，导致 CH_4 生产并释放进入大气(Verchot *et al.*, 2000)。因此，当森林植被根系和土壤微生物呼吸速率较高时，土壤净吸收的 CH_4 降低。本研究中，马尾松人工林土壤 CH_4 吸收速率高于 3 种阔叶人工林的主要原因之一是马尾松人工林土壤呼吸平均速率低于 3 种阔叶人工林。其次，土壤含水量的增加会促进土壤形成缺氧环境，导致土壤对 CH_4 吸收的减少(Werner *et al.*, 2007)。因此，本研究中，马尾松人工林土壤 CH_4 吸收速率高于 3 种阔叶人工林的另一主要原因是马尾松人工林土壤湿度相对低于 3 种阔叶人工林。Ball 等人(1997)的研究同样表明，土壤湿度增加造成的土壤通气性下降，从而导致了 CH_4 向土壤表面的甲烷细菌的扩散能力受到限制。不同树种可以通过改变土壤物理化学性质或者改变土壤甲烷细菌的数量和多样性而影响土壤 CH_4 通量(Borken *et al.*, 2006)。本研究的结果表明不同的南亚热带人工林分间土壤呼吸速率的差异和土壤湿度的差异能够对土壤 CH_4 吸收速率产生影响。已有研究表明树种间生物和非生物性质的差异可以影响土壤呼吸速率(Borken *et al.*, 2005)，并且树种间林冠结构的差异和林冠–大气间相互作用的差异也可以影响土壤湿度(Borken *et al.*, 2006)。

马尾松、红锥、火力楠和米老排 4 种人工林分土壤 CO_2 排放速率的平均值为 60.2 mg C/(m² · h)，与其他温带(Wang *et al.*, 2006)、亚热带(Tang *et al.*, 2006)和热带森林(Sotta *et al.*, 2004)的研究结果相近。本章研究中，马尾松、红锥、火力楠和米老排 4 种人工林分土壤 CO_2 排放速率的季节变化主要归因于土壤温度和湿度随季节的变化。先前在亚热带森林的研究结果也说明了，土壤 CO_2 排放速率随土壤温度和湿度的升高而增加(Tang *et al.*, 2006; Sheng *et al.*, 2010)。

马尾松人工林土壤 CO_2 排放速率[43.3 mg C/(m² · h)]低于任一种阔叶人工林[56.4 ~ 72.2 mg C/(m² · h)]，与之前针、阔叶森林土壤 CO_2 通量的对比研究的结果相一致(Wang *et al.*, 2006; Tang *et al.*, 2006; Valverde-Barrantes, 2007; Livesley *et al.*, 2009)。本章研究结果反映了不同南亚热带树种对土壤 CO_2 排放速率有影响。

土壤 CO_2 排放主要是由植物根系的自养呼吸和微生物的异养呼吸两部分组成(Janssens *et al.*, 2001)。已有较多研究表明地理梯度上土壤呼吸空间变异主要归因于土壤水分含量、土壤容重、根系生物量和土壤有机质的差异(Epron *et al.*, 2006)。本研究的结果说明树种间土壤 CO_2 排放速率的差异主要由树种间凋落物叶碳氮比的差异引起。许多研究指出凋落物碳氮比作为表征底物质量的指标对调控微生物活性起重要作用，进而影响凋落物的分解(Hättenschwiler *et al.*, 2005; Xu *et al.*, 2005)。马尾松凋落物叶碳氮比高于任何一种阔叶树种，说明马尾松人工林的土壤微生物活性可能低于任何一种阔叶人工林，进而导致马尾松人工林土壤异养呼吸速率较低。McClaugherty(2003)指出木质素是抑制凋落物分解的成分，并且针叶树种凋落物中木质素的含量通常比阔叶树种高。因此，本研究中马尾松人工林土壤 CO_2 排放速率低于 3 种阔叶人工林另一主要原因很可能是马尾松凋落物木质素的含量高于 3 种阔叶树种。上述研究结果分析说明阔叶林土壤具有较高的 CO_2 排放速率主要是由于阔叶人工林土壤异养呼吸较高所致。尽管一些研究指出由土地利用变化导致的细根生物量或者凋落物输入量的减少会降低土壤呼吸(Yang et al.，2007；Sheng et al.，2010；Hertel et al.，2009)，但是细根生物量和凋落物输入量并未被引入到本研究的回归模型中，说明二者对本研究树种间土壤 CO_2 排放速率的差异的贡献较小。先前的研究报道了 16 种热带树种的土壤呼吸速率与细根生物量之间没有明显的相关关系(Bréchet et al.，2009)。Valverde-Barrantes(2007)发现土壤呼吸速率与凋落物输入量也不存在相关关系。不同树种可以通过凋落物生产力和化学性质、根系统和环境条件的差异影响土壤呼吸(Borken et al.，2005；Bréchet et al.，2009)。本研究表明，凋落物碳氮比较低的树种可能会增加南亚热带人工林的土壤 CO_2 排放。

本研究中，马尾松人工林年平均土壤 CO_2 和 N_2O 的排放速率低于任何一种阔叶人工林(红锥、火力楠和米老排)，并且马尾松人工林年平均土壤 CH_4 的吸收速率高于任何一种阔叶人工林(红锥、火力楠和米老排)。树种间土壤 N_2O 排放速率差异主要归因于树种间凋落物叶碳氮比和土壤氮储量的差异。树种间土壤 CH_4 吸收速率差异主要归因于树种间土壤呼吸速率和土壤湿度的差异。树种间土壤 CO_2 排放速率差异主要归因于树种间凋落物叶碳氮比的差异。研究结果说明，由马尾松人工林转化为红锥、火力楠和米老排人工林对减少该地区森林土壤温室气体排放的目标存在副作用。因此，在我国南亚热带地区，马尾松人工林应该与阔叶树人工林平衡发展，将来的造林树种的选择需要考虑不同树种对土壤-大气间温室气体交换的潜在影响。

四、马尾松、红锥、火力楠和米老排人工林凋落物和细根分解

马尾松、红锥、火力楠和米老排 4 个树种的凋落物叶和细根的重量在 12 个月的分解过程中分别损失了初始重量的 75%和 55%(图8-14)。马尾松、红锥、火力楠和米老排 4 个树种的凋落物叶和细根的 N 含量均在分解过程中逐渐增高。马尾松、红锥、火力楠和米老排 4 个树种的凋落物叶和细根的碳氮比在分解过程中降低。

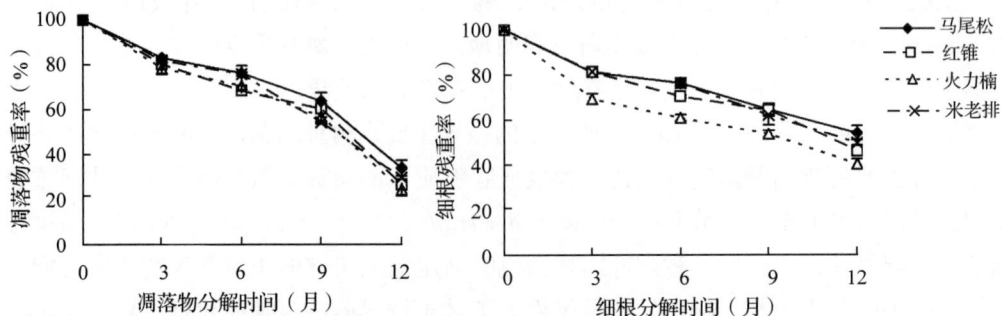

图8-14 4种人工林凋落物叶和细根分解过程重量变化

马尾松、红锥、火力楠和米老排4个树种间凋落物叶的分解系数与细根的分解系数均表现出显著差异。微环境指标和初始化学性质与凋落物分解动态存在相关关系；地表层土壤湿度与凋落物叶的分解系数呈现显著正相关关系($r=0.61$，$p<0.01$)；地表层土壤温度与凋落物叶的分解系数之间没有明显相关关系($r=-0.32$，$p=0.18$)；凋落物叶的初始 Ca 含量与与凋落物叶的分解系数呈现显著正相关关系($r=0.63$，$p<0.01$)。然而，凋落物叶的初始 Mn、P、N、烷基碳、氧烷基碳和芳香碳含量和碳氮比与凋落物叶分解系数均无明显相关关系($r_{Mn}=0.29$，$P_{Mn}=0.21$；$r_P=0.18$，$P_P=0.44$；$r_N=0.28$，$P_N=0.24$；$r_{烷基碳}=0.06$，$P_{烷基碳}=0.80$；$r_{氧烷基碳}=-0.42$，$P_{氧烷基碳}=0.07$；$r_{芳香碳}=-0.43$，$P_{芳香碳}=0.07$；$r_{C/N}=-0.41$，$P_{C/N}=0.07$)。

地表层土壤湿度与细根分解系数同样呈现显著的正相关关系($r=0.87$，$P<0.01$)。地表层土壤温度与细根分解系数无明显相关关系($r=-0.28$，$p=0.24$)。细根的初始 Ca、P 和 N 含量与细根分解系数呈显著正相关关系($r_{Ca}=0.88$，$P_{Ca}<0.001$；$r_P=0.87$，$P_P<0.001$；$r_N=0.92$，$P_N<0.001$)。细根初始的碳氮比和芳香碳含量与细根分解系数呈显著的负相关关系($r_{C/N}=-0.91$，$P_{C/N}<0.001$；$r_{aromatic}=-0.73$，$P_{aromatic}<0.001$)。然而，细根初始的 Mn、烷基碳和氧烷基碳含量与细根分解系数相关关系不明显($r_{Mn}=-0.09$，$P_{Mn}=0.70$；$r_{alkyl}=0.44$，$P_{alkyl}=0.06$；$r_{O-alkyl}=-0.42$，$P_{O-alkyl}=0.07$)。

马尾松、红锥、火力楠和米老排4种南亚热带树种的凋落物叶分解系数与细根分解系数呈显著的正相关关系(图 8-15)($R^2=0.44$，$P=0.01$)。马尾松、红锥和米老排的凋落物叶分解系数分别相对高于它们的细根分解系数，而火力楠的凋落物叶分解系数与细根分解系数接近。4个树种的凋落物叶和细根间大多数的初始化学性质彼此无明显相关关系，只有凋落物叶和细根间的 Ca 和氧烷基碳含量呈现显著的正相关关系。

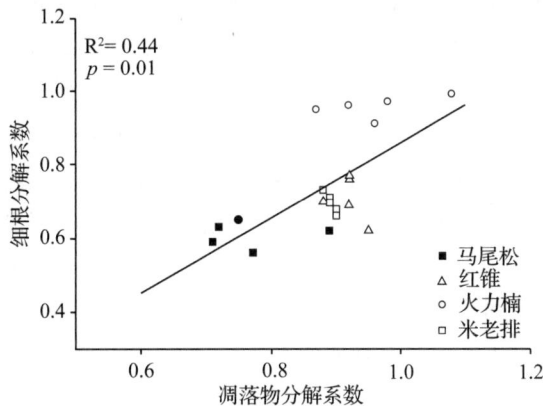

图 8-15　凋落物叶和细根分解速率相关关系

树种间凋落物叶分解过程中最大的 N 固定值差异明显($p<0.01$)。树种间细根分解过程中最大的 N 固定值同样差异明显($p<0.01$)。4种南亚热带树种的凋落物叶在分解过程中最大的 N 固定值与细根在分解过程中最大的 N 固定值的相关关系不明显($r=0.25$，$p=0.28$)。细根的最大 N 固定值与细根初始的 N 含量呈显著负相关关系($r=-$

0.76，$p<0.001$），即高 N 含量的细根在分解过程中固定 N 的能力弱于低 N 含量的细根。凋落物叶的最大 N 固定值与凋落物叶初始的 N 含量也表现为显著负相关关系（$r=-0.58$，$p<0.01$）。

马尾松、红锥、火力楠和米老排 4 个树种之间凋落物叶或细根分解速率的差异均与土壤温度无明显相关关系。然而，4 个树种之间凋落物叶或细根分解速率的差异均与土壤湿度呈显著正相关关系。该结果与先前的研究相一致（Cusack et al.，2009）。凋落物叶或细根分解速率与土壤湿度的正相关性说明了土壤水分对植物残体分解的重要性。Cusack 等（2009）在热带森林的研究同样发现与降水有关的环境因子是预测凋落物叶和根系早期阶段分解的的重要指标。森林中凋落物分解与湿度条件的相关性很可能说明了可溶性化合物的物理淋溶作用和微生物活性对凋落物分解起着重要作用（Cleveland et al.，2004；郭剑芬等，2006）。Hobbie et al.（2010）提出湿度的增加可以通过提高淋溶作用和微生物活性，以及微生物对分解过程中的凋落物的腐殖作用而加快凋落物在分解过程中的重量损失。但是，严重的干旱和土壤水分饱和可能会限制分解者的生长和活性并由此降低了凋落物分解速率（Schuur，2001；Cusack et al.，2009）。不同树种由于林冠层结构以及冠层与大气间相互作用等方面的差异可以引起土壤湿度的较大变化（Borken et al.，2006）。

本研究凋落物叶的分解速率仅与凋落物叶初始 Ca 含量存在显著正相关关系。然而，细根的分解速率却与细根初始 Ca、N 和 P 含量存在显著正相关关系，并且也与细根初始碳氮比和芳香碳含量存在显著负相关关系。Ca 是微生物生长代谢过程的必需养分，并且真菌和细菌可以吸收并积累根系中 Ca 形成草酸盐，草酸盐是维持微生物在不利环境下生长代谢的重要成分（Grabovich et al.，1995）。其他研究同样报道 Ca 富集的树种的凋落物分解速率更高（Silver et al.，2001）。N 和 P 含量与碳氮比均是调控微生物活性的重要因子，从而影响植物细根的分解（Sinsabaugh et al.，1993；Gholz et al.，2000；Hättenschwiler et al.，2005）。其他研究的结果同样表明较高的初始 N 和 P 含量和较低的初始碳氮比能够提高根系的分解速率（Silver et al.，2001；Xu et al.，2005）。芳香碳主要来源于木质素，木质素对凋落物后期的分解速率有明显影响（Taylor et al.，1991）。Cusack 等人（2009）报道了分解速率最慢的根系中木质素的含量最高。根系化学性质不仅可以通过根系的组织元素含量的差异影响根系分解，而且能够通过根系与菌根真菌之间形成的共生体的作用对分解产生影响。Langley 和 Hungate（2003）的研究表明受到菌根真菌侵染的根系的含 N 量高于未受菌根真菌侵染的根系，因此将有可能导致根系分解的加速，但是增加的 N 含量中的大部分被顽固性较高的化合结构耦合束缚。因此，菌根真菌对根系分解速率影响的最终效果仍很难预测。

本研究中，凋落物叶与细根的分解速率存在明显的正相关关系，表明了树种对凋落物叶和细根的原位分解速率的影响非常相似。先前有关比较南亚热带树种凋落物叶和细根的原位分解速率的研究报道较为少见。本研究结果与之前在同一林分下的 11 种温带树种凋落物分解的研究结果不同，该研究结果说明凋落物叶与细根分解速率之间的相关关系不明显（Hobbie et al.，2010）。因此，本研究和前人研究结果共同表明，凋落物叶和细根分解速率之间的相关关系在原位分解和同一林分条件下存在差异。

本研究的凋落物叶和细根分解速率之间存在的明显正相关关系主要有以下原因引起。首先，土壤湿度对凋落物叶和细根的分解速率有相似的影响。土壤湿度与凋落物叶和细根的分解速率均呈正相关关系，说明土壤湿度作为重要因子能够驱动凋落物叶和细根的分解速率产生相似的格局。其次，同时影响凋落物叶和细根分解速率的化学性质指标在树种间展现明显的相似性。例如，初始 Ca 含量对凋落物叶和细根分解速率均产生明显的影响，而且凋落物叶和细根初始的 Ca 含量之间又存在着明显的正相关关系。这一结果能够解释凋落物叶与细根分解速率之间存在的显著相关关系。此外，其他的初始化学性质各自对凋落物叶和细根产生不同的影响，由此导致凋落物叶的分解速率与细根的分解速率呈正相关。例如，初始的 P、N 和芳香碳含量，初始的碳氮比专一性的影响细根的分解速率，而没有初始化学性质对凋落物叶的分解速率产生专一性的影响。这一结果可以解释化学性质存在较大差异的凋落物叶和细根之间的分解速率存在的明显正相关关系。

本研究结果也表明，在大多数的南亚热带树种中凋落物叶的分解速率高于细根的分解速率。这一结果与 Bloomfield 等（1993）、Vivanco 和 Austin（2006）的研究结果相一致。马尾松、红锥和米老排的凋落物叶的初始碳氮比高于细根的初始碳氮比，为马尾松、红锥和米老排的凋落物叶的分解速率高于细根分解速率提供了解释。然而，火力楠的凋落物叶和细根的初始碳氮比较为接近，为火力楠的凋落物叶和细根的分解速率相近提供了解释。

综上所述，在马尾松、红锥、火力楠和米老排 4 种南亚热带树种中，树种对凋落物叶和细根的原位分解速率的影响非常相似，从而引起树种对整个地上和地下凋落物原位分解速率产生一致的影响。因此，凋落物叶的较快分解对应着细根的较快分解会导致树种之间在凋落物分解速率上的差异更为明显。4 个南亚热带树种中凋落物叶和细根分解速率之间呈明显的正相关关系的主要有以下原因：①土壤湿度对凋落物叶和细根的分解速率产生相似的影响；②同时对凋落物叶和细根分解速率产生影响的化学性质表现出明显的相似性；③其他的初始化学性质各自对凋落物叶和细根产生不同的专一性的影响，由此导致凋落物叶的分解速率与细根的分解速率呈正相关。4 个南亚热带树种中凋落物叶和细根之间的最大 N 固定速率无明显的相关关系。研究结果有助于为南亚热带树种对凋落物原位分解产生影响的某些重要机制提供解释。

五、小结

（1）红锥、火力楠和米老排 3 种阔叶人工林的 0~10 cm 土壤有机碳储量比马尾松人工林高出了 11%~19%，4 种林分间 10~30 cm 土壤有机碳储量差异不明显。不同人工林之间的土壤有机碳储量的差异主要归因于细根的输入而不是凋落物叶的输入。红锥、火力楠和米老排 3 种阔叶人工林的 0~10 cm 土壤比对应马尾松人工林土壤具有较低的烷基碳、较高的氧烷基碳和较低的烷基碳/氧烷基碳比值，尽管本研究尚不能完全确定 3 种阔叶人工林比马尾松人工林多出的土壤碳储量是否最终会通过呼吸作用释放进入大气，但是这表明了 3 种阔叶人工林的土壤有机碳与马尾松人工林比较而言不够稳定。因此，建议将来的造林树种的选择需要综合考虑土壤碳储量与碳化学结构的潜在变化。

（2）马尾松人工林年平均土壤 CO_2 和 N_2O 的排放速率低于任何一种阔叶人工林（红锥、火力楠和米老排），并且马尾松人工林年平均土壤 CH_4 的吸收速率高于任何一种阔叶人工林。树种间土壤 N_2O 排放速率差异主要归因于树种间凋落物叶碳氮比和土壤氮储量的差异。树种间土壤 CH_4 吸收速率差异主要归因于树种间土壤呼吸速率和土壤湿度的差异。树种间土壤 CO_2 排放速率差异主要归因于树种间凋落物叶碳氮比的差异。本研究结果说明，由马尾松人工林转化为红锥、火力楠和米老排阔叶人工林对减少该地区森林土壤温室气体排放的目标存在副作用。因此，在我国南亚热带地区，马尾松人工林应该与阔叶树人工林平衡发展，将来的造林树种的选择需要考虑不同树种对土壤—大气间温室气体交换的潜在影响。

（3）马尾松、红锥、火力楠和米老排 4 种南亚热带树种中，树种对凋落物叶和细根的原位分解速率的影响非常相似，从而引起树种对整个地上和地下凋落物原位分解速率产生一致的影响。因此，凋落物叶的较快分解对应着细根的较快分解会导致树种之间在凋落物分解速率上的差异更为明显。4 个南亚热带树种中凋落物叶和细根分解速率之间呈明显的正相关关系的主要原因：①土壤湿度对凋落物叶和细根的分解速率产生相似的影响；②同时对凋落物叶和细根分解速率产生影响的化学性质表现出明显的相似性；③其他的初始化学性质各自对凋落物叶和细根产生不同的专一性的影响，由此导致凋落物叶的分解速率与细根的分解速率正相关。4 个南亚热带树种中凋落物叶和细根之间的最大 N 固定速率无明显的相关关系。本研究结果有助于为南亚热带树种对凋落物原位分解过程中 C、N 循环产生影响的某些重要机制提供解释。

第四节 桉树与固氮树种混交对土壤固碳增汇能力的影响

桉树是短期轮作经营中种植最为广泛的树种（FAO，2001）。我国桉树人工林面积大约高达 154 万 hm^2（Qi Shuxiong，2002），而且仍在扩大。在我国南方，桉树因可以带来巨大的经济利益和生态利益而受到政府和当地居民的广泛欢迎。然而，桉树生长快，容易造成土壤肥力衰退，引起生物多样性减少、水土流失、生产力降低等生态问题，造成生态系统功能的退化(Sicardi *et al.*, 2004；Liu *et al.*, 1998)。

早期的许多研究表明，在热带地区，桉树和其他树种混交种植能够提高生产力(Binkley *et al.*, 2003；Forrester *et al.*, 2006)。在桉树种植中引进固氮树种，会增加土壤的氮供应和提高土壤氮有效性(Forrester *et al.*, 2004；Kelty, 2006)，因而，能提高生态系统的有机碳储量(Welsh, 2000)。土壤氮及其有效性增加，能够改变叶面积，增加植物的光合作用，提高植物的生产力(潘瑞炽等，1995)。

土壤呼吸是大气 CO_2 的重要来源和土壤碳库的主要输出途径，土壤微生物是调节土壤有机碳过程的重要生物因子。到目前为止，我们对桉树与固氮树种混交后，土壤微生物生物量和微生物群落组成的变化以及这些变化对土壤有机碳循环和土壤碳汇能力的影响的认识还很肤浅。影响微生物生物量和微生物群落组成的因素很多，包括生物因素和非生物因素。生物因素可以通过其凋落物的数量和质量(Grayston *et al.*, 2005)，特别是根系分泌的碳水化合物、氨基酸、小分子的脂质物质和芳香酸等(Jones *et al.*, 2004)，影响微生物的群落结构(Shi *et al.*, 2012；Mestre *et al.*, 2011；Pires *et al.*, 2012)；非生物因子，例如土壤水分、土壤温度、土壤质地、土壤有机质含量、土壤养分有效性、C：N 比率、pH 值等，都能影响微生物的群落结构(Brockett *et al.*, 2012)。与桉树单一种植相比，固氮树种的引入，改变了凋落物的数量和质量，在改变土壤氮含量以及其有效性的基础上，也改变着土壤的理化性质等，这些变化都将可能影响土壤的微生物生物量和微生物的群落结构。

此外，也有研究报道固氮树种能提高土壤固碳(Resh *et al.*, 2002)，改善养分循环，获得更多产品和服务功能(Kelty, 2006)；固氮植物的根系能够与固氮细菌共生，通过固氮细菌固氮作用来提高土壤氮含量及其有效性。这些作用除了能够影响植物生长和产量外，也能够通过改变土壤微生物群落水平上的生理代谢，影响微生物群落对碳源利用模式和利用效率(Collins *et al.*, 2003)。固氮树种和桉树混交，改变了土壤氮的有效性和土壤微生物群落结构，因此影响了微生物对人工林土壤碳氮循环调控过程(Paul *et al.*, 1997)。土壤微生物群落结构可能通过改变其群落组成和功能应对环境的变化，这种地上部分和地下部分的相互作用和相互影响，必将限制我们预测土壤碳对全球气候变化的响应，并给陆地生态系统碳汇潜力的评估结果带来极大的不确定性。如何通过合理的树种选择和适当的经营模式，提高桉树人工林的经济社会效益并且获得最大化的生态效益成为全世界关注的焦点。

本节重点研究南亚热带桉树纯林和混交林，包括桉树一代纯林(2004 年)(PP1) H和桉树一代/马占相思混交林(2004 年)(MP1)、桉树二代纯林(2008 年)(PP2)和桉树二代/降香黄檀混交林(2008 年)(MP2)土壤呼吸、微生物特性和群落组成、有机碳的物理化学组成、相关的环境因子等，旨在阐明南亚热带桉树纯林和混交林土壤有机碳的动态变化规律及其调控机制，探究固氮植物与桉树混交对土壤有机碳储存和稳定的作用，为我国南亚热带地区筛选更有利于土壤碳氮固持潜力和有利于减缓气候变化的造林树种提供科学的参考依据。

一、样地概况和方法

（一）样地概况

样地设在中国林业科学研究院热林中心的哨平实验林场 4 种典型桉树人工林内（桉树一代、桉树一代+马占相思混交林、桉树二代、桉树二代+降香黄檀混交林）。桉树一代人工林前作为 1977 年造的马尾松人工纯林，2004 年皆伐后炼山整地种植桉树及比例为 1∶1 的桉树+马占相思混交林，二代纯林是 2008 年在一代林皆伐后的基础上萌芽更新产生，比例为 2∶1 的桉树二代+降香黄檀（*Dalbergia odorifera*）人工林是通过补植降香黄檀到与二代纯林相同密度。4 个研究样地具有相同的土壤类型（赤红壤）、类似的海拔高度（200~250 m）和坡度（20~25°）。样地具体情况见表 8-8。

表 8-8　样地基本情况

林分类型	密度（株/hm²）	基径（±SE，cm）	胸径（±SE，cm）	树高（±SE，m）	断面积（m²/hm²）
一代纯林（PP1）一代混交林（MP1）	558(8.3)	20.3(1.3)	17.4(1.4)	20.8(2.3)	16.0(3.1)
巨尾桉	557(8.3)	20.8(0.4)	15.7(0.4)	18.5(0.7)	10.8(0.8)
马占相思	604(8.3)	13.6(1.4)	12.0(1.2)	12.9(0.5)	7.0(1.2)
二代纯林（PP2）二代混交林（MP2）	1108(10.1)	13.7(1.9)	11.3(0.1)	15.23(0.3)	10.23(1.3)
巨尾桉	1041(9.7)	13.70(0.4)	11.2(0.4)	15.47(1.1)	7.7(0.9)
降香黄檀	988(8.6)	5.04(0.1)	3.8(0.2)	4.73(0.1)	3.6(0.3)

（二）研究方法

选择 8 年生桉树一代纯林、8 年生桉树一代+马占相思混交林、4 年生桉树二代纯林、4 年生桉树二代+降香黄檀 4 种不同桉树人工林。各样地的海拔、坡向基本一致。2011 年 5 月，在每种林分设置 3 个 20 m×20 m 样方，每个样方内随机设置 3 个 1 m×1 m 小样方，沿 4 周挖壕沟（1m 深），用塑料硬片隔断后将土壤回填。在保证最小土壤扰动的情况下，清除断根样方内地上植被，并保持整个实验期间无活的地被植物存在，每个断根样方内，设置 1 个 PVC 圈（直径 19.6 cm，高 9 cm，5 cm 埋于地下），以便土壤呼吸测定，为断根处理（R_T）。同时，每个样地内在壕沟样方外随机设置 3 个 PVC 圈作为控制处理（R_{UT}），即为土壤总呼吸。整个实验过程中 PVC 圈保持不动。此外，每个样地内随机布点 6 个凋落物收集器（100 cm×100 cm×20 cm）的木箱，采用 3 mm 以下孔径的尼龙纱网做箱底，安置高度为离地面 0.5m。

2011 年 11 月 18 日，剥离林下土壤上表面的新鲜和半分解的凋落物残体后，用内径为 8.7 m 的不锈钢土钻取 0~100 cm 深的土壤样品，并分为 0~10 cm、10~30 cm、30~50 cm、50~75 cm 和 75~100 cm 五个土层。以此方法在每个样方中随机钻取 6 钻土样，分层后分别制成混合样品装袋保存。随后将土壤样品带回实验室后过 2mm 孔径筛以去除粗根、瓦砾等杂质，并研磨过细筛后保存于室温下以待各种物理化学分析。同时在每个样方内 0~10 cm、10~30 cm、30~50 cm、50~75 cm 和 75~100 cm 五个土壤层随机挖 6 个土壤剖面，用环刀取样，带回实验室分析土壤容重。土壤微生物及相关分析的样品按照干湿交替的季节变化，2012 年分别于 2 月 18 日（代表干季）和 8 月 18 日（代表湿季）进行野外采样。土壤样品采集前去除土壤表面凋落物，用内径为 8.7 cm 的不锈钢土钻，采集深度为 0~10 cm，在每个样方壕沟和对照处理各随机选取 6 个点，混合为一个样品带回实验室，每个土样手工拣出沙石、动物尸体和植物根系等杂质后过 2 mm 土筛，放入-20℃冰箱保存，在 1 周内完成土壤微生物量及其微生物群落组成的测定。

（1）土壤理化性质的测定。土壤容重、土壤密度、孔隙度、最大持水量等用环刀法测定。土壤、凋落物样品的总有机碳采用重铬酸钾外加热法测定（Nelson *et al.*，1996）；全氮采用凯氏定氮法测定（Bremner，1996）；土壤 pH 值，土壤经过 1mol/L KCl 溶液浸提后，pH 值采用玻璃电极测定。铵态氮、硝态氮用 2mol/L KCl 溶液提取后由南京土壤研究所分析测试中心采用流动分析仪测定。

（2）凋落物的取样。实验期间，每个月底收集一次，1 年为 1 个周期，检测 1 年，每次测定时，每个样地的收集器里的凋落物全部用塑料袋收集带回实验室，区分落叶、落枝、落皮、落果、虫鸟粪等称量鲜重，置 65℃烘箱烘干至恒重后称重（Fang *et al.*，2007），再换算成样地或者单位面积的凋落物重量。全年共收集 12 次凋落物样品。

（3）细根的取样。细根生物量通过连续土钻法测定。0~10 cm 土层的细根（直径小于 2 mm），样品采用直径 8.7 cm 的不锈钢土钻钻取挑选分拣收集。在每个样方中每个季节（3 个月）随机钻取 10 钻土壤样品仔细分拣出细根，全年共收集 4 次细根样品（Hendricks *et al.*，2006）。利用 Vogt 和 Persson 描述的方法分辨分拣出活根和死根（Vogt *et al.*，1991），并经过 65℃烘干至恒重后称重，推算样地或者单位面积的细根生物量。

（4）土壤呼吸的测定。2011 年 6 月至 2012 年 12 月，土壤呼吸由 Li-8100 便携式土壤呼吸仪测得（LI-COR Inc）。土壤呼吸圈附近土壤 5 cm 温度（T_5）和土壤体积含水量由 Li-8100 配备的温度和水分探头测得，土壤呼吸每月测定 2 次，每次间隔时间大约为 15 天。

（5）土壤微生物性质和群落组成的测定。土壤微生物生物量碳（MBC）、氮（MBN）的测定采用氯仿熏蒸浸提法（Brookes *et al.*，1985）。土壤微生物群落结构的测定采用磷脂脂肪酸法（PLFAs）。利用碳内标 19：0 的浓度来计算每种脂肪酸的浓度（Tunlid *et al.*，1989）。在各个组分中，细菌群落用 i14：0，i15：0，a15：0，15：0，i16：0，16：1ω7c，i17：0，17：0，a17：0，cy17：0，18：1ω7 和 cy19：0 指示；革兰氏阳性细菌群落用 i14：0，i15：0，a15：0，i16：0，i17：0 和 a17：0 指示；革兰氏阴性细菌群落用 16：1ω7c，cy17：0，18：1ω7 和 cy19：0 指示；其他微生物群落分类：真菌群落：18：2(6，9c；放线菌群落：Me16：0，Me17：0，Me18：0；丛枝菌根真菌：16：1(5c)。用真菌 18：2(6，9c)的量和各细菌指示物的总量代表真菌/细菌比率(Bardgett *et al.*, 1996)。其他磷脂脂肪酸种类, 例如 16：0, 16：1 2OH, 17：1ω9c, 18：0, 18：1ω9c, 18：3ω3c 仍然用来计算微生物的总量和微生物群落结构。个体的脂肪酸量用 nmol/g dry soil 表示, 脂肪酸相对百分比用摩尔百分比(mol%)表示。

(三)数据分析

用单因素方差分析(one Way-ANOVA)来检验不同林分的土壤理化性质、凋落物生物量、细根生物量、微生物生物量、各类微生物磷脂脂肪酸含量、各类微生物磷脂脂肪酸相对含量等的差异性。用重复测量方差分析(Repeated measure ANOVA with Tukey's HSD)来测量整个试验期对照和壕沟之间的土壤微生物变量(微生物生物量、各类微生物生物量、真菌/细菌比率等)的差异。用一般线性模型方差分析(GLM-uni-variate ANOVA)检验不同树种、处理和季节因素的主效应和交互作用对土壤微生物特征的影响。用 Pearson 相关分析来检验对照和壕沟样地上的土壤微生物群落结构与其他环境变量(如土壤有机碳含量、凋落物生物量、铵态氮、硝态氮、土壤 C/N、凋落物 C/N)之间的相关关系。以上所有统计分析均在统计分析软件 SPSS 19.0(SPSS, Inc, Chicago, IL)上完成, 显著性差异均在 $p<0.05$ 水平上。分别用主成分分析(Prin-cipal Component Analysis, PCA)和冗余度分析(Redundancy Analysis, RDA)来检验土壤微生物结构的差异及其与环境因子的相关性。主成分分析(PCA)和冗余度分析(RDA)均在多元统计分析软件 CANOCO software for Windows 4.5 完成。利用 Sigmaplot 10.0 软件完成作图。

二、固氮树种与桉树混交对土壤有机碳及土壤呼吸季节变化的影响

(一)土壤碳储量和有机碳化学组成

土壤有机碳储量均随着土层和不同桉树人工林类型的变化而改变(图 8-16)。桉树一代纯林(PP1)和桉树一代/马占相思混交林(MP1)、桉树二代纯林(PP2)和桉树二代/降香黄檀混交林(MP2)之间, 0~10 cm 土层的土壤有机碳储量均存在显著差异($p=0.006, 0.012$), 均表现为混交林土壤有机碳储量显著高于其纯林。然而 PP1 和 MP1、PP2 和 MP2 之间, 10~30 cm、30~50 cm、50~75 cm 和 75~100 cm 土壤有机碳储量均表现为混交林高于其纯林, 但差异不显著($p>0.05$)(图 8-16)。0~10cm、10~30 cm、30~50 cm、50~75 cm 和 75~100 cm 各土壤层 MP1 比 PP1 土壤有机碳储量分别高 44.51%、12.72%、15.11%、13.79%和 10.51%;各土壤层 MP2 比 PP2 土壤有机碳储量分别高 23.42%、11.68%、7.79%、19.84%和 20.05%。

桉树 4 种人工林 0~10 cm 土层的土壤有机碳被划分为 4 种碳组分, 分别是烷基碳、氧烷基碳、芳香族碳和羧基碳(图 8-17)。PP1 和 MP1、PP2 和 MP2 之间的土壤有机碳组分比例呈相似格局, 即氧烷基碳>烷基碳>芳香族碳>羧基碳。除了烷基碳的比例在 MP1 显著高于 PP1 之外, 其余各种碳组分在纯林和混交林之间差异不显著($p>0.05$)。MP1 土壤烷基碳/氧烷基碳比值显著高于 PP1($p<0.05$), MP2 土壤烷基碳/氧烷基碳比值高于 PP2, 但差异不显著($p>0.05$)。

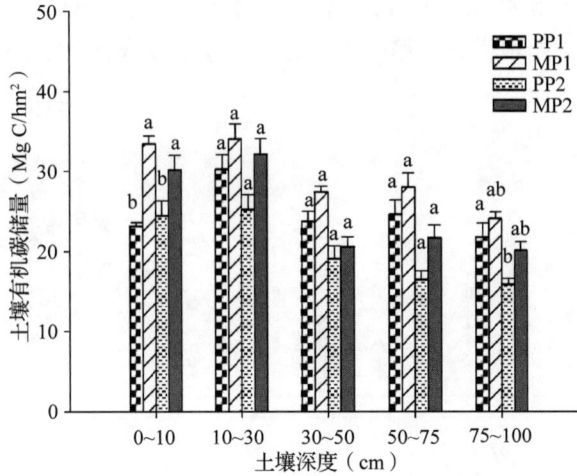

图 8-16　4 种桉树人工林土壤有机碳储量

注：PP1 为桉树一代纯林，MP1 为桉树一代/马占相思混交林，PP2 为桉树二代纯林，MP2 为桉树二代/降香黄檀混交林。下同。

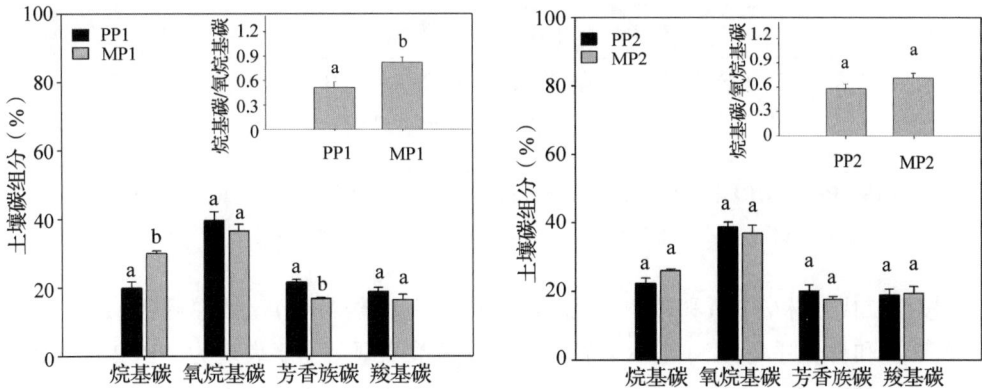

图 8-17　4 种桉树人工林土壤表层(0~10cm)土壤有机碳组分比例和烷基碳/氧烷基碳比值

(二)土壤呼吸速率的季节变化

桉树一代纯林(PP1)土壤总呼吸(R_S)、异养呼吸(R_H)和自养呼吸(R_R)速率季节变化曲线呈单峰形。而桉树一代/马占相思混交林(MP1)土壤总呼吸(R_S)自养呼吸(R_R)速率季节变化曲线呈单峰性，异养呼吸(R_H)却成双峰形。主要表现为，PP1 和 MP1 的总呼吸 R_{UT} 峰值分别出现在 5 月底和 7 月初，呼吸值分别为 5.62 $\mu molCO_2/(m^2 \cdot s)$ 和 4.94 $\mu molCO_2/(m^2 \cdot s)$，谷值分别出现在 12 月初和 1 月初，呼吸值为 1.09 $\mu molCO_2/(m^2 \cdot s)$ 和 1.07 $\mu molCO_2/(m^2 \cdot s)$；PP1 的 R_H 峰值出现时间在 6 月初，呼吸值为 2.71 $\mu molCO_2/(m^2 \cdot s)$，而 MP1 的 R_H 峰值出现在 5 月中旬和 7 月，呼吸值都是 2.82 $\mu molCO_2/(m^2 \cdot s)$，谷值均出现在 12 月底，呼吸值分别为 0.53 $\mu molCO_2/(m^2 \cdot s)$ 和 0.72 $\mu molCO_2/(m^2 \cdot s)$；$R_R$ 峰值出现时间和 R_S 相似，呼吸值分别为 3.31 $\mu molCO_2/(m^2 \cdot s)$ 和 2.35 $\mu molCO_2/(m^2 \cdot s)$，谷值分别出现在 12 月初和 1

月初，呼吸值分别为 0.60 $\mu molCO_2/(m^2 \cdot s)$ 和 0.30 $\mu molCO_2/(m^2 \cdot s)$。与 PP1 相比，MP1 的断根及未断根样方土壤呼吸有较大的季节变异性(图 8-18)。

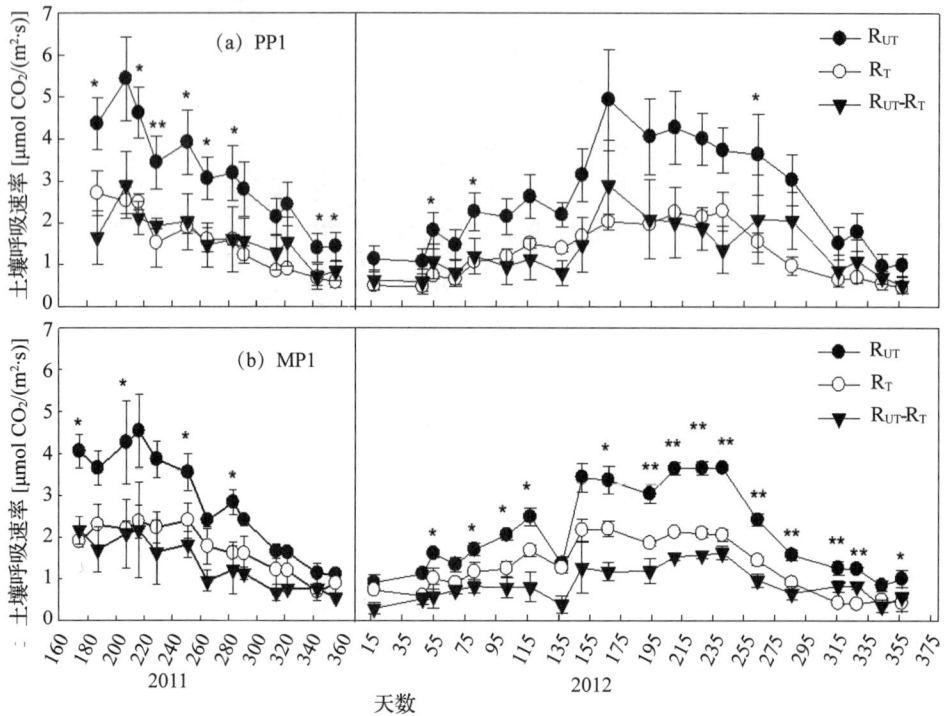

图 8-18   PP1、MP1 总呼吸(R_{UT})、异养呼吸(R_T)和自养呼吸($R_{UT}-R_T$)速率季节变化

注：R_{UT} 为未壕沟处理土壤呼吸速率，R_T 为壕沟处理土壤呼吸速率。下同。

桉树二代纯林(PP2)和桉树二代/降香黄檀混交林(MP2)土壤总呼吸(R_S)、异养呼吸(R_H)和自养呼吸(R_R)速率季节变化曲线呈单峰型。主要表现为，PP2 和 MP2 的总呼吸 R_{UT} 峰值分别出现在 5 月底和 7 月初，呼吸值分别为 4.68 $\mu molCO_2/(m^2 \cdot s)$ 和 4.33 $\mu molCO_2/(m^2 \cdot s)$，谷值分别出现在 12 月初和 1 月初，呼吸值为 0.72 $\mu molCO_2/(m^2 \cdot s)$ 和 0.82 $\mu molCO_2/(m^2 \cdot s)$；PP2 和 MP2 的 R_H 峰值出现时间在 7 月初和 5 月中旬，呼吸值为 2.82 $\mu molCO_2/(m^2 \cdot s)$ 和 2.80 $\mu molCO_2/(m^2 \cdot s)$，谷值分别出现在 12 月初和 1 月初，呼吸值分别为 0.72 $\mu molCO_2/(m^2 \cdot s)$ 和 0.82 $\mu molCO_2/(m^2 \cdot s)$；PP2 和 MP2 的 R_R 峰值分别出现在 6 月底和 8 月，呼吸值分别为 2.02 $\mu molCO_2/(m^2 \cdot s)$ 和 1.58 $\mu molCO_2/(m^2 \cdot s)$，谷值均出现在 1 月，呼吸值分别为 0.30 $\mu molCO_2/(m^2 \cdot s)$ 和 0.14 $\mu molCO_2/(m^2 \cdot s)$。与 PP2 相比，MP2 的断根与未断根样方土壤呼吸有较大的季节变异性(图 8-19)。

(三)与土壤呼吸相关的环境因子季节变化

桉树一代纯林(PP1)、桉树一代/马占相思混交林(MP1)、桉树二代纯林(PP2)和桉树二代/降香黄檀混交林(MP2)5cm 处的土壤温度(T_5)均由 12 月的 11~16℃增加到 7 月中下旬的 30~33℃，之后逐渐降低，具有明显的季节性变化，样地之间的差异

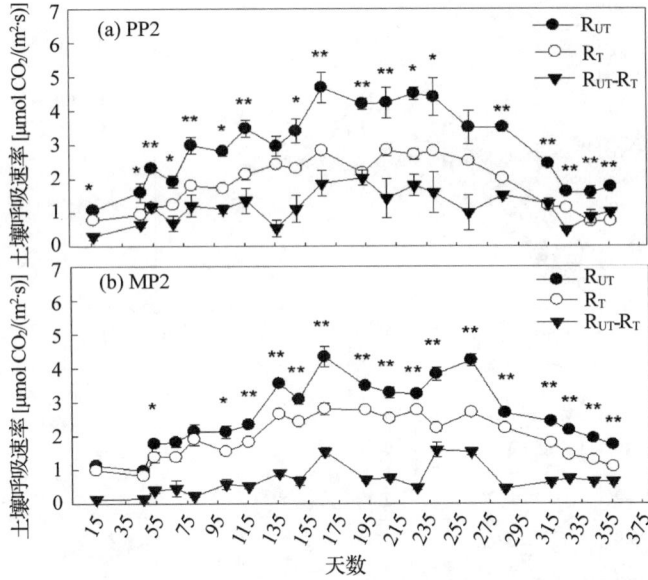

图 8-19 PP2、MP2 总呼吸(R_{UT})、异养呼吸(R_T)和自养呼吸($R_{UT}-R_T$)速率季节变化(2012 年)

不大。然而土壤水分含量(SWC)没有明显的季节变化性,壕沟切根处理样方的土壤水分含量均高于对照样方(未壕沟)土壤水分含量(图 8-20)。

　　壕沟切根(R_T)处理样方与未切根(R_{UT})的对照样方的土壤呼吸速率均与 5cm 处的土壤温度呈指数相关。多元回归分析表明,土壤水分含量在预测土壤呼吸时不显著(图 8-21,图 8-22)。因此,预测桉树一代纯林及其混交林断根及未断根样方累积呼吸(R_{UT} 和 R_T)指数模型中只包含了土壤 5 cm 温度。

　　桉树一代纯林(PP1)及其混交林(MP1)土壤总呼吸(R_S)和异养呼吸(R_H)速率季节变化与土壤 5cm 处的温度的季节变化规律基本一致,谷值出现在 12 月至翌年 1 月,峰值出现在 7~8 月,然而 PP1 和 MP1 的自养呼吸速率(R_R)与土壤 5cm 温度格局有所差异,峰值出现在 9~10 月。土壤含水量的季节变化没有明显的趋势,与 PP1、MP1 土壤呼吸速率变化规律不一致,不是土壤呼吸的限制因子。与 PP1 相比,MP1 的断根及未断根样方土壤呼吸有较大的季节变异性。

　　桉树二代纯林(MP2)及其混交林(MP2)土壤总呼吸(R_S)、异养呼吸(R_H)和自养呼吸(R_R)速率季节变化与土壤 5 cm 温度的季节变化规律基本一致,都是在 6~8 月达到峰值,谷值出现 12 月底到翌年 1 月初。其中 PP2 和 MP2 的土壤总呼吸(R_S)和自养呼吸(R_R)均在 6 月和 8 月出现两个小高峰,PP2 和 MP2 异养呼吸(R_H)峰值出现在 7月。PP2 和 MP2 土壤含水量的季节变化没有明显的趋势,与 PP2、MP2 土壤呼吸速率变化规律不一致,不是土壤呼吸的限制因子。与 PP2 相比,MP2 的断根及未断根样方土壤呼吸有较大的季节变异性。

　　(四)自养呼吸与异养呼吸对总呼吸的贡献比例季节动态

　　桉树一代纯林(PP1)和桉树一代/马占相思混交林(MP1)土壤自养呼吸(R_R)月累积量和异养呼吸(R_H)月累积量的季节变化趋势相似,均近似单峰曲线,都在 7 月底 8

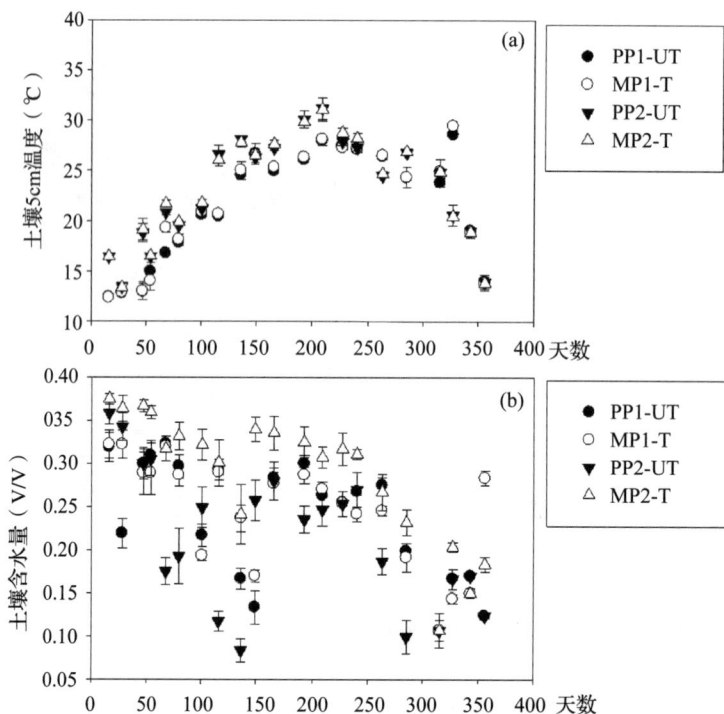

图 8-20　PP1、MP1、PP2、MP2 土壤温度(a)、水分含量(b)季节动态(2012 年)

注：PP1-UT 为桉树一代纯林未壕沟处理，MP1-T 为桉树一代混交林壕沟处理，PP2-UT 为桉树二代未壕沟处理，MP2-T 为桉树二代混交林壕沟处理。下同。

月初时达到峰值，谷值出现在 1 月(图 8-23)，且冬春两季较低，夏秋两季较高。其中 PP1 月累积总呼吸的变化范围是 50.67~121.45 g C/m²，月累积异养呼吸的变化范围是 14.25~51.12 g C/m²，月累积自养呼吸的变化范围是 36.42~70.33 g C/m²；MP1 月累积总呼吸的变化范围是 39.83~115.92 g C/m²，月累积异养呼吸的变化范围是 19.95~66.71 g C/m²，月累积自养呼吸的变化范围是 19.88~49.92 g C/m²。这与其 5cm 处土壤温度的变化规律一致。

桉树一代纯林(PP1)和桉树一代/马占相思混交林(MP1)土壤月累积自养呼吸和异养呼吸贡献率有显著性差异。其中，PP1 的月累积自养呼吸贡献率显著高于月累积异养呼吸贡献率 PP1。PP1 月累积异养呼吸贡献率变化范围是 28.11%~41.97%，月累积自养呼吸贡献率变化范围是 58.05%~71.89%；MP1 月累积异养呼吸贡献率变化范围是 50.45%~59.14%，月累积自养呼吸贡献率变化范围是 40.86%~49.55%。

桉树二代纯林(PP2)和桉树二代/降香黄檀混交林(MP2)土壤自养呼吸(R_R)月累积量和异养呼吸(R_H)月累积量的季节变化趋势与 PP1 和 MP1 的变化规律基本相同，呈近似单峰曲线。都在 7 月底 8 月初时达到峰值，谷值出现在 1 月(图 8-24)，且冬春两季较低，夏秋两季较高。其中 PP2 月累积总呼吸的变化范围是 49.39~132.55 g C/m²，月累积异养呼吸的变化范围是 30.08~71.66 g C/m²，月累积自养呼吸的变化范围是 19.30~60.90 g C/m²；MP2 月累积总呼吸的变化范围是 34.22~99.58 g C/m²，月累积

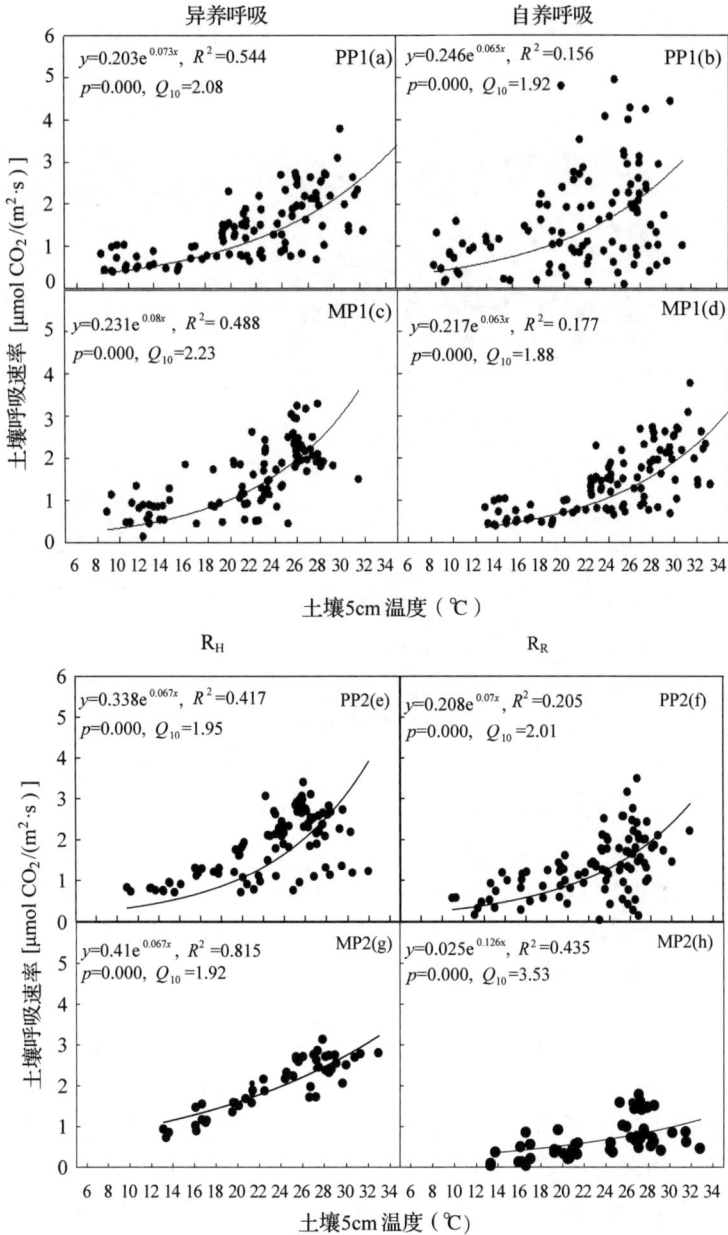

图 8-21 PP1(a、b)、MP1(c、d)土壤异养呼吸(R_H)和自养呼吸(R_R)呼吸速率与土壤 5cm 温度的关系

异养呼吸的变化范围是 29.06~81.31 g C/m^2，月累积自养呼吸的变化范围是 5.0~20.68 g C/m^2，这也与 5cm 处土壤温度的变化规律一致。

桉树二代纯林（PP2）和桉树二代/降香黄檀混交林（MP2）土壤月累积自养呼吸和异养呼吸贡献率有显著性差异，其中，PP2 的月累积异养呼吸贡献率显著高于月累积自养呼吸贡献率，MP2 的月累积异养呼吸极显著高于月累积自养呼吸贡献率（图 8-24）。PP2 月累积异养呼吸贡献率变化范围是 54.22%~61.71%，月累积自养呼吸贡献率变化范围是 38.29%~45.78%；MP2 月累积异养呼吸贡献率变化范围是 78.98%~

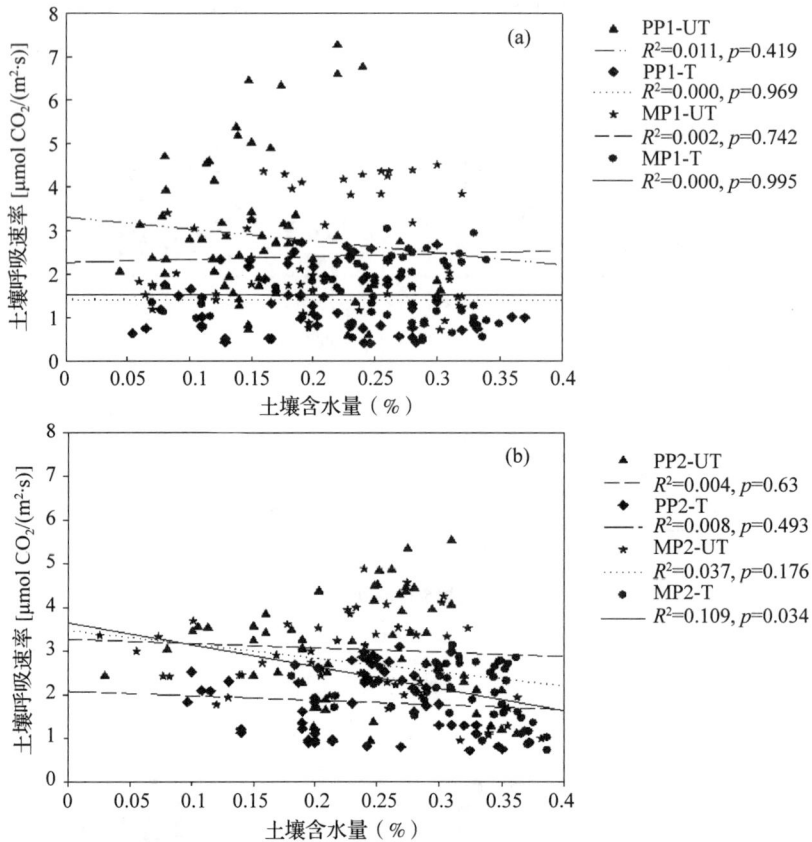

图 8-22 PP1—MP1(a)、PP2—MP2(b) 土壤异养呼吸(R_H)和自养呼吸(R_R)呼吸速率与土壤含水量的关系

注：PP1-T 为桉树一代纯林壕沟处理，MP1-UT 为桉树一代混交林未壕沟处理，PP2-T 为桉树二代纯林壕沟处理，MP2-UT 为桉树二代混交林未壕沟处理。下同。

86.50%，月累积自养呼吸贡献率变化范围是 13.50%~21.02%。

本研究表明，桉树一代/马占相思混交林和桉树二代/降香黄檀混交林 0~10 cm 土层土壤碳储量均显著高于同相对应的桉树一代纯林和桉树二代纯林。结果表明，桉树人工林中引进固氮树种对土壤有机碳储量有显著影响。不同的经营管理模式可通过多种方式改变土壤有机碳储量，其中包括改变树种而导致凋落物输入和根系周转（Chen et al.，2004）、凋落物质量（Vesterdal et al.，2008）和土壤化学性质。本研究中，桉树和固氮树种混交林凋落物数量和质量均显著高于相对应桉树纯林，碳氮比作为表征凋落物和土壤质量的指标，不同树种凋落物的碳氮比可以用来评价不同树种间土壤有机碳的差异。

土壤有机碳化学结构随不同桉树人工林的改变而改变，桉树一代/马占相思混交林土壤表层 0~10 cm 烷基碳组分比例明显高于桉树一代纯林，而氧烷基碳、芳香族碳和羧基碳的组分比例在桉树不同人工林之间均没有差异。桉树一代/马占相思混交林土壤表层 0~10 cm 烷基碳/氧烷基碳比值显著高于桉树一代纯林，桉树二代/降香黄檀混交林土壤表层 0~10 cm 烷基碳/氧烷基碳比值高于桉树一代纯林，但差异不显著。

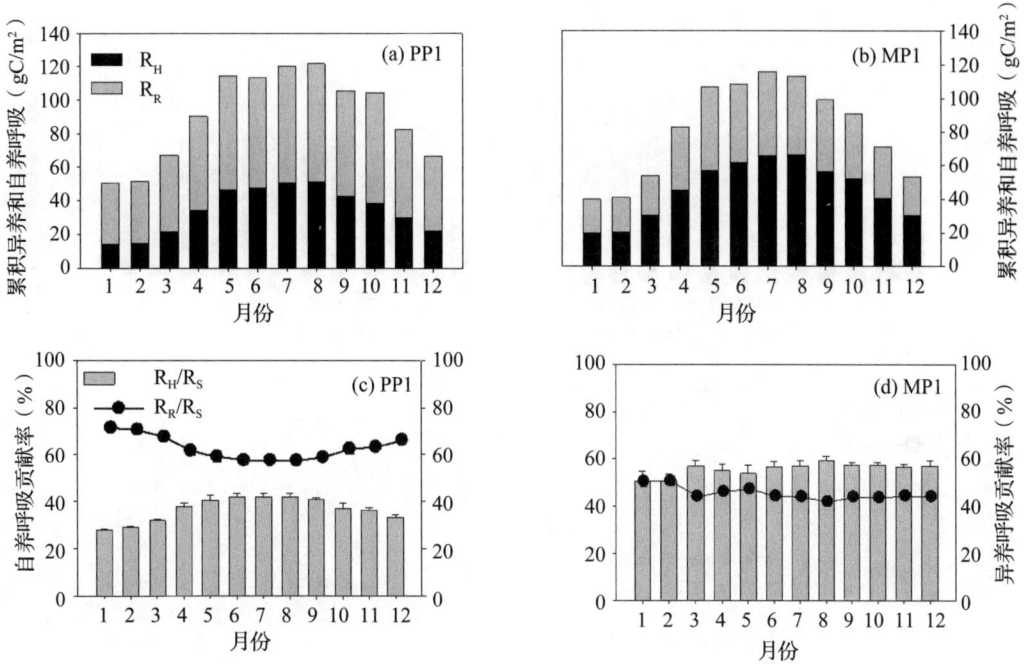

图 8-23　PP1 和 MP1 土壤累积呼吸组分季节动态及其所占的比例

注：R_H 为异养呼吸累积量，R_R 为自养呼吸累积量，R_S 为总呼吸累积量。下同。

由于土壤烷基碳/氧烷基碳比值可作为表征有机质分解程度和土壤有机碳质量的指标，因此，本研究表明在桉树人工林引进固氮树种后，土壤表层有机碳相对稳定性要高于纯林，土壤烷基碳/氧烷基碳比值在桉树二代/降香黄檀和桉树二代没有显著差异可能原因是其混交时间较短。不同树种对土壤有机碳化学组分的影响主要归因于不同凋落物的化学结构和不同林分微生物群落结构的差异。因此，凋落物的碳氮比作为表征凋落物质量的指标与土壤微生物量和活性也可能存在相关性。此外，土壤微生物量和活性较低会抑制土壤烷基碳的降解，反之则会促进土壤氧烷基碳的产生和积累（Chen et al.，2004）。土壤有机碳与土壤矿物表面的相互作用是土壤有机碳固持的主要机制。因此，本研究中桉树和固氮树种混交后均能提高土壤烷基碳组分比例和土壤烷基碳/氧烷基碳比值，原因可能是因为，固氮树种引进后，土壤具有更高的通过将有机碳吸附于矿质表面并形成有机—矿物复合物的方式，固持脂肪类有机质或者代谢产物的能力。此外，凋落物的初始化学结构组分也是本章中桉树混交林土壤烷基碳/氧烷基碳比值高于相对应的桉树纯林的潜在原因之一。本章研究表明不同树种可以在分子水平影响土壤有机碳的固持，其他研究也得出类似结果（Spielvogel et al.，2006；Huang et al.，2008）。目前多数研究仅关注了不同植被类型对土壤有机碳库的绝对数量的影响，而对分子水平的土壤有机碳结构组分的变化的关注较少。土壤有机碳内在的分子结构的变化会对森林生态系统的碳、氮循环以及土壤可持续碳固持潜力产生重要的影响。

　　本研究桉树一代纯林（PP1）和桉树一代/马占相思混交林（MP1）、桉树二代纯林（PP2）和桉树二代/降香黄檀混交林（MP2）月累积自养呼吸均在 7 月底 8 月初达到峰值

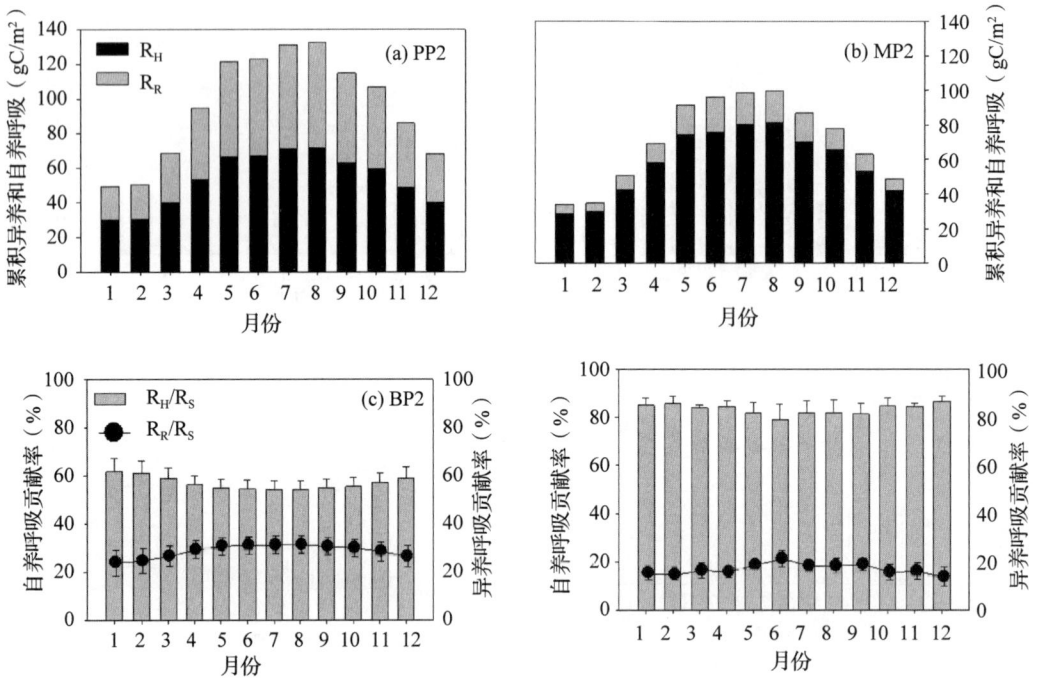

图 8-24　PP2 和 MP2 土壤累积呼吸组分季节动态及其所占的比例

后下降，到翌年 1 月时达到谷值。这与 Widén 等人(2001)研究的结果相似。且累积自养呼吸在生长季(5~10 月)大约是非生长季(11 月至翌年 4 月)的 2 倍。白松累积自养呼吸在秋季初较大外，一年中其他季节的自养呼吸几乎保持恒定(Vose et al.，2002)这与本研究的结果有较大差异。可能原因是，不同研究地点和树种试验地的土壤温度、土壤含水量和林木的生长规律存在差异(陈光水，2005)。本研究中，桉树 4 种不同人工林累积自养呼吸均于 5~8 月为一年中最高的时期，这与该时期土壤温度和土壤含水量条件比较适宜、根系生长代谢活动最旺盛有关。本研究还表明，土壤 5 cm 温度是控制桉树不同人工林自养呼吸的主要因子，而含水量与桉树各人工林自养呼吸之间不存在统计学相关性，这表明土壤含水量不是控制控制桉树不同人工林根系呼吸的主要因子，这可能是因为，研究地处于中国亚热带地区，该地区一年四季光照充足，雨量充沛，该地区桉树人工林土壤含水量均处于比较适宜的水平。

　　4 种桉树人工林各月份的土壤累积的异养呼吸和自养呼吸在全年水平上的变化规律基本一致，均 5~9 月较大，其他月份相对较低。杨玉盛等(2006)研究的林分类型土壤异养呼吸在 5 月底 6 月初达到峰值，比本研究出现的时间较早，可能与其研究地点所处的地理位置有关，其研究地所处纬度较低，能较早达到微生物新陈代谢所需要的水热条件有关。本研究中桉树 4 种不同人工林除了桉树二代纯林/降香黄檀混交林异养呼吸和土壤 5cm 含水量有较弱的显著负相关外，其他 3 种桉树人工林土壤自养呼吸和异养呼吸与土壤 5cm 含水量均不存在统计相关性。而常建国等(2007)与杨玉盛等(2006)的相关研究中土壤异养呼吸与土壤含水量均存在较显著的相关性，与本研究有差别。这可能与不同林分类型土壤微生物的群落结构组成和树种差异(杨玉盛等, 2006)及所研究林分所处的气候带不同有关。

有些研究表明,土壤自养呼吸排放的 CO_2 是土壤 CO_2 库的主要来源(Raich et al., 2000)。本研究中,桉树一代纯林(PP1)、桉树一代/马占相思混交林(MP1)、桉树二代纯林(PP2)和桉树二代/降香黄檀混交林(MP2)土壤自养呼吸对土壤总呼吸的年贡献率分别是62.46%、41.75%、43.97%和16.06%。土壤异养呼吸对总呼吸的年贡献率分别是37.54%、58.25%、56.03%和83.94。Wang 等(2008)对杉木/柏树混交林的自养呼吸研究结果表明,生物量回归法和壕沟法得出的自养呼吸对总呼吸的贡献分别是31.80%和37.15%。和以上研究相比,本研究的桉树纯林自养呼吸均显著高于相对应的混交林。可能与我们研究的桉树不同人工林细根生物量有关,在本研究中,桉树一代纯林(PP1)和桉树二代纯林(PP2)的细根生物量均显著高于对应的桉树一代/马占相思混交林(MP1)和桉树二代/降香黄檀混交林(MP2),而 4 种不同桉树人工林土壤异养呼吸对总呼吸贡献率和土壤自养呼吸对总呼吸的贡献率相反。这表明,细根生物量的差异可能是造成桉树纯林自养呼吸大于混交林的重要因素。本研究中,桉树混交林的土壤有机碳含量、硝态氮含量、氨态碳含量、凋落物量、凋落物有机碳、凋落物总氮含量均显著高于相对应的桉树纯林,而混交林土壤 C∶N,和凋落物 C∶N 显著低于以其相对应的桉树纯林,此外,不同桉树人工林的土壤理化性质,土壤有机质含量和凋落物的数量和质量等存在差异,而且,本研究中,桉树混交林微生物量均显著高于其纯林,这些因素可能导致土壤异养呼吸产生差异,进而造成了土壤自养呼吸及异养呼吸对总呼吸的贡献率不同。

本研究通过传统的壕沟法对土壤呼吸组分进行分离测定。壕沟断根样方土壤含水量比未壕沟样方土壤含水量高。其他研究也表明,壕沟断根样方的土壤含水量比对照样方土壤含水量有增大的趋势,这不仅会影响土壤微生物的活性和呼吸速率,还影响土壤有机质的分解及土壤碳、氮库(Kuzyakov et al., 2005; Hanson et al., 2000),而且壕沟断根后土壤中根系仍存活一段时间或者壕沟断根初期大量死根死亡分解而增加了土壤异养呼吸,因此,新设置的壕沟样方并不能完全排除自养呼吸,因此可能影响测定结果。然而,Edmonds 等(2000)的研究结果表明,壕沟样方的根系呼吸在壕沟后3～4 个月内消失,本研究土壤呼吸测试前 2 个月进行壕沟断根,因而存活根系和因壕沟断根造成的死亡根系分解排放的 CO_2 基本上可以忽略。但是,壕沟断根法可能降低土壤 CO_2 的排放,也可能促进土壤 CO_2 的产生(Hanson et al., 2000)。因此,有关壕沟法分离土壤呼吸组分尚需要做深入的研究。

三、固氮树种与桉树混交对土壤微生物生物量和群落组成的影响

(一)固氮树种与一代桉树混交对土壤微生物生物量和群落结构的影响

和桉树一代纯林相比,桉树一代和固氮树种(马占相思)混交 8 年后,土壤有机碳含量、铵态氮、硝态氮、总氮、微生物生物量碳在表层土壤(0～10cm)分别提高了32.30%、33.24%、87.75%、43.44%、9.67%,桉树一代/马占相思混交林凋落物生

物量几乎是纯林的 2 倍，它们均达到统计学上的显著性差异（$p<0.05$），甚至达到了极显著水平（$p<0.01$）（表 8-9）。但桉树一代纯林的土壤 C/N 和凋落物的 C/N 要显著高于桉树一代/马占相思混交林（$p<0.05$）。

表 8-9　桉树一代纯林（PP1）和桉树一代/马占相思混交林（MP1）土壤和凋落物的理化性质

林分类型	土壤有机碳（g/100g）	铵态氮（mg/kg）	硝态氮（mg/kg）	总氮（g/100g）	凋落物[kg/（hm²·a）]	土壤碳/氮	凋落物碳/氮	微生物量碳（mg/kg）
PP1	1.53（0.08）a	2.31（0.23）a	0.31（0.17）a	0.69（0.08）a	4445.26（78.39）a	16.13（0.44）a	76.29（1.69）a	353.76（8.14）a
MP1	2.26（0.27）b	3.46（0.28）b	2.53（0.31）b	1.22（0.06）b	7857.42（90.08）b	11.29（0.37）b	43.61（0.54）b	391.65（4.73）b

注：数据为平均值±标准误差；同一个指标变量的不同字母代表差异显著（$p<0.05$）。

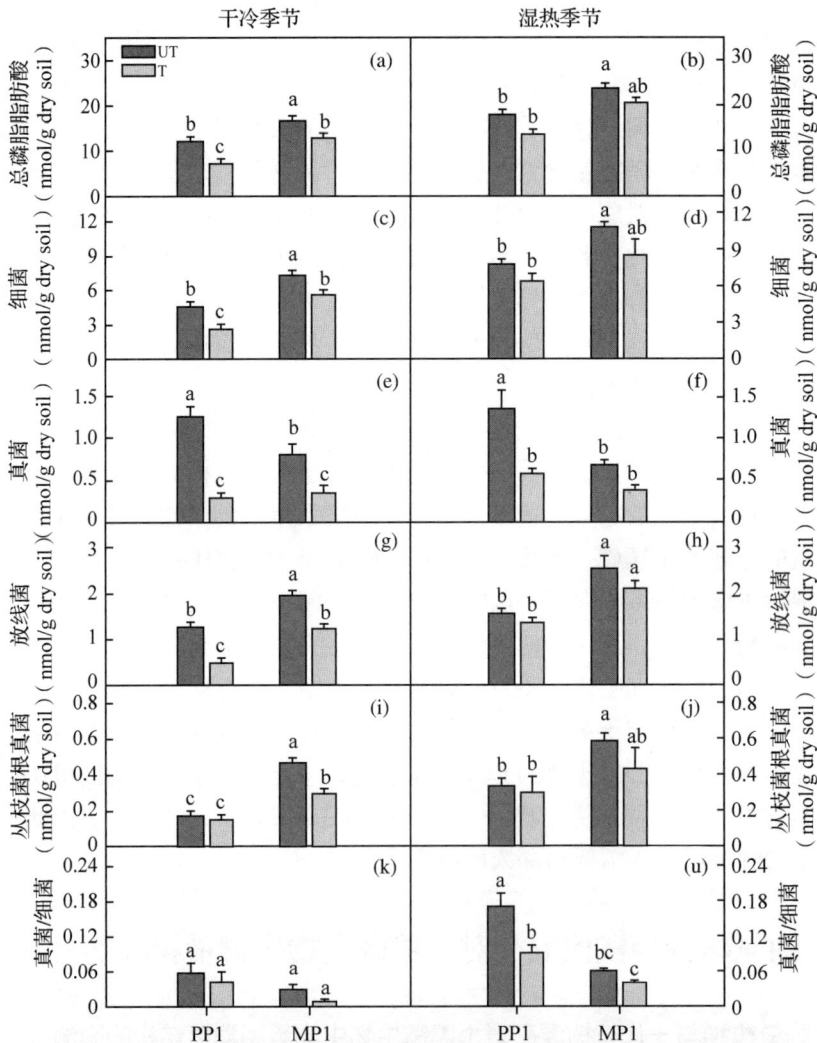

图 8-25　桉树一代纯林和一代混交林 0-10cm 土壤层微生物磷脂脂肪酸量

注：干冷季节为 2012 年 2 月，湿热季节为 2012 年 8 月，UT 为未壕沟，T 为壕沟，不同字母代表微生物生物量在该季节不同处理间差异显著。误差线代表标准误差（n=3）。下同。

对桉树一代纯林和桉树一代/马占相思混交林 0～10cm 的土壤进行的磷脂脂肪酸分析（PLFA）结果表明（图 8-25），总的磷脂脂肪酸量作为能够评估微生物生物量的指标，在干季和湿季，桉树混交林的总磷脂脂肪酸要比桉树纯林分别高出 27.56% 和 21.86%，在统计学上均达到显著性差异（$p<0.05$）；细菌、放线菌和丛枝菌根的磷脂脂肪酸量，分别代表细菌、放线菌和丛枝菌根的生物量，无论在干季还是在湿季，混交林都显著高于桉树纯林。但混交林的真菌磷脂脂肪酸量（代表真菌生物量）在干季和湿季都显著低于桉树纯林。桉树纯林的土壤真菌/细菌比率在湿季要显著高于混交林。通过多因素方差分析表明：在全年水平上，固氮树种引入桉树一代人工林能显著提高土壤微生物生物量（$p=0.014$）；壕沟切根处理能极显著降低土壤微生物生物量（$p<0.01$），说明根系及其分泌物可能是桉树一代纯林和混交林土壤微生物的主要碳源；此外，微生物生物量也具有极显著的季节波动性（$p<0.01$）。

马占相思与桉树混交不仅能显著提高土壤微生物生物量，而且也能极显著改变土壤微生物群落结构（$p<0.01$，表 8-10）。在干季，桉树一代/马占相思混交林总的细菌群落、革兰氏阴性细菌群落、丛枝菌根群落的磷脂脂肪酸相对百分含量都显著高于桉树一代纯林，但真菌群落的磷脂脂肪酸相对百分含量显著低于桉树一代纯林。在湿季，桉树一代/马占相思混交林总的细菌群落、革兰氏阳性细菌群落、革兰氏阴性细菌群落、丛枝菌根群落的磷脂脂肪酸相对百分含量都显著高于桉树一代纯林，其真菌也是显著低于桉树一代纯林。表明了马占相思的引入不仅显著提高桉树一代人工林土壤细菌群落相对百分含量，而且显著抑制了真菌生长。

表 8-10　树种、处理和季节以及它们的交互作用对微生物生物量和微生物群落结构的影响

因子	总磷脂脂肪酸	总细菌（mol%）	真菌（mol%）	革兰氏阳性细菌（mol%）	革兰氏阴性细菌（mol%）	放线菌（mol%）	丛枝菌根真菌（mol%）
树种	0.014	<0.01	<0.01	<0.01	<0.01	<0.01	<0.01
处理	<0.01	0.74	<0.01	0.07	0.11	0.09	0.29
季节	<0.01	0.04	<0.01	0.01	0.31	0.39	0.38
树种×处理	0.56	0.52	0.44	0.84	0.03	<0.01	0.31
树种×季节	0.53	0.58	0.13	0.76	0.44	0.13	0.19
处理×季节	0.98	0.41	0.14	0.83	0.64	0.07	0.79
树种×处理×季节	0.89	0.04	0.15	0.44	0.04	<0.01	0.38

在处理（壕沟切根）水平上，真菌（18∶2w6，9c）的相对百分含量出现了显著的减少（$p<0.01$，表 8-10），其中在桉树一代纯林表现最为明显（图 8-26，图 8-27），其他微生物群落也相应发生变化，但在统计学上没有达到显著的差异，说明真菌群落对根系及其分泌物响应的敏感性可能要强于其他微生物群落。在季节水平上，总的细菌、革兰氏阳性菌和真菌的相对百分含量发生了显著的变化。这种变化主要体现在湿季的总的细菌（包括革兰氏阳性菌的 i14∶0，a15∶0 i17∶0 和革兰氏阴性菌的 18∶1w7c）相对百分含量要显著高于干季，但革兰氏阴性菌的 16∶1w7c 的相对百分含量显著降低（$p<0.05$）；湿季的真菌相对百分含量要显著低于干季（$p<0.05$）。

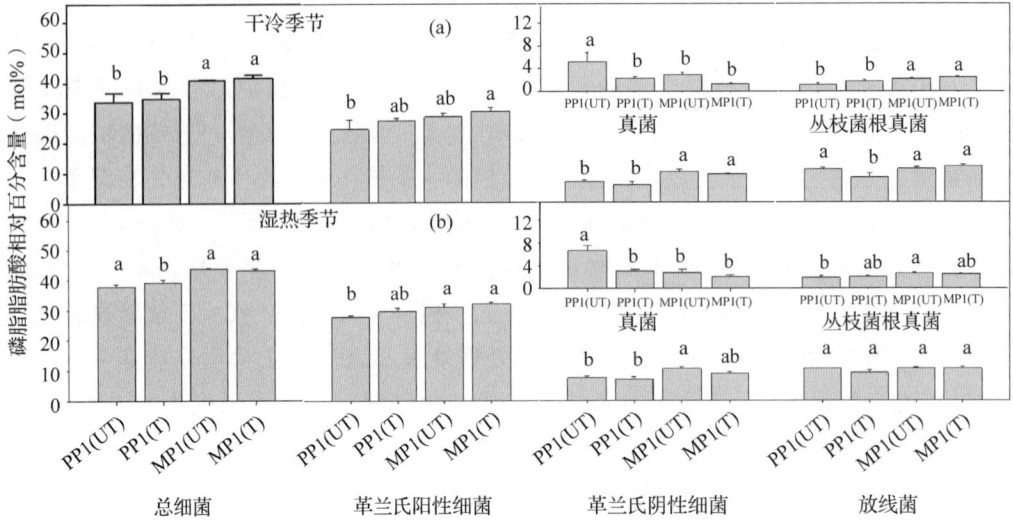

图 8-26 桉树一代纯林和一代混交林土壤微生物群落磷脂脂肪酸相对百分含量

注：PP1(UT) 为桉树一代纯林未壕沟处理，PP1(T) 为桉树一代纯林壕沟处理，MP1(UT) 为桉树一代混交林未壕沟处理，MP1(T) 为桉树一代混交林壕沟处理。下同。

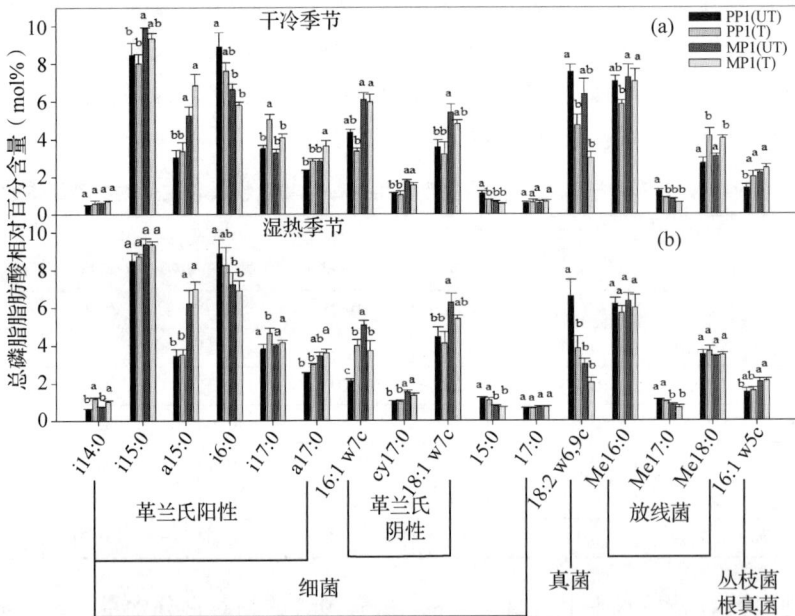

图 8-27 桉树一代纯林和一代混交林土壤微生物中的个体磷脂脂肪酸的相对百分含量

对两种林型及处理样地 0~10cm 土壤层提取的 26 种具有代表性的微生物磷脂脂肪酸进行了主成分分析，第一主成分轴能够解释微生物群落结构变异的 64.7%，第二主成分能够解释微生物群落结构变异的 32.1%。结果表明，桉树一代纯林和桉树一代/马占相思混交林的微生物群落结构在干季和湿季都有显著性差异，第二主成分轴都能明显把桉树一代纯林和桉树一代/马占相思混交林土壤微生物群落分开(图 8-28)。而这种差异产生主要是因为桉树一代/马占相思混交林具有相对较高的细菌、丛枝菌根

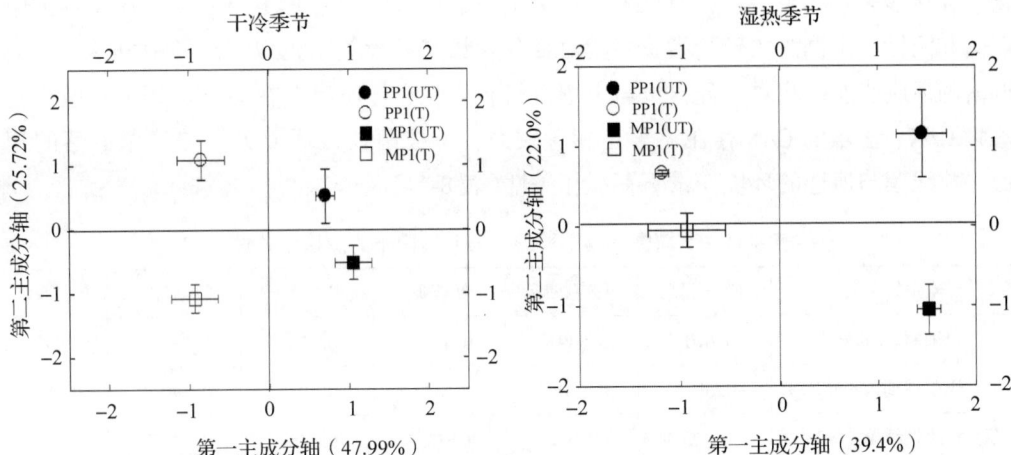

图 8-28　桉树一代纯林和一代混交林土壤微生物磷脂脂肪酸主成分分析

和相对较低的真菌。与对照样方相比，壕沟切根处理的样方 0~10 cm 土层的微生物群落结构发生了显著变化，在干季和湿季都能被第一主成分轴分开。

对桉树一代混交林和桉树一代纯林的干季和湿季 0~10cm 土壤层的所有微生物群落进行了冗余度分析，结果表明：凋落物 C/N、铵态氮、凋落物生物量、土壤水分和土壤 C/N 是显著影响桉树一代人工林土壤微生物的主要环境因子。第一主成分轴解释了 55.8% 的变异，而第二主成分轴解释了 23.9% 的变异（图 8-29）。所选择的环境变量能总共解释 70.2% 的桉树一代人工的土壤微生物群落变异。

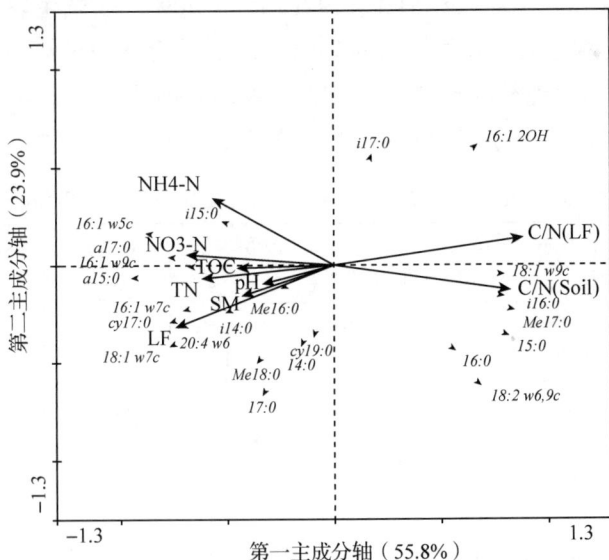

图 8-29　桉树一代混交林和一代纯林土壤（0~10cm）微生物磷脂脂肪酸的冗余度分析

注：TN 为总氮，TOC 为总土壤有机碳，pH 为 pH 值，LF 为每年凋落物量，NH₄-N 为铵态氮，NO₃-N 为硝态氮，SM 为土壤水分，C/N（Soil）为土壤碳氮比，C/N（LF）为凋落物碳氮比。

对桉树一代所有土壤的微生物群落结构与环境进行了相关性分析，结果表明：土壤细菌群落总的磷脂脂肪酸相对百分含量与土壤有机碳含量、铵态氮含量、凋落物生物量存在显著正相关关系，但显著负相关于凋落物 C/N 和土壤 C/N；革兰氏阳性细菌群落和阴性细菌群落的磷脂脂肪酸相对百分含量与环境关系相似于总细菌群落；真菌群落的磷脂脂肪酸相对百分含量与土壤有机碳含量、铵态氮存在显著负相关，但与凋落物 C/N、土壤的 C/N 存在显著正相关关系；丛枝菌根跟环境关系与细菌群落的相似，放线菌与所选的环境变量不存在相关性（表 8-11）。

表 8-11　土壤微生物群落结构与环境因子的泊松相关性

微生物种类	C/N（凋落物）	总有机碳	铵态氮	C/N（土壤）	凋落物	土壤水分
总细菌（mol%）	−0.610**	0.549**	0.470*	−0.774**	0.833**	0.219
革兰氏阳性细菌（mol%）	−0.638**	0.620**	0.320	−0.691**	0.640**	0.199
革兰氏阴性细菌（mol%）	−0.423*	0.332	0.655**	−0.561**	0.783**	0.167
真菌（mol%）	0.525**	−0.515*	−0.544**	0.714**	−0.270	−0.310
放线菌（mol%）	−0.314	0.298	−0.040	−0.170	0.068	0.030
丛枝菌根真菌（mol%）	−0.716**	0.611**	0.667**	−0.657**	0.430*	0.250

注：* $p<0.05$，** $p<0.01$。

（二）固氮树种与二代桉树混交对土壤微生物生物量和群落结构的影响

和桉树二代纯林相比，桉树二代和固氮树种（降香黄檀）混交后，土壤有机碳含量、铵态氮、硝态氮、总氮、凋落物生物量、微生物生物量碳在表层土壤分别提高了 38.32%、41.62%、85.59%、36.51%、19.12%、7.70%，除微生物生物量碳外，其他指标在统计学上均达到了显著性差异（$p<0.05$），甚至达到了极显著水平（$p<0.01$，表 8-12）。但桉树二代纯林的土壤 C/N 和凋落物的 C/N 要高于桉树二代/降香黄檀混交林，其中桉树二代纯林的凋落物的 C/N 显著高于桉树二代/降香黄檀的（$p<0.05$）。

表 8-12　桉树二代纯林（PP2）和桉树二代/降香黄檀混交林（MP2）土壤和凋落物的理化性质

林分类型	土壤有机碳（g/100g）	铵态氮（mg/kg）	硝态氮（mg/kg）	总氮（g/100g）	凋落物[kg/(hm²·a)]	土壤碳氮比（soil）	凋落物碳氮比（litterfall）	微生物量碳（mg/kg）
PP2	1.49(0.06)a	4.96(0.30)a	0.39(0.19)a	0.11(0.02)a	5024.50(62.15)a	12.96(0.29)a	42.07(1.64)a	319.55(7.98)a
MP2	2.42(0.36)b	8.50(0.34)b	2.71(1.25)b	1.18(0.01)b	6212.49(49.78)b	11.76(0.54)b	33.57(0.51)b	344.17(10.14)a

注：数据为平均值±标准误差；同一个指标变量的不同字母代表差异显著（$p<0.05$）。

分别在 2012 年 2 月（干季）和 8 月（湿季）对桉树二代纯林和桉树二代/降香黄檀混交林的 0~10 cm 土壤进行了磷脂脂肪酸分析，结果表明，桉树二代与降香黄檀混交 4 年后，提高了土壤微生物生物量，在干季，桉树二代/降香黄檀混交林的总的磷脂脂肪酸比桉树二代纯林高 13.78%（图 8-30），而在湿季这种差异减少，混交林比纯林林高出 7.57%，在统计学上都没有达到显著性差异。混交林的真菌群落磷脂脂肪酸量（代表真菌群落的生物量）及其真菌/细菌比率在干季都显著低于纯林，但在湿季这种

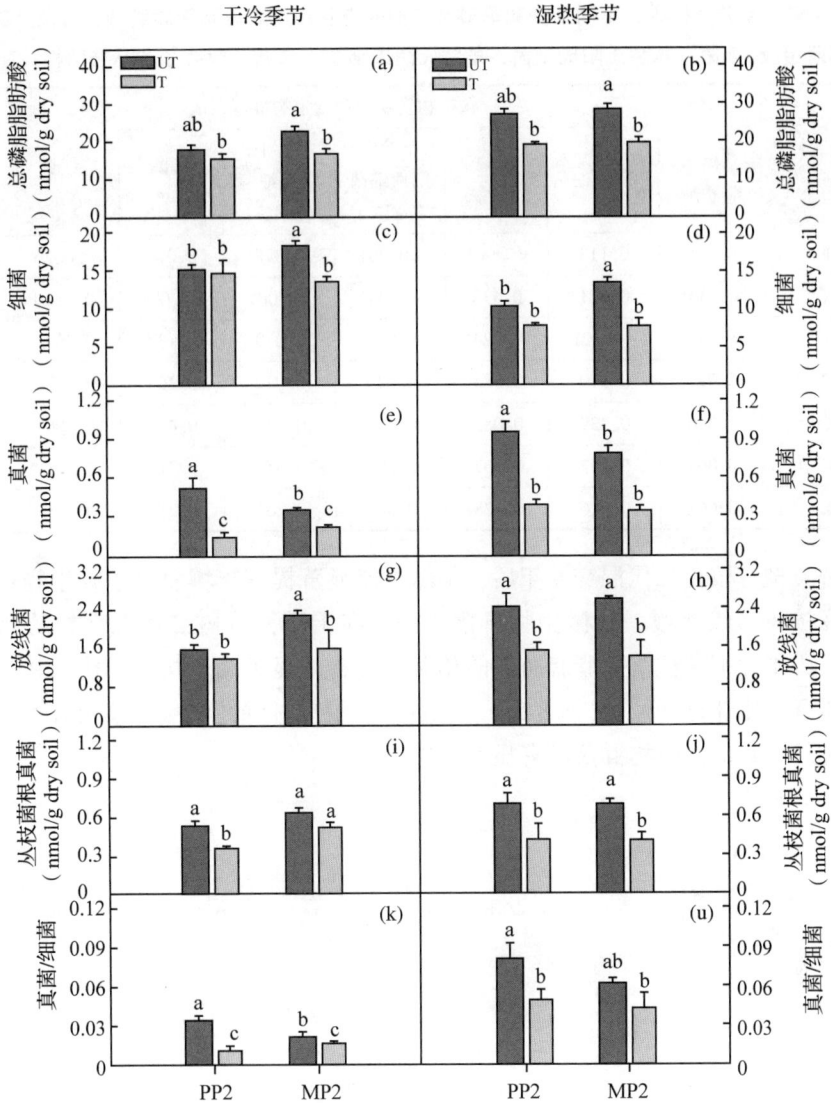

图 8-30　桉树二代纯林和二代混交林 0~10cm 土层的土壤微生物磷脂脂肪酸量
注：UT 为未壕沟处理，T 为壕沟处理。下同。

差异不明显。除了在干季，混交林的放线菌的磷脂脂肪酸量（代表放线菌的生物量）显著高于桉树纯林外，混交林土壤的其他微生物群落的生物量在干季和湿季均无显著高于纯林，甚至没差异。在全年水平上，固氮树种引入不能显著提高土壤微生物生物量（$p=0.196$，表 8-13）。

单因素方差分析表明，壕沟切根处理能极显著降低土壤微生物生物量（$p<0.01$），表明根系及其分泌物仍然是桉树二代单一种植林和混交林土壤微生物的主要碳源；真菌群落和丛植菌根对根系及其分泌物响应最为敏感，切根后其生物量都显著减少。桉树二代纯林和混交林微生物生物量跟桉树一代林分相似，也具有极显著的季节波动性（$p<0.01$）。

表 8-13　ANOVA 分析树种、不同处理和季节及它们的交互作用对总磷脂脂肪酸、真菌/细菌比值和微生物群落组成(细菌、革兰氏阳氏细菌、革兰氏阴氏细菌、真菌、放线菌和丛枝菌根真菌)的影响

树种、处理季节及其交互作用	微生物生物量和微生物群落组成							
	总磷脂脂肪酸	真菌：细菌	细菌（mol%）	革兰氏阳性细菌（mol%）	革兰氏阴性细菌（mol%）	真菌（mol%）	放线菌（mol%）	丛枝菌根真菌（mol%）
树种	0.196	0.113	<0.001	<0.001	0.878	0.070	0.002	0.894
处理	<0.001	0.001	0.435	<0.001	<0.001	<0.001	0.114	<0.001
季节	<0.001	<0.001	0.024	0.922	0.079	0.137	0.552	0.078
树种×处理	0.727	0.119	0.585	0.045	0.049	0.265	<0.001	0.581
树种×季节	0.846	0.339	0.083	0.013	0.731	0.420	0.006	0.427
处理×季节	0.064	0.262	0.767	0.004	0.058	0.413	0.001	0.002
树种×处理×季节	0.661	0.676	0.628	0.303	0.261	0.214	<0.001	0.543

　　降香黄檀与桉树二代混交 4 年后，虽然不能显著提高土壤总微生物生物量，但能显著改变桉树二代土壤一些微生物群落结构。在干季，桉树二代混交林的总细菌群落、革兰氏阳性细菌群落磷脂脂肪酸的相对百分含量显著高于桉树二代纯林，真菌群落的相对百分比却显著减少(图 8-31)；在湿季，混交林除总细菌群落相对百分比显著高于纯林外，其他微生物群落没有显著差异。

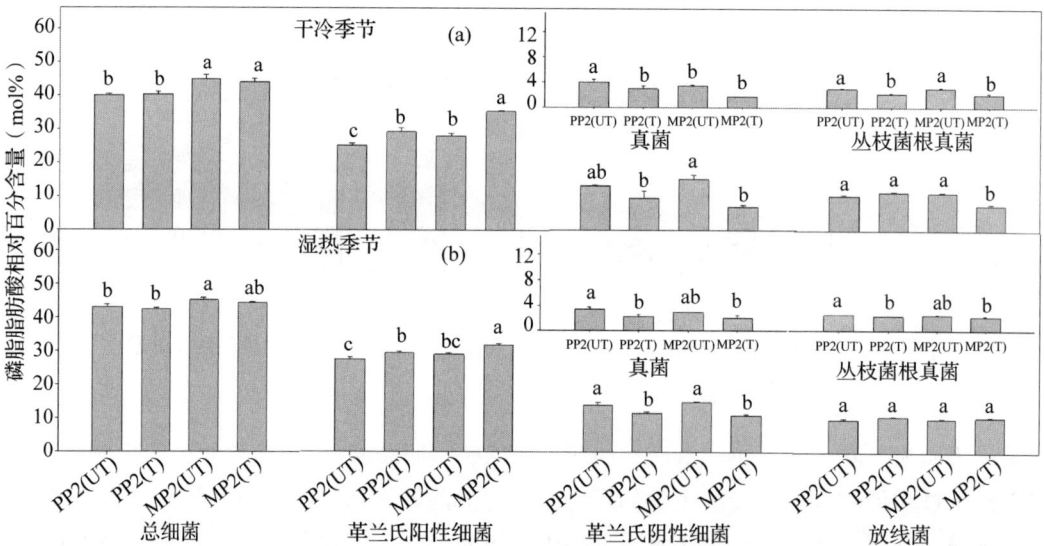

图 8-31　桉树二代纯林和二代混交林及 0~10cm 土壤层微生物群落磷脂脂肪酸相对百分含量

　　注：PP2(UT) 为桉树二代纯林未壕沟处理，PP2(T) 为桉树二代纯林壕沟处理，MP2(UT) 为桉树二代混交林未壕沟处理，MP2(T) 为桉树二代混交林壕沟处理。下同。

　　对不同林分类型、处理和采样季节的土壤微生物群落组成进行了三因素方差分析，结果表明：桉树二代纯林和桉树二代纯林/降香混林之间的细菌、革兰氏阳性细菌和放线菌的磷脂脂肪酸的相对百分含量差异极显著($p<0.01$，表 8-13)；壕沟切根处

理的样方与自然状态相比，也能极显著影响革兰氏阳性细菌、革兰氏阴性细菌、真菌和丛枝杆菌的相对百分含量；而在不同季节，除革兰氏阳性菌的磷脂脂肪酸相对百分含量在季节水平上具有显著性外，其他微生物组分的磷脂脂肪酸的相对百分比均无显著差异。为了探究不同林分在不同处理(切根和对照)和不同采样时间的土壤微生物群落组成的差异，我们分别对它们进行了两因素方差分析，结果表明，壕沟切根处理增加了革兰氏阳性细菌的相对百分含量，但在桉树混交林中的增大程度显著高于桉树纯林；切根处理显著影响这两种林分的土壤放线菌相对百分比，在纯林中增加了放线菌的相对百分比，但降低了混交林中的比例(图 8-32)。

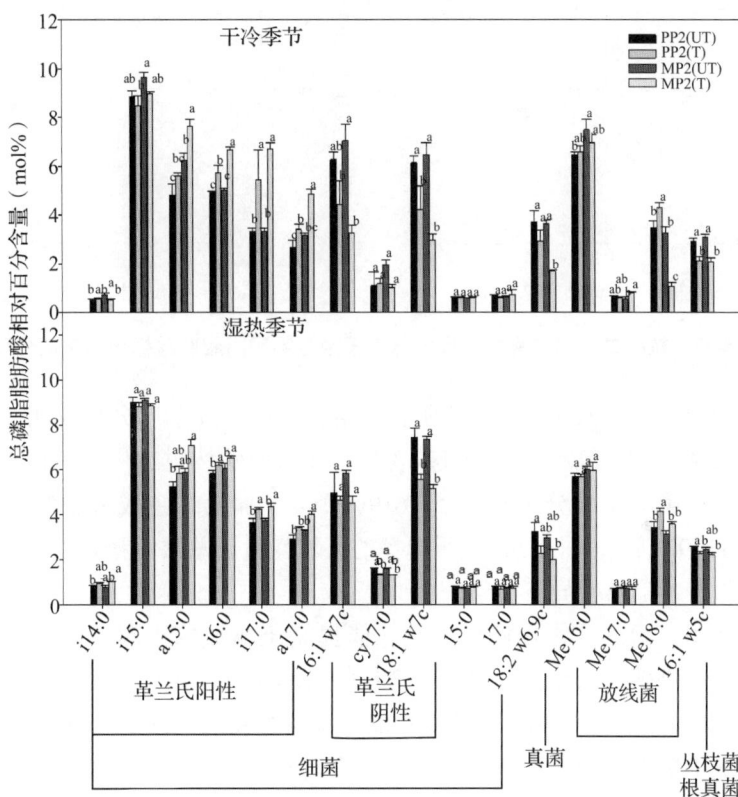

图 8-32 桉树二代纯林和二代混交林及处理(切根)的土壤微生物中的个体磷脂脂肪酸的相对百分含量

对桉树二代纯林和混交林样地土壤提取的 26 种微生物磷脂脂肪酸相对含量进行的主成分分析结果表明，在干季，第一主成分轴(PC1)和第二主成分轴(PC2)一共解释了 69.63% 的微生物群落变异，(PC2)明显把二代桉树/固氮树种(降香黄檀)混交林的土壤微生物群落和二代桉树单一种植林的土壤微生物群落区分开来($p<0.05$)(图 8-33)，这种差异体现在桉树混交林具有较高的革兰氏阳性和阴性细菌群落磷脂脂肪酸相对百分含量；而在湿季，在主成分分析中，PC1 和 PC2 分别解释了 36.73% 和 20.79% 的土壤微生物群落差异，PC2 也能明显把二代桉树/固氮树种(降香黄檀)混交林的土壤微生物群落和二代桉树单一种植林的土壤微生物群落区分开来，但这种分异程度要小于干季。

此外，壕沟切根处理后，桉树二代纯林林和混交林的土壤微生物群落结构发生了显著变化，在干季和湿季，PC1都能明显把壕沟切根处理的土壤微生物群落和自然状态下的土壤微生物群落分开，切根处理的土壤微生物群落都落在第一成分的负半区里，这些差异主要表现在革兰氏阳性细菌群落的磷脂脂肪酸相对百分含量增加，但革兰氏阴性细菌群落和真菌的磷脂脂肪酸的相对百分含量显著减少。

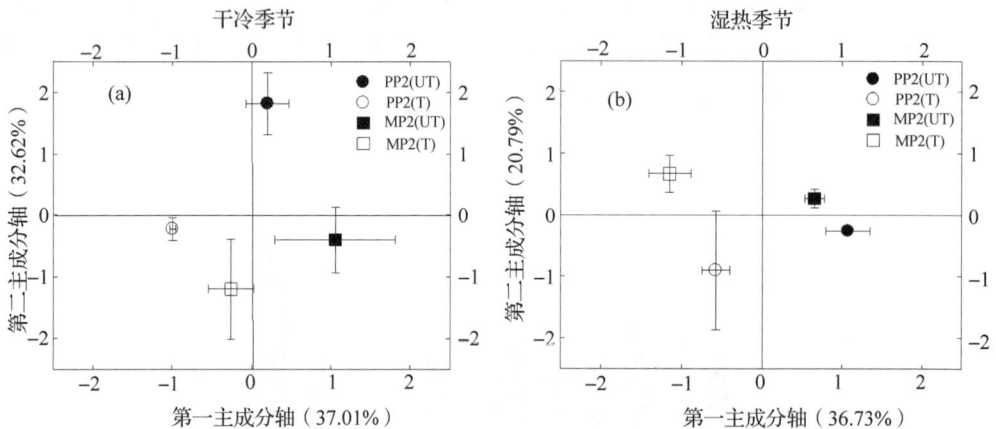

图 8-33　桉树二代混交林和二代纯林土壤微生物磷脂脂肪酸标记物主成分分析

对干季和湿季 0~10cm 土壤层的所有微生物群落的冗余度分析表明，凋落物生物量、凋落物 C/N、铵态氮和土壤有机碳含量是显著影响桉树二代人工林土壤微生物的主要环境因子。第一主成分轴解释了 76.9% 变异，而第二主成分轴解释了微生物群落—环境的 11.9% 变异（图 8-34）。所选择的环境变量能总共解释 68.3% 的桉树二代人工林的土壤微生物群落变异。

本研究表明，固氮植物和桉树混交，能提高土壤氮的可利用性，改善土壤的养分，增加土壤有机碳的固存。土壤中高含量的可利用性氮是显著增加植物净生产力的重要因素之一（Vitousek，2006），更多的植物凋落物将会为更多土壤微生物提高可利用基质，增加土壤微生物生物量。同样，在我们研究中，以桉树纯林比较，固氮树种和桉树人工林混交能增加桉树一代和二代人工林总土壤微生物磷脂脂肪酸（代表微生物生物量），特别是在桉树一代混交林中，固氮树种能显著提高桉树人工林的微生物生物量。高的土壤微生物生物量可能是提高土壤有机碳的重要途径之一。虽然土壤有机碳的最终碳源是植物凋落物，但研究发现，土壤微生物生物量残留物被认为是土壤有机质的重要来源（Miltner et al.，2011）。微生物生长在植物残留物上，利用这些植物残留物及其衍生复合物来建造它们的生物量，当这些微生物死亡后，一部分微生物生物量碳就会转化为土壤有机碳（Kindler et al.，2006，2009；Miltner et al.，2009）。此外，混交固氮树种后，由于提高了土壤氮的可利用性，其凋落物要显著大于桉树纯林。与桉树纯林相比，引入固氮树种的桉树林具有更高凋落物及其残留物（Nouvellon et al.，2012），而这些物质在一定时间尺度上也可能是增加土壤有机碳截获另一个重要途径（Kaye et al.，2000；Resh et al.，2002）。因此，这些结果表明固氮树种通过增

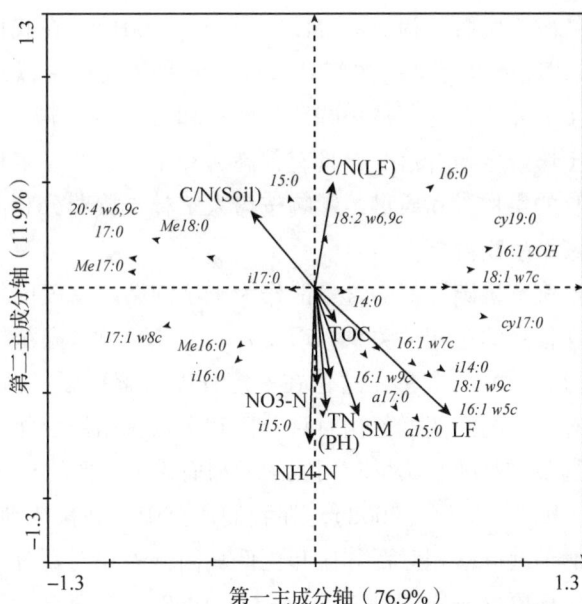

图 8-34　桉树二代混交林和二代纯林土壤微生物磷脂脂肪酸的冗余度分析

注：TN 为总氮，TOC 为总土壤有机碳，pH 为 pH 值，LF 为每年凋落物量，NH_4-N 为铵态氮，NO_3-N 为硝态氮，SM 为土壤水分，C/N(Soil)为土壤碳氮比，C/N(LF)为凋落物碳氮比。

加土壤氮的可利用性，不仅可以增加土壤有机碳的储量，而且似乎可以通过后期的一些相互作用，改变了土壤有机碳的稳定性，增加了固氮树种/桉树混交林土壤稳定性碳的固存。从这个意义上说，固氮树种对我国亚热带桉树人工林具有双赢作用，既增加了土壤养分的有效性，缓解土壤退化，提高人工林的净生产力，也增加了土壤有机碳的储量和稳定性，缓解全球气候变化。这些结果与近年来在其他森林土壤有机碳的研究一致（Yi *et al.*，2007；Burton *et al.*，2010）。

对固氮树种/桉树混交林和桉树纯林土壤提取的 26 种磷脂脂肪酸的主成分分析发现，PC2 都能把桉树一代和桉树二代混交林与对应的桉树一代纯林和桉树二代纯林的土壤微生物群落分开，说明固氮树种和桉树混交后，能明显改变桉树人工林的土壤微生物群落结构，这也在一定程度上说明了固氮树种/桉树混交林和桉树纯林具有明显不同的土壤微生物群落功能。我们推断，固氮树种/桉树混交林具有更高的凋落物生物量和更高质量的凋落物能为微生物提供更多可利用碳源，这可能也解释固氮树种/桉树混交林为什么具有更高细菌群落、放线菌群落和丛枝杆菌群落相对百分比和更低真菌群落相对百分比。此外，壕沟切根一年后，其土壤微生物群落都发生了显著改变，PC1 能把其微生物群落和自然对照的土壤微生物群落分开，说明这 4 种桉树人工林根系及其分泌物能显著影响其土壤微生物群落，根系及其分泌物是其土壤微生物主要碳源。同样，一些研究也报道了植物通过其凋落物和根系分泌物的数量和质量影响土壤有机物，驱动其土壤微生物群落的变化（Zak *et al.*，2003；Benizri *et al.*，2005）。

由于受地上植物凋落物数量、质量以及地下根系及其分泌的影响，不同的植物群落一般都具有其独特的土壤微生物群落(Myers et al.，2001)。在我们研究中，固氮树种/桉树混交林比桉树纯林具有更高的细菌、放线菌和丛枝杆菌以及更低真菌，这些差异主要是受地下土壤养分和地上植物凋落物数量和质量的影响，其中地上凋落物的生物量及其质量对土壤微生物群落变异具有很高解释率，这在一定程度说明了固氮植物可以通过其凋落物的生物量和质量，影响桉树人工林土壤养分和质量，直接或间接驱动桉树人工林土壤微生物群落。

通常情况下，土壤有机碳和氮的含量能作为土壤细菌丰富度的指示器，和土壤细菌群落的丰富度存在很强的正相关关系(Ushio et al.，2008)。固氮树种能提高桉树人工林土壤有机碳和可利用氮的含量，这也在一定程度上解释固氮树种/桉树混交林为什么比桉树纯林具有更高的细菌群落相对百分比和更低真菌群落相对百分比。其他的一些研究也表明了真菌群落随土壤可利用氮的增加而减少，低的土壤 C/N 比率具有更低真菌相对百分比(Boyle et al.，2008)。在我们研究中，和桉树纯林相比，固氮/桉树混交林具有更高的细菌群落相对百分比和更低真菌群落相对百分比，前期的一些研究中也发现了相似的现象(Garcia—Montiel et al.，1998)。通常认为，真菌是土壤氧化酶的主要生产者，而土壤氧化酶能分解复杂的碳化合物。因此，固氮树种/桉树混交林土壤具有低真菌群落，暗示更多的顽固、复杂的碳化合物能在其土壤中得以积累，提高桉树人工林土壤的碳储量和有机碳的稳定性。

本研究发现，固氮树种和桉树混交后，土壤及凋落物的改变能明显改变土壤微生物群落结构。我们的结果也支持了先前的一些研究，即土壤微生物群落结构不仅受森林经营措施的影响，土壤环境因子也能影响微生物群落结构(Xue et al.，2010；Bastida et al.，2007)。冗余度分析表明，在一代桉树人工林中，凋落物 C/N、铵态氮、土壤 C/N、土壤水分是影响其土壤微生物群落结构最主要因子；在二代桉树人工林中，凋落物生物量、凋落物 C/N、铵态氮和土壤有机碳含量是影响其土壤微生物群落的最主要因子。地上植物输入的凋落物的数量或质量与分类轴具有很强的相关性，能解释了大部分桉树混交林和纯林表层土壤微生物群落变异。凋落物作为最初的养分来源，其性质能够影响表层土壤养分及性质，高质量有机物具有低 C/N，更利于土壤细菌群落的生长，而不利于土壤真菌群落的生长(Williamson，Wardle et al.，2005)。我们研究发现，固氮树种/桉树混交的凋落物的 C/N 显著低于桉树纯林，但其土壤的细菌群落的生物量显著高于桉树纯林。因此，引入固氮树种改变桉树人工林的凋落物质量和土壤的养分含量能够驱动我国亚热带桉树人工林土壤微生物群落。

桉树人工林土壤微生物群落除了受凋落物和土壤的数量(TOC)和质量(C/N)影响外，其他一些因子也能影响桉树人工林土壤微生物群落结构。同样，在一些先前的研究中也发现，土壤有机碳、铵态氮、硝态氮与微生物群落存在正相关关系(Brant et al.，2006；de Boer et al.，2005；Bardgett，2005)。相对于整个微生物群落而言，细菌群落在养分丰富条件下占据主导地位，而真菌群落在养分贫瘠的条件下具有更高的竞争力(Carreiro et al.，2000)。这就解释了固氮植/桉树混交林土壤具有高的土壤氮有效性，真菌群落生物量却减少。壕沟切根处理能够显著影响微生物群落，这也从另一个角度支持了微生物群落受输入碳数量和质量的影响（Langley *et al.*，2003）。

研究结果表明，土壤养分的有效性，特别是土壤氮的有效性，能够驱动其土壤微生物群落及其组成发生变异。土壤微生物需要植物的碳氮为其代谢和生长提供能源，改变地上植物能够诱发地下微生物群落发生变化，而地下微生物群落变化能够通过改变土壤的养分等理化性质，反馈于地上植物群落，因此，地上植物和地下微生物是一种互惠关系（Zak *et al.*，2003）。因此，调查当地的植物—土壤—微生物相互作用将有助于了解土壤微生物群落，从而确定碳流量的区域格局和陆地生态系统中的养分循环的生物地理格局。

四、小结

（1）桉树4种人工林土壤总呼吸速率及各呼吸组分速率季节变化均与5 cm处土壤温度变化基本相似，季节变异很大程度上依赖于5 cm处土壤温度。峰值出现在6~8月，谷值出现在12月底至翌年1月初。土壤含水量仅与MP2林土壤呼吸在时间上存在弱的负相关，与其他3个林分土壤呼吸均无相关关系。

（2）通过壕沟法对桉树不同人工林各呼吸组分自养呼吸和异养呼吸进行分离，研究发现，自养呼吸和异养呼吸的时间上的变异可以由5 cm处土壤温度通过指数模型解释。PP1和MP1、PP2和MP2之间总呼吸全年累积量（R_S）、自养呼吸累积量（R_R）和异养呼吸累积量（R_H）都有显著性差异。PP1的全年累积土壤总呼吸通量为（1106.47 g C/m²），比MP1（968.66 g C/m²）增加了12.45%；PP2的全年累积土壤总呼吸通量为1147.41 g C/m²，比MP2（844.08 g C/m²）增加了26.44%。MP1的自养呼吸累积量（403.99 g C/m²）比PP1（693.13g C/m²）减少了41.71%，但其异养呼吸累积量（564.66 g C/m²）却比PP1增加了36.61%；MP2的自养呼吸累积量（506.72 g C/m²）比PP2降低了MP2（136.87 g C/m²）降低72.99%，而其异养呼吸累积量（707.21 g C/m²）比PP2（640.69 g C/m²）增加了10.38%。异养呼吸贡献率由PP1的37.54%增加到MP1的58.25%，从PP2的56.03%增加到MP2的83.94%。纯林和混交林的细根生物量差异以及土壤有机质含量、凋落物有机质含量、土壤C/N比率、凋落物量和凋落物C∶N的不同而造成土壤微生物生物量差异是导致自养呼吸异养呼吸产生差异的主要原因。R_S、R_R与土壤碳储量（0~10cm）凋落物量显著负相关，而与细根生物量和凋落物C/N显著正相关；而R_H仅与凋落物C/N显著负相关。PP1和MP1自养呼吸和异养呼吸温度敏感性没有差异。然而，在PP2和MP2之间的异养呼吸温度敏感性没有差异，MP2自养呼吸温度敏感性显著高于PP1。

（3）PP1和MP1土壤微生物量和群落结构均存在显著差异，具体表现为总的磷脂脂肪酸量（Total PLFAs）（作为评估微生物量的指标）。在干季和湿季，MP1的微生物量比PP1分别高出27.56%和21.86%，均显著高于PP1。MP1和MP2混交林的细菌、放线菌、丛枝菌根真菌都显著高于对应的PP1和PP2纯林，而真菌刚好相反，混交林的真菌生物量均低于相对应纯林，MP1的总土壤微生物量显著高于PP1，但MP2的土壤总微生物量没有显著提高。马占相思与桉树一代混交 8 年后，显著提高了总细菌、革兰氏阴性细菌、丛枝杆菌的相对丰富度和显著降低真菌的相对丰富度；而降香黄檀与桉树二代混交 4 年后，显著提高细菌相对丰富度和显著降低真菌的相对丰富度。通过冗余度分析（RDA），得出造成微生物群落结构变化的原因可能是固氮树种引入后，改变了凋落物的数量和质量，影响土壤理化性质，特别是增加土壤氮含量及其有效性，是驱动桉树人工林土壤微生物生物量和群落结构的主要因素。固氮树种通过驱动微生物生物量和群落结构的变化将可能增加桉树人工林土壤有机碳储量和提高有机碳的稳定性。

第五节　近自然改造对马尾松和杉木人工林碳储量的影响

植被和土壤碳储量共同决定了森林生态系统的碳储量。调控森林的树种、年龄和结构组成能影响林分碳储量（Galik et al., 2009）。森林的树种结构调整可以直接影响地上生产力，也可以通过影响凋落物质量、数量和分解，从而间接影响土壤碳储量。与针叶纯林相比，乡土阔叶树种能提高人工林物种多样性、植被和土壤的碳储量（Ming et al., 2014; Wang et al., 2013）。另一方面，采伐对森林生态系统土壤碳储量的长期影响还没有得到确定结论（Clarke et al., 2015）。对于人工林的近自然化改造，涉及了针阔混交、采伐等森林经营措施，势必会改变地上植被的群落组成和结构，影响作为土壤碳主要来源的凋落物的产生和组成。所以，人工林的近自然化改造很可能影响植被和土壤的固碳过程和碳储量。如何友均等（2013）研究表明，用红锥和香梓楠对杉木人工林进行短期近自然化改造 3 年后，其 0~20 cm、20~40 cm 及 40~60 cm 土壤有机碳含量分别略有增加，但马尾松人工林的却显著降低。也有研究表明，近自然化改造对欧洲山毛榉（*Fagus sylvatica*）和挪威云杉（*Picea abies*）林土壤碳储量的影响因土壤中养分的多少而异（Berger et al., 2009）。由此可见，近自然森林经营（NNFM）对土壤碳储量的影响存在不确定性。作为目前替代世界上大面积针叶人工纯林最有前景的森林经营模式，长期的近自然森林经营对森林生态系统的碳储量分配和固碳能力的影响及其机制尚不清楚。

本节以马尾松未改造纯林（简称马尾松对照林）、马尾松近自然化改造林（简称马尾松改造林）、杉木未改造纯林（简称杉木对照林）和杉木近自然化改造林（简称杉木改造林）等不同经营方式的人工林为对象，研究其纯林和长期近自然化改造后的森林生态系统的碳储量及其分配,并探讨其影响机制。以期揭示近自然化改造对针叶纯林地上和地下部分不同碳库的影响规律,为南亚热带松杉人工林多目标培育和人工林生态系统碳管理提供理论和数据支撑。

一、研究区概况和方法

(一)试验地自然概况

试验地布设在中国林业科学研究院热林中心的伏波实验场 1 林班。试验林为 1993 年在杉木采伐迹地上营造的马尾松和杉木纯林,初植密度为 2500 株/hm²,造林后前 3 年分别进行新造林全铲抚育 3 次、2 次、1 次,共 6 次,第 7 年透光伐抚育,第 11 年第一次生长伐抚育,保留密度 1200 株/hm²。2007 年开始实施近自然化改造,主要改造措施是在保护天然更新的同时,对马尾松和杉木纯林进行强度间伐(保留密度为 450 株/hm²),2008 年年初,在间伐后的马尾松和杉木林下补植鰽蒴栲和格木,密度均为 375 株/hm²,形成总密度为 1200 株/hm² 的松阔异龄混交林,同时保留与改造后林分的总密度一致(1200 株/hm²)的未实施近自然改造的马尾松和杉木纯林为对照。4 种林分均设置 4 个重复,共 16 个小区,每个小区面积为 0.5 hm²。目前,被改造的林分已经郁闭,已演替成具有明显复层结构的针阔异龄混交林。2016 年调查结果显示,鰽蒴栲平均胸径和平均树高分别为 13.7cm 和 14.6m,格木平均胸径和平均树高分别为 5.2cm 和 6.3m。4 种林分基本情况与经营历史见表 8-14。2016 年,4 种林分基本特征见表 8-15。

表 8-14　4 种林分基本情况与经营历史

年份	项目	林分类型			
		马尾松对照林 P(CK)	马尾松改造林 P(CN)	杉木对照林 C(CK)	杉木改造林 C(CN)
1993	造林	初植密度 2500 株/hm²	初植密度 2500 株/hm²	初植密度 2500 株/hm²	初植密度 2500 株/hm²
1993—1995	新造林抚育	全铲抚育 6 次	全铲抚育 6 次	全铲抚育 6 次	全铲抚育 6 次
2000	透光伐	透光伐	透光伐	透光伐	透光伐
2004	生长伐	生长伐,保留 1200 株/hm²	生长伐,保留 1200 株/hm²	生长伐,保留 1200 株/hm²	生长伐,保留 1200 株/hm²
2007	强度间伐	不间伐,保留 1200 株/hm²	强度间伐,保留 450 株/hm²	不间伐,保留 1200 株/hm²	强度间伐,保留 450 株/hm²
2008	林下补植	不补植	均匀补植鰽蒴栲、格木各 375 株/hm²	不补植	均匀补植鰽蒴栲、格木各 375 株/hm²
2009	改造林抚育	不抚育	抚育 2 次	不抚育	抚育 2 次
2016	平均胸径	马尾松 22.2±1.3cm	马尾松 32.2±1.6cm	杉木 17.1±2.1cm	杉木 22.3±0.8cm
2016	平均树高	马尾松 16.7±0.5m	马尾松 17.3±0.7m	杉木 17.1±0.4m	杉木 17.2±0.4m

表 8-15　4种林分基本特征

人工林类型	马尾松对照林 P（CK）	马尾松改造林 P（CN）	杉木对照林 C（CK）	杉木改造林 C（CN）
林龄（a）	23	23	23	23
坡向	西北坡	西北坡	西南坡	西南坡
坡度（°）	21.3±3.6a	22.4±4.1a	24.6±2.6a	23.1±2.9a
郁闭度	0.71±0.09b	0.88±0.03a	0.78±0.09b	0.79±0.11b
胸高断面积（m²/hm²）	20.81±0.21a	6.43±0.90d	15.98±2.18b	9.82±1.21c
凋落物量[t/（hm²·a）]	10.23±0.94a	10.84±0.49a	9.02±0.19b	9.54±0.34b

注：数据为平均值±标准误差；同一个指标变量的不同字母代表差异显著（$p < 0.05$）。

（二）研究方法

1. 乔木生物量的测定

根据林地内主要树种（马尾松、杉木、格木、黧蒴栲）的生物量模型（表8-1），计算林木不同器官（树干、树皮、树枝、树叶、根系）的干重。

2. 林下植被生物量及凋落物现存量的测定

在每个固定样地随机布设 5 个 2 m×2 m 的小样方，记录小样方内的植物种名。采用"收获法"分别对地上部分和地下部分进行鲜重的测定和取样，同种植物的相同器官混合取样。在每个固定样地内随机布设 5 个 1 m×1 m 的小样方，收集凋落物现存量，进行未分解组分和半分解组分生物量测定。灌草植被和凋落物样品均取 200 g 左右，在 65℃烘箱中烘干至恒重，计算含水率，换算干重。

3. 土壤样品的采集

在每个固定样地代表性地段选取 3 个取样点，按机械分层的方法，对 0~20 cm、20~40 cm、40~60 cm、60~80 cm 和 80~100 cm 五个土层，用环刀采集土样，每层 3 个重复。带回实验室，测完土壤容重后，将同层土壤样品混合，去掉植物根系和残体后，风干，磨碎，测定土壤有机碳含量。

4. 植物和土壤样品碳含量及碳储量的测定

植物及土壤中的碳含量均采用 $K_2Cr_2O_7$—水合加热法测定，碳储量计算公式：植被碳储量＝单位面积生物量×碳含量；土壤碳储量计算公式：

$$C_s = \sum_{i=1}^{n} 0.1 \times H_i \times B_i \times O_i \tag{8-4}$$

式中，C_S 为土壤碳储量（t/hm²）；H_i 为第 i 层土壤厚度（cm）；B_i 为第 i 层土壤容重（g/cm³）；O_i 为第 i 层土壤碳含量（g/kg）；n 为土壤分层数。

二、不同人工林生态系统各器官的含碳量

4 种林分中马尾松和杉木各器官碳含量的测定结果显示，不同器官碳含量从高到低顺序为：叶>干>皮>枝>根。各器官在不同树种之间的差异情况有所不同，马尾松

树皮含碳量高于杉木，而杉木叶片和根系的含碳量高于马尾松。无论是马尾松还是杉木，各器官碳含量在改造林和对照林之间均无显著差异（表8-16）。

表8-16 马尾松和红锥不同器官的含碳量(g/kg)

器官	PCK	PCN	CCK	CCN
干	476.6±16.0 a	481.2±30.2 a	486.4±19.4 a	488.2±14.3 a
皮	475.3±13.8 a	488.1±6.9 a	459.3±12.7 b	464.1±12.4 b
枝	465.4±18.2 a	470.2±11.9 a	460.5±18.5 a	456.0±11.6 a
叶	491.7±13.1 b	479.6±10.7 b	513.3±15.7 a	513.0±17.9 a
根	425.6±14.3 b	426.3±12.8 b	442.8±10.2 a	448.2±14.2 a

注：PCK、PCN、CCK 和 CCN 分别表示马尾松对照林、马尾松近自然化改造林、杉木对照林、杉木近自然化改造林。相同字母表示林分间差异不显著。下同。

与对照相比，近自然森林经营显著增加了杉木林灌木层地上部分的含碳量17.5%（表8-17）。然而，也显著降低了马尾松和杉木林凋落物层未分解组分的含碳量以及马尾松林半分解凋落物的含碳量。

表8-17 4种人工林生态系统地被层不同组分的含碳量(g/kg)

层	组分	PCK	PCN	CCK	CCN
灌木层	地上	435.3±43.5 a	414.2±19.2 a	365.3±34.2 b	429.4±24.6 a
	地下	442.0±29.7 a	426.8±34.1 a	407.0±26.7 a	438.3±36.1 a
草本层	地上	420.7±21.9 a	400.7±11.5 a	419.3±19.4 a	400.3±13.7 a
	地下	343.1±31.8 a	345.0±31.1 a	342.5±23.7 a	341.0±12.3 a
凋落物层	未分解	496.4±16.6 a	435.4±37.8 b	491.6±14.1 a	428.6±33.2 b
	半分解	434.6±26.1 a	413.9±38.2 b	416.4±21.8 b	394.9±18.7 b

土壤有机碳含量随土层深度的增加而显著降低。近自然森林经营显著提高了马尾松和杉木人工林 0~20 cm 和 20~40cm 土壤含碳量，但对深层土壤含碳量无显著影响（图8-35）。

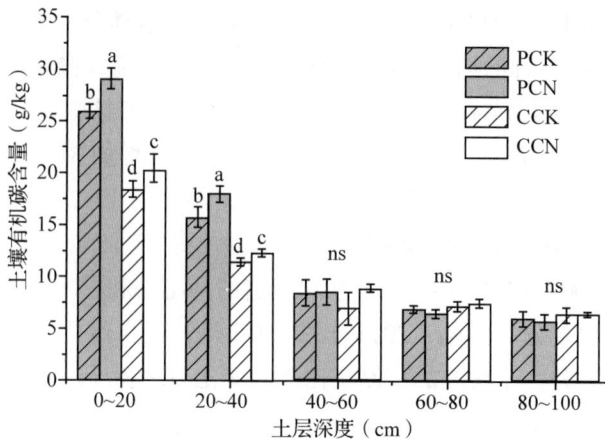

图8-35 4种人工林不同深度土壤有机碳含量

三、不同人工林生态系统碳储量分配及动态

2016 年，对于马尾松人工林，近自然森林经营显著增加了乔木层及其各组分、草本层、0~20 cm、20~40 cm、40~60 cm、0~100 cm 土壤层和生态系统的碳储量（表 8-18）。然而，近自然森林经营仅显著增加了杉木人工林的下木层、乔木层、0~20 cm、20~40 cm、0~100 cm 土壤层和生态系统的碳储量，但显著降低了灌木层和草本层的碳储量。

表 8-18　4 个人工林生态系统碳储量（t/hm²）

层	组分	PCK	PCN	CCK	CCN
乔木层	主林层	120.44±9.71 b	151.62±11.4 a	48.15±12.03 c	39.33±4.37 c
	下木层	0.23±0.01 d	26.06±1.41 b	0.32±0.02 c	29.68±1.60 a
	合计	120.67±10.91 b	177.68±12.35 a	48.47±13.17 d	69.01±6.12 c
近地层	灌木层	0.16±0.03 ab	0.14±0.02 ab	0.22±0.04 a	0.10±0.05 b
	草本层	0.15±0.02 b	0.08±0.02 c	0.24±0.03 a	0.10±0.05 bc
	凋落物	2.02±0.14 a	1.81±0.13 ab	1.75±0.09 b	1.78±0.22 b
	合计	2.33±0.23 a	2.04±0.11 a	2.21±0.21 a	1.98±0.17 a
土壤层	0~20 cm	55.40±3.36 bc	66.80±4.07 a	51.09±3.05 c	63.18±3.72 ab
	20~40 cm	36.80±2.75 b	45.86±3.33 a	35.94±2.49 b	46.80±3.04 a
	40~60 cm	22.25±1.70 b	26.28±2.06 a	20.98±1.54 ab	24.57±1.88 a
	60~80 cm	19.97±1.56 a	24.03±1.89 a	22.11±1.41 a	20.50±1.72 a
	80~100 cm	15.50±1.29 a	17.06±1.56 a	15.33±1.17 a	17.81±1.42 a
	合计	149.92±5.52 b	180.03±6.69 a	145.45±5.00 b	172.86±6.10 a
生态系统	总和	272.93±13.63 c	359.75±15.74 a	196.14±14.94 d	243.84±0.12 b

2008—2016 年，不同林分的生态系统碳储量不断增加（图 8-36）。马尾松和杉木的改造林分的生态系统碳储量年增长率[22.64 和 14.17 t/（hm²·a）]分别显著高于其未改造林分[8.54 和 4.62 t/（hm²·a）]。2011 年后，改造林分的生态系统碳储量开始高于未改造林分。随着时间延长，近自然化改造对生态系统碳储量影响的正效应逐渐显著。2016 年，近自然化改造 8 年后，马尾松和杉木人工林生态系统碳储量分别为 359.75 t/hm² 和 243.84 t/hm²，分别比各自对照林分显著增加 31.8% 和 24.3%。

乔木层和土壤层的碳储量分别占生态系统总碳储量的 12.2%~49.4% 和 50.0%~86.6%，二者总和占 98.2%~99.4%。同时，乔木层的碳储量占植被层的 89.1%~98.9%（图 8-37）。2008—2011 年，近自然化改造的马尾松和杉木人工林乔木层碳储量的比例低于各自对照林分。但是，2015 年和 2016 年，近自然化改造林的植被层和乔木层的均高于对照林分。土壤层的碳储量比例的变化与之相反。

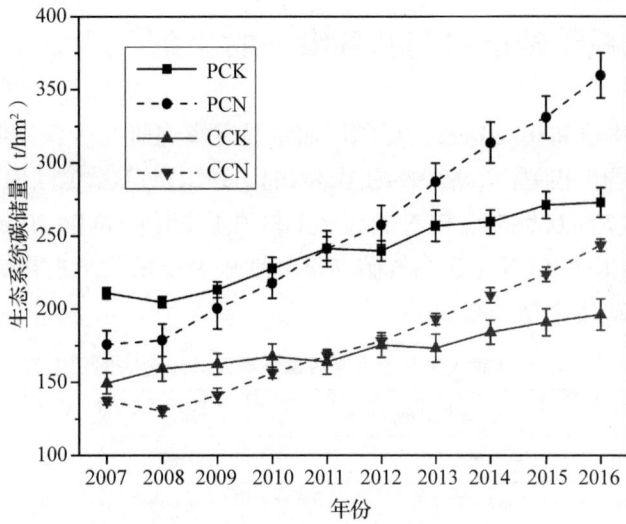

图 8-36　4 种人工林生态系统碳储量动态

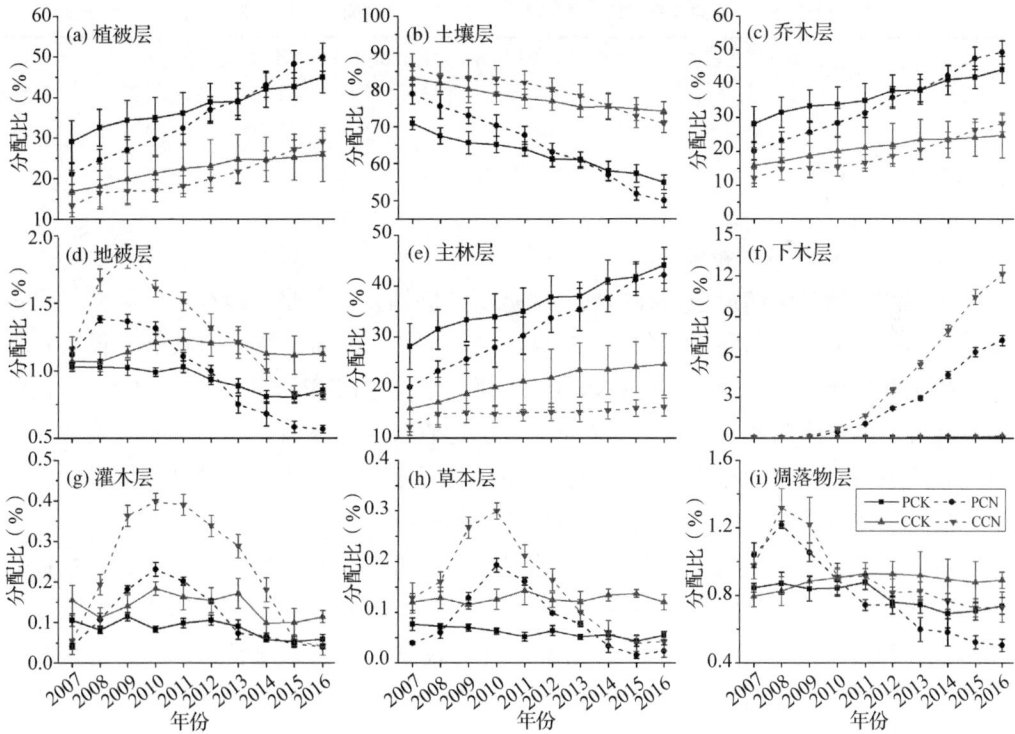

图 8-37　4 种个人工林生态系统不同组分碳储量占生态系统总碳储量的比例的动态

四、生态系统碳储量与其各组分的关系

主林层、下木层和 0~20 cm 土层的碳储量显著影响研究区森林生态系统碳储量，并分别与之呈显著正相关（$R^2 = 0.994$，表 8-19）。PCK 生态系统碳储量仅显著正相关于下木层碳储量（$R^2 = 0.965$），PCN 的显著正相关于主林层和 0~20 cm 土层的碳储量（$R^2 = 0.998$）。CCK 和 CCN 生态系统碳储量分别显著正相关于主林层（$R^2 = 0.911$）和 0~20 cm 土层的碳储量（$R^2 = 0.963$）。

表 8-19 4 种人工林生态系统碳储量及其组分的回归模型

人工林	模型	R^2	F 值	P 值
PCK	$Y = 302.754x_2 + 205.341$	0.965	250.677	0.000
PCN	$Y = 1.402x_1 + 1.106x_3 + 72.259$	0.998	2617.328	0.000
CCK	$Y = 1.588x_1 + 114.941$	0.911	92.199	0.000
CCN	$Y = 3.468x_3 + 22.321$	0.963	233.080	0.000
总计	$Y = 1.006x_1 + 1.354x_2 + 1.623x_3 + 64.72$	0.994	2224.522	0.000

注：x_1、x_2、x_3 和 Y 分别代表主林层、下木层、0~20 cm 土壤层和生态系统碳储量。

五、讨论

1. 近自然化改造对植被碳储量的影响

生态系统植被碳储量包括乔木层和地被层的碳储量。但是，地被层的碳储量仅占植被层的一小部分，而乔木层的占 95.64%~98.87%。因而，植被固碳能力很大程度上取决于乔木层的固碳能力。这与诸多学者研究结论相似（Peichl et al., 2006）。任何改变林分生物量生长和含碳量的因素都可能引起森林生态系统植被碳储量的变化。近自然化改造对马尾松和杉木各器官的含碳量均无显著影响。因此，植被碳储量的差异源于近自然化改造对乔木层中主要树种生物量的影响。

改造林经过强度间伐，原来树种的密度大幅下降，生长空间得以释放，大幅提升了保留木的生长。最近的研究表明，疏伐增加了云杉树干的生长（Nicoll et al., 2019）。同时，近自然化改造后，补植树种具有较高的碳储量增长速率，这也是改造林乔木层碳储量高速增长的主要原因之一。间伐后林下补植的格木和鰲蕀栲是最适合当地生境的乡土树种。适宜的环境使其快速生长，从而补充甚至抵消了间伐引起的生物量下降，使近自然化改造显著增加了马尾松和杉木纯林的植被层碳储量。由此表明，提升林分植被碳储量的关键是树种配置和林分空间的结构优化。通过促进林木的快速生长提高生物量和种植高碳密度的树种是有效的手段。

2. 近自然化改造对土壤碳储量的影响

土壤碳库是森林碳库的主体，在本研究中占森林总碳储量的 50.0%~86.6%。其

影响因素包括土壤有机碳含量、容重和土层厚度。近自然化改造未显著影响土壤容重（数据未列出），但分别显著增加了马尾松和杉木人工林 0~20 cm 和 20~40 cm 土层的含碳量。因此，近自然化改造林分的 0~20 cm 和 20~40 cm 土层碳储量显著高于未改造林分。这表明本研究中所采用的近自然化改造方式有助于增加马尾松和杉木表层土壤的固碳潜力。但是，用红锥（*Castanopsis hystrix*）和香梓楠（*Michelia hedyosperma*）近自然化改造 3 年后，马尾松人工林 0~20 cm、20~40 cm 和 40~60 cm 土壤有机碳含量显著降低，而杉木的却略微增加（何友均等，2013）。这表明近自然化改造对土壤有机碳含量的影响存在不确定性。这可能与改造的时间、措施、植被组成等有关。

大量研究已经证实，改变林分结构和凋落物组成可以改变土壤有机碳含量（Clarke *et al.*，2015；Noormets *et al.*，2015）。本研究中，植被层（即主林层、下木层、灌木层、草本层和凋落物层）各组分的碳含量与土壤有机碳含量之间相关性不显著。因此，影响土壤有机碳含量的其他因素，包括凋落物和根系性质（Angst *et al.*，2018）、土壤微生物群落结构和活性（Trivedi *et al.*，2013）、和其他土壤理化生物性质（Wiesmeier *et al.*，2019）等可能是引起近自然化改造增加表层土壤有机碳含量的原因。例如，树种结构的调整改变了地下根系和凋落物的组成和质量，增加了土壤微生物类群，增加了凋落物分解及其向土壤的碳输入（Huang *et al.*，2014）。因此，本研究中近自然化改造增加浅层土壤有机碳含量的因素及其动态是否与植被群落结构的动态存在关联有待深入研究。

3. 长期近自然化改造对生态系统碳储量的影响

乔木层和土壤层是森林碳储量中占比最大的组分（He *et al.*，2013）。本研究中，不同森林类型的乔木层和土壤层的碳储量占生态系统总碳储量的 98% 以上。因此，4 种林分碳储量及其变化由乔木层和土壤层主导。多元回归分析也表明，森林生态系统的碳储量受主林层、下木层和 0~20 cm 土层的碳储量影响。由于土壤碳含量随土壤深度的增加而降低，而容重变化不明显，所以土壤碳储量集中于表层土壤。2016 年，即近自然化改造 8 年后，与对照相比，马尾松人工林的主林层、下木层和 0~20 cm 土层碳储量，以及杉木人工林的主林层和 0~20 cm 土层碳储量均显著增加。所以，近自然化改造显著增加了两种人工林的生态系统碳储量。

林龄是影响人工林碳储量及其分配的关键因子（Cao *et al.*，2012；Peichl *et al.*，2006）。在我国，森林土壤碳和生物量随林龄呈指数增长（Tang *et al.*，2018）。类似地，近自然化改造对森林生态系统碳储量及其分配的影响也是长期动态变化的。随着时间的延长，植被层碳储量占生态系统碳储量的比例呈增加趋势，而土壤层的则呈下降趋势。这是因为与植被碳库相比，土壤碳库更加稳定，但植被碳储量随植物的生长而不断增加。近自然化改造初期，由于主林层的植被被间伐，所以植被层碳储量低于未改造林分。随着时间延长，保留木和补植树种快速生长，补充了因间伐而损失的碳储量。由此形成了改造林乔木层和植被层碳储量的增加速率显著高于各自对照林分。这导致近自然化改造对生态系统碳储量的正效应随时间的延长而显著。与此同时，结合我们前期研究结果（Ming *et al.*，2018），增加土壤有机碳的稳定性将进一步增加这种正效应。这些结果表明了近自然化改造是实现生态系统长期碳固持的一种有前景的方式。

综上所述,近自然化改造有助于增加较长时间尺度的马尾松和杉木人工纯林生态系统碳储量和固碳潜力,其原因主要是由于长期近自然化改造增加了乔木层和 0~20 cm 土层的碳储量。林分结构改善和保留木的快速生长显著提升了林分的植被碳储量。因此,近自然化改造是增强森林碳汇功能和实现多目标经营的重要措施。增加土壤有机碳稳定性和通过促进林木的快速生长提高生物量积累可以作为近自然化改造增加生态系统碳储量的主要手段。

我国南亚热带人工林以松杉针叶人工纯林为主,单一的树种结构和不合理的经营方式导致物种多样性下降、固碳减排功能减退等一系列生态问题。如何通过调整林分结构,改进经营措施,提高林分生产力和森林碳汇,满足人类在木材生产、生物多样性和固碳减排等多重需求的同时,提升森林减缓和适应全球气候变化的能力,建立健康稳定的多功能人工林生态系统,是林学界和生态学界共同面临的问题。近些年来,近自然化改造作为新增碳汇和多目标经营最有希望的选择途径之一,受到人们的广泛关注。然而,近自然化改造究竟如何影响针叶人工林群落结构进而影响林分生产力和碳过程,林分群落结构和碳动态与近自然化改造导致的土壤组成与质量的改变等问题尚不清楚,尤其是连续定位观测的研究尚缺乏相关报道。本研究以广西凭祥市的中国林业科学研究院热林中心位置相近、立地条件相对一致的 4 种人工林类型(马尾松近自然化改造林、马尾松未改造纯林、杉木近自然化改造林和杉木未改造纯林)为研究对象,阐明了不同经营方式下林分物种多样性与碳储量动态的变化特征及其机制,揭示了人工林群落结构及碳循环过程对近自然化改造的响应机理,为全球变化背景下人工林生态系统的经营管理提供科学依据。

六、小结

(1)近自然化改造显著改善了马尾松和杉木人工林林分结构,促进了乔木物种的天然更新,增加了乔木层物种的丰富度,改变了群落及群落各层的物种组成和优势种,降低了马尾松和杉木在群落中的优势度和重要值,减弱了单一树种在群落中的优势地位,使群落物种组成向多样化和分布均匀化的方向演替。近自然化改造改变了马尾松和杉木人工林灌木和草本层植物多样性的动态,前 10 年呈现出先减小后增加再减小而后趋于稳定的"S"形变化过程。灌木层和草本层植物多样性的变化过程主要受林分郁闭度和林分胸高断面积这两个关键因子的影响。

(2)近自然化改造对马尾松和杉木人工林植被各组分碳含量无显著影响,但可显著提升植被碳储量,近自然化改造 8 年后,马尾松和杉木人工林植被碳储量分别提高46.7%和37.2%。马尾松和杉木人工林植被碳储量总体上均随林龄增长而增长,但马尾松和杉木改造林的植被年净固碳速率均显著高于相应的对照林分。改造林具有更高的植被年净固碳速率主要归因于改造后林下补植树种生物量的高速增长和主林层马尾松和杉木生物量的快速增长。

(3)近自然化改造显著提升马尾松和杉木人工林 0~40 cm 土壤有机碳含量和 0~100 cm 土壤碳储量,改造 8 年后,马尾松和杉木人工林 0~40 cm 土壤有机碳分别提高13.2%和 9.1%,0~100 cm 土壤碳储量分别提高 10.8%和 8.7%。马尾松和杉木人工林土壤碳储量随林龄增长而增长,改造林分土壤年净固碳速率显著高于其对照林,土壤有机碳与植物多样性指数呈显著正相关关系。近自然化改造有助于增加较长时间尺度的马尾松和杉木人工纯林生态系统碳储量和固碳潜力。近自然化改造是增强森林碳汇功能和实现多目标经营的重要措施。

第六节　气候变化对马尾松和红锥
人工林固碳增汇的影响

一、研究区概况与试验设计

研究地点设在中国林业科学研究院热林中心伏波实验场(22°10′N,106°50′E)。研究区域概况见本章第二节。研究对象为马尾松和红锥人工纯林。试验地海拔约 550 m,马尾松和红锥均于 1983 年种植于杉木采伐迹地,初植密度为 2500 株/hm²,经过多年抚育和间伐,2015 年 1 月林分平均密度分别为 267 株/hm² 和 333 株/hm²。

在马尾松、红锥人工纯林中分别设置 6 块 20 m × 20 m 样地(块间距在 30 m 以上),实施 2 种不同的实验处理(对照和减少 50%穿透雨),每个处理 3 个重复,即共计 12 块样地。样地布置与另一布设于我国河南宝天曼森林生态系统定位站的穿透雨减少试验类似(Lu et al.,2017)。2012 年 9 月,沿坡地走势在每个穿透雨减少样地上边、左边、右边埋入 PVC 膜(入土深度 1 m),修建水泥挡水墙(宽 0.1 m,高出地面0.3 m,入土深度 0.3 m),其外侧修建高出地面 0.3 m 的排水沟以防止样地内外土壤水分交换。减雨样地通过平行于坡面方向布设的 PEP 膜(0.5 m 宽× 3.5 m 长,透光率>95%)截留林内穿透雨,PEP 膜铺设总面积为样地面积的 50%。截留的穿透雨通过导水管导出样地。2016 年 3 月,在对照样地架设相同的固定支架并以相同方式铺设孔径约为 3 mm 的白色尼龙网。具体试验设计和样地现状如图 8-38 至图 8-41、彩图 17、彩图 18 所示。

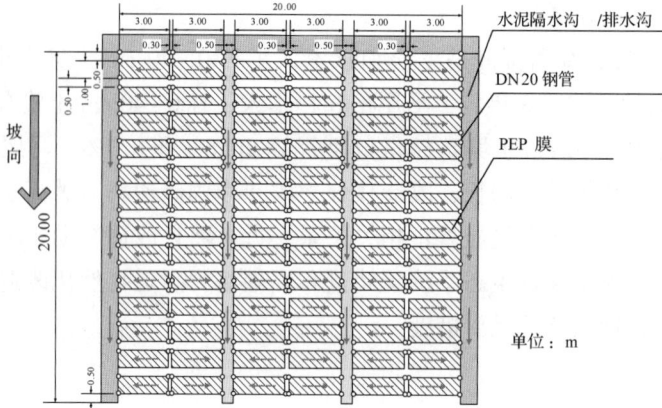

图 8-38　穿透雨减少样地 PEP 膜布设示意图(俯视)

注：箭头表示导出的穿透雨流向。

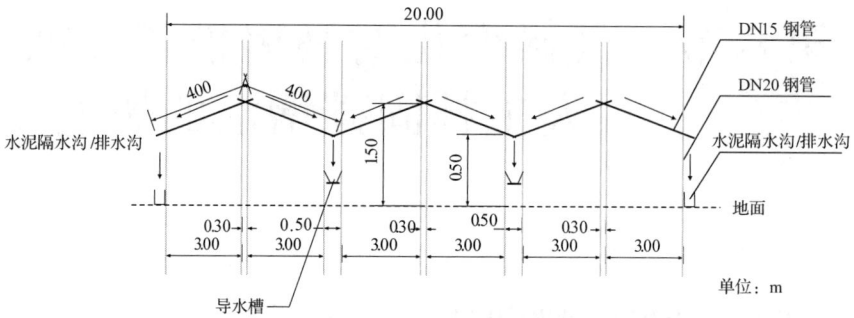

图 8-39　穿透雨减少样地 PEP 膜布设示意图(侧视)

注：箭头表示导出的穿透雨流向。

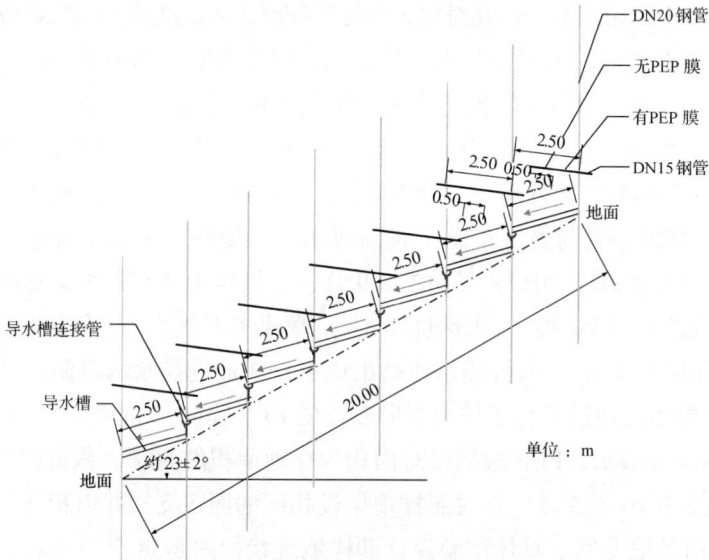

图 8-40　穿透雨减少样地导水槽连接示意图

注：箭头表示导出的穿透雨流向。

图 8-41　马尾松人工林对照(左)和穿透雨减少(右)样地现状

　　自 2012 年试验起，定期收集 PEP 膜和尼龙网上的凋落物并归还到样地。用 Hobo 自动气象站(美国 Onset 公司)记录各样地的土壤温湿度，记录间隔时间为 1 h，每个样地 3 个重复。根据气象数据，绘制当地降水量变化如图 8-42 所示，并将累积降水量高于月均降水量的月份认定为湿季(即 5~9 月)，其余月份认定为干季(即 10 月至翌年 4 月)。

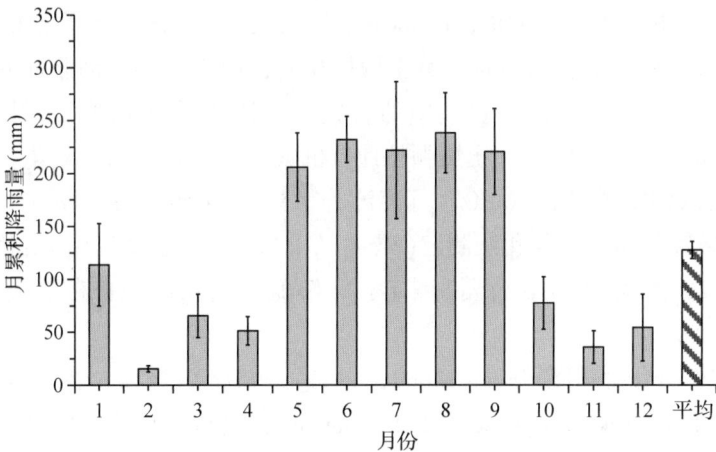

图 8-42　研究样地 2015—2017 年月累积降水量

注：误差线表示标准误。

二、样品采集与分析

(一)地上部分凋落物样品采集与分析

　　每个样地中随机设置 5 个 1 m × 1 m 收集框(离地面约 40 cm)用以收集林冠层凋落物，分别于 2016 年 1~12 月每隔 1 月收集每个框中的凋落物(共 6 次取样)。将每个样地中 5 个收集框内凋落物充分混合，带回实验室进行分析。

　　将每个样地中 5 个收集框内凋落物充分混合后，区分针叶、阔叶、<2 cm 枝、皮、

果和其他(主要为花、种子等)等凋落物组分,分别在65℃烘至恒重称量,计算单位面积的地上部分凋落物量和凋落物各组分所占比例。

（二）土壤和细根样品采集

2016年4月和9月、2017年3月和7月分别对土壤进行取样。根据降水数据,判定2016年4月和2017年3月为干季,2016年9月和2017年7月为湿季。

每次取样时,①每个样地用环刀($V=100\ cm^3$)随机采集原状土壤样品7个,其中4个用于测定容重、孔隙度等物理性质,3个用于土壤和团聚体有机碳矿化的室内培养试验。②用土钻在每个样地中取5钻0~5 cm土壤,分出其中植物细根(直径<2 mm),在65℃烘至恒重后称量。③在各样地中随机选5个样点取0~5 cm土样(各样点约0.8 kg),采回后剔除其中碎石和动植物残体,混合均匀后分为2份,第一份(约0.1 kg)保存于4℃,在取样后的1周内测定土壤水溶性有机碳含量;第二份(约3.9 kg)于室温下风干过2 mm筛,测定土壤团聚体组成和其他理化性质。

（三）土壤理化性质分析

采用烘干法测定土壤质量含水量(Eze et al., 2018),用手持式土壤温度计和Hobo气象站记录土壤温度。采用环刀法测定土壤容重和孔隙度等物理性质。土壤pH值采用土水比1∶2.5测定。

采用TOC分析仪(vario TOC, Elementar, Germany)测定土壤总有机碳(TOC)含量。采用硫酸钾(K_2SO_4)溶液浸提新鲜土壤样品后,用0.45 μm滤膜抽滤,滤液中的有机碳在TOC分析仪上测定浸提液中的含碳量,计算得出土壤样品水溶性有机碳(DOC)含量(Mi et al., 2016)。土壤颗粒性有机碳(POC)含量和易氧化有机碳(EOC)含量分别采用六偏磷酸钠$[(NaPO_3)_6]$溶液分散法(Cambardella et al., 1992)和333 mmol/L高锰酸钾($KMnO_4$)氧化法测定(Mi et al., 2016)。土壤全氮含量用全自动凯氏定氮仪(UK152, 意大利Velp公司)测定,碱解氮含量用碱解扩散法测定(鲁如坤, 1999)。

土壤团聚体分级采用湿筛法(Elliott, 1986),并略做修改,在土壤团粒分析仪(DIK—2001, Daiki Rika Kogyo Co., Ltd., Japan)上进行。具体操作如下:将风干后土壤样品分批放置于土壤团粒分析仪最上面一层不锈钢筛,室温下蒸馏水浸泡10 min,以除去土壤团聚体内闭塞的空气。将套筛放入水桶中,然后开动马达使套筛上下移动,升降3 cm, 30次/min, 10 min后提出水面,收集各级土筛上的土壤,获得1~2 mm、0.5~1 mm、0.25~0.5 mm、0.106~0.25 mm和<0.106 mm的水稳性土壤团聚体。其中<0.25 mm和>0.25 mm部分分别为微团聚体和大团聚体。

将各级筛层中的土粒分别转移至烧杯中,在65℃烘干称重,计算各粒级团聚体的质量百分含量,并测定不同粒级团聚体的TOC、POC和EOC含量。

各粒级团聚体质量分数(w_i):

$$w_i = \frac{m_i}{M} \times 100\%$$ (8-5)

团聚体稳定性采用平均重量直径(mean weight diameter, MWD)衡量(Bottinelli et

$al.$，2017）：

$$MWD = \sum_{i=1}^{n} (\bar{x_i} w_i) \tag{8-6}$$

团聚体有机碳贡献率（Zhong $et\ al.$，2017）：

$$团聚体有机碳贡献率 = \frac{团聚体有机碳含量 \times w_i}{土壤有机碳含量} \tag{8-7}$$

式中，w_i 为 i 粒级团聚体质量分数；m_i 为各粒级团聚体质量；M 为土壤总质量；x_i 为 i 粒级团聚体平均直径；n 为土壤团粒分析仪套筛总数。

此外，本研究还测定了土壤团聚体的胶结物质含量，包括游离氧化铁和游离氧化铝，用连二亚硫酸钠-柠檬酸钠—重碳酸钠（dithionite-citrate-bicarbonate，DCB）提取（Zhao $et\ al.$，2017）。用 ICP—OES（ThermoFisher，USA）测定待测液中的铁和铝含量，计算得出土壤样品中的游离氧化铁和游离氧化铝含量。

三、穿透雨减少对土壤总有机碳及其活性组分的影响

（一）土壤总有机碳及其活性组分含量

与对照相比，穿透雨减少处理显著影响马尾松人工林土壤 EOC 含量和红锥人工林土壤 DOC、EOC 含量，对两种人工林土壤 TOC、POC 含量无显著影响（表 8-20）。穿透雨减少分别增加了马尾松人工林土壤干、湿季 EOC 含量 44.1% 和 57.5%，但降低了红锥人工林土壤干季 DOC 含量 26.9% 和湿季 EOC 含量 30.7%（图 8-43）。

表 8-20　土壤总有机碳及其组分含量的重复测量方差分析结果

变量	马尾松			红锥		
	处理	季节	处理×季节	处理	季节	处理×季节
TOC	0.054	0.325	0.344	0.072	0.581	0.802
DOC	0.153	**0.005**	0.941	**0.010**	**0.005**	0.113
POC	0.107	**0.002**	0.935	0.226	**0.003**	0.646
EOC	**0.002**	0.394	0.520	**0.021**	0.152	0.772

注：TOC 为土壤总有机碳含量，DOC 为土壤水溶性有机碳含量，POC 为土壤颗粒性有机碳含量，EOC 为土壤易氧化有机碳含量。下同。表中数据为 p 值，加粗的表示 $p<0.05$。

（二）土壤有机碳含量的影响因素

在马尾松人工林中，穿透雨减少对其地上部分各组分凋落物量和质量分数的影响基本一致，且凋落针叶量和所占比例（50%以上）显著高于其余组分。与对照相比，短期穿透雨减少使全年除主要凋落物组分外的其他凋落量和质量分数分别显著增加 44.5% 和 3.4%（图 8-44），但对地上凋落物总量无显著影响（表 8-21）。

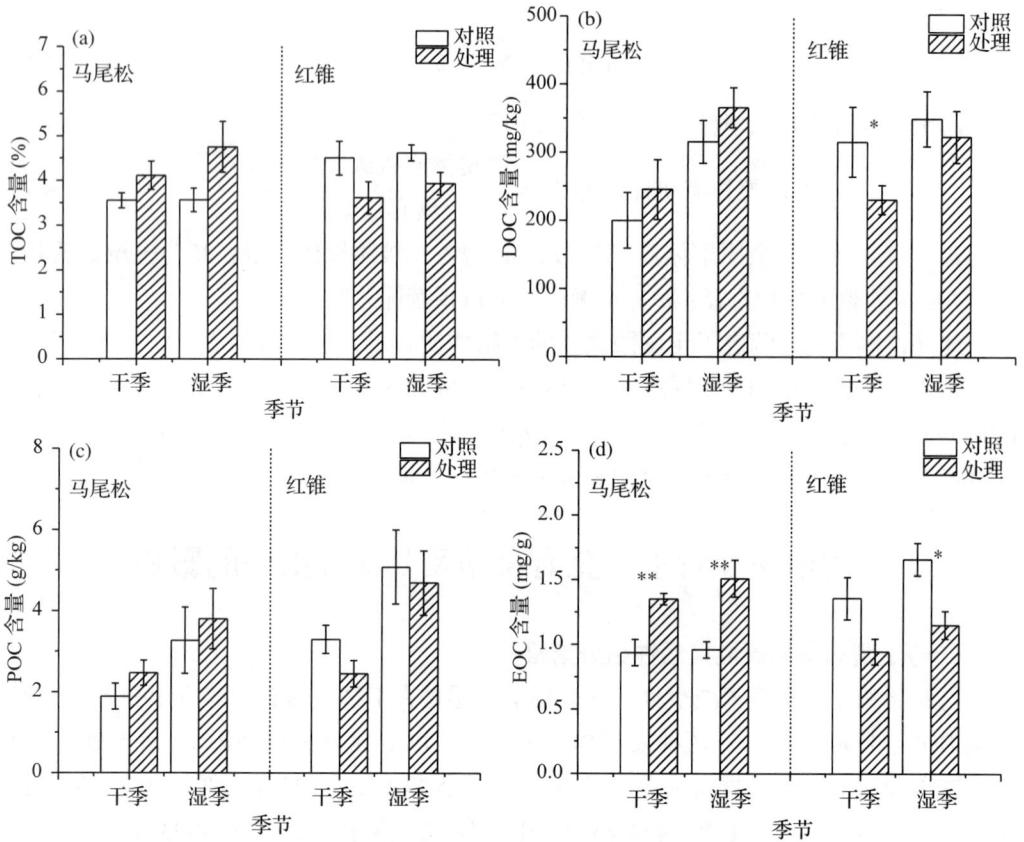

图 8-43 穿透雨减少对土壤总有机碳及其组分含量的影响

注：误差线表示标准误。*和**分别表示对照与处理间土壤有机碳含量在 0.05 和 0.01 水平上差异显著。

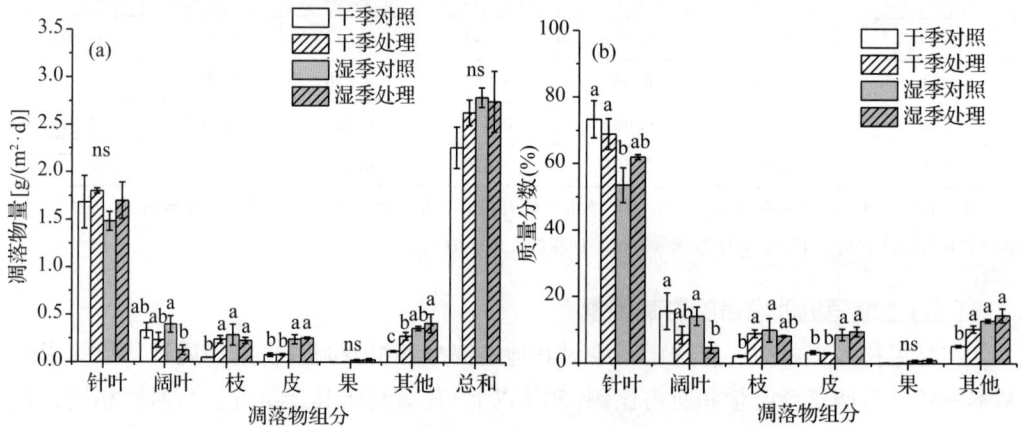

图 8-44 马尾松人工林地上部分各组分凋落物量(a)和质量分数(b)

注：误差线表示标准误。不同字母表示凋落物量和质量分数在处理间差异显著(*p*<0.05)。

表 8-21　马尾松人工林地上部分各组分凋落物量和质量分数的重复测量方差分析结果

因子	针叶	阔叶	枝	皮	果	其他	总和
凋落物量							
处理	0.378	0.098	0.337	0.820	0.310	**0.039**	0.452
季节	0.456	0.766	0.143	**0.001**	0.052	0.052	0.228
处理×季节	0.800	0.236	0.116	0.822	0.435	0.483	0.416
质量分数							
处理	0.615	0.107	0.233	0.809	0.265	**0.008**	——
季节	0.059	0.391	0.146	**0.004**	**0.034**	**0.021**	——
处理×季节	0.278	0.707	0.093	0.568	0.326	0.332	——

注：表中数据为 p 值，加粗的数字表示 $p < 0.05$。

与马尾松人工林不同，阔叶和果实凋落物在红锥人工林地上部分凋落物量中所占比例最大，且在湿季（即秋冬季节）中占绝对优势（图 8-45）。短期穿透雨减少对红锥人工林地上凋落物量和质量分数均无显著影响（表 8-22）。

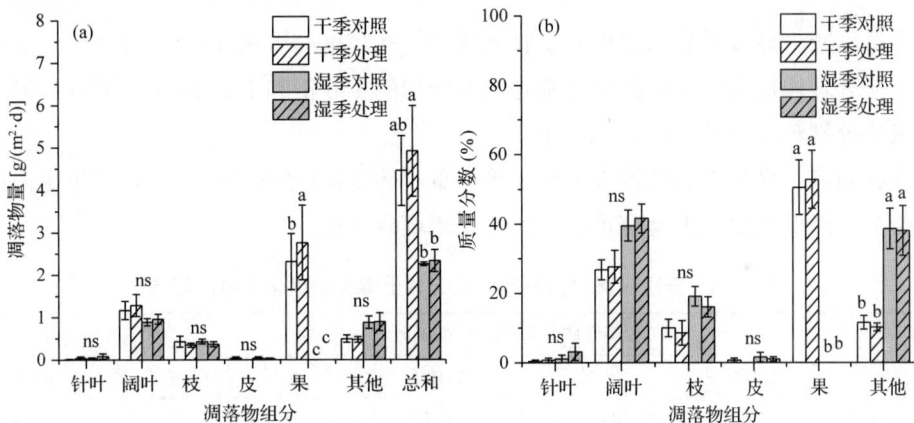

图 8-45　红锥人工林地上部分各组分凋落物量（a）和质量分数（b）

注：误差线表示标准误。不同字母表示凋落物量和质量分数在处理间差异显著（$p < 0.05$）。

表 8-22　红锥人工林地上部分各组分凋落物量和质量分数的重复测量方差分析结果

因子	针叶	阔叶	枝	皮	果	其他	总和
产生量							
处理	0.303	0.614	0.379	0.352	0.694	0.987	0.705
季节	0.468	0.135	0.902	0.588	**0.002**	**0.022**	**0.008**
处理×季节	0.743	0.908	0.902	0.588	0.694	0.911	0.785
质量分数							
处理	0.428	0.726	0.475	0.446	0.846	0.846	——
季节	0.298	0.012	**0.024**	0.254	**<0.001**	**<0.001**	——
处理×季节	0.557	0.886	0.794	0.908	0.846	0.939	——

注：表中数据为 p 值，加粗的表示 $p < 0.05$。

与对照相比，穿透雨减少增加了马尾松人工林 0~5 cm 土层细根生物量，在干季较对照样地增加了 0.17 t/hm²（28.3%）（图 8-46）。相反地，穿透雨减少使红锥人工林表层细根生物量在干、湿季分别降低了 23.5%和 24.7%。

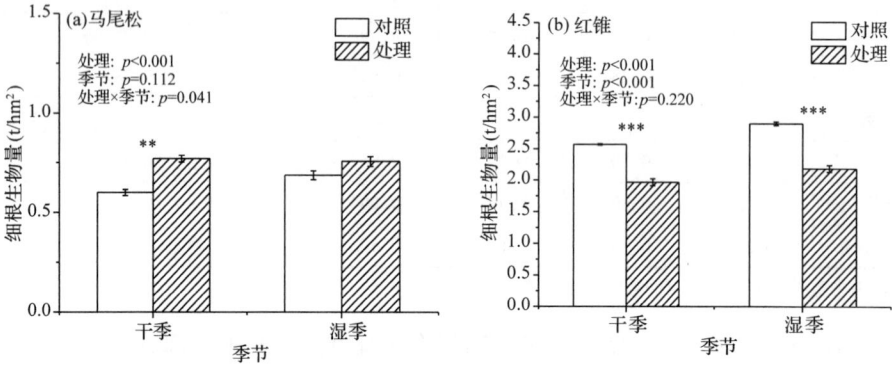

图 8-46 穿透雨减少对马尾松（a）和红锥（b）人工林 0~5 cm 土层细根生物量的影响

注：误差线表示标准误。＊＊和＊＊＊分别表示对照与处理间细根生物量在 0.01 和 0.001 水平上差异显著。

穿透雨减少显著影响马尾松人工林土壤通气孔隙度和碳氮比（表 8-23）。干季和湿季马尾松处理样地的通气孔隙度分别是对照样地的 1.6 倍和 1.2 倍（$p<0.05$），湿季土壤碳氮比分别较对照样地增加 21.1%。

穿透雨减少显著影响红锥人工林土壤容重和碳氮比（表 8-24）。与对照相比，穿透雨减少分别降低了湿季土壤容重和干、湿季土壤碳氮比。

表 8-23 穿透雨减少对马尾松人工林土壤基本理化性质的影响

项目	土壤性质（平均值±标准误）				ANOVA（p value）		
	干季对照	干季处理	湿季对照	湿季处理	处理	季节	处理×季节
容重（g/cm³）	1.01±0.05 a	0.99±0.05 a	1.02±0.03 a	0.96±0.02 a	0.179	0.739	0.609
总孔隙度（%）	61.98±1.77 a	62.87±1.96 a	60.75±1.64 a	61.28±1.99 a	0.528	0.227	0.872
通气孔隙度（%）	**4.49±0.71 b**	**7.19±0.66 a**	**5.55±0.21 b**	**6.67±0.26 a**	**0.008**	0.308	0.157
毛管孔隙度（%）	53.00±2.39 a	51.85±2.36 a	52.16±2.27 a	50.05±1.17 a	0.461	0.548	0.826
pH 值	4.12±0.06 a	3.97±0.17 a	3.85±0.05 a	3.78±0.03 a	0.313	0.046	0.673
全氮（g/kg）	2.27±0.08 a	2.46±0.14 a	2.42±0.20 a	2.62±0.1 a	0.317	0.425	0.975
碱解氮（mg/kg）	148.30±4.05 b	165.01±6.87 b	186.35±9.05 a	200.86±13.56 a	0.146	**0.005**	0.912
碳氮比	15.63±0.36 ab	16.68±0.72 ab	**14.81±0.62 b**	**17.94±1.32 a**	**0.003**	0.654	0.065

注：同行不同字母和加粗的 p 值表示对照与处理间土壤性质差异显著（$p<0.05$）。

表 8-24 穿透雨减少对红锥人工林土壤基本理化性质的影响

项目	土壤性质（平均值±标准误）				ANOVA（p value）		
	干季对照	干季处理	湿季对照	湿季处理	处理	季节	处理×季节
容重（g/cm³）	1.00±0.04 a	1.01±0.07 a	**0.99±0.03 a**	**0.86±0.03 b**	**0.043**	**0.020**	**0.039**

（续）

项目	土壤性质(平均值±标准误)				ANOVA（p value）		
	干季对照	干季处理	湿季对照	湿季处理	处理	季节	处理×季节
总孔隙度（%）	62.21±1.41 a	62.09±2.57 a	60.64±1.07 a	63.71±2.83 a	0.291	0.986	0.257
通气孔隙度（%）	5.82±0.59 ab	8.53±0.58 a	5.10±0.66 ab	6.50±0.04 a	0.061	**0.008**	**0.001**
毛管孔隙度（%）	50.06±0.87 a	51.11±2.32 a	53.78±0.66 a	51.84±2.81 a	0.820	0.275	0.454
pH 值	3.96±0.02 a	3.96±0.02 a	3.90±0.04 a	3.92±0.04 a	0.870	0.193	0.798
全氮(g/kg)	2.78±0.20 a	2.26±0.18 a	2.81±0.12 a	2.78±0.22 a	0.333	0.325	0.386
碱解氮(mg/kg)	202.11±20.37 a	185.87±19.64 a	216.22±10.09 a	192.87±7.59 a	0.246	0.523	0.828
碳氮比	**16.21±0.77 a**	**14.53±0.77 b**	**16.62±1.03 a**	**14.27±0.55 b**	**0.023**	0.921	0.653

注：同行不同字母和加粗的 p 值表示对照与处理间土壤性质差异显著($p<0.05$)。

（三）土壤有机碳含量与环境因子的相关分析

相关分析表明，马尾松人工林土壤 TOC 含量与全氮含量显著正相关，POC 含量与土壤温度和碱解氮含量显著正相关，而 EOC 含量与细根生物量和全氮含量显著正相关(表 8-25)。对于红锥人工林，其土壤 TOC 含量与阔叶凋落物量、土壤含水量、总孔隙度、毛管孔隙度、全氮含量、碱解氮含量、碳氮比显著正相关，DOC 含量与细根生物量和碱解氮含量显著正相关，POC 含量与地上部分总凋落物量、毛管孔隙度、全氮、碱解氮含量显著正相关，而 EOC 含量与阔叶凋落物量、细根生物量、全氮、碱解氮含量显著正相关。

表 8-25 土壤理化性质间的 Pearson 相关系数

变量	马尾松				红锥			
	TOC	DOC	POC	EOC	TOC	DOC	POC	EOC
阔叶凋落物量	0.047	0.620	0.232	0.288	0.587*	0.253	0.204	0.652*
地上部分总凋落物量	0.015	0.047	0.409	0.022	0.114	0.444	0.646*	0.107
细根生物量	0.426	0.280	0.393	0.529*	0.480	0.658*	0.376	0.599*
容重	-0.567	-0.433	-0.478	-0.336	-0.431	-0.520	-0.727**	-0.271
土壤温度	0.216	0.571	0.950**	-0.115	0.269	0.451	0.807**	0.210
土壤含水量	-0.405	-0.482	-0.575	-0.469	0.591*	0.266	-0.068	0.618*
总孔隙度	0.177	0.074	-0.249	0.202	0.689*	0.329	0.417	0.472
通气孔隙度	0.395	0.437	0.369	0.551	-0.010	0.108	-0.361	-0.036
毛管孔隙度	0.018	-0.014	-0.291	-0.069	0.686*	0.259	0.633*	0.489
pH 值	-0.338	-0.379	-0.883**	-0.083	-0.418	-0.240	-0.605*	-0.239
全氮	0.877**	0.567	0.489	0.700*	0.759**	0.559	0.591*	0.750**
碱解氮	0.446	0.384	0.780**	0.056	0.799**	0.640*	0.739**	0.766**
碳氮比 C∶N	0.512	-0.479	-0.033	0.538	0.615*	0.399	0.412	0.455

注：TOC、DOC、POC、EOC 分别表示总有机碳、水溶性有机碳、颗粒有机碳、易氧化有机碳含量。* 和 ** 分别表示在 0.05 和 0.01 水平上显著相关(双尾)。

南亚热带人工林土壤 TOC 含量与活性有机碳中的 EOC 含量显著正相关，在红锥人工林中还与活性有机碳中的 POC 含量显著正相关（表 8-26），表明活性有机碳含量可以指示南亚热带人工林土壤总有机碳含量的早期变化。

表 8-26　土壤有机碳含量之间的 Pearson 相关系数

变量	马尾松			红锥		
	TOC	DOC	POC	TOC	DOC	POC
DOC	−0.114			−0.054		
POC	−0.046	**0.509** *		**0.436** *	**0.532** **	
EOC	**0.626** **	0.383	0.222	**0.594** **	**0.625** **	**0.517** **

注：＊和＊＊分别表示在 0.05 和 0.01 水平上显著相关（双尾）。

四、穿透雨减少对土壤团聚体及其有机碳分布的影响

（一）土壤团聚体组成与结构稳定性

马尾松人工林土壤各粒级团聚体质量分数随粒级大小的下降而降低。与对照相比，穿透雨减少显著增加了马尾松人工林 0.106~0.25 mm 土壤团聚体的质量分数，但显著降低了大团聚体（>0.25 mm）的质量分数（表 8-27）。

与马尾松人工林的土壤团聚体粒径分布类似，穿透雨减少显著降低了红锥人工林土壤 1~2 mm 团聚体的质量分数，但增加了 0.25~0.5 mm 和 0.106~0.25 mm 团聚体的质量分数（$p<0.05$），并由此降低了土壤大团聚体的质量分数（表 8-28）。

表 8-27　穿透雨减少对马尾松人工林土壤团聚体粒径分布的影响

粒级（mm）	团聚体质量分数（%）（平均值±标准误）				p 值		
	干季对照	干季处理	湿季对照	湿季处理	处理	季节	处理×季节
1~2	38.92±4.55 a	35.37±2.82 a	47.18±5.44 a	37.84±2.94 a	0.131	0.199	0.471
0.5~1	21.66±3.15 a	22.07±2.46 a	23.96±1.74 a	25.74±3.36 a	0.629	0.208	0.761
0.25~0.5	19.21±0.89 a	19.81±0.72 a	15.21±2.39 a	17.77±2.00 a	0.399	0.128	0.595
0.106~0.25	**11.68±0.36 b**	**13.46±0.29 a**	**8.31±0.98 b**	**12.48±0.82 a**	**0.003**	**0.016**	0.135
<0.106	8.53±0.36 a	9.30±0.29 a	5.33±0.98 b	6.17±0.82 b	0.212	**0.001**	0.955
>0.25	79.78±0.36 c	77.25±0.29 c	**86.36±0.98 a**	**81.35±0.82 b**	**0.008**	**0.001**	0.286

注：同行不同字母表示对照与处理间团聚体质量分数差异显著（$p<0.05$）。

表 8-28　穿透雨减少对红锥人工林土壤团聚体粒径分布的影响

粒级（mm）	团聚体质量分数（%）（平均值±标准误）				p 值		
	干季对照	干季处理	湿季对照	湿季处理	处理	季节	处理×季节
1~2	28.58±3.40 b	24.77±1.80 c	44.52±3.91 a	28.84±2.29 b	**0.001**	**0.001**	**0.013**
0.5~1	29.66±1.77 a	28.96±1.70 a	29.26±1.78 a	31.99±3.50 a	0.453	0.333	0.216

（续）

粒级（mm）	团聚体质量分数（%）（平均值±标准误）				p 值		
	干季对照	干季处理	湿季对照	湿季处理	处理	季节	处理×季节
0.25~0.5	22.86±2.43 a	23.60±2.23 a	14.71±2.11 b	23.65±2.70 a	**0.026**	0.051	**0.049**
0.106~0.25	**10.98±1.17 b**	**14.55±1.08 a**	**7.45±0.96 c**	**10.55±0.88 b**	**<0.001**	**<0.001**	0.663
<0.106	7.91±1.25 a	8.13±0.45 a	4.05±1.13 b	4.98±1.18 b	0.537	**0.004**	0.703
>0.25	**81.11±2.20 ab**	**77.32±1.40 b**	**88.49±2.07 a**	**84.48±2.03 ab**	**0.020**	**0.001**	0.936

注：同行不同字母表示对照与处理间团聚体质量分数差异显著（$p<0.05$）。

穿透雨减少对南亚热带马尾松人工林和红锥人工林土壤团聚体平均重量直径（MWD）的影响类似，即干季和湿季 MWD 均低于对照土壤（$p<0.05$，图 8-47）。在全年水平上，马尾松和红锥人工林穿透雨减少样地 MWD 分别较相应的对照土壤下降了15.1%和16.0%，说明穿透雨减少降低了土壤团聚体结构稳定性。

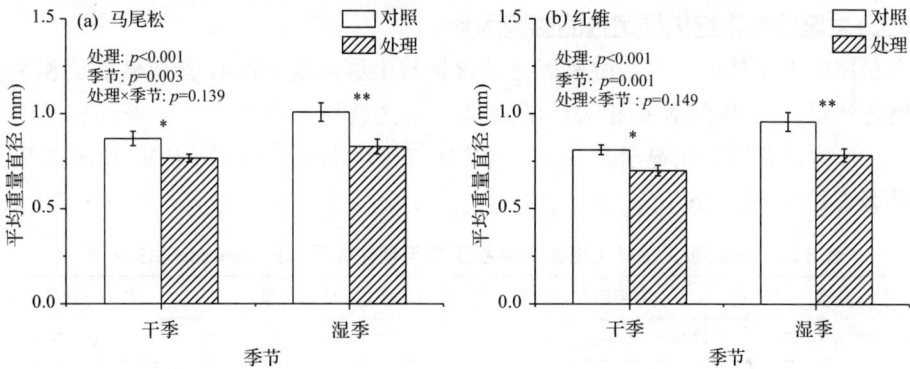

图 8-47 穿透雨减少对马尾松（a）和红锥（b）人工林土壤团聚体平均重量直径的影响

注：误差线表示标准误。＊和＊＊分别表示对照与处理间团聚体平均重量直径在 0.05 和 0.01 水平上差异显著。

土壤游离金属氧化物是团聚体重要的胶结物质之一。穿透雨减少对马尾松和红锥土壤游离氧化铁含量无显著影响，而湿季土壤游离氧化铁含量低于干季土壤（图 8-48）。对于土壤游离氧化铝含量，穿透雨减少显著降低了湿季马尾松和红锥人工林土壤游离氧化铝含量，分别为 15.6%和 7.3%（图 8-49）。

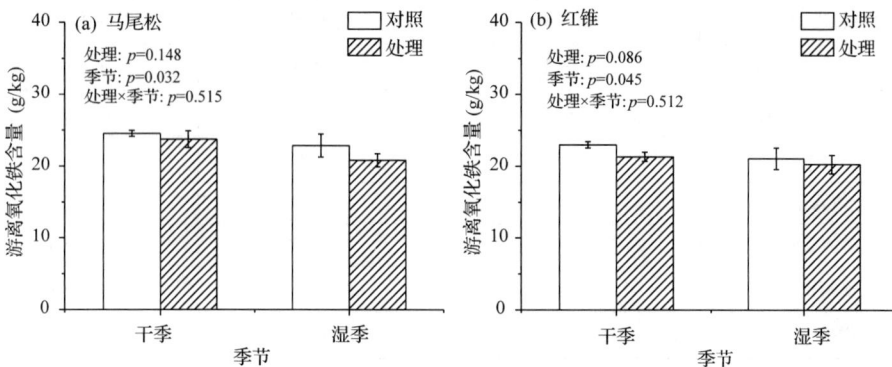

图 8-48 穿透雨减少对马尾松（a）和红锥（b）人工林土壤游离氧化铁含量的影响

注：误差线表示标准误。

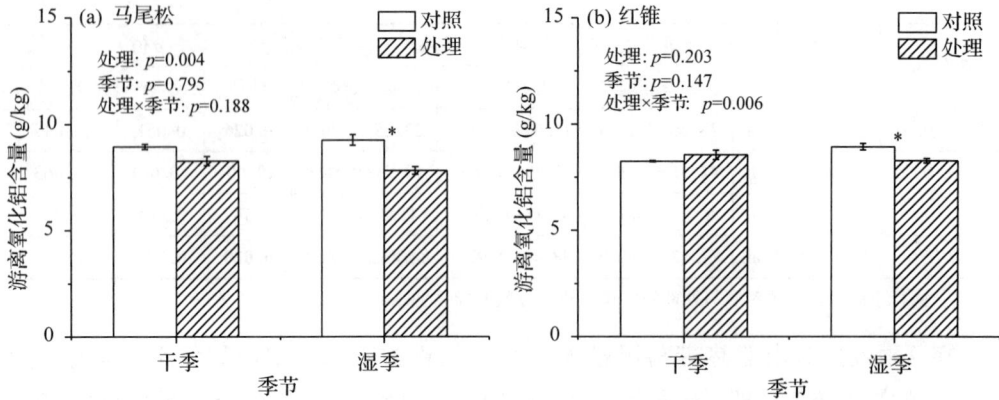

图 8-49　穿透雨减少对马尾松（a）和红锥（b）人工林土壤游离氧化铝含量的影响

注：误差线表示标准误。＊表示对照与处理间土壤游离氧化铝含量差异显著（$p<0.05$）。

（二）土壤团聚体结构稳定性的影响因素

在马尾松人工林中，土壤游离氧化铁含量与土壤温度、POC 含量显著负相关，但与土壤含水量、pH 值显著正相关；游离氧化铝含量与土壤含水量显著正相关，但与TOC、EOC 含量和碳氮比显著负相关。MWD 与土壤温度、DOC、POC 和游离氧化铝含量显著正相关（表 8-29）。

表 8-29　马尾松人工林土壤团聚体稳定性与理化性质间的 Pearson 相关系数

变量	游离氧化铁含量	游离氧化铝含量	平均重量直径
细根生物量	−0.206	−0.446	−0.078
容重	−0.055	0.293	0.009
土壤温度	−0.476*	−0.091	0.494*
土壤含水量	0.408*	0.520**	0.126
总孔隙度	0.318	−0.159	−0.134
通气孔隙度	−0.312	−0.401	−0.058
毛管孔隙度	0.457	0.009	−0.121
pH 值	0.518**	0.120	−0.207
总有机碳含量	−0.233	−0.447*	−0.257
水溶性有机碳含量	−0.352	−0.114	0.227**
颗粒有机碳含量	−0.758**	−0.104	0.574**
易氧化有机碳含量	−0.319	−0.447*	−0.388
全氮含量	−0.176	−0.187	0.037
碱解氮含量	−0.291	−0.170	0.099
碳氮比	−0.144	−0.540**	−0.453*
平均重量直径	−0.290	0.532**	1.000

注：＊和＊＊分别表示在 0.05 和 0.01 水平上显著相关（双尾）。

对于红锥人工林，土壤游离氧化铁含量与 DOC、POC 含量显著负相关，但与总孔隙度显著正相关；游离氧化铝含量与土壤 EOC 含量显著正相关。MWD 与细根生物量、土壤温度、DOC、POC、EOC 和游离氧化铝含量显著正相关（表 8-30）。由此看出，土壤游离氧化铝含量是南亚热带马尾松和红锥人工林土壤 MWD 的共同影响因素，且均与 MWD 呈显著正相关（图 8-50）。

表 8-30　红锥人工林土壤团聚体稳定性与理化性质间的 Pearson 相关系数

变量	游离氧化铁含量	游离氧化铝含量	平均重量直径
细根生物量	-0.156	0.326	0.820**
容重	-0.079	-0.037	-0.117
土壤温度	-0.275	0.233	0.513*
土壤含水量	0.165	0.425*	0.179
总孔隙度	0.518**	-0.008	-0.223
通气孔隙度	0.290	-0.404	-0.317
毛管孔隙度	0.395	0.226	-0.090
pH 值	-0.051	0.030	-0.324
总有机碳含量	0.384	0.278	0.320
水溶性有机碳含量	-0.617**	0.132	0.492*
颗粒有机碳含量	-0.515*	0.228	0.626**
易氧化有机碳含量	-0.085	0.452*	0.510*
全氮含量	0.126	0.090	0.252
碱解氮含量	0.096	0.355	0.440*
碳氮比	0.357	0.299	0.317
平均重量直径	-0.331	0.398*	1.000

注：＊和＊＊分别表示在 0.05 和 0.01 水平上显著相关（双尾）。

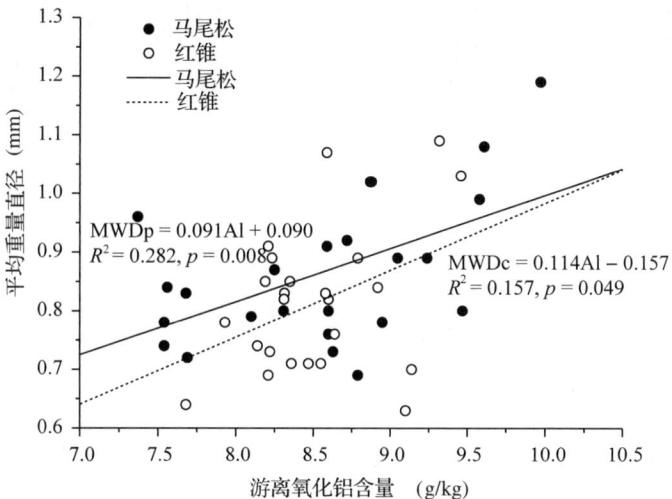

图 8-50　土壤游离氧化铝含量与团聚体稳定性的相关性

（三）土壤团聚体有机碳分布

重复测量的双因素方差分析结果表明，穿透雨减少对马尾松人工林土壤各粒级团聚体 TOC、POC 含量无显著影响，但显著影响马尾松人工林土壤 0.106~0.25 mm 团聚体 EOC 含量，以及该粒级团聚体 TOC 和 EOC 贡献率（表 8-31）。与对照相比，在干季，穿透雨减少增加了其土壤 0.106~0.25 mm 团聚体 EOC 含量（图 8-51），以及该粒级团聚体 TOC 和 EOC 贡献率（表 8-32）。

表 8-31 马尾松人工林土壤团聚体有机碳分布的重复测量方差分析结果

粒级 （mm）	TOC			POC			EOC		
	处理	季节	处理×季节	处理	季节	处理×季节	处理	季节	处理×季节
团聚体有机碳含量									
1~2	0.077	**0.001**	0.528	0.749	0.803	0.245	0.351	0.276	0.606
0.5~1	0.080	**0.001**	0.462	0.744	0.331	0.902	0.067	0.159	0.266
0.25~0.5	0.336	**<0.001**	0.945	0.285	0.292	0.834	0.052	0.187	0.386
0.106~0.25	0.165	**0.001**	0.897	0.716	0.423	0.792	**0.034**	0.117	0.652
<0.106	0.226	**0.001**	0.761	0.330	0.380	0.218	0.055	**0.017**	0.351
团聚体有机碳贡献率									
1~2	0.143	0.228	0.614	0.132	0.474	0.967	0.143	0.343	0.584
0.5~1	0.385	0.387	0.573	0.346	0.118	0.685	0.554	0.203	0.521
0.25~0.5	0.902	0.126	0.707	0.328	0.211	0.873	0.539	**0.025**	0.938
0.106~0.25	**0.006**	0.239	0.638	0.184	0.910	0.782	**0.001**	**0.012**	0.782
<0.106	0.090	**0.004**	0.727	0.112	**0.001**	0.281	0.086	**0.046**	0.673

注：表中数据为 p 值，加粗的表示 p<0.05。

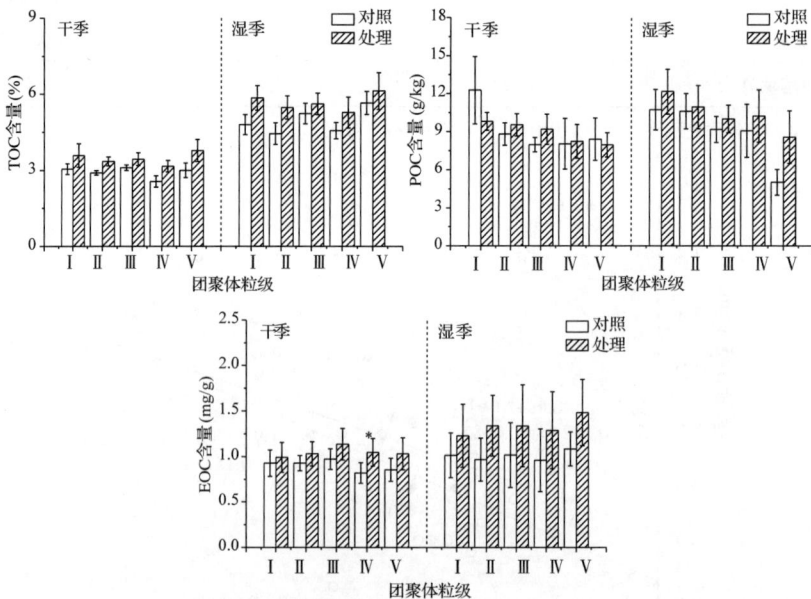

图 8-51 穿透雨减少对马尾松人工林土壤团聚体有机碳含量的影响

注：误差线表示标准误。* 表示对照与处理间差异显著（p<0.05）。Ⅰ、Ⅱ、Ⅲ、Ⅳ和Ⅴ分别表示 1~2 mm、0.5~1 mm、0.25~0.5 mm、0.106~0.25 mm 和<0.106 mm 团聚体。

表 8-32　穿透雨减少对马尾松人工林土壤团聚体有机碳贡献率(%)的影响

项目	团聚体粒级(mm)	干季		湿季	
		对照	处理	对照	处理
TOC	1~2	40.05±4.83 a	35.87±2.77 a	47.03±5.63 a	38.84±4.01 a
	0.5~1	21.40±3.03 a	22.03±3.07 a	22.02±1.74 a	24.89±3.87 a
	0.25~0.5	20.32±1.25 a	19.83±0.75 a	16.40±2.41 a	17.37±2.06 a
	0.106~0.25	9.81±0.99 b	12.38±0.60 a	8.42±2.25 a	11.76±1.98 a
	<0.106	8.42±0.91 a	9.89±0.66 a	6.13±1.84 a	7.13±2.23 a
POC	1~2	45.44±4.66 a	37.83±3.77 a	49.14±7.89 a	41.13±4.57 a
	0.5~1	20.19±3.33 a	22.81±3.05 a	24.19±1.45 a	25.26±4.04 a
	0.25~0.5	16.95±2.09 a	19.55±2.00 a	14.39±3.32 a	16.28±2.32 a
	0.106~0.25	9.89±2.62 a	11.82±1.39 a	9.22±3.31 a	12.11±3.12 a
	<0.106	7.53±1.57 a	7.99±1.06 a	3.05±1.12 a	5.23±1.84 a
EOC	1~2	38.99±5.63 a	33.40±3.99 a	47.37±8.32 a	35.71±2.64 a
	0.5~1	22.71±3.75 a	22.52±3.17 a	25.15±5.41 a	29.57±4.90 a
	0.25~0.5	20.46±1.40 a	21.64±1.46 a	14.48±4.02 a	16.00±2.99 a
	0.106~0.25	10.18±1.20 b	13.56±0.85 a	7.58±2.64 a	11.38±2.33 a
	<0.106	7.67±0.86 a	8.88±0.64 a	5.43±1.34 a	7.35±1.56 a

注：数据为平均值±标准误。同行不同字母表示对照与处理间团聚体有机碳贡献率差异显著($p<0.05$)。

在红锥人工林中，穿透雨减少对其土壤团聚体 TOC 和 POC 含量无显著影响，但显著影响红锥人工林土壤<1 mm 团聚体 EOC 含量(表 8-33)。对于团聚体有机碳贡献率，穿透雨减少仅显著影响 1~2 mm 团聚体 TOC 贡献率，以及 0.106~0.5 mm 团聚体 TOC 和 EOC 贡献率。

表 8-33　红锥人工林土壤团聚体有机碳分布的重复测量方差分析结果

粒级(mm)	TOC			POC			EOC		
	处理	季节	处理×季节	处理	季节	处理×季节	处理	季节	处理×季节
团聚体有机碳含量									
1~2	0.649	**<0.001**	0.608	0.618	0.210	0.966	0.054	0.672	0.693
0.5~1	0.060	**<0.001**	0.455	0.213	0.185	0.733	**0.011**	0.091	0.993
0.25~0.5	0.156	**0.001**	0.308	0.121	0.678	0.411	**0.011**	0.083	0.659
0.106~0.25	0.487	**0.002**	0.658	0.358	0.378	0.975	**0.017**	0.110	0.384
<0.106	0.089	**0.001**	0.310	0.535	0.087	0.802	**0.049**	0.773	0.372
团聚体有机碳贡献率									
1~2	**0.003**	**<0.001**	0.080	0.056	**<0.001**	0.065	0.054	**<0.001**	0.259
0.5~1	0.680	0.664	0.510	0.836	0.073	0.187	0.767	0.673	0.384
0.25~0.5	**0.025**	**0.030**	0.106	0.065	**0.014**	0.062	**0.049**	**0.009**	0.132
0.106~0.25	**<0.001**	**<0.001**	0.169	0.052	**<0.001**	0.083	**0.039**	**0.001**	0.217
<0.106	0.661	**0.009**	0.906	0.187	**0.002**	0.449	0.420	**0.010**	0.851

注：表中数据为 p 值，加粗的表示 $p<0.05$。

与对照相比，穿透雨减少降低了红锥林土壤<0.5 mm 团聚体 EOC 含量(图 8-52)。对于团聚体有机碳贡献率，穿透雨减少降低了湿季1~2 mm 团聚体 TOC 贡献率，但增加了湿季 0.25~0.5 mm 团聚体、干季 0.106~0.25 mm 团聚体 TOC 贡献率，湿季0.25~0.5 mm 团聚体和干湿季 0.106~0.25 mm 团聚体 EOC 贡献率(表 8-34)。

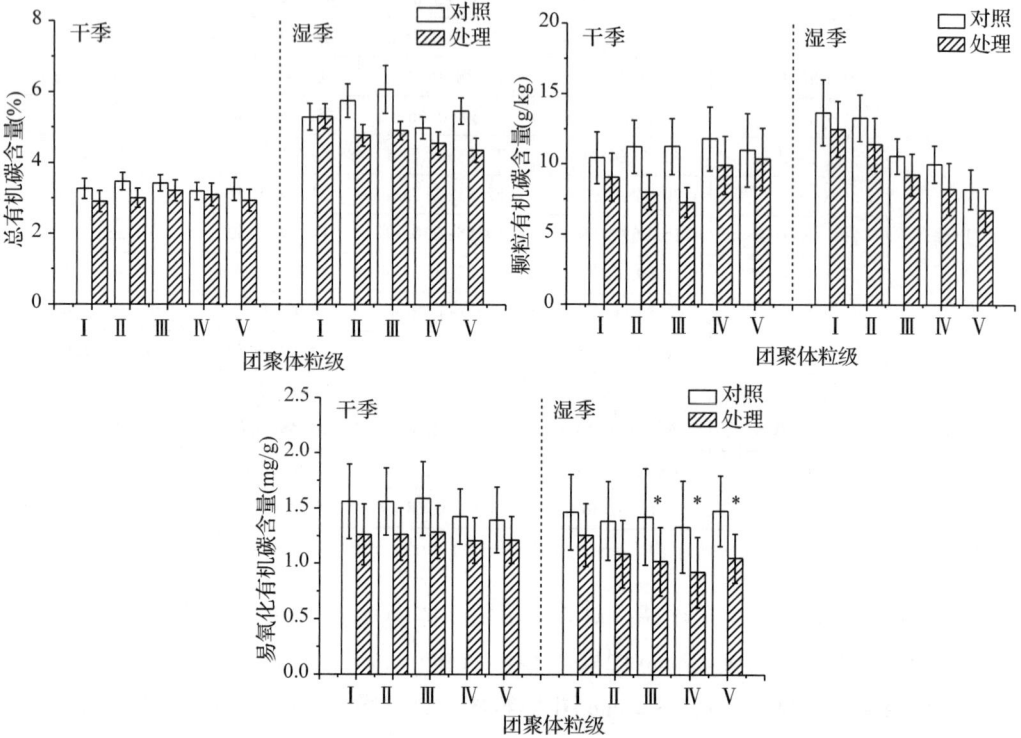

图 8-52　穿透雨减少对红锥人工林土壤团聚体有机碳含量的影响

注：误差线表示标准误。* 表示对照与处理间差异显著($p<0.05$)。Ⅰ、Ⅱ、Ⅲ、Ⅳ和Ⅴ分别表示 1~2 mm、0.5~1 mm、0.25~0.5 mm、0.106~0.25 mm 和<0.106 mm 团聚体。

表 8-34　穿透雨减少对红锥人工林土壤团聚体有机碳贡献率(%)的影响

项目	团聚体粒级 （mm）	干季		湿季	
		对照	处理 t	对照	处理 t
TOC	1~2	27.78±3.60 a	23.57±1.55 a	42.58±3.70 a	31.05±3.00 b
	0.5~1	30.82±2.15 a	28.97±2.03 a	30.43±2.07 a	30.86±3.57 a
	0.25~0.5	23.33±2.34 a	24.89±2.15 a	15.77±2.06 b	23.50±2.76 a
	0.106~0.25	10.47±1.14 b	14.66±0.86 a	7.01±1.23 a	9.84±1.19 a
	<0.106	7.60±1.11 a	7.92±0.64 a	4.21±1.29 a	4.76±1.32 a
POC	1~2	27.62±4.35 a	25.51±1.60 a	47.51±5.79 a	33.23±4.40 a
	0.5~1	29.72±1.35 a	26.52±2.98 a	30.92±2.47 a	33.29±3.58 a
	0.25~0.5	23.01±2.23 a	20.44±2.89 a	12.30±1.57 a	21.46±4.05 a
	0.106~0.25	12.14±2.44 a	17.22±2.89 a	6.33±1.40 a	8.26±1.63 a
	<0.106	7.52±1.37 a	10.32±2.23 a	2.95±1.00 a	3.76±1.38 a

（续）

项目	团聚体粒级（mm）	干季		湿季	
		对照	处理 t	对照	处理 t
EOC	1~2	28.55±4.17 a	24.12±2.56 a	47.95±5.76 a	36.63±5.92 a
	0.5~1	30.38±1.89 a	29.05±2.29 a	27.43±2.30 a	30.09±4.10 a
	0.25~0.5	23.27±2.68 a	23.96±2.34 a	13.88±2.86 b	20.71±3.84 a
	0.106~0.25	10.71±1.54 b	14.85±2.21 a	6.53±1.55 b	7.75±1.65 a
	<0.106	7.08±1.11 a	8.03±0.71 a	4.22±1.08 a	4.81±0.89 a

注：数据为平均值±标准误。同行不同字母表示对照与处理间团聚体有机碳贡献率差异显著（$p<0.05$）。

马尾松人工林土壤 MWD 与<0.106 mm 团聚体 POC 含量、0.25~0.5 mm 团聚体 EOC 含量显著相关，同时与 1~2 mm 和<0.25 mm 团聚体 TOC、POC、EOC 含量显著负相关（表 8-35）。此外，马尾松人工林土壤 TOC 含量与<0.5 mm 团聚体 TOC 含量显著正相关、与 0.106~0.25 mm 团聚体 TOC 贡献率显著正相关，土壤 POC 含量与 0.106~0.25 mm 团聚体 POC 含量、0.25~0.5 mm 和 0.106~0.25 mm 团聚体 POC 贡献率显著负相关，土壤 EOC 含量与 0.106~0.25 mm 团聚体 EOC 贡献率显著正相关（表 8-36）。

表 8-35　马尾松人工林土壤 MWD 与团聚体有机碳的 Pearson 相关系数

粒级（mm）	团聚体有机碳含量			团聚体有机碳贡献率		
	TOC	POC	EOC	TOC	POC	EOC
1~2	0.287	-0.073	-0.248	0.807**	0.630**	0.717**
0.5~1	0.253	0.06	-0.382	-0.101	-0.013	0.021
0.25~0.5	0.325	-0.07	-0.411*	-0.603**	-0.403	-0.626**
0.106~0.25	0.156	-0.216	-0.381	-0.728**	-0.470*	-0.742**
<0.106	0.282	-0.547**	-0.257	-0.685**	-0.738**	-0.748**

注：*和**分别表示在 0.05 和 0.01 水平上显著相关（双尾）。

表 8-36　马尾松人工林土壤有机碳含量与团聚体有机碳的 Pearson 相关系数

粒级（mm）	团聚体有机碳含量			团聚体有机碳贡献率		
	TOC	POC	EOC	TOC	POC	EOC
1~2	0.374	0.179	0.214	-0.098	0.383	-0.125
0.5~1	0.392	0.116	0.326	-0.295	0.286	0.054
0.25~0.5	0.435*	-0.193	0.186	-0.075	-0.509*	-0.181
0.106~0.25	0.632**	-0.451*	0.257	0.567**	-0.483*	0.405*
<0.106	0.543**	-0.174	0.333	0.317	-0.274	0.149

注：*和**分别表示在 0.05 和 0.01 水平上显著相关（双尾）。

红锥人工林土壤 MWD 与各粒级土壤团聚体 TOC 含量显著正相关（$p<0.05$），但与团聚体 POC、EOC 含量无显著相关关系。同时，其土壤 MWD 与 1~2 mm 团聚体

TOC、POC、EOC 贡献率显著正相关，但与 <0.5 mm 的各粒级团聚体 TOC、POC、EOC 贡献率显著负相关(表 8-37)。

表 8-37　红锥人工林土壤 MWD 与团聚体有机碳的 Pearson 相关系数

粒级（mm）	团聚体有机碳含量			团聚体有机碳贡献率		
	TOC	POC	EOC	TOC	POC	EOC
1~2	0.561**	0.242	-0.096	0.933**	0.884**	0.882**
0.5~1	0.661**	0.168	-0.165	0.113	0.178	-0.112
0.25~0.5	0.689**	0.162	-0.18	-0.730**	-0.562**	-0.735**
0.106~0.25	0.432*	-0.273	-0.212	-0.884**	-0.785**	-0.786**
<0.106	0.577**	-0.345	-0.074	-0.653**	-0.721**	-0.747**

注：* 和 ** 分别表示在 0.05 和 0.01 水平上显著相关(双尾)。

由表 8-38 的相关分析可以看出，红锥人工林土壤 TOC 含量与各粒级团聚体 TOC 含量显著正相关，土壤 POC 含量与 1~2 mm 团聚体 POC 含量、1~2 mm 和 0.25~0.5 mm 团聚体 POC 贡献率相关，而土壤 EOC 含量只与 0.106~0.25 mm 团聚体 EOC 贡献率显著负相关。

表 8-38　红锥人工林土壤有机碳含量与团聚体有机碳的 Pearson 相关系数

粒级（mm）	团聚体有机碳含量			团聚体有机碳贡献率		
	TOC	POC	EOC	TOC	POC	EOC
1~2	0.422*	0.441*	-0.028	0.241	0.491*	0.358
0.5~1	0.485*	0.242	-0.039	-0.270	0.212	0.128
0.25~0.5	0.464*	0.320	-0.058	0.044	-0.522**	-0.365
0.106~0.25	0.614**	0.205	-0.021	-0.310	-0.325	-0.414*
<0.106	0.659**	0.200	0.046	0.012	-0.369	-0.339

注：* 和 ** 分别表示在 0.05 和 0.01 水平上显著相关(双尾)。

五、讨论

(一)穿透雨减少对土壤总有机碳及其活性组分含量的影响

在本研究中，DOC、POC 和 EOC 是活性有机碳组分，均显著正相关于土壤 TOC 含量。这与前期研究结果一致(Chen *et al.*, 2016; Xiao *et al.*, 2015)，表明活性有机碳含量的变化可以预示土壤有机碳的早期变化。在马尾松人工林中，穿透雨减少增加了其土壤 EOC 含量，主要与细根生物量的增加有关。很可能由增加的细根生物量而引起了根系分泌物和次生代谢物的增加，从而丰富了土壤 EOC 的来源。另外，由于降水减少对木质素和纤维素的分解有抑制作用(李吉玫等，2017)，而马尾松人工林凋落物以木质素和纤维素含量较高的针叶为主，所以穿透雨减少也可能因此而降低马尾松人工林土壤中凋落物源性有机碳的输入量。相反地，在红锥人工林中，由于细根生物量

的降低，导致了穿透雨减少下的土壤 EOC 含量显著低于对照土壤。尽管红锥林的阔叶
凋落物量与土壤 TOC 和 EOC 含量正相关，但穿透雨减少对地上部分凋落物量及其组
分无显著影响，因此，凋落物量不太可能是穿透雨减少引起的红锥土壤 DOC 和 EOC
含量变化的主要原因。

　　此外，穿透雨减少还降低了红锥土壤的 DOC 含量。这一方面是由于细根生物量
的下降，另一方面是由于土壤 DOC 含量受制于其与土壤黏粒的吸附作用（Singh et al.，
2016）和淋溶，试验处理很可能改变了 DOC 在土壤中的吸附—解吸附过程而造成了
DOC 含量的变化。但是，红锥人工林土壤活性有机碳含量对穿透雨减少作出了不同的
季节响应，这很可能与土壤温湿度的季节变异有关。土壤微生物作为森林土壤和整个
森林生态系统的重要组成部分，是凋落物和土壤有机质的主要分解者，活性有机碳是
其最常见的分解底物（Haynes，2005）。土壤微生物的群落组成、多样性和活性影响有
机物的分解速率和有机碳含量（Schimel，2016），并受土壤温度和水分的显著影响。本
研究区域干湿季的土壤温度差异显著，因此，干湿季土壤活性有机碳对穿透雨减少的
不同响应很可能与干湿季土壤微生物群落和活性不同的变化有关，但这需要后续的进
一步研究。

　　虽然穿透雨减少显著影响部分活性有机碳组分含量，但由于活性有机碳组分仅占
TOC 的不到 15%，表明不易被土壤微生物分解的惰性有机碳组分占 TOC 的绝大部分
（Rovira et al.，2002），所以穿透雨减少对土壤 TOC 含量无显著影响。

（二）穿透雨减少对土壤团聚体及其有机碳分布的影响

　　土壤团聚体是土壤结构的基本单元，也是土壤养分的贮存库和各种微生物的生
境，决定着土壤的质量（谭秋锦等，2014），包括土壤孔隙度、持水性、透气性、抗蚀
性、养分释放等（Blankinship et al.，2016）。良好的土壤结构不仅要求有较多的土壤
团聚体及适当的粒级分配，还应有一定的稳定性，尤其是水稳性，才能保持土壤的多
级孔隙状况，在外界干扰、雨滴冲击等影响下不致迅速破裂。同时，土壤团聚体对土
壤有机碳产生物理保护，影响着土壤有机碳的储存、分解和转化，在气候变化的背景
下，研究土壤各粒级团聚体中有机碳的分布是了解土壤有机碳动态变化的主要途径之
一（Guan et al.，2018）。但是，目前关于降水减少对土壤团聚体组成影响的研究较为
少见。本研究是以探讨自然降水引起的土壤水分变化对土壤团聚体的影响为目的、在
森林生态系统中进行的首次实地研究。已有研究表明，由增温带来的土壤水分下降增
加了高寒草甸土壤 0.25~2 mm 和 0.053~0.25 mm 团聚体含量、降低了<0.053 mm 团
聚体含量（Guan et al.，2018），而在北美大草原开展的增温实验并未显著影响团聚体
的粒级分布（Cheng et al.，2010）。本研究表明，穿透雨减少显著改变了南亚热带马尾
松和红锥人工林土壤团聚体的组成。总体来看，该处理降低了大粒级团聚体质量分
数，但增加了较小粒级团聚体的质量分数、、特别是穿透雨减少降低了马尾松和红锥
人工林土壤中>0.25 mm 团聚体的比例。该粒级团聚体被认为是土壤中最好的结构体，
其质量分数可以衡量土壤结构的好坏（Six et al.，2004），因此穿透雨减少很可能破坏
了红锥人工林的土壤结构。但是<0.106 mm 团聚体十分稳定，其形成机制主要依赖于

化学结合，因此短期的穿透雨减少对该粒级团聚体的质量分数无显著影响。

有研究表明，在没有微生物的参与下，大团聚体的形成随着土壤含水量的增加而增加（Blankinship et al.，2016），本研究结果中穿透雨减少降低了大团聚体的质量分数与之相似。这可能是因为土壤水分的降低增加了土壤侵蚀，从而阻碍了良好的团聚体结构的形成（Bronick et al.，2005）。根据土壤团聚体的等级发育模型理论（Six et al.，2000），新鲜有机物可以促进大团聚体的形成，大团聚体内的颗粒有机物有助于微团聚体的形成；当新鲜的植物残体进入时，团聚体内的颗粒有机物分解，大团聚体破碎后将微团聚体释放出来；当又有新鲜残体加入时，这些组分可以再结合成大团聚体，参与到下一轮循环中（Six et al.，1999）。这意味着较少的植物残体会增加微团聚体的数量。植物残体和菌丝的增加有助于大团聚体的形成。因此，在红锥人工林中，穿透雨减少降低了表层土壤中的细根生物量，可能是由此引起的较少的植物残体参与团聚体的周转而增加了土壤微团聚体的质量分数。湿季较干季增加的细根生物量也可能是导致其湿季土壤大团聚体含量高于干季土壤的重要原因。

土壤平均重量直径是反映团聚体大小分布状况的常用指标，其值随大粒级团聚体含量的增加而增大，其值越大表示团聚体的团聚度越高，团聚体稳定性越强（Amezketa，1999）。平均重量直径受土壤温度、含水量、土壤性质和植物类型的影响（Bronick et al.，2005）。与对照相比，穿透雨减少显著降低了马尾松和红锥人工林土壤团聚体的平均重量直径，表明穿透雨减少降低了土壤团聚体稳定性。该结果证实了一个推论，即干旱由于降低了土壤大孔隙间的连接度而破坏了森林土壤大团聚体的稳定性（Borken et al.，2009）。由于团聚体稳定性是外部干扰因素和土壤内聚力的共同作用结果（Evenson，1991），所以本研究中穿透雨减少降低团聚体稳定性源于土壤性质和外力的综合作用。

首先，团聚体的胶结物质对于土壤团聚结构的形成和稳定十分重要（Zhao et al.，2017）。相关分析表明，不同人工林土壤平均重量直径的影响因素不同，但游离氧化铝含量是研究区域土壤平均重量直径的共同影响因素之一。这主要是因为该区域不同人工林的成土母质和气候条件基本一致，游离氧化铝是土壤团聚体的主要胶结物质，而后期植被的生长和微环境的变化导致不同人工林土壤团聚体组成的影响因素发生了微小的变化。在氧化物富集的亚热带土壤中，氧化物可以代替有机质作为团聚体的主要胶结物质（Peng et al.，2015）。多价金属阳离子可在土壤中充当"桥"的作用，有助于形成有机—无机复合体，增强团聚体稳定性（Bronick et al.，2005）。金属氧化物还可以通过腐殖质表面的羟基或羧基与矿物表面进行配位交换，通过共沉淀作用与聚合物形成复合物（Lalonde et al.，2012）。Jastrow 等也认为，化学保护机制在土壤有机碳的固定中有着重要的作用，尤其是铁铝等多价阳离子的存在可有效保持有机—无机矿质复合体的积累，在有机碳的化学保护中占有重要的地位（Jastrow et al.，2007）。因此，土壤中铁铝氧化物含量是控制土壤中尚存的有机碳水平的主要因素（Osher et al.，2003）。但是，在某些情况下，氧化铝是比氧化铁更有效的团聚体胶结物质（Mbagwu et al.，2006），因为氧化铝与有机质或黏土之间的相互作用更加不可或缺（Wang et *al.*，2016b），土壤性质间的相互关系也会改变金属氧化物对团聚体的胶结作用（Bissonnais，2016）。这可能是本研究中游离氧化铁与团聚体稳定性之间并无显著相关关系的原因之一，这也有可能是土壤中铁元素的价态和氧化铁的存在形式随着土壤含水量变化（如干季 vs 湿季，穿透雨减少处理 vs 对照）发生了较大改变。虽然很多研究表明，有机质对团聚体的形成和稳定也很重要（Du *et al.*，2017；Wang *et al.*，2016a），但在我国华南地区，氧化物比有机质对土壤团聚体的稳定性和粒径分布的贡献更大（Zhao *et al.*，2017）。同样，本研究也没有发现土壤 TOC 与 MWD 之间的显著相关性，这可归因于由于强烈的风化和淋溶而造成的高含量的氧化物。因此，随着游离氧化铝含量的下降，穿透雨减少降低了土壤团聚体稳定性。

此外，崩解（slaking）和雨滴打击的物理作用（raindrop impact）也是导致土壤团聚体裂解的原因（Bissonnais，2016）。降水强度和持续时间以及土壤湿度影响土壤团聚体的稳定性（Shi *et al.*，2017）。亚热带季风气候区土壤的干湿交替过程可以显著改变土壤的团聚结构（Swanepoel *et al.*，2014）。本研究区域干湿季明显、年降雨量大，因此对照土壤中水分更容易达到饱和，穿透雨减少样地土壤的干湿交替比对照土壤更加明显，从而增加了崩解效应而降低了团聚体稳定性（Lundquist *et al.*，1999）。对水稻土的研究也表明，季节性的干湿交替变化降低了土壤团聚体平均重量直径（Huang *et al.*，2016）。另一方面，对于已经湿润的土壤而言，物理破碎作用比崩解对团聚体的破碎更有效（Bissonnais，2016）。所以，雨滴的打击作用可能是湿季团聚体稳定性下降的主要原因。在降雨后期，较低的降雨强度对团聚体的破坏程度强于较高的降雨强度（Shi *et al.*，2017），故湿季雨滴对穿透雨减少样地土壤团聚体结构的物理破坏作用大于对照样地。由此，在雨滴打击和干湿交替引起的崩解的长期作用下，穿透雨减少降低了南亚热带人工林土壤团聚体的稳定性。

穿透雨减少不仅改变了南亚热带人工林土壤有机碳含量，也改变了其团聚体有机碳含量和贡献率。团聚体有机碳对土壤碳的贡献率随粒级大小的降低而降低，这是因为在未受扰动的土壤中，大团聚体是土壤有机碳存储的主要部分，该部分团聚体的周转与土壤有机碳的存储相关性较小团聚体大（李江涛等，2004）。不同粒级土壤团聚体有机碳含量和稳定性各异（Bimüller *et al.*，2016），因此团聚体组成与团聚体有机碳含量之间存在相关性。

根据最近的土壤团聚体形成模型及其理论（Six *et al.*，2000），伴随着大团聚体的形成，大团聚体中的 POC 含量增加；而小团聚体从大团聚体中释放的同时，团聚体有机碳同时也被释放出来，即大团聚体中的有机碳含量下降，小团聚体的比例增加，导致大团聚体有机碳对土壤有机碳的贡献率下降，而小团聚体有机碳对土壤有机碳的贡献率上升。因此，本研究中，土壤 MWD 与 1~2 mm 团聚体有机碳贡献率正相关，但与<0.5 mm 团聚体有机碳贡献率负相关。与对照相比，穿透雨减少降低了大团聚体的质量分数和 MWD，故增加了较小粒级的团聚体有机碳贡献率。但是，穿透雨减少对<0.106 mm 团聚体质量分数无显著影响，且微团聚体有机碳周转比大团聚体慢，新输入土壤的有机碳固定主要存在于大团聚体中（Puget *et al.*，2000），所以，穿透雨减少

增加了中间粒级且偏小些的团聚体有机碳贡献率，在马尾松和红锥人工林中分别为0.106~0.25 mm和0.106~0.5 mm团聚体。

在马尾松人工林中，与对照相比，穿透雨减少增加了其0.106~0.25 mm团聚体EOC含量和对土壤EOC含量的贡献率，而该粒级团聚体EOC贡献率与土壤EOC含量显著正相关，因此穿透雨减少增加了马尾松土壤EOC含量。而在红锥人工林中，与对照相比，穿透雨减少增加了其0.106~0.5 mm团聚体EOC贡献率，但降低了该粒级团聚体EOC含量，由此导致红锥土壤EOC含量较对照有所降低。

因此，本研究说明土壤团聚体的形成和结构组成显著影响了中间粒级的团聚体有机碳贡献率，而团聚体有机碳分布及其对土壤有机碳贡献率影响土壤有机碳含量，特别是土壤EOC含量。但是，也有研究表明土壤与团聚体有机碳含量间的变化不一致。如在施用有机肥1年后，土壤游离轻组有机碳含量有显著增加，但不同大小团聚体中结合的有机碳含量并没有显著变化（Leroy et al., 2008），具体原因可能与团聚体周转、有机碳分解、微生物群落组成等有关。此外，植物源性土壤有机碳输入（如细根和地上部分凋落物）是否可以直接贡献于某一粒级的土壤团聚体有机碳还不得而知，各粒级团聚体有机碳含量的变化是否与此有关还有待进一步研究。

六、小结

（1）红锥人工林的阔叶凋落物量，表层土壤细根生物量，土壤TOC、DOC、POC、EOC含量显著高于马尾松人工林。对土壤有机碳含量有显著影响的团聚体有机碳含量及其贡献率在两个林分间均无显著差异。凋落物输入和团聚体有机碳分布影响两种人工林的土壤有机碳含量。

（2）本研究设置的50%穿透雨减少处理显著降低了表层土壤日均、日最高和日最低含水量。与对照相比，穿透雨减少处理显著降低了马尾松人工林全年、干季和湿季表层土壤日均含水量，分别为14.5%、12.1%和16.9%；对应红锥人工林土壤表层含水量，分别降低了20.4%、20.1%和20.7%。穿透雨减少处理对0~5 cm土壤日均温度、日最高气温和日最低气温均无显著影响。

（3）与对照相比，试验处理4年后，穿透雨减少并未显著改变南亚热带马尾松和红锥人工林地上部分总凋落物量及其主要组分的凋落物量，但在全年水平上，马尾松人工林表层土壤细根生物量增加了19.1%，红锥人工林细根生物量降低了24.1%。在马尾松人工林中，穿透雨减少显著增加了干、湿季土壤EOC含量；EOC含量与细根生物量显著正相关。在红锥人工林中，穿透雨减少显著降低了干季土壤DOC和湿季土壤EOC含量；DOC含量与细根生物量显著正相关，EOC含量与阔叶凋落物量和细根生物量显著正相关。

（4）与对照相比，穿透雨减少有使大团聚体向小团聚体转变的趋势。马尾松和红锥人工林穿透雨减少处理后，土壤平均重量直径（MWD）分别较对照降低了15.1%和16.0%。马尾松人工林穿透雨减少处理后，0.106~0.25 mm团聚体EOC含量及其贡献率较对照显著增加；红锥人工林穿透雨减少处理后，0.106~0.5 mm 团聚体 EOC 含量较对照显著下降，但该粒级团聚体 EOC 贡献率则显著增加。在两种人工林中，0.106~0.25 mm 团聚体 EOC 贡献率均与土壤 EOC 含量显著相关。因此，穿透雨减少改变 0.106~0.25 mm 团聚体 EOC 含量及其贡献率是穿透雨减少影响马尾松和红锥林土壤 EOC 含量的原因之一。

　　本研究表明，穿透雨减少通过减少土壤表层水分、降低土壤游离氧化铝含量、改变土壤微生物群落结构，显著影响了土壤团聚体组成，进而降低了土壤团聚体结构稳定性。穿透雨减少增加了马尾松林土壤活性有机碳含量，但降低了红锥林土壤活性有机碳含量，上述影响主要受土壤微团聚体有机碳含量、凋落物碳输入量等影响。在未来降水减少情景下，应加强南亚热带针叶人工林近自然化的多目标经营，尽量减少林分和林地土壤的干扰提高针叶人工林土壤有机碳稳定性，借以增强人工林土壤的碳汇功能。

参考文献

蔡道雄，贾宏炎，卢立华，等，2007. 我国南亚热带珍优乡土阔叶树种大径材人工林的培育[J]. 林业科学研究，20(2)：165-169.

常建国，2007. 北亚热带-暖温带过渡区典型森林生态系统土壤呼吸特征研究[D]. 北京：中国林业科学研究院.

陈光水，2005. 内蒙古锡林河流域草原群落土壤呼吸的时空变异及其影响因子研究[J]. 生态学报，25(8)：1941-1947.

陈文新，1990. 土壤和环境微生物学[M]. 北京：北京农业大学出版社.

方精云，陈安平，2001. 中国森林植被碳库的动态变化及其意义[J]. 植物学报，43(9)：967-973.

方精云，2000. 全球生态学：气候变化与生态响应[M]. 北京：高等教育出版社.

冯云，马克明，张育新，等，2008. 辽东栎林不同层植物沿海拔梯度分布的 DCCA 分析[J]. 植物生态学报，32(3)：568-573.

郭剑芬，杨玉盛，陈光水，等，2006. 森林凋落物分解研究进展[J]. 林业科学，42(4)：93-100.

国家林业局，2014. 第八次全国森林资源清查结果[J]. 林业资源管理，1：1-2.

何友均，梁星云，覃林，等，2013. 南亚热带人工针叶纯林近自然改造早期对群落特征和土壤性质的影响[J]. 生态学报，33(8)：2484-2495.

何友均，梁星云，覃林，等，2013. 南亚热带人工针叶纯林近自然改造早期对群落特征和土壤性质的影响[J]. 生态学报，33(8)：2484-2495.

李吉玫，张毓涛，李翔，等，2017. 降水强度变化对天山云杉地表凋落物和细根分解的影响[J]. 植物研究，37(3)：360-369.

李江涛，张斌，彭新华，等，2004. 施肥对红壤性水稻土颗粒有机物形成及团聚体稳定性的影响[J]. 土壤学报，41(6)：912-917.

李雪峰，韩士杰，张岩，2007. 降水量变化对蒙古栎落叶分解过程的间接影响[J]. 应用生态学报，18(2)：261-266.

李志安，邹碧，丁永祯，等，2004. 森林凋落物分解重要影响因子及其研究进展[J]. 生态学杂志，23(6)：77-83.

梁瑞龙，2007. 广西乡土阔叶树种资源现状及其发展对策[J]. 广西林业科学，36(1)：5-9.

林同龙，2012. 杉木人工林近自然经营技术的应用效果研究[J]. 中南林业科技大学学报，32(3)：11-16.

刘珉，2014. 多角度解读第八次全国森林资源清查结果[J]. 林业经济，5：1-9.

刘世荣，王晖，栾军伟，2011. 中国森林土壤碳储量与土壤碳过程研究进展[J]. 生态学报，31(19)：5437-5448.

刘世荣，2013. 气候变化对森林影响与适应性管理[M]. 北京：高等教育出版社.

鲁如坤，1999. 土壤农业化学分析方法[M]. 北京：中国农业科技出版社.

陆元昌，栾慎强，张守攻，等，2010. 从法正林转向近自然林：德国多功能森林经营在国家、区域和经营单位层面的实践[J]. 世界林业研究，23(1)：1-11.

陆元昌，张守攻，雷相东，等，2009. 人工林近自然化改造的理论基础和实施技术[J]. 世界林业研究，22（1）：20-27.

陆元昌，2006. 近自然森林经营的理论与实践[M]. 北京：科学出版社.

罗应华，孙冬婧，林建勇，等，2013. 马尾松人工林近自然化改造对植物自然更新及物种多样性的影响[J]. 生态学报，33（19）：6154-6162.

吕国红，李荣平，温日红，等，2014. 森林凋落物组分的气象影响分析[J]. 中国农学通报，30（19）：1-6.

宁金魁，陆元昌，赵浩彦，等，2009. 北京西山地区油松人工林近自然化改造效果评价[J]. 东北林业大学学报，37（7）：42-44.

潘瑞炽，董愚得，1995. 植物生理学[M]. 第三版. 北京：高等教育出版社.

孙冬婧，温远光，罗应华，等，2015. 近自然化改造对杉木人工林物种多样性的影响[J]. 林业科学研究，28（2）：202-208.

孙向阳，1999. 森林土壤和大气间的温室效应气体交换[J]. 世界林业研究，12（2）：37-43.

谭秋锦，宋同清，彭晚霞，等，2014. 峡谷型喀斯特不同生态系统土壤团聚体稳定性及有机碳特征[J]. 应用生态学报，25（3）：671-678.

唐倩，梁卓良，欧阳磊，等，2014. 生物碳的物理结构与化学成分对土壤氧化亚氮排放的影响[J]. 环境科学学报，34（11）：2839-2845.

唐正，尹华军，周晓波，等，2012. 夜间增温和施肥对亚高山针叶林土壤呼吸的短期影响[J]. 应用与环境生物学报，5：713-721.

田大伦，沈燕，康文星，等，2011. 连栽第 1 和第 2 代杉木人工林养分循环的比较[J]. 生态学报，31（17）：5025-5032.

王小红，杨智杰，刘小飞，等，2014. 天然林转换成人工林对土壤团聚体稳定性及有机碳分布的影响[J]. 水土保持学报，28（6）：177-182.

王效科，冯宗炜，2000. 中国森林生态系统中植物固定大气碳的潜力[J]. 生态学杂志，19（4）：72-74.

王意锟，方升佐，唐罗忠，2011. 营林措施及环境与森林凋落物分解的相互关系研究进展[J]. 世界林业研究，24（2）：47-52.

吴庆标，王效科，郭然，2006. 土壤有机碳稳定性及其影响因素[J]. 土壤通报，36（5）：743-747.

向元彬，黄从德，胡庭兴，等，2014. 华西雨屏区巨桉人工林土壤呼吸对模拟氮沉降的响应[J]. 林业科学，50（1）：21-26.

谢薇，陈书涛，胡正华，2014. 中国陆地生态系统土壤异养呼吸变异的影响因素[J]. 环境科学，35（1）：334-340.

熊莉，徐振锋，杨万勤，等，2015. 川西亚高山粗枝云杉人工林地上凋落物对土壤呼吸的贡献[J]. 生态学报，35（14）：4678-4686.

徐国良，莫江明，周国逸，2005. 模拟氮沉降增加对南亚热带主要森林土壤动物的早期影响[J]. 应用生态学报，16（7）：1235-1240.

徐慧，陈冠雄，马成新，1995. 长白山北坡不同土壤 N_2O 和 CH_4 排放的初步研究[J]. 应用生态学报，6（4）：373-377

徐旺明，闫文德，李洁冰，等，2013. 亚热带 4 种森林凋落物量及其动态特征[J]. 生态学报，33（23）：7570-7575.

许炼烽，徐谊为，李志安，2013. 森林土壤固碳机理研究进展[J]. 生态环境学报，22（6）：

1063-1067.

杨万勤，邓仁菊，张健，2007. 森林凋落物分解及其对全球气候变化的响应[J]. 应用生态学报，18（12）：2889-2895.

杨文佳，李永夫，姜培坤，等，2015. 亚热带毛竹人工林土壤呼吸组分动态变化及其影响因素[J]. 应用生态学报，26(10)：2937-2945.

杨玉盛，董彬，谢锦升，等，2006. 格氏栲天然林与人工林土壤呼吸特征及动态[J]. 土壤学报，43（1）：1941-1947.

尤业明，徐佳玉，蔡道雄，等，2016. 广西凭祥不同年龄红锥林林下植物物种多样性及其环境解释[J]. 生态学报，36(1)：164-172.

余敏，周志勇，康峰峰，等，2013. 山西灵空山小蛇沟林下草本层植物群落梯度分析及环境解释[J]. 植物生态学报，37(5)：373-383.

余再鹏，万晓华，胡振宏，等，2014. 亚热带杉木和米老排人工林土壤呼吸对凋落物去除和交换的响应[J]. 生态学报，34(10)：2529-2538.

张鼎华，林卿，2000. 近自然林业与林业的可持续发展[J]. 生态经济，7：23-26.

张俊艳，陆元昌，成克武，等，2010. 近自然改造对云南松人工林群落结构及物种多样性的影响[J]. 河北农业大学学报，33(3)：72-77.

张凯，郑华，欧阳志云，等，2015. 施氮对桉树人工林生长季和非生长季土壤温室气体通量的影响[J]. 生态学杂志，34(7)：1779-1784.

张胜三，伍力，杨全平，等，2008. 马尾松人工林近自然化改造不同阶段森林凋落物持水特性研究[J]. 湖北林业科技，6：8-12.

张象君，王庆成，王石磊，等，2011. 小兴安岭落叶松人工纯林近自然化改造对林下植物多样性的影响[J]. 林业科学，47(1)：6-14.

周玉荣，于振良，赵士洞，2000. 我国主要森林生态系统碳贮量和碳平衡[J]. 植物生态学报，24（5）：518-522.

朱锡明，韩春爽，娄玉杰，等，2014. 土壤有机碳稳定性的影响[J]. 中国农学通报，30(21)：29-34.

Adair E C，Parton W J，Del Grosso S J，et al，2008. Simple three-pool model accurately describes patterns of long-term litter decomposition in diverse climates [J]. Global Change Biologyogy，14(11)：2636-2660.

Aerts R，1997. Climate，leaf litter chemistry and leaf litter decomposition in terrestrial ecosystems：A triangular relationship [J]. Oikos，79(3)：439-449.

Ambus P，Zechmeister-Boltenstern S，Butterbach-Bahl K，2006. Sources of nitrous oxide emitted from European forest soils [J]. Biogeosciences，3(2)：135-145.

Amezketa E，1999. Soil aggregate stability：A review [J]. Journal of Sustainable Agriculture，14(2-3)：83-151.

Angst G，Messinger J，Greiner M，et al，2018. Soil organic carbon stocks in topsoil and subsoil controlled by parent material，carbon input in the rhizosphere，and microbial derived compounds [J]. Soil Biology and Biochemistry，122：19-30.

Augusto L，Ranger L，Binkley D，et al，2002. Impact ofseveral common tree species of European temperate forests on soil fertility [J]. Annals of Forest Science，59(3)：233-253.

Bäckstrand K, Lövbrand E, 2006. Planting trees to mitigate climate change: Contested discourses of ecological modernization, green governmentality and civic environmentalism [J]. Global Environmental Politics, 6(1): 50-75.

Baldock J A, Oades J M, Nelson P N, et al, 1997. Assessing the extent of decomposition of natural organic materials using solid-state ^{13}C NMR spectroscopy [J]. Australian Journal of Soil Research, 35: 1061-1683.

Baldock J A, Preston C M, 1995. Chemistry of carbon decomposition processes in forests as revealed by solid-state carbon-13 nuclear magnetic resonance [J] // McFee W W, Kelly J M. Carbon forms and functions in forest soils. Soil Science Society of America, Madison, WI, 89-117.

Balesdent J, Balabane M, 1996. Major contribution of roots to soil carbon storage inferred from maize cultivated soils [J]. Soil Biology and Biochemistry, 28(9): 1261-1263.

Ball B C, Dobbie K E, Parker J P, et al, 1997. The influence of gas transport and porosity on methane oxidation in soils [J]. Journal of Geophysical Research-Atmospheres, 102(D19): 23301-23308.

Bardgett R, 2005. The biology of soil — a community and ecosystem approach [D]. New York: Oxford University Press.

Bardgett R D, Hobbs P J, Frostegard A, 1996. Changes in soil fungal: Bacterial biomass ratios following reductions in the intensity of management of an upland grassland [J]. Boilogy and Fertility of Soils, 22(3): 261-264.

Bastida F, Moreno J M, Hernández T, et al, 2007. The long-term effects of the management of a forest soil on its carbon content, microbial biomass and activity under a semi-arid climate [J]. Applied Soil Ecology, 37(1-2): 53-62.

Batjes N H, 1996. Total carbon and nitrogen in the soils of the world [J]. European Journal of Soil Science, 47(2): 151-163.

Beets P N, Oliver G R, Clinton P W, 2002. Soil carbon protection in podocarp / hardwood forest and effects of conversion to pasture and exotic pine forest [J]. Environmental pollution, 116(supp-S1): 63-73.

Beier C, Beierkuhnlein C, Wohlgemuth T, et al, 2012. Precipitation manipulation experiments — challenges and recommendations for the future [J]. Ecology Letters, 15(8): 899-911.

Benizri E, Amiaud B, 2005. Relationship between plants and soil microbial communities in fertilized grasslands [J]. Soil Biology & Biochemistry, 37(11): 2042-2050.

Berg B, Berg M, Bottner P, 1993. Litter mass loss rates in pine forests of Europe and eastern United States: Some relationships with climate and litter quality [J]. Biogeochemistry, 20(3): 127-153.

Berg B, 2000. Litter decomposition and organic matter turnover in northern forest soils [J]. Forest Ecology and Management, 133(1-2): 13-22.

Berger T W, Inselsbacher E, Mutsch F, et al, 2009. Nutrient cycling and soil leaching in eighteen pure and mixed stands of beech (*Fagus sylvatica*) and spruce (*Picea abies*) [J]. Forest Ecology and Management, 258(11): 2578-2592.

Bimüller C, Kreyling O, Kölbl A, et al, 2016. Carbon and nitrogen mineralization in hierarchically structured aggregates of different size [J]. Soil and Tillage Research, 160: 23-33.

Binkley D, Senock R, Bird S, et al, 2003. Twenty years of stand development in pure and mixed stands of

Eucalyptussaligna and nitrogen-fixing Facaltaria mollucana [J]. Forest Ecology and Management, 182 (1-3): 93-102.

Bissonnais Y L, 2016. Aggregate stability and assessment of soil crustability and erodibility: I. Theory and methodology [J]. European Journal of Soil Science, 67(1): 11-21.

Blagodatskaya E V, Anderson T H, 1998. Interactive effects of pH and substrate quality on the fungal to bacteria ratio and CO_2 of microbial communities in forest soils [J]. Soil Biology and Biochemistry, 30 (10-11): 1269-1295.

Blanco-Canqui H, Lal R, 2004. Mechanisms of carbon sequestration in soil aggregates [J]. Critical Reviews in Plant Sciences, 23(6): 481-504.

Blankinship J C, Fonte S J, Six J, et al, 2016. Plant versus microbial controls on soil aggregate stability in a seasonally dry ecosystem [J]. Geoderma, 272: 39-50.

Bloomfield J, Vogt K A, Vogt D J, 1993. Decay rate and substrate quality of fine roots and foliage of 2 tropical tree species in the Luquillo experimental forest, Puerto Rico [J]. Plant and Soil, 150(2): 233-245.

Bloomfield J, Vogt K A, Wargo P M, 1996. Tree root turnover and senescence [M] // Waisel Y, Eshel A, Kafkafi U. Plant roots: the hidden half, 2nd edn. New York: Dekker, 363-381.

Bodelier P L E, Låånbroek H J, 2004. Nitrogen as regulatory factor of methane oxidation in soils and sediments [J]. FEMS Microbiology Ecology, 47(3): 265-277.

Boer G J, McFarlane N A, Lazare M, 1992. Greenhouse gas-induced climate change simulated with the CCC second-generation general circulation model [J]. Journal of Climate, 5(10): 1045-1077.

Bond-Lamberty B, Wang C K, Gower S T, 2004. A global relationship between the heterotrophic and autotrophic components of soil respirationl [J]? Global Change Biology, 10(10): 1756-1766.

Booth M S, Stark J M, Rastetter E, 2005. Controls on nitrogen cycling in terrestrial ecosystems: A synthetic analysis of literature data [J]. Ecological Monographs, 75(2): 139-157.

Borken W, Matzner E, 2009. Reappraisal of drying and wetting effects on C and N mineralization and fluxes in soil [J]. Global Change Biology, 15(15): 808-824.

Borken W, Beese F, 2006. Methane and nitrous oxide fluxes of soils in pure and mixed stands of European beech and Norway sprucel [J]. European Journal of Soil Science, 57(5): 617-625.

Borken W, Beese F, 2005. Soil carbon dioxide efflux in pure and mixed stands of oak and beech following removal of organic horizons [J]. Canadian Journal of Forest Research, 35: 2756-2764.

Borken W, Xu Y J, Beese F, 2003. Conversion of hardwood forests to spruce and pine plantations strongly reduced soil methane sink in Germany [J]. Global Change Biology, 9(6): 956-966.

Bottinelli N, Angers D A, Hallaire V, et al, 2017. Tillage and fertilization practices affect soil aggregate stability in a Humic Cambisol of Northwest France [J]. Soil and Tillage Research, 170: 14-17.

Bouskill N J, Wood T E, Baran R, et al, 2016. Belowground response to drought in a tropical forest soil. II. change in microbial function impacts carbon composition [J]. Frontiers in Microbiology, 7 (8289): 323.

Boyle S A, Yarwood R R, Bottomley P J, et al, 2008. Bacterial and fungal contributions to soil nitrogen cycling under Douglas fir and red alder at two sites in Oregon [J]. Soil Biology & Biochemistry, 40(2): 443-451.

Brando P M, Nepstad D C, Davidson E A, et al, 2008. Drought effects on litterfall, wood production and belowground carbon cycling in an Amazon forest: Results of a throughfall reduction experiment [J]. Philosophical Transactions of the Royal Society B: Biological Sciences, 363(1498): 1839-1848.

Brant J B, Myrold D D, Sulzman E W, 2006. Root controls on soil microbial community structure in forest soils [J]. Oecologia, 148(4): 650-659.

Bréchet L, Ponton S, Roy J, et al, 2009. Do tree species characteristics influence soil respiration in tropical forests? A test based on 16 tree species planted in monospecific plots [J]. Plant and Soil, 319: 235-246.

Bremner J M, Mulvaney C S, Page A L, 1982. Agronomy: A series of monographs, Vol. 9. Methods of soil analysis, part 2 [M]. 2nd edition. Chemical and Microbiological Properties: 595-624.

Bremner J M, 1996. Nitrogen-total, in: Sparks, D. L. (ed.), Methods of soil wnalysis [M]. Madison, Wisconsin: SSSA Book Ser.

Brockett B F W, Prescott C E, Grayston S J, 2012. Patterns in forest soil microbial community composition across a range of regional climates in western Canada [J]. Soil Biology & Biochemistry, 44: 9-20.

Bronick C J, Lal R, 2005. Soil structure and management: A review [J]. Geoderma, 124(1): 3-22.

Brookes P C, Landman A, Pruden G, et al, 1985. Chloroform fumigation and the release o f soil nitrogen: A rapid direct extraction method to measure microbial biomass nitrogen in soil [J]. Soil Biology & Biochemistry, 17(6): 837-842.

Burton J, Chen C R, Xu Z H, et al, 2010. Soil microbial biomass, activity and community composition in adjacent native and plantation forests of subtropical Australia [J]. Soils Sediments, 10(7): 1267-1277.

Butterbach-Bahl K, Gasche R, Willibald G, et al, 2002. Exchange of N-gases at the Höglwald forest — a summary [J]. Plant and Soil, 240: 117-123.

Cambardella C A, Elliott E T, 1992. Particulate soil organic — matter changes across a grassland cultivation sequence [J]. Soil Science Society of America Journal, 56(3): 777-783.

Canadell J G, Raupach M R, 2008. Managing forests for climate change mitigation[J]. Science, 320 (5882): 1456-1457.

Cao J, Wang X, Tian Y, et al, 2012. Pattern of carbon allocation across three different stages of stand development of a Chinese pine (*Pinus tabulaeformis*) forest [J]. Ecological Research, 27(5): 883-892.

Carnevalea N J, Montagnini F, 2002. Facilitating regeneration of secondary forests with the use of mixed and pure plantations of indigenous tree species [J]. Forest Ecology and Management, 163(1-3): 217-227.

Carreiro M M, Sinsabaugh R L, Repert D A, et al, 2000. Microbial enzyme shifts explain litter decay responses to simulated nitrogen deposition [J]. Ecology, 81(9): 2359-2365.

Castro M S, Gholz H L, Clark K L, et al, 2000. Effects of forest harvesting on soil methane fluxes in Florida slash pine plantations [J]. Canadian Journal of Forest Research, 30(10): 1534-1542.

Cayuela M L, Sánchez-Monedero M A, Roig A, et al, 2013. Biochar and denitrification in soils: When, how much and why does biochar reduce N_2O emissions? [J]. Scientific Reports, 3(7446): 542-542.

Chen D M, Zhang C L, Wu J P, et al, 2011. Subtropical plantations are large carbon sinks: Evidence from two monoculture plantations in South China [J]. Agricultural and Forest Meteorology, 151(9): 1214-1225.

Chen X, Chen H Y H, Chen X, et al, 2016. Soil labile organic carbon and carbon-cycle enzyme activities under different thinning intensities in Chinese fir plantations [J]. Applied Soil Ecology, 107: 162-169.

Chen C R, Xu Z H, Mathers N J, 2004. Soil carbon pools in adjacent natural and plantation forests of subtropical Australia [J]. Soil Science Society of America Journal, 68(1): 282-291.

Cheng X, Luo Y, Xu X, et al, 2010. Soil organic matter dynamics in a north America tallgrass prairie after 9 years of experimental warming [J]. Biogeosciences Discussions, 7(6): 1487-1498.

Clarke N, Gundersen P, Jönsson-Belyazid U, et al, 2015. Influence of different tree-harvesting intensities on forest soil carbon stocks in boreal and northern temperate forest ecosystems [J]. Forest Ecology and Management, 351: 9-19.

Cleveland C C, Wieder W R, Reed S C, et al, 2010. Experimental drought in a tropical rain forest increases soil carbon dioxide losses to the atmosphere [J]. Ecology, 91(8): 2313-2323.

Cleveland C C, Neff J C, Townsend A R, et al, 2004. Composition, dynamics, and fate of leached dissolved organic matter in terrestrial ecosystems: Results from a decomposition experiment [J]. Ecosystems, 7(3): 275-285.

Collins H P, Cavigelli M A, 2003. Soil microbial community characteristics along an elevational gradient in the Laguna Mountains of Southern California [J]. Soil Biology & Biochemistry, 35(8): 1027-1037.

Cosentino D, Chenu C, Bissonnais Y L, 2006. Aggregate stability and microbial community dynamics under drying-wetting cycles in a silt loam soil [J]. Soil Biology and Biochemistry, 38(8): 2053-2062.

Crossley D A J, Hoglund M P, 1962. A litterbag method for the study of microarthropods inhabiting leaf litter [J]. Ecology, 43(3): 571-573.

Crow S E, Lajtha K, Filley T R, et al, 2009. Sources of plant-derived carbon and stability of organic matter in soil: Implications for global change [J]. Global Change Biologyogy, 15(8): 2003-2019.

Crutzen P J, Mosier R A, Smith K A, et al, 2007. N$_2$O Release from agro-biofuel production negates global warming reduction by replacing fossil fuels [J]. Atmospheric Chemistry and Physics Discussions, 8(2): 389-395.

Cusack D F, Chou W W, Yang W H, et al, 2009. Controls on long-term root and leaf litter decomposition in neotropical forests [J]. Global Change Biologyogy, 15(5): 1339-1355.

Dalal R, Allen D, Livesley S, et al, 2008. Magnitude and biophysical regulators of methane emission and consumption in the Australian agricultural, forest, and submerged landscapes: A review [J]. Plant and Soil, 309(1-2): 89-103.

Dalling J W, Muller-Landau H C, Wright S J, et al, 2002. Role of dispersal in the recruitment limitation of neotropical pioneer species [J]. Journal of Ecology, 90(4): 714-727.

Davidson E A, Keller M, Erickson H E, et al, 2000. Testing a conceptual model of soil emissions of nitrous and nitric oxides [J]. Bioscience, 50(8): 667-680.

de Boer W, Folman L B, Summerbell R C, et al, 2005. Living in a fungal world: Impact of fungi on soil bacterial niche development [J]. FEMS Microbiology Reviews, 29(4): 795-811.

de Vries W, Reinds G J, Posch M, et al, 2003. Intensive monitoring of forest ecosystems in Europe: 1. Objective, set-up and evaluation strategy [J]. Forest Ecology and Management, 174(1-3): 0-95.

Denef K, Six J, Bossuyt H, et al, 2001. Influence of dry-wet cycles on the interrelationship between aggregate, particulate organic matter, and microbial community dynamics [J]. Soil Biology and Biochemistry, 33(12): 1599-1611.

Denman K L, Brasseur G, Chidthaisong A, et al, 2007. Couplings between changes in the climate system and biogeochemistry [M] // Solomon S, Qin D, Manning M, et al, Climate change 2007: the physical science basis. Contribution of working group I to the fourth assessment report of the intergovernmental panel on climate change. Cambridge, United Kingdom and New York, NY, USA: Cambridge University Press.

Dixon R K, Solomon A M, Brown S, et al, 1994. Carbon pools and flux of global forest ecosystems [J]. Science, 263(5144): 185-190.

Downie A, Crosky A, Munroe P, 2012. Physical properties of biochar [J]. Taylor and Francis, 13-32.

Du Z, Zhao J, Wang Y, et al, 2017. Biochar addition drives soil aggregation and carbon sequestration in aggregate fractions from an intensive agricultural system [J]. Journal of Soils and Sediments, 17(3): 581-589.

Ebermayer E, 1876. Die gesamte Lehre der Waldstreu, mit Rucksicht auf die chemische Statik des Waldbaues [M]. Berlin: Springer.

Edmonds R L, Marra J L, Barg A K, et al, 2000. Influence of forest harvesting on soil organisms and decomposition in western Wasshington [R]. USDA Forest Service Gen. Tech. Rep, 178: 53-97.

Edmonds R L, Thomas T B, 1995. Decomposition and nutrient release from green needles of Western Hemlock and Pacific Silver fir in an old-growth temperate rain forest, Olympic national park, Washington [J]. Canadian Journal of Forest Research, 25(7): 1049-1057.

Eissenstat D M, Wells C E, Yanai R D, et al, 2000. Building roots in a changing environment: Implications for root longevity [J]. New Phytologistogist, 147(1): 33-42.

Elliott E T, 2017. Aggregate structure and carbon, nitrogen, and phosphorus in native and cultivated soils [J]. Soil Science Society of America Journal, 50(3): 627-633.

Epron D, Bosc A, Bonal D, et al, 2006. Spatial variation of soil respiration across a topographic gradient in a tropical rainforest in French Guiana [J]. Journal of Tropical Ecology, 22: 565-574.

Erickson H, Davidson E A, Keller M, 2002. Former land-use and tree species affect nitrogen oxide emissions from a tropical dry forest [J]. Oecologia, 130(2): 297-308.

Evenson P D, 1991. Aggregate stability of an eroded and desurfaced typic srgiustoll [J]. Soil Science Society of America Journal, 55(3): 811-816.

Eze S, Palmer S M, Chapman P J, 2018. Soil organic carbon stock and fractional distribution in upland grasslands [J]. Geoderma, 314: 175-183.

Fairley R I, Alexander I J, 1985. Methods of calculating fine root production in forests [J] // Fitter, A. H. Ecological interactions in soil. Oxford: The British Ecological Society, 37-42.

Fang H, Mo J M, Peng S L, et al, 2007. Cumulative effects of nitrogen additions on litter decomposition in three tropical forests in Southern China [J]. Plant and Soil, 297(1): 233-242.

Fang J A, Chen C, Peng S, et al, 2001. Changes in forest biomass carbon storage in China between 1949 and 1998 [J]. Science, 291(5525): 2320-2322.

Fang Y T, Gundersen P, Zhang W, et al, 2009. Soil-atmosphere exchange of N_2O, CO_2 and CH_4 along a slope of an evergreen broad-leaved forest in southern China [J]. Plant and Soil, 319(1-2): 37-48.

FAO, 2010. 2010 年全球森林资源评估 [M/OL]. www.fao.org/forestry/fra/fra2010/en/.

FAO, 2015. Global Forest Resources Assessment 2015 [M]. Rome.

FAO, 2001. Global Forest Resources Assessment 2000 Main Report [M]. Rome: Food and Agriculture Organization of the United Nations.

Fest B J, Livesley S J, Drösler M, et al, 2009. Soil–atmosphere greenhouse gas exchange in a cool, temperate Eucalyptus delegatensis forest in south–eastern Australia [J]. Agricultural and Forest Meteorology, 149(3-4): 393-406.

Finzi A C, van Breemen N, Canham C D, 1998. Canopy tree–soil interactions within temperate forests: Species effects on soil carbon and nitrogen [J]. Ecological Applications, 8(2): 440-446.

Firestone M K, Davidson E A, 1989. Microbiological basis on NO and N_2O production and consumption in soils [J] // Andreae MO, Schimel D. Exchange of trace gases between terrestrial ecosystems and the atmosphere. UK: John Wiley and Sons, Chichester, 7-21.

Fischer H, Bens O, Hüttl R, 2002. Veränderung von Humusform, –vorrat und –verteilung im Zuge von Waldumbau–Maßnahmen im Nordostdeutschen Tiefland [J]. Forstwissenschaftliches Centralblatt, 121 (6): 322-334.

Fisk M C, Fahey T J, 2001. Microbial biomass and nitrogen cycling responses to fertilization and litter removal in young Northern Hardwood forests [J]. Biogeochemistry, 53(2): 201-223.

Fontaine S, Barot S, Barre P, et al, 2007. Stability of organic carbon in deep soil layers controlled by fresh Carbon supply [J]. Nature, 450(7167): 227-281.

Forrester D I, Bauhus J, Cowie A L, et al, 2006. Mixed–species plantations of Eucalyptus with nitrogen fixing trees: A review [J]. Forest Ecology and Management, 233(2-3): 211-230.

Forrester D I, Bauhus J, Cowie A L, 2006. Carbon allocation in a mixed–species plantation of Eucalyptus globulus and Acacia mearnsii [J]. Forest Ecology and Management, 233(2-3): 275-284.

Fröberg M, Hanson P J, Todd D E, et al, 2008. Evaluation of effects of sustained decadal precipitation manipulations on soil carbon stocks [J]. Biogeochemistry, 89(2): 151-161.

Galdo D I, Six J, Peressotti A, et al, 2003. Assessing the impact of land–use change on soil C sequestration in agricultural soils by means of organic matter fractionation and stable C isotopes [J]. Global Change Biology, 9(8): 1204-1213.

Galik C S, Jackson R B, 2009. Risks to forest carbon offset projects in a changing climate [J]. Forest Ecology and Management, 257(11): 2209-2216.

Garcia–Montiel D C, Binkley D, 1998. Effect of Eucalyptus saligna and Albizia falcataria on soil processes and nitrogen supply in Hawaii [J]. Oecologia, 113(4): 547-556.

Gholz H L, Wedin D A, Smitherman S M, 2000. Long–term dynamics of pine and litter decomposition in contrasting environments: Towards a global model of decomposition [J]. Global Change Biologyogy, 6 (7): 751-765.

Gijsman A J, Alarcón H F, Thomas R J, 1997. Root decomposition in tropical grasses and legumes, as affected by soil texture and season [J]. Soil Biology and Biochemistry, 29(9-10): 1443-1450.

Gill R A, Jackson R B, 2000. Global patterns of root turnover for terrestrial ecosystems [J]. New Phytologistogist, 147(1): 13-31.

Gilliam F S, 2007. The ecological significance of the herbaceous layer in temperate forest ecosystems [J]. Biosciece, 57(10): 845-858.

Golchin A, Clarke P, Oades J M, et al, 1995. The effects of cultivation on the composition of organic matter and structural stability of soils [J]. Australian Journal of Soil Research, 33(6): 975-993.

Gough C M, Weiler J R, 2004. The influence of environmental, soil carbon, root and stand characteristics on soil CO$_2$ effux in loblolly pine (Pinus taeda L.) plantations located on the South Carolina Coastal Plain [J]. Forest Ecology and Management, 191(1-3): 353-363.

Grabovich M Y, Dubinina G A, Churikova V V, et al, 1995. Mechanisms of synthesis and utilization of oxalate inclusions in the colorless sulfur bacterium Macromonas bipunctata [J]. Mikrobiologiya, 64: 630-636.

Grayston S J, Prescott C E, 2005. Microbial communities in forest floors under four tree species in coastal British Columbia [J]. Soil Biology & Biochemistry, 37(6): 1157-1167.

Gu L, Fuentes J D, Shugart H H, et al, 1999. Responses of net ecosystem exchanges of carbon dioxide to changes in cloudiness: Results from two North American deciduous forests [J]. Journal of Geophysical Research-Atmospheres, 104(D24): 31421-31434.

Guan S, An N, Zong N, et al, 2018. Climate warming impacts on soil organic carbon fractions and aggregate stability in a Tibetan alpine meadow [J]. Soil Biology and Biochemistry, 116: 224-236.

Guo D, Mitchell R J, Withington J M, et al, 2008. Endogenous and exogenous controls of root life span, mortality and nitrogen flux in a longleaf pine forest: root branch order predominates [J]. Journal of Ecology, 96(4): 737-745.

Guo L B, Gifford R M, 2002. Soil carbon stocks and land use change: a meta analysis [J]. Global Change Biology, 8(4): 345-360.

Guo L B, Halliday M J, Gifford R M, 2006. Fine root decomposition under grass and pine seedlings in controlled environmental conditions [J]. Applied Soil Ecology, 33(1): 22-29.

Gustavsson L, Haus S, Ortiz C A, et al, 2015. Climate effects of bioenergy from forest residues in comparison to fossil energy [J]. Applied Energy, 138(138): 36-50.

Hall S J, Asner G P, Kitayama K, 2004. Substrate, climate, and land use controls over soil N dynamics and N-oxide emissions in Borneo [J]. Biogeochemistry, 70(1): 27-58.

Han G X, Zhou G S, Xu Z Z, et al, 2007. Biotic and abiotic factors controlling the spatial and temporate variation of soil respiration in an agricultural ecosystem [J]. Soil Biology&Biochemistry, 39(2): 418-425.

Hanson P J, Edwards N T, Garten C T, et al, 2000. Separation root and soil microbial contributions to soil respiration: A review of methods and observations [J]. Biogeochemistry, 48(1): 115-146.

Hättenschwiler S, Tiunov A V, Scheu S, 2005. Biodiversity and litter decomposition in terrestrial ecosystems [J]. Annual Review of Ecology, Evolution, and Systematics, 36: 191-218.

Haynes R J, 2005. Labile organic matter fractions as central components of the quality of agricultural soils: An overview [J]. Advances in Agronomy, 85(4): 221-268.

He Y J, Qin L, Li Z Y, et al, 2013. Carbon storage capacity of monoculture and mixed-species plantations in subtropical China [J]. Forest Ecology and Management, 295(5): 193-198.

He Y, Qin L, Li Z, Liang X, et al, 2013. Carbon storage capacity of monoculture and mixed-species plantations in subtropical China [J]. Forest Ecology and Management, 295(5): 193-198.

Hendricks J J, Hendrick R L, Wilson C A, et al, 2006. Assessing the patterns and controls of fine root dynamics: An empirical test and methodological review [J]. Journal of Ecology, 94(1): 40-57.

Hertel D, Harteveld M A, Leuschner C, 2009. Conversion of a tropical forest into agroforest alters the fine root-related carbon flux to the soil [J]. Soil Biology and Biochemistry, 41(3): 481-490.

Hobbie S E, Oleksyn J, Eissenstat D M, et al, 2010. Fine root decomposition rates do not mirror those of leaf litter among temperate tree species [J]. Oecologia, 162(2): 505-513.

Hobbie S E, Reich P B, Oleksyn J, et al, 2006. Trees Species Effects on Decomposition and Forest Floor Dynamics in a Common Garden [J]. Ecology, 87(9): 2288-2297.

Hobbie S E, 1996. Temperature and plant species control over litter decomposition in Alaskan Tundra [J]. Ecological Monographs, 66(4): 503-522.

Högberg P, Nordgren A, Buchmann N, et al, 2001. Large-scale forest girdling shows that current photosynthesis drives soil respiration [J]. Nature, 411(6839): 789-792.

Hooper E, Legendre P, Condit R, 2005. Barriers to forest regeneration of deforested and abandoned land in Panama [J]. Journal of Applied Ecology, 42(6): 1165-1174.

Houghton R A, 2007. Balancing the global carbon budget [J]. Annual Review of Earth and Planetary Sciences, 35(1): 313-347.

Huang C C, Ge Y, Chang J, et al, 1999. Studies on the soil respiration of three woody plant communities in the east mid-subtropical zone, China [J]. Acta Ecologica Sinica, 19(3): 324-328.

Huang X, Jiang H, Li Y, et al, 2016. The role of poorly crystalline iron oxides in the stability of soil aggregate-associated organic carbon in a rice-wheat cropping system [J]. Geoderma, 279: 1-10.

Huang X, Liu S, Wang H, et al, 2014. Changes of soil microbial biomass carbon and community composition through mixing nitrogen-fixing species with Eucalyptus urophylla in subtropical China [J]. Soil Biology and Biochemistry, 73(6): 42-48.

Huang Z Q, Xu Z H, Chen C G, et al, 2008. Changes in soil carbon during the establishment of a hardwood plantation in subtropical Australia [J]. Forest Ecology and Management, 254(1): 46-55.

IGBP Terrestrial Carbon Working Group, 1998. The terrestrial carbon cycle: Implications for the Kyoto Protocol [J]. Science, 280(5368): 1393.

IPCC, 2007. Climate change 2007: the scientific basis. Contribution of working group I to the fourth assessment report of the intergovernmental panel on climate change [D]. Cambridge, UK: Cambridge University Press.

IPCC, 2000. The carbon cycle and atmospheric carbon dioxide. In: Land use, land-use change and forestry: A special report of the international panel on climate change [M]. Cambridge: Cambridge University Press.

Jandl R, Lindner M, Vesterdal L, et al, 2007. How strongly can forest management influence soil carbon sequestration? [J] Geoderma, 137(3-4): 253-268.

Jang I, Lee S, Hong J H, et al, 2006. Methane oxidation rates in forest soils and their controlling variables: A review and a case study in Korea [J]. Ecological Research, 21(6): 849-854.

Janssens I A, Lankreijer H, Matteucci G, et al., 2001. Productivity overshadows temperature in determining soil and ecosystem respiration across European forests [J]. Global Change Biology, 7(3): 269-278.

Jastrow J D, Amonette J E, Bailey V L, 2007. Mechanisms controlling soil carbon turnover and their potential application for enhancing carbon sequestration [J]. Climatic Change, 80(1-2): 5-23.

Jia B, Zhou G, Xu Z, 2016. Forest litterfall and its composition: A new data set of observational data from

China [J]. Ecology, 97(5): 1365.

Jiang Z H, Fei B H, Wang X M, 2003. Plantation forests for sustainable wood supply and development in China [J]. Chinese Forestry Science and Technology, 2(1): 20-23.

Jobbagy E G, Jackson R B, 2000. The vertical distribution of soil organic carbon and its relation to climate and vegetation [J]. Ecological Applications, 10(2): 423-436.

Johnston C A, Groffman P, Breshears D D, et al, 2004. Carbon cycling in soil [J]. Frontiers in Ecology and the Environment, 2(10): 522-528.

Jonard M, Andre F, Jonard F, et al, 2007. Soil carbon dioxide efflux in pure and mixed stands of oak and beech [J]. Annals of Forest Science, 64(2): 141-150.

Jones D L, Hodge A, Kuzyakov Y, 2004. Plant and mycorrhizal regulation of rhizodeposition [J]. New Phytologist, 163(3): 459-480.

Jules M, Sawyer J O, Jules E S, 2008. Assessing the relationships between stand development and understory vegetation using a 420-year chronosequence [J]. Forest Ecology and Management, 255(7): 2384-2393.

Kasel S, Bennett T L, 2007. Land-use history, forest conversion, and soil organic carbon in pine plantations and native forests of south eastern Australia [J]. Geoderma, 137(3-4): 401-413.

Kaye J P, Resh S C, Kaye M W, et al, 2000. Nutrient and carbon dynamics in a replacement series of Eucalyptus and Albizia trees [J]. Ecology, 81(12): 3267-3273.

Kelliher F M, Clark H, Zheng L, et al, 2006. A comment on scaling methane emissions from vegetation and grazing ruminants in New Zealand [J]. Functional Plant Biology, 33(7): 613-615.

Kelty M J, 2006. The role of species mixtures in plantation forestry [J]. Forest Ecology and Management, 233(2-3): 195-204.

Kiese R, Hewett B, Graham A, et al, 2003. Seasonal variability of N_2O emissions and CH_4 iptake by tropical rainforest soils of Queensland, Australia [J]. Global Biogeochemical Cycles, 17(2): 1043.

Kindler R, Miltner A, Richnow H H, et al, 2006. Fate of gram-negative bacterial biomass in soil-mineralizationand contribution to SOM [J]. Soil Biology & Biochemistry, 38(9): 2860-2870.

Kindler R, Miltner A, Thullner M, et al, 2009. Fate of bacterial biomass-derived fatty acids in soil and their contribution to soil organic matter [J]. Organic Geochemistry, 40(1): 29-37.

Kogel-Knabner I, 2000. Analytical approaches for characterizing soil organic matter [J]. Organic Geochemistry, 31(7): 609-625.

Kogel-Knabner I, 2002. The macromolecular organic composition of plant and microbial residues as inputs to soil organic matter [J]. Soil Biology and Biochemistry, 33(2): 139-162.

Korzukhin M D, Ter-Mikaelian M T, Agner R G, 1996. Process versus empirical models: Which approach for forest ecosystem management [J]. Canadian Journal of Forest Research, 26(5): 879-882.

Kuzyakov Y, Larionova A A, 2005. Root and rhizomicrobial respiration: A review of approaches to estimate respiration by autotrophic and heterotrophic organisms in soil [J]. Journal of Plant Nutrition and Soil Science, 168(4): 503-520.

Ladegaard-Pedersen P, Elberling B, Vesterdal L, 2005. Soil carbon stocks, mineralization rates, and CO_2 effluxes under 10 tree species on contrasting soil types [J]. Canadian Journal of Forest Research, 35(6): 1277-1284.

Lai Z, Zhang Y, Liu J, et al, 2015. Fine-root distribution, production, decomposition, and effect on soil organic carbon of three revegetation shrub species in northwest China [J]. Forest Ecology and Management, 359(14): 381-388.

Lal R, 2005. Forest soils and carbon sequestration [J]. Forest Ecology and Management, 220 (1): 242-258.

Lal R, Kimble J M, Follett R F, et al, 1998. Soil Processes and the Carbon Cycle [R]. CRC Press, Boca Raton, FL, USA.

Lalonde K, Mucci A, Ouellet A, et al, 2012. Preservation of organic matter in sediments promoted by iron [J]. Nature, 483(7388): 198-200.

Langley J A, Hungate B A, 2003. Mycorrhizal controls on belowground litter quality [J]. Ecology, 84 (9): 2302-2312.

Larsen J B, Nielsen A B, 2007. Nature-based forest management — where are we going: Elaborating forest development types in and with practice [J]. Forest Ecology and Management, 238(1-3): 107-117.

Le Mer J, Roger P, 2001. Production, oxidation, emission and consumption of methane by soils: A review [J]. European Journal of Soil Biology, 37(1): 25-50.

Lehmann J, Gaunt J, Rondon M, 2006. Bio-char sequestration in terrestrial ecosystems—a review [R]. Mitigation and Adaptation Strategies for Global Change, 11(2): 395-419.

Lehmann J, Rillig M C, Thies J, et al, 2011. Biochar effects on soil biota — A review [J]. Soil Biology and Biochemistry, 43(9): 1812-1836.

Leroy B L M, Herath H M S K, Sleutel S, et al, 2008. The quality of exogenous organic matter: Short-term effects on soil physical properties and soil organic matter fractions [J]. Soil Use and Management, 24(2): 139-147.

Li C S, Frolking S, Butterbach-Bahl K, 2005. Carbon sequestration in arable soils is likely to increase nitrous oxide emissions, offsetting reductions in climate radiative forcing [J]. Climate Change, 72(3): 321-338.

Lindenmayer D B, Margules C R, Botkin D B, 2000. Indicators of biodiversity for ecologically sustainable forest management [J]. Conservation Biology, 14 (4): 941-950.

Liu S, Wu S, Wang H, 2014. Managing planted forests for multiple uses under a changing environment in China [J]. New Zealand Journal of Forestry Science, 44(S1): 1-10.

Liu S R, Li X M, Niu L M, 1998. The degradation of soil fertility in pure larch plantation in the northeastern part of China [J]. Ecological Engineering, 10: 75-86.

Liu Y, Liu S, Wan S, et al, 2017. Effects of experimental throughfall reduction and soil warming on fine root biomass and its decomposition in a warm temperate oak forest [J]. Science of The Total Environment, 574(JAN. 1): 1448-1455.

Liu H, Zhao P, Lu P, et al, 2008. Greenhouse gas fluxes from soils of different land-use types in a hilly area of south China [J]. Agricultural and Forest Meteorology, 124(1-2): 125-135.

Livesley S J, Kiese R, Miehle P, et al, 2009. Soil-atmosphere exchange of greenhouse gases in a Eucalyptus marginata woodland, a clover-grass pasture, and pinus radiata and Eucalyptus globulus plantations [J]. Global Change Biology, 15(2): 425-440.

Lorenz K, Lal R, Preston C M, et al, 2007. Strengthening the soil organic carbon pool by increasing contributions from recalcitrant aliphatic bio (macro) molecules [J]. Geoderma, 142(1-2): 1-10.

Lu H, Liu S, Wang H, et al, 2016. Experimental throughfall reduction barely affects soil carbon dynamics in a warm-temperate oak forest, central China [J]. Scientific Reports, 7(1): 15099.

Luan J W, Xiang C H, Liu S R, et al, 2010. Assessments of the impacts of Chinese fir plantation and natural regenerated forest on soil organic matter quality in Longmen mountain, Sichuan, China [J]. Geoderma, 156(3-4): 228-236.

Lugo A E, Brown S, 1993. Management of tropical soils as sinks or sources of atmospheric carbon [J]. Plant and Soil, 149(1): 27-41.

Lundquist E J, Jackson L E, Scow K M, 2017. Wet-dry cycles affect dissolved organic carbon in two California agricultural soils [J]. Soil Biology and Biochemistry, 31(7): 1031-1038.

Lützow M V, Kögel-Knabner I, Ekschmitt K, et al, 2006. Stabilization of organic matter in temperate soils: Mechanisms and their relevance under different soil conditions — A review [J]. European Journal of Soil Science, 57(4): 426-445.

Macinnis-Ng C, Schwendenmann L, 2015. Litterfall, carbon and nitrogen cycling in a southern hemisphere conifer forest dominated by kauri (Agathis australis) during drought [J]. Plant Ecology, 216(2): 247-262.

Maclaren J P, 1996. Plantation forestry — its role as a carbon sink: Conclusions from calculations based on New Zealand's planted forest estate [M]. Springer Berlin Heidelberg.

Mareschal L, Bonnaud P, Turpault P M, et al, 2009. Impact of common European tree species on the chemical and physicochemical properties of fine earth: An unusual pattern [J]. European Journal of Soil Science, 61(1): 14-23.

Marschner P, Rengel Z, 2007. Nutrient cycling in terrestrial ecosystems [M]. Springer Berlin Heidelberg.

Ma S Y, Chen J Q, North M, et al, 2004. Short-term effects of experimental burning and thinning on soil respiration in an old-growth, mixed-conifer forest [J]. Environmental Management, 33(1): 148-159.

Matson A, Pennock D, Bedard-Haughn A, 2009. Methane and nitrous oxide emissions from mature forest stands in the boreal forest, Saskatchewan, Canada [J]. Forest Ecology and Management, 258(7): 1073-1083.

Mbagwu J S C, Schwertmann U, 2006. Some factors affecting clay dispersion and aggregate stability in selected soils of Nigeria [J]. International Agrophysics, 20(1): 95-98.

McClaugherty C, Berg B, 1987. Cellulose, lignin, and nitrogen concentrations as rate regulating factors in late stage of forest litter decomposition [J]. Pedobiologia, 30: 101-112.

McNamara N P, Black H I J, Piearce T G, et al, 2008. The influence of afforestation and tree species on soil methane fluxes from shallow organic soils at the UK Gisburn forest experiment [J]. Soil Use Manage, 24(1): 1-7.

Meentemeyer V, 1978. Macroclimate and lignin control of litter decomposition rates [J]. Ecology, 59(3): 465-472.

Merino A, Perez-Batallon P, Macias F, 2004. Responses of soil organic matter and greenhouse gas fluxes to soil management and land use changes in a humid temperate region of souther Europe [J]. Soil Biology and Biochemistry, 36(6): 917-925.

Mestre M C, Rosa C A, Safar S V B, et al, 2011. Yeast communities associated with the bulk-soil, rhizosphere and ectomycorrhizosphere of a Nothofagus pumilio forest in northwestern Patagonia, Argentina [J]. FEMS Microbiology Ecology, 78(3): 531-541.

Meyer P, 2005. Network of strict forest reserves as reference system for close to nature forestry in Lower Saxony, Germany [J]. Forest Snow and Landscape Research, 2005, 79(1/2): 33-44.

Mi W, Wu L, Brookes P C, et al, 2016. Changes in soil organic carbon fractions under integrated management systems in a low-productivity paddy soil given different organic amendments and chemical fertilizers [J]. Soil and Tillage Research, 163: 64-70.

Miltner A, Bombach P, Schmidt-Brücken B, et al, 2011. SOM genesis: microbial biomass as a significant source [J]. Biogeochemistry, 111: 41-55

Miltner A, Kindler R, Knicker H, 2009. Fate of microbial biomass-derived amino acids insoil and their contribution to soil organic matter[J]. Organic Geochem, 40(9): 978-985.

Ming A, Jia H, Zhao J, et al, 2014. Above- and below- ground carbon stocks in an indigenous tree (Mytilaria laosensis) plantation chronosequence in subtropical China [J]. PLoS ONE, 9(10): e109730.

Ming A, Yang Y, Liu S, et al, 2018. Effects of near natural forest management on soil greenhouse gas flux in Pinus massoniana (Lamb.) and Cunninghamia lanceolata (Lamb.) Hook. Plantations [J]. Forests, 9(5): 229.

Mo J M, Brown S, Xue J H, et al, 2006. Response of litter decomposition to simulated nitrogen deposition in disturbed, rehabilitated and mature forests in subtropical China [J]. Plant and Soil, 285(1-2): 135-151.

Mo J M, Zhang W, Zhu W X, et al, 2008. Nitrogen addition reduces soil respiration in a mature tropical forest in southern China [J]. Global Change Biology, 14(2): 403-412.

Moser G, Schuldt B, Hertel D, et al, 2014. Replicated throughfall exclusion experiment in an Indonesian perhumid rainforest: wood production, litter fall and fine root growth under simulated drought [J]. Global Change Biology, 20(5): 1481-1497.

Mulder J, De Wit H A, Boonen H W J, et al, 2001. Increased levels of aluminum in forest soils: Effects on the stores of soil organic carbon [J]. Water Air Soil Pollution, 130(1-4): 989-994.

Muller R N, 2003. Nutrient relations of the herbaceous layer in deciduous forest ecosystems [J] // Gilliam F S. The herbaceous layer in forests of eastern north America. New York: Oxford university press, 15-37.

Myers R T, Zak D R, White D C, et al, 2001. Landscape-level patterns of microbial community composition and substrate use in upland forest ecosystems [J]. Soil Science Society of America Journal, 65(2): 359-367.

Neirynck J, Mirtcheva S, Sioen G, et al, 2000. Impact of *Tilia platyphyllos* Scop., *Fraxinus excelsior* L., *Acer pseudoplatanus* L., *Quercus robur* L. and *Fagus sylvatica* L. on earthworm biomass and physico-chemical properties of a loamy topsoil [J]. Forest Ecology and Management, 133(3): 275-286.

Nelson D W, 1996. Total carbon, organic carbon, and organic matter [J]. Methods of Soil Analysis, 9: 961-1010.

Nicoll B, Connolly T, Gardiner B, 2019. Changes in Spruce growth and biomass allocation following thinning and guying treatments [J]. Forests, 10(3): 253.

Nommik H, 1978. Mineralization of carbon and nitrogen in forest humus as influenced by additions of phosphate and lime [J]. Acta Agriculturae Scandinavica, 28(3): 221-230.

Noormets A, Epron D, Domec J C, et al, 2015. Effects of forest management on productivity and carbon sequestration: A review and hypothesis [J]. Forest Ecology and Management, 355: 124-140.

Norby R J, Ledford J, Reilly C D, et al, 2004. Fine root production dominates response of a deciduous forest to atmospheric CO_2 enrichment [J]. Proceedings of the National Academy of Sciences, 101(26): 9689-9693.

Nouvellon Y, Laclau J P, Epron D, et al, 2012. Production and carbon allocation in monocultures and mixed-species plantations of Eucalyptus grandis and Acacia mangium in Brazil [J]. Tree physiology, 32 (6): 680-695.

Oades J M, Waters A G, Vassallo A M, et al, 1988. Influence of management on the composition of organic matter in a red-brown earth as shown by ^{13}C nuclear magnetic resonance [J]. Australian Journal of Soil Research, 26(2): 289-299.

Oades J M, 1995. An overview of processes affecting the cycling of organic carbon in soils [J] // The role of non-living organic matter in the earth's carbon cycle. New York: John Wiley, 293-303.

Olson J S, 1963. Energy storage and the balance of producers and decomposers in ecological systems [J]. Ecology, 44(2): 322-331.

Osher L J, Matson P A, Amundson R, 2003. Effect of land use change on soil carbon in Hawaii. Biogeochemistry [J], 65(2): 213-232.

Ostertag R, Marín-Spiotta E, Silver W L, et al, 2008. Litterfall and decomposition in relation to soil carbon pools along a secondary forest chronosequence in Puerto Rico [J]. Ecosystems, 11(5): 701-714.

Pan Y D, Richard A B, Fang J Y, et al, 2011. A large and persistent carbon sink in the world's forests [J]. Science, 333(6045): 988-993.

Paquette A, Messier C, 2010. The role of plantations in managing the world's forests in the anthropocene [J]. Frontiers in Ecology and the Environment, 8(1): 27-34.

Paul E A, Clark F E, 1997. Soil microbiology and biochemistry [M]. San Diego, CA, USA: Academic Press.

Paul K I, Polglase P J, Nyakuengama J G, et al, 2002. Change in soil carbon following afforestation [J]. Forest Ecology and Management, 168(1-3): 241-257.

Payn T, Carnus J, Freer-Smith P, et al, 2015. Changes in planted forests and future global implications [J]. Forest Ecology and Management, 352: 57-67.

Peichl M, Arain M A, 2006. Above-and belowground ecosystem biomass and carbon pools in an age-sequence of temperate pine plantation forests [J]. Agricultural & Forest Meteorology, 140(1-4): 51-63.

Pélissiera R, Pascala J P, Houllierb F, et al, 1998. Impact of selective logging on dynamics of a low elevation dense moist evergreen forest in western Ghats (south India) [J]. Forest Ecology and Management, 105(1-3): 107-119.

Peng X, Yan X, Zhou H, et al, 2015. Assessing the contributions of sesquioxides and soil organic matter to aggregation in an Ultisol under long-term fertilization [J]. Soil and Tillage Research, 146(Pt. A): 89-98.

Peng Y Y, Thomas S C, Tian D, 2008. Forest management and soil respiration: Implications for carbon sequestration [J]. Environmental Reviews, 16(1): 93-111.

Peng Y Y, Thomas S C, 2006. Soil CO$_2$ Efflux in uneven-aged managed forests: Temporal patterns following harvest and effects of edaphic heterogeneity [J]. Plant and Soil, 289(1-2): 253-264.

Pilegaard K, Skiba U, Ambus P, 2006. Factors controlling regional differences in forest soil emission of nitrogen oxides (NO and N$_2$O) [J]. Biogeosciences, 3(4): 651-661.

Pires A C C, Cleary D F R, Almeida A, et al, 2012. Denaturing gradient gel electrophoresisand barcoded pyrosequencing reveal unprecedented archaeal diversity inmangrove sediment and rhizosphere samples [J]. Applied EnvironmentalMicrobiology, 78 (16): 5520-5528.

Plante A, Conant R T, 2014. Soil organic matter dynamics, climate change effects [J]. Springer Netherlands, 317-323.

Post W M, Emanuel W R, Zinke P J, et al, 1982. Soil carbon pools and world life zones [J]. Nature, 298(5870): 156-159.

Post W, Kwon K, 2000. Soil carbon sequestration and land-use change: Processes and potentia [J]. Global Change Biology, 6(3): 317-328.

Price S J, Sherlock R R, Kelliher F M, et al, 2004. Pristine New Zealand forest soil is a strong methane sink [J]. Global Change Biology, 10(1): 16-26.

Puget P, Chenu C, Balesdent J, 2000. Dynamics of soil organic matter associated with particle-size fractions of water-stable aggregates [J]. European Journal of Soil Science, 51(4): 595-605.

Qi S X (ed.), 2002. Eucalyptus in China (in Chinese) [M]. Beijing: China Forestry Publishing House.

Quideau S A, Chadwick O A, Benesi A, et al, 2001. A direct link between forest vegetation type and soil organic matter composition [J]. Geoderma, 104(1-2): 41-60.

Raich J W, Tufekcioglu A, 2000. Vegetation and soil respiration: Correlation and controls [J]. Biogeochemistry, 48(1): 71-90.

Raich J W, Schlesinger W H, 1992. The global carbon dioxide flux in soil respiration and its relationship to vegetation and climate [J]. Tellus B, 44(2): 81-99.

RaichJ W, Potter C S, Bhagawati D, 2002. Interannual variability in global soil respiration, 1980-1994 [J]. Global Change Biology, 8(8): 800-812.

Rasse D P, Rumpel C, Dignac M, 2005. Is soil carbon mostly root carbon? Mechanisms for a specific stabilisation [J]. Plant and Soil, 269(1-2): 341-356.

Rasse D P, Rumpel C, Dignac M F, 2005. Is soil carbon mostly root carbon? Mechanisms for a specific stabilisation [J]. Plant and Soil, 269(1-2): 341-356.

Reay D S, Nedwell D B, 2004. Methane oxidation in temperate soils: Effects of inorganic N [J]. Soil Biology and Biochemistry, 36(12): 2059-2065.

Regina K, Nykanen H, Silvola J, et al, 1996. Fluxes of nitrous oxide from boreal peatlands as affected by peatland type, water table level and nitrification potential [J]. Biogeochemistry, 35(3): 401-418.

Ren C, Zhao F, Shi Z, et al, 2017. Differential responses of soil microbial biomass and carbon-degrading enzyme activities to altered precipitation [J]. Soil Biology and Biochemistry, 115: 1-10.

Resh S, Binkley D, Parrotta J, 2002. Greater soil carbon sequestration under nitrogen-fixing trees compared with Eucalyptus species [J]. Ecosystems, 5(3): 217-231.

Robertson G P, Paul E A, Harwood R R, 2000. Greenhouse gases in intensive agriculture: Contributions of individual gases to the radiative forcing of the atmosphere [J]. Science, 289(5486): 1922-1925.

Rosenkranz P, Bruggemann N, Papen H, et al, 2006. Soil N and C trace gas fluxes and microbial soil N turnover in a sessile Oak [*Quercus petraea* (Matt.) Liebl.] forest in Hungary [J]. Plant and Soil, 286 (1-2): 301-322.

Rovira P, Vallejo V R, 2002. Labile and recalcitrant pools of carbon and nitrogen in organic matter decomposing at different depths in soil: An acid hydrolysis approach [J]. Geoderma, 107(1): 109-141.

Rumpel C, Kogel-Knabner I, Bruhn F, 2002. Vertical distribution, age, and chemical composition of organic carbon in two forest soils of different pedogenesis [J]. Organic Geochemistry, 33(10): 1131 -1142.

Russell A E, Cambardella C A, Ewel J J, et al, 2004. Species, rotation, and life-form diversity effects on soil carbon in experimental tropical ecosystems [J]. Ecological Applications, 14(1): 47-60.

Russell A E, Raich J W, Valverde-Barrantes O J, et al, 2007. Tree species effects on soil properties in experimental plantations in tropical moist Forest [J]. Soil Science Society of America Journal, 71(4): 1389-1397.

Ryan M G, Melillo J M, Ricca A, 1990. A comparison of methods for determining proximate carbon fractions of forest litter [J]. Canadian Journal of Forest Research, 20(2): 166-171.

Santonja M, Fernandez C, Proffit M, et al, 2017. Plant litter mixture partly mitigates the negative effects of extended drought on soil biota and litter decomposition in a Mediterranean oak forest [J]. Journal of Ecology, 105(3): 801-815.

Schimel J, 2016. Microbial ecology: Linking omics to biogeochemistry [J]. Nature Microbiology, 1 (2): 15028.

Schmidt M W, Torn M S, Abiven S, et al, 2011. Persistence of soil organic matter as an ecosystem property [J]. Nature, 478(7367): 49-56.

Schmidt M W I, Knicker H, Hatcher P G, 1997. Improvement of ^{13}C and ^{15}N CPMAS NMR spectra of bulk soils, particle size fractions and organic material by treatment with 10% hydrofluoric acid [J]. European Journal of Soil Science, 48(2): 319-328.

Schoning I, Kogel-Knabner I, 2006. Chemical composition of young and old carbon pools throughout cambisol and luvisol profiles under forests [J]. Soil Biology and Biochemistry, 38(8): 2411-2424.

Schulp C J E, Nabuurs G, Verburg P H, et al, 2008. Effect of tree species on carbon stocks in forest floor and mineral soil and implications for soil carbon inventories [J]. Forest Ecology and Management, 256 (3): 482-490.

Schütz J P, 1999. Close-to-nature silviculture: Is this concept compatible with species diversity [J]? . Forestry, 72(4): 359-366.

Schütz J P, 2011. Development of close to nature forestry and the role of ProSilva Europe [J]. Zbornik Gozdarstva in Lesarstva, 94: 39-42.

Schuur E A G, 2001. The effect of water on decomposition dynamics in mesic to wet Hawaiian montane Forests [J]. Ecosystems, 4(3): 259-273.

Schweitzer C J, Dey D C, 2011. Forest structure, composition, and tree diversity response to a gradient of regeneration harvests in the mid-cumberland plateau escarpment region, SA [J]. Forest Ecology and Management, 262(9): 1729-1741.

Scott N A, Tate K R, Ford-Robertson J, et al, 1999. Soil carbon storage in plantation forests and pastures: land-use change implications [J]. Tellus Series B-Chemical and Physical Meteorology, 51(2): 326-335.

Scott N A, Binkley D, 1997. Foliage litter quality and annual net N mineralization: Comparison across North American forest sites [J]. Oecologia, 111(2): 151-159.

Scott-Denton L E, Rosenstiel T N, Monson R K, 2006. Differential controls by climate and substrate over the heterotrophic and rhizospheric components of soil respiration [J]. Global ChangeBiology, 12(2): 205-216.

Shaheen H, Ullah Z, Khan S M, et al, 2012. Species composition and community structure of western Himalayan moist temperate forests in Kashmir [J]. Forest Ecology and Management, 278 (none): 138-145.

Sheng H, Yang Y S, Yang Z J, et al, 2010. The dynamic response of soil respiration to land-use changes in subtropical China [J]. Global Change Biology, 16(3): 1107-1121.

Shi P, Thorlacius S, Keller T, et al, 2017. Soil aggregate breakdown in a field experiment with different rainfall intensities and initial soil water contents [J]. European Journal of Soil Science, 68: 853-863.

Shi S, O'Callaghan M, Jones E E, et al, 2012. Investigation of organic anions in tree root exudates and rhizospheremicrobial communities using in situ and destructive sampling techniques [J]. Plant and Soil, 359(1-2): 149-163.

Shiel R S, Adey M A, Lodder M, 1988. The effect of successive wet/dry cycles on aggregate size distribution in a clay texture soil [J]. European Journal of Soil Science, 39(1): 71-80.

Sicardi M, Préchac F G, Frioni L, 2004. Soil microbial indicators sensitive to land useconversion from pastures to commercial Eucalyptus grandis (Hill ex Maiden)plantations in Uruguay [J]. Appl. Soil Ecol, 27 (2): 125-133.

Siefert A, Ravenscroft C, Althoff D, et al, 2012. Scale dependence of vegetation-environment relationships: a meta-analysis of multivariate data [J]. Journal of Vegetation Science, 23(5): 942-951.

Silver W L, Miya R K, 2001. Global patterns in root decomposition: Comparisons of climate and litter quality effects [J]. Oecologia, 129(3): 407-419.

Singh M, Sarkar B, Biswas B, et al, 2016. Adsorption-desorption behavior of dissolved organic carbon by soil clay fractions of varying mineralogy [J]. Geoderma, 280: 47-56.

Singh K P, Singh P K, Tripathi S K, 1999. Littefall, litter decomposition and nutrient release patterns in four native tree species raised on coal mine spoil at Singrauli, India [J]. Biology and Fertility of Soil, 29 (4): 371-378.

Sinsabaugh R, Antibus R, Linkins A, 1993. Wood decomposition: Nitrogen and phosphorus dynamics in relation to extracellular enzyme activity [J]. Ecology, 74(5): 1586-1593.

Six J, Bossuyt H, Degryze S, et al, 2004. A history of research on the link between (micro) aggregates, soil biota, and soil organic matter dynamics [J]. Soil and Tillage Research, 79(1): 7-31.

Six J, Conant R T, Paul E A, et al, 2002. Stabilization mechanisms of soil organic matter: Implications for C-saturation of soils [J]. Plant and Soil, 241(2): 155-176.

Six J, Elliott E T, Paustian K, 1999. Aggregate and soil organic matter dynamics under conventional and no-tillage systems [J]. Soil Science Society of America Journal, 63(5): 1350-1358.

Six J, Elliott E T, Paustian K, 2000. Soil macroaggregate turnover and microaggregate formation: A mechanism for C sequestration under no-tillage agriculture [J]. Soil Biology and Biochemistry, 32(14): 2099-2103.

Small C J, McCarthy B C, 2005. Relationship of understory diversity to soil nitrogen, topographic variation, and stand age in an eastern oak forest, USA [J]. Forest Ecology and Management, 217(2): 229-243.

Sollins P, Homann P, Caldwell B A, 1996. Stabilization and destabilization of soil organic matter: mechanisms and controls [J]. Geoderma, 74(1): 65-105.

Solomon S, Qin D, Manning M, et al, 2007. Technical summary [D] // Climate change 2007: The physical science basis. Contribution of working group I to the fourth assessment report of the inter-governmental panel on climate change. Cambridge, UK: Cambridge University Press.

Sotta E D, Meir P, Malhi Y, et al, 2004. Soil CO_2 efflux in a tropical forest in the central Amazon [J]. Global Change Biology, 10(5): 601-617.

Souza A F, Cortez L S R, Longhi S J, 2012. Native forest management in subtropical South America: Long-term effects of logging and multipleuse on forest structure and diversity [J]. Biodiversity and Conservation, 21(8): 1953-1969.

Spielvogel S, Prietzel J, Kögel-Knabner I, 2006. Soil organic matter changes in a spruce ecosystem 25 years after disturbance [J]. Soil Science Society of America Journal, 70(6): 2130-2145.

Stevens R J, Laughlin R J, Burns L C, 1997. Measuring the contributions of nitrification and denitrification to the flux of nitrous oxide from soil [J]. Soil Biology and Biochemistry, 29(3): 139-151.

Straathof A L, Chincarini R, Comans R N J, et al, 2014. Dynamics of soil dissolved organic carbon pools reveal both hydrophobic and hydrophilic compounds sustain microbial respiration [J]. Soil Biology and Biochemistry, 79(79): 109-116.

Swanepoel P A, Habig J, du Preez C C, et al, 2014. Biological quality of a podzolic soil after 19 years of irrigated minimum-till kikuyu-ryegrass pasture [J]. Soil Research, 52(1): 64-75.

Tang X, Zhao X, Bai Y, et al, 2018. Carbon pools in China's terrestrial ecosystems: New estimates based on an intensive field survey [J]. Proceedings of the National Academy of Sciences, 115(16): 4021-4026.

Tang X L, Liu S G, Zhou G Y, et al, 2006. Soil atmospheric exchange of CO_2, CH_4, and N_2O in three subtropical forest ecosystems in southern China [J]. Global Change Biology, 12(3): 546-560.

Taylor B R, Prescott C E, Parsons W F J, et al, 1991. Substrate control of litter decomposition in four Rocky mountain coniferous forests [J]. Canadian Journal of Botany, 69(10): 2242-2250.

Timilsina N, Heinen J T, 2008. Forest structure under different management regimes in the western lowlands of Nepal [J]. Journal of Sustainable Forestry, 26(2): 112-131.

Tisdali J M, Oades J M, 1979. Stabilisation of soil aggregates by the root systems of ryegrass [J]. Australian Journal of Soil Research, 17: 429-441.

Topp E, Pattey E, 1997. Soils as sources and sinks for atmospheric methane [J]. Canadian Journal of Soil Science, 77(2): 167-178.

Trivedi P, Anderson I C, Singh B K, 2013. Microbial modulators of soil carbon storage: Integrating genomic and metabolic knowledge for global prediction [J]. Trends in Microbiology, 21(12): 641-651.

Tunlid A, Hoitink H A J, Low C, et al, 1989. Characterization of bacteria that suppress rhizoctonia damping-off in bark compost media by analysis of fatty-acid biomarkers [J]. Applied and Environmental Microbiology, 55(6): 1368-1374.

Ullah S, Frasier R, King L, et al, 2008. Potential fluxes of N_2O and CH_4 from soils of three forest types in eastern Canada [J]. Soil Biology and Biochemistry, 40(4): 986-994.

Ushio M, Wagai R, Balser T C, et al, 2008. Variations in the soil microbial community composition of a tropical montane forest ecosystem: Does treespecies matter [J]? Soil Biology & Biochemistry, 40(10): 2699-2702.

Vaezi A R, Ahmadi M, Cerdà A, 2017. Contribution of raindrop impact to the change of soil physical properties and water erosion under semi-arid rainfalls [J]. Science of The Total Environment, 583(APR. 1): 382-392.

Valverde-Barrantes O J, 2007. Relationships among litterfall, fine-root growth, and soil respiration for five tropical tree species [J]. Canadian Journal of Forest Research, 37(10): 1954-1965.

Verchot L V, Davidson E A, Cattanio J H, et al, 1999. Land use change and biogeochemical controls of nitrogen oxide emissions from soils in Eastern Amazonia [J]. Global Biogeochemcal Cycles, 13(1): 31-46.

Verchot L V, Davidson E A, Cattanio J H, et al, 2000. Land-use change and biogeochemical controls of methane fluxes in soils of eastern Amazonia [J]. Ecosystems, 3(1): 41-56.

Vesterdal L, Schmidt I K, Callesen I, et al, 2008. Carbon and nitrogen in forest floor and mineral soil under six common European tree species [J]. Forest Ecology and Management, 255(1): 35-48.

Vesterdal L, Raulund-Rasmussen K, 1998. Forest floor chemistry under seven tree species along a soil fertility gradient [J]. Canadian Journal of Forest Research, 28(11): 1636-1647.

Vidal S, 2008. Plant biodiversity and vegetation structure in traditional cocoa forest gardens in southern Cameroon under different management [J]. Biodiversity and Conservation, 17(8): 1821-1835.

Vitousek P, 2006. Ecosystem science and human-environment interactions in the Hawaiian archipelago [J]. Journal of Ecology, 94(3): 510-521.

Vivanco L, Austin A T, 2006. Intrinsic effects of species on leaf litter and root decomposition: A comparison of temperate grasses from north and south America [J]. Oecologia, 150(1): 97-107.

Vogt K A, Persson H, 1991. Measuring growth and development of roots [J] // Lassoie J P, Hinckley T M. Techniques and Approaches in Forest Tree Ecophysiology. Boca Raton: CRC Press, 477-501.

Vose J M, Ryan M G, 2002. Seasonal respiration of foliage, fine root, and woody tissues in relation to growth, tissue N, and photosynthesis [J]. Global Change Biology, 8(2): 164-175.

Wang H, Liu S, Wang J, et al, 2013. Effects of tree species mixture on soil organic carbon stocks and greenhouse gas fluxes in subtropical plantations in China [J]. Forest Ecology and Management, 300(Sp. Iss. SI): 4-13.

Wang J, Liu L, Qiu X, et al, 2016. Contents of soil organic carbon and nitrogen in water-stable aggregates in abandoned agricultural lands in an arid ecosystem of Northwest China [J]. Journal of Arid Land, 8(3): 350-363.

Wang J, Yang W, Yu B, et al, 2016. Estimating the influence of related soil properties on macro- and micro-aggregate stability in ultisols of south-central China [J]. Catena, 137: 545-553.

Wang X G, Zhu B, Wang Y Q, et al, 2008. Field measures of the contribution of root respiration to soil respiration in an alder and cypress mixed plantation by two methods: trenching method and root biomass regression method [J]. European Journal of Forest Research, 127(4): 285-291.

Wang C K, Yang J Y, Zhang Q Z, 2006. Soil respiration in six temperate forests in China [J]. Global Change Biology, 12(11): 2103-2114.

Wang Y S, Wang Y H, 2003. Quick measurement of CH_4, CO_2 and N_2O emission from a short-plant ecosystem [J]. Advances in Atmospheric Sciences, 20(5): 842-844.

Welsh D T, 2000. Nitrogen fixation in seagrass meadows: regulation, plant-bacteria interactions and significance to primary productivity [J]. Ecology Letters, 3: 58-71.

Werner C, Kiese R, Butterbach-Bahl K, 2007. Soil-atmosphere exchange of N_2O, CH_4, and CO_2 and controlling environmental factors for tropical rain forest sites in western Kenya [J]. Journal of Geophysical Research-Atmospheres, 112(D3): DO3308.

Whigham D F, 2004. Ecology of woodland herbs in temperate deciduous foress [J]. Annual Review of Ecology, Evolution, and Systematic, 35(1): 583-621.

Widén B, Majdi H, 2001. Soil CO_2 efflux and root respiration at three sites in a mixed pine and spruce forest: seasonal and diurnal variation [J]. Canadian Journal of Forest Research, 31(5): 786-796.

Wiesmeier M, Urbanski L, Hobley E, et al, 2019. Soil organic carbon storage as a key function of soils — A review of drivers and indicators at various scales [J]. Geoderma, 333: 149-162.

Williamson W M, Wardle D A, Yeates G W, 2005. Changes in soil microbial and nematode communities during ecosystem decline across along-termchronosequence [J]. Soil Biology & Biochemistry, 37(7): 1289-1301.

Woodwell G M, Whittaker R H, Reiners W A, et al, 1978. The biota and the world carbon budget [J]. Behavioral and Brain Sciences, 199(4325): 141-146.

Woolf D, Amonette J E, Street-Perrott F A, et al, 2010. Sustainable biochar to mitigate global climate change [J]. Nature Communications, 1(3): 118-124.

Xiao Y, Huang Z, Lu X, 2015. Changes of soil labile organic carbon fractions and their relation to soil microbial characteristics in four typical wetlands of Sanjiang plain, northeast China [J]. Ecological Engineering, 82: 381-389.

Xu X N, Hirata E J, 2005. Decomposition patterns of leaf litter of seven common canopy species in a subtropical forest: N and P dynamics [J]. Plant and Soil, 273: 279-289.

Xue D, Huang X D, Yao H Y, et al, 2010. Effect of lime application on microbial community in acidic tea orchard soils in comparison with those in wasteland and forest soils [J], Journal of Environmental sciences, 22(8): 1253-1260.

Yang Y S, Chen G S, Guo J F, et al, 2007. Soil respiration and carbon balance in a subtropical native forest and two managed plantations [J]. Plant Ecology, 193(1): 71-84.

Yi Z G, Fu S L, Yi W M, et al, 2007. Partitioning soil respiration of subtropical forests with different successional stages in south China [J]. Forest Ecology and Management, 243(2-3): 178-186.

Zak D R, Holmes W E, White D C, et al, 2003. Plant diversity, soil microbial communities, and ecosystem function: Are there any links? [J] Ecology, 84(8): 2042-2050.

Zella J, Hanewinkel M, Seeling U, 2004. Financial optimisation of target diameter harvest of European beech (Fagus sylvatica) considering the risk of decrease of timber quality due to red heartwood [J]. Forest Policy and Economics, 6(6): 579-593.

Zhang H, Yuan W, Dong W, et al, 2014. Seasonal patterns of litterfall in forest ecosystem worldwide [J]. Ecological Complexity, 20(dec.): 240-247.

Zhang M, He J, Wang B, et al, 2013. Extreme drought changes in Southwest China from 1960 to 2009 [J]. Journal of Geographical Sciences, 23(1): 3-16.

Zhang Q S, Zak J C, 1995. Effects of gap size on litter decomposition and microbial activity in a subtropical forest [J]. Ecology, 76(7): 2196-2204.

Zhang W, Mo J M, Yu G R, et al, 2008. Emissions of nitrous oxide from three tropical forests in southern China in response to simulated nitrogen seposition [J]. Plant and Soil, 306(1-2): 221-236.

Zhang W, Mo J M, Zhou G Y, et al, 2008. Methane uptake responses to nitrogen deposition in three tropical forests in southern China [J]. Journal of Geophysical Research-Atmospheres, 113(D11): D11116.

Zhao J, Chen S, Hu R, et al, 2017. Aggregate stability and size distribution of red soils under different land uses integrally regulated by soil organic matter, and iron and aluminum oxides [J]. Soil and Tillage Research, 167: 73-79.

Zheng Y S, Ding Y X, 1998. Effects of mixed forests of Chinese fir and Tsoong's tree on soil proprieties [J]. Pedosphere, 8(2): 161-168.

Zhong X, Li J, Li X, et al, 2017. Physical protection by soil aggregates stabilizes soil organic carbon under simulated N deposition in a subtropical forest of China [J]. Geoderma, 285: 323-332.

Zhou X, Zhou L, Nie Y, et al, 2016. Similar responses of soil carbon storage to drought and irrigation in terrestrial ecosystems but with contrasting mechanisms: A meta-analysis [J]. Agriculture, Ecosystems and Environment, 228: 70-81.

第九章

天然林生态系统固碳增汇

　　川西亚高山林区地处青藏高原东缘，集中分布在金沙江、雅砻江、岷江、大渡河等流域及其支流，是我国西南高山林区水源涵养林的重要组成部分。20世纪中叶以来，川西亚高山以冷杉为主要优势树种的原始暗针叶林被大面积采伐，随后进行了以云杉为主的人工更新（四川森林编辑委员会，1992）。与此同时，在留有母树的局部地段，冷杉、云杉等原生针叶树种和桦木等阔叶先锋树种开始天然更新（周德彰等，1980）。1998年，天然林资源保护工程启动后，通过禁伐封育，森林处于大规模的恢复之中。

　　米亚罗林区的森林经营历程和现状在川西亚高山林区具有一定的代表性。森林采伐前是以成、过熟的暗针叶林为主，优势树种为岷江冷杉，森林稳定性维持主要依靠林窗更新（蒋有绪，1963；四川森林编辑委员会，1992）。森林采伐迹地的人工更新树种，主要以粗枝云杉为主，另有少量日本落叶松。目前，人工更新的粗枝云杉林的林龄多在15~50年。散生在阴坡次生林中的粗枝云杉的林龄也多在50年以下。现在已与天然更新的阔叶树种形成了针阔混交林；紫果云杉、铁杉、红杉等针叶树种和桦、槭、杨等阔叶树种均为天然更新。米亚罗林区森林大规模采伐和人工更新开始于 20 世纪 50 年代，现在林区的老龄针叶林为原始林，中幼龄针叶林为人工林，落叶阔叶林为天然次生林，针阔混交林中既有次生林也有人工林。

亚高山森林对全球气候变化响应敏感。岷江上游天然老龄林是川西亚高山区森林重要的组成部分，米亚罗林区亚高山森林是岷江上游森林的典型代表，为系统研究川西亚高山森林固碳增汇的理想平台。本章重点对米亚罗林区天然次生林、针阔混交林、暗针叶林以及岷江上游天然老龄林的生物量特征和固碳规律进行研究，旨在为深入研究川西亚高山森林的固碳增汇提供参考。

第一节　米亚罗林区的森林类型、起源及分布

在对米亚罗林区 8 个集水区森林进行线路踏查和样地调查的基础上，经整理得到米亚罗林区的森林概况（表 9-1）。

不同森林类型在海拔和坡向上的分布有所不同，林型相同但林龄不同分布的海拔和坡向也有所不同。老龄针叶林主要分布于海拔 3600~4000 m 的半阳坡，中幼龄针叶林主要分布于海拔 2800~3600 m 的阳坡、半阳坡，落叶阔叶林和针阔混交林则主要分布于海拔 2800~3600 m 的阴坡、半阴坡（图 9-1）。

表 9-1　米亚罗林区森林概况

森林类型	分布面积较大的林型及林龄（a）	分布面积较少的林型及林龄（a）	采伐与更新	森林起源
针叶林	岷江冷杉林，140~200；紫果云杉、岷江冷杉林，120~270	高山松林，60~100；红杉林，170~270	未进行采伐和人工更新	原始林
	粗枝云杉林，10~50	日本落叶松林，20~30	采伐后部分人工更新过云杉和日本落叶松	人工林
落叶阔叶林	桦木林，15~50；山杨桦木林，10~50		采伐，部分人工更新过云杉	天然次生林
针阔混交林	桦木、岷江冷杉林，15~50；桦木、岷江冷杉、粗枝云杉林，15~50；桦木、粗枝云杉林，15~50	槭树、桦木、铁杉林，15~50；槭树、桦木、粗枝云杉、铁杉林，15~50	采伐后部分人工更新过云杉	天然次生林或人工和天然更新共同作用形成的林分

海拔 2800 m 以下的森林多位于主沟两侧，所占比例小，早期破坏重，余下的多作为护岸林保留下来。而在开阔沟谷的阳坡中上部，多为大面积原生的高山栎灌丛所覆盖。海拔 2800~3600 m 的阴坡、半阴坡、半阳坡以及阳坡中下部是米亚罗的主要伐区，其中阴坡、半阴坡是岷江冷杉林的集中分布区，而半阳坡、阳坡中下部则是紫果云杉、岷江冷杉林、高山松林、铁杉林的分布区。采伐后迹地人工更新主要为粗枝云杉。在大规模采伐与更新的 20 世纪 50~70 年代，尽管大部分迹地陆续进行了人工更新，但由于更新没有跟上采伐，幼林抚育质量较差。在阴坡和半阴坡，次生阔叶林和针阔混交林较多。次生阔叶林以桦木林为主。人工更新的云杉林分布在阳坡和半阳

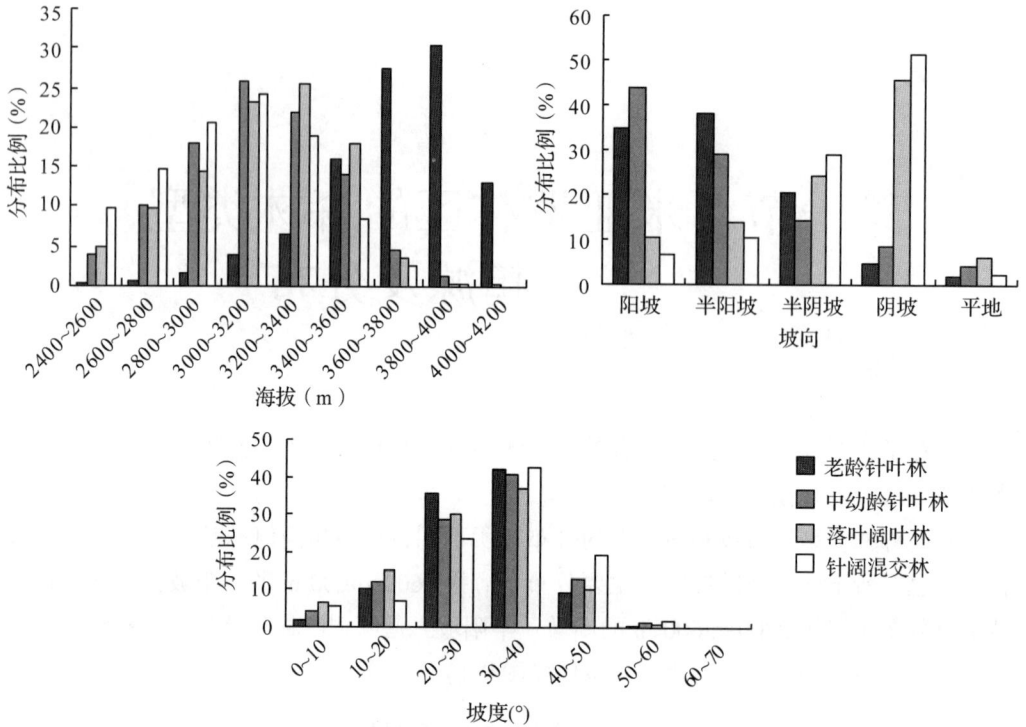

图9-1　米亚罗林区不同森林类型在海拔、坡向和坡度上的分布比例

坡，多为中幼龄林。老龄针叶林主要分布在海拔3600m以上，该区域同时分布着大面积灌丛与草甸。海拔2800~3600m，中幼龄针叶林、落叶阔叶林和针阔混交林镶嵌分布，景观破碎化严重。

在川西高山峡谷区之所以选择云杉作为主要更新树种，其主要是因为云杉易于制种育苗、栽后成活率较高、材质优良、病腐率较低等（四川森林编辑委员会，1992）。在米亚罗林区，主要更新树种为粗枝云杉。该树种较耐寒，在全光条件下生长迅速（四川森林编辑委员会，1992）。海拔2800~3600 m是原始冷杉林的集中分布区，自然条件下以林窗更新为主，演替过程中伴生的灌木、乔木种类较多。常见的有箭竹（*Fargesia* spp.）、悬钩子（*Rubus* spp.）、茶藨子（*Ribes* spp.）、花楸（*Sorbus* spp.）、野樱桃（*Prunus* spp.）、蔷薇（*Rosa* spp.）、红桦（*Betula albo-sinensis*）、糙皮桦（*Betula utilis*）等，原始冷杉林采伐后，箭竹和悬钩子充分发育，杂灌生长繁茂（四川省林业科学研究所，1984）。米亚罗森林采伐后虽然普遍进行了云杉的人工更新，但在大规模采伐和更新的20世纪50~70年代，抚育没有跟上，杂灌与随后的桦木等次生阔叶树种大量更新、迅速生长形成上层林冠，最终导致人工更新的粗枝云杉在阴坡、半阴坡仅有少数个体保留下来。半阳坡、阳坡生境较适合云杉的生长，人工更新的粗枝云杉在竞争中不至处于劣势，一旦郁闭就能保留下来，形成人工林。这可能是森林恢复过程中产生坡向分异的主要成因。另一方面，森工企业只对长势较好的人工更新林分进行早期抚育，也使得半阳坡、阳坡更新林分在关键的成林初期得到更多管理，这也是促成坡向分异的一个原因。

在米亚罗林区，落叶阔叶林和针阔混交林是向暗针叶林自然演替的前期阶段（史立新等，1988）。由于这里针叶树种源普遍存在，从长期发展来看，如果没有大规模的干扰，米亚罗林区的森林会逐渐向暗针叶林演替。

第二节　天然次生桦木林恢复过程中的生物量与生产力

桦木林是一种典型的落叶阔叶林，广泛分布于我国东北、西北及西南高山区。桦木喜光，不耐庇荫，萌芽力强，采伐后可自行萌芽更新，在林区的皆伐迹地或火烧迹地上，能作为先锋树种迅速侵入，继草本、灌丛阶段后发育成次生阔叶林。因此，在皆伐迹地的植被恢复早期，次生桦木林对于维持和提高区域碳储量等具有重要意义。20世纪50年代以来，随着川西亚高山森林的大规模开发利用，以冷杉为主要优势树种的原始暗针叶林被大面积采伐，之后陆续进行了以云杉为主要树种的人工更新（四川森林编辑委员会，1992）。在伐后未及时完成人工更新的迹地上则进行着以桦木等阔叶先锋树种为主的天然更新（周德彰等，1980）。

本节以川西米亚罗林区20世纪不同采伐年代自然恢复的次生桦木林为研究对象，采用空间代替时间的方法分析不同林龄桦木林的生物量和生产力及其变化规律。米亚罗次生桦木林样地基本信息见表9-2。

表9-2　米亚罗次生桦木林样地的基本信息

林龄(年)	优势树种	海拔(m)	坡向	坡度(°)	平均树高(m)	平均胸径(cm)	郁闭度
20	红桦	3452	NW50	35	8.06	9.41	0.35
20	红桦	3388	NE30	30	7.87	9.00	0.4
20	红桦、花楸	3378	W	28	6.81	5.40	0.3
30	红桦	3258	NE10	35	5.84	9.11	0.35
30	红桦、花楸	2955	NE40	45	9.43	8.97	0.45
30	糙皮桦、花楸	3336	NE8	30	5.97	10.58	0.5
30	糙皮桦	3270	N	30	12.35	15.28	0.45
40	糙皮桦、花楸	3512	NW60	30	8.87	12.70	0.5
40	糙皮桦、槭树	3100	NE10	45	9.37	13.22	0.55

（续）

林龄（年）	优势树种	海拔（m）	坡向	坡度（°）	平均树高（m）	平均胸径（cm）	郁闭度
40	红桦、槭树	3046	NW	30	10.39	9.15	0.55
40	糙皮桦	3322	NE15	35	10.05	11.51	0.6
50	红桦	2940	NE35	35	14.54	12.03	0.6
50	糙皮桦	3380	NW20	30	11.43	14.83	0.5
50	糙皮桦	3227	NE20	30	12.42	16.75	0.8
50	槭树、糙皮桦	3058	NE30	45	10.07	10.95	0.75

在森林自然恢复过程中桦木林乔木层生物量随着林龄的增加而增加（表9-3），且达到差异显著水平（$P<0.01$）。树干、树枝、叶片生物量均在50年生时达到最大值，分别为98.0 t/hm²、74.9 t/hm²、12.1 t/hm²。平均单株生物量也随林龄呈极显著增加趋势（$P<0.01$），其他器官的生物量也是在50年时达到最大值。乔木层树干生物量在20年生时占总生物量的45%，30年生时达到最大，为55%，之后又下降到50%左右。平均单株生物量，在20年生时树干占66%，之后缓慢下降，50年生时为53%。

表9-3　桦木林恢复过程中乔木层和单株的地上生物量和生产力变化

林龄（年）	密度（株/hm²）	乔木层					单株平均				
		树干（t/hm²）	树枝（t/hm²）	叶片（t/hm²）	合计（t/hm²）	生产力[t/(hm²·a)]	树干（kg）	树枝（kg）	叶片（kg）	合计（kg）	生产力（kg/a）
20	1900	19.3±3.8ᵃ	22.1±14.4ᵃ	2.7±0.7ᵃ	42.7±12.8ᵃ	2.14ᵃ	10.8±3.6ᵃ	3.6±1.52ᵃ	2.0±0.7ᵃ	16.3±5.8ᵃ	0.81ᵃ
30	4600	66.7±15.7ᵇ	46.0±28.0ᵇ	8.8±2.2ᵇ	121.5±43.0ᵇ	7.88ᶜ	16.9±6.34ᵇ	7.4±3.9ᵇ	3.3±1.4ᵇ	27.6±11.6ᵇ	1.13ᵃ
40	4500	88.8±31.7ᶜ	73.5±48.1ᶜ	9.8±3.8ᵇ	173.2±58.5ᶜ	5.17ᵇ	22.1±9.5ᵇ	10.7±7.1ᵇᶜ	4.4±2.2ᵇ	37.1±18.8ᶜ	0.96ᵃ
50	2300	98.0±14.4ᶜ	74.9±10.1ᶜ	12.1±4.2ᵇ	185.1±25.5ᶜ	1.19ᵃ	28.2±8.2ᶜ	17.9±7.9ᶜ	1.9±2.9ᵃ	48.0±17.2ᶜ	1.09ᵃ
F 值		10.1**	1.9	5.2*	7.7**	/	6.7**	7.1**	6.8**	6.9**	/

注：数据为平均值±标准误差，$n=15$；表中同列标不同字母者表示组间差异显著（$P<0.05$），＊$P<0.05$，＊＊$P<0.01$，$n=15$。采用单因素方差分析和多重比较进行显著性检验。

乔木层生产力先增加后减少，在30年生时达到最大值[7.88 t/(hm²·a)]；之后不断下降，50年生时为1.19 t/(hm²·a)。单株平均生产力在20年生时为0.81 kg/a，30年生时为1.13 kg/a，然后下降为0.96 kg/a，在50年时生又略有上升。

林分密度先增大后减小。20年生时密度最小，每公顷仅1900株，30年和40年生时上升到4600株和4500株，50年时又下降到2300株。这表明在40年生之后，林分的自然稀疏开始加剧。从20年生到30年生，随林分密度和林龄增加，林分乔木层生物量增加了近2倍。30年生后，林分密度开始下降，尤其是50年生时的林分密度相对于40年生时的一半，但林分生物量仍在不断增加，说明林木个体因获得足够的环境资源而引起的生物量增加超过了林内弱小个体死亡而造成的生物量损失。

随着林龄的增加，桦木林乔木层及单株平均地上生物量均不断增加；生产力则先增加后减少。乔木层蓄积量及单株材积均随着林龄的增加而增加，平均生长量与连年生长量分别在 50 年生达到最大值。与该地区人工云杉林（何海等，2004）对比，桦木林乔木层地上生物量高于同龄级的云杉林，而桦木单株生物量则低于同龄级人工云杉林。

第三节　针阔混交林乔木层生物量和生产力

云冷杉—桦木针阔混交林是川西亚高山地区主要森林类型之一，是原始暗针叶林采伐后，自然恢复演替中介于次生阔叶林和地带性暗针叶林之间的过渡阶段（马姜明等，2007）。海拔梯度作为影响山地森林群落结构和物种组成的重要因素之一，包含了多种环境因子的梯度效应（Sedjo，1989），目前植物群落特征随海拔梯度变化的研究多见于物种多样性方面（王长庭等，2004；张璐等，2005），生物量研究则偏重于草地生态系统，而对森林生态系统生物量随海拔梯度变化的研究还较为缺乏。已有的研究表明，海拔高度变化而引起的环境因子尤其是温度因子的变化会对植物生长发育及各种生理代谢产生影响，进而会影响植被的生物量积累（吴雅琼等，2007）。Carolina 等（2006）对亚马孙河流域中部热带雨林的研究发现地上生物量与海拔梯度呈正相关，刘兴良等（2006a）对巴郎山高山栎灌丛研究发现，种群、单株生物量均随海拔升高而降低，通过对西双版纳橡胶林的研究，贾开心等（2006）发现地上生物量随海拔上升而不断下降。川西亚高山地区的次生针阔混交林群落结构与物种组成随海拔变化而表现出一定的规律性，但森林生物量和生产力是否也随着海拔梯度的变化而变化还有待深入研究。

本节以川西米亚罗林区 20 世纪 60 年代采伐迹地上自然恢复的云冷杉—桦木混交林为研究对象，依据海拔高度划分出 4 个梯度（A：2930~3070 m；B：3150~3280 m；C：3310~3450 m；D：3540~3600 m），在此基础上对川西亚高山地区针阔混交林的生物量与生产力及其对海拔梯度的响应进行研究。

一、林分乔木层生物量随海拔梯度的变化

通过对分布在不同海拔上的林分生物量变化的分析（表 9-4）可知，川西亚高山地

区针阔混交林乔木层生物量由 A 梯度的 157.07 t/hm² 下降到 D 梯度的 54.65 t/hm²，即随着海拔的升高呈下降趋势。林分内阔叶、针叶类乔木层的生物量亦分别随海拔升高而下降，分别由 A 梯度的 101.43 t/hm²、55.64 t/hm² 下降到 D 梯度的 32.89 t/hm²、21.76 t/hm²，并且阔叶类乔木层生物量随海拔下降的速度要快于针叶类。

随着海拔梯度的增加，除针叶类枝、叶生物量变化差异不显著外，针叶、阔叶类各器官生物量均逐渐下降，且达到显著水平。两类树种各器官生物量分配随海拔升高而表现出一定的规律性，叶生物量比例分别由 A 梯度的 8.5%、7.8% 上升到 D 梯度的 9.1%、11.3%，乔木层叶生物量比例则由 8.0% 上升到 10.5%；而茎和枝生物量比例有不同程度地下降。然而，随海拔升高，针叶类树种茎、枝、叶生物量分配比例基本没变，维持在 79%∶12%∶9% 左右。

表 9-4　不同海拔梯度林分乔木层的生物量变化及差异显著性检验

类别	海拔梯度（m）	生物量（t/hm²）			
		茎	枝	叶	合计
阔叶类	A	56.13±4.46ᵃ	37.33±13.37ᵃ	7.97±2.25ᵃ	101.43±11.02ᵃ
	B	44.44±17.81ᵃᵇ	18.62±4.80ᵇ	6.91±2.25ᵃ	69.97±23.69ᵃᵇ
	C	36.28±13.94ᵇ	21.63±3.85ᵃᵇ	7.20±2.98ᵃ	65.11±20.37ᵇ
	D	18.64±3.19ᶜ	10.52±2.93ᶜ	3.72±0.54ᵇ	32.89±6.67ᶜ
	F 值	20.41**	11.14*	11.33*	20.86**
针叶类	A	44.44±16.08ᵃ	6.47±2.75ᵃ	4.73±2.69ᵃ	55.64±18.52ᵃ
	B	41.05±11.86ᵃ	6.08±1.90ᵃ	4.58±1.33ᵃ	51.71±15.09ᵃ
	C	37.50±17.84ᵃ	5.55±4.17ᵃ	4.57±3.78ᵃ	47.62±25.79ᵃ
	D	17.23±11.60ᵇ	2.54±1.75ᵇ	1.99±1.52ᵇ	21.76±14.85ᵇ
	F 值	27.06**	4.37	1.07	28.57**
总生物量	A	100.57±32.20ᵃ	43.80±15.24ᵃ	12.70±4.00ᵃ	157.07±37.24ᵃ
	B	85.50±17.31ᵇ	24.69±4.19ᵇ	11.49±1.99ᵃ	121.68±22.82ᵇ
	C	73.78±38.68ᵇ	27.18±8.02ᵇ	11.77±6.10ᵃ	112.73±52.74ᵇ
	D	35.87±9.56ᶜ	13.06±3.18ᶜ	5.71±1.24ᵇ	54.65±12.50ᶜ
	F 值	26.14**	14.23**	20.07**	25.97**

注：数据为平均值±标准误差，$n=18$；表中同列标不同字母者表示组间差异显著（$P<0.05$）。

各海拔梯度的阔叶类生物量均达到林分乔木层总生物量的 57% 以上，说明该区暗针叶林采伐后自然恢复 40 年生的林分正处于针阔混交林的初期阶段（马姜明等，2007）。

二、针叶、阔叶树种单株生物量对海拔梯度的响应

由图 9-2 可知，随海拔梯度的上升，以桦木为主的阔叶类树种的单株平均生物量不断下降，由 A 梯度的 200.55 kg 下降到 D 梯度的 47.86 kg。而以云杉、冷杉为主的针叶

类树种单株平均生物量不断上升，由 A 梯度的 51.57 kg 上升到 D 梯度的 73.88 kg。

　　海拔梯度 A、B 处，阔叶类单株平均茎、叶生物量高于针叶类树种，相反，在 C、D 梯度处，针叶树种茎生物量较高，当海拔超过 3300 m 时，针叶类树种单株生物量达到并超过阔叶类树种。这表明相对于桦木等阔叶树种而言，云冷杉更适应因海拔增加而引起的生境变化。

　　与林分生物量的器官分配状况相似，随海拔梯度增加，平均单株茎、叶生物量所占比例不断上升，而枝生物量比例不断下降。阔叶类树种茎干生物量维持在 50 % 左右。而针叶类树种茎、枝、叶比例为 79 % : 12 % : 9 %，与针叶类林分单位面积上生物量分配的比例相同。

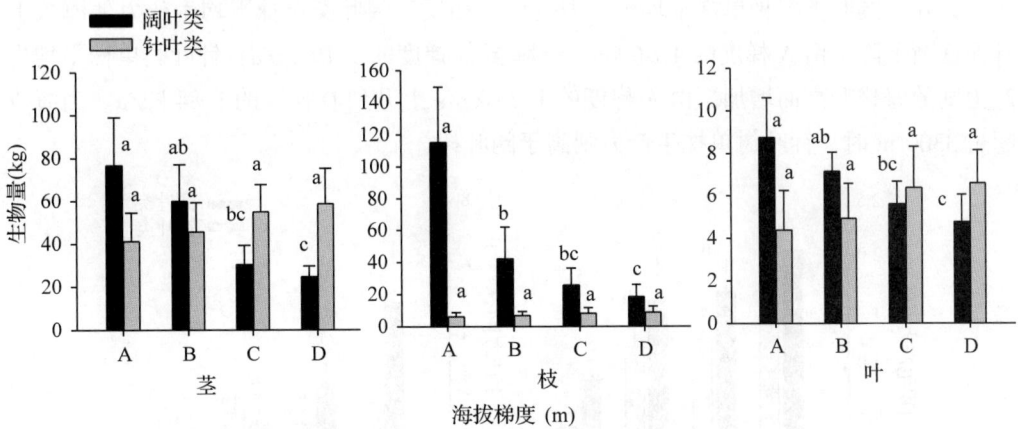

图 9-2　不同海拔梯度林分不同树种单株生物量结构及分配

注：数据为平均值±标准差，$n=18$；表中同列标不同字母者表示组间差异显著（$P<0.05$）。

　　回归分析发现（图 9-3），次生针阔混交林地上总群落以及不同组分地上生物量与海拔梯度均呈负相关关系。林分中阔叶类地上生物量与海拔梯度负相关，并达到显著水平（$P<0.01$），林分总群落的地上生物量与海拔梯度的相关性也达到显著水平（$P<0.01$），未达到显著水平只有针叶类地上生物量。

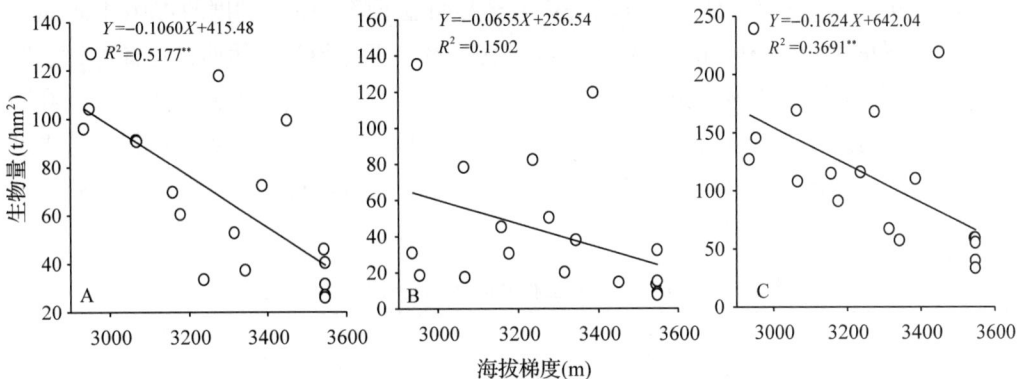

图 9-3　群落不同组分地上生物量与海拔梯度回归关系

注：A. 阔叶类；B. 针叶类；C. 总群落。

三、不同海拔针阔混交林生产力结构分析

由图 9-4 可知，随海拔梯度的上升，林分生产力及林分单株平均生产力均逐渐下降，林分生产力由 A 梯度的 3.43 t/(hm²·a) 下降到 D 梯度的 1.36 t/(hm²·a)；林分单株平均生产力则由 A 梯度的 6.24 kg/a 下降到 D 梯度的 3.02 kg/a。针叶、阔叶类树种单位面积生产力分别由 A 梯度的 1.38 t/(hm²·a)、2.05 t/(hm²·a) 下降到 D 梯度的 0.54 t/(hm²·a) 和 0.82 t/(hm²·a)。阔叶类树种单位面积生产力在各海拔梯度均明显高于针叶树种。

针叶、阔叶类树种单株平均生产力变化则相反，阔叶类单株平均生产力随海拔上升而逐渐下降，由 A 梯度的 4.96 kg/a 下降至 D 梯度的 1.19 kg/a；针叶类单株平均生产力则随海拔升高而增加，由 A 梯度的 1.28 kg/a 上升到 D 梯度的 1.84 kg/a。当海拔超过 3300 m 时，针叶树单株生产力则高于阔叶树。

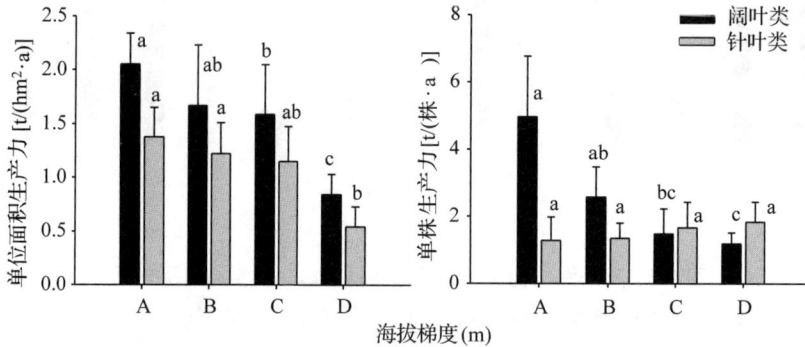

图 9-4　不同海拔梯度林分及单株生产力变化

四、林分乔木层树种组成随海拔梯度的变化

从表 9-5 可以看出，林分密度随海拔上升有明显下降，由 A 梯度的 4201 株/ hm²，下降到 D 梯度的 1551 株/ hm²；针、阔叶类密度都呈下降趋势。然而，各梯度针、阔密度比(树种组成)在各梯度间差异不显著。同样，各海拔梯度上的针、阔叶类胸高断面积比变化的差异也不显著，阔叶类比例变化在 49%~63%。这表明，尽管林分密度与海拔梯度呈负相关(表 9-6)，但针、阔树种的密度、胸高断面积比无显著变化，即树种组成在各海拔梯度间差异不显著。

表 9-5　不同海拔梯度上林分的乔木层密度及树种组成

海拔	林分密度（株/ hm²）		林分胸高断面积（m²/hm²）	
	阔叶类	针叶类	阔叶类	针叶类
A	2314±562[a]	1887±630[a]	20.1±3.3[a]	19.2±12.9[a]
比例(%)	0.61	0.39	0.51	0.49

（续）

海拔	林分密度(株/hm²)		林分胸高断面积(m²/hm²)	
	阔叶类	针叶类	阔叶类	针叶类
B	1961±776[ab]	1200±57[ab]	16.0±5.2[a]	16.4±3.8[a]
比例(%)	0.58	0.42	0.49	0.51
C	1625±661[b]	1186±1426[b]	15.8±6.1[a]	6.7±2.8[b]
比例(%)	0.67	0.33	0.55	0.44
D	1076±336[c]	475±171[c]	8.4±1.5[b]	5.0±1.9[b]
比例(%)	0.69	0.31	0.63	0.37
F 值	42.5[**]	16.2[**]	2.06	2.65

从表 9-6 可以看出，林分生物量、生产力均与海拔梯度呈负相关关系（除针叶类单株生物量、生产力）。林分总生物量、阔叶类单株生物量与生产力达到极显著水平（$P<0.01$）。林分生产力、总单株生物量也达到显著水平（$P<0.05$）。而针叶类单株（单位面积）生物量、生产力变化未达到显著水平（$P>0.05$）。密度与海拔梯度呈负相关，但不显著（$P>0.05$）。林龄、密度与生物量、生产力的相关性不显著。针、阔叶比仅对针、阔叶类单面生产力的影响达到显著。表明，林分生物量、生产力的变化与海拔变化关系密切，而林龄和密度的影响不大。阔叶类树种对海拔梯度的响应比针叶类树种更为敏感。

表 9-6　林分生物量、生产力与林分因子偏相关分析

R	El	Ag	De	Co	$BHBA$	STB	IB	$STNPP$	$INPP$	$BNPP$	$CNPP$	$BINPP$	$CINPP$	BIB	CIB
El	1														
A	0.13	1													
D	-0.37	-0.22	1												
C	0.20	0.03	-0.42	1											
$BHBA$	0.01	0.41	0.73[**]	0.12	1										
STB	-0.74[**]	-0.06	0.25	-0.09	0.56[*]	1									
IB	-0.54[*]	-0.51	-0.12	0.36	0.37	0.51	1								
$STNPP$	-0.60[*]	-0.32	-0.35	0.42	0.94[**]	0.26	0.52	1							
$INPP$	-0.02	-0.43	-0.09	0.15	0.45	0.01	0.68[*]	0.67[*]	1						
$BNPP$	-0.66[*]	-0.52	0.20	0.56[*]	0.49	0.15	-0.05	0.70[**]	0.13	1					
$CNPP$	-0.26	0.04	-0.15	-0.55[*]	0.44	0.67[*]	0.63[*]	-0.15	0.18	-0.54	1				
$BINPP$	-0.75[**]	-0.44	-0.10	0.41	0.10	0.53	0.94[**]	0.58[*]	0.59[*]	-0.01	0.56	1			
$CINPP$	0.07	-0.49	-0.27	-0.29	0.42	0.58[*]	0.94[**]	0.41	0.63[*]	-0.11	0.74[**]	0.81[**]	1		
BIB	-0.78[**]	-0.43	-0.02	0.46	0.01	0.54	0.93[**]	0.59[*]	0.58[*]	0.01	0.57[*]	0.99[**]	0.82[**]	1	
CIB	0.21	-0.16	-0.08	-0.34	0.29	0.64[*]	0.71[**]	0.30	0.48	-0.07	0.73[**]	0.56[*]	0.89[**]	0.58[*]	1

注：偏相关–双尾检验；＊＊$P<0.01$，＊$P<0.05$；R. 偏相关系数；El. 海拔；Ag. 林龄；De. 密度；Co. 林分阔、针叶比；$BHBA$. 胸高断面积；STB. 林分总生物量；IB. 单株生物量；$STNPP$. 林分总生产力；$INPP$. 单株生产力；$BNPP$. 阔叶类生产力；$CNPP$. 针叶类生产力；$BINPP$. 阔叶类单株生产力；$CINPP$. 针叶类单株生产力；BIB. 阔叶单株生物量；CIB. 针叶单株生物量。

五、与其他地区不同林型生物量和生产力比较

该林区暗针叶林大规模采伐后，在地势平缓，交通便利的林地先后开展了以云杉为主要造林树种的人工更新。与该地区人工恢复的同龄级云杉林相比，云冷杉—桦木针阔混交林的平均生物量和生产力均较低，同自然恢复的次生阔叶林相比，该阶段的针阔混交林生物量要明显高于 29 年生次生阔叶林，而生产力则不及后者（宿以明等，1999）；与该地区 48 年生白桦阔叶林生物量相比则略低（表 9-7），而生产力却高于后者（鲜骏仁等，2009）。与河南罗山董寨的麻栎–马尾松针阔混交林比较，该区的生物量较高，而生产力接近（杨涛，2004）。本研究在海拔 2930~3600 m，相应的生物量变动为 157.07~54.65 t/hm²，因此，如果用低海拔的生物量进行对比分析，则针阔混交林生物量要高于次生桦木林和人工云杉林。而若以高海拔生物量值进行对比，针阔混交林又低于次生桦木林和人工云杉林。可见生境条件对林分生物量、生产力的差异影响较大。

表 9-7　其他地区不同林型生物量与生产力研究结果

地点	林型	林龄（a）	乔木层生物量（t/hm²）	乔木层生产力 NPP [t/(hm²·a)]	参考文献
川西-理县	白桦次生林	29	49.70	5.15	宿以明等，1999
川西-平武	白桦次生林	48	116.76*	2.43*	鲜骏仁等，2009
川西-松潘	紫果云杉天然林	40~51	134.41	2.99	江洪等，1986a
川西-理县	云杉人工林	40	125.40	3.14	鲜骏仁等，2009
川西-峨边	峨眉冷杉人工林	35~36	173.00	4.81	宿以明等，2000
河南罗山董寨	麻栎–马尾松针阔混交林	38	103.00	2.71	杨涛，2004
川西-理县	云冷杉-桦木针阔混交林	41	111.53	2.72	本研究**

注：*在原文基础上按本文公式进行换算得到。**本研究取各梯度均值。

六、小结

川西亚高山地区针阔混交林乔木层生物量随海拔升高而降低，林分针叶、阔叶类总生物量随海拔升高而下降，并均达到极显著水平（$P<0.01$）。林分乔木层及单株总生产力均不断下降（林分水平差异显著）。这主要是由于随海拔上升，环境条件趋于恶劣引起的。海拔高度不同，光、热、水、气等因子的综合效应存在差异（四川森林编辑委员会，1992）。此外，高海拔地区植物生长期短，有效积温低，影响了植物有机物的形成（刘兴良等，2006a）。在器官生物量分配上，茎、枝生物量比重随海拔升高有所下降，而叶生物量比重不断增加。这是由于在适宜的生境条件下，种群会通过增加主干，皮和枝叶生物量，以适应种群对空间扩展和繁殖需求，而当环境条件趋于严

酷时，植物种群会通过调整投资策略实现最大可能的生存繁衍空间，而弱化其营养生长，以增强对环境的适应（刘兴良等，2005）。叶生物量比重随海拔升高而增加，可使同化能力得到加强，这是植物适应严酷环境的生理表现。

阔叶类树种单株平均生物量、生产力随海拔上升而下降，达到极显著水平（$P<0.01$）；而针叶类树种单株平均生物量、生产力不断上升，但未达到显著水平（$P>0.05$）。并且当海拔超过 3300 m 时，针叶树单株生物量、生产力明显高于阔叶树。这可能是物种生物学特性、林分环境共同作用的结果。云冷杉林需要温凉的气候和比较分明的四季，冬季有一定的雪覆被。云冷杉抗寒能力强，但对湿度要求较敏感，需要空气相对湿度达 60%以上及较多的冬季降水量（李文华等，1997）。通常随海拔上升，会伴随温度的下降，降水量，雪被覆盖和空气相对湿度的增加（李文华等，1997），因此，云冷杉得到较充分的生长。另外，林分密度逐渐下降，林分内竞争减弱，针叶类树种的个体生长得到相对较多的资源和空间，也有利于林分单株产量的提高。

川西亚高山地区作为我国第二大林区的重要组成部分，气温偏低，环境异质性大，植物生长季短，大多数植物特别是顶极物种生长缓慢。在漫长的演替过程中，次生针阔混交林对维持该地区的物种多样性、群落结构、碳水循环等方面起着重要作用。据鲜俊仁等（2009）研究，与白桦次生林、岷江冷杉林及紫果云杉林相比，川西地区的针阔混交林具有较高的土壤碳储量。

第四节　米亚罗林区次生林生物量和生产力动态变化

次生阔叶林、次生针阔混交林是米亚罗林区的森林向地带性顶极演替的两个阶段。次生阔叶林以次生桦木林为主，次生针阔混交林以云杉、冷杉和桦木、槭树、杨树等组成的混交林为主，地带性顶极是由云杉、冷杉等针叶树种组成的暗针叶林。本节重点比较了这些典型林分和原始暗针叶林，以及人工云杉林的林分结构与年龄结构、径级生长率，并研究了林分平均胸径随林龄变化、生物量与林分蓄积量和生产力随林龄的变化特征和规律。

一、研究方法

在调查林分中共设置了 12 块调查样地。在样地内的调查内容包括林龄、胸径、树高、林分密度以及海拔、坡度、坡向等地形因子。其中林龄取实测各树木年龄的平均值，树木年龄采用钻取样芯查数树木年轮的方法获得，共钻取树芯 859 个。调查林分树木生长和生境特征见表 9-8。

表 9-8　调查样地树木生长和生境特征

样地号	统计参数	树龄(a)	胸径(cm)	树高(m)	优势树种	起源	坡向(°)	坡度(°)	海拔(m)	平均林龄(a)	密度(株/hm²)	株数	样芯数
H-B	最大	59.0	26.9	18.0	桦木	人工	NW40	30	3214	49.0	3021.5	157	104
	最小	19.0	5.3	5.4									
	平均	39.9	9.3	8.8									
	标准误	7.9	3.4	3.6									
H-S	最大	58.0	23.4	17.5	桦木	人工	NW25	20	3238	45.0	3086.1	116	77
	最小	26.0	5.2	6.0									
	平均	40.9	11.2	8.6									
	标准误	5.4	3.3	3.1									
H-T	最大	63.0	28.0	16.0	桦木	人工	NE20	15	3326	50.0	2398.4	139	94
	最小	21.0	5.0	5.0									
	平均	41.2	10.1	9.4									
	标准误	7.3	4.5	3.5									
M-R	最大	210.0	56.4	18.0	桦木、冷杉	人工	NE40	30	3020	163.2	1616.6	56	49
	最小	32.0	5.4	3.0									
	平均	86.8	20.3	10.9									
	标准	40.2	11.9	4.5									
M-D	最大	55.0	24.5	16.0	桦木、冷杉	人工	NE20	30	2990	36.0	3262.0	113	93
	最小	19.0	5.2	5.0									
	平均	30.3	11.1	10.8									
	标准误	4.9	3.4	2.7									
M-E	最大	50.0	21.5	14.0	桦木、冷杉	人工	NE15	20	3345	35.0	2788.1	131	124
	最小	13.0	4.5	4.5									
	平均	27.5	9.5	8.6									
	标准误	4.9	3.2	4.3									
R-J	最大	48.0	42.4	16.0	云杉	天然	NE40	10	3212	43.0	829.3	49	47
	最小	18.0	7.2	6.0									
	平均	35.2	21.4	12.2									
	标准误	5.2	6.2	5.1									
R-K	最大	49.0	38.8	17.0	云杉	天然	NE45	15	3261	44.0	914.5	53	49
	最小	18.0	6.4	6.2									
	平均	31.9	20.1	12.8									
	标准误	5.5	5.7	4.6									

(续)

样地号	统计参数	树龄(a)	胸径(cm)	树高(m)	优势树种	起源	坡向(°)	坡度(°)	海拔(m)	平均林龄(a)	密度(株/hm²)	株数	样芯数
R-N	最大	45.0	38.3	15.0	云杉	天然	SE70	10	3252	39.0	964.7	57	53
	最小	16.0	5.9	4.0									
	平均	28.0	19.7	11.6									
	标准误	4.5	5.6	4.3									
O-A	最大	329.0	129.0	20.0	云杉、冷杉	原始	S	30	3042	223.0	465.7	121	86
	最小	22.0	4.9	6.5									
	平均	141.7	34.5	13.4									
	标准误	43.4	14.8	5.9									
O-P	最大	323.0	74.5	18.0	云杉、冷杉	原始	SW45	30	3138	203.0	498.8	108	97
	最小	33.0	6.0	6.0									
	平均	118.2	25.1	11.7									
	标准误	55.8	15.6	3.8									
O-L	最大	258.0	75.5	20.0	云杉、冷杉	原始	NE30	30	3221	221.0	360.8	50	40
	最小	30.0	6.3	4.0									
	平均	145.7	36.8	14.3									
	标准误	53.7	16.8	3.8									

二、年龄结构与径级分布

通过对不同林分径级分布与对应年龄结构分析(图9-5)可知,次生桦木与次生针阔混交林的径级分布均呈倒"J"字形,小径级林木个体较多。5~10cm、10~15cm两个径级的林木株数占林分总株数的76%,25~30 cm的株数仅占2%。与其相似,针阔混交林中,前两个小径级林木株数占林分总株数的73%。

次生桦木林中的林木平均年龄随径级递增而上升,每相邻两径级间的年龄差异不显著,但相隔径级间差异显著($P<0.05$)。最小径级林木平均年龄明显低于较大径级的平均年龄;而次生针阔混交林中林木平均年龄随径级递增只是略有上升,且变化较为平缓,各径级间均未达显著水平($P>0.05$)。大径级林木平均年龄与小径级年龄相差不大,表明小径级林木中包含部分竞争中失去优势而生长缓慢的被压木。与次生阔叶林相比,次生针阔混交林内的个体竞争已较为激烈,并开始出现个体分化。

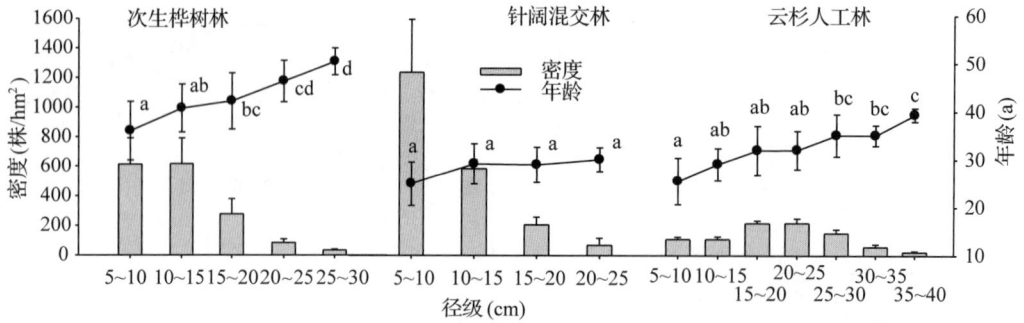

图 9-5 不同林分径级分布及年龄结构

人工云杉林内林木径级近似正态分布，小径级与大径级个体均相对不多，中间径级个体数占总体的 50 %，林木平均年龄随径级增加而逐渐上升。人工云杉林为同期植苗造林，幼苗个体性状差异不大，由于个别生境条件差异而引起生长较快和较慢的个体不多。小径级个体年龄与林分主体年龄相近，差异性检验未达显著水平（$P > 0.05$），说明人工云杉林的林木个体间内也出现了竞争。

图 9-6 为不同林分的龄级结构于平均胸径的对应情况。从中可以发现，次生针阔混交林林木个体集中分布于 20~25 cm、25~30 cm、30~35 cm 龄级；人工云杉林龄级数最少，且各径级个体数量较为接近。次生桦木林的平均胸径随林龄增加而递增。

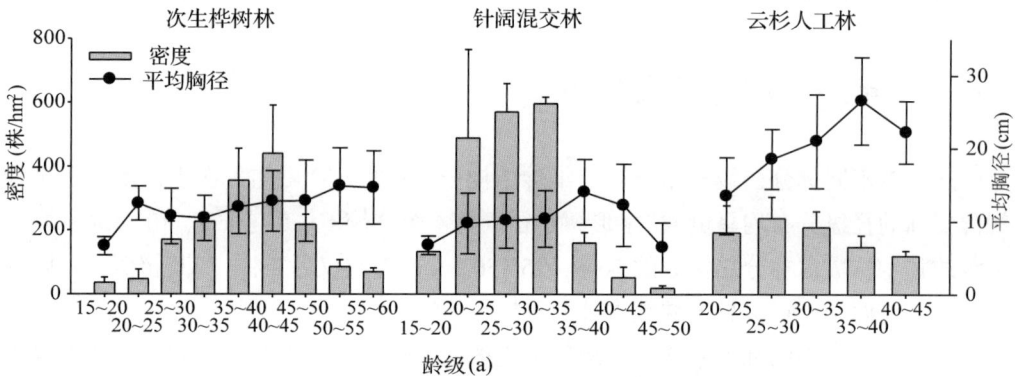

图 9-6 不同林分的龄级结构及对应的平均胸径

对不同林分各龄级平均胸径的分析认为，次生桦木林平均胸径随林龄增加而递增但变化平缓的表现特征，说明各龄级间径级差别不大，反映出林内个体间的竞争较为激烈，林木个体间发生分化，被压木在被淘汰死亡前，平均径向生长较小；次生针阔混交林平均胸径在 15~40 年生阶段呈逐渐上升趋势，而在 40~60 年生阶段，平均胸径呈下降趋势；人工云杉林平均胸径在 20~40 年时呈上升趋势，而在 40 年生之后逐渐下降。

三、不同林分的径级生长率分析

图 9-7 为对不同林分不同径级年平均生长率的分析结果。从图中可以看出，各林分的年均生长率均随着径级的增加而递增，即大径级林木年均生长率比小径级林木快，差异检验达到显著水平。小径级林木生长率较小，可反映两个信息，其一，小径级林木平均年龄小于大径级林木年龄，按照逻辑斯蒂生长曲线原则，龄级较大的林木依次递近于快速生长期，而小径级林木与速生期的距离最远，因此生长率最低；其二，小径级林木中存在

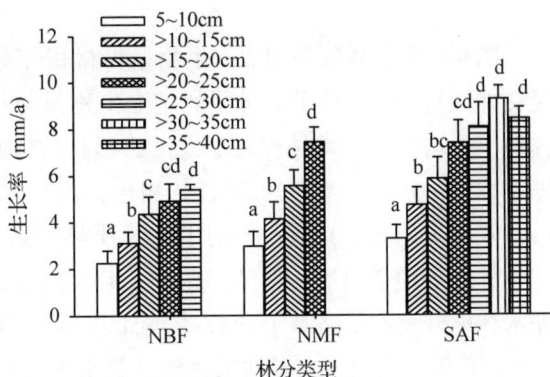

图 9-7　各林分不同径级年均生长率分析

注：NBF. 次生桦木林；NMF. 次生针阔混交林；SAF. 云杉人工林。下同。

部分被压木，尽管林龄较大，由于环境资源的限制，同样造成生长率较低。次生桦木林内只有两个最大径级生长率差异不显著（$P>0.05$），其他径级间均达显著水平（$P<0.05$）；而次生针阔混交林内各径级间均达显著水平（$P<0.05$）；人工云杉林中，最大的 3 个径级间差异未达显著（$P>0.05$），35~40 cm 径级的林木生长率有所降低。随着林分不断发育，大径级的林木会逐渐超越其速生期，而表现出林木的平均生长率的不断下降。对 3 种林分类型比较可以发现，在 5~20 cm 间的 3 个径级，以人工云杉林的平均生长率最高，而在 20~25 cm 径级中，以次生针阔混交林的平均生长率最高。

四、不同林分平均胸径随林龄的变化

由图 9-8 可知，在 15 年生之前，次生桦木林、次生针阔混交林、人工云杉林的林分平均胸径相近。在 20 年生后，胸径生长差异逐渐显著，人工云杉林的胸径增长较快，明显高于次生桦木林和次生针阔混交林，同时，针阔混交林胸径增长也高于桦木林。各林分均在 20 年生后进入生长加速期。在 0~15 年生林分 DBH 曲线不是单调增加（图 9-8 中小框图），各林分均表现出一定的起伏波动。这反映出乔木层个体数在不断变化，各波谷处表示有大量新生林木个

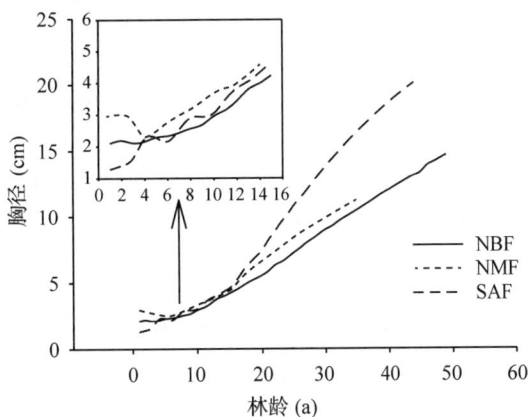

图 9-8　各林分平均胸径随林龄变化

注：小方框内为 0~15 年生平均胸径的放大图。

体进入胸径高度层，从而导致林分平均胸径的下降。

五、不同林分平均生物量与林分蓄积量

图9-9为各林分平均地上生物量与材积随林龄的变化曲线。可以看出，次生针阔混交林一直保持最高的林分平均地上生物量与林分蓄积量。在时间序列中，针阔混交林地上平均生物量均显著高于人工云杉林($P<0.05$)；20年以后生物量显著高于次生桦木林($P<0.05$)。与人工云杉林相比，次生桦木林具有相对较高的林分生物量，在11~36年生期间，其地上平均生物量要显著高于人工云杉林($P<0.05$)。次生针阔混交林林分平均蓄积量一直显著高于人工云杉林和次生桦木林($P<0.05$)。在0~20年生桦木林林分蓄积量略高于云杉林，而20年生以后，云杉林蓄积量则超过桦木林，但在0~30年生期间，二者均未达到显著水平($P>0.05$)，在31年生以后，云杉人工林蓄积量要显著高于次生桦木林($P<0.05$)。人工更新形成的云杉林，生物量低于天然更新的次生桦木林和针阔混交林，这主要是由较低的林分密度引起的，而蓄积量介于桦木林和混交林之间。森林生物量是对生态系统生态固碳效益的一种重要评价指标，而林分蓄积量是森林系统经济价值的反映。因此，天然恢复对区域碳吸收能力要高于人工林。人工云杉林对优质木材生产则有明显优势。

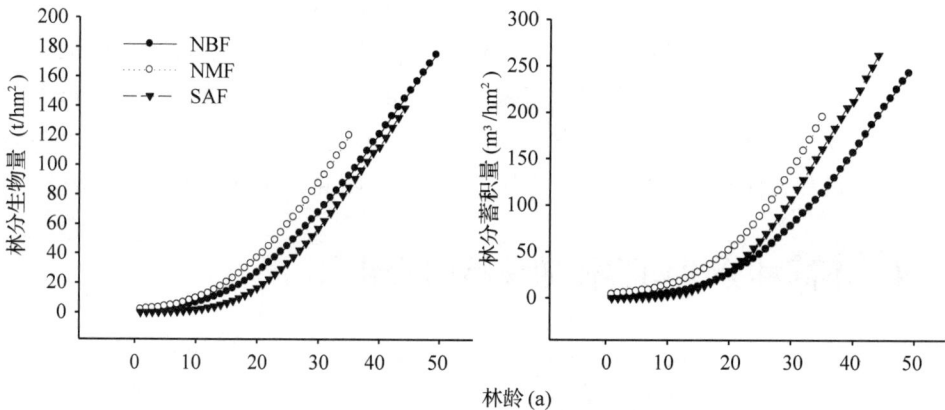

图9-9　各林分平均地上生物量与材积随林龄变化

依据各林型地上平均生物量与样地林龄的关系拟合的回归方程见表9-9。从中可以看出，以多项式方程 $Y=a+b_1X+b_2X^2$ 拟合的效果最好，各林型回归方程相关系数达0.9以上。

表9-9　各林分地上生物量与林龄的回归关系

林型	参数				
	a	b_1	b_2	n	R^2
人工云杉林	2.9868	−1.2239	0.0996	44	0.9986
次生桦木林	−0.4979	0.5630	0.0761	49	0.9991

（续）

林型	参数				
	a	b_1	b_2	n	R^2
针阔混交林	3.3013	−0.5226	0.1104	35	0.9999

注：$Y = a + b_1 X + b_2 X^2$，a，b_1，b_2 为参数，Y 为林分地上生物量（t/ hm²），X 为林龄(a)，n 为样地数量，R 为相关系数。

六、不同林分生产力随林龄的动态变化

通过对不同林分地上平均生产力对比分析和 5 年滑动平均拟合结果（图 9-10）可知，随林龄增加，各林分地上平均生产力均呈递增趋势，并且呈"S"形变动。次生桦木林、次生针阔混交林、人工云杉林均在 0~20 年生期间，生产力均波动较小，曲线呈稳定渐增形。20 年生以后则出现一定的起伏变化，但整体仍呈增加趋势。与人工云杉林相比，次生桦木林、次生针阔混交林在 20 年生之后生产力波动的较大。这与林分密度和林内竞争有关，由于人工云杉林密度较小，并且林分均质，内部波动较小，竞争较缓和；次生桦木林、次生针阔混交林内更新苗木的密度大，且不断有新个体迁入，在林木个体间的强烈竞争下，也会不断地有弱小个体死亡，因此生产力的波动较大。在 30 年生之前，对各林分生产力大小比较的结果为次生针阔混交林>次生桦木林

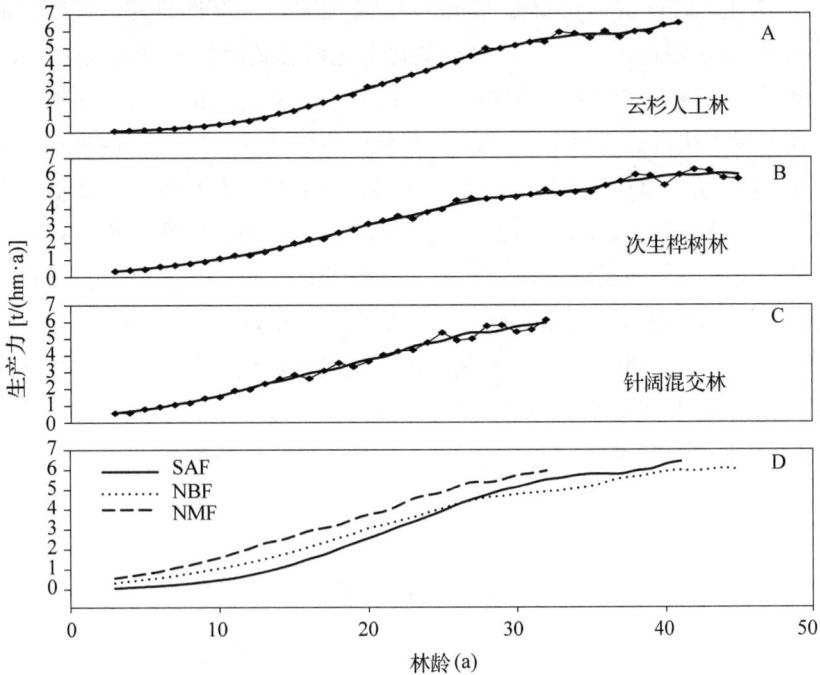

图 9-10 不同林分地上生产力随林龄的变化

注：A、B、C 分别是 3 个恢复林型地上平均生产力与 5 年滑动平均曲线（粗实线），D 是 3 个恢复林型 5 年滑动平均曲线对比图。

>人工云杉林，在 30 年生之后，针阔混交林的生产力仍然为最高，而人工云杉林则超过次生桦木林。

第五节　岷江上游老龄林生物量与碳储量动态变化

森林生物量不仅能够反映生态系统在特定时段内积累有机物质的能力，而且是描述生态系统特征的重要参数（Dixon et al.，1994；Overman et al.，1994），也是评价森林结构与功能的理论基础（Keeling et al.，2007）。地上生物量的动态变化直接影响到森林的生产力及其分解过程（Kira，1987；Chave et al.，2003），对碳循环有重要影响作用。老龄林是主要的陆地碳库之一，Carey 等人研究表明，物种丰富的天然成熟林会影响陆地生态系统碳动态及全球碳收支，老龄林对碳汇仍然起着重要作用（Carey et al.，2001；Hoshizaki et al.，2004；Malhi et al.，2006）。最近研究也表明，原始老龄林仍有碳的净吸收（Zhou et al.，2006）。通过对老龄林碳库的容量及强度的动态研究，将有助于降低全球碳收支评估的不确定性。目前老龄林的碳汇动态及功能方面研究大多是以涡度相关方法进行年度与季节的动态分析（Hollinger et al.，1999；Chen et al.，2002；Anthoni et al.，2002；Rice et al.，2004）。而老龄林各径级生物量动态变化较好地反映了林分特性和生态因子的影响，对老龄林生长动态的研究不仅可以了解其动态变化特征，还可以预测老龄林未来的发展趋势（田汉勤等，2007）。目前运用森林资源清查资料进行区域森林生物量及碳汇的研究较多（Fang et al.，2001；Brown et al.，1989；Goodale et al.，2002），基于长期监测对老龄林的研究较少。森林生物量和生产力的研究多数是集中在地上乔木生物量组分上（Fang et al.，2001；Keeling et al.，2007），地上其他部分与地下部分的生物量大多采用经验系数方法推算（Clark et al.，2001）。

岷江上游天然老龄林是亚高山区森林组成的重要部分，而亚高山森林是对全球气候变化响应较为敏感的森林类型区（何海等，2004）。本研究通过分析岷江上游老龄林地上生物量随时间的变化特征，比较其生长量与死亡量变化对地上生物量的动态影响，探讨亚高山区天然老龄林地上生物量组成特征和动态变化与森林碳循环的关系。

一、地上生物量变化特征

从表 9-10 看出，在 1988—2002 年间，岷江上游老龄林地上生物量密度由 272.130±61.351Mg/hm² 增加到了 299.441±65.543Mg/hm²，总净增量为 27.311±15.580Mg/hm²，平均每年净增长率为 1.930±1.091Mg/hm²，年枯损变化率为 2.271±1.424 Mg/(hm²·a)，年进界生长率为 0.048±0.015Mg/(hm²·a) 保留木(前后期调查都被测定的树木)年生长率为 4.148±0.907 Mg/(hm²·a)。从组成地上生物量的干、枝和叶生长变化看，地上生物量的增加部分主要来自树干生物量的增加，枝和叶的生物量增加相对较小。调查期间胸高断面积和蓄积量的变化与地上生物量变化相一致，地上生物量增加了 10.04%，胸高断面积增加了 9.49%，蓄积量增加了 9.73%。

表 9-10 岷江上游成熟林、过熟林地上生物量动态变化

参数 \ 年份	1988	1988—1992	1992	1992—1997	1997	1997—2002	2002	1988—2002
地上生物量（Mg/hm²）								
干（Mg/hm²）	216.981±51.048		221.843±52.705		230.470±54.280		237.521±53.812	
枝（Mg/hm²）	38.359±8.113		39.380±8.330		41.223±8.648		42.499±8.440	
叶（Mg/hm²）	16.790±3.012		17.318±3.169		18.225±3.260		19.422±3.415	
地上总生物量（Mg/hm²）	272.130±61.351		278.541±63.306		289.918±65.196		299.441±65.543	
净增量（Mg/hm²）		6.411±7.425		11.377±6.903		9.523±11.373		27.311±15.580
年保留木生长（Mg/hm²）		3.613±1.052		3.984±0.993		4.848±1.375		4.148±0.907
年进界生长量（Mg/hm²）		0.036±0.020		0.040±0.022		0.067±0.024		0.048±0.015
年枯死量（Mg/hm²）		1.998±1.543		1.776±1.380		3.039±2.225		2.271±1.424
年净增量（Mg/hm²）		1.652±1.851		2.248±1.379		1.892±2.277		1.930±1.091
胸高断面积（m²/hm²）	49.332±10.239		50.406±10.531		52.404±10.835		54.015±10.686	
蓄积量（m³/hm²）	541.961±124.310		554.852±128.862		576.813±132.942		594.717±131.361	
年蓄积量变化率（m³/hm²）		3.223±3.640		4.392±2.627		3.581±4.468		3.732±2.102

注：$p<0.05$，$n=27$。

二、地上生物量径级结构及其变化特征

生物量径级结构是指在不同直径生物量所占地上总生物量的分配比例。以 20 cm 为径级划分尺度，将直径划分为 <20 cm、20~40 cm、40~60 cm、60~80 cm 和 >80 cm 5 个径级（田汉勤等，2007；Etheridge et al.，1998）。径级 <20 cm 和 >80 cm 所占地上总生物量较小，分别是 3.0%~3.4% 和 4.4%~4.7%，其他三个径级生物量所占比例分别为 26.6%~27.4%、34.0%~35.3% 和 29.3%~31.1%，其中 40~60 cm 径级生物量所占比例最高。20~80 cm 区间的生物量占地上所有径级总生物量的 92%，在 4 次调查中，各径级生物量组成比例变化较小，说明在老龄林中地上各径级生物量组成变化不明显。

保留木生物量的生长是地上生长量增加的主要来源，保留木各径级生物量年增长率差异较大，年增长率最大的径级为 20~40 cm，3 次调查间隔期内，其年增长率分别为 1.669 Mg/hm²、1.979 Mg/hm² 和 2.359 Mg/hm²。其次是径级 40~60 cm，其生物量年增长分别为 1.034 Mg/hm²、1.010 Mg/hm² 和 1.244 Mg/hm²，>80 cm 径级增长率最小，此部分的年生长量增长率相当于 20~40 cm 径级的 1.7%~2.1%，由此可以看出，老龄林保留木各径级地上生物量都有一定的生长率，但主要是在径级 20~60 cm，其他径级林木生物量增长相对较小。

三、地上生物量的动态变化特征

地上生物量的变化主要是保留木生长量、前期调查测定而后期调查没有测定的枯损部分和前期没有进入检尺范围（DBH<5cm）而后期调查已进入检尺范围的进界生长 3 部分组成。地上生物量的增加与减少由这 3 部分决定。进界生长量分布在小径级，而保留木生长量与枯损量在各径级均有分布，3 次调查间隔期内，20~40 cm 径级保留木生物量单位面积增量最大，40~60 cm 径级枯损量最大。在各径级生物量净增量方面，20~40 cm 生物量单位面积净增量最高，三次分别为 4.78 Mg/hm²、6.26 Mg/hm² 和 7.311 Mg/hm²，其次是 <20 cm 径级，其单位面积净增量为 1.96 Mg/hm²、3.12 Mg/hm² 和 3.43 Mg/hm²。40~60 cm 径级生物量净增量在 1988—1992 年与 1997—2002 年期间为负增长。60~80 cm 径级在各调查期间，保留木生长量与枯损部分基本相等，说明此径级生物量的净变化量较小，处于一种动态平衡状态，在径级 >80 cm 部分林木未出现枯死现象，所以只有地上生物量增量，但增量很小。影响地上生物量动态变化主要集中于中小径级林木。

从表 9-11 可以看出，老龄林株数随直径增大而减少，呈反"J"形分布。各调查期间枯损株数在 <20 cm 径级最多，其中在 1997—2002 年期间 8 cm 和 10 cm 两个径阶枯损株数最多，分别为 10 株和 13 株，占总枯死株数（70 株）的 32.86%，该调查期间的进界生长株数 125 株，其中直径为 6~8 cm 死亡株数占进界生长株数的 10.4%。从

20~80 cm 各径级株数变化小，>80 cm 径级株数调查期间未变，株数变化最大是在<20 cm 径级。径级株数和径级生物量变化之间有差异，生物量变化最大位于中间径级，不在小径级。由于生物量与树干胸径(D)和树高(h)关系密切，小径级的株数变化量虽多，但单株生物量小。据 Hoshizaki 推算(2004)，一株 DBH>100 cm 树的生物量是 DBH=5~10 cm 的 10^4 数量级，表明大径级株数变化虽少，但对生物量的影响却很大。

表 9-11　样地径级株数分布及变化特征表

径级 / 年	<20 cm		20~40 cm		40~60 cm		60~80 cm		>80 cm	
	现存	枯损(进界生长)	现存	枯损	现存	枯损	现存	枯损	现存	枯损
1988	271		251		92		35		3	
1992	286	14(71)	252	19	93	8	38	1	3	0
1997	298	18(73)	252	17	98	5	40	1	3	0
2002	323	35(125)	254	21	101	11	39	3	3	0

四、讨论

　　岷江上游亚高山林区老龄林地上生物量总体呈现增加趋势，这与许多人对老龄林的碳汇功能方面研究结果相同，即老龄林仍具有固定 CO_2 的作用(Carey et al.，2001；Malhi et al.，2006)。研究区内样地保留木地上生物量年变化率平均为 4.148 ± 0.907 Mg/hm^2，与马明东等(2007)在此区域估算的云杉天然林地上生物量年生产力 4.676 Mg/hm^2 相接近。但低于冯宗炜等(1999)在新疆吉木萨尔县对 122 年生的天然云杉林年生产力 6.40 Mg/hm^2，这可能由于该区域的老龄林是以冷杉为主要优势树种的天然暗针叶林，海拔在 3600m 以上的林分质量不高(Etheridge et al.，1998)，因而其年生长率较其他地方低。本研究区域地上生物量年净增长率为 1.930 ± 1.091 Mg/hm^2，这与罗辑等(2000)在贡嘎山天然老龄林(年龄>100 年)中研究各林分地上生物量净初级生产量在 1.389~12.930 Mg/(hm^2·a)相一致。但本研究结果与 Hoshizaki 在热带雨林的研究结果有些不同(Hoshizaki et al.，2004)，他研究结果表明样地生物量负增长，主要是由于枯损部分大于生物量增量。本研究表明，岷江上游区域天然老龄林仍具有一定的生产力，呈现碳汇功能。

　　Jarvis 认为中幼林和恢复期的森林碳汇潜力明显，而林龄大于 100 年的老龄林通常被认为其碳代谢处于平衡状态，是不重要的碳汇(Jarvis，1989)。此结论是在把老龄林假设为同龄纯林和干枝呼吸大于光合积累的情况下得出。异龄老龄林中不同径级生物量构成及其变化，对地上生物量的动态及森林的碳循环有重要影响。老龄林生物量变化不能以人工同龄纯林的模型进行简单估计(Carey et al.，2001)。老龄林地上生物量变化是由保留木生长量、进界生长量和枯损量 3 者之间的关系决定(Clark et al.，2001；Hoshizaki et al.，2004)。从岷江上游老龄林各径级生物量变化结果来看，净生长量增加最大的径级是 20~40 cm，其次为<20 cm，>60 cm 以上径级最小，40~60 cm 径级地上生物量的净增量在此期间呈现负增长现象，在 60~80 cm 径级中，其生物量的动态变化量最小，处于一种相对平衡态，这种状态也是许多人运用模型对老龄林的假设平衡态，而实际上的老龄林是多径级分布状态。本次研究大径级(>80 cm)没有出现枯损部分，但大径级林木一般年龄较大(>300 年)，会在一定期间自然死亡，其单株生物量大，可能会对老龄林地上生物量变化产生重大影响(Carey et al.，2001；Hoshizaki et al.，2004)。因而对于大径级林木的测定及其死亡对准确估算老龄林地上生物量的动态变化有重要意义。老龄林小径级(<20 cm)的更新株数对老龄林生物量增加有一定的贡献，在各调查期间，老龄林在小径级的枯死株数占进界生长株数分别为 19.7%、24.6% 和 28.0%，绝大多数的进界生长株数存活下来，对今后老龄林株数结构调整和生物量的增加有重要作用。

径级生物量动态体现整个林分生物量的动态变化特征。而地上生物量随时间的动态变化直接影响到森林生产力和土壤表层枯落物的分解过程(Kira，1987；Chave et al.，2003)。岷江上游老龄林的年枯损率为 2.271±1.424 Mg/hm^2，作为老龄林枯落物的一部分，补充到土壤表层或林中有机质，有利于森林的碳循环，促进林地表层及土壤有机碳的补充。最近研究表明(Zhou et al.，2006)，中国南亚热带 400 多年生的季风常绿阔叶林土壤有机质增加 0.61 $Mg/(hm^2 \cdot a)$，说明老龄林枯死部分对土壤有机质补充的重要作用。

老龄林地上生物量的变化表现出一定的时空异质性。部分样地(1~3、9、12、17号样地)在不同调查期间，其地上生物量净增量有时增加，有时减少，主要取决于生长量与枯损量的大小。从样地生物量的动态变化看，岷江上游老龄林生物量的变化与时间没有关联，生物量净增量变化有一定的波动性，不同时间变化差异大，不随时间而有规律变化。老龄林地上生物量在不同时间尺度变化结果不同，正确合理评价老龄林地上生物量的动态变化，不能以短期的观察结果进行时间尺度上推演，要对老龄林地上生物量动态变化的科学估算，应该建立长期的固定观测样地，才能保证数据的科学性和有效性。岷江上游老龄林地上生物量也具有空间异质性，不同样地间生物量差别很大，仅仅依靠单个样地来推断某一类型森林的生物量得到的信息精确性较低(Chave et al.，2003)。研究发现，生物量的变化不仅是体现数值的大小，而且在此期间部分地上生长量出现负增长，所以要对该区域进行老龄林生物量的动态估算，要有一定样地作为代表性。Chave 在进行老龄地上生物量研究时，为了减小空间差异，他采用设置面积为 6 hm^2 大样地方法(Chave et al.，2003)，可以提高估算精度。但通过本研究，我们认为在一定的空间进行统计抽样设置样地更能满足区域生长量研究的需要，也能提高区域生物量估算精度。所以，只有在区域尺度上进行长期的生物量监测才能科学准确地估算老龄林的生物量变化及其碳动态变化规律。

五、小结

(1)通过对岷江上游老龄林的乔木层生物量动态研究发现，老龄林地上生物量仍然呈现增加趋势，表明老龄林对 CO_2 固定仍具有重要作用。岷江上游老龄林保留木地上生物量年变化率平均为 4.148 ± 0.907 Mg/$(hm^2 \cdot a)$，地上生物量年净增长率为 1.930 ± 1.091 Mg/$(hm^2 \cdot a)$，表明岷江上游老龄林仍具有一定的生产力，具有碳汇功能。

（2）岷江上游老龄林净生长量最大的径级是 20~40 cm，其次是 <20 cm，>60 cm 以上径级最小，决定老龄林在各径级生物量动态变化的正负是由各径级保留木生长量、进界生长量和枯损量之间的关系来确定。岷江上游老龄林年枯损率为 2.271 ± 1.424 Mg/$(hm^2 \cdot a)$，是土壤有机质有效补充部分。

（3）岷江上游老龄林是异龄混交林，其生物量动态变化在时间和空间尺度上都具有异质性，不同间隔期内或不同样地地上乔木层生物量变化的大小不同，甚至有正负方面的差异，因而在进行生物量估算时，要进行系统和长期的固定样地调查，才能科学评价其生物量动态变化规律和碳汇功能。

第六节　岷江上游暗针叶林生物量碳密度研究

森林碳储量、碳源/汇强度及其空间分布格局研究已经成为当今国内外全球变化生态学研究的热点（Brown，2002；Christine et al.，2002）。估测森林碳储量和碳源/汇强度的变化有多种不同的方法，如平均生物量法、生物量转换因子法和遥感方法等。目前多采用森林清查资料进行区域、国家和全球尺度的森林生物量碳密度（BCD）和碳储量的估算研究（Houghton，2005；王效科等，2001；Schroeder et al.，1997；Kauppi，2003；Liski et al.，2003；杨昆等，2006），这些研究对森林的碳汇功能的评价和生物量扩展因子（BEF）的研究都起到积极推动作用。Piao 等人（2005）指出，BCD 在各林龄组和区域呈现出一定的差异，根据 BCD 能较好地评价森林的碳汇功能。

亚高山针叶林是对全球性气候变化响应较为敏感的森林类型（何海等，2004）。已有许多学者开展了暗针叶林的群落结构（蒋有绪，1963）、生物量以及生产力等方面的研究（李文华等，1997；刘兴良等，2006b；马明东等 2007；江洪，1986a），但是，关于亚高山森林生物量碳密度及其随龄级、海拔和坡向等空间变化规律的研究很少。本部分利用在该地区连续 5 次一类森林资源清查的样地数据，研究川西亚高山暗针叶林的地上生物量碳密度与龄组、海拔和坡向的关系，以期为深入揭示亚高山地区森林的碳储量、空间分布以及碳汇功能提供参考。

一、不同龄组的生物量碳密度

表 9-12 为暗针叶林不同龄组蓄积与生物量统计结果。可以看出，1979—2002 年，各龄组的单位蓄积量和生物量均表现出增加的趋势。在各调查时期，5 个龄组的单位蓄积量和生物量均以幼龄林最小，其次是中龄林，过熟林最大。

表 9-12　暗针叶林不同龄组蓄积与生物量统计

龄组	蓄积量（m^3/hm^2）					生物量（Mg/hm^2）				
	1979	1988	1992	1997	2002	1979	1988	1992	1997	2002
幼龄林	41.17	58.13	63.00	67.62	75.27	66.61	74.48	76.74	78.89	82.44
中龄林	96.93	111.68	119.00	134.04	168.02	92.49	99.34	102.74	109.72	125.50
近熟林	162.19	193.38	193.59	212.13	246.70	122.79	137.26	137.37	145.97	162.02
成熟林	378.14	422.39	424.72	438.21	491.25	223.03	243.57	244.65	250.92	275.54
过熟林	473.75	522.79	536.67	556.60	595.03	267.42	290.18	296.62	305.87	323.71
平均	365.17	406.76	414.87	431.12	471.64	217.01	236.32	240.08	247.62	266.43

根据 1994 年全国第 4 次（1989—1994 年）森林资源清查结果的暗针叶林（云杉与冷杉）生物量在各龄组的分布情况可以看出（表 9-13），岷江上游暗针叶林幼龄林的生物量碳密度与全国同期暗针叶林的平均值相接近。中龄林和近熟林生物量碳密度分别是 51.37 MgC/hm^2 和 68.68 MgC/hm^2，低于全国暗针叶林的平均水平。成熟林、过熟林的生物量碳密度分别是 122.32 MgC/hm^2 和 148.31 MgC/hm^2，高于全国暗针叶林平均水平。岷江上游暗针叶林生物量碳密度总平均值为 120.04 MgC/hm^2。

表 9-13　全国和岷江上游暗针叶林碳密度（MgC/hm^2）

地区		幼龄林	中龄林	近熟林	成熟林	过熟林	平均	来源
全国	冷杉	33.62	69.60	86.31	93.33	104.17	77.40	Zhao *et al.*, 2006
	云杉	28.74	67.62	79.01	91.70	99.51	73.31	
全国平均		43.37	72.28	111.66	110.82	140.83	/	Pan *et al.*, 2004
岷江上游		38.37	51.37	68.68	122.32	148.31	120.04	本次研究

二、不同海拔的生物量碳密度

分布在不同海拔的暗针叶林生物量碳密度存在一定的差异。1979 年在海拔 3000～3200 m 和 3800 m 以上区域为最小，分别为 73.70 和 80.00 MgC/hm^2；在海拔 3600～3800 生物量碳密度最大，为 158.77 MgC/hm^2。2002 年生物量碳密度随海拔梯度的变化与 1979 年相似，而且在海拔 3600～3800 m 处的生物量碳密度与其他海拔区间有明显的差异。方差分析表明，各调查期生物量碳密度在海拔间差异显著（$P = 0.05$），应用 Duncan 分析方法可将碳密度按海拔分成＜3000 m 与 3200～3600 m、3000～3200 m

与>3800 m、3600~3800 m 组。目前暗针叶林的生物量最大碳密度主要集中在海拔 3600~3800 m 处，>3800 m 和 3000~3200 m 处的生物量碳密度最小。

生物量碳密度的年增长率因海拔不同而异。在 1979—1988 年，海拔 3400~3800 m 的生物量碳密度年增长率最大，而 1988—1992 年的增长率最小，且各海拔间的差异不明显。1997—2002 年，生物量碳密度在海拔 3000~3400 m 年增长率最大，为 1.3%；其次是在 3400~3800 m，为 1.03%。1988—1992 年 BCD 平均年增长率小于 1979—1988 年，但从 1988—1992 年调查期后的平均增长率有所增加，1997—2002 年期间增加幅度最大。1988—1992 年间生物量碳密度年增长率最低，平均为 0.95%，1997—2002 年间，生物量碳密度年增长率最大，平均为 1.15%。

三、不同坡向上的暗针叶林生物量碳密度

暗针叶林生物量碳密度在不同坡向上有所不同。1979 年，阴坡生物量碳密度最大，为 112.58 MgC/hm²；其次是半阴坡和半阳坡，分别是 109.34 和 110.16 MgC/hm²；阳坡生物量碳密度最低，为 88.49 MgC/hm²。2002 年时，阴坡的生物量碳密度为 132.28 MgC/hm²，半阴和半阳坡的生物量碳密度分别是 131.55MgC/hm² 和 132.92 MgC/hm²，阳坡仍然最低，为 103.56 MgC/hm²。方差分析表明，各坡向 5 次生物量碳密度间差异不显著（F 值为 0.06~0.17，P 为 0.92~0.98，$P>F$）。1979—2002 年，阳坡的生物量碳密度年增长率最小，其次是阴坡，而半阴和半阳坡的生物量碳密度年增长率最大，在各调查间隔期均呈此变化趋势。

四、讨论

与第 4 次全国森林资源清查的暗针叶林生物量碳密度相比较，岷江上游幼龄林生物量碳密度与全国平均水平相近，中龄林和近熟林的值低于全国平均水平，而成熟林、过熟林的生物量碳密度高于全国同期平均值，说明岷江上游亚高山暗针叶生物量密度在年龄结构上与全国相比有一定差异。岷江上游的暗针叶幼龄林大多是 20 世纪 60~70 年代造的人工林，与全国同龄暗针叶林情况相同，而该区域的中龄林和近熟林（81~100 年生）是由于当时采伐时生长不好的林分或是处在保留带上的一些稀疏森林（刘庆等，2001），所以其生物量碳密度低于全国同龄暗针叶林水平。而成熟林与过熟林都是原始森林，没有受到采伐等破坏，生物量碳密度高。目前岷江上游所更新的暗针叶林还处于幼龄林和中龄林阶段，随着该区域的天然林保护和退耕还林工程的实施，恢复与更新的幼龄林与中龄林面积组成比例在不断增加。有研究表明，森林的碳储量与森林的年龄组成密切相关，森林的碳动态在很大程度上取决于其龄级的变化（刘国华等，2000）。在岷江上游亚高山区，目前成熟林、过熟林占绝对优势，随着成熟林、过熟林生长减弱，碳密度年增长率减小，其碳储量在整个林分中所占比例会逐步降低，而中龄林、幼龄林碳密度年增长率会不断增加，碳储量所占的比重会越来

越大。

岷江上游暗针叶林林区为高山峡谷地貌，不同海拔梯度的温度、光照和水分等生境因子均有差异，亚高山区暗针叶林分布和结构特征与海拔因子有很大关系，在其适生的海拔区域，生产力大，生物量碳密度高（江洪，1986b）。但研究结果表明，在海拔 3000~3200 m 处生物量碳密度低，暗针叶林以幼龄林和中龄林为主。3000 m 以下处比 3000~3200 m 和 3400~3600 m 处生物量碳密度高，该区域森林多分布在主沟两侧，当时没有被采伐，大多作为护岸林保留下来。分布在海拔 3600~3800 m 处生物量碳密度较高，主要是该区域过去未被采伐，保存下来的暗针叶林以成熟林、过熟林为主（张远东等，2005）。暗针叶林生物量碳密度年增长率的变化规律与生物量碳密度在海拔上的分布特征相似，1979—1988 年期间，3400~3600 m 区域生物量碳密度年增长率最大，其次是 3600~3800 m，3000~3400 m 处最小，在以后几个调查间隔期内，3000~3400 m 生物量碳密度年增长率最大，平均为 1.03%，尤其在 1997—2002 年期间，该海拔区域生物量碳密度增长率增加最明显，这可能与 1998 年开始在岷江上游实施天然林保护工程有关，也进一步说明在某种程度上人为干扰活动对森林生物量碳密度动态的影响比地形的影响更明显。

在亚高山区，不同坡向上暗针叶林生物量碳密度及其年增长率不同。1979 年阴坡生物量碳密度最高，阳坡最低，2002 年，阴坡生物量碳密度与半阴和半阳坡生物量碳密度相接近，而阳坡仍然最低，半阴坡、半阳坡生物量碳密度的年增长率最大，阴坡次之，阳坡最小。这与暗针叶林的生物学习性和亚高山的气候特征关系密切，暗针叶林是喜阴湿的耐寒的温带性森林类型，在高山峡谷区，坡向上分布表现出一定的差异，阳坡由于阳光充足，气候比较干燥，因而生长较慢；阴坡由于光照少，温度低，生长也相对较慢；而在半阴坡、半阳坡，光、温度等因子都比较适宜其生长，所以在岷江上游的暗针叶林生物量碳密度年增长率表现在半阴坡和半阳坡比较高，其次是在阴坡，阳坡最低。

五、小结

岷江上游暗针叶林的各龄组生物量碳密度差异较大，过熟林生物量碳密度最大，幼龄林最小。在生物量碳密度年增长上，以中龄林最大，幼龄林和过熟林较小。与全国相比，岷江上游的成熟林、过熟林生物量碳密度比全国高，而中龄林和近熟林比全国要低，幼龄林的生物量碳密度与全国的相近。不同海拔生物量碳密度差异明显，其中，在 3600~3800 m，生物量碳密度最高，而在 3800 m 以上和在 3200~3400 m 区域，生物量碳密度相对较低。生物量碳密度年增长率在暗针叶林分布的适生海拔区域为最大，在高海拔和低海拔区间相对较小。岷江上游亚高山区不同坡向上暗针叶林生物量的碳密度年增长率以半阴坡、半阳坡最大，阴坡次之，阳坡最小。

参考文献

冯宗炜，王效科，吴刚，1999. 中国森林生态系统的生物量和生产力[M]. 北京：科学出版社.

何海，乔永康，刘庆，等，2004. 亚高山针叶林人工恢复过程中生物量和材积动态研究[J]. 应用生态学报，15(5)：748-752.

贾开心，郑征，张一平，2006. 西双版纳橡胶林生物量随海拔梯度的变化[J]. 生态学杂志，25(9)：1028-1032.

江洪，1986a. 紫果云杉天然中龄林分生物量和生产力的研究[J]. 植物生态学与地植物学学报，10(2)：146-152.

江洪，1986b. 云杉天然林分生产力与生态条件的初步研究[J]. 植物学报，28(5)：538-548.

蒋有绪，1963. 川西米亚罗高山暗针叶林的群落特点及其分类原则[J]. 植物生态学与地植物学丛刊，1(1)：42-50.

李文华，罗天祥，1997. 中国云冷杉林生物生产力格局及其数学模型[J]. 生态学报，17(5)：512-520.

刘国华，傅伯杰，方精云，2000. 中国森林碳动态及其对全球碳平衡的贡献[J]. 生态学报，20(5)：733-740.

刘庆，吴彦，何海，2001. 中国西南亚高山针叶林的生态学问题[J]. 世界科技研究与发展，23(2)：63-69.

刘兴良，刘世荣，宿以明，等，2006a. 巴郎山川滇高山栎灌丛地上生物量及其对海拔梯度的响应[J]. 林业科学，42(2)：1-7.

刘兴良，马钦彦，杨冬生，等，2006b. 川西山地主要人工林种群根系生物量与生产力[J]. 生态学报，26(2)：542-551.

刘兴良，岳永杰，郑绍伟，等，2005. 川滇高山栎种群统计特征的海拔梯度变化[J]. 四川林业科技，26(4)：9-16.

罗辑，杨忠，杨清伟，2000. 贡嘎山森林生物量和生产力的研究[J]. 植物生态学报，24(3)：191-195.

马姜明，刘世荣，史作民，等，2007. 川西亚高山暗针叶林恢复过程中群落物种组成和多样性的变化[J]. 林业科学，43(5)：17-25.

马明东，江洪，罗承德，等，2007. 四川西北部亚高山云杉天然林生态系统碳密度、净生产量和碳贮量的初步研究[J]. 植物生态学报，31(2)：305-312.

史立新，王金锡，宿以明，等，1988. 川西米亚罗地区暗针叶林采伐迹地早期植被演替过程的研究[J]. 植物生态学与地植物学学报，12(4)：306-313.

四川森林编辑委员会，1992. 四川森林[M]. 北京：中国林业出版社.

四川省林业科学研究所，1984. 川西亚高山云冷杉林采伐迹地生态因子的变化[J]. 林业科学，20(2)：132-138.

宿以明，王金锡，史立新，等，1999. 川西采伐迹地早期植被生物量与生产力动态初步研究[J]. 四川林业科技，20(4)：14-21.

宿以明，刘兴良，向成华，2000. 峨眉冷杉人工林分生物量和生产力研究[J]. 四川林业科技，21

（2）：31-35.

田汉勤，万师强，马克平，2007. 全球变化生态学：全球变化与陆地生态系统[J]. 植物生态学报，31（2）：173-174.

王长庭，王启基，龙瑞军，2004. 高寒草甸群落植物多样性和初级生产力沿海拔梯度变化的研究[J]. 植物生态学报，28（2）：240-245.

王效科，冯宗炜，欧阳志云，2001. 中国森林生态系统的植物碳储量和碳密度研究[J]. 应用生态学报，12（1）：13-16.

吴雅琼，刘国华，傅伯杰，等，2007. 森林生态系统土壤 CO_2 释放随海拔梯度的变化及其影响因子[J]. 生态学报，27（11）：4678-4686.

鲜骏仁，张远彬，王开运，等，2009. 川西亚高山 5 种森林生态系统的碳格局[J]. 植物生态学报，33（2）：283-290.

杨昆，管东生，2006. 珠江三角洲森林的生物量和生产力研究[J]. 生态环境，15（1）：84-88.

杨涛，2004. 麻栎马尾松天然次生混交林生物量结构及根系分布特征调查研究[J]. 信阳农业高等专科学校学报，14（4）：4-9.

张雷，2008. 基于液流技术的岷江上游典型乔木树种水分利用的时空变异性研究[D]. 北京：中国林科院.

张璐，苏志尧，陈北光，2005. 山地森林群落物种多样性垂直格局研究进展[J]. 山地学报，23：736-743.

张远东，赵常明，刘世荣，2005. 川西米亚罗林区森林恢复的影响因子分析[J]. 林业科学，41（4）：189-193.

周德彰，杨玉坡，1980. 四川西部高山林区桦木更新特性的初步研究[J]. 林业科学，16（2）：154-156.

Anthoni P M, Unsworth M H, Law B E, et al, 2002. Seasonal differences in carbon and water vapor exchange in young and old-growth ponderosa pine ecosystems [J]. Agricultural and Forest Meteorology, 111（3）：203-222.

Brown S, 2002. Measuring carbon in forests: current status and future challenges [J]. Environmental Pollution, 116（3）：363-372.

Brown S L, Gillespie A J R, Lugo A e, 1989. Biomass estimation methods for tropical forests with applications to forest inventory data [J]. Forest Science, 35（4）：881-902.

Carey E V, Sala A, Keane R, et al, 2001. Are old forests underestimated as global carbon sinks? [J] Global Change Biology, 7（4）：339-344.

Carolina V C, William E M, Nazare A R, et al., 2006. Variation in aboveground tree live biomass in a central Amazonian forest: Effects of soil and topography [J]. Forest Ecology and Management, 234（1-3）：85-96.

Chave J, Condit R, Lao S, et al, 2003. Spatial and temporal variation of biomass in a tropical forest: Results from a large census plot in Panama [J]. Journal of Ecology, 91（2）：240-252.

Chen J Q, Falk M, Euskirohen E, et al, 2002. Biophysical controls of carbon flows in three successional Douglas-fir stands based on eddy-covariance measurements [J]. Tree Physiology, 22（2-3）：169-177.

Christine L G, Apps M J, Birdsey R A, et al, 2002. Forest carbon sinks in the northern hemisphere [J]. Ecological Applications, 12（3）：891-899.

Clark D A, Brown S, Kioklighter D W, et al, 2001. Measuring net primary production in forests: Concepts and field methods [J]. Ecological Applications, 11(2): 356-370.

Dixon R K, Solomon A M, Brown S, et al, 1994. Carbon pools and flux of global forest ecosystems [J]. Science, 263(5144): 185-190.

Etheridge D M, Steele L P, Francy R J, et al, 1998. Atmospheric methane between 1000 A. D. and present: Evidence of anthropogenic emissions and climatic variability [J]. Journal of Geophysical Research, 103(D13): 15979.

Fang J Y, Chen A P, Deng C H, et al, 2001. Changes in forest biomass carbon storage in China between 1949 and 1998 [J]. Science, 292(5525): 2320-2322.

Goodale C L, Apps M J, Birdsey R A, et al, 2002. Forest carbon sinks in the Northern Hemisphere [J]. Ecological Applications, 12(3): 891-899.

Hollinger D Y, Goltz S M, Davidson E A, et al, 1999. Seasonal patterns and environmental control of carbon dioxide and water vapour exchange in an ecotonal boreal forest [J]. Global Change Biology, 5(8): 891-902.

Hoshizaki K, Niiyama K, Kimura K, et al, 2004. Temporal and spatial variation of forest biomass in relation to stand dynamics in a mature, lowland tropical rainforest, Malaysia [J]. Ecological Research, 19(3): 357-363.

Houghton R A, 2005. Aboveground forest biomass and the global carbon balance [J]. Global Change Biology, 11(6): 945-958.

Jarvis P G, 1989. Atmospheric carbon dioxide and forests [J]. Series B: Philosophical Transactions of the Royal Society of London, 324(1223): 369-392.

Kauppi P E, 2003. New, low estimate for carbon stock in global forest vegetation based on inventory data [J]. Silva Fennica, 37(4): 451-457.

Keeling H C, Phillips O L, 2007. The global relationship between forest productivity and biomass [J]. Global Ecology and Biogeography, 16(5): 618-631.

Kira T, 1987. Primary production and carbon cycling in a primeval lowland rainforest of peninsular Malaysia [J]. Developments in Agricultural & Managed Forest Ecology, 18: 99-119.

Liski J, Korotkov A V, Prins C F J, et al, 2003. Increased carbon sink in temperate and boreal forests [J]. Climatic Change, 61(1-2): 89-99.

Malhi Y, Wood D, Baker T R, et al, 2006. The regional variation of aboveground live biomass in old-growth Amazonian forests [J]. Global Change Biology, 12(7): 1107-1138.

Overman J P M, Witte H J L, Soldarriaga J G, et al, 1994. Evaluation of regression models for aboveground biomass determination in Amazon rainforest [J]. Journal of Tropical Ecology, 10(2): 207-218.

Pan Y D, Luo T X, Birdsey R, et al, 2004. New estimates of carbon storage and sequestration in China's forests: Effects of age-class and method on inventory-based carbon estimation [J]. Climatic Change, 67(2-3): 211-236.

Piao S L, Fang J Y, Zhu B, et al, 2005. Forest biomass carbon stocks in China over the past 2 decades: Estimation based on integrated inventory and satellite data [J]. Journal of Geophysical Research, 110(G1): G01006.

Rice A H, Pyle E H, Saleska S R, et al, 2004. Carbon balance and vegetation dynamics in an old-growth

Amazonian forest [J]. Ecological Applications, 14(4 supplement): 55-71.

Schroeder P, Brown S L, Mo J, et al, 1997. Biomass estimation for temperate broadleaf forests of the United States using inventory data [J]. Forest Science, 43(3): 424-434.

Sedjo R A, 1989. Climate and forests [J]. Science, 244(4905): 631.

Zhao M, Zhou G S, 2006. Carbon storage of forest vegetation in China and its relationship with climatic factors [J]. Climatic Change, 74(1-3): 175-189

Zhou G Y, Liu S G, Li Z A, et al, 2006. Old-growth forests can accumulate carbon in soils [J]. Science, 314(314): 1417-1417.

暖温带森林土壤碳过程及森林碳水通量特征

中国暖温带落叶阔叶林区域大致范围在 $32°3'\sim42°30'N$，$105°30'\sim124°30'E$，北与丹东、内蒙古高原相连，南以秦岭—伏牛山—淮河一线为界，东达胶东和辽东半岛及苏北的连云港，西抵陕甘两省边界，中部为华北、淮北两大平原(黄淮海平原)，地跨河北、北京、天津、山东、山西、辽宁的东南部，陕西、河南、安徽和江苏四省的北部以及甘肃的南部。总面积约 700000 km²(吴征镒，1980；周光裕，1981)。

本章依托河南宝天曼森林生态系统国家野外科学观测研究站，对暖温带森林不同生长发育阶段的土壤碳过程、林分结构和土壤性质对土壤碳过程空间格局的影响以及气候变化对土壤碳氮循环的影响、暖温带森林碳水通量特征进行研究。旨在阐明暖温带森林应对气候变化的土壤碳增汇策略和碳汇潜力，为制定暖温带森林应对气候变化的经营对策提供参考。

第一节　土壤呼吸研究概述

土壤呼吸是指土壤释放 CO_2 的过程。由 3 个生物学过程(土壤微生物呼吸、根呼吸、土壤动物呼吸)和 1 个非生物学过程(含碳矿物质的化学氧化作用)组成,是大气 CO_2 的重要来源,在生物圈和大气圈碳交换中起着关键作用。全球森林土壤碳库多达森林植被碳库的 2 倍(Dixon et al. , 1994)。森林土壤 CO_2 通量占森林生态系统呼吸总量的 69%(Janssens et al. , 2001b)。因此,森林土壤呼吸是 CO_2 通量长期监测网站的重要研究对象之一。

一、森林土壤呼吸野外测定方法

(一)碱吸收法

碱吸收法是测量森林土壤呼吸的一种较为传统的方法。它是在一定时间间隔内,通过碱液(NaOH 或 KOH)或碱石灰吸收标定一定面积的土壤表面释放出的 CO_2。属静态箱法。该方法的优点是可长时间、多点测定土壤碳通量,不足之处是不能在短时间内进行连续测定,且碱液用量、呼吸室插进土壤的深度、碱液吸收面积、碱液距地面高度以及呼吸室高度等均能影响其测量精度,测定结果变异性较大(Bekku et al. , 1997),与实际土壤呼吸速率存在差异(Jensen et al. , 1996)。该方法仅适用于土壤呼吸速率较小的地区。

(二)气相色谱法

气相色谱法是利用密闭静态箱收集土壤表面释放出的气体。通过气相色谱技术分析测定气体中的温室气体浓度,利用静态箱内温室气体浓度随时间的变化,计算出土壤温室气体排放速率。也属静态箱法。该方法是目前国际上广泛使用的通量测量法。缺点是在生长旺季,由于大量 CO_2 的溢出而使箱内浓度升高,会限制土壤中碳的溢出。由于密闭箱的使用改变了被测地表的物理状态,通过测定起始与结束时 CO_2 浓度差来计算其排放量会存在较大误差;箱内 CO_2 浓度随时间变化并非总是呈线性变化,从而可能造成计算上的误差(Hutchinson et al. , 1993)。

(三)红外气体分析仪法

将一个密闭的或气流交换式的气体采样箱与红外线气体分析仪(IRGA)相联接,对采样箱中产生的 CO_2 直接进行连续测定。这是目前较为理想的测定方法。密闭的采样箱属于静态箱，而气体交换式采样箱是一种动态箱。动态箱最主要的优点是可基本保持被测表面的环境状况，从而使测量结果更接近于真实值。该法优于碱液吸收法（Yim *et al.*，2002）。Davidson 等（2002）曾评价过箱式测量法的潜在误差的可能原因及大小，并提出了减小这些误差的方法和程序。

（四）涡度相关法

利用微气象原理测定 CO_2 交换通量的主要方法有空气动力学法、热平衡法和涡度相关法。涡度相关法是目前国际上的主流方法。它是通过计算物理量的脉动与风速脉动的协方差来求算湍流输送量，是一种非破坏性测定的微气象技术（Baldocchi，2003），目前已在陆地生态系统碳通量的测定中广泛应用。但涡度相关技术是土壤呼吸真实碳通量的近似估计。Subke 等（2004）在德国东北部挪威云杉（*Picea abies*）林的研究表明，与箱法测得的土壤 CO_2 通量相比，微气象学法约低估了41%的夜间 CO_2 通量。Liang 等（2004）对北部日本落叶松（*Larix kaempferi*）林的研究表明，涡度相关法估计的年均生态系统总呼吸低于红外气体分析仪法（Li-6400）。Janssens 等（2001a）指出，白天由于苔藓层的光合作用使涡度相关法测得的碳通量比经验模型（基于箱法测量数据建立的模型）预测的数据低，而夜间差异不大。所以，利用涡度相关法估测土壤 CO_2 通量仍存在很大的局限性。

二、影响森林土壤呼吸的因素

（一）环境因子等对土壤呼吸的影响

温度与湿度是影响森林土壤呼吸的两个主要因素。多数研究表明，森林土壤温度与土壤呼吸紧密相关（Davidson *et al.*，1998；Janssens *et al.*，2001b）。但也有不同的研究结果：Ma 等（2005）对加利福尼亚州针叶林研究表明，当土壤湿度由饱和降至干旱状态时，土壤温度与土壤呼吸速率的关系由正相关变为负相关；Pypker 和 Fredeen（2003）在加拿大哥伦比亚的研究表明，土壤温度并非是控制采伐林地地下碳通量的主要因素；Adachi 等（2005）在马来西亚的研究表明，热带地区原始林、次生林和油棕榈、橡胶人工林 1~5 cm 土层的温度与土壤呼吸均无相关性。土壤湿度与森林土壤呼吸一般呈正相关（O'Neill *et al.*，2002；Rodeghiero *et al.*，2005；Subke *et al.*，2003）。而 Adachi 等（2005）在马来西亚的研究表明，原始林、次生林及橡胶人工林土壤含水量与土壤呼吸速率呈显著负相关。通常，土壤温度与土壤湿度对土壤呼吸产生综合影响，可解释土壤呼吸速率变异的 70%~97%（Burton *et al.*，2003；Rey *et al.*，2002）。Scott-Denton 等（2003）对美国西部亚高山针叶林的研究显示，土壤温度和湿度是不同时间尺度上（季节/年）的第一位控制因子。

土壤呼吸还受其他诸多因子的影响。诸如单宁酸（Kraus *et al.*，2004）、可溶性有机物（DOM）中的低分子化合物（LMW）（Vanhees *et al.*，2005）等，都会显著地影响土壤 CO_2 释放速率。测量地点（Wiseman *et al.*，2004）、林分密度（Swanston *et al.*，2002）不同，土壤呼吸速率也不相同。风速可改变 CO_2 的转移行为，而对森林土壤

CO_2 的产生没有影响(Subke *et al.*, 2003)。Dilustro 等(2005)在乔治亚州的研究还表明,土壤温度、湿度、有机质层数量、A 层厚度与土壤呼吸的关系随着土壤结构的不同而变化。Ilstedt 等(2000)研究了土壤呼吸与土壤容重、持水率、孔隙含水率、水势之间的关系。

(二)营林活动对土壤呼吸的影响

许多研究表明,火烧后森林土壤呼吸速率降低(Amiro *et al.*, 2003; O'Neill *et al.*, 2002),但不同的火烧强度、频率对森林土壤呼吸影响不同,不同森林类型的土壤呼吸速率在火烧后也有所差异(Concilio *et al.*, 2005; O'Neill *et al.*, 2002),一些模型可能高估了火烧对森林生态系统碳平衡的影响(Amiro *et al.*, 2003)。Wuthrich 等(2002)的研究表明,轻度火烧对土壤呼吸影响很小,高强度火烧 20 小时后,土壤呼吸能持续增加数月。Michelsen 等(2004)指出,土壤呼吸速率在火烧频率较低的林地相对较高,而在火烧频率较高的草地相对较低。Concilio 等(2005)在密苏里州针叶混交林和阔叶林的研究表明,火烧对两种森林土壤呼吸均未产生明显的影响。

关于采伐对土壤呼吸的影响尚未形成共识。许多研究表明,皆伐后森林土壤呼吸速率降低(Striegl *et al.*, 1998)。而 Pypker 等(2003)研究指出,亚北方森林土壤表面 CO_2 通量在皆伐后第 6 年比第 5 年高 38%。而 Mallik 等(1997)在加拿大的研究表明,采伐迹地与未采伐地土壤呼吸差异不显著。Ohashi 等(1999)指出,间伐只是暂时(前两年)增加了日本雪松林土壤呼吸速率。择伐后,位于密苏里州的针叶混交林土壤呼吸速率增加了 43%,而阔叶林只增加 14%(Concilio *et al.*, 2005)。

森林碳蓄积能力受施肥等活动的影响已被公认,而施肥对土壤呼吸的影响尚无定论,且多数研究是针对施氮肥进行的。研究表明,随着氮的增加及 C/N 比的降低,土壤呼吸速率下降(Bowden *et al.*, 2004; Micks *et al.*, 2004; Samuelson *et al.*, 2004)。但 Vestgarden(2001)在欧洲赤松(*Pinus sylvestris*)林的研究表明,可溶性有机化合物的释放受氮的影响不显著。Lee(2003)在佛罗里达州的研究表明,施氮肥对三叶杨(*Populus deltoides*)土壤呼吸有明显的负效应,而对火炬松(*Pinus taeda*)林地土壤呼吸没有影响。Priess 等(2001)在 Canaima 国家公园的研究表明,$CaHPO_4$ 肥明显提高了 CO_2 的释放,但 Ca^{2+}、NO_3^- 肥没有达到相同的结果。挪威云杉林下施灰烬肥(WA)使土壤基础呼吸及土壤表面 CO_2 释放有不同程度的增加(Zimmermann *et al.*, 2002)。

(三)生物因素对土壤呼吸的影响

森林土壤碳通量与植被生物量的关系是研究的热点。Mallik 和 Hu(1997)研究表明,土壤呼吸年碳损失量随总根生物量碳的增加而呈线性下降;Campbell 等(2004)在俄勒冈州的研究也表明,土壤呼吸与地下净初级生产力相关($R^2 = 0.46$, $P < 0.001$)。而对美国科罗拉多州松类混交林的研究表明,根生物量与土壤呼吸速率之间没有明显的相关性(Scott-Denton *et al.*, 2003);Samuelson 等(2004)对 6 年生火炬松林的研究也表明,土壤碳通量与细根生物量之间关系不显著;Epron 等(2004)在刚果对桉树林的研究也表明土壤呼吸与根生物量不相关。Pypker 和 Fredeen(2003)在加拿大哥伦比亚的研究表明,所有采伐迹地下碳通量与立地现存生物量呈正相关;Epron 等

(2004)在刚果对桉树林的研究也表明，土壤呼吸与叶生物量和总的地上枯落物量显著相关。而Campbell等(2004)在俄勒冈州的研究指出，土壤呼吸与地上净初级生产力不相关($R^2=0.06$，$P>0.1$)，与死碳库(地被物碳库、矿质土壤碳库)之间只呈微弱相关($R^2=0.14$，$R^2=0.12$)。另外，林龄对土壤呼吸的影响呈正相关(Wiseman et al.，2004)，土壤呼吸速率也随着植被斑块类型的改变而改变(Concilio et al.，2005；Raich et al.，2000)。

关于土壤动物对土壤呼吸的影响研究较少。Ohashi等(2005)研究指出，北方森林中红木蚁(*Formica rufa*)丘(在北部森林中的密度很高)的碳通量明显高于周围森林地被物层的碳通量。Kaneko等(1998)的研究表明，针叶枯落物中密度较高的一种弹尾目昆虫和螨虫对真菌生物量及微生物呼吸都有明显的促进作用，但这种影响只占真菌生物量和呼吸变异的25%。微生物是分解过程的控制因素或催化剂，所以微生物生物量碳预示了土壤潜在的碳通量。Scott-Denton等(2003)的研究表明，土壤呼吸速率与微生物生物量碳关系密切。Wang等(2003)的研究也指出，在适宜的温度和湿度条件下，土壤呼吸主要取决于土壤基质而不是微生物生物量碳库的大小。

三、森林土壤呼吸的时空变异

(一)森林土壤呼吸的时间变异

森林土壤呼吸在时间上呈现明显的季节变化(Davidson et al.，1998；Widén，2002)，与土壤温度或土壤温度与水分含量的共同变化有关(Wang et al.，2006；Xu et al.，2001a)，而与土壤化学性质几乎不存在相关性(Vanhala，2002)，且土壤温度和湿度对土壤呼吸时间变异的影响大于对空间变异的影响(Yim et al.，2003)。

森林土壤呼吸由于水热条件或经纬度等的差异呈现不同的季节变化。在瑞典松类林(Widén，2002)、加拿大北部森林(Rayment et al.，2000)和加利福尼亚北部美国黄松林(*Pinus ponderosa*)(Xu et al.，2001a)的研究都表明，土壤呼吸速率最小值出现在冬季或春季解冻前，而最大值出现在夏季。Raich等(1998)在夏威夷的研究表明，夏季呼吸速率明显高于冬季。Epron等(2004)在刚果桉树林的研究表明，土壤呼吸最小值出现在干旱的9月，最大值出现在湿润的12月。但Vanhala(2002)在芬兰对松林的研究表明，春季和夏季呼吸速率降低，最小值发生在8月末，秋季又开始升高，但未达到春季的最大值。

森林土壤呼吸存在明显的昼夜变化，土壤呼吸速率的最大值一般出现在12:00~16:00，最小值出现在5:00~9:00(Buchmann，2000；Xu et al.，2001a)，这是由于林型、土壤类型及水热条件或测量季节等的不同引起的。值得注意的是，多项研究表明土壤呼吸速率昼夜变化与5~20 cm土壤温度呈显著正相关关系，其相关性大于土壤呼吸速率与气温的相关性(Buchmann，2000；Rayment et al.，2000；Scott-Denton et al.，2003；Subke et al.，2003)。

（二）森林土壤呼吸的空间变异

不同学者在不同地区的研究表明，土壤呼吸的空间变异与根生物量、微生物生物量、枯落物量、死苔藓层厚度、土壤有机碳及可溶性碳库、土壤氮浓度、土壤阳离子交换能力、土壤容重、土壤水分含量、土壤孔隙度、pH 值、立地条件、经营活动、林分结构及植被覆盖度等因素相关（Epron *et al.*，2004；Hanson *et al.*，1993；La Scala *et al.*，2000；Rayment *et al.*，2000；Søe *et al.*，2005；Scott-Denton *et al.*，2003；Xu *et al.*，2001a）。

土壤呼吸在不同空间尺度上存在不同程度的变异。Takahashi 等（2004）在日本温带落叶次生林的研究指出，土壤孔隙中 CO_2 浓度每个季节都随着土壤深度增加而增加，浅层土壤中 CO_2 释放速率的季节变化大于深层土壤，对温度的敏感性也高于深层土壤。Raich 等（1998）在夏威夷的研究表明，林地边缘土壤呼吸速率明显高于林地内部，且冬季低海拔林地土壤呼吸速率一般都大于高海拔林地。Zheng 等（2005）在美国威斯康星州北部景观尺度上的研究表明，土地利用变化、边缘效应和空间变异都不同程度地影响了景观尺度上的土壤呼吸速率。

在评价土壤呼吸速率的空间变异时，适宜的取样数量一直是学者们关心的问题。Yim 等（2003）将土壤呼吸的空间变异性用变异系数（Coefficient of Variation，*CV*）表示，依此计算了在日本落叶松林中估测土壤呼吸所需的取样数。Adachi 等（2005）在马来西亚的研究指出，热带森林地区比温带森林地区需要更多的取样数。

四、森林土壤自养呼吸与异养呼吸的分离

诸多研究结果表明，森林生态系统的 CO_2 通量特征在很大程度上受根系 CO_2 通量特征的影响，而对这一过程的理解不仅是基于过程的 CO_2 生产转移模拟的需要，还可以帮助人们通过过程调控来缓解全球 CO_2 升高趋势。目前常见的区分森林土壤呼吸中自养呼吸（根呼吸）的方法主要有以下几种：成分综合法（component integration）、离体根法（root separation method）、排除根法（root exclusion）、树干环剥法（stem-girdling method）、人工同位素标记法（artificial isotope labeling method）和天然同位素丰度法（natural isotope abundance method）等，国内外学者对这几种方法进行了较为详细的介绍（Hanson *et al.*，2000；王文杰，2004；易志刚，2003；陈宝玉等，2009）。其中应用最为广泛的为排除根法（或称壕沟法），其优点在于实用性、简单性、成本低、可用于与原位测定结果比较等，缺点是处理区土壤温度和湿度的变化会使测定不够准确（Hanson *et al.*，2000）。而同位素标记法是目前区分森林土壤呼吸中根呼吸最可靠的一种方法，其优点是根和土壤保持原状，可在原位区分根呼吸和土壤有机质分解，但分析的难度和昂贵的实验费用限制了该方法的应用。

五、土壤呼吸温度敏感性（Q_{10}）

文献中出现的"土壤呼吸温度敏感性""土壤有机质分解温度敏感性"等术语都用"Q_{10}"表示，而事实上这两个温度敏感性存在差异，土壤呼吸由自养呼吸和异养呼吸两个组分组成，这两个组分的温度敏感性可能存在差异（Boone *et al.*，1998；Grogan *et al.*，2005；Hartley *et al.*，2007），关于"温度敏感性"这一词汇，英文文献中出现了"temperature dependence""temperature sensitivity"和"temperature response"等则是同一概念。

六、传统描述土壤呼吸的经验公式

目前常用的经验模型及 Q_{10} 计算方法：

Van't Hoff（1898）模型：

$$Resp = \alpha e^{\beta T}, \quad Q_{10} = e^{10\beta} \tag{10-1}$$

修正的 Van't Hoff 模型：

$$Resp = R_{basal} \times Q_{10}^{(T-T_{basal})/10}, \quad Q_{10} = \left[Resp_{T_2} / Resp_{T_1} \right]^{10/(T_2-T_1)} \tag{10-2}$$

Arrhenius（1889）模型：

$$Resp = \alpha e^{-Ea/RT} \tag{10-3}$$

Fang 和 Moncrieff（2001）模型：

$$Resp = a(T - T_{min})^b \tag{10-4}$$

Lloyd 和 Taylor（1994）模型：

$$Resp = \alpha e^{-E_0/(T-T_0)} \tag{10-5}$$

Gaussian（1990）模型：

$$R(T) = R_0 e^{aT+bT^2} \tag{10-6}$$

温度敏感性指数（Q_{10}），是指温度每升高10℃，化学反应速率增加的倍数，即：

$$Q_{10} = \frac{R_T + 10}{R_T} \tag{10-7}$$

根据这一定义，Q_{10} 均可由描述土壤呼吸的经验模型计算获得。

式中，*Resp* 为土壤呼吸，*T* 为土壤温度，α、β、R_0、$Resp_1$ 均为拟合参数，*E* 为活化能。

第二节　暖温带森林生长发育阶段
与土壤碳过程

一、暖温带森林生长发育对土壤总呼吸的影响

土壤呼吸约占森林生态系统总呼吸的 69%（Janssens et al.，2001b），是陆地生态系统第二大碳源。同时，土壤呼吸对气候、植被类型及林龄的响应极为敏感（IPCC，2001；Pregitzer et al.，2004；Raich et al.，1995；Tang et al.，2009）。在以往的研究中，土壤温度和土壤水分含量被认为是控制土壤呼吸时间变异的主要因素（Davidson et al.，1998；Janssens et al.，2001b）。但是，微生物、根、凋落物及植物光合作用等的季节变化未被考虑到基于气候变量的回归模型中（Bhupinderpal-singh et al.，2003；Högberg et al.，2001；Longdoz et al.，2000）。由于土壤呼吸的组成成分复杂，从而导致土壤呼吸空间变异也很复杂，诸如细根（Saiz et al.，2006c；Tang et al.，2009）、植物光合（Tang et al.，2005）、叶面积、初级生产力（Högberg et al.，2001；Rey et al.，2002；Yuste et al.，2004）、新光合产物在根系的分配格局（Bhupinderpal-singh et al.，2003；Högberg et al.，2001）、地上地下凋落物（Ryan et al.，2005）、土壤有机碳（Wang et al.，2007；Xu et al.，2001a）、土壤活性有机碳浓度（Laik et al.，2009）等的空间分布均不同程度会影响土壤呼吸的空间变异性。而且，要想将基于样点测量的土壤呼吸尺度外推至生态系统尺度上的年土壤 CO_2 通量水平，则必须定量研究土壤呼吸的时空变异性（Ryan et al.，2005）。

在模拟长期森林碳动态及其与气候的耦合过程中，林龄在森林碳库分配及不同生态系统碳通量差异中扮演着重要角色。然而，关于林龄与森林碳通量关系的研究仍存在极大的不确定性。如：Wiseman 和 Seiler（2004）对美国火炬松人工林的研究表明，土壤呼吸随林龄增加而增加；Litton 等（2003）也发现老龄林（110 年生）土壤呼吸高于幼龄林（13 年生）；Jiang 等（2005）同样发现 31 年生落叶松人工林土壤呼吸高于 17 年生落叶松人工林。相反，据 Pregitzer 和 Euskirchen（2004）报道，土壤异养呼吸随林龄降低而降低；Wang 等（2002）也发现，土壤年表面 CO_2 通量在黑云杉火烧 11 年至 130 年样地呈降低趋势。另一方面，Klopatek 等（2002）估计的 20 年、40 年及老龄花旗松林年 CO_2 通量分别为 1367 g/m^2、883 g/m^2 和 1194 g/m^2。Tang 等（2009）也有类似的

报道。

　　本研究以不同生长发育阶段(幼龄林、中龄林、成熟林、老龄林)的暖温带锐齿栎林为研究对象，对其土壤碳动态进行研究。旨在了解处于不同林龄的林分土壤呼吸的季节动态及其与环境因子的关系、不同林龄的林分的土壤呼吸空间变异性及其季节变化、评价生长季土壤累积碳通量林分间的差异及其与土壤理化性质的关系。研究地点设在河南宝天曼自然保护区内(111°47′~112°04′E，33°20′~33°36′N)。平均海拔1450m。年均降水量和年均温分别为900mm和15.1℃(常建国等，2007；刘世荣，1998)。降雨主要分布在夏季。土壤为山地黄棕壤(史作民等，2002)。所有样地乔木层以锐齿槲栎(*Quercus aliena* var. *acuteserrata*)为优势种。伴生种主要有千金榆(*Carpinus cordata*)、灯台树(*Cornus controversa*)、椴木(*Tilia americana*)等。样地基本情况见表10-1。各指标测定方法参考Luan等(2011a)。

表10-1　样地基本情况

林分和样地编号	林龄(a)	断面积(m²/hm²)	密度(株/hm²)	胸径(标准差，cm)	叶面积指数(标准差)	容重(标准差)(g/cm³)	有机碳 0~10cm(kg C /m²)	全氮 0~10cm(kg N /m²)	pH值
幼龄林 YO1	40	52.0	1900	16.2(9.5)	3.34(0.23)	0.88(0.05)	31.10	2.32	4.65
幼龄林 YO2	40	46.5	2100	13.7(9.2)	3.41(0.41)	0.72(0.04)	31.24	2.26	4.43
幼龄林 YO3	40	57.3	2600	15.0(7.7)	3.04(0.40)	0.60(0.08)	25.31	1.78	4.44
中龄林 IO1	48	60.0	2700	12.4(11.6)	2.43(0.09)	0.60(0.06)	35.91	2.44	4.84
中龄林 IO2	48	53.2	1900	16.2(10)	2.39(0.17)	0.66(0.06)	34.28	2.79	4.56
中龄林 IO3	48	46.5	2000	13.7(10.7)	2.36(0.22)	0.69(0.05)	35.81	2.22	5.02
成熟林 MO1	80	65.5	2000	17.02(11.57)	2.97(0.19)	0.66(0.02)	36.65	2.74	4.49
成熟林 MO2	80	77.6	2600	16.36(10.11)	3.26(0.25)	0.67(0.03)	35.84	2.39	4.47
成熟林 MO3	80	61.0	2000	15.03(13.08)	2.84(0.23)	0.62(0.03)	29.58	2.33	4.57
老龄林 OGO1	143	80.1	1200	21.64(20.47)	3.24(0.53)	0.46(0.06)	41.98	2.33	4.66
老龄林 OGO2	143	85.4	2500	12.59(16.44)	3.07(0.44)	0.73(0.08)	51.34	2.94	5.24
老龄林 OGO3	143	100.9	2000	17.83(18.48)	3.11(0.52)	0.53(0.07)	28.45	1.51	4.88

(一)土壤呼吸及环境因子季节格局

　　研究表明，老龄林和成熟林土壤呼吸平均值显著高于中龄林和幼龄林(表10-2)。老龄林土壤呼吸均值最高，为3.32 μmol CO₂/(m²·s)，比幼龄林[2.37 μmol CO₂/(m²·s)]高40%。土壤温度及水分含量相比土壤呼吸而言，不同演替阶段间差异较小。成熟林和老龄林土壤温度显著低于中龄林和幼龄林。老龄林土壤水分含量(0.32 cm/cm³)最高，幼龄林(0.27 cm/cm³)最低(表10-2)。

表10-2　平均土壤呼吸速率、土壤温度和土壤水分含量

林分	土壤呼吸速率[μmol CO₂/(m²·s)]	标准误	土壤温度(℃)	标准误	土壤水分含量(cm/cm³)	标准误
幼龄林	2.37a	0.25	12.42a	0.81	0.2734a	0.014

（续）

林分	土壤呼吸速率 [μmol CO₂/(m²·s)]	标准误	土壤温度 （℃）	标准误	土壤水分含量 （cm/cm³）	标准误
中龄林	2.59a	0.28	12.44a	0.93	0.3004b	0.014
成熟林	2.99b	0.37	11.36b	0.95	0.3045b	0.013
老龄林	3.32b	0.38	11.99c	0.94	0.3236c	0.013

注：同一列中不同小写字母表示在 $P=0.05$ 水平上差异显著。

不同林龄林分的土壤呼吸均与土壤 5 cm 温度季节动态一致（图 10-1a，c）。土壤水分含量较大的季节波动性导致与土壤呼吸在季节变异上与其解耦联（图 10-1b，c）。从春季到夏初，土壤水分含量急剧下降，而土壤呼吸仍随土壤温度增加而增加（图 10-1b，c）。土壤呼吸最高值发生在 7~8 月土壤温度达最高值时，最低值发生在春季（图 10-1c）。

不同林龄林分的土壤呼吸与 5 cm 土层的土壤温度呈极显著指数相关（图 10-2a），而土壤呼吸与土壤水分含量仅在中龄林呈微弱负相关（图 10-2b）。土壤 5 cm 温度解释了土壤呼吸变异的 73.8%~82.5%。土壤呼吸温度敏感性（Q_{10}）不同林龄间存在差异（图 10-2a），幼龄林、中龄林、成熟林和老龄林 Q_{10} 值分别为 3.39、3.50、4.17 和 3.50，平均值为 3.64±0.36。

暖温带不同林龄林分的土壤呼吸速率与以往关于温带森林土壤呼吸的研究结果相近（Boone et al., 1998；Subke et al., 2006；Wang et al., 2007；Wang et al., 2006）。

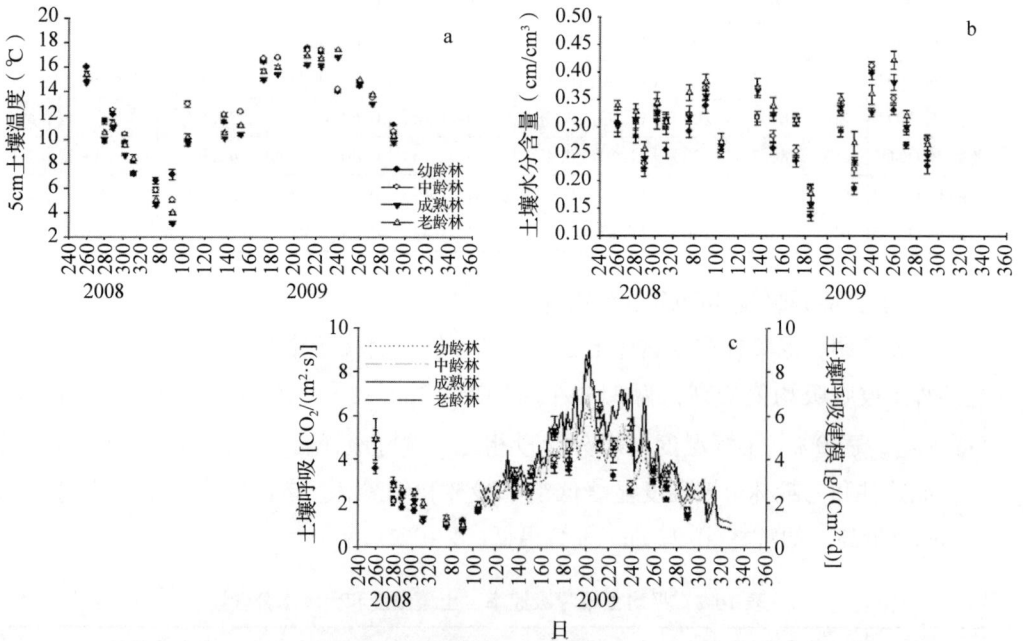

图 10-1 土壤 5cm 温度（a）、水分含量（b）及模拟与实测土壤呼吸速率（c）季节动态

注：误差线为标准误（$n=3$）。

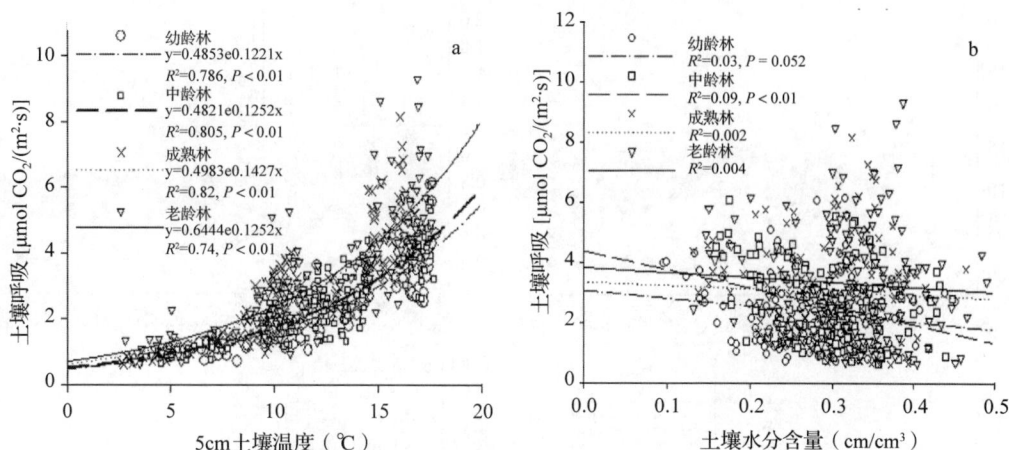

图 10-2　土壤呼吸与土壤 5cm 温度(a)、水分含量(b)间的关系

不同林龄林分的土壤温度解释了土壤呼吸时间变异的 73.8%~82.5%，而仅在中龄林发现了土壤呼吸与土壤含水量之间显著的负相关关系，这不同于 Wang 等(2006)关于中国几种温带森林土壤呼吸与含水量之间存在显著相关性的研究结果。这可能是由于暖温带地区降雨与 Wang 等(2006)研究的东北地区具有不同的季节格局，导致土壤水分含量与土壤温度在季节上的解偶联造成的。

(二)土壤呼吸的空间变异

土壤呼吸、土壤温度及土壤水分含量的空间变异可以由变异系数(Coefficient Variance，CV)来表征。土壤水分含量变异系数没有明显的季节动态，而土壤温度变异系数在秋末和早春较高(图 10-3a)。

土壤呼吸标准差季节动态与土壤温度一致(图 10-3b)。不同演替阶段土壤呼吸平均标准差分别为 0.41 μmol CO_2/ (m^2 · s)、0.49 μmol CO_2/ (m^2 · s)、0.52 μmol CO_2/ (m^2 · s)和 0.83 μmol CO_2/ (m^2 · s)，老龄林平均标准差显著高于其他三个阶段(图 10-3c)。各森林生长发育阶段土壤呼吸变异系数没有明显的季节动态(图 10-3c)。平均变异系数由幼龄林的 9%增加到老龄林的 35%(图 10-3c)。老龄林测量期内变异系数平均值显著高于其他阶段(图 10-3d)。

样地间土壤呼吸标准差和变异系数均随森林生长发育阶段而变化(图 10-3b，d)，老龄林具有较高的土壤呼吸标准差和变异系数(图 10-3c，e)。这可能是由于植物根分布的异质性，底物供应的变异性，或微生境等在空间上的复杂性造成的(Tang et al.，2005；Wang et al.，2006)。不过，各演替阶段变异系数没有明显的季节趋势，而标准差则呈现与土壤温度相类似的季节动态(图 10-3b，d)。相反，Saiz 等(2006c)发现云杉人工林土壤呼吸变异系数存在明显的季节动态。在 Saiz 等的研究中，根系呼吸占总呼吸的比例的最大值发生在夏季(Saiz et al.，2006a)，与最大土壤呼吸速率及最低土壤呼吸变异系数相一致(Saiz et al.，2006c)。然而，不同森林生长发育阶段，最大土壤呼吸速率与根呼吸占总呼吸的比例的最大值发生的时间并不一致。这可能是导致不

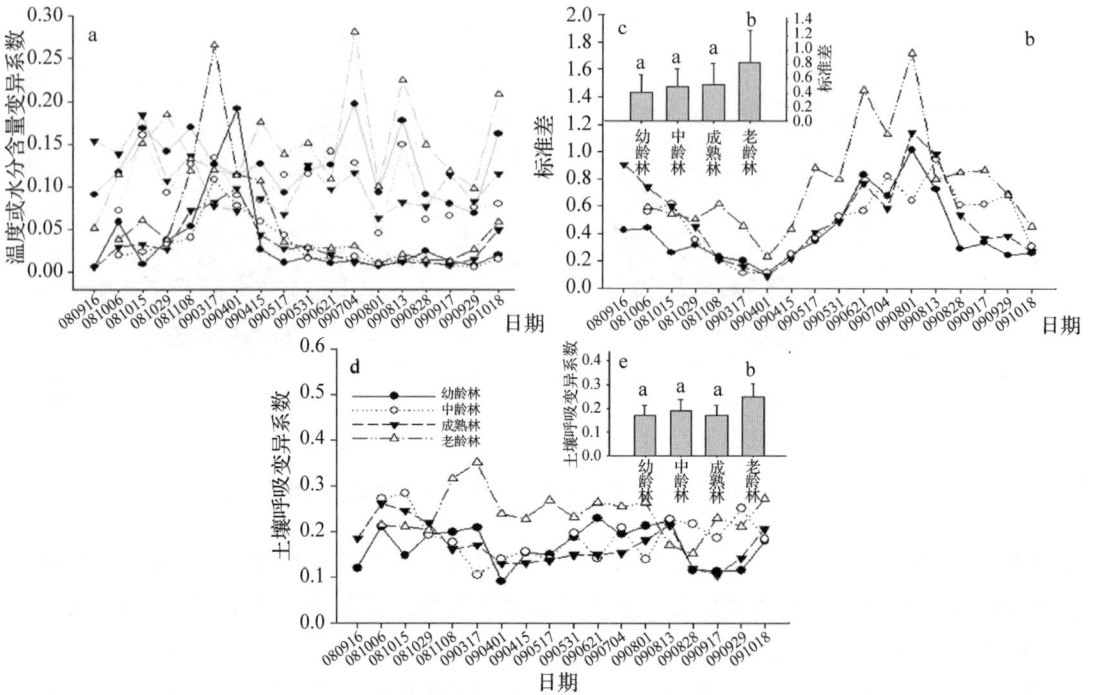

图 10-3　土壤温度、水分含量变异系数，土壤呼吸标准差、变异系数季节动态

注：a. 土壤温度(黑线)，水分含量(灰线)变异系数；b. 土壤呼吸标准差；c. 不同林分土壤呼吸标准差均值；d. 土壤呼吸变异系数；e. 不同林分土壤呼吸变异系数均值。误差线代表标准差，不同的小写字母代表在 $P=0.05$ 水平上差异显著。

同结果的主要原因。另外，Saiz 等(2006c)的研究指出，土壤温度和水分含量空间变异的季节动态影响了云杉人工林土壤呼吸空间变异的季节动态。

　　各阶段土壤呼吸测量在95%置信区间内达到10%或20%的误差范围内所需的测量样点数没有明显的季节动态。老龄林所需取样点显著高于其他林分(图 10-4)。本研究中，9 个重复取样点可足够将土壤呼吸控制在土壤呼吸实际值的20%误差范围内。

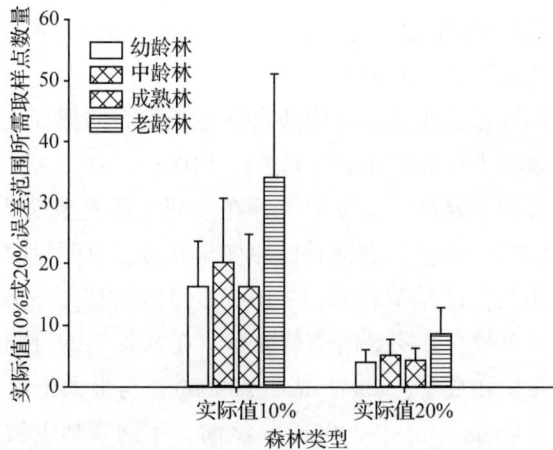

图 10-4　95%置信区间内，满足 10%或 20%误差范围所需取样点数量

注：误差线代表标准差，不同的小写字母代表在 $P=0.05$ 水平上差异显著。

（三）累积土壤呼吸量及其影响因素

生长季累积土壤呼吸通量随森林生长发育而增加，分别为 623.66 ± 37.56 g C/m^2、658.54 ± 11.03 g C/m^2、805.74 ± 24.44 g C/m^2 和 831.96 ± 22.79 g C/m^2（图 10-5）。土壤 0~10cm 碳、氮库随林龄增加而增加。老龄林轻组有机碳库含量显著高于其他林分（$P<0.05$）。0~5 cm 土壤毛管孔隙度和总孔隙度随林龄增加而显著降低，非毛管孔隙度各林分间无显著差异（表 10-3）。

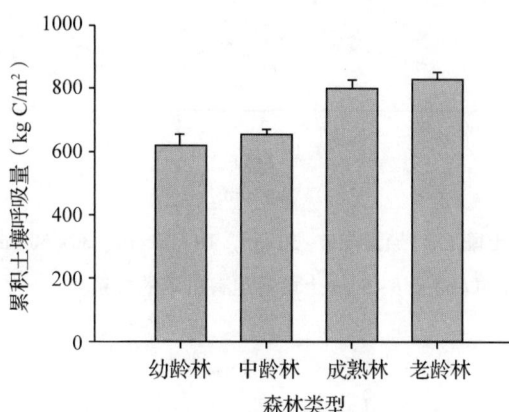

图 10-5 2009 年生长季（4 月 16 日至 10 月 15 日）累积土壤 CO_2 通量

注：误差线代表标准误。不同的小写字母代表在 $P=0.05$ 水平上差异显著（LSD）。

表 10-3 土壤物理和化学性质、细根生物量及叶面积指数

测定林分和土壤深度	有机碳 （kg C/m^2）			全氮 （kg N/m^2）		轻组有机碳 （kg /m^2）	细根生物量 （g/m^2）	非毛管孔隙度	毛管孔隙度	总孔隙度	
土层深度（cm）	0~10	10~30	30~50	0~10	10~30	30~50	0~5	0~30	0~5	0~5	0~5
幼龄林	29.2a (1.9)	35.2a (0.97)	20.3a (3.21)	2.12a (0.17)	2.68a (0.21)	1.53a (0.30)	10.1a (0.60)	400.7a (11.2)	0.09a (0.02)	0.58ac (0.03)	0.68ac (0.02)
中龄林	35.3a (0.5)	48.3b (0.79)	35.3a (3.28)	2.48a (0.17)	3.37ab (0.32)	2.65b (0.25)	8.1a (0.64)	391.9a (25.8)	0.08a (0.02)	0.62a (0.02)	0.70a (0.01)
成熟林	34.0a (2.2)	43.1ab (0.63)	30.0a (1.77)	2.49a (0.13)	3.79b (0.07)	2.74b (0.17)	11.0a (0.90)	408.1ab (27.7)	0.11a (0.02)	0.50b (0.02)	0.61b (0.01)
老龄林	44.9a (9.7)	48.3b (5.46)	32.4a (8.42)	2.50a (0.7)	3.00ab (0.42)	1.89ac (0.14)	17.6b (2.16)	465.5b (4.5)	0.11a (0.00)	0.53bc (0.02)	0.64bc (0.02)

注：同一列中不同小写字母表示在 $P=0.05$ 水平上差异显著。

生长季累积土壤 CO_2 通量与 0~10 cm SOC 呈弱相关，与 10~30 cm、30~50 cm SOC，与 TN 无相关关系（图 10-6a，b）。但生长季累积土壤 CO_2 通量与土壤 0~5cm 轻组有机碳储量（LFOC）显著相关（$R^2=0.473$，$P=0.013$）（图 10-7c）。细根生物量与生长季累积土壤 CO_2 通量间存在弱相关关系（图 10-7a）。细根生物量与瞬时土壤呼吸速率间显著相关关系主要发生在生长季（图 10-7b）。另外，生长季累积土壤 CO_2 通量与土壤总孔隙度和毛管孔隙度呈显著负相关(图 10-8)，与土壤 pH 值、C∶N、和 LAI 间无显著相关。

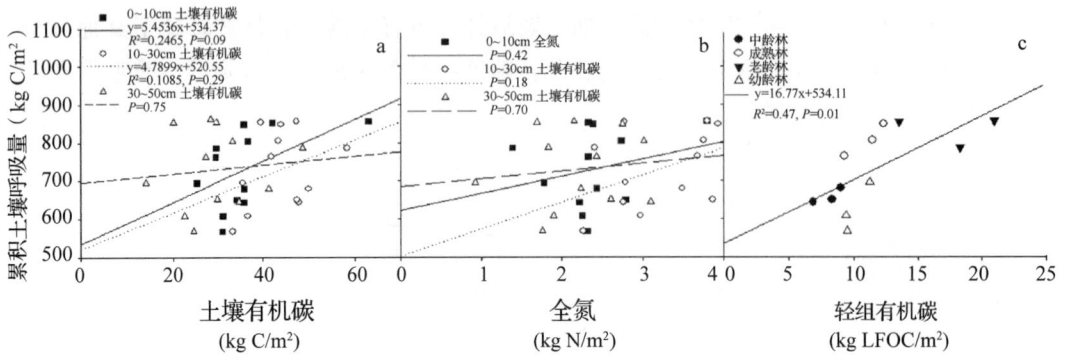

图 10-6　生长季累积土壤 CO₂ 通量与 0~10 cm、10~30 cm、30~50 cm 土壤(a)、全氮(b)及 0~5cm 土壤轻组有机碳的关系

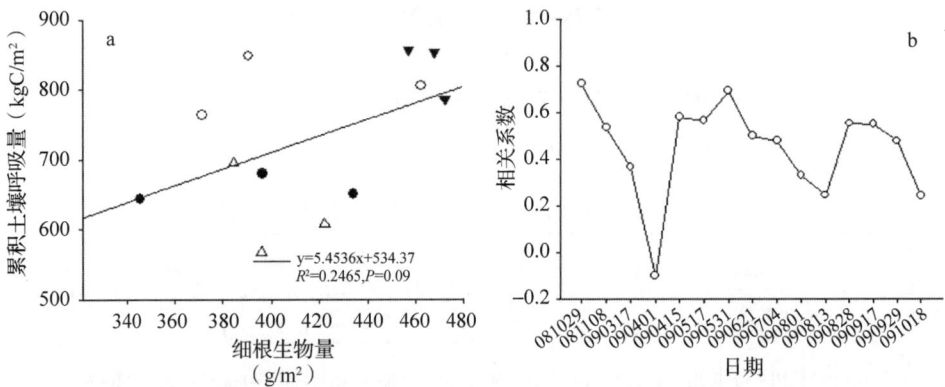

图 10-7　土壤 CO₂ 通量与细根生物量的关系(a)及相关系数季节格局(b)

注：*，＊＊和＊＊＊分别代表在 P=0.1，0.05 和 0.01 水平上显著相关。

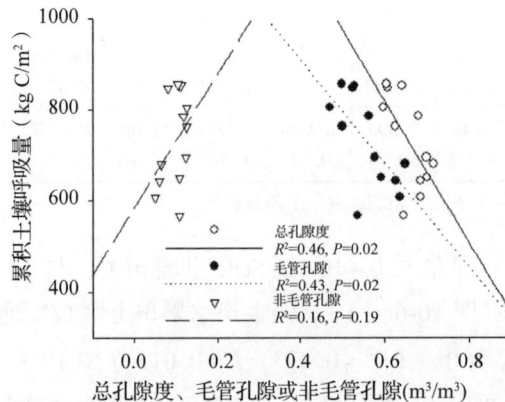

图 10-8　生长季累积土壤 CO₂ 通量与 0~5cm 土壤总孔隙度(TP)、毛管孔隙度(CP)及非毛管孔隙(NCP)之间的关系

植被结构、物种组成及森林生长发育状态会强烈影响森林碳分配格局(Tang et al. , 2009；Wang et al. , 2006)、土壤微气候(Raich et al. , 2000)，进而影响土壤呼吸。老龄林和成熟林土壤呼吸速率显著高于幼龄林和中龄林(表 10-2)，与 Litton 等(2003)报道的老龄林(110 年生)土壤呼吸高于幼龄林(13 年生)的结果相一致。Wiseman 和 Seiler (2004)同样也发现火炬松人工林土壤呼吸速率随林龄增加而增加。相反，Wang 等(2002)发现在一个火烧迹地演替序列中(11~130 年)，土壤呼吸速率随火烧年龄增加而降低，这可能是由于火烧后大量易分解的有机碳输入到土壤中，短期内大量活性有机碳的输入显然将导致土壤呼吸速率的增加，但随着演替的进展，易分解有机碳的逐渐损耗将导致土壤呼吸速率随之降低。相对于火烧迹地演替序列，采伐迹地演替序列中情况相反，因为采伐不仅带走了大量的地上碳库，还会在短期内改变林地微环境，从而导致土壤原有碳库的快速丢失(Kim，2008)。另一方面，土壤呼吸主要由自养和异养呼吸两部分组成(Boone et al. , 1998；Hanson et al. , 2000；Jassal et al. , 2006；Kelting et al. , 1998；Kuzyakov，2006)，因此，林龄对土壤呼吸影响的复杂性也可能是来源于土壤呼吸不同组分贡献的差异。

二、暖温带森林生长发育与土壤呼吸组分

土壤呼吸主要由自养呼吸(如根系呼吸)和异养呼吸(如土壤微生物)两部分组成(Boone et al. , 1998；Hanson et al. , 2000；Jassal et al. , 2006；Kelting et al. , 1998；Kuzyakov，2006)。其中，根系呼吸占土壤总呼吸的 10%~90%(Hanson et al. , 2000)。土壤呼吸不同组分对环境变化的不同响应(Boone et al. , 1998；Epron et al. , 2001；Fang et al. , 2001；Fang et al. , 2005；Hartley et al. , 2007)对土壤及生态系统的碳平衡具有深远意义(Hanson et al. , 2000；Subke et al. , 2006)。

土壤温度和水分含量被认为是控制土壤呼吸时间变异的主要因素(Davidson et al. , 1998；Janssens et al. , 2001b)。然而，不同的组分来源导致土壤呼吸的空间变异表现出更高的复杂性。如细根(Saiz et al. , 2006c；Tang et al. , 2009)、植物光合(Tang et al. , 2005)、叶面积、初级生产力(Högberg et al. , 2001；Rey et al. , 2002；Yuste et al. , 2004)，新光合产物在根系的分配格局(Bhupinderpal-singh et al. , 2003；Högberg et al. , 2001)等影响了土壤自养呼吸动态。而土壤异养呼吸的空间变异主要受土壤理化性质、底物可用性等的影响。如地上地下凋落物(Ryan et al. , 2005)、土壤有机碳(Wang et al. , 2007；Xu et al. , 2001a)、土壤活性有机碳浓度(Laik et al. , 2009)等的空间分布均不同程度地影响了土壤异养呼吸的空间格局。因此，将土壤呼吸区分为自养和异养呼吸将有助于理解气候变化及森林生长发育对土壤碳循环的影响。本节旨在通过对暖温带不同森林生长发育阶段森林土壤呼吸组分的区分，了解森林不同生长发育阶段土壤呼吸各组分的季节动态，阐明各组分随演替进展的变化及其控制因素。

(一) 不同演替阶段土壤呼吸组分与土壤温湿度关系

断根(R_T)与未断根(R_{UT})样方土壤呼吸速率均与土壤 5 cm 温度呈指数相关，指数

模型分别解释了断根和非断根样方土壤呼吸变异的 $60.4\% \sim 88.0\%$ 和 $61.3\% \sim 86.0\%$（表 10-4）。多元线性回归（T_5、SWC 和 $T_5 \times SWC$ 为独立变量）表明，土壤水分含量在预测土壤呼吸时不显著。因此，预测生长季断根及未断根样方累积呼吸（R_T 和 R_{UT}）模型中只包含了土壤 5 cm 温度。

表 10-4　不同林龄森林断根及未断根样方内土壤呼吸与 5cm 土壤温度模型参数

林分类型	壕沟断根样方模型参数						未断根样方模型参数					
	取样数	α	β	Q_{10}	P 值	决定系数	取样数	α	β	Q_{10}	P 值	决定系数
幼龄林 1	43	0.528	0.090	2.46	0.000	0.604	44	0.454	0.118	3.25	0.000	0.828
幼龄林 2	44	0.328	0.127	3.56	0.000	0.788	44	0.493	0.117	3.22	0.000	0.771
幼龄林 3	43	0.526	0.104	2.83	0.000	0.651	43	0.460	0.130	3.67	0.000	0.827
中龄林 1	44	0.451	0.110	3.00	0.000	0.828	44	0.513	0.121	3.35	0.000	0.841
中龄林 2	43	0.430	0.118	3.25	0.000	0.811	42	0.483	0.122	3.39	0.000	0.821
中龄林 3	43	0.390	0.112	3.06	0.000	0.777	42	0.426	0.136	3.90	0.000	0.834
成熟林 1	44	0.393	0.132	3.74	0.000	0.880	44	0.483	0.140	4.06	0.000	0.810
成熟林 2	44	0.568	0.103	2.80	0.000	0.832	44	0.507	0.144	4.14	0.000	0.860
成熟林 3	44	0.403	0.127	3.56	0.000	0.867	44	0.496	0.142	4.14	0.000	0.854
老龄林 1	44	0.609	0.114	3.13	0.000	0.866	43	0.547	0.137	3.94	0.000	0.834
老龄林 2	44	0.614	0.125	3.49	0.000	0.841	43	0.716	0.120	3.32	0.000	0.613
老龄林 3	42	0.639	0.115	3.16	0.000	0.779	43	0.675	0.118	3.25	0.000	0.818

注：回归模型为：$R = \alpha e^{\beta=}$，R 为 R_T 或 R_{UT}；α、β 为显著的相关系数（$\alpha = 0.05$）。N、P 和 R^2 分别代表取样数、显著度值、决定系数。所有模型均显著相关（$P < 0.001$）。

　　幼龄与中龄林未断根与断根样方土壤呼吸差值（$R_{UT} - R$，主要由根呼吸组成）的峰值出现在 9 月，大约比断根样方（R_T，主要由异养呼吸组成）土壤呼吸峰值晚 1 个月（8 月）（图 10-9）。类似的现象在扭叶松林（Pinus contorta）（Scott-Denton et al., 2006）和一系列温带森林（Wang et al., 2007）中被发现。Gaumont-Guay 等（2008）在北部黑云杉林中发现根呼吸（R_R）较总生态系统光合作用峰值推迟约 24 天，这可能是由于光合产物向根部运移的滞后效应引起的。然而，本研究没有在老龄和成熟林中发现类似现象。这种不同演替阶段根系呼吸季节动态的差异可能受其他生物物理过程影响。Fu 等（2002）报道，根际呼吸不仅随植物物种变化，也随植物物候而变化。Högberg 等（2001）也强调林分类型及相关代谢作用（如物候、光合产物分配等）在控制根系呼吸季节格局中十分重要。精确地测量光合产物向根的运移速率或利用新的技术测量根系呼吸将有助于对研究结果进行验证。

　　不同森林生长发育阶段根呼吸占总呼吸的百分比（RC）在早春均较高，这可能反映了林冠下层草本植物等在这一时期的快速生长。不同阶段土壤异养呼吸（R_H）相似的季节格局表明异养呼吸在时间上主要由环境因子控制，而老龄和成熟林较幼龄和中龄林较高的季节变异可能是由于较高的可用性底物造成的。这表明，异养（R_H）和自养

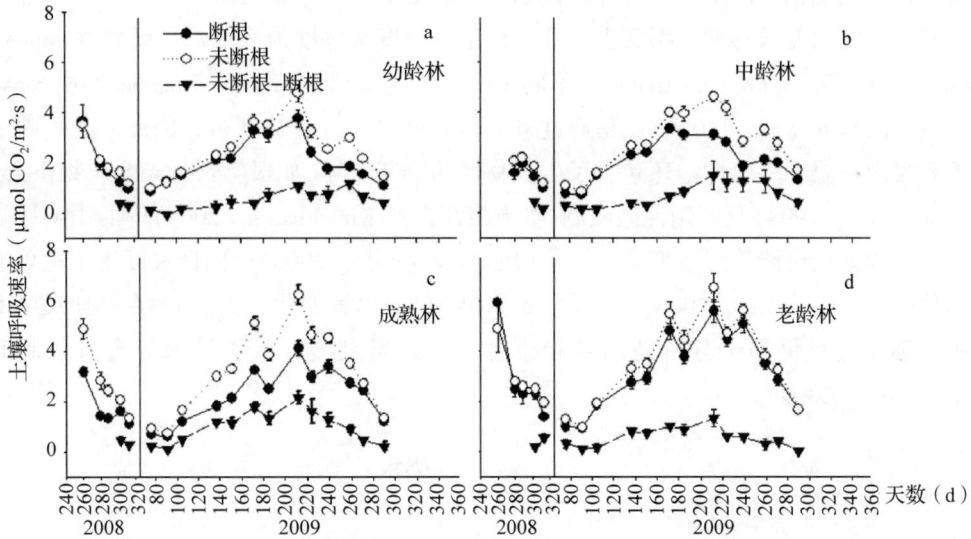

图10-9　4种林分断根、未断根样方土壤呼吸及两者差值季节动态

注：误差项代表标准差（断根及未断根样方 $n=9$，未断根-断根样方 $n=3$）。

（R_R）呼吸的季节格局具有不同的驱动机制。

（二）不同演替阶段土壤呼吸组分季节动态

断根（R_T）及未断根（R_{UT}）样方内土壤呼吸季节格局与土壤5cm温度较一致（图10-10），峰值出现在8月，谷值出现在3月和11月（图10-10）。而幼龄和中龄林未断根与断根样方呼吸值的差值（$R_{UT}-R_T$）与土壤5cm温度格局有所差异，峰值出现在9月（图10-10）。相比老龄和成熟林，幼龄和中龄林断根及未断根样方土壤呼吸均呈现较小的季节变异（图10-10）。各阶段异养呼吸估计值（R_H）季节格局与5cm土壤温度较一致，在8月达到峰值[从中龄林的3.03到老龄林的5.55 g C/（$m^2 \cdot d$）]（图10-10）。不过，根呼吸（R_R）各林龄之间呈现不同的季节动态，幼龄和中龄林峰值出现在9月，比成熟和老龄林（8月）晚近1个月（图10-10）。2009年，各林龄根系呼吸对总土壤呼吸的贡献率（RC）随时间变化，从12%至52%。其中，幼龄和中龄林根呼吸占总呼吸的比例先降低（3~5月）后升高（5~9月）（图10-11）。而成熟和老龄林根呼吸占总呼吸的比例则从3月至生长季末期一直呈降低趋势（图10-11）。根呼吸（R_R）、异养呼吸（R_H）均与土壤5 cm温度呈显著指数关系（图10-12）。异养呼吸温度敏感性（Q_{10}）显著高于根呼吸温度敏感性（$F_7=8.74$，$P=0.025$）。

不同森林演替阶段土壤异养和自养呼吸温度敏感性分别为3.6~4.26和1.75~3.35，与以往关于温带森林土壤呼吸温度敏感性的研究结果类似（Davidson et al.，1998；Kirschbaum，1995）。异养呼吸温度敏感性显著高于根系呼吸，这与 Hartley 等（2007）的研究结果一致，在一个土壤增温实验中，Hartley 等发现根呼吸占总呼吸的比例与土壤对变暖的响应（Q_{10t}）呈负相关，这表明土壤异养呼吸较根系呼吸对温度响应更加敏感。Lee 等（2003）也在落叶林中有类似的发现。然而，Boone 等（1998）却在温带混交林中发现相反的结果。另外，Bååth 和 Wallander（2003）则认为根呼吸与异养呼吸具有相同的温度敏感性。事实上，此处讨论的温度敏感性为表面温度敏感性（apparent seasonal temperature sensitivity），不同于内在温度敏感性（intrinsic temperature sensitivity）（Davidson et al.，2006），是通过整个季节土壤呼吸计算获得，因此，既反映了土壤呼吸内在温度敏感性，还包含了生物物候的季节变异（如根生长、光合产物供给）（Boone et al.，1998）及可用性碳限制（如湿度限制）（Kirschbaum，2006）等的影响，且这些影响因素也可能受温度变化的影响（Davidson et al.，2006），因此温度敏感性可能被高估（Davidson et al.，2006；Lloyd et al.，1994）。尽管如此，Q_{10} 函数在样地尺度上模拟土壤呼吸时仍是十分有效的经验模型，尤其当土壤呼吸不受水分含量限制时（Tang et al.，2009）。

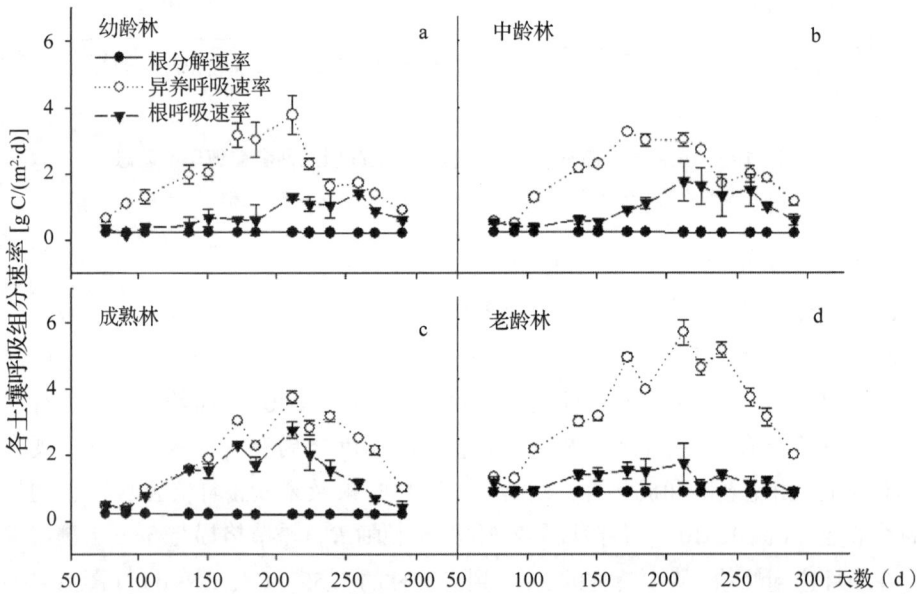

图 10-10 异养呼吸（R_H）、根呼吸（R_R）及根分解（R_D）速率［g C/（m² · d）］季节动态

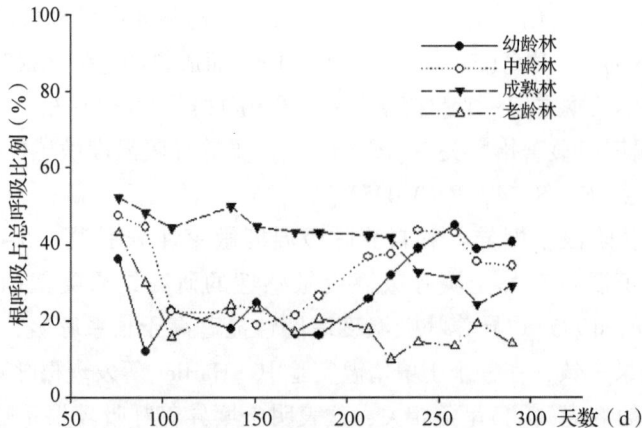

图 10-11 根系呼吸占总呼吸的百分比（RC）季节动态

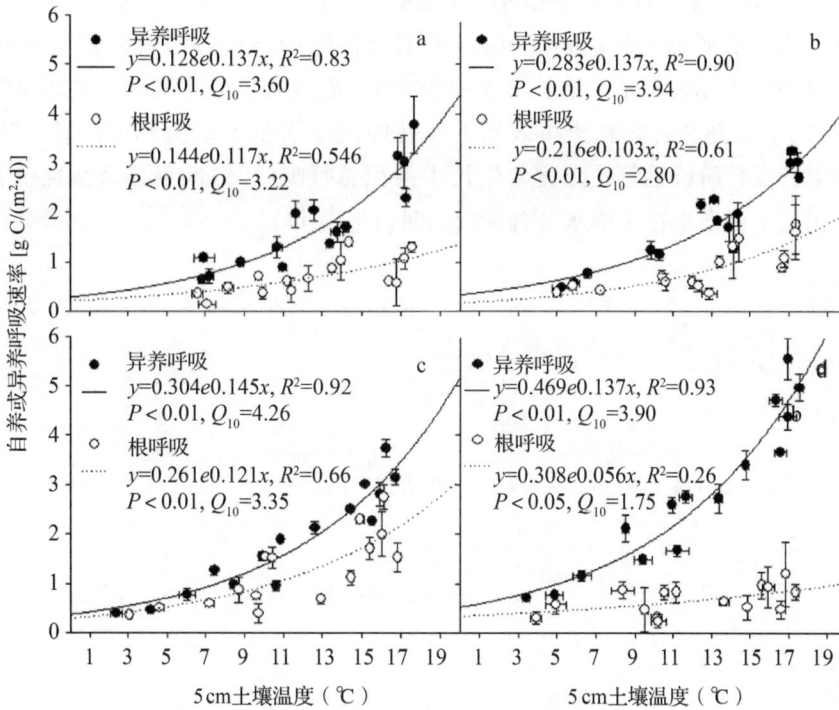

图 10-12　幼龄(a)、中龄(b)、成熟(c)、老龄(d)林土壤温度与异养呼吸(R_H)及根呼吸(R_R)的关系

(三)不同森林生长发育阶段的呼吸组分生长季累积通量

通过模型估计各演替阶段累积呼吸量的结果表明，土壤总呼吸通量(R_{UT})随演替进展而增加。老龄和成熟林累积土壤总呼吸通量(R_{UT})显著高于中龄和幼龄林(表 10-5)。不同森林演替阶段，生长季累积自养(R_R)、异养呼吸(R_H)也存在显著差异($P<0.05$)。生长季累积异养呼吸(R_H)由幼龄林的 431.72 g C/m^2 增加到老龄林的 678.93 g C/m^2。生长季累积根系呼吸(R_R)则由幼龄林的 191.94 g C/m^2 增加到成熟林的 321.12 g C/m^2然后降低到老龄林的 153.03 g C/m^2(表 10-5)。根呼吸占总呼吸的百分比由幼龄林的 30.78%增加到成熟林的 39.85%，而后降低到老龄林的 18.39%(表 10-5)。

表 10-5　4 种林分土壤呼吸各组分 2009 年生长季累积 CO_2 通量

林分类型	断根样方土壤呼吸（g C/m^2）	未断根样方土壤呼吸（g C/m^2）	根分解（g C/m^2）	异养呼吸（g C/m^2）	根系呼吸（g C/m^2）	根呼吸比例（%）
幼龄林	472.43(31.71)a	623.66(37.56)a	40.70(0.52)	431.72(31.86)a	191.94(9.23)a	30.78
中龄林	492.43(19.80)a	658.54(11.03)a	40.41(1.19)	452.02(19.57)a	206.51(29.95)a	31.36
成熟林	523.29(11.99)a	805.74(24.44)b	38.67(1.28)	484.62(12.42)a	321.13(36.68)b	39.85
老龄林	724.10(40.80)b	831.96(22.79)b	45.17(0.21)	678.93(40.97)b	153.03(41.35)a	18.39

注：断根，未断根，根呼吸，异养呼吸及根呼吸占总呼吸的比例。表中数字为平均值±标准误。同一列中不同小写字母表明在 $P=0.05$ 水平上差异显著(LSD 法)。

胸高断面积和(BA)、土壤总有机碳(SOC)呈较好的线性关系(图 10-13)。生长季累积总呼吸(R_S)与叶面积指数(LAI)存在弱的二次方程关系($P = 0.074$)(图10-13)。生长季累积异养呼吸(R_H)与0~10cm土壤有机碳($P = 0.058$)和轻组有机碳库($P = 0.001$)呈线性正相关关系,生长季累积根呼吸(R_{otr})与轻组有机碳库之间呈线性相关(图10-13)。成熟和老龄林土壤表层毛管孔隙度显著低于幼龄和中龄林(图10-14)。各森林生长发育阶段毛管孔隙度与生长季累积总呼吸(R_{UT})间呈显著线性负相关,且这种负相关主要发生在土壤水分含量较高时(图10-14)。

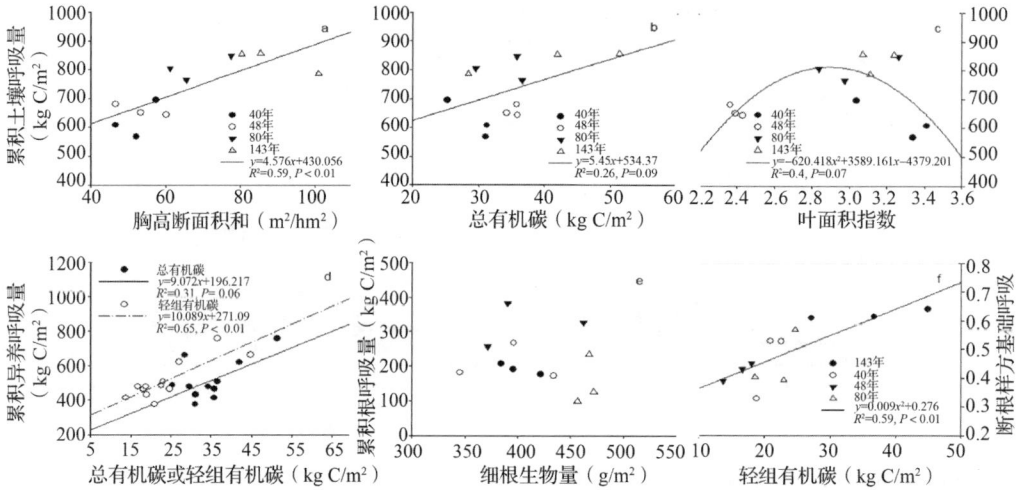

图10-13 土壤累积呼吸与土壤碳库、细根生物量、胸高断面积相关关系

注:累积总土壤呼吸与基面积(a)、总有机碳(b)、叶面积指数(c)关系;累积异养呼吸与总有机碳、轻组有机碳关系(d);累积根呼吸与细根生物量关系(e);断根样方基础呼吸与轻组有机碳关系。

各森林生长发育阶段生长季累积R_{UT}、R_H、R_R及RC均与以往温带森林研究结果接近(Bond-Lamberty et $al.$, 2004b; Hanson et $al.$, 2000; Subke et $al.$, 2006)。如Zhou等(2006)报道,亚热带地区老龄林能累积土壤碳库,本研究也发现老龄林较高的土壤碳库解释了较高的土壤表面CO_2通量。由于较低的土壤温度、可用性氧气含量及较高的土壤团聚体含量,导致底层土壤有机碳分解较慢(Six et $al.$, 2002)。因此,没有发现土壤呼吸与10~30cm、30~50cm土壤碳库的相关关系。与Nsabimana等(2009)报道相似,我们也发现R_{UT}与样地内树木胸高断面积和(BA)间存在正相关关系。但是,BA能更好地解释土壤异养呼吸立地间的差异,而与根呼吸立地间差异没有显著相关关系,说明立地生物量并不是根系呼吸量的决定因素。与Tang等(2009)报道一致,土壤呼吸与LAI间不存在任何线性关系,尽管LAI与总初级生产力(GPP)相关并可能在短期内(日到月)驱动呼吸(Högberg et $al.$, 2001; Tang et $al.$, 2005),不过,根生物量可能比LAI更能影响土壤呼吸(Tang et $al.$, 2009)。但是,二次方程可一定程度上模拟土壤呼吸与LAI间的关系($P = 0.074$)。另一方面,随着森林生长发育阶段的提高,土壤物理性状会有一定程度的改变,这种改变或许会对土壤CO_2通量产生影响,例如,土壤毛管孔隙度均随演替而显著降低。这些物理性状将对土壤中CO_2

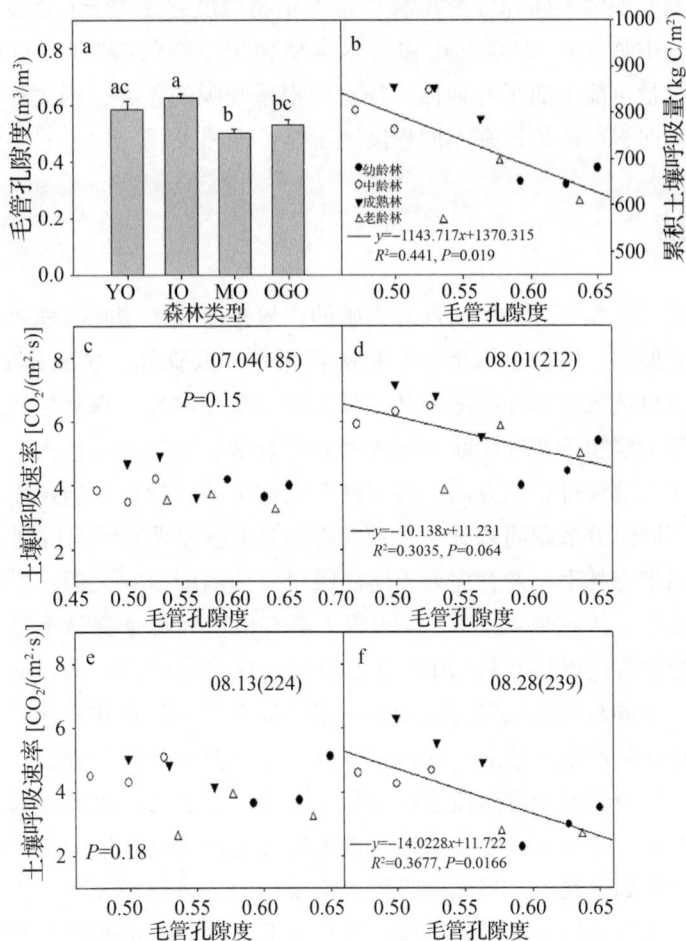

图10-14 毛管孔隙度(a)、土壤呼吸与毛管孔隙度的关系(b,c,d,e,f)

注:(b)生长季累积总土壤呼吸与毛管孔隙度的关系。7月4日(c)、8月1
日(d)、8月13日(e)、8月28日(f)的土壤呼吸速率与毛管孔隙度关系。
不同字母代表在 $P=0.05$ 水平上差异显著。

的溢出产生影响。例如,研究发现老龄和成熟林中较低的 CP 一定程度上解释了这两
种森林较高的土壤表面 CO_2 通量,尤其在土壤水分含量较高时,效果更加明显,这意
味着土壤毛管孔隙中的悬着水可能限制了土壤中 CO_2 气体的溢出。

生长季累积土壤异养呼吸(R_H)与 SOC 和 LFOC 相关,SOC 解释了林分间异养呼吸
(R_H)变异的 31.4%,而 LFOC 解释了 65.4%。LFOC 与 R_H 间关系的斜率高于 SOC 与
R_H 间关系的斜率。另外,不同林分断根样方土壤呼吸基础呼吸差异很大程度上依赖
于土壤活性碳库含量,这与 Wang 等(2010)的 SR_{10} 与 SOCD 呈正相关的结果相吻合。
以上结果表明,不同演替阶段间土壤异养呼吸间差异主要由不同林分间土壤可用性底
物供给及有机质质量的差异造成。不同于 Wang 和 Yang(2007)的研究结果,没有发现
根系呼吸(R_R)与细根生物量间有显著的相关性。这可能由以下几个原因造成:①细根
取样过程中,没有区分草本与木本植物的根,这可能导致估计不同林分类型细根生物

量时的不够精确,因为不同林分类型林下草本植物盖度存在差异(老龄和成熟林草本盖度高于幼龄和中龄林),而草本植物与木本植物根生物量与呼吸量可能不成比例;②夏季细根生物量可能不能很好地估计样地间根系呼吸的差异,因为如前所述,光合作用及光合产物向根部的传送都不同程度地影响了根呼吸。

三、小结

森林土壤有机碳尤其是土壤活性有机碳的积累是造成土壤呼吸随森林生长发育进展而增加的重要原因。增加土壤惰性有机碳积累是降低森林土壤碳排放的有效途径。森林生长及产量也造成土壤呼吸随森林生长发育进展而增加。森林生长发育还通过改变例如孔隙度等土壤物理特征影响土壤表面 CO_2 释放,意味着通过人为改变土壤物理特征,朝不利于土壤碳排放的方向,将有助于森林土壤碳封存。但还需通过进一步区分土壤呼吸的不同组分来阐明森林生长发育阶段对土壤呼吸的影响机制。

通过对暖温带森林生长发育序列土壤呼吸组分分离的研究表明,异养呼吸占土壤总呼吸的主要部分,约 60%~82%。意味着土壤有机质分解是森林土壤有机碳损失的主要来源,但随演替进展从幼龄(70%)至成熟林(60%)呈降低趋势,而到老龄林则迅速攀升(82%)。不同森林生长发育阶段对土壤呼吸中异养呼吸和根际呼吸的影响存在差异。对异养呼吸量产生正效应,这种正效应主要来源于随演替进展土壤活性有机碳的积累。因此,如何降低老龄阶段这些大量积累的土壤活性有机碳的活性将是森林土壤固碳面临的挑战。森林生长发育阶段对根系呼吸的影响呈先增加后降低趋势,即成熟林土壤根系呼吸到达峰值。异养呼吸的温度敏感性较自养呼吸高,表明土壤有机碳的损失对未来气候变暖将更加敏感,这同样为未来森林土壤固碳提出了挑战。

第三节　暖温带森林结构、土壤性质与土壤碳过程空间格局

土壤温度和水分含量被认为是影响土壤呼吸时间变异的主要因素(Davidson *et al.*, 1998; Janssens *et al.*, 2001b)。然而,由于土壤呼吸由自养(根呼吸)和异养(微生物呼吸)等不同组分呼吸组成(Boone *et al.*, 1998; Hanson *et al.*, 2000; Jassal *et al.*, 2006; Kelting *et al.*, 1998),土壤呼吸空间变异性的研究难度也因此加大(Søe *et al.*, 2005)。细根生物量分布及周转速率的空间分配(Saiz *et al.*, 2006c; Tang *et al.*,

2009）、叶面积及初级生产力的空间变化（Högberg et al., 2001；Rey et al., 2002；Yuste et al., 2004）、光合产物在植物根的分配格局（Bhupinderpal-singh et al., 2003；Högberg et al., 2001）都不同程度地影响了根系呼吸在空间上的变化。另一方面，土壤生物物理环境、底物可用性等控制了土壤异养呼吸的空间变异。如，地上地下凋落物（Ryan et al., 2005）、土壤有机碳含量（Wang et al., 2007；Xu et al., 2001a）、活性有机碳含量（Laik et al., 2009）等。另外，以往关于温带森林的研究表明，土壤有机碳、氮、磷、镁含量，以及凋落物层厚度等都在一定程度上解释了土壤呼吸的空间变异性（Ohashi et al., 2007；Søe et al., 2005；Xu et al., 2001a）。既然根呼吸及死根分解依赖于树木地下碳分配，那么，地上与地下生理间必定存在较强的关联性。因此，森林生态系统中，林分结构或许一定程度上能够解释土壤呼吸的空间变异格局（Katayama et al., 2009；Søe et al., 2005）。土壤物理性状中，诸如土壤容重、孔隙度、孔隙充水率等也因为其对土壤气体扩散的影响而影响了土壤呼吸空间格局（Jassal et al., 2004；Lin et al., 2009；Søe et al., 2005；Ullah et al., 2008）。假设：土壤化学、物理性状，林分结构，根分布格局等因素都可能在不同程度上解释了土壤呼吸的空间格局。此外，土壤呼吸在时间上也可能因为这些控制因子随时间的变化而呈现不同的空间格局（Xu et al., 2001a）。找到控制土壤呼吸空间格局的关键因素，对于大尺度土壤呼吸估测具有重要意义。

不同林分类型间土壤呼吸可能对未来气候变化表现出不同的响应，土壤呼吸量的差异也可能深刻影响着森林净生态系统交换（NEE）量（Palmroth et al., 2005）。在20世纪50年代后期，中国暖温带地区森林大面积采伐后，在皆伐迹地营造了大面积的华山松人工纯林，其余皆伐迹地则由于没有采取任何营林措施而形成了大面积以栎类为主的次生林。这为研究森林植被覆盖变化对土壤呼吸的影响提供了较好的实验条件。人工林相比天然次生林而言，具有较为单一的林分结构，而且，由于长期不同质量和数量凋落物的输入（针叶、阔叶），也可能导致土壤质量发生变化（Li et al., 2005；Luan et al., 2010），进而改变地下碳格局并导致土壤表面碳通量格局的差异性。基于该研究对于估计该区当前及未来碳收支状况的重要性，本研究选取了相邻的天然更新的锐齿栎林与人工更新的华山松林为研究对象，两种森林类型均建立在50年前采伐迹地上，且具有类似的土壤状况及经营历史。通过分别设置60 m×80 m大样方，每木定位，测定胸径，并以10 m×10 m栅格网布局进行土壤呼吸、土壤有机碳、细根生物量的测定，旨在了解两种森林类型土壤呼吸时空格局及差异、两种森林类型土壤呼吸时空格局的调控因素、土壤呼吸温度敏感性的空间格局及其影响因素。

一、土壤呼吸空间格局及其季节动态

研究结果表明，两种森林类型各观测点土壤呼吸速率与土壤5 cm温度呈相似的季节格局（图10-15a，b，c），而土壤湿度季节格局不同（图10-15d）。两种森林类型土壤呼吸均呈现较大的空间差异（图10-15a，b），其变异系数随季节变化（图10-16）。

锐齿栎林（OF）与华山松人工林（PP）土壤呼吸变异系数最高值均出现在早春（32.78%和25.59%）。锐齿栎林变异系数最小值出现在夏季中段（25.83%），而华山松人工林则出现在初夏（21.82%）。

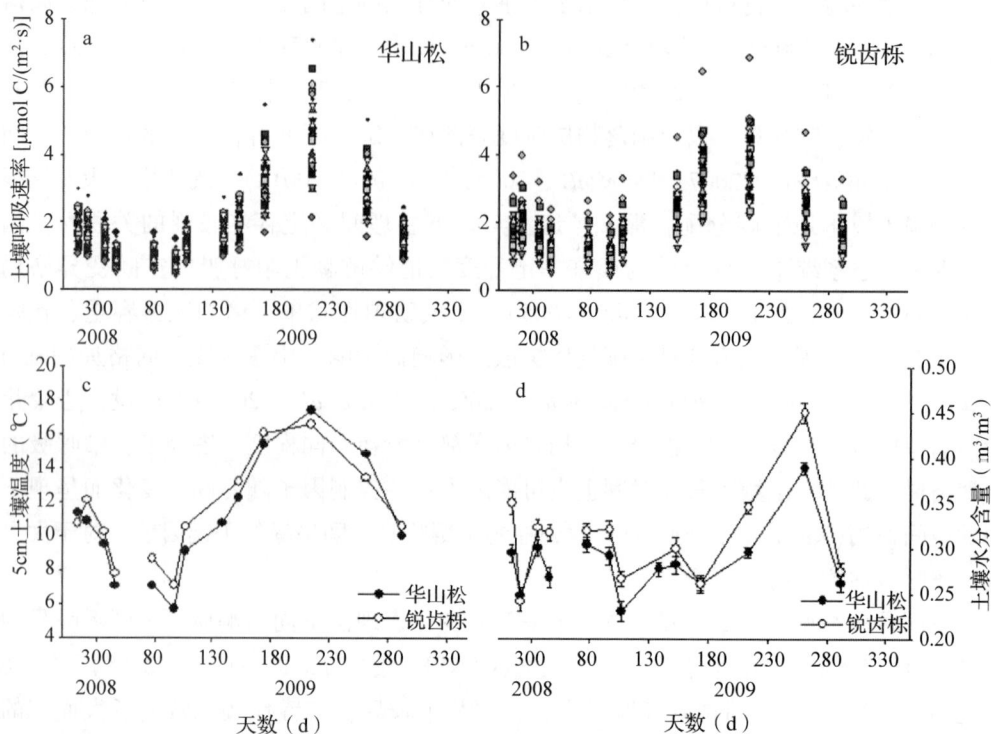

图 10-15　土壤呼吸、土壤温度、土壤水分含量季节动态

注：误差线为标准误，$n = 35$。

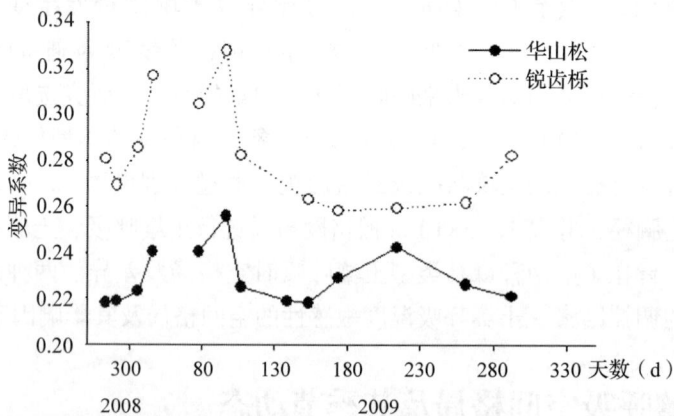

图 10-16　锐齿栎林和华山松人工林土壤呼吸空间变异系数的季节动态

　　锐齿栎林和华山松人工林各观测点 2009 年生长季平均土壤呼吸速率分别为 1.21~4.25 μmol C/(m²·s)和 1.15~3.49 μmol C/(m²·s)。这种较大的空间变异性

表明，土壤呼吸很容易由于取样方法的不同而被高估或低估。不过，整个测量过程中，土壤呼吸具有较为稳定的空间分配格局。尽管土壤呼吸在时间上有变异性，土壤呼吸这种相对稳定的空间格局必定与某一个或几个相对稳定的地下格局相对应。

锐齿栎林土壤呼吸变异系数在冬季较大，而在夏季较小，这与 Ohashi 和 Gyokusen (2007) 在日本雪松林的研究一致。而在华山松人工林，土壤呼吸变异系数出现了两个峰值，这可能是由于针叶林与落叶阔叶林不同的物候、土壤呼吸组分来源及其控制因子等的差异造成。研究发现，锐齿栎次生林土壤呼吸空间变异系数高于华山松人工林，可能由人工林较为单一的林分结构造成。

本研究中土壤呼吸变异系数（锐齿栎林 25.83% ~ 32.78%、华山松 21.82% ~ 25.59%）与以往关于温带森林的研究结果较接近 [山毛榉林（Søe *et al*.，2005，25% ~ 48%）；日本雪松林（Ohashi *et al*.，2007），26% ~ 42%]。而低于热带森林土壤呼吸的变异系数，如 Kosugi 等（2007）报道的东南亚地区热带森林土壤呼吸变异系数为 26% ~ 62%，La Scale 等（La Scala *et al*.，2000）报道的热带裸地土壤呼吸变异系数为 30% ~ 43%。这与温带森林较热带森林更为简单的林分结构有关。

二、影响土壤呼吸空间格局的因素

土壤呼吸平均值的空间分布受土壤理化性质、根生物量、林分结构影响，各相关系数见表 10-6。主成分分析图进一步阐明了土壤呼吸与各控制因素间的关系。华山松人工林第一主成分解释了变异的 53.77%，第二主成分解释了变异的 9.39%（图 10-17a）。锐齿栎次生林第一主成分解释了变异的 50.71%，第二主成分解释了变异的 12.87%（图 10-17b）。另外，土壤呼吸速率与各因素的相关性随季节而变化。逐步多元回归分析模型表明，轻组有机碳（LFOC）与土壤持水力（WHC）共同解释了华山松人工林土壤呼吸空间变异（$R^2 = 0.496$）。土壤持水力（WHC）、4 m 半径内最大胸径（max DBH4）、土壤总孔隙度（TP）共同解释了锐齿栎林土壤呼吸空间变异（$R^2 = 0.64$）（表 10-7）。

表 10-6 土壤理化性状、细根生物量、林分结构与土壤呼吸在空间上的相关关系

因素	锐齿栎次生林						华山松人工林					
	平均值	标准差	范围	变异系数	土壤呼吸	P 值	平均值	标准差	范围	变异系数	土壤呼吸	P 值
平均通量 [μmol c/(m² · s)]	2.27a	0.59	1.21 ~ 4.25	0.26			2.18a	0.48	1.15 ~ 3.49	0.22		
土壤性状												
土壤水分含量（cm/cm³）	0.32a	0.05	0.23 ~ 0.43	0.16	-0.33	0.054	0.29b	0.04	0.23 ~ 0.41	0.15	-0.44	0.008
土壤化学性状												

（续）

因素	锐齿栎次生林						华山松人工林					
	平均值	标准差	范围	变异系数	土壤呼吸	P值	平均值	标准差	范围	变异系数	土壤呼吸	P值
轻组有机碳（g/kg soil）	30.55	12.22	16.85~64.17	0.40	0.45	0.007	28.57	20.53	7.53~101.17	0.72	0.64	0.000
总有机碳（g/kg soil）	78.90	18.49	47.50~117.58	0.23	0.50	0.002	77.94	24.63	45.88~153.89	0.32	0.52	0.002
全氮（g/kg soil）	6.03	1.38	3.65~9.26	0.23	0.47	0.005	5.17	1.28	3.27~8.82	0.25	0.46	0.006
碳氮比（g/g）	13.08	0.61	11.76~15.45	0.05	0.29	0.090	14.92	1.30	12.69~18.02	0.09	0.45	0.007
土壤物理性状												
土壤容重（g/cm³）	0.71	0.14	0.42~0.96	0.19	−0.52	0.002	0.69	0.12	0.49~1	0.17	−0.61	0.000
总孔隙度（m³/m³）	0.65	0.06	0.52~0.75	0.09	0.30	0.084	0.64	0.04	0.53~0.72	0.06	0.50	0.002
孔隙充水率	0.44	0.08	0.30~0.57	0.18	−0.45	0.003	0.39	0.07	0.30~0.55	0.18	−0.58	0.000
持水力	0.83	0.24	0.44~1.54	0.29	0.54	0.000	0.83	0.17	0.44~1.25	0.21	0.58	0.000
样方结构												
半径4 m或7 m断面积和(m²/hm²)	37.20	26.29	0.22~93.23	0.71	0.48	0.002	45.23	9.26	28.62~63.20	0.20	0.25	0.072
半径4 m、5 m最大胸径(cm)	31.08	16.76	3.22~62.71	0.54	0.40	0.009	31.26	4.63	23.42~44.25	0.15	0.36	0.016
半径5 m、3 m平均胸径(cm)	11.00	3.73	3.29~18.69	0.34	0.37	0.015	14.40	5.21	3.66~26.79	0.36	0.21	0.115
叶面积指数（m²/m²）	3.50	0.60	2.60~4.90	0.17	−0.03	0.873	2.96	0.30	2.41~3.68	0.10	−0.11	0.535
最近树距（m）	1.36	1.00	0.23~4.70	0.73	0.00	0.820	1.07	0.56	0.20~2.62	0.53	0.10	0.065
根												
总根生物量（g/m²）	551.54	360.92	161.52~2298.14	0.65	0.28	0.100	442.33	260.35	138.37~1411.09	0.59	0.08	0.643
细根生物量（g/m²）	223.40A	76.80	31.04~330.94	0.34	0.47	0.005	164.45B	61.07	69.45~298.32	0.37	0.26	0.139

注：行内不同字母代表 $P=0.05$ 水平上差异显著。

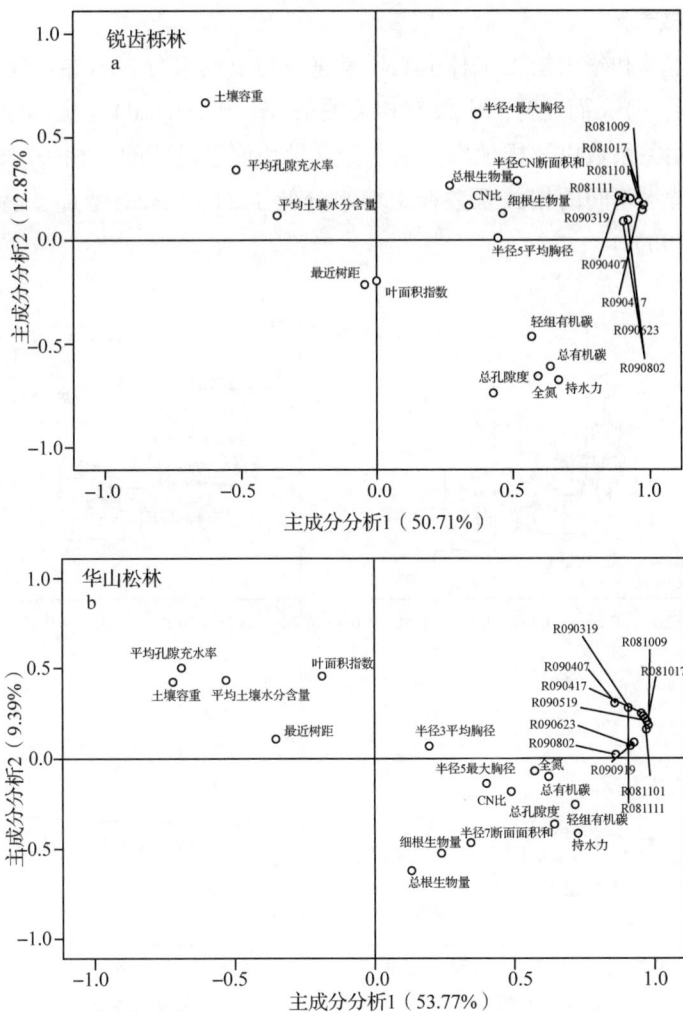

图 10-17　华山松人工林和锐齿栎次生林土壤呼吸、林分结构参数、土壤理化性状主成分分析

注：土壤呼吸为每月测量值。仅显示第一、第二主成分。数据分析前进行了标准化处理。$n=35$。

表 10-7　锐齿栎次生林和华山松人工林土壤呼吸空间变异多元线性回归模型

森林类型	参数	土壤呼吸［$\mu molCO_2/(m^2 \cdot s)$］				
		自由度	模拟系数	偏相关 R^2	t 检验	P 值
华山松人工林	常数		1.070		3.539	0.001
	轻组有机碳	1	0.011	0.404	3.142	0.004
	持水力	1	0.977	0.092	2.417	0.022
	模型 $R^2=0.496$	32				
锐齿栎次生林	常数		4.629		3.858	0.001
	持水力	1	3.290	0.295	5.515	0.000
	半径 4m 范围最大胸径	1	0.014	0.208	3.754	0.001
	总孔隙度	1	−8.572	0.139	−3.469	0.002
	模型 $R^2=0.642$	31				

（一）土壤微气候

锐齿栎次生林和华山松人工林土壤呼吸速率与土壤水分含量在空间上均呈显著负相关（图 10-18a，c），而在时间上没有相关关系（图 10-18b，d）。土壤呼吸空间上与土壤水分含量的相关系数以及样地内土壤水分含量均值呈显著的正相关（图 10-19a）。土壤呼吸与孔隙持水率间的相关系数在土壤水分低于 31%～32% 增加，高于 31%～32% 后降低（图 10-19b）。

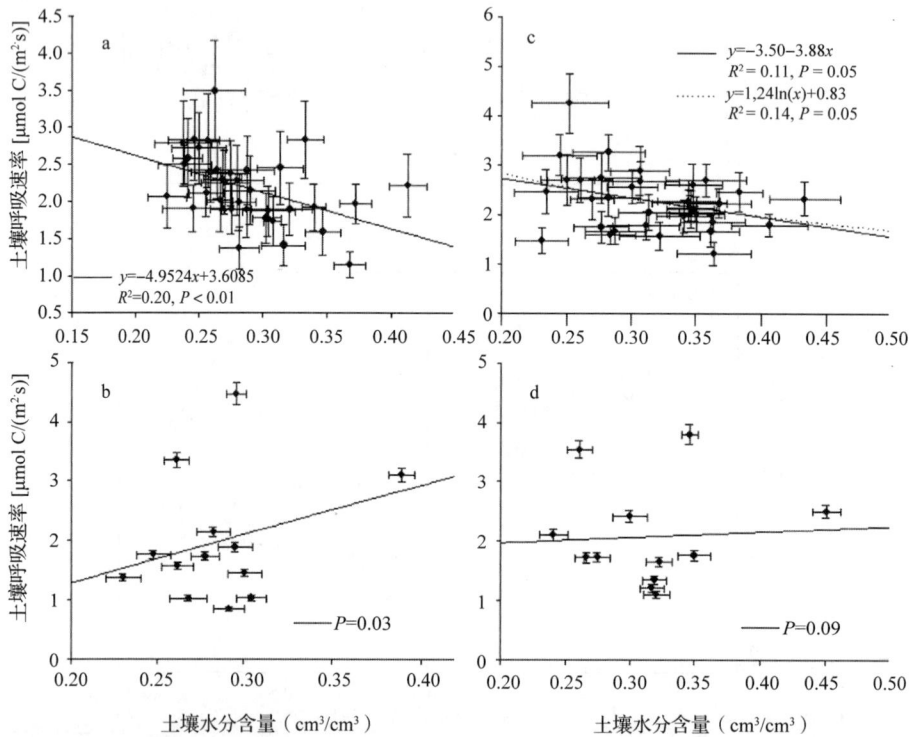

图 10-18 土壤呼吸速率与土壤水分含量在空间（a，b）和时间上（c，d）的相关关系

注：a. 华山松人工林；c. 锐齿栎次生林，每个值代表每个测量点多次测量的平均值，$n = 13$（华山松人工林）或 12（锐齿栎次生林）；b. 华山松人工林；d. 锐齿栎次生林，（b，d）每个值代表多个测量点每次测量的平均值，$n = 35$，误差线为标准误。

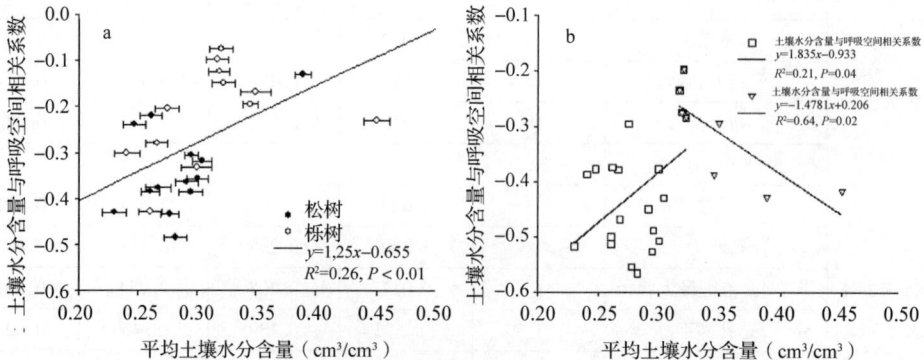

图 10-19 土壤呼吸与土壤水分含量（a）土壤孔隙持水率（b）相关系数与平均土壤水分含量之间的关系

　　研究表明，两种森林类型中土壤水分含量与土壤呼吸在空间上均显著负相关，与以往的研究结果一致（Kosugi *et al.*，2007；Søe *et al.*，2005）。对气体扩散的限制，较少的细根、低的微生物生物量等都有可能是高水分含量影响土壤呼吸的原因（Davidson *et al.*，1998；Hanson *et al.*，1993）。不过，如果土壤水分含量较高区域呼吸速率的降低是由于水分对气体扩散的限制造成的话，那么这种限制应该随土壤湿度的增加而增强。然而，与此相反，本研究发现土壤呼吸与水分含量空间上的相关系数在时间上与土壤平均水分含量呈负相关（图 10-19）。这表明，湿度较高区域土壤呼吸速率的降低的主要原因可能并不是土壤水分对气体扩散的限制造成的。森林土壤中，高的土壤水分含量可能降低 O_2 扩散进而限制微生物活性及根活性（Davidson *et al.*，1998；Xu *et al.*，2001b），本研究证实了这一结论。在锐齿栎林中，我们发现细根生物量与土壤水分含量间呈负相关关系（$P=0.02$），而这种负相关没有在华山松人工林发现；不过，在华松山人工林中，我们发现土壤有机碳含量与土壤水分含量间呈微弱的负相关关系（$P=0.05$），而土壤轻组有机碳含量与土壤水分含量间呈显著负相关（$P=0.003$）。这表明土壤化学及生物因素，诸如细根生物量及碳动态与土壤水分含量间的相互作用控制了土壤呼吸的空间格局分布（Kosugi *et al.*，2007）。

　　两种森林类型中，土壤呼吸在时间变异方面主要由土壤温度所控制，而与土壤水分含量间无显著相关关系（图 10-17b，d）。事实上，两种森林类型土壤水分含量在整个测量过程中的范围分别为 0.23~0.39（PP）和 0.24~0.45（OF）。对于土壤微生物活动来说，这是较适中的湿度范围。土壤孔隙持水率（WFPS）作为反映土壤气体扩散状态的参数（Lin *et al.*，2009；Yashiro *et al.*，2008），与土壤呼吸空间变异呈很好的相关性。在本研究中，土壤孔隙持水率与土壤呼吸空间变异相关性优于土壤水分含量与土壤呼吸空间变异相关性（表 10-7）。而且，土壤孔隙持水率与土壤呼吸空间变异相关性在土壤水分含量为 31%~32% 时最弱（图 10-20）。Xu 和 Qi（2001b）以及 Davidson（1998）均发现土壤呼吸速率与土壤水分含量呈单峰关系。土壤湿度较高时土壤呼吸与土壤水分含量间的负相关可能与土壤孔隙中的氧气可用性有关，而氧气可用性又同时影响着土壤微生物活性。因此，本研究中发现土壤水分含量在 31%~32% 时土壤孔隙充水率对土壤呼吸的限制最低，可能反映了土壤微生物活度在此湿度下最高。

（二）土壤理化性质

　　两种森林类型土壤呼吸速率在空间上与轻组有机碳、总有机碳、全氮及土壤持水力呈显著正相关关系，而与土壤容重、孔隙持水率间呈显著负相关。土壤呼吸与 C：N、总孔隙度间的正相关关系仅在华山松人工林中发现（表 10-7）。土壤呼吸与 LFOC 间的相关关系相比其他土壤理化性质而言较不稳定（图 10-20a，b，c，d）。

　　两种森林类型土壤呼吸空间变异与土壤碳、氮含量呈显著相关。而且，土壤碳、氮含量与林分结构参数间无相关关系，这表明土壤碳氮含量对土壤呼吸的影响与植物呼吸无关，而仅与土壤或微生物特征有关（Ohashi *et al.*，2007）。LFOC 作为土壤有机质质量的指标（Laik *et al.*，2009；Luan *et al.*，2010；Six *et al.*，2002），能一定程度上反映底物可用性或微生物活性（Laik *et al.*，2009）。两种森林类型土壤呼吸空间变异与 LFOC 均呈显著相关，不过，其相关程度随季节变化(图 3-20a，d)，在夏季时相关程度最高。这表明土壤呼吸空间变异的控制因素可以随时间变化，从而导致不同时期不同的空间格局。因此，了解土壤呼吸的空间动态对于精确估计土壤表面碳通量具有重要意义。另外，华山松人工林 LFOC 与土壤呼吸空间变异的相关性较锐齿栎林更高，这进一步阐明了关于土壤特征是华山松人工林土壤呼吸空间变异的主要影响因素的结论，这也由华山松人工林土壤呼吸与 C∶N 之间的显著相关关系所进一步证明(表 10-7)。多元线性回归模型表明，华山松人工林中 LFOC 偏相关系数为 0.404，锐齿栎次生林中最大胸径[max DBH(4)]的偏相关系数为 0.208(表 10-7)，此结果更进一步分别证明了土壤因素在控制华松山人工林，生物因素在控制锐齿栎次生林土壤呼吸空间变异时的重要性。类似结论也同样可以在主成分分析图中获得(图 10-17)。此外，Cook 和 Orchard(2008)研究指出，土壤持水力不仅能反映土壤养分及底物可用性状况，也能反映土壤物理性状。本研究中，土壤持水力与 LFOC、TOC、TN、BD、TP 均呈显著相关($P<0.05$)。因而，两种森林类型多元回归模型中，土壤持水力都能一定程度上解释土壤呼吸空间变异。

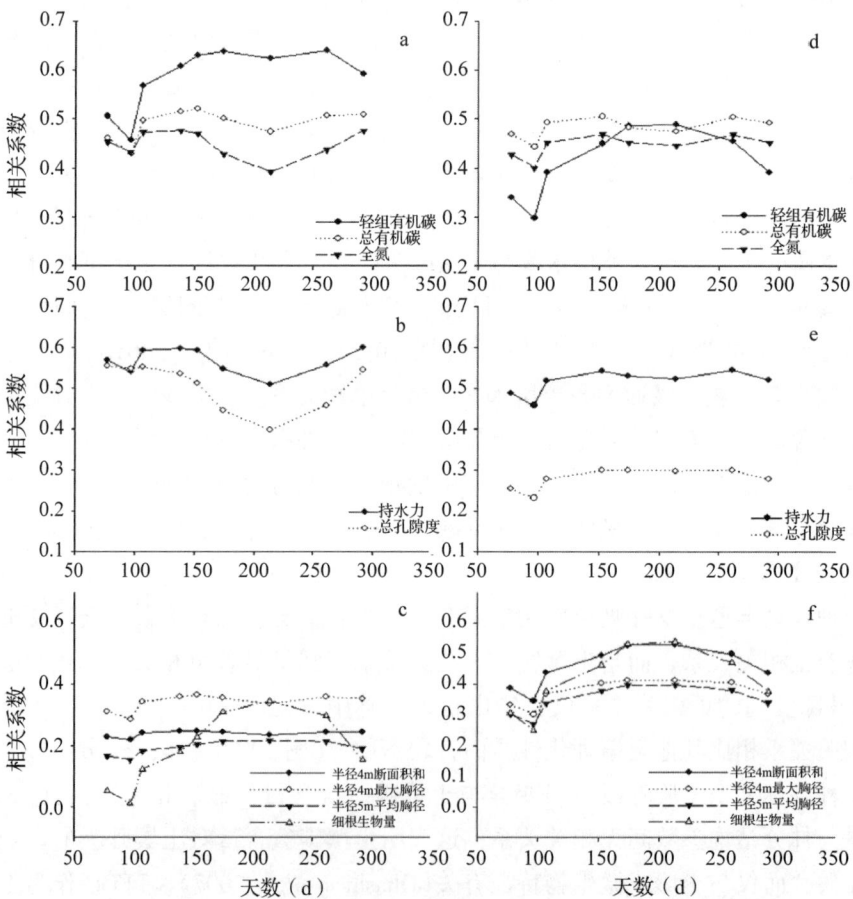

图 10-20　华山松人工林(a，b，c)、锐齿栎次生林(d，e，f)土壤呼吸
与土壤物理化学性状、林分结构参数相关性的季节变化

（三）林分结构及细根生物量

土壤呼吸与胸高断面积和、平均胸径、最大胸径间的相关性与选择的计算半径间有关（图 10-21a，c）。锐齿栎林中，土壤呼吸与胸高断面积和（$R = 0.48$，$P = 0.002$），平均胸径间（$R = 0.40$，$P = 0.009$）的最大相关系数发生在计算半径为 4 m 时，土壤呼吸与最大胸径间（$R = 0.37$，$P = 0.01$）的最大相关系数发生在计算半径为 5 m 时（图 10-21a）。华山松人工林中，土壤呼吸与断面积（$R = 0.25$，$P = 0.072$），平均胸径（$R = 0.36$，$P = 0.016$），最大胸径间（$R = 0.21$，$P = 0.115$）的最大相关系数发生在计算半径为 7 m、5 m、3 m 时（图 10-21c）。

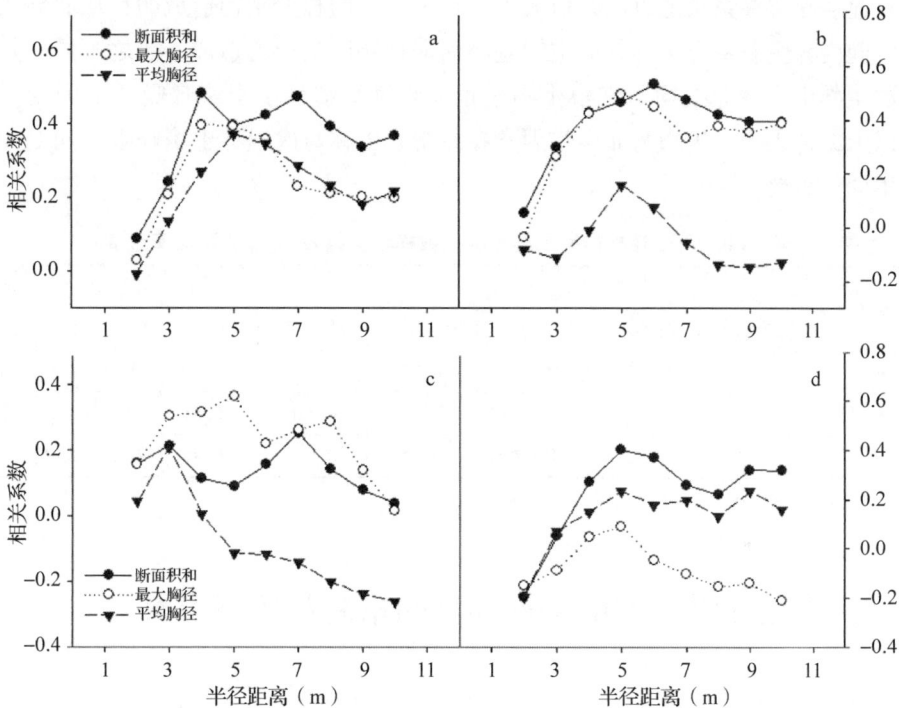

图 10-21　锐齿栎（a，b）和华山松（c，d）林分结构参数与土壤呼吸、细根生物量相关系数

注：林分结构参数为断面积、最大胸径、平均胸径，$n = 35$。

在锐齿栎林中，细根生物量与断面积和最大胸径呈显著相关，在华山松人工林中，细根生物量与断面积和平均胸径呈显著相关。当计算半径为 5~6 m 时相关系数最大（图 10-21b，d），林分结构（BA，max DBH，mean DBH）与土壤呼吸间的相关性在不同季节相对稳定（图 10-21c，f）。

土壤呼吸空间格局的稳定性必定与相对稳定的地下过程有关。本研究发现，土壤呼吸空间变异与林分结构具有较好的相关性，而森林生态系统又具有相对稳定的林分结构特征。锐齿栎林土壤呼吸测定点一定半径范围内断面积、最大胸径、平均胸径（BA（4）、max DBH（4）、mean DBH（5））与土壤呼吸呈显著相关性。Katayama 等（2009）在一热带森林中发现 mean DBH（6）与土壤呼吸空间变异呈显著相关。与 Katayama 的调查相比（只包含了胸径大于 10cm 的乔木个体），本研究中包含了胸径大于

1cm 的所有乔木个体，因而得到的相关半径较小。近年来研究表明，大量光合同化产物转移到根系然后通过呼吸释放掉（Högberg et al.，2001；Law et al.，1999）。断面积高的区域，或具有较大树木个体区域，对应细根生物量越高，另一方面，较大树木个体与小的个体比较而言，可能具有更多的地下碳分配（Søe et al.，2005）。本研究发现细根生物量、断面积、最大胸径间呈显著相关（图 10-21b），支持了以上观点。

两种森林类型中，与断面积、最大胸径相比，细根生物量与土壤呼吸空间变异相关性具有较大的季节变化。另一方面，华山松人工林中，土壤呼吸空间变异受林分结构影响较小（表 10-8）。与之相对应，华山松人工林土壤呼吸空间变异与细根生物量间也没有显著相关关系。这可能是由人工林较为一致的林分结构造成的，从而导致土壤呼吸空间变异主要由土壤性状的空间差异而非植物因素影响造成。与之不同的是，锐齿栎次生林中，林分结构与细根生物量很大程度上解释了土壤呼吸的空间变异。因此，以上结果表明，生物与非生物因素在控制人工林与次生林土壤呼吸空间变异性时具有不同的重要性。

表 10-8　两种森林类型土壤呼吸指数模型参数 α、Q_{10} 值及碳库活度

参数	锐齿栎次生林				华山松人工林			
	平均值	标准差	范围	变异系数	平均值	标准差	范围	变异系数
α	0.47a	0.25	0.15~1.21	0.52	0.38a	0.14	0.18~0.93	0.36
Q_{10}	3.80a	0.95	1.7~5.12	0.25	4.25b	0.81	2.3~6.21	0.19
碳库活度（g/g）	0.69a	0.43	0.31~2.58	0.62	0.64a	0.49	0.13~2.12	0.77

注：行内不同字母代表 $P=0.05$ 水平上差异显著。

三、土壤呼吸温度敏感性的空间格局及控制因素

土壤呼吸温度敏感性具有较大的空间变异（表 10-8），锐齿栎林和华山松人工林不同测量点土壤呼吸温度敏感性分别为 1.7~5.12 和 2.3~6.21。华山松人工林土壤呼吸温度敏感性显著大于锐齿栎林（$F_{69}=4.517$，$P=0.037$）（表 10-8）。两种森林类型中，Q_{10} 空间变异均与碳库活动（L_{LFOC}）和细根生物量呈显著相关（图 10-8a，b）。Q_{10} 空间变异与土壤湿度在空间上显著负相关（图 10-8c）。锐齿栎林土壤碳库活度与华山松人工林差异不显著（$P=0.617$）（表 10-8），而两种森林类型间土壤水分含量（$P=0.035$）和细根生物量（$P=0.001$）均有显著差异（表 10-6）。

锐齿栎次生林平均 Q_{10} 值为 3.80，华山松人工林为 4.25，与以往对温带森林 Q_{10} 的研究结果接近（Davidson et al.，1998；Kirschbaum，1995）。但取样点间 Q_{10} 值呈现较大的变异性（锐齿栎次生林 1.7~5.12，华山松人工林 2.3~6.21）。类似大的 Q_{10} 变异性在以往关于美国黄松（Pinus ponderosa）林（1.2~2.5）（Xu et al.，2001b）及日本雪松（Cryptomeria japonica）（1.3~3.2）（Ohashi et al.，2007）林的研究中也有报道。尽管 Q_{10} 在不同测量点间存在较大变异，但两种森林类型 Q_{10} 值大多分布在 3~5 之间（华山

松人工林 74%，锐齿栎次生林 66%）。底物可用性的时空差异可能是造成 Q_{10} 值较大空间变异的主要原因（Davidson et al.，2006）。Q_{10} 值这种较大的空间变异可能会导致土壤呼吸温度敏感性的有偏估计。

关于土壤呼吸温度敏感性与土壤有机质质量关系的讨论十分激烈（Davidson et al.，2006；Kirschbaum，2006）。学者们就土壤惰性有机碳温度敏感性高于（Bosatta et al.，1999；Conant et al.，2008；Dalias et al.，2001a；Dalias et al.，2001b；Fierer et al.，2005；Hartley et al.，2008；Leifeld et al.，2005；Vanhala et al.，2007）还是低于（Liski et al.，1999；Melillo et al.，2002；Rey et al.，2006）活性有机碳温度敏感性存在不同意见，也有学者认为这两者之间没有显著差异（Fang et al.，2005；Reichstein et al.，2005a；Reichstein et al.，2005b）。本研究中，两种森林类型土壤呼吸 Q_{10} 值空间变异与土壤碳库活度均呈显著对数相关。如果假设碳库活度较低区域主要反映了分解周期在百年尺度上土壤组分的 Q_{10} 值，而碳库活度较高区域反映了分解周期在 10 年尺度上土壤组分的 Q_{10} 值，那么，此结果将与 Karhu 等（2010）近来关于土壤呼吸温度敏感性的结论较一致。Karhu 等（2010）对北部森林土壤研究指出，土壤有机碳温度敏感性从分解周期约 1 年尺度的 2 左右增加到 10 年尺度的 4.2~6.9，而后又降低到百年尺度的 2.4~2.8。同时，两种森林类型细根生物量与碳库活度之间均存在微弱的线性相关（$P = 0.088$，PP 和 0.056，OF），本研究也发现细根生物量与 Q_{10} 值在空间上的相关关系（图 10-22b），表明这两者之间存在相互作用。然而，本研究讨论的土壤呼吸温度敏感性均为表面温度敏感性（Davidson et al.，2006），可能包含了植物季节性的物候效应的影响（如根生长、光合作用供给等）（Boone et al.，1998）以及由于湿度制约而导致的可用性碳供给限制的影响（Kirschbaum，2006）。不过，样点间虽然具有不同的温湿度及根呼吸，但整个测量过程中以上指标存在相似的季节动态。因此不同样点间土壤呼吸表面温度敏感性在此处仍具可比性。

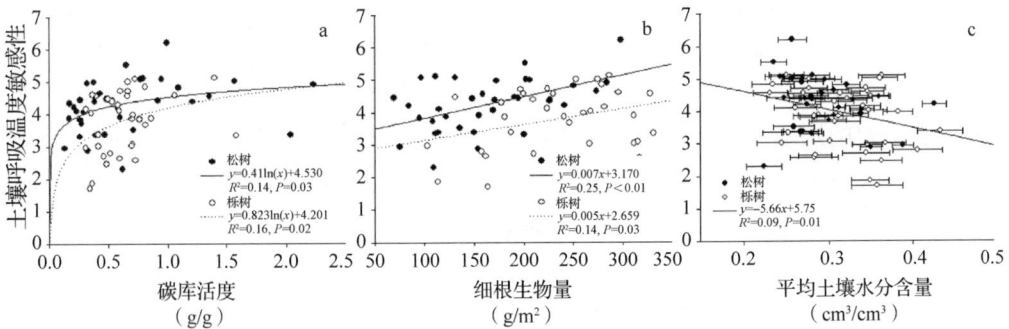

图 10-22　土壤呼吸温度敏感性与土壤碳库活度（a）、土壤细根生物量（b）、土壤水分含量（c）之间的关系

四、小结

林分结构及土壤理化特征与土壤呼吸空间分布格局间存在关联性；人工林与天然

林土壤呼吸空间格局控制机制存在差异。人工林的林分结构较为单一，土壤呼吸的空间格局主要由土壤理化性质的影响，而天然林土壤呼吸空间格局则既受林分格局影响又受土壤理化性质影响。

第四节　模拟气候变化对暖温带森林土壤碳循环的影响

目前关于全球变暖对陆地生态系统影响的研究主要有 4 种途径（Hart，2006；Hart et al.，1999）：①沿自然气候梯度研究不同生态系统的差异（Niklińska et al.，2007；Rodeghiero et al.，2005）；②人为改变土壤或大气的温度；③将生态系统的某个组分移到新的气候条件下进行观测，如实验室（Fang et al.，2005）或野外（Hart et al.，1999；Ineson et al.，1998；Jonasson et al.，1993）；④利用生态系统模型方法（Rastetter et al.，1991）。本研究主要是通过大型原状土柱移位实验开展模拟气候变化对土壤有机碳分解的影响，与其他方法比较，原状土柱移位方法的优点比较突出。因为实验室培养无法仿效复杂的真实环境；移位实验价格相对便宜；人为增温实验由于受资金限制，重复数有限；原状土柱移位可以进行相反的处理（低海拔到高海拔模拟变冷）来进一步阐明增温实验的效果（变冷会否出现与变暖相反的结果）（Bottner et al.，2000；Hart，2006；Hart et al.，1999；Ineson et al.，1998；Rey et al.，2007）。不足之处在于土壤包裹效应对于土壤温度和水分含量的影响，但此影响至少在 13 个月的短期尺度上是很小的（Hart，2006）；移地实验存在移地后多因子综合效应的影响，难于辨别。尽管存在一定的缺陷，这种方法已成功地应用在对于土壤氮动态的研究（Hart，2006；Hart et al.，1999；Ineson et al.，1998）和土壤温室气体排放的研究（Hart，2006；Hart et al.，1999；Jonasson et al.，1993；Rey et al.，2007）。在森林生态系统中进行增温实验技术条件有限的情况下利用原状土柱移位实验了解土壤呼吸及微生物对模拟增温的响应，有助于增加对全球变暖背景下生态系统响应的理解。

本研究通过大型原状土壤柱（直径 30 cm，高 40 cm）沿海拔梯度（分别为海拔 1400 m 的锐齿栎林和海拔 620 m 的栓皮栎林）的进行互置实验，以期了解土壤碳氮过程对模拟气候变化的潜在响应以及土壤置换实验对土壤有机质质量、有机质分解温度敏感性和土壤底物可用性（微生物量碳、可溶性碳）的影响。样地基本情况见表 10-9。

表 10-9　样地基本情况

样地位置	胸径（cm）	密度（株/hm²）	叶面积指数（cm/cm³）	容重（g/cm³）	有机碳（g C/kg）	全氮（g N/kg）	碳氮比（g/g）	pH (5:1)
高海拔	13.72a(1.09)	1833a(89)	2.81a(0.08)	0.76a(0.02)	63.47a(3.59)	4.36a(0.23)	14.56a(0.18)	5.03a(0.11)
低海拔	5.46b(0.26)	3900b(141)	4.25b(0.11)	1.17b(0.05)	33.11b(4.36)	2.16b(0.25)	15.55a(0.76)	5.43a(0.16)

注：括弧中数据代表标准误。列中不同小写字母代表 $P=0.05$ 水平上显著差异。

一、土壤微气候对实验处理的响应

低海拔样地土柱平均 5 cm 土壤温度（平均值 = 16.87℃）显著高于高海拔样地（平均值 = 13.53℃）。除 2008 年 10 月 18 日，2009 年 4 月 17 日测量时土壤温度差异不明显外，其他测量时间两个样地土壤温度均具有显著差异。两个样地原位培养土柱土壤 5cm 温度与壕沟割断样方内土壤 5cm 温度均无显著差异（表 10-10，表 10-11）。移位处理与原位培养土壤 5cm 温度之差在整个测量过程中均比较稳定，没有明显季节波动（图 10-23a）。

整个测量期内，高海拔样地壕沟样方内土壤水分含量（平均值 = 0.33 m³/m³）显著高于低海拔样地（平均值 = 0.27 m³/m³）。与土壤温度类似，两种处理间土壤水分含量之差也没有呈现显著的季节动态（图 10-23c）。

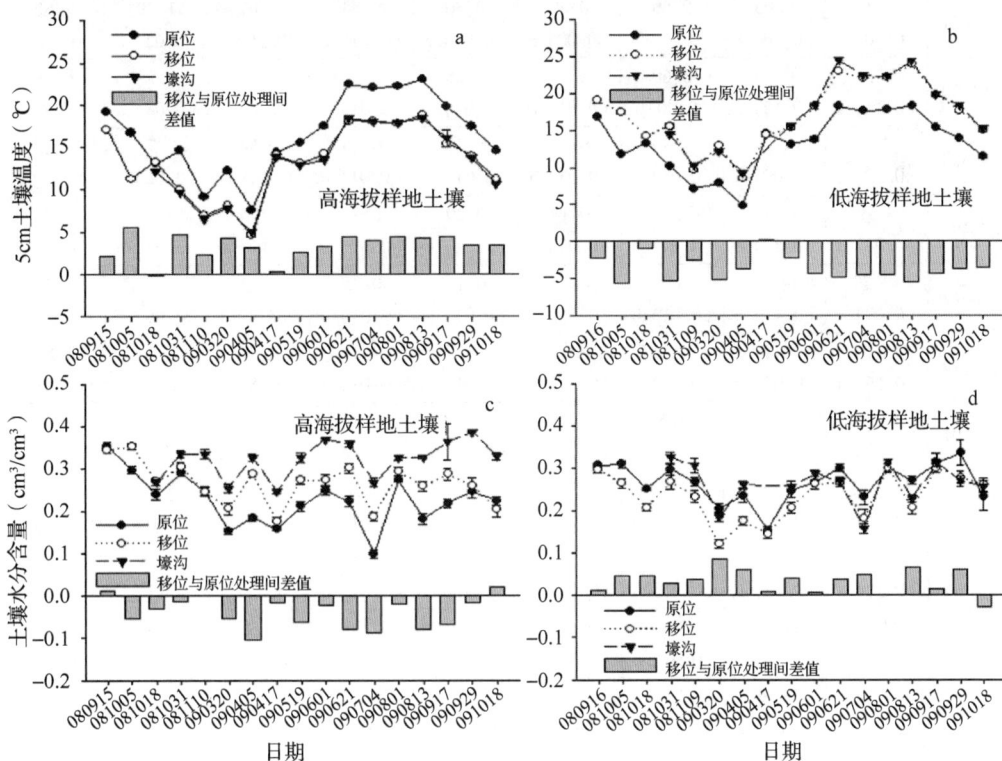

图 10-23　不同处理土壤 5cm 温度和水分含量的季节动态

二、土壤CO_2通量变化

将高海拔土壤移至低海拔样地，土壤平均CO_2通量增加了约52%[平均值=2.62，1.72 μmol C /(m² · s)]。而将低海拔土壤移至高海拔样地，土壤平均CO_2通量降低了约38%[平均值=1.00，1.60 μ mol C/(m² · s)]（表10-10，表10-11）。表明土壤包裹效应对土壤CO_2通量在大多数时间没有显著的影响，变暖（高海拔移至低海拔）或变冷（低海拔移至高海拔）效应对土壤CO_2通量的影响程度呈明显的季节动态，在夏季时达到最高（图10-24a，b）。移位与原位培养土柱CO_2通量均与土壤5cm温度呈显著指数相关（图10-25a，b）。

表10-10　高海拔样地土柱不同处理及壕沟控制处理土壤5cm温度、水分含量、土壤CO_2通量

日期	土壤温度（℃）			土壤水分含量（m³/m³）			土壤CO_2通量[μ mol C/(m² · s)]		
处理	移位	原位	壕沟	移位	原位	壕沟	移位	原位	壕沟
080915	19.24 (0.16) a	17.09 (0.12) b		0.35 (0.01) a	0.34 (0.01) a		2.41 (0.31) a	2.24 (0.17) a	
081005	16.70 (0.07) a	11.26 (0.11) b		0.30 (0.01) a	0.35 (0.01) b		1.77 (0.18) a	1.62 (0.22) a	
081018	13.06 (0.07) a	13.25 (0.15) b	12.20 (0.00) b	0.24 (0.01) a	0.27 (0.01) b	0.27 (0.01) ab	1.18 (0.14) a	1.34 (0.09) a	1.59 (0.35) a
081031	14.63 (0.10) a	9.95 (0.16) b	9.60 (0.00) b	0.29 (0.00) a	0.30 (0.01) a	0.34 (0.01) b	1.67 (0.16) a	1.39 (0.05) a	1.38 (0.18) a
081110	9.11 (0.11) a	6.94 (0.15) b	6.60 (0.00) b	0.25 (0.01) a	0.25 (0.01) a	0.34 (0.01) b	1.10 (0.10) a	0.98 (0.08) a	0.99 (0.11) a
090320	12.27 (0.20) a	8.06 (0.09) b	7.80 (0.01) b	0.15 (0.01) a	0.20 (0.01) b	0.25 (0.01) c	0.84 (0.06) ab	0.75 (0.02) a	1.02 (0.13) b
090405	7.59 (0.07) a	4.54 (0.20) b	4.94 (0.04) b	0.18 (0.01) a	0.29 (0.01) b	0.33 (0.01) b	0.74 (0.05) a	0.59 (0.03) b	0.84 (0.06) a
090417	14.30 (0.09) a	14.03 (0.47) b	13.88 (0.01) b	0.16 (0.00) a	0.17 (0.01) a	0.25 (0.01) b	1.73 (0.14) a	1.33 (0.06) b	1.32 (0.09) b
090519	15.54 (0.16) a	13.07 (0.06) b	12.94 (0.01) b	0.21 (0.01) a	0.27 (0.01) b	0.33 (0.01) c	2.87 (0.28) a	1.84 (0.11) b	1.82 (0.13) b
090601	17.51 (0.19) a	14.22 (0.21) b	13.52 (0.01) b	0.25 (0.01) a	0.27 (0.01) a	0.37 (0.00) b	3.20 (0.28) a	2.03 (0.15) b	2.02 (0.13) b
090621	22.43 (0.14) a	18.10 (0.21) b	18.44 (0.01) b	0.22 (0.01) a	0.30 (0.01) b	0.36 (0.01) c	4.91 (0.49) a	2.75 (0.30) b	3.44 (0.41) b
090704	21.99 (0.18) a	18.00 (0.14) b	17.97 (0.01) b	0.10 (0.01) a	0.19 (0.01) b	0.27 (0.01) c	3.80 (0.41) a	2.44 (0.11) b	2.61 (0.26) b
090801	22.12 (0.06) a	17.77 (0.05) b	17.84 (0.01) b	0.27 (0.00) a	0.29 (0.01) a	0.33 (0.01) b	5.58 (0.88) a	2.67 (0.31) b	2.88 (0.48) b
090813	22.98 (0.13) a	18.80 (0.05) b	18.47 (0.01) b	0.18 (0.01) a	0.26 (0.01) b	0.33 (0.00) c	4.65 (0.62) a	2.78 (0.19) b	2.78 (0.33) b

（续）

日期	土壤温度（℃）			土壤水分含量(m³/m³)			土壤 CO₂ 通量[μ mol C/(m²·s)]		
090917	19.75 (0.05) a	15.42 (0.08) b	15.16 (0.01) b	0.22 (0.01) a	0.29 (0.01) b	0.40 (0.01) c	3.37 (0.31) a	1.76 (0.14) b	1.96 (0.37) b
090929	17.42 (0.10) a	13.99 (0.04) b	13.78 (0.06) b	0.25 (0.02) a	0.26 (0.02) a	0.39 (0.00) b	2.87 (0.40) a	1.59 (0.13) b	1.83 (0.33) a
091018	14.60 (0.14) a	11.17 (0.09) b	10.64 (0.02) b	0.22 (0.01) a	0.20 (0.02) a	0.33 (0.01) b	1.92 (0.25) a	1.09 (0.11) b	1.57 (0.16) ab

注：行不同字母代表在 $P=0.05$ 水平上显著差异。括弧内数据为标准误。

表 10-11　低海拔样地土壤柱不同处理及壕沟控制处理土壤 5cm 温度、水分含量、土壤 CO₂ 通量

日期	土壤温度（℃）			土壤水分含量(m³/m³)			土壤 CO₂ 通量[μ mol C/(m²·s)]		
处理	移位	原位	壕沟	移位	原位	壕沟	移位	原位	壕沟
080915	16.83 (0.07) a	19.06 (0.05) b	—	0.31 (0.00) a	0.30 (0.01) a	—	0.99 (0.18) a	1.60 (0.30) a	
081005	11.79 (0.08) a	17.41 (0.26) b	—	0.31 (0.01) a	0.26 (0.01) b	—	0.63 (0.10) a	1.28 (0.12) b	
081018	13.26 (0.13) a	14.21 (0.25) b	—	0.25 (0.00) a	0.21 (0.01) b	—	0.88 (0.14) a	0.81 (0.07) a	
081031	10.24 (0.08) a	15.60 (0.27) b	14.50 (0.00) b	0.30 (0.01) ab	0.27 (0.02) a	0.33 (0.01) b	0.71 (0.05) a	1.01 (0.07) b	1.66 (0.04) c
081110	7.14 (0.12) a	9.61 (0.18) b	10.30 (0.00) b	0.27 (0.01) ab	0.23 (0.01) a	0.31 (0.01) b	0.56 (0.01) a	0.69 (0.03) b	1.21 (0.07) c
090320	7.85 (0.11) a	12.96 (0.17) b	12.16 (0.01) b	0.20 (0.01) a	0.12 (0.01) b	0.18 (0.01) a	0.53 (0.02) a	0.54 (0.03) a	0.83 (0.01) b
090405	4.87 (0.19) a	8.49 (0.33) b	9.34 (0.08) b	0.23 (0.01) a	0.18 (0.01) b	0.26 (0.01) b	0.41 (0.01) a	0.52 (0.02) b	0.78 (0.03) c
090417	14.50 (0.30) a	14.33 (0.09) b		0.15 (0.01) a	0.14 (0.01) a		0.71 (0.05) a	1.19 (0.09) b	
090519	13.14 (0.11) a	15.34 (0.10) b	15.62 (0.00) b	0.25 (0.01) a	0.21 (0.01) b	0.26 (0.01) a	1.15 (0.07) a	1.73 (0.14) b	2.42 (0.14) c
090601	13.81 (0.26) a	18.20 (0.25) b	18.39 (0.02) b	0.27 (0.02) a	0.26 (0.01) a	0.29 (0.01) a	1.30 (0.12) a	1.99 (0.13) b	2.53 (0.09) c
090621	18.22 (0.24) a	22.95 (0.39) b	24.47 (0.01) b	0.30 (0.01) a	0.26 (0.01) b	0.27 (0.01) b	1.68 (0.23) a	3.12 (0.24) b	3.63 (0.26) b
090704	17.62 (0.10) a	22.09 (0.09) b	22.38 (0.02) b	0.23 (0.02) a	0.18 (0.02) ab	0.16 (0.01) b	1.43 (0.12) a	2.32 (0.12) b	2.48 (0.12) b
090801	17.77 (0.05) a	22.20 (0.07) b	22.29 (0.00) b	0.30 (0.01) a	0.30 (0.01) a	0.32 (0.01) a	1.50 (0.25) a	2.73 (0.19) b	3.06 (0.30) b
090813	18.33 (0.08) a	23.87 (0.42) b	24.32 (0.01) b	0.27 (0.01) a	0.20 (0.01) b	0.23 (0.01) ab	1.60 (0.15) a	2.67 (0.12) b	3.08 (0.16) b

（续）

日期	土壤温度（℃）			土壤水分含量（m³/m³）			土壤 CO_2 通量[μ mol C/(m²·s)]		
090917	15.39 (0.04) a	19.78 (0.05) b	19.83 (0.01) b	0.31 (0.02) a	0.30 (0.01) a	0.31 (0.01) a	1.09 (0.14) a	1.86 (0.12) b	2.66 (0.18) c
090929	13.91 (0.03) a	17.67 (0.10) b	18.31 (0.06) b	0.34 (0.03) a	0.28 (0.01) b	0.27 (0.01) ab	1.01 (0.13) a	1.96 (0.17) b	1.85 (0.10) b
091018	11.54 (0.23) a	15.10 (0.10) b	15.22 (0.03) b	0.23 (0.03) a	0.26 (0.02) a	0.26 (0.01) a	0.76 (0.08) a	1.13 (0.08) b	1.60 (0.09) c

注：行不同字母代表在 $P=0.05$ 水平上显著差异。括弧内数据为标准误。

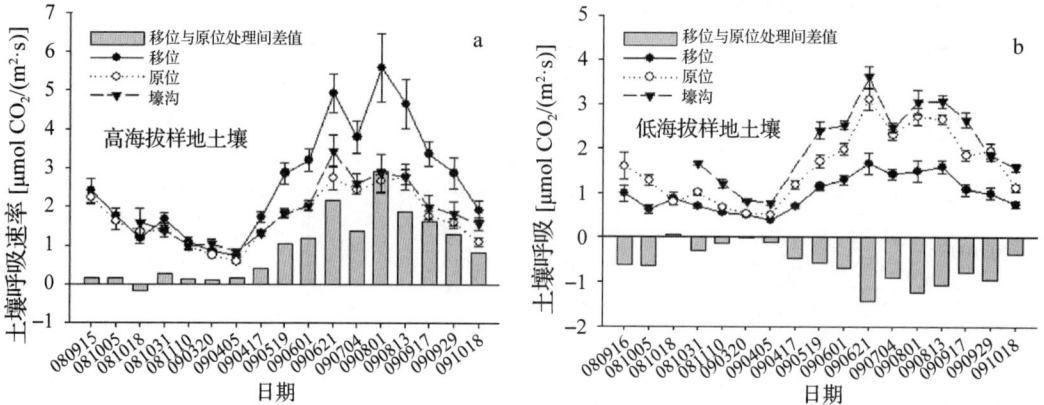

图 10-24 高海拔土壤（a）和低海拔土壤（b）不同处理下土壤呼吸的季节动态

注：误差线代表标准误（高海拔土壤 $n=8$，低海拔土壤 $n=7$）。

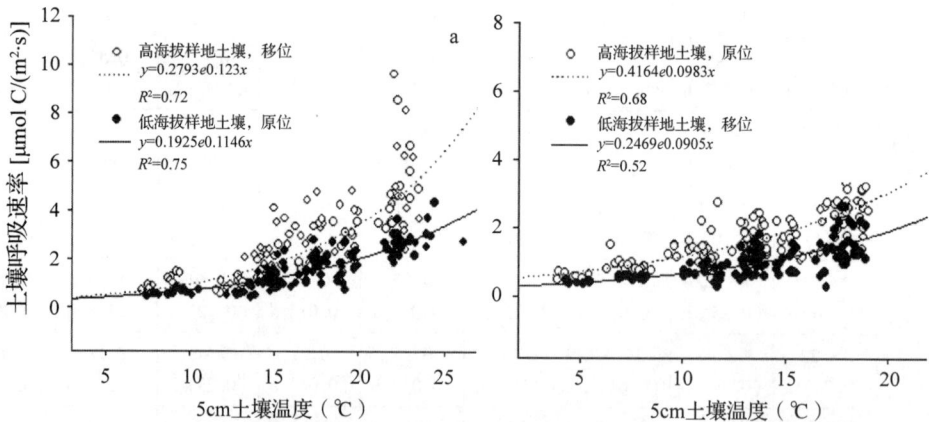

图 10-25 低海拔（a）、高海拔（b）样地培养土柱土壤呼吸与土壤 5cm 温度关系

通过将高海拔样地土壤移至低海拔样地模拟气候变暖显著增加了土壤 CO_2 通量约 52%，而将低海拔样地土壤移至高海拔样地模拟气候变冷显著降低了土壤 CO_2 通量约 38%。模拟变暖比模拟变冷对土壤 CO_2 通量的影响效果更明显，这可能是由于高海拔土壤具有更高的总有机碳或活性有机碳含量造成的。

各土壤柱测得的土壤呼吸均为异养呼吸(根被切断),因此,我们在评价土壤包裹作用对土壤呼吸及微气候影响时采用了壕沟断根样方处理,整个实验过程中,土壤包裹作用对土壤温度没有显著影响,但对土壤湿度在某些测量期有显著影响。土壤包裹对于高海拔土壤呼吸的影响不显著,而对低海拔土壤呼吸在某些时期影响显著。这可能是由于这两个样地土壤水分含量的差异造成的。

本研究中模拟变暖显著增加了土壤 CO_2 通量,与 Hart(2006)的结果一致,而与 Conant 等(2000)的研究结果相反,这可能是由于 Conant 的实验中(干旱生态系统),土壤水分含量比土壤温度对土壤呼吸的影响更加强烈的缘故。本研究所有处理中,土壤呼吸均与 5 cm 土壤温度呈显著指数相关,而与土壤水分含量间无显著相关关系。这表明本研究中,与土壤水分含量相比,土壤温度在控制暖温带森林土壤呼吸季节变异中起了主导作用,与前述章节研究结论一致。将高海拔土壤移至低海拔样地或将低海拔土壤移至高海拔样地均导致相对稳定的增温或降温效果(即处理间土壤温度差较恒定)。然而,与这种相对稳定的增温或降温效果相比,土壤移位对土壤 CO_2 通量的影响呈明显的季节动态(图 10-24a,b)。这可能是由于较高温度下土壤微生物活性更高引起的。尤其当可用性底物含量较高时更为明显。

三、温度敏感性、基础呼吸、微生物生物量碳及可溶性有机碳响应

将土壤从高海拔样地移至低海拔样地显著降低了土壤基础呼吸(R_0)和微生物生物量碳(MBC)(表 10-12)。相反,土壤温度敏感性(Q_{10})及可溶性有机碳(DOC)含量则显著增加。而将土壤从低海拔样地移至高海拔样地对土壤基础呼吸(R_0)、微生物生物量碳(MBC)、温度敏感性(Q_{10})及可溶性有机碳含量(DOC)均没有显著的影响(表 10-12)。

比较来自不同样地却在同一样地下培养的土柱时,可溶性有机碳、微生物生物量碳均存在显著差异,且土壤基础呼吸也具有显著差异,但土壤呼吸温度敏感性之间则无显著差异(表 10-12)。另一方面,不管在高海拔样地还是低海拔样地培养的土柱,土壤基础呼吸与可溶性有机碳和微生物生物量碳均呈显著相关关系(图 10-26)。

表 10-12 不同处理土壤呼吸模型参数(R_0,Q_{10})、可溶性有机碳、微生物生物量碳含量

培养地点	样品来源	基础呼吸 [μ mol C/(m²·s)]		温度敏感性		可溶性有机碳 (mg/g soil)		微生物生物量碳 (mg/g soil)	
		高	低	高	低	高	低	高	低
高海拔	/	0.42aA (0.07)	0.20aB (0.04)	2.73aA (0.46)	2.69aA (0.65)	0.23aA (0.03)	0.10aB (0.04)	1.14aA (0.48)	0.59aB (0.19)
低海拔	/	0.29bA (0.07)	0.20aB (0.03)	3.42bA (0.48)	3.10aA (0.28)	0.27bA (0.03)	0.09aB (0.04)	0.73bA (0.08)	0.40aB (0.21)

注:列中不同小写字母代表同一土样不同处理间差异显著,行中不同大写字母代表同一培养条件下,不同来源土样间差异显著,显著性水平 $P=0.05$。

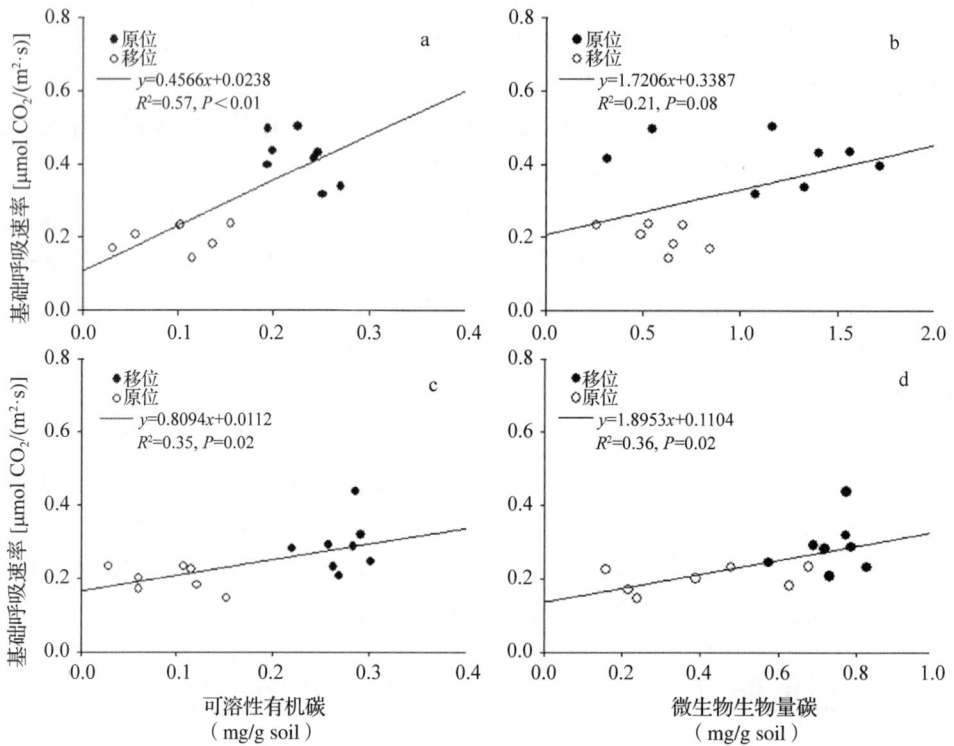

图 10-26　低海拔培养土柱基础呼吸与土壤可溶性有机碳(a)、微生物生物量碳(b)关系；
高海拔培养土柱基础呼吸与土壤可溶性有机碳(c)、微生物生物量碳(d)关系

将高海拔土壤移至低海拔样地显著降低了土壤微生物生物量碳(MBC)含量，而将低海拔土壤移至高海拔样地对土壤 MBC 没有显著影响。这与 Hart(2006)的研究结果一致。然而，Ruess 等(1999)在亚北极圈的增温实验中没有发现 MBC 的显著变化。此外，将高海拔土壤移至低海拔样地显著增加了土壤可溶性有机碳(DOC)含量，而将低海拔土壤移至高海拔样地对 DOC 没有显著影响。同时发现，将高海拔土壤移至低海拔样地显著增加了土壤呼吸温度敏感性(Q_{10})而显著降低了土壤基础呼吸值(R_0)，而将低海拔土壤移至高海拔样地对此均无显著影响。这些均表明，与增温相比，降温对土壤有机碳的影响显然与增温并不对等。这一定程度上暗示了气候变暖对土壤碳过程的影响是不可逆过程，即变暖后损失掉的有机碳不会因为短期的变冷而重新固定回来。

近来，关于土壤有机碳质量与土壤有机质分解温度敏感性关系存在一定的争论(Davidson *et al.*，2006；Kirschbaum，2006)。在同一样地培养，而来自不同样地的土壤柱之间微生物生物量碳和可溶性有机碳含量均存在显著差异。MBC 和 DOC 可以一定程度上代表土壤有机质质量(Fang *et al.*，2005)，这些不同质量的土壤有机质均在相似的土壤微气候下培养，得到的土壤呼吸温度敏感性间却不存在显著差异。这与 Fang 等(2005)在实验室培养实验中的研究结果一致，即活性有机碳与惰性有机碳存在

相似的温度敏感性。Davidson（2006）指出，Q_{10} 值差异不显著可能是由于统计检验中存在二类错误造成的。另外，活性有机碳的快速分解也可能会掩盖土壤异养呼吸的温度敏感性（Gu et $al.$，2004）。因此，有必要进行进一步相关研究。本研究中，不同来源土柱间土壤基础呼吸（R_0）存在显著差异，因此，不同来源土柱间土壤呼吸速率的差异主要来源于不同的基础呼吸速率，而不同的基础呼吸速率又与 DOC 和 MBC 呈显著线性相关，DOC 与 MBC 也反映了底物供应能力。

利用大型原状土柱移位模拟土壤增温实验，去除了根的响应，因而本研究结果主要针对的是土壤碳库过程对模拟气候变化的响应。另外，PVC 管对土壤包裹应该对土壤微气候及碳氮过程具有一定的影响，但本研究在短期内研究结果并未发现较大的包裹效应。不过，土壤移位实验的缺点在于对土壤的干扰作用，以及多个环境因子共同变化而导致难以区分具体是哪个因素影响的结果（Ineson et $al.$，1998；Link et $al.$，2003；Shaver et $al.$，2000）。目前，对于全球变暖会导致降雨量的增加还是降低尚未可知，而本研究中，高海拔样地土壤水分含量显著高于低海拔样地。因此，如果未来全球变暖情境下导致降雨量增加或者保持不变的话，本研究关于气候变暖对土壤 CO_2 通量影响程度的估计将是保守的。

四、小结

模拟气候变暖促进了土壤有机质分解过程，包括增加了土壤 CO_2 通量、活性有机碳生产（MBC，DOC）。可以肯定的是在变暖初期大量土壤碳损失，这些损失与变暖条件下增加的土壤活性有机碳供应相关。模拟变冷则降低了土壤 CO_2 通量，碳损失的降低率（30%）则低于变暖导致的碳损失的增加率（44%）。有趣的是，模拟变冷后并未观测到与变暖导致的相反的土壤有机质分解行为，如土壤呼吸温度敏感性并未显著变化。由此认为，变暖和变冷对土壤有机碳分解具有不同的影响方式，未来气候变化模型应该考虑这种差异。

第五节　暖温带森林碳水通量特征

森林碳汇是指森林植物吸收大气中的二氧化碳并将其固定在植被和土壤中，从而减少大气二氧化碳浓度的过程。森林碳汇主要基于自然的过程，这相比于工业碳捕捉减排，具有成本低、易施行、兼具其他生态效益等显著特点（于贵瑞等，2022）。森林吸收固定的碳大部分储存在林木生物质中，具有储存时间长、年均累积速率大等明显优势，而且，林木收获后的木产品也可以长时间储存碳，这相对于农田、草地、荒漠和湿地生态系统具有不可比拟的优势。在陆地生态系统每年吸收的 10.96 亿 t CO_2 中，森林每年贡献了 8.93 亿 t CO_2，占到了 80%，可见森林碳汇的重要性，所以森林生态系统碳汇是实现"双碳"目标的"压舱石"及社会经济发展的"稳定器"（朱建华等，2023）。

一、森林生态系统碳汇测算方法

目前测算森林生态系统碳汇的"自下而上"的方法主要有清查法、涡度相关法和生态系统过程模型模拟法等（朴世龙等，2022）。不同估算方法的优缺点和不确定性来源均不尽相同，计算出的结果存在差异，很大原因是对森林生态系统碳循环过程机理及碳汇功能的时空变异、森林生态系统碳汇与全球气候变化的相互影响及互馈机制的认知还不够（于贵瑞等，2021）。

（一）清查法

清查法主要基于不同时期的样地调查数据资料，通过不同时期数据比较以估算植被和土壤碳储量的变化，以此获得生态系统碳汇强度（即碳汇）。基于森林的连续清查数据，可以计算木材蓄积量的变化，再用生物量拟合方程可推导出森林生物量碳储量的变化。同样，基于不同时期的土壤调查和测定数据，可以测算土壤碳储量的变化。结合植被与土壤碳储量的共同变化，即可估算出森林生态系统的碳汇量。清查法的优点是能够直接测算样点尺度植被和土壤的碳储量（Fang et al.，2014）。但局限性是，①清查的时间周期长；②长期的清查数据稀缺，区域尺度汇总结果可能会存在偏差；③陆地生态系统空间异质性强，从样点尺度转换到区域尺度，可能会存在不确定性；④样地清查时往往不包括生态系统碳的横向运输，也会造成不确定性。

（二）涡度相关法

涡度相关法是一种常用的直接测算森林生态系统碳汇量的方法。涡度相关法是根据微气象学原理，直接测定固定覆盖范围（通常数平方千米）内陆地生态系统与大气间的净 CO_2 交换量，它的优势是直接、高时间分辨率地原位直接观测，可实现精细时间尺度（例如每半小时）碳通量和环境因子的长期连续定位观测，从而能反映气候波动或极端气象事件（如干旱、高温等）对森林碳汇的影响（Yu et al.，2014）。但局限性是，①森林下垫面和气象条件复杂，此外能量收支闭合度、观测仪器系统误差等因素影响，会带来一定的观测误差；②通量观测塔常建在人为影响较小的区域，难以兼顾区域生态系统异质性，并且通常不包含采伐、火灾等干扰因素的影响，在区域碳汇推演时可能会存在偏差。所以涡度相关法更多用于揭示生态系统尺度上碳水通量对气候变化的响应过程。

（三）生态系统过程模型模拟法

模型模拟通常是模拟陆地生态系统碳循环的过程机制，从而将区域网格化以进行估算。具有定量区分不同因子影响陆地碳汇变化的优势。但局限性是，①模型本身及参数和模型所用数据存在不确定性；②难以包括人为活动、生态系统管理等对碳循环的影响；③多数模型没有包括非 CO_2 的碳排放和径流等横向碳传输（温永斌等，2019）。

二、宝天曼通量观测塔及数据分析

宝天曼作为河南省第一个国家级自然保护区和中原地区唯一的世界生物圈保护区，地理位置特殊，处于我国南北气候过渡带，雨水丰沛，森林资源丰富，研究这一地区的森林碳汇潜力、生态系统碳循环过程及其对气候变化的响应和适应对认识本区域天然林在我国"碳中和"战略中的作用非常重要。

经过 20 年的发展，中国通量网（ChinaFLUX）填补了全球陆地生态系统在东亚季风区通量观测网络的区域空白，在国际通量网络中的影响力日益增长，目前该网络涵盖了 25 个森林站，宝天曼生态站是成员之一。宝天曼通量观测塔（图 10-27）海拔高度 1410.7 m，地理坐标为 33°29′59″N，111°56′07″E。通量观测塔附近的下垫面地表坡度在 22°左右，坡向西南，林分郁闭度 0.9，土壤厚度约 80 cm，土壤容重 1.1 g/cm³，通量塔所处的位置是中坡位。2014 年以通量塔为中心建立了 1 个固定的 1 hm² 综合观测样地，并开展森林群落调查。样地内优势树种为锐齿槲栎（*Quercus aliena var. acuteserrata*）、占乔木类的 67%。其他伴生乔木有三桠乌药（*Lauraceae Obtusiloba*）、垂枝条泡花树（*Meliosma flexuosa*）、大椴（*Tilia nobilis*）、华榛（*Corylus chinensis*）等。活立木密度为 1314 株/hm²。平均乔木树高 18 m，平均胸径 19.8±2.8 cm。灌木包括刚毛忍冬（*Lonicera hispida*）、桦叶荚蒾（*Viburnum betulifolium*）、接骨木（*Sambucus williamsii*）、连翘（*Forsythia suspense*）、毛花绣线菊（*Spiraea dasyantha*）和秦岭木姜子（*Litsea tsinlingensis*）等，平均高度 3.8 m（Niu *et al.*，2022）。

（一）通量塔观测设施

通量观测塔高 38 m，开路式涡度相关系统设备安装在塔 29 m（约 1.5 倍林冠高）高处的主风方向位置。涡度相关系统由红外 CO_2/H_2O 气体分析仪（Li-7500，Li-Cor Inc.，USA）和 GILL 三维超声风速仪（Gill，UK）组成。数据采集器是 CR3000（Campbell Inc.，USA），原始数据采集频率是 10 Hz。

在通量塔 22 m 高处，安装了光量子传感器（Model LI190SB，Li-cor，Inc.，USA）测量光合有效辐射，同时安装了净辐射传感器 CNR-1（Kipp，Netherlands）。塔上安装有 5 层空气温、湿度传感器 HMP-45D（107，Campbell Inc.，USA），在 22 m 和 29 m 处安装有 2 套 AV-IRT3 红外传感器。在地下 5 cm、10 cm、20 cm、40 cm 深度安装有土壤温度传感器（107，Campbell Inc.，USA）。地下 5 cm 处安装有一套土壤湿度传感器（CS616，Campbell Inc，USA），地下 10 cm、20 cm、30 cm、50 cm 深度安装有 EasyAG 型土壤湿度梯度传感器。在林内 10 cm 和 30 cm 土壤深处，安装有 AV-FHT3 土壤热通量传感器。塔上的常规气象因子的测量频率是 0.5 Hz，输出的数据是每 30 min 的平

图 10-27 宝天曼通量综合观测塔

均值。

(二)涡度相关数据分析

先用 Loggernet 软件将 10 Hz 的原始数据进行分割,然后利用 Li-Cor 公司开发的 Eddypro 软件(版本 6.0.0)处理分割后的数据。Eddypro 处理数据的步骤包括:坐标旋转修正、除趋势修正、数据同步、统计检验、密度修正(Webb *et al*, 2010)、超声虚温修正、谱修正、迎角修正和数据质量控制标记(Foken *et al.*, 2004),之后进行数据剔除和插补。

主要将以下的通量数据进行剔除:①数据质量标记为 1 以上;②超过仪器测量量程或合理范围的记录;③湍流不充分时数据;④异常突出数据(某一个数值与连续 5 点平均值之差的绝对值>5 个点方差的 2.5 倍)。数据经过剔除后,使用此在线程序(www. bgc-jena. mpg. de/~MDIwork/eddyproc/index. php)将数据进行插补。

冠层导度采用逆转的彭曼公式进行计算(Ma *et al.*, 2018):

$$g_s = \frac{\gamma LE g_a}{\Delta(R_n - G) + \rho C_p VPD g_a - LE(\Delta + \gamma)}$$

式中,Δ 为饱和水汽压和温度之间的斜率(kPa/K),γ 为干湿表常数(kPa/K),ρ 为空气密度(kg/m³),VPD 为饱和水汽压差(kPa),C_p 为空气定压比热,$1.013/10^3$(MJ/kg℃)。

空气动力学导度使用下面公式计算:

$$g_a = \left(\frac{u}{u_*^2} + 6.2 u_*^{-0.67} \right)^{-1}$$

式中,U 为冠层高度处的风速(m/s),u_* 为摩擦风速(m/s)。

相对土壤含水量(relative extractable water content，REW)采用下面公式计算(Tang *et al.*，2014)：

$$REW = \frac{SWC - SWC_{min}}{SWC_{max} - SWC_{min}}$$

式中，SWC为实测的土壤含水量，SWC_{min}为整个观测期间的每日土壤含水量最低值，SWC_{max}为整个观测期间的每日土壤含水量最高值，当 REW 降低到 0.1 以下时，认为发生了干旱。

(三)固定样地的林分调查

2014 年 7 月开展了通量塔公顷样地的调查。对所有胸径大于 1 cm 的树木进行了胸径、树高测量，并且在树高 1.5 m 处用红色标记，借以连续固定调查。2019 年 7 月对通量塔综合观测样地进行了重复调查。使用锐齿栎的异速生长方程(陈存根等，1996)(表 10-13)计算生物量，碳含量按照 0.5 计算。

表 10-13　锐齿槲栎各器官干重的回归方程

器官	回归方程	相关系数	回归精度
干	$\ln W_T = -3.2 + 0.91\ln D^2 H$	0.95	92.4
皮	$\ln W_{BA} = -4 + 0.83\ln D^2 H$	0.98	91.2
枝	$\ln W_B = -4.4 + 2.6\ln D$	0.92	96.6
叶	$W_L = 0.39 + 0.0077 D^2$	0.89	95.2
根	$\ln W_R = -3.16 + 2.4\ln D$	0.91	89

注：W_T. 干重；W_{BA}. 皮重；W_B. 枝重；W_L. 叶重；W_R. 根重；D. 胸径；H. 树高。

三、宝天曼天然栎林碳水通量年际变化特征及驱动机制

(一)宝天曼天然栎林碳汇强度及年际变化特征

采用涡度相关的通量观测技术，对宝天曼站通量塔连续多年的观测数据进行分析，发现宝天曼的天然栎林是一个较大的碳汇，年固碳速率为近 860g C/($m^2 \cdot a$)[利用地上样地调查数据结果为 400g C/($m^2 \cdot a$)]。宝天曼天然栎林碳汇量高于长白山阔叶红松林、千烟洲人工针叶林和鼎湖山常绿阔叶林，在全国的基于涡度相关法测量的森林碳汇中也属于较高水平(王松年等，2022；张元媛等，2018；Chen *et al.*，2019；Liu *et al.*，2021；Ma *et al.*，2017；Wang *et al.*，2019)，表明其碳汇能力很强(图 10-28)。一方面可能是因为宝天曼天然栎林主要处在中龄林阶段，还在快速生长；另一方面则是因为宝天曼降雨充沛，夏季凉爽，适合林木进行光合作用，不会发生明显的高温抑制现象，且生态系统呼吸值较低(牛晓栋等，2020)。

并且宝天曼天然栎林不但碳汇能力强而且碳汇稳定性高，即使年际间降雨量差别很大，年际间碳汇变异很小(图 10-29)。宝天曼生态站的模拟降雨减少实验平台发现优势树种锐齿槲栎的气孔和木质部导管结构在干旱后会发生适应性调节，并且在水分

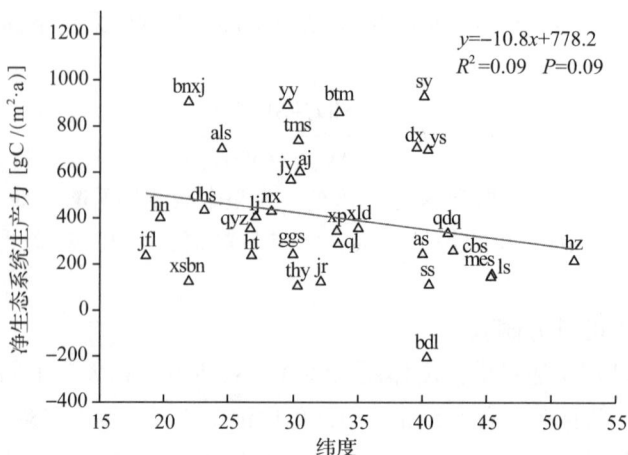

图 10-28　全国基于涡度相关技术测算的森林碳汇及其与纬度的关系

注：aj. 安吉；als. 哀牢山；as. 北京奥林匹克森林公园；bdl. 八达岭；bnxj. 西双版纳橡胶林；btm. 宝天曼；cbs. 长白山；dhs. 鼎湖山；dx. 大兴；dz. 儋州；ggs. 贡嘎山；ht. 会同；hz. 呼中；jfl. 尖峰岭；jr. 句容；jy. 缙云山；lj. 丽江；ls. 老山；mes. 帽儿山；nx. 宁乡；qdq. 七道桥；ql. 秦岭；qyz. 千烟洲；ss. 松山；sy. 顺义；thy. 太湖源；tms. 天目山；xld. 小浪底；xp. 西平；xsbn. 西双版纳；ys. 燕山；yy. 岳阳。

充足时会出现补偿性的光合固碳(陈志成等，2018)，地下根系生产力、根系非结构性碳储量和根系分泌物量增加(Zhang et al.，2021)。这些研究结果表明宝天曼天然栎林生态系统对气候变化具有较强的抵抗力和韧性，其碳汇功能具有稳定性和持续性。此外，宝天曼天然林树种多样性高，通量塔所在的公顷样地内至少生长有 78 个树种，这与 Anderegg 等人在《自然》(Nature)期刊发表的树种功能多样性高则生态系统碳汇稳定性高的观点一致(Anderegg et al.，2018)。

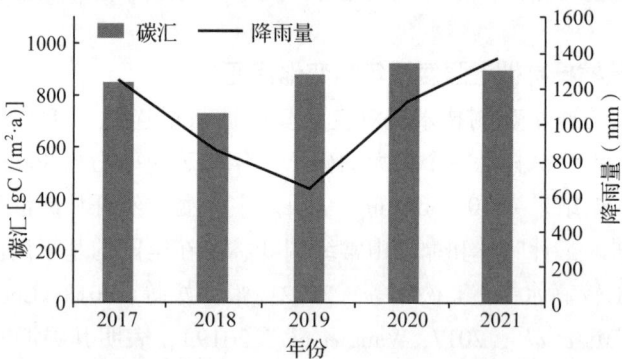

图 10-29　宝天曼天然栎林年际间碳汇及降雨量

结合样地调查计算的宝天曼 70 年生的天然栎林植物碳储量为 6415g C/m²，土壤的碳储量为 12235 g C/m²，每公顷生态系统碳储量可达 186.5 t。此外，通过实测的土壤异养呼吸等参数(Lu et al.，2017)，并结合生态系统过程模型，构建出了宝天曼地区天然栎林的碳循环模式(图 10-30)。根据样地实测的叶片、树枝、根和土壤的碳储

总初级生产力（GPP）1783 g C/(m² · a)

净初级生产力（NPP）1269 g C/(m² · a)

生态系统碳汇强度 860 g C/(m² · a)

自养呼吸 514 g C/(m² · a)

分配到叶片比例17%

叶片碳储量
135 g C/m²

生态系统碳储量

NPP分配比例 →

植被碳周转时间8.5年

分配到木材比例53%

树枝碳储量
605 g C/m²

碳周转时间

树干碳储量
4193 g C/m²

生态系统碳周转时间20.2年

分配到根比例30%

异氧呼吸
409 g C/(m² · a)

土壤碳周转时间
31.3年

根碳储量
1482 g C/m²

土壤碳储量

12235± 418 g C/m²

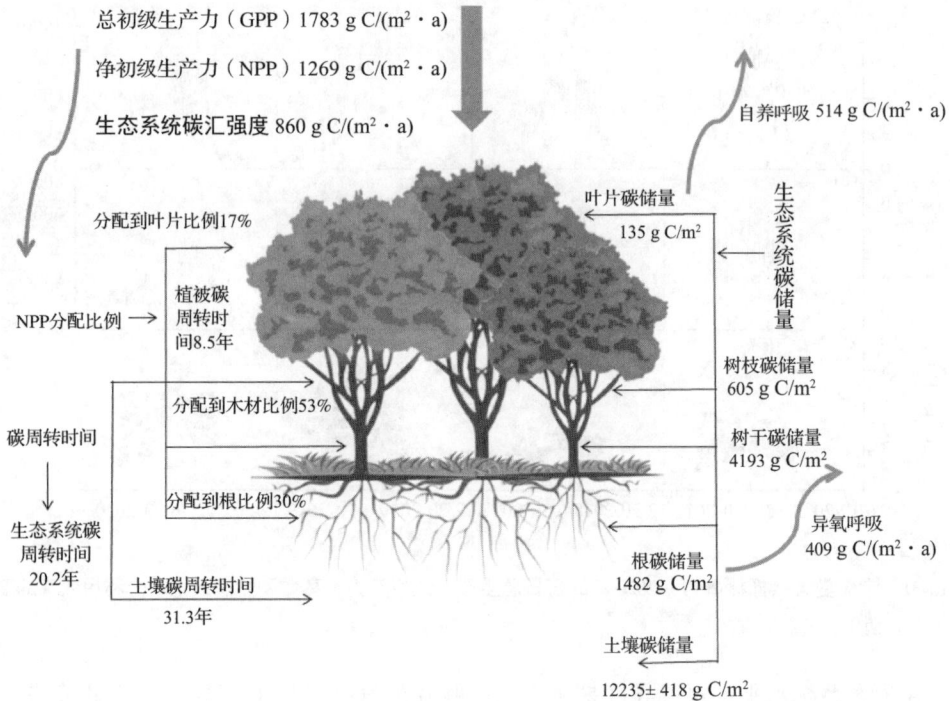

图 10-30　宝天曼锐齿槲栎天然林生态系统碳循环模式

量，可以看出森林植被不同器官的碳储量大小为树干>根系>树枝>叶片，植被每年吸收的碳主要分配给了木材生长，其次是根和叶片的生长。

（二）宝天曼天然栎林冠层导度、蒸散和水分利用效率对环境因子的响应

气孔是植物的叶片和大气之间进行 CO_2 和 H_2O 交换的重要通道。在不同的环境条件下，植物通过调控叶片气孔的开闭来调控光合作用和蒸腾（Wu et al., 2019）。蒸散（ET）包括树木蒸腾和土壤蒸发，是森林生态系统水分循环的重要组分，对区域气候有重要调节作用。生态系统水分利用效率（WUE，一般用总生态系统生产力 GEP 与 ET 的比值表示）是生态系统碳-水耦合关系的重要指标，表征生态系统碳固持的水分利用效率，并可评价和预测气候变化对生态系统碳、水循环过程的影响（Ma et al., 2019）。气候变化的背景下，增温和区域降水格局变化将对森林生态系统的蒸散和水分利用效率产生直接影响。

2017—2020 年的空气温度、光合有效辐射无显著变化，然而年际间降雨和降雨的季节分布差异较大，尤其 2019 年生长季降雨明显低于其他 3 年，导致土壤含水量在 2019 年的生长季期间明显降低，连续几十天相对土壤含水量降低到了 0.1 以下，即产生了明显的自然干旱。由此，冠层导度和蒸散在 2019 年明显降低，但是总生态系统生产力在 2019 年无明显变化，因而生态系统水分利用效率明显增大（图 10-31）。这说明宝天曼天然栎林生态系统的水通量（蒸散）比碳通量对干旱更敏感。

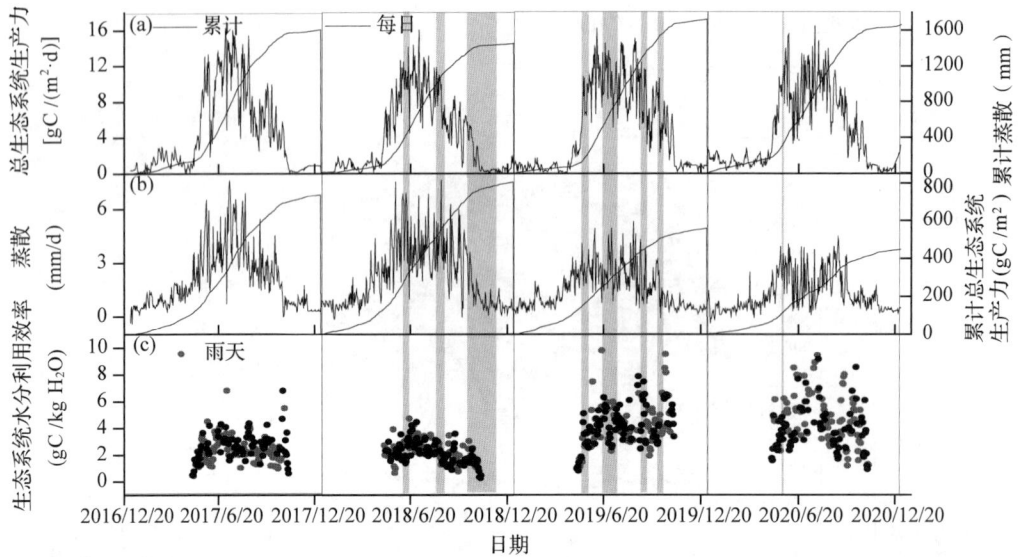

图 10-31　宝天曼天然栎林 2017—2020 年的每日总生态系统生产力、蒸散和生态系统水分利用效率的变化

注：阴影表示干旱期。

在生态系统水平，冠层导度是所有冠层叶片的气孔导度的积分，与森林蒸腾和生产力紧密相关，并且是反映森林生态系统对气候变化响应的重要指标。然而，冠层导度对环境因子的变化非常敏感，因此深入理解冠层导度的环境控制机制对于理解森林生态系统对气候变化的响应非常重要（Zenone et al.，2015）。

通过对通量塔多年监测数据研究分析，发现在一般情况下饱和水汽压差对冠层导度的变化有主导作用，散射辐射和空气温度对冠层导度有积极影响。然而当土壤水分充足时，饱和水汽压差对冠层导度的抑制作用消失，直接辐射相比散射辐射对冠层导度影响更大；当土壤水分亏缺（干旱）时，空气温度对冠层导度的正影响变成了负影响（图 10-32）。在干旱年份，较低的土壤水分明显引起了冠层导度的下降，进而导致森林蒸散量降低；土壤水分对暖温带天然栎林生态系统冠层导度、能量分配和碳吸收的环境控制机制形成有重要影响（图 10-33）（Niu et al.，2023）。

四、小结

通过对宝天曼生态站通量塔连续多年的观测数据分析，发现宝天曼天然栎林是一个较大的碳汇且碳汇在年际间具有很强的稳定性。干旱期间蒸散降低但能保持较高的总生态系统生产力，提高水分利用效率，维持较高的森林碳汇功能，表明宝天曼天然栎林生态系统碳汇功能对气候变化相关的干旱具有较强的抵抗力和韧性。

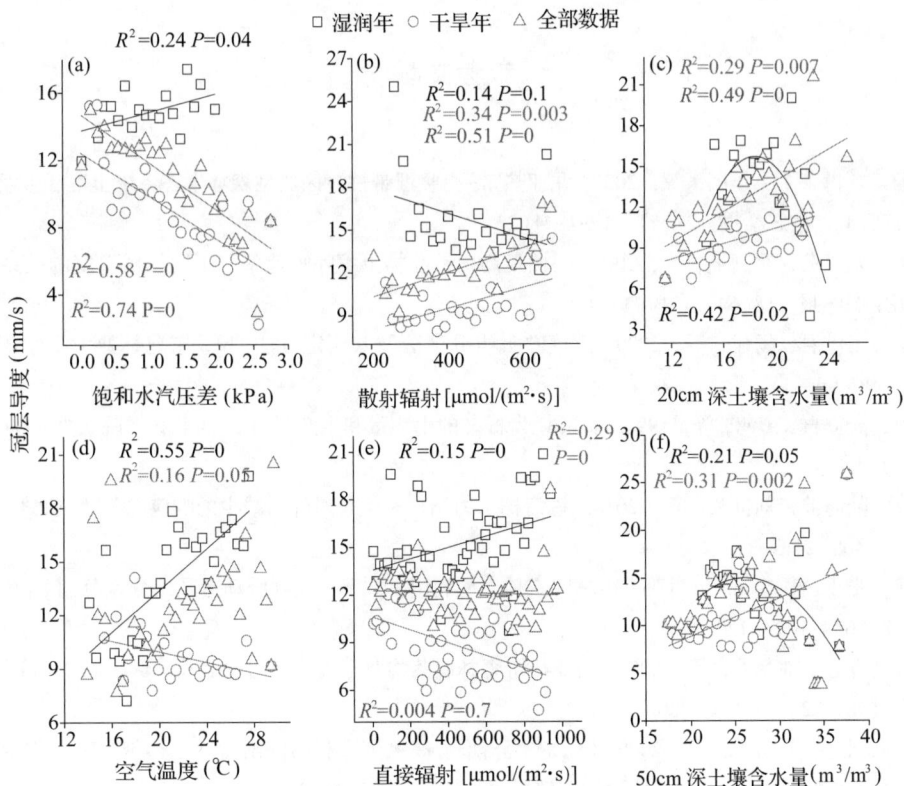

图 10-32　不同干湿年份环境因子和冠层导度的关系

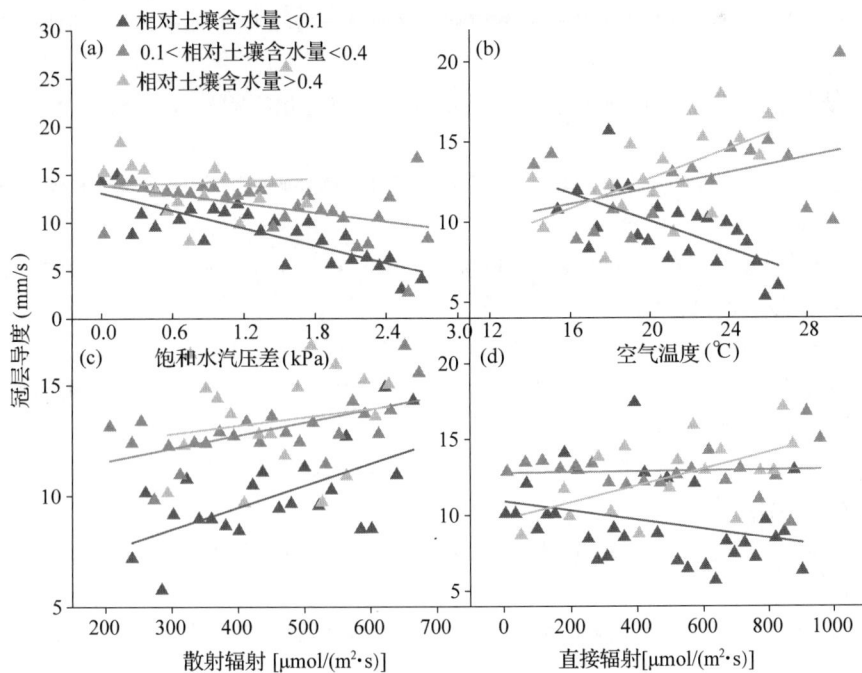

图 10-33　不同土壤水分条件下冠层导度和环境因子的关系

参考文献

常建国, 刘世荣, 史作民, 等, 2007. 北亚热带-南暖温带过渡区典型森林生态系统土壤呼吸及其组分分离[J]. 生态学报, 27(5): 1791-1802.

陈宝玉, 刘世荣, 葛剑平, 等, 2007. 川西亚高山针叶林土壤呼吸速率与不同土层温度的关系[J]. 应用生态学报, 18(6): 1219-1224.

陈宝玉, 王洪君, 杨建, 等, 2009. 土壤呼吸组分区分及其测定方法[J]. 东北林业大学学报, 37(1): 96-99.

陈存根, 龚立群, 彭鸿, 等, 1996. 秦岭锐齿栎林的生物量和生产力[J]. 西北林学院学报, 11(S1): 103-114.

陈志成, 陆海波, 刘世荣, 等, 2018. 锐齿栎水力结构和生长对降雨减少的响应[J]. 生态学报, 38(7): 2405-2413.

褚金翔, 张小全, 2006. 川西亚高山林区三种土地利用方式下土壤呼吸动态及组分区分[J]. 生态学报, 26(6): 1693-1700.

邓琦, 刘世忠, 刘菊秀, 等, 2007. 南亚热带森林凋落物对土壤呼吸的贡献及其影响因素[J]. 地球科学进展, 22(6): 976-986.

邓琦, 周国逸, 刘菊秀, 等, 2009. CO_2 浓度倍增、高氮沉降和高降雨对南亚热带人工模拟森林生态系统土壤呼吸的影响[J]. 植物生态学报, 33(9): 1023-1033.

范少辉, 肖复明, 汪思龙, 等, 2009. 湖南会同林区毛竹林地的土壤呼吸[J]. 生态学报, 29(11): 5971-5977.

房秋兰, 沙丽清, 2006. 西双版纳热带季节雨林与橡胶林土壤呼吸[J]. 植物生态学报, 30(1): 97-103.

冯朝阳, 吕世海, 高吉喜, 等, 2008. 华北山地不同植被类型土壤呼吸特征研究[J]. 北京林业大学学报, 30(2): 20-26.

郭辉, 董希斌, 姜帆, 2009. 皆伐方式对小兴安岭低质林土壤呼吸的影响[J]. 林业科学, 45(10): 32-38.

侯琳, 雷瑞德, 刘建军, 等, 2008. 秦岭火地塘林区油松(Pinus tabulaeformis)林休眠期的土壤呼吸[J]. 生态学报, 28(9): 4070-4077.

黄石德, 2009. 林内和林窗冬季土壤呼吸特征[J]. 福建林学院学报, 29(3): 274-279.

黄玉梓, 樊后保, 李燕燕, 等, 2009. 氮沉降对杉木人工林土壤呼吸与土壤纤维素酶活性的影响[J]. 福建林学院学报, 29(2): 120-124.

蒋延玲, 周广胜, 赵敏, 等, 2005. 长白山阔叶红松林生态系统土壤呼吸作用研究[J]. 植物生态学报, 29(3): 311-314.

刘建军, 王得祥, 雷瑞德, 等, 2003. 秦岭天然油松、锐齿栎林地土壤呼吸与 CO_2 释放[J]. 林业科学, 39(2): 8-13.

刘乐中, 杨玉盛, 郭剑芬, 等, 2008. 杉木人工林皆伐火烧后土壤呼吸研究[J]. 亚热带资源与环境学报, 3(1): 8-14.

刘世荣, 1998. 中国暖温带森林生物多样性研究[M]. 北京: 中国科学技术出版社.

刘世荣，王晖，栾军伟，2011. 中国森林土壤碳储量与土壤碳过程研究进展[J]. 生态学报，31（19）：5437-5448.

卢华正，沙丽清，王君，等，2009. 西双版纳热带季节雨林与橡胶林土壤呼吸的季节变化[J]. 应用生态学报，30（10）：2315-2322.

孟春，王立海，沈微，2008. 择伐对生长季针阔混交林土壤分室呼吸的影响[J]. 林业科学，44（4）：23-28.

孟春，王立海，沈微，2008. 择伐对小兴安岭针阔叶混交林土壤呼吸的影响[J]. 应用生态学报，19（8）：729-734.

牛晓栋，孙鹏森，刘晓静，等，2020. 中国亚热带-暖温带过渡区锐齿栎林净生态系统碳交换特征[J]. 生态学报. 40（17）：12.

朴世龙，何悦，王旭辉，等，2022. 中国陆地生态系统碳汇估算：方法、进展、展望[J]. 中国科学：地球科学，52（6）：1010-1020.

潘新丽，林波，刘庆，2008. 模拟增温对川西亚高山人工林土壤有机碳含量和土壤呼吸的影响[J]. 应用生态学报，19（8）：1637-1643.

沙丽清，郑征，唐建维，等，2004. 西双版纳热带季节雨林的土壤呼吸研究[J]. 中国科学 D 辑，34（s2）：167-174.

沈微，王立海，孟春，2009. 小兴安岭天然针阔混交林择伐后土壤呼吸动态变化[J]. 森林工程，25（3）：1-4.

施政，汪家社，何容，等，2008. 武夷山不同海拔土壤呼吸及其主要调控因子[J]. 生态学杂志，27（4）：563-568.

史作民，程瑞梅，刘世荣，等，2002. 宝天曼植物群落物种多样性研究[J]. 林业科学，38（06）：17-23.

宋学贵，胡庭兴，鲜骏仁，等，2007. 川西南常绿阔叶林土壤呼吸及其对氮沉降的响应[J]. 水土保持学报，21（4）：168-172.

唐洁，汤玉喜，王胜，等，2009. 洞庭湖区滩地杨树人工林土壤呼吸动态分析[J]. 湖南林业科技，36（2）：10-12.

涂利华，胡庭兴，黄立华，等，2009. 华西雨屏区苦竹林土壤呼吸对模拟氮沉降的响应[J]. 植物生态学报，33（04）：728-738.

王光军，田大伦，闫文德，等，2009. 改变凋落物输入对杉木人工林土壤呼吸的短期影响[J]. 植物生态学报，33（10）：739-747.

王光军，田大伦，闫文德，等，2009. 去除和添加凋落物对枫香（*Liquidambar formosana*）和樟树（*Cinnamomum camphora*）林土壤呼吸的影响[J]. 生态学报，29（4）：643-652.

王光军，田大伦，闫文德，等，2009. 亚热带杉木和马尾松群落土壤系统呼吸及其影响因子[J]. 植物生态学报，33（02）：53-62.

王光军，田大伦，朱凡，等，2008. 长沙樟树人工林生长季土壤呼吸特征[J]. 林业科学，44（1）：20-24.

王国兵，唐燕飞，阮宏华，等，2009. 次生栎林与火炬松人工林土壤呼吸的季节变异及其主要影响因子[J]. 生态学报，29（2）：966-975.

王鹤松，张劲松，孟平，等，2009. 侧柏人工林地土壤呼吸及其影响因子的研究[J]. 土壤通报，5：1031-1035.

王庆丰，王传宽，谭立何，2008. 移栽自不同纬度的落叶松（*Larix gmelinii* Rupr）林的春季土壤呼吸[J]. 生态学报，28(5)：1883-1892.

王松年，王云琦，王凯，等，2022. 缙云山针阔叶混交林涡相关适用性及碳通量变化特征[J]. 林业科学研究，35(004)：93-102.

王娓，汪涛，彭书时，等，2007. 冬季土壤呼吸：不可忽视的地气 CO_2 交换过程[J]. 植物生态学报，31(3)：394-402.

王文杰，刘玮，孙伟，等，2008. 林床清理对落叶松（*Larix gmelinii*）人工林土壤呼吸和物理性质的影响[J]. 生态学报，28(09)：4750-4756.

王文杰，2004. 林木非同化器官 CO_2 通量的测定方法及对结果的影响[J]. 生态学报，24(10)：2056-2067.

王小国，朱波，高美荣，等，2009. 川中丘陵区人工桤柏混交林根呼吸对土壤总呼吸的贡献[J]. 山地学报，27(3)：270-277.

温永斌，韩海荣，程小琴，等，2019. 基于 Biome-BGC 模型的千烟洲森林水分利用效率研究[J]. 北京林业大学学报，041(004)：69-77.

吴建国，张小全，徐德应，2003. 六盘山林区几种土地利用方式土壤呼吸时间格局[J]. 环境科学，24(6)：23-32.

杨金艳，王传宽，2006. 东北东部森林生态系统土壤呼吸组分的分离量化[J]. 生态学报，26(6)：1640-1647.

杨玉盛，陈光水，王小国，等，2005. 皆伐对杉木人工林土壤呼吸的影响[J]. 土壤学报，46(7)：584-590.

杨玉盛，陈光水，王小国，等，2005. 中国亚热带森林转换对土壤呼吸动态及通量的影响[J]. 生态学报，25(4)：1684-1690.

杨玉盛，陈光水，谢锦升，等，2006. 格氏栲天然林与人工林土壤异养呼吸特性及动态[J]. 土壤学报，43(1)：53-61.

姚槐应，黄昌勇，2006. 土壤微生物生态学及其实验技术[M]. 北京：科学出版社.

易志刚，2003. 土壤各组分呼吸区分方法研究进展[J]. 生态学杂志，22(2)：65-69.

于贵瑞，杨萌，陈智，等，2021. 大尺度区域生态环境治理及国家生态安全格局构建的技术途径和战略布局[J]. 应用生态学报，32(4)：1141-1153.

于贵瑞，朱剑兴，徐丽，等，2022. 中国生态系统碳汇功能提升的技术途径：基于自然解决方案[J]. 中国科学院院刊，37(4)：490-501.

袁渭阳，李贤伟，张健，等，2009. 不同年龄巨桉林土壤呼吸及其与土壤温度和细根生物量的关系[J]. 林业科学，45(11)：1-8.

张劲松，孟平，王鹤松，等，2008. 华北石质山区刺槐人工林的土壤呼吸[J]. 林业科学，44(2)：8-14.

张万儒，许本彤，1986. 森林土壤定位研究方法[M]. 北京：中国林业出版社.

张元媛，朱万泽，孙向阳，等，2018. 川西贡嘎山峨眉冷杉成熟林生态系统 CO2 通量特征[J]. 生态学报，38(17)：6125-6135.

朱建华，田宇，李奇，刘华妍，等，2023. 中国森林生态系统碳汇现状与潜力[J]. 生态学报，43(9)：3442-3457.

周文君，沙丽清，沈守艮，等，2008. 西双版纳橡胶林土壤呼吸季节变化及其影响因子[J]. 山地学报，26(03)：317-325.

周玉梅，韩士杰，郑俊强，等，2007. CO_2 浓度升高对森林土壤微生物呼吸与根(际)呼吸的影响 [J]. 植物生态学报，31(3)：386-393.

吴征镒，1980. 中国植被[M]. 北京：科学出版社.

周光裕，1981. 试论中国暖温带落叶阔叶林区域的边界[J]. 植物生态学与地植物学丛刊，5：302-307.

Adachi M, Bekku Y S, Konuma A, et al, 2005. Required sample size for estimating soil respiration rates in large areas of two tropical forests and of two types of plantation in Malaysia [J]. Forest Ecology and Management, 210(1-3)：455-459.

Ågren G I, 2000. Temperature dependence of old soil organic matter [J]. AMBIO: A Journal of the Human Environment, 29(1)：55-55.

Amiro B D, Ian MacPherson J, Desjardins R L, et al, 2003. Post-fire carbon dioxide fluxes in the western Canadian boreal forest: Evidence from towers, aircraft and remote sensing [J]. Agricultural and Forest Meteorology, 115(1-2)：91-107.

Arrhenius S, 1889. Uber die Reaktionsgeschwindigkeit bei der Inversion von Rohrzucker durch Sauren [J]. Zeitschrift für Physik Chemie, 4(1)：226-248.

Bååth E, Wallander H, 2003. Soil and rhizosphere microorganisms have the same Q_{10} for respiration in a model system [J]. Global Change Biology, 9(12)：1788-1791.

Baldocchi D D, 2003. Assessing the eddy covariance technique for evaluating carbon dioxide exchange rates of ecosystems: past, present and future [J]. Global Change Biology, 9(4)：479-492.

Bekku Y, Koizumi H, Oikawa T, 1997. Examination of four methods for measuring soil respiration [J]. Appllied Soil Ecology, 5(3)：247-254.

Bhupinderpal-singh, Nordgren A, LöVenius M O, et al, 2003. Tree root and soil heterotrophic respiration as revealed by girdling of boreal Scots pine forest: extending observations beyond the first year [J]. Plant, Cell & Environment, 26(8)：1287-296.

Blair G J, Lefroy R D B, Lisle L, 1995. Soil carbon fractions based on their degree of oxidation and the development of a carbon management index [J]. Australian Journal of Agricultural Research, 46(7)：1459-1466.

Bond-Lamberty B, Wang C, Gower S T, 2004. A global relationship between the heterotrophic and autotrophic components of soil respiration? [J] Global Change Biology, 10(10)：1756-1766.

Bond-Lamberty B, Wang C, Gower S T, 2004. Contribution of root respiration to soil surface CO_2 flux in a boreal black spruce chronosequence [J]. Tree Physiology, 12：1387-1395.

Boone R D, Nadelhoffer K J, Canary J D, et al, 1998. Roots exert a strong influence on the temperature sensitivity of soil respiration [J]. Nature, 396(6711)：570-572.

Borken W, Muhs A, Beese F, 2002. Application of compost in spruce forests: effects on soil respiration, basal respiration and microbial biomass [J]. Forest Ecology and Management, 159(1-2)：49-58.

Bosatta E, Ågren G I, 1999. Soil organic matter quality interpreted thermodynamically [J]. Soil Biology and Biochemistry, 31(13)：1889-1891.

Bottner P, Couteaux M M, Anderson J M, et al, 2000. Decomposition of ^{13}C-labelled plant material in a European 65-40° latitudinal transect of coniferous forest soils: Simulation of climate change by translocation of soils [J]. Soil Biology and Biochemistry, 32(4): 527-543.

Bowden R D, Davidson E, Savage K, et al, 2004. Chronic nitrogen additions reduce total soil respiration and microbial respiration in temperate forest soils at the Harvard Forest [J]. Forest Ecology and Management, 196(1): 43-56.

Buchmann N, 2000. Biotic and abiotic factors controlling soil respiration rates in Picea abies stands [J]. Soil Biology and Biochemistry, 32(11-12): 1625-1635.

Burton A J, Pregitzer K S, 2003. Field measurements of root respiration indicate little to no seasonal temperature acclimation for sugar maple and red pine [J]. Tree Physiology, 23(4): 273-280.

Campbell J L, Sun O J, Law B E, 2004. Supply-side controls on soil respiration among Oregon forests [J]. Global Change Biology, 10(11): 1857-1869.

Chen Z, Yu G, Wang Q, 2019. Magnitude, pattern and controls of carbon flux and carbon use efficiency in China's typical forests [J]. Global and Planetary Change, 172: 464-473.

Cisneros-Dozal L M, Trumbore S, Hanson P J, 2006. Partitioning sources of soil-respired CO_2 and their seasonal variation using a unique radiocarbon tracer [J]. Global Change Biology, 12(2): 194-204.

Conant R T, Drijber R A, Haddix M L, et al, 2008. Sensitivity of organic matter decomposition to warming varies with its quality [J]. Global Change Biology, 14(4): 1-10.

Conant R T, Klopatek J M, Klopatek C C, 2000. Environmental factors controlling soil respiration in three semiarid ecosystems [J]. Soil Science Society of America Journal, 64(1): 383-390.

Concilio A, Ma S, Li Q, et al, 2005. Soil respiration response to prescribed burning and thinning in mixed-conifer and hardwood forests [J]. Canadian Journal of Forest Research, 35(7): 1581-1591.

Conen F, Leifeld J, Seth B, et al, 2006. Warming mineralises young and old soil carbon equally [J]. Biogeosciences Discussions, 3(4): 515-519.

Cook F J, Orchard V A, 2008. Relationships between soil respiration and soil moisture [J]. Soil Biology and Biochemistry, 15(4): 447-453.

Dalias P, Anderson J M, Bottner P, et al, 2001. Long-term effects of temperature on carbon mineralisation processes [J]. Soil Biology and Biochemistry, 33(7-8): 1049-1057.

Dalias P, Anderson J M, Bottner P, et al, 2001. Temperature responses of carbon mineralization in conifer forest soils from different regional climates incubated under standard laboratory conditions [J]. Global Change Biology, 7(2): 181-192.

Davidson E A, Belk E, Boone R D, 1998. Soil water content and temperature as independent or confounded factors controlling soil respiration in a temperate mixed hardwood forest [J]. Global Change Biology, 4(2): 217-227.

Davidson E A, Janssens I A, Luo Y, 2006. On the variability of respiration in terrestrial ecosystems: Moving beyond Q_{10} [J]. Global Change Biology, 12(2): 154-164.

Davidson E A, Janssens I A, 2006. Temperature sensitivity of soil carbon decomposition and feedbacks to climate change [J]. Nature, 440(7081): 165-173.

Davidson E A, Savage K, Verchot L V, et al, 2002. Minimizing artifacts and biases in chamber-based measurements of soil respiration [J]. Agricultural and Forest Meteorology, 113(1-4): 21-37.

Dilustro J J, Collins B, Duncan L, et al, 2005. Moisture and soil texture effects on soil CO_2 efflux components in southeastern mixed pine forests [J]. Forest Ecology and Management, 204(1): 87-97.

Dixon R K, Solomon A M, Brown S, et al, 1994. Carbon pools and flux of global forest ecosystems [J]. Science, 263(5144): 185-190.

Epron D, Farque L, Lucot E, et al, 1999. Soil CO_2 efflux in a beech forest: the contribution of root respiration [J]. Annals of Forest Science, 56(4): 289-295.

Epron D, Le Dantec V, Dufrene E, et al, 2001. Seasonal dynamics of soil carbon dioxide efflux and simulated rhizosphere respiration in a beech forest [J]. Tree Physiology, 21(2-3): 145-152.

Epron D, Nouvellon Y, Roupsard O, et al, 2004. Spatial and temporal variations of soil respiration in a Eucalyptus plantation in Congo [J]. Forest Ecology and Management, 202(1-3): 149-160.

Fang C, Moncrieff J B, 2001. The dependence of soil CO_2 efflux on temperature [J]. Soil Biology & Biochemistry, 33(2): 155-165.

Fang C, Smith P, Moncrieff J B, et al, 2005. Similar response of labile and resistant soil organic matter pools to changes in temperature [J]. Nature, 433(7021): 57-59.

Fang C, Smith P, Smith J U, 2006. Is resistant soil organic matter more sensitive to temperature than the labile organic matter [J]? Biogeosciences, 2(1): 65-68.

Fang J, Guo Z, Hu H, et al, 2014. Forest biomass carbon sinks in East Asia, with special reference to the relative contributions of forest expansion and forest growth [J]. Global Change Biology, 20 (6): 2019-2030.

Fierer N, Allen A S, Schimel J P, et al, 2003. Controls on microbial CO_2 production: A comparison of surface and subsurface soil horizons [J]. Global Change Biology, 9(9): 1322-1332.

Fierer N, Craine J M, McLauchlan K, et al, 2005. Litter quality and the temperature sensitivity of decomposition [J]. Ecology, 86(2): 320-326.

Foken T, Goockede M, Mauder M, et al, 2004. Post-field data quality control [J]. Handbook of Micrometeorology, 29: 181-208.

Fu S, ChengW, Susfalk R, 2002. Rhizosphere respiration varies with plant species and phenology: A greenhouse pot experiment [J]. Plant and Soil, 239(1): 133-140.

Gaumont-Guay D, Black T A, Barr A G, et al, 2008. Biophysical controls on rhizospheric and heterotrophic components of soil respiration in a boreal black spruce stand [J]. Tree Physiology, 28(2): 161-171.

Grogan P, Jonasson S, 2005. Temperature and substrate controls on intra-annual variation in ecosystem respiration in two subarctic vegetation types [J]. Global Change Biology, 11(3): 465-475.

Gu L, Post W M, King A W, 2004. Fast labile carbon turnover obscures sensitivity of heterotrophic respiration from soil to temperature: A model analysis [J]. Global Biogeochem. Cycles, 18(1): GB1022.

Hanson P J, Edwards N T, Garten C T, et al, 2000. Separating root and soil microbial contributions to soil respiration: A review of methods and observations [J]. Biogeochemistry, 48(1): 115-146.

Hanson P J, Wullschleger S D, Bohlman S A, et al, 1993. Seasonal and topographic patterns of forest floor CO_2 efflux from an upland oak forest [J]. Tree Physiology, 13(1): 1-15.

Hart S C, Perry D A, 1999. Transferring soils from high- to low-elevation forests increases nitrogen cycling rates: Climate change implications [J]. Global Change Biology, 5(1): 23-32.

Hart S C, 2006. Potential impacts of climate change on nitrogen transformations and greenhouse gas fluxes in forests: A soil transfer study [J]. Global Change Biology, 12(6): 1032-1046.

Hartley I P, Heinemeyer A, Evans S P, et al, 2007. The effect of soil warming on bulk soil vs. rhizosphere respiration [J]. Global Change Biology, 13(12): 2654-2667.

Hartley I P, Ineson P, 2008. Substrate quality and the temperature sensitivity of soil organic matter decomposition [J]. Soil Biology and Biochemistry, 40(7): 1567-1574.

Högberg P, Nordgren A, Buchmann N, et al, 2001. Large-scale forest girdling shows that current photosynthesis drives soil respiration [J]. Nature, 411(6839): 789-792.

Hutchinson G, Livingston G, 1993. Use of chamber systems to measure trace gas fluxes [J]//Harper L. Agricultural ecosystem effects on trace gases and global climate change. Madison: WI: ASA Special Publication, 63-78.

Ilstedt U, Nordgren A, Malmer A, 2000. Optimum soil water for soil respiration before and after amendment with glucose in humid tropical acrisols and a boreal mor layer [J]. Soil Biology and Biochemistry, 32(11-12): 1591-1599.

Ineson P, Taylor K, Harrison A F, et al, 1998. Effects of climate change on nitrogen dynamics in upland soils. 1. A transplant approach [J]. Global Change Biology, 4(2): 143-152.

IPCC, 2001. Climate change 2001: The scientific basis [M]. Cambridge, UK: Cambridge University Press.

Janssens I A, Kowalski A S, Ceulemans R, 2001. Forest floor CO_2 fluxes estimated by eddy covariance and chamber-based model [J]. Agricultural and Forest Meteorology, 106(1): 61-69.

Janssens I A, Lankreijer H, Matteucci G, et al, 2001. Productivity overshadows temperature in determining soil and ecosystem respiration across European forests [J]. Global Change Biology, 7(3): 269-278.

Jassal R S, Black T A, Drewitt G B, et al, 2004. A model of the production and transport of CO_2 in soil: Predicting soil CO_2 concentrations and CO_2 efflux from a forest floor [J]. Agricultural and Forest Meteorology, 124(3-4): 219-236.

Jassal R S, Black T A, 2006. Estimating heterotrophic and autotrophic soil respiration using small-area trenched plot technique: Theory and practice [J]. Agricultural and Forest Meteorology, 140(1-4): 193-202.

Jensen L S, Mueller T, Tate K, 1996. Soil surface CO_2 flux as an index of soil respiration in situ: A comparison of two chamber methods [J]. Soil Biology and Biochemistry, 28(10-11): 1297-1306.

Jiang L, Shi F, Li B, et al, 2005. Separating rhizosphere respiration from total soil respiration in two larch plantations in northeastern China [J]. Tree Physiology, 25(9): 1187-1195.

Jonasson S, Havström M, Jensen M, et al, 1993. In situ mineralization of nitrogen and phosphorus of arctic soils after perturbations simulating climate change [J]. Oecologia, 95(2): 179-186.

Kaneko N, McLean M A, Parkinson D, 1998. Do mites and Collembola affect pine litter fungal biomass and microbial respiration? [J] Applied Soil Ecology, 9(1): 209-213.

Karhu K, Fritze H, Kai H, et al, 2010. Temperature sensitivity of soil carbon fractions in boreal forest soil [J]. Global Change Biology, 91(2): 370-376.

Katayama A, Kume T, Komatsu H, et al, 2009. Effect of forest structure on the spatial variation in soil respiration in a Bornean tropical rainforest [J]. Agricultural and Forest Meteorology, 149(10): 1666-1673.

Kelting D L, Burger J A, Edwards G S, 1998. Estimating root respiration, microbial respiration in the rhizosphere, and root-free soil respiration in forest soils [J]. Soil Biology and Biochemistry, 30(7): 961-968.

Kim C, 2008. Soil CO_2 efflux in clear-cut and uncut red pine (*Pinus densiflora* S. et Z.) stands in Korea [J]. Forest Ecology and Management, 255(8-9): 3318-3321.

Kirschbaum M U F, 2006. The temperature dependence of organic-matter decomposition—still a topic of debate [J]. Soil Biology and Biochemistry, 38(9): 2510-2518.

Kirschbaum MUF, 1995. The temperature dependence of soil organic matter decomposition, and the effect of global warming on soil organic C storage [J]. Soil Biology and Biochemistry, 27(6): 753-760.

Klopatek J M, 2002. Belowground carbon pools and processes in different age stands of Douglas-fir [J]. Tree Physiology, 22(2-3): 197-204.

Kosugi Y, Mitani T, Itoh M, et al, 2007. Spatial and temporal variation in soil respiration in a southeast Asian tropical rainforest [J]. Agricultural and Forest Meteorology, 147(1-2): 35-47.

Kraus T E C, Zasoski R J, Dahlgren RA, et al, 2004. Carbon and nitrogen dynamics in a forest soil amended with purified tannins from different plant species [J]. Soil Biology and Biochemistry, 36(2): 309-321.

Kuzyakov Y, 2006. Sources of CO_2 efflux from soil and review of partitioning methods [J]. Soil Biology and Biochemistry, 38(3): 425-448.

La Scala N, Marques J, Pereira G T, et al, 2000. Carbon dioxide emission related to chemical properties of a tropical bare soil [J]. Soil Biology and Biochemistry, 32(10): 1469-1473.

Laik R, Kumar K, Das D K, et al, 2009. Labile soil organic matter pools in a calciorthent after 18 years of afforestation by different plantations [J]. Applied Soil Ecology, 42(2): 71-78.

Larionova A A, Yevdokimov I V, Bykhovets S S, 2007. Temperature response of soil respiration is dependent on concentration of readily decomposable C [J]. Biogeosciences, 4(6): 1073-1081.

Law B E, Kelliher F M, Baldocchi D D, et al, 2001. Spatial and temporal variation in respiration in a young ponderosa pine forest during a summer drought [J]. Agricultural and Forest Meteorology, 110(1): 27-43.

Law B E, Ryan M G, Anthoni P M, 1999. Seasonal and annual respiration of a ponderosa pine ecosystem [J]. Global Change Biology, 5(2): 169-182.

Law B E, Sun O J, Campbell J, et al, 2003. Changes in carbon storage and fluxes in a chronosequence of ponderosa pine [J]. Global change biology, 9(4): 510-524.

Lee K H, Jose S, 2003. Soil respiration, fine root production, and microbial biomass in cottonwood and loblolly pine plantations along a nitrogen fertilization gradient [J]. Forest Ecology and Management, 185(3): 263-273.

Lee M S, Nakane K, Nakatsubo T, et al, 2003. Seasonal changes in the contribution of root respiration to total soil respiration in a cool-temperate deciduous forest [J]. Plant and Soil, 255(1): 311-318.

Leifeld J, Fuhrer J, 2005. The temperature response of CO_2 production from bulk soils and soil fractions is related to soil organic matter quality [J]. Biogeochemistry, 75(3): 433-453.

Li Y, Xu M, Zou X, et al, 2005. Comparing soil organic carbon dynamics in plantation and secondary forest in wet tropics in Puerto Rico [J]. Global Change Biology, 11(2): 239-248.

Liang N, Nakadai T, Hirano T, et al, 2004. In situ comparison of four approaches to estimating soil CO_2 efflux in a northern larch (*Larix kaempferi* Sarg.) forest [J]. Agricultural and Forest Meteorology, 123 (1-2): 97-117.

Lin X, Wang S, Ma X, et al, 2009. Fluxes of CO_2, CH_4, and N_2O in an alpine meadow affected by yak excreta on the Qinghai-Tibetan plateau during summer grazing periods [J]. Soil Biology and Biochemistry, 41(4): 718-725.

Link S O, Smith J L, Halvorson J J, et al, 2003. A reciprocal transplant experiment within a climatic gradient in a semiarid shrub-steppe ecosystem: effects on bunchgrass growth and reproduction, soil carbon, and soil nitrogen [J]. Global Change Biology, 9(7): 1097-1105.

Liski J, Ilvesniemi H, Mäkelä A, et al, 1999. CO_2 emissions from soil in response to climatic warming are overestimated—The decomposition of old organic matter is tolerant to temperature [J]. Ambio, 28: 171-174.

Litton C M, Ryan M G, Knight D H, et al, 2003. Soil-surface carbon dioxide efflux and microbial biomass in relation to tree density 13 years after a stand replacing fire in a lodgepole pine ecosystem [J]. Global Change Biology, 9(5): 680-696.

Liu F, Wang X C, Wang C K, et al, 2021. Environmental and biotic controls on the interannual variations in CO2 fluxes of a continental monsoon temperate forest [J]. Agricultural and Forest Meteorology, 296: 108232

Lloyd J, Taylor J A, 1994. On the temperature dependence of soil respiration [J]. Functional ecology, 8 (3): 315-323.

Longdoz B, Yernaux M, Aubinet M, 2000. Soil CO_2 efflux measurements in a mixed forest: Impact of chamber disturbances, spatial variability and seasonal evolution [J]. Global Change Biology, 6(8): 907-917.

Lu H, Liu S, Wang H, et al, 2017. Experimental throughfall reduction barely affects soil carbon dynamics in a warm-temperate oak forest, central China [J]. Scientific Reports, 7(1): 15099.

Luan J, Xiang C, Liu S, et al, 2010. Assessments of the impacts of Chinese fir plantation and natural regenerated forest on soil organic matter quality at Longmen mountain, Sichuan, China [J]. Geoderma, 156(3-4): 228-236.

Luan J W, Liu S R, Zhu X L, 2011a. Soil carbon stock and flux in a warm-temperate oak chronosequence in China [J]. Plant and Soil, 347(1): 243-253.

Luan J W, Liu S R, Wang J X, 2011. Rhizospheric and heterotrophic respiration of a warm-temperate oak chronosequence in China [J]. Soil Biology & Biochemistry, 43(3): 503-512.

Luan J W, Liu S R, Zhu X L, et al, 2012. Roles of biotic and abiotic variables in determining spatial variation of soil respiration in secondary oak and planted pine forests [J]. Soil Biology & Biochemistry, 44 (1): 143-150.

Luan J W, Liu S R, Wang J X, et al, 2013. Factors affecting spatial variations of annual apparent Q_{10} of soil respiration in two warm temperate forests [J]. PLoS ONE, 8(5): e64167.

Luan J W, Liu S R, Chang S X, et al, 2014. Different effects of warming and cooling on the decomposition of soil organic matter in warm-temperate oak forests, a reciprocal translocation experiment [J]. Biogeochemistry, 121(3): 551-564.

Ma J, Zha T, Jia X, et al. , 2018. Energy and water vapor exchange over a young plantation in northern China [J]. Agricultural and Forest Meteorology. 263: 334-345.

Ma Jingyong, Jia Xin, Zha Tianshan, et al, 2019. Ecosystem water use efficiency in a young plantation in Northern China and its relationship to drought [J]. Agricultural and Forest Meteorology, 275: 1-10.

Ma S, Chen J, Butnor J R, et al, 2005. Biophysical controls on soil respiration in the dominant patch types of an old-growth, mixed-conifer forest [J]. Forest Science, 51(3): 221-232.

Ma X H, Feng Q, Yu T F, Su Y H, et al, 2017. Carbon Dioxide Fluxes and Their Environmental Controls in a Riparian Forest within the Hyper-Arid Region of Northwest China [J]. Forests, 8(10): 379.

Mallik A U, Hu D, 1997. Soil respiration following site preparation treatments in boreal mixedwood forest [J]. Forest Ecology and Management, 97(3): 265-275.

Martin J G, Bolstad P V, 2009. Variation of soil respiration at three spatial scales: Components within measurements, intra-site variation and patterns on the landscape [J]. Soil Biology and Biochemistry, 41 (3): 530-543.

Melillo J M, Steudler P A, Aber J D, et al, 2002. Soil warming and carbon-cycle feedbacks to the climate system [J]. Science, 298(5601): 2173-2176.

Michelsen A, Andersson M, Jensen M, et al, 2004. Carbon stocks, soil respiration and microbial biomass in fire-prone tropical grassland, woodland and forest ecosystems [J]. Soil Biology and Biochemistry, 36 (11): 1707-1717.

Micks P, Aber J D, Boone R D, et al, 2004. Short-term soil respiration and nitrogen immobilization response to nitrogen applications in control and nitrogen-enriched temperate forests [J]. Forest Ecology and Management, 196(1): 57-70.

Ngao J, Longdoz B, Granier A, et al, 2007. Estimation of autotrophic and heterotrophic components of soil respiration by trenching is sensitive to corrections for root decomposition and changes in soil water content [J]. Plant and Soil, 301(1): 99-110.

Niklińska M, Klimek B, 2007. Effect of temperature on the respiration rate of forest soil organic layer along an elevation gradient in the Polish Carpathians [J]. Biology and Fertility of Soils, 43(5): 511-518.

Niu X D, Liu S R, 2022. Environmental and stomatal control on evapotranspiration in a natural oak forest [J]. Ecohydrology, 15(4): 1-12.

Niu X D, Chen Z C, et al, 2023. Soil moisture shapes the environmental control mechanism on canopy conductance in a natural oak forest [J]. Science of the total environment, 857: 159363.

Nsabimana D, Klemedtson L, Kaplin B A, et al, 2009. Soil CO_2 flux in six monospecific forest plantations in Southern Rwanda [J]. Soil Biology and Biochemistry, 41(2): 396-402.

O'Connell A, 1990. Microbial decomposition (respiration) of litter in eucalypt forests of south-western Australia: An empirical model based on laboratory incubations [J]. Soil Biology and Biochemistry, 22(2): 153-160.

Ohashi M, Finér L, Domisch T, et al, 2005. CO_2 efflux from a red wood ant mound in a boreal forest [J]. Agricultural and Forest Meteorology, 130(1-2): 131-136.

Ohashi M, Gyokusen K, Saito A, 2000. Contribution of root respiration to total soil respiration in a Japanese cedar (Cryptomeria japonica D. Don) artificial forest [J]. Ecological Research, 15(3): 323-333.

Ohashi M, GyokusenK, Saito A, 1999. Measurement of carbon dioxide evolution from a Japanese cedar

（Cryptomeria japonica D. Don） forest floor using an open-flow chamber method ［J］. Forest Ecology and Management, 123(2-3)：105-114.

Ohashi M, Gyokusen K, 2007. Temporal change in spatial variability of soil respiration on a slope of Japanese cedar（Cryptomeria japonica D. Don）forest［J］. Soil Biology and Biochemistry, 39（5）：1130-1138.

O'Neill K P, Kasischke E S, Richter D D, 2002. Environmental controls on soil CO_2 flux following fire in black spruce, white spruce, and aspen stands of interior Alaska［J］. Canadian Journal of Forest Research, 32(9)：1525-1541.

Palmroth S, Maier C A, McCarthy H R, et al, 2005. Contrasting responses to drought of forest floor CO_2 efflux in a Loblolly pine plantation and a nearby Oak-Hickory forest［J］. Global Change Biology, 11(3)：421-434.

Pregitzer K S, Euskirchen E S, 2004. Carbon cycling and storage in world forests：Biome patterns related to forest age［J］. Global Change Biology, 10：2052-2077.

Priess J A, Fölster H, 2001. Microbial properties and soil respiration in submontane forests of Venezuelian Guyana：Characteristics and response to fertilizer treatments［J］. Soil Biology and Biochemistry, 33(4-5)：503-509.

Pypker T G, Fredeen A L, 2003. Below ground CO_2 efflux from cut blocks of varying ages in sub-boreal British Columbia［J］. Forest Ecology and Management, 172(2-3)：249-259.

Raich J W, Potter C S, 1995. Global patterns of carbon dioxide emissions from soils［J］. Global Biogeochemical Cycles, 9(1)：23-36.

Raich J W, Schlesinger W H, 1992. The global CO_2 flux in soil respiration and its relationship to vegetation and climate［J］. Tellus B：Chemical and physical Meteorology, 44：81-99.

Raich J W, Tufekciogul A, 1998. Vegetation and soil respiration：Correlations and controls［J］. Biogeochemistry, 48(1)：71-90.

Raich J W, 1998. Aboveground productivity and soil respiration in three Hawaiian rain forests［J］. Forest Ecology and Management, 107(1-3)：309-318.

Rastetter E B, Ryan M G, Shaver G R, et al, 1991. A general biogeochemical model describing the responses of the C and N cycles in terrestrial ecosystems to changes in CO_2, climate, and N deposition ［J］. Tree Physiology, 9(1-2)：101-126.

Rayment M B, Jarvis P G, 2000. Temporal and spatial variation of soil CO_2 efflux in a Canadian boreal forest［J］. Soil Biology and Biochemistry, 32(1)：35-45.

Reichstein M, Kätterer T, Andrén O, et al, 2005. Does the temperature sensitivity of decomposition vary with soil organic matter quality?［J］Biogeosciences Discussions, 2(10)：737-747.

Reichstein M, Subke J A, Angeli A C, et al, 2005. Does the temperature sensitivity of decomposition of soil organic matter depend upon water content, soil horizon, or incubation time?［J］Global Change Biology, 11(10)：1754-1767.

Rey A, Jarvis P, 2006. Modelling the effect of temperature on carbon mineralization rates across a network of European forest sites (FORCAST)［J］. Global Change Biology, 12(10)：1894-1908.

Rey A, Pegoraro E, Tedeschi V, et al, 2002. Annual variation in soil respiration and its components in a coppice oak forest in Central Italy［J］. Global Change Biology, 8(9)：851-866.

Rey M, Guntinas E, Gil-Sotres F, et al, 2007. Translocation of soils to stimulate climate change: CO_2 emissions and modifications to soil organic matter [J]. European Journal of Soil Science, 58(6): 1233-1243.

Rodeghiero M, Cescatti A, 2005. Main determinants of forest soil respiration along an elevation/temperature gradient in the Italian Alps [J]. Global Change Biology, 11(7): 1024-1041.

Ruess L, Michelsen A, Schmidt I, et al, 1999. Simulated climate change affecting microorganisms, nematode density and biodiversity in subarctic soils [J]. Plant and Soil, 212: 63-73.

Ryan M G, Law B E, 2005. Interpreting, measuring, and modeling soil respiration [J]. Biogeochemistry, 73(1): 3-27.

Saiz G, Byrne K A, Butterbach-Bahl K, et al, 2006. Stand age-related effects on soil respiration in a first rotation Sitka spruce chronosequence in central Ireland [J]. Global Change Biology, 12(6): 1007-1020.

Saiz G, Green C, Butterbach-Bahl K, et al, 2006. Seasonal and spatial variability of soil respiration in four Sitka spruce stands [J]. Plant and Soil, 287(1-2): 161-176.

Samuelson L J, Johnsen K, Stokes T, et al, 2004. Intensive management modifies soil CO_2 efflux in 6-year-old Pinus taeda L. stands [J]. Forest Ecology and Management, 200(1-3): 335-345.

Sato A, Seto M, 1999. Relationship between rate of carbon dioxide evolution, microbial biomass carbon, and amount of dissolved organic carbon as affected by temperature and water content of a forest and an arable soil [J]. Communications in Soil Science and Plant Analysis, 30(19-20): 2593-2605.

Sayer E J, Tanner E V J, 2010. A new approach to trenching experiments for measuring root-rhizosphere respiration in a lowland tropical forest [J]. Soil Biology and Biochemistry, 42(2): 347-352.

Scott-Denton L E, Rosenstiel T N, Monson R K, 2006. Differential controls by climate and substrate over the heterotrophic and rhizospheric components of soil respiration [J]. Global Change Biology, 12(2): 205-216.

Scott-Denton L E, Sparks K L, Monson R K, 2003. Spatial and temporal controls of soil respiration rate in a high-elevation, subalpine forest [J]. Soil Biology and Biochemistry, 35(4): 525-534.

Shaver G R, Canadell J, Chapin F S, et al, 2000. Global warming and terrestrial ecosystems: A conceptual framework for analysis [J]. BioScience, 50(10): 871-882.

Six J, Callewaert P, Lenders S, 2002. Measuring and understanding carbon storage in afforested soils by physical fractionation [J]. Soil Science Society of America Journal, 66(6): 1981-1987.

Six J, Elliott E T, Paustian K, et al, 1998. Aggregation and soil organic matter accumulation in cultivated and native grassland soils [J]. Soil Science Society of American Journal, 62(5): 1367-1377.

Søe A R B, Buchmann N, 2005. Spatial and temporal variations in soil respiration in relation to stand structure and soil parameters in an unmanaged beech forest [J]. Tree Physiology, 25(11): 1427-1436.

Striegl R G, Wickland K P, 1998. Effects of a clear-cut harvest on soil respiration in a jack pine-lichen woodland [J]. Canadian Journal of Forest Research, 28(4): 534-539.

Subke J A, Inglima I, Cotrufo M F, 2006. Trends and methodological impacts in soil CO_2 efflux partitioning: A meta analytical review [J]. Global Change Biology, 12(6): 921-943.

Subke J A, Reichstein M, Tenhunen J D, 2003. Explaining temporal variation in soil CO_2 efflux in a mature spruce forest in southern Germany [J]. Soil Biology and Biochemistry. 35(11): 1467-1483.

Subke J A, Tenhunen J D, 2004. Direct measurements of CO_2 flux below a spruce forest canopy [J]. Agricultural and Forest Meteorology, 126(1-2): 157-168.

Swanston C W, Caldwell B A, Homann P S, et al, 2002. Carbon dynamics during a long-term incubation of separate and recombined density fractions from seven forest soils [J]. Soil Biology and Biochemistry, 34(8): 1121-1130.

Takahashi A, Hiyama T, Takahashi H A, et al, 2004. Analytical estimation of the vertical distribution of CO_2 production within soil: Application to a Japanese temperate forest [J]. Agricultural and Forest Meteorology, 126(3-4): 223-235.

Tang J, Baldocchi D D, Xu L, 2005. Tree photosynthesis modulates soil respiration on a diurnal time scale [J]. Global Change Biology, 11(8): 1298-1304.

Tang J, Bolstad P V, Martin J G, 2009. Soil carbon fluxes and stocks in a Great Lakes forest chronosequence [J]. Global Change Biology, 15(1): 145-155.

Tang Y, Wen X, Sun X, et al, 2014. The limiting effect of deep soil water on Evapotranspiration of a subtropical coniferous plantation subjected to seasonal drought [J]. Advances in Atmospheric Sciences, 31(002): 385-395.

Ullah S, Frasier R, King L, et al, 2008. Potential fluxes of N_2O and CH_4 from soils of three forest types in eastern Canada [J]. Soil Biology and Biochemistry, 40(4): 986-994.

Vanhees P A W, Jones D L, Finlay R, et al, 2005. The carbon we do not see—the impact of low molecular weight compounds on carbon dynamics and respiration in forest soils: A review [J]. Soil Biology and Biochemistry, 37(1): 1-13.

Vanhala P, Karhu K, Tuomi M, et al, 2007. Old soil carbon is more temperature sensitive than the young in an agricultural field [J]. Soil Biology and Biochemistry, 39(11): 2967-2970.

Vanhala P, 2002. Seasonal variation in the soil respiration rate in coniferous forest soils [J]. Soil Biology and Biochemistry, 34(9): 1375-1379.

Van't Hoff J H, 1898. Lectures on theoretical and physical chemistry. part 1. chemical dynamics [M]. London: Edward Arnold.

Vestgarden L S, 2001. Carbon and nitrogen turnover in the early stage of Scots pine (*Pinus sylvestris* L.) needle litter decomposition: Effects of internal and external nitrogen [J]. Soil Biology and Biochemistry, 33(4-5): 465-474.

Wang C, Bond-Lamberty B, Gower S T, 2002. Soil surface CO_2 flux in a boreal black spruce fire chronosequence [J]. Journal of Geophysical Research, 107(D3): 1-8.

Wang C, Yang J, Zhang Q, 2006. Soil respiration in six temperate forests in China [J]. Global Change Biology, 12(11): 2103-2114.

Wang C, Yang J, 2007. Rhizospheric and heterotrophic components of soil respiration in six Chinese temperate forests [J]. Global Change Biology, 13(1): 123-131.

Wang H, Li X, Xiao J, et al, 2019. Carbon fluxes across alpine, oasis, and desert ecosystems in northwestern China: The importance of water availability [J]. Science of The Total Environment, 697: 133978.

Wang W, Peng S, Wang T, et al, 2010. Winter soil CO_2 efflux and its contribution to annual soil respiration in different ecosystems of a forest-steppe ecotone, north China [J]. Soil Biology and Biochemistry, 42(3): 451-458.

Wang W J, Dalal R C, Moody P W, et al, 2003. Relationships of soil respiration to microbial biomass, substrate availability and clay content [J]. Soil Biology and Biochemistry, 35(2): 273-284.

Webb E K, Pearman G I, Leuning R, 2010. Correction of flux measurements for density effects due to heat and water vapour transfer [J]. Quarterly Journal of the Royal Meteorological Society, 106(447).

Werner B, Yi-Jun X U, Eric A D, et al, 2002. Site and temporal variation of soil respiration in European beech, Norway spruce, and Scots pine forests [J]. Global Change Biology, 8(12): 1205-1216.

Widén B, 2002. Seasonal variation in forest-floor CO_2 exchange in a Swedish coniferous forest [J]. Agricultural and Forest Meteorology, 111(4): 283-297.

William R L, Anna T T, Kailiang Y, et al, 2018. Bowling, Robert Gabbitas, et al. Hydraulic diversity of forests regulates ecosystem resilience during drought [J]. Nature, 561(7724): 538-541.

Wiseman P E, Seiler J R, 2004. Soil CO_2 efflux across four age classes of plantation loblolly pine (*Pinus taeda* L.) on the Virginia Piedmont [J]. Forest Ecology and Management, 192(2-3): 297-311.

Wu X P, Liu S R, Luan J W, et al, 2019. Responses of water use in Moso bamboo (*Phyllostachys heterocycla*) culms of different developmental stages to manipulative drought [J]. Forest Ecosystems, 6: 1-14.

Wüthrich C, Schaub D, Weber M, et al, 2002. Soil respiration and soil microbial biomass after fire in a sweet chestnut forest in southern Switzerland [J]. Catena, 48(3): 201-215.

Xu M, Qi Y, 2001. Soil-surface CO_2 efflux and its spatial and temporal variations in a young ponderosa pine plantation in northern California [J]. Global Change Biology, 7(6): 667-677.

Xu M, Qi Y, 2001. Spatial and seasonal variations of Q_{10} determined by soil respiration measurements at a Sierra Nevadan forest [J]. Global Biogeochemical Cycles, 15(3): 687-696.

Yashiro Y, Kadir W R, Okuda T, et al, 2008. The effects of logging on soil greenhouse gas (CO_2, CH_4, N_2O) flux in a tropical rain forest, Peninsular Malaysia [J]. Agricultural and Forest Meteorology, 148(5): 799-806.

Yi Z, Fu S, Yi W, et al, 2007. Partitioning soil respiration of subtropical forests with different successional stages in south China [J]. Forest Ecology and Management, 243(2-3): 178-186.

Yim M H, Joo S J, Nakane K, 2002. Comparison of field methods for measuring soil respiration: A static alkali absorption method and two dynamic closed chamber methods [J]. Forest Ecology and Management, 170(1): 189-197.

Yim M H, Joo S J, Shutou K, et al, 2003. Spatial variability of soil respiration in a larch plantation: Estimation of the number of sampling points required [J]. Forest Ecology and Management, 175(1-3): 585-588.

Yu G, Chen Z, Piao S, et al, 2014. High carbon dioxide uptake by subtropical forest ecosystems in the East Asian monsoon region [J]. Proceedings of the National Academy of Science, 111(13): 4910-4915.

Yuste J C, Janssens I A, Carrara A, et al, 2004. Annual Q_{10} of soil respiration reflects plant phenological patterns as well as temperature sensitivity [J]. Global Change Biology, 10(2): 161-169.

Zenone T, Fischer M, Arriga N, et al, 2015. Biophysical drivers of the carbon dioxide, water vapor, and energy exchanges of a short-rotation poplar coppice [J]. Agricultural and Forest Meteorology, 209-210: 22-35.

Zhang J L, Liu S R, Liu C J, et al, 2021. Different mechanisms underlying divergent responses of autotrophic and heterotrophic respiration to long-term throughfall reduction in a warm-temperate oak forest [J]. Forest Ecosystems, 8(3), 537-547.

Zheng D, Chen J, LeMoine J M, et al, 2005. Influences of land-use change and edges on soil respiration in a managed forest landscape, WI, USA [J]. Forest Ecology and Management, 215(1-3): 169-182.

Zhou G, Liu S, Li Z, et al, 2006. Old-growth forests can accumulate carbon in soils [J]. Science, 314 (314): 1417-1417.

Zimmermann S, Frey B, 2002. Soil respiration and microbial properties in an acid forest soil: Effects of wood ash [J]. Soil Biology and Biochemistry, 34(11): 1727-1737.

第十一章

森林植被对区域水热交换和碳循环及气候的调节作用

森林是重要的碳源和碳汇，在气候系统中扮演着重要的角色。森林植被可通过影响下垫面特征(如太阳光反射率、空气动力阻力、植被叶面积指数等)改变地面能量和水汽能量，从而对区域气候产生影响；通过较高的净辐射、较强的蒸腾和林冠截留作用，降低土壤含水量和风速，提高空气湿度，改变森林内部和边缘的小气候(刘世荣，2013)。本章利用长白山阔叶红松林内及林外标准气象站的长期观测资料，对比研究森林内外空气温度和土壤温度的差异；利用 GIMMS NDVI，对辽宁省森林不同季节的温湿度效应进行量化分析；以长白山阔叶红松林为研究对象，进行森林的能量平衡研究；采用数值模拟方法，研究森林植被覆盖变化对陆地碳循环和区域气候的影响。本章旨在揭示森林的气候效应，阐明森林植被破坏对区域气候的影响。

第一节　典型区域森林的温湿度效应

一、立地水平上森林的温湿度效应——以长白山阔叶红松林为例

(一)森林温湿度效应研究概况

森林对温度和湿度的影响是森林小气候研究的主要内容之一。国外对森林小气候的研究相对较早，最早可追溯到 20 世纪 60 年代(Geiger, 1965; Lee, 1978)，但因受当时观测技术手段的限制，所获得的数据尚不够系统，相关研究和报道多以定性描述为主，缺乏定量的数据支持。近年来，随着气候要素自动观测技术的进步和地面小气候站点的增加，一些学者开始通过实测数据揭示森林的小气候效应，如 Chen 等(1993)对林外空旷地、森林边缘和林内温度、湿度、风速、辐射等小气候要素特征进行了系统研究，进而阐述了森林的小气候效应; Spittlehouse 等(2004)在意大利的西西里岛对森林、林地边缘以及开阔地的小气候进行了分析; Hannah 等(2008)对比研究了天然林以及没有树的沼泽地区的水流温度、微气候、水热的动力学交换; Ma 等(2010)在美国加利福尼亚混交林内通过机械采伐与焚烧进行实验，对空气温度、土壤温度、空气湿度及土壤热通量进行了对比研究，获取了森林小气候数据，

国内相关研究起步较晚，王正非(1985)在《森林气象学》一书中，对森林小气候效应进行了较为系统的阐述，并指出野外长期定位观测的重要性。1980 年以来，对特定地区小气候特征的研究日益增多。赵勇刚和高克姝(1989)从 1982 年 1 月至 1985 年 12 月对云南吉沙林场云、冷杉的林内及砍伐迹地的小气候进行了 4 年观测，对比分析了云杉、冷杉育苗对不同小气候因子的响应; 肖金香和方运霆(2003)依据江西省马头山自然保护区核心区不同海拔高度森林小气候实测资料，分析了林内光照强度、温度、相对湿度和风的时空变化特征; 庞学勇等(2005)对青藏高原东部针叶林采伐迹地小气候及植被演替进行了研究，分析了森林采伐后，局地小气候发生剧烈变化导致物种组成、盖度、生物量、生理生态因子等发生的变化; 韩锡君等(2005)对广东大岭山森林公园中森林及空旷地的小气候进行了对比研究，指出大岭山森林公园可作为休憩、娱乐和保健的场所; 李白萍等(2007)分别对西藏色季拉山森林内的小气候和采伐迹地小气候(气温、地表温度和土壤温度)进行了对比研究; 郝帅等(2007)对天山中段天山云杉林内外小气候特征进行了比较; 郭永盛等(2009)对内蒙古大青山的油松、

白桦和落叶松林 3 种典型植被型下的林内外小气候进行了对比研究，并从林内外温度、风速及湿度等 3 个方面对该区森林不同植被型的小气候调节功能进行了分析。然而，目前对我国东北森林小气候的研究还相对较少，仅见吴家兵等（2002）对夏季长白山阔叶红松林林内与无林区的气温与土壤温度的研究报道。

　　森林内外小气候资料的长期对比研究，对于揭示森林小气候效应，阐明森林破坏对局地气候的影响具有重要的价值。长白山阔叶红松林是我国东北东部中温带湿润气候区最重要的森林植被类型，对调节区域气候、稳定生态平衡有着重要作用。本节基于长白山阔叶红松林及附近林外标准气象站长期观测资料，分析森林内外空气温度和土壤温度的差异，以期揭示长白山阔叶红松林的小气候效应。

（二）森林温度湿度效应评估方法

　　林内观测点位于中国科学院长白山森林生态系统定位站阔叶红松林（42°24′N，128°6′E，海拔 738 m）1 号标准地。观测区域内的年均降水量 695 mm，年均气温 3.6℃。观测点的下垫面地势平坦，土壤类型为山地暗棕壤。主要乔木树种有红松（*Pinus koraiensis*）、蒙古栎（*Quercus mongolica*）、紫椴（*Tilia amurensis*）、水曲柳（*Fraxinus mandshurica*）和色木槭（*Acer mono*）等。林分结构为复层，下木覆盖度 40%，平均株高 27 m，立木密度 560 株/hm²，最大叶面积指数 6.0。林外对照空旷地为森林站东南 1000 m 处的长白山定位站气象观测场，下垫面上的下木层及枯枝落叶层被移除，地表被透骨草（*Phryma leptostachya* var. *asiatica*）和各种薹草覆盖，植被高度 20 cm 以下。

　　林内观测点建有高 62 m 的微气象观测塔，塔上安装着常规气象观测系统。其中，空气温湿度通过 2.5 m 高度的传感器（HMP45C，Vaisala）测得；土壤温度通过热电偶传感器（105T，Campbell，USA）测得，观测深度为 5 cm、10 cm、20 cm 和 50 cm。上述要素原始采样频率为 0.5 Hz，数据通过 CR23X 数据采集器（campbell scientific，USA）采集后以 30 分钟的平均值予以存储。林外对照空旷地的气温、地温和空气湿度利用标准气象站 M520 观测系统采集，除了气温观测高度为 1.5 m 外，其余观测仪器布设同上。

　　采用 2005—2007 年全年的数据进行分析。运用统计分析的方法得出空气温度与不同深度土壤温度的日、月平均值以及空气湿度月平均值。分析森林内与空旷地日、月平均温度以及空气温度的日较差，同时对土壤深度为 5 cm、10 cm、20 cm、40 cm 处的森林内与空旷地平均土壤温度进行比较。

（三）林内与林外空旷地空气温度的差异

　　空气温度作为重要气候要素之一，是气候背景与区域环境因子综合作用的结果。选择 7 月和 12 月作为生长季和非生长季的典型代表月进行分析，结果（图 11-1a）表明，7 月林内与空旷地的空气温差明显，林内的日均气温明显低于空旷地。这是因为 7 月森林生长繁茂，冠层郁闭度较大，能够有效地阻挡太阳辐射，郁闭的林冠对晚间近地层的热交换起到阻碍作用，林内热损失较少，空旷地白天受太阳直接照射，地表和空气增温显著，因而空旷地气温的日均值要明显高于林内，两地日均温差明显。非生长季，森林内落叶树种树叶凋落，林冠叶面积降低，林内外接收的太阳辐射量的差异减小，林内外空气交换相对充分，所以此时的日平均温度差异较小。如图11-1(b)所示，整个12月林内和空旷地日平均气温差异并不明显。在2005年7月和12月，林内与空旷地日均气温差的平均值分别为1.2℃和0.1℃，7月日均气温差的平均值明显高于12月。7月日均气温差的最大值出现在7月1日，林内与空旷地的日均气温分别为18.0℃、19.6℃，差值达1.6℃，12月最大值出现在12月5日，林内与空旷地的日均气温分别为-10.9℃、-10.1℃，差值仅0.8℃。

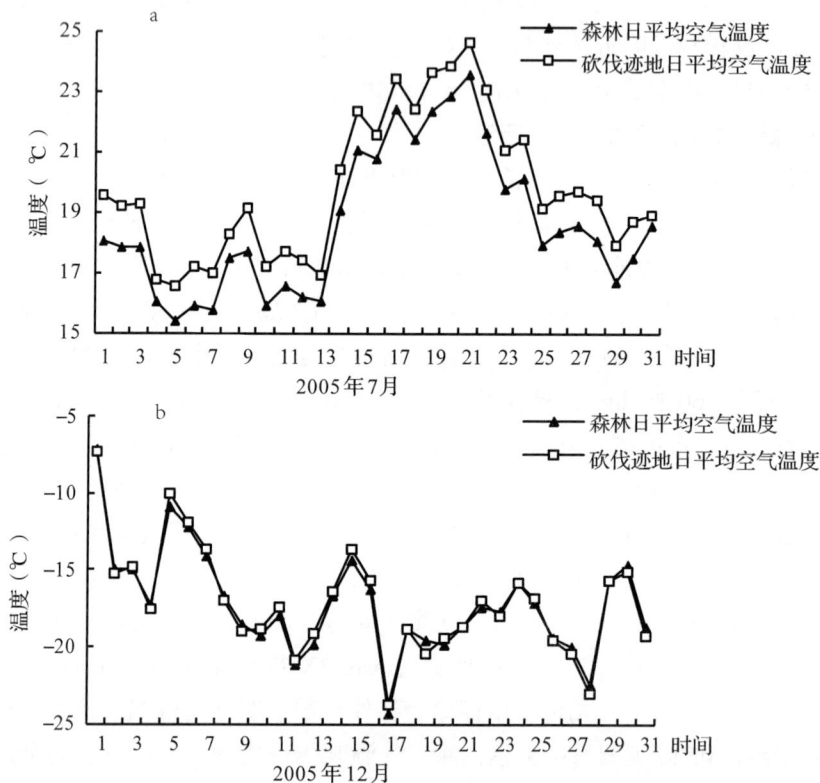

图11-1　森林与空旷地日平均空气温度比较

从图11-2可以看出，2005—2007年森林与空旷地气温的季节变化趋势大致相同，1月降至最低值，之后温度逐渐上升，4月达0℃以上，7~8月出现温度的最高值，随后开始下降，进入11月温度再次降至零下。从图11-2还可以看出，研究地年际间气温表现出较好的稳定性，3年的空旷地月平均气温最高值分别出现在2005年、2006年7月以及2007年8月，分别为19.8℃、19.9℃、19.2℃，林内对应月份的气温分别为18.6℃、18.3℃和18.4℃，差值分别为1.2℃、1.6℃和0.8℃。生长季(5~9月)，特别是夏季(7月)林内与空旷地存在较大的温度差异，这与关德新等(2007)研究得出的长白山红松针阔叶混交林林冠最大叶面积指数出现的时段相一致。在非生长季(1~4月，10~12月)二者的温差值较小。

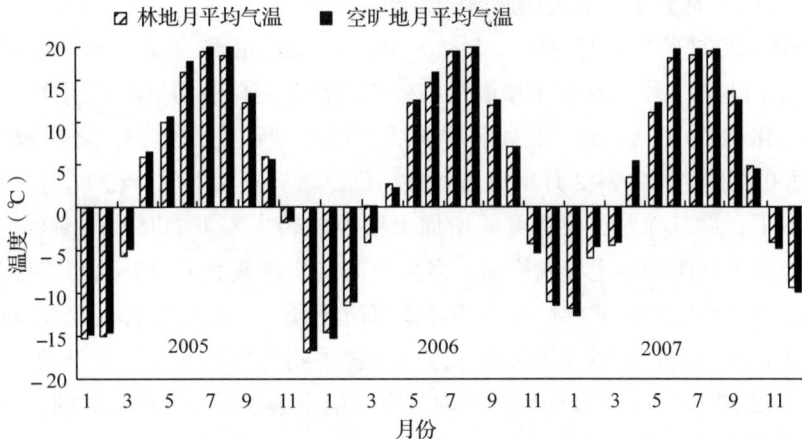

图 11-2　森林与空旷地月平均空气温度比较

图 11-3 为 2005 年林内外空气温度日较差逐日分布。可以看出，空旷地的气温日较差较林内的要高。林冠层的阻挡作用使得白天林内太阳入射辐射量减少，同时夜晚林内射出的长波辐射的量也相对减少。相对空旷地而言，森林在一定程度上降低了白天气温的最大值，提升了夜晚气温的最低值，因此，出现了这种林内气温日较差小于林外空旷地的结果。2005 年空旷地气温日较差最大值、最小值和年平均值分别为 31.0℃、2.0℃和 13.4℃，而林内对应值分别为 21.3℃、1.2℃和 10.2℃。另外，从 2005—2007 年林内和空旷地的气温年较差(表 11-1)可知，林内气温年较差低于空旷地。

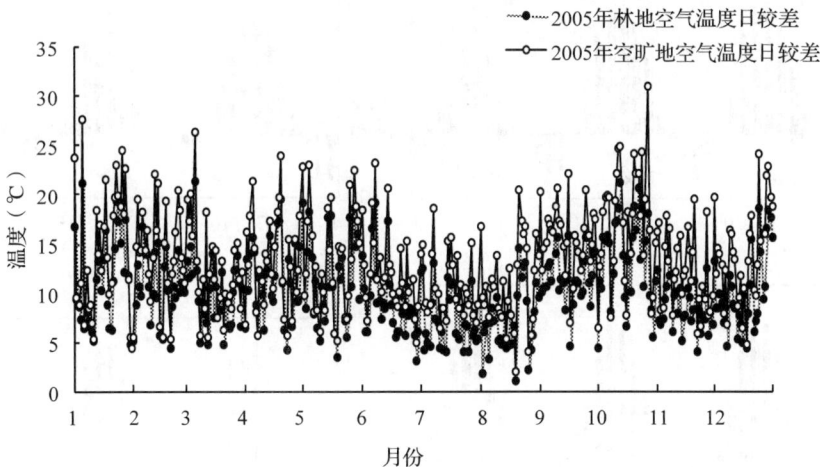

图 11-3　2005 年森林与空旷地空气温度日较差比较

表 11-1　2005—2007 年林内和空旷地气温年较差值比较(℃)

地点	2005 年	2006 年	2007 年	平均值
林内	58.2	58.8	57.2	58.0
空旷地	64.3	64.7	64.0	64.3

（四）林内与林外空旷地土壤温度的差异

对 2005—2007 年林内与空旷地 5 cm、10 cm、20 cm 和 50 cm 土壤温度对比研究结果显示（图 11-4），不同深度土壤温度在各年的季节变化有明显的周期性，变化规律与气温的变化相似（图 11-2）。1 月前后表层土壤出现温度最低值，之后温度逐渐上升，4 月达 0℃以上，在 7~8 月出现温度最高值，之后开始下降，在 11 月之后温度再次降低至零下，并且随着土壤深度的增加土壤温度转入零下的时间逐渐延迟。此外，林内外对应的不同深度的土壤温度在大多数时间均出现较大差异，这与非生长季空气温度较低时林内与空旷地差异性变小的规律有所不同。在生长季林内土壤温度低于空旷地，主要是因为此时郁闭度较大的林冠层削弱了到达林内的太阳辐射量，地表直接接收的热量较空旷地少。1 月前后，林内与空旷地土壤温度表现出较大的差异，例如，2005 年 1 月林内与空旷地 5 cm、10 cm、20 cm 和 50 cm 土壤深度处土壤温度差值分别达 5.3℃、4.9℃、5.0℃和 3.5℃。其中原因：一是因为林冠层的存在，使得夜间被较大程度冷却的林外空气与林内空气的交换受到一定程度的阻碍，森林起到了保温层的作用；二是由于冬季积雪存在，林内与空旷地接收到的太阳辐射量不同，使得积雪的消融程度不同。当夜间空气温度降低时林内较厚的雪层还可对土壤起到一定的保温作用，而林外相对较薄的雪层对土壤的保温程度弱于林内。林内外土壤温度差的大致特点：0℃以上，林内土壤温度低于林外；0℃以下，林内土壤温度高于林外。

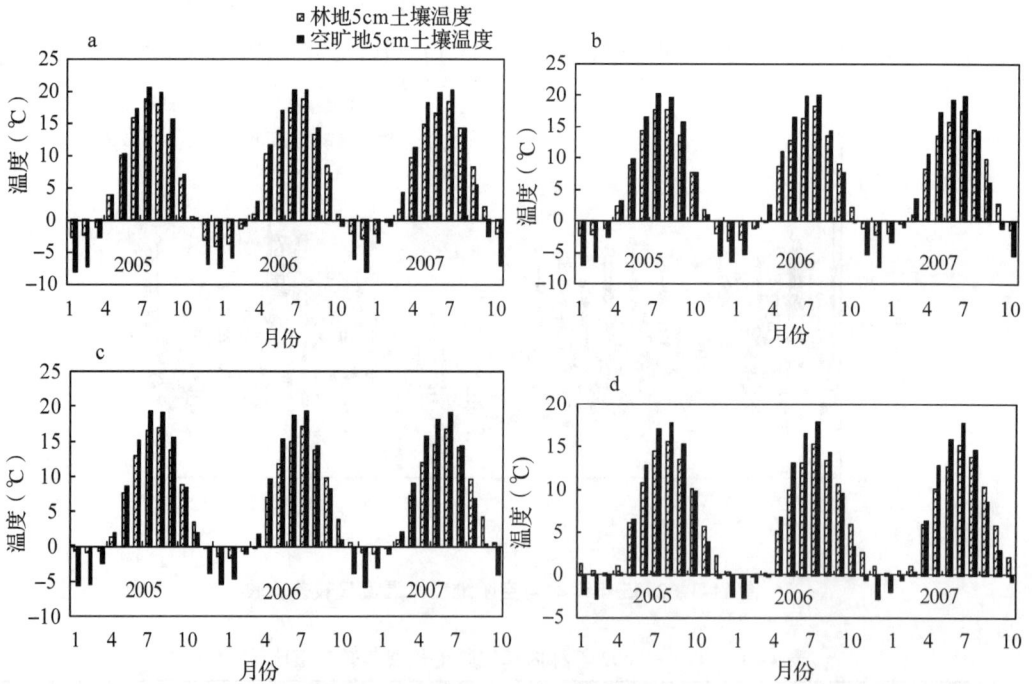

图 11-4　森林与空旷地月平均土壤温度比较

注：a. 5 cm；b. 10 cm；c. 20 cm；d. 50 cm。

对土壤温度在时间和深度尺度上的演变动态发现，20℃以上的高温在林内地面存在的时间尺度明显小于空旷地，并且在温度日变化进程中，林内地面最高温度出现的时间要滞后于空旷地。此外，随着土壤深度的增加，土壤温度的日较差逐渐减弱。林内地面 20 cm 以下、空旷地从 30 cm 以下土壤温度日较差不再有明显的变化。这种时间和空间上差异性的出现主要是由于森林与空旷地地表被加热的过程不同，林外地面直接接受太阳辐射的照射，因而随着太阳高度的变化，呈现明显的时间和深度变化动态。而林内地面由于森林冠层的遮蔽作用，接收的太阳辐射明显小于空旷地，从而造成林内地面和空气被直接加热的程度均不及林外。同上所述，林内不同土壤深度的温度梯度要小于林外。另外，不同土壤深度构成的等值温度带随深度增加均有右倾的现象。这是因为热量是由表层向深处传递的，浅层土壤被加热后才能进一步加热深层土壤，因而等值温度在较深土壤中出现的时间相对浅层的土壤晚，所以地温在随深度变化时产生时间滞后性。

（五）林内与林外空旷地空气湿度的差异

对林内与空旷地相对湿度的月平均值比较（图 11-5）可以看出，林内与空旷地空气相对湿度在生长季的差异较大，并以 7 月和 8 月的差异最为明显，研究期间林内与空旷地相对湿度的最大差值分别出现在 2005 年 8 月、2006 年 7 月和 2007 年 7 月。差值分别为 5.7%、7.0%和 5.8%。

空气饱和水汽压通过经验公式计算获得。

$$e_s(T) = a\exp\left(\frac{bT}{T+c}\right) \tag{11-1}$$

式中，a=0.611 kPa，b=17.502，c=240.97℃，T 为空气温度（℃）。

基于上文对空气温度的分析可知，在生长季林外气温较林内高，由饱和水汽压的经验计算公式（11-1）可知，空旷地饱和水汽压也较林内高，进而相对湿度较林内低。另外，由于林冠层的阻碍作用，林内风速较低，湍流交换作用弱，使得由林内下木层、草本蒸腾和土壤蒸发所产生的水汽散逸较慢，因而林内相对湿度较高。进入非生长季，随着落叶树种叶片凋落，上述林冠的作用减弱，林下植被蒸腾作用也大大降低，所以森林与空旷地的相对湿度差异降低。

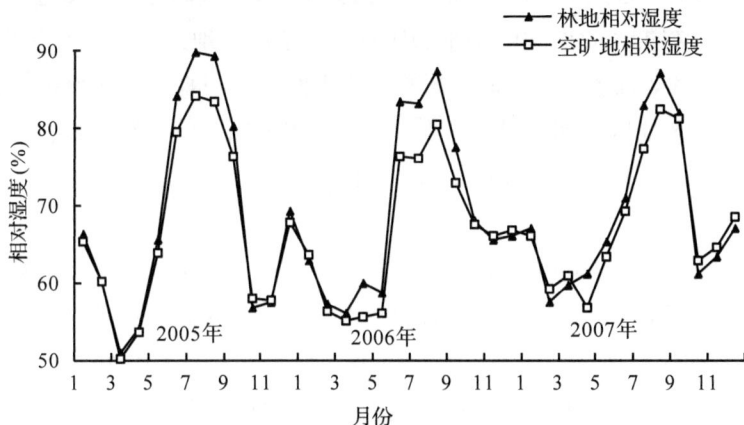

图 11-5　森林与空旷地空气相对湿度的比较

二、区域水平上森林的温湿度效应——以辽宁省为例

对大范围森林调节温度的定量研究需要电子科技和"3S"等新技术、新方法,特别是热红外遥感技术的应用对于快速获取区域地表温度空间差异信息有很大帮助。从 20 世纪 60 年代开始,人们就开始应用卫星热红外波段测量海面温度,随着遥感技术的不断发展,利用卫星资料获取陆面温度的技术日臻成熟(覃志豪等,2001;毛克彪等,2005),目前遥感温度反演已应用于城市热岛效应和城市绿地格局与城市热岛效应的关系研究(毛克彪,2007;张佳华等,2005;王雪,2006),但是应用于森林调节温湿度效应方面的研究还很少(冯海霞等,2010;Wickham et al.,2013)。本研究以辽宁省境内的森林覆盖区为研究区域,利用 GIMMS NDVI 产品,对 1980—2000 年辽宁省森林不同季节的温度湿度效应进行量化分析。

(一)森林温湿度效应的评价方法

1. 森林的表面温度效应计算方法

根据 Wickham 等(2013)的研究,森林地区某面积单元的表面温度(land surface temperature,LST)与该单元的森林覆盖率(x)有关,一般呈线性关系:

$$LST(x) = kx + b \tag{11-2}$$

式中,k 和 b 为经验系数。

将森林的表面温度效应定义为:以无森林的下垫面(覆盖率 $x=0$)为对照,其表面温度为 $LST(0) = b$,则森林覆盖率为 x 的区域。其森林的表面温度效应为:

$$LST(x) - LST(0) = kx \tag{11-3}$$

Wickham 等(2013)在全美国选择了 21 个典型森林,分别进行了不同季节(全年和四季)、不同空间尺度(边长 1 km 和 6 km 的正方形面积单元)的表面温度与森林覆盖率的线性回归分析,发现不同地区的森林表面温度效应有一定的差异。

根据气候相似原则,本研究选取了美国东部地区的经验公式进行计算,所采用的数据空间分辨率为 8 km,与 Wickham 等(2013)的 6 km 空间分辨率接近。另外,从地理特征分析看,Wickham 等(2013)研究中 cell 18 地区的地形与本研究区也较为相似。因此在分析森林的表面温度效应时,所确定的表面温度与森林覆盖率拟合公式的斜率(k 值)取为 cell 18 地区的研究结果,其中,年平均的 k 为-1.83,春、夏、秋、冬四个季节的 k 值分别为-1.71、-3.17、-2.19 和-0.27。

2. 森林覆盖率的计算

使用 1982—2006 年的 8 km 空间分辨率的 GIMMS NDVI 产品反演出研究区的森林覆盖率,即覆盖率 $FVC = (NDVI - NDVI_{min}) / (NDVI_{max} - NDVI_{min})$,其中 $NDVI$、$NDVI_{max}$、$NDVI_{min}$ 分别为拟计算像元、研究区最大和研究区最小标准化植被指数,再通过与 3 期(1980 年、1990 年、2000 年)研究区的森林分布图进行叠加分析,来研究有林地区的表面温度效应。

3. 湿度效应研究方法

森林对地面空气相对湿度(Rh)的调节幅度与气候条件、森林类型等多因素有关，但解释这些影响规律需要大量的观测，暂无法实现。为了计算方便，本研究忽略这些影响，根据上节的长期观测结果进行推算。假设空旷地观测的空气相对湿度代表森林覆盖率为 0 的下垫面，林内观测的空气相对湿度代表森林覆盖率为 100% 的下垫面，二者差值为 $\triangle Rh$，假设森林调节空气相对湿度幅度(Eh)随森林覆盖率(x)的增加而线性上升，则 Eh 与 x 的关系为：

$$Eh = \triangle Rh \cdot x \tag{11-4}$$
$$\triangle Rh = 林内相对湿度 - 空旷地相对湿度 \tag{11-5}$$

根据上节的观测，3 年平均的生长季 $\triangle Rh$ 月均值：5 月，2.1%；6 月，4.5%；7月，6.1%；8 月，5.9%；9 月，3.1%；5~9 月平均值为 4.3%。

(二)森林温度效应的时间变化特征

1. 森林温度效应年代变化特征

1980 年、1990 年、2000 年辽宁省森林的表面温度效应平均值分别为 -0.487℃、-0.521℃ 和 -0.505℃。从时间上看，森林所产生的表面温度效应在增强，从空间分布看，降温效应高值区出现在辽东地区，辽西和辽南地区夏季降温效应较小，这与森林覆盖率的大小直接相关。

2. 森林温度效应的季节变化特征

1980 年、1990 年、2000 年以及整个研究时期(1980—2000 年)辽宁省森林温度效应(平均值±标准差)数值如下：

1980 年：春季，-0.280±0.173℃；夏季，-1.894±0.468℃；秋季，-0.676±0.168℃；冬季，-0.004±0.005℃。

1990 年：春季，-0.347±0.184℃；夏季，-1.917±0.366℃；秋季，-0.744±0.170℃；冬季，-0.004±0.004℃。

2000 年：春季，-0.301±0.177℃；夏季，-1.811±0.384℃；秋季，-0.718±0.154℃；冬季，-0.005±0.006℃。

1980—2000 年：春季，-0.325±0.176℃；夏季，-1.916±0.382℃；秋季，-0.729±0.163℃；冬季，-0.004±0.004℃。

从这些结果可以看出，在春、夏、秋、冬四季中，夏季森林的降温效应最明显，秋季和春季次之，冬季最弱。

(三)森林湿度效应的时间变化特征

由于非生长季森林的空气湿度效应不明显，这里只计算生长季的森林湿度效应。

1980 年、1990 年、2000 年以及 1980—2000 年 5~9 月辽宁省森林的空气湿度效应分布有季节变化，在春、夏、秋、冬四季中，增湿效应大小顺序为 7 月≈8 月>6 月>9月>5 月。

3 个时期以及整个研究时期辽宁省森林增湿效应(平均值±标准差)数值如下(单位:%)：

1980 年 5 ~ 9 月：0.744 ± 0.418%，2.433 ± 0.468%，3.746 ± 0.841%，3.765 ± 0.667%，1.659±0.334%。

1990 年 5 ~ 9 月：0.902 ± 0.420%，2.489 ± 0.743%，3.726 ± 0.646%，3.838 ± 0.547%，1.82±0.338%。

2000 年 5 ~ 9 月：0.884 ± 0.510%，2.248 ± 0.849%，3.675 ± 0.581%，3.813 ± 0.511%，1.826±0.291%。

1980—2000 年 5 ~ 9 月：0.875±0.433%，2.461±0.803%，3.759±0.644%，3.834 ±0.541%，1.788±0.312%。

第二节　典型森林的能量平衡
——以长白山阔叶红松林为例

森林对能量的再分配会影响到区域乃至全球的气候。了解能量再分配后的平衡特征不仅对认识森林的生态效应有重要意义，还可为其光合生产力研究提供环境参数。自 20 世纪 50 年代起，国外在这个方面做了大量工作，特别是近 10 年来，随着涡度相关技术的发展，实现了对森林能量平衡方程的主要收支项——感热与潜热通量的直接观测，加之遥感地面信息验证的需要，在欧洲、美国、日本等地区和国家掀起了新一轮的研究高潮。我国对森林能量平衡的研究起步于 20 世纪 60 年代初，迄今为止，已对杉木人工林、油松林、次生栎林、樟子松人工林、常绿阔叶林、北方针叶林等不同林型能量平衡特征进行了较为系统的研究。但以往的研究多集中在生长季，时间尺度较短（数日至数月），难以反映森林能量平衡的季节变化特征，而且对平衡方程的两个重要分量——感热与潜热的获取仍依赖于传统的梯度估算方法。近年来，涡度相关技术开始引入我国，并以其高精度、高时间分辨率等优点被迅速地运用到森林、农田、草地等生态系统物质与能量交换研究之中。

东北阔叶红松林是中国温带区域典型的森林生态系统。本节以其为研究对象，利用涡度相关法观测 3 年的数据，结合同步微气象资料，分析其能量平衡在不同季节的动态变化特征。

一、研究区概况

研究工作在中国科学院长白山森林生态系统定位站阔叶红松林一号标准地内进行

（42°24′N，128°06′E，海拔 738 m）。该站区属于受季风影响的温带大陆性气候，年均降水量 695 mm，降雨月份多集中在 6~8 月，全年日照时数为 2271~2503 小时，生长季为 5~9 月。观测场附近下垫面地势平坦、均质，最小风浪区长度大于 500 m。林下土壤为山地暗棕色森林土，林型为成熟原始林，主要乔木有红松、椴树、蒙古栎、水曲柳、色木。林分为复层结构，郁闭度 0.8，下木覆盖度 40%，最大叶面积指数（LAI）约为 6.0，平均株高 26 m，立木株数约 560 株/hm^2，总蓄积量 380 m^3/hm^2。

二、研究方法

森林样地内建有高 62 m 的微气象观测塔，在观测塔 40 m（1.5 倍林冠高）高处的主风方向布设一套开路式涡度相关系统。风速与空气温度脉动采用三维超声风速仪（CSAT3，Campbell，USA）测量，水汽浓度脉动采用开路式 CO_2/H_2O 气体分析仪（LI-7500，LI-Cor，USA）测量。湍流脉动信号采样频率为 10 Hz，脉动数据通过数据采集器（CR5000，Campbell，USA）采集。在观测塔 32 m 高处，采用净辐射表（CNR-1，Kipp Zonen，Netherlands）测量净辐射，同时采用空气温湿仪（HMP-45C，Vaisala，Finland）测量空气温、湿梯度。在林内 5 cm 土壤深度安置 2 个 HFP01 土壤热通量板（HukseFlux，Nether lands）测量土壤热通量。在观测塔 60 m 高处安置一雨量筒观测降水。所有常规气象因子测量频率为 0.5 Hz，通过 CR23X-TD 数据采集器（Campbell，USA）每 30 分钟自动记录其平均值。另外，在生长季采用植物冠层分析仪（LI-2000，LI-Cor，USA）每间隔 2~7 天观测 1 次森林叶面积指数（LAI）。观测时间为 2003—2008 年。

森林能量平衡方程：

$$Rn-G-S=LE+H \tag{11-6}$$

式中，Rn 为净辐射；G 为土壤热通量；S 为冠层储热变化；$Rn-G-S$ 为森林可用能量（available energy）；$(H+LE)/(R_n-G-S)$ 为基于涡度相关法的湍流能量通量对森林可用能量的闭合度，当平衡方程步长以日为时间尺度时，S 常忽略不计；LE 与 H 分别表示感热与潜热通量，采用涡度相关方法观测，正值表示水、热从森林向大气传输，负值与之相反。通量平均化时间取为 30 分钟。

二、能量平衡分量的日变化

森林能量平衡各分量均有显著的日变化趋势。以图 11-6 所示的冬季与夏季各 4 个典型观测日为例，净辐射在晴好天气呈单峰型日变化，峰现时间冬季与夏季并无明显差异，均在中午 12:00~12:30 左右。冬季，在日出后 3 小时（9:30~10:00）净辐射通量变为正值，即转变为森林能量的收入项，午间达到最大值（345 W/m^2），至日落前 1 小时左右（16:00）转变成负值，期间不到 7 小时的平均净辐射强度约为 174 W/m^2。一天中剩余超过 2/3 的时间森林表现为长波辐射能的损失，其平均净辐射强度为−75 W/

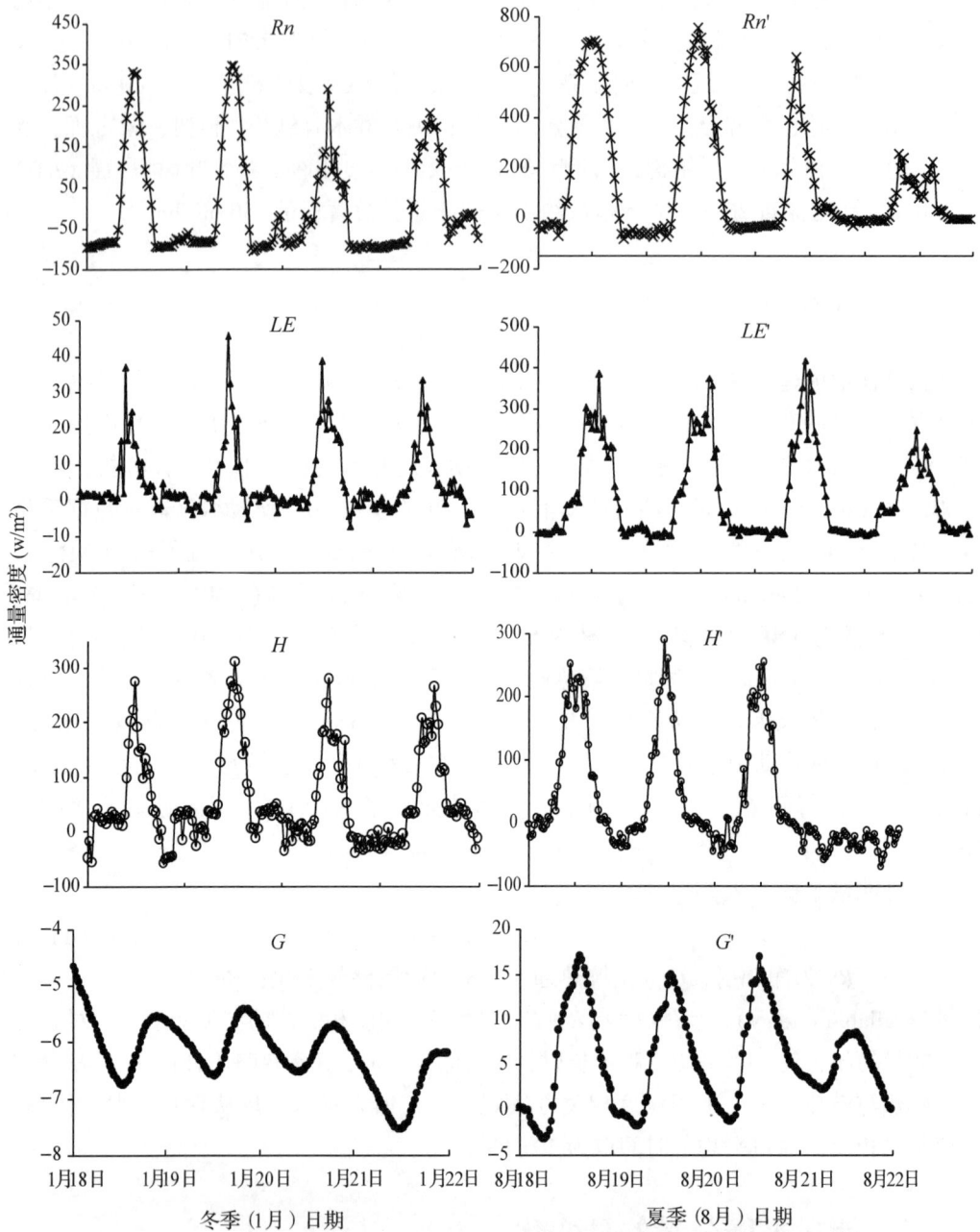

通量密度（w/m²）

1月18日　1月19日　1月20日　1月21日　1月22日
冬季（1月）日期

8月18日　8月19日　8月20日　8月21日　8月22日
夏季（8月）日期

图 11-6　能量平衡分量的日变化

m²。夏季，净辐射在日出后 1 小时左右（7:00）转变为正值，午间达到最大值（约 750 W/m²），至日落前 2 小时左右（17:00）转变为负值，期间约 10 小时的平均净辐射强度为 325 W/m²，其余约 14 小时森林表现为辐射能的损失，其平均净辐射强度为-52 W/m²。可以看出，冬季森林日间辐射能收入小于夏季，而晚间损失量又大于夏季，这使得其冬季显得异常寒冷。

土壤热通量在夏季也呈单峰型日变化趋势，峰现时间较净辐射滞后约 3 小时，即午后 15:00 左右，平均峰值约为 16.0 W/m²。在天气晴好的夜间，有数小时表现为向上传输，但较为微弱。与之相对照的是冬季土壤热通量，全天均表现为向上的热传输，平均通量为 6.2 W/m²。

感热与潜热通量与净辐射通量有相似的日变化趋势，但过程线均不如后者平滑，这是间歇性湍流传输的一个特点。由于冬季地面低温冻结(1 月 8~22 日平均气温为 −15.7℃)，水汽传输非常微弱，森林平均 *LE* 不到 5 W/m²，较夏季 *LE* 小一个数量级。冬季能量平衡方程中，感热为主要的支出项，个别天气里，感热支出甚至超过了夏季。

另外，中小尺度的天气变化在很大程度上影响着森林能量的收支。如图 11-6 所示的 8 月 22 日为阴雨天气，净辐射表现为多峰变化，通量最大值仅为 299 W/m²，不到正常天气的一半，相应的土壤热通量、热与感热通量也随之衰减。这类天气在 6~8 月出现较为频繁。

三、能量平衡分量的季节变化

以年为时间尺度的净辐射 *Rn* 近似呈单峰变化(图 11-7)，但由于受中小尺度天气变化影响，其过程线存在着锯尺状波动，特别是在雨季，净辐射的日间差异较大。全年的平均净辐射通量密度为 72.1 W/m²，即森林通过太阳辐射获得的能量为 2.3×10^{9} J/(m²·a)，占冠层上部太阳总辐射能的 48%。*Rn* 日总量峰值出现在 7 月，约为 1.6×10^{7} J/m²，不过，由于该月降水集中(降水天数 13 天，降水量 183 mm)，部分观测日净辐射反而低于邻近月份，使得月平均通量密度 7 月<8 月<6 月，6 月平均净辐射通量为 127 W/m²。冬季净辐射最小月份出现在 12 月，平均仅为 5.8 W/m²，分别小于 1 月的 10.5 W/m² 和 11 月的 23.3 W/m²。另外，在 1 月及 11~12 月均出现了 5~8 天不等的日总量小于 0 的观测日，表明森林在冬季有时会成为大气的热源。从图 11-7 中还可以看出，净辐射通量对森林物候变化的响应并不明显，表明森林的能量收入季节动态主要还是受太阳高度角变化的驱动。

土壤热通量的季节变化趋势较为明显。在融雪之前(3 月下旬)，*G* 的日总量始终为负值，即林地土壤损失能量。在 4 月中旬，随着林下积雪的融化，5 cm 深土壤开始解冻，土壤向下的热传输有个快速增加的过程，至 5 月上旬日总量迅速达到全年土壤热通量的最大值21 W/m²。之后，*G* 随着 R_n 的增加反而逐渐减弱。这可根据林下土壤温度及森林物候的观测解释如下：随着冬季土壤损失能量的补充，土壤温度梯度减小，相应的土壤向下的热通量降低。另外，进入生长季，植被叶面积迅速增大。5 月 1 日 LAI 为 1.9，至 5 月 27 日增加到 4.6，降低了地表辐射能的获得，也是 *G* 降低的原因之一。8 月下旬，*G* 的日总量变为负值，这与 5 cm 深土壤温度在 8 月 24 日达到全年最高值一致，表征土壤再次转变成大气的热源，这也使得 8 月成为森林可用能量最多的月份。非生长季，土壤热通量表现为能量平衡方程的收入项，约占有效能量

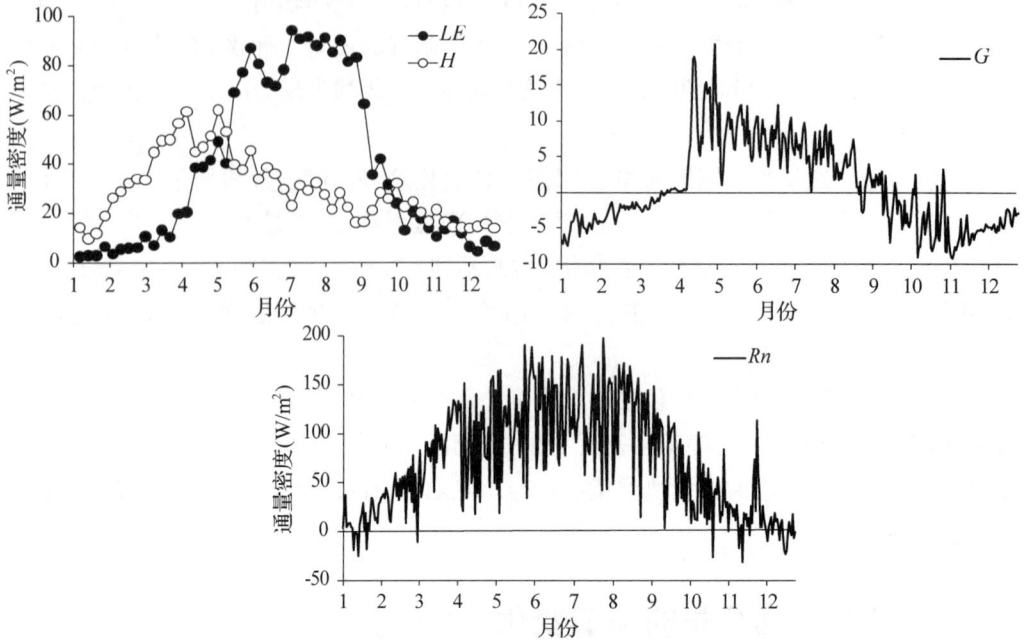

图 11-7 能量平衡各分量季节变化

的 5.0%，12 月比重达到30%，日收入最大值为 9.2 W/m²，生长季土壤热通量作为支出项，约占有效能量 4.0%。

另外，从能量平衡各分量季节变化(图 11-7)发现，感热通量最大值并非出现在净辐射最强的 7 月，而是在植物刚刚萌芽的 5 月上旬，随后逐渐降低，并很快在 5 月中旬被潜热通量超过，成为能量平衡的次要支出项。潜热通量最大值出现在降水最多的 7 月至 9 月中下旬，虽然植物尚未完全落叶，但已呈现显著降低趋势，这除了有植物在生长后期生理活动减弱的原因外，林下土壤水分的亏缺也是其原因之一(9 月中旬，5 cm 深土壤层平均含水量为 0.18 m³/m³，为整个生长季的最低点)。期间感热通量有略微增加趋势，至 10 月上旬阔叶树基本落叶，开始取代潜热成为主要的能量支出项，但受净辐射持续降低的影响，很快又开始降低。由此可见，除了受有效辐射季节变化的影响，森林物候变化也是感热与潜热季节变化的重要影响因子。非生长季，森林主要能量支出项为感热通量，约占净辐射通量的 72%。生长季阶段，森林主要能量支出项为潜热通量，约占净辐射通量的 60%。阔叶红松林全年因蒸散消耗的能量为 1.2×10⁹ J/m²，占净辐射的 52%。这一比例远小于其他温带森林的研究报道，估计一方面是因为涡度相关系统对通量的低估所致，另一方面，观测期间降水偏少也是一个重要原因。2003 年降水量仅有 558 mm，为近 10 年最低。森林蒸散的水量为 493 mm，占降水量的 88%，说明森林收入的水量绝大部分是以气态形式支出。

从波文比 B 季节变化过程(图 11-8)也可以看出感热与潜热的季节变化动态。观测期间，以日为时间尺度的波文比 B 近似呈"U"字形变化，变化过程清晰的勾绘出了萌芽与落叶的时段，即生长季与非生长季节的界限。B 值在非生长季变幅较大(-1.5~

12.8)，平均感热通量 3 倍于潜热通量。最小值为负值，间断地出现在 1 月及 10~12 月间，考察其能量平衡分量变化，发现期间感热通量均为负，即传输方向向下，因此可以认为，B 负值的出现是由于下垫面强的辐射冷却所致。生长季，B 值变幅相对较小，范围为 0.1~1.7，平均波文比在 0.5 左右，远大于水稻(0.06)、灌区小麦(0.19) 的 B 值，但较草地(0.57)的要小。波文比年均值为 0.72。

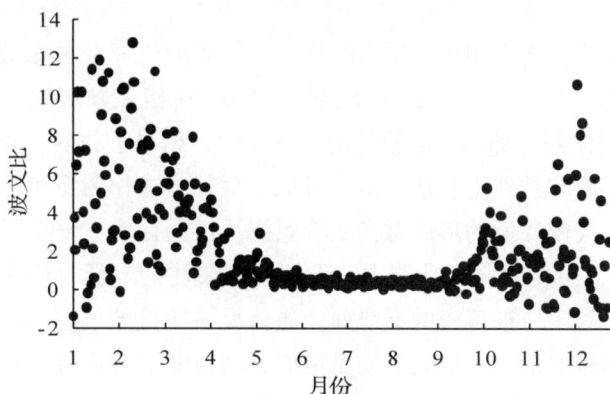

图 11-8 波文比季节变化

四、小结

（1）由于植被、地形、气候等条件的差异，不同森林生态系统类型的小气候效应存在一定的差异。但森林遭到砍伐或破坏后，多数研究所获得的主要的小气候要素变化趋势基本一致。如梁罕超等(1990)在川西高山林区森林小气候的研究中得出，林外空旷地的相对湿度低 9%，本研究森林与无森林植被覆盖的空旷地相对湿度的最大差值出现在 2006 年 7 月，约为 7.0%。这与 2 个地区的降水量的不同以及森林植被型各异形成的郁闭度的差异有关。另外，国内许多研究是基于生长季节的测定数据进行分析(庞学勇等，2005；郝帅等，2007；郭永盛等，2009)，研究结果中气温、地温和相对湿度均存在较大差异。本研究分析了森林与空旷地全年的数据，其中，森林与空旷地的温度差异在生长季最大，而土壤温度在全年均存在较大差异性，这与 Chen 等 (1993)和 Spittlehouse 等(2004)的研究结果类似。

基于上述分析可知，森林与林外空气温度、土壤温度均存在一定的差异。就空气温度而言，生长季森林与空旷地差异较其他时间大，这进一步证实了森林植被影响气候的作用。因为有林冠层的存在，生长季林内气温低于林外气温，一定程度上降低了地表植物水分的蒸发散，更有利于林下植物的生长和发育；由于林冠对太阳辐射的削弱作用以及冬季林冠与地表积雪保温作用的双重影响，森林与空旷地土壤温度全年存在一定的差异。以 0℃ 为界，0℃ 以上林外高于林内，0℃ 以下林外低于林内。就全年来看，林内土壤温度的日、年较差较林外小，这一方面益于植物种子的存活和萌发，另一方面也为土壤微生物提供了一个稳定的环境，更有利于土壤有机质分解和营养物质的富集，为植物提供了一个优良的生长基础。森林砍伐后会引起迹地小气候发生变化，导致植被物种组成、盖度、生物量、生理生态因子等相应的变化（庞学勇等，2005）。因此，维护森林生态系统不仅能更好地发挥其生态屏障功能，而且对于当地植物更好的生长、调节局地气候以及优化环境（韩锡君等，2005）均具有重要意义。要在保护原有森林的基础上，不断加强对森林与空旷地小气候差异性的研究，科学地开展空旷地的植被恢复工作。

另外，与国外同类研究相比，国内对森林小气候的研究在林缘效应方面的研究相对缺乏，可检索到的文献显示仅有马友鑫等（1998）在相关领域做了初步研究。Chen等（1993）针对太平洋西北部的花旗松林的研究表明，相对于林内，小气候要素变化最大的是林缘位置，而非林外空旷地。由此可见，森林边缘作为空旷地与森林的过渡地带，它对于局地小气候环境的形成意义不容忽视，这也有待进一步深入研究。

（2）在森林调节温度的服务功能中，人们通常关注的气温，遥感反演的温度都是下垫面表面温度，对于植被茂密的下垫面，遥感反演所得的地表温度是指植被叶冠的表面温度；对于稀疏的地表，地表温度是地面、植被叶冠等温度的混合平均值。虽然地温与气温存在强的相关性，但也有差别，从地温到气温目前还没有成熟的可借鉴的转换模型。森林调节温度作用的大小同树种、郁闭度、地形、时间和环境等很多因素有关系。本研究只是对样点的温度信息和森林覆盖度进行了分析，今后的相关研究需要大量的地面观测。

森林植被因其强大的蒸散而成为水汽输送的源地，其蒸散量可占降水量的30%～95%。蒸散的水汽在森林地区扩散，这样在林区形成相对裸地要高的空气湿度。同时森林能降低其林区的大气温度，主要是由于森林蒸腾消耗了很多太阳辐射积累于下垫面的辐射平衡能量，而裸地的辐射平衡能量主要用于增加地面和空气温度，并主要以感热的形式消耗。森林上述的增湿、降温作用直接体现在林区的相对湿度增加。

尽管上述原理被大多数学者接受，但主要的研究证据来源于小气候尺度的观测，要定量描述较大尺度森林的增湿效应，还存在方法学上的困难。例如，难以选取理想的非森林对照点，对照点与森林观测点距离不能太近，否则不具有大尺度的代表性，又不能太远，否则地理空间的气候背景差异（如纬度距离、海陆距离等）对测定的森林湿度效应造成干扰，且不易剔除。这是今后相关研究中需要解决的重要问题。

（3）林内与林外空旷地气温、地温对比观测结果表明，林内平均气温年较差低于空旷地6.3℃，生长季平均气温林内低于空旷地0.8℃，生长季5 cm地温林内低于空旷地1.8℃。遥感分析结果表明，辽宁省森林对表面温度的降温效应幅度为0～2.7℃，降温幅度的季节变化规律：夏季>秋季和春季>冬季。林内与林外空旷地相对湿度对比观测表明，生长季平均相对湿度林内高于空旷地4.3%，月均相对湿度林内外最大差值7.1%。以辽宁省为例进行推算，森林增加空气相对湿度幅度为0%～5.2%，其季节变化规律：7月≈8月>6月>9月>5月。对长白山阔叶红松林的长期观测结果表明，生长季潜热支出为主，为可用能的66%左右，非生长季感热支出为主，占可用能的63%左右。

第三节　森林植被覆盖变化对陆地碳循环和区域气候的调节作用

　　森林是陆地生态系统中对气候影响最显著的因素之一，主要作用体现在以下几个方面：①降低热浪高温；②提高最低温度；③增加湿度与年降水；④减少风速与风力；⑤提高陆面稳定性和水质。森林对天气形势和气候的影响存在较为显著的区域，其影响也是全方位的，从城市到区域、全球。但许多影响因为时空复杂性而存在较大不确定性。在局地尺度上土地利用变化对气候有最大影响，但林区对局地到区域尺度的影响仍存在争议。

　　森林主要通过生物地球物理和化学两大机制来影响天气和气候。物理机制主要与反照率、蒸发冷却、持水能力和粗糙度等有关（如 Betts，2006；Bonan，2008），它可以增强或减弱人类活动产生的气候变化。森林的低反射率可以吸收更多入射辐射从而暖化林区上方的空气、通过蒸腾过程增加水分促进云和雨的形成、通过气动粗糙表面加强湍流（Rotenberg *et al.*，2010）、减少风速，因而增强对流、云和降水的形成（Pielke *et al.*，2007）；化学机制主要包括：森林释放多种碳水化合物和其他有机物（如苏普烯和萜烯）以改变全球的 O_3 水平、形成气溶胶颗粒。这些气溶胶通过散射和反射太阳辐射而使局地气候降温（Quaas *et al.*，2004），也能增强云的形成以及与云的相互作用，改变其特性和生命期。

　　在不考虑人类影响的情况下，气候变率及其与森林的相互作用也能造成大的气候变化（Houghton，2008）。例如，CO_2 含量的增加会导致叶片气孔的关闭、蒸腾减少、向大气的水分传输减少。较高的温度能导致森林死亡（如热带森林）和森林向北迁移（如亚洲北方森林）。而升高的温度倾向于增加土壤呼吸速率，导致 CO_2 更多地从土壤排放，导致进一步增暖。值得指出的是，较高的 CO_2 水平能促进植物生长，这种影响可能是短期的，与土壤水分和营养情况也有一定的关系。

　　数值模式提供了一个研究陆面和大气之间相互作用（包括土壤和植被向低层大气传输的水分蒸发、蒸散、陆面向上和向下的水分运动、辐射的吸收、反射和发射；不同陆面类型的空气动力学特性）的有效方式。研究表明，不同纬度带的森林影响气候的主要因子和作用有差别。例如，热带雨林可以通过蒸发冷却作用减缓温度升高，北方森林可以通过低反照率来增加温度，在温带地区，蒸发降温和低反照率增暖这两种相反作用综合的效应尚不明确（Bonan *et al.*，1992；Lee *et al.*，2011）。北方高纬森林的 VOC

排放及其造成的气溶胶颗粒形成和增长将对高纬度北方地区气候有重要影响（Quaas *et al.*, 2004；Spracklen *et al.*, 2008）。

本节主要通过数值模式模拟研究森林的变化对陆地碳循环和区域气候的影响。其中，用 JULES 陆面模式研究森林覆盖率改变对我国陆地碳循环的影响，用北京气候中心气候系统模式（BCC-CSM）中的陆面和大气分量模式，分别模拟评估区域的林区土地覆盖变化对陆面过程与气候的影响。

一、基于 JULES 模式评估我国土地利用变化对陆地碳循环的影响

（一）JULES 模式简介

JULES(the Joint UK Land Environment Simulator，联合英国陆面环境模拟器)是由英国生态与水文研究中心研发的可以免费下载代码的软件（Best *et al.*, 2011；Clark *et al.*, 2011）。该模式将陆地表面分为 9 个类型，其中 5 个是植被功能类型（PFT）[阔叶树、针叶树、C3（温带）草本植物、C4（热带）草本植物和灌木]，4 个是非植被类型（城市、内陆水、裸土和陆冰）。模式采用分块（tile）方法描述次网格非均匀性，独立计算每个地表类型的表面温度、短波和长波辐射通量、感热和潜热通量、地面热通量、冠层水含量、积雪和融化率等。除陆冰外，陆面格点可以包含其他任何地表覆盖类型，它们在格点内的覆盖百分比是从文件读入或由前一个版本的模式（TRIFFID）得到。

试验采用 3 种不同来源的地表覆盖数据分别制作了 1860 年以来的全球及我国的地表覆盖数据（表 11-2）。其中有 3 组数据分别为 Goldewijk 等（2011）的全球环境历史数据（History Databse of the Global Environment，记为 HYDE）、Houghton 等（2001）的土地利用数据（记为 HH）和 Ramankutty 等（1999）给出的土地利用变化数据（记为 RF）。基于重建的历史资料以及未来情景的预估，用 JULES 模式进行了 1900—2010 年的"历史"模拟试验，其中的地表覆盖变化数据每年输入 1 次，在土地利用不变的情况下采用 1860 年的地表覆盖百分比。

表 11-2 3 种不同地表覆盖数据信息

序号	区域	情景数据标记及参考文献	土地利用变化时间	积分时段（年）
1	全球	HYDE(Goldewijk *et al.*, 2011)	1860—2010 年	1860—2010
2	全球	HH(Houghton *et al.*, 2001)	1860—2005 年	1860—2005
3	全球	RF(Ramankutty *et al.*, 1999)	1860—2007 年	1860—2007
4	我国	HYDE(Goldewijk *et al.*, 2011)	同 1860 年，无变化	1860—2010
5	我国	HH(Houghton *et al.*, 2001)	同 1860 年，无变化	1860—2005
6	我国	RF(Ramankutty *et al.*, 1999)	同 1860 年，无变化	1860—2007

彩图 19 是用 3 种不同情景数据给出的我国几种主要地表覆盖类型随时间的变化

曲线。可以看出，除用 HH 数据模拟的灌木的变化趋势与其他两种数据模拟的变化趋势有所不同外，用 3 种不同数据模拟的结果基本一致。其中，阔叶林（BT）和针叶林（NT）的覆盖比例总体呈下降趋势，C3（温带）草本呈上升趋势，C4（热带）草本呈下降趋势。灌木（Sh）的覆盖比例的变化因采用的数据不同而异。用 HH 数据模拟的为上升，用 HYDE 和 RF 数据模拟的均为下降。

（二）林区土地利用变化对碳循环的影响

用 JULES 对我国 1900—2010 年陆面碳循环变量的模拟结果（彩图 20）表明，用 3 组数据模拟的陆地碳变量的变化趋势总体上是一致的。主要表现特征：净初级生产力（npp）为振荡上升，净生物群区生产力（nbp）也有微弱的上升，土壤碳（cSoil）的变化表现为先下降（1900—1930）后缓慢上升，植被碳（cVeg）为逐步降低。该结果与其他学者得出的我国植被和土壤碳量比较（表 11-3），基本上在合理范围之内（Zhang et al.，2008）。因此模拟结果是可信的。

表 11-3　用不同数据得到的我国植被和土壤碳量

植被碳（PgC）	土壤碳（PgC）	数据	方法	参考文献
13.33	82.65	气候，土壤，植被	CEVSA 模式	Li et al.，2004
34.3~76.2（平均57.57）	101.4~134.3（平均118.28）	世界碳密度	BIOME3 模式，碳密度法	Ni，2001
47.1~57.9	100.0~101.1	气候，现代植被图，世界碳密度	OBM 模式和碳密度法	Peng et al. 1997
6.1~43.0	123.8~185.7	生物质和土壤剖面（725个）	碳密度	Fang et al. 1996
—	69.38	第二次 NSS（2440个土壤剖面）	碳密度	Xie et al. 2004
—	43.6	第二次 NSS（表层土壤，523894个土壤剖面）	碳密度	Song et al. 2005
11.5~12.0	53.5~55.8	气候，土壤，植被	JULES 模式	本研究

分别利用 3 组土地利用变化数据进行 JULES 历史气候条件下的模拟试验，并将其结果分别与前面未包括土地利用数据的模拟结果进行比较，结果（彩图 21）发现，3 组试验中的土地利用变化对各变量的变化趋势总体一致，但在量值上存在明显差异。其中 NPP 和土壤碳的差值都变现为 HH 最大、RF 居中、HYDE 最小。NBP 在 20 世纪 60 年代以外的大多时间都为负值（碳汇），植被碳都统一表现为减少的趋势，HYDE 试验在 80 年代之后的减少明显。

3 组数据试验的空间分布特征总体上也比较一致。以 2000 年为例，大值区基本位于我国南方、西南和东北东部等部分林区，西部和西北干旱半干旱地区较低。而引入土地利用变化的结果则都变现为在大值区的碳量减少，尤其是南方和东北东部主要林区。

（三）林区未来土地利用变化对碳循环的影响预估

我国设立的短期、中期和长期的经济环境建设大型项目中的短期目标是争取在 15 年内，阻止生态环境恶化趋势，使土壤侵蚀情况可控，防止土壤侵蚀与沙漠化扩大。我国的森林覆盖将于 2020 年达到 23%，2050 年增至 26%。据此以 2006 年的森林覆盖

为基础，设计了几种不同的未来森林覆盖增加的百分比试验，即从 0.0% 到 3.0%，每
0.5% 的增长作为一个情景试验，共有 7 组（表 11-4）。模式运行所需要的大气强迫采
用 RCP2.6 情景下的气候条件，积分时间为 2006—2099 年，地表覆盖的变化也是采用
每年输入 1 次的方式。

表 11-4　未来预估的试验设计

试验	造林情景方案	森林覆盖比例的描述
0	0%	保持 2006 年的比例不变
1	0.5%	每年增加 0.5%
2	1.0%	每年增加 1.0%
3	1.5%	每年增加 1.5%
4	2.0%	每年增加 2.0%
5	2.5%	每年增加 2.5%
6	3.0%	每年增加 3.0%

　　模式运行结果表明（彩图 22），在不同情景下，未来我国主要林区和草地覆盖的
变化趋势总体上相反，2006—2100 年我国林区的覆盖率为逐步上升，从 15% 左右增至
20%~38% 左右，而草地的覆盖率从 52% 左右逐渐减至 36%~48%，变化幅度小于林
区。在每年 3.0% 再造林情景下我国的森林覆盖率在 2050 年将达到 26%。从空间分布
来看，我国未来林区覆盖百分比变化较大的地区主要在南方，包括西南和东南林区，
东北华东和华北部分地区有小幅度增加。

　　表 11-5 给出的是 2010、2050 和 2090 年我国区域平均的土壤、植被和总碳量。可
以看出随着林区覆盖的增加，土壤碳和植被碳量都有所增加。

表 11-5　未来我国陆地碳量存储变化（PgC）

类目	土壤碳			植被碳			总碳量		
年份	2010	2050	2090	2010	2050	2090	2010	2050	2090
0.0%	56.43	55.95	54.29	13.02	13.54	13.28	69.45	69.49	67.58
1.0%	56.47	56.82	56.19	13.44	17.19	19.96	69.91	74.01	76.15
2.0%	56.48	57.66	57.83	13.85	20.32	24.48	70.33	77.98	82.31
3.0%	56.53	58.43	59.17	14.26	22.88	27.38	70.79	81.31	86.55

二、基于 BCC 陆面模式评估林区土地覆盖变化的影响

（一）BCC_AVIM 模式简介

BCC_AVIM 是在中国科学院大气物理研究所发展的大气—植被相互作用模式
（AVIM，Ji，1995）和美国国家大气研究中心的通用陆面模式（NCAR/CLM3，Oleson *et
al.*，2004）的基础上，通过改进动态植被、陆地碳循环和物理过程参数化方案发展而
来。模式采用 CLM3 的土壤水热传输模块和框架，下垫面类型包括土壤、湿地、湖

泊、冰川、植被等。其中，土壤沿垂直方向分 10 层，植被为 1 层，积雪依据厚度最多划分 5 层。陆地植被按功能型分为 15 类，每个网格中包含最多 4 种植被功能型。它融合了 AVIM2 的动态植被和土壤碳分解模块，包含了能够描述植被光合作用固定 CO_2、植被生长、植被凋落、土壤呼吸释放 CO_2 返回大气的陆地碳循环过程。BCC_AVIM 模式可以单独用来模拟陆面物理和碳循环过程，也可以与大气模式耦合或者作为气候系统模式 BCC-CSM 的陆面分量模式，用于 CMIP5 模拟及短期气候预测试验。已有使用结果表明模式对 20 世纪陆面碳循环和陆地生态系统已具有一定的模拟能力(Wu et al.，2013)。

　　模式采用 T106 分辨率(约 110 km)，全球共 320×160 格点。试验所需的全球强迫场资料源自普林斯顿大学(Sheffield et al.，2006)，其时间频率为 3 小时，变量包括近地面气压、气温、降水、太阳短波辐射、大气长波辐射、风速和湿度(比湿)。陆面数据，包括地形、土壤属性、植被功能类型和生理学参数、地表覆盖类型等都源自模式原始资料。试验的积分时段为 1980—2008 年。

　　对照控制试验(control)的地表覆盖数据由 NCAR/CLM3(Oleson et al.，2004)模式提供的数据集插值产生，共包括 4 个植被功能类型(PFT)次网格层次。从其中的森林植被格点分布可知，该数据描述的占比最大的林区格点在我国比较有限，主要位于东北黑龙江北部和西南部分地区，其他比重较小的林区几乎遍布我国除西北干旱沙漠地区之外的所有地区。

　　敏感试验是针对我国为主的欧亚地区(70~140°E，15~55°N)进行的，在其他设置保持不变的情况下，仅改变地表覆盖资料中的森林覆盖区植被类型并进行数值试验，探讨我国森林区域的改变对陆面气候的影响。为比较林地不同变化的影响，本研究设计了 4 组试验，具体设计见表 11-6。

表 11-6　敏感试验设计

名称	试验描述
CTL	控制试验，用模式原地表覆盖数据进行的模拟试验
bare	将欧亚地区所有森林格点替换为裸土
shrub	将所有森林格点替换为灌木
crop	将所有森林格点替换为农田
C3	将所有森林格点替换为 C3 植物草地

(二)林区覆盖类型变化对陆面气候的影响

　　Wu 等(2013)分别对 BCC-CSM 气候系统模式及其分量模式的部分性能进行过评估，表明模式对气候基本特性、陆面碳循环过程及相关变量都有很好的模拟性能。对控制试验模拟与观测的地表温度分布比较表明，模式能够合理再现我国地面温度的不同季节分布特征；但与 ERA-interim(Dee et al.，2011)资料相比，BCC_AVIM 模拟的地表温度在我国大部分地区偏高，东北北部地区偏低。

　　改变我国林区覆盖类型的各敏感性试验中模拟的陆面气候特征总体与 CTL 一致。从各敏感试验与 CTL 的差值分析，各敏感试验中模拟的植被类型的叶面积指数(LAI)

都表现为减少，但减小的幅度不同。总体来说，bare 试验（林区砍伐退化为裸地）带来的植被 LAI 减少最明显，crop（林区变为农田）的次之，C3（草地取代林区）和 shrub（灌木）的变化相对较小。分析认为该结果具有合理性。因为灌木和草地与森林的特征参数差别比农田小，而植被之间的参数差别都小于裸土，所以 bare 试验对陆面气候的影响是最大的。

各敏感试验模拟的不同季节地面温度变化的空间分布总体与 LAI 的基本一致，在大部分试验和季节中都表现为地面温度升高，尤其是在我国西南林区和东北林区的东部和北部。变化幅度最大的也是 bare 试验，尤其是冬季和春季。

从逐月的时间变化看，敏感试验与 CTL 的温度差值有明显的季节变化，其走势与温度的季节变化类似，温度差异较大的在暖季，差值在 0.3~0.8℃。在不同的森林类型替换试验中，林区退化为裸土带来的影响最大，crop 次之，grass 与 shrub 试验差别不大。

对其他陆面物理和陆面碳循环变量的分析结果表明，将森林替换为其他类型的植被或裸地，会造成陆面碳量不同程度的减少，土壤水分和潜热通量也大都表现为减少。

三、基于 BCC 大气模式 BCC_AGCM 评估森林的气候效应

（一）BCC_AGCM 模式及试验方案简介

BCC_AGCM2.0 是北京气候中心气候系统模式（BCC-CSM）的大气环流分量模式，它是在 NCAR 的 CAM3 模式框架基础上，引入了独特的参考大气和参考地面气压。其中的参考大气更适合于对流层中上层和平流层的大气热力结构，可以减少由于模式垂直分层的不均匀性和地形截断误差等方面的影响。在 BCC_AGCM2.0 基础上，研发 BCC_AGCM2.1（T42 分辨率）和 BCC_AGCM2.2 版本（T106 中等分辨率，全球共320X160 格点，约 110 km）。其主要改进支出包括：①在引入国际上现有质量通量型积云深对流参数化方案（Zhang，2002）基础上发展的积云对流参数化新方案；②进一步优化改进了云量等计算相关的参数；③增加了对全球平均大气 CO_2 浓度的预报选项；④陆面过程采用 BCC_AVIM1.0 参数化方案，能够模拟陆气碳通量交换过程。BCC_AGCM2.1 和 BCC_AGCM2.2 版本分别是气候系统模式 BCC-CSM1.1 和 BCC-CSM1.1（m）的大气分量模式，是参加 CMIP5 试验的两个模式版本。

用 BCC_AGCM2.0 进行 AMIP 试验的结果表明，在给定海温和海冰分布，以及太阳活动、气溶胶、温室气体等观测场驱动下，BCC_AGCM2.1 和 BCC_AGCM2.2 模式对当今气候具有较好的模拟能力（吴统文等，2014）。本节利用 AMIP 试验结果作为对照试验（记为 CTL），敏感试验采用与 CTL 相同的试验设置，只是将地表覆盖数据中的森林替换为裸土，试验分别记为 T2bare；将敏感试验与 CTL 的差值作为林区覆盖类型改变影响气候的表征。BCC_AGCM2.2 模式的积分时间为 1970—2008 年，分析时间为 1979—2008 年。

（二）林区覆盖变化对全球气候的影响

试验采用可以描述陆面—大气相互作用的数值模式，可以从更大范围来考察我国及亚洲地区森林覆盖变化对全球气候变量的调节作用。

研究结果显示，T2bare 和 CTL 模拟的温度空间分布型基本一致，但从两者的差值可以看出，局地的森林覆盖类型改变会影响大气的温度，而且主要局限在林区类型的改变区。气温的变化还有较为明显的季节特征，表现为夏季我国南方和西南地区的温度升高和冬季我国北方地区的温度降低。这可能与不同地区的森林类型以及其在网格点中的覆盖百分比不同有关。另外，T2bare 和 CTL 试验模拟的全球降水分布特征基本一致，最大值位于热带太平洋和印度洋地区、西北太平洋等海洋地区。而将亚洲地区的森林覆盖类型替换为裸土之后，敏感试验与 CTL 的差值结果表明，在陆面—大气相互作用下，降水的改变不再局限于森林覆盖类型改变的局部地区，其差别最显著的地方出现在低纬度地区，包括太平洋和印度洋等地区。这种差别也有明显的季节变化，夏季在两大洋以北的印度和我国南部等地区，冬季则在中纬度西北太平洋地区附近。这些试验结果表明，局部森林覆盖变化引起的气温变化主要发生在森林覆盖变化的区域，但引起的降水变化范围较广且有明显的季节性变化，体现了地表覆盖变化对气候影响的复杂性。

四、小结

（1）未来陆地碳循环变量的时间演变是随着未来林区覆盖率的增加而变化，其中净初级生产力（npp）呈振荡上升趋势，净生物群区生产力（nbp）的变化趋势不明显，土壤碳的变化为先增加后下降，植被碳都表现为增加趋势。土壤碳和植被碳量的变化与林区覆盖的百分比增加率之间存在线性关系，即林区覆盖越大，碳量的变幅越大。采用给定大气强迫条件下用陆面过程模式研究林区覆盖百分比和类型的变化对陆面碳循环和物理过程的影响发现，陆面碳量的变化主要出现在森林覆盖及类型发生改变的区域。

（2）通过陆面过程模式和大气环流模式模拟研究森林覆盖的变化对陆面和大气变量的影响的结论与前人研究成果基本一致。林区覆盖百分比及类型的变化都能在一定程度上改变陆面物理和生化过程，这种改变大多为局域性的；而通过陆面—大气相互作用，这些改变会影响更大范围的气候变化。

（3）由于陆面—大气之间相互作用具有复杂多变性，而陆面模式方案须依赖特定的假设和近似，这些会影响数值天气预报和气候预估的结果。目前模式中对于土地利用的描述常被归于一些固有类型，如城市化、湖泊、湿地、冰雪和植被功能类型。JULES 陆面模式对植被 PFT 的分类较少（5 类），BCC_AVIM 陆面模式的 PFT 分类较多（16 类），但相对于植被生态而言，这种分类依然简单，因而不能更合理地描述与类型相关的参数（如粗糙度、反照率等），这应是未来陆面生态模式需要改进的一个方面。另外，利用北京气候中心气候模式的数值试验表明，采用 T106 的分辨率（约 110 km），可以捕获局地森林覆盖变化的影响，但缺乏更小区域的变化信息。能否通过提高分辨率或采用嵌套网格之间的双向嵌套来解决这些问题还有待深入研究。

参考文献

冯海霞，等，2010. 山东省森林调节温度的生态服务功能[J]. 林业科学，46(5)：20-26.

关德新，吴家兵，王安志，等，2007. 长白山红松针阔叶混交林林冠层叶面积指数模拟分析[J]. 应用生态学报，18(3)：499-503.

郭永盛，杨宏伟，白育英，等，2009. 内蒙古大青山典型森林植被小气候变化特征[J]. 内蒙古林业科技，35(4)：1-5.

韩锡君，钟锡均，周毅，等，2005. 东莞市大岭山森林公园小气候效应调查[J]. 广东林业科技，21(3)：14-18.

郝帅，刘萍，张毓涛，等，2007. 天山中段天山云杉林森林小气候特征研究[J]. 新疆农业大学学报，30(1)：48-52.

李白萍，潘刚，潘贵元，等，2007. 西藏色季拉山林区近10年小气候变化特征分析[J]. 安徽农业科学，35(27)：8632-8634.

梁罕超，宿以明，鄢武先，1990. 川西高山林区森林小气候的初步研究[M]//李承彪. 四川森林生态研究. 成都：四川科学技术出版社.

刘世荣，2013. 气候变化对森林影响与适应性管理[M]//现代生态学讲座(Ⅵ)——全球气候变化与生态格局和过程. 北京：高等教育出版社.

马友鑫，刘玉洪，张克映，1998. 西双版纳热带雨林片断小气候边缘效应的初步研究[J]. 植物生态学报，22(3)：250-255.

毛克彪，覃志豪，施建成，2005. 用MODIS影像和劈窗算法反演山东半岛的地表温度[J]. 中国矿业大学学报，34(1)：46-50.

毛克彪，2007. 针对热红外和微波数据的地表温度和土壤水分反演算法研究[P]. 北京：中国科学院遥感所博士论文，1-14.

庞学勇，包维楷，张咏梅，等，2005. 青藏高原东部暗针叶林采伐迹地小气候及植被演替[J]. 世界科技研究与发展，27(3)：47-53.

覃志豪，Zhang M H，Karnieli A，等，2001. 用陆地卫星TM6数据演算地表温度的单窗算法[J]. 地理学报，56(4)：456-466.

王雪，2006. 城市绿地空间分布及其热环境效应遥感分析[P]. 北京：北京林业大学，88-97.

王正非，朱廷曜，朱劲伟，等，1985. 森林气象学[M]. 北京：中国林业出版社.

吴家兵，关德新，代力民，等，2002. 长白山阔叶红松林夏季温度特征研究[J]. 生态学杂志，21(5)：14-17.

吴统文，宋连春，李伟平，等，2014. 北京气候中心气候系统模式研发进展——在气候变化研究中的应用[J]. 气象学报，72(1)：12-29.

肖金香，方运霆，2003. 江西资溪县马头山自然保护区森林小气候变化特征研究替[J]. 江西农业大学学报，25(5)：661-665.

张佳华，侯英雨，李贵才，等，2005. 北京城市及周边热岛日变化及季节特征的卫星遥感研究与影响因子分析[J]. 中国科学：地球科学，35(0z1)：187-194.

赵勇刚，高克姝，1989. 云、冷杉林皆伐后的小气候环境与育苗[J]. 北京林业大学学报，11(1)：

104-107.

Best M J, Pryor M, Clark D B, et al, 2011. The Joint UK Land Environment Simulator (JULES), model description-Part 1: energy and water fluxes [J]. Geoscientific Model Development Discussions, 4(1): 677-699.

Betts R A, 2006. Forcings and feedbacks by land ecosystem changes on climate change [J]. Journal De Physique, 139: 119-142.

Bonan G B, Pollard D, Thompson S L, 1992. Effects of boreal forest vegetation on global climate [J]. Nature, 359(6397): 716-718.

Bonan G, 2008. Forests and climate change: forcings, feedbacks, and the climate benefits of forests [J]. Science, 320(5882): 1444-1449.

Chen J Q, Franklin J F, Spies T A, 1993. Contrasting microclimates among clearcut, edge, and interior of old-growth Douglas-fir forest [J]. Agricultural and Forest Meteorology, 63(3): 219-237.

Clark B D, Mercado L M, Sitch S, et al, 2011. The Joint UK Land Environment Simulator (JULES), model description - Part 2: Carbon fluxes and vegetation dynamics [J]. Geoscientific Model Development, 4(3): 701-722.

Dee D P, Uppala S M, Simmons A J, et al, 2011. The ERA-Interim reanalysis: Configuration and performance of the data assimilation system [J]. Quarterly Journal of the Royal Meteorological Society, 137(656): 553-597.

Geiger R, 1965. The Climate Near the Ground [M]. Cambridge, MA: Harvard University Press.

Goldewijk K K, Beusen A, van Drecht G, et al, 2011. The HYDE 3.1 spatially explicit database of human-induced global land-use change over the past 12000 years [J]. Global Ecology & Biogeography, 20(1): 73-86.

Hannah D M, Malcolm I A, Soulsby C, et al, 2008. A comparison of forest and moorland stream microclimate, heat exchanges and thermal dynamics [J]. Hydrological Processes, 22(7): 919-940.

Houghton R A, 2008. Biomass, encyclopedia of ecology, 1st Edition [M] // Jorgensen S E, Fath B D. Encyclopedia of ecology. Oxford: Elsevier.

Houghton R A, 2001. Forests and agriculture [M] // Woodwell G M. Forests in a full world. New Haven: Yale University Press.

Ji J J, 1995. A climate-vegetation interaction model-simulating the physical and biological process at the surface [J]. Journal of Biogeography, 22(2-3): 445-451.

Lee R, 1978. Forest Microclimatology [M]. New York: Columbia University Press.

Lee X, Goulden M L, Hollinger D Y, et al, 2011. Observed increase in local cooling effect of deforestation at higher latitudes [J]. Nature, 479(7373): 384-387.

Ma S Y, Concilio A, Oakley B, et al, 2010. Spatial variability in microclimate in a mixed-conifer forest before and after thinning and burning treatments [J]. Forest Ecology and Management, 259(5): 904-915.

Oleson K W, Dai Y, Bonan G B, et al, 2004. Technical description of the Community Land Model (CLM) [R]. NCAR Technical Note NCAR/TN-461+STR. Boulder, Colorado: National Center for Atmospheric Research. .

PielkeSr R A, Adegoke J, Beltran-Przekurat A, et al, 2007. An overview of regional land use and land cover impacts on rainfall [J]. Tellus B, 59: 587-601.

Quaas J, Boucher O, Breon F M, 2004. Aerosol indirect effects in POLDER satellite data and the Laboratoire de Meteorologie Dynamique-Zoome (LMDZ) general circulation model [J]. Journal of Geophysical Research Atmospheres, 109: D08205.

Ramankutty N, Foley J A, 1999. Estimating historical changes in global land cover: Croplands from 1700 to 1992 [J]. Global Biogeochemical Cycles, 13(4): 997-1027.

Rotenberg D, Yakir E, 2010. Contribution of semi-arid forests to the climate system [J]. Science, 327: 451-454.

Sheffield J, Goteti G, Wood E F, 2006. Development of a 50-year high-resolution global dataset of meteorological forcings for land surface modeling [J]. Journal of Climate, 19(13): 3088-3111.

Spittlehouse D L, Adams R S, Winkler R D, 2004. Forest, edge, and opening microclimate at sicamous creek [J]. Ministry of Forests Forest Science Program, 24: 1-43.

Spracklen D V, Bonn B, Carslaw K, 2008. Boreal forests, aerosols and the impacts on clouds and climate [J]. Philosophical Transactions, 366(1885): 4613-4626.

Wickham J D, Wade T G, Riitters K H, 2013. Empirical analysis of the influence of forest extent on annual and seasonal surface temperatures for the continental United States [J]. Global Ecology and Biogeography, 22(5): 620-629.

Wu T W, Li W P, Ji J J, et al, 2013. Global carbon budgets simulated by the Beijing climate center climate system model for the last century [J]. Journal of Geophysical Research Atmospheres, 118(10): 4326-4347.

Zhang G J, 2002. Convective quasi-equilibrium in midlatitude continental environment and its effect on convective parameterization [J]. Journal of Geophysical Research Atmospheres, 107(D14): 4220.

Zhang Y W, Wiltshire A, 2008. The impact of land use change on terrestrial carbon flux in China [R]. Cooperation Report on Met. Office, 35.

第十二章

基于森林环境效应的区域森林植被配置和景观格局的优化设计

在区域和全球尺度上，森林对气候的影响具有显著的区域性(Bonan，2008)。通过造林、保护、收获率的改变、树种选择、合理的疏伐制度以及采伐后再造林时间的缩短等森林管理措施，可以降低气候变化的严重程度及其影响范围(Bravo *et al.*，2013)。本章以辽宁省东部森林为研究对象，利用森林生态站对森林水源涵养功能的多年观测资料，研究不同森林的林冠截留降水、枯落物持水和土壤储水功能，并以此提出群落优化配置方案；同时研究当前气候条件和未来气候变化情景下不同种植和收获策略对森林动态的影响，并以辽宁省东部浑河上游的清原满族自治县为例，进行不同种植和收获政策下森林景观格局的优化设计。

第一节 基于森林样地水源涵养功能的森林植被配置

一、实验样地设置和自然概况

实验样地设在中国科学院沈阳应用生态研究所清原森林生态试验站(简称清原站)研究区域内。该站位于辽宁省东部长白山系,地形以山地为主,海拔 550~1116 m。气候类型为温带大陆性气候。年均气温 3.9~5.4℃。1 月最冷,7 月最热。年平均降水量 700~1200 mm。降水峰值集中在 6~8 月,平均降水量约 150 mm,9 月干燥少雨,平均降水量约 40 mm(图 12-1)。无霜期 150 天。

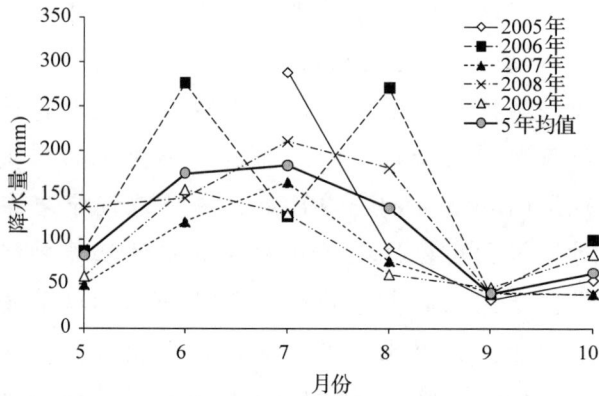

图 12-1 清原站 2005—2009 年 5~10 月降水量分布

实验区的森林大多是经过长期采伐后形成的天然次生林和红松、落叶松人工林。天然次生林主要由蒙古栎林、杂木林和胡桃楸林组成。实验样地设在红松林、落叶松林、蒙古栎林、胡桃楸林和阔叶杂木林内。样地面积 400 m²。各林分设 3 块。不同树种配置实验样地概况见表 12-1、表 12-2。

表 12-1 不同树种配置实验样地的基本情况

实验地点	林分类型	起源	立地类型	树种组成	林龄(a)	龄组
头道湖	蒙古栎林	天然萌生	斜坡中层土	8柞1花1槐	43	中
头道湖	杂木林	天然萌生	斜坡中层土	2柞2胡2黑	41	中
小板桥沟	胡桃楸林	天然萌生	斜坡中层土	6胡3黑	48	中
欢喜岭	红松林	人工栽植	斜坡中层土	红松	35	中
欢喜岭	落叶松林	人工栽植	斜坡中层土	落叶松	22	中

注：柞. 蒙古栎；花. 花曲柳；胡. 胡桃楸；黑. 黑榆；槐. 山槐。

表 12-2 不同树种配置实验样地的群落结构和光环境

垂直分层和光环境	指标	蒙古栎林	杂木林	胡桃楸林	红松林	落叶松林
乔木层	胸径(cm)	15.00	13.27	14.13	26.44	24.4
	平均高(m)	8.67	7.50	7.50	15.6	20.1
	密度(株/hm²)	1142	1175	1183	550	750
	郁闭度(生长季)	0.84	0.85	0.82	0.87	0.86
	郁闭度(非生长季)	0.70	0.66	0.66	0.81	0.70
	郁闭度(差值)	0.14	0.19	0.16	0.06	0.16
	LAI(生长季)	2.04	2.15	1.82	2.35	2.10
	LAI(非生长季)	1.07	0.82	0.81	2.12	0.90
	LAI(差值)	0.96	1.33	1.01	0.23	1.20
	多样性指数	5.56	5.61	5.62	0	0
灌木层	基径(cm)	0.48	0.72	0.45	—	0.43
	平均高(m)	0.60	1.30	0.47	—	0.87
	多样性指数	5.54	5.80	5.56	0	5.40
草本层	盖度(%)	0.43	0.43	0.53	0	0.36
	多样性指数	3.56	3.81	3.95	0	3.12
枯落物层	厚度(cm)	4.87	8.00	7.60	5.40	7.65
透光比例(%)	穿透直射比例(生长季)	26.80	24.14	23.82	17.82	25.76
	穿透直射比例(非生长季)	52.88	61.71	58.84	18.69	51.89
	穿透散射比例(生长季)	19.72	19.84	24.32	16.76	18.97
	穿透散射比例(非生长季)	45.79	50.99	50.82	16.83	44.67
	穿透总辐射比例(生长季)	23.08	21.91	24.09	19.22	22.43
	穿透总辐射比例(非生长季)	49.14	56.14	54.60	39.87	47.98

二、不同森林的枯落物持水能力

2010 年 5 月，在红松、落叶松和杂木林的典型林分中各设置 20 m×20 m 样地 10 块，在每块样地的四角及中心，设置 5 个 20 cm×20 cm 的小样方，采集未分解层和分解层(包括半分解层+已分解层)的枯落物，装入自封袋，带回实验室称其湿质量，然后放入烘箱烘干后称其干质量(JY10001 型电子天平，精度 0.1g)。

采用室内浸泡法测定枯落物持水量和吸水速率(林波等,2004)。具体操作包括:①从杂木林(BM)、红松(PK)、落叶松(LG)、红松+落叶松(PK:LG=1:1,简写PL)、红松+杂木林(PK:BM=1:1,简写PB)、杂木林+落叶松(BM:LG=1:1,简写BL)、红松+杂木林+落叶松(PK:BM:LG=1:1:1,简写PBL)烘干后未分解和已分解的枯落物中分别称取6 g,设2次重复,② 将枯落物浸泡入水中,并在浸泡30 min、1 h、2 h、4 h、6 h、8 h、10 h和24 h时分别称量。每次取出称量后所得的枯落物湿质量与其风干质量的差值,即为在不同浸水时间内的枯落物持水量,该值与浸水时间的比值即为枯落物的吸水速率。经24 h浸泡后的持水量为最大持水量。测定结果见表12-3和表12-4。

从表12-3可以看出,不同森林的枯落物储量有所不同。以红松林的枯落物储量最大,为15.07 t/hm²,其次是落叶松林,为10.63 t/hm²,杂木林最小,为8.63 t/hm²;各森林的枯落物未分解层的占比均较小,为26.72%~44.61%,分解层占比较大,为55.39%~73.28%。

表 12-3　不同林分的枯落物现存量

森林类型	未分解层		分解层	
	储量(t/hm²)	占总储量的百分比(%)	储量(t/hm²)	占总储量的百分比(%)
PK	5.27±0.65	34.98	9.80±1.56	65.02
LG	2.84±0.29	26.72	7.79±0.77	73.28
BM	3.85±0.27	44.61	4.78±0.35	55.39

不同森林枯落物的最大持水量总体上是已分解层较大,未分解层较小(表12-4)。只有落叶松纯林和红松与落叶松组合的枯落物未分解层较大,分解层较小。这可能与落叶松枯落物的分解速度较快有关。

表 12-4　不同调查林分及其组合的枯落物最大持水量和最大持水率

不同调查林分及其组合	最大持水量(t/hm²)			最大持水率(%)		
	未分解层	分解层	总和	未分解层	分解层	平均值±标准误
BM	8.29±0.39	10.35±0.46	18.64	550.10±25.71	681.20±30.61	615.65±41.21
LG	13.68±0.70	13.99±0.92	27.67	892.39±54.72	888.00±51.54	890.19±30.72
PK	6.59±0.47	11.39±0.05	17.98	411.38±54.45	715.07±19.18	563.22±90.59
PL	10.86±1.04	11.85±0.97	22.72	734.59±48.10	719.15±57.66	726.87±30.98
BL	8.01±0.16	10.97±0.09	18.98	523.50±9.37	708.55±5.72	616.02±53.61
PB	10.22±0.53	10.32±0.42	20.54	616.43±16.58	642.65±18.11	629.54±12.56
PBL	7.55±0.24	12.06±0.47	19.64	497.62±11.95	795.92±53.71	646.77±88.99

不同调查分及其组合的枯落物未分解层最大持水量的大小排序为LG>PL>PB>BM>BL>PBL>PK;最大持水率的大小顺序与其最大持水量排序相同;枯落物分解层的最大持水量的大小排序:LG>PBL>PL>PK>BL>BM>PB,最大持水率大小顺序与其最大持水量的排序相同。整个枯落物层(未分解层+分解层)最大持水量的大小排序:LG>PL>PB>PBL>BL>BM>PK。

三、3 种林龄相近的天然次生林林冠截留降水、枯落物持水和土壤储水功能

选择林龄相近的花曲柳、胡桃楸和椴树天然次生林为研究对象，在每种次生林中设 3 个 20m×20m 的样地，在每个样地内设 5 个 1m×1m 的小样方，研究其林冠截留降水、枯落物持水、土壤储水功能。3 种天然次生林的群落结构特征见表 12-5。

表 12-5　花曲柳、胡桃楸和椴树林的群落结构特征

林型	样地号	林分类型	乔木层					灌木层		草本层	
			平均树高（m）	多样性指数	林分密度（N/hm²）	郁闭度	叶面积指数	平均高（m）	多样性指数	盖度	多样性指数
胡桃楸林	1	4胡2落 2水1色 1黑	11.0	5.16	1175	0.78	1.52	1.87	3.85	0.88	6.0
	2		10.8	4.83	775	0.77	1.46	0.73	3.77	0.68	6.2
	3		10.4	6.68	1125	0.78	1.51	1.22	4.36	0.74	7.0
椴树林	1	3色2胡 1椴1柞 1辽1假	7.0	7.83	1200	0.81	1.82	0.62	5.16	0.59	3.92
	2		8.1	6.75	1225	0.83	1.88	0.40	4.83	0.63	4.00
	3		7.4	5.94	1125	0.82	1.76	0.40	6.68	0.36	3.93
花曲柳林	1	3花2胡 2色1椴 1柞1青	8.9	5.21	1125	0.79	1.63	0.37	7.83	0.22	3.16
	2		7.9	6.08	1125	0.79	1.90	0.45	6.75	0.53	3.59
	3		8.5	4.88	1600	0.80	1.96	0.45	5.94	0.58	3.67

注：胡．胡桃楸；落．落叶松；水．水曲柳；色．色木椴；黑．黑榆；柞．蒙古栎；辽．辽东桤木；假．假色椴；青．青楷椴；花．花曲柳；椴．紫椴。

1.3 种林龄相近的天然次生林林冠截留降水量和截留率

林冠截留直接影响雨水对地面的冲刷、地表径流、水分蒸发和植物蒸腾等（崔启武等，1980）。从图 12-2 和图 12-3 可以看出，3 种天然次生林的林冠截留率均是以 5 月最高，其次是 8 月和 9 月。在生长季内，林冠截留量变化幅度为 7.59～34.32 mm。花曲柳林的林冠截留率略高于胡桃楸林，但显著高于椴树林。林冠截留率为 17.62%～44.65%。

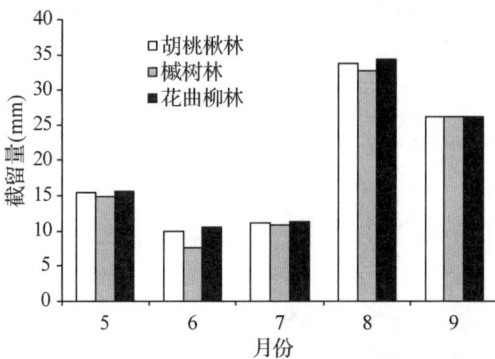

图 12-2　不同次生林不同月份的林冠截留量

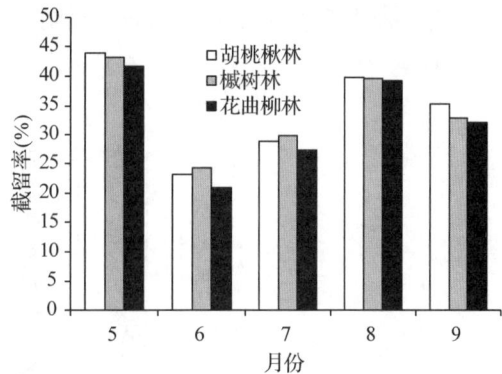

图 12-3　不同次生林林冠截留率的季节变化

2.3 种林龄相近的天然次生林的枯落物持水性能

图 12-4 显示，胡桃楸林各月最大持水量的大小顺序：7 月>5 月>6 月>8 月>9 月；械树林：7 月>6 月>5 月>8 月>9 月；花曲柳林：7 月>5 月>6 月>8 月>9 月。采用 One way repeated ANOVA 分析结果表明，各月枯落物的最大持水量无显著性差异，只是不同次生林的各月最大持水量大小顺序不同，说明枯落物最大持水量无季节变化规律。

图 12-5 显示，胡桃楸林各月最大持水率的大小顺序：6 月>7 月>5 月>9 月>8 月；械树林：5 月>7 月>6 月>9 月>8 月；花曲柳林：7 月>5 月>6 月>8 月>9 月。采用 One way repeated ANOVA 分析结果表明，各月枯落物的最大持水率也无显著性差异，只是不同次生林各月最大持水率的大小顺序不同，说明枯落物最大持水率也无季节变化规律。

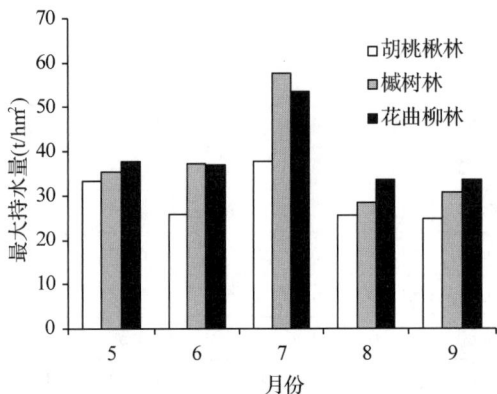

图 12-4　3 种林龄相近的天然次生林枯落物层最大持水量的月变化

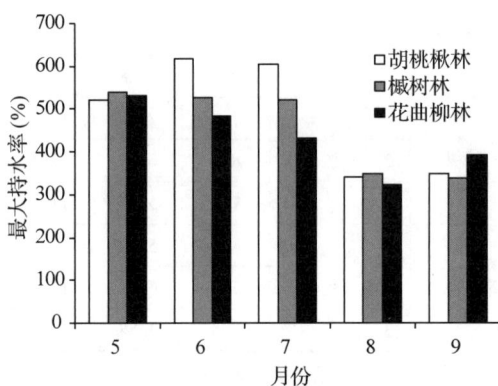

图 12-5　3 种林龄相近的天然次生林枯落物层最大持水率的月变化

3.3 种林龄相近的天然次生林的土壤储水功能

图 12-6 显示，胡桃楸林土壤有效拦蓄量各月的大小顺序：5 月>6 月>8 月>9 月>7 月；色木械林和花曲柳林各月土壤有效拦蓄量的大小顺序与胡桃楸林相同。采用 One way repeated ANOVA 分析表明，各月土壤的有效拦蓄量存在显著性差异。各次生林各月土壤有效拦蓄量大小顺序相同，说明土壤有效拦蓄量具有季节变化。不同月份土壤有效拦蓄量的大小顺序：5 月>6 月>8 月>9 月>7 月。

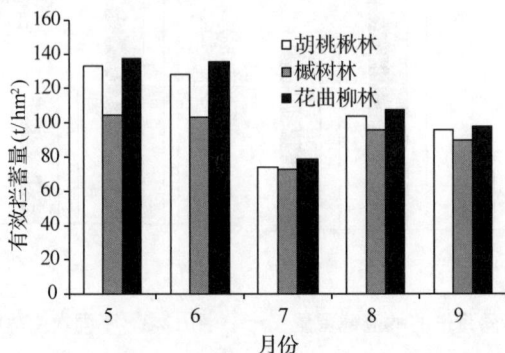

图 12-6　3 种林龄相近的天然次生林不同月份土壤的有效拦蓄量

四、基于森林枯落物层水文生态功能的人工林林分结构配置策略

森林枯落物的现存量是指单位面积林地上森林枯落物所积累的数量。森林枯落物层水文生态功能的发挥，取决于它的数量和质量。不同森林的树种组成、林木生长状况、林地内的水热条件等都有所不同，这些因素会影响到枯落物的输入量、分解速度，从而对枯落物的现存量产生影响(Koopmans *et al.*，1998；Bille－Hansen *et al.*，2001；曹成有，1997；朱丽晖等，2001；朱金兆等，2002)。不同森林的枯落物现存量存在较大差别，红松人工林最多，阔叶杂木林最少。针叶林枯落物的现存量明显高于阔叶杂木林。在枯落物现存量中，落叶松人工林未分解层占的比例最大(73%)，其次是红松人工林(65%)，阔叶杂木林最小(55%)。

森林枯落物的水源涵养功能可以用持水量、持水率和吸水过程来表征。枯落物层是森林植被对降雨再分配的第二个作用层，是森林涵养水源的主要作用层，在"蓄水"和"调节"两个方面均能发挥较大效应(程金花等，2003；高明等，2008)。森林枯落物层的最大持水量约为自身干重的 2~8 倍，其持水量的多少主要受枯落物现存量所制约(刘向东等，1991；薛立等，2005)。

森林枯落物的现存量因林型、林龄和地点不同有显著差异，为了充分发挥森林的涵养水源功能，在森林经营过程中，应对森林枯落物的现存量予以足够的重视，不但要保护好现有的枯落物层，而且还要不断地进行林分密度调节，以积累更多的枯落物(吴钦孝等，2002；罗跃初等，2004；张振明等，2005)。

对现有林分进行人工诱导等经营管理措施时(如人工诱导天然更新、林窗更新等)，要优先选择针阔混交林模式，以达到调整林分结构和树种配置之目的；采伐迹地人工促进天然更新要注意"栽针保阔"(刘传照等，1993)。林分水平上对人工林林分结构调整策略：一是采用对落叶松人工林强度间伐培育针阔混交林的生态恢复模式，保留密度在 350~400 株/hm²；二是创建林窗促进其天然更新，以天然林多树种、多年龄、多层次的复杂结构为模式，对林分结构进行优化。

第二节 应对不同种植和收获政策的森林景观格局的优化设计

本节采用 LANDIS 模型模拟当前气候条件下不同种植和收获政策对未来 300 年森林动态的影响 (Yao *et al.* 2012a),并模拟在气候变化情景下 (CGCM2) 未来 300 年的森林动态 (Yao *et al.* 2014；Yao *et al.* 2016),然后,以辽宁省东部浑河上游的抚顺市清原满族自治县为例,开展不同种植和收获政策下森林景观格局的优化设计研究。

一、数据来源和 LANDIS 模拟情景

植被数据:一是清原县林业局收集的 2006 年林相图,二是下载 2000—2009 年的 16 天最大合成的 MODIS NDVI 数据。该数据是经过大气校正的陆地 3 级标准数据产品 (http：//reverb. echo. nasa. gov/reverb/redirect/wist) (Yao *et al.* 2012b)。

地形数据:海拔、坡地和转换坡向,下载 30 m 分辨率的 DEM 图和坡向图,90 m 分辨率的坡度图和坡位图 (http：//datamirror. csdb. cn/admin/productSubIndex. jsp)。

气候及水文数据:从辽宁省气象局获取清原县 2000—2009 年的温度及降水日均值数据。从清原水文站获取 2000—2006 年的径流量、风速、相对湿度、短波辐射、长波辐射、土壤湿度等日均值数据。

土壤数据:源于南京土壤研究所制作的中国 1：100 万土壤栅格图。

预案设置见表 12-6。不同管理区域树种的采伐年龄根据《国家森林资源连续清查技术规定》和《辽宁省森林及林木采伐若干规定》进行设置,见表 12-7。

表 12-6 LANDIS 模拟情景

情景	描述
N	无任何种植和收获(自然状态)
P_1	种植红松占树龄超过 9 年的阔叶林的 5%
P_2	种植红松占树龄超过 9 年的阔叶林的 10%
P_3	种植红松占树龄超过 9 年的阔叶林的 30%
P_4	种植红松占树龄超过 9 年的阔叶林的 50%
P_5	种植红松占树龄超过 9 年的阔叶林的 70%

（续）

情景	描述
P_1H_1	种植红松占树龄超过 9 年的阔叶林的 5% 选择性收获 30%的短期轮伐木材和 10%的其他木材
P_1H_2	种植红松占树龄超过 9 年的阔叶林的 5% 选择性收获 50%的短期轮伐木材和 30%的其他木材
P_1H_3	种植红松占树龄超过 9 年的阔叶林的 5% 选择性收获 70%的短期轮伐木材和 50%的其他木材
P_2H_1	种植红松占树龄超过 9 年的阔叶林的 10%选择性收获 30%的短期轮伐木材和 10%的其他木材
P_2H_2	种植红松占树龄超过 9 年的阔叶林的 10%选择性收获 50%的短期轮伐木材和 30%的其他木材
P_2H_3	种植红松占树龄超过 9 年的阔叶林的 10%选择性收获 70%的短期轮伐木材和 50%的其他木材
P_3H_1	种植红松占树龄超过 9 年的阔叶林的 30%选择性收获 30%的短期轮伐木材和 10%的其他木材
P_3H_2	种植红松占树龄超过 9 年的阔叶林的 30%选择性收获 50%的短期轮伐木材和 30%的其他木材
P_3H_3	种植红松占树龄超过 9 年的阔叶林的 30% 选择性收获 70%的短期轮伐木材和 50%的其他木材
P_4H_1	种植红松占树龄超过 9 年的阔叶林的 50% 选择性收获 30%的短期轮伐木材和 10%的其他木材
P_4H_2	种植红松占树龄超过 9 年的阔叶林的 50% 选择性收获 50%的短期轮伐木材和 30%的其他木材
P_4H_3	种植红松占树龄超过 9 年的阔叶林的 50% 选择性收获 70%的短期轮伐木材和 50%的其他木材
P_5H_1	种植红松占树龄超过 9 年的阔叶林的 70% 选择性收获 30%的短期轮伐木材和 10%的其他木材
P_5H_2	种植红松占树龄超过 9 年的阔叶林的 70% 选择性收获 50%的短期轮伐木材和 30%的其他木材
P_5H_3	种植红松占树龄超过 9 年的阔叶林的 70% 选择性收获 70%的短期轮伐木材和 50%的其他木材

表 12-7　根据《国家森林资源连续清查技术规定》的研究物种的收获年龄

物种	SRT	FGT	GPT	GNT
红松（*Pinus koraiensis*）	>40	—	>80	>120
油松（*Pinus tabulaeformis*）	—	—	>40	>60
赤松（*Pinus densiflora*）	—	—	>40	>100
樟子松（*Pinus sylvestris* var. *mongolica*）	>20	—	>40	>100
长白落叶松（*Larix olgensis*）	>20	>20	>40	>100
云杉（*Picea asperata*）	—	—	>80	>120
冷杉（*Abies nephrolepis*）	—	—	>40	>100
大叶杨（*Populus davidiana*）	>10	>20	>20	>20
白桦（*Betula platyphylla*）	>10	>20	>40	>60
榆树（*Ulmus pumila*）	—	—	>40	>60
白蜡树（*Fraxinus chinensis*）	>20	—	>50	>80
花曲柳（*Fraxinus rhynchophylla*）	>20	—	>50	>80
胡桃楸（*Juglans mandshurica*）	>20	—	>50	>80
蒙古栎（*Quercusmongolica*）	—	—	>50	>80
五角枫（*Acer mono* subsp. *mono*）	>30	—	>50	>80
椴树（*Tilia amuresis*）	—	—	>50	>80

注：SRT. 短期轮伐木材；FGT. 快速生长木材；GPT. 一般种植木材；GNT. 一般天然木材。

二、当前气候条件下不同种植和收获策略对森林动态的影响

(一)浑河上游森林自然演替动态

根据森林演替系列，将研究地点的树种分为早期演替树种(蒙古栎、红松、长白落叶松、大叶杨、白桦、樟子松)、中期演替树种(油松、胡桃楸、花曲柳、赤松、水曲柳)、晚期演替树种(五角枫、榆树、云杉、椴树、冷杉)。无收获的自然演替情景(即 N 情景)下早期、中期和晚期演替树种的演替动态。当前气候下未来 300 年不同时期的演替树种面积百分比变化趋势见图 12-7、图 12-8 和图 12-9。

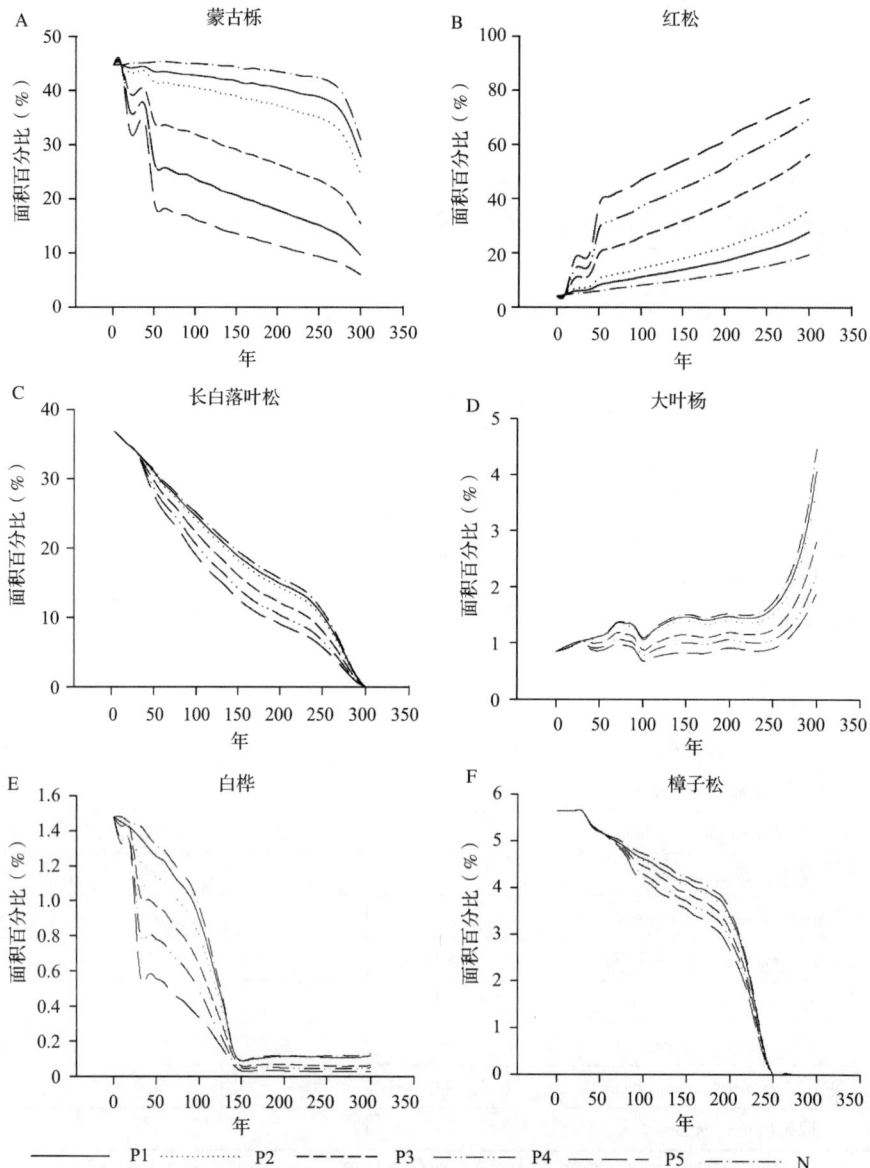

图 12-7　当前气候下未来 300 年早期演替树种面积百分比变化趋势

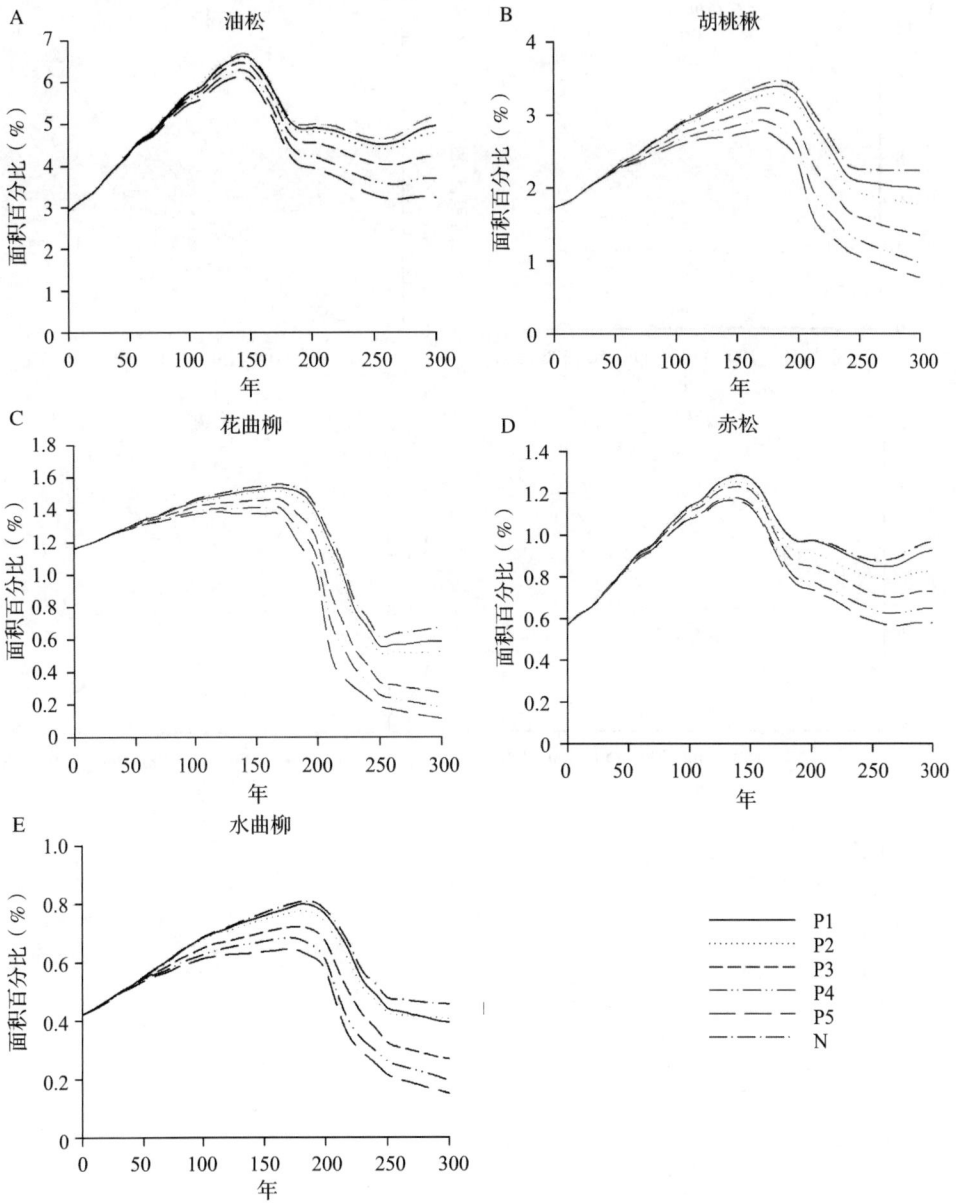

图 12-8　当前气候下未来 300 年中期演替树种面积百分比变化趋势

图 12-7 显示，早期演替树种蒙古栎、樟子松、长白落叶松、白桦则呈下降趋势，仅红松呈持续上升趋势。油松、赤松、水曲柳、花曲柳以及胡桃楸是中度耐荫树种，面积百分比呈现先上升后下降的趋势；图 12-8 显示，红松的面积百分比从开始的 4.16% 上升到了 19.53%，蒙古栎和长白落叶松是目前占研究区面积百分比最大的两个树种，分别为 44.69% 和 37.18%。到第 300 年，蒙古栎面积百分比下降到 30.94%，而长白落叶松下降到 0%。到那时，尽管蒙古栎仍然是研究区面积百分比最大的树种，但是研究区的树种组成已由蒙古栎和长白落叶松占主导地位演变成由蒙古栎和红松占

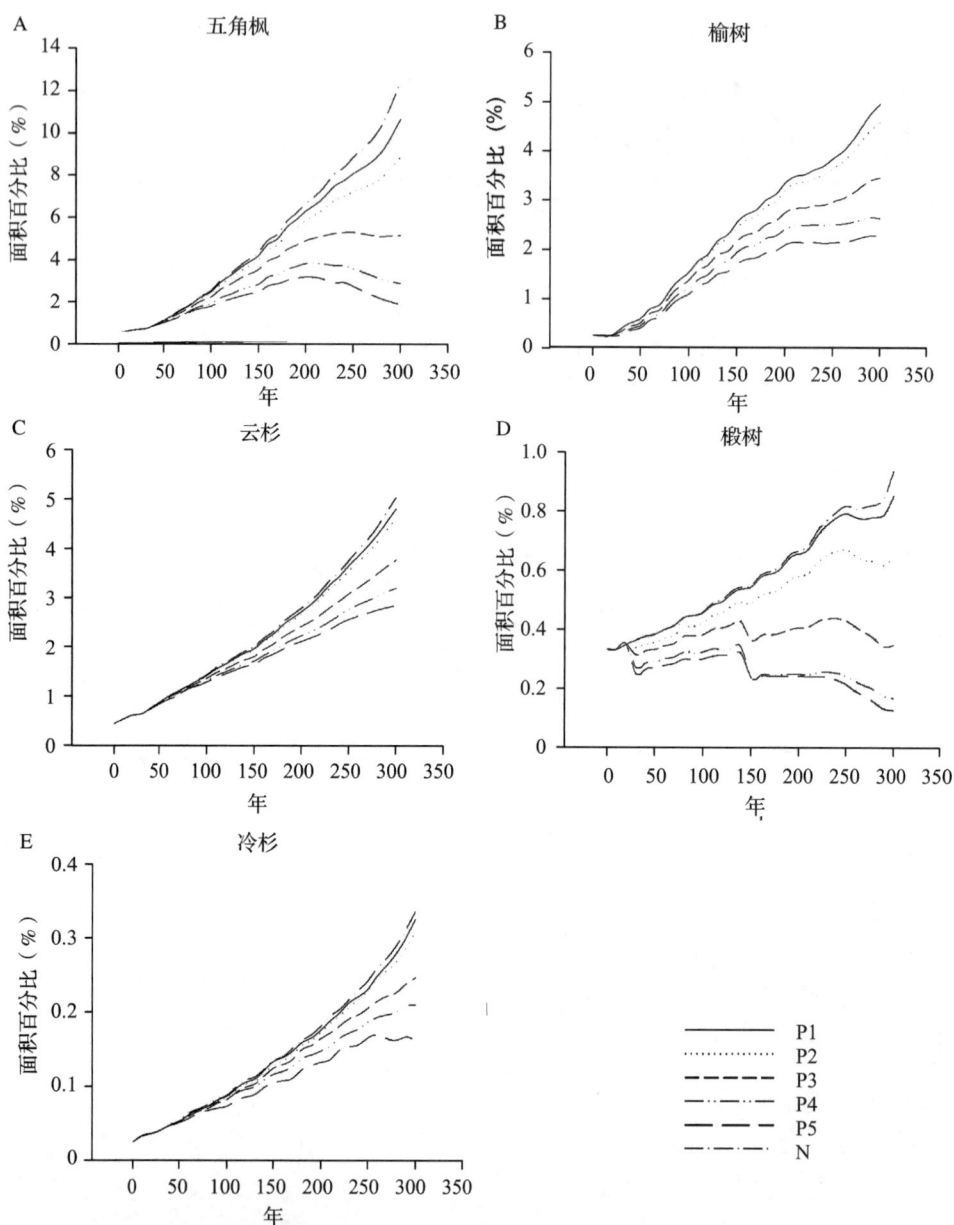

图 12-9　当前气候下未来 300 年晚期演替树种面积百分比变化趋势

主导地位，表明在当前气候条件下研究区的森林群落将缓慢地向地带性顶极群落——阔叶红松林演替。图 12-9 显示，在 N 情景即自然演替情景中，晚期演替树种云杉、冷杉、榆树、五角枫、椴树的面积百分比呈现上升的趋势。

（二）种植政策对浑河上游森林动态的影响

在 5 个不同的红松种植强度情景里，研究区大部分树种面积百分比的变化趋势呈现出自然演替趋势。但是，红松的种植抑制了其他树种面积百分比的增长，促进了研究区森林向顶极群落演替。五角枫、榆树、椴树和冷杉的面积百分比随着种植强度加大而上升的趋势越来越弱，甚至出现下降的趋势（图 12-7、图 12-8 和图 12-9）。在红松种植强度为 5% 的情景里，红松面积百分比在第 300 年与蒙古栎面积百分比持平（图 12-10）。而在红松种植强度为 30% 的情景下，红松的面积百分比上升至 56%，成为研究区占面积最大的树种。值得注意的是，随着红松种植强度的上升，虽然红松的面积百分比呈上升的趋势，但是种植效率呈下降趋势（表 12-8）。

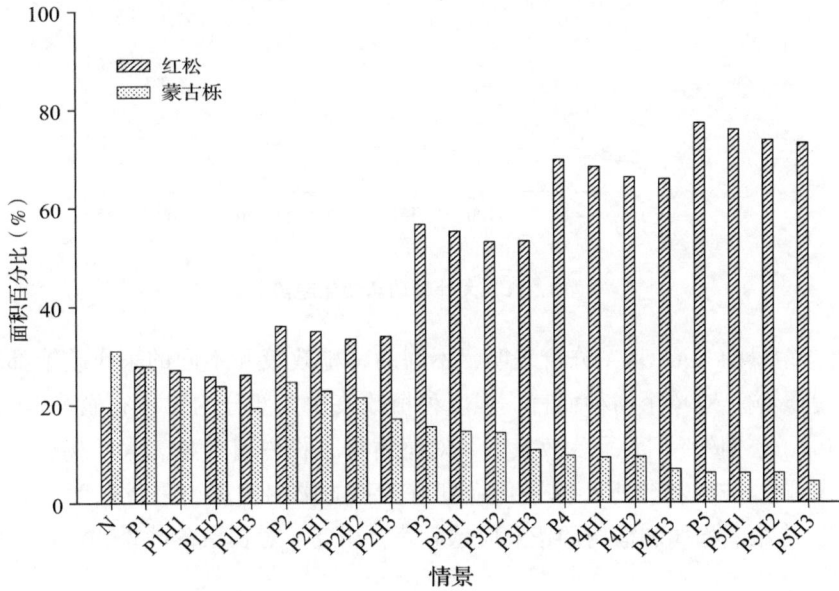

图 12-10　当前气候条件不同情景下第 300 年红松、蒙古栎面积百分比

表 12-8　当前气候条件下不同种植强度红松种植效率

情景	种植强度（%）	第 300 年红松面积百分比（%）	红松面积增长百分比（%）	种植效率
P1	5	27.87	8.34	3.60
P2	10	35.99	16.46	3.54
P3	30	56.63	37.10	2.67
P4	50	69.76	50.23	2.17
P5	70	77.14	57.61	1.77

(三)组合管理政策对浑河上游森林动态变化的影响

除了大叶杨，其他树种面积百分比在 PH 情景里的变化趋势与在不同种植强度的情景里的相似（表 12-6）。从大叶杨面积百分比在种植强度为 5% 的情景和 5% 种植强度与不同采伐强度的组合情景下的变化趋势来看（图 12-11），在 5% 的种植强度的情景下，大叶杨的面积百分比在 250 年左右猛然上升，而在组合情景下，在 50 年左右就出现了这个猛然上升的趋势。

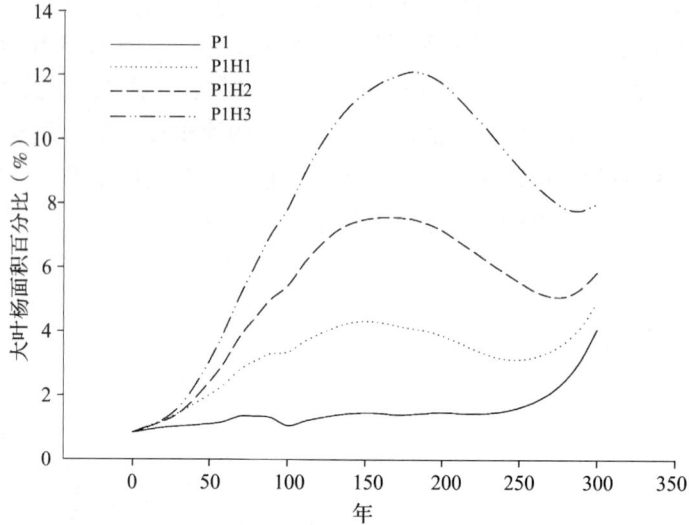

图 12-11 大叶杨动态变化趋势

对组合情景的 MANOVA 分析表明,不同的种植政策和不同的采伐政策都对森林动态有显著影响。对单个树种而言,强度种植政策对大部分的树种有显著影响(长白落叶松和樟子松例外);而采伐政策则只对蒙古栎、长白落叶松、大叶杨、白桦和榆树有显著影响。进一步分析不同采伐强度对树种的影响发现,采伐强度越大对大叶杨、白桦、赤松、榆树和椴树的正效应越显著,相反,对长白落叶松和蒙古栎的负效应也越显著。

香农多样性指数表明,红松种植强度越大,森林物种多样性越低,而采伐政策则能提高森林的物种多样性(图 12-12)。

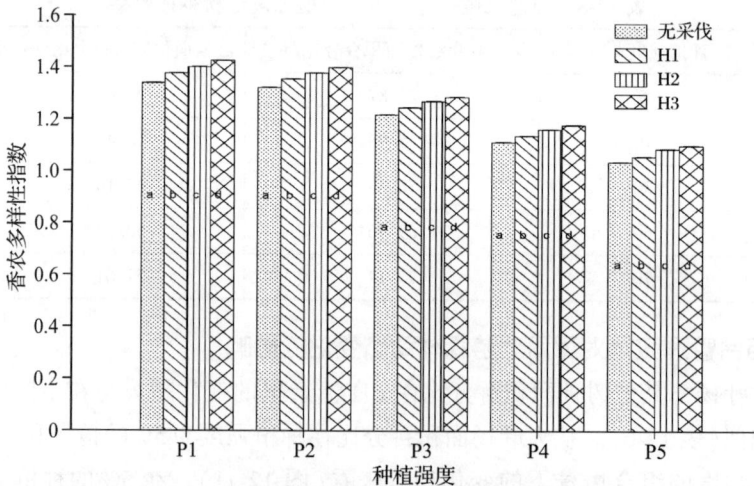

图 12-12 不同情景下浑河上游森林物种组成多样性

三、气候变化情景下不同种植和收获策略对森林动态的影响

(一)浑河上游森林在气候变暖情景下的自然演替动态

在自然演替情景(N 情景)里，在当前气候下呈下降趋势的蒙古栎，在气候变暖条件下则呈先上升后下降的趋势[图 12-13(A)]。而其他树种的表现与当前气候情景下的类似。晚期演替物种——云杉、冷杉、榆树、五角枫、椴树的面积百分比呈现上升的趋势(图 12-14)。早期演替物种——樟子松、长白落叶松、白桦呈现下降的趋势(图

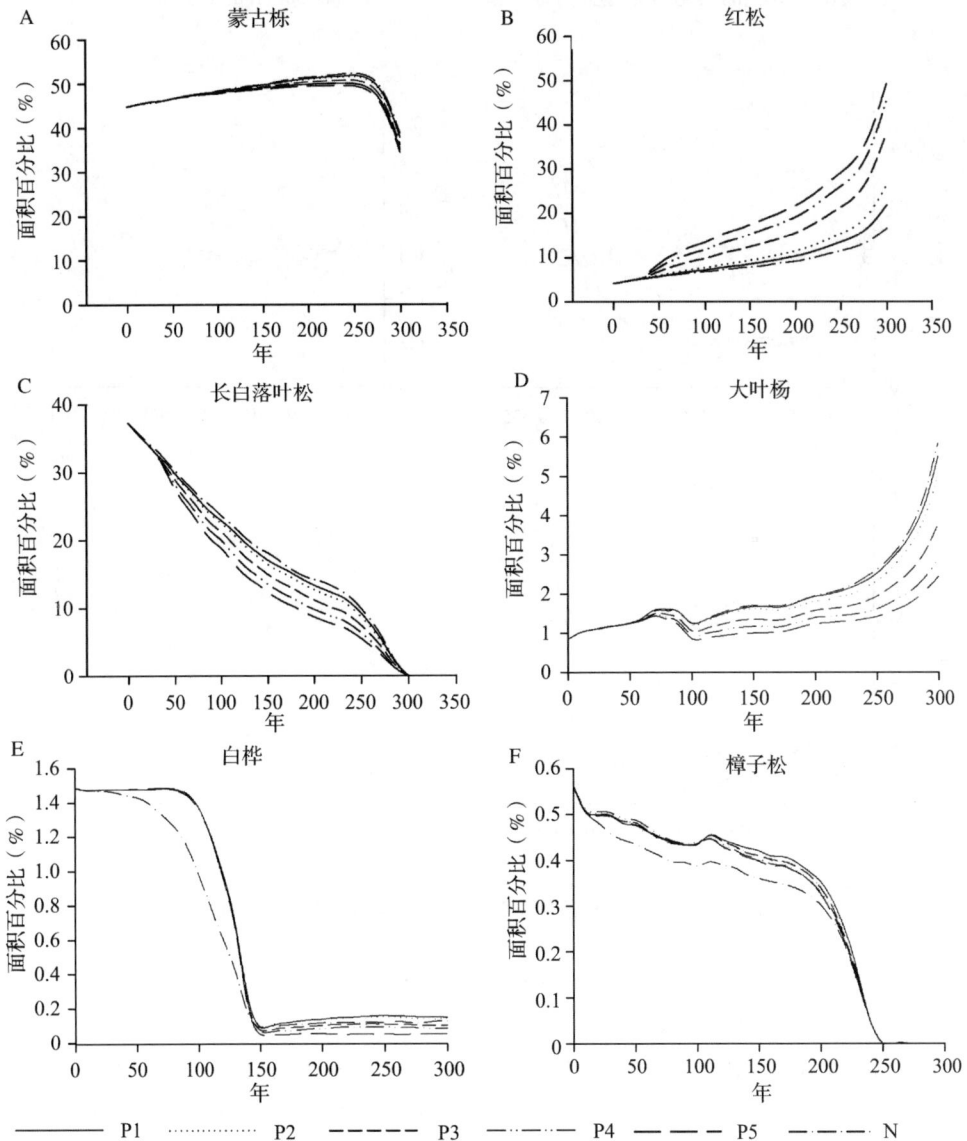

图 12-13　气候变暖条件下浑河上游早期演替树种演替动态

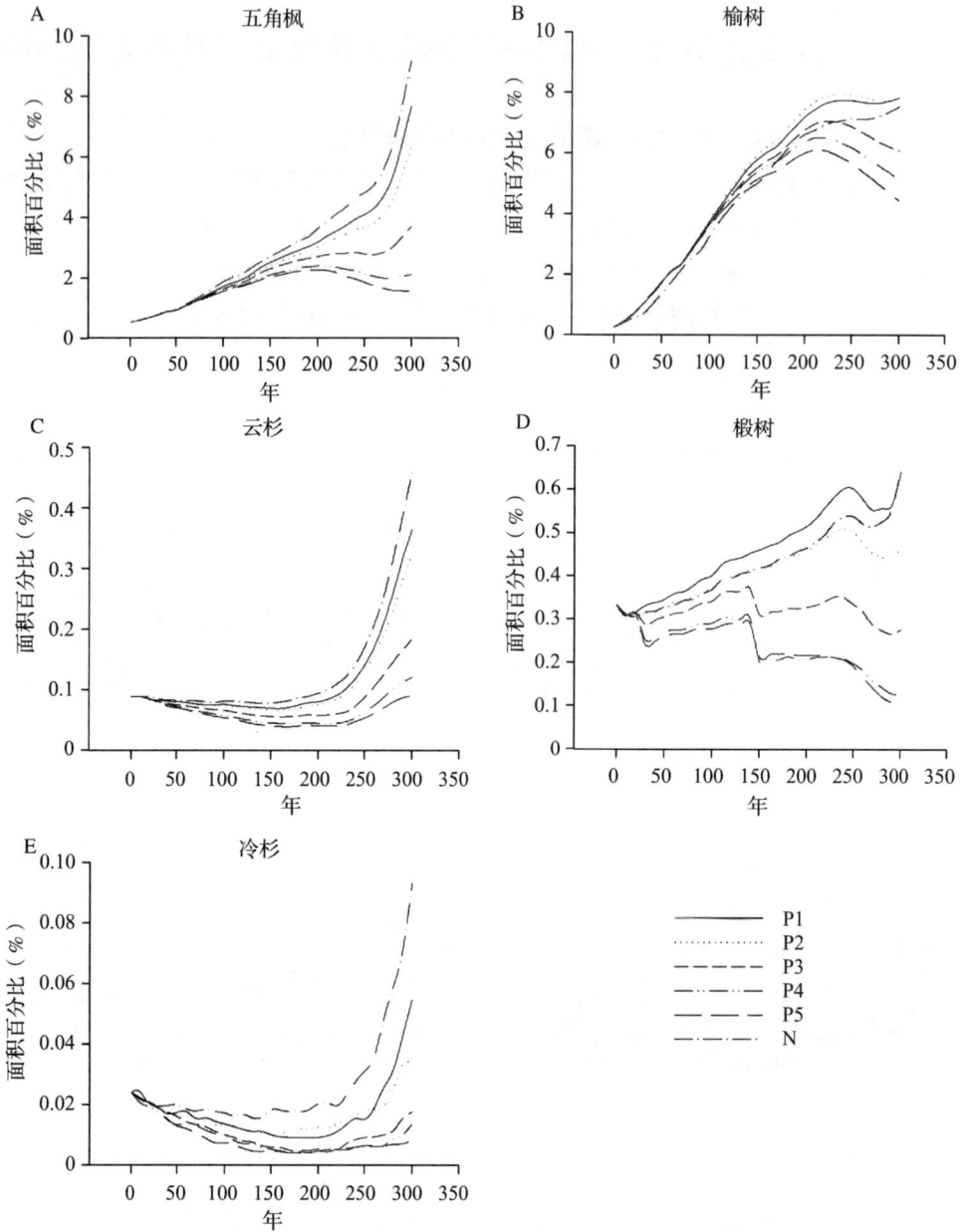

A 五角枫

B 榆树

C 云杉

D 椴树

E 冷杉

P1
P2
P3
P4
P5
N

图 12-14　气候变暖条件下浑河上游晚期演替树种演替动态

12-13）。油松、赤松、水曲柳、花曲柳以及胡桃楸属中度耐阴树种，面积百分比呈先上升后下降的趋势（图 12-15）。

红松的面积百分比从开始的 4.16% 上升到 16.63%（比当前气候下的低 19.53%）。而蒙古栎面积百分比则由 44.81% 下降到 38.74%（比当前气候下的高 30.94%）。长白落叶松面积百分比则由 37.27% 下降到 0%。到第 300 年，与在当前气候情景下的类似，尽管蒙古栎仍然是研究区占面积百分比最大的树种，但是研究区的树种组成已由蒙古栎和长白落叶松占主导地位，演变成了由蒙古栎和红松占主导地位。

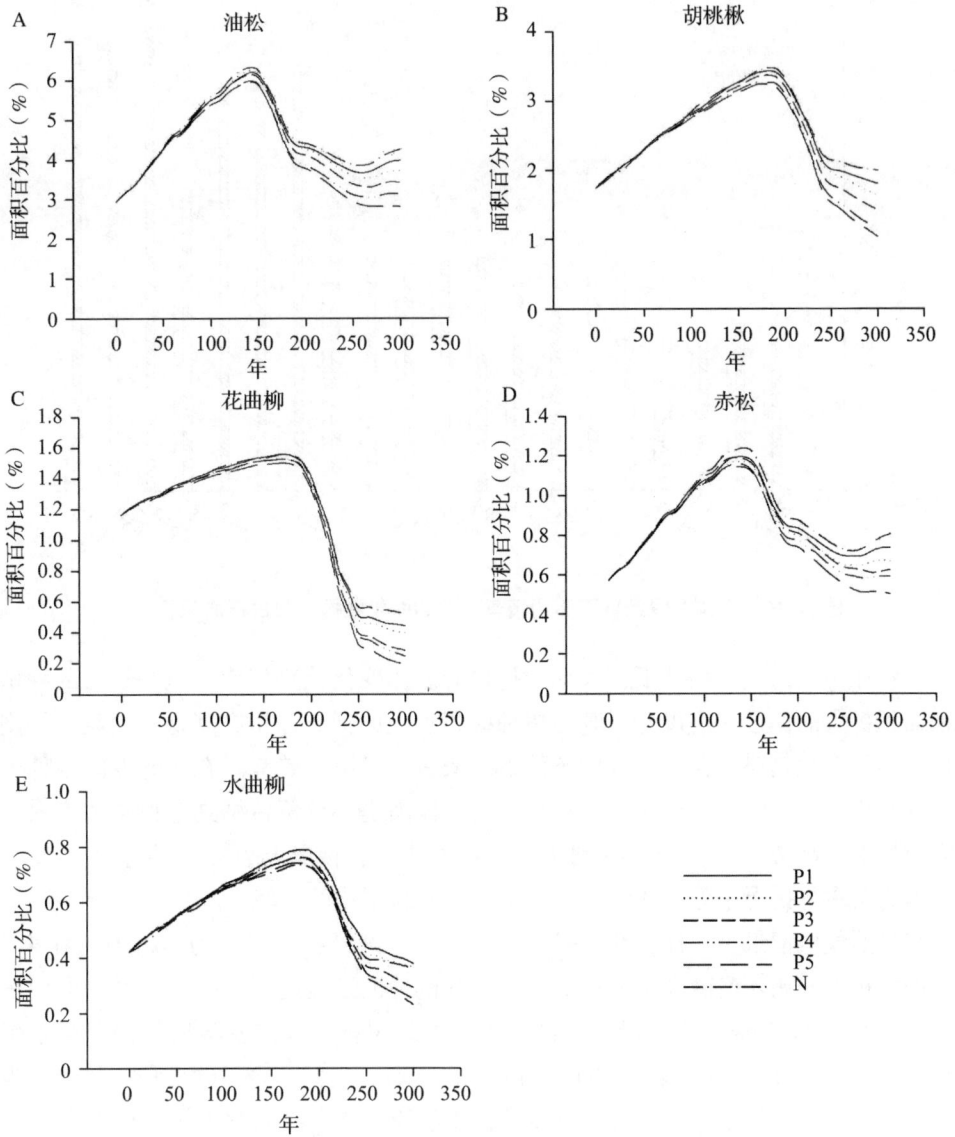

图 12-15　气候变暖条件下浑河上游中期演替树种演替动态

(二)气候变暖情景下种植政策对浑河上游森林动态的影响

与当前气候情景类似，在 5 个不同的红松种植强度情景下，研究区大部分树种的面积百分比变化趋势呈现出与自然演替相似的趋势，红松的种植抑制了其他树种面积百分比的增长趋势，促进了研究区森林向顶极群落演替。五角枫、榆树、椴树和冷杉的面积百分比随着种植强度上升，但上升趋势越来越弱甚至出现下降的趋势(图 12-16)。

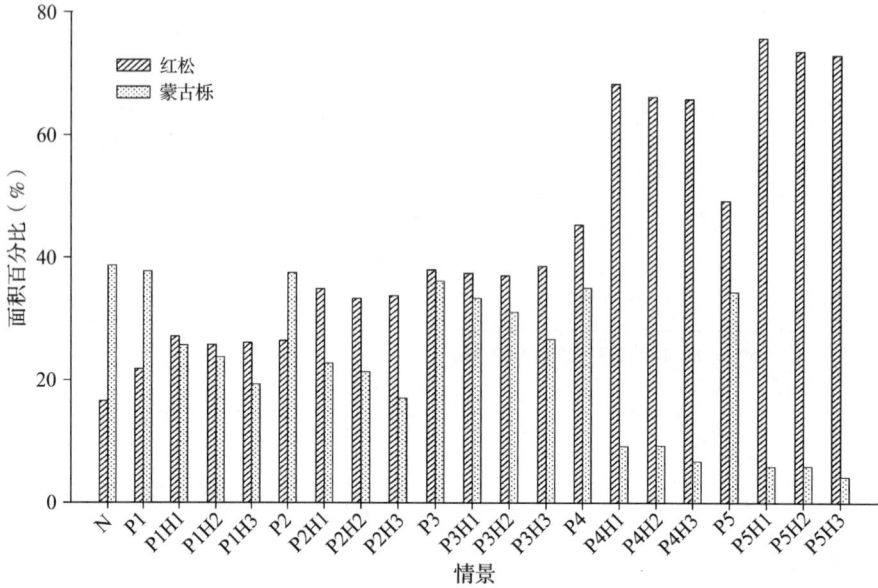

图 12-16 气候变暖条件下不同情景的第 300 年红松、蒙古栎面积百分比

　　尽管在不同的气候条件下，大部分树种的总体变化趋势相似，但是红松的种植对红松面积扩大的促进作用以及对其他树种面积扩大的抑制作用在降低。而蒙古栎则表现出不同的变化趋势。在当前气候条件下，蒙古栎呈下降趋势。在气候变暖条件下的蒙古栎面积百分比的下降开始于 250 年左右，原因是部分蒙古栎到达设置的寿命，而下降前呈上升趋势。气候变暖有利于蒙古栎的生存，使其与红松的竞争关系发生改变。因为蒙古栎抗干旱能力比红松强，更能适应暖干化的环境。

　　与当前气候情景不一样，在气候变暖条件下，红松种植强度为 30%时，在第 300 年红松面积百分比才略微高于蒙古栎，而在红松种植强度达到 70%时，红松的面积百分比才上升至 49.23%，成为研究区占面积最大的树种。气候变暖后红松种植效率随着种植强度的上升而降低(表 12-9)。而从总体上看，气候变暖后红松种植效率比当前气候条件下的种植效率低，表明气候变暖使得红松在该地区的竞争能力有所下降。

表 12-9 气候变暖条件下不同种植强度种植效率

气候变暖情景	种植强度(%)	第 300 年红松面积百分比(%)	红松面积增长百分比(%)	种植效率
P1	5	21.81	5.18	2.23
P2	10	26.40	9.77	2.11
P3	30	37.99	21.36	1.53
P4	50	45.32	28.69	1.24
P5	70	49.23	32.60	1.00

(三)气候变暖情景下组合管理政策对浑河上游森林动态的影响

　　对组合情景的 MANOVA 分析表明，不同种植政策和不同采伐政策对森林动态都有显著影响。对单个树种而言，强度种植政策对大部分的树种有显著影响(长白落叶松和樟子松例外）；而采伐政策则只对蒙古栎、长白落叶松、山杨、白桦和榆树有显著影响。进一步分析不同采伐强度对树种的影响发现，采伐强度越大对山杨、白桦、赤松、榆树和椴树的正效应越显著，对长白落叶松和蒙古栎的负效应也越显著。

四、基于不同种植和收获政策的森林景观格局的优化设计

通过以上分析得出以下优化方案：气候变暖，红松的种植效率下降。在当前气候条件下，30%的红松种植强度能使红松面积在第300年达到50%以上；而在气候变暖条件下，红松面积要在第300年到达50%以上，红松种植强度要大于70%。鉴于气候变化的不确定性和投入的有效性，建议30%红松种植强度适宜本地区生态恢复。从长远来看，一方面在当前气候条件下该种植强度能促进红松成为主要优势树种，而另一方面又不会过多的抑制其他树种，如蒙古栎的生存空间。

五、基于径流量的未来森林景观格局优化设计

森林植被具有涵养水源、调节径流、削洪补枯、改善水质、保护土壤和水环境等水文功能，现已成为共识，但森林对河流总径流的影响却长期存在争论。目前国际上研究的初步结论是：森林覆盖度减少可不同程度地增加流域的产水量，造林则导致流域水量降低，而森林植被变化对流域产水量的影响却存在不同的观测结果。森林对流域年径流总量影响的结论都是对特定地区、特定流域而言的。不同地区森林植被变化对径流的影响幅度相差较大（Rab，1994；Reiners et al.，1994；Fujieda et al.，1997；Hodnett et al.，1997；Islam et al.，2000；Jozefaciuk et al.，2001）。在国家森林保护政策指导下，大规模的破坏性采伐不会再度重演，而森林的演替、造林政策的实施、树种的更替将会对浑河上游径流量产生怎样的影响，这在流域尺度尚且缺乏研究。而这些研究将会为气候变化条件下，采取怎样的森林管理措施以平衡地区水量提供重要信息。

本研究选取 LANDIS 模型，根据现行当前气候条件下森林自然演替以及不同种植强度影响下，第300年森林景观格局作为植被数据，耦合到 DHSVM 模型中。通过分析不同森林景观格局影响下产生的不同径流量，探索有利于地区水量平衡的森林管理策略。

(一)不同森林景观格局对浑河上游径流量的影响

从 LANDIS 模拟本研究区森林动态变化的结果看，蒙古栎和红松是本地区最有竞争力的树种，并且从各个情景设置的模拟结果中均可看到，到第300年蒙古栎和红松是占研究区面积最大的两个树种。因此这两个树种为优势树种的群落将会对本地区水量平衡产生重要影响。为此本研究选择在当前气候条件下的 N、P1、P3、P5 情景下，第300年的森林景观格局作为水文模型的植被条件，模拟不同红松和蒙古栎组成比例的森林对本地区径流量的影响。根据2006年林相图得到目前红松和蒙古栎面积百分

比为 4.16% 和 44.69%。N、P1、P3、P5 情景下第 300 年红松和蒙古栎所占面积百分比：19.53% 和 30.96%，27.87% 和 27.81%，56.63% 和 15.45%，77.14% 和 6.03%。

图 12-17 为当前气候条件下不同森林景观影响下季节平均及年均径流量。从图中可以看出，年均径流量是以初始森林景观格局下的最大，而演替到第 300 年的各个森林景观格局下的年均径流量都比初始森林景观格局下的年均径流量小。这表明森林演替会引起年均径流量的下降。这可能是由于植被演替的不同阶段其饱和导水率不同，演替后期的植被具有较高的土壤孔隙度和较高的饱和导水率（Rab，1994；Reiners *et al.*，1994）。这是因为随着演替进展植被的根系越来越发达，根系对土壤的穿插分割作用会使土体破碎，能降低土壤紧实度，提高孔隙度等，从而使饱和导水率得到提高（Ciarkowska，2017；Shao *et al.*，2020），同时土壤储水量也增大。这就提高了水源涵养的能力，同时减少地表径流。

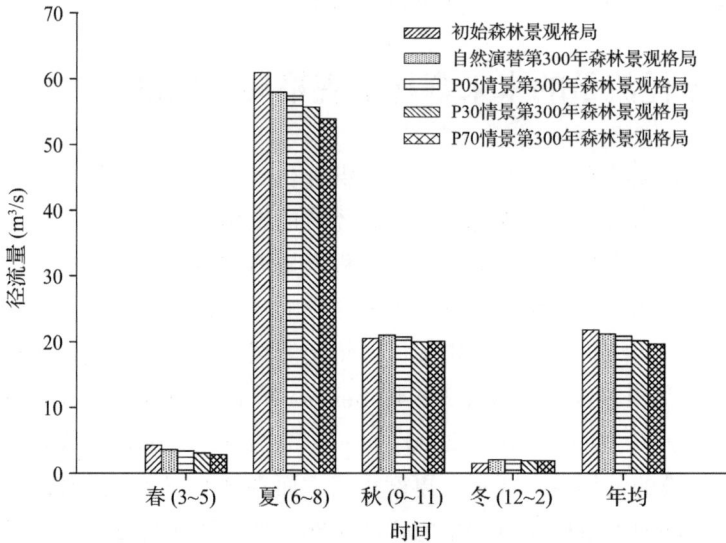

图 12-17　当前气候条件下不同森林景观影响下季节平均及年均径流量

比较演替到第 300 年的森林景观格局下的年均径流量发现，N 情景下的年均径流量最大，P70 情景下的年均径流量最小；N、P05、P30、P70 情景下的年均径流量呈下降的趋势。这表明随着红松种植强度加大，红松所占面积比例越大的森林景观，其年均径流量越小。

从季节平均径流量看（图 12-17），在春季和夏季，初始森林景观格局下的季节平均径流量最大，而演替到第 300 年的各个森林景观格局下的季节平均径流量都比初始森林景观格局下的季节平均径流量小。而在秋季和冬季，初始森林景观格局下的季节平均径流量则不再是各不同景观格局下的季节平均径流量中最大的。而受 N、P05、P30、P70 第 300 年森林景观格局影响的季节平均径流量则大体上呈现下降的趋势。P70 和 P30 森林景观格局下的季节平均径流量在秋冬季基本持平，甚至在秋季 P70 森林景观格局下的季节平均径流量比 P30 森林景观格局下的季节平均径流量略大。

从月均径流量看(图 12-18)，4，5，6，7 月初始森林景观格局下的月均径流量最大，而演替到第 300 年的各个森林景观格局下的月均径流流量都比初始森林景观格局下的月均径流量小。而受未来的森林景观格局影响的月均径流量中，N 情景下的月均径流量最大，P70 情景下的月均径流量最小。N、P05、P30、P70 情景下的月均径流量呈下降的趋势。1、2、3、10 月初始森林景观格局下的月均径流量则不再是各个不同景观格局下的月均径流量中最大的。而受 N、P05、P30、P70 第 300 年森林景观格局影响的月均径流量则仍然呈现下降的趋势。8 月初始森林景观格局下的月均径流量最大，但是 N、P05、P30、P70 情景下的月均径流量并没有呈下降的趋势。而是 P70 情景下的月均径流量比 P30 情景下的月均径流量高。9 月，初始森林景观格局下的月均径流量不是各个不同景观格局下的月均径流量中最大的。并且 N、P05、P30、P70 情景下的月均径流量也没有呈下降的趋势。与 8 月类似，P70 情景下的月均径流量比 P30 情景下的月均径流量高。

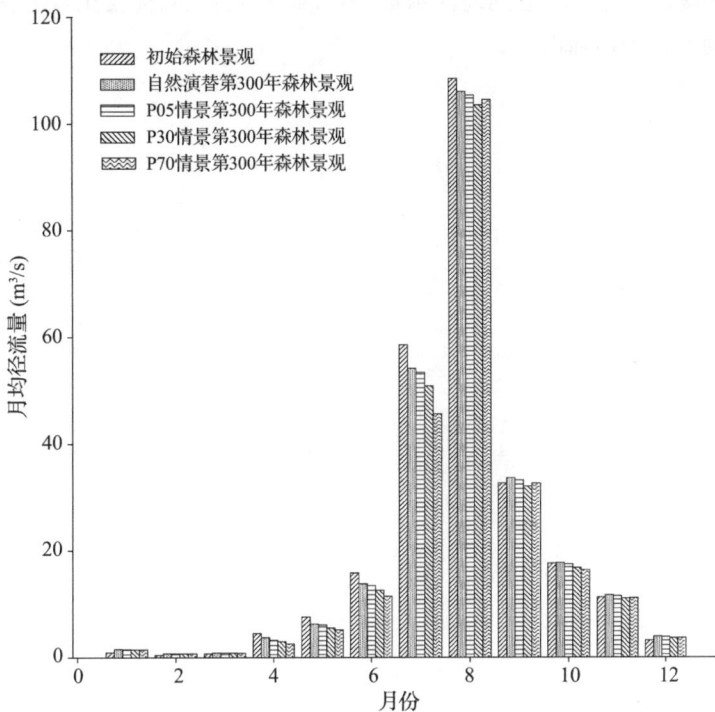

图 12-18 当前气候条件下不同森林景观影响下月均径流量

季节平均径流量和月均径流量都显示，在汛期(6~8 月)初始森林景观格局下的径流量最大，而在非汛期其他森林景观格局下的径流量较初始森林景观格局下的径流量大。这表明，经过 300 年演替的森林景观格局有利于加强雨水下渗，减少地表径流，降低了汛期径流量，并通过地下径流过程转移部分汛期水量，起到一定的均衡季节径流量的作用。森林植被调节河川洪峰、枯水期及季节性径流作用明显；在相同森林流域内，森林覆盖率越高，枯水季节稳定补给，河道的径流量也相应提高。虽然我们的研究并不是森林覆盖率的对比，但是原理类似。森林有改良土壤物理性质提高其蓄水能力的作用（Xia *et al.* 2019；Pereira *et al.* 2020），森林覆盖率的提高实际上是提高了整个地区的土壤孔隙度等有利于提高土壤蓄水能力的物理性质（Holthusen *et al.* 2018；Zhu *et al.* 2018）。而森林的演替则具有相似的作用。

（二）基于径流量的未来森林景观格局优化设计

不同森林景观格局对浑河上游径流量影响的分析表明，初始森林景观格局下的年均径流量最大，而演替到第300年的各个森林景观格局下的年均径流量都比初始森林景观格局下的年均径流量小。这表明森林演替会引起年均径流量的下降。另外本研究的结果还表明随着红松种植强度加大，红松所占面积比例越大的森林景观，其年均径流量越小。虽然历史森林演替表明本地区的顶级群落为阔叶红松林，但是通过 LAN-DIS 模拟也发现在气候变暖的情景下，蒙古栎与红松在本地区的生存机会发生了转变。而有研究表明蒙古栎对水分的利用状况更适应于暖干化的气候，因此很可能更有利于地区的水量平衡。因此，考虑到地区水量平衡问题，建议同样使用较为保守的生态恢复政策30%的红松种植强度。

参考文献

曹成有，1997. 辽宁东部山区森林枯落物层的水文作用[J]. 沈阳农业大学学报，28(1)：44-46.

程金花，张洪江，史玉虎，等，2003. 三峡库区几种林下枯落物的水文作用[J]. 北京林业大学学报，25(2)：8-13.

崔启武，边履刚，史继德，等，1980. 林冠对降水的截留作用[J]. 林业科学，16(2)：141-146.

高明，陈双江，李智叁，2008. 帽儿山主要森林类型凋落物层水文效应研究[J]. 林业科技情报，40(2)：3-5.

李德志，臧润国，2004. 森林冠层结构与功能及其时空变化研究进展[J]. 世界林业研究，17(3)：12-16.

林波，刘庆，吴彦，等，2004. 森林凋落物研究进展[J]. 生态学杂志，23(1)：60-64.

刘传照，李景文，潘桂兰，等，1993. 小兴安岭阔叶红松林凋落物产量及动态的研究[J]. 生态学杂志，12(6)：29-33.

刘世荣，温远光，王兵，等，1996. 中国森林生态系统水文生态功能规律[M]. 北京：中国林业出版社.

刘向东，吴钦孝，1991. 黄土高原油松人工林枯枝落叶层水文生态功能研究[J]. 水土保持学报，5(4)：87-92.

罗跃初，韩单恒，王宏昌，等，2004. 辽西半干旱区几种人工林生态系统涵养水源功能研究[J]. 应用生态学，15(6)：919-923.

吴钦孝，赵鸿雁，刘向东，2002. 持续提高黄土高原植被水土保持功能的配套技术(Ⅰ)森林保持水土的条件[J]. 农村生态环境，18(2)：50-52.

薛立，何跃君，屈明，等，2005. 华南典型人工林凋落物的持水特性[J]. 植物生态学报，29(3)：415-421.

张振明，余新晓，牛健植，等，2005. 不同林分枯落物层的水文生态功能[J]. 水土保持学报，19(6)：139-143.

朱金兆，刘建军，朱清科，等，2002. 森林凋落物层水文生态功能研究[J]. 北京林业大学学报，24(Z1)：30-34.

朱丽晖，李冬，刑宝振，2001. 辽东山区天然次生林枯落物层的水文生态功能[J]. 辽宁林业科技，1：35-37.

Bille-Hansen J, Hansen K, 2001. Relation between defoliation and litterfall in some Danish Picea abies and Fagus sylvatica stands [J]. Scandinavian Journal of Forest Research, 16(2)：127-137.

Bonan G B, 2008. Forests and climate change：Forcings, feedbacks, and the climate benefits of forests [J]. Science, 320(5882)：1444-1449.

Bravo F, Jandl R, Gadow K V, et al, 2013. 导言[M] //王小平，杨晓晖，刘晶岚，等，译. 气候变化挑战下的森林生态系统经营管理. 北京：高等教育出版社，3-40.

Ciarkowska K, 2017. Organic matter transformation and porosity development in non-reclaimed mining soils of different ages and vegetation covers：A field study of soils of the zinc and lead ore area in SE Poland [J]. Journal of Soils and Sediments, 17(8)：1-14.

Frazer G W, Canham C D, Lertzman K P, 1999. Gap light analyzer (GLA), version 2.0: Imaging software to extract canopy structure and gap light transmission indices from true-colour fisheye photographs, users manual and program documentation [M]. Millbrook, New York: Simon Fraser University.

Fujieda M, Kudoh T, deCicco V, et al, 1997. Hydrological processes at two subtropical forest catchments: the Serra do Mar, Sao Paulo, Brazil [J]. Journal of Hydrology, 196: 26-46.

Hodnett M G, Vendrame I, Marques A D, et al, 1997. Soil water storage and groundwater behaviour in a catenary sequence beneath forest in central Amazonia: I. Comparisons between plateau, slope and valley floor [J]. Hydrology and Earth System Sciences, 1(2): 265-277.

Holthusen D, Brandt A A, Reichert J M, et al, 2018. Soil porosity, permeability and static and dynamic strength parameters under native forest/grassland compared to no-tillage cropping [J]. Soil & Tillage Research, 177: 113-124.

Islam K R, Weil R R, 2000. Land use effects on soil quality in a tropical forest ecosystem of Bangladesh [J]. Agriculture Ecosystems & Environment, 79(1): 9-16.

Jozefaciuk G, Muranyi A, Szatanik-Kloc A, et al, 2001. Changes of surface, fine pore and variable charge properties of a brown forest soil under various tillage practices [J]. Soil & Tillage Research, 59 (3-4): 127-135.

Koopmans C J, Tietema A, Verstraten J M, 1998. Effects of reduced N deposition on litter decomposition and N cycling in two N saturated forests in the Netherlands [J]. Soil Biology & Biochemistry, 30(2): 141-154.

Pereira J M, Vasconcellos R L F, Pereira A P A, et al, 2020. Reforestation processes, seasonality and soil characteristics influence arbuscular mycorrhizal fungi dynamics in Araucaria angustifolia forest [J]. Forest Ecology and Management, 460: 117899.

Picchio R, Venanzi R, TavankarF, et al, 2019. Changes in soil parameters of forests after windstorms and timber extraction [J]. European Journal of Forest Research, 138: 875-888.

Rab M A, 1994. Changes in physical properties of a soil associated with logging of Eucalyptus regnans forest in southeastern Australia [J]. Forest Ecology and Management, 70(1-3): 215-229.

Reiners W A, Bouwman A F, Parsons W F J, et al, 1994. Tropical rainforest conversion to pasture-changes in vegetation and soil properties [J]. Ecological Applications, 4(2): 363-377.

Shao G D, Ai J J, Sun Q W, et al, 2020. Soil quality assessment under different forest types in the Mount Tai, central eastern China [J]. Ecological Indicators, 115: 106439.

Xia J B, Ren J Y, Zhang S Y, et al, 2019. Forest and grass composite patterns improve the soil quality in the coastal saline-alkali land of the Yellow River Delta, China [J]. Geoderma, 349: 25-35.

Yao J, He X, He H, et al, 2016. The long-term effects of planting and harvesting on secondary forest dynamics under climate change in northeastern China [J]. Scientific Reports, 6(6): 18490.

Yao J, He X, He H, et al, 2014. Should we respect the historical reference as basis for the objective of forest restoration? A case study from Northeastern China [J]. New Forests, 45(5): 671-686.

Yao J, He X, Wang A, et al, 2012. Influence of forest management regimes on forest dynamics in the upstream region of the Hun River in northeastern China [J]. PloS ONE, 7(6).

Yao J, He X Y, Li X Y, et al, 2012. Monitoring responses of forest to climate variations by MODIS NDVI: A case study of Hun River upstream, northeastern China [J]. European Journal of Forest Research,

131(3)：705-716.

Zhu X A，Liu W J，Jiang X J，et al，2018. Effects of land-use changes on runoff and sediment yield：Implications for soil conservation and forest management in Xishuangbanna，southwest China［J］. Land Degradation & Development，29(9)：2962-2974.

第十三章

气候变化对中国林业损益的影响和
适应气候变化的林业对策

    气候变化会导致森林生态系统的结构、组成成分、空间分布格局以及生态系统功能和生产力发生改变。一些物种的适生面积将会缩小，一些生态系统遭受干旱胁迫的频率将会增加，土地荒漠化趋势加重，脆弱性增加（IPCC，2007）。因此，森林生态系统所提供的产品和生态服务也会受到严重影响。国际林业研究组织联合会（IUFRO，2009）指出，气候变化将显著地改变森林生态服务的供给水平和质量，虽然对全球林业的总体影响有限，但在局部地区危害严重。本章运用文献整合分析方法（Meta-analysis），就气候变化对我国森林生态系统和林业的影响进行系统评估；在比较世界上不同国家林业适应气候变化策略的基础上，研究提出我国适应气候变化的林业对策。

第一节　气候变化对中国森林生态系统的影响

近二十多年来，国内许多学者与研究团队在观测或模拟数据的基础上采用不同的方法分析与评估气候变化对我国森林的影响，使"气候变化与森林生态系统"迅速成为了生态学、气象学、环境学等诸多自然学科领域的前沿主题和热点领域，有关实证与综述文献迅猛增长。徐德应等（1997）、刘世荣等（1997）、牛建明等（1999）、蒋延玲（2001）、刘丹等（2007）、赵凤君等（2009）、李明（2011）等分别对内蒙古、黑龙江、云南地区及全国层面进行了富有成效的实证研究，其内容涵盖森林地理分布、森林生产力、树木物候、森林结构等多个方面；陈华等（1993）、王叶等（2006）、朱建华等（2007）、时明芝（2011）等在现有文献的基础上总结了气候变化对我国森林多方面的影响。研究表明，与世界上大多数国家一样，我国的森林生态系统同样面临着全球气候变化的严峻挑战。本节运用文献整合分析方法（Meta-analysis），就气候变化对我国森林生态系统的多方面影响进行系统评估，以期为适应气候变化、降低气候变化对我国森林生态系统影响和制定林业对策提供科学依据。

一、综合评估框架结构构建

整合分析是一种专门对单个研究进行统计综合、找出普遍结论并发现差异的定量研究方法。它提供了一种纵观全局的工具，从而在更大的时空尺度上回答单一研究无法完全回答的问题。近些年来，该方法在气候变化研究领域得到迅速发展（雷相东，2006）。

为了尽可能全面搜集我国有关气候变化对森林生态系统影响的文献，本节选择主题词"气候变化"和"森林"，在中国知网（CNKI）进行全文检索。截至 2012 年 10 月 21 日，检索得到 CNKI《中国学术期刊网络出版总库》1443 篇，《中国博士学位论文全文数据库》171 篇，《中国优秀硕士学位论文全文数据库》321 篇，加上徐德应等（1997）、徐小牛（2008）等完成的专著以及《气候变化国家评估报告》（2007）、《第二次气候变化国家评估报告》（2011），文献合计达 1939 篇。从现有文献来看，反映气候变化的指标主要包括气温、降水量、空气相对湿度、日平均风速、日照时数。有关数据主要是从各级气象部门与各地气象站获取的；研究气候变化对森林生态系统的影响主要体现两个方面：一是已经发生的、可观测的影响；二是未来的、预计可能的影响。

　　我国地域辽阔，气候复杂多样，从南到北跨热带、亚热带、暖温带、温带、寒温带等气候带，植被类型和土地利用类型多样。为了全面评估气候变化对我国森林生态系统的影响，基于区域和植被类型对森林生态系统进行细分。借鉴张新时（2007）与徐小牛（2008）的分类方法，将中国森林划分7种植被类型：① 寒温带针叶林，位于大兴安岭北部山地；② 温带针阔混交林，包括东北松嫩平原以东，松辽平原以北的广阔山地，南端以丹东为界，北部延至黑河以南的小兴安岭山地；③ 暖温带落叶阔叶林，该区域北与温带针阔混交林相接，南以伏牛山和淮河为界，东为辽东、胶东半岛，西至天水向西南经礼县到武都与青藏高原相分；④ 亚热带常绿阔叶林，该区域北起秦岭淮河一线南达北回归线，东起东海之滨西至松潘贡嘎山、木里、保山等一带；⑤ 热带季雨林、热带雨林，包括云南南部与西南部湿热河谷、海南中部山地沟谷与东部丘陵、台湾东南部；⑥ 青藏高原植被，位于中国西南部，平均海拔4000 m以上；⑦ 蒙新植被，分为温带草原与温带荒漠，包括鄂尔多斯、阿拉善高原，塔里木、柴达木、准噶尔盆地，祁连山、天山与昆仑山山脉。

二、气候变化对森林生态系统影响的主要指标及分析方法

　　对于已经发生的、可观测的影响研究，现有文献主要分析了气候变化对森林地理分布、森林生产力、森林物候与森林火灾等的影响；采用的方法主要是相关性分析与回归分析。在分析气候变化与森林生态系统的关系时，一些学者如孔萍等（2009）直接计算气象指标与森林生态系统影响指标的相关系数；另一些学者如赵凤君等（2009）是先将气象指标转换成一个新指标，再分析新指标与森林生态系统影响指标的关系。

　　对于未来的、预计可能的影响研究，除了气候变化指标与森林生态系统影响指标数据之外，还需要气候情景数据。获取这些数据一方面是实地调查与采样，另一方面是从气象站、公共网站、统计年鉴等信息资源中获取。研究气候变化对森林生态系统的未来影响，一般需要两个步骤：首先是预测未来的气候变化。气候模式是预测气候变化的实用工具，包括全球气候模式（Global Climate Model，GCM）与区域气候模式（Regional Climate Model，RCM）两类。前者包括UKMO-L、UKMO-H、GISS、BCC-CSM1.1等，后者包括RegCM1、RegCM2、RegCM3、RegCM4等（徐德应等1997；程肖侠等，2008；郭亚奇，2012）。现有文献提到的模型数量多达数十种，但IPCC提出的气候模式（情景）在现有文献中占据主导地位。分析气候变化对森林生态系统的影响。现有文献中采用的分析方法除了相关分析和回归分析等统计学方法之外，还包括大量森林模型，比如：在分析森林地理分布时，牛建明等（1999）采用了HOLDRIDGE生命地带分类系统与空间模拟，程肖侠等（2008）采用了林窗模型FAREAST；在分析森林结构与森林群落的演替时，郭亚奇（2012）采用了动态全球植被模型LPJ，郝建锋等（2008）采用了森林结构功能模型（叶片光合模型和树木个体生长模型）；在分析森林物候时，徐德应等（1997）选用了生态信息系统模型；在分析森林火灾时，杨光（2010）选用了DA与DW统计降尺度方法。然而，在分析气候变化对森林生态系统的

影响时，虽然学者们越来越多倾向于使用森林模型，但是直接使用相关性与回归分析方法依然较多。但采用统计方法而忽视其生态学机理的研究结果的科学性或多或少受到了质疑。

三、气候变化对中国森林植被的影响

从现有文献来看，国内学者实际观测到的气候变化对森林生态系统的影响的研究区域主要集中在东北、华东与西南地区。东北地区涉及的森林类型主要是寒温带针叶林、温带针阔混交林，研究的主要优势树种是长白落叶松、兴安落叶松、云杉、冷杉和红松等（刘丹等，2007；张艳平，2008；李明，2011）。华东长江三角洲地区涉及的森林类型主要是暖温带落叶阔叶林和亚热带常绿阔叶林（金佳鑫等，2011）。西南高原地区涵盖了寒温带针叶林到热带雨林的7个森林植被类型，涉及的优势树种主要是冷杉、云杉、云南松、思茅松、高山松、云南松林（王明玉等，2007；何红艳，2008；赵凤君等，2009）。

根据现有文献，全国气候变化的总体特征：气温升高，降水量变化存在较大的时空差异，无论是寒温带针叶林、温带针阔混交林，还是青藏高原植被、蒙新植被都已经受到影响，并发生了可观测的变化（表13-1）。从森林地理分布来看，寒温带针叶林与温带针阔混交林出现了北撤东移，暖温带落叶阔叶林、亚热带常绿阔叶林、热带季雨林和热带雨林北界北移，青藏高原植被的林带下线上升，蒙新植被的暖温性草原北界北移而中温性草原南界北移。从树木物候来看，寒温带针叶林、温带针阔混交林、暖温带落叶阔叶林、亚热带常绿阔叶林树木春季物候期提前，秋季物候期推迟，树木生长季节延长；从森林火灾来看，青藏高原的森林火灾发生频率均有增加。受 CO_2 浓度升高、气温升高等气候环境因素影响，7个森林植被类型的净初级生产力均有不同程度上提高。

表 13-1 气候变化下中国森林植被可观测的变化

植被类型	地理分布	树木物候	森林生产力	森林火灾	主要文献来源
寒温带针叶林	北撤东移	植物生长季节延长	净初级生产力增加	火灾发生频率增高	刘丹等(2007)；李明(2011)；时明芝(2011)；张艳平(2008)
温带针阔混交林	北撤东移	植物生长季节延长	净初级生产力增加	火灾发生频率增高	刘丹等(2007)；李明(2011)；时明芝(2011)；张艳平(2008)
暖温带落叶阔叶林	北界北移	植物生长季节延长	净初级生产力增加	火灾发生频率增高	《第一次评估》①(2007)；《第二次评估》(2011)；孙艳玲等(2012)

---

① "《第一次评估》(2007)"表示"《气候变化国家评估报告》编写委员会(2007)"；"《第二次评估》(2011)"表示"《第二次气候变化国家评估报告》编写委员会(2011)"，下同。

（续）

植被类型	地理分布	树木物候	森林生产力	森林火灾	主要文献来源
亚热带常绿阔叶林	北界北移	植物生长季节延长	净初级生产力增加	火灾发生频率增高	《第一次评估》（2007）；《第二次评估》（2011）；孔萍等（2009）；金佳鑫等（2011）
热带季雨林、雨林	北界北移		净初级生产力增加		潘愉德（2001）；徐小牛（2008）
青藏高原植被	林带下线上升		净初级生产力增加	火灾发生频率增高	王明玉等（2007）；何红艳（2008）
蒙新植被	暖温性草原北界北移；中温性草原南界北移		净初级生产力增加		牛建明等（1999）；苏宏新（2005）

注：空白处表示尚未找到相关文献依据，无法做出评估，下同。

四、气候变化对中国森林生态系统影响的预测评估

关于气候变化对中国森林生态系统影响的预测，主要集中在东北与西南两个地区，涉及的主要森林植被类型有寒温带落叶针叶林、温带针阔混交林，青藏高原的多种森林植被类型，优势树种既包括云杉、冷杉、落叶松和松树等针叶林树种，又包括珙桐、白桦、山杨、辽东栎、栓皮栎阔叶林树种等（蒋延玲，2001；程肖侠等，2008；王明玉，2009；杨光，2010；郭亚奇，2012）。

在气候情景设计方面，较为典型的方法有4种：一是IPCC大气温室气体未来排放情景（IPCC SRES），包括4种排放情景：A1：假定经济快速增长，人口趋于稳定，全球合作，新技术广泛应用；A2：经济缓慢发展，人口持续增长，区域性合作，新技术发展缓慢；B1：经济增速低于A1，人口趋于稳定，全球合作，清洁能源技术广泛应用；B2：人口以略低A2的速度增长，区域合作，注重生态环境与社会公平（Nakicenovic et al.，2000）。其中，A1根据能源系统的发展方向可以分为3个情景组：A1F1：化石能源密集；A1T：非化石能源；A1B：各种能源均衡（Nakicenovic et al.，2000）。国内学者使用该种气候情景的学者如郑刚（2010）、张雷（2011）。二是根据气温与降水量变化设计，如牛建明等（1999）设计了两种气候情景：温度升高2℃、降水增加20%和温度升高4℃、降水增加20%。三是根据大气辐射强度设计，如郭亚奇（2012）。四是根据CO_2浓度设计气候情景，如潘愉德（2001）。

根据现有研究，无论是哪种气候情景，未来的气候变化均趋于气温升高，其他气象指标如降水量、空气相对湿度、日平均风速、日照时数却存在较高时空分布差异与不确定性。中国各森林生态系统受这种气候变化影响，预计可能发生的变化见表13-2。可以看出，在森林地理分布上，寒温带针叶林南界北移、面积缩小，温带针阔混交林、暖温带落叶阔叶林、亚热带常绿阔叶林、热带季雨林和热带雨林北界北移、面积扩展，蒙新植被北界北移，青藏高原植被的林带下线上升。从森林结构来看，温带

针阔混交林针叶树种比例下降、阔叶树比例增加，青藏高原的针叶林与阔叶林比例均上升，蒙新植被的温带草原比例增加、温带荒漠比例下降。从树木物候来看，7个森林生态系统的树木生长季节均有所延长。从森林生产力来看，寒温带针叶林、温带针阔混交林、亚热带常绿阔叶林等5个森林生态系统净初级生产力增加。从森林火灾来看，寒温带针叶林、热带季雨林和热带雨林森林火灾频率增高。

表 13-2　气候变化下中国森林植被未来的可能变化

植被类型	地理分布	森林结构	树木物候	森林生产力	森林火灾	主要文献来源
寒温带针叶林	南界北移，面积缩小		植物生长季节延长	净初级生产力增加	火灾发生频率增高	徐德应等（1997）；潘愉德（2001）；程肖侠（2008）；王明玉（2009）
温带针阔混交林	北界北移，面积扩展	针叶树种比例下降，阔叶树比例上升	植物生长季节延长	净初级生产力增加	徐德应等（1997）；程肖侠（2008）；郑刚（2010）
暖温带落叶阔叶林	北界北移，面积扩展		植物生长季节延长			徐德应等（1997）；牛建明等（1999）；郑刚（2010）
亚热带常绿阔叶林	北界北移，面积扩展		植物生长季节延长	净初级生产力增加		徐德应等（1997）；范航清等（2003）郑刚（2010）；张雷等（2011）
热带季雨林、雨林	北界北移，面积扩展		植物生长季节延长		火灾发生频率增高	徐德应等（1997）；郑刚（2010）；王明玉（2009）
青藏高原植被	林带下线上升	针叶林与阔叶林比例上升（其他植被比例下降）	植物生长季节延长	净初级生产力提高	徐德应等（1997）；何红艳（2008）；郭亚奇（2012）；郑刚（2010）
蒙新植被（温带草原与温带荒漠）	北界北移	温带草原比例上升，温带荒漠比例下降	植物生长季节延长	净初级生产力提高	徐德应等（1997）；苏宏新（2005）；张雷（2011）

五、小结

基于现有国内文献，从观测到的影响和预计的可能影响两个方面就气候变化对森林生态系统的影响进行综合分析发现，研究的区域与森林类型存在明显的地区不平衡性。现有的研究区域主要集中在东北与西南地区，森林类型主要是寒温带落叶针叶林、温带针阔混交林，对分布在华中、华东与华南地区的亚热带常绿阔叶林、热带雨林与热带季雨林研究不多。另外，现有文献缺乏对不同区域的比较研究，也缺乏对同一区域内不同森林类型尤其是不同优势树种之间的比较研究。从学科角度看，绝大多数国内文献均是从自然科学角度分析气候变化对森林生态系统的影响，极少有文献从经济学与社会学等社会科学角度进行研究。

从影响指标来看，现有文献研究气候变化对森林生态系统所涉及的影响范围越来越广，其中，观测到的影响包括森林地理分布、树木物候、森林生产力与森林火灾等方面；预计的可能影响包括森林地理分布、森林结构与森林群落的演替、森林生产力、森林火灾等方面。目前，可以初步建立分析气候变化对森林生态系统影响的评估指标，但仍需要从以下两个方面进一步加强：一是继续扩大对森林影响的范围研究，比如病虫害等；二是完善现有的研究方法，发展并完善现有的森林模型，尽可能涵盖影响更多方面，特别是开发大型的综合模型，不仅将气候变化预测涵盖进去，还能就气候变化对森林生态系统影响的所有方面进行系统的综合分析。

近年来 Meta-analysis 方法受到学术界的广泛关注，然而，由于目前国内现有文献质量参差不齐，定量研究不多，研究结果的不确定性较大，还难以进行不稳定性检验和统计模型分析，从而得出量化的气候变化对我国森林生态系统影响的结论。在未来的研究中，应运用整合分析方法对各个影响指标逐项进行量化研究，从为更大尺度上的全面影响评估奠定基础。

第二节　气候变化对林业发展的影响

气候变化使森林生态系统发生变化，必然会对木材、非木质林产品和森林生态系统服务的供给、林业产业的发展带来影响，依赖于森林资源的人们的生计和社区的发展也会受到影响。

一、对木材和林产品的影响

在考虑气候变化对森林生态系统的影响的基础上，一些气候变化的经济评价结果表明，全球木材供给与气候变化是逆向的，气候变化将增加全球木材供给、降低木材价格，消费者将从气候变化中受益，另一方面，根据其相对林业生产力和价格水平，木材生产者和土地所有者将可能有得有失。从区域情况来看，气候变化将导致北美和欧洲的木材产量的增加和木材价格的降低，消费者将受益，生产者将受损；气候变化将增加俄罗斯森林总产出，同时，由于木材价格下降，木材生产者的收益将会减少；气候变化对中国木材产出和收益都将处于增长趋势，其原因在于单位面积木材产量的增加，以及适应气候变化采用短轮伐期的树种，到 2050 年，中国的木材产出将增长

10%～11%，之后将增长 17%～30%（IUFRO，2009）。

二、对非木质林产品的影响

气候变化对林区贫困人口及木材、烧柴和非木质林产品生产将产生重要影响，但难以进行准确估计。气候变化将对种苗、坚果、狩猎、树脂、中草药植物和化妆品工业产生很大影响，且具有地区特点。气候变化还将改变森林病虫害和火灾的风险，对食品、纤维以及包括非木质林产品在内的林产品带来负面影响。气候变化和非木质林产品双双具有的地域性特点增加了研究气候变化对非木质林产品影响的复杂性。

三、对森林生态系统服务供给的影响

气候变化影响陆地淡水系统的有用水量，加大不同土地利用之间的用水矛盾，影响森林的水文调节作用。在各种森林生态服务中，受气候变化影响的主要有水文调节和改善水质两项功能，包括调节水量和径流，通过森林过滤作用保持和改善水质，保护淡水资源，减轻热带风暴对海岸的破坏（红树林）等。极端干旱和极端湿润条件下的有用水量对人类福利和土地利用变化都有重要的社会经济作用（如农业、城镇活动、废水排放等），这些社会经济作用又会对森林产生更多的压力（通过毁林开荒、林地退化等），从而对森林的调节功能产生负面影响。

四、对我国林业重大工程建设的影响

气候增暖和干暖化，将对我国六大林业工程的建设产生重要影响，主要表现在植被恢复中的植被种类选择和技术措施、森林灾害控制、重要野生动植物和典型生态系统的保护措施等。我国天然林资源主要分布在长江、黄河源头地区或偏远地区。森林灾害预防和控制的基础设施薄弱，因此面临的林火和病虫灾害威胁可能增大。根据用 PRECIS 对中国未来气候情景的推测，气候变暖使中国现在的气候带在 2050 年和 21 世纪末，分别向北移动 200 km 和 350 km 左右，这将对中国野生动、植物生境和生态系统带来很大影响。未来中国气温升高，特别是部分地区干暖化，将使现在退耕还林工程区内的宜林荒地和退耕地逐步转化为非宜林地和非宜林退耕地。部分荒山造林和退耕还林形成的森林植被有可能退化，形成功能低下的"小老树"林。三北和长江中下游地区等重点防护林建设工程的许多地区，属干旱半干旱气候区，水土流失严重，土层浅薄，土壤水分缺乏，历来是造林最困难的地区。未来气候增暖及干暖化趋势，将使这些地区的立地环境变得更为恶劣，造林更为困难。一些现在的宜林地可能需代之以灌草植被建设，特别是在森林—草原过渡地区（朱建华等，2007）。

第三节 森林生态系统和林业对气候变化的脆弱性与适应性

一、森林生态系统和林业对气候变化的脆弱性

脆弱性是指气候变化(包括气候变率和极端气候事件)对系统造成的不利影响的程度。对森林生态系统而言,脆弱性取决于森林在气候条件下的暴露程度、对气候条件的敏感程度,以及应对气候变化的适应能力。另外,社会、政策、经济以及历史因素等人为的影响,也在一定程度上决定了生态系统的脆弱性。我国的脆弱生态环境面积约为194万 km^2,主要分布在7个地区:北方半干旱、半湿润脆弱区,西北半干旱脆弱区,华北平原脆弱区,南方丘陵脆弱区,西南石灰岩山地脆弱区,西南山地脆弱区和青藏高原脆弱区(朱建华等,2007)。

森林生态系统是相对稳定的,具有一定"惯性"。对于气候变化而言,森林生态系统具有较低的脆弱性和敏感性(Peterken *et al.*, 1996)。森林对气候变化的脆弱性主要表现为森林的退化。森林生态系统对气候变化的响应比较缓慢,通常并不能在短时间内表现出来,但是不断增加的扰动事件(如林火、病虫害、飓风等)能在相对较短的时间内对森林的结构产生显著影响。经初步评估,2008年年初中国南方遭受的特大低温雨雪冰冻灾害使全国19个省份林地受灾面积达3.13亿亩[①]。其中,林分受灾面积2.90亿亩,竹林受灾面积4450万亩,未成林林地2056亿亩,苗圃215万亩;森林蓄积量损失3.71亿 m^3,竹子29.79亿株,经济林受影响面积2748万亩,苗木100亿株。森林资源的直接损失达582亿元,而且林业的损失是较长远的,其恢复也是长远的。受灾森林以人工林、中幼林、竹林、外来树种林都比天然林、成熟林、本土树种危害要重。如湿地松、桉树、竹林几乎100%受损,而且损失惨重。从我国森林脆弱性分布来看,全球气候变化对中国森林影响最大的区域主要分布在西南、华中和华南等地区,与现实的脆弱性分布大致类似。气候变化将加剧我国森林的脆弱性,改变森林结构与分布。

---

① 1亩约等于0.067hm²。

二、森林生态系统和林业对气候变化的适应性

适应性是指系统在气候变化条件下的调整能力，从而缓解潜在危害利用有利机会。森林生态系统的适应性包括系统和自然界本身的自身调节和恢复能力，也包括人为的作用，特别是社会经济的基础条件、人为的影响和干预等。气候影响和脆弱性在全球不同林区有所不同，在北温带林区，人类适应气候变化的能力普遍较高，但在一些偏远和不发达地区，适应性较弱。同时，沿海、山区和干旱地区森林的气候脆弱性都很高。沿海地区的森林不仅受海平面上升的威胁，而且还受到强风暴和人口增长的压力；山地森林面积小、分散，受旅游、休憩等人为干扰较大，适应气候变化进行移植的潜力受到限制；干旱地区森林的生境极其干燥，对干旱频率和程度增加的适应性很弱。

IPCC 将适应性定义为"调整实践、进程或结构，从而可以缓解或者抵消潜在的负面损害，或者抓住既定气候变化的有利时机"。以适应所需时间为标准，可分为计划性(前瞻性的或积极的)适应和自发性(事后的或被动反应式的)适应。自发性适应是指"持续应用现有知识和技术应对正在遭受的气候变化"，计划性适应是指"依靠动员组织机构和制定有利政策来创造或者改善使适应行之有效的相关条件，优化新兴技术和基础设施投资环境，从而提高适应能力"(IPCC，2007)。简而言之，IPCC 将自发性适应与计划性适应区分开来，前者是"日常业务的一部分"，后者需要"一项新政策"。计划性适应不仅是一种积极性的方法，它还意味着关注新的边界条件、新的视角、创新性的政策、能力、科技和论证。

第四节　适应气候变化林业对策的国际比较

减缓和适应是人类应对气候变化行动中两种相辅相成的措施。以温室气体减排等为主要选择的减缓行动有助于减小气候变化的速率与规模，以提高防御和恢复能力为目标的适应行动可以将气候变化的影响降到最低。在全球气候变化影响日益突出，气候变化减缓行动难以很快奏效的情形下，采取具有针对性的适应战略已经成为世界各国更为紧迫的重要选择。

一、气候变化适应的国际趋势

《联合国气候变化框架公约》(UNFCCC)确定之初即要求缔约方承诺:针对适应预期的气候变化影响制定国家战略,其中包括发达国家向发展中国家提供资金与技术支援,双方共同合作以努力应对气候变化的影响。在 UNFCCC 的各次缔约方会议(COP)上,一些具体的计划、行动和资金机制逐步得以确立,表 13-3 反映了气候变化适应议题的国际发展趋势。

表 13-3 气候变化适应议题的国际趋势

时间	气候变化适应国际趋势
1992	UNFCCC 请所有缔约方制订、执行并经常地更新国家或区域关于减缓和适应气候变化的计划,要求涵盖所有经济部门所有温室气体的源和汇。森林被作为主要的碳汇和碳库包含在内
1995—COP1	提出了适应气候变化的 3 个阶段的活动
1997	《京都议定书》本质上重申了《联合国气候变化框架公约》提出的适应气候变化的承诺,并明确指出此类方案涉及林业部门
2001—COP7	设立 3 个由全球环境基金(GEF)管理的适应基金,即最不发达国家基金、特别气候变化基金和适应基金
2004—COP10	各缔约方认识到适应与减缓同等重要,通过了《关于适应和应对措施的布宜诺斯艾利斯工作方案》,为适应建立了两条互补的轨道:①探讨气候变化的影响、脆弱性与适应的内罗毕工作计划;②针对更多信息和方法、具体适应活动、技术转让及能力建设采取具体的实施措施
2005—COP11	通过了《附属科学技术咨询机构有关气候变化的影响、脆弱性和适应的五年工作计划》
2006—COP12	通过了《内罗毕工作计划》,将五年工作计划内容进一步细化。该计划包括两个专题领域,即"了解、评估影响、脆弱性与适应"和"应对气候变化的实际适应行动与措施"
2007—COP13	通过了巴厘行动计划,将适应气候变化与减缓、技术、资金等三个问题并列提出,作为落实 UNFCCC 行动的"四个轮子"
2008—COP14	启动适应基金,帮助发展中国家适应气候变化,并同意给予适应基金理事会法人资格,使其能直接向贫穷国家提供资金支持
2010—COP16	建立了以适应委员会、国家适应计划进程、损失与危害工作计划、国家机制安排和区域适应中心为主要内容的《坎昆适应框架》
2011—COP17	明确 UNFCCC 下现有的最不发达国家基金支持最不发达国家和其他发展中国家的国家适应计划进程
2012—COP18	明确 UNFCCC 下现有的气候变化特别基金支持最不发达国家和其他发展中国家的国家适应计划进程
2013—COP19	建立了华沙损失与危害国际机制,并在国际机制下设立执行委员会

二、主要发达国家林业适应气候变化的策略

(一)美国

为适应未来的气候变化,美国农业部于 2012 年发布了《气候变化适应计划》。其

中，林务局发布了《气候变化适应计划》，它是农业部《气候变化适应计划》的重要组成部分，它全面介绍了林业适应气候变化的国家战略。

1. 政策框架

(1)使命。林务局的使命就是通过保持森林与草原生态系统的健康、生物多样性与生产力满足当前与未来人们的需要。美国人从森林与草原获得多重产品与服务，既包括木材、野生食物等产品，又包括水土保持、减缓气候变化、森林旅游等服务。

(2)目标与战略方针。《美国农业部 2010—2015 年战略计划》总目标 2：在改善水资源的同时，确保国家森林和私人土地得到保护与恢复，从而更好地适应气候变化。其中，分目标 2.2 是努力减缓和适应气候变化。

2008 年 10 月林务局出台了《应对气候变化的战略框架》。在这个战略框架上建立了《林务局应对气候变化路线图》，并产生了 3 大行动：一是评估当前气候变化的风险、脆弱性、相关政策等；二是通过寻求内部团结和外部合作解决问题；三是通过采取适应、减缓与可持续消费策略对生态系统与人类社区进行适应性管理。

单个国家森林系统经营单位采用气候变化绩效计分卡促进路线图和农业部战略规划的实施。2011—2015 年期间，经营单位每年使用积分卡一次。积分卡包括 4 个维度 10 个要素(或问题)(表 13-4)。到 2015 年，一般要求每个经营单位回答"是"的问题应占到 7/10 以上。

表 13-4　积分卡 4 个维度 10 个要素

组织能力	参与	适应	减缓与可持续消费
对员工进行培训和将气候变化纳入工作计划	发展伙伴关系和推动知识转让	评估气候变化的影响和其应对	评估碳储量和减少经营单位碳足迹
1. 员工教育 2. 指定气候变化协调员 3. 方案指导	4. 科学与管理伙伴关系 5. 其他合作伙伴关系	6. 脆弱性评估 7. 适应行动 8. 监测	9. 碳评估与管理 10. 永续经营

《2009—2019 年林务局全球变化研究战略》。在保持与美国全球变化研究计划研究目标一致的情况下，林务局研究与发展使命是在气候变化背景下，通过制定气候变化政策与探索森林与草原最佳管理实践从而维持生态系统健康和服务功能(适应)，进而增加森林碳汇(减缓)。林务局全球变化研究战略目标是增加对森林、林地、草原系统的理解，利用这些信息预估潜在的未来。这些信息与由此产生的工具有利于脆弱性评估，最佳管理实践有利于更好地适应未来变化。

新规划规则：新规则通过提供有关评估、规划与监测的适应性框架增强应对气候变化与其他压力的能力，通过一些新条款改善经营单位生态系统适应能力。例如，"识别和评估规划区现有相关信息""陆地与水生生态系统适应变化的能力""监测方案必须包括监测问题和解决指标""规划区内来自气候变化和其他压力源相关的可测量变化"。

遗传资源管理与气候变化：国家森林适应气候变化的遗传育种。明确气候变化的事实，分析气候变化的潜在影响，科学选择树种；重新调整"气候智能型"国家森林系统遗传资源管理计划，确立经营目标与原则及措施，从而改善森林生态系统的适应能力。

2. 脆弱性评估

脆弱性评估一方面要求描述单位面临气候变化带来的风险与机遇，另一方面要求建立在农业部 2012 年发布的脆弱性评估报告的基础上。

（1）物理和生物气候变化。林务局使命受气温、降水类型与数量、极端事件、气候变异影响。林务局与州政府、部落与私人土地所有者一起共同管理森林与草原，维护与改善森林与草原生态系统的健康、多样性与生产力。关键气候变化变量的变化影响水文季节性、林业有害生物的繁殖周期与火灾季节的长短。从 20 世纪 80 年代以来，西部地区火季延长了 78 天。干扰因素加大了引进和入侵物种的蔓延，增加了本地物种面临灭绝与生态系统过程和功能面临改变的风险。不断变化的气候已经改变物种范围，未来还可能改变生态系统组成结构。管理将需要提供具有远见的方法提高生态系统适应能力而不局限于历史变化范围。这些因素给维持森林与草原以及供给产品与服务带来一些挑战，例如饮用纯净水、林产品、娱乐的机会和栖息地。

（2）市场关注。气候变化可能影响对各种能源及其组合的需求。木质生物原料作为一种可再生能源受到关注。对可再生能源需求的增长可能对森林管理带来影响，并影响着各种生态系统服务，包括水资源的数量与质量、野生动物栖息地和碳封存。森林经营目标的变化可能影响传统林产品价格与其下游产品如住房价格。维持生态系统健康的经营措施包括两个方面：一是通过疏伐改善林内卫生状况；二是促进受病虫害影响的林分更新。通过培育市场降低经营成本、发展地方或农村经济。由于许多地方林业产业已经衰落，因此需要做出努力建立锯材厂与林产品加工厂。

（3）基础设施问题。①交通系统：随着大雨事件发生频次的增多，国家森林系统的林道网络需要加强维护力度与基础设施改造力度（例如加大排水沟与桥梁建设）。②休憩用地及户外休闲：休闲设施包括滑雪场、水库、野营地等受到过去与当前气候变化的影响。保持高质量的户外休闲体验不仅依赖土地、设备、交通设施条件，还依赖气候变化带来的机遇。预计美国人口总量会增加，可开发的私人土地数量减少，会进一步给公有土地开发休闲产业带来发展机遇。

（4）能力建设。林务局向雇员、其他机构、社会公众提供大量的气候变化宣传资料与培训机会。内容涉及范围广，由基本意识教育到高级技术研讨会、有关脆弱性评估与适应和减缓气候变化策略的课程。加强科学家和土地管理者之间的伙伴关系，优化研究和技术的重点。在林务局项目中广泛采用了资源清查、监测、评估及决策支持技术。正在进行的和新启动的能力建设活动包括保护教育项目，气候变化资料中心，环境威胁评估中心，库存、监测和评估策略。

3. 适应性规划与评估过程

（1）整合。各机构应说明如何将适应气候变化纳入政策制定与项目实施过程中。林务局通过各种努力将气候变化适应纳入政策制定、项目实施等各环节中，例如关于国有林与草原的应对气候变化路线图、气候变化绩效积分卡、新的规划规则等。另外，林务局也为私有林主提供技术援助，帮助他们改进森林适应气候变化的能力。

（2）了解风险。陈述本机构为更好了解风险与机会的各项活动。对森林与草原的管理应注意长期投资。林务局开始在规划与决策过程中考虑气候变化风险与机会。2009年1月在土地管理规划与项目级国家环境政策法分析过程中，考虑气候变化问题。林务局科学家与土地经营者密切联系，更加准确把握气候变化对生态系统的潜在影响，对关键资源进行脆弱性评估，提出地方适应气候变化策略。

4. 持续的适应过程

一是每年应采取什么步骤确保计划是通行的；二是区分优先次序；三是确定什么信息来源是用来改进计划的；四是性能指标，包括评价进展的方法、路线图与积分卡等。

5. 应对风险与机遇的行动

包括试点活动、对将适应整合进政策、项目或活动的修正、能力建设，例如美国农业部林务局气候变化路线图与绩效积分卡、2009—2019年林务局全球变化研究战略、新规划规则等。

（二）加拿大

在全球气候变化背景下，加拿大北纬地区气候变化较显著，森林生态系统具有高度敏感性，林业具有显著脆弱性。为适应气候变化，加拿大林业部门采取了一系列策略(表13-5)。

表13-5　加拿大林业适应气候变化的主要策略

• 根据未来气候变化预估，选择替代性树种或新树种 • 对气候情景进行标准化分析 • 开发技术高效利用木材 • 增加抢救式采伐量 • 在林木生长模型中考虑气候变量，在木材长期供给分析与森林经营规划中考虑气候变化效应 • 将气候变化纳入土地利用规划，并考虑特定地区土地利用变化(林地转化成耕地或者相反) • 缩短轮伐期 • 开发智能型防火景观与社区 • 制定景观规划，减少病虫害蔓延 • 采用风险评估和适应性管理原则	• 森林资产的社会投资组合多样化 • 鼓励择伐作业 • 在规划、建设或基础设施更新时考虑气候变化因素 • 应对木材供给变化 • 在气候变化背景下，在价值与管理方面加强对话 • 保持多样性、动态森林景观的可持续 • 通过监测确定变化发生的内容与时间 • 建立与完善相关机制，改善适应的成本与经济有效性，并为森林经营者提供必要的管理工具 • 修改森林经营目标 • 应对冬季采伐量的减少 • 应对野火发生频次增加问题

资料来源：Williamson T B, *et al.* (2009)。

（三）欧洲

欧洲各国分析气候变化带来的风险与机遇，采取多项适应气候变化行动，归纳起来包括3个层面8种类型(表13-6)。

表 13-6 欧洲林业适应气候变化行动分类

行动层面	适应行动类型
林分	• 森林更新 • 林分抚育与疏伐 • 采伐
森林经营	• 森林经营规划 • 森林保护
政策	• 林道与基础设施 • 苗圃和林木育种 • 将适应纳入风险管理与政策范畴

资料来源：Lindner M，*et al.*（2008）。

(四)英国

英国是一个海岛国家，林业对气候变化具有显著脆弱性。其气候变化对林业的主要影响与其适应策略见表 13-7。

表 13-7 气候变化对英国林业的主要影响与其林业适应气候变化的主要策略

因素	影响	适应策略
生长季节延长	生长季节初日期提前，终日期延后	选择起源于南纬 2°~5° 的种植材料作为对霜冻不敏感树种的混交构成材料
CO_2 浓度增加，生长季节气温变暖	生长速度加快，产量提高	选择那些气候变暖时候生产更高质量木材的针叶与阔叶树种，但需要特别当心霜冻地区的霜冻敏感物种
霜冻日数减少，冬天变暖	休眠变晚。随着生长季节延长，敏感物种遭受秋季霜冻风险加大	增加对霜冻敏感性低的物种，增加物种多样性
夏季降水量减少	夏季更加干旱，抑制植被生长，遭受旱灾、病虫害、火灾的风险加大	在敏感地区选用或混用抗旱物种。通过增加疏伐次数降低林分对水分的需求。增强公众意识与警觉。制定应急预案与加强森林防火培训
冬季降水量增多	由于水涝形成缺氧环境，遭受风灾、土地侵蚀、水土流失、疫霉感染风险加大	缩短轮伐期，进行疏伐，加强森林作业控制
生长季节延长	害虫繁殖数量增多	增加树种多样性，加强监测与干预
CO_2 浓度升高，冬季变暖，生长季节变暖	生产力提高，林地哺育动物数量增多，病虫害增多，面临外来入侵物种风险	加强鹿和松鼠的管理，加强病虫害监测和干预（如适用），增加树种多样性
大风天气增多	风害增多，更容易爆发树皮甲虫灾，增加蓝变真菌感染风险	缩短轮伐期，促进物种多样化，尽早进行疏伐，营造混交林

资料来源：Ray D *et al.*（2010）。

(五)澳大利亚

澳大利亚四面环海，拥有很多自己特有的动植物和自然景观，但林业深受全球气候变化的影响。目前，澳大利亚主要采取如下战略与行动用以适应气候变化。

（1）确保森林经营者在不断变化的气候背景下拥有足够的信息、工具和专业知识有效经营他们的森林资源资产。

行动1：加强与气候界合作，以了解近期气候变化情况和其对林业发展的影响；加强森林地区气候预测，明确是否有必要采取适应策略。

行动2：对所有林区、森林类型和森林价值进行评估，从而确定气候变化风险。

行动3：开发诊断工具和技术，用以确定对气候变化威胁和机会采取管理干预的时机与内容。

（2）开发林工工业部门的生产潜能以适应未来气候变化。

行动4：创新方法甄别与评估基础设施和处理设备的潜在风险。对植树造林应对气候变化的效果进行评估，对各种土地利用变化给生物多样性保护与自然资源和水资源保护带来的积极影响也进行评估。

行动5：在加强土地、水资源、生物多样性保护时，应开发区域植树造林与森林经营相关的集成技术与方法。其他土地利用部门也正是运用这些技术与方法来适应气候变化。

（六）俄罗斯

气候变化在给俄罗斯社会经济带来有利影响的同时（如环境舒适度提高、农业产量增加、航运期延长），也带来了一些负面影响和更高的不确定性（如洪涝灾害增加、基础设施安全风险升高）。根据气候变化的事实和未来变化趋势的预测，俄罗斯确定了应对气候变化的适应对策。俄罗斯将通过建设水文和气象事件的监测、预测、预警和预防体系，加强高风险地区的土地管理和社会保障，以应对洪涝灾害增加的挑战；根据适宜种植面积扩大的情况，开辟新的农业种植区等。

总体上看，在《京都议定书》第3条第4款选择了"森林经营"的发达国家，尤为关注增加本国森林应对气候变化的适应性，这些国家必须抵消森林扰动所致的净的碳损失并为其提供补偿。值得注意的是，只有少数发展中国家在其所谓的国家适应性行动计划（NAPAs）中强调主要的脆弱性和优先性问题。这些国家优先考虑领域包括：更合理的脆弱性评估，消防管理方案，改善管理系统，控制毁林，加强植树造林（包括沿海防护林建设），农林复合经营，建立保护区和生物多样性走廊，监测、抵抗气候变化的优势物种选择等。

第五节　中国适应气候变化的林业对策

我国地域辽阔，气候条件复杂。由于长期高速经济增长给生态环境带来较大破坏，生态环境脆弱地区增加，更易遭受不利气候变化的影响。我国政府高度重视适应气候变化问题，自 1994 年颁布的《中国 21 世纪议程》中首次提出适应气候变化的概念以来，先后出台了一系列重大政策举措。2007 年发布《中国应对气候变化国家方案》，系统阐述了各项适应任务。2011 年出台的国民经济和社会发展"十二五"规划纲要明确要求：提高农业、林业、水资源等重点领域和沿海、生态脆弱地区适应气候变化水平；提高森林覆盖率，增加蓄积量，增强固碳能力；加强适应气候变化特别是应对极端气候事件能力建设等。为了做好适应工作的顶层制度设计和战略安排，2013 年 11 月出台了《适应气候变化国家战略(2013—2020 年)》，从战略层面对适应工作做出全面部署，明确了适应气候变化工作的重点领域和重点任务，并要求编制部门适应气候变化方案，抓好方案贯彻执行。为充分发挥林业在应对气候变化中的独特作用，根据中国林业可持续发展长期战略、林业中长期发展规划以及《中国应对气候变化国家方案》对林业发展的总体要求，从综合提高林业减缓和适应气候变化能力角度，需要明确以下重点任务。

一、加强林业生态系统工程建设

中国林业部门目前实施的天然林保护，退耕还林，京津风沙源治理，三北防护林建设，长江、珠江和太行山绿化，沿海防护林体系建设，以及重点地区速生丰产林基地建设等大型林业生态工程，在扩大森林面积、提高森林碳汇功能、适应气候变化方面，做出了重要贡献。应根据未来气候变化情景，调整林业生态工程与树种的布局，进一步加大气候变化脆弱地区工程建设的力度，提高工程建设质量。特别是加强科学造林，提高各种人工林生态系统的适应性和稳定性，增强人工林抗御极端天气的能力，加快珍贵、稀有、濒危树种培育。

二、实施气候变化条件下的森林可持续经营

以增加现有森林年生长量和提高森林资源生态功能为目标，最大限度提升森林整体质量，使不同林分的目标效益最大化。强化森林健康理念，提高森林生态系统在气候变化条件下的抗逆性和稳定性，建立健全符合中国林业发展特点的森林可持续经营指标体系。进一步加强林地、林木、野生动植物资源保护管理，结合天然林保护、退耕还林还草、野生动植物自然保护区和湿地保护工程，推进森林可持续经营和管理，开展水土保持生态建设。继续扩大封山育林面积，科学开展低产低效林改造，恢复森林并减少造林活动本身导致的温室气体排放。加强对现有人工林的经营管理，对现存人工纯林进行适度改造，尽可能避免长期在同一立地上多代营造针叶纯林。改善、恢复和扩大物种种群和栖息地，加强对濒危物种及其赖以生存的生态环境的保护。加强生态脆弱区域、生态系统功能的恢复与重建。根据气候变化调整造林抚育技术，如气候暖干化地区应引进耐旱树种，在苗圃和植树时推广应用集雨技术、保水剂和生根粉；高寒林区注意防冻保护；随着春季物候提前调整造林时间和密度。

三、提高人工林生态系统的适应性

尊重自然规律和经济规律，根据未来气候变化情景，从增强人工林生态系统的适应性和稳定性角度，科学规划和确定全国造林区域，合理选择和配置造林树种和林种，注意选择优良乡土树种和耐火树种，积极营造多树种混交林和针阔混交林，构建适应性和抗逆性强的人工林生态系统。同时，在造林过程中，要把营造林技术措施和森林防火有机结合起来，减少森林火灾隐患。加强人工林经营管理，提高人工林生态系统的整体功能，保护生物多样性。进一步扩大生物措施治理水土流失的范围，减少水蚀、风蚀导致的土壤有机碳损失。

四、加强森林防火

加强森林资源保护，依法严厉打击各类破坏森林资源的违法行为。进一步提高森林火灾防控能力，全面提升森林火灾综合防控水平，最大限度地减少森林火灾发生次数，控制火灾影响范围。随着气候暖干化，对传统非防火季节的森林火灾风险要重新进行评估，加强防护，如东北林区除春季外，对初夏防火；西南林区除冬春外，对初夏和秋季防火也要给予充分的重视。随着气候变暖，对防火隔离带的适宜树种选择也需要适当调整。

五、提高森林有害生物防控能力

加强森林病虫鼠害监测预警工作和国家级中心测报点建设和管理。加强检疫执法，积极与海关部门密切合作，严防外来有害生物入侵。针对不同气候带特点，在现有自然保护区基础上，建立典型森林生态系统和野生动植物的自然保护区，构成完整的保护网络，保证生态系统功能的整体性，提高自然保护体系的保护效率。针对气候变化带来的森林有害生物及其天敌活动与发生规律的改变，适当调整适宜防治期与天敌培育释放期。

六、建立典型森林物种自然保护区

在现有自然保护区基础上，进一步针对分布在不同气候带的面积较小且分布区域狭窄的森林生态系统类型，以及没有自然保护区保护或保护比例较少的森林生态系统类型，建立典型森林物种自然保护区，尽快将极度濒危、单一种群的陆生野生物种及栖息地纳入自然保护区，优先保护种群数量相对较少、分布范围狭窄、栖息地分割严重的陆生野生动物。按照统一规划、统一管理和按行政区域分块的办法，对属于一个生物地理单元、生态系统类型相同或相近的自然保护区进行系统整合，构建完整的保护网络，保证生态系统功能的完整性，提高自然保护区的保护效率。

七、加强林业适应气候变化的研究和基础能力建设

深入开展森林对气候变化响应的基础科学研究，紧跟国际研究发展前沿，系统、全面研究森林生态系统与气候相互作用的机理、机制。结合中国森林的地理分布区域和生态环境类型特点，加强森林生态系统定位站的规划和建设，强化森林生态系统对气候变化响应的定位观测；通过开展生物多样性、森林火灾和森林病虫害等定位观测技术研究，逐步完善森林生态系统观测网络和监测体系。加强林业基础能力建设，指导各级林业发展。加强森林适应气候变化的政策、技术选择、成本效益与适应效果评价等研究，不断提高林业适应气候变化的能力。

参考文献

《第二次气候变化国家评估报告》编写委员会，2011. 第二次气候变化国家评估报告[M]. 北京：科学出版社.

《气候变化国家评估报告》编写委员会，2007. 气候变化国家评估报告[M]. 北京：科学出版社.

陈华，赵士洞，1993. 全球气候变化对森林生态系统影响的研究（述评）[J]. 地球科学进展，8(1)：1-7.

程肖侠，延晓冬，2008. 气候变化对中国东北主要森林类型的影响[J]. 生态学报，28(2)：534-543.

郭亚奇，2012. 气候变化对青藏高原植被演替和生产力影响的模拟[D]. 北京：中国农业科学院.

国家林业局，2010. 应对气候变化林业行动计划[M]. 北京：中国林业出版社.

郝建锋，金森，马钦彦，等，2008. 气候变化对暖温带典型森林生态系统结构、生产力的影响[J]. 干旱区资源与环境，22(3)：63-69.

何红艳，2008. 青藏高原森林生产力格局及对气候变化响应的模拟[D]. 北京：中国林业科学研究院.

蒋延玲，2001. 全球变化的中国北方林生态系统生产力及其生态系统公益[D]. 北京：中国科学院植物研究所.

金佳鑫，江洪，张秀英，等，2011. 利用遥感监测长江三角洲森林植被物候对气候变化的响应[J]. 遥感信息，2：79-85.

孔萍，焦鸿渤，肖金香，2009. 论气候变化对庐山森林火灾的影响[J]. 安徽农业科学，37(20)：9745-9748.

雷相东，彭长辉，田大伦，等，2006. 整合分析（Meta-analysis）方法及其在全球变化中的应用研究[J]. 科学通报，51(22)：2587-2597.

李明，2011. 长白山地森林植被物候对气候变化的响应研究[D]. 长春：东北师范大学.

李玉娥，马欣，何霄嘉，2014.《巴厘行动计划》以来适应气候变化谈判进展及未来需求分析[J]. 气候变化研究进展，10(2)：135-141.

李玉娥，马欣，高清竹，等，2010. 适应气候变化谈判的焦点问题与趋势分析[J]. 气候变化研究进展，6(4)：296-300.

刘丹，那继海，杜春英，等，2007. 1961-2003年黑龙江省主要树种的生态地理分布变化[J]. 气候变化研究进展，3(3)：100-105.

刘世荣，郭泉水，王兵，1998. 中国森林生产力对气候变化响应的预测研究[J]. 生态学报，18(5)：478-483.

牛建明，吕桂芬，1999. 内蒙古生命地带的划分及其对气候变化的响应[J]. 内蒙古大学学报（自然科学版），30(3)：360-366.

潘愉德，Melillo J M，Kicklighter D W，等，2001. 大气 CO_2 升高及气候变化对中国陆地生态系统结构与功能的制约和影响[J]. 植物生态学报，25(2)：175-189.

气候变化影响及减缓与适应行动研究编写组，2012. 气候变化影响及减缓与适应行动[M]. 北京：清华大学出版社.

时明芝，2011. 全球气候变化对中国森林影响的研究进展[J]. 中国人口、资源与环境，21(7)：68-72.

苏宏新，2005. 全球气候变化条件下新疆天山云杉林生长的分析与模拟[D]. 北京：中国科学院植物研究所.

孙艳玲，郭鹏，2012. 1982-2006年华北植被覆盖变化及其与气候变化的关系[J]. 生态环境学报，21(1)：7-12.

王明玉，舒立福，王景升，等，2007. 西藏东南部森林可燃物特点及气候变化对森林火灾的影响[J]. 火灾科学，16(1)：15-20.

王明玉，2009. 气候变化背景下中国林火响应特征及趋势[D]. 北京：中国林业科学研究院.

王叶，延晓冬，2006. 全球气候变化对中国森林生态系统的影响[J]. 大气科学，30(5)：1009-1018.

谢晨，赵萱，王赛，等，2010. 气候变化对森林和林业的影响及适应性政策选择——基于全球和中国的相关研究进展[J]. 林业经济，6：94-104.

徐德应，郭泉水，阎洪，1997. 气候变化对中国森林影响研究[M]. 北京：中国科学技术出版社.

徐小牛，2008. 林学概论[M]. 北京：中国农业大学出版社.

杨光，2010. 气候变化对中国北方针叶林森林火灾的影响[D]. 哈尔滨：东北林业大学.

张雷，刘世荣，孙鹏森，等，2011. 气候变化对马尾松潜在分布影响预估的多模型比较[J]. 植物生态学报，35 (11)：1091-1105.

张雷，2011. 气候变化对中国主要造林树种/自然植被地理分布的影响预估及不确定性分析[D]. 北京：中国林业科学研究院.

张新时，2007. 中国植被及其地理格局[M]. 北京：地质出版社.

张艳平，2008. 黑龙江大兴安岭地区气候变化对森林火灾影响的研究[D]. 哈尔滨：东北林业大学.

赵凤君，舒立福，田晓瑞，等，2009. 1957-2007年云南省森林火险变化[J]. 生态学杂志，28 (11)：2333-2338.

郑刚，2010. 基于ANN和CA的气候变化对中国森林分布影响的模拟与预测[D]. 重庆：西南大学.

朱建华，侯振宏，张治军，等，2007. 气候变化与森林生态系统：影响、脆弱性与适应性[J]. 林业科学，43(11)：138-145.

IPCC, 2007. Climate change 2007：The physical science basis. Contribution of working group I to the fourth assessment report of the intergovernmental panel on climate change [R]. Cambridge, UK：Cambridge University Press.

IPCC, 2007. Climate change 2007：synthesis report [R]. Cambridge, UK：Cambridge University Press.

IUFRO, 2009. Adaptation of forests and people to climate change — a global assessment report [R]. Viena：NCCARE.

Lindner M, Garcia-Gonzal J, Kolström M, et al, 2008. Impacts of climate change on European forests and options for adaptation [R]. Joennsuu：EFI.

Nakicenovic N, Alcamo J, Davis G, 2000. Special report on emissions scenarios, a special report of the working group III of the intergovernmental panel on climate change [M]. Cambridge, UK：Cambridge University Press.

Ray D, Morison J, Broadmeadow M, 2010. Climate change：Impacts and adaptation in England's woodlands [R]. England：Forestry Commission.

Schoene D H F, Bernier P Y, 2011. Adapting forestry and forests to climate change: A challenge to change the paradigm [J]. Forest Policy and Economics, 24(complete): 12-19.

Seppälä R, Buck A, Katila P, 2009. Adaptation of forests and people to climate change—a global assessment report [R]. Helsinki, Finland: IUFRO World Series Vol 22.

Spittlehouse D L, Stewart R B, 2003. Adaptation to climate change in forest management [J]. BC Journal of Ecosystems and Management, 4: 1-11.

Stankey G H, Clark R N, Bormann B T, 2006. Learning to manage a complex ecosystem: Adaptive management and the northwest forest plan [R]. Portland, Oregon: USDA Forest Service, Pacific Northwest Research Station, Research Paper PNW-RP-567.

UNFCCC, 2008. Glossary of climate change acronyms [R]. Bonn, Germany: United Nations Convention on Climate Change, Climate Change Secretariat.

USDA Forest Service, 2012. Climate change adaptation plan [R]. USA: USDA.

第十四章

林业行业减排增汇的国际履约对策

　　林业在应对气候变化中具有重要地位和特殊功能。林业已成为全球政治议程和区域合作的主题之一，并已成为解决全球生态环境问题、应对气候变化和保护生物多样性的重要途径。为应对气候变化，世界林业大国都在国际事务和联合国气候变化谈判的舞台上发挥着各自的作用，这对中国林业的发展而言既是机遇又是挑战。本章在概括介绍应对气候变化国际林业议题的谈判进程和林业应对气候变化的国际经验的基础上，探讨了气候变化背景下我国林业发展的机遇与挑战，分析了REDD+对我国木材进口的影响，提出了我国林业应对气候变化的国际履约对策。

第一节　应对气候变化国际林业议题
的谈判进程

以 CO_2 为主要温室气体浓度的增加引起全球气候变暖，这种变化给自然生态系统带来严重的影响，并严重威胁着人类的生存健康和社会的可持续发展，气候变暖已成为全球可持续发展面临的最严峻挑战之一。通过积极的措施应对气候变化符合全人类的共同需求，也是国际社会的共同责任。为了减缓全球气候变化，保护人类的生存环境，1992 年 5 月 9 日通过了《联合国气候变化框架公约》(UNFCCC，简称《公约》)。《公约》的原则是各缔约方应在公平的基础上，遵循"共同但有区别的责任"和"可持续发展"的原则应对气候变化，为人类当代和后代的利益保护环境系统(UN，1992)。1997 年的 12 月在日本京都举行了《公约》的第三次缔约方会议(COP3)，通过了《〈公约〉京都议定书》(Kyoto Protocol，简称《京都议定书》，KP)，该议定书为发达国家规定了第一承诺期有法律约束力的量化减限排指标(UNFCCC，1997)，也是人类历史上首次以法规的形式限制温室气体排放的文件，于 2005 年 2 月正式生效。2015 年 12 月，《巴黎协定》(The Paris Agreement)达成，是历史上第一份覆盖近 200 个国家和地区的全球减排协定，标志着全球应对气候变化迈出了历史性的重要一步。《巴黎协定》正式生效后，成为《公约》下继《京都议定书》后第二个具有法律约束力的协定。其中，森林及相关内容作为单独条款纳入了《巴黎协定》。

森林是陆地生态系统的主体，对全球大气中 CO_2 浓度的平衡有着重要的影响。森林既是大气 CO_2 的重要吸收库，起到碳"汇"的作用；又由于毁林和森林退化的发生，又使得森林变成是一个重要的碳"源"。通过造林、再造林和减少毁林和森林退化以及可持续的森林管理可以减缓大气中 CO_2 浓度的增加，这些途径对减缓气候变化具有重要的意义，这使得林业成为联合国气候变化谈判进程中一个非常重要的议题。在联合国气候变化谈判中与林业有关的议题主要包括：土地利用、土地利用变化和林业(LULUCF)；清洁发展机制(CDM)；减少发展中国家毁林和森林退化所致排放(REDD)和采伐后的木质林产品(HWP，简称木质林产品)。

一、土地利用、土地利用变化和林业

由于土地利用、土地利用变化和林业(LULUCF)对减缓全球温室气体排放有着重要影响，因此将 LULUCF 作为温室气体减排的一种有效途径纳入《公约》谈判议程中，并且 LULUCF 活动所产生的温室气体需要在《国家温室气体排放清单》中进行报告。为履行《京都议定书》规定的附件 I 缔约方的减限排义务，可以利用 LULUCF 的碳吸收汇抵消其部分碳排放，目的是减轻附件 I 缔约方的减排压力。在联合国第 7 次缔约方大会(COP7)上制定的《马拉喀什协定》包括适用于第一承诺期的 LULUCF 的规则(UNFC-CC，2001)。2005 年在加拿大蒙特利尔召开的 COP11 大会上启动了 2012 年后(第二承诺期)国际减缓气候变化的一系列谈判(UNFCCC，2007)。由于 LULUCF 可以用于抵消发达国家温室气体排放，如何更好地利用 LULUCF 碳汇将成为今后国际气候变化谈判中的重点(李玉娥等，2008)。2008—2012 年是《京都议定书》第一承诺期，主要就 LULUCF 活动的估算方法学的内容进行讨论；随后又进行了第二承诺期定义、规则等具体细节的谈判，包括《京都议定书》第 3.4 条款所规定的发达国家如何通过 LULUCF 领域实施减排。

(一)第一承诺期 LULUCF 谈判

附件 I 缔约方利用 LULUCF 的碳汇作用需要在科学的基础上利用统一的方法估算和报告 LULUCF 活动，但是其核算不能改变《京都议定书》第 3 条第 1 款提出的减排目标，并且不能将减排义务转移到未来的承诺期，要有利于生物多样性的保护和自然资源的可持续利用等一系列原则。

LULUCF 规则还规定了附件 I 缔约方利用森林管理活动产生碳汇的上限，对其他活动并没有限定上限，并且在第一承诺期合格的清洁发展机制(CDM)项目活动仅限于造林和再造林活动。

在第一承诺期 LULUCF 谈判中还存在一些问题：由于方法和其他计算的不确定性问题，木质林产品并未纳入核算中；毁林采用总—净和净—净两种核算方式导致的核算方法不一致；核算基准年问题的确定；未考虑植被破坏后产生的碳排放(UNFCCC，2007)。

(二)第二承诺期 LULUCF 谈判

第二承诺期的 LULUCF 谈判主要是要不要修改当前的 LULUCF 规则定义等问题，存在两种模式：一是继续遵循《京都议定书》相关条款模式；二是基于土地利用的《公约》模式，这是完全摒弃《京都议定书》有关的 LULUCF 模式和规则(张小全等，2009)。

几乎所有递交意见的缔约方认为目前的规则影响了他们通过 LULUCF 活动增加碳汇活动的积极性，本着减少成本、降低规则的复杂性和增加他们的积极性的原则，提出要对现有的规则进行修改。但是加拿大等国家提出对现有规则的修改需要保证 LULUCF 规则的完整性；澳大利亚建议应该在确定附件 I 国家第二承诺期减排目标之前完成该规则的修改和完善。一些发达国家如加拿大、挪威和新西兰反对利用森林管理活动的设置上限。挪威还提出合格的 CDM 项目还应该包括减少毁林和森林退化、促进森林的可持续管理等活动，但是还要解决诸如基线、碳泄露和持久性的方法学问题(UNFCCC，2008)。

对附件 I 缔约方利用 LULUCF 碳汇功能要给定限额，不应该超过第一承诺期的上限；另外对于我国从技术层面上考虑毁林的问题，减少毁林项目存在严重的、不能够很好的处理碳泄露的问题(李玉娥等，2008；UNFCCC，2008)。

2012 年 5 月在波恩召开的联合国气候变化谈判中关于 LULUCF 问题，各缔约方同意在区分轻重缓急和进一步提交看法后，在下次会议上继续讨论如何解决《京都议定书》第二承诺期清洁发展机制下合格的 LULUCF 项目的类型、非持久性、额外性，以及建立基于土地利用的核算方法等问题。

在 2013 年的华沙气候大会上，缔约方就 LULUCF 所涉及的额外性的程序和模式提交了各自的观点①，并同意在不影响《京都议定书》第二承诺期核算规则的情况下讨论"全面核算方法"的相关问题(UNFCCC，2013)，今后有关 LULUCF 规则相关内容的谈判还将继续。

二、清洁发展机制

为帮助《公约》附件 I 缔约方国家完成《京都议定书》规定的减限排指标，在《京都议定书》中引入了 3 个灵活机制，即第六条确定的联合履约机制(JI)、第十二条确定的清洁发展机制(CDM)以及第十七条所确定的排放贸易(ET)等机制。在 3 个机制中，JI 和 ET 是在发达国家和发达国家之间的合作，只有清洁发展机制是建立在发达国家和发展中国家之间的一种合作机制。

清洁发展机制源于巴西在联合国气候变化谈判的清洁发展基金(clean development fund)提案。清洁发展机制的目的是帮助发展中国家实现可持续发展，同时帮助发达国家实现其在《京都议定书》第 3.1 条款下的减/限排承诺。在该机制下，发达国家通过资金和技术援助的方式与发展中国家开展合作，实现温室气体减排的项目。通过项目级的合作，发展中国家可以从发达国家获得资金和先进的技术，同时也可以减少温室气体的排放，尽量避免经济发展过程给环境带来的不利影响，最终推动社会的可持续发展；另一方面发达国家可以避免国内减少温室气体排放的高额成本，因此可以借助 CDM 机制，节约大量的资金，减少为实现减限排目标对国内经济的发展产生的压力。因此 CDM 机制可以被看作是一种双赢的机制。然而，CDM 只能作为实现全球减排和技术转让的手段之一，并不能从根本上实现减排，因此要实现真正意义的减排和技术转让还需要发达国家做出更多的努力。

在第一承诺期有关林业方面合格的 CDM 项目仅限于造林和再造林项目。国际社会也在关注中国的林业碳汇特别是 CDM 林业项目。截至 2015 年 2 月 28 日，国家发展改革委批准的造林和再造林项目共 5 个，它们分别是中国广西西北部地区退化土地再造林项目、中国广西珠江流域治理再造林项目、中国四川西北部退化土地的造林再造

---

① UNFCCC. Views on issues relating to modalities and procedures for applying the concept of additionality. Submissions from Parties and admitted observer organizations. 2013.

林项目、诺华川西南林业碳汇、社区和生物多样性造林再造林项目和中国辽宁康平防治荒漠化小规模造林项目。其中，签发的项目只有中国广西西北部地区退化土地再造林项目和中国广西珠江流域治理再造林项目[①]。

三、减少发展中国家毁林和森林退化所致的碳排放（REDD）

（一）全球毁林现状

自工业革命以来，全球的毁林面积在不断地增长，毁林主要是发生在热带地区的发展中国家。据联合国粮食和农业组织报道，1980—1995 年热带地区的毁林达到 $15.5 \times 10^6 hm^2$；1990—2000 年的全球的年均毁林 $14.6 \times 10^6 hm^2$，其中热带地区是年均 $14.2 \times 10^6 hm^2$，占全球毁林率的 97.3%，2000—2005 年的毁林率略有降低（FAO，1999，2001，2006）。最新的 FAO 全球森林资源评估报告显示（2010）[②]，全球森林面积超过 40 亿 hm^2，覆盖率达到 31%；2000—2010 年期间每年大约有 1300 万 hm^2 的森林消失，尽管这个数字要低于 20 世纪 90 年代的 1600 万 t，但是从全球来看，2000—2010 年期间，储存在森林生物质中的碳每年仍减少约 5 亿 t；从区域尺度上来看，南美洲和非洲仍是毁林最大的地区，其中，南美洲 2000—2010 年期间每年损失约 400 万 hm^2，非洲每年损失 340 hm^2；尽管在 2000—2010 年期间南亚和东南亚许多国家的毁林率依然很高，但森林面积出现的净增长率超过每年 220 万 hm^2，其主要原因是中国大规模植树造林活动（FAO，2010）。IPCC 评估报告显示（2013），2011 年，CO_2 浓度比工业革命前水平已经增长了 40%，这主要是由于化石燃料燃烧和土地利用变化（主要是热带地区毁林）导致的排放。中国的毁林发生主要是由于经济建设的驱动，比如道路交通建设、城市化建设用地和林业用地转化为农业用地，但是我国还没有符合毁林定义的相关的官方统计数据。

（二）REDD 谈判进展

1. 有关毁林的理解

根据 2001 年的 COP7 中《马拉喀什协定》给出的毁林定义，毁林是指由人类活动直接引起的林地向非林地的转变。《马拉喀什协定》给出的毁林定义包括两个决定性的因素：一是人为活动直接引起的，二是林地向非林地的变化是不可逆的。由自然干扰，如野火、病虫害或暴风等造成森林覆盖的消失也不算作毁林，因为这些面积在多数情况下将会自然再生或在人类的协助下再生森林；该定义也不包括随后获得的再生森林的采伐，这被看作是一种森林管理活动。

减少毁林和森林退化已经成为减缓温室气体排放的一种重要的举措。然而由于基线和方法学问题，在第一承诺期减少毁林不是合格 CDM 项目（UNFCCC，2001）。2005 年 7 月，为借鉴《京都议定书》的灵活机制，从发达国家获得资金，巴布亚新几内亚和

---

① 项目统计信息来自中国清洁发展机制网。

② FAO. Global forest resources assessment 2010：Main report[M]. Italy，Rome，2010.

哥斯达黎加向 UNFCCC 秘书处建议在 COP11 临时议程中增加"减少发展国家毁林和森林退化所致排放（REDD）：激励机制"，并得到刚果、智利、中非共和国等一些国家的支持。随后附属科技咨询机构（SBSTA）就 REDD 的相关的技术和方法学问题举行了相应的研讨会，但是许多发展中国家在毁林历史数据的收集方面还存在一定的难度。

2. 第十三次缔约方会议

2007 年的 COP13 期间，同意将 RED 的范围扩展到减少发展中国家因毁林和森林退化所致碳排放（REDD），同时在中国、印度和非洲集团强烈要求下，最后将森林保护、森林可持续经营和提高森林碳储量纳入该议题谈判中，推动了 REDD+议题的成形。随着谈判的深入，这个议题由最初的仅仅关注发展中国家的毁林排放（RED），扩展到了包括减少森林退化导致的排放（REDD），以及森林保护、可持续经营和森林碳储量的增加（REDD+）。COP13 的结论要保护森林的可持续管理和提高发展中国家森林碳储量，设立 REDD 议题主要是为了解决减少毁林排放的国家将会获得资金方面的补偿。REDD 范围随着谈判的深入也在不断地扩展，范围的选择将影响到 REDD 机制的规模、减排潜力和机会成本。这将提高国家建立森林资源监测系统以及计量、监测和核查方面的能力建设。但是附件 I 缔约方可能要负担大部分的资金补偿，毁林严重的非附件 I 缔约方担心可以获得的补偿资金有限。

3. 第十五次缔约方会议

2009 年 12 月在丹麦的哥本哈根举行了 COP15 会议。哥本哈根会议主要是根据"巴厘岛路线图"和有关公约决议规定，再次重申了减少毁林和森林退化所致碳排放的重要性，提高森林碳储量，建立包括 REDD+在内的机制，并提供正面激励，促进发达国家提供资金援助。谈判主要涉及目标、原则、行动范围，实施手段，行动的可测量、可报告和可核查的"三可"问题，支持"三可"和制度安排等 5 个内容（UNFCCC，2009）。哥本哈根协议谈判进程的结果表明，作为本次会议谈判取得的唯一实质性进展的亮点——林业中的 REDD 议题，已经受到了各缔约国的极大关注。《哥本哈根协议》对建立 REDD+内在机制以及为建立这种机制提供正面激励，促进发达国家提供资金援助的必要性的强调意味着 REDD 议题将成为未来 CDM 林业国际制度改革的内容之一。虽然没有就 REDD+达成一致，但各方就 REDD+的行动范围、阶段性实施方法、指导原则、基线参考水平与实施规模等方面形成了一定的共识。

4. 第十六次缔约方会议

2010 年在墨西哥坎昆举行了 COP16 会议。主要是就 REDD+机制的范围、原理和保障措施以及未来的工作包括建立国家森林监测系统、国家战略行动计划以及国家森林参考（排放）水平等方面的内容进行了讨论。坎昆会议有两个方面取得一定的突破：首先在资金问题上，也就是发达国家快速启动资金，在 2010 到 2030 年 300 亿美元，现在已经基本落实到位了，可能发展中国家要给予妥协，本来这 300 亿资金应该是额外的，但是现在发达国家将他们一些常规的对外援助（ODA）也包括在其中，发展中国家要做一些妥协；其次，发达国家要求发展中国家自主的减排行动，也要接受国际磋商与分析。

5. 第十七次缔约方会议

2011 年在南非德班举行了缔约方第 17 次缔约方会议。主要就 REDD+的驱动力因素、保障措施、相关的森林参考水平指南等方法学以及资金机制等方面进行讨论。德班会议进一步通过了关于 REDD+行动激励政策机制和相关技术方法等议题的决定，在如何设置参考排放水平、界定如何测量林业行动的减排等方面取得了进展，在社会与环境保障措施方面也有所考虑，但是对于长期资金的来源仍然没有进展，同意就制定资金支持具体方式和程序等问题进一步谈判(UNFCCC，2011)。

6. 第十九次缔约方会议

2013 年在华沙举行了 COP19 会议。关于 REDD+的议题主要包括 REDD+的资金、行动方法指南和行动支持三个方面的主题，并最终形成一揽子决定，并被称为"华沙 REDD+行动框架"。资金方面，同意通过多渠道获取资金支持，并以绿色气候基金发挥主要作用，获取资金支持的前提下要提交 REDD+行动参考水平，并接受国际的技术评估。关于行动指南方面，通过向《公约》秘书处提交信息通报并进行两年一次的更新，同时这些信息要经得起国家林业专家的技术评估。关于协调 REDD+行动支持方面，各方同意为提高 REDD+资金的有效性，在国际和国内层面都要加强协调沟通(UNFCCC，2013)。

7. 第二十一次缔约方会议

2015 年在巴黎举行了 COP21 会议。大会最终通过了一项涵盖所有国家、有法律约束力的全球应对气候变化新协定即《巴黎协定》，于 2016 年 11 月 4 日正式生效，是人类历史上应对气候变化的第三个里程碑式的国际法律文本，形成了 2020 年后的全球气候治理格局。该协定共 29 条，内容涵盖目标、减缓、适应、损失与损害、资金、技术开发和转让、能力建设、行动和支持的透明度、全球盘点等。

此次大会明确了森林在应对全球气候变暖问题中所起的关键性作用，尤其是大会专门为森林制定了单独条款。《巴黎协定》第五条规定：①缔约方应当采取行动保护和加强包括森林在内的气候变化公约所认定的温室气体的汇和库。②鼓励缔约方采取包括结果导向型的支付等行动实施和支持公约现有政策框架，包括"减少毁林和森林退化排放及通过可持续经营森林增加碳汇行动(REDD+)"，以及其他替代措施如"综合及可持续经营森林的减缓与适应联合措施"，与此同时，重申非碳效益激励的重要性。该条款呼吁各缔约方遵守此前缔约方会议通过的关于 REDD+的决议，包括"华沙 REDD+框架"，主要原则是发展中国家必须先实现 UNFCCC 对于 REDD+的要求，而后才能基于成果获得资金。这为此后 10 年的谈判定下了基调，并使 REDD+成为全球气候制度发展的一个核心要素。另外需要强调的是，《巴黎协定》第六条建立了市场机制和非市场机制，并明确了一些重要原则。缔约方之间可采取自愿合作的方式对"减排成果"进行国际转让和使用，以实现国家自主贡献。这意味着发达国家有可能通过国际碳交易将 REDD+实现的减排量冲抵本国的排放量。

8. 第二十六次缔约方会议

原定 2020 年在英国格拉斯哥举行的联合国气候变化大会推迟到 2021 年举行。在

COP26 期间，包括中国在内的 114 个国家共同签署了《关于森林和土地利用的格拉斯哥领导人宣言》（以下简称"宣言"），承诺到 2030 年停止并扭转森林砍伐和土地退化的趋势，并投入 190 亿美元的公共和私人资金，用于保护和恢复森林。这是 COP26 达成的首份重要协议，也是历史上最广泛的关于森林和土地利用的政治承诺，涵盖了全球 90% 的森林面积。宣言体现了各国致力于保护生态环境、积极应对气候变化的决心和贡献，也为实现《巴黎协定》目标提供了重要支撑。

《宣言》旨在通过以下方面来保护和恢复森林和土地利用：①到 2030 年，在全球范围内停止并扭转自然森林砍伐，并在 2050 年之前实现自然森林的净增长；②到 2030 年，在全球范围内停止并扭转土地退化，包括荒漠化、湿地退化和泥炭地退化，并在 2050 年之前实现土地退化零增长；③到 2030 年，在全球范围内恢复至少 10 亿 hm^2 的退化土地，包括森林、草原、农田和城市绿地，并在 2050 年之前恢复至少 20 亿 hm^2 的退化土地；④到 2030 年，在全球范围内实现森林和土地利用的碳中和，即碳吸收与碳排放相抵消，并在 2050 年之前实现森林和土地利用的负碳平衡，即碳吸收超过碳排放；⑤到 2030 年，在全球范围内提高森林和土地利用的生物多样性，保护和恢复重要生态系统，包括热带雨林、温带雨林、季风森林、干旱森林、针叶林、泥炭地、湿地和草原。

9. 第二十八次缔约方会议

2023 年在迪拜举行了 COP28 会议。大会就《巴黎协定》首次全球盘点、减缓、适应、资金、损失与损害、公正转型等多项议题达成"阿联酋共识"，是继 2015 年《巴黎协定》8 年以来再次为全球气候变化铸就的新的里程碑，是全球环境危机下的绿色行动新路标。在 COP28 上，以林草碳汇为主的生态系统碳汇再次受到广泛关注。中国、阿联酋、美国、加拿大等 18 个国家签署的《气候、自然与人类联合声明》，呼吁各国协同应对毁林和森林退化对生物多样性和气候的影响，加强在 2025 年前提交的下一轮国家自主贡献（NDC）与 2024 年《生物多样性公约》第十六次缔约方大会之前提交的更新后的国家生物多样性保护战略与行动计划（NBSAP）之间的"全面性和一致性"。

（三）对 REDD 的理解

1. REDD 类似 CDM 市场方法的缺点

目前，减少发展中国家毁林和森林退化所致排放的方法以及与 CDM 类似的市场方法仍存在一些缺点，比如如果采用市场的方法来减少排放将会抵消发达国家的减排承诺；碳泄露发生在项目级水平上，但是国际间的碳泄露发生在国家水平上；许多发展中国家收集历史数据方面还面临着很大的困难等。

2. 减少毁林和森林退化排放的刺激

减少毁林和森林退化是减少排放的一种直接的手段。要将 REDD 和 CDM 中的造林和再造林项目严格分开，逐步开展，通过示范作用—方法学—进一步协商的步骤进行。在国家水平或亚国家水平（区域或省级水平）来减少排放，森林是一个国家发展的基础资源支撑，在国际谈判过程中可能由于碳储量变化的问题被一些国家干涉，成为第二个人权问题，这将影响到国家的发展。

3. 增加碳储量的刺激

通过森林保育和植被恢复以及可持续的森林管理和森林面积的方法可以提高森林的碳储量。减少毁林的最直接的方法就是开展森林保育，和造林/再造林一样，达到增加森林的碳储量的目的。然而，发达国家反对将森林保育作为增加碳储量的一种途径，主要是考虑森林保育增加的碳储量可能要超过造林和再造林的碳储量，增加他们的成本；而一些发展中国家反对主要是认为减少毁林的资金有限，若将森林保育也纳入谈判中来，将有可能减少毁林方面的资金投入，最终将影响到减少毁林的成果。通过森林管理活动也同样可以增加森林碳储量。森林可持续的管理增加碳储量的方法易于被发达国家和发展中国家接受，也可以作为一种碳信用的增加。另外，森林面积的增加也可以提高森林的碳储量。

四、采伐后木质林产品(HWP)谈判的进展

采伐的森林生物量，除部分在采伐迹地上通过燃烧或腐烂分解的形式将碳排放到大气，大部分植被所储存的碳被转移到木质林产品中，随着经济的发展和人民生活水平的提高，对木质林产品的需求也越来越大。由于木质林产品本身的特性如可再生性、自然降解和将碳保存较长的时间，尤其是废旧产品的垃圾填埋，可延长碳的排放时间，并有可能长期储存；同时木质林产品在一些领域可以替代化石燃料和钢、铁或水泥等能源密集型产品。利用木质林产品的碳储量增加可以抵消部分温室气体排放。基于此，木质林产品排放的方法学评估在 1996 年 3 月的《公约》附属科学技术咨询机构(SBSTA)第四次会议上被首次提出。在该次会议上，各缔约方欢迎就此问题由 IPCC 召集的一个专家组会议，并要求秘书处准备一份关于 HWP 方法学的范围研究，同时考虑这次会议的成果。在《IPCC1996 指南》中提出了 IPCC 缺省法，该方法的基本假设是木材及其木质林产品所固定的碳在采伐当年被氧化并立即释放到大气中。这种假设是基于当时大多数国家的木质林产品的碳储量没有明显增加，但是如果一个国家能够用文件证明该国现存的木质林产品碳储量是在增加，则可以选择 IPCC 推荐的其他方法学估算木质林产品的碳储量，并将这部分碳储量纳入国家温室气体清单中，IPCC 缺省法假设木质林产品的碳立即释放到大气中，如果这种假设是合理的话，则该方法简单易行。然而，事实上全球木质林产品的碳储量正随着时间的推移不断增加(Winjum *et al.*，1998)。所以，如何合理准确地计量木质林产品的碳储量就成为联合国气候变化谈判争论的焦点。

在以后又召开了多次针对方法学及其影响的研讨会。1998 年 5 月在塞内加尔首都达喀尔召开了 HWP 碳储量的方法学研讨会，提出替代 IPCC 缺省法的另外 3 种方法，即大气流动法、储量变化法和生产法(Brown *et al.*，1998)。2001 年 2 月新西兰政府组织关于木质林产品的非正式研讨会，对达喀尔会议提议的方法展开进一步讨论，并建议将木质林产品纳入京都议定书予以考虑。"土地利用、土地利用变化和林业良好作法指南"(IPCC，GPG—LULUCF，2003)中为木质林产品碳储量及其变化计量提供了

方法学指南。2007 年 5 月在波恩举行的 SBSTA 26 次会议上，继续讨论了 HWP 问题，邀请缔约方在国家清单中以和当前 UNFCCC 报告指南一致的方式自愿报告 HWP；SB-STA 同意在将来的会议上继续审议 HWP 的其他问题，包括方法的应用对发达国家和发展中国家的影响，以及对林产品贸易和森林可持续经营等多方面的影响。南非德班气候大会决议明确将木质林产品包含在国家温室气体排放清单报告中，且要求采用生产法报告产品碳储量（UNFCCC，2012），并对数据和结果进行不确定性分析（IPCC，1997）。

第二节　林业应对气候变化的
国际经验与分享

一、主要国际组织对气候变化的响应

(一)世界银行

世界银行为推动森林可持续管理采用了一系列工具（表 14-1）。鉴于国际社会就气候变化减缓问题讨论力度的加大，根据世界银行 2008 年通过的《气候变化战略框架》，世行集团已经全面致力于处理森林应对气候变化问题。

世界银行生物碳基金（BioCF），预算投资 9190 万美元，旨在对那些努力消除空气中的 CO_2 并改善依赖森林为生的人们生计的活动与机构提供资金支持，包括确保他们能够进入碳市场从而为开展森林可持续经营提供经济激励。该基金开放有两个窗口，第一个是服务于京都议定书，包括 LULUCF 活动等；第二个将服务于非京都碳信用活动，包括 REDD、植被恢复、森林管理、农业与土壤管理等活动。

目前，世界银行还在气候投资基金下启动了一项新的森林投资计划（FIP），旨在发起和促进发展中国家对森林政策与实践进行转型变革；对那些将投资与长期减排、森林保护与可持续经营有关的活动模式开展示范；对吸收更多的公共部门与私人部门资金起杠杆推动作用等。FIP 已经募集 3.48 亿美元的资金，在未来几个月里将选择一些国家开展示范活动。

(二)UN—REDD 项目

为使 REDD+发挥作用，需要整合土地利用问题、需要明晰土地产权、需要关注森林保护的质量、需要可靠的数据资料、需要利益相关者的参与、需要实施森林可持续经营、需要将 REDD+与发展包括贫困与粮食安全等联系起来。目前 REDD+仍在谈判之中，无论发达国家还是发展中国家都有创建 REDD+机制的政治意愿，但为了实施 REDD+需要加强能力建设。为支持把 REDD 纳入后京都机制的国际对话，UNEP、UNDP 和 FAO 于 2008 年联合启动了联合国 REDD 项目。REDD+还处于示范阶段，未来正式实施还需要更长期的规划与投资。如果能够在森林相关活动中投资 250 亿美元，预期 2015 年前将能使全球每年毁林率减少 25%。在全球范围内，这将是为应对气候变化所作出的最大的贡献。REDD+也意味着一个巨大的经济、发展与环境机会，林业部门应该而且必须抓住这样一个机会。

表 14-1　世界银行为推动森林的可持续管理的举措

名称	行动目标	预算
国际金融公司	提供投资贷款，支持整个森林产品供应链可持续开展业务，从造林到家具、纸张和其他商品的生产，都是其资助内容	截至 2008 财年底，累计投资达 28 亿美元(其中 13 亿美元在过去 4 年中投资的项目的总投资额为 63 亿美元)
气候投资基金	在新增气候风险和气候相关机遇出现的同时有效支持国家、地区和地方实现可持续发展与减贫。提供赠款、优惠贷款以及担保等风险缓解服务	捐赠机构承诺捐赠 61 亿美元
森林投资计划	目前正在编制的一项专项计划，隶属气候投资基金的战略气候基金，将支持发展中国家降低毁林与森林退化造成的排放，同时也考虑在适当时机帮助发展中国家适应气候变化对森林造成的影响，确保森林发挥效益，包括生物多样性保护和农村民生	待定
生物碳基金	一个由世行管理的公私部门合作信托基金，旨在向发展中国家和转型国家固碳类森林项目和农业生态系统项目购买减排额。从项目实施工作中汲取经验教训，以深入了解哪些方法对加强森林管理以减缓气候变化有效	9190 万美元
发展中的森林伙伴合作计划	促进国内和国际伙伴合作与投资，以支持各利益相关方为改善林区生计和生态系统服务而付出的努力；通过赠款和自愿协作计划开展工作	提供 3 年期共 1500 万美元赠款，用于发展伙伴合作
森林碳伙伴基金	提供技术援助赠款(准备金)，帮助发展中国家降低毁林和森林退化造成的排放，为开展避免森林砍伐和退化减排活动进行能力建设	目标注资额为 3 亿美元，其中 1 亿美元注入准备金，2 亿美元注入碳基金
森林执法与治理	提供技术援助赠款，用于加强森林治理，减少非法采伐活动，进而遏制非法采伐造成的森林退化和政府税费流失，支持为合法森林企业营造更公平的竞争环境	2009—2011 财年累计预算 1500 万美元
森林规划	为分析研究工作提供赠款，通过完善知识、建立可促进森林可持续管理的创新机制和方法，增大森林对减贫、可持续发展和环境服务保障的贡献	2004—2008 日历年累计预算 1100 万美元
全球环境基金	向与生物多样性、气候变化、国际水域、土地退化、臭氧层和持久性有机污染物等内容有关的项目提供赠款资金，以应对全球环境问题，同时支持国家可持续发展计划	2002 年以来赠款总额约为 1.1 亿美元，与国际开发协会/国际复兴开发银行能力建设资金挂钩或混合，用于支持部门项目的生物多样性或保护区子项目

资料来源：世界银行网站。

(三)联合国粮农组织(FAO)

FAO 于 1988 年就建立了针对气候变化问题的部门间工作组,涉及 FAO 的多个相关部门。从 2001 年起,应对气候变化问题成为 FAO 部门间行动的优先领域之一。FAO 在关于气候变化与林业的多项研究、国际对话和具体国际行动中扮演着重要的角色,在一定程度上推动了林业与气候变化的国际进程。2009 年 10 月,针对林业部门对林业在气候机制问题中的重要性保持沉寂的状况,FAO 通过第 13 届世界林业大会向 UNFCCC 第 15 次缔约方大会递交了一份咨文,目的是向气候变化谈判人员传递一份强烈的信息,强调气候变化对森林的影响、森林在气候变化减缓与适应以及提供关键生态系统服务等方面的重要作用,包括也要注意到森林不仅仅是"碳"、森林的全部服务与价值必须给予全盘考虑,呼吁对一些主要问题采取紧急行动。

FAO 的咨文还强调减少贫困的必要性,因为贫困是毁林的重要驱动力之一;也强调保护土著人及依靠森林为生社区的权利的必要性;还承认私人部门与国内社会在气候变化适应与减缓中的重要作用;还支持将 REDD+ 纳入 UNFCCC 的长期合作行动协议,包括加强发展中国家森林保护、森林可持续经营以及增加森林碳储量的经济激励;并呼吁进一步支持森林部门的适应行动。从 UNFCCC 第 15 次缔约方大会的结果来看,咨文产生了重要影响,很多内容在《哥本哈根协议》及其他相关文件中得到了体现。

(四)国际热带木材组织(ITTO)

ITTO 启动了一项针对热带森林与气候变化的新计划,即减少热带毁林与森林退化并加强环境服务(REDDES)。ITTO 与森林伙伴关系、联合国 REDD 项目、世界银行等一起发展了这项计划,目前已经在印度尼西亚梅鲁配地利国家公园开展了示范项目。

二、主要国家与地区应对气候变化林业行动

(一)北美

1. 美国

鉴于气候变化及其影响,美国林务局专门制定了林业应对气候变化的战略框架,用以帮助政府确定优先次序,以便为在变化环境中的森林和草原资源的保护做出明智的决策。美国气候变化技术规划(CCTP)中也制定了关于森林的国家政策议程,并确定了通过树木和森林帮助人们改善环境的目标。为了实现其维持生态系统健康、多样性和生产力以满足当前和未来人们需要的目标,美国林务局确定了 2007—2012 年的 7项战略目标,这将为应对气候变化作出贡献。响应美国气候变化科学计划(CCSP),美国林务局提出了《全球变化研究战略(2009—2019)》,旨在发展气候变化林业政策及开发良好森林经营实践指南。2015 年民主党奥巴马执政,提出了国家自主贡献目标,包括在 2025 年实现温室气体排放相比 2005 年减少 26%~28%。2017 年共和党特朗普执政,宣布退出《巴黎协定》,并于 2020 年正式退出。2021 年民主党拜登执政,宣布重返《巴黎协定》,提出到 2030 年温室气体排放相比 2005 年减少 50%~52%;到 2035

年实现 100% 清洁电力；到 2050 年实现净零排放。美国在第一次国家自主贡献目标中涵盖了 LULUCF，并阐述了土地转换的计算方法，但没有提及具体的林业减排增汇措施和政策。但在其更新的国家自主贡献目标中，提出了扩大智慧农业、重新造林、轮作放牧，加强森林保护和森林管理投资，以及支持蓝碳等措施。

具体到如何减缓和适应气候变化方面，美国提出了具体的林业减缓和适应措施。减缓措施具体包括减排和增汇两个方面，减排措施主要有利用木材产品替代能源密集型产品、发展林业生物质能源、控制林火等，增汇措施主要有加强森林经营提高单位森林固碳能力、增强收获林产品的储碳能力等。在适应措施方面，美国注重采取响应性与前瞻性相结合的适应方法，具体措施包括：积极管理森林和草原以促进生态系统健康发展，增强适应力；完善监测和模拟气候变化对生物及水影响的能力；预防和减少森林阻隔的物种迁移障碍；大规模干扰后进行生态系统恢复；重新调整种子区和种植方法。还通过伙伴关系和管理措施增加森林碳补偿，如鼓励森林私有者积极管护森林，进行更有效的碳储存；辅助森林市场管理来进行碳补偿；寻找能够进行碳补偿的小径木生物材料；推广市区树木培育以吸收碳等措施。

2. 加拿大

加拿大原有的森林战略是以开采森林、发展农业经济、提高木材生产效益为重点。2003 年加拿大政府颁布了综合性的新林业政策，即国家森林战略（2003—2008）。为补充《国家森林战略（2003—2008）》，2004 年加拿大政府与各省区（阿尔伯塔、魁北克省除外）签署了新的《加拿大森林协议》，以保证加拿大林业的长期健康发展，其主要内容包括：以维护生态系统为目的管理森林，支持森林群落的可持续性，协调原住地居民的权利，开发和提高林业产品及其相关服务业的价值，积极推动加拿大民众的共同参与。2008 年加拿大政府又发布了"新森林发展战略"，以森林部门变革和气候变化为核心主题，认为这两个主题是相互影响、相互依赖的，林业适应气候变化需要涉及如评估脆弱性、加强适应能力、以长期的视角和计划来考虑气候变化、信息共享等一系列的行动。加拿大林业应对气候变化的具体措施包括减缓和适应两个方面。在减缓方面，主要是通过森林火灾的管理、虫灾的防治、减少森林砍伐等减少碳排放量，以及通过对森林和林产品的管理来增加固碳量。在适应方面，准备用 5 年时间花费 2500 万美元帮助社区适应气候变化，为加拿大全国 11 个以社区为基础的合伙企业提供资金，使其发展和分享新的信息、工具和应对气候变化的策略等。这些措施的实施产生了明显的成效，2014 年加拿大的国家信息通报和 2015 年温室气体清单等资料表明：加拿大在 2030 年土地利用土地利用变化（LULUCF）的减排量约为 0.5 亿 t CO_2 e / a，高于在《京都议定书》第 2 承诺期的 LULUCF 的预期减排量。

（二）欧盟

欧盟应对气候变化战略侧重于发展低碳经济、提高能源效率和提供绿色产品。适应气候变化是欧盟一个新兴的政策领域，2007 年 7 月欧盟发表了适应气候变化绿皮书，2009 年 4 月欧盟又发表了《适应气候变化：形成一个欧洲行动框架》白皮书，确定了长期的、分阶段的方法：第一阶段（2009—2012）完成欧盟综合适应战略的基础工作；第二阶段（2013-）为实施。这份白皮书是欧盟应对气候变化的政策框架。此外，结合各行业实际，欧盟还采取了一些其他的政策与行动，包括：欧盟森林行动计划、能源政策、工业政策、环境政策以及农村发展政策等，这些政策与行动都与森林和林业相关。

欧盟委员会于 2006 年 10 月通过了欧盟森林行动计划（2007—2010），其总体目标是加强森林可持续经营以及森林的多功能作用。该计划确定了 18 项关键行动，为在欧盟及其成员国层面上协调森林相关行动提供了有效的框架。这些关键行动中直接涉及应对气候变化的有促进森林生物量在能源生产方面的利用；促进欧盟履行缓减气候变化的义务以及《京都议定书》的要求，并鼓励适应气候变化的影响；促进欧盟森林监测系统；加强欧盟森林的保护；加强欧盟在与森林相关的国际进程中的作用；鼓励利用来自可持续经营森林的木材以及其他林产品等。在该计划框架下，欧盟专门开展了一项"气候变化对欧洲森林的影响及其适应策略"的研究。

欧盟在 2008 年能源战略中提出了到 2020 年实现三个 20% 的目标，即能源效率提高 20%、与 1990 年相比减排 20%、在欧盟总能源消费中可再生能源占 20%。在减排 20% 的目标中包括了利用 LULUCF 机制，在 20% 可再生能源目标中包括了发展林业生物质能源措施。

欧盟 2008 年提出发展"创新的可持续的森林工业"，为此提出了 19 点行动计划，其中 9 项行动针对气候变化，包括：加强木质林产品储碳、关注存在碳泄露风险的行业、森林生物量以发展可再生能源和森林工业、能源密集型产业、减少非法采伐等。

欧盟环境政策中特别强调了减少毁林问题，提出并实施了 FLEGT（森林法治、治理与贸易；Forest Law Enforcement, Governance and Trade）行动计划。在欧盟农村发展政策以及共同农业政策改革中，特别提出气候变化是农村发展计划 2007—2013 年的优先领域之一，从各个层面支持气候变化减缓与适应活动，包括采取森林—环境措施、再造林、恢复林业潜力、增加林业生产价值、建立创新的混农林业体系等。

2021 年 7 月 16 日欧洲议会通过了欧盟 2030 年森林新战略，致力于森林保护、修复和可持续经营，发展多功能森林包括增汇减排、涵养水源、缓解旱涝灾害等，保护和提高生物多样性、对气候变化抵抗能力和森林韧性。

在欧盟政策框架下，各成员国也纷纷采取了相应的措施。例如：

英国林业委员会调整林业战略，将林业减缓和适应气候变化作为林业战略的重要组成部分，并制定了各共和国林业应对气候变化的目标，修订并发布了《森林和气候变化指南——咨询草案》，明确了林业应对气候变化包括 6 个关键的行动计划：保护现有森林；减少毁林；恢复森林覆盖；把木材用作能源；用木材替代其他材料以及制定适应气候变化的计划。并提出林业的两种碳计划模式：①出售碳信用以弥补特定活动导致的温室气体排放；②出售植树项目在一定时期内已吸收的碳。此外，英国林业委员会等部门正在构建为林业减缓气候变化行动提供担保以激励个人和组织适当的植树行为的框架。

德国积极参与制止非法砍伐热带雨林的行为。德国对发展中国家由于森林砍伐造成的温室气体排放和打击非法采伐提出积极的建议措施，一是积极争取世界银行"森林碳伙伴基金"计划的支持，二是通过成立一个国际森林监测网络，如借助地球综合观测卫星系统（GEOSS）或通过联合国粮农组织的资源评估项目获得支持。德国通过其联邦政府企业 GTZ 对 REDD 机制的能力建设与早期行动提供支持。

法国在若干领域也采取了一些新举措，包括木材生产与加工、自然区保护，以及促进和开发法国森林的休闲功能等。

挪威政府采取了积极的国际气候与森林行动，强调更早实施 REDD 相关活动的重要性，为 REDD 国际行动提供资金支持。

（三）日本

《京都议定书》运作规则确定后，日本林业部门采取了一系列应对气候变化的政策行动。2002 年，日本政府制定了《通过森林碳汇减缓全球变暖的 10 年行动计划》，鼓励开展森林相关的活动，例如由地方和国家政府进行合适的森林经营与保护。2005 年，在《京都议定书》目标达成计划中，日本将森林置于重要的地位，其 6% 减排目标中有 3.8% 由森林碳汇实现。

2006 年，日本林野厅公布了新《森林、林业基本计划》，新计划着眼于高龄级森林的迅速增加及对森林需求的多样化、国产材利用量增加的趋势等，在认识到森林、林业进入转换期的基础上，提出了重新构筑林业政策的方向，即将推进阔叶林化及长伐期化等实现"100 年后的森林建设"和通过施业集约化及制材加工大规模化等实现"林业和林产工业重建"作为林业政策的支柱。2007 年，日本启动推进美丽森林建设的全民运动。

2008 年 5 月，日本公布了关于促进森林间伐经营等的特别措施法。2008 年 7 月，制定了构筑低碳社会的行动计划，明确了构建低碳社会的具体措施，包括：①山村渔村地区作为生物量资源的供应源和森林等的碳吸收源，在构筑低碳社会中起到重要的作用；②针对森林资源的扩大和利用，开展通过间伐经营森林、扩大本地木材在住宅建设等上的使用、扩大废弃生物量资源在材料和能源上的利用等活动。此外，为了推动全国向低碳化迈进，日本政府试验性地引入了"国内综合排放贸易市场"并推行"碳补偿信用（J—VER）"制度。在这两个制度机制下，木质生物量利用以及森林经营活动可以产生碳信用，林农则可以通过提供碳信用获得收益。

2009 年 3 月，日本针对森林领域制定了"以未开发利用林地的残余木材取代化石燃料作为锅炉燃料""通过经营森林活动增大 CO_2 吸收量""通过植树造林活动增大 CO_2 吸收量"等 3 大措施，其中经营森林活动由"促进间伐型"和"促进可持续经营型"两大内容构成。2009 年 9 月，新政府官员还宣布变革日本的森林经营政策，变革内容包括：创建新的政策对森林经营和环境保护体系进行直接补助；对做出森林经营努力的私有林主给予更直接的重点扶持；增加日本国内木材供给，从当前的 24% 增加到 50%；引入可追溯制度以阻止非法木材进口。

在其应对气候变化国家自主贡献中，日本根据 LULUCF 相关的措施和政策提出了 LULUCF 部门的增汇减排目标，承诺土地利用部门增加 0.37 亿 t CO_2 储量，其中通过增加森林实现 0.28 亿 t CO_2 储量，通过农田管理、放牧土地管理和植被恢复实现增加 0.09 亿 t CO_2 储量。

(四)印度

印度政府于 2008 年 6 月 30 日发布了《气候变化国家行动计划》，确定实施 8 个核心"国家行动计划"，包括：太阳能计划、提高能源效率计划、可持续生活环境计划、水资源计划、喜马拉雅生态保护计划、绿色印度计划、农业可持续发展计划、气候变化战略研究计划。其中，绿色印度计划旨在加强生态系统服务，着重点是增加森林覆盖率和林分密度、提高森林生态系统的生物多样性。

印度第 11 个五年计划(2007—2012 年)提出，到 2016/2017 年将森林覆盖率提高 5%。国家行动计划进一步提出，将森林覆盖率由 2005 年的 20.6% 扩大到占国土面积的 1/3、增加造林计划、恢复森林与红树林以加强沿海防护等。在其应对气候变化国家自主贡献中，印度提出 2030 年碳排放强度比 2005 年降低 33%~35% 的强度目标和增加森林碳汇 25 亿~30 亿 t CO_2e 的绝对目标。

为实现国家行动计划目标，印度采取了一些具体行动与措施，主要有：①加强与森林碳汇相关的科学研究，研究结果表明，印度森林总体上是碳汇，每年可抵消印度温室气体排放总量的 11%；②发起了 25 亿美元的森林保护计划，并为此成立了造林补偿基金管理与规划局(CAMPA)；③规划绿色印度计划下的新行动以快速推进再造林活动；④发起新的 8000 万美元的能力建设计划促进森林部门人力资源开发；⑤发起新的 1.25 亿美元的森林经营计划，以加强森林经营实践、基础设施及林火控制等；⑥成立了由规划委员会领导的低碳经济专家组，以发展印度低碳经济战略；⑦生物燃料国家政策，促进生物燃料的培育、生产和利用等。

(五)巴西

巴西政府于 2008 年启动了"国家气候变化计划"，提出了一系列有关减少温室气体排放的政策和措施，其中最主要的内容：逐步减少直到禁止采伐原始森林、实施提高能源效益的计划、鼓励使用可再生能源、扩大生物燃料生产和加大植树造林。这项计划是通过保护森林来减缓全球气候变化，预期到 2017 年将亚马孙森林砍伐面积减少 70%(以 1996—2005 年的估计为基础)，相当于减少 CO_2 排放 48 亿 t，这一数字超过所有富国规定的减排量。为此，政府加大监管力度，努力在 2020 年之前将非法砍伐原始森林的面积减少到零。同时，政府还鼓励人工造林，增加每年的造林面积，以期在 2020 年前将全国人工造林面积从现在的 550 万 hm^2 增强到 1100 万 hm^2。巴西政府提出的自愿减排承诺为，在 2020 年比正常水平减排 36.1%~38.9%，其中 27% 通过减少森林采伐来实现。

巴西将在联邦、州、市三级加强《森林法》执法，实现巴西境内亚马孙流域"零"非法采伐，并对减少植被碳排放行为进行补偿，恢复和新造林 1200 万 hm^2；巴西提出相对于 2005 年，2030 年达到碳排放减少 43% 的国家自主贡献总排放目标，并提出了相关的林业碳汇减排措施，如保护原始生境、亚马孙流域零非法采伐、对合理减少植被碳排放的行为进行补偿等。根据巴西 2010 年国家信息通报、2014 年的 2 年更新报告、2014 年巴西森林参考排放水平报告等资料表明；2005 年 LULUCF 碳排放总量约 12.1 亿 t CO_2 e /a，约占总排放量的 58%；2005—2010 年，由于森林砍伐造成的碳排放量已经明显下降，约下降了 9 t CO_2 e /a，占 2005 年总排放量的 43%；来自于 LU-LUCF 的碳排放量将进一步减少，并在 2030 年接近于零，约为−11 亿 t CO_2 e，即相对于 2005 年的碳排放量减少了约 55%。因此，林业减排目标对巴西自主贡献总目标的实现有决定性作用(陈雅如等，2020)。

三、国际经验总结

2008 年世界银行报告提出基于自然的气候变化解决方案 NbS，强调保护生物多样性对气候变化减缓与适应的重要性。2009 年 IUCN 提交 UNFCCC-COP15 报告，强调了 NbS 应对气候变化的作用。2019 年，在联合国秘书长的倡议下，NbS 被列为联合国应对气候变化的九大领域之一。受联合国秘书长的邀请，中国和新西兰一同牵头推动 NbS 领域工作，共同参与发布了 NbS 联盟的成果，包括《基于自然的气候解决方案政策主张》和《联合国气候行动峰会 NbS 倡议案例汇编》，提出了 150 多个行动倡议，汇编了森林碳汇、生物多样性保护等 30 余个示范案例。

(一)将林业应对气候变化置于重要战略地位

国际社会将林业应对气候变化作为一种新的发展战略和政策选择，作为抢占低碳经济和绿色经济的制高点，从政策、规划、技术研发和应用、能力建设、增强意识等方面提高林业部门气候变化的减缓和适应能力，实现向低碳经济发展转型。

(二)采取综合林业措施减缓和适应气候变化

气候变化国际公约与进程提出了应对气候变化的基本战略、工具与方法，森林和林业部门在其中占有举足轻重的地位，特别是 REDD+机制得到缔约方的广泛支持。为降低减排成本以及发挥森林的多重效益，各国采取了适合本国国情与林情的各种林业减缓和适应气候变化的措施，其中特别强调加强森林经营实践(表 14-2)。

表 14-2　减缓措施与森林经营实践总结

减缓措施	森林经营实践
保持或增加森林面积	造林与再造林；减少毁林和森林退化
保持或增加林分水平的碳密度	减少森林退化；森林恢复；改进森林经营，例如弱影响采伐、科学抚育和育林
保持或增加景观水平的碳密度	改进森林经营，例如林火控制
增加木材产品中的碳储量和促进木材产品以及化石燃料的替代	可持续的生物燃料人工林；木制产品替代

(三)通过国际合作促进林业投资和科技进步

在应对气候变化框架下，国际组织及各国都在扩大林业融资渠道并加大林业投资与技术支持的力度。特别地，关于 REDD+的国际资金流与能力建设为发展中国家提供了额外的林业资金来源以及林业技术合作的途径。

第三节　气候变化背景下中国林业
发展的机遇与挑战

一、发展机遇

(一)气候变化谈判为中国林业提供了良好的国际平台

近些年来，我国林业在多边履约和多边林业谈判中的国际地位不断提高，为我国现在林业发展提供了良好的外部环境。2007年9月，胡锦涛主席在亚太经合组织第15次领导人会议上提出建立"亚太森林恢复与可持续管理网络"的倡议，并且在中国政府的努力下在北京成立。2010年10月在天津召开了联合国气候系列谈判的第4站，这次会议是坎昆会议前的最后一次谈判，因此对坎昆会议的走向将具有深刻的影响，这次会议也是中国参加联合国气候变化谈判以来首次承办联合国的气候谈判会议。2014年10月底，名为"2015年后国际森林安排研讨会"的联合国森林论坛国家倡议会议在北京召开，未来国际森林安排将更好地开展跨部门的合作，更好地与《公约》等重要国际公约协调。这些都为中国林业的发展提供了良好的平台。

(二)气候变化谈判为中国林业提供了先进技术和资金

联合国气候变化谈判中最核心的内容就是资金和技术。发展中国家在森林经营管理经验和技术方面都要落后于发达国家，为减少毁林和森林退化，并提高森林可持续经营和森林碳储量，需要发达国家向发展中国家提供资金和技术援助，以实现森林可持续经营。一方面发展中国家可以通过国际基金援助的方式获取资金来提高国内林业的发展，另一方面也可以利用《京都议定书》的清洁发展机制来实现国内森林资源和技术的双增长。中国政府正是基于清洁发展机制，在广西建立了全球首个清洁发展机制造林再造林项目，并促进了国内林业碳汇市场的快速发展。

(三)气候变化推动了中国低碳林业的发展

全球气候变化大大促进了全球低碳经济的发展，林业在低碳经济发展具有不可替代的作用。低碳林业不仅是发挥森林的固碳减排潜力和应对气候变化的作用，还是推动生态文明建设的有效途径。在气候变化背景下，通过林业产业结构调整、技术和制度创新以及可再生能源利用等多种途径，可以减少林业加工生产和使用过程中的高碳能源消耗以及温室气体排放，推动了中国节能减排体系和政策的实施，并能保障木材供应和生态安全，发挥林业的低碳作用。据统计，我国每年通过能源化利用的森林采伐和木材加工废弃物有 3 亿多 t，如果全部利用将替代 2 亿 t 的标准煤；利用现有的宜林荒山荒地培育能源林，如果培育的能源林为 1300 万 hm^2，每年可提供生物能源折合标准煤 2.7 亿 t（李怒云等，2011）。气候变化为实现中国的绿色低碳发展、提升生态文明、减缓气候变化和维护木材安全提供了难得的历史机遇。

二、面临挑战

根据中国林草资源及生态状况报告（国家林业和草原局，2022），截至 2021 年，我国森林面积 2.31 亿 hm^2，森林覆盖率为 24.02%，森林蓄积量为 194.93 亿 m^3；人工林面积 0.88 亿 hm^2，蓄积量 46.14 亿 m^3。人工林面积仍为世界第一，"双增"目标中森林蓄积增长目标已实现。然而，中国森林资源仍面临着森林质量低、木材供需矛盾较大、人才需求日益迫切等挑战。

（一）森林质量低的挑战

尽管中国森林资源发展取得了显著的成就，但是中国森林覆盖率远低于全球 31% 的平均水平，人均森林蓄积量仅为世界平均值的 1/7，且森林面积的增速放缓；单位面积森林蓄积量只有世界平均水平的 69%；龄组结构不合理，中幼林面积比例达 63.72%（国家林业和草原局，2022）。联合国气候变化谈判中，REDD+中"+"包含了通过森林可持续经营可以提高森林的碳储量，因此，加强森林经营，不仅可以提高森林质量，还可以提升中国森林资源在未来应对气候变化领域的碳汇潜力。

（二）木材供需矛盾大的挑战

我国木材对外依存度接近 50%，木材安全形势严峻，现有用材林中可采面积和可采蓄积量少，可利用资源少，尤其是大径材和珍贵用材树种更少，木材供需的结构性矛盾十分突出。随着联合国气候变化谈判林业议题的逐步深入，全球呼吁减少毁林排放和应对气候变化的大背景下，许多林业国家已经开始调整林业政策，逐步开始减少森林采伐，限制原木出口，尤其是在发达国家用于林业官方援助资金已经开始向资源保护型转移。这些举措给中国的木材进口造成的严重的影响，并进一步影响到林业产业的发展。

（三）人才需求日益迫切的挑战

随着国际气候变化谈判的进程的逐步深入，如何参与谈判和更好地在谈判中发挥我国大国优势，并维护我国的形象的关键是人才。人才的培养是我国林业更好地参与国际事务中的根本性挑战。主要表现在后续谈判人才缺乏和国内支撑谈判的专家队伍不足。在国际气候变化谈判中，直接参与到林业议题谈判的中青年专业人才明显不足；缺乏能够直接参与国际林业规则制定的谈判人才；国内主要缺乏具有国际影响力的并有能力参加国际气候变化谈判的专家队伍和智库人才，对国际气候变化中发达国家提出的提案迅速做出分析和判断能力还有待提高。

第四节　REDD+对中国木材进口
影响的实证研究

随着 REDD+活动的深入开展，REDD+项目国的木材生产量和出口量将在一定程度上减少，进而影响到国际木材特别是热带木材的供给与贸易。本研究根据资源禀赋特点及与我国木材进口的历史沿革及其重要性，选择了 38 个 REDD+项目国[①]，重点分析这些 REDD+项目国对我国木材进口的综合影响，并分析受到进口压缩影响后我国进口热带木材的潜在来源国。

一、REDD+对项目国木材出口的影响

过去 60 年来，随着经济增长、人口增加和城市化发展，人们对木材及林产品的需求日益扩大，全球木材生产与贸易总量在波动中呈现出增长的态势。根据联合国粮农组织（FAO）统计资料，2022 年世界原木[②]生产量和出口量分别是 1962 年的 1.57 倍和 2.92 倍，年均增加率分别为 0.76%和 1.80%。

（一）REDD+项目国木材出口变化趋势及其在全球出口中的地位

与全球木材生产趋势相同，REDD+项目国木材生产量在过去 60 年期间持续增加。2022 年原木生产量是 1962 年的 1.87 倍，年均增长率为 1.05%，高于全球平均水平。然而，REDD+项目国原木出口量在此期间表现出先增加后下降的趋势。在 20 世纪 60 年代至 70 年代期间呈增加趋势，占全球原木出口量的比重从 1962 年的 33%增加到 1978 年的 48%。20 世纪 70 年代后期则在波动中呈现快速下降趋势，从 1978 年的 4743 万 m^3 减少到 2022 年的 1120 万 m^3，占全球原木出口量的比重则从 48%减少到 10%，年均减少率为 3.23%。

从木材出口量占生产量的比重来看，全球原木出口量占生产量比重总体上呈波动

---

① 这 38 个 REDD+项目国分别是非洲中部的刚果（金）、中非共和国、刚果（布）、加蓬、喀麦隆、赤道几内亚；非洲西部的尼日利亚、科特迪瓦、加纳、利比里亚、多哥；非洲其他地区的苏丹、安哥拉、赞比亚、莫桑比克、坦桑尼亚；南亚和东南亚地区的印度尼西亚、印度、缅甸、马来西亚、泰国、老挝、越南、柬埔寨、菲律宾；大洋洲的巴布亚新几内亚、所罗门群岛；南美洲的巴西、秘鲁、哥伦比亚、玻利维亚、委内瑞拉、阿根廷、智利、圭亚那；中美洲的墨西哥、危地马拉和巴拿马。

② 根据 FAO 数据库定义，这里的原木包括锯材原木、胶合板原木、纸浆木、其他工业原木和薪材。

上升增加趋势，从 1962 年的 1.57%增加为 2020 年的 3.64%，之后下降为 2022 年的 2.92%。而 REDD+项目国原木出口量占生产量的比重总体上呈下降趋势，特别是从 1973 年峰值 5.22%下降为 2022 年的 0.73%。上述两个比重数据在 1987 年时达到一致，为 2.80%。从 1987—2020 年的近 30 多年来看，全球原木出口量占生产量的比重从 1987 年的 2.80%增加到 2020 年的 3.64%，而 REDD+项目国原木出口量占生产量的比重则从 1987 年的 2.80%下降为 2020 年的 0.77%。

总体上看，过去 50 年来 REDD+项目国对全球木材出口量的影响力持续减弱，而非 REDD+项目国特别是森林资源丰富的俄罗斯、欧盟、美国、加拿大、新西兰等国对全球原木出口量的影响力增强，2022 年这几个国家的出口总量占全球出口总量的 86.45%。

（二）影响 REDD+项目国木材出口的主要因素

影响木材出口的因素归纳起来包括内部因素和外部因素。内部因素是森林资源的禀赋条件，这是决定木材生产的基础，进而影响木材出口。外部因素为经济、社会和环境的发展趋势，其中最重要的两个因素是人口分布和经济增长状况，这两者都对林产品需求产生重大影响从而影响国内消费，同时也可能通过诸如全球经济一体化的加剧等因素引起供给方面的变化从而影响出口。此外，推动可再生能源利用、减缓气候变化和粮食安全的各种政策都会对森林部门产生直接和间接的影响，进而影响木材出口（FAO，2012）。

1. REDD+项目国森林资源变化趋势

在所选择的 38 个 REDD+项目国中，森林资源禀赋在所属区域相对都比较高。根据 FAO 的全球森林资源评估（FAO，2020），1990—2020 年，REDD+项目国的森林资源总量减少了 2.35 亿 hm^2，年减少率 0.44%，其中 1990—2000 年期间年减少率为 0.50%，2000—2010 年期间年减少率为 0.45%，2010—2020 年期间年减少率为 0.38%。从各个区域来看，1990—2000 年期间亚太区域的 REDD+项目国森林损失最为显著，年减少率为 0.534%，拉丁美洲区域次之（0.528%），非洲区域相对最低（0.44%）。2000—2020 年期间情况发生了转变，亚太区域的 REDD+项目国森林损失明显减速，年减少率为 0.18%，非洲区域和拉丁美洲区域减少率仍然较高，分别为 0.56%和 0.41%。

在非洲区域，森林减少有自然退化的原因。主要由于非洲的很多树木品种极易因自然因素影响而退化，结果导致一些森林转变为热带稀树草原。而目前非洲森林面临的最大威胁，是为了获取燃料和垦林为田导致的乱砍滥伐。对于非洲来说，森林被赋予了更多与经济发展、生产生活密切相关的现实意义。喀麦隆、加纳等 18 个非洲国家的经济收入中至少 10%依靠森林（FAO，2011）。在亚太区域，尽管过去 10 年，森林净损失速度明显下降，但部分国家如柬埔寨、印度尼西亚、缅甸和巴布亚新几内亚等 REDD+项目国的森林损失仍然很大。在拉丁美洲的广大区域，森林资源丰富，2020 年占世界森林面积的 23.16%，且森林面积最大的 5 个国家包括巴西、秘鲁、哥伦比亚、玻利维亚和委内瑞拉（均为 REDD+项目国）占该区域森林总面积的 85.90%。森林

面积持续减少,最主要的原因是毁林,大量的林地转变为农业和城市用地。但在 2000
- 2020 年期间,该区域人工林面积以每年约 3.95%的速度增加,巴西、智利、阿根
廷、乌拉圭和秘鲁这几个 REDD+项目国的人工林面积增幅最大。

2. 人口分布与经济增长状况

根据世界银行报告,未来几十年内世界人口和全球经济总量预计将以与过去相似
的速度增长。从人口增长与分布来看,全球人口已从 1990 年的 53 亿人增至 2023 年的
80.86 亿人,年增加率为 1.29%。根据 2016 年联合国《全球性目标的本土化落实》报
告,预计到 2030 年将达到 82 亿人,年增幅为 0.9%,最显著的人口增长将出现在非
洲(增加 2.35 亿人)及亚太地区(增加 2.55 亿人),这些区域在全球人口中的比例也将
随之增加(将分别占 18%和 53%)。总体上,人口的年龄结构将继续朝着老年人口占总
人口比例越来越高的方向发展。但非洲、南亚和东南亚及拉丁美洲则例外,其劳动力
人口预计将继续快速增长。从国内生产总值(下简称 GDP)来看,全球 GDP 在 1990 年
大约为 38 万亿美元,2020 年增至 101 万亿美元(按 2020 年价格和汇率计算),每年实
际增长 3.31%。2030 年预计将增长至 117 万亿美元,每年增长率为 3.2%。欠发达区
域的增长率预计相对较高。这种发展趋势的结果是区域占全球 GDP 的份额将继续从
欧洲和北美洲等发达地区转向亚太和其他地区。

发展中国家的人口增长与经济发展状况意味着其木材消耗量在未来将保持增加的
态势,这将通过增加木材生产、减少出口和增加进口来实现。由此可初步判断,
REDD+项目国出口总量在未来仍将保持下降趋势。

(三)实施 REDD+政策对项目国木材出口量变化的影响

REDD+实质是为减少毁林、森林退化、开展造林与可持续经营森林和保护活动提
供的一种激励机制,旨在为森林固碳服务赋予经济价值建立政策框架。REDD+政策的
实施,预期将提高项目国森林治理能力和森林管理水平,从而在较大程度上避免毁林
和减少森林退化。与此同时,随着国际上"森林执法施政贸易行动"(简称 FLEGT)的
开展,对非法采伐与毁林的约束力将进一步增强。相关研究估计,全球贸易中 2%~
4%的针叶材原木及其胶合板和 23%~30%的阔叶材原木及其胶合板来源于非法采伐活
动(Seneca Creek Associates,2014)。在 REDD+项目国中,有的国家非法采伐毁林率高
达 70%~90%,如巴西、印度尼西亚、巴布亚新几内亚、秘鲁、加蓬、利比里亚等。
这些估计值来源于文献及出版的报告,很多带有环保运动的偏见,分析中对各个
REDD+项目国选取相对保守的估计值(表 14-3)。

表 14-3 **REDD+项目国木材出口量中源于非法采伐或不可持续经营活动的估计值**

国家	估计值(%)	国家	估计值(%)	国家	估计值(%)
安哥拉	30	多哥	30	委内瑞拉	20
喀麦隆	50	坦桑尼亚	30	柬埔寨	40
中非	30	赞比亚	30	印度	10
刚果(布)	30	阿根廷	20	印度尼西亚	70

（续）

国家	估计值(%)	国家	估计值(%)	国家	估计值(%)
科特迪瓦	30	玻利维亚	20	老挝	45
刚果(金)	30	巴西	20	马来西亚	35
赤道几内亚	30	智利	20	缅甸	50
加蓬	50	哥伦比亚	42	巴布亚新几内亚	70
加纳	34	危地马拉	30	菲律宾	10
利比里亚	80	圭亚那	20	所罗门群岛	10
莫桑比克	30	墨西哥	20	泰国	40
尼日利亚	30	巴拿马	20	越南	20
苏丹	30	秘鲁	80		

资料来源：根据相关文献资料整理。

随着 REDD+政策的实施，源于非法采伐或不可持续经营活动的木材的 80%得到了遏制，REDD+项目国出口量减少，从 2008 年的 1537.62 万 m^3 减少到 2022 年的 1120.10 万 m^3，年减少率为 2.24%，变化趋势见图 14-1。

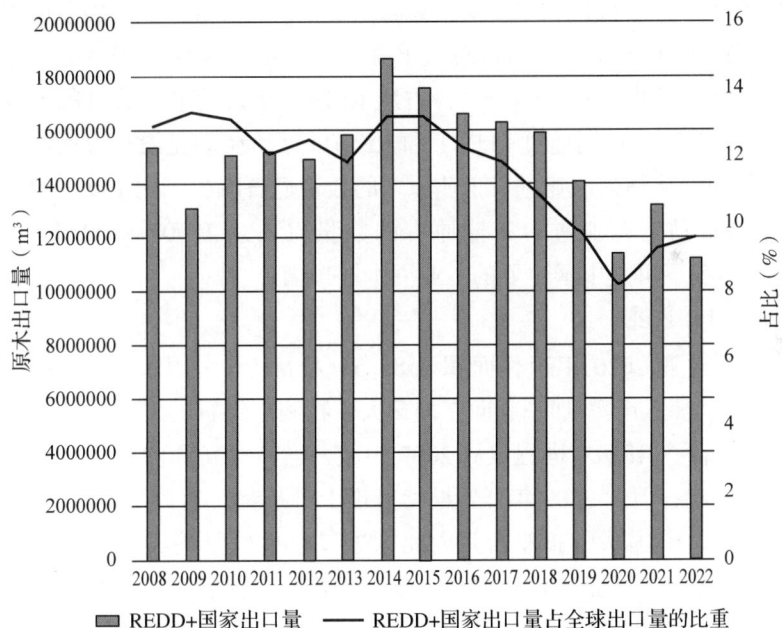

图 14-1　REDD+政策实施以后项目国原木出口数量变化趋势
资料来源：FAOSTAT 数据库。

二、REDD+项目国木材出口变化对我国木材进口的影响

自新中国成立以来，我国进口原木数量总体上呈现上升趋势。特别是 1998 年天然林资源保护工程实施以来，我国进口原木总量显著增加，从 1997 年的 674.06 万 m^3

增加到 2021 年的峰值 6368.07 万 m³，占全球进口数量的比重则从 1997 年的 7.28% 增加到 42.91%，年增加率为 9.81%。2022 年由于全球经济下行的影响，原木进口数量有所回落，但仍占全球原木进口数量的 35.53%。

（一）我国从 REDD+ 项目国进口木材的变化趋势

我国从 REDD+ 项目国进口工业原木的数量在波动中缓慢增加。2018 年比 1997 年增加了 1.57 倍，年增幅 8.95%。我国从 REDD+ 项目国进口数量占全部进口数量的比重由 1997 年的 86.33% 减少到 2018 年的 24.82%，越来越多的木材进口由非 REDD+ 项目国供给。

（二）REDD+ 项目国木材出口变化对我国进口的影响

在选定的 38 个 REDD+ 项目国中，对我国工业原木进口影响最大的分别是马来西亚、巴布亚新几内亚、加蓬、缅甸、所罗门群岛、刚果布、赤道几内亚、印度尼西亚、喀麦隆和圭亚那等。1997—2018 年期间，我国从这些国家进口工业原木的总量占从 38 个 REDD+ 项目国进口总量的 92.04%。这里重点对这 10 个国家进行具体分析，并分析其工业原木出口变化对中国木材进口的影响。

1. 马来西亚

马来西亚森林资源丰富，2020 年森林面积 1911.40 万 hm²，占国土面积 58%。过去 20 年来，马来西亚工业原木出口总量下降，中国从马来西亚进口数量也呈波动下降趋势，1998 年占其出口总量的 58%，占从 REDD+ 项目国进口总量的 55%。马来西亚森林施政水平较高，预期通过 FLEGT 和 REDD+ 行动在避免毁林方面将取得较好的效果。2018 年中国从马来西亚进口工业原木的数量显著减少，比 1998 年减少了 97%，且 2018 年中国从马来西亚进口工业原木的数量仅占从 REDD+ 项目国进口总量的 0.66%，马来西亚不再是中国主要的工业原木进口国。

2. 巴布亚新几内亚

巴布亚新几内亚 2020 年森林面积 3585.58 万 hm²，占国土面积 79%。2005 年，巴布亚新几内亚与哥斯达黎加一起向在加拿大蒙特利尔举行的 UNFCCC 会议上提出了 REDD 机制，开启了 REDD+ 进程。从 2007 年起，巴布亚新几内亚工业原木出口量由上升转为下降趋势，但从 2009 年开始继续呈现上升趋势，直到 2014 年达到峰值后呈现快速下降趋势。中国从巴布亚新几内亚的进口数量也呈现类似的变化趋势，该国 90% 以上的工业原木主要是出口到中国。巴布亚新几内亚属于高森林覆盖率和高毁林率国家，实施 REDD+ 政策后其工业原木出口量从 2014 年起呈现出下降趋势，但仍是中国主要的原木进口国之一，2018 年中国从巴布亚新几内亚进口工业原木的数量占从 REDD+ 项目国进口总量的 43%。

3. 加蓬

加蓬 2020 年森林面积 2353.06 万 hm²，占国土面积 90%。从 2004 年起，由于中国从加蓬进口工业原木数量的显著增加，其工业原木出口总量由下降转为上升趋势，2008 年达到峰值后再次急剧下降。2005—2018 年期间，中国从加蓬进口工业原木占其出口总量从 79% 下降为 24%，占从 REDD+ 项目国进口总量从 10% 减少为 0.06%。

实施 REDD+政策以后，加蓬对中国木材进口的影响力显著减弱。

4. 缅甸

缅甸森林资源丰富，2020 年森林面积 2854.39 万 hm^2，占国土面积 43%。过去 20 年间，缅甸工业原木出口数量波动较大，从 2005 年起其出口量由上升转为下降趋势。2005-2018 年期间，中国从缅甸进口工业原木占其出口总量从 51%下降为 36%，占从 REDD+项目国进口总量从 11.2%减少为 0.06%，缅甸对中国工业原木进口的影响力明显减弱。

5. 所罗门群岛

所罗门群岛 2020 年森林面积 252.30 万 hm^2，占国土面积 90%。过去 20 年来，所罗门群岛工业原木出口呈现快速上升的趋势，直到 2018 年峰值后急剧减少，2018 年比 1998 年增长了 4.2 倍，2022 年则比 2018 年减少了 49%。从 2009 年起，中国从所罗门群岛进口工业原木数量快速增加，直到 2014 年峰值后急剧减少，2014 年比 2009 年增加了 21.3 倍，2018 年则比 2014 年减少了 66%。实施 REDD+政策以后，2005—2018 年期间，中国从所罗门群岛进口工业原木数量占从 REDD+项目国进口总量从 2%增加到 23%，所罗门群岛成为中国主要的原木进口国之一，对中国木材进口的影响有所增强。

6. 刚果(布)

刚果(布)2020 年森林面积 2194.6 万 hm^2，占国土面积 65%。过去 20 年来，刚果(布)工业原木出口呈现波动上升的趋势，2018 年工业原木出口数量比 1997 年增加了 79%。中国曾是刚果(布)主要的木材进口国，2004 年中国从刚果(布)进口工业原木数量占其出口总量的 92%，随后大幅度减少，2018 年中国从刚果(布)进口工业原木数量占其出口总量的 49%。刚果(布)是一个高森林覆盖率低毁林率国家，2018 年中国从刚果(布)进口工业原木的数量比 2005 年减少了 35%，占从 REDD+项目国进口总量的比重从 2005 年的 5%减少为 2018 年的 3%，对中国木材进口的影响呈减弱的趋势。

7. 赤道几内亚

赤道几内亚 2020 年森林面积 244.84 万 hm^2，占国土面积 87%。从 2007 年起，赤道几内亚工业原木出口量显著下降，2009 年之后则又快速增加，直到 2018 年出现峰值后再次下降。中国是赤道几内亚的主要进口国，1997—2018 年期间，中国从赤道几内亚进口工业原木数量占其出口总量从 68%增加为 89%，占从 REDD+项目国进口总量的比重从 6%增加为 7%，赤道几内亚对中国木材进口的影响有所增强。

8. 印度尼西亚

印度尼西亚是东南亚森林资源最丰富的国家，2020 年森林面积 9213.32 万 hm^2，占国土面积 51%。由于其高毁林率以及森林资源的高含碳量，无论在区域层面还是全球层面上，印度尼西亚都是重要的 REDD+目标国。从 2001 年起，印度尼西亚工业原木出口量显著下降，中国从印度尼西亚进口量也明显减少，2010 年中国从印度尼西亚进口工业原木数量仅占其出口总量的 14%，占从 REDD+项目国进口总量的 0.03%。2015 年和 2018 年中国从印度尼西亚进口工业原木的数量比 2005 年将分别减少了 98% 和 97%，占从 REDD+项目国进口总量的 0.05% 和 0.13%。实施 REDD+政策后，印度尼西亚原木出口量进一步减少，对中国木材进口的影响力减弱。

9. 喀麦隆

喀麦隆 2020 年森林面积 2034.05 万 hm^2，占国土面积 43%。过去 20 年来，喀麦隆工业原木出口波动较大，从 1997 年的峰值急剧减少为 2004 年的最低值，然后又快速上升。2010 年中国从喀麦隆进口工业原木数量占其出口总量的 56%，占从 REDD+项目国进口总量的 1.82%。2015 年和 2018 年中国从喀麦隆进口工业原木的数量与 2010 年相比将分别增加了 141% 和 67%，增加幅度较大。2015 年和 2018 年中国进口的数量仅占从 REDD+项目国进口总量的 3.49% 和 4.39%，从占比来看呈上升趋势。喀麦隆仍将是中国重要的工业原木进口国之一，对中国工业原木进口的影响力相对稳定。

10. 圭亚那

圭亚那 2020 年森林面积 1841.53 万 hm^2，占国土面积 93%，是高森林覆盖率低毁林率国家。从 2006 年起，圭亚那工业原木出口量从上升转为下降趋势，到 2013 年则又波动上升。中国从 2009 年起成为圭亚那的主要进口国，2010 年中国从圭亚那进口工业原木数量占其出口总量的 62%，占从 REDD+项目国进口总量的 0.58%。2018 年中国从圭亚那进口工业原木的数量比 2010 年减少了 74%，占从 REDD+项目国进口总量的 0.22%，圭亚那对我国工业原木进口的影响不大。

总体上看，上述 10 个国家对我国工业原木进口影响很大，虽然实施 REDD+政策后对我国木材进口均将产生重要的影响，但影响各不相同(表 14-4)，而且他们仍将是我国工业原木的主要进口国。2018 年，我国从前六位 REDD+项目国即巴布亚新几内亚、所罗门群岛、赤道几内亚、喀麦隆、刚果(布)和马来西亚进口工业原木之和占到从 REDD+项目国进口总量的 82%。

表 14-4 我国从前 10 位 REDD+项目国进口工业原木的数量及变化趋势

(单位：万 m^3)

年份	马来西亚	巴布亚新几内亚	加蓬	缅甸	所罗门群岛	刚果(布)	赤道几内亚	印度尼西亚	喀麦隆	圭亚那	其他 REDD 国家
2000	455.79	143.69	192.96	115.33	9.15	1.05	35.61	62.04	18.99	2.19	69.34
2001	131.55	172.53	123.48	58.21	6.73	8.65	46.58	181.81	13.80	4.21	73.72
2002	348.90	196.76	167.86	100.73	16.87	35.82	59.66	30.65	14.96	5.29	151.92
2003	384.23	133.69	103.01	139.37	55.16	42.36	44.11	11.78	1.54	0.07	51.66
2004	342.68	226.40	137.98	161.89	30.04	77.48	47.48	76.52	2.33	116.20	20.89
2005	254.76	543.11	132.69	150.80	26.60	67.19	53.25	67.26	0.02	2.89	47.38
2006	261.83	725.68	107.63	102.85	21.12	42.98	44.96	65.24	6.64	4.54	7.81

（续）

年份	马来西亚	巴布亚新几内亚	加蓬	缅甸	所罗门群岛	刚果（布）	赤道几内亚	印度尼西亚	喀麦隆	圭亚那	其他 REDD 国家
2007	376.14	849.45	154.10	117.20	0.02	54.30	64.30	66.24	7.83	3.32	9.40
2008	403.23	874.20	118.90	16.27	80.15	14.90	6.30	0.12	6.40	3.27	9.57
2009	349.05	542.70	39.80	83.71	45.90	13.50	0.30	0.03	6.00	4.41	8.33
2010	152.11	995.45	60.29	122.14	609.80	54.66	28.34	0.75	39.30	12.63	89.11
2011	26.36	842.25	2.20	66.51	579.05	42.37	23.23	1.79	28.09	5.08	82.11
2012	109.45	1039.18	3.36	101.67	845.31	45.51	44.75	3.29	28.90	5.73	130.56
2013	178.51	1126.30	1.46	131.05	890.33	49.50	34.11	2.49	81.45	5.41	212.81
2014	213.09	1534.16	0.61	119.34	1023.73	40.10	40.89	0.07	46.46	29.33	503.81
2015	148.80	1274.58	1.03	44.16	173.75	58.46	64.32	1.37	88.46	278.80	399.27
2016	145.19	1129.90	0.49	10.09	205.54	56.94	119.96	1.35	94.71	28.20	263.59
2017	81.93	661.75	0.62	3.45	104.53	44.63	79.89	1.93	48.20	14.80	268.45
2018	9.81	644.73	0.97	0.96	346.16	43.35	110.09	1.95	65.53	3.27	266.84

资料来源：FAOSTAT 数据库。

三、REDD+项目国对热带材出口及我国热带材进口的影响

（一）REDD+项目国对世界热带材出口的影响

从上世纪 90 年代初开始，与世界原木出口量不断增加的趋势相反，世界热带材出口量总体上呈下降趋势，1990-2022 年期间年减少率为 2.4%。其中 REDD+项目国热带材出口量占世界热带材出口总量的比重呈现波动下降的趋势，从 2004 年的 59%下降为 2018 年的 33%。

在 REDD+项目国原木出口量中，热带材占很大比重，但过去 20 年来呈现下降趋势。特别是 REDD+政策实施后，随着 REDD+项目国原木出口量下降，对世界热带材出口产生的影响是深远的。REDD+政策的实施使项目国热带材出口总量减少，2018 年比 2005 年减少了 26%。

（二）REDD+项目国对我国热带材进口的影响

进入 21 世纪以来，我国进口热带材数量总体上呈现波动下降的趋势。在从 REDD+项目国进口原木的种类中，热带材所占的比重相对较高，从 2000 年的 93%上升为 2016 年的 98%，然后下降为 2018 年的 49%。总体上看，近些年来 REDD+项目国主要为我国提供热带材供给。随着 REDD+政策实施，这些国家对我国的热带材供给数量将有所减少。

在选定的 38 个 REDD+项目国中，对我国热带材进口影响最大的分别是巴布亚新几内亚、赤道几内亚、喀麦隆和所罗门群岛等，2018 年我国从这几个国家进口热带材

的数量占从 REDD+项目国进口量的 85%，占我国热带材进口总量的 42%，其中，我国从巴布亚新几内亚进口热带材占 2018 年热带材进口总量的 15%、赤道几内亚占9%、喀麦隆 6%、所罗门群岛占 5%。实施 REDD+政策后这些国家热带材出口变化对我国热带材进口产生了重要影响，仍然是我国热带材的主要进口国。

（三）世界主要热带材进口国及其对我国的竞争性影响

过去 20 年来，世界热带材进口总量在波动中呈明显下降趋势，其中 1990—2000年间减少了 27%，2010—2000 年间减少了 19%，2020—2010 年间减少了 17%。在世界热带材贸易中，中国、日本、印度、韩国、法国等是最主要的热带材进口大国。2020 年这几个国家热带材进口量之和占世界热带材进口总量的 90%。从各国热带材进口数量变化趋势来看，表现出不同的特点。

中国进口热带材的数量呈快速上升的趋势，从 1990 年的 350 万 m^3 激增到 2007 年的 874 万 m^3。2008—2009 年由于经济危机的影响有所回落。中国进口量占世界进口总量的比重从 1990 年的 14%增加到 2020 年的 76%，成为目前世界上热带材进口第一大国。

日本进口热带材的数量呈明显收缩的态势，从 1990 年的 990 万 m^3 减少到 2020 年的 7.58 万 m^3，占世界热带材进来总量的比重从 1990 年的 39%减少到 2020 年的0.66%，由 20 世纪 90 年代初的热带材第一进口大国退居为第三。

印度对热带材进口也呈现上升趋势，特别是从 20 世纪 90 年代中期以来明显增加，到 2012 年达到峰值 449.09 万 m^3，随后明显回落，从 2012 年占世界热带材进口总量的 29%下降为 2020 年的 12%，成为目前世界上热带材进口第二大国。

法国作为世界热带材的主要进口国之一，其进口数量随着世界进口总量整体下降的趋势而减少，1990—2020 年期间年减少率达 10%，占世界热带材进口总量的比重相对比较稳定，目前在世界热带材进口大国中位居第五。

韩国也是世界热带材的主要进口国，其进口量变化趋势与日本较为相似，自 20世纪 90 年代初期以来无论是进口热带材的绝对数量还是在世界热带材进口总量中的比重都呈现明显的下降趋势，1990—2020 年期间年减少率达 13%，目前在世界热带材进口大国中位居第四。

从热带木材进口价格来看，1990—2020 年期间总体上呈现上升的趋势，其中热带材进口均价上升了 103%。各国进口价格增幅最大的是中国，为 145%；其次为韩国，上升了 178%；然后是法国，上升了 116%；然后是日本，上升了 105%；增幅最小的是印度，为 62%。从各国来看，法国进口价格相对比较稳定，并始终保持在均价水平之上；印度进口价格波动较大，保持在较高的单价水平上；韩国的进口价格相对较低，有时低于均价水平；日本与中国的进口价格水平相近，变化趋势也较为相似，围绕着均价水平波动变化(表 14-5)。

表 14-5　世界主要热带材进口国进口价格变化趋势　　　（单位：美元/m³）

年份	中国	法国	印度	日本	韩国	均价
1990	93.60	253.04	188.57	161.62	106.57	110.91
1991	113.19	248.66	217.29	174.12	141.65	99.45
1992	117.16	276.22	292.82	170.49	133.76	116.64
1993	181.37	280.60	120.29	302.02	191.69	162.60
1994	180.46	326.24	141.07	245.63	185.66	162.92
1995	171.17	333.68	143.44	214.99	167.46	154.04
1996	174.20	287.48	120.97	214.87	183.59	141.51
1997	169.51	261.45	121.00	116.33	164.65	129.91
1998	152.76	255.00	121.43	130.98	106.87	106.48
1999	147.75	239.88	107.06	153.38	124.21	121.70
2000	152.83	208.42	195.71	157.05	136.91	134.62
2001	142.78	205.84	187.16	137.42	125.11	146.88
2002	131.16	218.75	230.94	142.23	110.31	121.68
2003	145.01	261.59	230.25	149.09	118.43	134.56
2004	165.10	316.95	249.01	168.47	127.92	127.61
2005	172.07	326.38	261.14	194.27	151.13	175.33
2006	191.56	329.40	281.80	214.64	172.83	191.44
2007	243.30	405.67	310.77	233.70	185.86	216.96
2008	251.80	456.89	350.53	249.51	252.12	269.93
2009	246.49	365.20	276.95	224.38	182.07	239.20
2010	288.40	403.25	312.16	246.93	208.25	276.80
2011	337.39	439.36	368.83	346.20	237.78	320.44
2012	336.95	429.21	382.87	322.99	244.92	315.81
2013	388.93	426.50	397.73	344.60	242.89	359.45
2014	469.56	455.38	405.00	347.19	318.97	400.87
2015	304.89	374.76	361.35	341.33	337.28	286.47
2016	290.01	381.59	333.45	338.90	336.48	259.40
2017	320.37	387.04	344.94	357.41	325.48	281.67
2018	317.51	425.20	317.31	369.33	385.42	289.99
2019	281.16	399.64	313.40	361.27	405.91	262.84
2020	229.44	547.40	305.19	331.89	295.91	225.45
2021	287.05	613.13	319.05	561.67	244.98	262.19
2022	262.04	622.43	306.90	419.69	284.28	250.75

资料来源：FAOSTAT. http：//faostat3. fao. org/faostat—gateway/go/to/download/F/ * /E

从对中国的竞争性影响来看，上述国家中印度对中国的影响最大。一方面印度作为新兴的发展中大国，对热带材的进口需求还将进一步增加，另一方面其进口价格相对较高。其次是法国，其对热带材有相对稳定的进口需求，而且进口单价相对较高。日本和韩国的竞争性影响相对较小，一方面是由于其对热带材的进口需求明显收缩，另一方面其进口价格相对较低。

(四)我国进口热带材的潜在来源国

随着 REDD+政策实施，项目国对全球包括我国的热带材出口将减少。在对热带材的进口空间被压缩的情况下，除了继续从当前向我国提供热带材的 REDD+项目国进口热带材以外，我国还需要从非 REDD+项目国获得热带材供给以满足不断增加的刚性需求。

根据 FAO 统计数据，过去 10 多年来，我国在从主要的 REDD+项目国进口热带材的同时，也从一些非 REDD+项目国如美国、澳大利亚、新西兰、加拿大、新加坡等进口热带材。从近 10 年来看，新加坡、法国、比利时、南非、澳大利亚等非 REDD+项目国为国际市场提供着较为稳定的热带材出口，这些国家将可能成为我国进口热带材的潜在来源国。

四、小结

自 20 世纪 90 年代以来，REDD+项目国对全球出口量的影响力持续减弱，非 REDD+项目国特别是森林资源丰富的俄罗斯、欧盟、美国、加拿大、新西兰等对全球出口量的影响增强。REDD+政策实施以后，REDD+项目国木材出口总量进一步减少，2020 年原木出口总量比 2010 年和 2005 年分别减少了 24%和 32%，其中对世界热带材出口的影响更为显著。

我国进口自 REDD+项目国的原木在全球林产品贸易中所占的比例呈大幅下降趋势，REDD+项目国对我国木材进口均产生了影响且影响各不相同，实施 REDD+政策后他们仍是我国主要的热带材进口国。在受到进口空间压缩影响后，新加坡、法国、比利时、南非、澳大利亚等非 REDD+项目国将可能成为我国进口热带材的潜在来源国。

第五节　中国林业应对气候变化的
国际履约对策

尽管联合国气候变化 20 多年以来的谈判充满了困难和分歧，但是各个缔约方仍未放弃气候变化有关内容的谈判，而是不断地向着全球气候协议目标迈进。最新的IPCC评估报告指出了LULUCF和REDD+等活动对未来全球温室气体排放的影响，也证明了林业的减排活动对大气中温室气体浓度的减缓具有明显的低成本效益。2013年的华沙气候大会期间也专门就林业在2020年后全球应对气候变化新协议中应当发挥何种作用召开了高级别讨论会，各缔约方一致同意林业应当纳入到2020年后全球应对气候变化行动中，表明了谈判各方借应对气候变化保护森林和推动森林可持续经营的共同意愿。鉴于未来林业仍将是联合国气候变化谈判的重要议题，且LULUCF和REDD+议题总体上会推动中国林业的可持续发展，中国积极参加国际气候变化谈判，为促成《巴黎协定》做出了重要贡献，并将林业纳入到我国2020年后对外承诺的应对气候变化行动中。2015年，中国应对气候变化国家自主贡献目标提出2030年碳排放强度比2005年降低60%~65%的强度目标和增加森林蓄积量45亿m^3的绝对目标。2020年12月12日气候雄心峰会上，中国进一步提高目标，提出"到2030年森林蓄积量将比2005年增加60亿m^3"。大气中大量温室气体主要是由发达国家的历史排放造成的，发达国家要有承担历史的责任，提高减排并提供资金和技术的支持；发展中国家要有发展的权力，要有排放空间的权力，这是未来国际气候变化谈判的科学基础。因此，未来气候变化谈判要以国家经济发展目标作为应对气候变化的核心目标，坚持"共同但有区别责任的原则"和"可持续发展的原则"确定我国应对气候变化的战略，加强应对气候变化林业议题相关的方法学和战略政策的研究，推动国内低碳林业的发展，维护我国的长远发展的利益。

一、关于当前 LULUCF 议题的履约对策

《京都议定书》第二承诺期 LULUCF 议题谈判所涉及的林业问题，需要从国家谈判总体目标角度来考虑谈判策略。林业显然是发达国家想用来低成本实现其减排任务的重要手段，只是从服务国家总体利益角度，我们不希望发达国家在其国内通过过多地林业活动来完成减排任务。然而，一旦中国需要向国际社会做出某种减排承诺时，中国林业必须也必然会作为一种应对国际承诺的重要手段。因此，在目前针对发达国家利用林业作为减排手段的问题上，我们需要适当从紧界定其可利用的林业活动的范围和相关规则，迫使发达国家在本国难以开展而到发展中国家开展林业相关项目活动，也有助于迫使发达国家更多地开展工业、能源领域的减排活动。此外，对合格的LULUCF核算范围的谈判应留有余地以应对未来的变化。以土地利用为基础的核算方法，将会导致对议定书第3.3条款和第3.4条款的重大修改，在谈判中我们应强调现行规则应得以延续，不应对核算方式做重大修改。

（一）将植被恢复和植被退化以及湿地管理一并纳入 LULUCF 讨论范围

我国无林地和矿山植被恢复面积较多，通过植被恢复增加碳储量的潜力巨大，增加植被恢复活动类型将促进我国的生态环境建设，对我国的林业发展有利。如果允许发达国家采用植被恢复增加的碳储量抵消其减排指标，而不对发达国家所发生的植被

退化引起的碳排放进行计量，将会减弱发达国家承担减排义务的责任。增加植被退化内容，可促进各国对破坏植被现象的重视，对缓解生态环境恶化将起到积极的作用。

(二)对 LULUCF 抵消减排额度设限

《京都议定书》规定了第一承诺期附件 1 缔约方使用 LULUCF 活动包括 CDM 的造林、再造林活动以及第 3.4 条款下森林管理活动的上限额分别为基准年(即 1990 年)排放量的 1%乘以 5 和 3%乘以 5。发达国家希望放宽 LULUCF 活动的整体上限，希望利用更多的林业碳汇，减轻减排压力。发展中国家希望为其设立更严格的上限，减少或不增加发达国家利用林业碳汇。建议原则上同意维持原有的上限规定。

(三)关于森林管理参考水平

森林管理参考水平是 LULUCF 谈判的关键所在，因为它直接决定了发达国家缔约方能够利用森林碳汇用于其减排的潜力。此外，确定森林管理参考水平也是开展林业碳汇交易的基础，只有在确定了森林管理参考水平的前提下才能够明确用于碳交易的合格的碳汇量。由于对建立参考水平还缺乏国际认可的方法学，同时各国国情不同，确定参考水平需要花费很长的时间，建议在考虑建立参考水平时与 LULUCF 抵消减排的上限相结合。

(四)关于"不可抗拒力"导致的排放

由于《京都议定书》核算的是人为因素导致的碳排放，"不可抗拒力"导致的排放不应该被包括在核算范围内，但考虑到现阶段在 LULUCF 上难以完全分清自然干扰和人为原因导致的排放，因此建议继续开展相关方法学的讨论。

二、关于 REDD+议题的履约对策

减少发展中国家毁林和森林退化所致碳排放以及通过森林保护和森林可持续管理的途径可以提高森林碳储量等途径是林业减缓和适应全球气候变化的主要途径，这些途径已经作为联合国气候变化谈判 REDD+议题的核心内容，尽管国际社会经过了 20 年艰苦的谈判，但是由于谈判中的资金难以落实以及技术和方法很难取得关键性的突破，导致了 REDD+议题谈判进展缓慢。针对本次谈判的进展和我国的国情，建议应该从以下方面进行考虑：

(一)积极参与 REDD+议题的谈判

2020 年前 REDD+议题及其行动将是各国推进林业应对气候变化和林业治理的主要途径，这一行动也将和 2020 年后林业应对气候变化紧密关联。积极参与 REDD+议题有助于把握国际林业发展前沿技术，进一步推进国内林业应对气候变化相关技术和政策制定的工作。因此，要在掌握 REDD+议题前沿动态的基础上，分析该议题对我国当前和未来林业可持续发展和木材贸易影响的基础上将实施 REDD+行动和实现我国林业"双增"目标和提高我国森林质量有效结合以推动国内林业的发展。

(二)加强毁林和森林退化驱动力的研究

国情不同，毁林和森林退化的驱动力也不一样。发展中国家的毁林主要是由于经

济发展落后，人们对森林的破坏主要是满足自身的基本生活需求。我国的毁林主要是由于基础设施和道路建设等方面造成的，并且随着国家法律体系的健全，非法采伐的木材已经很少。因此建议在该问题的谈判中，要充分考虑到发展中国家的国情，并且要求发达国家提供相应的技术和资金支持。

(三)推动 REDD+的方法学问题研究

推动 REDD+的定义、核算与监测、政策与执行的综合和系统的研究，尤其是加强保护森林、可持续管理森林及增强森林碳汇能力等"Plus"方法学研究。在新的国家任务和目标下，如何有效地完成 2020 年 12 月 12 日习近平主席在气候雄心峰会上提出的将增加森林碳汇的措施"到 2030 年森林蓄积量将比 2005 年增加 60 亿 m^3"的目标，以及助力碳达峰碳中和目标，需要开展森林经营、保护与生态修复相关的碳核算和监测方法学方面的研究，尤其是开展设立森林参考排放水平和森林参考水平，建立强大统一的森林资源监测体系。

重视林产品碳储量的研究。林产品碳流动机制是当前各国面临的挑战，也是国际谈判和谈计量的技术重点之一，加强碳流动机制的研究，明确林产品各阶段碳的排放和储量研究，对国际贸易和碳税将起到重要作用，为今后的碳权交易打下基础。

(四)积极开展"三可"相关内容的研究

我国拟开展的 REDD+行动是减缓行动而不是承诺，减缓行动必须有技术、资金和能力的支持。目前我国建立与国际接轨的 REDD+行动测量、报告和核查体系框架的目的并非是接受附件 1 国家关于采用国际标准独立核查 REDD+行动的要求，而是为了提高我国林业部门编制温室气体清单的能力，促进我国林业增汇减排技术进步的一种措施。建立和实施 REDD+行动测量、报告和核查体系不能成为发达国家干涉我国内政和我国自己选择林业减缓行动的借口，更不能成为发达国家在我国林业部门投资并赚取利润的工具。

不支持针对发展中国家就 REDD Plus 活动采取"三可"的做法。如果实行"三可"，需要同发达国家为 REDD+活动提供的官方资金支持密切配合，其提供的资金首先必须是可测量、可报告和可核查的，REDD+与资金支持相对应的部分活动才可以可测量、可报告和可核查。

最后，针对未来联合国气候变化谈判态势，国内要积极追踪未来谈判所涉及的"全面的 LULUCF 的碳核算方法""补偿实施 REDD+行动产生的非碳效益""是否借助市场机制支持林业减缓气候变化行动""如何建立非市场手段等替代手段激励减缓和适应综合行动"，以推进森林可持续经营"等议题谈判趋势，积极关注或参与相关国际磋商，结合国内开展的森林碳核算体系建设、提高森林质量、森林可持续经营以及木材贸易等研究，及时提出我国对这些问题的看法和主张，以引领上述议题谈判朝着有利于我国的方向发展。

参考文献

陈雅如，赵金成，2020. 我国自主贡献林业目标更新对策研究[J]. 世界林业研究，33(6)：50-55.

国家林业和草原局，2022. 2021 中国林草资源及生态状况[M]. 北京：中国林业出版社.

李怒云，袁金鸿，2011. 气候变化背景下的中国林业建设[J]. 防护林科技，1：4-6.

李玉娥，秦小波，万运帆，等，2008. 第二承诺期土地利用、土地利用变化与林业规则的各方观点及对策建议[J]. 气候变化研究进展，4(5)：277-281.

张小全，侯振宏，2009. 第二承诺期 LULUCF 有关谈判进展与对策建议[J]. 气候变化研究进展，5(2)：95-102.

Brown B，Lim B，Schiamadinger B，1998. Evaluating approaches for estimating net emissions of carbon dioxide from forest harvesting and wood products：IPCC/OECD/IEA programme on national greenhouse gas inventories meeting report [R]. 1-40.

FAO，1999. State of the world's forests 1999 [M]. Rome.

FAO，2001. Global forest resources assessment 2000 [M]. Rome.

FAO，2006. Global forest resources assessment 2005 [M]. Rome.

FAO，2010. Global forest resources assessment 2010 [M]. Rome.

IPCC，2003. Good practice guidelines for land use, land–use change and forestry [R/OL]. http：// www. Ipcc-nggip. iges. or. jp/public/gpglulucf/gpglulucf. htm.

IPCC，2014. Revised supplementary methods and good practice guidance arising from the Kyoto Protocol [M]. Published, IPCC, Switzerland.

Seneca Creek Associates LLC，Wood Resources International LLC，2004. "Illegal" logging and global wood markets：the competitive impacts on the U. S. wood products industry, prepared for American forest & paper association [R]. 11：154

UNFCCC，2001. Decision 11/CP7：Land use change and forestry//Report of the conference of the parties on its seventh session, addendum：part 2：action taken by the conference of the parties, vol I [R]. FCCC/CP/2001/13/Add. 1，54-63.

UNFCCC，2007. Conclusions adopted by the ad hoc working group on further commitments for annex I parties under the Kyoto Protocol at its resumed fourth session held in Bali [R/OL]. http：//unfccc. int/resource/docs/2007/awg4/eng/05. pdf.

UNFCCC，1997. Kyoto Protocol to the United Nations framework convention of climate change [J]. Review of European Comparative & International Environmental Law，7(2)：214-217.

UNFCCC，2001. The Marrakesh accords & the Marrakech declaration [J]. FCCC/CP/2001/13/Add. 1.

UNFCCC，2008. Views and information on the means to achieve mitigation objectives of annex I parties. Submissions from parties [R/OL]. http：//unfccc. int/resource/docs/2008/awg5/eng/misc01. pdf.

UNFCCC，2008. Land use, land-use change and forestry, draft conclusions proposed by the chair, report of the ad hoe working group on further commitments for annex I parties under the Kyoto protocol on its resumed fifth session [R/OL]. http：// unfccc. Int/resource/docs/2008/awg5/eng/03. pdf.

Unite Nations，1992. Unite nations framework convention of climate change [R/OL]. http：//unfccc. int/

resource/docs/convkp/conveng. pdf.

USDA Forest Service, 2012. Climate change adaptation plan [R]. USDA.

Williamson T B, Colombo S J, Duinker P N, et al, 2009. Climate change and Canada's forests: From impacts to adaptation: Sustainable forest management network/synthesis reports [R/OL]. https: //doi. org/ 10. 7939/R3MS3K29S.

Winjum J K, Brown S, Schlamadinger B, 1998. Forest harvests and wood products: sources and sinks of atmospheric carbon dioxide [J]. Forest Science, 44(2): 272-284.

World B, 2010. Global economic prospects, summer 2010: Fiscal headwinds and recovery [M]. Washington, DC, USA, World Bank.

第十五章

碳中和目标下中国森林碳储量、碳汇变化预估与潜力提升途径

据联合国政府间气候变化委员会(IPCC)第六次评估报告，全球气候正在发生着以变暖为主要特征的变化。与1850—1900年相比，2011—2020年全球地表平均温度上升1.1℃，未来全球升温预计在近期(2021—2040年)达到1.5℃，而且气候变化将长时期存在并有可能加剧(IPCC，2023)。全球气候变化对地球上许多地区的自然生态系统已经产生了严重影响，如海平面升高(IPCC，2022)、冰川退缩(IPCC，2022)、冻土消融(Li *et al.*，2021a)、植被物候变化(Keenan *et al.*，2014；Wang *et al.*，2019b)、动植物分布改变(Parmesan *et al.*，1999；Wessely *et al.*，2022)等。

森林是陆地生态系统的主体，储存了861 Pg C(1 Pg = 10^{15} g = 10亿t)，占陆地生态系统碳库的40%，是陆地上除永冻土之外的最大储碳库(Dixon *et al.*，1994)。森林在减缓气候变化中具有双重作用。一方面造林再造林可吸收并固定大气中的CO_2，是大气CO_2的吸收汇、储存库和缓冲器(Fang *et al.*，2014；Nolan *et al.*，2021)。另一方面，

气候变化和人类活动引起的森林退化、毁林等使其成为大气 CO_2 的排放源（Gatti *et al.*，2021）。为有效发挥森林生态系统减缓气候变化的作用，必须实施林业减缓和适应并举的策略（李克让等，1996；刘世荣，2013），通过扩大森林面积和森林经营提高森林碳储量和碳汇潜力的同时，提升森林的质量和适应气候变化的韧性（Lu *et al.*，2018；Forzieri *et al.*，2021；Cai *et al.*，2022），降低气候风险引发的森林碳排放（Yin *et al.*，2022），为实现"碳中和"的目标和努力控制全球升温不超过 1.5℃ 做出不可或缺的重要贡献。

第一节　中国森林碳储量与碳汇现状

根据《中华人民共和国森林法》中的森林定义，森林包括了乔木林、竹林和国家特别规定的灌木林，通常作为森林碳储和碳汇的计量范畴。目前中国森林碳储量多以乔木林生物量碳库估算，很少涉及竹林、灌木林以及死有机质碳库、土壤有机碳库和木质产品碳库。森林采伐后形成的木质产品是森林碳储存库的转移，常作为一个单独碳库进行评估(李海奎，2021)。

中国森林资源连续清查测算的森林植被碳储量(表 15-1)：第七次清查(2004—2008 年)森林植被碳储量 7.811 Pg C(国家林业局，2009)；第八次清查(2009—2013 年)森林植被碳储量 8.427 Pg C(国家林业局，2014)；第九次清查(2014—2018 年)森林植被碳储量 9.186 Pg C(国家林业和草原局，2019b)。中国森林植被碳储量近 5 年平均年增长 0.152 Pg C，近 10 年平均年增长 0.137 Pg C。

基于森林资源清查测算的我国森林植被碳储量(表 15-1)，在 1973—1976、1977—1981、1984—1988、1989—1993、1994—1998、1999—2003、2004—2008、2009—2013、2014—2018 年期间(不包括经济林和竹林)分别约为 3.85~5.20、3.70~5.59、3.76~5.75、4.11~5.84、4.66~5.93、5.51~6.47、6.64~6.91、7.14~7.64、7.58~8.36 Pg C。

表 15-1　全国不同时期森林碳储量(Pg)

调查期	1973—1976	1977—1981	1984—1988	1989—1993	1994—1998	1999—2003	2004—2008	2009—2013	2014—2018	2021	参考文献
碳储量	5.20	5.59	5.75	5.84	5.93	6.47	6.91	7.64	7.82		张颖等，2022
	3.91	4.15	4.32	4.85	5.32	6.15	6.64	7.36	8.36		张煜星等，2021
	4.44	4.38	4.45	4.63	4.75						Fang *et al.*，2001
	3.85	3.70	3.76	4.11	4.66	5.51					徐新良等，2007
							6.66	7.14	7.58	8.99	李海奎等，2011；国家林业局，2014；国家林业和草原局，2019b；国家林业和草原局，2022
							7.81	8.43	9.19	10.72	*

＊数据来源于森林资源清查数据报告结果，其他数据采用基于森林资源清查数据的森林蓄积量法(不包括经济林和竹林)。

根据《中华人民共和国气候变化第二次两年更新报告》(2018)，2014 年中国土地利用变更和森林(LULUCF)领域净碳汇量约 1.151 Pg CO_2,其中林地(包括其他生物质)贡献 0.84 Pg CO_2,木质产品贡献 0.111 Pg CO_2。基于近 20 年文献整合分析中国陆地生态系统碳汇量的评估结果(表 15-2),2000s—2010s 中国陆地生态系统碳汇量约为 229.7 Tg C/a(136.3~343.5 Pg C/a)(1 Tg = 10^{12} g),其中森林植被(仅指乔木林)碳储量增加约为 150.6 Tg C/a(94.9~236.8 Tg C/a),约占整个陆地生态系统植被碳汇量的 65.6%。经济林、竹林、灌木林的生物质碳储量增加约 3.57 Tg C/a。此外,森林死有机质(主要是粗木质残体和凋落物)碳库增加量约为 9 Tg C/a。

表 15-2 基于"自下而上"方法评估的中国陆地生态系统碳汇量

碳库	生态系统	时期	面积* (10^6 hm²)	碳汇量 (Tg C/a)	参考文献
生物质	森林	1999—2013	150.4 (142.7~188.2)	150.6 (94.9~236.8)	Fang et al., 2007; Piao et al., 2007; Xie et al., 2007; 徐新良等, 2007; 吴庆标等, 2008; Guo et al., 2010; Huang et al., 2010; Wang et al., 2010b; Tian et al., 2011; Lun et al., 2012; Yu et al., 2012; Guo et al., 2013; Yu et al., 2013; Zhang et al., 2013; Zhang et al., 2016; Liu et al., 2017a; Liu et al., 2017b; Fang et al., 2018; Tang et al., 2018; Zhao et al., 2018; Zhao et al., 2019; Yu et al., 2022
	经济林	1999—2008	20.9 (20.4~21.4)	0.13 (-2.30~2.80)	Guo et al., 2013; Zhang et al., 2013
	竹林	1999—2008	5.1 (4.8~5.4)	2.26 (0.01~4.70)	Guo et al., 2013; Zhang et al., 2013
	灌木	1999—2010	57.8 (45.3~74.3)	1.18 (0.02~3.50)	Zhang et al., 2013; Fang et al., 2018
	其他林地	1999—2008	5.9 (4.8~6.0)	-2	Guo et al., 2013; Zhang et al., 2013
	其他林木	1999—2008		-2 (-10~8)	Guo et al., 2013; Zhang et al., 2013
	草地	1961—2013	339.7 (281.3~394.9)	5.4 (0.0~9.6)	Piao et al., 2007; Tian et al., 2011; Zhang et al., 2016; Tang et al., 2018
	生物质合计			155.6 (80.6~263.4)	
死有机质	森林	2001—2010	188.2	9.0	Fang et al., 2018
土壤有机碳**	森林	1980—2010	196.4 (151.6~249.3)	24.7 (11.7~37.6)	Xie et al., 2007; Fang et al., 2018
	灌木	2001—2010	74.3	13.6	Fang et al., 2018
	草地	1981—2010	340.7 (281.3~400.0)	1.2 (-2.6~4.9)	Huang et al., 2010; Fang et al., 2018

（续）

碳库	生态系统	时期	面积* （10^6 hm²）	碳汇量 （Tg C/a）	参考文献
土壤有机碳**	农田	1980—2010	143.8 （130~171.3）	25.6 （24.0~28.6）	Yu et al., 2012；Yu et al., 2013；Fang et al., 2018；Zhao et al., 2018
	土壤有机碳合计			65.1 （46.7~71.1）	
合计				229.7 （136.3~343.5）	

*表中数据是根据文献评估结果计算的平均值（最小值与最大值）；**文献中SOC评估结果基于不同的土壤深度（20~100 cm）。

第二节　中国森林碳储量与碳汇变化及潜力

　　伴随土地利用变化，中国森林面积在历史上发生了较大变化。20世纪70年代末之前，伐木和毁林导致森林面积急剧减少，中国森林生物量碳储量减少0.7 Pg C（Fang et al., 2001）。20世纪80年代初至90年代，通过实施一系列造林和生态恢复工程，中国森林生物量碳储量在1970—2000年间增加了40%（Fang et al., 2014；Lu et al., 2018）。20世纪90年代至今，大规模生态工程建设实施显著提高了森林生物量碳储量，森林生物量碳汇为109 Tg C/a（Yang et al., 2022），较20世纪80年代初至90年代增长了118%。总体而言，过去70年里，中国森林已从碳源转变为逐渐增强的碳汇（Yang et al., 2022），其中生物量碳汇是主要来源（贡献约为76.3%），以造林和森林恢复为主导的土地利用和覆盖变化驱动因子对碳汇贡献约为44%（Yu et al., 2022）。

　　森林生物量碳储量变化趋势和潜力预测主要是基于未来森林面积变化与否两种情景，在两种情景下未来森林生物量碳储量呈增加趋势（表15-3）。方精云等（2007）利用森林资源清查资料及卫星遥感数据，应用转换因子连续函数等方法，评估1981—2000年间中国森林生物质碳储量由4.3 Pg C增加到5.9 Pg C，年均碳汇为0.075 Pg C/a，预计到2050年森林生物质碳储量可达8.05~9.65 Pg C。刘迎春等（2015）基于文献和调查的生物量数据，建立了成熟林生物量数据集，测算现有森林碳容量为19.87 Pg C；基于第六次森林资源清查数据，采用生物量-蓄积量转换扩展因子法，估算森林固碳潜力为13.86 Pg C。刘迎春等（2019）基于第六次森林资源清查数据，分起源、36个树种、5个林龄组建立了国家和省级森林蓄积量年增长量模型，在造林、管理、干扰、气候等条件不变的基线情景下，估算了 2001—2200 年森林生物量固碳潜力，相对 2001 年碳储量，2050 年森林生物量固碳潜力为 11.22 Pg C 。Tang 等（2018）基于 2011—2015 年调查的 14371 个野外实测数据和森林面积不变以及森林可持续经营情景，估算了森林生物量碳储量到 2030 年将增加 2.97 Pg C；未来 10~20 年内如无采伐，森林生物量固碳潜力为 1.9~3.4 Pg C。李海奎（2021）假设现有森林面积不变的前提下，基于单位面积蓄积或生物量碳密度随林龄变化的预测，乔木林生物量碳储量将有可能在 2030 年达到 9.08±0.31 Pg C，2050 年达到 11.56±2.04 Pg C。

徐冰等（2010）利用森林清查数据以及文献数据，基于国家林业发展规划中预测的未来森林面积，估算了 2000—2050 年森林生物量碳储量的增汇潜力将从 1999—2003 年的 5.86 Pg C 增加到 2050 年的 10.23 Pg C，其中新造林的生物量中累计 2.86 Pg C，2050 年森林生物量总碳储量将为 13.09 Pg C。李奇等（2018）以森林资源清查数据为基础，估算了第八次清查期间乔木林总碳储量为 6.14 Pg C，基于分区域、起源的主要优势树种组单位面积蓄积-林龄 Logistic 生长方程，预测到 2050 年乔木林和新造林的总储量将达到 11.13 Pg C，与 2010 年相比增加 81%。Zhang 等（2018）人研究表明，由于森林面积和生物量碳密度的增加，森林生物量碳汇量将从 2010 年的 6.9 Pg C 增加到 2050 年的 14.79 Pg C。

李海奎（2021）估算结果表明：相比 2000—2010 年，2050 年现有乔木林生物量碳汇量将有所下降。这归因于现有乔木林未来碳汇潜力预估大多采用了蓄积量随林龄变化的"S"形生长模型，在假定森林面积不变且无采伐更新的情景下，伴随林龄逐渐趋于成熟将导致森林生长速率下降。如果考虑新增造林面积，2030 年新增乔木林的碳汇量达到 0.019~0.066 Pg C/a；2050 年新增乔木林的碳汇量达到 0.025~0.057 Pg C/a（徐冰等，2010；李奇等，2018）。人工林优化管理可以从一定程度上提升碳汇（Yu *et al.*，2020），预计 2010—2050 年期间人工林碳汇提升约 0.014 Pg C/a（Yu *et al.*，2021）。因此，维持和提升森林碳汇能力和潜力，需要实施森林科学经营，包括林龄结构、树种配置、更新抚育、采伐方式等一系列优化调整与时空合理布局。

表 15-3 中国森林（乔木林）生物量碳储量潜力估测

	时期 （年）	碳储量 （Pg C）	2050 年潜在碳储量 （Pg C）	2050 年碳汇量 （Pg C/a）	参考文献
未来森林面积不变化	1981—2000	4.30~5.90	8.05~9.65	0.075	方精云等，2007
	2000 起	6.01	13.86		刘迎春等，2015
	2001—2050	6.30	11.22	0.098	刘迎春等，2019
	—2050		11.56±2.04	0.089±0.060	李海奎，2021
未来森林面积增长	2000—2050	5.86	13.09	0.145	徐冰等，2010
	2010—2050	6.14	11.13	0.125	李奇等，2018
	2010—2050	6.90	14.79	0.197	Zhang *et al.*，2018

第三节　中国森林碳汇潜力增长的不确定性

森林在缓解气候变化和为人类社会提供生态系统服务方面具有相当大的潜力。国际社会、各个国家及地区都在努力制定了保护和加强森林经营管理提升森林碳汇的政策和经济激励措施，然而这些政策措施并没有充分考虑到生态和气候相关风险对森林稳定性的影响（Anderegg et al.，2020）。在全球变化背景下，除了干旱和热浪等极端气候事件对森林产生直接影响外，森林火灾、病虫害等干扰因素对气候敏感，并对森林碳循环产生影响（Amiro et al.，2010；Aragao et al.，2010；Hicke et al.，2012；Brando et al.，2019），因此，气候变化和气候驱动的风险可能会削弱21世纪森林的碳汇功能（Anderegg et al.，2020；Fernández-Martínez et al.，2023）。

气候变化对森林碳汇的影响很难预测，理论和建模研究普遍认为，碳汇最可能受益 CO_2 施肥效应（Kheshgi et al.，1996；Norby et al.，1999）：随着大气 CO_2 浓度从1850年的280 mg/L左右增加到2022年的421 mg/L（NOAA莫纳罗亚大气基线观测站于2022年5月测得），通过光合作用固定碳变得更加容易（Mitchard，2018）。然而，Beedlow等（2004）综述表明，寄希望于通过大气 CO_2 浓度的增加提高现有森林碳封存量的可能性不大，气候变化也会使气温升高，这将增加土壤和植物的呼吸速率（Mitchard，2018），增加碳输出。许多研究已表明，气候变化可能导致碳汇强度的降低，甚至最终有可能转为碳源（Phillips et al.，2009；Brando et al.，2014；Rowland et al.，2015；Fernández-Martínez et al.，2023）。气候变暖可能导致树木生长加速，但这并不一定意味着碳储量会增加，全球变暖实际上正在减少森林碳储量（Büntgen et al.，2019）。同样，在极端情况下树木个体会因热应激和干旱而导致枯死（Peng et al.，2011；Vicente-Serrano et al.，2013；Anderegg et al.，2015），引起森林生产力和碳汇下降（Allen et al.，2010）。2015—2016年出现厄尔尼诺相关的严重干旱和极端高温是自1950年以来最强的一次，热带森林生产力以及全球陆地碳汇都显著下降。Wigneron等（2020）使用低频微波遥感数据对地上生物量碳储量（AGC）变化进行监测，结果表明到2017年年底，非洲和美洲湿润森林的AGC并没有恢复到干旱事件发生之前水平，这可能归因于干旱导致的森林死亡率增加带来的遗留影响。在 CO_2 浓度不断上升、气温不断升高的预期下，中国森林固碳能力可能会随之提高（Yao et al.，2018）。但也有相反的结果，基于对东北长白山老龄林30年（1981—2010年）的长期样地监测数据显示（Dai et al.，2013），气候变暖使云杉-冷杉林的碳汇减少了7.3 Mg/hm²（1 Mg = 10⁶ g），红松–阔叶混交林的碳汇减少了 0.96 Mg/hm^2。Li 等（2021b）通过 2003—2016 年中国南方亚热带碳通量观测发现，这些森林在大部分年份是碳汇[吸收 4~7.4 Mg C/（hm^2·a）]，但是在 2011—2013 年干旱年份，导致森林成为 2003 年以来首次出现的强碳源。

随着森林演替，暖温带森林中土壤碳库增加，但其温度敏感性也随之增加，意味着易受到气候变暖的影响（Luan et al.，2011），而树种的多样性不仅可以增加土壤碳储量（Chen et al.，2018），还有助于增加土壤碳库的稳定性（Luan et al.，2018），以及土壤碳的化学稳定性（Ye et al.，2022）。在林龄 40 年的南亚热带多树种人工林的研究表明：随树种多样性梯度（1~8 个树种）增加，表层土壤（0~10cm）有机碳储量呈一元二次方程抛物线变化特征，4~5 个树种配置下的土壤有机碳储量最高（Wang et al.，2022）。因此，通过优化森林经营措施可有效缓解气候变化对森林碳汇的影响，如通过对长达 100 年数据分析显示，夏季干旱是地中海地区赤松种群的主要威胁，而通过疏伐减少林分蓄积可以有效缓解干旱情景下对森林生长的负面影响（Marqués et al.，2018）。

由于气候变化导致的病虫害发生频率升高、传播范围扩大，可能会通过减少森林生长或导致树木死亡来减少森林生产力（Hicke et al.，2012），而且受损或死亡树木的分解会增加异养呼吸，将极大地削弱森林固碳能力（Mitchard，2018；Ning et al.，2021；Robbins et al.，2022）。2015 年，全球受虫害影响的森林约有 3020 万 hm^2，占森林总面积的 1.4%（62 个报告国）。受病灾影响的总面积为 660 万 hm^2，占森林面积的 0.4%（51 个报告国）。其中，北美和中美洲受病虫害影响的森林面积最大（联合国粮农组织，2021）。2000—2020 年间北美山甲虫（*Dendroctonus ponderosae* Hopkins）虫害爆发影响的森林碳损失 0.27 Pg，其爆发时和爆发后导致森林从微弱碳汇转变为碳源（Kurz et al.，2008）；Dymond 等（2010）利用 CBM–CFS3 模型研究发现加拿大魁北克东部 10.6 M hm^2 森林受云杉蚜虫侵害碳释放为 2 Tg C/a，2011—2024 年云杉蚜虫的爆发将使该区域由碳汇变成碳源。病虫鼠害是造成我国森林碳损失的主要原因之一（Liu et al.，2020），尤其是在西北地区病虫鼠害大爆发引发温室气体高排放。病虫鼠害爆发的频率和树木受害程度在人工林中尤为严重，因为人工林树种单一、结构简单，中幼龄林比例较高，并且缺乏本土树种（Ji et al.，2011）。因此，我国未来需要采取适应性的人工林经营管理措施藉以有效控制病虫鼠害爆发（Liu et al.，2020）。气候变化将有可能进一步加剧外来入侵性害虫对森林的影响（Seidl et al.，2018），松材线虫是目前我国最具危险性的森林病害病原之一，松树个体感染松材线虫后最快 40 天即可死亡，整片松林从发病到毁灭性死亡只需 3~5 年（程功等，2015）。随着气候变化的加剧，我国适宜松材线虫生存的地域面积将扩大近 2 倍，且呈现向北、向西扩散速度加快的趋势（张星耀，2011），这将对松林碳汇功能产生更为不利的影响。

2015 年受火灾影响的全球森林面积约为 9800 万 hm^2，其中森林火灾面积 2/3 以上发生在热带的非洲和南美洲区域（FAO，2021）。火灾改变森林的组成、结构和生长过程，进而极大地影响森林碳循环（Erni et al.，2017）。Brando 等（2020）基于生态系统模型预测未来几十年亚马孙南部地区因气候变化引起火灾活动加速，大约有 16% 的森林将发生火灾，火灾产生的 CO_2 排放量将从 2000 年的 2.1 Pg 增加至 2050 年的 6.0 Pg。Ramo 等（2021）发现，非洲火灾造成了 1.44 Pg C 的排放，占全球化石燃料燃烧产生 CO_2 排放量的 14%。Walker 等（2019）研究了加拿大西北地区森林火灾后发生的遗留碳损失情况，结果显示，随着北方森林火灾的规模、频度、强度的增加，中幼林会成为碳源。王效科等（2001）和 Liu 等（2012）分别根据森林火灾统计资料并结合遥感数据，利用排放因子法和排放比法估算了中国森林火灾碳排放在 10.2～11.3 Tg C/a（1950—2000 年）。付超（2011）和 Liu（2020）等人研究发现，由森林火灾引起的温室气体排放量为 1.6 Tg C/a（1990—2009 年）、1.7 Tg C/a（2000—2014 年）。在过去几十年里，我国森林火灾面积减少，火灾产生的温室气体排放量有所下降，这可能归因于我国投入了大量的人力物力实施林火控制措施（Liu *et al.*，2020）。防火策略可以有效地控制小面积的森林火灾，但是在未来极端气候事件增加的背景下，森林火灾的风险正在增加（Wang *et al.*，2013b）。因此，有必要采取适应性森林管理措施，如改变树种组成、建立防火林带并减少火灾干扰的频率和规模，以适应气候变化引发的火灾风险（Huang *et al.*，2022）。

第四节　中国森林碳储量、碳汇提升技术途径

综合考虑森林减缓和适应气候变化的双重属性，遵循基于自然的气候解决方案的创新理念，从森林可持续经营和面向生态系统服务的森林多功能经营的全新视角，探索碳中和背景下森林碳储与森林碳汇双增、森林碳汇与碳资源化利用的碳汇转移为木质林产品库的双汇协同提升途径，如图 15-1 所示。

一、保碳

天然林占中国森林面积的 71%，由于数十年的过度采伐，这些更新恢复天然林中有 60% 以上是中幼林，碳储量低（Dai *et al.*，2018）。如果对此森林实施保护并自然恢复，其碳固存潜力是巨大的（Chen *et al.*，2022）。再者，茂密的原始天然林（主要是老龄林）的分布范围虽小，但其结构复杂，生物多样性丰富，土壤自然发育程度高以及对火灾和干旱具有较强的适应性，而且，天然林的损失不容易通过重新造林在短期内

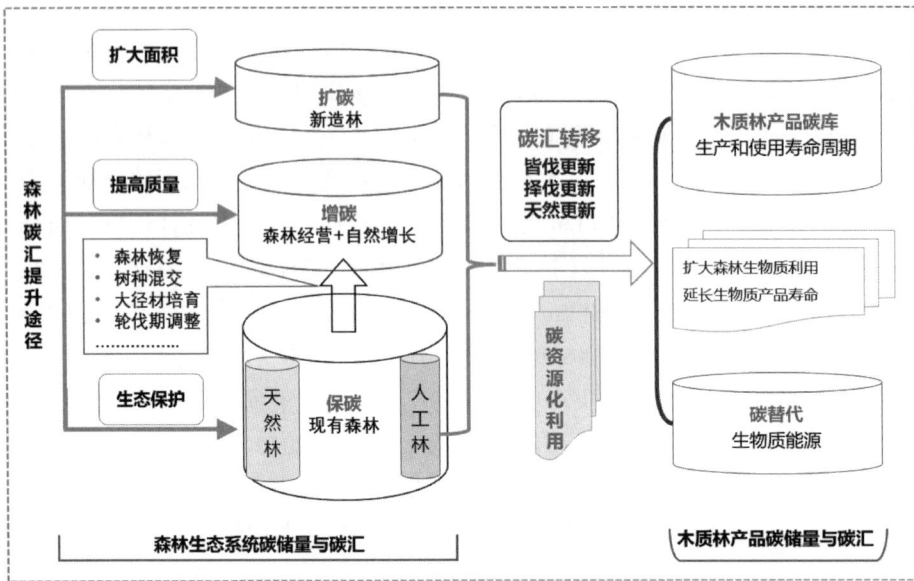

图 15-1　碳中和目标下的林业碳汇实现路径

来弥补(Maxwell *et al.*, 2019；Tong *et al.*, 2020；Di *et al.*, 2021)。如果我国南方的所有密闭老龄林都被砍伐，总共会损失 1.71 Pg C(占总碳储量的20.5%)，相当于约 9 年的化石燃料释放 CO_2 量(Tong *et al.*, 2020)。因而天然林中不管是中幼龄林，还是老龄林，都应该是需要优先保护的重要而稳定的长期碳汇，这称为保碳途径。在 1998—2010 年期间，我国天然林保护工程区域的生态系统碳汇增加 889.1 Tg C，生物量碳汇增加 479.6 Tg C(Lu *et al.*, 2018)，占全国森林生物量碳汇的 35.5%~39.9% (Pan *et al.*, 2011)，区域中土壤碳储量增加 409.5 Tg C(Zhou *et al.*, 2006)。Chen 等 (2022)在仅考虑现有天然林情况下，预测了 2030、2060 和 2100 年我国天然林将分别额外固存 2.27±1.21Pg C、4.19±2.55 Pg C 和6.03±4.09 Pg C，相比 2010 年的碳固存分别增加 24%、45%、64%。因此，实施天然林保护工程有利于维持现有森林碳库并获得自然增碳，同时，保碳不仅是减少森林碳排放的有效措施，还通过增加生物多样性提升森林生态系统稳定性和适应气候变化的韧性，减缓气候变化对森林的负面影响及其所造成的碳排放。

二、增碳

森林经营管理直接影响森林的碳储量和碳汇，也是提升森林碳汇功能的重要手段。树种选择、营造方式、抚育措施、采伐方式等都可能对人工林固碳能力和土壤碳库产生影响(刘世荣，2017)。优化人工林经营管理，实施人工林多目标适应性经营，如高固碳树种造林、树种混交、引入固氮树种和林分结构调整等，既可以维持较高的土壤肥力、长期生产力和提高适应气候变化的韧性，也可实现森林固碳增汇的目标，特别增加森林土壤有机碳储量(表 15-4)。

表 15-4　树种选择和近自然林经营对土壤碳储量影响

森林经营	土壤碳储量影响	参考文献
树种选择	格氏栲(*Castanopsis kawakamii*)>杉木(*Cunninghamia lanceolata*)	杨玉盛等，2006
	福建柏(*Fokienia hodginsii*)>杉木	何宗明等，2003
	红锥(*Castanopsis hystrix*)>马尾松(*Pinus massoniana*)，且高出 11%	Wang *et al.*，2010a
	火力楠(*Michelia macclurei*)>马尾松，且高出 19%	
	米老排(*Mytilaria laosensis*)>马尾松，且高出 18%	
	阔混交林>针叶和阔叶纯林	Wang *et al.*，2007
	马尾松和红锥混交>马尾松，且高出 14.3%	Wang *et al.*，2013a
	马尾松和红锥混交>红锥，且高出 8.1%	
	马占相思(*Acacia mangium*)和尾叶桉(*Eucalyptus urophylla*)混交可提高土壤碳汇功能	Huang *et al.*，2014
	桉树(*Eucalyptus*)人工林中引入固氮树种利于增加难降解碳含量和土壤碳汇	Huang *et al.*，2017
	针叶人工林中引入固氮树种利于增强土壤有机碳化学稳定性	Wang *et al.*，2019a
近自然林经营	水曲柳人工纯林和近自然化培育的水曲柳–落叶松混交林>落叶松纯林	王新宇等，2008
	其未改造的纯林>马尾松近自然林(在马尾松纯林中套种红椎和香梓楠)	何友均等，2013
	挪威云杉(*Picea abies*)纯林>欧洲山毛榉(*Fagus sylvatica*)和挪威云杉的近自然林>欧洲山毛榉纯林	Berger *et al.*，2009

　　森林采伐，特别是强度采伐或皆伐，通常会降低土壤有机物质的输入，降低土壤有机碳含量。林地的施肥可能对土壤碳汇产生不同的影响，合理的施肥方式可能会增强人工林土壤碳汇功能(表 15-5)。

　　实施退化次生林恢复也是提高森林碳储和碳汇的重要措施。王璐颖等(2022)在海南尖峰岭和吊罗山热带林区研究结果表明，生物量恢复受树种组成和径级结构的显著影响，大径级林木生物量占比随恢复时间显著增加，小径级林木生物量占比随恢复时间显著降低；随恢复时间增加，速生树种的种类和数量逐渐减少，生物量占比下降 7% 左右；而慢生树种则均呈增加趋势，生物量增长 20%~32%，所以，演替后期的长寿命、大径级树种对热带森林碳储和碳汇潜力影响较大。Ali 等(2016)探究了中国东部 80 个亚热带森林林分结构多样性、物种多样性和林龄对地上碳储量的直接和间接影响，发现林分结构多样性是中国东部亚热带次生林地上碳储量变化的主要决定因素。因此，保持树木胸径和高度多样性可能是提高森林地上碳储量的有效方法。史山丹等(2012)和韩营营等(2015)等研究发现，山杨天然次生林群落碳储量、白桦天然次生林土壤有机碳含量和碳密度随林龄增加明显，碳汇潜力很大，中龄林为碳储量增长迅速期，且能够持续较长一段时间，是林分管理的关键阶段。魏亚伟等(2015)发现大兴安岭地区兴安落叶松天然林固碳潜力和总碳储量随年龄变化主要与乔木碳储量有关，因此，加强乔木碳库的管理对未来增汇具有重要作用。在三江源地区，大面积分布的高寒灌木林是该区域的主要碳库，灌木层植物碳储量占到总植被层碳储量的

66.06%，是乔木层的近 2 倍，因此加强该地区灌木林的保护修复对提升固碳能力至关重要（路秋玲等，2018）。综上，天然次生林恢复与抚育经营，可以通过改善树种组成、径级结构、年龄结构和乔灌草空间配置来提升森林的碳储量和碳汇。

表 15-5 森林经营措施对人工林土壤碳的影响

森林经营	土壤碳储量影响	参考文献
抚育采伐	降低土壤碳含量	Yildiz *et al.*，2011
	降低土壤总有机碳和易氧化碳	吴亚丛等，2013
	提高马尾松林乔木层生物量和碳储量	明安刚等，2013
	土壤含碳量随着抚育间伐强度的增加而出现先降后升的趋势	梁晶等，2015
森林采伐	降低土壤 SOC 含量	Yanai *et al.*，2003
	降低甲烷汇功能	高升华等，2013
施肥	增加土壤碳储量	王晖等，2008
	降低土壤有机碳固定和储量	冯瑞芳等，2006
	增加土壤呼吸	Peng *et al.*，2008
	并未显著改变土壤呼吸	董钰鑫等，2015
	落叶松人工林土壤呼吸速率减少 34.9%	贾淑霞等，2007
	水曲柳人工林土壤呼吸速率减少 25.8%	
炼山	高强度野火可减少土壤有机碳	Wang *et al.*，2012
	计划烧除对土壤有机碳没有显著影响	
	针叶林发生野火后土壤有机碳明显降低	
	阔叶林发生野火后土壤有机碳增加	
	高强度火烧比低强度分别降低了 61.4%	李纫兰等，2009
	中强度火烧比低强度分别降低了 39.5%	
	随着火烧强度的增加，土壤碳的损失量增多	谷会岩等，2010
	土壤碳含量变化的影响并不显著	Johnson *et al.*，2001

三、扩碳

造林（afforestation）和再造林（reforestation）是增加森林面积的两种方式。我国相继实施了一系列林业生态建设工程，显著增加了森林面积和碳汇功能。根据第九次全国森林资源清查数据（国家林业和草原局，2019b），我国森林覆盖率已从 1949 年的 8.6% 恢复到 2021 年的 23.04%；人工林面积从 1973 年的 18.71 M hm² 增至 2018 年的 79.5 M hm²，占全球现有人工林总面积（291 M hm²）的 27.3%（FAO，2020）。同时，人工林蓄积量也从 1973 年的 1.6 亿 m³ 增加到 2018 年的 175.6 亿 m³，人工林分别占我国森林覆盖率和森林蓄积量两者净增长的 62.9% 和 36.2%（国家林业和草原局，2019b）。造林（人工林面积增加）对 1973—2008 期间我国森林生物量碳汇增加的贡献率为 35%（Fang *et al.*，2014）。1977—2018 年间，森林面积扩大比森林生长对森林碳汇功能的贡献比例大(66.73 vs. 33.27%)；人工林面积扩大对森林碳汇的贡献大于森林生长(63.99 vs. 36.01%)；而天然林中森林生长的贡献大于面积扩大(57.82 vs. 42.18%)，并且在2009—2018年间森林面积扩大的相对贡献已经超过了森林生长(Zhao et al.，2021)。三北防护林工程和退耕还林还草工程作为典型的造林工程，前者由于森林面积增加对整个工程区碳汇功能(生物量和土壤碳库)提升的贡献比例高达96.8%(2001—2010年间)，后者由于林草面积的增加贡献比例高达73.2%(2000—2010年间)，考虑到森林面积增加远大于草地面积增加，因此，后者这个贡献比例绝大部分来自森林面积的增加(Lu et al.，2018)。近年来，遥感数据(2000—2017年)反演的中国植被呈现明显变绿趋势，其中森林叶面积的增加对植被变绿的贡献率达到42%(Chen et al.，2019)。尤其是我国西南和东北地区，新增人工造林对陆地碳增汇贡献很大(Wang et al.，2020)，东北地区1993—2017年间森林碳库增加的46%~94%来自人工林(Luo et al.，2020)。考虑到我国森林多为新增的中幼龄林，这些森林的碳汇潜力很大。比如，退耕还林还草工程，预计2030年和2050年的碳储量将分别是2010年的3.41和5.59倍(Deng et al.，2017)。

　　虽然扩大森林面积是增加森林碳汇的重要手段(Wang et al.，2020)，但未来我国也面临着可造林土地面积有限且造林难度加大的问题。目前估计我国森林覆盖率最大潜力有可能达到28%~29%，这其中约有39.58 M hm² 林业土地可供造林，但是这些土地67%分布在华北、西北干旱半干旱地区，12%分布在南方岩溶石漠化地区；此外，还有10 M hm² 可用于城乡造林绿化的非规划林地、近10 M hm² 需要恢复植被的废弃矿山用地等(王云霖，2019)。其他国内外学者估计的我国可造林土地约为52.38 M hm²(Cai et al.，2022)和40.18 M hm²(Bastin et al.，2019)。虽然上述估计值差异不大，但自2017年以后我国造林总面积出现了明显的下降却是不争的事实(国家林业和草原局，2019a)。即使假设所有可造林土地都营建了新的森林，新造林与现存森林相比，其未来50年(2010—2060年)的碳汇贡献比例还是相对较小(6.5% vs 93.5%)(Cai et al.，2022)。针对未来我国造林区规划问题，Zhang等(2022)指出增加森林碳汇功能最适宜的植树造林地区应该集中在我国东部即胡焕庸线以东地区；尽管按照当前的气候变化轨迹，预计2070年左右气候变化会扩大森林潜在适生区面积33.10 M hm²，但这个扩增区域还主要集中在胡焕庸线沿线的林草和农牧过渡带等低造林适宜地区。

　　森林面积的增加并不意味着森林结构、功能和质量的提升，特别是造林设计未充分体现适地适树原则，或者缺乏造林后的林分抚育和长期监测管理(Cao et al.，2011；Zhang et al.，2022)。多数人工林以单一树种纯林为主，与天然林相比，通常具有较低的碳汇、水源涵养、水土保持和生物多样性保护功能，较高的水分消耗特征(Yu et al.，2019；Hua et al.，2022)。应积极提倡通过冠下补植乡土阔叶树种、固氮树种改造人工纯林或营造多树种混交的人工林，有效利用环境资源产生生态位互补效应，增加人工林的生产力，协同提高森林地上和地下固碳能力(Chen et al.，2018)，同时也有利于通过提高生物多样性来适应气候变化，增强生态系统中植被(Cardinale et al.，2013)和土壤碳库(Luan et al.，2018；Ye et al.，2022)的稳定性。

四、碳资源化利用及碳汇向木质林产品库转移

木质林产品是一个独立于森林生态系统之外的碳库，在减缓气候变化方面发挥着重要的作用(杨红强 et al.，2021)，而且这个碳库的碳储量呈现不断增加的趋势(表15-6)。碳资源利用途径需要考虑采伐后碳的后续使用寿命(生命周期分析)。如果木材进入纸等寿命较短的产品，那么森林碳循环是一个相对平衡的过程，若再考虑木材加工过程中的碳排放时，这一过程可能会是一个碳源(Fang et al.，2014)。如果木材用于建筑或其他长期用途，或通过木材改性和新型木材基复合功能性材料制备及应用，则其中碳固存期可延长几十年甚至更长时间以上，实现森林碳汇向木质林产品碳库转移与存续。实施积极主动的向木质林产品库的碳汇转移，不但有利于森林再生长和维持高碳汇速率，而且有利于可再生木质林产品的高效利用和森林碳汇的长期续存。此外，利用森林生物质生产生物能源，也可以确保木材收获后森林再生的同时，有助于减少化石能源使用来缓解气候变化(Tong et al.，2020)。

表 15-6 中国木质林产品碳储量变化趋势

时期	碳储量(Tg C)	碳储量年平均增长量(Tg C/a)	参考文献
1960	130		Ji et al.，2016
1990	347.11		白彦锋等，2009
2004	532.38		白彦锋等，2009
2011	676		杨红强等，2013
2014	705.6		Ji et al.，2016
1961—2004	—	7.9~11.73	白彦锋等，2009
1999—2008	—	7.92	Lun et al.，2012
1961—2011		10.63	杨红强等，2013
1960—2014		10.66	Ji et al.，2016

第五节　森林固碳增汇未来科学
研究的需求和展望

一、加强森林生态系统固碳机制及增汇潜力与实现途径研究

深入阐明森林生态系统碳汇形成及其经营响应机制，特别加强森林土壤有机碳形成及稳定性固持机制研究，研发不同森林类型增汇的经营技术体系，评估气候变化和森林经营对森林增汇潜力的可能影响。构建空-天-地一体化森林碳源碳汇计量监测体系，建立多过程、多尺度耦合的森林固碳增汇潜力预估模型，准确预估不同气候情景下和不同森林经营措施情景下我国森林的碳储量和碳汇现状、动态变化及潜力。

二、科学制定未来森林增汇的造林规划

依据现实和未来的不同气候变化情景，科学预测未来我国森林及不同造林树种的分布区变化，规避未来气候变化风险并识别植树造林惠益区域，精准制定气候变化背景下的适应性造林空间规划及适宜造林树种或基因型选择方案；充分利用坡地、荒地、废弃矿山等国土空间，科学推进青藏高原生态屏障区、黄河重点生态区、长江重点生态区、东北森林带、北方防沙带、南方丘陵山地带和海岸带等大规模国土绿化行动，优先在我国森林增汇潜力较高的东北、西南和华南地区大力发展碳汇林。

三、加强森林适应性经营管理

大力实施重要生态系统保护和修复重大工程和生物多样性保护重大工程，加强中幼林抚育和退化林修复，严格执行林地用途管制制度，着力提升森林质量和森林碳汇功能。全面实行森林分类经营和森林多功能经营，利用乡土阔叶树种及固氮树种改培人工针叶纯林，或与针叶树种混交营建多树种合理组配的人工林，藉以提升人工林生态系统的碳汇潜力和稳定性；通过适当延长轮伐期和大径材培育等经营措施，实现高价值木材生产与碳汇功能多目标之间有效协同与权衡。不断加强气候灾害风险防控和预警，重点做好森林防火、有害生物灾害综合防治，以及森林凋落物和采伐剩余物的

管理，努力减少气候风险和各种灾害造成的森林碳损失。

四、实施森林增汇工程

我国森林未来还具有较大的增汇潜力和空间。通过高固碳的林木新种质创制和森林固碳增汇经营技术的创新，实施分区施策、分类经营的森林增汇工程，有望大幅度提升森林碳密度、固碳速率和增汇潜力，特别是提升森林土壤的碳库容量、碳固持速率及稳定性；编制国家、省级及经营单位森林碳汇提升的可持续经营方案，通过实施积极的森林碳资源化利用与木质产品库转汇并延长使用周期和存续时间，实现森林碳汇倍增的期望目标。

五、建立森林固碳增汇试验示范区

积极探索基于自然的森林增汇途径，通过各地区试点开展天然次生林经营、退化森林修复和高固碳树种培育与造林的关键技术研发及技术集成示范应用，筛选出可推广的森林固碳增汇及多功能协同提升的可持续经营模式。坚持因地制宜，在适宜人工林培育的地方，积极植树造林，恢复和重建生态系统；在适宜自然恢复的地方，充分借助自然演替恢复林草植被和生物多样性；在需要人工促进自然恢复的地方，采取封山育林、围封禁牧、补植更新等人工辅助措施促进自然恢复。构建示范区森林碳汇监测计量体系，精准监测计量森林碳储量和碳汇，同时探索建立健全碳交易市场体系和森林生态产品价值的转化机制。

参考文献

白彦锋，姜春前，张守攻，2009. 中国木质林产品碳储量及其减排潜力[J]. 生态学报，29(1)：399-405.

程功，吕全，冯益明，等，2015. 气候变化背景下松材线虫在中国分布的时空变化预测[J]. 林业科学，51(6)：119-126.

董钰鑫，张一平，沙丽清，等，2015. 施肥对西双版纳橡胶林土壤 CO_2 排放的影响[J]. 生态学杂志，34(9)：2576-2582.

方精云，郭兆迪，朴世龙，等，2007. 1981—2000 年中国陆地植被碳汇的估算[J]. 中国科学(D 辑：地球科学)，(6)：804-812.

冯瑞芳，杨万勤，张健，2006. 森林土壤有机层生化特性及其对气候变化的响应研究进展[J]. 应用与环境生物学报，12(5)：734-739.

付超，方华军，于贵瑞，2011. 三种主要干扰造成中国森林植被向大气中的碳排放量[J]. 资源与生态学报，2(3)：202-209.

高升华，张旭东，汤玉喜，等，2013. 滩地美洲黑杨人工林皆伐对地表甲烷通量的短期影响[J]. 林业科学，49(1)：7-13.

谷会岩，金靖博，陈祥伟，等，2010. 不同火烧强度林火对大兴安岭北坡兴安落叶松林土壤化学性质的长期影响[J]. 自然资源学报，25(7)：1114-1121.

国家林业和草原局，2019a. 中国林业和草原统计年鉴 2018[M]. 北京：中国林业出版社.

国家林业和草原局，2019b. 中国森林资源报告(2014—2018)[M]. 北京：中国林业出版社.

国家林业和草原局，2022. 2021 中国林草资源及生态状况[M]. 北京：中国林业出版社.

国家林业局，2009. 中国森林资源报告：第七次全国森林资源清查[M]. 北京：中国林业出版社.

国家林业局，2014. 中国森林资源报告(2009—2013)[M]. 北京：中国林业出版社.

韩营营，黄唯，孙涛，等，2015. 不同林龄白桦天然次生林土壤碳通量和有机碳储量[J]. 生态学报，35(5)：1460-1469.

何友均，梁星云，覃林，等，2013. 南亚热带人工针叶纯林近自然改造早期对群落特征和土壤性质的影响[J]. 生态学报，33(8)：2484-2495.

何宗明，李丽红，王义祥，等，2003. 33 年生福建柏人工林碳库与碳吸存[J]. 山地学报，(3)：298-303.

贾淑霞，王政权，梅莉，等，2007. 施肥对落叶松和水曲柳人工土壤呼吸的影响[J]. 植物生态学报，31(3)：372-379.

李海奎，2021. 碳中和愿景下森林碳汇评估方法和固碳潜力预估研究进展[J]. 中国地质调查，8(4)：79-86.

李海奎，雷渊才，曾伟生，2011. 基于森林清查资料的中国森林植被碳储量[J]. 林业科学，47(7)：7-12.

李克让，陈育峰，刘世荣，等，1996. 减缓及适应全球气候变化的中国林业对策[J]. 地理学报，51(s1)：109-119.

李奇，朱建华，冯源，等，2018. 中国森林乔木林碳储量及其固碳潜力预测[J]. 气候变化研究进展，

14(3)：287-294.

李纫兰，缪启龙，王绍强，等，2009. 突发性火灾对南方湿地松人工林土壤碳储量的影响[J]. 资源科学，31(4)：674-680.

梁晶，王庆成，许丽娟，等，2015. 抚育对长白山两种林分凋落物分解及土壤的影响[J]. 植物研究，35(2)：297-303.

联合国粮农组织，2021. 2020 年全球森林资源评估：主报告[M]. 罗马.

刘世荣，2013. 气候变化对森林影响与适应性管理[M]//邬建国，安树青，冷欣. 现代生态学讲座（Ⅵ）：全球气候变化与生态格局和过程. 第一版 北京：高等教育出版社，1-14.

刘世荣，王晖，杨予静，2017. 人工林多目标适应性经营提升土壤碳增汇功能[M]//高玉葆 邬建国. 现代生态学讲座（Ⅷ）：群落、生态系统和景观生态学研究新进展. 第一版 北京：高等教育出版社，64-89.

刘迎春，高显连，付超，等，2019. 基于森林资源清查数据估算中国森林生物量固碳潜力[J]. 生态学报，39(11)：4002-4010.

刘迎春，于贵瑞，王秋凤，等，2015. 基于成熟林生物量整合分析中国森林碳容量和固碳潜力[J]. 中国科学：生命科学，45(2)：210-222.

路秋玲，李愿会，2018. 三江源自然保护区森林植被层碳储量及碳密度研究[J]. 林业资源管理，(4)：146-153.

明安刚，张治军，谌红辉，等，2013. 抚育间伐对马尾松人工生物量与碳贮量的影响[J]. 林业科学，49(10)：1-6.

史山丹，赵鹏武，周梅，等，2012. 大兴安岭南部温带山杨天然次生林不同生长阶段生物量及碳储量[J]. 生态环境学报，21(3)：428-433.

王晖，莫江明，鲁显楷，等，2008. 南亚热带森林土壤微生物量碳对氮沉降的响应[J]. 生态学报，28(2)：470-478.

王璐颖，周璋，张涛，等，2022. 树种组成和径级结构对热带次生林生物量恢复影响的研究[J]. 植物科学学报，40(2)：169-176.

王效科，冯宗炜，庄亚辉，2001. 中国森林火灾释放的 CO_2、CO 和 CH_4 研究[J]. 林业科学，37(1)：90-95.

王新宇，王庆成，2008. 水曲柳落叶松人工林近自然化培育对林地土壤理化性质的影响[J]. 林业科学，44(12)：21-27.

王云霖，2019. 我国人工林发展研究[J]. 林业资源管理，(1)：6-11.

魏亚伟，周旺明，周莉，等，2015. 兴安落叶松天然林碳储量及其碳库分配特征[J]. 生态学报，35(1)：189-195.

吴庆标，王效科，段晓男，等，2008. 中国森林生态系统植被固碳现状和潜力[J]. 生态学报，28(2)：517-524.

吴亚丛，李正才，程彩芳，等，2013. 林下植被抚育对樟树人工林土壤活性有机碳库的影响[J]. 应用生态学报，24(12)：3341-3346.

徐冰，郭兆迪，朴世龙，等，2010. 2000—2050 年中国森林生物量碳库：基于生物量密度与林龄关系的预测[J]. 中国科学：生命科学，40(7)：587-594.

徐新良，曹明奎，李克让，2007. 中国森林生态系统植被碳储量时空动态变化研究[J]. 地理科学进展，26(6)：1-10.

杨红强，季春艺，杨惠，等，2013. 全球气候变化下中国林产品的减排贡献：基于木质林产品固碳功能核算[J]. 自然资源学报，28(12)：2023-2033.

杨红强，余智涵，2021. 全球木质林产品碳科学研究动态及未来的重点问题[J]. 南京林业大学学报：自然科学版，45(4)：219-228.

杨玉盛，陈光水，王义祥，等，2006. 格氏栲人工林和杉木人工林碳库及分配[J]. 林业科学，42(10)：43-47.

张星耀，2011. 中国松材线虫病危险性评估及对策[M]. 北京：科学出版社.

张颖，李晓格，温亚利，2022. 碳达峰碳中和背景下中国森林碳汇潜力分析研究[J]. 北京林业大学学报，44(1)：38-47.

张煜星，王雪军，2021. 全国森林蓄积生物量模型建立和碳变化研究[J]. 中国科学：生命科学，51(2)：199-214.

中国生态环境部，2018. 中华人民共和国气候变化第二次两年更新报告[R].

Ali A, Yan E R, Chen H Y H, et al, 2016. Stand structural diversity rather than species diversity enhances aboveground carbon storage in secondary subtropical forests in Eastern China[J]. Biogeosciences, 13(16)：4627-4635.

Allen C D, Macalady A K, Chenchouni H, et al, 2010. A global overview of drought and heat-induced tree mortality reveals emerging climate change risks for forests[J]. Forest ecology and management, 259(4)：660-684.

Amiro B D, Barr A G, Barr J G, et al, 2010. Ecosystem carbon dioxide fluxes after disturbance in forests of North America[J]. Journal of Geophysical Research, 115(G00K02).

Anderegg W R, Trugman Anna T, Badgley G, et al, 2020. Climate-driven risks to the climate mitigation potential of forests[J]. Science, 368(6497)：eaaz7005.

Anderegg W R, Schwalm C, Biondi F, et al, 2015. Pervasive drought legacies in forest ecosystems and their implications for carbon cycle models[J]. Science, 349(6247)：528-532.

Aragao L E, Shimabukuro Y E, 2010. The incidence of fire in Amazonian forests with implications for REDD[J]. Science, 328(5983)：1275-1278.

Bastin J-F, Finegold Y, Garcia C, et al, 2019. The global tree restoration potential[J]. Science, 365(6448)：76-79.

Beedlow P A, Tingey D T, Phillips D L, et al, 2004. Rising atmospheric CO_2 and carbon sequestration in forests[J]. Frontiers in Ecology and the Environment, 2(6)：315-322.

Berger T W, Untersteiner H, Toplitzer M, et al, 2009. Nutrient fluxes in pure and mixed stands of spruce (*Picea abies*) and beech (*Fagus sylvatica*)[J]. Plant and Soil, 322(1)：317-342.

Brando P M, Balch J K, Nepstad D C, et al, 2014. Abrupt increases in Amazonian tree mortality due to drought – fire interactions[J]. Proceedings of the National Academy of Sciences, 111(17)：6347-6352.

Brando P M, Paolucci L, Ummenhofer C C, et al, 2019. Droughts, wildfires, and forest carbon cycling：A pantropical synthesis[J]. Annual Review of Earth and Planetary Sciences, 47(1)：555-581.

Brando P M, Soares-Filho B, Rodrigues L, et al, 2020. The gathering firestorm in southern Amazonia[J]. Science Advances, 6(2)：eaay1632.

Büntgen U, Krusic P J, Piermattei A, et al, 2019. Limited capacity of tree growth to mitigate the global greenhouse effect under predicted warming[J]. Nature Communications, 10(1)：2171.

Cai W X, He N P, Li M X, et al, 2022. Carbon sequestration of Chinese forests from 2010 to 2060: Spatio-temporal dynamics and its regulatory strategies[J]. Science Bulletin, 67(8): 836-843.

Cao S X, Chen L, Shankman D, et al, 2011. Excessive reliance on afforestation in China's arid and semi-arid regions: Lessons in ecological restoration[J]. Earth-Science Reviews, 104(4): 240-245.

Cardinale B J, Gross K, Fritschie K, et al, 2013. Biodiversity simultaneously enhances the production and stability of community biomass, but the effects are independent[J]. Ecology, 94(8): 1697-1707.

Chen C, Park T, Wang X H, et al, 2019. China and India lead in greening of the world through land-use management[J]. Nature sustainability, 2(2): 122-129.

Chen S P, Wang W T, Xu W T, et al, 2018. Plant diversity enhances productivity and soil carbon storage [J]. Proceedings of the National Academy of Sciences, 115(16): 4027-4032.

Chen S Y, Lu N, Fu B J, et al, 2022. Current and future carbon stocks of natural forests in China[J]. Forest Ecology and Management, 511: 120137.

Dai L M, Jia J, Yu D P, et al, 2013. Effects of climate change on biomass carbon sequestration in old-growth forest ecosystems on Changbai Mountain in Northeast China[J]. Forest Ecology and Management, 300: 106-116.

Dai L M, Li S L, Zhou W M, et al, 2018. Opportunities and challenges for the protection and ecological functions promotion of natural forests in China[J]. Forest Ecology and Management, 410: 187-192.

Deng L, Liu S G, Kim D G, et al, 2017. Past and future carbon sequestration benefits of China's grain for green program[J]. Global Environmental Change, 47: 13-20.

Di S A, Hardwick K A, Blakesley D, et al, 2021. Ten golden rules for reforestation to optimize carbon sequestration, biodiversity recovery and livelihood benefits [J]. Global Change Biology, 27(7): 1328 -1348.

Dixon R K, Solomon A M, Brown S, et al, 1994. Carbon pools and flux of global forest ecosystems[J]. Science, 263(5144): 185-190.

Dymond C C, Neilson E T, Stinson G, et al, 2010. Future spruce budworm outbreak may create a carbon source in eastern Canadian forests[J]. Ecosystems, 13(6): 917-931.

Erni S, Arseneault D, Parisien M-A, et al, 2017. Spatial and temporal dimensions of fire activity in the fire-prone eastern Canadian taiga[J]. Global Change Biology, 23(3): 1152-1166.

Fang J, Guo Z, Piao S, et al, 2007. Terrestrial vegetation carbon sinks in China, 1981 - 2000[J]. Science in China Series D: Earth Sciences, 50(9): 1341-1350.

Fang J Y, Chen A P, Peng C H, et al, 2001. Changes in forest biomass carbon storage in China between 1949 and 1998[J]. Science, 292(5525): 2320-2322.

Fang J Y, Guo Z D, Hu H F, et al, 2014. Forest biomass carbon sinks in East Asia, with special reference to the relative contributions of forest expansion and forest growth[J]. Global Change Biology, 20(6): 2019-2030.

Fang Y, Chen Y J, Tian C G, et al, 2018. Cycling and budgets of organic and black carbon in Coastal Bohai sea, China: Impacts of natural and anthropogenic perturbations[J]. Global Biogeochemical Cycles, 32 (6): 971-986.

FAO, 2020. Global Forest Resources Assessment 2020 - Key findings [M]. Rome.

Fernández-Martínez M, Peñuelas J, Chevallier F, et al, 2023. Diagnosing destabilization risk in global land carbon sinks[J]. Nature, 615(7954): 848-853.

Forzieri G, Girardello M, Ceccherini G, et al, 2021. Emergent vulnerability to climate-driven disturbances in European forests[J]. Nature Communications, 12(1): 1081.

Gatti L V, Basso L S, Miller J B, et al, 2021. Amazonia as a carbon source linked to deforestation and climate change[J]. Nature, 595(7867): 388-393.

Guo Z D, Fang J Y, Pan Y D, et al, 2010. Inventory-based estimates of forest biomass carbon stocks in China: A comparison of three methods[J]. Forest Ecology and Management, 259(7): 1225-1231.

Guo Z D, Hu H F, Li P, et al, 2013. Spatio-temporal changes in biomass carbon sinks in China's forests from 1977 to 2008[J]. Science China Life Sciences, 56(7): 661-671.

Hicke J A, Allen C D, Desai A R, et al, 2012. Effects of biotic disturbances on forest carbon cycling in the United States and Canada[J]. Global Change Biology, 18(1): 7-34.

Hua F Y, Bruijnzeel L A, Meli P, et al, 2022. The biodiversity and ecosystem service contributions and trade-offs of forest restoration approaches[J]. Science: 376 (6595): 839-844.

Huang C, Feng J Y, Tang F R, et al, 2022. Predicting the responses of boreal forests to climate-fire-vegetation interactions in Northeast China[J]. Environmental Modelling & Software, 153: 105410.

Huang X M, Liu S R, Wang H, et al, 2014. Changes of soil microbial biomass carbon and community composition through mixing nitrogen-fixing species with *Eucalyptus urophylla* in subtropical China[J]. Soil Biology and Biochemistry, 73: 42-48.

Huang X M, Liu S R, You Y M, et al, 2017. Microbial community and associated enzymes activity influence soil carbon chemical composition in *Eucalyptus urophylla* plantation with mixing N2-fixing species in subtropical China[J]. Plant and Soil, 414(1): 199-212.

Huang Y, Sun W J, Zhang W, et al, 2010. Changes in soil organic carbon of terrestrial ecosystems in China: A mini-review[J]. Science China Life Sciences, 53(7): 766-775.

IPCC, 2021. Summary for policymakers. Climate change 2021: The physical science basis. Contribution of Working Group I to the Sixth Assessment Report of the Intergovernmental Panel on Climate Change [R]. 3-32.

IPCC, 2022. Summary for policymakers. Climate change 2022: Impacts, adaptation, and vulnerability. Contribution of Working Group II to the Sixth Assessment Report of the Intergovernmental Panel on Climate Change[R].

Ji C, Cao W, Chen Y, et al, 2016. Carbon balance and contribution of harvested wood products in China based on the production approach of the intergovernmental panel on climate change[J]. International journal of environmental research and public health, 13(11): 1132.

Ji L Z, Wang Z, Wang X W, et al, 2011. Forest insect pest management and forest management in China: An overview[J]. Environmental Management, 48(6): 1107-1121.

Johnson D W, Curtis P S, 2001. Effects of forest management on soil C and N storage: meta analysis[J]. Forest Ecology and Management, 140(2-3): 227-238.

Keenan T F, Gray J, Friedl M A, et al, 2014. Net carbon uptake has increased through warming-induced changes in temperate forest phenology[J]. Nature Climate Change, 4(7): 598-604.

Kheshgi H S, Jain A K, Wuebbles D J, 1996. Accounting for the missing carbon-sink with the CO_2-fertilization effect[J]. Climatic Change, 33(1): 31-62.

Kurz W A, Dymond C, Stinson G, et al, 2008. Mountain pine beetle and forest carbon feedback to climate change[J]. Nature, 452(7190): 987-990.

Li T, Chen Y Z, Han L J, et al, 2021a. Shortened duration and reduced area of frozen soil in the Northern Hemisphere[J]. The Innovation, 2(3): 100146.

Li X Y, Wang Y P, Lu X J, et al, 2021b. Diagnosing the impacts of climate extremes on the interannual variations of carbon fluxes of a subtropical evergreen mixed forest[J]. Agricultural and Forest Meteorology, 307: 108507.

Liu W W, Guo Z L, Lu F, et al, 2020. The influence of disturbance and conservation management on the greenhouse gas budgets of China's forests[J]. Journal of Cleaner Production, 261: 121000.

Liu W W, Lu F, Luo Y J, et al, 2017a. Human influence on the temporal dynamics and spatial distribution of forest biomass carbon in China[J]. Ecology and evolution, 7(16): 6220-6230.

Liu Y, Wang C, Chen M P, 2017b. Carbon flow analysis of China's agro-ecosystem from 1980 to 2013: A perspective from substance flow analysis[J]. Journal of Environmental Sciences, 55(5): 20-32.

Liu Z, Jian Y, Yu C, et al, 2012. Spatial patterns and drivers of fire occurrence and its future trend under climate change in a boreal forest of Northeast China[J]. Global Change Biology, 18(6): 2041-2056.

Lu F, Hu H F, Sun W J, et al, 2018. Effects of national ecological restoration projects on carbon sequestration in China from 2001 to 2010[J]. Proceedings of the National Academy of Sciences, 115(16): 4039-4044.

Luan J W, Liu S R, Wang J X, et al, 2018. Tree species diversity promotes soil carbon stability by depressing the temperature sensitivity of soil respiration in temperate forests[J]. Science of The Total Environment, 645: 623-629.

Luan J W, Liu S R, Wang J X, et al, 2011. Rhizospheric and heterotrophic respiration of a warm-temperate oak chronosequence in China[J]. Soil Biology and Biochemistry, 43(3): 503-512.

Lun F, Li W H, Liu Y, 2012. Complete forest carbon cycle and budget in China, 1999-2008[J]. Forest Ecology and Management, 264: 81-89.

Luo W X, Kim H S, Zhao X H, et al, 2020. New forest biomass carbon stock estimates in Northeast Asia based on multisource data[J]. Global Change Biology, 26(12): 7045-7066.

Marqués L, Madrigal-González J, Zavala M A, et al, 2018. Last-century forest productivity in a managed dry-edge Scots pine population: The two sides of climate warming[J]. Ecological applications, 28(1): 95-105.

Maxwell S L, Evans T, Watson J E M, et al, 2019. Degradation and forgone removals increase the carbon impact of intact forest loss by 626%[J]. Science Advances, 5(10): eaax2546.

Mitchard E T A, 2018. The tropical forest carbon cycle and climate change[J]. Nature, 559(7715): 527-534.

Ning H, Tang M, Chen H, 2021. Impact of climate change on potential distribution of Chinese white pine beetle *dendróctonus armandi* in China[J]. Forests, 12(5): 544.

Nolan C J, Field C B, Mach K J, 2021. Constraints and enablers for increasing carbon storage in the terrestrial biosphere[J]. Nature Reviews Earth & Environment, 2(6): 436-446.

Norby R J, Wullschleger S D, Gunderson C A, et al, 1999. Tree responses to rising CO_2 in field experiments: Implications for the future forest[J]. Plant, Cell & Environment, 22(6): 683-714.

Pan Y D, Birdsey R A, Fang J Y, et al, 2011. A large and persistent carbon sink in the world's forests[J]. Science, 333(6045): 988-93.

Parmesan C, Ryrholm N, Stefanescu C, et al, 1999. Poleward shifts in geographical ranges of butterfly species associated with regional warming[J]. Nature, 399(6736): 579-583.

Peng C H., Ma Z H., Lei X D. et al, 2011. A drought-induced pervasive increase in tree mortality across Canada's boreal forests[J]. Nature Climate Change. 1(9): 467-472.

Peng Y Y, Thomas S, C., Tian D L, 2008. Forest management and soil respiration: Implications for carbon sequestration[J]. Environmental Reviews, 16: 93-111.

Phillips O L, Aragão L E O C, Lewis S L, et al, 2009. Drought sensitivity of the Amazon rainforest[J]. Science, 323(5919): 1344-1347.

Piao S L, Fang J Y, Zhou L M, et al, 2007. Changes in biomass carbon stocks in China's grasslands between 1982 and 1999[J]. Global Biogeochemical Cycles, 21(2): GB2002.

Ramo R, Roteta E, Bistinas I, et al, 2021. African burned area and fire carbon emissions are strongly impacted by small fires undetected by coarse resolution satellite data[J]. Proceedings of the National Academy of Sciences, 118(9): e2011160118.

Robbins Z J, Xu C, Aukema B H, et al, 2022. Warming increased bark beetle - induced tree mortality by 30% during an extreme drought in California[J]. Global change biology, 28(2): 509-523.

Rowland L, Da Costa A C L, Galbraith D R, et al, 2015. Death from drought in tropical forests is triggered by hydraulics not carbon starvation[J]. Nature, 528(7580): 119-122.

Seidl R, Klonner G, Rammer W, et al, 2018. Invasive alien pests threaten the carbon stored in Europe's forests[J]. Nature Communications, 9: 10.

Tang X L, Zhao X, Bai Y F, et al, 2018. Carbon pools in China's terrestrial ecosystems: New estimates based on an intensive field survey[J]. Proc Natl Acad Sci U S A, 115(16): 4021-4026.

Tian H Q, Melillo J, Lu C Q, et al, 2011. China's terrestrial carbon balance: Contributions from multiple global change factors[J]. Global Biogeochemical Cycles, 25: 16.

Tong X W, Brandt M, Yue Y M, et al, 2020. Forest management in southern China generates short term extensive carbon sequestration[J]. Nature Communications, 11(1): 1-10.

Vicente-Serrano S M, Gouveia C, Camarero J J, et al, 2013. Response of vegetation to drought time-scales across global land biomes[J]. Proceedings of the National Academy of Sciences, 110(1): 52-57.

Walker X J, Baltzer J L, Cumming S G, et al, 2019. Increasing wildfires threaten historic carbon sink of boreal forest soils[J]. Nature, 572(7770): 520-523.

Wang H, Huang Y, Feng Z W, et al, 2007. C and N stocks under three plantation forest ecosystems of Chinese fir, *Michelia macclurei* and their mixture[J]. Frontiers of Forestry in China, 2(3): 251-259.

Wang H, Liu S R, Mo J M, et al, 2010a. Soil organic carbon stock and chemical composition in four plantations of indigenous tree species in subtropical China[J]. Ecological Research, 25(6): 1071-1079.

Wang H, Liu S R, Song Z C, et al, 2019a. Introducing nitrogen-fixing tree species and mixing with *Pinus massoniana* alters and evenly distributes various chemical compositions of soil organic carbon in a planted forest in southern China[J]. Forest Ecology and Management, 449: 117477.

Wang H, Liu S R, Wang J X, et al, 2013a. Effects of tree species mixture on soil organic carbon stocks and greenhouse gas fluxes in subtropical plantations in China[J]. Forest Ecology and Management, 300:

4-13.

Wang H, Song Z C, Wang J X, et al, 2022. The quadratic relationship between tree species richness and topsoil organic carbon stock in a subtropical mixed-species planted forest[J]. European Journal of Forest Research, 141(6): 1151-1161.

Wang J, Epstein H E, Wang L X, 2010b. Soil CO$_2$ flux and its controls during secondary succession[J]. Journal of Geophysical Research: Biogeosciences, 115: G02005.

Wang J, Feng L, Palmer P I, et al, 2020. Large Chinese land carbon sink estimated from atmospheric carbon dioxide data[J]. Nature, 586(7831): 720-723.

Wang Q K, Zhong M C, Wang S L, 2012. A meta-analysis on the response of microbial biomass, dissolved organic matter, respiration, and N mineralization in mineral soil to fire in forest ecosystems[J]. Forest Ecology and Management, 271: 91-97.

Wang X F, Xiao J F, Li X, et al, 2019b. No trends in spring and autumn phenology during the global warming hiatus[J]. Nature Communications, 10(1): 2389.

Wang X Y, Zhao C Y, Jia Q Y, 2013b. Impacts of climate change on forest ecosystems in Northeast China [J]. Advances in Climate Change Research, 4(4): 230-241.

Wessely J, Gattringer A, Guillaume F, et al, 2022. Climate warming may increase the frequency of cold-adapted haplotypes in alpine plants[J]. Nature Climate Change, 12(1): 77-82.

Wigneron J-P, Fan L, Ciais P, et al, 2020. Tropical forests did not recover from the strong 2015 – 2016 El Niño event[J]. Science Advances, 6(6): eaay4603.

Xie Z B, Liu G, Bei Q C, et al, 2007. Soil organic carbon stocks in China and changes from 1980s to 2000s [J]. Global Change Biology, 13(9): 1989-2007.

Yanai R D, Currie W S, Goodale C L, 2003. Soil carbon dynamics after forest harvest: An ecosystem paradigm reconsidered[J]. Ecosystems, 6(3): 197-212.

Yang Y H, Shi Y, Sun W J, et al, 2022. Terrestrial carbon sinks in China and around the world and their contribution to carbon neutrality. Science China[J]. Life sciences, 65(5): 861-895

Yao Y T, Piao S L, Wang T, 2018. Future biomass carbon sequestration capacity of Chinese forests[J]. Science Bulletin, 63(17): 1108-1117.

Ye X D, Luan J W, Wang H, et al, 2022. Tree species richness and N-fixing tree species enhance the chemical stability of soil organic carbon in subtropical plantations[J]. Soil Biology and Biochemistry, 174: 108828.

Yildiz O, Cromack K, Radosevich S R, et al, 2011. Comparison of 5th- and 14th-year *Douglas-fir* and understory vegetation responses to selective vegetation removal[J]. Forest Ecology and Management, 262 (4): 586-597.

Yin S I, Gong Z W, Gu L, et al, 2022. Driving forces of the efficiency of forest carbon sequestration production: Spatial panel data from the national forest inventory in China[J]. Journal of Cleaner Production, 330: 129776.

Yu Y Q, Huang Y, Zhang W, 2012. Modeling soil organic carbon change in croplands of China, 1980-2009 [J]. Global and Planetary Change, 82-83: 115-128.

Yu Y Q, Huang Y, Zhang W, 2013. Projected changes in soil organic carbon stocks of China's croplands under different agricultural managements, 2011-2050[J]. Agriculture, Ecosystems & Environment, 178:

109-120.

Yu Z, Liu S R, Wang J X, et al, 2019. Natural forests exhibit higher carbon sequestration and lower water consumption than planted forests in China[J]. Global change biology, 25(1): 68-77.

Yu Z, Ciais P, Piao S L, et al, 2022. Forest expansion dominates China's land carbon sink since 1980[J]. Nature Communications, 13(1): 5374.

Yu Z, You W B, Agathokleous E, et al, 2021. Forest management required for consistent carbon sink in China's forest plantations[J]. Forest Ecosystems, 8(1): 54.

Yu Z, Zhou G Y, Liu S R, et al, 2020. Impacts of forest management intensity on carbon accumulation of China's forest plantations[J]. Forest Ecology and Management, 472: 118252.

Zhang C H, Ju W M, Chen J M, et al, 2018. Sustained biomass carbon sequestration by China's forests from 2010 to 2050[J]. Forests, 9(11): 689.

Zhang C H, Ju W M, Chen J M, et al, 2013. China's forest biomass carbon sink based on seven inventories from 1973 to 2008[J]. Climatic Change, 118(3-4): 933-948.

Zhang L, Sun P S, Huettmann F, et al, 2022. Where should China practice forestry in a warming world? [J]. Global change biology, 28(7): 2461-2475.

Zhang M L, Lal R, Zhao Y Y, et al, 2016. Estimating net primary production of natural grassland and its spatio-temporal distribution in China[J]. Science of The Total Environment, 553: 184-195.

Zhao M M, Yang J L, Zhao N, et al, 2019. Estimation of China's forest stand biomass carbon sequestration based on the continuous biomass expansion factor model and seven forest inventories from 1977 to 2013 [J]. Forest Ecology and Management, 448: 528-534.

Zhao M M, Yang J L, Zhao N, et al, 2021. Estimation of the relative contributions of forest areal expansion and growth to China's forest stand biomass carbon sequestration from 1977 to 2018[J]. Journal of Environmental Management, 300: 113757.

Zhao Y C, Wang M Y, Hu S J, et al, 2018. Economics- and policy-driven organic carbon input enhancement dominates soil organic carbon accumulation in Chinese croplands[J]. Proceedings of the National Academy of Sciences, 115(16): 4045-4050.

Zhou G Y, Liu S G, Li Z, et al, 2006. Old-growth forests can accumulate carbon in soils[J]. Science, 314(5804): 1417-1417.

后　记

森林在减缓全球气候变化中具有不可替代的地位和作用，同时不断加剧的全球气候变化正在深刻影响森林生态系统的结构与功能及其碳汇能力。研究森林与气候变化之间的关系，归根结底是在研究森林与人类生存发展之间的关系，为人类探索实现人与自然和谐共生的途径提供了更多可能。

该部专著的问世，适逢我国做出力争2030年前实现碳达峰和2060年前实现碳中和的重大战略决策和部署。提升生态碳汇能力，有效发挥森林、草原、湿地、海洋、土壤、冻土的固碳作用，提升生态系统碳汇增量，将成为我国未来应对全球气候变化的重要战略举措。希望本书集成的研究成果有助于深化对森林碳汇及其潜力的科学认识，加快森林碳汇提升及多功能经营技术的研发，为促进我国碳汇林业的发展起到积极的作用。

森林生态系统的结构与功能对全球变化的响应与适应、森林碳源汇时空格局及驱动力机制一直是学术界激烈争论和尚未解决的重大科学问题，也是全球变化科学研究的前沿领域之一和气候公约谈判的焦点。目前对森林生态系统碳循环与碳汇潜力的评估存在很大的不确定性，影响着人类对未来大气CO_2浓度增加、气候变化及其影响的预测，制约了人类应对全球气候变化的能力和对策。另外，在森林生态系统碳循环观测方面，长期观测积累不多，方法体系缺乏系统性，直接导致森林碳循环过程及其驱动机制，以及森林碳汇能力与潜力不明晰。因此，深入开展森林生态系统碳循环和碳汇形成机制的研究，探索森林碳汇提升的实现路径与技术措施，深化认识气候变化与森林生态系统的相互作用等科学问题十分必要。这是科学预测全球变化背景下森林生态系统响应与适应及其演变趋势的重要基础，同时也是履行《联合国气候变化框架公约》（UNFCCC），实施碳达峰和碳中和战略目标的关键。为此，我们需要更加大胆地探索，不断锐意创新，为应对全球气候变化危机贡献中国智慧和中国方案。

本书汇聚了来自国家林业和草原局、国家气象局、中国科学院和教育部等多个不同部门的科研单位和院校的研究团队的成果，也是多学科、交叉学科合作研究的创新力作。在此，我们特别感谢参与项目合作研究的各位同仁，也为大家多年努力付出所取得的收获倍感欣慰。同时，也感谢参与研究的研究生和博士后所作出的贡献，他们是胡宗达、郭明明、刘宁、刘恩、崔雪晴、徐嘉、王一、洪丕征、张晓、陆海波、梁星云、杨怀、唐欣、张京磊、郭鑫伟、叶晓丹、张茜、高小敏、刘翠菊。

鉴于著者时间、水平所限，本书疏漏之处在所难免，敬请读者指正。

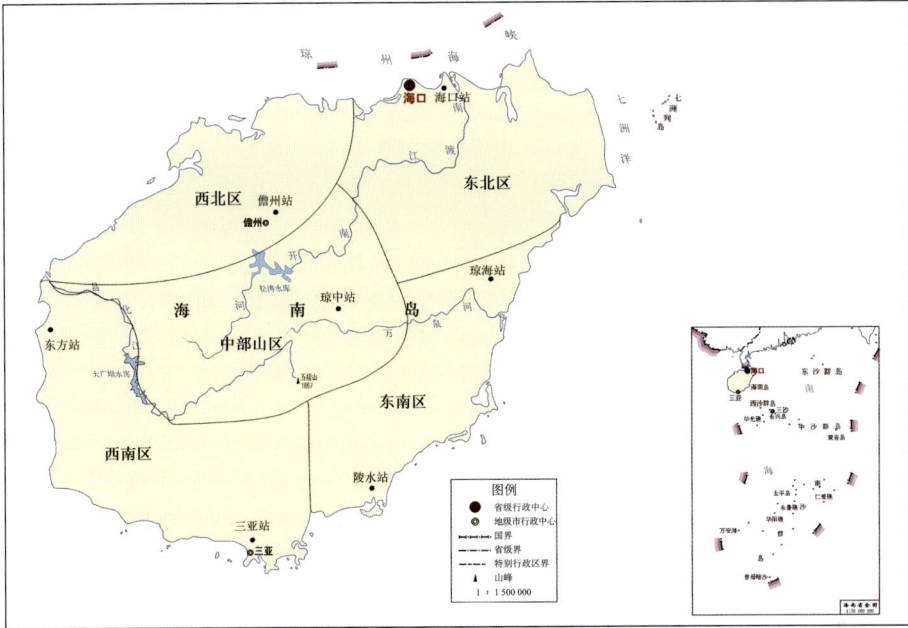

彩图 1　海南岛各气候区区划

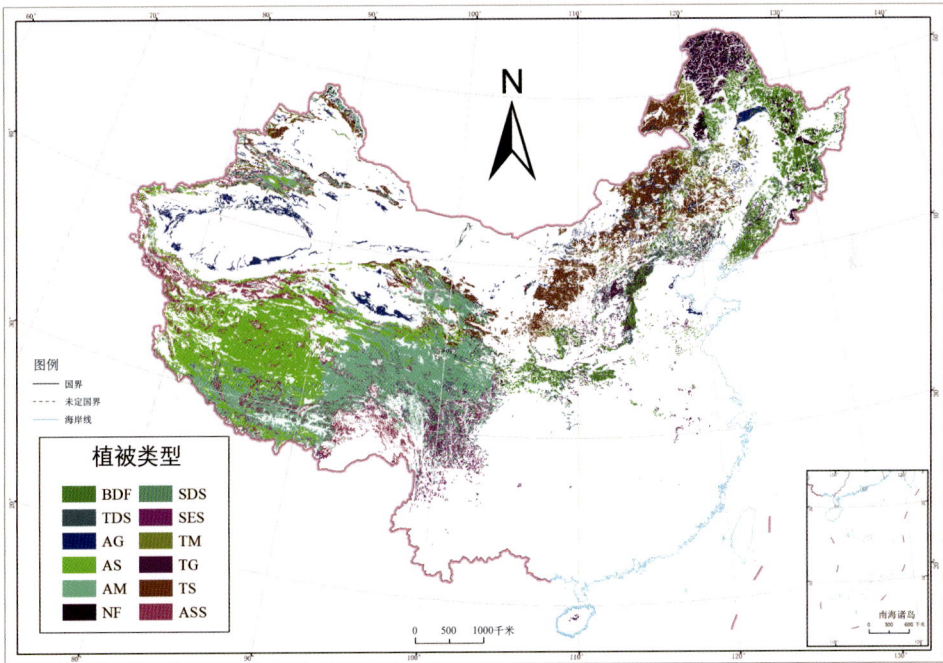

彩图 2　中国温带区域植被类型空间分布

注：落叶阔叶林 BDF 为 Broad-leaf Deciduous Forests，温带落叶灌丛 TDS 为 Temperate Deciduous Shrubs，高山草丛 AG 为 Alpine Grasslands，高山草原 AS 为 Alpine Steppes，高山草甸 AM 为 Alpine Meadows，针叶林 NF 为 Needle-leaf Forests，亚高山落叶灌丛 SDS 为 Subalpine Deciduous Shrubs，亚高山常绿灌丛 SES 为 Subalpine Evergreen Shrubs，温带草甸 TM 为 Temperate Meadows，温带草丛 TG 为 Temperate Grasslands，温带草原 TS 为 Temperate Steppes，高山稀疏灌丛 ASS 为 Alpine Sparse Shrubs。

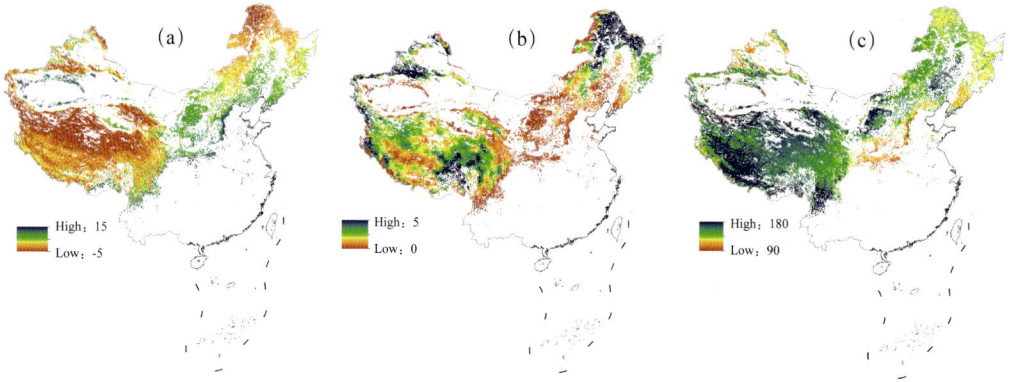

彩图3　年均气温（a，℃）、雪深（b，cm）和返青期（c，d）的空间分布格局

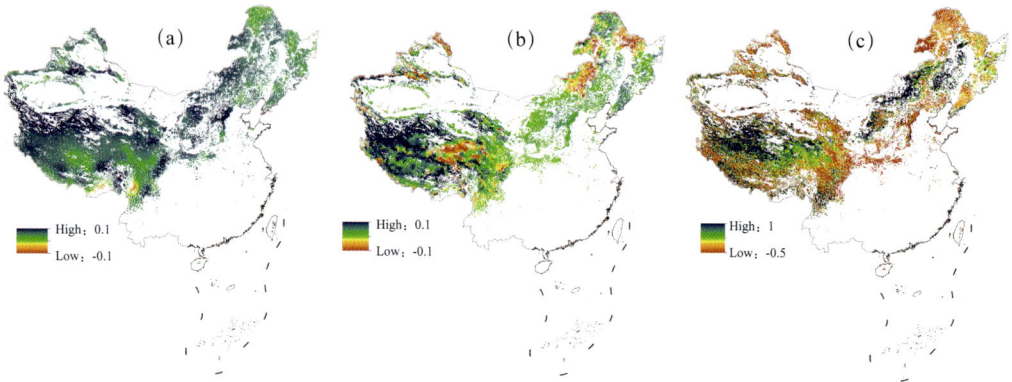

彩图4　年均气温（a，×1℃/a）、雪深（b，×1cm/a）和返青期（c，×1d/a）的变化趋势

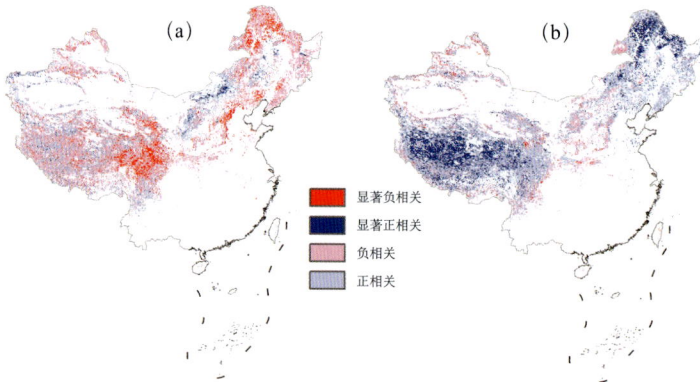

显著负相关
显著正相关
负相关
正相关

彩图5　返青期在1982—1998年（a）和1998—2005年（b）期间的变化趋势

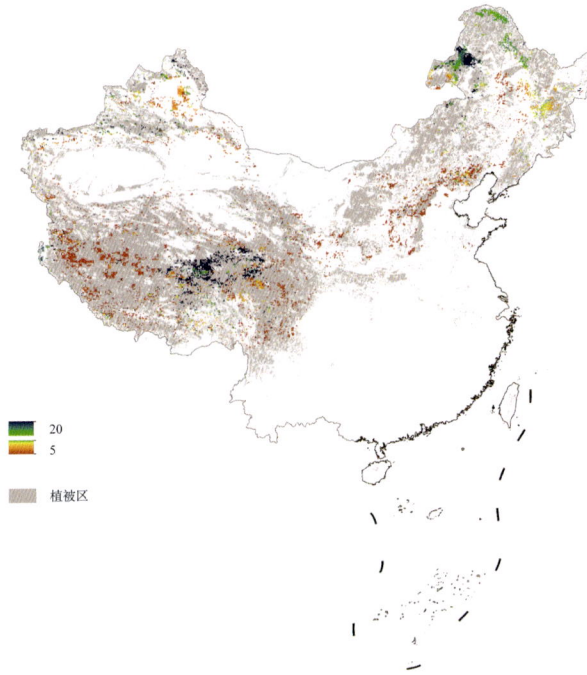

彩图 6 冬季积雪深度（cm）阈值的空间分布
注：灰色区域代表植被区域，其他颜色区域代表雪深阈值显著性在 $p < 0.05$ 的植被区域。

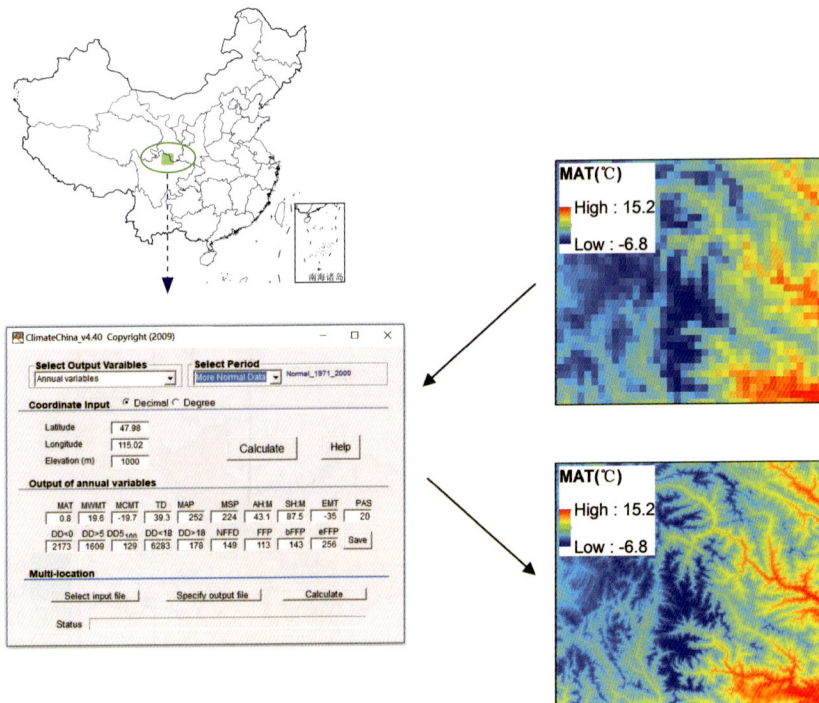

彩图 7 ClimateChina 气候软件工作窗口

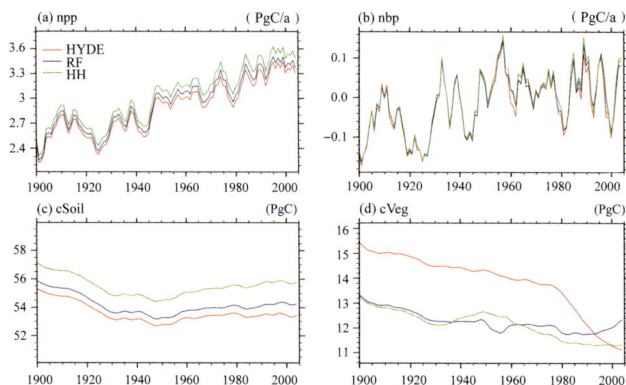

彩图20　陆地碳变量的 JULES 模拟结果

注：npp 为净初级生产力，nbp 为净生物群区生产力，单位 PgC/a；cSoil 为土壤碳，cVeg 为植被碳，单位 PgC；HYDE 为全球环境历史数据，RF 为土地利用变化数据，HH 为土地利用数据（下同）。

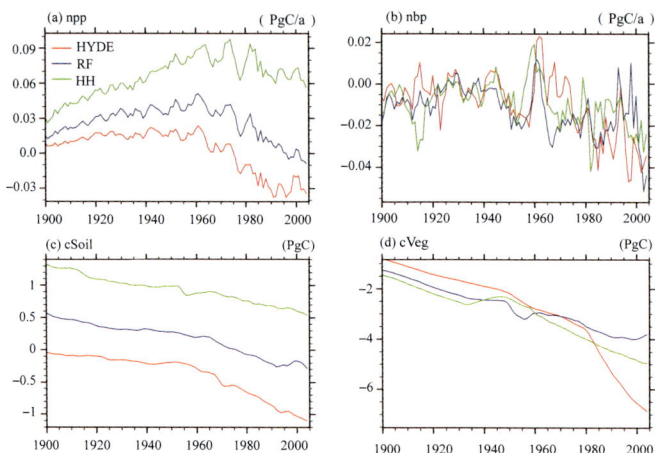

彩图21　土地利用变化对碳循环变量的影响

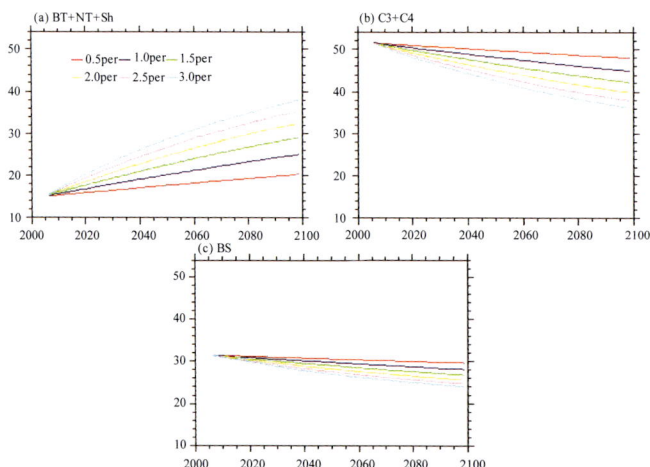

彩图22　不同情形下我国林灌区、草地（C3、C4 草）和裸土平均覆盖百分比的时间变化预估

注：BT 为阔叶林；NT 为针叶林；Sh 灌木；C3 为（温带）草本；C4 为（热带）草本和灌木；Bs 为裸土；0.5%~3.0% 为在2006年森林覆盖比例的基础上每年增加的百分比。